Probabilidade e Estatística na Engenharia

Respeite o direito autoral

O GEN | Grupo Editorial Nacional reúne as editoras Guanabara Koogan, Santos, Roca, AC Farmacêutica, Forense, Método, LTC, E.P.U. e Forense Universitária, que publicam nas áreas científica, técnica e profissional.

Essas empresas, respeitadas no mercado editorial, construíram catálogos inigualáveis, com obras que têm sido decisivas na formação acadêmica e no aperfeiçoamento de várias gerações de profissionais e de estudantes de Administração, Direito, Enfermagem, Engenharia, Fisioterapia, Medicina, Odontologia, Educação Física e muitas outras ciências, tendo se tornado sinônimo de seriedade e respeito.

Nossa missão é prover o melhor conteúdo científico e distribuí-lo de maneira flexível e conveniente, a preços justos, gerando benefícios e servindo a autores, docentes, livreiros, funcionários, colaboradores e acionistas.

Nosso comportamento ético incondicional e nossa responsabilidade social e ambiental são reforçados pela natureza educacional de nossa atividade, sem comprometer o crescimento contínuo e a rentabilidade do grupo.

Probabilidade e Estatística na Engenharia

Quarta Edição

William W. Hines
Professor Emeritus
School of Industrial and Systems Engineering
Georgia Institute of Technology

Douglas C. Montgomery
Professor of Engineering and Statistics
Department of Industrial Engineering
Arizona State University

David M. Goldsman
Professor
School of Industrial and Systems Engineering
Georgia Institute of Technology

Connie M. Borror
Senior Lecturer
Department of Industrial Engineering
Arizona State University

Tradução

Vera Regina Lima de Farias e Flores, M.Sc.
Anteriormente Professora Adjunta, UFMG

Revisão Técnica

Ana Maria Lima de Farias, D.Sc.
Professora Adjunta, UFF

Os autores e a editora empenharam-se para citar adequadamente e dar o devido crédito a todos os detentores dos direitos autorais de qualquer material utilizado neste livro, dispondo-se a possíveis acertos caso, inadvertidamente, a identificação de algum deles tenha sido omitida.

Não é responsabilidade da editora nem dos autores a ocorrência de eventuais perdas ou danos a pessoas ou bens que tenham origem no uso desta publicação.

Apesar dos melhores esforços dos autores, da tradutora, do editor e dos revisores, é inevitável que surjam erros no texto. Assim, são bem-vindas as comunicações de usuários sobre correções ou sugestões referentes ao conteúdo ou ao nível pedagógico que auxiliem o aprimoramento de edições futuras. Os comentários dos leitores podem ser encaminhados à **LTC — Livros Técnicos e Científicos Editora** pelo e-mail ltc@grupogen.com.br.

PROBABILITY AND STATISTICS IN ENGINEERING, Fourth Edition
Copyright © 2003, John Wiley & Sons, Inc.
All Rights Reserved. Authorized translation from the English language edition published by John Wiley & Sons, Inc.

Direitos exclusivos para a língua portuguesa
Copyright © 2006 by
LTC — Livros Técnicos e Científicos Editora Ltda.
Uma editora integrante do GEN | Grupo Editorial Nacional

Reservados todos os direitos. É proibida a duplicação ou reprodução deste volume, no todo ou em parte, sob quaisquer formas ou por quaisquer meios (eletrônico, mecânico, gravação, fotocópia, distribuição na internet ou outros), sem permissão expressa da editora.

Travessa do Ouvidor, 11
Rio de Janeiro, RJ — CEP 20040-040
Tels.: 21-3543-0770 / 11-5080-0770
Fax: 21-3543-0896
ltc@grupogen.com.br
www.ltceditora.com.br

Editoração Eletrônica: *Consultoria Editorial Técnica*

CIP-BRASIL. CATALOGAÇÃO-NA-FONTE
SINDICATO NACIONAL DOS EDITORES DE LIVROS, RJ.

P956

Probabilidade e estatística na engenharia / William W. Hines... [et al.]; tradução Vera Regina Lima de Farias e Flores ; revisão técnica Ana Maria Lima de Farias. - [Reimpr.]. - Rio de Janeiro : LTC, 2015.
il.

Tradução de: Probability and statistics in engineering, 4th ed
Apêndices
Inclui bibliografia
ISBN 978-85-216-1474-6

1. Estatística. 2. Probabilidades. 3. Engenharia - Métodos estatísticos. I. Título.

05-3745.   CDD 519.5
                 CDU 519.2

PREFÁCIO à 4.ª Edição

Este livro se destina a um primeiro curso em estatística e probabilidade aplicadas para estudantes de graduação em engenharia, ciências físicas e ciências de administração. Consideramos que o texto pode ser usado de maneira eficaz como um curso básico de dois semestres seqüenciais, bem como para um curso de recordação de um semestre para alunos do primeiro ano de pós-graduação.

O texto passou por uma completa revisão para a quarta edição, especialmente em relação a muitos dos capítulos de estatística. A idéia foi tornar o livro mais acessível a um público maior, pela inclusão de exemplos motivadores, aplicações da vida real e exercícios úteis de computador. Os professores que adotarem o livro podem ter acesso a materiais suplementares de apoio pedagógico, em inglês, no site da LTC Editora, www.ltceditora.com.br.

Estruturalmente, iniciamos o livro com a teoria de probabilidade (Capítulo 1) e prosseguimos com variáveis aleatórias (Capítulo 2), funções de variáveis aleatórias (Capítulo 3), variáveis aleatórias conjuntas (Capítulo 4), distribuições discretas e contínuas (Capítulos 5 e 6) e a distribuição normal (Capítulo 7). Introduzimos, então, estatísticas e técnicas de descrição de dados (Capítulo 8). Os capítulos de estatística seguem, basicamente, o mesmo esquema da edição anterior, especificamente distribuições amostrais (Capítulo 9), estimação de parâmetros (Capítulo 10), teste de hipóteses (Capítulo 11), planejamento de experimentos de fator único e de múltiplos fatores (Capítulos 12 e 13) e regressão simples e múltipla (Capítulos 14 e 15). Os capítulos subseqüentes sobre tópicos especiais incluem estatística não-paramétrica (Capítulo 16), controle da qualidade e engenharia de confiabilidade (Capítulo 17) e processos estocásticos e teoria de filas (Capítulo 18). Finalmente, há um capítulo inteiramente novo, sobre técnicas estatísticas para simulação por computador (Capítulo 19), talvez o primeiro do tipo para essa espécie de texto sobre estatística.

Os capítulos que passaram por uma evolução mais substancial são os Capítulos 8 a 14. A discussão, no Capítulo 8, sobre análise descritiva de dados está grandemente ampliada em relação à da edição anterior. Expandimos, também, no Capítulo 10, a discussão sobre tipos diferentes de estimação de intervalos. Além disso, deu-se ênfase a exemplos reais de análise de dados de computador. Por todo o livro, introduzimos outras mudanças estruturais. Em todos os capítulos foram acrescentados novos exemplos e exercícios, inclusive numerosos exercícios de computador.

Algumas palavras sobre os Capítulos 18 e 19. Os processos estocásticos e a teoria de filas surgem naturalmente da probabilidade, e sentimos que o Capítulo 18 dá uma boa introdução ao assunto — normalmente ensinado, em disciplinas de pesquisa operacional, ciências de administração e algumas de engenharia. A teoria das filas tem tido grande uso em campos tão diversos quanto telecomunicações, fabricação e planejamento da produção. A simulação por computador, o tema do Capítulo 19, é, talvez, a ferramenta mais usada em pesquisa operacional e ciências da administração, bem como em várias ciências físicas. A simulação casa todas as ferramentas da probabilidade e da estatística, e é usada desde a análise financeira até o planejamento e o controle industriais. Nosso texto fornece o necessário para um minicurso em simulação cobrindo as áreas de experimentação de Monte Carlo, geração de números e variáveis aleatórias e análise de dados das saídas de simulação.

Agradecemos às seguintes pessoas por sua ajuda durante o processo da revisão atual do texto: Christos Alexopoulos (Georgia Institute of Technology), Michael Caramanis (Boston University),

David R. Clark (Kettering University), J. N. Hool (Auburn University), John S. Ramberg (University of Arizona) e Edward J. Williams (University of Michigan — Dearborn) trabalharam como revisores e contribuíram com valioso retorno. Beatriz Valdés (Argosy Publishing) fez um excelente trabalho supervisionando a digitação e as provas de páginas do texto, e Jennifer Welter, da Wiley, foi uma grande líder em todas as etapas. Foi, certamente, um prazer trabalhar com todos. Agradecemos, naturalmente, às nossas famílias por sua infinita paciência e apoio durante todo o projeto.

Hines, Montgomery, Goldsman e Borror

Sumário

1. Uma Introdução à Probabilidade 1

1-1 Introdução 1
1-2 Uma Revisão de Conjuntos 2
1-3 Experimentos e Espaços Amostrais 5
1-4 Eventos 7
1-5 Definição e Atribuição de Probabilidade 8
1-6 Espaços Amostrais Finitos e Enumeração 12
    1-6.1 Diagrama de Árvore 13
    1-6.2 Princípio da Multiplicação 13
    1-6.3 Permutações 14
    1-6.4 Combinações 15
    1-6.5 Permutações de Objetos Iguais 18
1-7 Probabilidade Condicional 18
1-8 Partições, Probabilidade Total e Teorema de Bayes 24
1-9 Resumo 26
1-10 Exercícios 26

2. Variáveis Aleatórias Unidimensionais 29

2-1 Introdução 29
2-2 A Função de Distribuição 32
2-3 Variáveis Aleatórias Discretas 34
2-4 Variáveis Aleatórias Contínuas 36
2-5 Algumas Características das Distribuições 38
2-6 A Desigualdade de Chebyshev 42
2-7 Resumo 44
2-8 Exercícios 44

3. Funções de Uma Variável Aleatória e Esperança 46

3-1 Introdução 46
3-2 Eventos Equivalentes 46
3-3 Funções de Uma Variável Aleatória Discreta 47
3-4 Funções Contínuas de Uma Variável Aleatória Contínua 49
3-5 Esperança 51
3-6 Aproximações para $E[H(X)]$ e $V[H(X)]$ 54
3-7 A Função Geratriz de Momentos 57
3-8 Resumo 60
3-9 Exercícios 60

4. Distribuições de Probabilidade Conjunta 63

4-1 Introdução 63
4-2 Distribuição Conjunta para Variáveis Aleatórias Bidimensionais 64
4-3 Distribuições Marginais 67
4-4 Distribuições Condicionais 70
4-5 Esperança Condicional 73
4-6 Regressão da Média 76
4-7 Independência de Variáveis Aleatórias 77
4-8 Covariância e Correlação 78
4-9 A Função de Distribuição para Variáveis Aleatórias Bidimensionais 81
4-10 Funções de Duas Variáveis Aleatórias 82
4-11 Distribuições Conjuntas de Dimensão $n > 2$ 84
4-12 Combinações Lineares 85
4-13 Funções Geratrizes de Momentos e Combinações Lineares 88
4-14 A Lei dos Grandes Números 88
4-15 Resumo 90
4-16 Exercícios 90

5. Algumas Distribuições Discretas Importantes 94

5-1 Introdução 94
5-2 Provas de Bernoulli e a Distribuição de Bernoulli 94
5-3 A Distribuição Binomial 96
    5-3.1 Média e Variância da Distribuição Binomial 97
    5-3.2 A Distribuição Binomial Acumulada 98
    5-3.3 Uma Aplicação da Distribuição Binomial 98
5-4 A Distribuição Geométrica 100
    5-4.1 Média e Variância da Distribuição Geométrica 100
5-5 A Distribuição de Pascal 102
    5-5.1 Média e Variância da Distribuição de Pascal 103
5-6 A Distribuição Multinomial 103
5-7 A Distribuição Hipergeométrica 104
    5-7.1 Média e Variância da Distribuição Hipergeométrica 105
5-8 A Distribuição de Poisson 105
    5-8.1 Desenvolvimento a Partir de um Processo de Poisson 105
    5-8.2 Desenvolvimento da Distribuição de Poisson a Partir da Binomial 107
    5-8.3 Média e Variância da Distribuição de Poisson 107
5-9 Algumas Aproximações 109
5-10 Geração de Realizações 109
5-11 Resumo 110
5-12 Exercícios 110

6. Algumas Distribuições Contínuas Importantes 114

6-1 Introdução 114
6-2 A Distribuição Uniforme 114
    6-2.1 Média e Variância da Distribuição Uniforme 115
6-3 A Distribuição Exponencial 116
    6-3.1 A Relação da Distribuição Exponencial com a Distribuição de Poisson 117
    6-3.2 Média e Variância da Distribuição Exponencial 117
    6-3.3 Propriedade de Falta de Memória da Distribuição Exponencial 119
6-4 A Distribuição Gama 119
    6-4.1 A Função Gama 119
    6-4.2 Definição da Distribuição Gama 120
    6-4.3 Relação entre a Distribuição Gama e a Distribuição Exponencial 120
    6-4.4 Média e Variância da Distribuição Gama 121
6-5 A Distribuição de Weibull 122
    6-5.1 Média e Variância da Distribuição de Weibull 123
6-6 Geração de Realizações 124
6-7 Resumo 124
6-8 Exercícios 124

7. A Distribuição Normal 128

7-1 Introdução 128
7-2 A Distribuição Normal 128
    7-2.1 Propriedades da Distribuição Normal 128
    7-2.2 Média e Variância da Distribuição Normal 129
    7-2.3 A Função de Distribuição Acumulada Normal 130
    7-2.4 A Distribuição Normal Padronizada 130
    7-2.5 Procedimento para Resolução de Problemas 131
7-3 A Propriedade Reprodutiva da Distribuição Normal 134
7-4 O Teorema Central do Limite 136
7-5 A Aproximação Normal para a Distribuição Binomial 139
7-6 A Distribuição Lognormal 141
    7-6.1 Função de Densidade 141
    7-6.2 Média e Variância da Distribuição Lognormal 142
    7-6.3 Propriedades da Distribuição Lognormal 142
7-7 A Distribuição Normal Bivariada 144
7-8 Geração de Realizações Normais 147
7-9 Resumo 148
7-10 Exercícios 148

8. Introdução à Estatística e à Descrição de Dados 151

8-1 O Campo da Estatística 151
8-2 Dados 154
8-3 Apresentação Gráfica de Dados 155
    8-3.1 Dados Numéricos: Diagramas de Pontos e Diagramas de Dispersão 155
    8-3.2 Dados Numéricos: A Distribuição de Freqüências e o Histograma 157
    8-3.3 O Diagrama Ramo-e-Folhas 159
    8-3.4 O Diagrama de Caixas 160
    8-3.5 O Gráfico de Pareto 162
    8-3.6 Gráficos Temporais 163
8-4 Descrição Numérica de Dados 164
    8-4.1 Medidas de Tendência Central 164
    8-4.2 Medidas de Dispersão 166
    8-4.3 Outras Medidas para uma Variável 169
    8-4.4 Medindo Associação 170
    8-4.5 Dados Agrupados 170
8-5 Resumo 172
8-6 Exercícios 172

9. Amostras Aleatórias e Distribuições Amostrais 176

9-1 Amostras Aleatórias 176
    9-1.1 Amostragem Aleatória Simples de um Universo Finito 177
    9-1.2 Amostragem Aleatória Estratificada de um Universo Finito 178
9-2 Estatísticas e Distribuições Amostrais 179
    9-2.1 Distribuições Amostrais 180
    9-2.2 Populações Finitas e Estudos Enumerativos 181
9-3 A Distribuição Qui-Quadrado 183
9-4 A Distribuição t 186
9-5 A Distribuição F 188
9-6 Resumo 191
9-7 Exercícios 191

10. Estimação de Parâmetro 193

10-1 Estimação Pontual 193
    10-1.1 Propriedades de Estimadores 194
    10-1.2 O Método da Máxima Verossimilhança 197
    10-1.3 O Método dos Momentos 200
    10-1.4 Inferência Bayesiana 202
    10-1.5 Aplicações à Estimação 203
    10-1.6 Precisão da Estimação: O Erro-Padrão 206
10-2 Estimação de Intervalo de Confiança de Amostra Única 207
    10-2.1 Intervalo de Confiança para a Média de uma Distribuição Normal, Variância Conhecida 209
    10-2.2 Intervalo de Confiança para a Média de uma Distribuição Normal, Variância Desconhecida 211
    10-2.3 Intervalo de Confiança para a Variância de uma Distribuição Normal 213
    10-2.4 Intervalo de Confiança para uma Proporção 214
10-3 Estimação de Intervalo de Confiança para Duas Amostras 217
    10-3.1 Intervalo de Confiança para a Diferença entre Médias de Duas Distribuições Normais, Variâncias Conhecidas 217
    10-3.2 Intervalo de Confiança para a Diferença entre Médias de Duas Distribuições Normais, Variâncias Desconhecidas 219
    10-3.3 Intervalos de Confiança para $\mu_1 - \mu_2$ para Observações Emparelhadas 221
    10-3.4 Intervalo de Confiança para a Razão das Variâncias de Duas Distribuições Normais 222
    10-3.5 Intervalo de Confiança para a Diferença entre Duas Proporções 224
10-4 Intervalos de Confiança Aproximados na Estimação de Máxima Verossimilhança 225
10-5 Intervalos de Confiança Simultâneos 225
10-6 Intervalos de Confiança Bayesianos 226
10-7 Intervalos de Confiança Bootstrap 227
10-8 Outros Problemas de Estimação Intervalar 228
    10-8.1 Intervalos de Predição 228
    10-8.2 Intervalos de Tolerância 230
10-9 Resumo 231
10-10 Exercícios 233

11. Testes de Hipóteses 238

- 11-1 Introdução 238
  - 11-1.1 Hipóteses Estatísticas 238
  - 11-1.2 Erros Tipo I e Tipo II 239
  - 11-1.3 Hipóteses Unilaterais e Bilaterais 241
- 11-2 Testes de Hipóteses para uma Única Amostra 243
  - 11-2.1 Testes de Hipóteses para a Média de uma Distribuição Normal, Variância Conhecida 243
  - 11-2.2 Testes de Hipóteses para a Média de uma Distribuição Normal, Variância Desconhecida 248
  - 11-2.3 Testes de Hipóteses para a Variância de uma Distribuição Normal 251
  - 11-2.4 Testes de Hipóteses para uma Proporção 253
- 11-3 Testes de Hipóteses para Duas Amostras 255
  - 11-3.1 Testes de Hipóteses sobre as Médias de Duas Distribuições Normais, Variâncias Conhecidas 255
  - 11-3.2 Testes de Hipóteses para as Médias de Duas Distribuições Normais, Variâncias Desconhecidas 258
  - 11-3.3 O Teste t Emparelhado 260
  - 11-3.4 Testes para a Igualdade de Duas Variâncias 263
  - 11-3.5 Testes de Hipóteses para Duas Proporções 265
- 11-4 Teste da Qualidade de Ajuste 268
- 11-5 Testes para Tabelas de Contingência 274
- 11-6 Exemplos de Saídas de Computador 276
- 11-7 Resumo 279
- 11-8 Exercícios 280

12. Planejamento e Análise de Experimentos de Fator Único: A Análise de Variância 286

- 12-1 Experimento de Fator Único Completamente Aleatorizado 286
  - 12-1.1 Um Exemplo 286
  - 12-1.2 A Análise de Variância 287
  - 12-1.3 Estimação dos Parâmetros do Modelo 292
  - 12-1.4 Análise dos Resíduos e Verificação do Modelo 294
  - 12-1.5 Um Planejamento Não-Balanceado 295
- 12-2 Testes para Médias de Tratamentos Individuais 296
  - 12-2.1 Contrastes Ortogonais 296
  - 12-2.2 Teste de Tukey 298
- 12-3 O Modelo de Efeitos Aleatórios 300
- 12-4 O Planejamento em Blocos Aleatorizado 303
  - 12-4.1 Planejamento e Análise Estatística 303
  - 12-4.2 Testes para Médias de Tratamentos Individuais 306
  - 12-4.3 Análise dos Resíduos e Verificação do Modelo 307
- 12-5 Determinação do Tamanho Amostral em Experimentos de Fator Único 309
- 12-6 Exemplos de Saídas de Computador 311
- 12-7 Resumo 312
- 12-8 Exercícios 312

13. Planejamento de Experimentos com Vários Fatores 315

- 13-1 Exemplos de Aplicações de Planejamento Experimental 315
- 13-2 Experimentos Fatoriais 317
- 13-3 Experimentos Fatoriais de Dois Fatores 320
  - 13-3.1 Análise Estatística do Modelo de Efeitos Fixos 320
  - 13-3.2 Verificação da Adequação do Modelo 325
  - 13-3.3 Uma Observação por Célula 325
  - 13-3.4 O Modelo de Efeitos Aleatórios 326
  - 13-3.5 O Modelo Misto 328
- 13-4 Experimentos Fatoriais Gerais 329
- 13-5 O Planejamento Fatorial 2^k 332
  - 13-5.1 O Planejamento 2^2 332
  - 13-5.2 O Planejamento 2^k para $k \geq 3$ Fatores 338
  - 13-5.3 Planejamento 2^k com uma Única Replicação 345
- 13-6 Confundimento no Planejamento 2^k 349
- 13-7 Replicação Fracionada do Planejamento 2^k 352
  - 13-7.1 A Fração Um Meio do Experimento 2^k 353
  - 13-7.2 Frações Menores: O Fatorial Fracionado 2^{k-p} 358
- 13-8 Exemplos de Saídas de Computador 360
- 13-9 Resumo 361
- 13-10 Exercícios 361

14. Regressão Linear Simples e Correlação 366

- 14-1 Regressão Linear Simples 366
- 14-2 Teste de Hipóteses na Regressão Linear Simples 370
- 14-3 Estimação Intervalar na Regressão Linear Simples 373
- 14-4 Predição de Novas Observações 375
- 14-5 Medindo a Adequação do Modelo de Regressão 377
  - 14-5.1 Análise dos Resíduos 377
  - 14-5.2 O Teste para a Falta de Ajuste 378
  - 14-5.3 O Coeficiente de Determinação 381
- 14-6 Transformações para uma Reta 381
- 14-7 Correlação 382
- 14-8 Exemplo de Saída de Computador 386
- 14-9 Resumo 386
- 14-10 Exercícios 387

15. Regressão Múltipla 391

- 15-1 Modelos de Regressão Múltipla 391
- 15-2 Estimação dos Parâmetros 392
- 15-3 Intervalos de Confiança na Regressão Linear Múltipla 398
- 15-4 Predição de Novas Observações 399
- 15-5 Teste de Hipóteses na Regressão Linear Múltipla 400
  - 15-5.1 Teste da Significância da Regressão 400
  - 15-5.2 Testes para os Coeficientes de Regressão Individuais 402
- 15-6 Medidas da Adequação do Modelo 405
  - 15-6.1 O Coeficiente de Determinação Múltipla 405
  - 15-6.2 Análise dos Resíduos 406
- 15-7 Regressão Polinomial 407
- 15-8 Variáveis Indicadoras 410
- 15-9 A Matriz de Correlação 412
- 15-10 Problemas em Regressão Múltipla 415
  - 15-10.1 Multicolinearidade 415
  - 15-10.2 Observações Influentes na Regressão 420
  - 15-10.3 Autocorrelação 422
- 15-11 Seleção de Variáveis na Regressão Múltipla 424
  - 15-11.1 O Problema da Construção do Modelo 424
  - 15-11.2 Procedimentos Computacionais para a Seleção de Variáveis 424
- 15-12 Resumo 435
- 15-13 Exercícios 435

16. Estatística Não-Paramétrica 440

- 16-1 Introdução 440
- 16-2 O Teste dos Sinais 440
  - 16-2.1 Uma Descrição do Teste dos Sinais 440
  - 16-2.2 O Teste dos Sinais para Amostras Emparelhadas 442
  - 16-2.3 O Erro Tipo II (β) para o Teste dos Sinais 443
  - 16-2.4 Comparação do Teste dos Sinais e do Teste t 444
- 16-3 O Teste de Postos com Sinais de Wilcoxon 444
  - 16-3.1 Uma Descrição do Teste 445
  - 16-3.2 Uma Aproximação para Grandes Amostras 446
  - 16-3.3 Observações Emparelhadas 446
  - 16-3.4 Comparação com o Teste t 447
- 16-4 O Teste da Soma de Postos de Wilcoxon 447
  - 16-4.1 Uma Descrição do Teste 447
  - 16-4.2 Uma Aproximação para Grandes Amostras 448
  - 16-4.3 Comparação com o Teste t 449
- 16-5 Métodos Não-Paramétricos na Análise de Variância 449
  - 16-5.1 O Teste de Kruskal-Wallis 449
  - 16-5.2 A Transformação de Postos 451
- 16-6 Resumo 452
- 16-7 Exercícios 452

17. Controle Estatístico da Qualidade e Engenharia de Confiabilidade 454

- 17-1 Melhoria da Qualidade e Estatística 454
- 17-2 Controle Estatístico da Qualidade 455
- 17-3 Controle Estatístico do Processo 455
  - 17-3.1 Introdução aos Gráficos de Controle 456
  - 17-3.2 Gráficos de Controle para Medições 457
  - 17-3.3 Gráficos de Controle para Medições Individuais 464
  - 17-3.4 Gráficos de Controle para Atributos 466
  - 17-3.5 Gráficos de Controle CUSUM e MMEP 471
  - 17-3.6 Comprimento Médio da Seqüência 477
  - 17-3.7 Outras Ferramentas para a Solução de Problemas de CEP 479
- 17-4 Engenharia da Confiabilidade 481
  - 17-4.1 Definições Básicas de Confiabilidade 481
  - 17-4.2 O Modelo Exponencial para o Tempo de Falha 484
  - 17-4.3 Sistemas Seriais Simples 485
  - 17-4.4 Redundância Ativa Simples 486
  - 17-4.5 Redundância em Espera 488
  - 17-4.6 Teste de Vida 489
  - 17-4.7 Estimação da Confiabilidade com Distribuição do Tempo de Falha Conhecida 490
  - 17-4.8 Estimação com Distribuição Exponencial do Tempo de Falha 490
  - 17-4.9 Testes de Demonstração e de Aceitação 493
- 17-5 Resumo 493
- 17-6 Exercícios 493

18. Processos Estocásticos e Filas 497

- 18-1 Introdução 497
- 18-2 Cadeias de Markov de Tempo Discreto 497
- 18-3 Classificação de Estados e Cadeias 499
- 18-4 Cadeias de Markov de Tempo Contínuo 502
- 18-5 O Processo Nascimento e Morte nas Filas 505
- 18-6 Considerações sobre Modelos de Filas 508
- 18-7 Modelo Básico de Atendente Único com Taxas Constantes 509
- 18-8 Atendente Único com Comprimento de Fila Limitado 511
- 18-9 Atendentes Múltiplos com uma Fila Ilimitada 512
- 18-10 Outros Modelos de Filas 513
- 18-11 Resumo 513
- 18-12 Exercícios 514

19. Simulação por Computador 516

- 19-1 Exemplos Motivadores 516
- 19-2 Geração de Variáveis Aleatórias 520
  - 19-2.1 Gerando Variáveis Aleatórias Uniformes (0,1) 520
  - 19-2.2 Gerando Variáveis Aleatórias Não-Uniformes 521
- 19-3 Análise da Saída 525
  - 19-3.1 Análise de Simulação Terminal 526
  - 19-3.2 Problemas de Iniciação 527
  - 19-3.3 Análise da Simulação de Estado Estacionário 528
- 19-4 Comparação de Sistemas 529
  - 19-4.1 Intervalos de Confiança Clássicos 530
  - 19-4.2 Números Aleatórios Comuns 531
  - 19-4.3 Números Aleatórios Antitéticos 531
  - 19-4.4 Seleção do Melhor Sistema 531
- 19-5 Resumo 531
- 19-6 Exercícios 532

Apêndice 534

Tabela I	Distribuição de Poisson Acumulada 535	
Tabela II	Distribuição Normal Padrão Acumulada 538	
Tabela III	Pontos Percentuais da Distribuição χ^2 540	
Tabela IV	Pontos Percentuais da Distribuição t 541	
Tabela V	Pontos Percentuais da Distribuição F 542	
Gráfico VI	Curvas Características de Operação 547	
Gráfico VII	Curvas Características de Operação para a Análise de Variância do Modelo de Efeitos Fixos 556	
Gráfico VIII	Curvas Características de Operação para a Análise de Variância do Modelo de Efeitos Aleatórios 560	
Tabela IX	Valores Críticos para o Teste de Wilcoxon de Duas Amostras 564	
Tabela X	Valores Críticos para o Teste dos Sinais 566	
Tabela XI	Valores Críticos para o Teste de Postos com Sinais de Wilcoxon 567	
Tabela XII	Pontos Percentuais da Estatística da Amplitude Studentizada 568	
Tabela XIII	Fatores para Gráficos de Controle da Qualidade 570	
Tabela XIV	Valores de k para Intervalos de Tolerância Unilaterais e Bilaterais 571	
Tabela XV	Números Aleatórios 573	

Bibliografia 574

Respostas de Exercícios Selecionados 576

Índice 585

Material Suplementar

Este livro conta com materiais suplementares.

O acesso é gratuito, bastando que o leitor se cadastre em http://gen-io.grupogen.com.br.

GEN-IO (GEN | Informação Online) é o repositório de materiais suplementares e de serviços relacionados com livros publicados pelo GEN | Grupo Editorial Nacional, maior conglomerado brasileiro de editoras do ramo científico-técnico-profissional, composto por Guanabara Koogan, Santos, Roca, AC Farmacêutica, Forense, Método, LTC, E.P.U. e Forense Universitária. Os materiais suplementares ficam disponíveis para acesso durante a vigência das edições atuais dos livros a que eles correspondem.

Capítulo 1

Uma Introdução à Probabilidade

1-1 INTRODUÇÃO

Os profissionais que trabalham com engenharia e ciências aplicadas estão, em geral, envolvidos tanto com a análise quanto com o planejamento de sistemas, nos quais as características dos componentes do sistema são não determinísticas. Assim, a compreensão e a utilização da probabilidade é essencial para a descrição, o planejamento e a análise de tais sistemas. São muitos os exemplos que refletem comportamento probabilístico e, de fato, comportamento verdadeiramente determinístico é raro. Para ilustrar, considere a descrição de uma variedade de medidas de qualidade de produto ou desempenho: a vida útil operacional de sistemas mecânicos e/ou eletrônicos; o padrão de falhas de equipamentos; a ocorrência de fenômenos naturais, tais como manchas solares ou tornados; contagens de partículas que emanam de uma fonte radiativa; tempos de percurso em operações de entrega; contagens de acidentes com veículos durante determinado dia em uma parte de uma auto-estrada; ou os tempos de espera de clientes em uma fila de banco.

O termo *probabilidade* tornou-se largamente usado no dia-a-dia para quantificar o grau de crença em um evento de interesse. Há muitos exemplos, tais como afirmativas de que "há uma probabilidade de 0,2 de chuvas" e "a probabilidade de que a marca X de computador pessoal sobreviva a 10.000 horas de operação sem reparos é de 0,75". Neste capítulo, introduzimos a estrutura básica, os conceitos elementares e os métodos que dão suporte a afirmativas precisas e não ambíguas como as que acabamos de ver.

O estudo formal da teoria da probabilidade aparentemente se originou nos séculos XVII e XVIII, na França, e foi motivado pelo estudo dos jogos de azar. Com pouca estrutura matemática formal, o campo foi encarado com algum ceticismo; no entanto, isso começou a mudar no século XIX, quando se desenvolveu um modelo probabilístico (descrição) para o comportamento de moléculas em um líquido, que se tornou conhecido como movimento browniano, pois foi Robert Brown, um botânico inglês, quem primeiro observou o fenômeno em 1827. Em 1905, Albert Einstein explicou o movimento browniano sob a hipótese de que as partículas estão sujeitas ao bombardeamento contínuo de moléculas do ambiente em torno. Esses resultados, junto com o surgimento do sistema de telefonia no final do século XIX e início do século XX, estimularam grandemente o interesse na probabilidade. Como se fazia necessário um sistema físico de conexão que permitisse a interligação de telefones individuais, com os tamanhos das chamadas e os intervalos entre demandas exibindo grande variação, surgiu uma forte motivação para o desenvolvimento de modelos probabilísticos para a descrição do comportamento desse sistema.

Embora aplicações como essas estivessem se expandindo rapidamente no início do século XX, considera-se, em geral, que apenas na década de 1930 é que surgiu uma estrutura matemática rigorosa para a probabilidade. Este capítulo apresenta os conceitos básicos que levam a uma definição de probabilidade, bem como a alguns resultados e métodos úteis para a solução de problemas. A ênfase nos Capítulos 1–7 visa encorajar a compreensão e a apreciação do assunto, com aplicações em diversos problemas na engenharia e na ciência. O leitor deve reconhecer que há um grande e rico campo da matemática relacionado à probabilidade que foge ao objetivo deste livro.

Na verdade, nossos objetivos na apresentação dos tópicos de probabilidade básica no presente capítulo são de três tipos. Primeiro, esses conceitos realçam e enriquecem nossa compreensão do mundo no qual vivemos. Em segundo lugar, muitos dos exemplos e exercícios lidam com o uso dos conceitos de probabilidade para modelar o comportamento de sistemas do mundo real. Finalmente, os tópicos de probabilidade desenvolvidos nos Capítulos 1-7 fornecem a fundamentação para os métodos estatísticos apresentados nos Capítulos 8-16 e outros. Esses métodos estatísticos tratam da análise e da interpretação de dados, fazendo inferência sobre populações com base em uma amostra extraída dessas populações, e do planejamento e da análise de experimentos e dados experimentais. Uma sólida compreensão de tais métodos fortalecerá a capacidade profissional de indivíduos que trabalham em áreas que fazem uso intenso de dados, comumente encontradas neste século XXI.

1-2 UMA REVISÃO DE CONJUNTOS

Para apresentar os conceitos básicos de probabilidade, usaremos algumas idéias da teoria de conjuntos. Um *conjunto* é um agregado ou coleção de objetos. Os conjuntos são usualmente designados por letras maiúsculas, A, B, C, e assim por diante. Os membros de um conjunto A são chamados de elementos de A. Em geral, quando x é um elemento de A escreve-se $x \in A$, e se x não é um elemento de A escreve-se $x \notin A$. Na especificação dos elementos de um conjunto podemos recorrer à *enumeração* ou a uma *propriedade definidora*. Essas idéias são ilustradas nos exemplos que se seguem. As chaves são usadas para denotar um conjunto, e o sinal de dois pontos dentro das chaves é uma abreviatura para a expressão "tal que".

Exemplo 1-1

O conjunto cujos elementos são os inteiros 5, 6, 7, 8 é um conjunto finito com quatro elementos. Podemos denotar isso por

$$A = \{5, 6, 7, 8\}.$$

Note que $5 \in A$ e $9 \notin A$ são ambas verdadeiras.

Exemplo 1-2

Se escrevemos $V = \{a, e, i, o, u\}$, estamos definindo o conjunto das vogais do alfabeto da língua portuguesa. Podemos usar uma propriedade definidora e escrever isso em símbolo, como

$$V = \{*: * \text{ é uma vogal do alfabeto português}\}.$$

Exemplo 1-3

Se o conjunto A é o conjunto de todos os números reais entre 0 e 1, inclusive, podemos denotar A por uma propriedade definidora, como

$$A = \{x: x \in R, 0 \leq x \leq 1\},$$

onde R é o conjunto de todos os números reais.

Exemplo 1-4

O conjunto $B = \{-3, +3\}$ é o mesmo conjunto que

$$B = \{x: x \in R, x^2 = 9\},$$

onde R, novamente, é o conjunto de todos os números reais.

Exemplo 1-5

No plano real, podemos considerar pontos (x, y) sobre uma dada reta A. Então, a condição para inclusão em A é que (x, y) satisfaça $ax + by = c$, de modo que

$$A = \{(x, y): x \in R, y \in R, ax + by = c\},$$

onde R é o conjunto de todos os números reais.

O *conjunto universo* é o conjunto de todos os objetos em consideração e é, geralmente, denotado por U. Outro conjunto especial é o *conjunto nulo* ou *conjunto vazio*, denotado por $\emptyset$. Para ilustrar esse conceito, considere um conjunto

$$A = \{x: x \in R, x^2 = -1\}.$$

Aqui, o conjunto universo é R, o conjunto dos números reais. Obviamente, o conjunto A é vazio, uma vez que não há números reais satisfazendo a propriedade definidora $x^2 = -1$. É importante salientar que o conjunto $\{0\} \neq \emptyset$.

Se consideramos dois conjuntos, digamos A e B, dizemos que A é um subconjunto de B, denotado por $A \subset B$, se cada elemento de A é também um elemento de B. Os conjuntos A e B são iguais (A = B) se e somente se $A \subset B$ e $B \subset A$. Como conseqüências diretas desses fatos, temos os seguintes resultados:

1. Para qualquer conjunto A, $\emptyset \subset A$.
2. Para um dado U, A considerado no contexto de U satisfaz a relação $A \subset U$.
3. Para um dado conjunto A, $A \subset A$ (relação reflexiva).
4. Se $A \subset B$ e $B \subset C$, então $A \subset C$ (relação transitiva).

Uma conseqüência interessante da igualdade de conjuntos é que a ordem de listagem dos elementos é irrelevante. Para ilustrar, sejam $A = \{a, b, c\}$ e $B = \{c, a, b\}$. Obviamente, $A = B$ pela nossa definição. Além disso, quando se utilizam propriedades definidoras os conjuntos podem ser iguais, mesmo quando as propriedades definidoras são completamente diferentes. Como um exemplo dessa segunda conseqüência, sejam $A = \{x: x \in R,$ onde x é um número primo e par$\}$ e $B = \{x: x + 3 = 5\}$. Como o inteiro 2 é o único primo par, resulta que $A = B$.

Vamos, agora, considerar algumas operações sobre conjuntos. Sejam A e B dois subconjuntos quaisquer de um conjunto universo U. Então, temos o seguinte:

1. O *complementar* de A (com relação a U) é formado pelos elementos de U que não pertencem a A. Esse conjunto complementar é denotado por $\overline{A}$. Isto é,

$$\overline{A} = \{x: x \in U, x \notin A\}.$$

2. A *interseção* de A e B é o conjunto dos elementos que pertencem a ambos os conjuntos A e B. Denota-se a interseção por $A \cap B$. Em outras palavras,

$$A \cap B = \{x: x \in A \text{ e } x \in B\}.$$

Deve-se notar, também, que $A \cap B$ é um *conjunto* e, assim, deve-se dar a ele alguma designação, tal como C.

3. A união de A e B é o conjunto de elementos que pertencem a *pelo menos um* dos conjuntos A e B. Se D representa a união, então

$$D = A \cup B = \{x: x \in A \text{ ou } x \in B \text{ (ou ambos)}\}.$$

Essas operações são ilustradas nos exemplos seguintes.

Exemplo 1-6

Seja U o conjunto das letras do alfabeto português, isto é, $U = \{*:* \text{ é uma letra do alfabeto português}\}$; sejam $A = \{*:* \text{ é uma vogal}\}$ e $B = \{*:* \text{ é uma das letras } a, b, c\}$. Como conseqüência das definições,

$\overline{A}$ = o conjunto de consoantes,
$\overline{B} = \{d, e, f, g, \ldots, x, y, z\}$,
$A \cup B = \{a, b, c, e, i, o, u\}$,
$A \cap B = \{a\}$.

Exemplo 1-7

Se o conjunto universo é definido como $U = \{1, 2, 3, 4, 5, 6, 7\}$ e definem-se três subconjuntos como $A = \{1, 2, 3\}$, $B = \{2, 4, 6\}$ e $C = \{1, 3, 5, 7\}$, vê-se imediatamente que

$$\overline{A} = \{4, 5, 6, 7\}, \quad \overline{B} = \{1, 3, 5, 7\} = C, \quad \overline{C} = \{2, 4, 6\} = B,$$
$$A \cup B = \{1, 2, 3, 4, 6\}, \quad A \cup C = \{1, 2, 3, 5, 7\}, \quad B \cup C = U,$$
$$A \cap B = \{2\}, \quad A \cap C = \{1, 3\}, \quad B \cap C = \emptyset.$$

O *diagrama de Venn* pode ser usado para ilustrar certas operações com conjuntos. Desenha-se um retângulo para representar o conjunto universo U. Um subconjunto A de U é representado pela região dentro de um círculo desenhado no interior do retângulo. Assim, $\overline{A}$ será representado pela área do retângulo fora do círculo, como ilustrado na Fig. 1-1. Usando essa notação, a interseção e a união são representadas na Fig. 1-2.

As operações de interseção e união podem ser estendidas de maneira direta para abranger qualquer número finito de conjuntos. No caso de três conjuntos — digamos A, B e C — $A \cup B \cup C$ tem a propriedade que $A \cup (B \cup C) = (A \cup B) \cup C$, que obviamente vale, uma vez que ambos os lados têm elementos iguais. Analogamente, vê-se que $A \cup B \cup C = (A \cup B) \cup C = A \cup (B \cup C)$. Algumas importantes propriedades satisfeitas pelos conjuntos, relativas às operações anteriormente definidas, são listadas a seguir.

Leis da identidade: $\quad A \cup \emptyset = A, \quad A \cap U = A,$
$\qquad\qquad\qquad\qquad\; A \cup U = U, \quad A \cap \emptyset = \emptyset.$

Leis de De Morgan: $\quad \overline{A \cup B} = \overline{A} \cap \overline{B}, \quad \overline{A \cap B} = \overline{A} \cup \overline{B}.$

Leis associativas: $\quad A \cup (B \cup C) = (A \cup B) \cup C,$
$\qquad\qquad\qquad\;\; A \cap (B \cap C) = (A \cap B) \cap C.$

Leis distributivas: $\quad A \cup (B \cap C) = (A \cup B) \cap (A \cup C),$
$\qquad\qquad\qquad\;\; A \cap (B \cup C) = (A \cap B) \cup (A \cap C).$

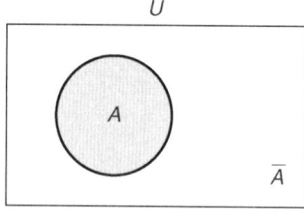

Figura 1-1 Um conjunto em um diagrama de Venn.

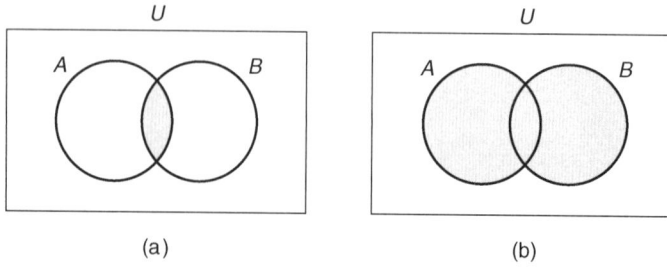

(a) \qquad\qquad (b)

Figura 1-2 A interseção e a união de dois conjuntos em um diagrama de Venn. *(a)* Interseção sombreada. *(b)* União sombreada.

No Exercício 1-2, solicita-se ao leitor que ilustre algumas dessas propriedades com diagramas de Venn. Demonstrações formais, em geral, são mais trabalhosas.

No caso de mais de três conjuntos, é costume usar um subscrito para generalizar. Assim, se n é um inteiro positivo e $B_1, B_2, ..., B_n$ são conjuntos dados, então $B_1 \cap B_2 \cap ... \cap B_n$ é o conjunto dos elementos pertencentes a *todos* os conjuntos, e $B_1 \cup B_2 \cup ... \cup B_n$ é o conjunto dos elementos que pertencem a *pelo menos um* dos conjuntos dados.

Se A e B são conjuntos, então o conjunto de todos os pares ordenados (a, b) tais que $a \in A$ e $b \in B$ é chamado de *conjunto produto cartesiano* de A e B. A notação usual é $A \times B$. Temos, então, que

$$A \times B = \{(a, b): a \in A \text{ e } b \in B\}.$$

Seja r um inteiro positivo maior que 1 e sejam $A_1, A_2, ..., A_r$ conjuntos. Então, o produto cartesiano é dado por

$$A_1 \times A_2 \times \cdots \times A_r = \{(a_1, a_2, \ldots, a_r): a_j \in A_j \text{ para } j = 1, 2, \ldots, r\}.$$

Freqüentemente, o *número* de elementos em um conjunto é de alguma importância, e vamos denotar por $n(A)$ o número de elementos do conjunto A. Se o número é *finito*, dizemos que temos um *conjunto finito*. Se o conjunto é infinito, mas de modo tal que os seus elementos possam ser colocados em uma correspondência um a um com os números naturais, então o conjunto é chamado de *conjunto infinito enumerável*. Um *conjunto não-enumerável* contém um número infinito de elementos que não podem ser enumerados. Por exemplo, se $a < b$, então o conjunto $A = \{x \in R, a \leq x \leq b\}$ é um conjunto não-enumerável.

Um conjunto de interesse particular é o *conjunto potência*. Os elementos desse conjunto são os subconjuntos de A, e uma notação comum é $\{0, 1\}^A$. Por exemplo, se $A = \{1, 2, 3\}$, então

$$\{0, 1\}^A = \{\emptyset, \{1\}, \{2\}, \{3\}, \{1, 2\}, \{1, 3\}, \{2, 3\}, \{1, 2, 3\}\}.$$

1-3 EXPERIMENTOS E ESPAÇOS AMOSTRAIS

A teoria da probabilidade foi motivada por situações da vida real, onde um experimento é realizado e o experimentador observa o resultado. Além disso, o resultado não pode ser predito com certeza. Tais experimentos são chamados de *experimentos aleatórios*. O conceito de experimento aleatório é considerado matematicamente como uma noção primitiva e, assim, não é definido de outra maneira; no entanto, podemos notar que os experimentos aleatórios têm algumas características em comum. Primeiro, embora não possamos predizer um resultado particular com certeza, nós podemos descrever o *conjunto dos resultados possíveis*. Segundo, de um ponto de vista conceitual o experimento é tal que pode ser repetido sob as mesmas condições, com os resultados aparecendo ao acaso; no entanto, à medida que o número de repetições aumenta, emergem certos padrões na freqüência de ocorrência dos resultados.

Muitas vezes iremos considerar experimentos idealizados. Por exemplo, podemos excluir o resultado de um lançamento de uma moeda quando a moeda cai de pé. Isso é mais por conveniência que por necessidade. O conjunto dos resultados possíveis é chamado de *espaço amostral,* e esses resultados definem um experimento idealizado particular. Os símbolos $\mathcal{E}$ e $\mathcal{S}$ são usados para representar o experimento aleatório e o espaço amostral associado.

Seguindo a terminologia adotada na revisão de conjuntos e suas operações, vamos classificar os espaços amostrais (e, assim, os experimentos aleatórios). Um *espaço amostral discreto* é aquele no qual há um número finito ou um número infinito contável (ou enumerável) de resultados. Da mesma maneira, um *espaço amostral contínuo* tem resultados não-enumeráveis (ou não-contáveis). Estes devem ser números reais em um intervalo ou pares reais contidos em produtos de intervalos, onde as medidas são feitas em duas variáveis seguindo um experimento.

Para ilustrar experimentos aleatórios com os espaços amostrais associados, vamos considerar vários exemplos.

Exemplo 1-8

$\mathcal{E}_1$: Jogue uma moeda equilibrada e observe a face para cima.

$\mathcal{S}_1$: $\{K, C\}$, onde K representa "cara" e C representa "coroa".

Note que esse é um conjunto finito.

Exemplo 1-9

$\mathcal{E}_2$: Jogue uma moeda três vezes e observe a seqüência de caras e coroas.

$\mathcal{S}_2$: {KKK, KKC, KCK, KCC, CKK, CKC, CCK, CCC}.

Exemplo 1-10

$\mathcal{E}_3$: Jogue uma moeda três vezes e observe o número de caras.

$\mathcal{S}_3$: {0, 1, 2, 3}.

Exemplo 1-11

$\mathcal{E}_4$: Jogue um par de dados e observe as faces superiores.

$\mathcal{S}_4$: {(1, 1), (1, 2), (1, 3), (1, 4), (1, 5), (1, 6),
(2, 1), (2, 2), (2, 3), (2, 4), (2, 5), (2, 6),
(3, 1), (3, 2), (3, 3), (3, 4), (3, 5), (3, 6),
(4, 1), (4, 2), (4, 3), (4, 4), (4, 5), (4, 6),
(5, 1), (5, 2), (5, 3), (5, 4), (5, 5), (5, 6),
(6, 1), (6, 2), (6, 3), (6, 4), (6, 5), (6, 6)}.

Exemplo 1-12

$\mathcal{E}_5$: Uma porta de automóvel é montada com um grande número de pontos de soldagem. Depois de montada, cada solda é inspecionada e anota-se o número total de soldas defeituosas.

$\mathcal{S}_5$: {0, 1, 2, ..., K}, onde K é o número total de soldas na porta.

Exemplo 1-13

$\mathcal{E}_6$: Um tubo de raios catódicos é posto em funcionamento até falhar. O tempo decorrido (em horas) até a falha é registrado.

$\mathcal{S}_6$: {$t: t \in R, t \geq 0$}.

Esse conjunto é não-enumerável.

Exemplo 1-14

$\mathcal{E}_7$: Um monitor registra a contagem de emissão de uma fonte radiativa durante um minuto.

$\mathcal{S}_7$: {0, 1, 2, ...}.

Esse conjunto é infinito enumerável.

Exemplo 1-15

$\mathcal{E}_8$: Duas juntas de solda em uma placa de circuito impresso são inspecionadas por uma sonda e também visualmente, e cada junta é classificada como boa, B, ou defeituosa, D, necessitando de retrabalho ou considerada sucata.

$\mathcal{S}_8$: {BB, BD, DB, DD}.

Exemplo 1-16

$\mathcal{E}_9$: Em uma determinada indústria química, o volume produzido por dia de um produto específico varia entre um valor mínimo b e um valor máximo c, que corresponde à capacidade. Seleciona-se aleatoriamente um dia e observa-se a quantidade produzida.

$\mathcal{S}_9$: {$x: x \in R, b \leq x \leq c$}.

Exemplo 1-17

$\mathscr{E}_{10}$: Uma indústria está engajada no atendimento de um pedido de peças de 20 pés de comprimento. Visto que a operação de aparo gera sucata em ambas as pontas, o comprimento da peça tem que exceder 20 pés. Por causa dos custos envolvidos, a quantidade de sucata é crítica. Uma peça é fabricada, aparada e, depois de terminada, a quantidade de sucata é medida.

$\mathscr{S}_{10}$: $\{x:x \in R, x > 0\}$.

Exemplo 1-18

$\mathscr{E}_{11}$: No lançamento de um míssil, os três componentes de velocidade são mencionados pelo pessoal da terra como uma função do tempo. Depois de um minuto do lançamento, eles são impressos para uma unidade de controle.

$\mathscr{S}_{11}$: $\{(v_x, v_y, v_z): v_x, v_y, v_z \text{ são números reais}\}$.

Exemplo 1-19

$\mathscr{E}_{12}$: No exemplo anterior, os componentes da velocidade são continuamente registrados durante cinco minutos.

$\mathscr{S}_{12}$: O espaço aqui é complicado, uma vez que temos a considerar todas as possíveis realizações das funções $v_x(t)$, $v_y(t)$ e $v_z(t)$ para $0 \leq t \leq 5$ minutos.

Todos esses exemplos têm as características exigidas de experimentos aleatórios. Com exceção do Exemplo 1-19, a descrição do espaço amostral é imediata e, embora repetições não estejam sendo consideradas, idealmente poderíamos repetir os experimentos. Para ilustrar o fenômeno da ocorrência aleatória, considere o Exemplo 1-8. Obviamente, se $\mathscr{E}_8$ for repetido várias vezes, obteremos uma seqüência de *caras* e *coroas*. Um padrão emerge à medida que continuamos repetindo o experimento. Note que, como a moeda é equilibrada, deveríamos obter cara em aproximadamente metade das vezes. Reconhecendo a *idealização* do modelo, simplesmente concordamos com um conjunto teórico de possíveis resultados. Em $\mathscr{E}_1$, excluímos a possibilidade de a moeda cair de pé, e em $\mathscr{E}_6$, onde registramos o tempo de falha, o espaço amostral idealizado consistia em todos os números reais não-negativos.

1-4 EVENTOS

Um evento, digamos A, está associado ao espaço amostral de um experimento. O espaço amostral é considerado o conjunto universo, de modo que o evento A é simplesmente um subconjunto de $\mathscr{S}$. Note que $\varnothing$ e $\mathscr{S}$ são subconjuntos de $\mathscr{S}$. Como regra geral, uma letra maiúscula será usada para denotar um evento. Para um espaço amostral finito, pode-se observar que o conjunto de todos os eventos possíveis é o *conjunto potência*, e, mais geralmente, exigimos que se $A \subset \mathscr{S}$, então $\overline{A} \subset \mathscr{S}$ e, se $A_1, A_2, ...$ for uma seqüência de eventos mutuamente exclusivos em $\mathscr{S}$, conforme definição a seguir, então $\bigcup_{i=1}^{\infty} A_i \subset \mathscr{S}$. Os eventos seguintes relacionam-se aos experimentos $\mathscr{E}_1, \mathscr{E}_2, ..., \mathscr{E}_{10}$ descritos na seção anterior. Eles são dados apenas a título de ilustração; muitos outros eventos poderiam ser descritos para cada caso.

$\mathscr{E}_1.A$:   O lançamento da moeda resulta em cara $\{K\}$.
$\mathscr{E}_2.A$:   Todos os lançamentos resultam na mesma face $\{KKK, CCC\}$.
$\mathscr{E}_3.A$:   O número total de caras é dois $\{2\}$.
$\mathscr{E}_4.A$:   A soma das faces para cima é sete $\{(1, 6), (2, 5), (3, 4), (4, 3), (5, 2), (6, 1)\}$.
$\mathscr{E}_5.A$:   O número de soldas defeituosas não excede cinco $\{0, 1, 2, 3, 4, 5\}$.
$\mathscr{E}_6.A$:   O tempo de falha é maior que 1000 horas $\{t:t > 1000\}$.
$\mathscr{E}_7.A$:   A contagem é exatamente dois $\{2\}$.
$\mathscr{E}_8.A$:   Nenhuma solda é defeituosa $\{BB\}$.
$\mathscr{E}_9.A$:   O volume produzido está entre $a > b$ e c $\{x:x \in R, b < a < x < c\}$.
$\mathscr{E}_{10}.A$:   A sucata não excede um pé $\{x:x \in R, 0 < x \leq 1\}$.

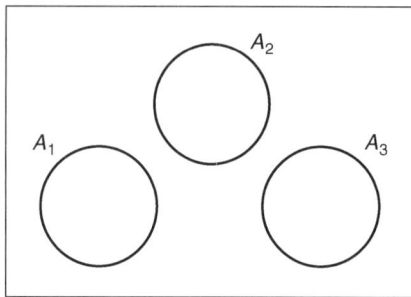

Figura 1-3 Três eventos mutuamente exclusivos.

Como um evento é um conjunto, as operações de conjuntos definidas para eventos, bem como as leis e propriedades da Seção 1-2, são válidas. Se as interseções de todas as combinações de dois ou mais eventos, dentre k eventos considerados, forem vazias, então os k eventos são *mutuamente exclusivos* (ou *disjuntos*). Se houver dois eventos, A e B, então eles serão mutuamente exclusivos se $A \cap B = \emptyset$. Com $k = 3$, exigiríamos que $A_1 \cap A_2 = \emptyset$, $A_1 \cap A_3 = \emptyset$, $A_2 \cap A_3 = \emptyset$ e $A_1 \cap A_2 \cap A_3 = \emptyset$; esse caso é ilustrado na Fig. 1-3. Enfatizamos que esses eventos múltiplos estão associados a um único experimento.

1-5 DEFINIÇÃO E ATRIBUIÇÃO DE PROBABILIDADE

Uma abordagem axiomática é usada para definir probabilidade como uma *função de conjuntos*, em que os elementos do domínio são conjuntos e os elementos da imagem são números reais entre 0 e 1. Se o evento A é um elemento no domínio dessa função, usamos a notação usual de função, $P(A)$, para designar o elemento correspondente na imagem.

Definição

Se um experimento $\mathscr{E}$ tem espaço amostral $\mathscr{S}$ e um evento A está definido em $\mathscr{S}$, então $P(A)$ é um número real chamado probabilidade do evento A, e a função $P(\cdot)$ tem as seguintes propriedades:

1. $0 \le P(A) \le 1$ para cada evento A de $\mathscr{S}$.
2. $P(\mathscr{S}) = 1$.
3. Para um número finito k de eventos mutuamente exclusivos definidos em $\mathscr{S}$,

$$P\left(\bigcup_{i=1}^{k} A_i\right) = \sum_{i=1}^{k} P(A_i).$$

4. Se $A_1, A_2, A_3, \ldots$ é uma seqüência enumerável de eventos mutuamente exclusivos definidos em $\mathscr{S}$, então

$$P\left(\bigcup_{i=1}^{\infty} A_i\right) = \sum_{i=1}^{\infty} P(A_i).$$

Note que as propriedades da definição dada não dizem ao pesquisador *como* atribuir probabilidades; no entanto, elas restringem a forma pela qual a atribuição pode ser feita. Na prática, probabilidades são atribuídas com base em (1) estimativas obtidas de experiência prévia ou observações *a priori*, (2) considerações analíticas de condições experimentais ou (3) hipóteses.

Para ilustrar a atribuição de probabilidades com base em experiência, considere a repetição de um experimento e a freqüência relativa de ocorrência do evento de interesse.

Essa noção de freqüência relativa tem um apelo intuitivo e envolve a repetição conceitual de um experimento e a contagem tanto do número de repetições como do número de vezes em que o evento em questão ocorre. Mais precisamente, $\mathscr{E}$ é repetido m vezes e dois eventos são denotados A e B. Denote por m_A e m_B o número de vezes em que A e B ocorrem, respectivamente, nas m repetições.

Definição

O valor $f_A = m_A/m$ é chamado de *freqüência relativa* do evento A. Ele tem as seguintes propriedades:

1. $0 \leq f_A \leq 1$.
2. $f_A = 0$ se e somente se A nunca ocorre, e $f_A = 1$ se A ocorre em todas as repetições.
3. Se A e B são eventos mutuamente exclusivos, então $f_{A \cup B} = f_A + f_B$.

À medida que m se torna grande, f_A tende a se estabilizar. Isto é, à medida que o número de repetições do experimento aumenta, a freqüência relativa do evento A variará menos e menos (entre uma repetição e outra). O conceito de freqüência relativa e a tendência em direção à estabilidade levam a um método para atribuir probabilidade. Se um experimento $\mathcal{E}$ tem espaço amostral $\mathcal{S}$ e um evento é definido, e se a freqüência relativa f_A se aproxima de algum número p_A à medida que o número de repetições aumenta, então o número p_A é atribuído a A como sua probabilidade, isto é, quando $m \to \infty$,

$$P(A) = \frac{m_A}{m} = p_A. \qquad (1\text{-}1)$$

Na prática, obviamente temos que aceitar um número de repetições menor que o infinito. Como um exemplo, considere o experimento $\mathcal{E}$ do lançamento de uma moeda e observe o resultado — cara (K) ou coroa (C) — oriundo de cada repetição. Se o processo observacional é considerado como um experimento aleatório tal que para uma particular repetição o espaço amostral é $\mathcal{S} = \{K, C\}$, definimos o evento $A = \{K\}$, em que esse evento é definido antes de as observações serem feitas. Suponha que depois de $m = 100$ repetições de $\mathcal{E}$ observemos $m_A = 43$, resultando em uma freqüência relativa de $f_A = 0,43$, um número aparentemente baixo. Suponha que, em vez de 100, façamos $m = 10.000$ repetições de $\mathcal{E}$ e, dessa vez, observemos $m_A = 4.924$, de modo que a freqüência relativa nesse caso é $f_A = 0,4924$. Como agora temos à nossa disposição 10.000 observações em vez de 100, qualquer pessoa se sentirá mais confortável em atribuir a $P(A)$ a freqüência relativa atualizada de 0,4924. A estabilidade de f_A à medida que m se torna grande é apenas uma noção intuitiva nesse momento; teremos condições de ser mais precisos mais adiante, no nosso estudo.

Um método para calcular a probabilidade de um evento A é o seguinte. Suponha que o espaço amostral tenha um número finito, n, de elementos, e_i, e que a probabilidade atribuída a cada resultado seja $p_i = P(E_i)$, em que $E_i = \{e_i\}$ e

$$p_i \geq 0, \qquad i = 1, 2, \ldots, n,$$

enquanto

$$p_1 + p_2 + \ldots + p_n = 1,$$

$$P(A) = \sum_{i: e_i \in A} p_i. \qquad (1\text{-}2)$$

Essa é uma afirmativa de que a probabilidade do evento A é a soma das probabilidades associadas aos resultados que formam o evento A, e esse resultado é uma simples conseqüência da definição de probabilidade. Ainda temos que encarar a atribuição de probabilidades aos resultados e_i. Deve-se notar que o espaço amostral não será finito se, por exemplo, os elementos e_i de $\mathcal{S}$ forem infinitamente enumeráveis em número. Nesse caso, note que

$$p_i \geq 0, \qquad i = 1, 2, \ldots,$$

$$\sum_{i=1}^{\infty} p_i = 1.$$

No entanto, a equação 1-2 pode ser usada sem modificação.

Se o espaço amostral é finito com n resultados *igualmente prováveis*, de modo que $p_1 = p_2 = \ldots = p_n = 1/n$, então

$$P(A) = \frac{n(A)}{n} \qquad (1\text{-}3)$$

e $n(A)$ resultados estão contidos em A. Métodos de contagem úteis na determinação de A e $n(A)$ serão apresentados na Seção 1-6.

Exemplo 1-20

Suponha que a moeda do Exemplo 1-9 seja tendenciosa, de modo que os resultados do espaço amostral $\mathscr{S} = \{KKK, KKC, KCK, KCC, CKK, CKC, CCK, CCC\}$ tenham probabilidades $p_1 = \frac{1}{27}$, $p_2 = \frac{2}{27}$, $p_3 = \frac{2}{27}$, $p_4 = \frac{4}{27}$, $p_5 = \frac{2}{27}$, $p_6 = \frac{4}{27}$, $p_7 = \frac{4}{27}$, $p_8 = \frac{8}{27}$, em que $e_1 = KKK$, $e_2 = KKC$, e assim por diante. Se definirmos o evento A como o evento em que todos os lançamentos resultam na mesma face, então $P(A) = \frac{1}{27} + \frac{8}{27} = \frac{1}{3}$.

Exemplo 1-21

Suponha que no Exemplo 1-14 tenhamos o conhecimento prévio de que

$$p_i = \frac{e^{-2} \cdot 2^{i-1}}{(i-1)!} \qquad i = 1, 2, \ldots,$$
$$= 0, \qquad \text{caso contrário.}$$

onde p_i é a probabilidade de que o monitor registre uma contagem de $i-1$ durante um intervalo de um minuto. Se considerarmos o evento A como o evento que contém os resultados 0 e 1, então $A = \{0, 1\}$ e $P(A) = p_1 + p_2 = e^{-2} + 2e^{-2} \cong 0{,}406$.

Exemplo 1-22

Considere o Exemplo 1-9, onde uma moeda honesta é lançada três vezes, e o evento A, onde todos os lançamentos resultam na mesma face. Pela Equação 1-3,

$$P(A) = \frac{n(A)}{n} = \frac{2}{8},$$

uma vez que há um total de oito resultados e dois são favoráveis ao evento A. Como estamos supondo que a moeda seja honesta, todos os oito resultados são igualmente prováveis.

Exemplo 1-23

Suponha que os dados no Exemplo 1-11 sejam equilibrados e considere o evento A, em que a soma das faces superiores é igual a 7. Usando os resultados da Equação 1-3, vemos que há 36 resultados possíveis, dos quais seis são favoráveis ao evento A, de modo que $P(A) = \frac{1}{6}$.

Note que os Exemplos 1-22 e 1-23 são extremamente simples em dois aspectos: o espaço amostral é de um tipo altamente restrito e o processo de contagem é fácil. Métodos de combinatória freqüentemente se tornam necessários à medida que a contagem se torna mais complexa. Métodos de contagem básicos são revisados na Seção 1-6. Apresentamos, a seguir, alguns teoremas importantes referentes a probabilidades.

Teorema 1-1

Se $\varnothing$ é o conjunto vazio, então $P(\varnothing) = 0$.

Prova Note que $\mathscr{S} = \mathscr{S} \cup \varnothing$ e $\mathscr{S}$ e $\varnothing$ são mutuamente exclusivos. Então, $P(\mathscr{S}) = P(\mathscr{S}) + P(\varnothing)$ pela propriedade 4; resulta que $P(\varnothing) = 0$.

Teorema 1-2

$P(\overline{A}) = 1 - P(A)$.

Prova Note que $\mathscr{S} = A \cup \overline{A}$ e A e $\overline{A}$ são mutuamente exclusivos. Então, $P(\mathscr{S}) = P(A) + P(\overline{A})$ pela propriedade 4; mas, pela propriedade 2, $P(\mathscr{S}) = 1$. Logo, $P(\overline{A}) = 1 - P(A)$.

Teorema 1-3

$P(A \cup B) = P(A) + P(B) - P(A \cap B)$.

Prova Como $A \cup B = A \cup (B \cap \overline{A})$, onde A e $(B \cap \overline{A})$ são mutuamente exclusivos, e $B = (A \cap B) \cup (B \cap \overline{A})$, onde $(A \cap B)$ e $(B \cap \overline{A})$ são mutuamente exclusivos, então $P(A \cup B) = P(A) + P(B \cap \overline{A})$ e $P(B) = P(A \cap B) + P(B \cap \overline{A})$. Subtraindo, $P(A \cup B) - P(B) = P(A) - P(A \cap B)$ e, portanto, $P(A \cup B) = P(A) + P(B) - P(A \cap B)$.

O diagrama de Venn na Fig. 1-4 é útil para seguir o argumento utilizado na demonstração do Teorema 1-3. Vemos que a "dupla contagem" da região hachurada na expressão $P(A) + P(B)$ é corrigida pela subtração de $P(A \cap B)$.

Teorema 1-4

$P(A \cup B \cup C) = P(A) + P(B) + P(C) - P(A \cap B) - P(A \cap C) - P(B \cap C) + P(A \cap B \cap C)$.

Prova Podemos escrever $A \cup B \cup C = (A \cup B) \cup C$ e usar o Teorema 1-3, uma vez que $A \cup B$ é um evento. O leitor será solicitado a fornecer os detalhes dessa demonstração no Exercício 1-32.

Teorema 1-5

$$P(A_1 \cup A_2 \cup \cdots \cup A_k) = \sum_{i=1}^{k} P(A_i) - \sum_{i<j=2}^{k} P(A_i \cap A_j) + \sum_{i<j<r=3}^{k} P(A_i \cap A_j \cap A_r) + \cdots + (-1)^{k-1} P(A_1 \cap A_2 \cap \cdots \cap A_k).$$

Prova Consulte o Exercício 1-33.

Teorema 1-6

Se $A \subset B$, então $P(A) \le P(B)$.

Prova

Se $A \subset B$, então $B = A \cup (\overline{A} \cap B)$ e $P(B) = P(A) + P(\overline{A} \cap B) \ge P(A)$, uma vez que $P(\overline{A} \cap B) \ge 0$.

Exemplo 1-24

Se A e B são eventos mutuamente exclusivos, e como sabemos que $P(A) = 0{,}20$ e $P(B) = 0{,}30$, podemos calcular várias probabilidades:

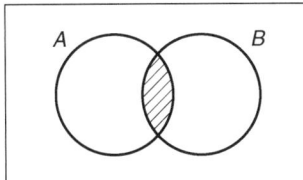

Figura 1-4 Diagrama de Venn para dois eventos.

1. $P(\overline{A}) = 1 - P(A) = 0{,}80$.
2. $P(\overline{B}) = 1 - P(B) = 0{,}70$.
3. $P(A \cup B) = P(A) + P(B) = 0{,}2 + 0{,}3 = 0{,}5$.
4. $P(A \cap B) = 0$.
5. $P(\overline{A} \cap \overline{B}) = P(\overline{A \cup B})$, pela lei de De Morgan
   $= 1 - P(A \cup B)$
   $= 1 - [P(A) + P(B)] = 0{,}5$.

Exemplo 1-25

Suponha que os eventos A e B não sejam mutuamente exclusivos e que saibamos que $P(A) = 0{,}20$, $P(B) = 0{,}30$ e $P(A \cap B) = 0{,}10$. Calculando as mesmas probabilidades anteriores, obtemos

1. $P(\overline{A}) = 1 - P(A) = 0{,}80$.
2. $P(\overline{B}) = 1 - P(B) = 0{,}70$.
3. $P(A \cup B) = P(A) + P(B) - P(A \cap B) = 0{,}2 + 0{,}3 - 0{,}1 = 0{,}4$.
4. $P(A \cap B) = 0{,}1$.
5. $P(\overline{A} \cap \overline{B}) = P(\overline{A \cup B}) = 1 - [P(A) + P(B) - P(A \cap B)] = 0{,}6$.

Exemplo 1-26

Suponha que em uma determinada cidade 75% dos residentes pratiquem corrida (C), 20% gostem de sorvete (S) e 40% gostem de música (M). Além disso, suponha que 15% corram *e* gostem de sorvete, 30% corram *e* gostem de música, 10% gostem de sorvete *e* música e 5% gostem das três atividades. Podemos consolidar todas essas informações no diagrama de Venn da Fig. 1-5, começando pela última informação, $P(C \cap S \cap M) = 0{,}05$ e trabalhando do "centro para fora".

1. Ache a probabilidade de uma pessoa, selecionada aleatoriamente, estar engajada em pelo menos uma das três atividades. Pelo Teorema 1-4,

$$P(C \cup S \cup M) = P(C) + P(S) + P(M) - P(C \cap S) - P(C \cap M) - P(S \cap M) + P(C \cap S \cap M)$$
$$= 0{,}75 + 0{,}20 + 0{,}40 - 0{,}15 - 0{,}30 - 0{,}10 + 0{,}05 = 0{,}85.$$

Essa resposta é, também, imediata, pela soma dos componentes do diagrama de Venn.

2. Ache a probabilidade de um morador gostar de exatamente um tipo das atividades. Pelo diagrama de Venn, podemos ver que essa probabilidade é

$$P(C \cap \overline{S} \cap \overline{M}) + P(\overline{C} \cap S \cap \overline{M}) + P(\overline{C} \cap \overline{S} \cap M) = 0{,}35 + 0 + 0{,}05 = 0{,}40.$$

1-6 ESPAÇOS AMOSTRAIS FINITOS E ENUMERAÇÃO

Experimentos que dão origem a espaços amostrais finitos já foram discutidos, e apresentaram-se métodos para atribuir probabilidades a eventos associados a tais experimentos. Podemos usar as equações 1-1, 1-2 e 1-3 e lidar com resultados igualmente prováveis ou não. Em algumas situações, teremos de recorrer ao conceito de freqüência relativa e repetições sucessivas (experimentação) para *esti-*

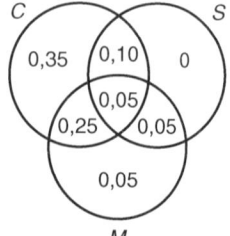

Figura 1-5 Diagrama de Venn para o Exemplo 1-26.

mar probabilidades, como indicado na equação 1-1, com algum *m* finito. Nesta seção, no entanto, vamos lidar com resultados igualmente prováveis e a equação 1-3. Note que essa equação representa um caso especial da equação 1-2, onde $p_1 = p_2 = ... = p_n = 1/n$.

Para atribuir probabilidades, $P(A) = n(A)/n$, temos que ser capazes de determinar tanto *n*, o número de *resultados*, quanto $n(A)$, o *número de resultados favoráveis ao evento A*. Se há *n* resultados em $\mathcal{S}$, então há 2^n subconjuntos possíveis, que são os elementos do conjunto potência $\{0, 1\}^A$.

A exigência de que os *n* resultados sejam igualmente prováveis é muito importante, e há numerosas aplicações em que o experimento especifica que um ou mais itens sejam *aleatoriamente* selecionados de um grupo populacional com *N* itens, sem reposição.

Se *n* representa o tamanho da amostra ($n \leq N$) e a seleção é aleatória, então cada seleção (amostra) possível é igualmente provável. Veremos mais adiante que há $N!/n!(N - n)!$ dessas amostras, de modo que a probabilidade de se obter uma amostra em particular tem que ser $n!(N - n)!/N!$. Deve-se ter o cuidado de notar que uma amostra difere da outra se um (ou mais de um) item aparece em uma amostra e não na outra. Os itens da população têm que ser identificáveis. A título de ilustração, suponha que uma população seja composta de quatro *chips* ($N = 4$), rotulados *a*, *b*, *c*, *d*. O tamanho da amostra deve ser dois ($n = 2$). Os resultados *possíveis* da seleção, desconsiderando a ordem, são elementos de $\mathcal{S} = \{ab, ac, ad, bc, bd, cd\}$. Se o processo de amostragem é aleatório, a probabilidade de se obter cada amostra possível é de $\frac{1}{6}$. Os mecanismos para seleção de amostras aleatórias variam bastante, e dispositivos como geradores de números pseudo-aleatórios, *tabela de números aleatórios* e *dados icosaédricos* são freqüentemente usados, conforme discutiremos mais adiante.

Torna-se óbvia a necessidade de métodos de *enumeração* para o cálculo de *n* e $n(A)$ para experimentos que geram resultados igualmente prováveis; as Seções 1-6.1 a 1-6.5 apresentam uma revisão de técnicas de enumeração e resultados úteis para tal propósito.

1-6.1 Diagrama de Árvore

Em experimentos simples, um diagrama de árvore pode ser útil na enumeração do espaço amostral. Considere o Exemplo 1-9, onde uma moeda equilibrada é lançada três vezes. O conjunto de resultados possíveis pode ser encontrado tomando-se todos os possíveis caminhos no diagrama de árvore exibido na Fig. 1-6. Deve-se notar que há dois resultados em cada lançamento, três lançamentos e $2^3 = 8$ resultados $\{KKK, KKC, KCK, KCC, CKK, CKC, CCK, CCC\}$.

1-6.2 Princípio da Multiplicação

Se conjuntos $A_1, A_2, ..., A_k$ têm, respectivamente, $n_1, n_2, ..., n_k$ elementos, então há $n_1 \cdot n_2 \cdot ... n_k$ maneiras de se selecionar um elemento, primeiro de A_1, depois de A_2, ... e finalmente de A_k.

No caso especial onde $n_1 = n_2 = ... = n_k = n$, há n^k seleções possíveis. Essa foi a situação encontrada no experimento do lançamento da moeda do Exemplo 1-9.

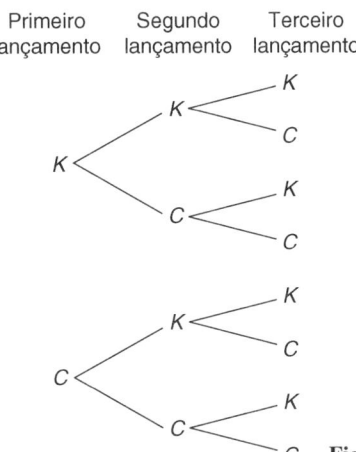

Figura 1-6 O digrama de árvore para três lançamentos de uma moeda.

Suponha que consideremos um experimento composto, $\mathscr{E}$, que consiste em k experimentos, $\mathscr{E}_1, \mathscr{E}_2, ..., \mathscr{E}_k$. Se os espaços amostrais $\mathscr{S}_1, \mathscr{S}_2, ..., \mathscr{S}_k$ contêm $n_1, n_2, ..., n_k$ elementos, respectivamente, então há $n_1 \cdot n_2 ... \cdot n_k$ resultados em $\mathscr{E}$. Além disso, se os n_j resultados de $\mathscr{S}_j$ são igualmente prováveis para $j = 1, 2, ..., k$, então os $n_1 \cdot n_2 ... \cdot n_k$ resultados em $\mathscr{E}$ são igualmente prováveis.

Exemplo 1-27

Suponha que lancemos uma moeda equilibrada e um dado honesto. Como o dado e a moeda são honestos, os dois resultados de $\mathscr{E}_1$, $\mathscr{S}_1 = \{K, C\}$, são igualmente prováveis, e os seis resultados de $\mathscr{E}_2$, $\mathscr{S}_2 = \{1, 2, 3, 4, 5, 6\}$, também o são. Como $n_1 = 2$ e $n_2 = 6$, há 12 resultados para o experimento completo, e todos os resultados são igualmente prováveis. Por causa da simplicidade do experimento nesse caso, um diagrama de árvore permite uma fácil e completa enumeração. Veja a Fig. 1-7.

Exemplo 1-28

Um processo de manufatura está operando com pouquíssima inspeção durante o processo. Depois de completados, os itens são transportados para uma área de inspeção, onde quatro características são inspecionadas, cada uma por um inspetor diferente. O primeiro inspetor classifica uma característica em uma de quatro categorias. O segundo inspetor usa três categorias, e o terceiro e o quarto inspetores usam duas categorias. Cada inspetor marca sua classificação na etiqueta de identificação do item. Há um total de $4 \cdot 3 \cdot 2 \cdot 2 = 48$ maneiras de cada item ser marcado.

1-6.3 Permutações

Uma permutação é uma disposição ordenada de objetos distintos. Uma permutação difere da outra se a ordem da organização difere ou se os objetos são diferentes. A título de ilustração, suponha que consideremos, novamente, os quatro *chips* distintos rotulados a, b, c, d. Se queremos considerar todas as permutações desses itens tomados um de cada vez, então essas permutações são

$$a$$
$$b$$
$$c$$
$$d$$

Se queremos as permutações tomando dois itens de cada vez, estas são

$$\begin{array}{ll} ab & bc \\ ba & cb \\ ac & bd \\ ca & db \\ ad & cd \\ da & dc \end{array}$$

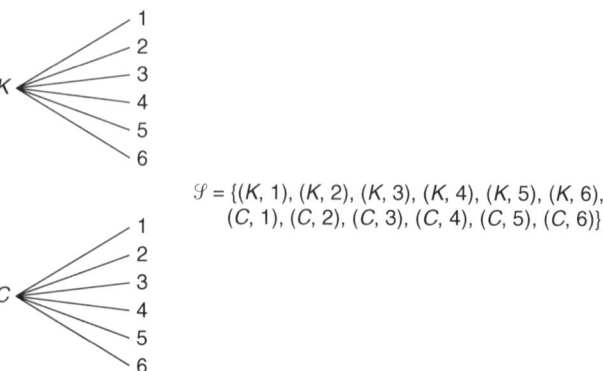

Figura 1-7 O diagrama de árvore para o Exemplo 1-27.

Note que as permutações *ab* e *ba* diferem por causa da diferença na ordem dos objetos, enquanto as permutações *ac* e *ab* diferem por causa de diferenças nos elementos. A fim de generalizar, vamos considerar o caso em que há *n* objetos distintos dos quais se planeja selecionar permutações de *r* objetos ($r \leq n$). O número de tais permutações, P_r^n, é dado por

$$P_r^n = n(n-1)(n-2)(n-3)\cdots(n-r+1)$$
$$= \frac{n!}{(n-r)!}.$$

Isso resulta do fato de que há *n* maneiras de se selecionar o primeiro objeto, $(n-1)$ maneiras de se selecionar o segundo, ..., $[n - (r-1)]$ maneiras de se selecionar o *r*-ésimo, e da aplicação do princípio da multiplicação. Note que $P_r^n = n!$ e $0! = 1$.

Exemplo 1-29

Um time típico da liga principal de basquete tem 25 jogadores. Uma formação dos jogadores consiste em nove desses jogadores em uma determinada ordem. Assim, há $P_9^{25} = 7{,}41 \times 10^{11}$ formações possíveis.

1-6.4 Combinações

Uma combinação é uma disposição de objetos distintos, onde cada combinação difere de outra apenas se os objetos forem diferentes. Aqui, a ordem não importa. No caso dos quatro *chips* identificados pelas letras *a*, *b*, *c*, *d*, as combinações dos *chips*, tomados dois a dois, são

$$ab$$
$$ac$$
$$ad$$
$$bc$$
$$bd$$
$$cd$$

Estamos interessados em determinar o número de combinações quando há *n* objetos distintos, dos quais *r* devem ser selecionados de cada vez. Como o número de permutações era o número de maneiras de selecionar *r* dentre os *n* e depois permutar os *r* objetos, podemos observar que

$$P_r^n = r! \cdot \binom{n}{r}, \qquad (1\text{-}4)$$

onde $\binom{n}{r}$ representa o número de *combinações*. Resulta que

$$\binom{n}{r} = P_r^n / r! = \frac{n!}{r!(n-r)!}. \qquad (1\text{-}5)$$

No exemplo com os quatro *chips*, onde $r = 2$, pode-se verificar facilmente que $P_2^4 = 12$ e $\binom{4}{2} = 6$, como visto com a enumeração completa.

Para os objetivos atuais, $\binom{n}{r}$ é definido para *n* e *r* inteiros, tais que $0 \leq r \leq n$; no entanto, os termos $\binom{n}{r}$ podem ser definidos em geral para *n* real e *r* inteiro não-negativo. Neste caso, temos que

$$\binom{n}{r} = \frac{n(n-1)(n-2)\cdots(n-r+1)}{r!}.$$

O leitor deve se lembrar do *teorema binomial:*

$$(a+b)^n = \sum_{r=0}^{n} \binom{n}{r} a^r b^{n-r}. \tag{1-6}$$

Os números $\binom{n}{r}$ são, então, chamados de coeficientes binomiais.

Retornando à definição de amostra aleatória sem reposição de uma população finita, há N objetos dos quais devem ser selecionados n. Há, então, $\binom{N}{n}$ diferentes amostras possíveis. Se o processo de seleção é aleatório, cada resultado possível tem probabilidade $1/\binom{N}{n}$ de ser a amostra selecionada.

Duas identidades úteis na solução de problemas são

$$\binom{n}{r} = \binom{n}{n-r} \tag{1-7}$$

e

$$\binom{n}{r} = \binom{n-1}{r-1} + \binom{n-1}{r}. \tag{1-8}$$

Para demonstrar o resultado mostrado na equação 1-7, deve-se notar que

$$\binom{n}{r} = \frac{n!}{r!(n-r)!} = \frac{n!}{(n-r)!r!} = \binom{n}{n-r},$$

e para o resultado na equação 1-8, deve-se expandir o lado direito e agrupar os termos.

Para verificar que um conjunto finito de n elementos tem 2^n subconjuntos, como dito anteriormente, note que

$$2^n = (1+1)^n = \sum_{r=0}^{n} \binom{n}{r} = \binom{n}{0} + \binom{n}{1} + \cdots + \binom{n}{n}$$

usando a equação 1-6. O lado direito dessa relação nos dá o número de subconjuntos, uma vez que $\binom{n}{0}$ é o número de subconjuntos com 0 elemento, $\binom{n}{1}$ é o número de subconjuntos com 1 elemento, ... e $\binom{n}{n}$ é o número de subconjuntos com n elementos.

Exemplo 1-30

Sabe-se que um lote de produção de tamanho 100 contém 5% de itens defeituosos. Seleciona-se, sem reposição, uma amostra aleatória de 10 itens. Para se determinar a probabilidade de não haver itens defeituosos na amostra, recorremos ao cálculo do número de amostras possíveis e do número de amostras favoráveis ao evento A, onde A corresponde ao evento de não haver itens defeituosos. O número de amostras possíveis é $\binom{100}{10} = \frac{100!}{10!\,90!}$. O número de amostras "favoráveis a A" é $\binom{5}{0} \cdot \binom{95}{10}$, de modo que

$$P(A) = \frac{\binom{5}{0}\binom{95}{10}}{\binom{100}{10}} = \frac{\frac{5!}{0!5!}\frac{95!}{10!85!}}{\frac{100!}{10!90!}} = 0{,}58375.$$

Para generalizar o exemplo anterior, considere o caso de uma população finita com N itens, dos quais D pertencem a uma determinada classe de interesse (tal como defeituosa). Uma amostra aleatória de tamanho n é selecionada sem reposição. Se A denota o evento de se obterem exatamente r da classe de interesse na amostra, então

$$P(A) = \frac{\binom{D}{r}\binom{N-D}{N-r}}{\binom{N}{n}}, \qquad r = 0, 1, 2, \ldots, \text{mín}\,(n, D). \tag{1-9}$$

Problemas desse tipo freqüentemente são citados como problemas de amostragem hipergeométrica.

Exemplo 1-31

Um time de basquete da NBA tem tipicamente 12 jogadores. Um time inicial consiste em cinco desses jogadores em qualquer ordem. Então, há $\binom{12}{5} = 792$ times iniciais possíveis.

Exemplo 1-32

Uma aplicação óbvia dos métodos de contagem é o cálculo das probabilidades das diversas mãos de pôquer. Antes de começar, vamos recordar alguma terminologia-padrão. O *grupo* de uma carta particular, retirada de um baralho-padrão de 52 cartas, pode ser 2, 3, ..., J, Q, K, A, enquanto os *naipes* possíveis são ♣ ◇ ♡ ♠. No pôquer, retiram-se cinco cartas aleatoriamente do baralho. O número de mãos possíveis é $\binom{52}{5} = 2.598.960$.

1. Primeiro, calculamos a probabilidade de obtermos dois pares, por exemplo, A♡, A♣, 3♡, 3◇, 10♠. Eis o procedimento.

    (a) Selecione dois grupos (e.g., A, 3). Podemos fazer isso de $\binom{13}{2}$ maneiras.

    (b) Selecione os dois naipes para o primeiro par (e.g., ♡, ♣). Há $\binom{4}{2}$ maneiras.

    (c) Selecione os dois naipes para o segundo par (e.g., ♡, ◇). Há $\binom{4}{2}$ maneiras.

    (d) Selecione a carta restante para completar a mão. Há 44 maneiras.

    Então, o número de mãos com dois pares é

    $$n(2 \text{ pares}) = \binom{13}{2}\binom{4}{2}\binom{4}{2} 44 = 123.552,$$

    e, portanto,

    $$P(2 \text{ pares}) = \frac{123.552}{2.598.960} \approx 0,0475.$$

2. Vamos, agora, calcular a probabilidade de obtermos uma *full house* (um par e uma trinca), por exemplo, A♡, A♣, 3♡, 3◇, 3♠.

    (a) Selecione dois grupos *ordenados* (e.g., A, 3). Há $P_{13,2}$ maneiras para se fazer isso. De fato, os grupos têm que ser ordenados, uma vez que "três A, dois 3" é diferente de "dois A, três 3".

    (b) Selecione dois naipes para o par (e.g., ♡, ♣). Há $\binom{4}{2}$ maneiras.

    (c) Selecione três naipes para a trinca (e.g., ♡, ◇, ♠). Há $\binom{4}{3}$ maneiras.

    Então, o número de maneiras de se selecionar uma *full house* é

    $$n(\text{full house}) = 13 \cdot 12 \binom{4}{2}\binom{4}{3} = 3744,$$

e, portanto,

$$P(\text{full house}) = \frac{3744}{2.598.960} \approx 0,00144.$$

3. Finalmente, vamos calcular a probabilidade de um *flush* (todas as cinco cartas de um mesmo naipe). De quantas maneiras podemos obter esse evento?

(a) Selecione um naipe. Há $\binom{4}{1}$ maneiras.

(b) Selecione cinco cartas desse naipe. Há $\binom{13}{5}$ maneiras.

Temos, então,

$$P(\text{flush}) = \frac{5148}{2.598.960} \approx 0,00198.$$

1-6.5 Permutações de Objetos Iguais

No caso de haver k classes distintas de objetos e os objetos dentro de cada classe não poderem ser diferenciados, vale o seguinte resultado, onde n_1 é o número de elementos na primeira classe, n_2 é o número de elementos na segunda classe, ..., n_k é o número de elementos na k-ésima classe e $n = n_1 + n_2 + \ldots + n_k$:

$$P^n_{n_1, n_2, \ldots, n_k} = \frac{n!}{n_1! \cdot n_2! \cdot \ldots \cdot n_k!}. \tag{1-10}$$

Exemplo 1-33

Considere a palavra "TENNESSEE". O número de maneiras pelas quais podemos arranjar as letras nessa palavra é

$$\frac{n!}{n_T! n_E! n_N! n_S!} = \frac{9!}{1! 4! 2! 2!} = 3780,$$

onde usamos uma notação óbvia. Problemas desse tipo são chamados de problemas de amostragem multinomial.

Os métodos de contagem apresentados nesta seção são destinados basicamente a ajudar na atribuição de probabilidades em situações em que há um número finito de resultados igualmente prováveis. É importante lembrar que esse é um caso especial de tipos mais gerais de aplicações da probabilidade.

1-7 PROBABILIDADE CONDICIONAL

Como visto na Seção 1-4, um evento está associado a um espaço amostral, e cada evento é representado por um subconjunto de $\mathcal{S}$. As probabilidades discutidas na Seção 1-5 se referem ao espaço amostral completo. O símbolo $P(A)$ foi usado para denotar a probabilidade de tais eventos; no entanto, poderíamos ter usado o símbolo $P(A|\mathcal{S})$, que se lê como "a probabilidade de A dado o espaço amostral $\mathcal{S}$". Nesta seção, consideraremos a probabilidade de eventos em que o evento está *condicionado* a algum subconjunto do espaço amostral.

Algumas ilustrações dessa idéia podem ser úteis. Considere um grupo de 100 pessoas, das quais 40 são graduandos de uma faculdade, 20 trabalham por conta própria e 10 são graduandos de uma faculdade e trabalham por conta própria. Represente por B o conjunto dos graduandos de uma faculdade e A o conjunto das pessoas que trabalham por conta própria, de modo que $A \cap B$ é o conjunto dos graduandos de uma faculdade que trabalham por conta própria. Desse grupo de 100, seleciona-se uma pessoa aleatoriamente. (Cada pessoa recebe um número de 1 a 100, e 100 tiras de papel com os mesmos números são embaralhadas, e uma tira é selecionada por uma pessoa fora do grupo, com os olhos vendados.) Então, $P(A) = 0,2$, $P(B) = 0,4$ e $P(A \cap B) = 0,1$, no caso de o espaço amostral completo ser considerado. Como já foi dito, seria mais instrutivo escrever $P(A|\mathscr{S})$, $P(B|\mathscr{S})$ e $P(A \cap B|\mathscr{S})$. Agora, suponha que o seguinte evento seja considerado: pessoa trabalha por conta própria *dado que* é um graduando de uma faculdade $(A|B)$. Obviamente, o espaço amostral fica reduzido, de modo que apenas os graduandos de uma faculdade são considerados (Fig. 1-8). A probabilidade $P(A|B)$ é, então, dada por

$$\frac{n(A \cap B)}{n(B)} = \frac{n(A \cap B)/n}{n(B)/n} = P(A|B) = \frac{P(A \cap B)}{P(B)} = \frac{0,1}{0,4} = 0,25.$$

O espaço amostral reduzido consiste no conjunto de todos os subconjuntos de $\mathscr{S}$ que estão contidos em B. Naturalmente, $A \cap B$ satisfaz essa condição.

Como uma segunda ilustração, considere o caso em que uma amostra de tamanho 2 é selecionada aleatoriamente de um lote de tamanho 10. Sabe-se que o lote tem sete itens bons e três itens ruins. Represente por A o evento em que o primeiro item selecionado é bom e por B o evento em que o segundo item é bom. Se os itens são selecionados *sem reposição*, isto é, o primeiro item não é colocado de volta antes da seleção do segundo, então

$$P(A) = \frac{7}{10}$$

e

$$P(B|A) = \frac{6}{9}.$$

Se o primeiro item for recolocado antes de o segundo item ser selecionado, a probabilidade condicional $P(B|A) = P(B) = \frac{7}{10}$ e os eventos A e B resultantes dos dois experimentos de seleção que formam $\mathscr{E}$ são chamados *independentes*. Uma definição formal de probabilidade condicional $P(A|B)$ será dada mais adiante, e a independência de eventos será discutida em detalhes. Os exemplos que se seguem serão úteis para desenvolver uma certa sensibilidade intuitiva sobre probabilidade condicional.

Exemplo 1-34

Considere novamente o Exemplo 1-11, onde dois dados são lançados, e suponha que os dois dados sejam honestos. Os 36 resultados possíveis foram lá apresentados. Se considerarmos os eventos

$$A = \{(d_1, d_2): d_1 + d_2 = 4\},$$

$$B = \{(d_1, d_2): d_2 \geq d_1\},$$

onde d_1 é o valor da face superior do primeiro dado e d_2 é o valor da face superior do segundo dado, então $P(A) = \frac{3}{36}$, $P(B) = \frac{21}{36}$, $P(A \cap B) = \frac{2}{36}$, $P(B|A) = \frac{2}{3}$ e $P(A|B) = \frac{2}{21}$. As probabilidades foram obtidas a partir de uma consideração direta do espaço amostral e da contagem dos resultados. Note que

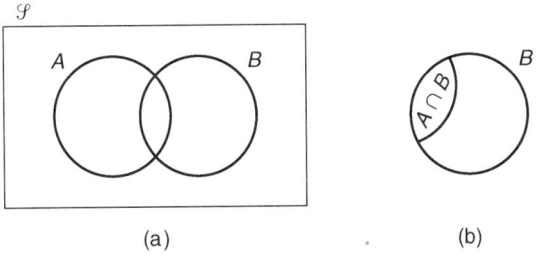

Figura 1-8 Probabilidade condicional. *(a)* Espaço amostral inicial. *(b)* Espaço amostral reduzido.

$$P(A|B) = \frac{P(A \cap B)}{P(B)} \quad \text{e} \quad P(B|A) = \frac{P(A \cap B)}{P(A)}.$$

Exemplo 1-35

Na Segunda Guerra Mundial, houve um esforço de pesquisa operacional na Inglaterra direcionado a estabelecer padrões de busca de submarinos alemães pelas patrulhas aéreas. Por algum tempo, houve uma tendência em concentrar os vôos em áreas próximas à costa, uma vez que se acreditava que mais avistamentos tinham ocorrido ali. O grupo de pesquisa estudou os registros de 1000 patrulhas, obtendo os seguintes resultados (os dados são fictícios):

	Próximo à costa	Alto-mar	Total
Houve avistamento	80	20	100
Não houve avistamento	820	80	900
Total de patrulhas	900	100	1000

Seja S_1: Houve avistamento.
S_2: Não houve avistamento.
B_1: Patrulha próximo à costa.
B_2: Patrulha em alto-mar.

Vê-se imediatamente que

$$P(S_1|B_1) = \frac{80}{900} = 0,0889,$$
$$P(S_1|B_2) = \frac{20}{100} = 0,20,$$

o que indica uma estratégia de busca contrária à prática anterior.

Definição

Podemos definir a probabilidade condicional do evento A dado o evento B como

$$P(A|B) = \frac{P(A \cap B)}{P(B)} \quad \text{se} \quad P(B) > 0. \tag{1-11}$$

Essa definição resulta da noção intuitiva apresentada na discussão anterior. A probabilidade condicional $P(\cdot|\cdot)$ satisfaz as propriedades requeridas de probabilidades. Isto é,

1. $0 \leq P(A|B) \leq 1$.
2. $P(\mathscr{S}|B) = 1$.
3. $P\left(\bigcup_{i=1}^{k} A_i \Big| B\right) = \sum_{i=1}^{k} P(A_i|B)$ se $A_i \cap A_j = \emptyset$ para $i \neq j$.
4. $P\left(\bigcup_{i=1}^{\infty} A_i \Big| B\right) = \sum_{i=1}^{\infty} P(A_i|B)$

   para $A_1, A_2, A_3, \ldots$ uma seqüência enumerável de eventos disjuntos.

Na prática, devemos resolver problemas usando a equação 1-11 e calculando $P(A \cap B)$ e $P(B)$ em relação ao espaço amostral original (como ilustrado no Exemplo 1-35), ou considerando a probabilidade de A em relação ao espaço amostral reduzido B (como ilustrado no Exemplo 1-34).

Uma reformulação da equação 1-11 leva a um resultado freqüentemente chamado de *regra da multiplicação*, isto é,

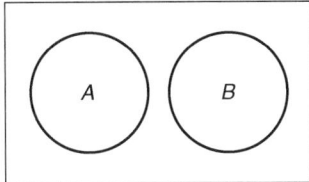
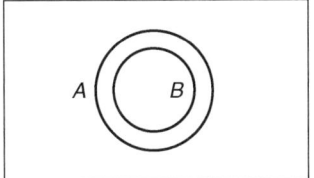

Figura 1-9 Eventos mutuamente exclusivos.

Figura 1-10 Evento B como subconjunto de A.

$$P(A \cap B) = P(B) \cdot P(A|B), \qquad P(B) > 0,$$

e

$$P(A \cap B) = P(A) \cdot P(B|A), \qquad P(A) > 0. \qquad (1\text{-}12)$$

A segunda afirmativa é uma conseqüência óbvia da equação 1-11, com o condicionamento no evento A em vez de no evento B.

Deve-se notar que se A e B forem *mutuamente exclusivos,* como indicado na Fig. 1-9, então $A \cap B = \varnothing$, de modo que $P(A|B) = 0$ e $P(B|A) = 0$.

No outro extremo, se $B \subset A$, como ilustrado na Fig. 1-10, então $P(A|B) = 1$. No primeiro caso, A e B não podem ocorrer simultaneamente, de modo que o conhecimento sobre a ocorrência de B nos diz que A não ocorreu. No segundo caso, se B ocorre, A tem que ocorrer. Por outro lado, há muitos casos em que os eventos são totalmente não-relacionados, e o conhecimento da ocorrência de um não tem qualquer relação e não traz qualquer informação sobre o outro. Considere, por exemplo, o experimento onde uma moeda honesta é lançada duas vezes. O evento A é o evento em que o primeiro lançamento resulta em "cara", e o evento B é aquele em que o segundo lançamento resulta em "cara". Note que $P(A) = \dfrac{1}{2}$, uma vez que a moeda é honesta, e $P(B|A) = \dfrac{1}{2}$, uma vez que moeda é honesta e não tem memória. A ocorrência do evento B não afetou de maneira alguma a ocorrência de A, e se quisermos achar a probabilidade de A e B ocorrerem simultaneamente, isto é, $P(A \cap B)$, veremos que

$$P(A \cap B) = P(A) \cdot P(B|A) = \frac{1}{2} \cdot \frac{1}{2} = \frac{1}{4}.$$

Devemos observar que se não tivéssemos conhecimento da ocorrência ou não-ocorrência de A, teríamos $P(B) = P(B|A)$, como nesse exemplo.

De uma maneira informal, dois eventos são considerados *independentes* se a probabilidade de ocorrência de um não for afetada pela ocorrência ou não-ocorrência do outro. Isso nos leva à seguinte definição:

Definição

A e B são independentes se e somente se

$$P(A \cap B) = P(A) \cdot P(B). \qquad (1\text{-}13)$$

Uma conseqüência imediata dessa definição é que se A e B forem independentes, então, da equação 1-12,

$$P(A|B) = P(A) \text{ e } P(B|A) = P(B). \qquad (1\text{-}14)$$

O teorema seguinte algumas vezes é útil. Demonstra-se aqui apenas a primeira parte.

Teorema 1-7

Se A e B são eventos independentes, então são válidas as seguintes afirmativas:

1. A e $\overline{B}$ são eventos independentes.

2. $\overline{A}$ e $\overline{B}$ são eventos independentes.
3. $\overline{A}$ e B são eventos independentes.

Prova (Parte 1)

$$\begin{aligned}P(A \cap \overline{B}) &= P(A) \cdot P(\overline{B}|A) \\ &= P(A) \cdot [1 - P(B|A)] \\ &= P(A) \cdot [1 - P(B)] \\ &= P(A) \cdot P(\overline{B}).\end{aligned}$$

Na prática, há muitas situações em que pode não ser fácil determinar se dois eventos são independentes; no entanto, há outros numerosos casos nos quais as exigências podem ser justificadas, ou aproximadas, a partir da consideração física do experimento. Um experimento amostral servirá de ilustração.

Exemplo 1-36

Suponha que uma amostra aleatória de tamanho 2 deva ser selecionada de um lote de tamanho 100, do qual se sabe que 98 dos 100 itens são bons. A amostra é selecionada de forma que o primeiro item é observado e recolocado antes de se selecionar o segundo item. Se definimos

A: Primeiro item é bom
B: Segundo item é bom

e queremos determinar a probabilidade de que ambos os itens sejam bons, então

$$P(A \cap B) = P(A) \cdot P(B) = \frac{98}{100} \cdot \frac{98}{100} = 0,9604.$$

Se a amostra for selecionada "sem reposição", de modo que o primeiro item não é recolocado antes da seleção do segundo, então

$$P(A \cap B) = P(A) \cdot P(B|A) = \frac{98}{100} \cdot \frac{97}{99} = 0,9602.$$

Os resultados são obviamente muito próximos, e a prática comum é assumir que os eventos são independentes quando a *fração amostral* (tamanho amostral/tamanho da população) é pequena, digamos, menor que 0,1.

Exemplo 1-37

O campo da *engenharia de confiabilidade* (em inglês, *reliability engineering*) se desenvolveu rapidamente a partir do início da década de 1960. Um tipo de problema encontrado é o de se estimar a confiabilidade de um sistema a partir das confiabilidades dos subsistemas. A confiabilidade é definida, aqui, como a probabilidade do funcionamento apropriado durante um certo período de tempo. Considere a estrutura de um sistema serial simples, como exibida na Fig. 1-11. O sistema funciona se e somente se ambos os subsistemas funcionarem. Se os subsistemas sobrevivem independentemente, então

$$\text{Confiabilidade do sistema} = R_s = R_1 \cdot R_2,$$

onde R_1 e R_2 são as confiabilidades para os subsistemas 1 e 2, respectivamente. Por exemplo, se $R_1 = 0,90$ e $R_2 = 0,80$, então $R_s = 0,72$.

O Exemplo 1-37 ilustra a necessidade de generalizar o conceito de independência para mais de dois eventos. Suponha que o sistema consistisse em três subsistemas, ou talvez 20 subsistemas. Que condi-

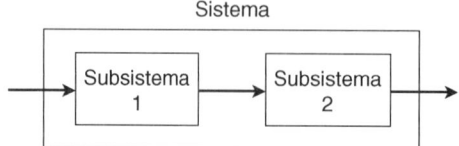

Figura 1-11 Um sistema serial simples.

ções deveriam ser exigidas para permitir ao analista obter uma estimativa da confiabilidade do sistema como produto das confiabilidades dos subsistemas?

Definição

Os k eventos $A_1, A_2, ..., A_k$ são mutuamente independentes se e somente se a probabilidade da interseção de quaisquer $2, 3, ..., k$ desses conjuntos for igual ao produto das respectivas probabilidades.

De uma forma mais precisa, exige-se que para $r = 2, 3, ..., k$

$$P(A_{i_1} \cap A_{i_2} \cap \cdots \cap A_{i_r}) = P(A_{i_1}) \cdot P(A_{i_2}) \cdot \cdots \cdot P(A_{i_r})$$

$$= \prod_{j=1}^{r} P(A_{i_j}).$$

No caso do cálculo da confiabilidade de um sistema em série, onde a independência mútua pode ser razoavelmente assumida, a confiabilidade do sistema é o produto das confiabilidades dos subsistemas

$$R_s = R_1 R_2 \cdots R_k \tag{1-15}$$

Na definição anterior, há $2^k - k - 1$ condições a serem satisfeitas. Considere três eventos, A, B, C. Eles são independentes se e somente se $P(A \cap B) = P(A) \cdot P(B)$, $P(A \cap C) = P(A) \cdot P(C)$, $P(B \cap C) = P(B) \cdot P(C)$ e $P(A \cap B \cap C) = P(A) \cdot P(B) \cdot P(C)$. O exemplo seguinte ilustra o caso em que os eventos são independentes aos pares, mas não mutuamente independentes.

Exemplo 1-38

Suponha que o espaço amostral, com resultados igualmente prováveis, para um determinado experimento seja como segue:

$$\mathcal{S} = \{(0, 0, 0), (0, 1, 1), (1, 0, 1), (1, 1, 0)\}.$$

Defina A_0: Primeiro dígito é zero. B_1: Segundo dígito é um.
 A_1: Primeiro dígito é um. C_0: Terceiro dígito é zero.
 B_0: Segundo dígito é zero. C_1: Terceiro dígito é um.

Resulta que

$$P(A_0) = P(A_1) = P(B_0) = P(B_1) = P(C_0) = P(C_1) = \frac{1}{2},$$

e pode-se ver facilmente que

$$P(A_i \cap B_j) = \frac{1}{4} = P(A_i) \cdot P(B_j), \qquad i = 0,1, \; j = 0,1,$$
$$P(A_i \cap C_j) = \frac{1}{4} = P(A_i) \cdot P(C_j), \qquad i = 0,1, \; j = 0,1,$$
$$P(B_i \cap C_j) = \frac{1}{4} = P(B_i) \cdot P(C_j), \qquad i = 0,1, \; j = 0,1.$$

No entanto, note que

$$P(A_0 \cap B_0 \cap C_0) = \frac{1}{4} \neq P(A_0) \cdot P(B_0) \cdot P(C_0),$$

$$P(A_0 \cap B_0 \cap C_1) = 0 \neq P(A_0) \cdot P(B_0) \cdot P(C_1),$$

e há outras triplas para as quais a violação pode ser estendida.

O conceito de *experimentos independentes* é introduzido para completar esta seção. Se considerarmos dois experimentos, denotados por $\mathcal{E}_1$ e $\mathcal{E}_2$, e se A_1 e A_2 forem eventos arbitrários definidos nos respectivos espaços amostrais, $\mathcal{S}_1$ e $\mathcal{S}_2$, dos dois experimentos, então pode-se dar a seguinte definição.

Definição

Se $P(A_1 \cap A_2) = P(A_1) \cdot P(A_2)$, então $\mathcal{E}_1$ e $\mathcal{E}_2$ são chamados experimentos independentes.

1-8 PARTIÇÕES, PROBABILIDADE TOTAL E TEOREMA DE BAYES

Uma partição de um espaço amostral é definida como segue.

Definição

Se $B_1, B_2, ..., B_k$ são subconjuntos disjuntos de $\mathcal{S}$ (eventos mutuamente exclusivos) e se $B_1 \cap B_2 \cap ... \cap B_k = \mathcal{S}$, então esses subconjuntos formam uma partição de $\mathcal{S}$.

Quando um experimento é realizado, um e apenas um dos eventos, B_i, ocorre, se temos uma partição de $\mathcal{S}$.

Exemplo 1-39

Uma "palavra" binária particular consiste em cinco "*bits*", b_1, b_2, b_3, b_4, b_5, em que $b_i = 0,1$, $i = 1, 2, 3, 4, 5$. Um experimento consiste em transmitir uma "palavra", e resulta que há 32 palavras possíveis. Se os eventos são

$B_1 = \{(0, 0, 0, 0, 0), (0, 0, 0, 0, 1)\}$,

$B_2 = \{(0, 0, 0, 1, 0), (0, 0, 0, 1, 1), (0, 0, 1, 0, 0), (0, 0, 1, 0, 1), (0, 0, 1, 1, 0), (0, 0, 1, 1, 1)\}$,

$B_3 = \{(0, 1, 0, 0, 0), (0, 1, 0, 0, 1), (0, 1, 0, 1, 0), (0, 1, 0, 1, 1), (0, 1, 1, 0, 0), (0, 1, 1, 0, 1),$
      $(0, 1, 1, 1, 0), (0, 1, 1, 1, 1)\}$,

$B_4 = \{(1, 0, 0, 0, 0), (1, 0, 0, 0, 1), (1, 0, 0, 1, 0), (1, 0, 0, 1, 1), (1, 0, 1, 0, 0), (1, 0, 1, 0, 1),$
      $(1, 0, 1, 1, 0), (1, 0, 1, 1, 1)\}$,

$B_5 = \{(1, 1, 0, 0, 0), (1, 1, 0, 0, 1), (1, 1, 0, 1, 0), (1, 1, 0, 1, 1), (1, 1, 1, 0, 0), (1, 1, 1, 0, 1),$
      $(1, 1, 1, 1, 0)\}$,

$B_6 = \{(1, 1, 1, 1, 1)\}$,

então $\mathcal{S}$ é particionado pelos eventos B_1, B_2, B_3, B_4, B_5 e B_6.

Em geral, se k eventos B_i ($i = 1, 2, ..., k$) formam uma partição e A é um evento arbitrário em $\mathcal{S}$, então podemos escrever

$$A = (A \cap B_1) \cup (A \cap B_2) \cup \cdots \cup (A \cap B_k)$$

de modo que

$$P(A) = P(A \cap B_1) + P(A \cap B_2) + \cdots + P(A \cap B_k),$$

uma vez que os eventos $(A \cap B_i)$ são mutuamente exclusivos aos pares. (Veja a Fig. 1-12 para $k = 4$.) Não importa que $A \cap B_i = \emptyset$ para algum ou mesmo todos os i, uma vez que $P(\emptyset) = 0$.

Usando os resultados da Equação 1-12, podemos estabelecer o seguinte teorema.

Teorema 1-8

Se $B_1, B_2, ..., B_k$ representam uma partição de $\mathcal{S}$ e se A é um evento arbitrário em $\mathcal{S}$, então a probabilidade total de A é dada por

$$P(A) = P(B_1) \cdot P(A \mid B_1) + P(A \mid B_2) + \cdots + P(B_k) \cdot P(A \mid B_k) = \sum_{i=1}^{k} P(B_i) P(A \mid B_i).$$

O resultado do Teorema 1-8, também conhecido como lei da probabilidade total, é muito útil, uma vez que há numerosas situações práticas nas quais $P(A)$ não pode ser calculada diretamente. No entanto, com a informação de que B_i ocorreu, é possível calcular $P(A|B_i)$ e assim determinar $P(A)$ quando os valores de $P(B_i)$ são obtidos.

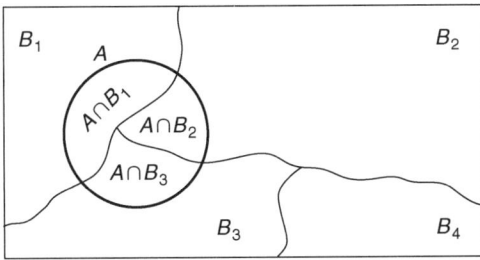

Figura 1-12 Partição de $\mathcal{S}$.

Um outro resultado importante da lei da probabilidade total é conhecido como *teorema de Bayes*.

Teorema 1-9

Se $B_1, B_2, ..., B_k$ representam uma partição de $\mathcal{S}$ e se A é um evento arbitrário em $\mathcal{S}$, então para $r = 1, 2, ..., k$,

$$P(B_r|A) = \frac{P(B_r) \cdot P(A|B_r)}{\sum_{i=1}^{k} P(B_i) \cdot P(A|B_i)}. \tag{1-16}$$

Prova

$$P(B_r|A) = \frac{P(B_r \cap A)}{P(A)} = \frac{P(B_r) \cdot P(A|B_r)}{\sum_{i=1}^{k} P(B_i) \cdot P(A|B_i)}.$$

O numerador é o resultado da equação 1-12, e o denominador é o resultado do Teorema 1-8.

Exemplo 1-40

Três empresas fornecem microprocessadores para um fabricante de equipamentos de telemetria. Todos são supostamente feitos segundo as mesmas especificações. No entanto, o fabricante testou por vários anos os microprocessadores, e os registros fornecem as seguintes informações:

Unidade Fornecedora	Fração Defeituosa	Fração Fornecida
1	0,02	0,15
2	0,01	0,80
3	0,03	0,05

O fabricante parou os testes por causa dos custos envolvidos, mas é possível assumir que as frações de defeituosos e a composição do inventário sejam as mesmas do período de levantamento dos registros. O diretor de produção seleciona aleatoriamente um microprocessador, submete-o a testes e constata que é defeituoso. Se denotamos por A o evento em que o item é defeituoso e por B_i o evento em que o microprocessador foi produzido pela empresa i ($i = 1, 2, 3$), então podemos calcular $P(B_i|A)$. Suponha, por exemplo, que estejamos interessados em determinar $P(B_3|A)$. Então

$$P(B_3|A) = \frac{P(B_3) \cdot P(A|B_3)}{P(B_1) \cdot P(A|B_1) + P(B_2) \cdot P(A|B_2) + P(B_3) \cdot P(A|B_3)}$$
$$= \frac{(0,05)(0,03)}{(0,15)(0,02) + (0,80)(0,01) + (0,05)(0,03)} = \frac{3}{25}.$$

1-9 RESUMO

Este capítulo introduziu os conceitos de experimentos aleatórios, espaço amostral e eventos e apresentou uma definição formal de probabilidade. Seguiram-se métodos de atribuição de probabilidade a eventos. Os Teoremas 1-1 a 1-6 fornecem resultados para lidar com probabilidades de eventos especiais. Foram discutidos espaços amostrais finitos, com suas respectivas propriedades, e revisados métodos de enumeração para uso na atribuição de probabilidades a eventos no caso de resultados experimentais igualmente prováveis. A probabilidade condicional foi definida e ilustrada, junto com o conceito de eventos independentes. Consideramos também partições de espaços amostrais, probabilidade total e o teorema de Bayes. Os conceitos apresentados neste capítulo fornecem uma importante fundamentação para o resto do livro.

1-10 EXERCÍCIOS

1-1. Faz-se uma inspeção final em aparelhos de TV depois de montados. Três tipos de defeitos são identificados como críticos, graves e pequenos defeitos, com identificações A, B e C feitas por uma loja que processa ordens por correio. Os dados são analisados, obtendo-se os seguintes resultados.

Aparelhos com apenas defeitos críticos	2%
Aparelhos com apenas defeitos graves	5%
Aparelhos com apenas defeitos pequenos	7%
Aparelhos com defeitos críticos *e* graves	3%
Aparelhos com defeitos críticos *e* pequenos	4%
Aparelhos com defeitos graves *e* pequenos	3%
Aparelhos com os três tipos de defeito	1%

(a) Qual fração dos televisores não apresenta qualquer defeito?
(b) Aparelhos com defeitos críticos ou com defeitos graves (ou ambos) são totalmente retrabalhados. Qual fração cai nessa categoria?

1-2. Ilustre as seguintes propriedades, sombreando ou colorindo diagramas de Venn.

(a) *Leis associativas*: $A \cup (B \cup C) = (A \cup B) \cup C$, $A \cap (B \cap C) = (A \cap B) \cap C$.
(b) *Leis distributivas*: $A \cup (B \cap C) = (A \cup B) \cap (A \cup C)$, $A \cap (B \cup C) = (A \cap B) \cup (A \cap C)$.
(c) Se $A \subset B$, então $A \cap B = A$.
(d) Se $A \subset B$, então $A \cup B = B$.
(e) Se $A \cap B = \emptyset$, então $A \subset \overline{B}$.
(f) Se $A \subset B$ e $B \subset C$, então $A \subset C$.

1-3. Considere o conjunto universo dos inteiros 1 a 10 ou $U = \{1, 2, 3, 4, 5, 6, 7, 8, 9, 10\}$. Sejam $A = \{2, 3, 4\}$, $B = \{3, 4, 5\}$ e $C = \{5, 6, 7\}$. Por enumeração, liste os elementos dos seguintes conjuntos.

(a) $\overline{\overline{A}} \cap B$.
(b) $\overline{A} \cup B$.
(c) $\overline{\overline{A} \cap \overline{B}}$.
(d) $\overline{A \cap (B \cap C)}$.
(e) $\overline{A \cap (B \cup C)}$.

1-4. Um circuito é selecionado de uma seqüência de produção de 1000 circuitos. Os defeitos de fabricação são classificados em três categorias, identificadas como A, B e C. Os defeitos tipo A ocorrem 2% das vezes, defeitos tipo B ocorrem 1% das vezes e defeitos tipo C ocorrem 1,5% das vezes. Além disso, sabe-se que 0,5% têm os defeitos A e B, 0,6% têm os defeitos A e C e 0,4% tem os defeitos B e C, enquanto 0,2% apresentam os três defeitos. Qual é a probabilidade de um circuito selecionado apresentar pelo menos um dos três defeitos?

1-5. Em um laboratório de fatores humanos, os tempos de reação de sujeitos humanos são medidos como o tempo decorrido entre o instante em que a posição de um número é exibida em um dispositivo digital e o instante em que o sujeito pressiona um botão localizado na posição indicada. Dois sujeitos são envolvidos no estudo e os tempos (t_1, t_2) medidos, em segundos, para cada sujeito. Qual é o espaço amostral para esse experimento? Represente os seguintes eventos como subconjuntos e identifique-os em um diagrama: $(t_1+t_2)/2 \leq 0,15$, máx $(t_1, t_2) \leq 0,15$, $|t_1 - t_2| \leq 0,06$.

1-6. Durante um período de 24 horas, um computador deve ser acessado em um instante X, usado para algum processamento e liberado em um instante $Y \leq X$. Considere X e Y medidos em horas na linha do tempo, com o início do período de 24 horas como origem. O experimento consiste em observar X e Y.
(a) Descreva o espaço amostral $\mathcal{S}$.
(b) Esboce os seguintes eventos no plano X, Y.
  (i) O tempo de uso é de 1 hora ou menos.
  (ii) O acesso é feito depois de t_1 e a liberação depois de t_2, onde $0 \leq t_1 < t_2 \leq 24$.
  (iii) O tempo de uso é inferior a 20% do período.

1-7. Diodos de um lote são testados, um de cada vez, e marcados como defeituosos ou não-defeituosos. Isso é feito até que dois itens defeituosos sejam encontrados ou cinco itens sejam testados. Descreva o espaço amostral desse experimento.

1-8. Um conjunto tem quatro elementos $A = \{a, b, c, d\}$. Descreva o conjunto potência $\{0, 1\}^A$.

1-9. Descreva o espaço amostral para cada um dos seguintes experimentos.
(a) Sabe-se que um lote de 120 tampas de baterias para marca-passos contém um certo número de tampas defeituosas por causa de um problema com o material de isolamento aplicado. Três tampas são aleatoriamente selecionadas (sem reposição) e são cuidadosamente inspecionadas.
(b) Sabe-se que uma forma com 10 peças contém uma unidade defeituosa e nove unidades boas. Quatro peças são aleatoriamente selecionadas (sem reposição) e inspecionadas.

1-10. Uma gerente de produção de uma certa empresa está interessada em testar um produto acabado, disponível em lotes de 50. Ela deseja retrabalhar o lote, se estiver razoavelmente segura de que 10% dos itens são defeituosos. Ela decide selecionar uma amostra aleatória de 10 itens, sem reposição, e retrabalhar o lote se a amostra contiver um ou mais itens defeituosos. Esse procedimento parece razoável?

1-11. Uma firma de caminhões tem um contrato para enviar uma carga de produtos da cidade W à cidade Z. Não há estradas conectando diretamente as cidades W a Z, mas há seis estradas de W a X e cinco estradas de X a Z. Qual é o número total de rotas a serem consideradas?

1-12. Um estado tem um milhão de veículos registrados e está considerando a possibilidade de utilizar placas de licenciamento com seis símbolos, sendo os três primeiros letras e os três últimos dígitos. Esse esquema é viável?

1-13. O gerente de uma pequena fábrica deseja saber o número de maneiras com que ele pode alocar os trabalhadores no primeiro turno. Ele tem 15 trabalhadores que podem trabalhar como operadores do equipamento de produção, oito que podem trabalhar na manutenção e quatro que podem ser supervisores. Se o turno requer seis operadores, duas pessoas na manutenção e um supervisor, de quantas maneiras o turno pode ser composto?

1-14. Um lote de produção tem 100 unidades, das quais 20 são defeituosas. Uma amostra aleatória de quatro unidades é selecionada sem reposição. Qual é a probabilidade de que a amostra contenha não mais de duas unidades defeituosas?

1-15. Ao inspecionar lotes de mercadoria que chegam, a seguinte regra de inspeção é adotada com cada lote que contém 300 unidades. Uma amostra aleatória de 10 unidades é selecionada. Se não há mais de um item defeituoso, o lote é aceito. Caso contrário, o lote é devolvido ao vendedor. Se a fração de defeitos no lote original é p', determine a probabilidade de aceitação do lote como uma função de p'.

1-16. Em uma fábrica de plástico, 12 canos jogam diferentes produtos químicos em um tonel de mistura. Cada cano tem um calibrador de cinco posições, que controla a taxa de fluxo no tonel. Um dia, enquanto várias misturas eram experimentadas, uma solução que emitia um gás venenoso foi obtida. As configurações no calibrador não foram registradas. Qual é a probabilidade de se obter essa mesma solução em um outro experimento aleatório?

1-17. Oito homens e mulheres igualmente capacitados estão se candidatando a duas vagas num emprego novo. Como os dois novos empregados terão que trabalhar em conjunto, suas personalidades devem ser compatíveis. Para garantir isso, o gerente de pessoal administrou um teste e deve comparar os escores para cada possibilidade. Quantas comparações deverão ser feitas pelo gerente?

1-18. Por acidente, um químico combinou duas substâncias do laboratório, resultando em um produto desejável. Infelizmente, o assistente não registrou os nomes das substâncias. Há 40 disponíveis no laboratório. Se as duas em questão devem ser localizadas por tentativa e erro, qual é o número máximo de testes a ser realizado?

1-19. Suponha, no problema anterior, que um determinado catalisador tenha sido usado na primeira reação acidental. Por isso, a ordem na qual os ingredientes são misturados é importante. Qual é o número máximo de testes a ser realizado?

1-20. Uma companhia deseja construir cinco novos armazéns em novos locais. Dez locais estão sendo considerados. Qual é o número total de escolhas possíveis para o conjunto dos cinco locais?

1-21. Máquinas de lavar podem ter cinco tipos de defeitos graves e cinco tipos de defeitos menores. De quantas maneiras podem ocorrer um defeito grave e um defeito menor? De quantas maneiras podem ocorrer dois defeitos graves e dois defeitos menores?

1-22. Considere o diagrama a seguir, que exibe um sistema eletrônico com as probabilidades de funcionamento apropriado dos componentes do sistema. O sistema inteiro opera se a montagem III e pelo menos um dos componentes de cada montagem I e II funcionar.

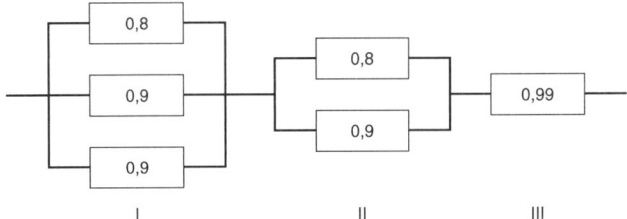

Suponha que os componentes de cada montagem operem independentemente e que também as montagens operem independentemente. Qual é a probabilidade de o sistema inteiro funcionar?

1-23. Como a probabilidade de funcionamento do sistema será afetada se, no problema anterior, a probabilidade de funcionamento do componente da montagem III mudar de 0,99 para 0,9?

1-24. Considere a montagem paralelo-serial mostrada na figura que se segue. Os valores R_i (i = 1, 2, 3, 4, 5) são as confiabilidades dos cinco componentes mostrados, isto é, R_i = probabilidade de que a unidade i funcione adequadamente. Os componentes operam (e falham) de forma mutuamente independente, e a montagem falha somente quando o caminho de A para B é interrompido. Expresse a confiabilidade da montagem como função de R_1, R_2, R_3, R_4 e R_5.

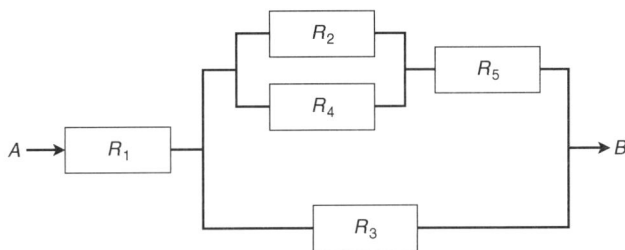

1-25. Um prisioneiro político está para ser exilado para a Sibéria ou para os Montes Urais. As probabilidades de ser enviado para esses lugares são de 0,6 e 0,4, respectivamente. Sabe-se também que se um morador da Sibéria for aleatoriamente selecionado a probabilidade de estar vestindo um casaco de pele é de 0,5, enquanto essa probabilidade para moradores dos Montes Urais é de 0,7. Chegando no exílio, a primeira pessoa que o prisioneiro vê não está vestindo casaco de pele. Qual é a probabilidade de que ele esteja na Sibéria?

1-26. Um sistema de freio, planejado para impedir derrapagem dos automóveis, pode ser decomposto em três subsistemas seriais que operam independentemente: um sistema eletrônico, um sistema hidráulico e um ativador mecânico. Em uma freada, as confiabilidades dessas unidades são de aproximadamente 0,995, 0,993 e 0,994, respectivamente. Estime a confiabilidade do sistema.

1-27. Duas bolas são retiradas de uma urna contendo m bolas numeradas de 1 a m. A primeira bola é retida se for a de número 1, e devolvida à urna se não for. Qual é a probabilidade de uma segunda bola retirada ser a de número 2?

1-28. Dois dígitos são selecionados dentre os dígitos de 1 a 9, e a seleção é feita sem reposição (o mesmo dígito não pode ser selecionado em ambas as seleções). Se a soma dos dois dígitos é par, ache a probabilidade de ambos os dígitos serem ímpares.

1-29. Em uma determinada universidade, 20% dos homens e 1% das mulheres têm mais de 6 pés[1] de altura (1,8 m). Além disso, 40% dos estudantes são mulheres. Se um estudante é selecionado aleatoriamente e se constata que tem mais de 6 pés de altura (1,8 m), qual é a probabilidade de ser uma mulher?

1-30. Em um centro de máquinas, há quatro máquinas automáticas de parafusos. Uma análise dos registros de inspeção passados fornece os seguintes dados:

Máquina	Percentual da Produção	Percentual de Defeituosos Produzidos
1	15	4
2	30	3
3	20	5
4	35	2

As máquinas 2 e 4 são mais novas e, assim, a maior parte da produção foi atribuída a elas. Suponha que o estoque atual reflita as porcentagens de produção indicadas.
(a) Se um parafuso é selecionado aleatoriamente do estoque, qual é a probabilidade de que seja defeituoso?
(b) Se o parafuso selecionado é defeituoso, qual é a probabilidade de ter sido produzido pela máquina 3?

1-31. Um ponto é selecionado aleatoriamente dentro de um círculo. Qual é a probabilidade de que o ponto esteja localizado mais próximo do centro do que da circunferência?

1-32. Complete os detalhes da prova do Teorema 1-4 no texto.

1-33. Prove o Teorema 1-5.

1-34. Prove a segunda e a terceira partes do Teorema 1-7.

1-35. Suponha que haja n pessoas em uma sala. Se uma lista de seus aniversários for feita (dia e mês), qual é a probabilidade de que duas ou mais pessoas façam aniversário no mesmo dia? Suponha que haja 365 dias no ano e que cada dia seja igualmente provável de ser o aniversário de qualquer pessoa. Seja B o evento em que duas ou mais pessoas aniversariem no mesmo dia. Ache $P(B)$ e $P(\overline{B})$ para $n = $ 10, 20, 21, 22, 23, 24, 25, 30, 40, 50 e 60.

1-36. Em um certo jogo de dados, os jogadores continuam jogando até que percam ou ganhem. O jogador ganha no primeiro lançamento se a soma das duas faces superiores for 7 ou 11, e perde se a soma for 2, 3 ou 12. Caso contrário, a soma das faces se torna a "pontuação" do jogador. O jogador continua lançando até que o primeiro lançamento consecutivo o faça pontuar (caso em que ele ganha) ou até que obtenha soma 7 (caso em que ele perde). Qual é a probabilidade de que o jogador de posse do dado ganhe esse jogo?

1-37. O departamento de engenharia industrial da Companhia XYZ está realizando um estudo amostral do trabalho de oito técnicos. O engenheiro deseja aleatorizar a ordem de visita às áreas de trabalho dos técnicos. De quantas maneiras ele pode organizar essas visitas?

1-38. Um andarilho parte do ponto A, mostrado na figura a seguir, escolhendo aleatoriamente um caminho dentre AB, AC, AD e AE. Em cada junção subseqüente ele escolhe um dos caminhos aleatoriamente. Qual é a probabilidade de que ele chegue ao ponto X?

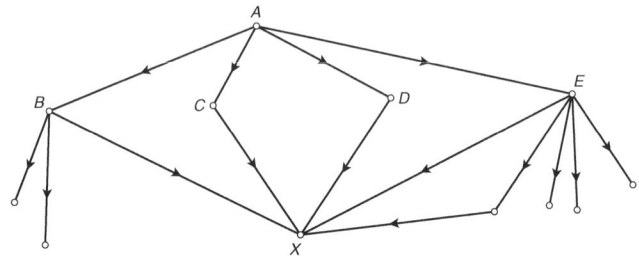

1-39. Três tipógrafos trabalham para o setor de publicações da Georgia Tech, o qual não estipula uma multa contratual para atraso nos trabalhos, e os dados a seguir refletem uma vasta experiência com esses tipógrafos.

Tipógrafo i	Fração dos Contratos do Tipógrafo i	Fração de Entregas com Mais de Um Mês de Atraso
1	0,2	0,2
2	0,3	0,5
3	0,5	0,3

Um departamento observa que seu folheto de recrutamento está atrasado há mais de um mês. Qual é a probabilidade de que o contratado seja o tipógrafo 3?

1-40. Depois da ocorrência de acidentes de avião, faz-se uma investigação detalhada. A probabilidade de que um acidente devido a uma falha estrutural seja corretamente identificado é de 0,9, e a probabilidade de que um acidente que não se deva a uma falha estrutural não seja corretamente identificado como resultante de uma falha estrutural é de 0,2. Se 25% de todos os acidentes aéreos são devidos a falhas estruturais, ache a probabilidade de um acidente aéreo resultar de uma falha estrutural *dado* que ele foi diagnosticado como sendo devido a esse tipo de falha.

---

[1] 1 pé = 12 polegadas; 1 polegada = 2,54 cm. 1 pé = 0,3 m. (N. T.)

Capítulo 2

Variáveis Aleatórias Unidimensionais

2-1 INTRODUÇÃO

Os objetivos deste capítulo são introduzir o conceito de variável aleatória, definir e ilustrar distribuições de probabilidade e funções de distribuição acumulada e apresentar caracterizações úteis para variáveis aleatórias.

Ao descrever o espaço amostral de um experimento aleatório, não é necessário especificar que um resultado individual seja um número. Em vários exemplos observamos isso, tal como no Exemplo 1-9, onde uma moeda honesta era lançada três vezes com espaço amostral $\mathscr{S}$ = {*KKK, KKC, KCK, KCC, CKK, CKC, CCK, CCC*}, ou no Exemplo 1-15, onde a inspeção de juntas de soldas levou ao espaço amostral $\mathscr{S}$ = {*BB, BD, DB, DD*}.

Em muitas situações experimentais, no entanto, nosso interesse recai sobre resultados numéricos. Por exemplo, na ilustração envolvendo o lançamento da moeda podemos atribuir um número real x a cada elemento do espaço amostral. Em geral, queremos associar um número real x a cada resultado e do espaço amostral $\mathscr{S}$. Uma notação funcional será usada inicialmente, de modo que $x = X(e)$, onde X é a função. O domínio de X é $\mathscr{S}$, e os números na imagem são números reais. A função X é chamada de variável aleatória. A Fig. 2-1 ilustra a natureza de tal função.

Definição

Se $\mathscr{E}$ é um experimento com espaço amostral $\mathscr{S}$ e X é uma *função* que associa um número real $X(e)$ a cada resultado $e \in \mathscr{S}$, então $X(e)$ é chamada de *variável aleatória*.

Exemplo 2-1

Considere o experimento do lançamento da moeda discutido nos parágrafos anteriores. Se X é o número de caras, então $X(KKK) = 3$, $X(KKC) = 2$, $X(KCK) = 2$, $X(KCC) = 1$, $X(CKK) = 2$, $X(CKC) = 1$, $X(CCK) = 1$ e $X(CCC) = 0$. O conjunto imagem neste exemplo é $R_X = \{x:x = 0, 1, 2, 3\}$ (veja a Fig. 2-2).

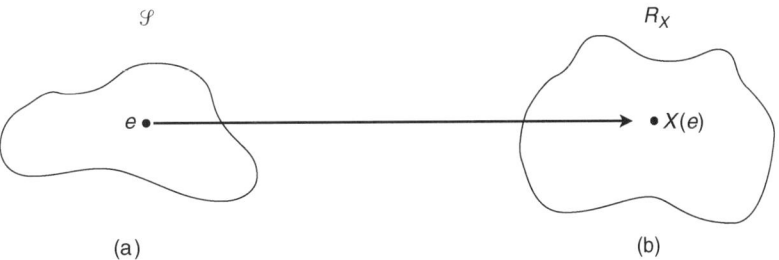

Figura 2-1 O conceito de variável aleatória. *(a)* $\mathscr{S}$: o espaço amostral de $\mathscr{E}$. *(b)* R_X: o espaço imagem de X.

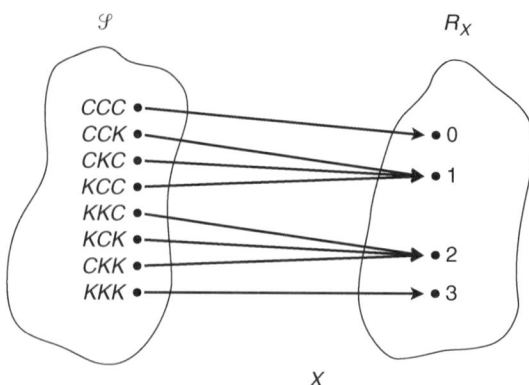

Figura 2-2 O número de caras em três lançamentos de uma moeda.

O leitor deve lembrar que para todas as funções e para todos os elementos no domínio há exatamente um valor na imagem. No caso de variáveis aleatórias, a cada resultado $e \in \mathcal{S}$ corresponde exatamente um valor $X(e)$. Deve-se notar que valores diferentes de e podem levar ao mesmo x, como foi o caso em que $X(KCC) = 1$, $X(CKC) = 1$, $X(CCK) = 1$ e $X(CCK) = 3$, no exemplo anterior.

Quando o resultado em $\mathcal{S}$ já é a característica numérica desejada, então $X(e) = e$, a função identidade. O Exemplo 1-13, em que um tubo de raios catódicos é posto em funcionamento até falhar, é um bom exemplo. Lembre-se de que $\mathcal{S} = \{t : t \in R, t \leq 0\}$. Se X é o tempo de falha, então $X(t) = t$. Alguns autores referem-se a esse tipo de espaço amostral como um *fenômeno de valor numérico*.

O espaço imagem, R_X, é composto de todos os possíveis valores de X, e no trabalho subseqüente não será necessário indicar a natureza funcional de X. Aqui, estamos interessados em eventos associados a R_X, e a variável aleatória X induzirá probabilidades sobre esses eventos. Voltando ao experimento do lançamento da moeda e supondo que a moeda seja honesta, há oito resultados igualmente prováveis: *KKK*, *KKC*, *KCK*, *KCC*, *CKK*, *CKC*, *CCK* e *CCC*, cada um tendo probabilidade $\frac{1}{8}$. Suponha, agora, que A seja o evento "exatamente duas caras" e represente por X o número de caras (veja a Fig. 2-2). O evento $(X = 2)$ está relacionado a R_X, não a $\mathcal{S}$; no entanto, $P_X(X = 2) = P(A) = \frac{3}{8}$, uma vez que $A = \{KKC, KCK, CKK\}$ é o evento equivalente em $\mathcal{S}$ e foram definidas probabilidades sobre eventos no espaço amostral. A variável aleatória X induziu a probabilidade $\frac{3}{8}$ para o evento $(X = 2)$. Note que os parênteses serão usados para denotar um evento na imagem da variável aleatória, e em geral escreveremos $P_X(X = x)$.

Para generalizar essa noção, considere a seguinte definição.

Definição

Se $\mathcal{S}$ é o espaço amostral de um experimento $\mathcal{E}$ e uma variável aleatória X com espaço imagem R_X é definida em $\mathcal{S}$ e se, além disso, o evento A é um evento em $\mathcal{E}$, enquanto B é um evento em R_X, então os eventos A e B são equivalentes se

$$A = \{e \in \mathcal{S} : X(e) \in B\}.$$

Esse conceito é ilustrado na Fig. 2-3.

De forma mais simplificada, se o evento A em $\mathcal{S}$ consiste em todos os resultados em $\mathcal{E}$ para os quais $X(e) \in B$, então A e B são eventos equivalentes. Sempre que A ocorre, B também ocorre; e sempre que B ocorre, A ocorre. Note que A e B estão associados a espaços diferentes.

Definição

Se A é um evento no espaço amostral e B é um evento no espaço imagem R_X da variável aleatória X, então definimos a probabilidade de B como

$$P_X(B) = P(A), \qquad \text{onde} \qquad A = \{e \in \mathcal{S} : X(e) \in B\}.$$

Com essa definição, podemos atribuir probabilidades a eventos em R_X em termos das probabilidades definidas em $\mathcal{S}$, e iremos *suprimir* a função X, de modo que $P_X(X = 2) = \frac{3}{8}$ no exemplo familiar do

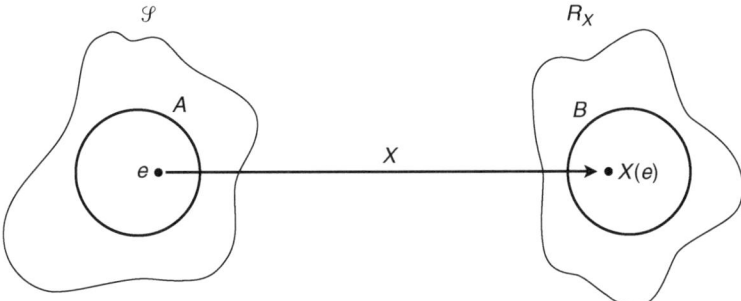

Figura 2-3 Eventos equivalentes.

lançamento da moeda significa que existe um evento $A = \{KKC, KCK, CKK\} = \{e:X(e) = 2\}$ no espaço amostral com probabilidade $\frac{3}{8}$. No desenvolvimento subseqüente, não lidaremos com a natureza da variável aleatória X, uma vez que estaremos interessados nos valores no espaço imagem e suas probabilidades associadas. Enquanto os resultados no espaço amostral não precisam ser números reais, deve-se notar, novamente, que todos os elementos na imagem de X são números reais.

Uma abordagem alternativa, mas semelhante, faz uso da função inversa de X. Poderíamos simplesmente definir $X^{-1}(B)$ como

$$X^{-1}(B) = \{e \in \mathscr{S}: X(e) \in B\}$$

de modo que

$$P_X(B) = P(X^{-1}(B)) = P(A).$$

Os exemplos seguintes mostram a relação espaço amostral-espaço imagem, e a preocupação com o espaço imagem em vez do espaço amostral é evidente, uma vez que resultados numéricos são de interesse.

Exemplo 2-2

Considere o lançamento de dois dados honestos, como descrito no Exemplo 1-11. (O espaço amostral foi descrito no Capítulo 1.) Suponha que definamos uma variável aleatória Y como a soma das faces superiores. Então, $R_Y = \{2, 3, 4, 5, 6, 7, 8, 9, 10, 11, 12\}$ e as probabilidades são $(\frac{1}{36}, \frac{2}{36}, \frac{3}{36}, \frac{4}{36}, \frac{5}{36}, \frac{6}{36}, \frac{5}{36}, \frac{4}{36}, \frac{3}{36}, \frac{2}{36}, \frac{1}{36})$, respectivamente. A Tabela 2-1 mostra os eventos equivalentes. O leitor deve se lembrar de que há 36 resultados que são igualmente prováveis, já que os dados são honestos.

Tabela 2-1 Eventos Equivalentes

Alguns Eventos em K_Y	Eventos Equivalentes em $\mathscr{S}$	Probabilidade
$Y = 2$	$\{(1, 1)\}$	$\frac{1}{36}$
$Y = 3$	$\{(1, 2), (2, 1)\}$	$\frac{2}{36}$
$Y = 4$	$\{(1, 3), (2, 2), (3, 1)\}$	$\frac{3}{36}$
$Y = 5$	$\{(1, 4), (2, 3), (3, 2), (4, 1)\}$	$\frac{4}{36}$
$Y = 6$	$\{(1, 5), (2, 4), (3, 3), (4, 2), (5, 1)\}$	$\frac{5}{36}$
$Y = 7$	$\{(1, 6), (2, 5), (3, 4), (4, 3), (5, 2), (6, 1)\}$	$\frac{6}{36}$
$Y = 8$	$\{(2, 6), (3, 5), (4, 4), (5, 3), (6, 2)\}$	$\frac{5}{36}$
$Y = 9$	$\{(3, 6), (4, 5), (5, 4), (6, 3)\}$	$\frac{4}{36}$
$Y = 10$	$\{(4, 6), (5, 5), (6, 4)\}$	$\frac{3}{36}$
$Y = 11$	$\{(5, 6), (6, 5)\}$	$\frac{2}{36}$
$Y = 12$	$\{(6, 6)\}$	$\frac{1}{36}$

Exemplo 2-3

Cem marca-passos cardíacos são postos, em um teste de durabilidade, em uma solução salina tão próxima da temperatura do corpo quanto possível. O teste é funcional, com a saída do marca-passo monitorada por um sistema que converte o sinal de saída para uma forma digital, para comparação com um projeto-padrão. O teste foi iniciado em 1.º de julho de 1997. Quando a saída do marca-passo varia em relação ao padrão por 10% ou mais, isso é considerado uma falha, e o computador registra a data e a hora do dia (d, h). Se X é a variável aleatória "tempo de falha", então $\mathscr{S} = \{(d, h): d = \text{dia}, h = \text{hora}\}$ e $R_X = \{x: x \leq 0\}$. A variável aleatória X é o número total de unidades de tempo decorridas desde que o módulo entrou em teste. Lidaremos diretamente com X e suas probabilidades. Esse conceito será discutido nas seções seguintes.

2-2 A FUNÇÃO DE DISTRIBUIÇÃO

Como convenção, usaremos a versão minúscula da mesma letra para denotar um valor particular de uma variável aleatória. Então, $(X = x)$, $(X < x)$, $(X \leq x)$ são eventos no espaço imagem da variável aleatória X, em que x é um número real. A probabilidade do evento $(X \leq x)$ pode ser expressa como função de x por

$$F_X(x) = P_X(X \leq x). \tag{2-1}$$

Essa função F_X é chamada de *função de distribuição* ou *função acumulada*, ou *função de distribuição acumulada* (FDA) da variável aleatória X.

Exemplo 2-4

No caso do lançamento da moeda, a variável aleatória X assumia quatro valores, 0, 1, 2, 3, com probabilidades $\frac{1}{8}$, $\frac{3}{8}$, $\frac{3}{8}$, $\frac{1}{8}$. Podemos estabelecer $F_X(x)$ como segue:

$$\begin{aligned}
F_x(x) &= 0, & x &< 0, \\
&= \frac{1}{8}, & 0 &\leq x < 1, \\
&= \frac{4}{8}, & 1 &\leq x < 2, \\
&= \frac{7}{8}, & 2 &\leq x < 3, \\
&= 1, & x &\geq 3.
\end{aligned}$$

Uma representação gráfica é dada na Fig. 2-4.

Exemplo 2-5

Considere novamente o Exemplo 1-13, onde um tubo de raio catódico (TRC) era testado até falhar. Agora, $\mathscr{S} = \{t: t \geq 0\}$, e se fazemos X representar o tempo decorrido até a falha então o evento $(X \leq x)$ está no espaço imagem de X. Um modelo matemático que atribui probabilidades a $(X \leq x)$ é

$$\begin{aligned}
F_X(x) &= 0, & x &\leq 0, \\
&= 1 - e^{-\lambda x}, & x &> 0,
\end{aligned}$$

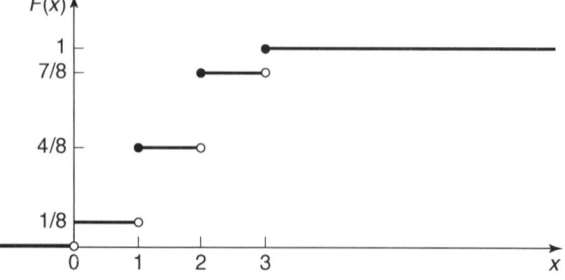

Figura 2-4 Função de distribuição para o número de caras em três lançamentos de uma moeda.

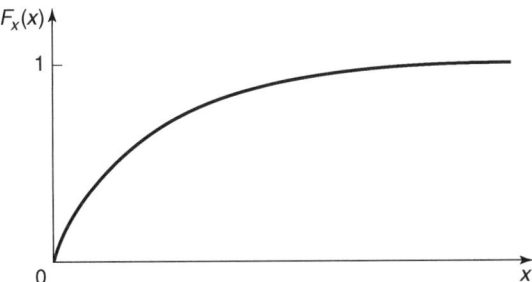

Figura 2-5 Função de distribuição do tempo de falha do TRC.

onde λ é um número positivo chamado taxa de falha (falhas/hora). O uso desse modelo "exponencial" na prática depende de certas hipóteses sobre o processo de falha. Essas hipóteses serão apresentadas em detalhes mais adiante. Uma representação gráfica da distribuição acumulada para o tempo de falha do TRC é dada na Fig. 2-5.

Exemplo 2-6

Um cliente entra em um banco, onde há uma fila de espera comum para todos os caixas em que o cliente no início da fila se dirige ao primeiro caixa que se torna disponível. Então, à medida que os clientes entram o tempo de espera anterior ao atendimento pelo caixa é atribuído à variável aleatória X. Se não há cliente algum na fila no momento da chegada e um caixa está livre, o tempo de espera é zero, mas se há outros esperando ou se todos os caixas estão ocupados, o tempo de espera será algum número positivo. Embora a forma matemática para F_X dependa de algumas hipóteses sobre o sistema de atendimento, uma representação gráfica geral é como a ilustrada na Fig. 2-6.

As funções de distribuição acumulada têm as seguintes propriedades, que seguem diretamente da definição:

1. $0 \leq F_X(x) \leq 1, \quad -\infty < x < \infty$.
2. $\lim_{x \to \infty} F_X(x) = 1$,
   $\lim_{x \to -\infty} F_X(x) = 0$.
3. A função é não-decrescente. Isto é, se $x_1 \leq x_2$, então $F_X(x_1) \leq F_X(x_2)$.
4. A função de distribuição é contínua à direita. Isto é, para todo x e todo $\delta < 0$,

$$\lim_{\delta \to 0} \left[F_X(x+\delta) - F_X(x) \right] = 0.$$

Revendo os três últimos exemplos, nota-se que no Exemplo 2-4 os valores de x para os quais há um crescimento em $F_X(x)$ são inteiros, e quando x não é inteiro então $F_X(x)$ tem o valor que tinha para o inteiro mais próximo de x pela esquerda. Nesse caso, $F_X(x)$ tem um *salto* nos valores 0, 1, 2 e 3, e prossegue de 0 a 1 em uma série de tais saltos. O Exemplo 2-5 ilustra uma situação diferente, onde $F_X(x)$ prossegue suavemente de 0 a 1 e é contínua em todos os pontos, mas não diferenciável em $x = 0$. Fi-

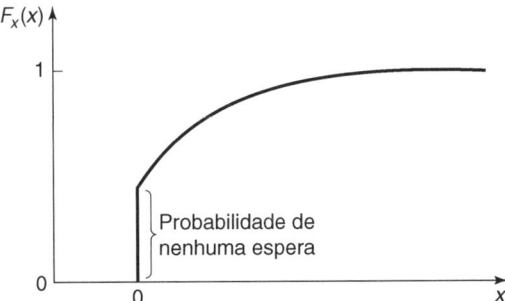

Figura 2-6 Função de distribuição do tempo de espera.

nalmente, o Exemplo 2-6 ilustra uma situação em que há um salto em $x = 0$ e, para $x > 0$, $F_X(x)$ é contínua.

Usando uma forma simplificada do *teorema da decomposição de Lebesgue*, pode-se representar $F_X(x)$ como a soma de duas funções componentes, digamos $G_X(x)$ e $H_X(x)$, ou

$$F_X(x) = G_X(x) + H_X(x), \qquad (2\text{-}2)$$

onde $G_X(x)$ é contínua e $H_X(x)$ é uma função escada contínua à direita com saltos coincidindo com os de $F_X(x)$ e $H_X(-\infty) = 0$. Se $G_X(x) \equiv 0$ para todo x, então X é chamada de *variável aleatória discreta*, e se $H_X(x) \equiv 0$ diz-se, então, que X é uma *variável aleatória contínua*. Quando nenhuma das duas situações é válida, X é uma *variável aleatória tipo misto*, e embora isso tenha sido ilustrado no Exemplo 2-6, este texto se concentrará nas variáveis aleatórias puramente contínuas e discretas, uma vez que a maioria das aplicações de estatística e probabilidade em engenharia e administração deste livro está relacionada a contagens ou medições simples.

2-3 VARIÁVEIS ALEATÓRIAS DISCRETAS

Embora variáveis aleatórias discretas possam resultar de diversas situações experimentais, em engenharia e ciências aplicadas elas estão freqüentemente associadas a contagens. Se X é uma variável aleatória discreta, então $F_X(x)$ terá no máximo um número infinito enumerável de saltos e $R_X = \{x_1, x_2, ..., x_k, ...\}$.

Exemplo 2-7

Suponha que o número de dias de trabalho em um determinado ano tenha sido de 250 e que os registros de empregados tenham sido marcados com relação à freqüência ao trabalho. Um experimento consiste em selecionar um registro e observar o número de dias marcados com ausência. A variável aleatória X é definida como esse número de dias com falta, de modo que $R_X = \{0, 1, 2, ..., 250\}$. Este é um exemplo de variável aleatória discreta com um número finito de valores possíveis.

Exemplo 2-8

Um contador Geiger é conectado a um tubo de gás, de tal modo que ele registrará a contagem de radiação ambiental para um intervalo de tempo selecionado $[0, t]$. A variável aleatória de interesse é a contagem. Se X denota essa variável aleatória, então $R_X = \{0, 1, 2, ..., k, ...\}$ e temos, pelo menos teoricamente, um espaço imagem infinito enumerável (os resultados podem ser colocados em correspondência um a um com os números naturais), de modo que a variável aleatória é discreta.

Definição

Se X é uma variável aleatória discreta, associamos o número $p_X(x_i) = P_X(X = x_i)$ a cada resultado x_i em R_X para $i = 1, 2, ..., n, ...$, onde os números $p_X(x_i)$ satisfazem o seguinte:

1. $p_X(x_i) \geq 0 \qquad$ para todo i.
2. $\sum_{i=1}^{\infty} p_X(x_i) = 1$.

Pode-se notar imediatamente que

$$p_X(x_i) = F_X(x_i) - F_X(x_{i-1}) \qquad (2\text{-}3)$$

e

$$F_X(x_i) = P_X(X \leq x_i) = \sum_{x \leq x_i} p_X(x). \qquad (2\text{-}4)$$

A função p_X é chamada de *função de probabilidade* ou *função massa de probabilidade*, ou *lei de probabilidade* da variável aleatória, e a coleção de pares $[(x_i, p_X(x_i)), i = 1, 2, ...]$ é chamada de *distribuição de probabilidade* de X. A função p_X é, em geral, apresentada em forma *tabular*, em forma *gráfica* ou em forma *matemática*, como ilustrado nos seguintes exemplos.

Representação Tabular	
x	p(x)
0	1/8
1	3/8
2	3/8
3	1/8

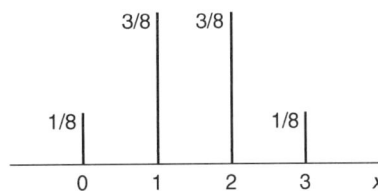

Figura 2-7 Distribuição de probabilidade para o experimento do lançamento da moeda.

Exemplo 2-9

Para o experimento do lançamento da moeda do Exemplo 1-9, onde X = número de caras, a distribuição de probabilidade é dada em forma tabular e gráfica na Fig. 2-7. Deve-se lembrar que $R_X = \{0, 1, 2, 3\}$.

Exemplo 2-10

Considere uma variável aleatória X com uma distribuição de probabilidade dada pela relação

$$p_X(x) = \binom{n}{x} p^x (1-p)^{n-x}, \qquad x = 0, 1, \ldots, n,$$
$$= 0, \qquad \text{caso contrário}, \qquad (2\text{-}5)$$

onde n é um inteiro positivo e $0 < p < 1$. Essa relação é conhecida como *distribuição binomial*, e será estudada detalhadamente mais adiante. Embora seja possível representar esse modelo em forma tabular ou gráfica para valores particulares de n e p, calculando $p_X(x)$ para $x = 0, 1, 2, \ldots, n$, isso raramente é feito na prática.

Exemplo 2-11

Voltemos à discussão anterior sobre amostragem aleatória sem reposição de uma população finita. Suponha que haja N objetos, dos quais D são defeituosos. Uma amostra aleatória de tamanho n é selecionada sem reposição, e definimos X como o número de defeituosos na amostra; então,

$$p_X(x) = \frac{\binom{D}{x}\binom{N-D}{n-x}}{\binom{N}{n}}, \qquad x = 0, 1, 2, \ldots, \text{mín } (n, D),$$
$$= 0, \qquad \text{caso contrário}, \qquad (2\text{-}6)$$

Essa distribuição é conhecida como *distribuição hipergeométrica*. Como um caso particular, suponha que $N = 100$ itens, $D = 5$ itens e $n = 4$; então

$$p_X(x) = \frac{\binom{5}{x}\binom{95}{4-x}}{\binom{100}{4}}, \qquad x = 0, 1, 2, 3, 4,$$
$$= 0, \qquad \text{caso contrário},$$

Caso uma representação tabular ou gráfica seja necessária, ela seria como mostrado na Fig. 2-8; no entanto, a menos que haja razões especiais para usar essas formas, usaremos a relação matemática.

Exemplo 2-12

No Exemplo 2-8, onde o contador Geiger foi preparado para detectar a contagem de radiação, poderíamos usar a seguinte relação, que experimentalmente tem-se mostrado apropriada:

$$p_X(x) = e^{-\lambda t}(\lambda t)^x / x!, \qquad x = 0, 1, 2, \ldots, \qquad \lambda > 0,$$
$$= 0 \qquad \text{caso contrário}. \qquad (2\text{-}7)$$

Ela é chamada de *distribuição de Poisson*, e mais adiante será derivada analiticamente. O parâmetro λ é a taxa média de "sucesso" por unidade de tempo, e x é o número desses "sucessos".

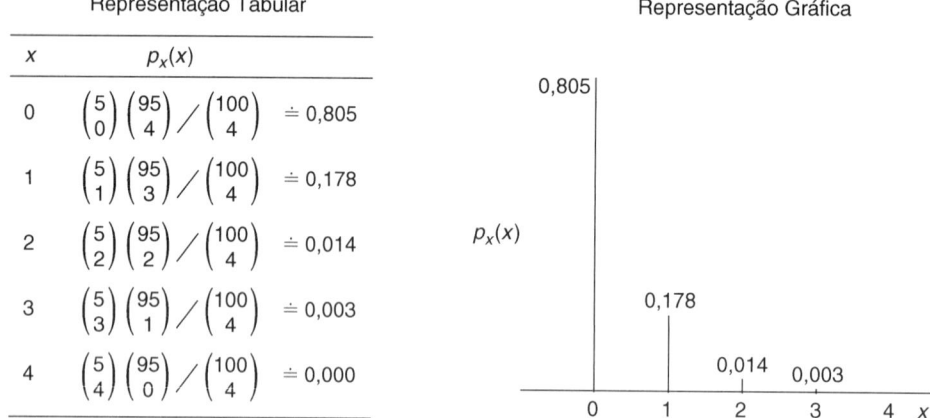

Figura 2-8 Algumas probabilidades hipergeométricas $N = 100$, $D = 5$, $n = 4$.

Esses exemplos ilustraram algumas distribuições de probabilidade discretas e formas alternativas de representar os pares $[(x_i, p_X(x_i)), i = 1, 2, ...]$. Em seções posteriores serão desenvolvidas várias distribuições de probabilidade, cada uma a partir de um conjunto de postulados motivados por considerações de *fenômenos do mundo real*.

Uma representação gráfica geral da distribuição discreta do Exemplo 2-12 é dada na Fig. 2-9. Essa interpretação geométrica é, muitas vezes, útil no desenvolvimento de sensibilidade intuitiva sobre distribuições discretas. Há uma analogia próxima em mecânica, se considerarmos a distribuição de probabilidade como uma massa de uma unidade distribuída sobre a reta real segundo quantidades $p_X(x_i)$ nos pontos x_i, $i = 1, 2, ..., n$. Também, utilizando a equação 2-3 podemos observar o seguinte resultado útil, em que $b \geq a$:

$$P_X(a < X \leq b) = F_X(b) - F_X(a). \tag{2-8}$$

2-4 VARIÁVEIS ALEATÓRIAS CONTÍNUAS

Vimos, na Seção 2-2, que quando $H_X(x) \equiv 0$, X é chamada *contínua*. Então, $F_X(x)$ é contínua, $F_X(x)$ tem derivada $f_X(x) = (d/dx) F_X(x)$ para todo x (com exceção, possivelmente, de conjunto enumerável de valores), e $f_X(x)$ é contínua por partes. Sob essas condições, o espaço imagem R_X consistirá em um ou mais intervalos.

Uma diferença interessante do caso de variáveis aleatórias discretas é que para $\delta > 0$

$$P_X(X = x) = \lim_{\delta \to 0}[F_X(x + \delta) - F_X(x)] = 0. \tag{2-9}$$

Definimos a *função de densidade de probabilidade* $f_X(x)$ como

$$f_X(x) = \frac{d}{dx} F_X(x), \tag{2-10}$$

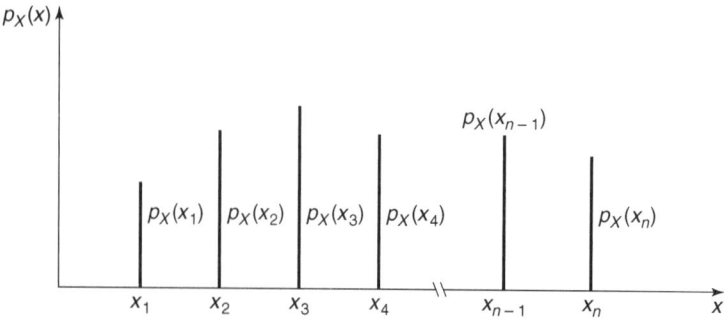

Figura 2-9 Interpretação geométrica de uma distribuição de probabilidade.

e resulta que

$$F_X(x) = \int_{-\infty}^{x} f_X(t)dt. \qquad (2\text{-}11)$$

Pode-se notar, também, uma correspondência próxima dessa forma com a Equação 2-4, com uma integral substituindo o símbolo de somatório e as seguintes propriedades de $f_X(x)$:

1. $f_X(x) \geq 0$ para todo $x \in R_X$.

2. $\int_{R_X} f_X(x)dx = 1$.

3. $f_X(x)$ é contínua por partes.

4. $f_X(x) = 0$ se x não está na imagem R_X.

Esses conceitos estão ilustrados na Fig. 2-10. Essa definição de função de densidade estipula uma função f_X definida em R_X, tal que

$$P\{e \in \mathscr{S}: a \leq X(e) \leq b\} = P_x(a \leq X \leq b) = \int_a^b f_X(x)dx, \qquad (2\text{-}12)$$

onde e é um resultado no espaço amostral. Nosso interesse recai apenas em R_X e f_X. É importante perceber que $f_X(x)$ não representa qualquer probabilidade, e somente quando a função é integrada entre dois pontos é que resulta uma probabilidade.

Alguns comentários sobre a Equação 2-9 podem ser úteis, uma vez que esse resultado pode não ser intuitivo. Se X pode assumir todos os valores em algum intervalo, então $P_X(X = x_0) = 0$ não é equivalente a dizer que o evento $(X = x_0)$ em R_X é impossível. Lembre-se de que se $A = \varnothing$, então $P_X(A) = 0$; no entanto, embora $P_X(X = x_0) = 0$, o fato de o conjunto $A = \{x: x = x_0\}$ não ser vazio claramente indica que a recíproca não é verdadeira.

Um resultado imediato é que $P_X(a \leq X \leq b) = P_X(a < X \leq b) = P_X(a \leq X < b) = P_X(a < X < b)$, em que X é contínua, com todos os valores sendo dados por $F_X(b) - F_X(a)$.

Exemplo 2-13

O tempo de falha do raio de tubo catódico descrito no Exemplo 1-13 tem a seguinte função de densidade de probabilidade:

$$f_T(t) = \lambda e^{-\lambda t}, \qquad t \geq 0,$$
$$= 0 \qquad \text{caso contrário,}$$

onde $\lambda > 0$ é uma constante conhecida como taxa de falha. Essa função de densidade de probabilidade é chamada de *densidade exponencial*, e a evidência experimental tem mostrado que é apropriada para descrever o tempo de falha (uma ocorrência no mundo real) para alguns tipos de componentes. Neste exemplo, suponha que queiramos achar $P_T(T \geq 100 \text{ horas})$. Isso é equivalente a afirmar que $P_T(100 \leq T < \infty)$, e

$$P_T(T \geq 100) = \int_{100}^{\infty} \lambda e^{-\lambda t} dt$$
$$= e^{-100\lambda}.$$

Podemos, novamente, empregar o conceito de probabilidade condicional e determinar $P_T(T \geq 100/T > 99)$, a probabilidade de o tubo durar pelo menos 100 horas, dado que já durou 99 horas. De resultados anteriores,

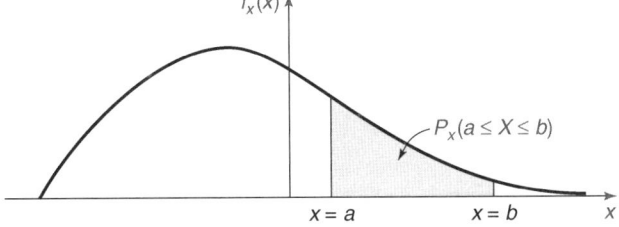

Figura 2-10 Função de densidade de probabilidade hipotética.

$$P_T(T \geq 100 | T > 99) = \frac{P_T(T \geq 100 \text{ e } T > 99)}{P_T(T > 99)}$$

$$= \frac{\int_{100}^{\infty} \lambda e^{-\lambda t} dt}{\int_{99}^{\infty} \lambda e^{-\lambda t} dt} = \frac{e^{-100\lambda}}{e^{-99\lambda}} = e^{-\lambda}.$$

Exemplo 2-14

Uma variável aleatória X tem a função de densidade de probabilidade *triangular* dada a seguir e mostrada graficamente na Fig. 2-11:

$$\begin{aligned} f_X(x) &= x, & 0 \leq x < 1, \\ &= 2 - x, & 1 \leq x < 2, \\ &= 0, & \text{caso contrário.} \end{aligned}$$

Temos os seguintes cálculos ilustrativos:

1. $P_X\left(-1 < X < \dfrac{1}{2}\right) = \int_{-1}^{0} 0\, dx + \int_{0}^{1/2} x\, dx = \dfrac{1}{8}.$

2. $P_X\left(X \leq \dfrac{3}{2}\right) = \int_{-\infty}^{0} 0\, dx + \int_{0}^{1} x\, dx + \int_{1}^{3/2} (2-x)\, dx$

   $= 0 + \dfrac{1}{2} + \left(2x - \dfrac{x^2}{2}\right)_{1}^{3/2} = \dfrac{7}{8}.$

3. $P_X(X \leq 3) = 1.$
4. $P_X(X \geq 2{,}5) = 0.$
5. $P_X\left(\dfrac{1}{4} < X < \dfrac{3}{2}\right) = \int_{1/4}^{1} x\, dx + \int_{1}^{3/2} (2-x)\, dx$

   $= \dfrac{15}{32} + \dfrac{3}{8} = \dfrac{27}{32}.$

Na descrição de funções de densidade de probabilidade emprega-se, geralmente, um modelo matemático. Uma representação gráfica ou geométrica pode também ser útil. A área sob a função de densidade corresponde à probabilidade, e a área total é um. Novamente, um estudante familiarizado com mecânica pode considerar a probabilidade unitária distribuída sobre a reta real de acordo com f_X. Na Fig. 2-12, os intervalos (a, b) e (b, c) têm o mesmo comprimento; no entanto, a probabilidade associada a (a, b) é maior.

2-5 ALGUMAS CARACTERÍSTICAS DAS DISTRIBUIÇÕES

Enquanto uma distribuição discreta fica completamente caracterizada pelos pares $[(x, p_X(x_i)); i = 1, 2, ..., n, ...]$ e, analogamente, a função de densidade de probabilidade fica especificada por $[(x, f_X(x)); x \in$

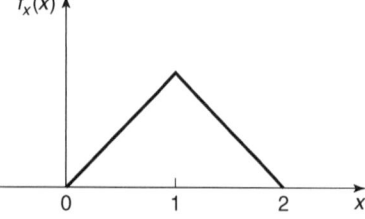

Figura 2-11 Função de densidade triangular.

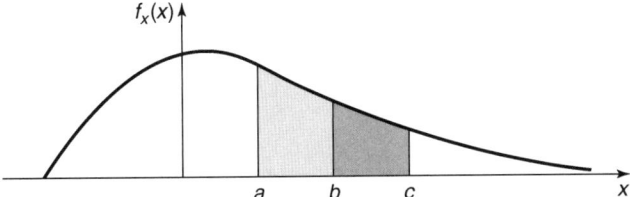

Figura 2-12 Uma função de densidade.

R_X], muitas vezes é conveniente trabalharmos com algumas características descritivas da variável aleatória. Nesta seção, introduziremos duas medidas descritivas largamente usadas, bem como expressões gerais para outras medidas similares. A primeira delas é o *primeiro momento* em torno da origem, chamado de *média* da variável aleatória e denotado pela letra grega μ, onde

$$\mu = \sum_i x_i p_X(x_i) \qquad \text{para } X \text{ discreta,}$$
$$= \int_{-\infty}^{\infty} x f_X(x) dx \qquad \text{para } X \text{ contínua.} \qquad (2\text{-}13)$$

Essa medida fornece uma indicação da *tendência central* da variável aleatória.

Exemplo 2-15

Voltando ao experimento dos lançamentos da moeda, em que X representa o número de caras e cuja distribuição de probabilidade é mostrada na Fig. 2-7, o cálculo de μ resulta em

$$\mu = \sum_{i=1}^{4} x_i p_X(x_i) = 0 \cdot \left(\frac{1}{8}\right) + 1 \cdot \left(\frac{3}{8}\right) + 2 \cdot \left(\frac{3}{8}\right) + 3 \cdot \left(\frac{1}{8}\right) = \frac{3}{2},$$

como indicado na Fig. 2-13. Nesse exemplo particular, por causa da simetria o valor de μ poderia ter sido facilmente determinado por uma simples inspeção. Note que o valor médio nesse exemplo não pode ser obtido como resultado de uma única prova ou tentativa.

Exemplo 2-16

No Exemplo 2-14, uma densidade f_X foi definida como

$$f_X(x) = x, \qquad 0 \le x \le 1,$$
$$= 2 - x, \qquad 1 \le x \le 2,$$
$$= 0, \qquad \text{caso contrário.}$$

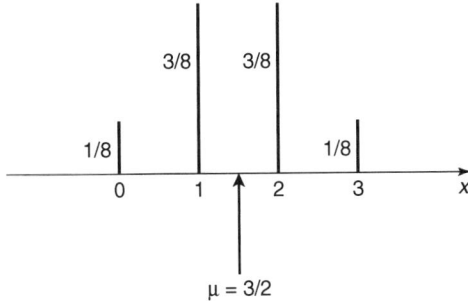

Figura 2-13 Cálculo da média.

A média é determinada por

$$\mu = \int_0^1 x \cdot x \, dx + \int_1^2 x \cdot (2-x) \, dx \\ + \int_{-\infty}^0 x \cdot 0 \, dx + \int_2^\infty x \cdot 0 \, dx = 1,$$

outro resultado que poderia ser determinado pela simetria.

Outra medida descreve o espalhamento ou a dispersão das probabilidades associadas aos elementos de R_X. Essa medida é chamada de *variância*, denotada por σ^2, e é definida como segue:

$$\sigma^2 = \sum_i (x_i - \mu)^2 p_X(x_i) \qquad \text{para } X \text{ discreta,}$$
$$= \int_{-\infty}^\infty (x-\mu)^2 f_X(x) \, dx \qquad \text{para } X \text{ contínua.} \tag{2-14}$$

Esse é o segundo momento em torno da média, e corresponde ao momento de inércia em mecânica. Considere a Fig. 2-14, onde se exibem duas distribuições discretas hipotéticas em forma gráfica. Note que a média é um em ambos os casos. A variância da variável aleatória discreta mostrada na Fig. 2-14a é

$$\sigma^2 = (0-1)^2 \cdot \left(\frac{1}{4}\right) + (1-1)^2 \cdot \left(\frac{1}{2}\right) + (2-1)^2 \cdot \left(\frac{1}{4}\right) = \frac{1}{2},$$

e a variância da variável aleatória discreta mostrada na Fig. 2-14b é

$$\sigma^2 = (-1-1)^2 \cdot \frac{1}{5} + (0-1)^2 \cdot \frac{1}{5} + (1-1)^2 \cdot \frac{1}{5} \\ + (2-1)^2 \cdot \frac{1}{5} + (3-1)^2 \cdot \frac{1}{5} = 2,$$

que é quatro vezes maior que a variância da variável aleatória mostrada na Fig. 2-14a.

Se a unidade da variável aleatória for, por exemplo, quilo, então a unidade da média será a mesma, mas a unidade da variância será quilo ao quadrado. Uma outra medida de dispersão, chamada de *desvio-padrão*, é definida como a raiz quadrada positiva da variância e denotada por σ, onde

$$\sigma = \sqrt{\sigma^2}. \tag{2-15}$$

Note que a unidade de σ é a mesma da variável aleatória, e pequenos valores de σ indicam pouca dispersão, enquanto grandes valores indicam maior dispersão.

Uma forma alternativa da equação 2-14 é obtida por algebrismos, como

$$\sigma^2 = \sum_i x_i^2 p_X(x_i) - \mu^2 \qquad \text{para } X \text{ discreta,}$$
$$= \int_{-\infty}^\infty x^2 f_X(x) \, dx - \mu^2 \qquad \text{para } X \text{ contínua.} \tag{2-16}$$

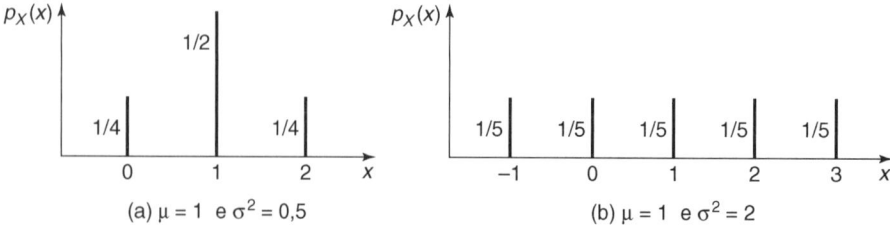

Figura 2-14 Algumas distribuições hipotéticas.

Isso indica, simplesmente, que o segundo momento em torno da média é igual ao segundo momento em torno da origem menos o quadrado da média. O leitor familiarizado com engenharia mecânica pode reconhecer que o desenvolvimento que leva à equação 2-16 é da mesma natureza daquele que leva ao *teorema dos momentos* em mecânica.

Exemplo 2-17

1. *Lançamento da moeda — Exemplo 2-9.* Lembre que $\mu = \frac{2}{3}$ pelo Exemplo 2-15 e

$$\sigma^2 = \left(0 - \frac{3}{2}\right)^2 \cdot \frac{1}{8} + \left(1 - \frac{3}{2}\right)^2 \cdot \frac{3}{8}$$
$$+ \left(2 - \frac{3}{2}\right)^2 \cdot \frac{3}{8} + \left(3 - \frac{3}{2}\right)^2 \cdot \frac{1}{8} = \frac{3}{4}.$$

Usando a forma alternativa,

$$\sigma^2 = \left[0^2 \cdot \frac{1}{8} + 1^2 \cdot \frac{3}{8} + 2^2 \cdot \frac{3}{8} + 3^2 \cdot \frac{1}{8}\right] - \left(\frac{3}{2}\right)^2 = \frac{3}{4},$$

que é um pouco mais fácil.

2. *Distribuição binomial — Exemplo 2-10.* Da equação 2-13 pode-se mostrar que $\mu = np$ e

$$\sigma^2 = \sum_{x=0}^{n}(x-np)^2 \binom{n}{x} p^x (1-p)^{n-x}$$

ou

$$\sigma^2 = \left[\sum_{x=0}^{n} x^2 \cdot \binom{n}{x} p^x (1-p)^{n-x}\right] - (np)^2,$$

o que, depois de algumas simplificações, resulta em

$$\sigma^2 = np(1-p).$$

3. *Distribuição exponencial — Exemplo 2-13.* Considere a função de densidade $f_X(x)$, onde

$$f_X(x) = 2e^{-2x}, \quad x \geq 0,$$
$$= 0 \quad \text{caso contrário.}$$

Então, usando integração por partes,

$$\mu = \int_0^\infty x \cdot 2e^{-2x} dx = \frac{1}{2}$$

e

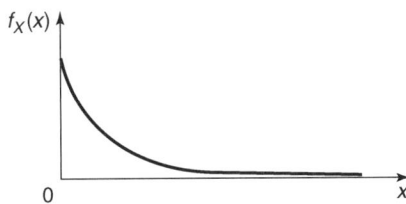

$$\sigma^2 = \int_0^\infty x^2 \cdot 2e^{-2x} dx - \left(\frac{1}{2}\right)^2 = \frac{1}{2} - \frac{1}{4} = \frac{1}{4}.$$

4. Uma outra densidade é $g_X(x)$, onde

$$g_X(x) = 16xe^{-4x}, \quad x \geq 0,$$
$$= 0, \quad \text{caso contrário.}$$

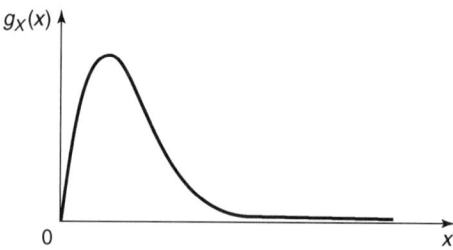

Então,

$$\mu = \int_0^\infty x \cdot 16xe^{-4x}dx = \frac{1}{2}$$

e

$$\sigma^2 = \int_0^\infty x^2 \cdot 16xe^{-4x}dx - \left(\frac{1}{2}\right)^2 = \frac{1}{8}.$$

Note que a média é a mesma para as densidades nas partes 3 e 4, com a variável aleatória da parte 3 tendo uma variância que é o dobro da variância da variável aleatória da parte 4.

No desenvolvimento da média e da variância usamos a terminologia "média da variável aleatória" e "variância da variável aleatória". Alguns autores usam a terminologia "média da distribuição" e "variância da distribuição". Qualquer das terminologias é aceitável. Também, quando várias variáveis aleatórias estão sendo consideradas é muitas vezes conveniente usar um subscrito em μ e σ, por exemplo, μ_X e σ_X.

Além da média e da variância, outros momentos são freqüentemente usados para descrever distribuições. Isto é, os momentos de uma distribuição descrevem essa distribuição, medem suas propriedades e, em certos casos, especificam a distribuição. Momentos em torno da origem são chamados de *momentos da origem*, e denotamos por μ'_k o k-ésimo momento da origem, onde

$$\mu'_k = \sum_i x_i^k p_X(x_i) \quad \text{para } X \text{ discreta,}$$
$$= \int_{-\infty}^\infty x^k f_X(x)dx \quad \text{para } X \text{ contínua,}$$
$$k = 0, 1, 2, \ldots. \tag{2-17}$$

Momentos em torno da média são chamados de *momentos centrais* e são denotados por μ_k, onde

$$\mu_k = \sum_i (x_i - \mu)^k p_X(x_i) \quad \text{para } X \text{ discreta,}$$
$$= \int_{-\infty}^\infty (x - \mu)^k f_X(x)dx \quad \text{para } X \text{ contínua,}$$
$$k = 0, 1, 2, \ldots. \tag{2-18}$$

Note que a média $\mu = \mu_1'$ e a variância é $\sigma = \mu_2$. Os momentos centrais podem ser expressos em termos dos momentos da origem através da relação

$$\mu_k = \sum_{j=0}^k (-1)^j \binom{k}{j} \mu^j \mu'_{k-j}, \quad k = 0, 1, 2, \ldots. \tag{2-19}$$

2-6 A DESIGUALDADE DE CHEBYSHEV

Nas seções anteriores deste capítulo, salientamos que uma pequena variância, σ^2, indica que grandes desvios em torno da média, μ, são improváveis. A *desigualdade de Chebyshev* fornece uma forma de compreender como a variância mede a probabilidade de desvios em torno da média μ.

Teorema 2-1

Seja X uma variável aleatória (discreta ou contínua), e seja k algum inteiro positivo. Então,

$$P_X\left(|X-\mu| \geq k\sigma\right) \leq \frac{1}{k^2}. \qquad (2\text{-}20)$$

Prova Para X contínua e uma constante $K > 0$, considere

$$\sigma^2 = \int_{-\infty}^{\infty} (x-\mu)^2 \cdot f_X(x)\,dx = \int_{-\infty}^{\mu-\sqrt{K}} (x-\mu)^2 \cdot f_X(x)\,dx$$
$$+ \int_{\mu-\sqrt{K}}^{\mu+\sqrt{K}} (x-\mu)^2 \cdot f_X(x)\,dx + \int_{\mu+\sqrt{K}}^{\infty} (x-\mu)^2 \cdot f_X(x)\,dx.$$

como

$$\int_{\mu-\sqrt{K}}^{\mu+\sqrt{K}} (x-\mu)^2 \cdot f_X(x)\,dx \geq 0,$$

segue que

$$\sigma^2 \geq \int_{-\infty}^{\mu-\sqrt{K}} (x-\mu)^2 \cdot f_X(x)\,dx + \int_{\mu+\sqrt{K}}^{\infty} (x-\mu)^2 \cdot f_X(x)\,dx.$$

Agora, $(x - \mu)^2 \geq K$ se, e somente se, $|x - \mu| > \sqrt{K}$; assim,

$$\sigma^2 \geq \int_{-\infty}^{\mu-\sqrt{K}} K f_X(x)\,dx + \int_{\mu+\sqrt{K}}^{\infty} K f_X(x)\,dx$$
$$= K\left[P_X\left(X \leq \mu - \sqrt{K}\right) + P_X\left(X \geq \mu + \sqrt{K}\right)\right]$$

e

$$P_X\left(|X-\mu| \geq \sqrt{K}\right) \leq \frac{\sigma^2}{K},$$

de modo que

$$P_X\left(|X-\mu| \geq k\sigma\right) \leq \frac{1}{k^2}.$$

A prova para X discreta é bastante semelhante.

Uma forma alternativa dessa desigualdade,

$$P_X\left(|X-\mu| < k\sigma\right) \geq 1 - \frac{1}{k^2} \qquad (2\text{-}21)$$

ou

$$P_X\left(\mu - k\sigma < X < \mu + k\sigma\right) \geq 1 - \frac{1}{k^2},$$

é bastante útil.

A utilidade da desigualdade de Chebyshev vem do fato de que se necessita pouca informação sobre a distribuição de X. Apenas μ e σ^2 devem ser conhecidas. No entanto, a desigualdade de Chebyshev é uma afirmativa fraca, o que diminui sua utilidade. Por exemplo, $P_X(|X - \mu| \geq \sigma) \leq 1$, o que já sabíamos antes mesmo de começar! Se a forma precisa de $f_X(x)$ ou $p_X(x)$ é conhecida, então uma afirmativa mais forte pode ser feita.

Exemplo 2-18

A partir da análise dos registros de uma firma, um gerente de controle de material estima que a média e o desvio-padrão do tempo de processamento do pedido de uma pequena válvula são 8 dias e 1,5 dia, respectivamente. Ele não conhece a distribuição do tempo de processamento, mas está propenso a admitir que as estimativas da média e do desvio-padrão estejam corretas. O gerente gostaria de determinar um intervalo de tempo tal que a probabilidade de o pedido ser processado durante esse tempo seja, pelo menos, $\frac{8}{9}$. Isto é,

$$1 - \frac{1}{k^2} = \frac{8}{9}$$

de modo que $k = 3$ e $\mu \pm k\sigma$ resulta em $8 \pm 3(1,5)$ ou no intervalo [3,5 dias; 12,5 dias]. Deve-se notar que esse intervalo pode ser amplo demais para ser útil para o gerente; nesse caso, ele deve escolher saber mais sobre a distribuição dos tempos de processamento.

2-7 RESUMO

Este capítulo introduziu a idéia de variável aleatória. Na maioria das aplicações de gerenciamento e engenharia, elas são discretas ou contínuas; no entanto, a Seção 2-2 ilustrou um caso mais geral. A grande maioria das variáveis discretas a serem consideradas neste livro resulta de processos de contagem, enquanto as variáveis contínuas são empregadas para modelar várias medições. A média e a variância, como medidas de tendência central e dispersão e como caracterizações das variáveis aleatórias, foram apresentadas em conjunto com momentos mais gerais de ordem maior. A desigualdade de Chebyshev foi apresentada como uma probabilidade limite de que a variável aleatória esteja entre $\mu - k\sigma$ e $\mu + k\sigma$.

2-8 EXERCÍCIOS

2-1. Uma mão de pôquer de cinco cartas pode conter de zero a quatro ases. Se X é a variável aleatória que denota o número de ases, enumere o espaço imagem de X. Quais são as probabilidades associadas a cada valor possível de X?

2-2. Uma agência de aluguel de carros tem 0, 1, 2, 3, 4 ou 5 carros devolvidos por dia, com probabilidades $\frac{1}{6}, \frac{1}{6}, \frac{1}{3}, \frac{1}{12}, \frac{1}{6}$ e $\frac{1}{12}$, respectivamente. Ache a média e a variância do número de carros devolvidos.

2-3. Uma variável aleatória X tem função de densidade de probabilidade ce^{-x}. Ache o valor apropriado de c, supondo que $0 \leq x < \infty$. Ache a média e a variância de X.

2-4. A função de distribuição acumulada de que um tubo de televisão falhe em t horas é $1 - e^{-ct}$, onde c é um parâmetro que depende do fabricante e $t \geq 0$. Ache a função de densidade de probabilidade de T, o tempo de vida do tubo.

2-5. Considere as três funções dadas a seguir. Determine quais são funções de distribuição (FDA).

(a) $F_X(x) = 1 - e^{-x}$, $\quad 0 < x < \infty$.
(b) $G_X(x) = e^{-x}$, $\quad 0 \leq x < \infty$,
$\quad\quad\quad\quad = 0$, $\quad x < 0$.
(c) $H_X(x) = e^x$, $\quad -\infty < x \leq 0$,
$\quad\quad\quad\quad = 1$, $\quad x > 0$.

2-6. Consulte o Exercício 2-5. Ache a função de densidade de probabilidade para as funções dadas, no caso de serem funções de distribuição.

2-7. Qual das seguintes funções são distribuições de probabilidade discretas?

a) $p_X(x) = \frac{1}{3}$, $\quad x = 0$,
$\quad\quad\quad = \frac{2}{3}$, $\quad x = 1$,
$\quad\quad\quad = 0$, $\quad$ caso contrário.

(b) $p_X(x) = \binom{5}{x}\left(\frac{2}{3}\right)^x\left(\frac{1}{3}\right)^{5-x}$, $\quad x = 0,1,2,3,4,5$,
$\quad\quad\quad = 0$, $\quad$ caso contrário.

2-8. A demanda por um produto é $-1, 0, +1, +2$ por dia, com probabilidades $\frac{1}{5}, \frac{1}{10}, \frac{2}{5}$ e $\frac{3}{10}$, respectivamente. Uma demanda de -1 significa que uma unidade é devolvida. Ache a demanda esperada e a variância. Esboce a função de distribuição (FDA).

2-9. O gerente de uma loja de roupas para homens está preocupado com o estoque de ternos, que atualmente é de 30 (todos os tamanhos). O número de ternos vendidos a partir de agora até o final da estação é distribuído como

$$p_X(x) = \frac{e^{-20}20^x}{x!}, \quad x = 0,1,2,\ldots,$$
$$\quad\quad\quad = 0, \quad \text{caso contrário.}$$

Ache a probabilidade de que sobrem ternos após o final da estação.

2-10. Uma variável aleatória X tem FDA da forma

$$F_X(x) = 1 - \left(\frac{1}{2}\right)^{x+1}, \quad x = 0, 1, 2, \ldots,$$
$$= 0, \quad x < 0.$$

(a) Ache a função de probabilidade de X.
(b) Calcule $P_X(0 < X \leq 80)$.

2-11. Considere a seguinte função de densidade de probabilidade:

$$f_X(x) = kx, \quad 0 \leq x < 2,$$
$$= k(4 - x), \quad 2 \leq x \leq 4,$$
$$= 0, \quad \text{caso contrário.}$$

(a) Ache o valor de k para o qual f seja, de fato, uma função de densidade de probabilidade.
(b) Calcule a média e a variância de X.
(c) Ache a função de distribuição acumulada.

2-12. Refaça o exercício anterior, mas considerando a função de densidade de probabilidade definida por

$$f_X(x) = kx, \quad 0 \leq x < a,$$
$$= k(2a - x), \quad a \leq x \leq 2a,$$
$$= 0, \quad \text{caso contrário.}$$

2-13. A gerente de uma loja não conhece a distribuição de probabilidade do tempo necessário para completar uma ordem. No entanto, do desempenho passado ela pode estimar a média e a variância como 14 dias e 2 (dias)^2, respectivamente. Ache um intervalo tal que a probabilidade de uma ordem ser completada dentro desse período seja, pelo menos, 0,75.

2-14. Uma variável aleatória contínua T tem função de densidade de probabilidade $f(t) = kt^2$ para $-1 \leq t \leq 1$. Calcule o seguinte:
(a) O valor apropriado de k.
(b) A média e a variância de T.
(c) A função de distribuição acumulada.

2-15. Uma variável aleatória discreta tem função de probabilidade $p_X(x)$, onde

$$p_X(x) = k(1/2)^x, \quad x = 1, 2, 3,$$
$$= 0, \quad \text{caso contrário.}$$

(a) Ache k.
(b) Ache a média e a variância de X.
(c) Ache a função de distribuição acumulada $F_X(x)$.

2-16. Uma variável aleatória discreta N ($n = 0, 1, \ldots$) tem probabilidades de ocorrência kr^n ($0 < r < 1$). Ache o valor apropriado de k.

2-17. O serviço postal requer, em média, 2 dias para enviar uma carta dentro da cidade. A variância é estimada como 0,4 (dia)^2. Se um executivo deseja que pelo menos 99% de suas cartas cheguem a tempo, com que antecedência ele deve despachá-las?

2-18. Duas construtoras imobiliárias, A e B, têm terrenos à venda. As distribuições de probabilidade dos preços de venda por lote são mostradas na tabela a seguir.

Preço	$1000	$1050	$1100	$1150	$1200	$1350
A	0,2	0,3	0,1	0,3	0,05	0,05
B	0,1	0,1	0,3	0,3	0,1	0,1

Supondo que A e B estejam operando independentemente, calcule o seguinte:
(a) O preço de venda esperado de A e de B.
(b) O preço de venda esperado de A, dado que o preço de venda de B é $1150.
(c) A probabilidade de A e B terem o mesmo preço de venda.

2-19. Mostre que a função de probabilidade para a soma dos valores obtidos no lançamento de dois dados pode ser escrita como

$$p_X(x) = \frac{x-1}{36}, \quad x = 2, 3, \ldots, 6,$$
$$= \frac{13-x}{36}, \quad x = 7, 8, \ldots, 12.$$

2-20. Ache a média e a variância da variável aleatória cuja função de probabilidade foi definida no exercício anterior.

2-21. Uma variável aleatória contínua X tem função de densidade

$$f_X(x) = \frac{2x}{9}, \quad 0 < x < 3,$$
$$= 0 \quad \text{caso contrário.}$$

(a) Obtenha a FDA de X.
(b) Ache a média e a variância de X.
(c) Ache μ_3'.
(d) Ache o valor m tal que $P_X(X \leq m) = P_X(X \geq m)$. Esse valor é chamado de *mediana* de X.

2-22. Suponha que X assuma os valores 5 e -5 com probabilidades $\frac{1}{2}$. Desenhe o gráfico de $P[|X - \mu| \leq k\sigma]$ como função de k (para $k > 0$). No mesmo conjunto de eixos, plote a mesma probabilidade, determinada, agora, pela desigualdade de Chebyshev.

2-23. Ache a função de distribuição acumulada associada a

$$f_X(x) = \frac{x}{t^2} \exp\left(-\frac{x^2}{2t^2}\right), t > 0, x \geq 0,$$
$$= 0, \quad \text{caso contrário.}$$

2-24. Ache a função de distribuição acumulada associada a

$$f_X(x) = \frac{1}{\sigma\pi} \frac{1}{\left\{1 + \left[(x-\mu)^2/\sigma^2\right]\right\}}, -\infty < x < \infty.$$

2-25. Considere a função de densidade de probabilidade $f_Y(y) = k$ sen y, $0 \leq y \leq \pi/2$. Qual é o valor apropriado de k? Ache a média da distribuição.

2-26. Mostre que os momentos centrais podem ser expressos em termos dos momentos da origem pela equação 2-19. *Sugestão*: veja o Capítulo 3, de Kendall e Stuart (1963).

Capítulo 3

Funções de Uma Variável Aleatória e Esperança

3-1 INTRODUÇÃO

Engenheiros e cientistas de gerenciamento estão, freqüentemente, interessados no comportamento de alguma função, digamos H, de uma variável aleatória X. Por exemplo, suponha que seja de interesse a área da seção transversa circular de um fio de cobre. A relação $Y = \pi X^2/4$, em que X é o diâmetro, dá a área da seção transversa. Como X é uma variável aleatória, Y é, também, uma variável aleatória, e esperaríamos ser capazes de determinar a distribuição de probabilidade de $Y = H(X)$ se a distribuição de X for conhecida. A primeira parte deste capítulo tratará de problemas desse tipo. Em seguida, será visto o conceito de esperança, uma noção usada extensivamente em todos os capítulos restantes deste livro. Desenvolvem-se aproximações para a média e a variância de funções de variáveis aleatórias e apresenta-se, com algumas ilustrações, a função geratriz de momentos, um artifício matemático para produzir momentos e descrever distribuições.

3-2 EVENTOS EQUIVALENTES

Antes de apresentar alguns métodos específicos usados na determinação da distribuição de probabilidade de uma variável aleatória, os conceitos envolvidos devem ser formulados de maneira mais precisa.

Considere um experimento $\mathscr{E}$ com espaço amostral $\mathscr{S}$. A variável aleatória X está definida em $\mathscr{S}$, e associa valores aos resultados e em $\mathscr{S}$, $X(e) = x$, onde os valores x estão no espaço imagem R_X de X. Se $Y = H(X)$ for definida de tal modo que os valores $y = H(X)$ em R_Y, o espaço imagem de Y, forem reais, então Y será uma variável aleatória, uma vez que se determina um valor y da variável aleatória Y para cada resultado $e \in \mathscr{S}$; isto é, $Y = H[X(e)]$. Essa noção está ilustrada na Fig. 3-1.

Se C é um evento associado a R_Y e B é um evento em R_X, então B e C são *eventos equivalentes* se ocorrerem juntos, isto é, se $B = \{x \in R_X : H(x) \in C\}$. Além disso, se A é um evento associado a $\mathscr{S}$ e, ainda, A e B são equivalentes, então A e C são eventos equivalentes.

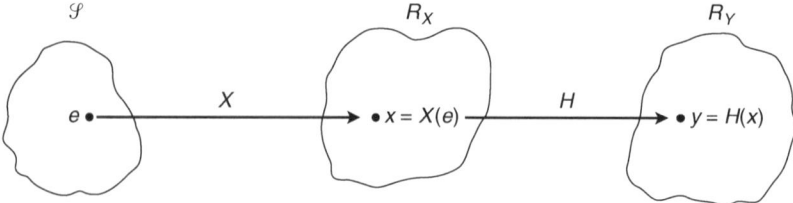

Figura 3-1 Uma função de uma variável aleatória.

Definição

Se X é uma variável aleatória (definida em $\mathscr{S}$) com espaço imagem R_X, e se H é uma função real, de tal modo que $Y = H(X)$ é uma variável aleatória com espaço imagem R_Y, então, para qualquer evento $C \subset R_Y$, definimos

$$P_Y(C) = P_X(\{x \in R_X: H(x) \in C\}). \tag{3-1}$$

Note-se que essas probabilidades se relacionam a probabilidades no espaço amostral. Poderíamos escrever

$$P_Y(C) = P(\{e \in \mathcal{S}: H[X(e)] \in C\}).$$

No entanto, a equação 3-1 indica o *método* a ser usado na solução de problemas. Encontramos o evento B em R_X que seja equivalente ao evento C em R_Y; encontramos, então, a probabilidade do evento B.

Exemplo 3-1

No caso da área da seção transversa Y de um fio, suponha que saibamos que o diâmetro de um fio tem função de densidade

$$f_X(x) = 200, \quad 1{,}000 \leq x \leq 1{,}005,$$
$$= 0, \quad \text{caso contrário.}$$

Seja $Y = (\pi/4)X^2$ a área da seção transversal do fio, e suponha que desejemos encontrar $P_Y(Y \leq (1{,}01)\,\pi/4)$. Determina-se o evento equivalente. $P_Y(Y \leq (1{,}01)\,\pi/4) = P_X[(\pi/4)X^2 \leq (1{,}01)\,\pi/4] = P_X(|X| \leq \sqrt{1{,}01})$. O evento $\left\{x \in R_X : |x| \leq \sqrt{1{,}01}\right\}$ está no espaço imagem R_X, e como $f_X(x) = 0$ para todo $x < 1{,}0$, calculamos

$$P_X\left(|X| \leq \sqrt{1{,}01}\right) = P_X\left(1{,}0 \leq X \leq \sqrt{1{,}01}\right) = \int_{1{,}000}^{\sqrt{1{,}01}} 200\,dx$$
$$= 0{,}9975.$$

Exemplo 3-2

No caso do experimento do contador Geiger do Exemplo 2-12, usamos a distribuição dada na equação 2-7:

$$p_X(x) = e^{-\lambda t}(\lambda t)^x/x!, \quad x = 0, 1, 2, \ldots,$$
$$= 0, \quad \text{caso contrário.}$$

Lembre que λ, onde $\lambda < 0$, representa a taxa média de "sucesso", e t é o intervalo de tempo durante o qual se operou o contador. Suponha, agora, que desejemos encontrar $P_Y(Y \leq 5)$, onde

$$Y = 2X + 2.$$

Procedendo como no exemplo anterior,

$$P_Y(Y \leq 5) = P_X(2X + 2 \leq 5) = P_X\left(X \leq \frac{3}{2}\right)$$
$$= [p_X(0) + p_X(1)] = \left[e^{-\lambda t}(\lambda t)^0/0!\right] + \left[e^{-\lambda t}(\lambda t)^1/1!\right]$$
$$= e^{-\lambda t}[1 + \lambda t].$$

O evento $\{x \in R_X : x \leq \frac{3}{2}\}$ está no espaço imagem de X, e temos a função p_X com a qual trabalhar naquele espaço.

3-3 FUNÇÕES DE UMA VARIÁVEL ALEATÓRIA DISCRETA

Suponha que tanto X quanto Y sejam variáveis aleatórias discretas, e sejam $x_{i_1}, x_{i_2}, \ldots, x_{i_k}, \ldots$ os valores de X tais que $H(x_{i_j}) = y_i$ para algum conjunto de valores índice, $\Omega_i\ 5\ \{j: j = 1, 2, \ldots, s_i\}$.

A distribuição de probabilidade para Y é denotada por $p_Y(y_i)$, e é dada por

$$p_Y(y_i) = P_Y(Y = y_i) = \sum_{j \in \Omega_i} p_X(x_{i_j}). \tag{3-2}$$

Por exemplo, na Fig. 3-2, onde $s_i = 4$, a probabilidade de y_i é $P_Y(y_i) = p_X(x_{i_1}) + p_X(x_{i_2}) + p_X(x_{i_3}) + p_X(x_{i_4})$.

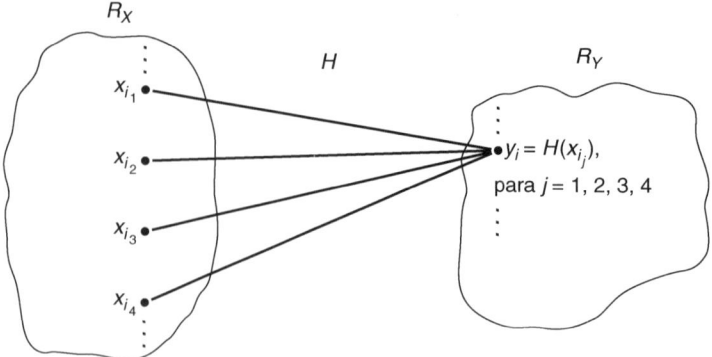

Figura 3-2 Probabilidades em R_Y.

No caso especial em que H é tal que para cada y existe exatamente um x, então $p_X(y_i) = p_X(x_i)$, onde $y_i = H(x_i)$. Para ilustrar esses conceitos, considere os seguintes exemplos.

Exemplo 3-3

No experimento do lançamento de uma moeda, onde X representava o número de caras, relembre que X assumia quatro valores, 0, 1, 2, 3, com probabilidades $\frac{1}{8}, \frac{3}{8}, \frac{3}{8}, \frac{1}{8}$. Se $Y = 2X - 1$, então os valores possíveis de Y são $-1, 1, 3, 5$ e $p_Y(-1) = \frac{1}{8}, p_Y(1) = \frac{3}{8}, p_Y(3) = \frac{3}{8}, p_Y(5) = \frac{1}{8}$. Nesse caso, H é tal que, para cada y, existe exatamente um x.

Exemplo 3-4

Seja X como no exemplo anterior; no entanto, suponha agora que $Y = |X - 2|$, de modo que os valores possíveis de Y são 0, 1, 2, conforme indicado na Fig. 3-3. Nesse caso,

$$p_Y(0) = p_X(2) = \frac{3}{8},$$
$$p_Y(1) = p_X(1) + p_X(3) = \frac{4}{8},$$
$$p_Y(2) = p_X(0) = \frac{1}{8}.$$

No caso de X ser contínua, mas sendo Y discreta, a formulação para $p_Y(y_i)$ é

$$p_Y(y_i) = \int_B f_X(x)dx, \tag{3-3}$$

onde o evento B é o evento em R_X equivalente ao evento $(Y = y_i)$ em R_Y.

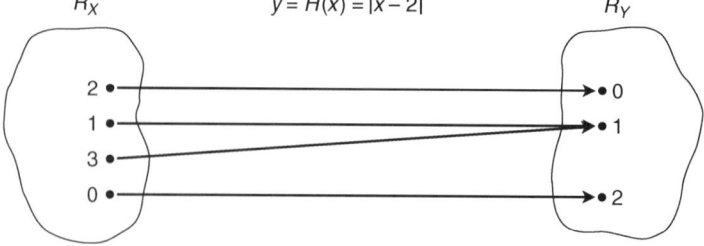

Figura 3-3 Uma função H como exemplo.

Exemplo 3-5

Suponha que X tenha a função de densidade de probabilidade exponencial, dada por

Funções de Uma Variável Aleatória e Esperança 49

$$f_X(x) = \lambda e^{-\lambda x}, \quad x \geq 0,$$
$$= 0 \quad \text{caso contrário.}$$

Além disso, se

$$Y = 0 \quad \text{para } X \leq 1/\lambda,$$
$$= 1 \quad \text{para } X > 1/\lambda,$$

então

$$p_Y(0) = \int_0^{1/\lambda} \lambda e^{-\lambda x}\, dx = -e^{-\lambda x}\Big|_0^{1/\lambda} = 1 - e^{-1} \simeq 0{,}6321$$

e

$$p_Y(1) = 1 - P_Y(0) \simeq 0{,}3679.$$

3-4 FUNÇÕES CONTÍNUAS DE UMA VARIÁVEL ALEATÓRIA CONTÍNUA

Se X é uma variável aleatória contínua com função de densidade de probabilidade f_X, e se H é também contínua, então $Y = H(X)$ é uma variável aleatória contínua. A função de densidade de probabilidade para a variável aleatória Y será denotada por f_Y, e pode ser encontrada seguindo-se três passos.

1. Obtenha a FDA de Y, $F_Y(y) = P_Y(Y \leq y)$, encontrando o evento B em R_X que seja equivalente ao evento $(Y \leq y)$ em R_Y.
2. Derive $F_Y(y)$ em relação a y para obter a função de densidade de probabilidade $f_Y(y)$.
3. Ache o espaço imagem da nova variável aleatória.

Exemplo 3-6

Suponha que a variável aleatória X tenha a seguinte função de densidade de probabilidade:

$$f_X(x) = x/8, \quad 0 \leq x \leq 4,$$
$$= 0, \quad \text{caso contrário.}$$

Se $Y = H(X)$ é a variável aleatória para a qual se deseja a função de densidade f_Y, e se $H(x) = 2x + 8$, conforme a Fig. 3-4, procedemos, então, de acordo com os passos dados antes.

1. $F_Y(y) = P_Y(Y \leq y) = P_X(2X + 8 \leq y)$
   $= P_X(X \leq (y-8)/2)$
   $= \int_0^{(y-8)/2} (x/8)\, dx = \dfrac{x^2}{16}\Big|_0^{(y-8)/2} = \dfrac{1}{64}(y^2 - 16y + 64).$

2. $f_Y(y) = F_Y'(y) = \dfrac{y}{32} - \dfrac{1}{4}.$

3. Se $x = 0$, $y = 8$, e se $x = 4$, $y = 16$, de modo que

$$f_Y(y) = \dfrac{y}{32} - \dfrac{1}{4}, \quad 8 \leq y \leq 16,$$
$$= 0, \quad \text{caso contrário.}$$

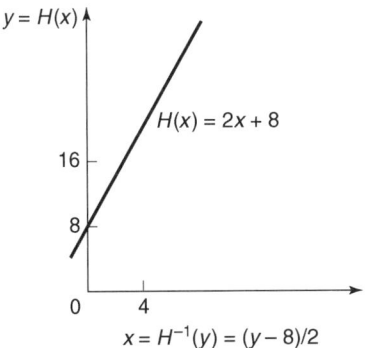

Figura 3-4 A função $H(x) = 2x + 8$.

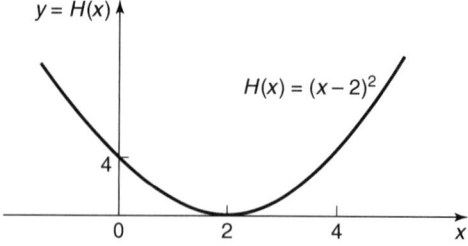

Figura 3-5 A função $H(x) = (x - 2)^2$.

Exemplo 3-7

Considere a variável aleatória X definida no Exemplo 3-6 e suponha $Y = H(X) = (X - 2)^2$, conforme mostrado na Fig. 3-5. Procedendo como no Exemplo 3-6, encontramos o seguinte:

1. $F_Y(y) = P_Y(Y \leq y) = P_X((X - 2)^2 \leq y) = P_X\left(-\sqrt{y} \leq X - 2 \leq \sqrt{y}\right)$

$$P_X\left(-\sqrt{y} \leq X - 2 \leq \sqrt{y}\right)$$
$$= P_X\left(2 - \sqrt{y} \leq X \leq 2 + \sqrt{y}\right)$$
$$= \int_{2-\sqrt{y}}^{2+\sqrt{y}} \frac{x}{8} dx = \left.\frac{x^2}{16}\right|_{2-\sqrt{y}}^{2+\sqrt{y}}$$
$$= \frac{1}{16}\left[\left(4 + 4\sqrt{y} + y\right) - \left(4 - 4\sqrt{y} + y\right)\right]$$
$$= \frac{1}{2}\sqrt{y}.$$

2. $f_Y(y) = F_Y'(y) = \dfrac{1}{4\sqrt{y}}$.

3. Se $x = 2$, $y = 0$ e se $x = 0$ ou $x = 4$, então $y = 4$. No entanto, f_Y não está definida para $y = 0$; portanto,

$$f_Y(y) = \frac{1}{4\sqrt{y}}, \qquad 0 < y \leq 4,$$
$$= 0 \qquad \text{caso contrário.}$$

No Exemplo 3-6, o evento em R_X equivalente a $(Y \leq y)$ em R_Y era $[X \leq (y - 8)/2]$; no Exemplo 3-7 o evento em R_X equivalente a $(Y \leq y)$ em R_Y era $(2 - \sqrt{y} \leq X \leq 2 + \sqrt{y})$. No primeiro exemplo, a função H é uma função estritamente crescente de x, enquanto no segundo exemplo isso não acontece.

Teorema 3-1

Se X é uma variável aleatória contínua, com função de densidade de probabilidade f_X que satisfaz $f_X(x) > 0$ para todo $a < x < b$, e se $y = H(x)$ é uma função contínua estritamente crescente ou estritamente decrescente de x, então a variável aleatória $Y = H(X)$ tem função de densidade

$$f_Y(y) = f_X(x) \cdot \left|\frac{dx}{dy}\right|, \tag{3-4}$$

com $x = H^{-1}(y)$ expressa em termos de y. Se H é crescente, então $f_Y(y) > 0$ se $H(a) < y < H(b)$; e se H é decrescente, então $f_Y(y) > 0$ se $H(b) < y < H(a)$.

Prova (Dada apenas para o caso em que H é crescente. Um argumento semelhante serve para H decrescente.)

Funções de Uma Variável Aleatória e Esperança **51**

$$F_Y(y) = P_Y(Y \leq y) = P_X(H(X) \leq y)$$
$$= P_X[X \leq H^{-1}(y)]$$
$$= F_X[H^{-1}(y)].$$

$$f_Y(y) = F_Y'(y) = \frac{dF_X(x)}{dx} \cdot \frac{dx}{dy}, \qquad \text{pela regra da cadeia,}$$

$$= f_X(x) \cdot \frac{dx}{dy}, \qquad \text{onde } x = H^{-1}(y).$$

Exemplo 3-8

No Exemplo 3-6, tínhamos

$$f_X(x) = x/8, \qquad 0 \leq x \leq 4,$$
$$= 0, \qquad \text{caso contrário,}$$

e $H(x) = 2x + 8$, que é uma função estritamente crescente. Usando a Equação 3-4,

$$f_Y(y) = f_X(x) \cdot \left|\frac{dx}{dy}\right| = \frac{y-8}{16} \cdot \frac{1}{2},$$

uma vez que $x = (y - 8)/2$. $H(0) = 8$ e $H(4) = 16$; portanto,

$$f_Y(y) = \frac{y}{32} - \frac{1}{4}, \qquad 8 \leq y \leq 16,$$
$$= 0, \qquad \text{caso contrário.}$$

3-5 ESPERANÇA

Se X é uma variável aleatória e $Y = H(X)$ é uma função de X, então o *valor esperado* de $H(X)$ se define como segue:

$$E[H(X)] = \sum_i H(x_i) \cdot p_X(x_i) \quad \text{para } X \text{ discreta,} \tag{3-5}$$

$$E[H(X)] = \int_{-\infty}^{\infty} H(x) \cdot f_X(x) dx \quad \text{para } X \text{ contínua.} \tag{3-6}$$

No caso em que X é contínua, restringimos H de modo que $Y = H(X)$ seja uma variável aleatória contínua. Na verdade, devemos considerar as equações 3-5 e 3-6 como *teoremas* (não definições), e esses resultados se tornaram conhecidos como *a lei do estatístico não-consciente*.

A média e a variância, apresentadas anteriormente, são aplicações especiais das equações 3-5 e 3-6. Se $H(X) = X$, vemos que

$$E[H(X)] = E(X) = \mu. \tag{3-7}$$

Portanto, o valor esperado da variável aleatória X é exatamente a média, μ.

Se $H(X) = (X - \mu)^2$, então

$$E[H(X)] = E((X - \mu)^2) = \sigma^2. \tag{3-8}$$

Assim, a variância da variável aleatória X pode ser definida em termos da esperança. Como a variância é usada extensivamente, é comum introduzir-se o *operador* variância V, que se define em termos do operador valor esperado E:

$$V[H(X)] = E\big([H(X) - E(H(X))]^2\big). \tag{3-9}$$

Novamente, no caso em que $H(X) = X$,

$$V(X) = E[(X - E(X))^2]$$
$$= E(X^2) - [E(X)]^2, \tag{3-10}$$

que é a *variância* de X, denotada por σ^2.

Os momentos em torno da origem e os momentos centrais, discutidos no capítulo anterior, podem também ser expressos com o uso do operador valor esperado como

$$\mu'_k = E(X^k) \tag{3-11}$$

e

$$\mu_k = E[(X - E(X))^k].$$

A essa altura, há uma função linear especial, H, que deve ser considerada. Suponha que $H(X) = aX + b$, onde a e b são constantes. Então, para X discreta, temos

$$E(aX+b) = \sum_i (ax_i + b) p_X(x_i)$$

$$= a \sum_i x_i p_X(x_i) + b \sum_i p_X(x_i)$$

$$= aE(x) + b, \tag{3-12}$$

e o mesmo resultado se obtém para X contínua; isto é,

$$E(aX+b) = \int_{-\infty}^{\infty} (ax+b) f_X(x) dx$$

$$= a \int_{-\infty}^{\infty} x f_X(x) dx + b \int_{-\infty}^{\infty} f_X(x) dx$$

$$= aE(X) + b. \tag{3-13}$$

Usando a equação 3-9,

$$\begin{aligned} V(aX+b) &= E[(aX+b-E(aX+b))^2] \\ &= E[(aX+b-aE(X)-b)^2] \\ &= aE[(X-E(X))^2] \\ &= a^2 V(X). \end{aligned} \tag{3-14}$$

No caso extremo em que $H(X) = b$, uma constante, o leitor pode verificar prontamente que

$$E(b) = b \tag{3-15}$$

e

$$V(b) = 0. \tag{3-16}$$

Esses resultados mostram que uma mudança linear de tamanho b afeta apenas o valor esperado, não a variância.

Exemplo 3-9

Suponha que X seja uma variável aleatória tal que $E(X) = 3$ e $V(X) = 5$. Além disso, seja $H(X) = 2X - 7$. Então

$$E[H(X)] = E(2X - 7) = 2E(X) - 7 = -1$$

e

$$V[H(X)] = V(2X - 7) = 4V(X) = 20.$$

Os exemplos que se seguem dão ilustrações adicionais dos cálculos que envolvem a esperança e a variância.

Exemplo 3-10

Suponha que um empreiteiro esteja para entrar na concorrência para uma trabalho que exige X dias para ser executado, em que X é uma variável aleatória que denota o número de dias para se fazer o trabalho. Seu lucro, P, depende de X; isto é, $P = H(X)$. A distribuição de probabilidade de X, $(x, p_X(x))$, é como segue:

x	$p_X(x)$
3	$\frac{1}{8}$
4	$\frac{5}{8}$
5	$\frac{2}{8}$
caso contrário,	0.

Usando a notação do valor esperado, calculamos a média e a variância de X como

$$E(X) = 3 \cdot \frac{1}{8} + 4 \cdot \frac{5}{8} + 5 \cdot \frac{2}{8} = \frac{33}{8}$$

e

$$V(X) = \left[3^2 \cdot \frac{1}{8} + 4^2 \cdot \frac{5}{8} + 5^2 \cdot \frac{2}{8}\right] - \left(\frac{33}{8}\right)^2 = \frac{23}{64}.$$

Se a função $H(X)$ é dada por

x	$H(x)$
3	$10.000
4	2500
5	−7000

então o valor esperado de $H(X)$ é

$$E[H(X)] = 10.000 \cdot \left(\frac{1}{8}\right) + 2500 \cdot \left(\frac{5}{8}\right) - 7000 \cdot \left(\frac{2}{8}\right) = \$1062,50$$

e o empreiteiro deve considerar isso como um lucro médio que obteria se fizesse esse trabalho muitas e muitas vezes (na verdade, um número infinito de vezes), onde H permanecesse a mesma e a variável aleatória X se comportasse de acordo com a função de probabilidade p_X. A variância de $P = H(X)$ pode ser imediatamente calculada como

$$V[H(X)] = \left[(10.000)^2 \cdot \frac{1}{8} + (2500)^2 \cdot \frac{5}{8} + (-7000)^2 \cdot \frac{2}{8}\right] - (1062,5)^2$$

$$\approx \$27,53 \cdot 10^6.$$

Exemplo 3-11

Um problema de estoque simples e muito conhecido é o "problema do jornaleiro", descrito a seguir. Um jornaleiro compra jornais a 15 centavos cada e os vende por 25 centavos cada, e não pode devolver os jornais não vendidos. A demanda diária tem a seguinte distribuição, e a demanda de cada dia é independente da demanda do dia anterior.

Número de clientes, x	23	24	25	26	27	28	29	30
Probabilidade, $p_X(x)$	0,01	0,04	0,10	0,10	0,25	0,25	0,15	0,10

Se o jornaleiro estocar muitos jornais, ele sofre uma perda por excesso de estoque. Se estocar poucos jornais, ele perde lucro devido ao excesso de demanda. Parece razoável que o jornaleiro estoque uma quantidade de jornais de modo a minimizar a perda *esperada*. Se representamos por s o número de jornais estocados, por X a demanda diária e por $L(X, s)$ a perda do jornaleiro para um determinado nível s de estoque, então a perda é simplesmente

$$L(X, s) = 0,10(X - s) \quad \text{se } X > s,$$
$$= 0,15(s - X) \quad \text{se } X \leq s,$$

e para um determinado nível de estoque, s, a perda esperada é

$$E[L(X, s)] = \sum_{x=23}^{s} 0,15(s - x) \cdot p_X(x) + \sum_{x=s+1}^{30} 0,10(x - s) \cdot p_X(x)$$

e $E[L(X, s)]$ é calculada para alguns valores diferentes de s.

Para $s = 26$,

$$\begin{aligned}E[L(X, 26)] = {}& 0{,}15[(26 - 23)(0{,}01) + (26 - 24)(0{,}04) + (26 - 25)(0{,}10) \\ & + (26 - 26)(0{,}10)] + 0{,}10[(27 - 26)(0{,}25) + (28 - 26)(0{,}25) \\ & + (29 - 26)(0{,}15) + (30 - 26)(0{,}10)] \\ = {}& \$0{,}1915.\end{aligned}$$

Para $s = 27$,

$$\begin{aligned}E[L(X, 27)] = {}& 0{,}15[(27 - 23)(0{,}01) + (27 - 24)(0{,}04) + (27 - 25)(0{,}10) \\ & + (27 - 26)(0{,}10) + (27 - 27)(0{,}25)] + 0{,}10[(28 - 27)(0{,}25) \\ & + (29 - 27)(0{,}15) + (30 - 27)(0{,}10)] \\ = {}& \$0{,}1540.\end{aligned}$$

Para $s = 28$,

$$\begin{aligned}E[L(X, 28)] = {}& 0{,}15[(28 - 23)(0{,}01) + (28 - 24)(0{,}04) + (28 - 25)(0{,}10) \\ & + (28 - 26)(0{,}10) + (28 - 27)(0{,}25) + (28 - 28)(0{,}25)] \\ & + 0{,}10[(29 - 28)(0{,}15) + (30 - 28)(0{,}10)] \\ = {}& \$0{,}1790\end{aligned}$$

Assim, a política do jornaleiro deve ser estocar 27 jornais, se deseja minimizar sua perda esperada.

Exemplo 3-12

Considere o sistema redundante mostrado no diagrama que segue.

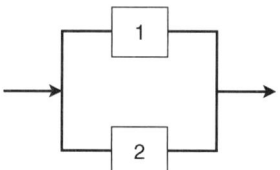

Pelo menos uma das unidades deve funcionar, a redundância é do tipo *standby* (isto é, a segunda unidade não opera até que a primeira falhe), a conexão está perfeita e o sistema não tem manutenção. Pode-se mostrar que, sob certas condições, quando o tempo de falha para cada uma das unidades do sistema tem uma distribuição exponencial o tempo de falha para o sistema tem, então, a seguinte função de densidade de probabilidade.

$$\begin{aligned}f_X(x) &= \lambda^2 x e^{-\lambda x}, \quad x > 0, \lambda > 0, \\ &= 0, \quad \text{caso contrário,}\end{aligned}$$

onde λ é o parâmetro "taxa de falha" dos modelos exponenciais dos componentes. O tempo médio de falha (TMF) para esse sistema é

$$E(X) = \int_0^\infty x \cdot \lambda^2 x e^{-\lambda x} dx = \frac{2}{\lambda}.$$

Assim, a redundância dobra a vida esperada. Os termos "tempo médio de falha" e "vida esperada" são sinônimos.

3-6 APROXIMAÇÕES PARA $E[H(X)]$ E $V[H(X)]$

Nos casos em que $H(X)$ é muito complicada, os cálculos da esperança e da variância podem ser difíceis. Em geral, pode-se obter aproximações para $E[H(X)]$ e $V[H(X)]$, utilizando-se uma expansão em série de Taylor. Essa técnica é, algumas vezes, chamada de método delta. Para se estimar a média, expandimos a função H até três termos, com a expansão feita em torno de $x = \mu$. Se $Y = H(X)$, então

$$Y = H(\mu) + (X - \mu)H'(\mu) + \frac{(X - \mu)^2}{2} \cdot H''(\mu) + R,$$

onde R é o resto. Usamos as equações 3-12 a 3-16 para fazer

$$E(Y) = E[H(\mu)] + E[H'(\mu)(X - \mu)]$$
$$+ E\left[\frac{1}{2}H''(\mu)(X-\mu)^2\right] + E(R)$$
$$= H(\mu) + \frac{1}{2}H''(\mu)V(X) + E(R)$$
$$\cong H(\mu) + \frac{1}{2}H''(\mu)\sigma^2. \tag{3-17}$$

Usando apenas os dois primeiros termos e agrupando o terceiro com o resto, obtemos

$$Y = H(\mu) + (X - \mu) \cdot H'(\mu) + R_1,$$

onde

$$R_1 = R + \frac{(X-\mu)^2}{2} \cdot H''(\mu),$$

e a aproximação para a variância de Y é determinada como

$$V(Y) \simeq V[H(\mu)] + V[(X-\mu) \cdot H'(\mu)] + V(R_1)$$
$$\simeq 0 + V(X) \cdot [H'(\mu)]^2$$
$$= [H'(\mu)]^2 \cdot \sigma^2. \tag{3-18}$$

Se a variância de X, σ^2, for grande e a média μ for pequena pode haver um erro bastante grande nessa aproximação.

Exemplo 3-13

A tensão superficial de um líquido é representada por T (dina/centímetro) e, sob certas condições, $T \simeq 2(1 - 0{,}005X)^{1{,}2}$, onde X é a temperatura do líquido em graus centígrados. Se X tem função de densidade de probabilidade f_X, onde

$$f_X(x) = 3000x^{-4}, \quad x \geq 10,$$
$$= 0 \quad \text{caso contrário,}$$

então

$$E(T) = \int_{10}^{\infty} 2(1 - 0{,}005x)^{1{,}2} \cdot 3000x^{-4}\,dx$$

e

$$V(T) = \int_{10}^{\infty} 4(1 - 0{,}005x)^{2{,}4} \cdot 3000x^{-4}\,dx - \bigl(E(T)\bigr)^2.$$

Para se determinar esses valores, é necessário calcular

$$\int_{10}^{\infty} \frac{(1 - 0{,}005x)^{1{,}2}}{x^4}\,dx \quad \text{e} \quad \int_{10}^{\infty} \frac{(1 - 0{,}005x)^{2{,}4}}{x^4}\,dx.$$

Como o cálculo é difícil, usamos a aproximação dada pelas Equações 3-17 e 3-18. Note que

$$\mu = E(X) = \int_{10}^{\infty} x \cdot 3000x^{-4}\,dx = -1500x^{-2}\Big|_{10}^{\infty} = 15^{\circ}\text{C}$$

e

$$\sigma^2 = V(X) = E(X^2) - [E(X)]^2 = \int_{10}^{\infty} x^2 \cdot 3000x^{-4}\,dx - 15^2 = 75(^{\circ}\text{C})^2.$$

Como
$$H(X) = 2(1 - 0{,}005X)^{1,2},$$
então
$$H'(X) = -0{,}012(1 - 0{,}005X)^{0,2}$$
e
$$H''(X) = 0{,}000012(1 - 0{,}005X)^{-0,8}.$$
Assim,
$$H(15) = 2[1 - 0{,}005(15)]^{1,2} = 1{,}82,$$
$$H'(15) \simeq -0{,}012,$$
e
$$H''(15) \simeq 0.$$
Usando as Equações 3-17 e 3-18
$$E(T) \simeq H(15) + \frac{1}{2}H''(15) \cdot \sigma^2 = 1{,}82$$
e
$$V(T) \simeq [H'(15)]^2 \cdot \sigma^2 = [-0{,}012]^2 \cdot 75 \simeq 0{,}0108.$$

Uma abordagem alternativa a esse tipo de aproximação utiliza simulação digital e métodos estatísticos para estimar $E(Y)$ e $V(Y)$. A simulação será discutida, em geral, no Capítulo 19, mas a essência dessa abordagem é a seguinte.

1. Obtenha n realizações independentes da variável aleatória X, onde X tem distribuição de probabilidade p_X ou f_X. Denote essas realizações por $x_1, x_2, ..., x_n$. (A noção de independência será mais discutida no Capítulo 4.)
2. Use x_1 para calcular realizações independentes de Y; especificamente, $y_1 = H(x_1)$, $y_2 = H(x_2)$,..., $y_n = H(x_n)$.
3. Estime $E(Y)$ e $V(Y)$ a partir dos valores $y_1, y_2, ..., y_n$. Por exemplo, o estimador natural para $E(Y)$ é a média amostral $\bar{y} \equiv \sum_{i=1}^{n} y_i/n$. (Tais problemas de estimação estatística serão tratados em detalhes nos Capítulos 9 e 10.)

Como uma prévia dessa abordagem, damos uma idéia de alguns detalhes. Primeiro, como geramos as n realizações de X que são, subseqüentemente, usadas para a obtenção de $y_1, y_2, ..., y_n$? A técnica mais importante, chamada de *método da transformação inversa*, se baseia em um notável resultado.

Teorema 3-2

Suponha que X seja uma variável aleatória com FDA $F_X(x)$. Então, a variável aleatória $F_X(X)$ tem distribuição uniforme em $[0, 1]$; isto é, tem função de densidade de probabilidade

$$\begin{aligned} f_U(u) &= 1, & 0 \leq u \leq 1, \\ &= 0 & \text{caso contrário.} \end{aligned} \qquad (3\text{-}19)$$

Prova Suponha que X seja uma variável aleatória contínua. (O caso discreto é semelhante.) Como X é contínua, sua FDA $F_X(x)$ tem uma inversa única. Assim, a FDA da variável aleatória $F_X(X)$ é

$$P(F_X(X) \leq u) = P(X \leq F_X^{-1}(u)) = F_X(F_X^{-1}(u)) = u.$$

Tomando a derivada em relação a u, obtemos a função de densidade de probabilidade de $F_X(X)$,

$$\frac{d}{du}P(F_X(X) \leq u) = 1,$$

que é a mesma da equação 3-19, completando a prova.

Estamos, agora, em condições de descrever o método da transformação inversa para a geração de variáveis aleatórias. De acordo com o Teorema 3-2, a variável aleatória $F_X(X)$ tem uma distribuição uniforme em [0, 1]. Suponha que possamos, de alguma forma, gerar tal variável aleatória uniforme em [0, 1], U. O método da transformação inversa prossegue, fazendo $F_X(X) = U$ e resolvendo em relação a X através da equação

$$X = F_X^{-1}(U). \tag{3-20}$$

Podemos, então, gerar as realizações independentes de Y, fazendo $Y_i = H(X_i) = H(F_X^{-1}(U_i))$, $i = 1, 2, \ldots, n$, onde $U_1, U_2, \ldots, U_n$ são realizações independentes da distribuição uniforme [0, 1]. Adiamos a questão da geração de U até o Capítulo 19, quando discutiremos técnicas de simulação com computador. Por agora, é suficiente dizer que há uma variedade de métodos disponíveis com essa finalidade, sendo que o mais amplamente usado é um método de geração *pseudo*-uniforme — método que gera números que *parecem* ser independentes e uniformes em [0, 1], mas que são, na verdade, calculados por um algoritmo determinístico.

Exemplo 3-14

Suponha que U seja uniforme em [0, 1]. Mostraremos como usar o método da transformação inversa para gerar uma variável aleatória exponencial com parâmetro λ, isto é, a distribuição contínua que tem função de densidade de probabilidade $f_X(x) = \lambda e^{-\lambda x}$, para $x \geq 0$. A FDA da variável aleatória exponencial é

$$F_X(x) = \int_0^x f_X(t)dt = 1 - e^{-\lambda x}.$$

Portanto, pelo teorema da transformação inversa podemos fazer

$$F_X(X) = 1 - e^{-\lambda X} = U$$

e resolver em relação a X,

$$X = F_X^{-1}(U) = -\frac{1}{\lambda}\ln(1 - U),$$

onde obtemos a inversa depois de algum algebrismo. Em outras palavras, $-(1/\lambda)\ln(1 - U)$ resulta em uma variável aleatória exponencial com parâmetro λ.

Enfatizamos que não é sempre possível encontrar F_X^{-1} em forma fechada, de modo que a utilidade da equação 3-20 é, algumas vezes, limitada. Felizmente, estão disponíveis muitos outros esquemas para a geração de variável aleatória e, juntos, eles resolvem todas as distribuições de probabilidade comumente usadas.

3-7 A FUNÇÃO GERATRIZ DE MOMENTOS

Em geral, é conveniente usar uma função especial para encontrar os momentos de uma distribuição de probabilidade. Essa função especial, chamada de *função geratriz de momentos*, é definida como segue.

Definição

Dada uma variável aleatória X, a função geratriz de momentos $M_X(t)$ de sua distribuição de probabilidade é o valor esperado de e^{tX}. Em forma matemática,

$$M_X(t) = E(e^{tX}) \tag{3-21}$$

$$= \sum_i e^{tx_i} p_X(x_i) \quad X \text{ discreta}, \tag{3-22}$$

$$= \int_{-\infty}^{\infty} e^{tx} f_X(x)dx \quad X \text{ contínua}. \tag{3-23}$$

Para certas distribuições de probabilidade, a função geratriz de momentos pode não existir para todos os valores reais de *t*. No entanto, para as distribuições de probabilidade tratadas neste livro a função geratriz de momentos sempre existe.

Expandindo e^{tX} como série de potências em *t*, obtemos

$$e^{tX} = 1 + tX + \frac{t^2 X^2}{2!} + \cdots + \frac{t^r X^r}{r!} + \cdots.$$

Tomando esperanças, vemos que

$$M_X(t) = E[e^{tX}] = 1 + E(X) \cdot t + E(X^2) \cdot \frac{t^2}{2} + \cdots + E(X^r) \cdot \frac{t^r}{r!} + \cdots$$

de modo que

$$M_X(t) = 1 + \mu_1' \cdot t + \mu_2' \cdot \frac{t^2}{2!} + \cdots + \mu_r' \cdot \frac{t^r}{r!} + \cdots. \tag{3-24}$$

Vemos, assim, que *quando $M_X(t)$ se escreve como série de potências em t o coeficiente de $t^r/r!$ na expansão é o r-ésimo momento em torno da origem*. Um procedimento, então, para se usar a função geratriz de momentos seria o seguinte:

1. Determine $M_X(t)$, analiticamente, para uma distribuição particular.
2. Faça a expansão de $M_X(t)$ em série de potências de *t* e obtenha o coeficiente de $t^r/r!$ como o *r*-ésimo momento em torno da origem.

A principal dificuldade na utilização desse procedimento é a expansão de $M_X(t)$ em série de potências de *t*.

Se estivermos interessados apenas nos poucos primeiros momentos, então o processo de determinação desses momentos é usualmente simplificado notando-se que a *r*-ésima derivada de $M_X(t)$ em relação a *t*, calculada em $t = 0$, é exatamente

$$\frac{d^r}{dt^r} M_X(t)\Big|_{t=0} = E[X^r e^{tX}]_{t=0} = \mu_r', \tag{3-25}$$

supondo-se que possamos permutar as operações de diferenciação e esperança. Assim, um segundo procedimento para o uso da função geratriz de momentos é o seguinte:

1. Determine $M_X(t)$, analiticamente, para uma distribuição particular.
2. Ache $\mu_r' = \dfrac{d^r}{dt^r} M_X(t)\Big|_{t=0}$

As funções geratrizes de momentos têm muitas propriedades interessantes e poderosas. Talvez a mais importante dessas propriedades seja que a função geratriz de momentos, quando existe, é única, de modo que se sabemos a função geratriz de momentos poderemos ser capazes de determinar a forma da distribuição.

Nos casos em que a função geratriz de momentos não existe podemos utilizar a função característica, $C_X(t)$, que se define como a esperança de e^{itX}, onde $i = \sqrt{-1}$. Há várias vantagens em se utilizar a função característica em vez da função geratriz de momentos, mas a principal é que $C_X(t)$ sempre existe para todo *t*. No entanto, por simplicidade usaremos apenas a função geratriz de momentos.

Exemplo 3-15

Suponha que *X* tenha uma *distribuição binomial*, isto é,

$$p_X(x) = \binom{n}{x} p^x (1-p)^{n-x}, \qquad x = 0,1,2,\ldots,n,$$
$$= 0, \qquad \text{caso contrário,}$$

onde $0 < p < 1$ e *n* é um inteiro positivo. A função geratriz de momentos $M_X(t)$ é

$$M_X(t) = \sum_{x=0}^{n} e^{tx}\binom{n}{x}p^x(1-p)^{n-x}$$

$$= \sum_{x=0}^{n} \binom{n}{x}(pe^t)^x(1-p)^{n-x}.$$

Reconhece-se, no último somatório, a expansão binomial de $[pe^t + (1-p)]^n$, de modo que

$$M_X(t) = [pe^t + (1-p)]^n.$$

Tomando as derivadas, obtemos

$$M_X'(t) = npe^t\left[1 + p(e^t - 1)\right]^{n-1}$$

e

$$M_X''(t) = npe^t(1-p+npe^t)\left[1 + p(e^t - 1)\right]^{n-2}.$$

Assim,

$$\mu_1' = \mu = M_X'(t)\big|_{t=0} = np$$

e

$$\mu_2' = M_X''(t)\big|_{t=0} = np(1-p+np)$$

O segundo *momento central* pode ser obtido usando-se $\sigma^2 = \mu_2' - \mu^2 = np(1-p)$.

Exemplo 3-16

Suponha que X tenha a seguinte *distribuição gama*:

$$f_X(x) = \frac{a^b}{\Gamma(b)} x^{b-1} e^{-ax}, \quad 0 \le x < \infty, a > 0, b > 0,$$

$$= 0, \quad \text{caso contrário,}$$

onde $\Gamma(b) \equiv \int_0^\infty e^{-y} y^{b-1} dy$ é a *função gama*.

A função geratriz de momentos é

$$M_X(t) = \int_0^\infty \frac{a^b}{\Gamma(b)} e^{x(t-a)} x^{b-1} dx,$$

que, se fizermos $y = x(a-t)$, se torna

$$M_X(t) = \frac{a^b}{\Gamma(b)(a-t)^b} \int_0^\infty e^{-y} y^{b-1} dy.$$

Como a integral à direita é exatamente $\Gamma(b)$, obtemos

$$M_X(t) = \frac{a^b}{(a-t)^b} = \left(1 - \frac{t}{a}\right)^{-b} \quad \text{para } t < a.$$

Usando, agora, a expansão em série de potências para

$$\left(1 - \frac{t}{a}\right)^{-b},$$

encontramos

$$M_X(t) = 1 + b\frac{t}{a} + \frac{b(b+1)}{2!}\left(\frac{t}{a}\right)^2 + \cdots,$$

que resulta nos momentos

$$\mu_1' = \frac{b}{a} \quad \text{e} \quad \mu_2' = \frac{b(b+1)}{a^2}.$$

3-8 RESUMO

Este capítulo introduziu, primeiro, métodos para a determinação da distribuição de probabilidade de uma variável aleatória que surge como uma função de uma outra variável aleatória com distribuição conhecida. Isto é, onde $Y = H(X)$ e/ou X é discreta com distribuição $p_X(x)$ conhecida ou X é contínua com densidade $f_X(x)$ conhecida apresentaram-se métodos para a obtenção da distribuição de probabilidade de Y.

O operador valor esperado foi introduzido em termos gerais para $E[H(X)]$, e mostrou-se que $E(X) = \mu$, a média, e $E[H(X - \mu)^2] = \sigma^2$, a variância. O operador variância, V, foi dado como $V(X) = E(X^2) - E[H(X)]^2$. Desenvolveram-se aproximações para $E[H(X)]$ e $V[H(X)]$, úteis quando métodos exatos se tornam difíceis. Mostramos, também, como usar o método da transformação inversa para gerar realizações de variáveis aleatórias e se investigar suas médias.

A função geratriz de momentos foi apresentada e ilustrada para os momentos μ_r' de uma distribuição de probabilidade. Observou-se que $E(X^r) = \mu_r'$.

3-9 EXERCÍCIOS

3-1. Um robô posiciona 10 unidades em uma placa para usinagem, à medida que a placa é marcada. Se o robô posiciona a unidade de maneira não adequada a unidade cai e a posição na placa permanece aberta, resultando em um ciclo que produz menos de 10 unidades. Um estudo do desempenho passado do robô indica que se X = número de posições abertas,

$$p_X(x) = 0{,}6, \quad x = 0,$$
$$= 0{,}3, \quad x = 1,$$
$$= 0{,}1, \quad x = 2,$$
$$= 0{,}0, \quad \text{caso contrário.}$$

Se a perda devida a posições vazias é dada por $Y = 20X^2$, ache o seguinte:
(a) $p_Y(y)$.
(b) $E(Y)$ e $V(Y)$.

3-2. O conteúdo de magnésio em uma liga é uma variável aleatória dada pela seguinte função de densidade de probabilidade:

$$f_X(x) = \frac{x}{18}, \quad 0 \leq x \leq 6,$$
$$= 0, \quad \text{caso contrário.}$$

O lucro obtido com essa liga é $P = 10 + 2X$.
(a) Ache a distribuição de probabilidade de P.
(b) Qual é o lucro esperado?

3-3. Um fabricante de televisão a cores oferece uma garantia de 1 ano para substituição gratuita se o tubo de imagem falhar. Ele estima o tempo de falha, T, como uma variável aleatória com a seguinte distribuição de probabilidade (em unidades de anos):

$$f_T(t) = \frac{1}{4} e^{-t/4} \quad t > 0,$$
$$= 0, \quad \text{caso contrário.}$$

(a) Qual a porcentagem de aparelhos que passarão pela assistência técnica?
(b) Se o lucro por venda é de \$200 e a substituição de um tubo de imagem custa \$200, ache o lucro esperado do negócio.

3-4. Um empreiteiro vai entrar em uma concorrência, e o número de dias para completar o trabalho, X, segue a distribuição de probabilidade dada por

$$p_X(x) = 0{,}1, \quad x = 10,$$
$$= 0{,}3, \quad x = 11,$$
$$= 0{,}4, \quad x = 12,$$
$$= 0{,}1, \quad x = 13,$$
$$= 0{,}1, \quad x = 14,$$
$$= 0, \quad \text{caso contrário.}$$

O lucro do empreiteiro é $Y = 2000(12 - X)$.
(a) Ache a distribuição de probabilidade de Y.
(b) Ache $E(X)$, $V(X)$, $E(Y)$ e $V(Y)$.

3-5. Suponha que uma variável aleatória contínua, X, tenha função de densidade de probabilidade

$$f_X(x) = 2xe^{-x^2}, \quad x \geq 0,$$
$$= 0, \quad \text{caso contrário.}$$

Ache a distribuição de probabilidade de $Z = X^2$.

3-6. No desenvolvimento de um gerador de dígitos aleatórios, uma importante propriedade procurada é que cada dígito D_i obedeça à seguinte *distribuição uniforme discreta*,

$$p_{D_i}(d) = \frac{1}{10}, \quad d = 0, 1, 2, 3, \ldots, 9,$$
$$= 0, \quad \text{caso contrário.}$$

(a) Ache $E(D_i)$ e $V(D_i)$.
(b) Se $y = \lfloor D_i - 4{,}5 \rfloor$, onde $\lfloor \ \rfloor$ é a função maior inteiro ("arredondamento para baixo"), ache $p_Y(y)$, $E(Y)$, $V(Y)$.

3-7. A porcentagem de certo aditivo na gasolina determina o preço de venda no atacado. Se A é uma variável aleatória que representa a porcentagem, então $0 \leq A \leq 1$. Se a porcentagem A for menor do que 0,70, a gasolina tem classificação baixa nos testes e é vendida por 92 centavos o galão. Se a percentagem A for maior do que ou igual a 0,70, a gasolina tem classificação alta e é vendida por 98 centavos o galão. Ache o retorno esperado por galão, onde $f_A(a) = 1$, $0 \leq a \leq 1$; caso contrário, $f_A(a) = 0$.

3-8. A função de probabilidade da variável aleatória X,

$$f_X(x) = \frac{1}{\theta} e^{-(1/\theta)(x - \beta)}, \quad x \geq \beta, \theta > 0,$$
$$= 0, \quad \text{caso contrário.}$$

é conhecida como *distribuição exponencial de dois parâmetros*. Ache a função geratriz de momentos de X. Calcule $E(X)$ e $V(X)$ usando a função geratriz de momentos.

3-9. Uma variável aleatória X tem a seguinte função de densidade de probabilidade:
$$f_X(x) = e^{-x}, \quad x > 0,$$
$$= 0, \quad \text{caso contrário.}$$

(a) Desenvolva a função de densidade para $Y = 2X^2$.
(b) Desenvolva a densidade para $V = X^{1/2}$.
(c) Desenvolva a densidade para $U = \ln X$.

3-10. Uma antena rotativa bilateral recebe sinais. A posição de rotação (ângulo) da antena é denotada X, e pode-se supor que essa posição, no instante em que um sinal é recebido, seja uma variável aleatória com a densidade a seguir. Na verdade, a aleatoriedade está no sinal.
$$f_X(x) = \frac{1}{2\pi}, \quad 0 \le x \le 2\pi,$$
$$= 0, \quad \text{caso contrário.}$$

O sinal pode ser recebido se $Y > y_0$, onde $Y = \tan X$. Por exemplo, $y_0 = 1$ corresponde a $\frac{\pi}{4} < X < \frac{\pi}{2}$ e $\frac{5\pi}{4} < X < \frac{3\pi}{2}$. Ache a função de densidade para Y.

3-11. A demanda por anticongelante em uma estação é considerada uma variável aleatória X, com densidade
$$f_X(x) = 10^{-6}, \quad 10^6 \le x \le 2 \times 10^6,$$
$$= 0, \quad \text{caso contrário,}$$

onde X é medido em litros. Se o fabricante tem um lucro de 50 centavos por litro vendido no outono de um ano e deve armazenar qualquer excesso para o ano seguinte a um custo de 25 centavos por litro, ache o nível "ótimo" de estoque para um outono em particular.

3-12. A acidez de certo produto, medida em uma escala arbitrária, é dada pela relação
$$A = (3 + 0{,}05G)^2,$$
onde G é a quantidade de um dos constituintes, que tem distribuição de probabilidade
$$f_G(g) = \frac{g}{8}, \quad 0 \le g \le 4,$$
$$= 0, \quad \text{caso contrário.}$$

Calcule $E(A)$ e $V(A)$, usando as aproximações deduzidas neste capítulo.

3-13. Suponha que X tenha a função de densidade de probabilidade uniforme
$$f_X(x) = 1, \quad 1 \le x \le 2,$$
$$= 0, \quad \text{caso contrário.}$$

(a) Ache a função de densidade de probabilidade de $Y = H(X)$, onde $H(x) = 4 - x^2$.
(b) Ache a função de densidade de probabilidade de $Y = H(X)$, onde $H(x) = e^x$.

3-14. Suponha que X tenha a função de densidade de probabilidade exponencial
$$f_X(x) = e^{-x}, \quad x \ge 0,$$
$$= 0, \quad \text{caso contrário.}$$

Ache a função de densidade de probabilidade de $Y = H(X)$, onde
$$H(x) = \frac{3}{(1+x)^2}.$$

3-15. Um vendedor de carros usados acha que vende 1, 2, 3, 4, 5 ou 6 carros por semana com a mesma probabilidade.
(a) Ache a função geratriz de momentos de X.
(b) Usando a função geratriz de momentos, ache $E(X)$ e $V(X)$.

3-16. Seja X uma variável aleatória com função de densidade de probabilidade
$$f_X(x) = ax^2 e^{-bx^2}, \quad x > 0,$$
$$= 0, \quad \text{caso contrário.}$$

(a) Calcule a constante a.
(b) Suponha que seja de interesse uma nova função $Y = 18X^2$. Ache um valor aproximado para $E(Y)$ e $V(Y)$.

3-17. Suponha que Y tenha a função de densidade de probabilidade exponencial
$$f_Y(y) = e^{-y}, \quad y > 0,$$
$$= 0, \quad \text{caso contrário.}$$

Ache os valores aproximados de $E(X)$ e $V(X)$, onde
$$X = \sqrt{Y^2 + 36}.$$

3-18. A concentração de reagente em um processo químico é uma variável aleatória que tem distribuição de probabilidade
$$f_R(r) = 6r(1-r), \quad 0 \le r \le 1,$$
$$= 0, \quad \text{caso contrário.}$$

O lucro associado ao produto final é $P = \$1{,}00 + \$3{,}00R$. Ache o valor esperado de P. Qual é a distribuição de probabilidade de P?

3-19. O tempo de reparo (em horas) de uma máquina de fresagem controlada eletronicamente segue a função de densidade
$$f_X(x) = 4xe^{-2x}, \quad x > 0,$$
$$= 0, \quad \text{caso contrário.}$$

Determine a função geratriz de momentos para X e use-a para calcular $E(X)$ e $V(X)$.

3-20. A seção transversa de uma barra é circular, com diâmetro X. Sabe-se que $E(X) = 2$ cm e que $V(X) = 25 \times 10^{-6}$ cm^2. Uma ferramenta de corte corta rodelas com exatamente 1 cm de espessura, e isso é constante. Ache o volume esperado de uma rodela.

3-21. Se uma variável aleatória X tem função geratriz de momentos $M_X(t)$, prove que a variável aleatória $Y = aX + b$ tem função geratriz de momentos $e^{tb}M_X(at)$.

3-22. Considere a função de densidade de probabilidade da *distribuição beta*
$$f_X(x) = k(1-x)^{a-1}x^{b-1}, \quad 0 \le x \le 1, a > 0, b > 0,$$
$$= 0, \quad \text{caso contrário.}$$

(a) Calcule a constante k.
(b) Ache a média.
(c) Ache a variância.

3-23. A distribuição de probabilidade de uma variável aleatória X é dada por

$$p_X(x) = 1/2, \quad x = 0,$$
$$= 1/4, \quad x = 1,$$
$$= 1/8, \quad x = 2,$$
$$= 1/8, \quad x = 3,$$
$$= 0, \quad \text{caso contrário.}$$

(a) Determine a média e a variância de X a partir da função geratriz de momentos.

(b) Se $Y = (X - 2)^2$, ache a FDA para Y.

3-24. O terceiro momento em torno da média está relacionado à assimetria da distribuição e é definido como
$$\mu_3 = E(X - \mu_1')^3.$$
Mostre que $\mu_3 = \mu_3' - 3\mu_2'\mu_1' + (\mu_1')^3$. Mostre que, para uma distribuição simétrica, $\mu_3 = 0$.

3-25. Seja f uma função de densidade de probabilidade para a qual existe o momento de ordem r, μ_r'. Prove que todos os momentos de ordem menor do que r também existem.

3-26. Um conjunto de constantes k_r, chamadas de *cumulantes*, pode ser usado em lugar dos momentos para caracterizar uma distribuição de probabilidade. Se $M_X(t)$ é a função geratriz de momentos de uma variável aleatória X, então os cumulantes são definidos pela função geratriz
$$\psi_X(t) = \log M_X(t).$$
Assim, o r-ésimo cumulante é dado por
$$k_r = \left. \frac{d^r \psi_X(t)}{dt^r} \right|_{t=0}.$$
Ache os cumulantes da *distribuição normal*, cuja função de densidade é
$$f(x) = \frac{1}{\sigma\sqrt{2\pi}} \exp\left\{-\frac{1}{2}\left(\frac{x-\mu}{\sigma}\right)^2\right\}, -\infty < x < \infty.$$

3-27. Usando o método da transformação inversa, produza 20 realizações da variável X descrita por $p_X(x)$ do Exercício 3-23.

3-28. Usando o método da transformação inversa, produza 10 realizações da variável aleatória T do Exercício 3-3.

Capítulo 4

Distribuições de Probabilidade Conjunta

4-1 INTRODUÇÃO

Em muitas situações, devemos lidar com duas ou mais variáveis aleatórias simultaneamente. Por exemplo, devemos selecionar amostras de folhas de aço fabricadas e medir a força de cisalhamento e o diâmetro da solda em pontos de solda. Assim, tanto a força quanto o diâmetro são as variáveis aleatórias de interesse. Ou podemos selecionar pessoas de certa população e medir sua altura e seu peso.

O objetivo deste capítulo é formular as *distribuições de probabilidade conjunta* para duas ou mais variáveis aleatórias e apresentar métodos para a obtenção das distribuições *marginal* e *condicional*. Define-se *esperança condicional*, bem como a *regressão da média*. Apresenta-se, também, uma definição de *independência* para variáveis aleatórias, e definem-se a *covariância* e a *correlação*. Funções de duas ou mais variáveis aleatória são discutidas, e apresenta-se o caso especial de *combinações lineares* com sua correspondente função geratriz de momentos. Finalmente, discute-se a *lei dos grandes números*.

Definição

Se $\mathcal{S}$ é o espaço amostral associado a um experimento $\mathcal{E}$, e $X_1, X_2, \ldots, X_k$ são funções, cada uma associando um número real $X_1(e), X_2(e), \ldots, X_k(e)$ a cada resultado e, chamamos $[X_1, X_2, \ldots, X_k]$, um *vetor aleatório k-dimensional* (veja Fig. 4-1).

O espaço imagem do vetor aleatório $[X_1, X_2, \ldots, X_k]$ é o conjunto de todos os possíveis valores do vetor aleatório. Isso pode ser representado como $R_{X_1 \times X_2 \times \ldots \times X_k}$, onde

$$R_{X_1 \times X_2 \times \ldots \times X_k} = \{[x_1, x_2, \ldots, x_k]: x_1 \in R_{X_1}, x_2 \in R_{X_2}, \ldots, x_k \in R_{X_k}\}$$

Esse é o produto cartesiano dos conjuntos espaços imagens para os componentes. No caso em que $k = 2$, isto é, onde temos um vetor aleatório bidimensional, como nas ilustrações anteriores, $R_{X_1 \times X_2}$ é um subconjunto do plano euclidiano.

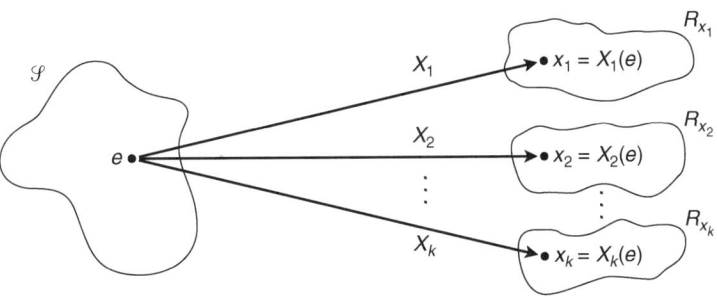

Figura 4-1 Um vetor aleatório *k*-dimensional.

4-2 DISTRIBUIÇÃO CONJUNTA PARA VARIÁVEIS ALEATÓRIAS BIDIMENSIONAIS

Na maioria de nossas considerações, aqui, estaremos interessados em vetores aleatórios bidimensionais. Algumas vezes será usado o termo equivalente *variáveis aleatórias bidimensionais*.

Se os valores possíveis de $[X_1, X_2]$ são ou em número finito ou em número infinito enumerável, então $[X_1, X_2]$ será um *vetor aleatório discreto bidimensional*. Os valores possíveis de $[X_1, X_2]$ são $[x_{1i}, x_{2j}]$, $i = 1, 2, ..., j = 1, 2, ...$.

Se os valores possíveis de $[X_1, X_2]$ formam algum conjunto não-enumerável do plano euclidiano, então $[X_1, X_2]$ será um *vetor aleatório contínuo bidimensional*. Por exemplo, se $a \leq x_1 \leq b$ e $c \leq x_2 \leq d$, teremos $R_{X_1 \times X_2} = \{[x_1, x_2]: a \leq x_1 \leq b, c \leq x_2 \leq d\}$.

É também possível que um componente seja discreto e o outro contínuo; no entanto, consideraremos aqui apenas os casos em que ambos são discretos ou ambos são contínuos.

Exemplo 4-1

Considere o caso em que foram medidos a força de cisalhamento da solda e seu diâmetro. Se representamos por X_2 o diâmetro em centímetros e por X_1 a força em newtons, e se sabemos que $0 \leq x_1 < 0{,}25$ centímetros, enquanto $0 \leq x_2 \leq 2000$ newtons, então o espaço imagem para $[X_1, X_2]$ é o conjunto $\{[x_1, x_2]: 0 \leq x_1 < 0{,}25; 0 \leq x_2 \leq 2000\}$. Este espaço é mostrado graficamente na Fig. 4-2.

Exemplo 4-2

Uma pequena bomba é examinada em relação a quatro características para controle da qualidade. Cada característica é classificada como boa, defeito menor (não afeta a operação) ou defeito maior (afeta a operação). Deve-se selecionar uma bomba e contar os defeitos. Se X_1 = número de defeitos menores e X_2 = número de defeitos maiores, sabemos que $x_1 = 0, 1, 2, 3, 4$ e $x_2 = 0, 1, ..., 4-x_1$, porque são inspecionadas apenas quatro características. O espaço imagem para $[X_1, X_2]$ é, então, $\{[0, 0], [0, 1], [0,2], [0, 3], [0, 4], [1, 0], [1, 1], [1, 2], [1, 3], [2, 0], [2, 1], [2, 2], [3, 0], [3, 1], [4, 0]\}$. Esses resultados possíveis estão mostrados na Fig. 4-3.

Ao apresentar as distribuições conjuntas na definição que segue e em todas as seções restantes deste capítulo, onde não resultar em ambigüidade simplificaremos a notação, omitindo o subscrito nos símbolos usados para especificar essas distribuições conjuntas. Assim, se $\mathbf{X} = [X_1, X_2]$, $p_\mathbf{X}(x_1, x_2) = p(x_1, x_2)$, e $f_\mathbf{X}(x_1, x_2) = f(x_1, x_2)$.

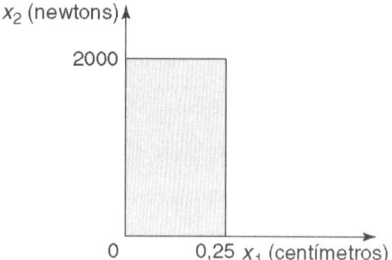

Figura 4-2 O espaço imagem de onde X_1 é o diâmetro da solda e X_2 é a força de cisalhamento.

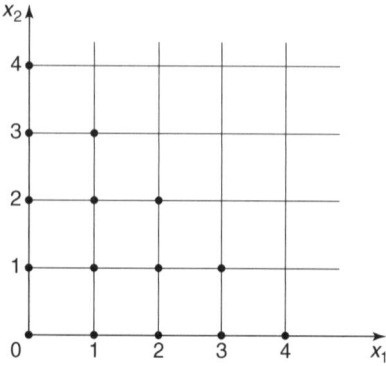

Figura 4-3 O espaço imagem de $[X_1, X_2]$, onde X_1 é o número de defeitos menores e X_2 é o número de defeitos maiores. O espaço imagem é indicado pelos pontos negros.

Definição

Funções de probabilidade bivariada são como segue.

1. *Caso discreto.* A cada resultado $[x_1, x_2]$ de $[X_1, X_2]$, associamos um número,

$$p(x_1, x_2) = P(X_1 = x_1 \text{ e } X_2 = x_2),$$

onde

$$p(x_1, x_2) \geq 0, \qquad \text{para todo } x_1, x_2,$$

e

$$\sum_{x_1} \sum_{x_2} p(x_1, x_2) = 1. \tag{4-1}$$

Os valores $([x_1, x_2], p(x_1, x_2))$ para todo X_1 constituem a *distribuição de probabilidade* de $[X_1, X_2]$.

2. *Caso contínuo.* Se $[X_1, X_2]$ é um vetor aleatório contínuo com espaço imagem R no plano euclidiano, então f, a *função de densidade conjunta*, tem as seguintes propriedades:

$$f(x_1, x_2) \geq 0, \qquad \text{para todo } (x_1, x_2) \in R$$

e

$$\iint_R f(x_1, x_2)\, dx_1 dx_2 = 1.$$

Uma afirmativa de probabilidade é, então, da forma

$$P(a_1 \leq X_1 \leq b_1, a_2 \leq X_2 \leq b_2) = \int_{a_2}^{b_2} \int_{a_1}^{b_1} f(x_1, x_2)\, dx_1\, dx_2$$

(veja Fig. 4-4).

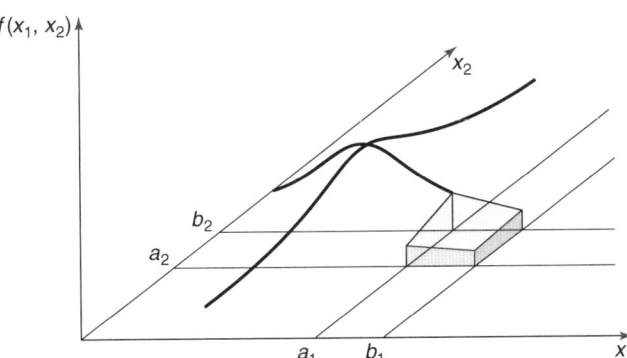

Figura 4-4 Uma função de densidade bivariada, onde $P(a_1 \leq X_1 \leq b_1, a_2 \leq X_2 \leq b_2)$ é dada pelo volume sombreado.

Deve-se notar, novamente, que $f(x_1, x_2)$ não representa a probabilidade de coisa alguma, e a convenção de que $f(x_1, x_2) = 0$ para $(x_1, x_2) \notin R$ será usada, de modo que a segunda propriedade pode ser escrita como

$$\int_{-\infty}^{\infty} \int_{-\infty}^{\infty} f(x_1, x_2)\, dx_1\, dx_2 = 1.$$

No caso em que $[X_1, X_2]$ é discreto, podemos apresentar a distribuição de $[X_1, X_2]$ na forma tabular, gráfica ou matemática. No caso em que $[X_1, X_2]$ é contínuo, empregamos em geral uma relação matemática para apresentar a distribuição de probabilidade; no entanto, uma apresentação gráfica pode ser útil, ocasionalmente.

Exemplo 4-3

A Fig. 4-5 mostra uma distribuição de probabilidade hipotética, tanto na forma tabular quanto gráfica, para as variáveis aleatórias definidas no Exemplo 4-2.

Exemplo 4-4

No caso dos diâmetros da solda, representados por X_1, e a força de cisalhamento, representada por X_2, devemos ter uma distribuição uniforme, como

$$f(x_1, x_2) = \frac{1}{500}, \quad 0 \leq x_1 < 0{,}25;\, 0 \leq x_2 \leq 2000,$$
$$= 0, \quad \text{caso contrário.}$$

O espaço imagem foi mostrado na Fig. 4-2 e se acrescentarmos outra dimensão para mostrar graficamente $y = f(x_1, x_2)$ então a distribuição se pareceria como na Fig. 4-6. No caso de uma variável, a área correspondia à probabilidade; no caso bivariado, o volume sob a superfície representa a probabilidade.

Por exemplo, suponha que desejemos achar $P(0{,}1 \leq X_1 \leq 0{,}2;\, 100 \leq X_2 \leq 200)$. Essa probabilidade seria encontrada integrando-se $f(x_1, x_2)$ na região $0{,}1 \leq x_1 \leq 0{,}2$, $100 \leq x_2 \leq 200$. Isto é,

$$\int_{100}^{200} \int_{0{,}1}^{0{,}2} \frac{1}{500} \, dx_1 \, dx_2 = \frac{1}{50}.$$

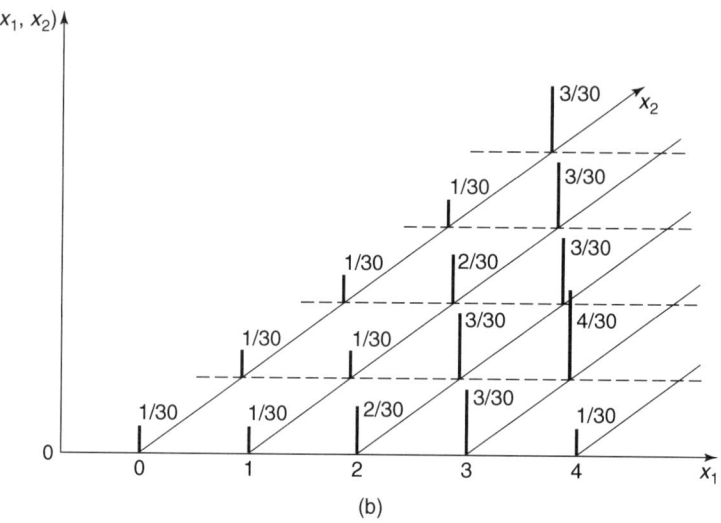

$x_2 \backslash x_1$	0	1	2	3	4
0	1/30	1/30	2/30	3/30	1/30
1	1/30	1/30	3/30	4/30	
2	1/30	2/30	3/30		
3	1/30	3/30			
4	3/30				

(a)

(b)

Figura 4-5 Representações tabular e gráfica de uma distribuição de probabilidade bivariada. (*a*) Valores tabulados são $p(x_1, x_2)$. (*b*) Representação gráfica de uma distribuição bivariada discreta.

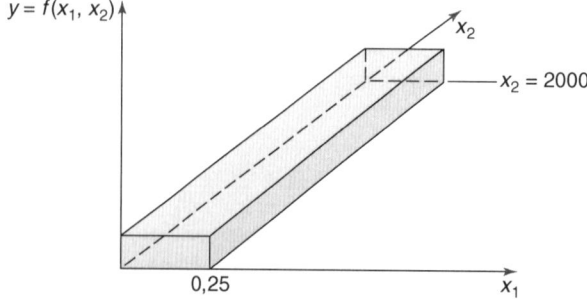

Figura 4-6 Uma densidade uniforme bivariada.

4-3 DISTRIBUIÇÕES MARGINAIS

Tendo definido a distribuição de probabilidade bivariada, algumas vezes chamada de *distribuição de probabilidade conjunta* (ou, no caso contínuo, *densidade conjunta*), surge uma questão natural em relação à distribuição de X_1 ou X_2 isolada. Essas distribuições são chamadas de *distribuições marginais*. No caso discreto, a distribuição marginal de X_1 é

$$p_1(x_1) = \sum_{x_2} p(x_1, x_2) \quad \text{para todo } x_1 \tag{4-2}$$

e a distribuição marginal de X_2 é

$$p_2(x_2) = \sum_{x_1} p(x_1, x_2) \quad \text{para todo } x_2. \tag{4-3}$$

Exemplo 4-5

No Exemplo 4-2 consideramos a distribuição discreta conjunta mostrada na Fig. 4-5. As distribuições marginais estão mostradas na Fig. 4-7. Vemos que $[x_1, p_1(x_1)]$ é uma distribuição univariada e é a distribuição de X_1 (o número de defeitos menores) apenas. Da mesma maneira, $[x_2, p_2(x_2)]$ é uma distribuição univariada e é a distribuição de X_2 (o número de defeitos maiores) apenas.

Se $[X_1, X_2]$ é um vetor aleatório contínuo, a distribuição marginal de X_1 é

$$f_1(x_1) = \int_{-\infty}^{\infty} f(x_1, x_2) \, dx_2 \tag{4-4}$$

e a distribuição marginal de X_2 é

$$f_2(x_2) = \int_{-\infty}^{\infty} f(x_1, x_2) \, dx_1. \tag{4-5}$$

A função f_1 é a função de densidade de probabilidade para X_1 apenas, e a função f_2 é a função de densidade para X_2 apenas.

x_2 \ x_1	0	1	2	3	4	$p_2(x_2)$
0	1/30	1/30	2/30	3/30	1/30	8/30
1	1/30	1/30	3/30	4/30		9/30
2	1/30	2/30	3/30			6/30
3	1/30	3/30				4/30
4	3/30					3/30
$p_1(x_1)$	7/30	7/30	8/30	7/30	1/30	$\sum_x p(x) = 1$

(a)

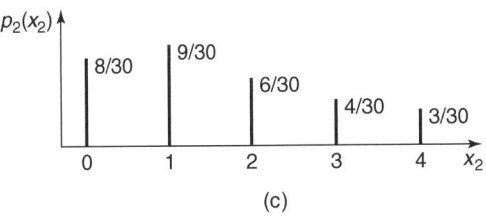

(b)   (c)

Figura 4-7 Distribuições marginais para $[X_1, X_2]$ discreto. (*a*) Distribuições marginais — forma tabular. (*b*) Distribuição marginal $(x_1, p_1(x_1))$. (*c*) Distribuição marginal $(x_2, p_2(x_2))$.

Exemplo 4-6

No Exemplo 4-4, a densidade conjunta de $[X_1, X_2]$ foi dada por

$$f(x_1, x_2) = \frac{1}{500}, \quad 0 \leq x_1 < 0{,}25; 0 \leq x_2 \leq 2000,$$
$$= 0, \quad \text{caso contrário.}$$

As distribuições marginais de X_1 e X_2 são

$$f_1(x_1) = \int_0^{2000} \frac{1}{500} dx_2 = 4, \quad 0 \leq x_1 < 0{,}25,$$
$$= 0, \quad \text{caso contrário.}$$

e

$$f_2(x_2) = \int_0^{0{,}25} \frac{1}{500} dx_1 = \frac{1}{2000}, \quad 0 \leq x_2 \leq 2000,$$
$$= 0, \quad \text{caso contrário.}$$

Estas estão mostradas graficamente na Fig. 4-8.

Algumas vezes, as marginais não surgem tão facilmente. Esse é o caso, por exemplo, quando o espaço imagem de $[X_1, X_2]$ não é retangular.

Exemplo 4-7

Suponha que a densidade conjunta de $[X_1, X_2]$ seja dada por

$$f(x_1, x_2) = 6x_1, \quad 0 < x_1 < x_2 < 1,$$
$$= 0, \quad \text{caso contrário.}$$

Então, a marginal de X_1 é

$$f_1(x_1) = \int_{-\infty}^{\infty} f(x_1, x_2) dx_2$$
$$= \int_{x_1}^{1} 6x_1 \, dx_2$$
$$= 6x_1(1 - x_1) \quad \text{para } 0 < x_1 < 1.$$

e a marginal de X_2 é

$$f_2(x_2) = \int_{-\infty}^{\infty} f(x_1, x_2) dx_1$$
$$= \int_0^{x_2} 6x_1 \, dx_1$$
$$= 3x_2^2 \quad \text{para } 0 < x_2 < 1.$$

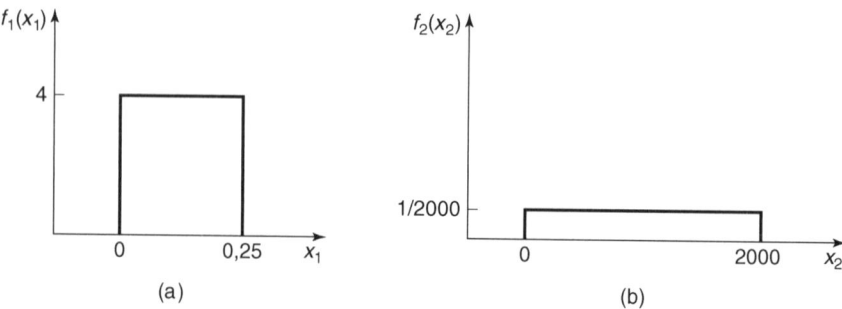

Figura 4-8 Distribuições marginais para o vetor uniforme bivariado $[X_1, X_2]$. (*a*) Distribuição marginal de X_1. (*b*) Distribuição marginal de X_2.

Os valores esperados e as variâncias de X_1 e X_2 são determinados a partir das distribuições marginais, exatamente como no caso univariado. Quando $[X_1, X_2]$ é *discreto*, temos

$$E(X_1) = \mu_1 = \sum_{x_1} x_1 p_1(x_1) = \sum_{x_1}\sum_{x_2} x_1 p(x_1, x_2), \qquad (4\text{-}6)$$

$$V(X_1) = \sigma_1^2 = \sum_{x_1} (x_1 - \mu_1)^2 p_1(x_1)$$

$$= \sum_{x_1} x_1^2 p_1(x_1) - \mu_1^2$$

$$= \sum_{x_1}\sum_{x_2} x_1^2 p(x_1, x_2) - \mu_1^2, \qquad (4\text{-}7)$$

e, analogamente,

$$E(X_2) = \mu_2 = \sum_{x_2} x_2 p_2(x_2) = \sum_{x_1}\sum_{x_2} x_2 p(x_1, x_2), \qquad (4\text{-}8)$$

$$V(X_2) = \sigma_2^2 = \sum_{x_2} (x_2 - \mu_2)^2 p_2(x_2)$$

$$= \sum_{x_2} x_2^2 p_2(x_2) - \mu_2^2$$

$$= \sum_{x_1}\sum_{x_2} x_2^2 p(x_1, x_2) - \mu_2^2. \qquad (4\text{-}9)$$

Exemplo 4-8

As distribuições marginais para X_1 e X_2 foram dadas no Exemplo 4-5 e na Fig. 4-7. Trabalhando com a distribuição marginal de X_1, mostrada na Fig. 4-7b, podemos calcular:

$$E(X_1) = \mu_1 = 0 \cdot \frac{7}{30} + 1 \cdot \frac{7}{30} + 2 \cdot \frac{8}{30} + 3 \cdot \frac{7}{30} + 4 \cdot \frac{1}{30} = \frac{8}{5}$$

e

$$V(X_1) = \sigma_1^2 = \left[0^2 \cdot \frac{7}{30} + 1^2 \cdot \frac{7}{30} + 2^2 \cdot \frac{8}{30} + 3^2 \cdot \frac{7}{30} + 4^2 \cdot \frac{1}{30}\right] - \left[\frac{8}{5}\right]^2$$
$$= \frac{103}{75}$$

A média e a variância de X_2 também poderiam ser determinadas usando-se a distribuição marginal de X_2.

As Equações 4-6 a 4-9 mostram que a média e a variância de X_1 e X_2 podem ser determinadas a partir das respectivas distribuições marginais ou a partir da distribuição conjunta. Na prática, se a distribuição marginal já foi determinada é, em geral, mais fácil usá-la.

No caso em que $[X_1, X_2]$ é *contínuo*, então

$$E(X_1) = \mu_1 = \int_{-\infty}^{\infty} x_1 f_1(x_1) dx_1 = \int_{-\infty}^{\infty}\int_{-\infty}^{\infty} x_1 f(x_1, x_2) dx_2 dx_1, \qquad (4\text{-}10)$$

$$V(X_1) = \sigma_1^2 = \int_{-\infty}^{\infty} (x_1 - \mu_1)^2 f_1(x_1) dx_1$$

$$= \int_{-\infty}^{\infty} x_1^2 f_1(x_1) dx_1 - \mu_1^2$$

$$= \int_{-\infty}^{\infty}\int_{-\infty}^{\infty} x_1^2 f(x_1, x_2) dx_2 dx_1 - \mu_1^2, \qquad (4\text{-}11)$$

e

$$E(X_2) = \mu_2 = \int_{-\infty}^{\infty} x_2 f_2(x_2) dx_2 = \int_{-\infty}^{\infty}\int_{-\infty}^{\infty} x_2 f(x_1, x_2) dx_1 dx_2, \qquad (4\text{-}12)$$

$$V(X_2) = \sigma_2^2 = \int_{-\infty}^{\infty} (x_2 - \mu_2)^2 f_2(x_2) dx_2$$

$$= \int_{-\infty}^{\infty} x_2^2 f_2(x_2) dx_2 - \mu_2^2$$

$$= \int_{-\infty}^{\infty} \int_{-\infty}^{\infty} x_2^2 f(x_1, x_2) dx_1 dx_2 - \mu_2^2. \qquad (4\text{-}13)$$

Novamente, observe que se deve usar nas equações 4-10 a 4-13 as densidades marginais ou a densidade conjunta nos cálculos.

Exemplo 4-9

No Exemplo 4-4, a densidade conjunta dos diâmetros de solda, X_1, e da força de cisalhamento, X_2, foi dada como

$$f(x_1, x_2) = \frac{1}{500}, \quad 0 \le x_1 < 0{,}25;\ 0 \le x_2 \le 2000,$$
$$= 0, \quad \text{caso contrário.}$$

e as densidades marginais para X_1 e X_2 foram dadas no Exemplo 4-6 como

$$f_1(x_1) = 4, \quad 0 \le x_1 < 0{,}25$$
$$= 0, \quad \text{caso contrário,}$$

e

$$f_2(x_2) = \frac{1}{2000}, \quad 0 \le x_2 < 2000,$$
$$= 0, \quad \text{caso contrário.}$$

Trabalhando com as densidades marginais, a média e a variância de X_1 são, então,

$$E(X_1) = \mu_1 = \int_0^{0,25} x_1 \cdot 4\, dx_1 = 2(0{,}25)^2 = 0{,}125$$

e

$$V(X_1) = \sigma_1^2 = \int_0^{0,25} x_1^2 \cdot 4\, dx_1 - (0{,}125)^2 = \frac{4}{3}(0{,}25)^3 - (0{,}125)^2 \approx 5{,}21 \times 10^{-3}.$$

4-4 DISTRIBUIÇÕES CONDICIONAIS

Ao lidarmos com duas variáveis aleatórias distribuídas conjuntamente pode ser de interesse encontrar a distribuição de uma dessas variáveis, dado um valor particular da outra. Isto é, podemos querer encontrar a distribuição de X_1, dado que $X_2 = x_2$. Por exemplo, qual é a distribuição do peso de uma pessoa, dado que ela tem uma determinada altura? Essa distribuição de probabilidade seria chamada de distribuição *condicional* de X_1, dado que $X_2 = x_2$].

Suponha que o vetor aleatório $[X_1, X_2]$ seja discreto. Pela definição de probabilidade condicional, vê-se facilmente que as distribuições de probabilidade condicional são

$$p_{X_2|x_1}(x_2) = \frac{p(x_1, x_2)}{p_1(x_1)} \qquad \text{para todo } x_1, x_2 \qquad (4\text{-}14)$$

e

$$p_{X_1|x_2}(x_1) = \frac{p(x_1, x_2)}{p_2(x_2)} \qquad \text{para todo } x_1, x_2 \qquad (4\text{-}15)$$

onde $p_1(x_1) > 0$ e $p_2(x_2) > 0$.

Deve-se notar que há tantas distribuições condicionais de X_2 para X_1 dado quantos são os valores x_1 com $p_1(x_1) > 0$, e tantas distribuições condicionais de X_1 para X_2 dado quantos são os valores x_2 com $p_2(x_2) > 0$.

Exemplo 4-10

Considere a contagem de defeitos menores e maiores das pequenas bombas do Exemplo 4-2 e da Fig. 4-7. Teremos cinco distribuições condicionais de X_2, uma para cada valor de X_1, que estão mostradas na Fig. 4-9. A Fig. 4-9a mostra a distribuição $p_{X_2|0}(x_2)$, para $X_1 = 0$, e a Fig. 4-9b mostra a distribuição $p_{X_2|1}(x_2)$. Outras distribuições condicionais podem, do mesmo modo, ser determinadas para $X_1 = 2, 3$ e 4, respectivamente. A distribuição de X_1, dado que $X_2 = 3$, é

$$p_{X_1|3}(0) = \frac{1/30}{4/30} = \frac{1}{4},$$

$$p_{X_1|3}(1) = \frac{3/30}{4/30} = \frac{3}{4},$$

$$p_{X_1|3}(x_1) = 0, \quad \text{caso contrário.}$$

Se $[X_1, X_2]$ é um vetor aleatório contínuo, as densidades condicionais são

$$f_{X_2|X_1}(x_2) = \frac{f(x_1, x_2)}{f_1(x_1)} \tag{4-16}$$

e

$$f_{X_1|X_2}(x_1) = \frac{f(x_1, x_2)}{f_2(x_2)}, \tag{4-17}$$

onde $f_1(x_1) > 0$ e $f_2(x_2) > 0$.

Exemplo 4-11

Suponha que a densidade conjunta de $[X_1, X_2]$ seja a função f apresentada aqui e mostrada na Fig. 4-10:

$$f(x_1, x_2) = x_1^2 + \frac{x_1 x_2}{3}, \quad 0 < x_1 \leq 1, 0 \leq x_2 \leq 2,$$
$$= 0, \quad \text{caso contrário.}$$

x_2	0	1	2	3	4
$p_{x_2|0}(x_2) = p(0, x_2)/p_1(0)$	$\frac{p(0,0)}{p_1(0)}$	$\frac{p(0,1)}{p_1(0)}$	$\frac{p(0,2)}{p_1(0)}$	$\frac{p(0,3)}{p_1(0)}$	$\frac{p(0,4)}{p_1(0)}$
Quociente	$\frac{1/30}{7/30} = \frac{1}{7}$	$\frac{1/30}{7/30} = \frac{1}{7}$	$\frac{1/30}{7/30} = \frac{1}{7}$	$\frac{1/30}{7/30} = \frac{1}{7}$	$\frac{3/30}{7/30} = \frac{3}{7}$

(a)

x_2	0	1	2	3	4
$p_{x_2|1}(x_2) = p(1, x_2)/p_1(1)$	$\frac{p(1,0)}{p_1(1)}$	$\frac{p(1,1)}{p_1(1)}$	$\frac{p(1,2)}{p_1(1)}$	$\frac{p(1,3)}{p_1(1)}$	$\frac{p(1,4)}{p_1(1)}$
Quociente	$\frac{1/30}{7/30} = \frac{1}{7}$	$\frac{1/30}{7/30} = \frac{1}{7}$	$\frac{2/30}{7/30} = \frac{2}{7}$	$\frac{3/30}{7/30} = \frac{3}{7}$	$\frac{0}{7/30} = 0$

(b)

Figura 4-9 Alguns exemplos de distribuições condicionais.

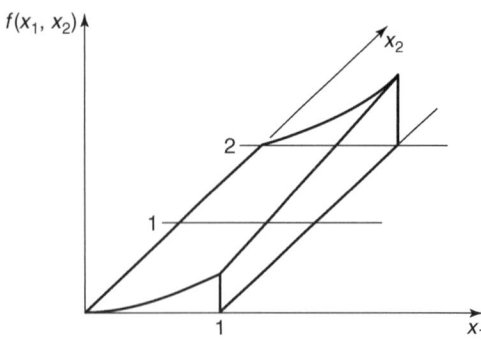

Figura 4-10 Uma função de densidade bivariada.

As densidades marginais são $f_1(x_1)$ e $f_2(x_2)$, que são determinadas como

$$f_1(x_1) = \int_0^2 \left(x_1^2 + \frac{x_1 x_2}{3}\right) dx_2 = 2x_1^2 + \frac{2}{3}x_1, \quad 0 < x_1 \leq 1,$$
$$= 0, \quad \text{caso contrário,}$$

e

$$f_2(x_2) = \int_0^1 \left(x_1^2 + \frac{x_1 x_2}{3}\right) dx_1 = \frac{1}{3} + \frac{x_2}{6}, \quad 0 < x_2 \leq 2,$$
$$= 0, \quad \text{caso contrário.}$$

As densidades marginais estão mostradas na Fig. 4-11.

As densidades condicionais podem ser determinadas usando-se as equações 4-16 e 4-17, como

$$f_{X_2|x_1}(x_2) = \frac{x_1^2 + \dfrac{x_1 x_2}{3}}{2x_1^2 + \dfrac{2}{3}x_1} = \frac{1}{2} \cdot \frac{3x_1 + x_2}{3x_1 + 1}, \quad 0 < x_1 \leq 1, 0 \leq x_2 \leq 2,$$
$$= 0, \quad \text{caso contrário,}$$

e

$$f_{X_1|x_2}(x_1) = \frac{x_1^2 + \dfrac{x_1 x_2}{3}}{\dfrac{1}{3} + \dfrac{x_2}{6}} = \frac{x_1(3x_1 + x_2)}{1 + (x_2/2)}, \quad 0 < x_1 \leq 1, 0 \leq x_2 \leq 2,$$
$$= 0, \quad \text{caso contrário.}$$

Note que há um número infinito de densidades condicionais $f_{X_2|x_1}(x_2)$, uma para cada valor $0 < x_1 < 1$. A Fig. 4-12 mostra duas dessas densidades, $f_{X_2|(1/2)}(x_2)$ e $f_{X_2|1}(x_2)$. Há, também, um número infinito de densidades condicionais $f_{X_1|x_2}(x_1)$, uma para cada valor $0 \leq x_2 \leq 2$. Três delas estão mostradas na Fig. 4-13.

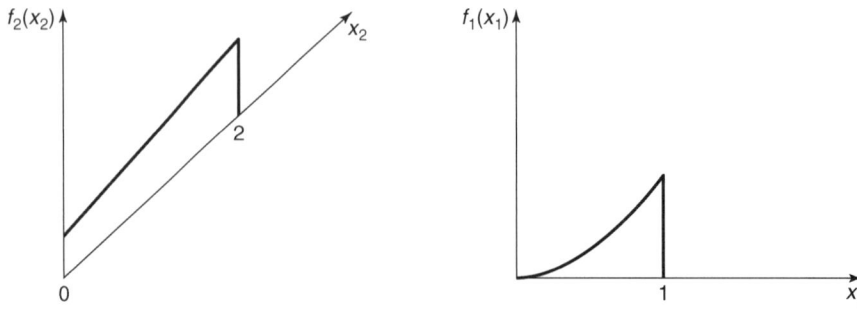

Figura 4-11 As densidades marginais para o Exemplo 4-11.

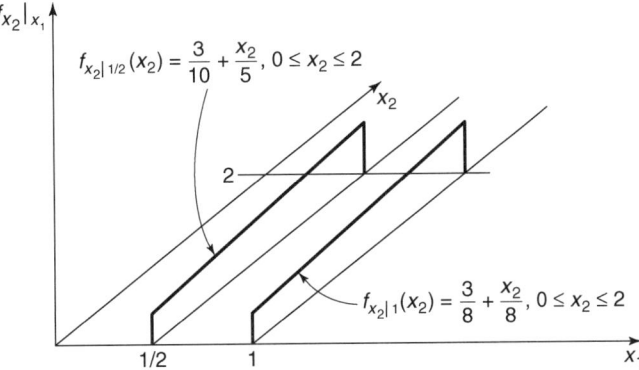

Figura 4-12 Duas densidades condicionais, $f_{X_2|1/2}$ e $f_{X_2|1}$, do Exemplo 4-11.

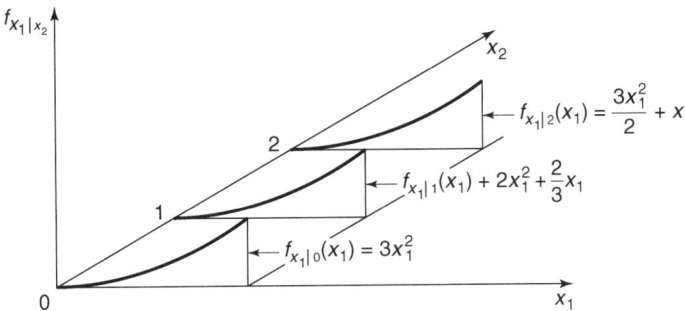

Figura 4-13 Três densidades condicionais, $f_{X_1|0}$, $f_{X_1|1}$ e $f_{X_1|2}$, do Exemplo 4-11.

4-5 ESPERANÇA CONDICIONAL

Nesta seção, estamos interessados em questões como a determinação do peso esperado de uma pessoa, dado que ela tem uma altura determinada. Mais geralmente, queremos encontrar o valor esperado de X_1 dada a informação sobre X_2. Se $[X_1, X_2]$ é um vetor aleatório discreto, as *esperanças condicionais* são

$$E(X_1|x_2) = \sum_{x_1} x_1 p_{X_1|x_2}(x_1) \tag{4-18}$$

e

$$E(X_2|x_1) = \sum_{x_2} x_2 p_{X_2|x_1}(x_2). \tag{4-19}$$

Note que haverá uma $E(X_1|x_2)$ para cada valor de x_2. O valor de cada $E(X_1|x_2)$ dependerá do valor de x_2 que, por sua vez, é controlado pela função de probabilidade. Analogamente, haverá tantas $E(X_2|x_1)$ quantos forem os valores de x_1, e o valor de $E(X_2|x_1)$ dependerá do valor de x_1 determinado pela função de probabilidade.

Exemplo 4-12

Considere a distribuição de probabilidade do vetor aleatório discreto $[X_1, X_2]$, onde X_1 representa o número de pedidos de uma grande turbina, em julho, e X_2 representa o número de pedidos em agosto. A distribuição conjunta, bem como as distribuições marginais, estão apresentadas na Fig. 4-14. Consideramos as três distribuições condicionais $p_{X_2|0}$, $p_{X_2|1}$ e $p_{X_2|2}$ e os valores esperados condicionais de cada:

$$p_{x_2|0}(x_2) = \frac{1}{6}, \quad x_2 = 0,$$
$$= \frac{2}{6}, \quad x_2 = 1,$$
$$= \frac{2}{6}, \quad x_2 = 2,$$
$$= \frac{1}{6}, \quad x_2 = 3,$$
$$= 0, \quad \text{caso contrário},$$
$$E(X_2|0) = 0 \cdot \frac{1}{6} + 1 \cdot \frac{2}{6}$$
$$+ 2 \cdot \frac{2}{6} + 3 \cdot \frac{1}{6} = 1,5$$

$$p_{x_2|1}(x_2) = \frac{1}{10}, \quad x_2 = 0,$$
$$= \frac{5}{10}, \quad x_2 = 1,$$
$$= \frac{3}{10}, \quad x_2 = 2,$$
$$= \frac{1}{10}, \quad x_2 = 3,$$
$$= 0, \quad \text{caso contrário},$$
$$E(X_2|1) = 0 \cdot \frac{1}{10} + 1 \cdot \frac{5}{10}$$
$$+ 2 \cdot \frac{3}{10} + 3 \cdot \frac{1}{10} = 1,4$$

$$p_{x_2|2}(x_2) = \frac{1}{2}, \quad x_2 = 0,$$
$$= \frac{1}{4}, \quad x_2 = 1,$$
$$= \frac{1}{4}, \quad x_2 = 2,$$
$$= 0, \quad x_2 = 3,$$
$$= 0, \quad \text{caso contrário},$$
$$E(X_2|2) = 0 \cdot \frac{1}{2} + 1 \cdot \frac{1}{4}$$
$$+ 2 \cdot \frac{1}{4} + 3 \cdot 0 = 0,75$$

Se $[X_1, X_2]$ é um vetor aleatório contínuo, as *esperanças condicionais* são

$$E(X_1|x_2) = \int_{-\infty}^{\infty} x_1 \cdot f_{X_1|x_2}(x_1)\,dx_1 \tag{4-20}$$

e

$$E(X_2|x_1) = \int_{-\infty}^{\infty} x_2 \cdot f_{X_2|x_1}(x_2)\,dx_2, \tag{4-21}$$

e em cada caso haverá um número infinito de valores que poderão ser assumidos pelo valor esperado. Na equação 4-20 haverá um valor de $E(X_1|x_2)$ para cada valor x_2, e na equação 4-21 haverá um valor de $E(X_2|x_1)$ para cada valor x_1.

Exemplo 4-13

No Exemplo 4-11 consideramos a densidade conjunta f, em que

$$f(x_1, x_2) = x_1^2 + \frac{x_1 x_2}{3}, \quad 0 < x_1 \leq 1, 0 \leq x_2 \leq 2,$$
$$= 0, \quad \text{caso contrário}.$$

As densidades condicionais eram

$$f_{X_2/x_1}(x_2) = \frac{1}{2} \cdot \frac{3x_1 + x_2}{3x_1 + 1} \quad 0 < x_1 \leq 1, 0 \leq x_2 \leq 2,$$

e

$$f_{X_2/x_1}(x_1) = \frac{x_1(3x_1 + x_2)}{1 + (x_2/2)}, \quad 0 < x_1 \leq 1, 0 \leq x_2 \leq 2.$$

$x_2 \backslash x_1$	0	1	2	$p_2(x_2)$
0	0,05	0,05	0,10	0,2
1	0,10	0,25	0,05	0,4
2	0,10	0,15	0,05	0,3
3	0,05	0,05	0,00	0,1
$p_1(x_1)$	0,3	0,5	0,2	

Figura 4-14 Distribuições marginais e conjuntas de $[X_1, X_2]$. Os valores na tabela são $p(x_1, x_2)$.

Assim, usando a equação 4-21, $E(X_2|x_1)$ se determina como

$$E(X_2|x_1) = \int_0^2 x_2 \cdot \frac{1}{2} \cdot \frac{3x_1 + x_2}{3x_1 + 1} dx_2$$
$$= \frac{9x_1 + 4}{9x_1 + 3}.$$

Deve-se notar que essa é uma função de x_1. Para as duas densidades condicionais mostradas na Fig. 4-12, onde $x_1 = \frac{1}{2}$ e $x_1 = 1$, os valores esperados correspondentes são $E(X_2|\frac{1}{2}) = \frac{17}{15}$ e $E(X_2|1) = \frac{13}{12}$.

Como $E(X_2|x_1)$ é uma função de x_1 e x_1 é uma realização da variável aleatória X_1, $E(X_2|X_1)$ é uma variável aleatória, e podemos considerar o valor esperado de $E(X_2|X_1)$, isto é, $E[E(X_2|X_1)]$. O operador interno é a esperança de X_2 dado $X_1 = x_1$, e a esperança externa é em relação à densidade marginal de X_1. Isso sugere o seguinte resultado sobre "esperança dupla".

Teorema 4-1

$$E[E(X_2|X_1)] = E(X_2) = \mu_2 \qquad (4\text{-}22)$$

e

$$E[E(X_1|X_2)] = E(X_1) = \mu_1. \qquad (4\text{-}23)$$

Prova Suponha que X_1 e X_2 sejam variáveis aleatórias contínuas. (O caso discreto é análogo.) Como a variável aleatória $E(X_2|X_1)$ é uma função de X_1, a lei do estatístico não consciente (veja a Seção 3-5) diz que

$$E[E(X_2|X_1)] = \int_{-\infty}^{\infty} E(X_2|x_1) f_1(x_1) dx_1$$
$$= \int_{-\infty}^{\infty} \left(\int_{-\infty}^{\infty} x_2 f_{X_2|x_1}(x_2) dx_2 \right) f_1(x_1) dx_1$$
$$= \int_{-\infty}^{\infty} \int_{-\infty}^{\infty} x_2 f_{X_2|x_1}(x_2) f_1(x_1) dx_1 dx_2$$
$$= \int_{-\infty}^{\infty} \int_{-\infty}^{\infty} x_2 \frac{f(x_1, x_2)}{f_1(x_1)} f_1(x_1) dx_1 dx_2$$
$$= \int_{-\infty}^{\infty} x_2 \int_{-\infty}^{\infty} f(x_1, x_2) dx_1 dx_2$$
$$= \int_{-\infty}^{\infty} x_2 f_2(x_2) dx_2$$
$$= E(X_2),$$

que é a equação 4-22. A equação 4-23 se deduz de modo análogo, e a prova está completa.

Exemplo 4-14

Considere, ainda, a função de densidade de probabilidade conjunta do Exemplo 4-11.

$$f(x_1, x_2) = x_1^2 + \frac{x_1 x_2}{3}, \qquad 0 < x_1 \leq 1, 0 \leq x_2 \leq 2,$$
$$= 0, \qquad \text{caso contrário.}$$

Naquele exemplo, deduzimos expressões para as densidades marginais $f_1(x_1)$ e $f_2(x_2)$. Deduzimos, também, no Exemplo 4-13, $E(X_2|x_1) = (9x_1 + 4)/(9x_1 + 3)$. Assim,

$$E[E(X_2|X_1)] = \int_{-\infty}^{\infty} E(X_2|x_1) f_1(x_1) dx_1$$

$$= \int_0^1 \left(\frac{9x_1+4}{9x_1+3}\right) \cdot \left(2x_1^2 + \frac{2}{3}x_1\right) dx_1$$

$$= \frac{10}{9}.$$

Note que isso é, também, $E(X_2)$, uma vez que

$$E(X_2) = \int_{-\infty}^{\infty} x_2 f_2(x_2) dx_2 = \int_0^2 x_2 \cdot \left(\frac{1}{3} + \frac{x_2}{6}\right) dx_2 = \frac{10}{9}.$$

O *operador variância* pode ser aplicado a distribuições condicionais exatamente como no caso univariado.

4-6 REGRESSÃO DA MÉDIA

Observou-se, anteriormente, que $E(X_2|x_1)$ é um valor da variável aleatória $E(X_2|X_1)$ para um valor particular $X_1 = x_1$, e é uma função de x_1. O gráfico dessa função é chamado de *regressão* de X_2 sobre X_1. Alternativamente, a função $E(X_1|x_2)$ seria chamada de *regressão* de X_1 sobre X_2. Isso está mostrado na Fig. 4-15.

Exemplo 4-15

No Exemplo 4-13 encontramos $E(X_2|x_1)$ para a densidade bivariada do Exemplo 4-11, isto é,

$$f(x_1, x_2) = x_1^2 + \frac{x_1 x_2}{3}, \quad 0 < x_1 \le 1, 0 \le x_2 \le 2,$$
$$= 0 \qquad \text{caso contrário.}$$

O resultado foi

$$E(X_2|x_1) = \frac{9x_1+4}{9x_1+3}.$$

De maneira análoga, podemos encontrar

$$E(X_1|x_2) = \int_0^1 x_1 \cdot \left[\frac{3x_1^2 + x_1 x_2}{1 + (x_2/2)}\right] dx_1$$

$$= \frac{4x_2+9}{6x_2+12}.$$

A regressão será discutida com mais detalhes nos Capítulos 14 e 15.

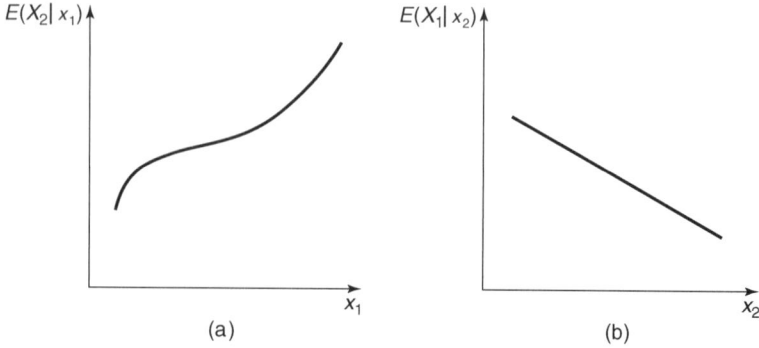

Figura 4-15 Algumas curvas de regressão. (*a*) Regressão de X_2 em X_1. (*b*) Regressão de X_1 em X_2.

4-7 INDEPENDÊNCIA DE VARIÁVEIS ALEATÓRIAS

As noções de independência e de variáveis aleatórias independentes são conceitos estatísticos muito úteis e importantes. No Capítulo 1 introduziu-se a idéia de eventos independentes, e apresentou-se uma definição formal desse conceito. Queremos, agora, definir *variáveis aleatórias independentes*. Quando o resultado de uma variável, digamos X_1, não influencia o resultado de X_2, e vice-versa dizemos que as variáveis aleatórias X_1 e X_2 são independentes.

Definição

1. Se $[X_1, X_2]$ é um vetor aleatório discreto, então dizemos que X_1 e X_2 são independentes se e somente se

$$p(x_1, x_2) = p_1(x_1) \cdot p_2(x_2) \tag{4-24}$$

para todo x_1 e x_2.

2. Se $[X_1, X_2]$ é um vetor aleatório contínuo, então dizemos que X_1 e X_2 são independentes se e somente se

$$f(x_1, x_2) = f_1(x_1) \cdot f_2(x_2) \tag{4-25}$$

para todo x_1 e x_2.

Utilizando essa definição e as propriedades das distribuições de probabilidades condicionais, podemos estender o conceito de independência a um teorema.

Teorema 4-2

1. Seja $[X_1, X_2]$ um vetor aleatório discreto. Então

$$p_{X_2|x_1}(x_2) = p_2(x_2)$$

e

$$p_{X_1|x_2}(x_1) = p_1(x_1)$$

para todo x_1 e x_2, se e somente se X_1 e X_2 forem independentes.

2. Seja $[X_1, X_2]$ um vetor aleatório contínuo. Então

$$f_{X_2|x_1}(x_2) = f_2(x_2)$$

e

$$f_{X_1|x_2}(x_1) = f_1(x_1)$$

para todo x_1 e x_2 se e somente se X_1 e X_2 forem independentes.

Prova Consideramos, aqui, apenas o caso contínuo. Vemos que

$$f_{X_2|x_1}(x_2) = f_2(x_2) \quad \text{para todo } x_1 \text{ e } x_2$$

se e somente se

$$\frac{f(x_1, x_2)}{f_1(x_1)} = f_2(x_2) \quad \text{para todo } x_1 \text{ e } x_2$$

se e somente se

$$f(x_1, x_2) = f_1(x_1) f_2(x_2) \text{ para todo } x_1 \text{ e } x_2$$

se e somente se X_1 e X_2 forem independentes, e a prova está completa.

Note que a exigência de que a distribuição conjunta fosse fatorável nas respectivas distribuições marginais é, de alguma maneira, semelhante à exigência de que, para eventos independentes, a probabilidade da interseção dos eventos fosse igual ao produto das probabilidades dos eventos.

Exemplo 4-16

Um serviço de trânsito de uma cidade é avisado quando os ônibus enguiçam, e então envia uma equipe com guincho para rebocar os ônibus para conserto. A distribuição conjunta dos números de chamadas recebidas nas segundas-feiras e nas terças-feiras é dada na Fig. 4-16, junto com as distribuições marginais. A variável X_1 representa o número de chamadas nas segundas-feiras, e X_2 representa o número de chamadas nas terças-feiras. Uma rápida inspeção mostra que X_1 e X_2 são independentes, uma vez que as probabilidades conjuntas são o produto das probabilidades marginais apropriadas.

4-8 COVARIÂNCIA E CORRELAÇÃO

Vimos que $E(X_1) = m_1$ e $V(X_1) = \sigma_1^2$ são a média e a variância de X_1. Elas podem ser determinadas a partir da distribuição marginal de X_1. De maneira análoga, m_2 e σ_2^2 são a média e a variância de X_2. Duas medidas usadas na descrição do *grau de associação* entre X_1 e X_2 são a *covariância* de $[X_1, X_2]$ e o *coeficiente de correlação*.

Definição

Se $[X_1, X_2]$ é uma variável aleatória bidimensional, a *covariância*, denotada por s_{12}, é

$$\text{Cov}(X_1, X_2) = \sigma_{12} = E[(X_1 - E(X_1))(X_2 - E(X_2))] \qquad (4\text{-}26)$$

e o *coeficiente de correlação*, denotado por ρ, é

$$\rho = \frac{\text{Cov}(X_1, X_2)}{\sqrt{V(X_1)} \cdot \sqrt{V(X_2)}} = \frac{\sigma_{12}}{\sigma_1 \cdot \sigma_2}. \qquad (4\text{-}27)$$

Mede-se a covariância em unidades de X_1 vezes unidades de X_2. O coeficiente de correlação é uma quantidade adimensional, que mede a associação linear entre duas variáveis aleatórias. Efetuando as operações de multiplicação na equação 4-26 antes de distribuir o operador valor esperado externo entre as quantidades resultantes, obtemos uma forma alternativa da covariância, como segue:

$$\text{Cov}(X_1, X_2) = E(X_1 \cdot X_2) - E(X_1) \cdot E(X_2). \qquad (4\text{-}28)$$

Teorema 4-3

Se X_1 e X_2 são independentes, então $\rho = 0$.

Prova Novamente, provaremos o resultado para o caso contínuo. Se X_1 e X_2 são independentes,

$$\begin{aligned}
E(X_1 \cdot X_2) &= \int_{-\infty}^{\infty} \int_{-\infty}^{\infty} x_1 x_2 \cdot f(x_1, x_2) dx_1 dx_2 \\
&= \int_{-\infty}^{\infty} \int_{-\infty}^{\infty} x_1 f_1(x_1) \cdot x_2 f_2(x_2) dx_1 dx_2 \\
&= \left[\int_{-\infty}^{\infty} x_1 f_1(x_1) dx_1 \right] \cdot \left[\int_{-\infty}^{\infty} x_2 f_2(x_2) dx_2 \right] \\
&= E(X_1) \cdot E(X_2).
\end{aligned}$$

$x_2 \backslash x_1$	0	1	2	3	4	$p_2(x_2)$
0	0,02	0,04	0,06	0,04	0,04	0,2
1	0,02	0,04	0,06	0,04	0,04	0,2
2	0,01	0,02	0,03	0,02	0,02	0,1
3	0,04	0,08	0,12	0,08	0,08	0,4
4	0,01	0,02	0,03	0,02	0,02	0,1
$p_1(x_1)$	0,1	0,2	0,3	0,2	0,2	

Figura 4-16 Probabilidades conjuntas para chamadas do serviço de guincho.

Assim, Cov(X_1, X_2) = 0 pela equação 4-28, e $\rho = 0$ pela equação 4-27. Um argumento similar seria usado para [X_1, X_2] discreto.

A recíproca do teorema não é necessariamente verdadeira, e podemos ter $\rho = 0$ sem que as variáveis sejam *independentes*. Se $\rho = 0$, as variáveis aleatórias são chamadas de *não correlacionadas*.

Teorema 4-4

O valor de ρ estará no intervalo [−1, +1, isto é,

$$-1 \leq \rho \leq +1.$$

Prova Considere a função Q definida a seguir e ilustrada na Fig. 4-17.

$$Q(t) = E[(X_1 - E(X_1)) + t(X_2 - E(X_2))]^2$$
$$= E[X_1 - E(X_1)]^2 + 2tE[(X_1 - E(X_1))(X_2 - E(X_2))]$$
$$+ t^2 E[X_2 - E(X_2)]^2.$$

Como $Q(t) \geq 0$, o discriminante de $Q(t)$ deve ser ≤ 0, de modo que

$$\{2E[(X_1 - E(X_1))(X_2 - E(X_2))]\}^2 - 4E[X_2 - E(X_2)]^2 E[X_1 - E(X_1)]^2 \leq 0.$$

Segue que

$$4[\text{Cov}(X_1, X_2)]^2 - 4V(X_2) \cdot V(X_1) \leq 0,$$

e, assim,

$$\frac{\left[\text{Cov}(X_1, X_2)\right]^2}{V(X_1)V(X_2)} \leq 1$$

e

$$-1 \leq \rho \leq +1. \tag{4-29}$$

Uma correlação $\rho \approx 1$ indica uma "alta correlação positiva", tal como devemos encontrar entre os preços de ações da Ford e da General Motors (duas companhias relacionadas). Por outro lado, uma "alta correlação negativa", $\rho \approx -1$, deve existir entre neve e temperatura.

Exemplo 4-17

Volte ao Exemplo 4-17, que analisou um vetor aleatório contínuo [X_1, X_2] com a função de densidade de probabilidade conjunta

$$f(x_1, x_2) = 6x_1, \quad 0 < x_1 < x_2 < 1,$$
$$= 0, \quad \text{caso contrário.}$$

A marginal de X_1 é

$$f_1(x_1) = 6x_1(1 - x_1), \quad \text{para } 0 < x_1 < 1,$$
$$= 0, \quad \text{caso contrário,}$$

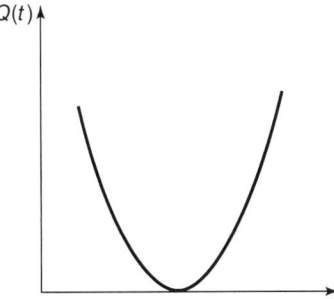

Figura 4-17 A função quadrática $Q(t)$.

e a marginal de X_2 é

$$f_2(x_2) = 3x_2^2, \quad \text{para } 0 < x_2 < 1,$$
$$= 0, \quad \text{caso contrário.}$$

Esses fatos levam aos seguintes resultados:

$$E(X_1) = \int_0^1 6x_1^2(1-x_1)dx_1 = 1/2,$$

$$E(X_1^2) = \int_0^1 6x_1^3(1-x_1)dx_1 = 3/10,$$

$$V(X_1) = E(X_1^2) - [E(X_1)]^2 = 1/20,$$

$$E(X_2) = \int_0^1 3x_2^3 dx_2 = 3/4,$$

$$E(X_2^2) = \int_0^1 3x_2^4 dx_2 = 3/5,$$

$$V(X_2) = E(X_2^2) - [E(X_2)]^2 = 0{,}39.$$

Além disso, temos

$$E(X_1 X_2) = \int_{-\infty}^{\infty}\int_{-\infty}^{\infty} x_1 x_2 f(x_1,x_2) dx_1 dx_2$$
$$= \int_0^1 \int_0^{x_2} 6x_1^2 x_2 \, dx_1 \, dx_2 = 2/5.$$

Isso implica que

$$\text{Cov}(X_1, X_2) = E(X_1 X_2) - E(X_1)E(X_2) = 1/40,$$

e, então,

$$\rho = \frac{\text{Cov}(X_1, X_2)}{\sqrt{V(X_1) \cdot V(X_2)}} = 0{,}179.$$

Exemplo 4-18

Um vetor aleatório contínuo $[X_1, X_2]$ *tem função de densidade f dada como segue:*

$$f(x_1, x_2) = 1, \quad -x_2 < x_1 < +x_2, \, 0 < x_2 < 1,$$
$$= 0, \quad \text{caso contrário.}$$

Mostra-se essa função na Fig. 4-18.

As densidades marginais são

$$f_1(x_1) = 1 - x_1 \quad \text{para } 0 < x_1 < 1,$$
$$= 1 + x_1 \quad \text{para } -1 < x_1 < 0,$$
$$= 0, \quad \text{caso contrário,}$$

e

$$f_2(x_2) = 2x_2, \quad 0 < x_2 < 1,$$
$$= 0, \quad \text{caso contrário.}$$

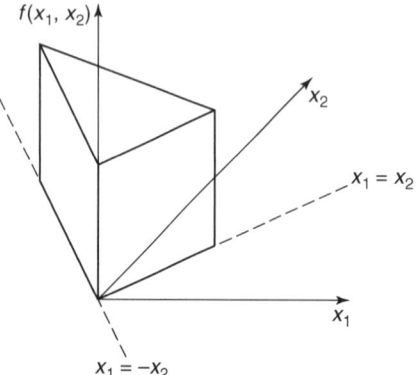

Figura 4-18 Uma densidade conjunta do Exemplo 4-18.

Como $f(x_1, x_2) \neq f(x_1) \cdot f(x_2)$, as variáveis *não são independentes*. Calculando a covariância, obtemos

$$\text{Cov}(X_1, X_2) = \int_0^1 \int_{-x_2}^{x_2} x_1 \cdot x_2 \cdot 1 \, dx_1 \, dx_2 - 0 = 0,$$

e, assim, $\rho = 0$, de modo que as variáveis são *não correlacionadas*, embora não sejam independentes.

Finalmente, note-se que se X_2 estiver relacionada a X_1 linearmente, isto é, $X_2 = A + BX_1$, então $\rho^2 = 1$. Se $B > 0$, então $\rho = +1$; e se $B < 0$, $\rho = -1$. Assim, como observamos anteriormente, o coeficiente de correlação é uma medida da associação linear entre duas variáveis aleatórias.

4-9 A FUNÇÃO DE DISTRIBUIÇÃO PARA VARIÁVEIS ALEATÓRIAS BIDIMENSIONAIS

A função de distribuição do vetor aleatório $[X_1, X_2]$ é F, onde

$$F(x_1, x_2) = P(X_1 \leq x_1, X_2 \leq x_2). \tag{4-30}$$

Essa é a probabilidade sobre a região sombreada da Fig. 4-19.

Se $[X_1, X_2]$ é discreto, então

$$F(x_1, x_2) = \sum_{t_1 \leq x_1} \sum_{t_2 \leq x_2} p(t_1, t_2), \tag{4-31}$$

e se $[X_1, X_2]$ é contínuo, então

$$F(x_1, x_2) = \int_{-\infty}^{x_2} \int_{-\infty}^{x_1} f(t_1, t_2) \, dt_1 \, dt_2. \tag{4-32}$$

Exemplo 4-19

Suponha que X_1 e X_2 tenham a seguinte densidade:

$$f(x_1, x_2) = 24 x_1 x_2, \quad x_1 > 0, x_2 > 0, x_1 + x_2 < 1,$$
$$= 0, \quad \text{caso contrário.}$$

Considerando o plano euclidiano da Fig. 4-20, vemos vários casos que devem ser considerados.

1. $x_1 \leq 0$, $F(x_1, x_2) = 0$.
2. $x_2 \leq 0$, $F(x_1, x_2) = 0$.
3. $0 < x_1 < 1$ e $x_1 + x_2 < 1$,

$$F(x_1, x_2) = \int_0^{x_2} \int_0^{x_1} 24 t_1 t_2 \, dt_1 \, dt_2$$
$$= 6 x_1^2 \cdot x_2^2.$$

4. $0 < x_1 < 1$ e $1 - x_1 \leq x_2 \leq 1$,

$$F(x_1, x_2) = \int_0^{1-x_1} \int_0^{x_1} 24 t_1 t_2 \, dt_1 \, dt_2 + \int_{1-x_1}^{x_2} \int_0^{1-t} 24 t_1 t_2 \, dt_1 \, dt_2$$
$$= 3x_1^4 - 8x_1^3 + 6x_1^2 + 3x_2^4 - 8x_2^3 + 6x_2^2 - 1.$$

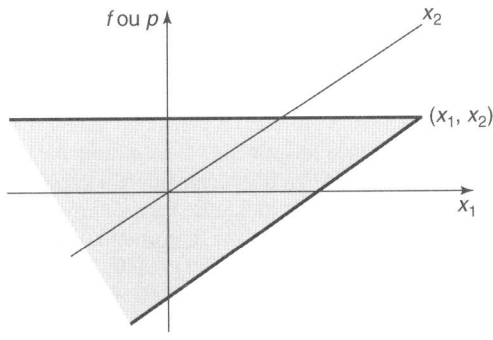

Figura 4-19 Domínio de integração ou soma para $F(x_1, x_2)$.

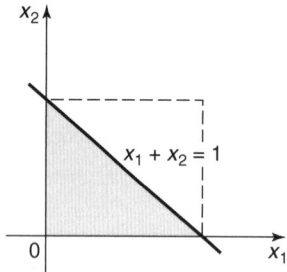

Figura 4-20 O domínio de F, Exemplo 4-19.

5. $0 < x_1 < 1$ e $x_2 > 1$,

$$F(x_1, x_2) = \int_0^{x_1} \int_0^{1-t_1} 24 t_1 t_2 \, dt_2 \, dt_1$$
$$= 6x_1^2 - 8x_1^3 + 3x_1^4.$$

6. $0 \leq x_2 \leq 1$ e $x_1 \geq 1$,

$$F(x_1, x_2) = 6x_2^2 - 8x_2^3 + 3x_2^4.$$

7. $x_1 \geq 1$ e $x_2 \geq 1$,

$$F(x_1, x_2) = 1.$$

A função F tem propriedades análogas às discutidas no caso unidimensional. Notamos que quando X_1 e X_2 são contínuas,

$$\frac{\partial^2 F(x_1, x_2)}{\partial x_1 \, \partial x_2} = f(x_1, x_2)$$

se a derivada existir.

4-10 FUNÇÕES DE DUAS VARIÁVEIS ALEATÓRIAS

Em geral, estaremos interessados em funções de diversas variáveis aleatórias; no entanto, no presente momento esta seção se concentrará em funções de duas variáveis aleatórias, digamos, $Y = H(X_1, X_2)$. Como $X_1 = X_1(e)$ e $X_2 = X_2(e)$, vemos que $Y = H[X_1(e), X_2(e)]$ claramente depende do resultado do experimento original e, assim, Y é uma variável aleatória com espaço imagem R_Y.

O problema de se encontrar a distribuição de Y é, de alguma forma, mais complicado do que no caso de funções de uma variável; no entanto, se $[X_1, X_2]$ for discreto o procedimento é direto se X_1 e X_2 assumirem um número relativamente pequeno de valores.

Exemplo 4-20

Se X_1 representa o número de unidades defeituosas produzidas pela máquina N.º 1 em 1 hora, e X_2 representa o número de unidades defeituosas produzidas pela máquina N.º 2 na mesma hora, então a distribuição conjunta pode ser como a apresentada na Fig. 4-21. Além disso, considere a variável aleatória $Y = H(X_1, X_2)$, onde $H(x_1, x_2) = 2x_1 + x_2$. Segue que $R_Y = \{0,1,2,3,4,5,6,7,8,9\}$. Para determinarmos, por exemplo, $P(Y = 0) = p_Y(0)$, notamos que $Y = 0$ se e somente se $X_1 = 0$ e $X_2 = 0$; portanto, $p_Y(0) = 0{,}02$.

Note que $Y = 1$ se e somente se $X_1 = 0$ e $X_2 = 1$; portanto, $p_Y(1) = 0{,}06$. Observe, também, que $Y = 2$ se e somente se ou $X_1 = 0$, $X_2 = 2$ ou $X_1 = 1$, $X_2 = 0$; assim, $p_Y(2) = 0{,}10 + 0{,}03 = 0{,}13$. De maneira análoga, obtemos o restante da distribuição, que é como segue:

y_i	$p_Y(y_i)$
0	0,02
1	0,06
2	0,13
3	0,11
4	0,19
5	0,15
6	0,21
7	0,07
8	0,05
9	0,01
caso contrário	0

$x_2 \backslash x_1$	0	1	2	3	$p_2(x_2)$
0	0,02	0,03	0,04	0,01	0,1
1	0,06	0,09	0,12	0,03	0,3
2	0,10	0,15	0,20	0,05	0,5
3	0,02	0,03	0,04	0,01	0,1
$p_1(x_1)$	0,2	0,3	0,4	0,1	

Figura 4-21 Distribuição conjunta de defeitos produzidos em duas máquinas $p(x_1, x_2)$.

No caso em que o vetor aleatório é contínuo, com função de densidade conjunta $f(x_1, x_2)$, e $H(x_1, x_2)$ é contínua, então $Y = H(X_1, X_2)$ é uma variável aleatória unidimensional contínua. O procedimento geral para a determinação da função de densidade de Y é exposto a seguir.

1. Temos $Y = H_1(X_1, X_2)$.
2. Introduza uma segunda variável aleatória $Z = H_2(X_1, X_2)$. A função H_2 é escolhida por conveniência, mas desejamos ser capazes de resolver $y = H_1(x_1, x_2)$ e $z = H_2(x_1, x_2)$ em relação a x_1 e x_2 em termos de y e z.
3. Ache $x_1 = G_1(y, z)$ e $x_2 = G_2(y, z)$.
4. Ache as seguintes derivadas parciais (supomos que existam e sejam contínuas):

$$\frac{\partial x_1}{\partial y} \quad \frac{\partial x_1}{\partial z} \quad \frac{\partial x_2}{\partial y} \quad \frac{\partial x_2}{\partial z}.$$

5. A densidade conjunta de $[Y, Z]$, denotada por $\ell(y, z)$, encontra-se como segue:

$$\ell(y, z) = f[G_1(y, z), G_2(y, z)] \cdot |J(y, z)|, \tag{4-33}$$

onde $J(y, z)$, chamado de *jacobiano* da transformação, é dado pelo determinante

$$J(y, z) = \begin{vmatrix} \partial x_1/\partial y & \partial x_1/\partial z \\ \partial x_2/\partial y & \partial x_2/\partial z \end{vmatrix}. \tag{4-34}$$

6. A densidade de Y, digamos g_Y, é então encontrada como

$$g_Y(y) = \int_{-\infty}^{\infty} \ell(y, z) dz. \tag{4-35}$$

Exemplo 4-21

Considere o vetor aleatório contínuo $[X_1, X_2]$ com a densidade seguinte:

$$f(x_1, x_2) = 4e^{-2(x_1 + x_2)}, \quad x_1 > 0, x_2 > 0,$$
$$= 0, \quad \text{caso contrário.}$$

Suponha que estejamos interessados na distribuição de $Y = X_1/X_2$. Fazemos $y = x_1/x_2$ e escolhemos $z = x_1 + x_2$, de modo que $x_1 = yz/(1 + y)$ e $x_2 = z/(1 + y)$. Segue que

$$\partial x_1/\partial y = \frac{z}{(1+y)^2} \quad \text{e} \quad \partial x_1/\partial z = \frac{y}{1+y},$$

$$\partial x_2/\partial y = \frac{-z}{(1+y)^2} \quad \text{e} \quad \partial x_2/\partial z = \frac{1}{1+y}.$$

Portanto,

$$J(y,z) = \begin{vmatrix} \dfrac{z}{(1+y)^2} & \dfrac{y}{1+y} \\ \dfrac{-z}{(1+y)^2} & \dfrac{1}{(1+y)} \end{vmatrix} = \frac{z}{(1+y)^3} + \frac{zy}{(1+y)^3} = \frac{z}{(1+y)^2}$$

e

$$f[G_1(y,z), G_2(y,z)] = 4e^{\{-2[yz/(1+y) + z/(1+y)]\}}$$
$$= 4e^{-2z}.$$

Assim,

$$\ell(y,z) = 4e^{-2z} \cdot \frac{z}{(1+y^2)}$$

e

$$g_Y(y) = \int_0^\infty 4e^{-2z} \left[z/(1+y)^2\right] dz$$
$$= \frac{1}{(1+y)^2}, \quad y > 0,$$
$$= 0, \quad \text{caso contrário.}$$

4.11 DISTRIBUIÇÕES CONJUNTAS DE DIMENSÃO $n > 2$

Se tivermos três ou mais variáveis aleatórias, o vetor aleatório será denotado por $[X_1, X_2, \ldots, X_n]$, e extensões seguem a partir do caso bidimensional. Suporemos contínuas as variáveis; no entanto, os resultados podem ser estendidos ao caso discreto pela substituição das integrais pelos somatórios apropriados. Admitimos a existência de uma densidade conjunta f tal que

$$f(x_1, x_2, \ldots, x_n) \geq 0 \tag{4-36}$$

e

$$\int_{-\infty}^\infty \int_{-\infty}^\infty \cdots \int_{-\infty}^\infty f(x_1, x_2, \ldots, x_n) dx_n \cdots dx_2 dx_1 = 1.$$

Assim,

$$P(a_1 \leq X_1 \leq b_1, a_2 \leq X_2 \leq b_2, \ldots, a_n \leq X_n \leq b_n)$$
$$\int_{a_1}^{b_1} \int_{a_2}^{b_2} \cdots \int_{a_n}^{b_n} f(x_1, x_2, \ldots, x_n) dx_n \cdots dx_2 dx_1. \tag{4-37}$$

As densidades marginais se determinam como segue:

$$f_1(x_1) = \int_{-\infty}^\infty \int_{-\infty}^\infty \cdots \int_{-\infty}^\infty f(x_1, x_2, \ldots, x_n) dx_n \cdots dx_2,$$

$$f_2(x_2) = \int_{-\infty}^\infty \int_{-\infty}^\infty \cdots \int_{-\infty}^\infty f(x_1, x_2, \ldots, x_n) dx_n \cdots dx_3 dx_1,$$

$$f_n(x_n) = \int_{-\infty}^\infty \int_{-\infty}^\infty \cdots \int_{-\infty}^\infty f(x_1, x_2, \ldots, x_n) dx_{n-1} \cdots dx_2 dx_1.$$

A integração se faz em relação a todas as variáveis cujo subscrito seja diferente daquele para o qual a densidade marginal está sendo calculada.

Definição

As variáveis $[X_1, X_2, \ldots, X_n]$ são variáveis aleatórias *independentes* se e somente se, para todo $[x_1, x_2, \ldots, x_n]$

$$f(x_1, x_2, \ldots, x_n) = f_1(x_1) \cdot f_2(x_2) \cdot \cdots \cdot f_n(x_n). \tag{4-38}$$

O valor esperado de X_1, por exemplo, é

$$\mu_1 = E(X_1) = \int_{-\infty}^{\infty} \int_{-\infty}^{\infty} \cdots \int_{-\infty}^{\infty} x_1 \cdot f(x_1, x_2, \cdots, x_n) dx_1 dx_2 \cdots dx_n \tag{4-39}$$

e a variância é

$$V(X_1) = \int_{-\infty}^{\infty} \int_{-\infty}^{\infty} \cdots \int_{-\infty}^{\infty} (x_1 - \mu_1)^2 \cdot f(x_1, x_2, \cdots, x_n) dx_1 dx_2 \cdots dx_n. \tag{4-40}$$

Reconhecemos esses valores como a média e a variância, respectivamente, da distribuição marginal de X_1.

No caso bidimensional considerado anteriormente, as interpretações geométricas eram de grande valia; entretanto, trabalhando com vetores aleatórios n-dimensionais o espaço imagem é o espaço euclidiano de dimensão n, e representações gráficas não são mais possíveis. As distribuições marginais são, no entanto, em dimensão um, e a distribuição condicional de uma variável, dados valores para as outras variáveis, é em uma dimensão. A distribuição condicional de X_1 dados valores $[x_2, x_3, \ldots, x_n]$ é denotada

$$f_{X_1 | x_2, \ldots, x_n}(x_1) = \frac{f(x_1, x_2, \ldots, x_n)}{\int_{-\infty}^{\infty} f(x_1, x_2, \ldots, x_n) dx_1}, \tag{4-41}$$

e o valor esperado de X_1 para $[x_2, x_3, \ldots, x_n]$ dado é

$$E(X_1 | x_2, x_3, \cdots, x_n) = \int_{-\infty}^{\infty} x_1 \cdot f_{X_1 | x_2, \cdots, x_n}(x_1) dx_1. \tag{4-42}$$

O gráfico hipotético de $E(X_1 | x_2, x_3, \ldots, x_n)$ como função do vetor $[x_2, x_3, \ldots, x_n]$ é chamado a *regressão* de X_1 sobre $(X_2, X_3, \ldots, X_n)$.

4-12 COMBINAÇÕES LINEARES

A consideração de funções gerais de variáveis aleatórias, digamos $X_1, X_2, \ldots, X_n$, está além do objetivo deste texto. No entanto, há uma função particular, da forma $Y = H(X_1, X_2, \ldots, X_n)$, em que

$$H(X_1, X_2, \ldots, X_n) = a_0 + a_1 X_1 + \cdots + a_n X_n, \tag{4-43}$$

que é de interesse. Os a_i são constantes reais, para $i = 0, 1, 2, \ldots, n$. Isso se chama uma *combinação linear* das variáveis $X_1, X_2, \ldots, X_n$. Uma situação especial ocorre quando $a_0 = 0$ e $a_1 = a_2 = \cdots = a_n = 1$, e nesse caso temos a *soma* $Y = X_1 + X_2 + \cdots + X_n$.

Exemplo 4-22

Quatro resistores estão ligados em série como mostra a Fig. 4-22. Cada resistor tem uma resistência, que é uma variável aleatória. A resistência do conjunto pode ser denotada por Y, onde $Y = X_1 + X_2 + X_3 + X_4$.

Exemplo 4-23

Duas partes devem ser montadas como mostra a Fig. 4-23. A separação pode ser expressa como $Y = X_1 - X_2$ ou $Y = (1)X_1 + (-1)X_2$. Obviamente, uma separação negativa significa interferência. Isso é uma combinação linear, com $a_0 = 0$, $a_1 = 1$ e $a_2 = -1$.

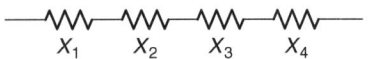

Figura 4-22 Resistores em série.

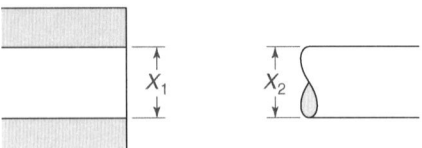

Figura 4-23 Uma montagem simples.

Exemplo 4-24

Uma amostra de 10 itens é selecionada aleatoriamente da saída de um processo que fabrica um pequeno eixo usado nos motores de ventiladores elétricos, e os diâmetros devem ser medidos em relação a um valor chamado a média amostral, calculada como

$$\overline{X} = \frac{1}{10}(X_1 + X_2 + \cdots + X_{10}).$$

O valor $\overline{X} = \frac{1}{10}X_1 + \frac{1}{10}X_2 + \cdots + \frac{1}{10}X_{10}$ é uma combinação linear, com $a_0 = 0$ e $a_1 = a_2 = \cdots = a_{10} = \frac{1}{10}$.

Vejamos, agora, como calcular a média e a variância de combinações lineares. Consideremos a soma de duas variáveis aleatórias,

$$Y = X_1 + X_2. \tag{4-44}$$

A média de Y ou $\mu_Y = E(Y)$ é dada por

$$E(Y) = E(X_1) + E(X_2). \tag{4-45}$$

No entanto, o cálculo da variância não é tão óbvio.

$$\begin{aligned}
V(Y) &= E[Y - E(Y)]^2 = E(Y^2) - [E(Y)]^2 \\
&= E[(X_1 + X_2)^2] - [E(X_1 + X_2)]^2 \\
&= E[X_1^2 + 2X_1X_2 + X_2^2] - [E(X_1) + E(X_2)]^2 \\
&= E(X_1^2) + 2E(X_1X_2) + E(X_2^2) - [E(X_1)]^2 - 2E(X_1)\cdot E(X_2) - [E(X_2)]^2 \\
&= \{E(X_1^2) - [E(X_1)]^2\} + \{E(X_2^2) - [E(X_2)]^2\} + 2[E(X_1X_2) - E(X_1)\cdot E(X_2)] \\
&= V(X_1) + V(X_2) + 2\text{Cov}(X_1, X_2),
\end{aligned}$$

ou

$$\sigma_Y^2 = \sigma_1^2 + \sigma_2^2 + 2\sigma_{12}. \tag{4-46}$$

Esses resultados se generalizam para qualquer combinação linear

$$Y = a_0 + a_1X_1 + a_2X_2 + \cdots + a_nX_n \tag{4-47}$$

como segue:

$$\begin{aligned}
E(Y) &= a_0 + \sum_{i=1}^{n} a_i E(X_1) \\
&= a_0 + \sum_{i=1}^{n} a_i \mu_i,
\end{aligned} \tag{4-48}$$

onde $E(X_i) = \mu_i$, e

$$V(Y) = \sum_{i=1}^{n} a_i^2 V(X_i) + \sum_{\substack{i=1 \\ i \neq j}}^{n} \sum_{j=1}^{n} a_i a_j \sigma_{ij} \operatorname{Cov}(X_i, X_j) \qquad (4\text{-}49)$$

ou

$$\sigma_y^2 = \sum_{i=1}^{n} a_i^2 \sigma_i^2 + \sum_{\substack{i=1 \\ i \neq j}}^{n} \sum_{j=1}^{n} a_i a_j \sigma_{ij}.$$

Se as *variáveis são independentes*, a expressão para a variância de Y fica bastante simplificada, uma vez que todos os termos com covariância são zero. Nessa situação, a variância de Y é simplesmente

$$V(Y) = \sum_{i=1}^{n} a_i^2 \cdot V(X_i) \qquad (4\text{-}50)$$

ou

$$\sigma_Y^2 = \sum_{i=1}^{n} a_i^2 \sigma_i^2.$$

Exemplo 4-25

No Exemplo 4-22, quatro resistores eram ligados em série, de modo que $Y = X_1 + X_2 + X_3 + X_4$ era a resistência do conjunto, onde X_1 era a resistência do primeiro resistor, e assim por diante. A média e a variância de Y, em termos das médias e variâncias dos componentes, podem ser calculadas facilmente. Se os resistores são selecionados aleatoriamente para o conjunto, é razoável supor que X_1, X_2, X_3 e X_4 sejam independentes,

$$\mu_Y = \mu_1 + \mu_2 + \mu_3 + \mu_4$$

e

$$\sigma_Y^2 = \sigma_1^2 + \sigma_2^2 + \sigma_3^2 + \sigma_4^2.$$

Nada dissemos, ainda, sobre a distribuição de Y; no entanto, dadas a média e a variância de X_1, X_2, X_3 e X_4, podemos calcular facilmente a média e a variância de Y, uma vez que as variáveis são independentes.

Exemplo 4-26

No Exemplo 4-23, onde duas partes deviam ser montadas, suponha que a distribuição conjunta de $[X_1, X_2]$ seja

$$f(x_1, x_2) = 8e^{-(2x_1 + 4x_2)}, \qquad x_1 \geq 0, x_2 \geq 0,$$
$$= 0, \qquad \text{caso contrário.}$$

Como $f(x_1, x_2)$ pode ser facilmente fatorada como

$$f(x_1, x_2) = [2e^{-2x_1}] \cdot [4e^{-4x_2}]$$
$$= f_1(x_1) \cdot f_2(x_2),$$

X_1 e X_2 são independentes. Além disso, $E(X_1) = \mu_1 = \frac{1}{2}$ e $E(X_2) = \mu_2 = \frac{1}{4}$. Podemos calcular as variâncias

$$V(X_1) = \sigma_1^2 = \int_0^\infty x_1^2 \cdot 2e^{-2x_1} dx_1 - \left(\frac{1}{2}\right)^2 = \frac{1}{4}$$

e

$$V(X_2) = \sigma_2^2 = \int_0^\infty x_2^2 \cdot 4e^{-4x_2} dx_2 - \left(\frac{1}{4}\right)^2 = \frac{1}{16}.$$

Denotamos a separação por $Y = X_1 - X_2$, de modo que $E(Y) = \mu_1 - \mu_2 = \frac{1}{2} - \frac{1}{4} = \frac{1}{4}$ e $V(Y) = (1)^2 \cdot \sigma_1^2 + (-1)^2 \cdot \sigma_2^2 = \frac{1}{4} + \frac{1}{16} = \frac{5}{16}$.

Exemplo 4-27

No Exemplo 4-24, podemos esperar que as variáveis aleatórias $X_1, X_2, \ldots, X_{10}$ sejam independentes por causa do processo aleatório de amostragem. Além disso, a distribuição para cada variável X_i é idêntica. Isso é mostrado na Fig. 4-24. No exemplo anterior, a combinação linear de interesse era a *média amostral*

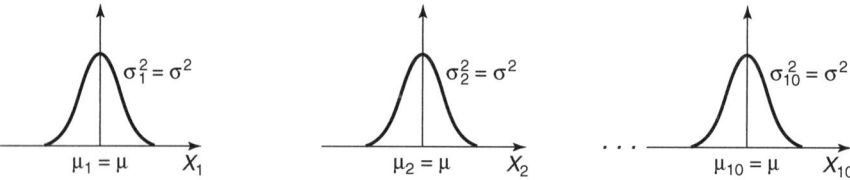

Figura 4-24 Algumas distribuições idênticas.

$$\overline{X} = \frac{1}{10}X_1 + \cdots + \frac{1}{10}X_{10}.$$

Segue que

$$E(\overline{X}) = \mu_{\overline{X}} = \frac{1}{10} \cdot E(X_1) + \frac{1}{10} \cdot E(X_2) + \cdots + \frac{1}{10} \cdot E(X_{10})$$
$$= \frac{1}{10}\mu + \frac{1}{10}\mu + \cdots + \frac{1}{10}\mu$$
$$= \mu.$$

Além disso,

$$V(\overline{X}) = \sigma_{\overline{X}}^2 = \left(\frac{1}{10}\right)^2 \cdot V(X_1) + \left(\frac{1}{10}\right)^2 \cdot V(X_2) + \cdots + \left(\frac{1}{10}\right)^2 \cdot V(X_{10})$$
$$= \left(\frac{1}{10}\right)^2 \cdot \sigma^2 + \left(\frac{1}{10}\right)^2 \cdot \sigma^2 + \cdots + \left(\frac{1}{10}\right)^2 \cdot \sigma^2$$
$$= \frac{\sigma^2}{10}.$$

4-13 FUNÇÕES GERATRIZES DE MOMENTOS E COMBINAÇÕES LINEARES

No caso em que $Y = aX$, é fácil mostrar que

$$M_Y(t) = M_X(at). \tag{4-51}$$

Para somas de *variáveis aleatórias independentes* $Y = X_1 + X_2 + \cdots + X_n$,

$$M_Y(t) = M_{X_1}(t) \cdot M_{X_2}(t) \cdot \cdots \cdot M_{X_n}(t). \tag{4-52}$$

Essa propriedade tem uso considerável em estatística. Se a combinação linear é da forma geral $Y = a_0 + a_1X_1 + a_2X_2 + \cdots + a_nX_n$ e as variáveis $X_1, X_2, \ldots, X_n$ são independentes, então

$$M_Y(t) = e^{a_0 t}[M_{X_1}(a_1 t) \cdot M_{X_2}(a_2 t) \cdot \cdots \cdot M_{X_n}(a_n t)].$$

Combinações lineares serão de particular importância nos próximos capítulos, e depois serão discutidas mais extensivamente.

4-14 A LEI DOS GRANDES NÚMEROS

Surge um caso especial ao lidar com somas de variáveis aleatórias independentes quando cada variável pode assumir apenas dois valores, 0 e 1. Considere a seguinte formulação. Um experimento $\mathscr{E}$ consiste em n experimentos (tentativas) independentes $\mathscr{E}_j$, $j = 1, 2, \ldots, n$. Há apenas dois resultados, sucesso $\{S\}$ e fracasso, $\{F\}$, para cada tentativa, de modo que o espaço amostral é $\mathscr{S}_j = \{S, F\}$. As probabilidades

$$P\{S\} = p$$

e

$$P\{F\} = 1 - p = q$$

permanecem constantes para $j = 1, 2, ..., n$. Fazemos

$$X_j = \begin{cases} 0, & \text{se a } j\text{-ésima tentativa resulta em fracasso,} \\ 1, & \text{se a } j\text{-ésima tentativa resulta em sucesso,} \end{cases}$$

e

$$Y = X_1 + X_2 + \cdots + X_n.$$

Assim, Y representa o número de sucessos em n tentativas, e Y/n é uma aproximação (ou estimativa) para a probabilidade desconhecida, p. Por conveniência, faremos $\hat{p} = Y/n$. Note que esse valor corresponde ao termo f_A usado na definição de freqüência relativa do Capítulo 1.

A *lei dos grandes números* estabelece que

$$P\left[|\hat{p} - p| < \epsilon\right] \geq 1 - \frac{p(1-p)}{n\epsilon^2}, \tag{4-53}$$

ou, equivalentemente,

$$P\left[|\hat{p} - p| \geq \epsilon\right] \leq \frac{p(1-p)}{n\epsilon^2}. \tag{4-54}$$

Para indicar a prova, notamos que

$$E(Y) = n \cdot E(X_j) = n[(0 \cdot q) + (1 \cdot p)] = np$$

e

$$V(Y) = nV(X_j) = n[(0^2 \cdot q) + (1^2 \cdot p) - (p)^2] = np(1-p).$$

Como $\hat{p} = Y/n$, temos

$$E(\hat{p}) = \frac{1}{n} \cdot E(Y) = p \tag{4-55}$$

e

$$V(\hat{p}) = \left[\frac{1}{n}\right]^2 \cdot V(Y) = \frac{p(1-p)}{n}.$$

Usando a desigualdade de Chebyshev,

$$P\left[|\hat{p} - p| < k\sqrt{\frac{p(1-p)}{n}}\right] \geq 1 - \frac{1}{k^2}, \tag{4-56}$$

de modo que, se

$$\epsilon = k\sqrt{\frac{p(1-p)}{n}}$$

obtemos, então, a equação 4-53.

Assim, para $\epsilon > 0$ arbitrário, à medida que $n \to \infty$,

$$P\left[|\hat{p} - p| < \epsilon\right] \to 1.$$

A Equação 4-53 pode ser reescrita, com uma notação óbvia, como

$$P\left[|\hat{p} - p| < \epsilon\right] \geq 1 - \alpha. \tag{4-57}$$

Podemos, agora, fixar ϵ e α na equação 4-57 e determinar o valor de n exigido para satisfazer a afirmativa de probabilidade como

$$n \geq \frac{p(1-p)}{\epsilon^2 \alpha}. \tag{4-58}$$

Exemplo 4-28

Um processo de fabricação opera de modo que há uma probabilidade p de que cada item produzido seja defeituoso, sendo p desconhecida. Uma amostra aleatória de n itens deve ser selecionada para se *estimar p*. O estimador a ser usado é $\hat{p} = Y/n$, onde

$$X_j = \begin{cases} 0, & \text{se o } j\text{-ésimo item é bom,} \\ 1, & \text{se o } j\text{-ésimo item é defeituoso,} \end{cases}$$

e

$$Y = X_1 + X_2 + \cdots + X_n.$$

Deseja-se que a probabilidade de que o erro, $|\hat{p} - p|$, não exceda 0,01 seja no mínimo 0,95. Para se determinar o valor requerido de n, notamos que $e = 0{,}01$ e $a = 0{,}05$; no entanto, p é desconhecido. A equação 4-58 indica que

$$n \geq \frac{p(1-p)}{(0{,}01)^2 \cdot (0{,}05)}.$$

Como p é desconhecido, deve-se supor o pior caso possível [note que $p(1-p)$ é máximo quando $p = \frac{1}{2}$]. Isso resulta em

$$n \geq \frac{(0{,}5)(0{,}5)}{(0{,}01)^2 (0{,}05)} = 50.000,$$

um número muito grande, na verdade.

O Exemplo 4-28 demonstra por que a lei dos grandes números exige, algumas vezes, grandes tamanhos amostrais. As exigências de $\epsilon = 0{,}01$ e $\alpha = 0{,}05$ para se obter a probabilidade de 0,95 de o erro $|\hat{p} - p|$ ser menor do que 0,01 parece razoável; no entanto, o tamanho amostral resultante é muito grande. Para resolvermos problemas dessa natureza devemos conhecer a distribuição das variáveis aleatórias envolvidas ($\hat{p}$, nesse caso). Os três próximos capítulos considerarão várias das distribuições mais freqüentemente encontradas.

4-15 RESUMO

Este capítulo apresentou vários tópicos relacionados a variáveis aleatórias distribuídas conjuntamente e funções de variáveis distribuídas conjuntamente. Os exemplos apresentados ilustraram esses tópicos, e os exercícios que se seguem permitirão ao estudante reforçar tais conceitos.

Muitas aplicações encontradas em engenharia, ciências e gerenciamento envolvem situações em que diversas variáveis aleatórias se relacionam simultaneamente com a resposta sendo observada. A abordagem apresentada neste capítulo fornece uma estrutura para se lidar com vários aspectos de tais problemas.

4-16 EXERCÍCIOS

4-1. Um fabricante de refrigeradores submete seus produtos acabados a uma inspeção final. Duas categorias de defeitos são de interesse: arranhões ou falhas no acabamento da porcelana e defeitos mecânicos. O número de cada tipo de defeito é uma variável aleatória. Os resultados da inspeção de 50 refrigeradores estão mostrados na tabela seguinte, onde X representa a ocorrência de defeitos de acabamento e Y representa a ocorrência de defeitos mecânicos.

(a) Ache as distribuições marginais de X e Y.
(b) Ache a distribuição de probabilidade dos defeitos mecânicos, dado que não há defeitos de acabamento.
(c) Ache a distribuição de probabilidade dos defeitos de acabamento, dado que não há defeitos mecânicos.

Y \ X	0	1	2	3	4	5
0	11/50	4/50	2/50	1/50	1/50	1/50
1	8/50	3/50	2/50	1/50	1/50	
2	4/50	3/50	2/50	1/50		
3	3/50	1/50				
4	1/50					

4-2. Uma gerente de estoque acumulou registros da demanda do produto de sua companhia pelos últimos 100 dias. A variável aleatória X representa o número de pedidos recebidos por dia, e a variável aleatória Y representa o número de unidades por pedido. Seus dados estão exibidos na tabela a seguir.

(a) Ache as distribuições marginais de X e de Y.
(b) Ache todas as distribuições condicionais para Y dado X.

y\x	1	2	3	4	5	6	7	8	9
1	10/100	6/100	3/100	2/100	1/100	1/100	1/100	1/100	1/100
2	8/100	5/100	3/100	2/100	1/100	1/100	1/100		
3	8/100	5/100	2/100	1/100	1/100				
4	7/100	4/100	2/100	1/100	1/100				
5	6/100	3/100	1/100	1/100					
6	5/100	3/100	1/100	1/100					

4-3. Sejam X_1 e X_2 os escores em um teste de inteligência geral e em um teste de preferência ocupacional, respectivamente. A função de densidade de probabilidade das variáveis aleatórias $[X_1, X_2]$ é dada por

$$f(x_1, x_2) = \frac{k}{1000}, \qquad 0 \leq x_1 \leq 100, 0 \leq x_2 \leq 10,$$
$$= 0, \qquad \text{caso contrário.}$$

(a) Ache o valor apropriado de X_1.
(b) Ache as densidades marginais de X_1 e de X_2.
(c) Ache uma expressão para a função de distribuição acumulada $F(x_1, x_2)$.

4-4. Considere uma situação em que se medem a tensão superficial e a acidez de um produto químico. Essas variáveis são codificadas de tal modo que a tensão superficial é medida em uma escala $0 \leq X_1 \leq 2$ e a acidez é medida em uma escala $2 \leq X_2 \leq 4$. A função de densidade de probabilidade de $[X_1, X_2]$ é

$$f(x_1, x_2) = k(6 - x_1 - x_2), \qquad 0 \leq x_1 \leq 2, 2 \leq x_2 \leq 4,$$
$$= 0, \qquad \text{caso contrário.}$$

(a) Ache o valor apropriado de k.
(b) Calcule a probabilidade de $X_1 < 1, X_2 < 3$.
(c) Calcule a probabilidade de $X_1 + X_2 \leq 4$.
(d) Ache a probabilidade de $X_1 < 1{,}5$.
(e) Ache as densidades marginais de X_1 e de X_2.

4-5. Considere a função de densidade

$$f(w, x, y, z) = 16wxyz, \qquad 0 \leq w, x, y, z \leq 1$$
$$= 0, \qquad \text{caso contrário.}$$

(a) Calcule a probabilidade de $W \leq \frac{2}{3}$ e $Y \leq \frac{1}{2}$.
(b) Calcule a probabilidade de $X \leq \frac{1}{2}$ e $Z \leq \frac{1}{4}$.
(c) Ache a densidade marginal de W.

4-6. Suponha que a densidade conjunta de $[X, Y]$ seja

$$f(x, y) = \frac{1}{8}(6 - x - y), \qquad 0 \leq x \leq 2, 2 \leq y \leq 4,$$
$$= 0, \qquad \text{caso contrário.}$$

Ache as densidades condicionais $f_{X|y}(x)$ e $f_{Y|x}(y)$.

4-7. Para os dados do Exercício 4-2, ache o número esperado de unidades por pedido, dado que há três pedidos por dia.

4-8. Considere a distribuição de probabilidade do vetor aleatório discreto $[X_1, X_2]$, onde X_1 representa o número de pedidos de aspirina em agosto na farmácia vizinha e X_2 representa o número de pedidos em setembro. Mostra-se a distribuição conjunta na tabela a seguir.

(a) Ache as distribuições marginais.
(b) Ache as vendas esperadas em setembro, dado que as vendas em agosto foram 51, 52, 53, 54 ou 55.

X_2\X_1	51	52	53	54	55
51	0,06	0,05	0,05	0,01	0,01
52	0,07	0,05	0,01	0,01	0,01
53	0,05	0,10	0,10	0,05	0,05
54	0,05	0,02	0,01	0,01	0,03
55	0,05	0,06	0,05	0,01	0,03

4-9. Suponha que X_1 e X_2 sejam escores codificados de dois testes de inteligência, e que a função de densidade de probabilidade de $[X_1, X_2]$ seja dada por

$$f(x_1, x_2) = 6x_1^2 x_2, \qquad 0 \leq x_1 \leq 1, 0 \leq x_2 \leq 1,$$
$$= 0, \qquad \text{caso contrário.}$$

Ache o valor esperado do escore no teste N.º 2, dado o escore no teste N.º 1. Ache, também, o valor esperado do escore no teste N.º 1, dado o escore no teste N.º 2.

4-10. Seja

$$f(x_1, x_2) = 4x_1 x_2 e^{-(x_1^2 + x_2^2)}, \qquad x_1, x_2 > 0$$
$$= 0, \qquad \text{caso contrário.}$$

(a) Ache as distribuições marginais de X_1 e de X_2.
(b) Ache as distribuições de probabilidade condicional de X_1 e de X_2.
(c) Ache expressões para as esperanças condicionais de X_1 e de X_2.

4-11. Suponha que $[X, Y]$ seja um vetor aleatório contínuo e que X e Y sejam independentes, tais que $f(x, y) = g(x)h(y)$. Defina uma nova variável aleatória $Z = XY$. Mostre que a função de densidade de probabilidade de Z, $l_{,z}(z)$, é dada por

$$\ell_Z(z) = \int_{-\infty}^{\infty} g(t) h\left(\frac{z}{t}\right) \left|\frac{1}{t}\right| dt.$$

Sugestão: sejam $Z = XY$ e $T = X$ e ache o jacobiano da transformação para a função de densidade de probabilidade conjunta de Z e T, digamos $r(z, t)$. Integre, então, $r(z, t)$ em relação a t.

4-12. Use o resultado do problema anterior para encontrar a função de densidade de probabilidade da área de um retângulo $A = S_1 S_2$, onde os lados são de tamanhos aleatórios. Especificamente, os lados são variáveis aleatórias independentes tais que

$$g_{S_1}(s_1) = 2s_1, \qquad 0 \leq s_1 \leq 1,$$
$$= 0, \qquad \text{caso contrário.}$$

e

$$h_{S_2}(s_2) = \frac{1}{8} s_2, \qquad 0 \leq s_2 \leq 4,$$
$$= 0, \qquad \text{caso contrário.}$$

Deve-se tomar cuidado na determinação dos limites de integração, porque a variável de integração não pode assumir valores negativos.

4-13. Suponha que $[X, Y]$ seja um vetor aleatório contínuo e que X e Y sejam independentes, tais que $f(x, y) = g(x)h(y)$. Defina uma nova variável aleatória $Z = X/Y$. Mostre que a função de densidade de probabilidade de Z, $\ell_Z(z)$, é dada por

$$\ell_Z(z) = \int_{-\infty}^{\infty} g(uz)h(u)|u|du.$$

Sugestão: sejam $Z = X/Y$ e $U = Y$, e ache o jacobiano da transformação para a função de densidade de probabilidade de Z e U, digamos $r(z, u)$. Integre, então, $r(z, u)$ em relação a u.

4-14. Suponha que tenhamos um circuito elétrico simples, no qual vale a lei de Ohm, $V = IR$. Desejamos encontrar a distribuição de probabilidade da resistência, dado que as distribuições de probabilidade da voltagem (V) e da corrente (I) são

$$g_V(v) = e^{-v}, \quad v \geq 0,$$
$$= 0, \quad \text{caso contrário;}$$
$$h_I(i) = 3e^{-3i}, \quad i \geq 0,$$
$$= 0, \quad \text{caso contrário.}$$

Use os resultados do problema anterior e suponha que V e I sejam variáveis aleatórias independentes.

4-15. A demanda por certo produto é uma variável aleatória que tem média de 20 unidades por dia e uma variância de 9. Definimos o tempo de ressuprimento (em inglês, *lead time*) como o tempo decorrido entre a chegada de um pedido e seu atendimento. O tempo de ressuprimento para o produto é fixado em quatro dias. Ache o valor esperado e a variância do *tempo de ressuprimento da demanda* supondo que as demandas sejam distribuídas independentemente.

4-16. Prove o caso discreto do Teorema 4-2.

4-17. Sejam X_1 e X_2 variáveis aleatórias tais que $X_2 = A + BX_1$. Mostre que $\rho^2 = 1$ e que $r = 1$ se $B < 0$, enquanto $\rho = +1$ se $B > 0$.

4-18. Sejam X_1 e X_2 variáveis aleatórias tais que $X_2 = A + BX_1$. Mostre que a função geratriz de momentos para X_2 é

$$M_{X_2}(t) = e^{At}M_{X_1}(Bt).$$

4-19. Sejam X_1 e X_2 distribuídas de acordo com

$$f(x_1, x_2) = 2, \quad 0 \leq x_1 \leq x_2 \leq 1,$$
$$= 0, \quad \text{caso contrário.}$$

Ache o coeficiente de correlação entre X_1 e X_2.

4-20. Sejam X_1 e X_2 variáveis aleatórias com coeficiente de correlação ρ_{X_1, X_2}. Suponha que definamos duas novas variáveis aleatórias $U = A + BX_1$ e $V = C + DX_2$, onde A, B, C e D são constantes. Mostre que $\rho_{UV} = (BD/|BD|)r_{X_1, X_2}$.

4-21. Considere os dados mostrados no Exercício 4-1. X e Y são independentes? Calcule o coeficiente de correlação.

4-22. Um casal deseja vender sua casa. O preço mínimo que desejam aceitar é uma variável aleatória, X, onde $s_1 \leq X \leq s_2$. Uma população de compradores está interessada na casa. Denote por Y, com $p_1 \leq Y \leq p_2$, o preço máximo que os compradores desejam pagar. Y é, também, uma variável aleatória. Suponha que a distribuição conjunta de $[X, Y]$ seja $f(x, y)$.
(a) Sob quais circunstâncias a venda se realiza?
(b) Escreva uma expressão para a probabilidade de se realizar uma venda.
(c) Escreva uma expressão para o preço esperado da transação.

4-23. Seja $[X, Y]$ distribuído uniformemente sobre o semicírculo no diagrama que se segue. Assim, $f(x, y) = 2/p$ se $[x, y]$ está no semicírculo.
(a) Ache as distribuições marginais de X e de Y.
(b) Ache as distribuições de probabilidade condicional.
(c) Ache as esperanças condicionais.

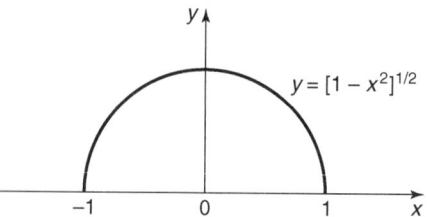

4-24. Sejam X e Y variáveis aleatórias independentes. Prove que $E(X|y) = E(X)$ e que $E(Y|x) = E(Y)$.

4-25. Mostre que, no caso discreto,

$$E[E(X|Y)] = E(X),$$
$$E[E(Y|X)] = E(Y).$$

4-26. Considere as duas variáveis independentes S e D, cujas densidades de probabilidade são

$$f_S(s) = \frac{1}{30}, \quad 10 \leq s \leq 40,$$
$$= 0 \quad \text{caso contrário;}$$
$$g_D(d) = \frac{1}{20}, \quad 10 \leq d \leq 30,$$
$$= 0, \quad \text{caso contrário.}$$

Ache a distribuição de probabilidade da nova variável aleatória

$$W = S + D.$$

4-27. Se

$$f(x, y) = x + y, \quad 0 < x < 1, 0 < y < 1,$$
$$= 0, \quad \text{caso contrário,}$$

ache o seguinte:

(a) $E[X|y]$.
(b) $E[X]$.
(c) $E[Y]$.

4-28. Para a distribuição bivariada

$$f(x, y) = \frac{k(1 + x + y)}{(1 + x)^4 (1 + y)^4}, \quad 0 \leq x < \infty, 0 \leq y < \infty,$$
$$= 0, \quad \text{caso contrário.}$$

(a) Calcule a constante k.
(b) Ache a distribuição marginal de X.

4-29. Para a distribuição bivariada,

$$f(x, y) = \frac{k}{(1 + x + y)^n}, \quad x \geq 0, y \geq 0, n > 2,$$
$$= 0, \quad \text{caso contrário.}$$

(a) Calcule a constante k.
(b) Ache $F(x, y)$.

4-30. O gerente de um pequeno banco deseja descobrir a proporção de tempo que determinado caixa fica ocupado. Ele decide observar o caixa em n intervalos espaçados aleatoriamente. O estimador do grau de emprego vantajoso deve ser Y/n, onde

$$X_i = \begin{cases} 0, & \text{se na } i\text{-ésima observação o caixa está vazio,} \\ 1, & \text{se na } i\text{-ésima observação o caixa está ocupado,} \end{cases}$$

e $Y = \sum_{i=1}^{n} X_i$. Deseja-se estimar $p = P(X_i = 1)$, de modo que o erro da estimativa não exceda 0,05, com probabilidade 0,95. Determine o valor necessário de n.

4-31. Dadas as seguintes distribuições conjuntas, determine se X e Y são independentes.

(a) $g(x, y) = 4xy e^{-(x^2 + y^2)}$, $\quad x \geq 0, y \geq 0$.
(b) $f(x, y) = 3x^2 y^{-3}$, $\quad 0 \leq x \leq y \leq 1$.
(c) $f(x, y) = 6(1 + x + y)^{-4}$, $\quad x \geq 0, y \geq 0$.

4-32. Seja $f(x, y, z) = h(x)h(y)h(z)$, $x \geq 0, y \geq 0, z \geq 0$. Determine a probabilidade de que um ponto extraído aleatoriamente tenha coordenadas que não satisfaçam $x > y > z$ ou $x < y < z$.

4-33. Suponha que X e Y sejam variáveis aleatórias que denotam a fração de um dia em que ocorre o pedido de mercadoria e a fração do dia em que ocorre o recebimento de um carregamento, respectivamente. A função de densidade de probabilidade conjunta é

$$f(x, y) = 1, \quad 0 \leq x \leq 1, 0 \leq y \leq 1,$$
$$= 0, \quad \text{caso contrário.}$$

(a) Qual é a probabilidade de que ambos, o pedido de mercadoria e o recebimento de um carregamento, ocorram na primeira metade do dia?
(b) Qual é a probabilidade de que um pedido de mercadoria ocorra depois do seu recebimento? Antes do seu recebimento?

4-34. Suponha que, no Problema 4-33, a mercadoria seja altamente perecível e deva ser requisitada no intervalo de $\frac{1}{4}$ de dia depois do seu recebimento. Qual é a probabilidade de que a mercadoria não se estrague?

4-35. Seja X uma variável aleatória contínua, com função de densidade $f(x)$. Ache uma expressão geral para a nova variável Z, onde

(a) $Z = a + bX$.
(b) $Z = 1/X$.
(c) $Z = \ln X$.
(d) $Z = e^X$.

Capítulo 5

Algumas Distribuições Discretas Importantes

5-1 INTRODUÇÃO

Neste capítulo, apresentamos várias distribuições de probabilidade discretas desenvolvendo sua forma analítica a partir de pressupostos básicos sobre fenômenos do mundo real. Apresentamos, também, alguns exemplos de suas aplicações. As distribuições apresentadas têm tido extensa aplicação em engenharia, pesquisa operacional e ciência do gerenciamento. Quatro das distribuições, a *binomial*, a *geométrica*, a de *Pascal* e a *binomial negativa*, surgem de um *processo aleatório* constituído de *provas de Bernoulli* seqüenciais. A *distribuição hipergeométrica*, a *distribuição multinomial* e a *distribuição de Poisson* serão, também, apresentadas neste capítulo.

Ao lidarmos com uma variável aleatória, se não surgir qualquer ambigüidade omitiremos o símbolo para a variável aleatória na especificação das distribuições de probabilidade e da função de distribuição acumulada; assim, $i = 1, 2, ..., k$ e $i = 1, 2, ..., k$. Essa será a prática ao longo de todo o texto.

5-2 PROVAS DE BERNOULLI E A DISTRIBUIÇÃO DE BERNOULLI

Há muitos problemas em que o experimento consiste em n tentativas ou subexperimentos. Estamos, aqui, preocupados com uma tentativa individual, que tem como seus dois resultados possíveis *sucesso*, S, ou *fracasso*, F. Para cada tentativa temos, então, o seguinte:

$\mathscr{E}_j$: Realize um experimento (o j-ésimo) e observe o resultado
$\mathscr{S}_j$: $\{S, F\}$

Por conveniência, definiremos uma variável aleatória $X_j = 1$, se $\mathscr{E}_j$ resulta em S, e $X_j = 0$, se $\mathscr{E}_j$ resulta em F (veja a Fig. 5-1).

As n provas de Bernoulli, $\mathscr{E}_1, \mathscr{E}_2, ..., \mathscr{E}_n$, são chamadas de processo de Bernoulli se as provas forem independentes, cada prova tiver apenas dois resultados possíveis, digamos S ou F, e a probabilidade de sucesso permanecer constante de prova para prova. Isto é,

$$p(x_1, x_2, ..., x_n) = p_1(x_1) \cdot p_2(x_2) \cdot \cdots \cdot p_n(x_n)$$

e

$$p_j(x_j) = p(x_j) = \begin{cases} p & x_j = 1, \ j = 1, 2, ..., n, \\ 1 - p = q, & x_j = 0, \ j = 1, 2, ..., n, \\ 0 & \text{caso contrário.} \end{cases} \quad (5\text{-}1)$$

Para uma tentativa, a distribuição dada na equação 5-1 e na Fig. 5-2 é chamada de *distribuição de Bernoulli*.

A média e a variância são

$$E(X_j) = (0 \cdot q) + (1 \cdot p) = p$$

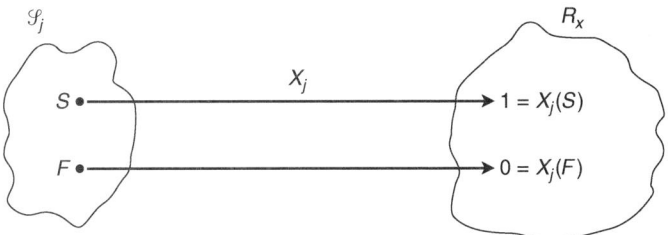

Figura 5-1 Uma prova de Bernoulli.

e
$$V(X_j) = [(0^2 \cdot q) + (1^2 \cdot p)] - p^2 = p(1-p) = pq. \tag{5-2}$$

Pode-se mostrar que a função geratriz de momentos é

$$M_{X_j}(t) = q + pe^t. \tag{5-3}$$

Exemplo 5-1

Consideremos um processo de fabricação no qual pequenas partes de aço são produzidas por uma máquina automática. Além disso, cada parte em uma seqüência de produção de 1000 unidades deve ser classificada como defeituosa ou boa quando inspecionada. Podemos considerar a produção de uma parte como uma única tentativa que resulta em sucesso (digamos, um item defeituoso) ou fracasso (um item bom). Se temos razões para acreditar que a máquina produz um item defeituoso em uma seqüência com a mesma chance que em outra, e se a produção de um defeituoso em uma seqüência não é nem mais nem menos provável por causa dos resultados nas provas anteriores, então seria razoável supor que a seqüência de produção é um processo de Bernoulli com 1000 provas. A probabilidade, p, de um defeituoso ser produzido em uma prova é chamada de *fração média de defeituosos do processo*.

Note que, no exemplo precedente, a hipótese de um processo de Bernoulli é uma *idealização matemática* de uma situação de fato do mundo real. Efeitos do uso da ferramenta, ajuste da máquina e dificuldades de instrumentação foram ignorados. O mundo real foi aproximado por um modelo que não considerou todos os fatores, mas, ainda assim, a aproximação é boa o bastante para que se obtenham resultados úteis.

Estaremos preocupados principalmente com uma série de provas de Bernoulli. Nesse caso, o experimento $\mathscr{E}$ é denotado por $\{\mathscr{E}_1, \mathscr{E}_2, \ldots, \mathscr{E}_n : \mathscr{E}_j$ são provas de Bernoulli, $j = 1, 2, \ldots, n\}$. O espaço amostral é

$$\mathscr{S} = \{(x_1, \ldots, x_n): x_i = S \text{ ou } F, i = 1, \ldots, n\}.$$

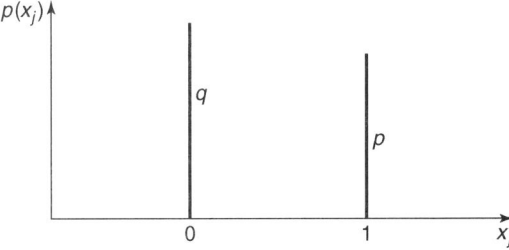

Figura 5-2 A distribuição de Bernoulli.

Exemplo 5-2

Suponha que um experimento consista em três provas de Bernoulli e que a probabilidade de sucesso seja p em cada prova (veja Fig. 5-3). A variável aleatória X é dada por $X = \sum_{j=1}^{3} X_j$. A distribuição de X pode ser determinada como segue:

x	$p(x)$
0	$P\{FFF\} = q \cdot q \cdot q = q^3$
1	$P\{FFS\} + P\{FSF\} + P\{SFF\} = 3pq^2$
2	$P\{FSS\} + P\{SFS\} + P\{SSF\} = 3p^2q$
3	$P\{SSS\} = p^3$

5-3 A DISTRIBUIÇÃO BINOMIAL

A variável aleatória X que denota o *número de sucessos em* n *provas de Bernoulli* tem uma distribuição binomial dada por $p(x)$, onde

$$p(x) = \binom{n}{x} p^x (1-p)^{n-x}, \quad x = 0, 1, 2, \ldots, n,$$
$$= 0, \qquad \text{caso contrário.} \qquad (5\text{-}4)$$

O Exemplo 5-2 ilustra uma distribuição binomial com $n = 3$. Os parâmetros da distribuição binomial são n e p, onde n é um inteiro positivo e $0 \leq p \leq 1$. Mostra-se, a seguir, uma dedução simples. Seja

$$p(x) = \{\text{"}x \text{ sucessos em } n \text{ provas"}\}.$$

A probabilidade de um *resultado particular* em $\mathcal{S}$, com S para as x primeiras tentativas e F para as últimas $n - x$ tentativas, é

$$P\left(\underbrace{SSS\ldots SS}_{x}\underbrace{FF\ldots FF}_{n-x}\right) = p^x q^{n-x}$$

(onde $q = 1 - p$), devido à independência das tentativas. Há $\binom{n}{x} = \dfrac{n!}{x!(n-x)!}$ resultados que têm exatamente xS e $(n-x)F$; portanto,

$$p(x) = \binom{n}{x} p^x q^{n-x}, \quad x = 0, 1, 2, \ldots, n,$$
$$= 0, \qquad \text{caso contrário.}$$

Como $q = 1 - p$, esta última expressão é a distribuição binomial.

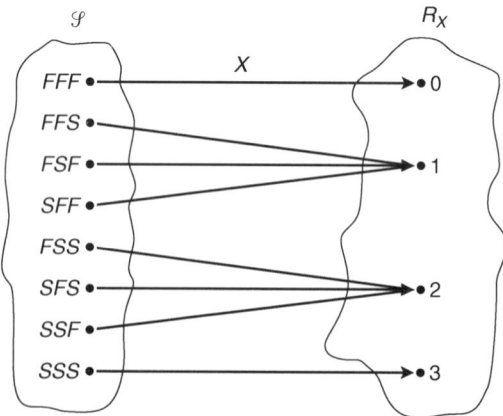

Figura 5-3 Três provas de Bernoulli.

5-3.1 Média e Variância da Distribuição Binomial

A média da distribuição binomial pode ser determinada como

$$E(X) = \sum_{x=0}^{n} x \cdot \frac{n!}{x!(n-x)!} p^x q^{n-x}$$

$$= np \sum_{x=1}^{n} x \cdot \frac{(n-1)!}{(x-1)!(n-x)!} p^{x-1} q^{n-x},$$

e, fazendo $y = x - 1$,

$$E(X) = np \sum_{y=0}^{n-1} \frac{(n-1)!}{y!(n-1-y)!} p^y q^{n-1-y},$$

de modo que

$$E(X) = np. \tag{5-5}$$

Usando abordagem similar, podemos encontrar

$$E(X(X-1)) = \sum_{x=0}^{n} \frac{x(x-1)n!}{x!(n-x)!} p^x q^{n-x}$$

$$= n(n-1)p^2 \sum_{x=2}^{n} \frac{(n-2)!}{(x-2)!(n-x)!} p^{x-2} q^{n-x}$$

$$= n(n-1)p^2 \sum_{y=0}^{n-2} \frac{(n-2)!}{y!(n-y-2)!} p^y q^{n-y-2}$$

$$= n(n-1)p^2,$$

de modo que

$$V(X) = E(X^2) - (E(X))^2$$
$$= E(X(X-1)) + E(X) - (E(X))^2$$
$$= n(n-1)p^2 + np - (np)^2$$
$$= npq. \tag{5-6}$$

Uma maneira mais fácil de se encontrar a média e a variância é considerar X como a soma de n variáveis aleatórias de Bernoulli independentes, cada uma com média p e variância pq, de modo que $X = X_1 + X_2 + \ldots + X_n$. Então

$$E(X) = p + p + \cdots + p = np$$

e

$$V(X) = pq + pq + \cdots + pq = npq.$$

A função geratriz de momentos para a distribuição binomial é

$$M_X(t) = (pe^t + q)^n. \tag{5-7}$$

Exemplo 5-3

Um processo de produção, representado esquematicamente pela Fig. 5-4, produz milhares de peças por dia. Em média, 1% das peças é defeituoso, e essa média não varia com o tempo. A toda hora, uma amostra aleatória de 100 peças é selecionada de uma esteira, e várias características são observadas e medidas em cada uma; no entanto, o inspetor classifica a peça como boa ou defeituosa. Se considerarmos a amostra como $n =$

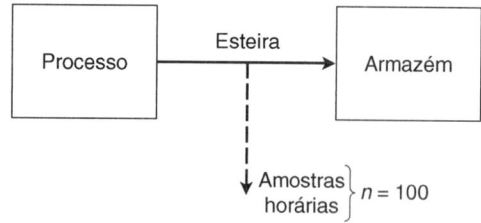

Figura 5-4 Uma situação de amostragem com medição de atributo.

100 provas de Bernoulli, com $p = 0{,}01$, o número total de defeituosas na amostra, X, terá uma distribuição binomial

$$p(x) = \binom{100}{x}(0{,}01)^x(0{,}99)^{100-x}, \quad x = 0, 1, 2, \ldots, 100,$$
$$= 0 \quad \text{caso contrário.}$$

Suponha que o inspetor tenha instruções para parar o processo se a amostra tiver mais de duas defeituosas. Então, $P(X > 2) = 1 - P(X \leq 2)$, e podemos calcular

$$P(X \leq 2) = \sum_{x=0}^{2} \binom{100}{x}(0{,}01)^x(0{,}99)^{100-x}$$
$$= (0{,}99)^{100} + 100(0{,}01)^1(0{,}99)^{99} + 4950(0{,}01)^2(0{,}99)^{98}$$
$$\simeq 0{,}92.$$

Assim, a probabilidade de o inspetor parar o processo é aproximadamente de $1 - 0{,}92 = 0{,}08$. O número médio de defeituosas que seriam encontradas é $E(X) = np = 100(0{,}01) = 1$, e a variância é $V(X) = npq = 0{,}99$.

5-3.2 A Distribuição Binomial Acumulada

A distribuição binomial acumulada, ou a função de distribuição, F, é

$$F(x) = \sum_{k=0}^{x} \binom{n}{k} p^k (1-p)^{n-k}. \tag{5-8}$$

A função é prontamente calculada por pacotes, como Excel e Minitab. Por exemplo, suponha que $n = 10$, $p = 0{,}6$ e que estejamos interessados no cálculo de $F(6) = Pr(X \leq 6)$. Então, a função do Excel chamada DISTRBINOM(6;10;0,5;VERDADEIRO) dá o resultado $F(6) = 0{,}6177$. No Minitab, tudo o que precisamos é ir para Calc/Probability Distributions/Binomial e clicar em "Cumulative probability" para obtermos o resultado.

5-3.3 Uma Aplicação da Distribuição Binomial

Uma outra variável aleatória, vista antes na lei dos grandes números, é, em geral, de interesse. É a proporção de sucessos, e é denotada por

$$\hat{p} = X/n, \tag{5-9}$$

onde X tem uma distribuição binomial com parâmetros n e p. A média, a variância e a função geratriz de momento são

$$E(\hat{p}) = \frac{1}{n} \cdot E(X) = \frac{1}{n} np = p, \tag{5-10}$$

$$V(\hat{p}) = \left(\frac{1}{n}\right)^2 \cdot V(X) = \left(\frac{1}{n}\right)^2 npq = \frac{pq}{n}, \tag{5-11}$$

$$M(t) = M_X\left(\frac{t}{n}\right) = \left(pe^{t/n} + q\right)^n. \tag{5-12}$$

Para calcularmos, por exemplo, $P(\hat{p} \leq p_0)$, onde p_0 é algum número entre 0 e 1, notemos que

$$P(\hat{p} \leq p_0) = P\left(\frac{X}{n} \leq p_0\right) = P(X \leq np_0).$$

Como np_0 possivelmente não é um inteiro,

$$P(\hat{p} \leq p_0) = P(X \leq np_0) = \sum_{x=0}^{\lfloor np_0 \rfloor} \binom{n}{x} p^x q^{n-x}, \qquad (5\text{-}13)$$

onde $\lfloor \ \rfloor$ indica a função "maior inteiro contido em".

Exemplo 5-4

Uma amostra aleatória de 200 unidades é extraída, a cada duas horas, do fluxo de produção em uma esteira transportadora entre as operações de produção J e $J+1$ (veja a Fig. 5-5). A experiência passada mostrou que se a unidade não for desengordurada adequadamente, a operação de pintura não será bem-sucedida; além disso, mostrou também que 5% das unidades não são desenguorduradas adequadamente. O gerente de produção acostumou-se a aceitar os 5%, mas sabe que 6% significa mau desempenho e que 7% é totalmente inaceitável. Ele decide plotar a fração de defeituosas nas amostras, isto é, $\hat{p}$. Se a média do processo permanece em 5%, ele sabe que $E(\hat{p}) = 0{,}05$. Sabendo estatística o bastante para antever que $\hat{p}$ variará, ele pede ao departamento de controle da qualidade para determinar $P(\hat{p} > 0{,}07 | p = 0{,}05)$. Isso é feito da seguinte maneira:

$$\begin{aligned}
P(\hat{p} > 0{,}07 | p = 0{,}05) &= 1 - P(\hat{p} \leq 0{,}07 | p = 0{,}05) \\
&= 1 - P(X \leq 200(0{,}07) | p = 0{,}05) \\
&= 1 - \sum_{k=0}^{14} \binom{200}{k} (0{,}05)^k (0{,}95)^{200-k} \\
&= 1 - 0{,}922 = 0{,}078.
\end{aligned}$$

Exemplo 5-5

Um engenheiro industrial está preocupado com o tempo excessivo de "atraso evitável" de um operador de máquina. O engenheiro considera duas atividades como "tempo de atraso evitável" e "tempo de atraso não evitável". Ele identifica uma variável que depende do tempo, como segue:

$$\begin{aligned}
X(t) &= 1, \qquad \text{atraso evitável,} \\
&= 0, \qquad \text{caso contrário.}
\end{aligned}$$

Uma realização particular de $X(t)$ para dois dias (960 minutos) é mostrada na Fig. 5-6.

Em vez de manter um técnico em estudo do tempo analisando essa operação continuamente, o engenheiro prefere usar a "amostragem em trabalho", e seleciona aleatoriamente n pontos no espaço dos 960 minutos, estimando a fração de tempo da categoria "atraso evitável" que existe. Ele faz $X_i = 1$ se $X(t) = 1$ no momento da i-ésima observação, e $X_i = 0$ se $X(t) = 0$ no momento da i-ésima observação. A estatística

$$\hat{P} = \frac{\sum_{i=1}^{n} X_i}{n}$$

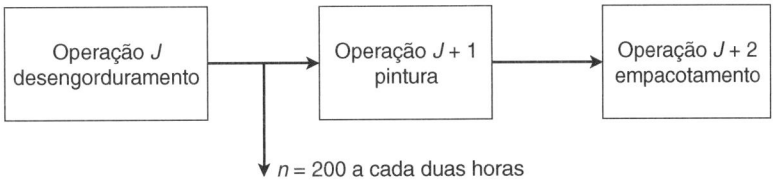

Figura 5-5 Operações de produção seqüencial.

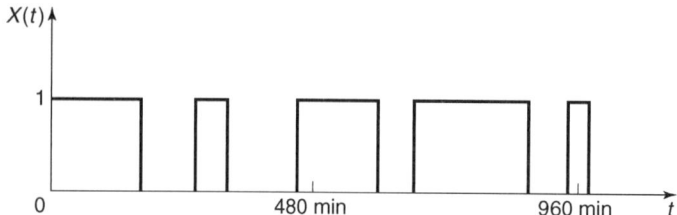

Figura 5-6 Uma realização de $X(t)$, Exemplo 5-5.

deve ser calculada. Naturalmente, $\hat{P}$ é uma variável aleatória que tem uma média igual a p, variância igual a pq/n e um desvio padrão igual a $\sqrt{pq/n}$. O procedimento delineado não é necessariamente o melhor caminho para se fazer esse estudo, mas ilustra uma utilização da variável aleatória $\hat{P}$.

Em resumo, os analistas devem ter certeza de que o fenômeno que estão estudando pode ser razoavelmente considerado uma série de provas de Bernoulli, para poderem usar a distribuição binomial para descrever X, o número de sucessos em n tentativas. Em geral, é útil visualizar a representação gráfica da distribuição binomial, conforme mostra a Fig. 5-7. Os valores $p(x)$ crescem até um ponto e depois decrescem. Mais precisamente, $p(x) > p(x-1)$ para $x < (n+1)p$, e $p(x) < p(x-1)$ para $x > (n+1)p$. Se $(n+1)p$ é um inteiro, m, então $p(m) = p(m-1)$.

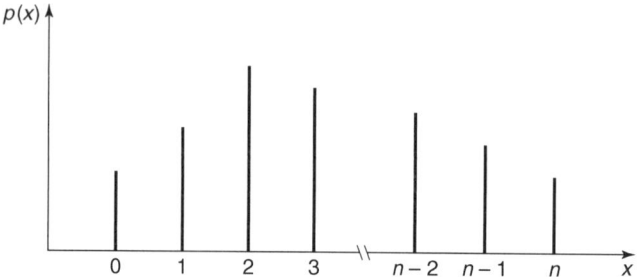

Figura 5-7 A distribuição binomial.

5-4 A DISTRIBUIÇÃO GEOMÉTRICA

A distribuição geométrica também se relaciona a uma seqüência de provas de Bernoulli, exceto pelo fato de que o número de provas não é fixo e, de fato, a variável aleatória de interesse, denotada por X, é definida como o número de provas necessárias para se obter o primeiro sucesso. O espaço amostral e o espaço imagem para X estão ilustrados na Fig. 5-8. O espaço imagem para X é $R_X \{1, 2, 3, \ldots\}$, e a distribuição de X é dada por

$$p(x) = q^{x-1}p \qquad x = 1, 2, \ldots,$$
$$= 0 \qquad \text{caso contrário.} \tag{5-14}$$

Vê-se facilmente que isso é uma distribuição de probabilidade, uma vez que

$$\sum_{x=1}^{\infty} pq^{x-1} = p\sum_{k=0}^{\infty} q^k = p \cdot \left[\frac{1}{1-q}\right] = 1$$

e

$$p(x) \geq 0 \qquad \text{para todo } x.$$

5-4.1 Média e Variância da Distribuição Geométrica

A média e a variância da distribuição geométrica se encontram facilmente, como segue:

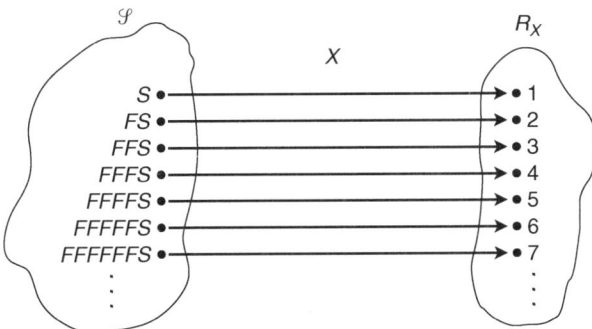

Figura 5-8 Espaço amostral e espaço imagem para X.

$$\mu = E(X) = \sum_{x=1}^{\infty} x \cdot p \cdot q^{x-1} = p \cdot \frac{d}{dq} \sum_{x=1}^{\infty} q^x,$$

ou

$$\mu = p \frac{d}{dq} \left[\frac{q}{1-q} \right] = \frac{1}{p}, \tag{5-15}$$

$$\sigma^2 = V(X) = \sum_{x=1}^{\infty} x^2 \cdot pq^{x-1} - \left(\frac{1}{p}\right)^2 = p \sum_{x=1}^{\infty} x^2 q^{x-1} - \frac{1}{p^2},$$

ou, depois de algum algebrismo,

$$\sigma^2 = q/p^2. \tag{5-16}$$

A função geratriz de momentos é

$$M_X(t) = \frac{pe^t}{1-qe^t}. \tag{5-17}$$

Exemplo 5-6

Certo experimento deve ser realizado até se obter um resultado bem-sucedido. As provas são independentes, e o custo de realização do experimento é de $25.000; no entanto, se resulta um fracasso o custo é de $5000 para o preparo para a próxima prova. O experimentador gostaria de determinar o custo esperado do projeto. Se X é o número de provas necessário para se obter um resultado bem-sucedido, então a função custo será

$$C(X) = \$25.000X + \$5000(X - 1)$$
$$= 30.000X - 5000.$$

Então,

$$E[C(X)] = \$30.000 \cdot E(X) - E(\$5000)$$
$$= \left[30.000 \cdot \frac{1}{p} \right] - 5000.$$

Se a probabilidade de sucesso em uma única prova é, digamos, 0,25, então $E[C(X)] = \$30.000/0,25 - \$5000 = \$115.000$. Isso pode ser, ou não, aceitável para o experimentador. Deve-se reconhecer que é possível continuar indefinidamente, sem que se obtenha um experimento bem-sucedido. Suponha que o experimentador tenha um máximo de $500.000. Ele poderia querer saber a probabilidade de o trabalho experimental custar mais do que esse valor, isto é,

$$P(C(X) > \$500.000) = P(\$30.000X - \$5000 > \$500.000)$$
$$= P\left(X > \frac{505.000}{30.000} \right)$$

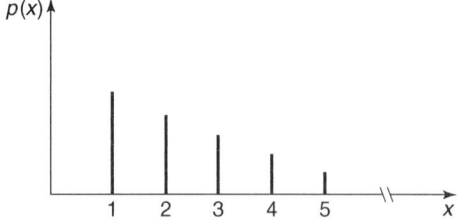

Figura 5-9 A distribuição geométrica.

$$= P(X > 16{,}833)$$
$$= 1 - P(X \le 16)$$
$$= 1 - \sum_{x=1}^{16} 0{,}25(0{,}75)^{x-1}$$
$$\simeq 0{,}01.$$

O experimentador pode não querer correr o risco (probabilidade 0,01) de gastar os $500.000 disponíveis sem obter um sucesso.

A distribuição geométrica decresce, isto é, $p(x) < p(x-1)$ para $x = 2, 3, \ldots$. Isso é mostrado graficamente na Fig. 5-9.

Uma propriedade interessante e útil da distribuição geométrica é que ela não tem memória, isto é,

$$P(X > x + s \mid X > s) = P(X > x). \tag{5-18}$$

A distribuição geométrica é a única distribuição discreta que tem essa *propriedade de falta de memória*.

Exemplo 5-7

Denote por X o número de jogadas de um dado honesto até que se observe um 6. Suponha que já tenhamos jogado o dado cinco vezes sem sair um 6. A probabilidade de que mais duas jogadas adicionais serão necessárias é

$$P(X > 7 \mid X > 5) = P(X > 2)$$
$$= 1 - P(X \le 2)$$
$$= 1 - \sum_{x=1}^{2} p(x)$$
$$= 1 - \sum_{x=1}^{2} q^{x-1} p$$
$$= 1 - \frac{1}{6}\left(1 + \frac{5}{6}\right)$$
$$= \frac{25}{36}.$$

5-5 A DISTRIBUIÇÃO DE PASCAL

A *distribuição de Pascal* também tem sua base nas provas de Bernoulli. Ela é uma extensão lógica da distribuição geométrica. Nesse caso, a variável aleatória X denota a tentativa na qual ocorre o r-ésimo sucesso, onde r é um inteiro. A função de massa de probabilidade de X é

$$p(x) = \binom{x-1}{r-1} p^r q^{x-r}, \qquad x = r, r+1, r+2, \ldots,$$
$$= 0, \qquad \text{caso contrário.} \tag{5-19}$$

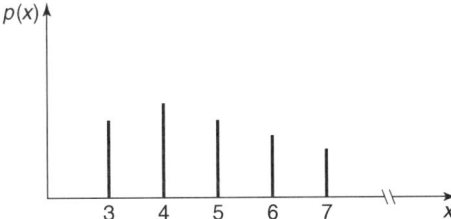

Figura 5-10 Um exemplo da distribuição de Pascal.

O termo $p^r q^{x-r}$ surge da probabilidade associada a exatamente um resultado em $\mathscr{S}$ que tem $(x - r)\, F$ (fracassos) e $r\, S$ (sucessos). Para que esse resultado ocorra, deve haver $r - 1$ sucessos nas $x - 1$ repetições antes do último resultado, que é sempre um sucesso. Há, assim, $\binom{x-1}{r-1}$ disposições que satisfazem essa condição e, portanto, a distribuição é como mostra a equação 5-19.

O desenvolvimento até aqui tem sido para valores inteiros de r. Se tivermos $r > 0$ arbitrário e $0 < p < 1$, a distribuição da equação 5-19 será denominada *distribuição binomial negativa*.

5-5.1 Média e Variância da Distribuição de Pascal

Se X tem distribuição de Pascal, como ilustrado na Fig. 5-10, a média, a variância e a função geratriz de momento são:

$$\mu = r/p, \tag{5-20}$$

$$\sigma^2 = rq/p^2, \tag{5-21}$$

e

$$M_X(t) = \left(\frac{pe^t}{1 - qe^t}\right)^r. \tag{5-22}$$

Exemplo 5-8

O presidente de uma grande corporação toma decisões jogando dardos em um quadro. A seção central é marcada com "sim", e representa um sucesso. A probabilidade de que ele acerte um "sim" é 0,6, e essa probabilidade permanece constante de uma jogada para outra. O presidente continua a jogar até que faça três acertos. Denotamos por X o número da jogada na qual ele faz o terceiro acerto. A média é $3/0,6 = 5$, o que significa que, em média, ele fará cinco jogadas. A regra de decisão do presidente é simples. Se faz três acertos no máximo até na quinta jogada, ele decide favoravelmente à questão. A probabilidade de que ele decida favoravelmente é, então,

$$P(X \leq 5) = p(3) + p(4) + p(5)$$

$$= \binom{2}{2}(0,6)^3(0,4)^0 + \binom{3}{2}(0,6)^3(0,4)^1 + \binom{4}{2}(0,6)^3(0,4)^2$$

$$= 0,6826.$$

5-6 A DISTRIBUIÇÃO MULTINOMIAL

Uma variável aleatória de dimensão mais alta muito importante e útil tem distribuição conhecida como *distribuição multinomial*. Suponha um experimento $\mathscr{E}$, com espaço amostral $\mathscr{S}$, particionado em k eventos mutuamente exclusivos, digamos, $B_1, B_2, \ldots, B_k$. Consideremos n repetições independentes de $\mathscr{E}$, e seja $p_i = P(B_i)$ constante de prova para prova, para $i = 1, 2, \ldots, k$. Se $k = 2$, temos as provas de Bernoulli, descritas anteriormente. O vetor aleatório $[X_1, X_2, \ldots, X_k]$ tem a seguinte distribuição, onde X_i é o número de vezes que B_i ocorre nas n repetições de $\mathscr{E}$, $i = 1, 2, \ldots, k$.

$$p(x_1, x_2, \ldots, x_k) = \left[\frac{n!}{x_1! x_2! \cdots x_k!}\right] p_1^{x_1} p_2^{x_2} \cdots p_k^{x_k} \qquad (5\text{-}23)$$

para $x_i = 0, 1, 2, \ldots, n$, $i = 1, 2, \ldots, k$ e onde $\sum_{i=1}^{k} x_i = n$.

Deve-se notar que $X_1, X_2, \ldots, X_k$ não são variáveis aleatórias independentes, uma vez que $\sum_{i=1}^{k} x_i = n$ para quaisquer n repetições.

Resulta que a média e a variância de X_i, um componente particular, são

$$E(X_i) = np_i \qquad (5\text{-}24)$$

e

$$V(X_i) = np_i(1 - p_i). \qquad (5\text{-}25)$$

Exemplo 5-9

Pincéis mecânicos são manufaturados por um processo que envolve grande quantidade de trabalho nas operações de montagem. Esse é um trabalho altamente repetitivo, e envolve pagamento de incentivo. A inspeção final mostrou que 85% dos pincéis produzidos são bons, 10% são defeituosos, mas podem ser reaproveitados, e 5% são defeituosos inaproveitáveis. Essas porcentagens permanecem constantes ao longo do tempo. Seleciona-se uma amostra aleatória de 20 itens, e fazendo

$X_1 =$ número de itens bons,
$X_2 =$ número de defeituosos mas aproveitáveis,
$X_3 =$ número de itens para sucata,

então

$$p(x_1, x_2, x_3) = \frac{(20)!}{x_1! x_2! x_3!} (0{,}85)^{x_1} (0{,}10)^{x_2} (0{,}05)^{x_3}.$$

Suponha que desejemos avaliar essa função de probabilidade para $x_1 = 18$, $x_2 = 2$ e $x_3 = 0$ (devemos ter $x_1 + x_2 + x_3 = 20$); então,

$$p(18, 2, 0) = \frac{(20)!}{(18)! 2! 0!} (0{,}85)^{18} (0{,}10)^2 (0{,}05)^0$$
$$= 0{,}102.$$

5-7 A DISTRIBUIÇÃO HIPERGEOMÉTRICA

Em uma seção anterior, a distribuição hipergeométrica foi apresentada em um exemplo. Agora, iremos desenvolver formalmente essa distribuição e ilustrar mais sua aplicação. Suponha uma população finita com N itens. Algum número D ($D \leq N$) dos itens está em uma classe de interesse. A classe particular dependerá, naturalmente, da situação em consideração. Podem ser defeituosos (*versus* não-defeituosos) no caso de um lote de produção, ou pessoas com olhos azuis (*versus* olhos não azuis) em uma sala de aula com N estudantes. Seleciona-se, *sem reposição*, uma amostra aleatória de tamanho n, e a variável de interesse, X, é o número de itens na amostra que pertencem à classe de interesse. A distribuição de X é

$$p(x) = \frac{\binom{D}{x}\binom{N-D}{n-x}}{\binom{N}{n}}, \qquad x = 0, 1, 2, \ldots, \min(n, D),$$
$$= 0 \qquad \text{caso contrário.} \qquad (5\text{-}26)$$

A função de massa de probabilidade da hipergeométrica está disponível em muitos pacotes populares. Por exemplo, suponha que $N = 20$, $D = 8$, $n = 4$ e $x = 1$. Então, a função do Excel dará

$$\text{DIST.HIPERGEOM}(x, n, D, N) = \text{DIST.HIPERGEOM}(1, 4, 8, 20) = \frac{\binom{8}{1}\binom{12}{3}}{\binom{20}{8}} = 0{,}3633.$$

5-7.1 Média e Variância da Distribuição Hipergeométrica

A média e a variância da distribuição hipergeométrica são

$$E(X) = n \cdot \left[\frac{D}{N}\right] \tag{5-27}$$

e

$$V(X) = n \cdot \left[\frac{D}{N}\right] \cdot \left[1 - \frac{D}{N}\right] \cdot \left[\frac{N-n}{N-1}\right]. \tag{5-28}$$

Exemplo 5-10

Em um departamento de inspeção de recebimento, lotes de eixo de bomba são recebidos periodicamente. Os lotes contêm 100 unidades, e o seguinte *plano de amostragem de aceitação* é usado. Seleciona-se uma amostra aleatória de 10 unidades sem reposição. O lote é aceito se a amostra tiver, no máximo, um defeituoso. Suponha que um lote seja recebido e que é $p'(100)$ defeituoso. Qual é a probabilidade de que seja aceito?

$$P(\text{aceitar lote}) = P(X \le 1) = \frac{\sum_{x=0}^{1} \binom{100 p'}{x}\binom{100[1-p']}{10-x}}{\binom{100}{10}}$$

$$= \frac{\binom{100 p'}{0}\binom{100[1-p']}{10} + \binom{100 p'}{1}\binom{100[1-p']}{9}}{\binom{100}{10}}.$$

Obviamente, a probabilidade de aceitação do lote é uma função da qualidade do lote, p'. Se $p' = 0{,}05$, então

$$P(\text{aceitar lote}) = \frac{\binom{5}{0}\binom{95}{10} + \binom{5}{1}\binom{95}{9}}{\binom{100}{10}} = 0{,}923.$$

5-8 A DISTRIBUIÇÃO DE POISSON

Uma das distribuições discretas mais úteis é a *distribuição de Poisson*. A distribuição de Poisson pode ser desenvolvida de duas maneiras, ambas instrutivas, na medida em que indicam as circunstâncias em que se pode esperar que essa variável aleatória seja aplicada na prática. O primeiro desenvolvimento envolve a definição de um *processo de Poisson*. O segundo desenvolvimento mostra a distribuição de Poisson como *uma forma-limite da distribuição binomial*.

5-8.1 Desenvolvimento a Partir de um Processo de Poisson

Na definição de um processo de Poisson, consideramos, inicialmente, uma coleção de ocorrências arbitrárias, ordenadas no tempo, em geral chamadas de "chegadas" ou "nascimentos" (veja Fig. 5-11). A variável aleatória de interesse, X_t, é o número de chegadas que ocorrem no intervalo [0, t]. O espaço imagem $R_{X_t} = \{0, 1, 2, \ldots\}$. No desenvolvimento da distribuição de X_t, é necessário que se façam algumas hipóteses, sendo a plausibilidade delas apoiada por considerável evidência empírica.

Figura 5-11 O eixo do tempo.

A primeira hipótese é a de que o número de chegadas durante intervalos de tempo *disjuntos* seja de variáveis aleatórias *independentes*. A segunda hipótese é a de que exista uma quantidade positiva tal que, para qualquer intervalo de tempo pequeno, Δt, os seguintes *postulados* sejam válidos.

1. *A probabilidade de que exatamente uma chegada ocorrerá em um intervalo de comprimento Δt é aproximadamente de $\lambda \cdot \Delta t$*. A aproximação é no sentido de que a probabilidade é $(\lambda \cdot \Delta t) + o_1(\Delta t)$, onde a função $[o_1(\Delta t)/\Delta t] \to 0$ quando $\Delta t \to 0$.
2. *A probabilidade de que ocorrerão zero chegadas no intervalo é de aproximadamente $1 - (\lambda \cdot \Delta t)$.* Novamente, isso é no sentido de que é igual a $1 - (\lambda \cdot \Delta t) + o_2(\Delta t)$ e $[o_2(\Delta t)/\Delta t] \to 0$ quando $\Delta t \to 0$.
3. *A probabilidade de que duas ou mais chegadas ocorrerão no intervalo é igual a uma quantidade de $[o_3(\Delta t)$, onde $[o_3(\Delta t)/\Delta t] \to 0$ quando $\Delta t \to 0$.*

O parâmetro λ é, algumas vezes, chamado de taxa média de chegada ou taxa média de ocorrência. No desenvolvimento que se segue, fazemos

$$p(x) = P(X_t = x) = p_x(t), \qquad x = 0, 1, 2, \ldots. \tag{5-29}$$

Fixamos o tempo em t e obtemos

$$p_0(t + \Delta t) \simeq [1 - \lambda \cdot \Delta t] \cdot p_0(t),$$

de modo que

$$\frac{p_0(t + \Delta t) - p_0(t)}{\Delta t} \simeq -\lambda\, p_0(t)$$

e

$$\lim_{\Delta t \to 0}\left[\frac{p_0(t + \Delta t) - p_0(t)}{\Delta t}\right] = p_0'(t) = -\lambda\, p_0(t). \tag{5-30}$$

Para $x > 0$,

$$p_x(t + \Delta t) \simeq \lambda \cdot \Delta t\, p_{x-1}(t) + [1 - \lambda \cdot \Delta t] \cdot p_x(t),$$

de modo que

$$\frac{p_x(t + \Delta t) - p_x(t)}{\Delta t} = \lambda \cdot p_{x-1}(t) - \lambda \cdot p_x(t)$$

e

$$\lim_{\Delta t \to 0}\left[\frac{p_x(t + \Delta t) - p_x(t)}{\Delta t}\right] = p_x'(t) = \lambda \cdot p_{x-1}(t) - \lambda \cdot p_x(t). \tag{5-31}$$

Resumindo, temos um sistema de equações diferenciais:

$$p_0'(t) = -\lambda p_0(t) \tag{5-32a}$$

e

$$p_x'(t) = \lambda p_{x-1}(t) - \lambda p_x(t), \qquad x = 1, 2, \ldots \tag{5-32b}$$

A solução dessas equações é

$$p_x(t) = (\lambda t)^x e^{-\lambda t}/x!, \qquad x = 0, 1, 2, \ldots. \tag{5-33}$$

Assim, para t fixo fazemos $c = \lambda t$ e obtemos a distribuição de Poisson como

$$\begin{aligned}p(x) &= \frac{c^x e^{-c}}{x!}, \quad x = 0, 1, 2, \ldots,\\ &= 0, \qquad \text{caso contrário.}\end{aligned} \tag{5-34}$$

Note que essa distribuição foi desenvolvida como *conseqüência* de certas hipóteses; assim, quando as hipóteses são satisfeitas, ou aproximadamente satisfeitas, a distribuição de Poisson é um modelo apropriado. Há muitos fenômenos do mundo real para os quais o modelo de Poisson é apropriado.

5-8.2 Desenvolvimento da Distribuição de Poisson a Partir da Binomial

Para mostrar que a distribuição de Poisson pode, também, ser desenvolvida como uma forma-limite da distribuição binomial com $c = np$, voltamos à distribuição binomial

$$p(x) = \frac{n!}{x!(n-x)!} p^x (1-p)^{n-x}, \qquad x = 0, 1, 2, \ldots, n.$$

Fazemos $np = c$, de modo que $p = c/n$ e $1 - p = 1 - c/n = (n - c)/n$, e se substituirmos os termos que envolvem p pelos termos correspondentes que envolvem c obtemos

$$p(x) = \frac{n(n-1)(n-2)\cdots(n-x+1)}{x!} \left[\frac{c}{n}\right]^x \left[\frac{n-c}{n}\right]^{n-x}$$

$$= \frac{c^x}{x!}\left[(1)\left(1-\frac{1}{n}\right)\left(1-\frac{2}{n}\right)\cdots\left(1-\frac{x-1}{n}\right)\right]\left(1-\frac{c}{n}\right)^n \left(1-\frac{c}{n}\right)^{-x}. \tag{5-35}$$

Ao fazer $n \to \infty$ e $p \to 0$, de tal modo que $np = c$ permaneça fixo, os termos $\left(1-\frac{1}{n}\right)$, $\left(1-\frac{2}{n}\right)$, $\ldots$, $\left(1-\frac{x-1}{n}\right)$ se aproximam todos de 1, assim como $\left(1-\frac{c}{n}\right)^{-x}$. Sabemos que $\left(1-\frac{c}{n}\right)^n \to e^{-c}$ quando $n \to \infty$. Assim, a forma limite da equação 5-35 é $p(x) = (c^x/x!) \cdot e^{-c}$, que é a distribuição de Poisson.

5-8.3 Média e Variância da Distribuição de Poisson

A *média* da distribuição de Poisson é c, e a variância é, também, c, conforme se mostra a seguir.

$$E(X) = \sum_{x=0}^{\infty} \frac{xe^{-c}c^x}{x!} = \sum_{x=1}^{\infty} \frac{e^{-c}c^x}{(x-1)!}$$

$$= ce^{-c}\left[1 + \frac{c}{1!} + \frac{c^2}{2!} + \cdots\right]$$

$$= ce^{-c} \cdot e^c$$

$$= c. \tag{5-36}$$

Analogamente,

$$E(X^2) = \sum_{x=0}^{\infty} \frac{x^2 \cdot e^{-c}c^x}{x!} = c^2 + c,$$

de modo que

$$V(X) = E(X^2) - [E(X)]^2$$
$$= c, \tag{5-37}$$

A função geratriz de momentos é

$$M_X(t) = e^{c(e^t - 1)}. \tag{5-38}$$

A utilidade dessa função geratriz é ilustrada na prova do teorema que se segue.

Teorema 5-1

Se $X_1, X_2, \ldots, X_k$ são variáveis aleatórias distribuídas independentemente, cada uma com distribuição de Poisson com parâmetro c_i, $i = 1, 2, \ldots, k$ e $Y = X_1 + X_2 + \cdots + X_k$, então Y tem distribuição de Poisson com parâmetro

$$c = c_1 + c_2 + \cdots + c_k.$$

Prova A função geratriz de momento de X_i é

$$M_{X_i}(t) = e^{c_i(e^t-1)},$$

e, como $M_Y(t) = M_{X_1}(t) \cdot M_{X_2} \cdots M_{X_k}(t)$, então

$$M_Y(t) = e^{(c_1+c_2+\cdots+c_k)(e^t-1)},$$

que se reconhece como a função geratriz de momento de uma variável aleatória de Poisson com parâmetro $c = c_1 + c_2 + \cdots + c_k$.

Essa propriedade de reprodutividade da distribuição de Poisson é de grande utilidade. Ela estabelece, simplesmente, que as somas de variáveis aleatórias de Poisson independentes são distribuídas de acordo com a distribuição de Poisson.

A Tabela I do Apêndice dá uma breve tabulação para a distribuição de Poisson. A maioria dos pacotes estatísticos para computador calcula probabilidades de Poisson.

Exemplo 5-11

Suponha que um fornecedor determine que o número de pedidos para certo utensílio doméstico, em um período particular, tenha uma distribuição de Poisson com parâmetro c. Ele gostaria de determinar o nível de estoque K para o início do período, de modo a haver uma probabilidade de, no mínimo, 0,95 de que os clientes que pedirem o utensílio durante o período sejam atendidos. Ele não deseja devolver ordens de pedido e nem reabastecer o armazém durante o período. Se X representa o número de pedidos, o comerciante deseja determinar K tal que

$$P(X \leq K) \geq 0,95$$

ou

$$P(X > K) \leq 0,05,$$

de modo que

$$\sum_{x=K+1}^{\infty} e^{-c}c^x/x! \leq 0,05.$$

A solução pode ser determinada diretamente pelas tabelas da distribuição de Poisson, e é, obviamente, uma função de c.

Exemplo 5-12

A sensibilidade atingível para aparelhagem e amplificadores eletrônicos é limitada pelo barulho ou por flutuações espontâneas de corrente. Em tubos de vácuo, uma fonte de barulho é o ruído de origem térmica, devido à emissão aleatória de elétrons do catodo aquecido. Suponha que a diferença potencial entre o anodo e o catodo seja grande o bastante para garantir que os elétrons emitidos pelo catodo tenham alta velocidade — alta o bastante para evitar carga supérflua (acúmulo de elétrons entre o catodo e o anodo). Sob essas condições e definindo uma chegada como uma emissão de um elétron pelo catodo, Davenport e Root (1958) mostraram que o número de elétrons, X, emitidos pelo catodo no tempo t, tem distribuição de Poisson dada por

$$p(x) = (\lambda t)^x e^{-\lambda t}/x!, \quad x = 0, 1, 2, \ldots,$$
$$= 0, \quad \text{caso contrário.}$$

O parâmetro λ é a taxa média de emissão de elétrons pelo catodo.

5-9 ALGUMAS APROXIMAÇÕES

Em geral, é útil aproximar uma distribuição usando outra, particularmente quando a aproximação é de mais fácil manipulação. As duas aproximações consideradas nesta seção são as seguintes:

1. Aproximação binomial da distribuição hipergeométrica.
2. Aproximação de Poisson da distribuição binomial.

Para a distribuição hipergeométrica, se a *fração amostral* n/N for pequena, digamos menor do que 0,1, então a distribuição binomial com parâmetros $p = D/N$ e n dá uma boa aproximação. Quanto menor a fração n/N, melhor a aproximação.

Exemplo 5-13

Um lote de produção de 200 unidades tem oito defeituosas. Uma amostra aleatória de 10 unidades é selecionada e desejamos encontrar a probabilidade de que a amostra contenha exatamente uma defeituosa. A verdadeira probabilidade é

$$P(X=1) = \frac{\binom{8}{1}\binom{192}{9}}{\binom{200}{10}} = 0,288.$$

Como $n/N = \frac{10}{200} = 0,05$ é pequena, fazemos $p = \frac{8}{200} = 0,04$ e usamos a aproximação binomial

$$p(1) = \binom{10}{1}(0,04)^1(0,96)^9 = 0,277.$$

No caso da aproximação de Poisson para a binomial, dissemos antes que para n grande e p pequeno a aproximação é satisfatória. Na utilização dessa aproximação, fazemos $c = np$. Em geral, p deve ser menor do que 0,1 para que se aplique a aproximação. Quanto menor o valor de p e maior o valor de n, melhor a aproximação.

Exemplo 5-14

A probabilidade de que um rebite particular na superfície da asa de uma nova aeronave seja defeituoso é 0,001. Há 4000 rebites na asa. Qual é a probabilidade de que sejam instalados não mais de seis rebites defeituosos?

$$P(X \leq 6) = \sum_{x=0}^{6} \binom{4000}{x}(0,001)^x(0,999)^{4000-x}.$$

Usando a aproximação de Poisson,

$$c = 4000(0,001) = 4$$

e

$$P(X \leq 6) = \sum_{x=0}^{6} e^{-4} 4^x / x! = 0,889.$$

5-10 GERAÇÃO DE REALIZAÇÕES

Existem esquemas para o uso de números aleatórios, conforme descrito na Seção 3-6, para se gerarem realizações das variáveis aleatórias mais comuns.

Com as provas de Bernoulli, devemos primeiro gerar um valor u_i como a i-ésima realização de uma variável aleatória uniforme [0, 1], U, onde

$$f(u) = 1, \quad 0 \leq u \leq 1,$$
$$= 0, \quad \text{caso contrário,}$$

e se mantém a independência na seqüência U_i. Então, se $u_i \leq p$, fazemos $X_i = 1$, e se $u_i > p$, $X_i = 0$. Assim, se $Y = \sum_{i=1}^{n} X_i$, Y seguirá uma distribuição binomial com parâmetros n e p, e esse processo todo pode ser repetido para produzir uma série de valores de Y, isto é, realizações da distribuição binomial com parâmetros n e p.

Analogamente, poderíamos produzir variáveis geométricas, gerando seqüencialmente valores u_i e contando o número de provas até que $u_i \leq p$. Quando se chega a essa condição, o número da prova é dado à variável aleatória X, e todo o processo é repetido para se gerar uma série de realizações de uma variável aleatória geométrica.

Um esquema semelhante pode, também, ser usado para realizações de variável aleatória de Pascal, onde prosseguimos testando $u_i \leq p$ até que essa condição seja satisfeita r vezes, quando, então, o número da prova é dado a X e, uma vez mais, todo o processo é repetido para se obterem realizações subseqüentes.

Realizações de uma distribuição de Poisson com parâmetro $\lambda t = c$ podem ser obtidas empregando-se uma técnica que se baseia no método chamado de aceitação-rejeição. A abordagem consiste na geração seqüencial de valores u_i, como descrito antes, até que o produto $u_1 \cdot u_2 \cdot \cdots \cdot u_k + 1 < e^{-c}$ seja obtido, quando então associamos $X \leftarrow k$, e uma vez mais esse processo é repetido para se obter uma seqüência de realizações.

Veja o Capítulo 19 para mais detalhes sobre a geração de variáveis aleatórias discretas.

5-11 RESUMO

As distribuições apresentadas neste capítulo têm largo uso em aplicações de engenharia, científicas e de gerenciamento. A seleção de uma distribuição discreta específica dependerá de quão bem as hipóteses subjacentes à distribuição sejam satisfeitas pelo fenômeno a ser modelado. As distribuições apresentadas aqui foram selecionadas por causa de sua grande aplicabilidade.

A Tabela 5-1 apresenta um resumo dessas distribuições.

5-12 EXERCÍCIOS

5-1. Um experimento consiste em quatro provas de Bernoulli independentes, com probabilidade de sucesso p em cada prova. A variável aleatória X é o número de sucessos. Enumere a distribuição de probabilidade de X.

5-2. Estão planejadas seis missões espaciais independentes para a lua. A probabilidade estimada de sucesso em cada missão é 0,95. Qual é a probabilidade de que pelo menos cinco das missões planejadas sejam bem-sucedidas?

5-3. A Companhia *XYZ* planejou apresentações de vendas para doze clientes importantes. A probabilidade de receber um pedido como resultado de tal apresentação é estimada em 0,5. Qual é a probabilidade de receber quatro ou mais pedidos como resultado das apresentações?

5-4. Uma operadora do mercado de ações conta seus 20 clientes mais importantes todas as manhãs. Se a probabilidade de se fazer uma transação como resultado desse contato é de uma em três, quais são as chances de ela fazer 10 ou mais transações?

5-5. Um processo de produção que fabrica transistores opera, na média, com fração de defeituosos de 2%. A cada duas horas extrai-se uma amostra aleatória de tamanho 50 do processo. Se a amostra contiver mais de dois defeituosos, o processo deve ser interrompido. Determine a probabilidade de que o processo seja interrompido em função desse esquema de amostragem.

5-6. Ache a média e a variância da distribuição binomial usando a função geratriz de momento (veja a equação 5-7).

5-7. Um processo de produção que fabrica lâmpadas de painéis de instrumento produz lâmpadas com 1% de defeituosas. Suponha que esse valor permaneça inalterado e que seja extraída desse processo uma amostra aleatória de 100 lâmpadas. Ache $P(\hat{p} \leq 0,03)$, onde $\hat{p}$ é a fração amostral de defeituosas.

5-8. Suponha que uma amostra aleatória de tamanho 200 seja extraída de um processo cuja fração de defeituosos é 0,07. Qual é a probabilidade de que $\hat{p}$ exceda a verdadeira fração de defeituosos por um desvio-padrão? Por dois desvios-padrões? Por três desvios-padrões?

5-9. Cinco mísseis de cruzeiro foram construídos por uma companhia aeroespacial. A probabilidade de um lançamento bem-sucedido é, em um teste, 0,95. Supondo que os lançamentos sejam independentes, qual é a probabilidade de que a primeira falha ocorra no quinto lançamento?

5-10. Um corretor imobiliário estima que sua probabilidade de vender uma casa é de 0,10. Ele deve visitar quatro clientes hoje. Se ele for bem-sucedido nas três primeiras visitas, qual é a probabilidade de que a quarta não seja bem-sucedida?

5-11. Suponha que se devam realizar cinco experimentos de laboratório, independentes e idênticos. Cada experimento é extremamente sensível às condições ambientais, e há apenas uma probabilidade p de que seja completado com sucesso. Plote, como função de p, a probabilidade de que o quinto experimento seja o primeiro fracasso. Determine matematicamente o valor de p que maximiza a probabilidade da quinta prova ser o primeiro fracasso.

Tabela 5-1 Resumo de Distribuições Discretas

Distribuição	Parâmetros	Função de Probabilidade $p(x)$	Média	Variância	Função Geratriz de Momentos
Bernoulli	$0 < p < 1$	$p(x) = p^x \cdot q^{1-x}, \quad x = 0,1$ $= 0, \quad$ caso contrário	p	pq	$pe^t + q$
Binomial	$n = 1, 2, \ldots$ $0 < p < 1$	$p(x) = \binom{n}{x} p^x q^{n-x}, \quad x = 0, 1, 2, \ldots, n$ $= 0, \quad$ caso contrário	np	npq	$(pe^t + q)^n$
Geométrica	$0 < p < 1$	$p(x) = pq^{x-1}, \quad x = 0, 1, 2, \ldots$ $= 0, \quad$ caso contrário	$1/p$	q/p^2	$pe^t/(1 - qe^t)$
Pascal (Neg. binomial)	$0 < p < 1$ $r = 1, 2, \ldots \, (r > 0)$	$p(x) = \binom{x-1}{r-1} p^r q^{x-r}, \quad x = r, r+1, r+2, \ldots$ $= 0, \quad$ caso contrário	r/p	rq/p^2	$\left[\dfrac{pe^t}{1 - qe^t}\right]^r$
Hipergeométrica	$N = 1, 2, \ldots$ $n = 1, 2, \ldots, N$ $D = 1, 2, \ldots, N$	$p(x) = \dfrac{\binom{D}{x}\binom{N-D}{n-x}}{\binom{N}{n}}, \quad x = 0, 1, 2, \ldots, \min(n, D)$ $= 0, \quad$ caso contrário	$n\left[\dfrac{D}{N}\right]$	$n\left[\dfrac{D}{N}\right]\left[1 - \dfrac{D}{N}\right]\left[\dfrac{N-n}{N-1}\right]$	Veja Kendall e Stuart (1963)
Poisson	$c > 0$	$p(x) = e^{-c} c^x / x!, \quad x = 0, 1, 2, \ldots$ $= 0, \quad$ caso contrário	c	c	$e^{c(e^t - 1)}$

5-12. A Companhia *XYZ* planeja visitar clientes potenciais até que uma venda substancial seja feita. Cada apresentação de venda custa $1000. A viagem até o novo cliente e a montagem de nova apresentação custam $4000.
(a) Qual é o custo esperado para se fazer uma venda, se a probabilidade de uma venda ser feita depois de uma apresentação é 0,10?
(b) Se o lucro esperado de cada venda é de $15.000, as viagens devem ser realizadas?
(c) Se o orçamento para propaganda é de apenas $100.000, qual é a probabilidade de que essa quantia seja gasta sem que se receba um pedido?

5-13. Ache a média e a variância da distribuição geométrica, usando a função geratriz de momentos.

5-14. A probabilidade de um submarino afundar um navio inimigo com apenas um disparo de seus torpedos é de 0,8. Se os disparos são independentes, determine a probabilidade de um afundamento entre os dois primeiros disparos. Entre os três primeiros.

5-15. Em Atlanta, a probabilidade de ocorrência de um temporal em qualquer dia de primavera é de 0,05. Supondo independência, qual é a probabilidade de que o primeiro temporal ocorra em 25 de abril? Suponha que a primavera comece em 21 de março.

5-16. Um cliente potencial entra em uma revendedora de carros a cada hora. A probabilidade de uma vendedora fazer uma venda é de 0,10. Ela está disposta a permanecer trabalhando até que consiga vender três carros. Qual é a probabilidade de que tenha que trabalhar exatamente 8 horas? Mais do que 8 horas?

5-17. Um gerente de pessoal entrevista empregados potenciais para o preenchimento de duas vagas. A probabilidade de um entrevistado ter as qualificações necessárias e aceitar a oferta é de 0,8. Qual é a probabilidade de que seja necessário entrevistar exatamente quatro pessoas? Qual é a probabilidade de que menos de quatro pessoas tenham que ser entrevistadas?

5-18. Mostre que a função geratriz de momentos da variável aleatória de Pascal é conforme a equação 5-22. Use-a para determinar a média e a variância da distribuição de Pascal.

5-19. A probabilidade de que um experimento seja bem-sucedido é de 0,80. O experimento deve ser repetido até que ocorram cinco resultados de sucesso. Qual é o número esperado de repetições necessárias? Qual é a variância?

5-20. Um comandante militar deseja destruir uma ponte inimiga. Cada missão de aviões que envia tem uma probabilidade de 0,8 de acertar um tiro direto na ponte. São necessários quatro tiros diretos para destruir a ponte completamente. Se ele pode enviar sete missões até que a ponte não seja mais de importância tática, qual é a probabilidade de que a ponte seja destruída?

5-21. Três companhias, *X*, *Y* e *Z*, têm probabilidades 0,4, 0,4 e 0,3, respectivamente, de obter um pedido para um tipo particular de mercadoria. Três pedidos estão para ser feitos, independentemente. Qual é a probabilidade de que uma companhia receba todos os pedidos?

5-22. Quatro companhias estão entrevistando cinco estudantes de faculdade para contratação após a graduação. Supondo que todos os cinco recebam ofertas de cada uma das companhias e que as probabilidades de as companhias contratarem um novo empregado sejam iguais, qual é a probabilidade de que uma companhia fique com todos os novos empregados? Nenhum deles?

5-23. Estamos interessados no peso de pacotes de alimento. Especificamente, precisamos saber se algum dos quatro eventos a seguir ocorreu:

$T_1 = (X \leq 10)$, $\quad p(T_1) = 0,2$,
$T_2 = (10 < X \leq 11)$, $\quad p(T_2) = 0,2$,
$T_3 = (11 < X \leq 11,5)$, $\quad p(T_3) = 0,2$,
$T_4 = (11,5 < X)$, $\quad p(T_4) = 0,4$.

Se 10 pacotes são selecionados aleatoriamente, qual é a probabilidade de quatro deles terem peso menor ou igual a 10 quilogramas-força, um deles pesando mais do que 10, mas menos do que 11 quilogramas-força, e dois pesando mais do que 11,5 quilogramas-força?

5-24. No Problema 5-23, qual é a probabilidade de que todos os 10 pacotes pesem mais do que 11,5 quilogramas-força? Qual é a probabilidade de que cinco pacotes pesem mais do que 11,5 quilogramas-força e os cinco restantes pesem menos de 10 quilogramas-força?

5-25. Um lote de 25 tubos de televisão a cores é submetido a um procedimento de teste de aceitação. O procedimento consiste em extrair aleatoriamente cinco tubos, sem reposição, e testá-los. Se dois ou menos tubos falharem, os restantes são aceitos. Caso contrário, o lote é rejeitado. Suponha que o lote contenha quatro tubos defeituosos.
(a) Qual á a probabilidade exata de aceitação do lote?
(b) Qual é a probabilidade de aceitação do lote calculada pela distribuição binomial com $p = \dfrac{4}{25}$?

5-26. Suponha que, no Exercício 5-25, o tamanho do lote fosse de 100. A aproximação binomial seria satisfatória nesse caso?

5-27. Uma comerciante recebe pequenos lotes ($N = 25$) de um aparelho de alta precisão. Ela deseja rejeitar o lote 95% das vezes, se ele contiver sete defeituosos. Suponha que ela decida que a presença de um defeituoso na amostra seja suficiente para causar rejeição. Que tamanho a amostra deve ter?

5-28. Mostre que a função geratriz de momentos da variável aleatória de Poisson é dada pela equação 5-38.

5-29. Estima-se em 25 o número de carros que passam, por hora, em um determinado cruzamento. Ache a probabilidade de que menos de 10 veículos passem por esse cruzamento durante qualquer intervalo de uma hora. Suponha que o número de veículos siga uma distribuição de Poisson.

5-30. Chamadas chegam a uma mesa telefônica de tal modo que o número delas por hora segue uma distribuição de Poisson, com uma média de 10. O equipamento existente pode lidar com até 20 chamadas sem se tornar sobrecarregado. Qual é a probabilidade de ocorrência de uma sobrecarga?

5-31. O número de hemácias por unidade quadrada visível em um microscópio segue uma distribuição de Poisson, com média 4. Ache a probabilidade de que mais de cinco dessas células sejam visíveis para o observador.

5-32. Seja *X* o número de veículos que passam por um cruzamento durante um período de tempo *t*. A variável aleatória *X* tem distribuição de Poisson com parâmetro λt. Suponha que um contador automático tenha sido instalado para contar o número de veículos que passam. No entanto, esse contador não está funcionando corretamente, e cada veículo que passa tem probabilidade *p* de não ser contado. Seja Y_t o número de veículos contados durante o intervalo de tempo *t*. Ache a distribuição de probabilidade de Y_t.

5-33. Uma grande companhia de seguros descobriu que 0,2% da população dos Estados Unidos se machuca como conseqüência de determinado tipo de acidente. Essa companhia tem 15.000 apólices de seguro com cobertura contra tal acidente. Qual é a probabilidade de que três ou menos reclamações sejam preenchidas contra essas apólices no próximo ano? Cinco reclamações ou mais?

5-34. Equipes de manutenção chegam a uma loja de ferramentas procurando uma determinada peça de reposição, de acordo com uma distribuição de Poisson com parâmetro $\lambda = 2$. Três dessas peças são normalmente mantidas à mão. Se ocorrerem mais do que três pedidos, as equipes terão que viajar uma considerável distância até lojas centrais.
(a) Em um certo dia, qual é a probabilidade de que tal viagem tenha que ser feita?
(b) Qual é a demanda esperada por peças de reposição por dia?
(c) Quantas peças de reposição devem ser mantidas se a loja pretende atender as equipes que chegam 90% das vezes?
(d) Qual é o número esperado de equipes atendidas diariamente na loja?
(e) Qual é o número esperado de equipes que fazem a viagem até as lojas centrais?

5-35. Um tear sofre uma quebra do fio a cada 10 horas. Um tipo particular de tecido levará 25 horas no tear sendo produzido. Se três ou mais quebras são necessárias para que se considere o produto não-satisfatório, ache a probabilidade de que esse tipo de tecido seja terminado com qualidade aceitável.

5-36. O número de pessoas que entram em um ônibus em cada parada segue uma distribuição de Poisson com parâmetro λ. A companhia do ônibus está estudando seu uso, para fins de horário, e instalou um contador automático em cada ônibus. No entanto, se mais de 10 pessoas entram em qualquer parada o contador não consegue registrar o excesso, e registra apenas 10. Se X é o número de pessoas registradas, ache a distribuição de probabilidade de X.

5-37. Um livro-texto de Matemática tem 200 páginas, nas quais podem ocorrer erros tipográficos nas equações. Se há, de fato, cinco erros dispersos aleatoriamente entre essas 200 páginas, qual é a probabilidade de que uma amostra aleatória de 50 páginas contenha pelo menos um erro? Qual deve ser o tamanho da amostra para garantir que pelo menos três erros serão encontrados, com 90% de probabilidade?

5-38. A probabilidade de um veículo ter um acidente em determinado cruzamento é de 0,0001. Suponha que 10.000 veículos por dia passem por esse cruzamento. Qual é a probabilidade de não ocorrer acidente algum? Qual é a probabilidade de dois ou mais acidentes?

5-39. Se a probabilidade de se envolver em um acidente de carro é de 0,01 durante um ano, qual é a probabilidade de se ter dois ou mais acidentes durante qualquer período de 10 anos?

5-40. Suponha que o número de acidentes com empregados que trabalham com foguetes altamente explosivos, durante um período de tempo (digamos, cinco dias), siga uma distribuição de Poisson com parâmetro $\lambda = 2$.
(a) Ache as probabilidades de 1, 2, 3, 4 ou 5 acidentes.
(b) A distribuição de Poisson tem sido livremente aplicada na área de acidentes industriais. No entanto, ela freqüentemente fornece um "ajuste" fraco aos dados históricos reais. Por que isso é verdade? *Sugestão*: veja Kendall e Stuart (1963), p.128-30.

5-41. Use sua linguagem preferida de computação ou os inteiros aleatórios da Tabela XV do Apêndice (e transforme-os pela multiplicação por 10^{-5}, para obter realizações de números aleatórios uniformes [0, 1]) para fazer o seguinte:
(a) Produza cinco realizações de uma variável aleatória binomial com $n = 8, p = 0,5$.
(b) Produza dez realizações de uma distribuição geométrica com $p = 0,4$.
(c) Produza cinco realizações de uma variável aleatória de Poisson com $c = 0,15$.

5-42. Se $Y = X^{1,3}$ e X segue uma distribuição geométrica com média 6, use realizações de números aleatórios [0, 1] uniformes e produza cinco realizações de Y.

5-43. Com o Exercício 5-42, use seu computador para o seguinte:
(a) Calcular 500 realizações de Y.
(b) Calcular $\bar{y} = \dfrac{1}{500}(y_1 + y_2 + \cdots + y_{500})$, a média dessa amostra.

5-44. Prove a propriedade da falta de memória da distribuição geométrica.

Capítulo 6

Algumas Distribuições Contínuas Importantes

6-1 INTRODUÇÃO

Estudaremos, agora, várias distribuições de probabilidade contínuas importantes. Elas são as distribuições uniforme, exponencial, gama e de Weibull. No Capítulo 7 serão apresentadas a distribuição normal e várias outras distribuições de probabilidade relacionadas a ela. A distribuição normal é, talvez, a mais importante de todas as distribuições contínuas. A razão para retardarmos seu estudo é que a distribuição normal é importante o bastante para merecer um capítulo separado.

Já foi dito que o espaço imagem para uma variável aleatória contínua, X, consiste em um intervalo ou um conjunto de intervalos. Isso foi ilustrado em um capítulo anterior, e observou-se que uma idealização está envolvida. Por exemplo, se estamos medindo o tempo de falha de um componente eletrônico ou o tempo de processamento de um pedido através de um sistema de informação, os mecanismos de medição usados são tais que há apenas um número finito de resultados possíveis; no entanto, idealizaremos e assumiremos que o tempo pode ser *qualquer* valor em algum intervalo. Novamente simplificamos a notação onde não houver ambigüidade, e fazemos $f(x) = f_X(x)$ e $F(x) = F_X(x)$.

6-2 A DISTRIBUIÇÃO UNIFORME

A função de densidade uniforme é definida como

$$f(x) = \frac{1}{\beta - \alpha}, \quad \alpha \leq x \leq \beta,$$
$$= 0, \quad \text{caso contrário}, \tag{6-1}$$

onde α e β são constantes reais com $\alpha < \beta$. A função de densidade é mostrada na Fig. 6-1. Como uma variável aleatória uniformemente distribuída tem uma função de densidade de probabilidade que é constante sobre algum intervalo de definição, a constante deve ser o recíproco do comprimento do intervalo para satisfazer a exigência de que

$$\int_{-\infty}^{\infty} f(x)\, dx = 1.$$

Uma variável aleatória uniformemente distribuída representa o análogo contínuo de resultados igualmente prováveis no sentido de que, para qualquer subintervalo $[a, b]$, onde $\alpha \leq a < b \leq \beta$, $P(a \leq X \leq b)$ depende apenas do comprimento $b - a$.

$$P(a \leq X \leq b) = \int_a^b \frac{dx}{\beta - \alpha} = \frac{b - a}{\beta - \alpha}.$$

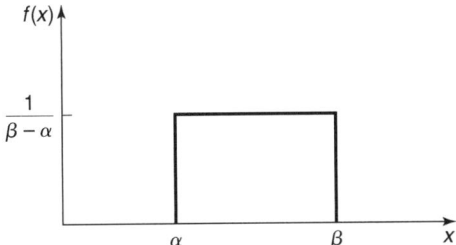

Figura 6-1 Uma densidade uniforme.

A afirmativa de que *escolhemos um ponto aleatoriamente em* [α, β] significa simplesmente que o valor escolhido, digamos Y, é distribuído uniformemente em [α, β].

6-2.1 Média e Variância da Distribuição Uniforme

A *média* e a *variância* da distribuição uniforme são

$$E(X) = \int_\alpha^\beta \frac{x\,dx}{\beta - \alpha} = \frac{\beta + \alpha}{2} \tag{6-2}$$

(o que é óbvio, por simetria) e

$$V(X) = \int_\alpha^\beta \frac{x^2\,dx}{\beta - \alpha} - \left[\frac{\beta + \alpha}{2}\right]^2 \tag{6-3}$$

$$= \frac{(\beta - \alpha)^2}{12}.$$

A função geratriz de momentos $M_X(t)$ se calcula como segue:

$$M_X(t) = E(e^{tX}) = \int_\alpha^\beta e^{tx} \cdot \frac{1}{\beta - \alpha}\,dx = \frac{1}{t(\beta - \alpha)} e^{tx}\bigg|_\alpha^\beta$$

$$= \frac{e^{t\beta} - e^{t\alpha}}{t(\beta - \alpha)}. \tag{6-4}$$

Para uma variável aleatória uniformemente distribuída, a função de distribuição $F(x) = P(X \leq x)$ é dada pela equação 6-5, e a Fig. 6-2 mostra seu gráfico.

$$\begin{aligned}F(x) &= 0, & x &< \alpha, \\ &= \int_\alpha^x \frac{dx}{\beta - \alpha} = \frac{x - \alpha}{\beta - \alpha}, & \alpha &\leq x < \beta, \\ &= 1, & x &\geq \beta. \end{aligned} \tag{6-5}$$

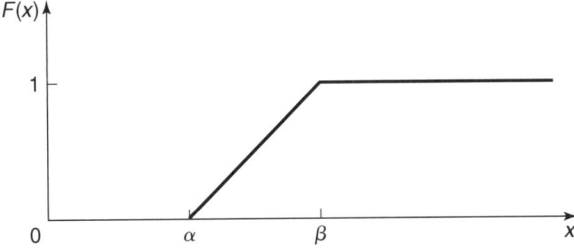

Figura 6-2 Função de distribuição para a variável aleatória uniforme.

Exemplo 6-1

Escolhe-se, aleatoriamente, um ponto no intervalo [0,10]. Suponha que desejemos encontrar a probabilidade de que o ponto esteja entre $\frac{3}{2}$ e $\frac{7}{2}$. A densidade da variável aleatória X é $f(x) = \frac{1}{10}$, $0 \leq x \leq 10$ e $f(x) = 0$, caso contrário. Assim, $P\left(\frac{3}{2} \leq X \leq \frac{7}{2}\right) = \frac{2}{10}$.

Exemplo 6-2

Números da forma NN,N são arredondados para o inteiro mais próximo. O procedimento de arredondamento é tal que se a parte decimal for menor do que 0,5 o arredondamento é para baixo, simplesmente eliminando-se a parte decimal; se a parte decimal for maior do que 0,5 o arredondamento é para cima, isto é, o novo número é $\lfloor NN,N \rfloor + 1$, onde $\lfloor \; \rfloor$ é a função "maior inteiro contido em". Se a parte decimal for exatamente 0,5, joga-se uma moeda para se determinar de qual maneira arredondar. O erro de arredondamento, X, é definido como a diferença entre o número antes e o número depois do arredondamento. Esses erros são comumente distribuídos de acordo com a distribuição uniforme no intervalo $[-0,5; +0,5]$. Isto é,

$$f(x) = 1, \quad -0,5 \leq x \leq +0,5,$$
$$= 0, \quad \text{caso contrário.}$$

Exemplo 6-3

Uma das características especiais de muitas linguagens de simulação é um procedimento automático simples para se usar a distribuição uniforme. O usuário declara uma média e um modificador (p. ex., 500, 100). O compilador cria, imediatamente, uma rotina para produzir realizações de uma variável aleatória X distribuída uniformemente em [400, 600].

No caso especial em que $\alpha = 0$, $\beta = 1$, diz-se que a variável uniforme é uniforme em [0, 1], e um símbolo, U, é usado, em geral, para descrever essa variável especial. Usando os resultados das equações 6-2 e 6-3, notamos que $E(U) = \frac{1}{2}$ e $V(U) = \frac{1}{12}$. Se $U_1, U_2, \ldots, U_k$ é uma seqüência de tais variáveis, onde as variáveis são mutuamente independentes, os valores $U_1, U_2, \ldots, U_k$ são chamados de *números aleatórios*, e uma realização $u_1, u_2, \ldots, u_k$ é chamada propriamente de uma *realização de um número aleatório*; no entanto, no uso comum o termo "números aleatórios" é dado, em geral, às realizações.

6-3 A DISTRIBUIÇÃO EXPONENCIAL

A distribuição exponencial tem função de densidade

$$f(x) = \lambda e^{-\lambda x}, \quad x \geq 0,$$
$$= 0, \quad \text{caso contrário,} \tag{6-6}$$

onde o parâmetro λ é uma constante real positiva. A Fig. 6-3 mostra um gráfico da densidade exponencial.

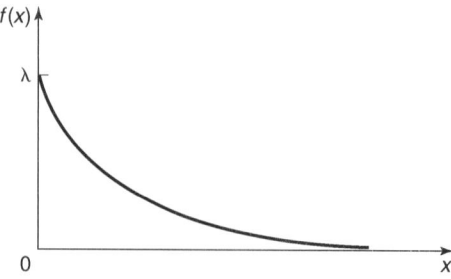

Figura 6-3 A função de densidade exponencial.

6-3.1 A Relação da Distribuição Exponencial com a Distribuição de Poisson

A distribuição exponencial tem relação muito próxima com a distribuição de Poisson, e uma explicação dessa relação ajudará o leitor a compreender os tipos de situações para os quais a densidade exponencial é apropriada.

No desenvolvimento da distribuição de Poisson a partir dos postulados de Poisson e do processo de Poisson, fixamos o tempo em algum valor t e desenvolvemos a distribuição do *número de ocorrências no intervalo* $[0, t]$. Denotamos essa variável aleatória por X, e a distribuição era

$$p(x) = e^{-\lambda t}(\lambda t)^x/x!, \qquad x = 0, 1, 2, \ldots,$$
$$= 0, \qquad \text{caso contrário.} \tag{6-7}$$

Considere, agora, $p(0)$, que é a probabilidade de nenhuma ocorrência em $[0, t]$. Isso é dado por

$$p(0) = e^{-\lambda t}. \tag{6-8}$$

Lembre que, originalmente, fixamos o tempo em t. Outra interpretação de $p(0) = e^{-\lambda t}$ é que essa é a probabilidade de o tempo da primeira ocorrência ser maior do que t. Considerando esse tempo como uma variável aleatória T, vemos que

$$p(0) = P(T > t) = e^{-\lambda t}, \qquad t \geq 0. \tag{6-9}$$

Se, agora, fazemos o tempo variar e consideramos a variável aleatória T como o tempo da ocorrência, então

$$F(t) = P(T \leq t) = 1 - e^{-\lambda t}, \qquad t \geq 0. \tag{6-10}$$

E, como $f(t) = F'(t)$, vemos que a densidade é

$$f(t) = \lambda e^{-\lambda t}, \qquad t \geq 0,$$
$$= 0, \qquad \text{caso contrário.} \tag{6-11}$$

Essa é a densidade exponencial da equação 6-6. Assim, a relação entre as distribuições exponencial e de Poisson pode ser estabelecida como segue: se o número de ocorrências tem uma distribuição de Poisson como mostrado na equação 6-7, então o tempo entre ocorrências sucessivas tem uma distribuição exponencial, como na equação 6-11. Por exemplo, se o número de pedidos recebidos por semana para um certo item tem uma distribuição de Poisson, então o tempo entre pedidos terá uma distribuição exponencial. Uma variável é discreta (a contagem) e a outra (tempo) é contínua.

Para se verificar que f é uma função de densidade, notamos que $f(x) \geq 0$ para todo x e

$$\int_0^\infty \lambda e^{-\lambda x} dx = -e^{-\lambda x}\Big|_0^\infty = 1.$$

6-3.2 Média e Variância da Distribuição Exponencial

A *média* e a *variância* da distribuição exponencial são

$$E(X) = \int_0^\infty x\lambda e^{-\lambda x} dx = -xe^{-\lambda x}\Big|_0^\infty + \int_0^\infty e^{-\lambda x} dx = 1/\lambda \tag{6-12}$$

e

$$V(X) = \int_0^\infty x^2 \lambda e^{-\lambda x} dx - (1/\lambda)^2$$
$$= \left[-x^2 e^{-\lambda x}\Big|_0^\infty + 2\int_0^\infty xe^{-\lambda x} dx\right] - (1/\lambda)^2 = 1/\lambda^2. \tag{6-13}$$

O desvio-padrão é $1/\lambda$ e, assim, a média e o desvio-padrão são iguais.

A função geratriz de momentos é

$$M_X(t) = \left(1 - \frac{t}{\lambda}\right)^{-1} \tag{6-14}$$

desde que $t < \lambda$.

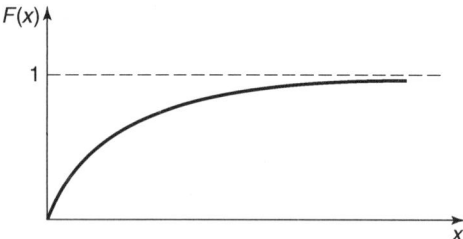

Figura 6-4 A função de distribuição para a exponencial.

A função de distribuição acumulada F pode ser obtida por integração da equação 6-6, como segue:

$$F(x) = 0, \qquad x < 0,$$
$$= \int_0^x \lambda e^{-\lambda t} dt = 1 - e^{-\lambda x}, \quad x \geq 0. \qquad (6\text{-}15)$$

A Fig. 6-4 ilustra a função de distribuição da equação 6-15.

Exemplo 6-4

Sabe-se que um componente eletrônico tem vida útil representada por uma densidade exponencial, com taxa de falha de 10^{-5} falhas por hora (i.e., $\lambda = 10^{-5}$). O tempo médio de falha, $E(X)$, é, assim, 10^5 horas. Suponha que desejemos determinar a fração de tais componentes que falhariam antes da vida-média ou de vida esperada:

$$P\left(T \leq \frac{1}{\lambda}\right) = \int_0^{1/\lambda} \lambda e^{-\lambda x} dx = -e^{-\lambda x}\Big|_0^{1/\lambda} = 1 - e^{-1}$$
$$= 0,63212.$$

Esse resultado se verifica para qualquer valor de λ maior do que zero. No nosso exemplo, 63,212% dos itens falhariam antes de 10^5 horas (veja a Fig. 6-5).

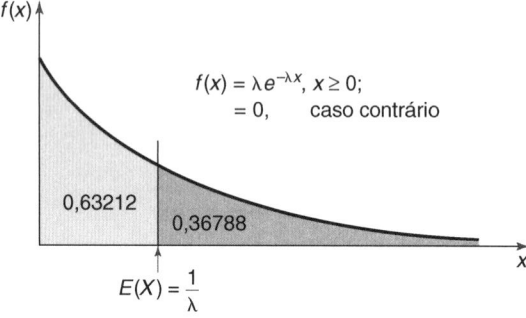

Figura 6-5 A média de uma distribuição exponencial.

Exemplo 6-5

Suponha que um projetista tenha que se decidir entre dois processos de fabricação de certo componente. O processo A custa C dólares por unidade para fabricar um componente. O processo B custa $k \cdot C$ dólares por unidade para fabricar um componente, onde $k > 1$. Os componentes têm uma densidade exponencial para o tempo de falha, com uma taxa de falha de 200^{-1} falhas por hora para o processo A, enquanto os componentes pelo processo B têm uma taxa de falha de 300^{-1} falhas por hora. As vidas médias são, assim, de 200 e 300 horas, respectivamente, para os dois processos. Por causa de uma cláusula de garantia, se um componente durar menos do que 400 horas o fabricante deve pagar uma multa de K dólares. Seja X o tempo de falha de cada componente. Assim, os custos dos componentes são

$$C_A = C \quad \text{se } X \geq 400,$$
$$= C + K \quad \text{se } X < 400,$$

e

$$C_B = kC \quad \text{se } X \geq 400,$$
$$= kC + K \quad \text{se } X < 400.$$

Os custos esperados são

$$E(C_A) = (C+K)\int_0^{400} 200^{-1}e^{-x/200}dx + C\int_{400}^{\infty} 200^{-1}e^{-x/200}dx$$
$$= (C+K)\left[-e^{-x/200}\big|_0^{400}\right] + C\left[-e^{-x/200}\big|_{400}^{\infty}\right]$$
$$= (C+K)[1-e^{-2}] + C[e^{-2}]$$
$$= C + K(1-e^{-2})$$

e

$$E(C_B) = (kC+K)\int_0^{400} 300^{-1}e^{-x/300}dx + kC\int_{400}^{\infty} 300^{-1}e^{-x/300}dx$$
$$= (kC+K)[1-e^{-4/3}] + kC[e^{-4/3}]$$
$$= kC + K(1-e^{-4/3}).$$

Assim, se $k < 1 - K/C(e^{-2} - e^{-4/3})$, então $E(C_A) > E(C_B)$ e é provável que o projetista selecione o processo B.

6-3.3 Propriedade de Falta de Memória da Distribuição Exponencial

A distribuição exponencial tem uma propriedade interessante e única de falta de memória para variáveis contínuas; isto é,

$$P(X > x + s | X > x) = \frac{P(X > x + s)}{P(X > x)}$$
$$= \frac{e^{-\lambda(x+s)}}{e^{-\lambda x}} = e^{-\lambda s},$$

de modo que

$$P(X > x + s | X > x) = P(X > s). \tag{6-16}$$

Por exemplo, se um tubo de raios catódicos tem uma distribuição exponencial para o tempo de falha e, no tempo x, observa-se que ainda está funcionando, então a vida *restante* tem a mesma distribuição exponencial do tempo de falha que o tubo tinha no instante zero.

6-4 A DISTRIBUIÇÃO GAMA

6-4.1 A Função Gama

Uma função usada na definição de uma distribuição gama é a função gama, definida por

$$\Gamma(n) = \int_0^{\infty} x^{n-1}e^{-x}dx \quad \text{para } n > 0. \tag{6-17}$$

Uma relação recursiva importante, que pode facilmente ser mostrada pela integração por partes da equação 6-17, é

$$\Gamma(n) = (n-1)\Gamma(n-1). \tag{6-18}$$

Se n é um *inteiro positivo*, então

$$\Gamma(n) = (n-1)!, \qquad (6\text{-}19)$$

uma vez que $\Gamma(1) = \int_0^\infty e^{-x} dx = 1$. Assim, a função gama é uma generalização do fatorial. Pede-se ao leitor, no Exercício 6-17, que verifique que

$$\Gamma\left(\frac{1}{2}\right) = \int_0^\infty x^{-1/2} e^{-x} dx = \sqrt{\pi}. \qquad (6\text{-}20)$$

6-4.2 Definição da Distribuição Gama

De posse da função gama, estamos agora em condições de introduzir a função de densidade de probabilidade gama como

$$f(x) = \frac{\lambda}{\Gamma(r)}(\lambda x)^{r-1} e^{-\lambda x}, \quad x > 0,$$
$$= 0, \qquad \text{caso contrário.} \qquad (6\text{-}21)$$

Os parâmetros são $r < 0$ e $\lambda < 0$. O parâmetro r é, em geral, chamado de *parâmetro de forma*, e λ é chamado de *parâmetro de escala*. A Fig. 6-6 mostra várias distribuições gama para $\lambda = 1$ e vários valores de r. Deve-se notar que $f(x) \geq 0$ para todo x, e

$$\int_{-\infty}^{\infty} f(x)dx = \int_0^\infty \frac{\lambda}{\Gamma(r)}(\lambda x)^{r-1} e^{-\lambda x} dx$$
$$= \frac{1}{\Gamma(r)} \int_0^\infty y^{r-1} e^{-y} dy = \frac{1}{\Gamma(r)} \cdot \Gamma(r) = 1.$$

A função de distribuição acumulada (FDA) da distribuição gama é intratável analiticamente, mas é prontamente obtida de pacotes de computador como Excel e Minitab. Em particular, a função do Excel DISTGAMA(x; r; $1/\lambda$; VERDADEIRO) dá a FDA $f(x)$. Por exemplo, DISTGAMA(15; 5,5; 4,2; VERDADEIRO) retorna um valor de $F(15) = 0{,}2126$ para o caso $r = 5{,}5$, $\lambda = 1/4{,}2 = 0{,}238$. A função do Excel INVGAMA dá a inversa da FDA.

6-4.3 Relação entre a Distribuição Gama e a Distribuição Exponencial

Há uma relação estreita entre a distribuição exponencial e a distribuição gama. Especificamente, se $r = 1$ a distribuição gama se reduz à distribuição exponencial. Isso segue da definição geral de que *se a variável aleatória X é a soma de r variáveis aleatórias independentes, distribuídas exponencialmente, cada uma com parâmetro λ, então X tem uma densidade gama com parâmetros r e λ*. Isto é, se

$$X = X_1 + X_2 + \cdots + X_r, \qquad (6\text{-}22)$$

onde X_j tem função de densidade de probabilidade

$$g(x) = \lambda e^{-\lambda x}, \qquad x \geq 0,$$
$$= 0, \qquad \text{caso contrário,}$$

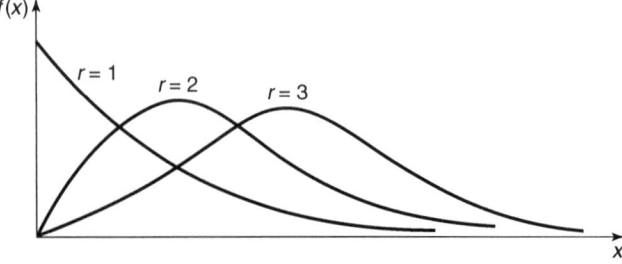

Figura 6-6 Distribuição gama para $\lambda = 1$.

e onde os X_j são mutuamente independentes, então X tem a densidade dada na equação 6-21. Em muitas aplicações da distribuição gama que consideraremos r será um inteiro positivo, e poderemos tirar proveito desse fato no desenvolvimento da função de distribuição. Alguns autores se referem ao caso especial em que r é um inteiro positivo como a *distribuição Erlang*.

6-4.4 Média e Variância da Distribuição Gama

Podemos mostrar que a *média* e a *variância* da distribuição gama são

$$E(X) = r/\lambda \tag{6-23}$$

e

$$V(X) = r/\lambda^2. \tag{6-24}$$

As equações 6-23 e 6-24 representam a média e a variância, independentemente de r ser, ou não, um inteiro; no entanto, quando r é um inteiro e se faz a interpretação dada na equação 6-22, é óbvio que

$$E(X) = \sum_{j=1}^{r} E(X_j) = r \cdot 1/\lambda = r/\lambda$$

e

$$V(X) = \sum_{j=1}^{r} V(X_j) = r \cdot 1/\lambda^2 = r/\lambda^2$$

por uma aplicação direta dos operadores valor esperado e variância à soma de variáveis aleatórias independentes.

A função geratriz de momentos para a distribuição gama é

$$M_X(t) = \left(1 - \frac{t}{\lambda}\right)^{-r}. \tag{6-25}$$

Lembrando que a função geratriz de momentos para a distribuição exponencial era $[1 - (t/\lambda)]^{-1}$, esse resultado é o esperado, uma vez que

$$M_{(X_1+X_2+\cdots+X_r)}(t) = \prod_{j=1}^{r} M_{X_j}(t) = \left[\left(1 - \frac{t}{\lambda}\right)^{-1}\right]^{r}. \tag{6-26}$$

A função de distribuição, F, é

$$F(x) = 1 - \int_x^\infty \frac{\lambda}{\Gamma(r)} (\lambda t)^{r-1} e^{-\lambda t} dt, \quad x > 0,$$
$$= 0, \quad x \le 0. \tag{6-27}$$

Se r é um inteiro positivo, então a equação 6-27 pode ser integrada por partes, resultando em

$$F(x) = 1 - \sum_{k=0}^{r-1} e^{-\lambda x} (\lambda x)^k / k!, \quad x > 0, \tag{6-28}$$

que é a soma de termos de Poisson com média λx. Assim, tabelas da Poisson acumulada podem ser usadas para se calcular a função de distribuição da gama.

Exemplo 6-6

Um sistema redundante opera conforme mostrado na Fig. 6-7. Inicialmente a unidade 1 está operando, enquanto as unidades 2 e 3 estão em espera. Quando a unidade 1 falha, o botão de decisão (BD) liga a unidade 2, que funciona até falhar, quando, então, a unidade 3 é ligada. Supõe-se que o botão de decisão seja perfeito, de modo que a vida do sistema, X, pode ser representada como a soma das vidas dos subsistemas, $X = X_1 + X_2 + X_3$. Se as vidas dos subsistemas são independentes uma das outras e se os subsistemas têm, cada

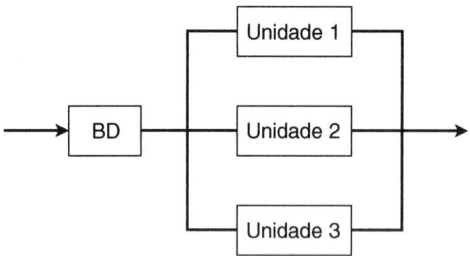

Figura 6-7 Um sistema redundante de reserva.

um, uma vida X_j, $j = 1, 2, 3$, tendo densidade $g(x) = (1/100)e^{-x/100}$, $x \geq 0$, então X terá densidade gama com $r = 3$ e $\lambda = 0{,}01$. Isto é,

$$f(x) = \frac{0{,}01}{2!}(0{,}01x)^2 e^{-0{,}01x}, \quad x > 0,$$
$$= 0, \qquad \text{caso contrário.}$$

A probabilidade de que o sistema opere por pelo menos x horas é denotada por $R(x)$, e é chamada *função de confiabilidade*. Aqui,

$$R(x) = 1 - F(x) = \sum_{k=0}^{2} e^{-0{,}01x}(0{,}01x)^k / k!$$
$$= e^{-0{,}01x}\left[1 + (0{,}01x) + (0{,}01x)^2 / 2\right].$$

Exemplo 6-7

Para uma distribuição gama com $\lambda = \dfrac{1}{2}$ e $r = \nu/2$, onde ν é um inteiro positivo, a *distribuição qui-quadrado com ν graus de liberdade* resulta em:

$$f(x) = \frac{1}{2^{\nu/2}\Gamma(\nu/2)} x^{(\nu/2)-1} e^{-x/2}, \quad x > 0,$$
$$= 0, \qquad \text{caso contrário.}$$

Essa distribuição será discutida mais amplamente no Capítulo 8.

6-5 A DISTRIBUIÇÃO DE WEIBULL

A distribuição de Weibull tem sido aplicada amplamente a vários fenômenos aleatórios. A principal utilidade da distribuição de Weibull é que ela fornece uma excelente aproximação à lei da probabilidade de várias variáveis aleatórias. Uma importante área de aplicação tem sido como modelo para o tempo de falha de componentes e sistemas elétricos e mecânicos. Isso será discutido no Capítulo 17. A função de densidade é

$$f(x) = \frac{\beta}{\delta}\left(\frac{x-\gamma}{\delta}\right)^{\beta-1} \exp\left[-\left(\frac{x-\gamma}{\delta}\right)^\beta\right], \quad x \geq \gamma,$$
$$= 0, \qquad \text{caso contrário.} \qquad (6\text{-}29)$$

Seus parâmetros são $\gamma(-\infty < \gamma < \infty)$, o parâmetro de localização; $\delta > 0$, o parâmetro de escala; e $\beta > 0$, o parâmetro de forma. Pela seleção apropriada desses parâmetros, essa função de densidade será uma boa aproximação para muitos fenômenos observacionais.

A Fig. 6-8 mostra algumas densidades de Weibull para $\gamma = 0$, $\delta = 1$ e $\beta = 1, 2, 3, 4$. Note que quando $\gamma = 0$ e $\beta = 1$ a distribuição de Weibull se reduz a uma densidade exponencial com $\lambda = 1/\delta$. Embora a distribuição exponencial seja um caso especial das distribuições gama e de Weibull, as distribuições gama e de Weibull não são, em geral, permutáveis.

6-5.1 Média e Variância da Distribuição de Weibull

Pode-se mostrar que a *média* e a *variância* da distribuição de Weibull são

$$E(X) = \gamma + \delta\,\Gamma\!\left(1 + \frac{1}{\beta}\right) \tag{6-30}$$

e

$$V(X) = \delta^2 \left\{ \Gamma\!\left(1 + \frac{2}{\beta}\right) - \left[\Gamma\!\left(1 + \frac{1}{\beta}\right)\right]^2 \right\}. \tag{6-31}$$

A função de distribuição tem a forma relativamente simples

$$F(x) = 1 - \exp\!\left[-\left(\frac{x-\gamma}{\delta}\right)^{\beta}\right] \quad x \geq \gamma. \tag{6-32}$$

A FDA de Weibull, $F(x)$, é fornecida convenientemente por pacotes de computador, como Excel e Minitab. Para o caso $\lambda = 0$, a função do Excel WEIBULL(x; β; γ; VERDADEIRO) retorna $F(x)$.

Exemplo 6-8

Sabe-se que a distribuição do tempo de falha para submontagens eletrônicas tem densidade de Weibull com $\gamma = 0$, $\beta = \frac{1}{2}$ e $\delta = 100$. A fração que se espera que sobreviva a, digamos, 400 horas é então

$$1 - F(400) = e^{-\sqrt{400/100}} = 0{,}1353.$$

O mesmo resultado poderia ter sido obtido no Excel através da função 1-WEIBULL(400;1/2;100,VERDADEIRO).
O tempo médio para falha é

$$E(X) = 0 + 100(2) = 200 \text{ horas}.$$

Exemplo 6-9

Berretoni (1964) apresentou várias aplicações da distribuição de Weibull. Os exemplos seguintes são alguns processos naturais que têm uma lei de probabilidade muito bem aproximada pela distribuição de Weibull. A variável aleatória é denotada por X nos exemplos.

1. Resistência à corrosão em placas de liga de magnésio.
   X: perda de peso de corrosão de 10^2 mg/(cm^2)(dia) quando as placas de liga de magnésio são imersas em uma solução aquosa inibidora de 20% de MgBr$_2$.
2. Retorno de bens classificados de acordo com o número de semanas após o embarque.
   X: tamanho do período (10^{-1} semanas), após o embarque, até que o cliente devolva o produto defeituoso.
3. Número de períodos ociosos por turno.

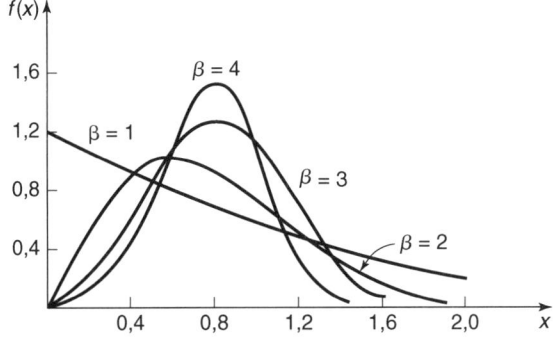

Figura 6-8 Densidades de Weibull para $\gamma = 0$, $\delta = 1$ e $\beta = 1, 2, 3, 4$.

X: número de períodos ociosos por turno (vezes 10^{-1}) que ocorrem em uma linha de montagem automática, contínua e complicada.
4. Falha de vedação em baterias de cela seca.
   X: idade (anos) quando começa o vazamento.
5. Confiabilidade de capacitores.
   X: vida (horas) de capacitores de tântalo sólido de 3,3 − μF, 50 − V, que operam à temperatura ambiente de 125°C, em que a voltagem catalogada nominal é 33V.

6-6 GERAÇÃO DE REALIZAÇÕES

Suponha, por enquanto, que $U_1, U_2, \ldots$, sejam variáveis aleatórias independentes uniformes [0, 1]. Mostraremos como usar essas variáveis uniformes para gerar outras variáveis aleatórias.

Se desejamos produzir realizações de uma variável aleatória uniforme em $[\alpha, \beta]$, isso se obtém usando-se

$$x_i = \alpha + u_i(\beta - \alpha), \quad i = 1, 2, \ldots. \tag{6-33}$$

Se procuramos realizações de uma variável aleatória exponencial com parâmetro λ, o *método da transformação inversa* dá

$$x_i = \frac{-1}{\lambda}\ln(u_i), \quad i = 1, 2\ldots. \tag{6-34}$$

Analogamente, usando o mesmo método obtêm-se realizações de uma variável aleatória de Weibull com parâmetros γ, β, δ usando

$$x_i = \gamma + \delta(-\ln u_i)^{1/\beta}, i = 1, 2, \ldots. \tag{6-35}$$

A geração de realizações de uma variável gama emprega, em geral, uma técnica conhecida como *método de aceitação-rejeição*, e têm sido usados vários métodos desse tipo. Se desejamos produzir realizações de uma variável gama com parâmetros $r > 1$ e $\lambda > 0$, uma abordagem sugerida por Cheng (1977) é a seguinte:

Passo 1. Faça $a = (2r - 1)^{1/2}$ e $b = 2r - \ln 4 + 1/a$.
Passo 2. Gere u_1, u_2 como realizações de números aleatórios uniformes [0, 1].
Passo 3. Faça $y = r[u_i/(1 - u_i)]^a$.
Passo 4a. Se $y > b - \ln(u_1^2 u_2)$, rejeite y e volte ao Passo 2.
Passo 4b. Se $y \leq b - \ln(u_1^2 u_2)$, associe $x \leftarrow (y/\lambda)$.

Para mais detalhes sobre essas e outras técnicas de geração de variáveis aleatórias, veja o Capítulo 19.

6-7 RESUMO

Este capítulo apresentou quatro funções de densidade largamente usadas para variáveis aleatórias contínuas. As distribuições *uniforme, exponencial, gama e de Weibull* foram apresentadas junto com as hipóteses subjacentes e exemplos de aplicações. A Tabela 6-1 apresenta um resumo dessas distribuições.

6-8 EXERCÍCIOS

6-1. Escolhe-se um ponto aleatoriamente sobre o segmento de reta [0, 4]. Qual é a probabilidade de que ele esteja entre $\frac{1}{2}$ e $1\frac{3}{4}$? Entre $2\frac{1}{4}$ e $3\frac{3}{8}$?

6-2. O preço de abertura de uma determinada ação é distribuído uniformemente sobre o intervalo $[35\frac{3}{4}, 44\frac{1}{4}]$. Qual é a probabilidade de que, em um certo dia, o preço de abertura seja inferior a 40? Fique entre 40 e 42?

6-3. A variável aleatória *X* é distribuída uniformemente no intervalo [0, 2]. Ache a distribuição da variável aleatória $Y = 5 + 2X$.

6-4. Um corretor imobiliário fixa um honorário de \$50 mais uma comissão de 6% sobre o lucro do proprietário. Se esse lucro é distribuído uniformemente entre \$0 e \$2000, ache a distribuição de probabilidade dos honorários totais do corretor.

6-5. Use a função geratriz de momentos da densidade uniforme (dada pela equação 6-4) para gerar a média e a variância.

6-6. Seja *X* distribuída uniformemente e simétrica em torno de zero, com variância 1. Ache os valores apropriados de α e β.

Tabela 6-1 Resumo de Distribuições Contínuas

Densidade	Parâmetros	Função de Densidade $f(x)$	Média	Variância	Função Geratriz de Momento
Uniforme	α, β $\beta > \alpha$	$f(x) = \dfrac{1}{\beta - \alpha}, \quad \alpha \leq x \leq \beta$ $= 0, \quad$ caso contrário.	$(\alpha + \beta)/2$	$(\beta - \alpha)^2 / 12$	$\dfrac{e^{t\beta} - e^{t\alpha}}{t(\beta - \alpha)}$
Exponencial	$\lambda > 0$	$f(x) = \lambda e^{-\lambda x}, \quad x > 0$ $= 0, \quad$ caso contrário.	$1/\lambda$	$1/\lambda^2$	$(1 - t/\lambda)^{-1}$
Gama	$r > 0$ $\lambda > 0$	$f(x) = \dfrac{\lambda}{\Gamma(r)}(\lambda x)^{r-1} e^{-\lambda x}, \quad x > 0$ $= 0, \quad$ caso contrário.	r/λ	r/λ^2	$(1 - t/\lambda)^{-r}$
Weibull	$-\infty < \gamma < \infty$ $\delta > 0$ $\beta > 0$	$f(x) = \dfrac{\beta}{\delta}\left(\dfrac{x-\gamma}{\delta}\right)^{\beta-1} \exp\left[-\left(\dfrac{x-\gamma}{\delta}\right)^{\beta}\right], \quad x \geq \gamma$ $= 0, \quad$ caso contrário.	$\gamma + \delta \cdot \Gamma\left(\dfrac{1}{\beta}+1\right)$	$\delta^2\left\{\Gamma\left(\dfrac{2}{\beta}+1\right) - \left[\Gamma\left(\dfrac{1}{\beta}+1\right)\right]^2\right\}$	

6-7. Mostre como a função de densidade uniforme pode ser usada para gerar realizações da distribuição de probabilidade empírica descrita a seguir:

y	p(y)
1	0,3
2	0,2
3	0,4
4	0,1

Sugestão: aplique o método da transformação inversa.

6-8. A variável aleatória X é distribuída uniformemente no intervalo [0, 4]. Qual é a probabilidade de que as raízes de $y^2 + 4Xy + X + 1 = 0$ sejam reais?

6-9. Verifique que a função geratriz de momentos da distribuição exponencial é como dada pela equação 6-14. Use-a para gerar a média e a variância.

6-10. O motor e a caixa de marcha de um novo carro são garantidos por um ano. As vidas-médias de um motor e da caixa de marchas são estimadas em três anos, e o tempo de falha tem uma densidade exponencial. O lucro proveniente de um carro novo é de $1000. Incluindo os custos de peças e mão-de-obra, o vendedor deve pagar $250 para o reparo de cada falha. Qual é o lucro esperado por carro?

6-11. Para os dados do Exercício 6-10, qual é a percentagem de carros que terão defeitos no motor e na caixa de marchas durante os seis primeiros meses de uso?

6-12. Considere que o tempo de operação de uma máquina seja uma variável aleatória distribuída exponencialmente, com função de densidade de probabilidade $f(t) = \theta e^{-\theta t}$, $t \geq 0$. Suponha que se deva contratar uma operadora para essa máquina por um intervalo de tempo fixo, predeterminado, Y. Ela ganha d dólares por período de tempo durante esse intervalo. O lucro líquido da operação dessa máquina, excluída a mão-de-obra, é de d dólares por período de tempo em operação. Ache o valor de Y que maximize o lucro total esperado obtido.

6-13. Estima-se que o tempo de falha de um tubo de televisão seja distribuído exponencialmente, com uma média de três anos. Uma companhia oferece seguro para esses tubos no primeiro ano de uso. Qual a porcentagem de apólices que terão que pagar?

6-14. Há alguma densidade exponencial que satisfaça a seguinte condição?

$$P\{X \leq 2\} = \tfrac{2}{3}P\{X \leq 3\}$$

Em caso afirmativo, ache o valor de λ.

6-15. Dois processos de fabricação estão sendo considerados. O custo por unidade para o processo I é C, enquanto para o processo II ele é $3C$. Os produtos provenientes dos dois processos têm densidades exponenciais para o tempo de falha, com taxas médias de 25^{-1} falhas por hora e 35^{-1} falhas por hora para os processos I e II, respectivamente. Se um produto falha antes de 15 horas deve ser reposto a um custo de Z dólares. Qual processo você recomendaria?

6-16. Um transistor tem distribuição exponencial para o tempo de falha, com um tempo médio de falha de 20.000 horas. O transistor já durou 20.000 horas em uma determinada aplicação. Qual é a probabilidade de que o transistor falhe em torno de 30.000 horas?

6-17. Mostre que $\Gamma\left(\dfrac{1}{2}\right) = \sqrt{\pi}$.

6-18. Prove as propriedades da função gama dadas pelas equações 6-18 e 6-19.

6-19. Uma balsa leva seus clientes para cruzar um rio quando há 10 carros a bordo. A experiência mostra que os carros chegam à balsa independentemente e a uma taxa média de sete por hora. Ache a probabilidade de que o tempo entre viagens consecutivas será de menos de 1 hora.

6-20. Uma caixa de doces contém 20 barras. O tempo entre as demandas por essas barras de doces é distribuído exponencialmente, com uma média de 10 minutos. Qual é a probabilidade de que uma caixa desses doces, aberta às oito horas da manhã, esteja vazia ao meio-dia?

6-21. Use a função geratriz de momentos da distribuição gama (dada pela equação 6-25) para achar a média e a variância.

6-22. A vida de um sistema eletrônico é $Y = X_1 + X_2 + X_3 + X_4$, a soma das vidas dos subsistemas componentes. Os subsistemas são independentes, cada um com densidade exponencial para o tempo de falha, com um tempo médio entre falhas de quatro horas. Qual é a probabilidade de que o sistema opere por pelo menos 24 horas?

6-23. Sabe-se que o tempo de renovação de estoque de certo produto tem distribuição gama, com uma média de 40 e uma variância de 400. Ache a probabilidade de que um pedido seja recebido no período dos vinte primeiros dias após ter sido feito. Dentro dos 60 primeiros dias.

6-24. Suponha que uma variável aleatória com distribuição gama seja definida no intervalo $u \leq x < \infty$, com função de densidade

$$f(x) = \frac{\lambda^r}{\Gamma(r)}(x-u)^{r-1}e^{-\lambda(x-u)}, \quad x \geq u, \lambda \geq 0, r > 0,$$
$$= 0, \qquad \text{caso contrário.}$$

Ache a média dessa distribuição gama de *três parâmetros*.

6-25. A distribuição de probabilidade beta é definida por

$$f(x) = \frac{\Gamma(\lambda+r)}{\Gamma(\lambda)\Gamma(r)}x^{\lambda-1}(1-x)^{r-1}, \quad 0 \leq x \leq 1, \lambda > 0, r > 0,$$
$$= 0, \qquad \text{caso contrário.}$$

(a) Faça o gráfico da distribuição para $\lambda > 1$, $r > 1$.
(b) Faça o gráfico da distribuição para $\lambda < 1$, $r < 1$.
(c) Faça o gráfico da distribuição para $\lambda < 1$, $r \geq 1$.
(d) Faça o gráfico da distribuição para $\lambda \geq 1$, $r < 1$.
(e) Faça o gráfico da distribuição para $\lambda = r$.

6-26. Mostre que quando $\lambda = r = 1$ a distribuição beta se reduz à distribuição uniforme.

6-27. Mostre que quando $\lambda = 2, r = 1$ ou $\lambda = 1, r = 2$ a distribuição beta se reduz à distribuição de probabilidade triangular. Faça o gráfico da função de densidade.

6-28. Mostre que se $\lambda = r = 2$ a distribuição beta se reduz a uma distribuição de probabilidade parabólica. Faça o gráfico da função de densidade.

6-29. Ache a média e a variância da distribuição beta.

6-30. Ache a média e a variância da distribuição de Weibull.

6-31. Os diâmetros de eixos de aço têm distribuição de Weibull, com parâmetros $\gamma = 1,0$ polegada, $\beta = 2$ e $\delta = 0,5$. Ache a probabilidade de que um eixo, selecionado aleatoriamente, não tenha mais do que 1,5 polegada de diâmetro.

6-32. Sabe-se que o tempo de falha de certo transistor tem distribuição de Weibull com parâmetros $\gamma = 0$, $\beta = \frac{1}{3}$ e $\delta = 400$. Ache a fração que se espera que sobreviva a 600 horas.

6-33. Espera-se que o tempo de falha de vedação em certo tipo de baterias de cela seca tenha uma distribuição de Weibull, com parâmetros $\gamma = 0$, $\beta = \frac{1}{2}$ e $\delta = 400$. Qual é a probabilidade de que a bateria sobreviva além de 800 de uso?

6-34. Faça o gráfico da distribuição de Weibull com $\gamma = 0$, $\delta = 1$ e $\beta = 1, 2, 3$ e 4.

6-35. A densidade do tempo de falha para um pequeno sistema de computador tem uma distribuição de Weibull, com $\gamma = 0$, $\beta = \frac{1}{4}$ e $\delta = 200$.
(a) Que fração dessas unidades sobreviverá a 1000 horas de uso?
(b) Qual é o tempo médio para falha?

6-36. Um fabricante de um monitor de televisão comercial garante o tubo de imagem por um ano (8760 horas). Os monitores são usados em terminais de aeroportos para tabelas de vôos, e estão ligados continuamente. A vida-média dos tubos é de 20.000 horas, e o tempo de falha segue uma densidade exponencial. Custa ao fabricante $300 fabricar, vender e entregar um monitor que será vendido por $400. Custa $150 substituir um tubo defeituoso, incluindo material e mão-de-obra. O fabricante não tem obrigação de repor o tubo além da primeira reposição. Qual é o lucro esperado do fabricante?

6-37. Sabe-se que o tempo de processamento de pedidos de diodos de certo fabricante tem uma distribuição gama, com uma média de 20 dias e um desvio-padrão de 10 dias. Determine a probabilidade de se processar um pedido dentro de 15 dias a partir da data de envio do pedido.

6-38. Use números aleatórios gerados por sua linguagem favorita de computador ou por escalonamento dos inteiros aleatórios da Tabela XV do Apêndice pela multiplicação por 10^{-5}, e faça o seguinte:
(a) Produza 10 realizações de uma variável que seja uniforme em [10, 20].
(b) Produza cinco realizações de uma variável aleatória exponencial com parâmetro $\lambda = 2 \times 10^{-5}$.
(c) Produza cinco realizações de uma variável gama com $r = 2$ e $\lambda = 4$.
(d) Produza 10 realizações de uma variável Weibull com $\gamma = 0$, $\beta = 1/2$, $\delta = 100$..

6-39. Use os esquemas de geração de números aleatórios sugeridos no Exercício 6-38, e faça o seguinte:
(a) Produza 10 realizações de $Y = 2X^{0,3}$, onde X segue uma distribuição exponencial com média 10.
(b) Produza 10 realizações de $Y = \sqrt{X_1}/\sqrt{X_2}$, onde X_1 é gama com $r = 2$, $\lambda = 4$, e X_2 é uniforme em [0, 1].

Capítulo 7

A Distribuição Normal

7-1 INTRODUÇÃO

Neste capítulo, consideraremos a distribuição normal. Essa distribuição é muito importante, tanto na teoria quanto nas aplicações da estatística. Discutiremos, também, as distribuições lognormal e normal bivariada.

A distribuição normal foi estudada pela primeira vez no século XVII, quando se observou que os padrões em erros de medidas seguiam uma distribuição simétrica em forma de sino. Ela foi apresentada pela primeira vez em forma matemática em 1733, por DeMoivre, que a deduziu como forma-limite da distribuição binomial. A distribuição era, também, conhecida por Laplace antes de 1775. Por um erro histórico, tem sido atribuída a Gauss, cuja primeira referência publicada relativa a essa distribuição apareceu em 1809, e o termo *distribuição gaussiana* tem sido usado com freqüência. Várias tentativas foram feitas durante os séculos XVIII e XIX para estabelecer essa distribuição como a lei de probabilidade subjacente a todas as variáveis aleatórias contínuas; assim, o nome *normal* passou a ser usado.

7-2 A DISTRIBUIÇÃO NORMAL

A distribuição normal é, sob muitos aspectos, a pedra angular da estatística. Diz-se que uma variável aleatória X tem uma distribuição normal, com média μ ($-\infty < \mu < \infty$) e variância $\sigma^2 > 0$ se tem a função de densidade

$$f(x) = \frac{1}{\sigma\sqrt{2\pi}} e^{-(1/2)[(x-\mu)/\sigma]^2}, \quad -\infty < x < \infty. \quad (7\text{-}1)$$

A distribuição está ilustrada graficamente na Fig. 7-1. A distribuição normal é usada tão extensamente que a notação abreviada $X \sim N(\mu, \sigma^2)$ é empregada para indicar que a variável aleatória X tem distribuição normal com média μ e variância σ^2.

7-2.1 Propriedades da Distribuição Normal

A distribuição normal tem várias propriedades importantes.

1. $\int_{-\infty}^{\infty} f(x)dx = 1$
2. $f(x) \geq 0$ para todo x } exigência para todas as funções de densidade.
3. $\lim_{x\to\infty} f(x) = 0$ e $\lim_{x\to-\infty} f(x) = 0$.   (7-2)
4. $f(\mu + x) = f(\mu - x)$. A densidade é simétrica em torno de μ.
5. O valor máximo de f ocorre em $x = \mu$.
6. Os pontos de inflexão de f estão em $x = \mu \pm \sigma$.

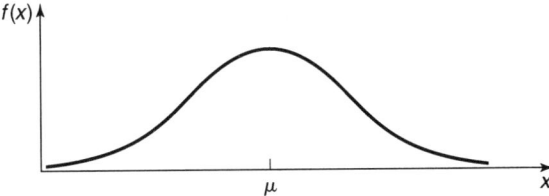

Figura 7-1 A distribuição normal.

A propriedade 1 pode ser demonstrada como segue. Seja $y = (x - \mu)/\sigma$ na Equação 7-1, e denote a integral por I. Isto é,

$$I = \frac{1}{\sqrt{2\pi}} \int_{-\infty}^{\infty} e^{-(1/2)y^2} \, dy.$$

Nossa prova de que $\int_{-\infty}^{\infty} f(x) dx = 1$ consistirá na prova de que $I^2 = 1$, e inferindo que $I = 1$, uma vez que f deve ser sempre positiva. Definindo uma segunda variável Z distribuída normalmente, temos

$$I^2 = \frac{1}{\sqrt{2\pi}} \int_{-\infty}^{\infty} e^{-(1/2)y^2} \, dy \frac{1}{\sqrt{2\pi}} \int_{-\infty}^{\infty} e^{-(1/2)z^2} \, dz$$

$$= \frac{1}{2\pi} \int_{-\infty}^{\infty} \int_{-\infty}^{\infty} e^{-(1/2)(y^2 + z^2)} \, dy \, dz.$$

Mudando para coordenadas polares com a transformação de variáveis $y = r \,\text{sen}\,\theta$ e $z = r \cos\theta$, a integral se torna

$$I^2 = \frac{1}{2\pi} \int_0^{\infty} \int_0^{2\pi} r e^{-(1/2)r^2} \, d\theta \, dr$$

$$= \int_0^{\infty} r e^{-(1/2)r^2} \, dr = 1,$$

o que completa a prova.

7-2.2 Média e Variância da Distribuição Normal

A média da distribuição normal pode ser facilmente determinada. Como

$$E(X) = \int_{-\infty}^{\infty} \frac{x}{\sigma\sqrt{2\pi}} e^{-(1/2)[(x-\mu)/\sigma]^2} \, dx,$$

e se fazemos $z = (x - \mu)/\sigma$ obtemos

$$E(X) = \int_{-\infty}^{\infty} \frac{1}{\sqrt{2\pi}} (\mu + \sigma z) e^{-z^2/2} \, dz$$

$$= \mu \int_{-\infty}^{\infty} \frac{1}{\sqrt{2\pi}} e^{-z^2/2} \, dz + \sigma \int_{-\infty}^{\infty} \frac{1}{\sqrt{2\pi}} z e^{-z^2/2} \, dz.$$

Como o integrando da primeira integral é o da densidade normal, com $\mu = 0$ e $\sigma^2 = 1$, o valor da primeira integral é um. A segunda integral tem valor zero, isto é,

$$\int_{-\infty}^{\infty} \frac{1}{\sqrt{2\pi}} z e^{-z^2/2} \, dz = -\frac{1}{\sqrt{2\pi}} e^{-z^2/2} \Big|_{-\infty}^{\infty} = 0,$$

e, assim,

$$E(X) = \mu[1] + \sigma[0]. \tag{7-3}$$
$$= \mu$$

Em retrospectiva, esse resultado faz sentido via argumento de simetria.

Para acharmos a variância, devemos calcular

$$V(X) = E\left[(X - \mu)^2\right] = \int_{-\infty}^{\infty} (x - \mu)^2 \frac{1}{\sigma\sqrt{2\pi}} e^{-(1/2)[(x-\mu)/\sigma]^2} dx,$$

e, fazendo $z = (x - \mu)/\sigma$, obtemos

$$V(X) = \int_{-\infty}^{\infty} \sigma^2 z^2 \frac{1}{\sqrt{2\pi}} e^{-z^2/2} dz = \sigma^2 \int_{-\infty}^{\infty} \frac{z^2}{\sqrt{2\pi}} e^{-z^2/2} dz$$

$$= \sigma^2 \left[\frac{-ze^{-z^2/2}}{\sqrt{2\pi}} \bigg|_{-\infty}^{\infty} + \int_{-\infty}^{\infty} \frac{1}{\sqrt{2\pi}} e^{-z^2/2} dz \right]$$

$$= \sigma^2 [0 + 1],$$

de modo que

$$V(X) = \sigma^2. \tag{7-4}$$

Em resumo, a média e a variância da densidade normal dada na equação são μ e σ^2, respectivamente.

Pode-se mostrar que a *função geratriz de momentos* para a distribuição normal é

$$M_X(t) = \exp\left[t\mu + \frac{\sigma^2 t^2}{2}\right]. \tag{7-5}$$

Para o desenvolvimento da Equação 7-5, veja o Exercício 7-10.

7-2.3 A Função de Distribuição Acumulada Normal

A função de distribuição F é

$$F(x) = P(X \leq x) = \int_{-\infty}^{x} \frac{1}{\sigma\sqrt{2\pi}} e^{-(1/2)[(u-\mu)/\sigma]^2} du. \tag{7-6}$$

É impossível avaliar essa integral sem se recorrer a métodos numéricos, e mesmo assim a avaliação teria que ser feita para cada par (μ, σ^2). No entanto, uma simples transformação de variáveis, $z = (x - \mu)/\sigma$, faz com que o cálculo seja independente de μ e de σ. Isto é,

$$F(x) = P(X \leq x) = P\left(Z \leq \frac{X-\mu}{\sigma}\right) = \int_{-\infty}^{(x-\mu)/\sigma} \frac{1}{\sqrt{2\pi}} e^{-z^2/2} dz$$

$$= \int_{-\infty}^{(x-\mu)/\sigma} \varphi(z) dz = \Phi\left(\frac{x-\mu}{\sigma}\right). \tag{7-7}$$

7-2.4 A Distribuição Normal Padronizada

A função de densidade de probabilidade na Equação 7-7,

$$\varphi(z) = \frac{1}{\sqrt{2\pi}} e^{-z^2/2}, \quad -\infty < z < \infty,$$

é a de uma distribuição normal com média 0 e variância 1; isto é, $Z \sim N(0, 1)$, e dizemos que Z tem uma *distribuição normal padronizada*. A Fig. 7-2 mostra o gráfico da função de densidade de probabilidade. A função de distribuição correspondente é Φ, onde

$$\Phi(z) = \int_{-\infty}^{z} \frac{1}{\sqrt{2\pi}} e^{-u^2/2} du, \tag{7-8}$$

e essa função é bem tabulada. Fornece-se uma tabela da integral na Equação 7-8, na Tabela II do Apêndice. Na verdade, muitos softwares de computador, tais como Excel e Minitab, fornecem funções para

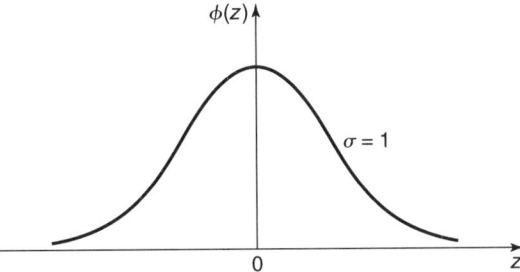

Figura 7-2 A distribuição normal padronizada.

se calcular Φ(z). Por exemplo, a chamada do Excel DIST.NORMP(z) faz exatamente essa tarefa. Como um exemplo, achamos DIST.NORMP(1,96) = 0,9750. A função do Excel INV.NORMP retorna a inversa da FDA. Por exemplo, INV.NORMP(0,975) = 1,960. As funções DIST.NORM(x; μ; σ; VERDADEIRO) e INV.NORM dão a FDA e a inversa da FDA da distribuição $N(\mu, \sigma^2)$.

7-2.5 Procedimento para Resolução de Problemas

O procedimento para a resolução de problemas práticos que envolvem o cálculo de probabilidades normais acumuladas é, na verdade, muito simples. Por exemplo, suponha que $X \sim N(100, 4)$ e que desejemos encontrar a probabilidade de que X seja menor do que ou igual a 104; isto é, $P(X \leq 104) = F(104)$. Como a variável aleatória normal padronizada é

$$Z = \frac{X - \mu}{\sigma},$$

podemos *padronizar* o ponto de interesse $x = 104$ para obter

$$z = \frac{x - \mu}{\sigma} = \frac{104 - 100}{2} = 2.$$

Agora, a probabilidade de que a variável aleatória normal *padronizada*, Z, seja menor do que ou igual a 2 é igual à probabilidade de que a variável aleatória normal *original*, X, seja menor do que ou igual a 104. Expresso matematicamente,

$$F(x) = \Phi\left(\frac{x - \mu}{\sigma}\right) = \Phi(z)$$

ou

$$F(104) = \Phi(2).$$

A Tabela II do Apêndice contém probabilidades normais padronizadas acumuladas para vários valores de z. Por essa tabela, temos

$$\Phi(2) = 0,9772.$$

Note que na relação $z = (x - \mu)/\sigma$ a variável z mede o afastamento de x em relação à média μ, em unidades de desvio-padrão (σ). Por exemplo, no caso em consideração $F(104) = \Phi(2)$, que indica que 104 está *dois* desvios-padrão ($\sigma = 2$) acima da média. Em geral, $x = \mu + \sigma z$. Na resolução de problemas algumas vezes precisamos usar a propriedade de simetria de φ, além das tabelas. É útil fazer um esquema, se houver alguma confusão na determinação exata de quais probabilidades são exigidas, uma vez que a área sob a curva e no intervalo de interesse é a probabilidade de que a variável aleatória esteja no intervalo.

Exemplo 7-1

A força de ruptura (em newtons) de uma tela sintética é denotada por X e tem distribuição $N(800, 144)$. O comprador da tela exige que ela tenha uma força de, pelo menos, 772 nt. Uma amostra da tela é selecionada aleatoriamente e testada. Para encontrar $P(X \geq 772)$, calculamos primeiro

$$P(X<772)=P\left(\frac{X-\mu}{\sigma}<\frac{772-800}{12}\right)$$
$$=P(Z<-2{,}33)$$
$$=\Phi(-2{,}33)=0{,}01.$$

Assim, a probabilidade desejada, $P(X \geq 772)$, é igual a 0,99. A Fig. 7-3 mostra a probabilidade calculada relativamente, tanto a X quanto a Z. Escolhemos trabalhar com a variável aleatória Z, porque sua função de distribuição é tabulada.

Exemplo 7-2

O tempo necessário para se consertar uma máquina de enchimento automático, em uma operação complexa de empacotamento de alimentos de um processo de produção, é de X minutos. Estudos mostram que a aproximação $X \sim N(120, 16)$ é bastante boa. A Fig. 7-4 mostra um esboço. Se o processo fica parado por mais de 125 minutos, todo o equipamento deve ser limpo, com a perda de todo o produto em processo. O custo total da perda de produto e limpeza associados ao longo tempo de parada é de \$10.000. Para determinar a probabilidade de que isso ocorra, procedemos como segue:

$$P(X>125)=P\left(Z>\frac{125-120}{4}\right)=P(Z>1{,}25)$$
$$=1-\Phi(1{,}25)$$
$$=1-0{,}8944$$
$$=0{,}1056.$$

Assim, dado um defeito na máquina de empacotamento o custo esperado é $E(C) = 0{,}1056(10.000 + C_{R_1}) + 0{,}8944(C_{R_1})$, onde C é o custo total e C_{R_1} é o custo de reparo. Simplificando, $E(C) = C_{R_1} + 1056$. Suponha que a gerência possa diminuir a média da distribuição do tempo de serviço para 115 minutos, aumentando o pessoal de manutenção. O novo custo de reparo será $C_{R_2} > C_{R_1}$; no entanto,

$$P(X>125)=P\left(Z>\frac{125-115}{4}\right)=P(Z>2{,}5)$$
$$=1-\Phi(2{,}5)$$
$$=1-0{,}9938$$
$$=0{,}0062,$$

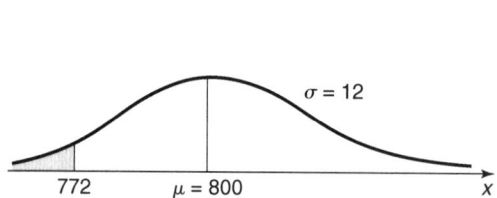
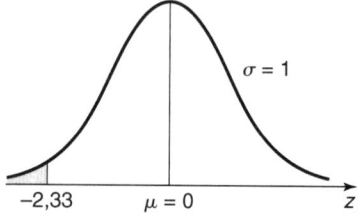

Figura 7-3 $P(X < 772)$, onde $X \sim N(800, 144)$.

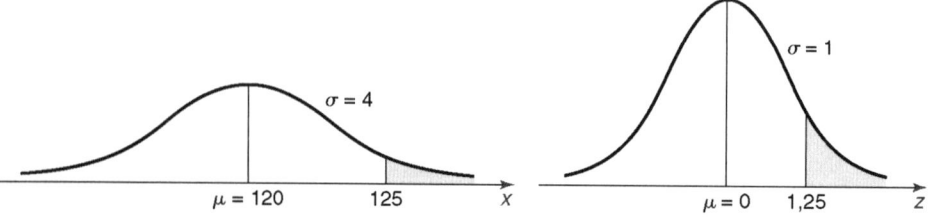

Figura 7-4 $P(X > 125)$, onde $X \sim N(120, 16)$.

de modo que o novo custo esperado será $C_{R_2} + 62$, e a decisão de se aumentar o pessoal de manutenção seria tomada se

$$C_{R_2} + 62 < C_{R_1} + 1056$$

ou

$$C_{R_2} - C_{R_1} < \$994.$$

Supõe-se que a freqüência de defeitos permaneça constante.

Exemplo 7-3

O diâmetro primitivo da rosca em uma conexão é distribuído normalmente, com uma média de 0,4008 cm e um desvio-padrão de 0,0004 cm. As especificações do projeto são 0,4000 ± 0,0010 cm. Isso está ilustrado na Fig. 7-5. Note que o processo está operando com a média diferente das especificações nominais. Desejamos determinar que fração do produto está dentro da tolerância. Usando a abordagem empregada anteriormente,

$$\begin{aligned}
P(0{,}399 \le X \le 0{,}401) &= P\left(\frac{0{,}3990 - 0{,}4008}{0{,}0004} \le Z \le \frac{0{,}4010 - 0{,}4008}{0{,}0004}\right) \\
&= P(-4{,}5 \le Z \le 0{,}5) \\
&= \Phi(0{,}5) - \Phi(-4{,}5) \\
&= 0{,}6915 - 0{,}0000 \\
&= 0{,}6915.
\end{aligned}$$

Quando os engenheiros do processo estudam os resultados de tais cálculos, decidem substituir uma ferramenta de corte usada e ajustar a máquina que produz as conexões, de modo que a nova média cai diretamente para o valor nominal de 0,4000. Então,

$$\begin{aligned}
P(0{,}3990 \le X \le 0{,}4010) &= P\left(\frac{0{,}3990 - 0{,}4}{0{,}0004} \le Z \le \frac{0{,}4010 - 0{,}4}{0{,}0004}\right) \\
&= P(-2{,}5 \le Z \le +2{,}5) \\
&= \Phi(2{,}5) - \Phi(-2{,}5) \\
&= 0{,}9938 - 0{,}0062 \\
&= 0{,}9876.
\end{aligned}$$

Vemos que, com os ajustes, 98,76% das conexões estarão dentro da tolerância. A distribuição dos diâmetros da máquina ajustada é mostrada na Fig. 7-6.

O exemplo anterior ilustra um conceito muito importante na engenharia da qualidade. Operar um processo no nível nominal é, em geral, superior a operar o processo em qualquer outro nível, se há limites de especificação bilaterais.

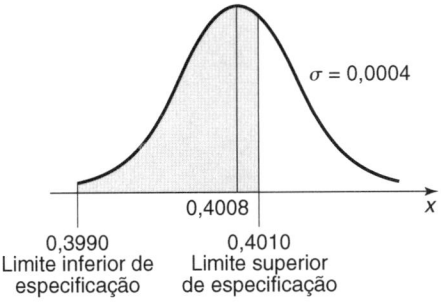

Figura 7-5 Distribuição dos diâmetros primitivos de rosca.

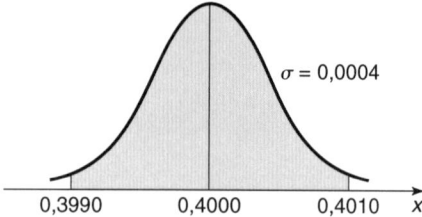

Figura 7-6 Distribuição de diâmetros primitivos da máquina ajustada.

Exemplo 7-4

Algumas vezes, surge outro tipo de problema que envolve o uso de tabelas da distribuição normal. Suponha, por exemplo, que $X \sim N(50,4)$. Além disso, suponha que queiramos determinar um valor de X, digamos x, tal que $P(X > x) = 0,025$. Então,

$$P(X > x) = P\left(Z > \frac{x-50}{2}\right) = 0,025$$

ou

$$P\left(Z \le \frac{x-50}{2}\right) = 0,975,$$

de modo que, lendo a tabela normal ao contrário, obtemos

$$\frac{x-50}{2} = 1,96 = \Phi^{-1}(0,975)$$

e, assim,

$$x = 50 + 2(1,96) = 53,92.$$

Há vários intervalos simétricos que surgem freqüentemente. Suas probabilidades são

$$P(\mu - 1,00\sigma \le X \le \mu + 1,00\sigma) = 0,6826,$$
$$P(\mu - 1,645\sigma \le X \le \mu + 1,645\sigma) = 0,90,$$
$$P(\mu - 1,96\sigma \le X \le \mu + 1,96\sigma) = 0,95,$$
$$P(\mu - 2,57\sigma \le X \le \mu + 2,57\sigma) = 0,99,$$
$$P(\mu - 3,00\sigma \le X \le \mu + 3,00\sigma) = 0,9978. \tag{7-9}$$

7-3 A PROPRIEDADE REPRODUTIVA DA DISTRIBUIÇÃO NORMAL

Suponha que tenhamos n variáveis aleatórias normais independentes $X_1, X_2, \ldots, X_n$, onde $X_i \sim N(\mu, \sigma_i^2)$, para $i = 1, 2, \ldots, n$. Já se mostrou antes que se

$$Y = X_1 + X_2 + \cdots + X_n, \tag{7-10}$$

então

$$E(Y) = \mu_Y = \sum_{i=1}^{n} \mu_i \tag{7-11}$$

e

$$V(Y) = \sigma_Y^2 = \sum_{i=1}^{n} \sigma_i^2.$$

Usando funções geratrizes de momentos, vemos que

$$M_Y(t) = M_{X_1}(t) \cdot M_{X_2}(t) \cdot \ldots \cdot M_{X_n}(t)$$
$$= \left[e^{\mu_1 t + \sigma_1^2 t^2/2}\right] \cdot \left[e^{\mu_2 t + \sigma_2^2 t^2/2}\right] \cdot \ldots \cdot \left[e^{\mu_n t + \sigma_n^2 t^2/2}\right]. \tag{7-12}$$

Assim,

$$M_Y(t) = e^{[(\mu_1+\mu_2+\cdots+\mu_n)t+(\sigma_1^2+\sigma_2^2+\cdots+\sigma_n^2)t^2/2]}, \qquad (7\text{-}13)$$

que é a função geratriz de momentos de uma variável aleatória distribuída normalmente, com média $\mu_1 + \mu_2 + \cdots + \mu_n$ e variância $\sigma_1^2 + \sigma_2^2 + \cdots + \sigma_n^2$. Portanto, pela propriedade de unicidade da função geratriz de momentos vemos que Y é distribuída normalmente com média μ_Y e variância σ_Y^2.

Exemplo 7-5

Uma montagem consiste em três componentes de conexão, conforme mostra a Fig. 7-7. As propriedades X_1, X_2 e X_3 são dadas a seguir, com médias em centímetros e variâncias em centímetros ao quadrado.

$$X_1 \sim N(12; 0{,}02)$$
$$X_2 \sim N(24; 0{,}03)$$
$$X_3 \sim N(18; 0{,}04)$$

As conexões são produzidas por máquinas e operadores diferentes, de modo que temos razão para supor que X_1, X_2 e X_3 sejam independentes. Suponha que desejemos determinar $P(53{,}8 \leq Y \leq 54{,}2)$. Como $Y = X_1 + X_2 + X_3$, Y é distribuída normalmente com média $\mu_Y = 12 + 24 + 18 = 54$ e variância $\sigma^2 = \sigma_1^2 + \sigma_2^2 + \sigma_3^2 = 0{,}02 + 0{,}03 + 0{,}04 = 0{,}09$. Assim,

$$\begin{aligned}
P(53{,}8 \leq Y \leq 54{,}2) &= P\left(\frac{53{,}8-54}{0{,}3} \leq Z \leq \frac{54{,}2-54}{0{,}3}\right) \\
&= P\left(-\frac{2}{3} \leq Z \leq +\frac{2}{3}\right) \\
&= \Phi(0{,}667) - \Phi(-0{,}667) \\
&= 0{,}748 - 0{,}252 \\
&= 0{,}496.
\end{aligned}$$

Esses resultados podem ser generalizados para combinações lineares de variáveis normais independentes. Combinações lineares da forma

$$Y = a_0 + a_1 X_1 + \cdots + a_n X_n \qquad (7\text{-}14)$$

foram apresentadas antes, e vimos que $\mu_Y = a_0 + \sum_{i=1}^{n} a_i \mu_i$. Quando as variáveis são independentes, $\sigma_Y^2 = \sum_{i=1}^{n} a_i^2 \sigma_i^2$. Novamente, se $X_1, X_2, \ldots, X_n$ são independentes e distribuídas normalmente, então $Y \sim N(\mu_Y, \sigma_Y^2)$.

Exemplo 7-6

Um eixo deve ser montado em um mancal, conforme a Fig. 7-8. A folga é $Y = X_1 - X_2$. Suponha que

$$X_1 \sim N(1{,}500; 0{,}0016)$$

e

$$X_2 \sim N(1{,}480; 0{,}0009).$$

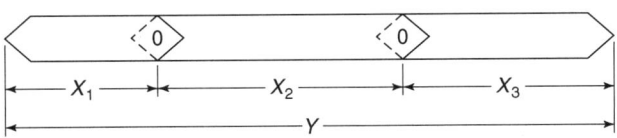

Figura 7-7 Uma montagem de conexões.

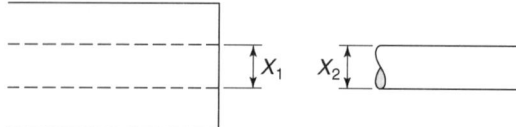

Figura 7-8 Uma montagem.

Então,

$$\mu_Y = a_1\mu_1 + a_2\mu_2$$
$$= (1)(1,500) + (-1)(1,480)$$
$$= 0,02$$

e

$$\sigma_Y^2 = a_1^2\sigma_1^2 + a_2^2\sigma_2^2$$
$$= (1)^2(0,0016) + (-1)^2(0,0009)$$
$$= 0,0025,$$

de modo que

$$\sigma_Y = 0,05.$$

Quando as partes são montadas, haverá interferência se $Y < 0$, de modo que

$$P(\text{interferência}) = P(Y < 0) = P\left(Z < \frac{0 - 0,02}{0,05}\right)$$
$$= \Phi(-0,4) = 0,3446.$$

Isso indica que 34,46% de todas as montagens tentadas terão falhas. Se o projetista considera que a *folga nominal* $\mu_Y = 0,02$ é tão grande quanto se pode permitir para a montagem, então a única maneira de diminuir a cifra de 34,46% é reduzir a variância das distribuições. Em muitos casos, isso pode ser conseguido através de revisão do equipamento de produção, melhor treinamento dos operadores de produção, e assim por diante.

7-4 O TEOREMA CENTRAL DO LIMITE

Se uma variável aleatória Y é a *soma de n variáveis aleatórias independentes* que satisfazem certas condições gerais, então, para n suficientemente grande, Y segue aproximadamente uma distribuição normal. Estabelecemos isso como um teorema — o mais importante teorema da probabilidade e da estatística.

Teorema 7-1 Teorema Central do Limite

Se $X_1, X_2, \ldots, X_n$ é uma seqüência de n variáveis aleatórias independentes com $E(X_i) = \mu_i$ e $V(X_i) = \sigma_i^2$ (ambas finitas) e $Y = X_1 + X_2 + \ldots + X_n$, então, sob certas condições gerais,

$$Z_n = \frac{Y - \sum_{i=1}^{n}\mu_i}{\sqrt{\sum_{i=1}^{n}\sigma_i^2}} \quad (7\text{-}15)$$

tem uma distribuição aproximada $N(0, 1)$ na medida em que n se aproxima do infinito. Se F_n é a função de distribuição de Z_n, então

$$\lim_{n \to \infty} \frac{F_n(z)}{\Phi(z)} = 1, \quad \text{para todo } z. \quad (7\text{-}16)$$

As "condições gerais" mencionadas no teorema são resumidas informalmente como segue. Os termos X_i, considerados individualmente, contribuem com uma quantidade desprezível para a variância da soma, e não é provável que um único termo dê uma grande contribuição à soma.

A Distribuição Normal **137**

A prova desse teorema, bem como uma discussão rigorosa das hipóteses necessárias, ultrapassa o objetivo desta apresentação. Há, no entanto, várias observações que devem ser feitas. O fato de Y ser aproximadamente normalmente distribuída quando os termos X_i podem ter *essencialmente qualquer distribuição* é a razão básica para a importância da distribuição normal. Em numerosas aplicações, a variável aleatória considerada pode ser representada como a soma de n variáveis aleatórias independentes, algumas das quais podem se dever a erros de medidas, algumas se devem a considerações físicas e assim por diante, de modo que a distribuição normal fornece uma boa aproximação.

Um caso especial do teorema central do limite surge quando cada um dos componentes tem a mesma distribuição.

Teorema 7-2

Se $X_1, X_2, \ldots, X_n$ é uma seqüência de n variáveis aleatórias independentes, identicamente distribuídas, com $E(X_i) = \mu$ e $V(X_i) = \sigma^2$ e $Y = X_1 + X_2 + \ldots + X_n$, então

$$Z_n = \frac{Y - n\mu}{\sigma\sqrt{n}} \qquad (7\text{-}17)$$

tem uma distribuição aproximada $N(0, 1)$ no mesmo sentido que o da equação 7-16.

Sob a restrição de que $M_X(t)$ exista para todo t real, uma prova direta pode ser apresentada para essa versão do teorema central do limite. Muitos textos de estatística matemática apresentam tal prova.

A questão que imediatamente se apresenta na prática é a seguinte: quão grande deve ser n para que se obtenham resultados razoáveis pelo uso da distribuição normal para aproximar a distribuição de Y? Essa não é uma questão de resposta fácil, uma vez que depende das características da distribuição dos termos X_i, bem como do significado de "resultados razoáveis". De um ponto de vista prático, podem-se dar algumas regras empíricas, segundo as quais a distribuição dos termos X_i cai em um de três grupos selecionados arbitrariamente, como segue:

1. **Bem comportada** — a distribuição de X_i não se afasta radicalmente da distribuição normal. Há uma densidade em forma de sino que é quase simétrica. Para esse caso, os que atuam na área de controle da qualidade e outras áreas de aplicação acham que n deve ser, no mínimo, 4. Isto é, $n \geq 4$.
2. **Razoavelmente bem comportada** — a distribuição de X_i não tem moda proeminente, e se parece mais com uma densidade uniforme. Nesse caso, $n \geq 12$ é uma regra comumente usada.
3. **Mal comportada** — a distribuição possui a maioria de suas medidas nas caudas, como na Fig. 7-9. Nesse caso, é muito difícil dizer, mas em muitas aplicações práticas $n \geq 100$ deve ser satisfatório.

Exemplo 7-7

Pequenas peças são embaladas em engradados. Os pesos das peças são variáveis aleatórias independentes, com uma média de 0,5 libra e um desvio-padrão de 0,10 libra. Vinte engradados são carregados para uma bandeja. Suponha que desejemos achar a probabilidade de que as peças na bandeja excederão 2510 libras em peso. (Despreze tanto o peso da bandeja quanto do engradado.) Represente por

$$Y = X_1 + X_2 + \cdots + X_{5000}$$

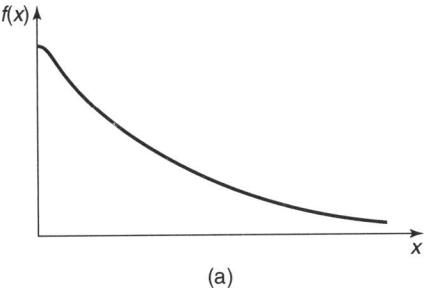
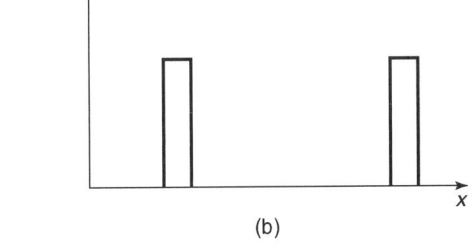

Figura 7-9 Distribuições mal comportadas.

o peso total das peças, de modo que

$$\mu_Y = 5000(0,5) = 2500,$$
$$\sigma_Y^2 = 5000(0,01) = 50,$$

e

$$\sigma_Y = \sqrt{50} = 7,071.$$

Então,

$$P(Y > 2510) = P\left(Z > \frac{2510 - 2500}{7,071}\right),$$
$$= 1 - \Phi(1,41) = 0,08.$$

Note que não sabemos a distribuição dos pesos das partes individuais.

Exemplo 7-8

Em um projeto de construção, uma rede de atividades maiores foi construída para servir de base para o planejamento e o cronograma. Em um *passo crítico* há 16 atividades. As médias e variâncias são dadas na Tabela 7-1.

Os tempos das atividades podem ser considerados independentes, e o tempo do projeto é a soma dos tempos das atividades no passo crítico, isto é, $Y = X_1 + X_2 + \ldots + X_{16}$, onde Y é o tempo do projeto e X_i é o tempo para a i-ésima atividade. Embora as distribuições das X_i sejam desconhecidas, elas são bastante bem comportadas. O empreiteiro gostaria de saber (a) o tempo esperado para o trabalho completo e (b) o tempo do projeto que corresponde a uma probabilidade de 0,90 de se ter o projeto finalizado. Calculando μ_Y e σ_Y^2, obtemos

$$\mu_Y = 49 \text{ semanas},$$
$$\sigma_Y^2 = 16 \text{ semanas}^2.$$

O tempo esperado para o trabalho completo é, então, de 49 semanas. Na determinação do tempo y_0 tal que haja uma probabilidade de 0,90 de se completar o trabalho nesse tempo, a Fig. 7-10 pode ser útil.
Podemos calcular

$$P(Y \leq y_0) = 0,90$$

ou

$$P\left(Z \leq \frac{y_0 - 49}{4}\right) = 0,90,$$

de modo que

$$\frac{y_0 - 49}{4} = 1,282 = \Phi^{-1}(0,90)$$

e

$$y_0 = 49 + 1,282(4)$$
$$= 54,128 \text{ semanas}.$$

Tabela 7-1 Tempos Médios de Atividade e Variâncias (em Semanas e Semanas²)

Atividade	Média	Variância	Atividade	Média	Variância
1	2,7	1,0	9	3,1	1,2
2	3,2	1,3	10	4,2	0,8
3	4,6	1,0	11	3,6	1,6
4	2,1	1,2	12	0,5	0,2
5	3,6	0,8	13	2,1	0,6
6	5,2	2,1	14	1,5	0,7
7	7,1	1,9	15	1,2	0,4
8	1,5	0,5	16	2,8	0,7

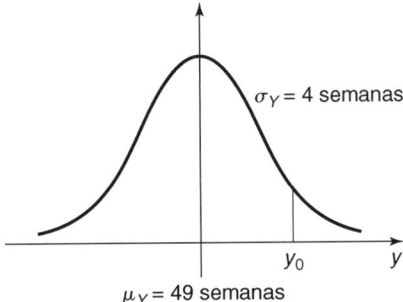

Figura 7-10 Distribuição de tempos de projetos.

7-5 A APROXIMAÇÃO NORMAL PARA A DISTRIBUIÇÃO BINOMIAL

No Capítulo 5 foi apresentada a aproximação binomial para a distribuição hipergeométrica, assim como a aproximação de Poisson para a distribuição binomial. Nesta seção consideraremos a aproximação normal para a distribuição binomial. Como a binomial é uma distribuição de probabilidade discreta, isso pode parecer contrariar a intuição; no entanto, envolve-se um processo de limite, que mantém fixo o p da distribuição binomial e faz $n \to \infty$. A aproximação é conhecida como aproximação de DeMoivre-Laplace.

Relembremos a distribuição binomial como

$$p(x) = \frac{n!}{x!(n-x)!} p^x q^{n-x}, \quad x = 0, 1, 2, \ldots, n,$$
$$= 0, \quad \text{caso contrário.}$$

A aproximação de Stirling para $n!$ é

$$n! \simeq (2\pi)^{1/2} e^{-n} n^{n+(1/2)}. \tag{7-18}$$

O erro

$$\frac{n! - (2\pi)^{1/2} e^{-n} n^{n+(1/2)}}{n!} \to 0 \tag{7-19}$$

quando $n \to \infty$. Usando a fórmula de Stirling para aproximar os termos que envolvem $n!$ no modelo binomial, vemos que para n grande

$$P(X = x) \simeq \frac{1}{\sqrt{np(1-p)}\sqrt{2\pi}} e^{(-1/2)(x-np)^2/(npq)} \tag{7-20}$$

de modo que

$$P(X \leq x) \simeq \Phi\left(\frac{x - np}{\sqrt{npq}}\right) = \int_{-\infty}^{(x-np)/\sqrt{npq}} \frac{1}{\sqrt{2\pi}} e^{-z^2/2} dz. \tag{7-21}$$

Esse resultado faz sentido à luz do teorema central do limite e do fato de que X é a soma de provas de Bernoulli independentes (de modo que $E(X) = np$ e $V(X) = npq$). Assim, a quantidade $(X - np)/\sqrt{npq}$ tem, *aproximadamente*, uma distribuição $N(0, 1)$. Se p está próximo de $\frac{1}{2}$ e $n > 10$, a aproximação é bastante boa; no entanto, para outros valores de p o valor de n deve ser maior. Em geral, a experiência indica que a aproximação é bastante boa, desde que $np > 5$ para $p \leq \frac{1}{2}$ ou quando $nq > 5$ para $p > \frac{1}{2}$.

Exemplo 7-9

Fazendo amostragem de um processo de produção cujos itens são 20% defeituosos, seleciona-se uma amostra aleatória de 100 itens a cada hora em cada turno de produção. O número de defeituosos em uma amostra é denotado por X. Para encontrar, por exemplo, $P(X \leq 15)$, podemos usar a aproximação normal como segue:

$$P(X \leq 15) = P\left(Z \leq \frac{15 - 100 \cdot 0{,}2}{\sqrt{100(0{,}2)(0{,}8)}}\right)$$
$$= P(Z \leq -1{,}25) = \Phi(-1{,}25) = 0{,}1056.$$

Como a distribuição binomial é discreta e a distribuição normal é contínua, é prática comum usar uma *correção de meio intervalo* ou *correção de continuidade*. De fato, isso é uma necessidade no cálculo de $P(X = x)$. O procedimento usual é ampliar meia unidade de cada lado do inteiro x, dependendo do intervalo de interesse. A Tabela 7-2 mostra vários casos.

Exemplo 7-10

Usando os dados do Exemplo 7-9, onde tínhamos $n = 100$ e $p = 0{,}2$, calculamos $P(X = 15)$, $P(X \leq 15)$, $P(X > 18)$, $P(X \geq 22)$ e $P(X < 18 < 21)$.

1. $P(X = 15) \approx P(14{,}5 \leq X \leq 15{,}5) = \Phi\left(\dfrac{15{,}5 - 20}{4}\right) - \Phi\left(\dfrac{14{,}5 - 20}{4}\right)$

    $= \Phi(-1{,}125) - \Phi(-1{,}375) \approx 0{,}046.$

2. $P(X \leq 15) \approx \Phi\left(\dfrac{15{,}5 - 20}{4}\right) \approx 0{,}130.$

3. $P(X < 18) = P(X \leq 17) \approx \Phi\left(\dfrac{17{,}5 - 20}{4}\right) \approx 0{,}266.$

4. $P(X \geq 22) \approx 1 - \Phi\left(\dfrac{21{,}5 - 20}{4}\right) \approx 0{,}354.$

5. $P(18 < X < 21) = P(19 \leq X \leq 20)$

    $\approx \Phi\left(\dfrac{20{,}5 - 20}{4}\right) - \Phi\left(\dfrac{18{,}5 - 20}{4}\right)$

    $\approx 0{,}550 - 0{,}354 = 0{,}196.$

Tabela 7-2 Correções de Continuidade

Quantidade Desejada da Distribuição Binomial	Com Correção de Continuidade	Em Termos da Função de Distribuição Φ
$P(X = x)$	$P\left(x - \dfrac{1}{2} \leq X \leq x + \dfrac{1}{2}\right)$	$\Phi\left(\dfrac{x + \frac{1}{2} - np}{\sqrt{npq}}\right) - \Phi\left(\dfrac{x - \frac{1}{2} - np}{\sqrt{npq}}\right)$
$P(X \leq x)$	$P\left(X \leq x + \dfrac{1}{2}\right)$	$\Phi\left(\dfrac{x + \frac{1}{2} - np}{\sqrt{npq}}\right)$
$P(X < x) = P(X \leq x - 1)$	$P\left(X \leq x - 1 + \dfrac{1}{2}\right)$	$\Phi\left(\dfrac{x - \frac{1}{2} - np}{\sqrt{npq}}\right)$
$P(X \geq x)$	$P\left(X \geq x - \dfrac{1}{2}\right)$	$1 - \Phi\left(\dfrac{x - \frac{1}{2} - np}{\sqrt{npq}}\right)$
$P(X > x) = P(X \geq x + 1)$	$P\left(X \geq x + 1 - \dfrac{1}{2}\right)$	$1 - \Phi\left(\dfrac{x + \frac{1}{2} - np}{\sqrt{npq}}\right)$
$P(a \leq X \leq b)$	$P\left(a - \dfrac{1}{2} \leq X \leq b + \dfrac{1}{2}\right)$	$\Phi\left(\dfrac{b + \frac{1}{2} - np}{\sqrt{npq}}\right) - \Phi\left(\dfrac{a - \frac{1}{2} - np}{\sqrt{npq}}\right)$

Conforme discutido no Capítulo 5, a variável aleatória $\hat{p} = X/n$, onde X tem uma distribuição binomial com parâmetros p e n, é, em geral, de interesse. O interesse nessa quantidade surge principalmente em aplicações de amostragem, onde se faz uma amostra aleatória de n observações, com cada observação sendo classificada como sucesso ou fracasso e em que X é o número de sucessos na amostra. A quantidade $\hat{p}$ é simplesmente a fração amostral de sucessos. Lembre que mostramos que

$$E(\hat{p}) = p \qquad (7\text{-}22)$$

e

$$V(\hat{p}) = \frac{pq}{n}.$$

Além da aproximação de DeMoivre-Laplace, note que a quantidade

$$Z = \frac{\hat{p} - p}{\sqrt{pq/n}} \qquad (7\text{-}23)$$

tem uma distribuição $N(0, 1)$ aproximada. Esse resultado já se mostrou útil em muitas aplicações, incluindo aquelas nas áreas de controle da qualidade, medida de trabalho, engenharia da confiabilidade e economia. Os resultados são muito mais úteis do que os provenientes da lei dos grandes números.

Exemplo 7-11

Em vez de medir o tempo de um mecânico de manutenção durante um período de uma semana para determinar a fração de seu tempo gasto em uma atividade "secundária mas necessária", um técnico escolhe usar um estudo de *amostragem de trabalho*, selecionando aleatoriamente 400 pontos de tempo durante uma semana, observando rapidamente cada um e classificando a atividade do mecânico de manutenção. O valor X representa o número de vezes em que o mecânico esteve envolvido em uma atividade "secundária mas necessária", e $\hat{p} = X/400$. Se a verdadeira fração de tempo em que ele está envolvido nessa atividade é 0,2, determinamos a probabilidade de que $\hat{p}$, a fração estimada, fique entre 0,15 e 0,25. Isto é,

$$P(0,1 \leq \hat{p} \leq 0,3) \simeq \Phi\left(\frac{0,25 - 0,2}{\sqrt{0,16/400}}\right) - \Phi\left(\frac{0,15 - 0,2}{\sqrt{0,16/400}}\right)$$
$$= \Phi(2,5) - \Phi(-2,5)$$
$$\simeq 0,9876.$$

7-6 A DISTRIBUIÇÃO LOGNORMAL

A distribuição lognormal á a distribuição de uma variável aleatória cujo logaritmo segue a distribuição normal. Alguns usuários defendem que a distribuição lognormal é tão fundamental quanto a distribuição normal. Ela surge da combinação de termos aleatórios por um processo multiplicativo.

A distribuição lognormal tem sido aplicada em uma grande variedade de campos, incluindo ciências físicas, ciências da vida, ciências sociais e engenharia. Nas aplicações à engenharia a distribuição lognormal tem sido usada para descrever o "tempo de falha", na engenharia de confiabilidade, e o "tempo de reparo", na engenharia de manutenção.

7-6.1 Função de Densidade

Consideremos uma variável aleatória X, com espaço imagem $R_X = \{x: 0 < x < \infty\}$, onde $Y = \ln X$ é distribuída normalmente, com média μ_Y e variância σ_Y^2, isto é,

$$E(Y) = \mu_Y \qquad \text{e} \qquad V(Y) = \sigma_Y^2.$$

A função de densidade de X é

$$f(x) = \frac{1}{x\sigma_Y\sqrt{2\pi}} e^{(-1/2)\left[(\ln x - \mu_Y)/\sigma_Y\right]^2}, \qquad x > 0,$$
$$= 0 \qquad\qquad\qquad \text{caso contrário.} \qquad (7\text{-}24)$$

A distribuição lognormal é exibida na Fig. 7-11. Note que, em geral, a distribuição é assimétrica, com uma longa cauda à direita. As funções do Excel DIST.LOGNORMAL e INVLOG fornecem a FDA e a inversa da FDA da distribuição lognormal, respectivamente.

7-6.2 Média e Variância da Distribuição Lognormal

A média e a variância da distribuição lognormal são

$$E(X) = \mu_X = e^{\mu_Y + (1/2)\sigma_Y^2} \tag{7-25}$$

e

$$V(X) = \sigma_X^2 = e^{2\mu_Y + \sigma_Y^2}\left(e^{\sigma_Y^2} - 1\right) = \mu_X^2\left(e^{\sigma_Y^2} - 1\right). \tag{7-26}$$

Em algumas aplicações da distribuição lognormal é importante que se conheçam os valores da mediana e da moda. A mediana, que é o valor $\tilde{x}$ tal que $P(X \leq \tilde{x}) = 0,5$, é

$$\tilde{x} = e^{\mu_Y}. \tag{7-27}$$

A moda é o valor de x para o qual $f(x)$ é máximo e, para a distribuição lognormal, a moda é

$$\text{MO} = e^{\mu_Y - \sigma_Y^2}. \tag{7-28}$$

A Fig. 7-11 mostra as localizações relativas da média, da mediana e da moda para a distribuição lognormal. Como a distribuição tem uma assimetria à direita, veremos que, em geral, moda < mediana < média.

7-6.3 Propriedades da Distribuição Lognormal

Enquanto a distribuição normal tem propriedades reprodutivas aditivas, a distribuição lognormal tem propriedades reprodutivas multiplicativas. Algumas das propriedades mais importantes são as seguintes:

1. Se X tem uma distribuição lognormal com parâmetros μ_Y e σ_Y^2, e se a, b e d são constantes tais que $b = e^d$, então $W = bX^a$ tem uma distribuição lognormal com parâmetros $(d + a\mu_Y)$ e $(a\sigma_Y)^2$.
2. Se X_1 e X_2 são variáveis lognormais independentes, com parâmetros $(\mu_{Y_1} + \sigma_{Y_1}^2)$ e $(\mu_{Y_2} + \sigma_{Y_2}^2)$, respectivamente, então $W = X_1 \cdot X_2$ tem distribuição lognormal com parâmetros $[(\mu_{Y_1} + \mu_{Y_2}), (\sigma_{Y_1}^2 + \sigma_{Y_2}^2)]$.
3. Se $X_1, X_2, \ldots, X_n$ é uma seqüência de n variáveis lognormais independentes, com parâmetros $(\mu_{Y_j}, \sigma_{Y_j}^2)$, $j = 1, 2, \ldots, n$, respectivamente, e $\{a_j\}$ é uma seqüência de constantes, enquanto $b = e^d$ é uma única constante, então o produto

$$W = b\prod_{j=1}^{n} X_j^{a_j}$$

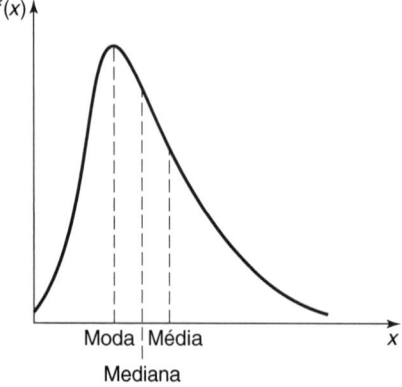

Figura 7-11 A distribuição lognormal.

tem uma distribuição lognormal com parâmetros

$$\left(d + \sum_{j=1}^{n} a_j \mu_{Y_j}\right) \quad e \quad \left(\sum_{j=1}^{n} a_j^2 \sigma_{Y_j}^2\right).$$

4. Se $X_1, X_2, \ldots, X_n$ são variáveis lognormais independentes, cada uma com os mesmos parâmetros (μ_Y, σ_Y^2), então a média geométrica

$$\left(\prod_{j=1}^{n} X_j\right)^{1/n}$$

tem uma distribuição lognormal com parâmetros μ_Y e σ_Y^2/n.

Exemplo 7-12

A variável aleatória $Y = \ln X$ tem distribuição $N(10, 4)$, de modo que X tem uma distribuição lognormal com uma média e uma variância de

$$E(X) = e^{10 + (1/2)4} = e^{12} \simeq 162.754$$

e

$$V(X) = e^{[2(10) + 4]}(e^4 - 1),$$
$$= e^{24}(e^4 - 1) \simeq 53{,}598 e^{24},$$

respectivamente. A moda e a mediana são

$$\text{moda} = e^6 \simeq 403{,}43$$

e

$$\text{mediana} = e^{10} \simeq 22.026.$$

Para determinar uma probabilidade específica, $P(X \leq 1000)$, por exemplo, usamos a transformação $P(\ln X \leq \ln 1000) = P(Y \leq \ln 1000)$:

$$P(Y \leq \ln 1000) = P\left(Z \leq \frac{\ln 1000 - 10}{2}\right)$$
$$= \Phi(-1{,}55) = 0{,}0611.$$

Exemplo 7-13

Suponha que

$$Y_1 = \ln X_1 \sim N(4; 1),$$
$$Y_2 = \ln X_2 \sim N(3; 0{,}5),$$
$$Y_3 = \ln X_3 \sim N(2; 0{,}4),$$
$$Y_4 = \ln X_4 \sim N(1; 0{,}01),$$

e, além disso, suponha que X_1, X_2, X_3 e X_4 sejam variáveis aleatórias independentes. A variável aleatória W, definida a seguir, representa uma variável de desempenho crítico em um sistema de telemetria:

$$W = e^{1,5}[X_1^{2,5} X_2^{0,2} X_3^{0,7} X_4^{3,1}].$$

Pela propriedade reprodutiva 3, W terá uma distribuição lognormal, com parâmetros

$$1{,}5 + (2{,}5 \cdot 4 + 0{,}2 \cdot 3 + 0{,}7 \cdot 2 + 3{,}1 \cdot 1) = 16{,}6$$

e

$$(2{,}5)^2 \cdot 1 + (0{,}2)^2 \cdot 0{,}5 + (0{,}7)^2 \cdot 0{,}4 + (3{,}1)^2 \cdot (0{,}01) = 6{,}562,$$

respectivamente. Isto é, $\ln W \sim N(16{,}6, 6{,}562)$. Se as especificações sobre W são, digamos, 20.000-600.000, poderíamos determinar a probabilidade de W ficar entre as especificações como segue:

$$P(20.000 \leq W \leq 600 \cdot 10^3)$$
$$= P\left[\ln(20.000) \leq \ln W \leq \ln(600 \cdot 10^3)\right]$$
$$= \Phi\left(\frac{\ln 600 \cdot 10^3 - 16,6}{\sqrt{6,526}}\right) - \Phi\left(\frac{\ln 20.000 - 16,6}{\sqrt{6.526}}\right)$$
$$\approx \Phi(-1,290) - \Phi(-2,621) = 0,0985 - 0,0044$$
$$= 0,0941.$$

7-7 A DISTRIBUIÇÃO NORMAL BIVARIADA

Até este ponto, todas as variáveis aleatórias contínuas têm sido de uma dimensão. Uma lei de probabilidade bidimensional muito importante, que é uma generalização da lei de probabilidade normal unidimensional, é chamada de *distribuição normal bivariada*. Se $[X_1, X_2]$ é um vetor aleatório normal bivariado, então a função de densidade conjunta de $[X_1, X_2]$ é

$$f(x_1, x_2) = \frac{1}{2\pi\sigma_1\sigma_2\sqrt{1-\rho^2}} \exp\left\{-\frac{1}{2(1-\rho^2)}\left[\left(\frac{x_1-\mu_1}{\sigma_1}\right)^2 \right.\right.$$
$$\left.\left. -2\rho\left(\frac{x_1-\mu_1}{\sigma_1}\right)\left(\frac{x_2-\mu_2}{\sigma_2}\right) + \left(\frac{x_2-\mu_2}{\sigma_2}\right)^2\right]\right\} \qquad (7\text{-}29)$$

para $-\infty < x_1 < \infty$ e $-\infty < x_2 < \infty$.

A probabilidade conjunta $P(a_1 \leq X_1 \leq b_1, a_2 \leq X_2 \leq b_2)$ é definida como

$$\int_{a_2}^{b_2}\int_{a_1}^{b_1} f(x_1, x_2)\, dx_1 dx_2 \qquad (7\text{-}30)$$

e é representada pelo volume sob a superfície e sobre a região $\{(x_1, x_2): a_1 \leq x_1 \leq b_1, a_2 \leq x_2 \leq b_2\}$, como mostra a Fig. 7-12. Owen (1962) fornece uma tabela de probabilidades. A densidade normal bivariada tem cinco parâmetros, que são $\mu_1, \mu_2, \sigma_1, \sigma_2$ e ρ, o coeficiente de correlação entre X_1 e X_2, tais que $-\infty < \mu_1 < \infty, -\infty < \mu_2 < \infty, \sigma_1 > 0, \sigma_2 > 0$ e $-1 > \rho > 1$.

As densidades marginais f_1 e f_2 são dadas, respectivamente, por

$$f_1(x_1) = \int_{-\infty}^{\infty} f(x_1, x_2)\, dx_2 = \frac{1}{\sigma_1\sqrt{2\pi}} e^{-(1/2)[(x_1-\mu_1)/\sigma_1]^2} \qquad (7\text{-}31)$$

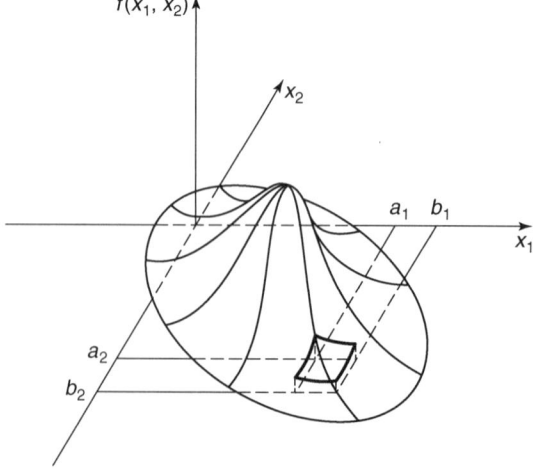

Figura 7-12 A densidade normal bivariada.

para $-\infty < x_1 < \infty$ e

$$f_2(x_2) = \int_{-\infty}^{\infty} f(x_1, x_2)\, dx_1 = \frac{1}{\sigma_2 \sqrt{2\pi}} e^{-(1/2)[(x_2 - \mu_2)/\sigma_2]^2} \tag{7-32}$$

para $-\infty < x_2 < \infty$.

Note que essas densidades marginais são normais; isto é,

$$X_1 \sim N(\mu_1, \sigma_1^2) \tag{7-33}$$

e

$$X_2 \sim N(\mu_2, \sigma_2^2),$$

de modo que

$$\begin{aligned} E(X_1) &= \mu_1, \\ E(X_2) &= \mu_2, \\ V(X_1) &= \sigma_1^2, \\ V(X_2) &= \sigma_2^2. \end{aligned} \tag{7-34}$$

O coeficiente de correlação ρ é a razão da covariância para $[\sigma_1 \cdot \sigma_2]$. A covariância é

$$\sigma_{12} = \int_{-\infty}^{\infty} \int_{-\infty}^{\infty} (x_1 - \mu_1)(x_2 - \mu_2) f(x_1, x_2)\, dx_1\, dx_2.$$

Assim,

$$\rho = \frac{\sigma_{12}}{\sigma_1 \cdot \sigma_2}. \tag{7-35}$$

As distribuições condicionais $f_{X_2|x_1}(x_2)$ e $f_{X_1|x_2}(x_1)$ são também importantes. Essas densidades condicionais são normais, como mostrado aqui:

$$\begin{aligned} f_{X_2|x_1}(x_2) &= \frac{f(x_1, x_2)}{f_1(x_1)} \\ &= \frac{1}{\sigma_2 \sqrt{2\pi} \sqrt{1-\rho^2}} \exp\left[\frac{-1}{2\sigma_2^2(1-\rho^2)} \left\{ x_2 - [\mu_2 + \rho(\sigma_2/\sigma_1)(x_1 - \mu_1)] \right\}^2 \right] \end{aligned} \tag{7-36}$$

para $-\infty < x_2 < \infty$ e

$$\begin{aligned} f_{X_1|x_2}(x_1) &= \frac{f(x_1, x_2)}{f_2(x_2)} \\ &= \frac{1}{\sigma_1 \sqrt{2\pi} \sqrt{1-\rho^2}} \exp\left[\frac{-1}{2\sigma_1^2(1-\rho^2)} \left\{ x_1 - [\mu_1 + \rho(\sigma_1/\sigma_2)(x_2 - \mu_2)] \right\}^2 \right] \end{aligned} \tag{7-37}$$

para $-\infty < x_1 < \infty$. A Fig. 7-13 ilustra algumas dessas densidades condicionais.

Consideramos, primeiro, a distribuição $f_{X_2|x_1}$. A média e a variância são

$$E(X_2|x_1) = \mu_2 + \rho(\sigma_2/\sigma_1)(x_1 - \mu_1) \tag{7-38}$$

e

$$V(X_2|x_1) = \sigma_2^2(1 - \rho^2) \tag{7-39}$$

Além disso, $f_{X_2|x_1}$ é normal; isto é,

$$X_2|x_1 \sim N[\mu_2 + \rho(\sigma_2/\sigma_1)(x_1 - \mu_1), \sigma_2^2(1 - \rho^2)]. \tag{7-40}$$

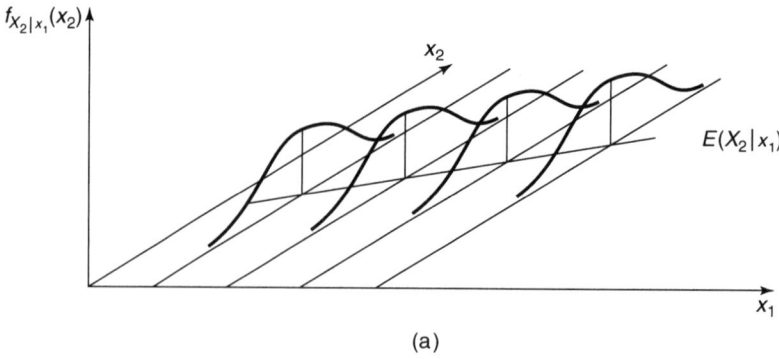

(a)

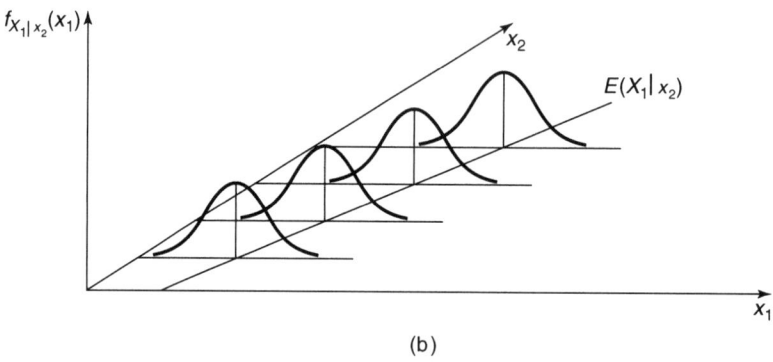

(b)

Figura 7-13 Algumas distribuições condicionais típicas. (*a*) Alguns exemplos de distribuições condicionais de X_2 para alguns valores de x_1. (*b*) Alguns exemplos de distribuições condicionais de X_1 para alguns valores de x_2.

O lugar dos valores esperados de X_2 para um dado valor de x_1, conforme mostrado na Equação 7-38, é chamado de *regressão de X_2 sobre X_1*, e é linear. Também a *variância das distribuições condicionais é constante* para todo x_1.

No caso da distribuição $f_{X_1|x_2}$, os resultados são análogos. Isto é,

$$E(X_1|x_2) = \mu_1 + \rho(\sigma_1/\sigma_2)(x_2 - \mu_2), \qquad (7\text{-}41)$$

$$V(X_1|x_2) = \sigma_1^2(1 - \rho^2), \qquad (7\text{-}42)$$

e

$$X_1|x_2 \sim N[\mu_1 + \rho(\sigma_1/\sigma_2)(x_2 - \mu_2), \sigma_1^2(1 - \rho^2)]. \qquad (7\text{-}43)$$

Na distribuição normal bivariada, observamos que se $\rho = 0$, a densidade conjunta pode ser fatorada no produto das densidades marginais e, assim, X_1 e X_2 são independentes. Assim, para uma densidade normal bivariada, correlação zero e independência são equivalentes. Se planos paralelos ao plano x_1, x_2 passam pela superfície mostrada na Fig. 7-12, os contornos recortados na superfície normal bivariada são elipses. O estudante pode querer mostrar essa propriedade.

Exemplo 7-14

Na tentativa de substituir um teste destrutivo por um procedimento de teste não-destrutivo, foi feito um estudo extensivo da força de cisalhamento, X_2, e do diâmetro da solda, X_1, de pontos de solda, obtendo-se as seguintes informações.

1. $[X_1, X_2] \sim$ normal bivariada.
2. $\mu_1 = 0{,}20$ polegada, $\mu_2 = 1100$ libras, $\sigma_1^2 = 0{,}02$ polegada², $\sigma_2^2 = 525$ libras² e $\rho = 0{,}9$.

A regressão de X_2 sobre X_1 é, então,

$$E(X_2|x_1) = \mu_2 + \rho(\sigma_2/\sigma_1)(x_1 - \mu_1)$$
$$= 1100 + 0{,}9\left(\frac{\sqrt{525}}{\sqrt{0{,}02}}\right)(x_1 - 0{,}2)$$
$$= 145{,}8x_1 + 1070{,}84,$$

e a variância é

$$V(X_2|x_1) = \sigma_2^2(1 - \rho^2)$$
$$= 525(0{,}19) = 99{,}75.$$

Ao estudar esses dados, o gerente de produção nota que, como $\rho = 0{,}9$, isto é, próximo de 1, o diâmetro da solda tem alta correlação com a força de cisalhamento. A especificação para essa força requer um valor maior do que 1080. Se uma solda tem um diâmetro de 0,18, ele se pergunta: "Qual é a probabilidade de que se atinja a especificação para a força?" O engenheiro do processo nota que $E(X_2|0{,}18) = 1097{,}05$; portanto,

$$P(X_2 \geq 1080) = P\left(Z \geq \frac{1080 - 1097{,}05}{\sqrt{99{,}75}}\right)$$
$$= 1 - \Phi(-1{,}71) = 0{,}9564,$$

e ele recomenda uma política tal que, se o diâmetro da solda não for menor do que 0,18, a solda será considerada satisfatória.

Exemplo 7-15

No desenvolvimento de uma política de admissão para uma grande universidade, o responsável pelo teste e avaliação dos estudantes notou que X_1, o escore combinado dos exames de admissão, e X_2, a média do estudante ao final de seu primeiro ano, têm uma distribuição normal bivariada. Uma média de 4,0 corresponde a A. Um estudo indica que

$$\mu_1 = 1300,$$
$$\mu_2 = 2{,}3,$$
$$\sigma_1^2 = 6400,$$
$$\sigma_2^2 = 0{,}25,$$
$$\rho = 0{,}6.$$

Qualquer estudante com média inferior a 1,5 é automaticamente eliminado ao final do primeiro ano; no entanto, uma média de 2,0 é considerada satisfatória.

Um candidato faz os exames de admissão, recebe um escore combinado de 900 e não é aceito. Um pai irado argumenta que o aluno fará um bom trabalho e, especificamente, terá média superior a 2,0 ao final do primeiro ano. Considerando apenas os aspectos probabilísticos do problema, o diretor de admissão deseja determinar $P(X_2 \geq 2{,}0|x_1 = 900)$. Notando que

$$E(X_2|900) = 2{,}3 + (0{,}6)\left(\frac{0{,}5}{80}\right)(900 - 1300)$$
$$= 0{,}8$$

e

$$V(X_2|900) = 0{,}16,$$

o diretor calcula

$$1 - \Phi\left(\frac{2{,}0 - 0{,}8}{0{,}4}\right) = 0{,}0013,$$

que prediz apenas uma pequena chance de que a afirmativa do pai seja válida.

7-8 GERAÇÃO DE REALIZAÇÕES NORMAIS

Consideraremos tanto o método direto quanto o aproximado para gerar realizações de uma variável normal padronizada Z, em que $Z \sim N(0,1)$. Lembre que $X = \mu + \sigma Z$, de modo que realizações de $X \sim N(\mu, \sigma^2)$ são facilmente obtidas como $x = \mu + \sigma z$.

O método direto exige a geração de realizações de números aleatórios uniformes [0, 1] em pares: u_1 e u_2. Então, usando os métodos do Capítulo 4, resulta que

$$z_1 = (-2 \ln u_1)^{1/2} \cos(2\pi u_2),$$
$$z_2 = (-2 \ln u_1)^{1/2} \sen(2\pi u_2) \qquad (7\text{-}44)$$

são realizações de variáveis $N(0, 1)$ independentes. Os valores $x = \mu + \sigma z$ seguem diretamente, e o processo se repete até que o número desejado de realizações seja atingido.

Um método aproximado, que faz uso do Teorema Central do Limite, é o seguinte:

$$z = \sum_{i=1}^{12} u_i - 6. \qquad (7\text{-}45)$$

Com esse procedimento, começaríamos gerando 12 realizações de números aleatórios uniformes [0, 1], somando-as e subtraindo 6 desse total. Esse processo inteiro é repetido até que se atinja o número desejado de realizações.

Embora o método direto seja exato e usualmente preferível, valores aproximados são, algumas vezes, aceitáveis.

7-9 RESUMO

Este capítulo apresentou a distribuição normal com vários exemplos de aplicações. A distribuição *normal*, a *normal padronizada* relacionada e as distribuições *lognormais* são univariadas, enquanto a *normal bivariada* dá a densidade conjunta de duas variáveis aleatórias normais relacionadas.

A distribuição normal forma a base sobre a qual se apóia grande parte do trabalho de inferência estatística. A grande aplicação da distribuição normal a torna particularmente importante.

7-10 EXERCÍCIOS

7-1. Seja Z uma variável aleatória normal padronizada e calcule as seguintes probabilidades, usando esboços onde for apropriado:

(a) $P(0 \leq Z \leq 2)$.
(b) $P(-1 \leq Z \leq +1)$.
(c) $P(Z \leq 1{,}65)$.
(d) $P(Z \geq -1{,}96)$.
(e) $P(|Z| > 1{,}5)$.
(f) $P(-1{,}9 \leq Z \leq 2)$.
(g) $P(Z \leq 1{,}37)$.
(h) $P(|Z| \leq 2{,}57)$.

7-2. Seja $X \sim N(10, 9)$. Ache $P(X \leq 8)$, $P(X \geq 12)$, $P(2 \leq X \leq 10)$.

7-3. Em cada parte a seguir, ache o valor de c que torna verdadeira a afirmativa sobre probabilidade.

(a) $\Phi(c) = 0{,}94062$.
(b) $P(|Z| \leq c) = 0{,}95$.
(c) $P(|Z| \leq c) = 0{,}99$.
(d) $P(Z \leq c) = 0{,}05$.

7-4. Se $P(Z \geq z_\alpha) = \alpha$, determine z_α para $\alpha = 0{,}025$, $\alpha = 0{,}005$, $\alpha = 0{,}05$ e $\alpha = 0{,}0014$.

7-5. Se $X \sim N(80, 10^2)$, calcule o seguinte:

(a) $P(X \leq 100)$.
(b) $P(X \leq 80)$.
(c) $P(75 \leq X \leq 100)$.
(d) $P(75 \leq X)$.
(e) $P(|X - 80| \leq 19{,}6)$.

7-6. A vida de determinado tipo de bateria de cela seca é distribuída normalmente, com uma média de 600 dias e um desvio-padrão de 60 dias. Que fração dessas baterias espera-se que sobreviva acima de 680 dias? Que fração espera-se que falhe antes de 560 dias?

7-7. O gerente de pessoal de uma grande companhia exige que os candidatos a emprego façam um certo teste e alcancem um escore de 500. Se os escores dos testes são normalmente distribuídos, com uma média de 485 e um desvio-padrão de 30, que percentagem dos candidatos será aprovada no teste?

7-8. A experiência indica que o tempo de desenvolvimento para um papel fotográfico de impressão é distribuído normalmente como $X \sim N(30 \text{ segundos}; 1{,}21 \text{ segundo}^2)$. Ache o seguinte: (a) A probabilidade de que X seja, no mínimo, de 28,5 segundos. (b) A probabilidade de que X seja, no máximo, de 31 segundos. (c) A probabilidade de que X seja diferente de seu valor esperado por mais de 2 segundos.

7-9. Certo tipo de lâmpada tem um resultado que é normalmente distribuído, com média de 2500 foot-candles[1] e um desvio-padrão de 75 foot-candles. Determine o limite inferior de especificação tal que apenas 5% das lâmpadas fabricadas serão defeituosas.

7-10. Mostre que a função geratriz de momentos para a distribuição normal é como dada pela Equação 7-5. Use-a para gerar a média e a variância.

7-11. Se $X \sim N(\mu, \sigma^2)$, mostre que $Y = aX + b$, em que a e b são constantes reais, é também normalmente distribuída. Use os métodos delineados no Capítulo 3.

---
[1]Unidade de iluminação do sistema de unidades inglesa. 1 foot-candle = 10,76 lux. (N.T.)

7-12. O diâmetro interno de um anel de pistão é distribuído normalmente, com uma média de 12 cm e um desvio-padrão de 0,02 cm.
(a) Qual fração dos anéis de pistão terá diâmetro que exceda 12,05 cm?
(b) Qual valor do diâmetro interno, c, tem probabilidade de 0,90 de ser excedido?
(c) Qual é a probabilidade de que o diâmetro interno fique entre 11,95 e 12,05?

7-13. Um gerente de fábrica ordena o encerramento de processo e o estabelecimento de reajustes sempre que o pH do produto final ficar acima de 7,20 ou abaixo de 6,80. O pH da amostra é distribuído normalmente, com μ desconhecida e desvio-padrão de $\sigma = 0{,}10$. Determine as seguintes probabilidades:
(a) De reajuste, quando o processo está operando como desejado, com $\mu = 7{,}0$.
(b) De reajuste, quando o processo está ligeiramente fora do alvo, com o pH médio de 7,05.
(c) De deixar de reajustar, quando o processo está muito alcalino e o pH médio é de $\mu = 7{,}25$.
(d) De deixar de reajustar, quando o processo está muito ácido e o pH médio é de $\mu = 6{,}75$.

7-14. O preço pedido para um certo título é distribuído normalmente, com média de \$50,00 e um desvio-padrão de \$5,00. Os compradores desejam pagar uma quantia que é também normalmente distribuída, com média de \$45,00 e desvio-padrão de \$2,50. Qual é a probabilidade de que a transação se efetue?

7-15. As especificações para certo capacitor são de que sua vida deve estar entre 1000 e 5000 horas. Sabe-se que a vida é distribuída normalmente, com média de 3000 horas. O lucro proporcionado por cada capacitor é de \$9,00; no entanto, uma unidade defeituosa deve ser reposta a um custo de \$3,00 para a companhia. Dois processos de fabricação podem produzir capacitores com vidas-médias satisfatórias. O desvio-padrão para o processo A é de 1000 horas, e para o processo B é de 500 horas. No entanto, os custos de produção do processo A chegam apenas à metade dos custos de produção do processo B. Qual valor do custo do processo de fabricação é crítico na indicação do uso do processo A ou B?

7-16. O diâmetro de um rolamento de esferas é uma variável aleatória normalmente distribuída, com média μ e um desvio-padrão de 1. As especificações para o diâmetro são $6 \leq X \leq 8$, e um rolamento dentro desses limites gera um lucro de C dólares. No entanto, se $X < 6$ o lucro é $-R_1$ dólares, ou se $X > 8$, o lucro é de $-R_2$ dólares. Ache o valor de μ que maximize o lucro esperado.

7-17. No exercício anterior, ache o valor ótimo de μ se $R_1 = R_2 = R$.

7-18. Use os resultados do Exercício 7-16 com $C = \$8{,}00$, $R_1 = \$2{,}00$ e $R_2 = \$4{,}00$. Qual é o valor de μ que maximiza o lucro esperado?

7-19. A dureza Rockwell de uma liga particular é distribuída normalmente, com uma média de 70 e um desvio-padrão de 4.
(a) Se um espécime é aceitável apenas se sua dureza estiver entre 62 e 72, qual é a probabilidade de que um espécime escolhido aleatoriamente tenha dureza aceitável?
(b) Se o intervalo aceitável para a dureza fosse $(70 - c, 70 + c)$, para qual valor de c teríamos 95% de todos os espécimes com dureza aceitável?
(c) Se o intervalo de dureza aceitável é como em (a) e a dureza de cada um de nove espécimes selecionados de modo aleatório é determinada independentemente, qual é o número esperado de espécimes aceitáveis entre os nove selecionados?

7-20. Prove que $E(Z_n) = 0$ e $V(Z_n) = 1$, onde Z_n é como definido no Teorema 7-2.

7-21. Sejam $X_i (i = 1, 2, \ldots, n)$ variáveis aleatórias independentes, identicamente distribuídas, com média μ e variância σ^2. Considere a média amostral

$$\overline{X} = \frac{1}{n}(X_1 + X_2 + \cdots + X_n) = \frac{1}{n}\sum_{i=1}^{n} X_i.$$

Mostre que $E(\overline{X}) = \mu$ e $V(\overline{X}) = \sigma^2/n$.

7-22. Um eixo com diâmetro externo (D.E.) $\sim N(1{,}20; 0{,}0016)$ é inserido em um mancal comum de diâmetro interno (D.I.), que é $N(1{,}25; 0{,}0009)$. Determine a probabilidade de interferência.

7-23. Uma montagem consiste em três componentes colocados lado a lado. O comprimento de cada componente é distribuído normalmente, com uma média de 2 polegadas e um desvio-padrão de 0,2 polegada. As especificações exigem que todas as montagens tenham comprimento entre 5,7 e 6,3 polegadas. Quantas montagens satisfarão essa exigência?

7-24. Ache a média e a variância da combinação linear

$$Y = X_1 + 2X_2 + X_3 + X_4,$$

onde $X_1 \sim N(4,3)$, $X_2 \sim N(4,4)$, $X_3 \sim N(2,4)$ e $X_4 \sim N(3,2)$. Qual é a probabilidade de que $15 \leq Y \leq 20$?

7-25. O erro de arredondamento tem uma distribuição em $[-0{,}5, +0{,}5]$, e esses erros são independentes. Faz-se uma soma de 50 números, em que cada número é arredondado antes de ser somado. Qual é a probabilidade de que o erro de arredondamento total exceda 5?

7-26. Cem pequenos parafusos são embalados em uma caixa. Cada parafuso pesa uma onça,[2] com um desvio-padrão de 0,01 onça. Ache a probabilidade de que a caixa pese mais de 102 onças.

7-27. Uma máquina automática é usada para encher caixas com pó de sopa. As especificações exigem que as caixas pesem entre 11,8 e 12,2 onças. Os únicos dados disponíveis relativos ao desempenho da máquina se referem ao conteúdo médio de grupos de nove caixas. Sabe-se que o conteúdo médio é 11,9 onças, com um desvio-padrão de 0,05 onça. Que fração das caixas produzidas é defeituosa? Onde deveria se localizar a média para minimizar essa fração de defeituosas? Suponha que o peso seja distribuído normalmente.

7-28. Um ônibus viaja entre duas cidades, mas visita seis cidades intermediárias na sua rota. As médias e os desvios-padrão dos tempos de viagem são os seguintes:

Pares de Cidades	Tempo Médio (horas)	Desvio-Padrão (horas)
1–2	3	0,4
2–3	4	0,6
3–4	3	0,3
4–5	5	1,2
5–6	7	0,9
6–7	5	0,4
7–8	3	0,4

Qual é a probabilidade de que o ônibus complete sua viagem dentro de 32 horas?

7-29. Um processo de produção fabrica itens, dos quais 8% são defeituosos. Uma amostra aleatória de 200 itens é selecionada a cada dia e o número de defeituosos, X, é contado. Usando a aproximação normal para a binomial, ache o seguinte:

---
[2]Medida inglesa de massa; 1 onça = 28,349 gramas.

(a) $P(X \leq 16)$.
(b) $P(X = 15)$.
(c) $P(12 \leq X \leq 20)$.
(d) $P(X = 14)$.

7-30. Em estudos de trabalhos de amostragem, deseja-se, em geral, encontrar o número necessário de observações. Dado que $p = 0,1$, ache o valor necessário de n para que $P(0,05 \leq \hat{p} \leq 0,15) = 0,95$.

7-31. Use números aleatórios gerados por seu pacote favorito de computador, ou escalonando os números aleatórios da Tabela XV do Apêndice pela multiplicação por 10^{-5}, para gerar seis realizações de uma variável $N(100, 4)$ usando o seguinte:
(a) O método direto.
(b) O método aproximado.

7-32. Considere uma combinação linear $Y = 3X_1 - 2X_2$, onde X_1 é $N(10, 3)$ e X_2 é uniformemente distribuída em $[0, 20]$. Gere seis realizações da variável aleatória Y, onde X_1 e X_2 são independentes.

7-33. Se $Z \sim N(0, 1)$, gere cinco realizações de Z^2.

7-34. Se $Y = \ln X$ e $Y \sim N(\mu_Y, \sigma_Y^2)$, desenvolva um procedimento para gerar realizações de X.

7-35. Se $Y = X_1^{1/2}/X_2^2$, onde $X_1 \sim N(\mu_1, \sigma_1^2)$ e $X_2 \sim N(\mu_2, \sigma_2^2)$, com X_1 e X_2 independentes, desenvolva um gerador para produzir realizações de Y.

7-36. O brilho de lâmpadas é distribuído normalmente, com uma média de 2500 foot-candles e um desvio-padrão de 50 foot-candles. As lâmpadas são testadas, e todas aquelas com brilho superior a 2600 foot-candles são colocadas em um lote especial de alta qualidade. Qual é a distribuição de probabilidade das lâmpadas restantes? Qual é seu brilho esperado?

7-37. A variável aleatória $Y = \ln X$ tem uma distribuição $N(50, 25)$. Ache a média, a variância, a moda e a mediana de X.

7-38. Suponha que as variáveis aleatórias Y_1, Y_2, Y_3 sejam tais que

$$Y_1 = \ln X_1 \sim N(4; 1),$$
$$Y_2 = \ln X_2 \sim N(3; 1),$$
$$Y_3 = \ln X_3 \sim N(2; 0,5).$$

Ache a média e a variância de $W = e^2 X_1^2 X_2^{1,5} X_3^{1,28}$. Determine um conjunto de especificações E e D tal que

$$P(E \leq W \leq D) = 0,90.$$

7-39. Mostre que a função de densidade de uma variável aleatória X com distribuição lognormal é dada pela Equação 7-24.

7-40. Considere a densidade normal bivariada

$$f(x_1, x_2) = \Delta \exp\left\{-\frac{1}{2(1-\rho^2)}\left[\frac{x_1^2}{\sigma_1^2} - \frac{2\rho x_1 x_2}{\sigma_1 \sigma_2} + \frac{x_2^2}{\sigma_2^2}\right]\right\}$$
$$-\infty < x_1 < \infty, \ -\infty < x_2 < \infty,$$

onde Δ é escolhido de tal forma que f seja uma distribuição de probabilidade. As variáveis X_1 e X_2 são independentes? Defina duas novas variáveis aleatórias:

$$Y_1 = \frac{1}{(1-\rho^2)^{1/2}}\left(\frac{X_1}{\sigma_1} - \frac{\rho X_2}{\sigma_2}\right),$$
$$Y_2 = \frac{X_2}{\sigma_2}.$$

Mostre que as duas novas variáveis aleatórias são independentes.

7-41. A vida de um tubo (X_1) e o diâmetro do filamento (X_2) são variáveis aleatórias com distribuição normal bivariada, com parâmetros $\mu_1 = 2000$ horas, $\mu_2 = 0,10$ polegada, $\sigma_1^2 = 2500$ horas^2, $\sigma_2^2 = 0,01$ polegada^2 e $\rho = 0,87$. O gerente de controle da qualidade deseja determinar a vida de cada tubo medindo o diâmetro do filamento. Se o diâmetro de um filamento é de 0,098, qual é a probabilidade de que o tubo dure 1950 horas?

7-42. Um professor de faculdade notou que as notas em cada um de dois testes têm uma distribuição normal bivariada, com parâmetros $\mu_1 = 75$, $\mu_2 = 83$, $\sigma_1^2 = 25$, $\sigma_2^2 = 16$ e $\rho = 0,8$. Se uma aluna recebe uma nota de 80 no primeiro teste, qual é a probabilidade de que ela se saia melhor no segundo teste? Como é afetada a resposta de fizermos $\rho = -0,8$?

7-43. Considere a superfície $y = f(x_1, x_2)$, onde f é a função de densidade normal bivariada.
(a) Prove que y = constante corta a superfície em uma elipse.
(b) Prove que y = constante com $\rho = 0$ e $\sigma_1^2 = \sigma_2^2$ corta a superfície em um círculo.

7-44. Sejam X_1 e X_2 variáveis aleatórias independentes, cada uma com densidade normal com média zero e variância σ^2. Ache a distribuição de

$$R = \sqrt{X_1^2 + X_2^2}.$$

A distribuição resultante é conhecida como distribuição de *Rayleigh*, e freqüentemente é usada para modelar a distribuição do erro radial em um plano. *Sugestão*: sejam $X_1 = R\cos\theta$ e $X_2 = R\sin\theta$. Obtenha a distribuição de probabilidade conjunta de R e θ, e integre em relação a θ.

7-45. Usando um método semelhante ao do Exercício 7-44, obtenha a distribuição de

$$R = \sqrt{X_1^2 + X_2^2 + \cdots + X_n^2},$$

onde $X_i \sim N(0, \sigma^2)$ e é independente.

7-46. Sejam as variáveis aleatórias independentes $X_i \sim N(0, \sigma^2)$ para $i = 1, 2$. Ache a distribuição de probabilidade de

$$C = \frac{X_1}{X_2}.$$

Dizemos que C segue a distribuição de *Cauchy*. Tente calcular $E(C)$.

7-47. Seja $X \sim N(0, 1)$. Ache a distribuição de probabilidade de $Y = X^2$. Y é chamada a distribuição *qui-quadrado* com um grau de liberdade. É uma distribuição importante na metodologia estatística.

7-48. Sejam as variáveis independentes $X_i \sim N(0, 1)$ para $i = 1, 2, \ldots, n$. Mostre que a distribuição de probabilidade de $Y = \sum_{i=1}^{n} X_i^2$ segue uma distribuição qui-quadrado com n graus de liberdade.

7-49. Seja $X \sim N(0, 1)$. Defina uma nova variável aleatória $Y = |X|$. Então, ache a distribuição de probabilidade de Y. Essa é, em geral, chamada de distribuição *seminormal*.

Capítulo 8

Introdução à Estatística e à Descrição de Dados

8-1 O CAMPO DA ESTATÍSTICA

A estatística trabalha com a coleta, apresentação, análise e uso de dados para a resolução de problemas, tomada de decisões, desenvolvimento de estimativas e planejamento e desenvolvimento tanto de produtos quanto de procedimentos. Uma compreensão da estatística básica e dos métodos estatísticos é de utilidade para qualquer pessoa nessa era da informação; no entanto, como engenheiros, cientistas e os que trabalham com a ciência do gerenciamento estão rotineiramente ocupados com dados, o conhecimento de estatística e dos métodos estatísticos básicos é, para eles, de vital importância. Nesta economia mundial intensamente competitiva e de alta tecnologia da primeira década do século XXI, as expectativas dos consumidores em relação à qualidade, ao desempenho e à confiabilidade de produtos cresceram significativamente em relação às expectativas do passado recente. Além disso, passamos a esperar altos níveis de desempenho de sistemas logísticos em todos os níveis, e a operação e o refinamento desses sistemas são, em grande parte, dependentes da coleta e do uso de dados. Enquanto aqueles que trabalham em várias "indústrias de serviços" lidam com problemas de alguma forma, diferentes em um nível básico eles também estão coletando dados a serem usados na resolução de problemas e na melhora do "serviço", de modo a se tornarem mais competitivos na conquista de sua fatia do mercado.

Os métodos estatísticos são usados para a apresentação, a descrição e a compreensão da *variabilidade*. Na observação repetida de um valor variável ou de vários valores variáveis, onde esses valores são associados a unidades por um processo, notamos que essas observações repetidas tendem a dar resultados diferentes. Este capítulo trata dos problemas da apresentação e da descrição de dados, enquanto o seguinte utilizará os conceitos de probabilidade desenvolvidos em capítulos anteriores para modelar e desenvolver uma compreensão da variabilidade e utilizar essa compreensão na apresentação de tópicos e métodos de inferência estatística.

Virtualmente todos os processos do mundo real exibem variabilidade. Por exemplo, considere a situação em que selecionamos várias peças de fundição de um processo de fabricação e medimos uma dimensão crítica (tal como uma abertura de pá) em cada peça. Se o instrumento de medição tem resolução suficiente, as aberturas das pás serão diferentes (haverá variabilidade na dimensão). Alternativamente, se contarmos o número de defeitos em placas de circuito impresso encontraremos variabilidade nas contagens, pois algumas placas terão poucos defeitos e outras terão muitos. Essa variabilidade se estende a *todos* os ambientes. Há variabilidade na espessura do revestimento de óxido em pastilhas de silício, na produção horária de um processo químico, no número de erros em pedidos de compras, no fluxo de tempo necessário para a montagem de um motor de avião e nas quantidades de gás natural gastas por consumidores residenciais fornecidas por uma distribuidora em determinado mês.

Quase todas as atividades experimentais refletem variabilidade semelhante nos dados observados e, no Capítulo 12, empregaremos métodos estatísticos não só para a análise de dados experimentais, mas também para a construção de planejamentos experimentais efetivos para o estudo de processos.

Por que a variabilidade ocorre? De maneira geral, a variabilidade é o resultado de mudanças nas condições sob as quais são feitas as observações. No contexto da produção, essas mudanças podem ser diferenças nos espécimes de material, diferenças na maneira como as pessoas fazem o trabalho, diferenças nas variáveis do processo — tais como temperatura, pressão, ou tempo de espera — e diferenças nos *fatores ambientais*, tais como umidade relativa. A variabilidade ocorre, também, por causa do sistema de medidas. Por exemplo, a medida obtida por uma balança pode depender da posição em que o item de teste é colocado no prato. O processo de seleção das unidades para observação pode, também, causar variabilidade. Por exemplo, suponha que um lote de 1000 *chips* de circuito integrado tenha exatamente 100 *chips* defeituosos. Se inspecionarmos todos os 1000 *chips* e se nosso processo de inspeção for perfeito (sem erro de inspeção ou de medida), encontraremos todos os 100 *chips* defeituosos. No entanto, suponha que selecionemos 50 *chips*. Agora, alguns chips serão, provavelmente, defeituosos; esperamos que a amostra seja 10% defeituosa, mas pode ser 0% ou 2% ou 12% defeituosa, dependendo dos *chips* específicos selecionados.

O campo da estatística consiste em métodos para descrição e modelagem da variabilidade e tomada de decisão, quando a variabilidade se apresenta. Na *inferência estatística*, usualmente desejamos tomar uma decisão relativa a certa *população*. O termo *população* se refere à coleção de medidas de todos os elementos de um *universo* sobre o qual queremos tirar conclusões ou tomar decisões. Neste texto, fazemos distinção entre universo e populações no sentido de que o universo é composto pelo conjunto de *unidades elementares* ou, simplesmente, *unidades*, enquanto uma população é o conjunto de valores de variáveis numéricas ou categóricas para uma variável associada a cada uma das unidades do universo. Obviamente, pode haver várias populações associadas a um dado universo. Um exemplo é o universo que consiste nos clientes da classe residencial de uma companhia de energia elétrica cujas contas estavam ativas durante o mês de agosto de 2003. Exemplos de populações podem ser o conjunto de valores de consumo de energia (quilowatt-hora) nas contas dos clientes do mês de agosto de 2003, o conjunto das demandas (quilowatts) dos clientes no instante do pico da demanda em agosto e o conjunto que consiste nas categorias de moradias, tais como casas de uma só família, apartamentos, casas móveis, etc.

Outro exemplo é o universo que consiste em todas as fontes de energia para computadores pessoais fabricados por uma companhia eletrônica durante um dado período. Suponha que o fabricante esteja interessado especificamente na voltagem de saída de cada fonte de energia. Podemos considerar os níveis de voltagens de saída nas fontes de energia como tal população. Nesse caso, cada valor populacional é uma medida numérica, tal como 5,10 ou 5,24. Os dados, nesse caso, seriam considerados como *dados de medição*. Por outro lado, o fabricante pode estar interessado em saber se cada fonte de energia produziu, ou não, uma voltagem de saída de acordo com as exigências. Podemos, então, considerar a população como *dados de atributo*, nos quais cada fonte de energia recebe um valor — um, se a unidade não está de acordo, e zero se está de acordo com as especificações. Tanto os dados de medição quanto os de atributo são chamados de *dados numéricos*. Além disso, é conveniente considerar um dado de medição como *dado contínuo* ou *dado discreto*, dependendo da natureza do processo que associa valores às variáveis das unidades. Ainda outro tipo de dado é chamado de *dado categórico*. Exemplos são sexo, dia da semana em que é feita a observação, marca de automóvel, etc. Finalmente, temos os *dados identificadores de unidades*, que são alfanuméricos e usados para identificar o universo e as unidades amostrais. Esses dados podem não existir, nem ter interpretação estatística; no entanto, em algumas situações eles são identificadores essenciais para o universo e as unidades amostrais. Exemplos seriam números de seguro social, números de contas em bancos, placas de automóveis e número de série de marca-passos. Neste livro, apresentaremos técnicas para se lidar tanto com dados de medição quanto com dados de atributo; no entanto, dados categóricos também serão considerados.

Em muitas aplicações da estatística, os dados disponíveis resultam de uma *amostra* de unidades selecionadas do universo de interesse, e esses dados refletem medição ou classificação de uma ou mais variáveis associadas às unidades amostrais. A amostra é, assim, um subconjunto das unidades, e os valores das medições ou classificações dessas unidades são subconjuntos das populações dos respectivos universos.

A Fig. 8-1 apresenta uma visão geral da atividade de aquisição de dados. É conveniente pensar em um *processo* que produz *unidades* e designa valores a variáveis associadas às unidades. Um exemplo seria o processo de fabricação das fontes de energia. As fontes de energia, nesse caso, são as unidades, e os valores da voltagem de saída (talvez junto com outros valores de variáveis) podem ser considerados como tendo sido associados pelo processo. Muitas vezes *supõe-se* que um modelo probabilístico,

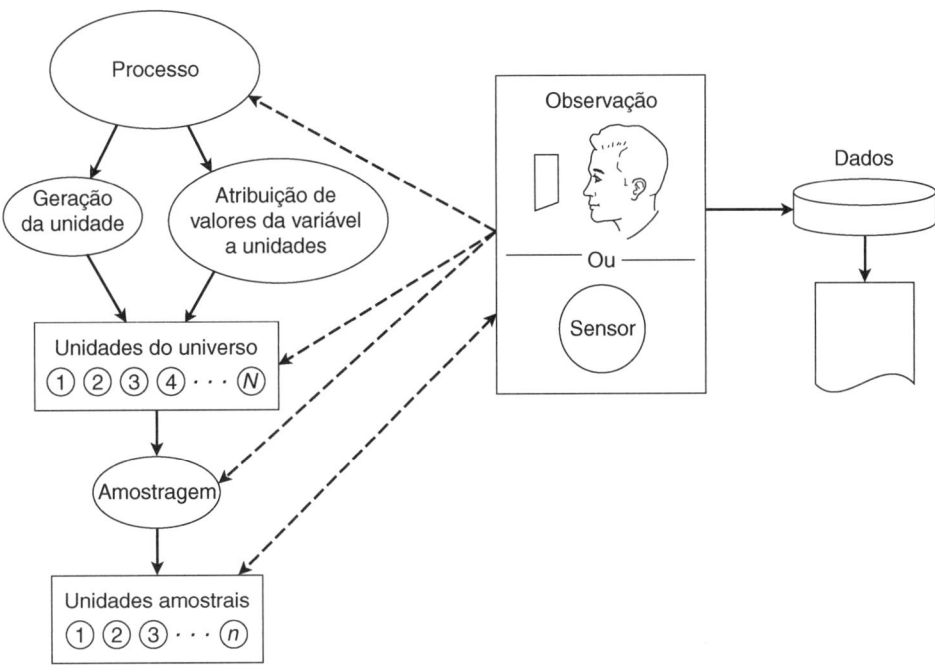

Figura 8-1 Do processo aos dados.

ou um modelo com alguns componentes probabilísticos, represente o processo de associação de valores. Como indicado antes, o conjunto de unidades é considerado o *universo*, e esse conjunto pode ter um número finito ou infinito de unidades membros. Além disso, em alguns casos esse conjunto existe apenas conceitualmente; no entanto, podemos descrever os elementos do conjunto sem enumerá-los, como no caso do espaço amostral, $\mathscr{S}$, associado a um experimento aleatório apresentado no Capítulo 1. O conjunto de valores associados, ou que podem ser associados, a uma variável específica torna-se a *população* para aquela variável.

Ilustramos, agora, com uns poucos exemplos adicionais que refletem a estrutura de vários universos e diferentes aspectos da observação de processos e dados populacionais. Primeiro, continuando com o exemplo das fontes de energia, considere a produção de um turno específico, que consiste em 300 unidades, cada uma com alguma voltagem de saída. Considere, para começar, uma amostra de 10 unidades selecionadas a partir dessas 300 unidades e testadas, com medições de suas voltagens, como descrito antes para unidades amostrais. O universo, aqui, é finito, e o conjunto de valores de voltagem para essas unidades do universo (a população) é, portanto, finito. Se nosso interesse é simplesmente descrever os resultados amostrais, fazemos isso com a enumeração dos resultados, e tanto métodos gráficos e quantitativos, para melhor descrição, são apresentados nas seções seguintes deste capítulo. Por outro lado, se desejamos empregar os resultados amostrais para fazer inferência estatística sobre a população que consiste nos 300 valores de voltagem, isso se chama um *estudo enumerativo*, e se deve dar atenção cuidadosa ao método de *seleção da amostra* caso se deseje uma inferência válida sobre a população. A chave para a maior parte do que se consegue em tal estudo envolve formas simples, ou mais complexas, de *amostragem aleatória*, ou, pelo menos, da *amostragem probabilística*. Enquanto esses conceitos serão mais desenvolvidos no próximo capítulo, nota-se, nesse ponto, que a aplicação da amostragem aleatória simples a partir de um universo finito resulta em uma probabilidade igual de inclusão para cada unidade do universo. No caso de um universo finito, onde a amostragem é feita *sem reposição* e o tamanho da amostra, usualmente denotado por *n*, é o mesmo tamanho do universo, *N*, então essa amostra é chamada de *censo*.

Suponha que nosso interesse não esteja nos valores de voltagem das unidades produzidas nesse turno específico, mas sim no processo ou modelo de associação de variáveis do processo. Devemos ter muito cuidado com os métodos de amostragem, mas devemos, também, fazer suposições sobre a estabilidade do processo e da estrutura do modelo do processo durante o período de amostragem. Em resumo, os valores das variáveis das unidades do processo podem ser considerados como realizações do processo, e uma amostra aleatória de tal universo, medindo valores de voltagem, é equivalente a uma amostra aleatória no processo ou na variável voltagem do modelo do processo ou população. Em nosso exemplo, podemos supor que a voltagem da unidade, E, seja distribuída normalmente como $N(\mu, \sigma^2)$ durante a seleção amostral. Isso é, em geral, chamado de *estudo analítico*, e nosso objetivo pode ser, por exemplo, estimar μ e/ou σ^2. Uma vez mais, a amostragem aleatória será definida rigorosamente no capítulo que se segue.

Muito embora um universo, algumas vezes, só exista conceitualmente, definido por uma descrição verbal de filiação de seus membros, é geralmente útil considerar o processo inteiro da atividade de observação e o universo conceitual. Considere um exemplo, em que os ingredientes de espécimes de concreto foram especificados de forma a se atingir alta resistência com pouco tempo de cura. Um lote é misturado, cinco espécimes são colocados em moldes cilíndricos e são curados de acordo com as especificações de teste. Em seguida à cura, esses cilindros de teste são submetidos a cargas longitudinais até a ruptura, quando se registra a força de ruptura. Essas unidades de teste, juntamente com os dados resultantes, são consideradas dados amostrais das medições de força associadas às unidades do universo (cada uma com um valor populacional associado) que poderiam ter sido produzidas, mas que nunca realmente o foram. Novamente, como no exemplo anterior, a inferência sempre se relaciona ao processo ou ao modelo de associação de variáveis do processo, e hipóteses sobre o modelo podem se tornar cruciais para a obtenção de inferência significante nesse estudo analítico.

Finalmente, considere medidas tomadas em um fluido para se avaliar alguma variável ou característica. Espécimes são retirados do fluido bem misturado (espera-se), com cada espécime colocado em um contêiner. Surge alguma dificuldade na identificação do universo. Uma convenção, aqui, é considerar o universo como constituído de todos os espécimes possíveis que poderiam ser selecionados. De modo similar, uma visão alternativa é considerar que os valores amostrais representam uma realização do modelo de associação de valores do processo. A obtenção de resultados significantes de tal estudo analítico exige, mais uma vez, muita atenção aos métodos de amostragem e ao processo ou hipóteses sobre o modelo de amostragem.

A *estatística descritiva* é um ramo da estatística que lida com a organização, o resumo e a apresentação dos dados. Muitas das técnicas da estatística descritiva têm sido usadas por mais de 200 anos, com origem em pesquisas e atividades de censo. A moderna tecnologia do computador, particularmente os gráficos por computador, tem expandido grandemente o campo da estatística descritiva em anos recentes. *As técnicas da estatística descritiva podem ser aplicadas tanto a populações inteiras finitas quanto a amostras*, e esses métodos e técnicas são ilustrados nas seções seguintes deste capítulo. Uma vasta seleção de programas de computador está disponível, variando em foco, sofisticação e generalização, desde simples funções de planilhas, como as encontradas no Microsoft Excel®, passando por programas mais abrangentes mas ainda amigáveis, como o Minitab®, até sistemas amplos, flexíveis e abrangentes como o SAS. Muitas outras opções estão também disponíveis.

Nos estudos enumerativos e analíticos, o objetivo é chegar a uma conclusão ou fazer uma inferência sobre uma população finita ou sobre um processo ou modelo de associação de variável. Essa atividade é chamada de *inferência estatística*, e a maior parte das técnicas e dos métodos empregados foi desenvolvida nos últimos 90 anos. Os capítulos subseqüentes irão focalizar esses tópicos.

8-2 DADOS

Os dados são coletados e armazenados eletronicamente, bem como pela observação humana, usando registros e arquivos tradicionais. Os formatos diferem, dependendo do observador ou do processo de observação, e refletem preferências pessoais e facilidade de registro. Em estudos de grande escala, onde existe a identificação da unidade, os dados devem, em geral, ser obtidos pela retirada da informação desejada de vários arquivos e por sua consolidação em um formato de arquivo adequado para a análise estatística.

Um formato de tabela ou planilha em geral é conveniente e, também, compatível com a maioria dos sistemas de análise de programas de computador. As linhas são, tipicamente, associadas às unidades observadas, e as colunas apresentam dados numéricos ou categóricos de uma ou mais variáveis. Além disso, uma coluna pode estar associada a uma seqüência ou índice de ordem, bem como a outro dado identificador de unidade. No caso das medidas das voltagens da fonte de energia, não se pretendia qualquer ordem ou seqüência, de modo que qualquer permutação dos 10 elementos de dados dá o mesmo. Em outros contextos, por exemplo, onde o índice se relaciona à hora da observação, a posição do elemento na seqüência pode ser muito importante. Uma prática comum em ambas as situações descritas é empregar-se um índice, digamos $i = 1, 2, ..., n$, para servir como identificador da unidade, quando se observam n unidades. Também, um caráter alfabético em geral é empregado para representar um dado valor da variável: assim, se e_i é igual ao valor da i-ésima medida de voltagem no exemplo, $e_1 = 5{,}10$, $e_2 = 5{,}24$, $e_3 = 5{,}14$, ..., $e_{10} = 5{,}11$. Em um formato de tabela para esses dados, haveria 10 linhas (11, se usássemos uma linha para cabeçalho) e uma ou duas colunas, dependendo de se incluir, ou não, o índice e apresentá-lo em uma coluna.

Quando várias variáveis e/ou categorias estão associadas a cada unidade pode-se associar uma coluna a cada uma delas, como mostra a Tabela 8-1 (de Montgomery e Runger, 2003), que apresenta medidas da força de resistência, comprimento do fio e altura do molde para cada uma de 25 unidades selecionadas para amostra em uma fábrica de semicondutores. Em situações onde se envolve classificação categórica, separa-se uma coluna para cada variável categórica e se registra um código ou identificador de categoria para a unidade. Um exemplo é a mudança de turnos de trabalho, com identificadores D, N e U para os turnos do dia, da noite e último (meia-noite), respectivamente.

8-3 APRESENTAÇÃO GRÁFICA DE DADOS

Nesta seção, apresentaremos alguns dos muitos métodos gráficos e tabulares para resumo e apresentação de dados. Recentemente, a disponibilidade de recursos gráficos de computadores resultou em rápida expansão da apresentação visual dos dados observacionais.

8-3.1 Dados Numéricos: Diagramas de Pontos e Diagramas de Dispersão

Quando estamos preocupados com uma das variáveis associadas às unidades observadas os dados são, em geral, chamados de dados univariados, e os *diagramas de pontos* fornecem uma apresentação simples, atraente, que reflete a dispersão, os extremos, o centro e as falhas ou pulos nos dados. Escalona-se uma linha horizontal, na qual se acomoda a amplitude dos valores dos dados. Plota-se, então, cada

Tabela 8-1 Dados da Força de Resistência da Soldadora de Fio

Número da Observação	Força de Resistência (y)	Comprimento do Fio (x_1)	Altura do Molde (x_2)
1	9,95	2	50
2	24,45	8	110
3	31,75	11	120
4	35,00	10	550
5	25,02	8	295
6	16,86	4	200
7	14,38	2	375
8	9,60	2	52
9	24,35	9	100
10	27,50	8	300
11	17,08	4	412
12	37,00	11	400
13	41,95	12	500
14	11,66	2	360
15	21,65	4	205
16	17,89	4	400
17	69,00	20	600
18	10,30	1	585
19	34,93	10	540
20	46,59	15	250
21	44,88	15	290
22	54,12	16	510
23	56,63	17	590
24	22,13	6	100
25	21,15	5	400

156 Capítulo Oito

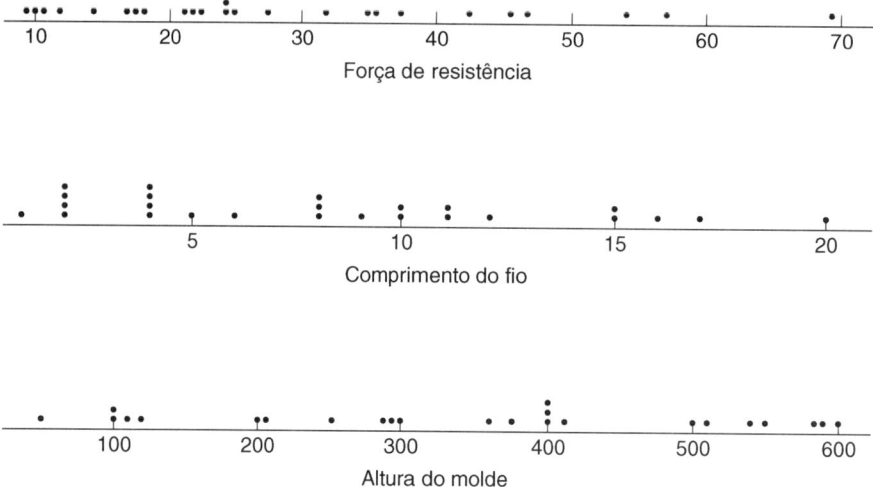

Figura 8-2 Diagramas de pontos para força de resistência, comprimento do fio e altura do molde.

observação como um ponto diretamente acima dessa linha graduada e, quando várias observações têm o mesmo valor, os pontos são simplesmente empilhados verticalmente naquele ponto da escala. Quando o número de unidades é relativamente pequeno, digamos $n > 30$, ou quando há relativamente poucos valores distintos representados no conjunto de dados, os diagramas de pontos são um recurso bastante eficaz. A Fig. 8-2 mostra diagramas de pontos univariados ou gráficos de pontos marginais para cada uma das três variáveis, cujos dados estão apresentados na Tabela 8-1. Esses gráficos foram feitos usando-se o Minitab®.

Quando desejamos apresentar conjuntamente resultados para duas variáveis, o equivalente bivariado do gráfico de pontos se chama *diagrama de dispersão*. Construímos um sistema retangular de coordenadas, associando o eixo horizontal a uma das variáveis e o eixo vertical à outra. Plota-se, então, cada observação como um ponto nesse plano. A Fig. 8-3 apresenta o diagrama de dispersão para a força de arrasto *versus* comprimento do fio e para a força de resistência *versus* altura do molde para os dados da Tabela 8-1. Para acomodar os pares de dados que são idênticos e que, assim, seriam marcados no mesmo ponto do plano, uma convenção é o uso de caracteres alfabéticos como símbolos dos pontos; assim, A é um ponto do gráfico que corresponde a apenas um ponto de dados, B é um ponto do gráfico que corresponde a dois pontos de dados, e assim por diante. Outra abordagem para esse problema, que é útil quando os valores são próximos, mas não idênticos, é associar pequenas quantidades, geradas aleatoriamente, positivas ou negativas, chamadas de agitadores (em inglês, *jitter*), a uma ou a ambas as variáveis, de maneira a melhorar os gráficos. Enquanto os diagramas de dispersão mostram a região do plano onde se localizam os pontos dos dados, bem como a densidade de dados associada a essa

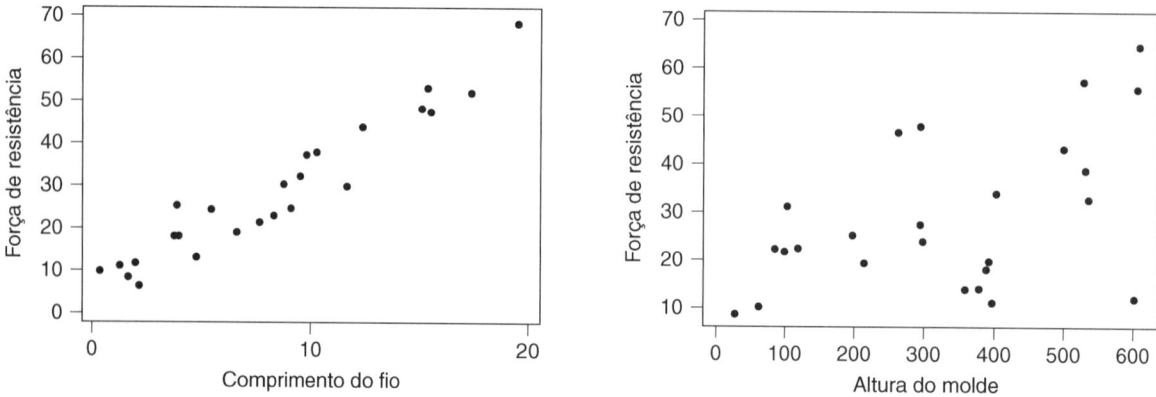

Figura 8-3 Diagramas de dispersão para a força de resistência *versus* comprimento do fio e para força de resistência *versus* altura do molde (Minitab®).

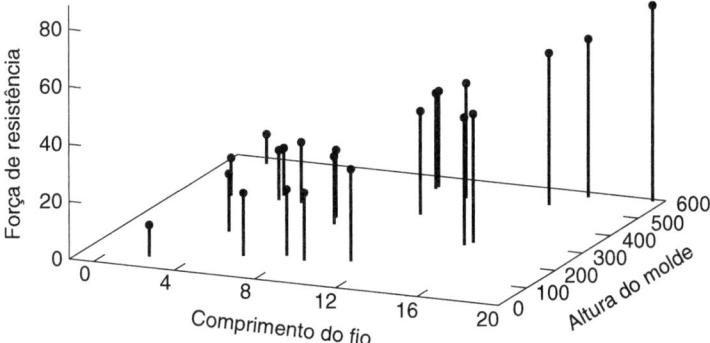

Figura 8-4 Gráfico tridimensional para força de resistência, comprimento do fio e altura do molde.

região, eles sugerem, também, uma possível associação entre as variáveis. Finalmente, observamos que a utilidade desses gráficos não se limita a pequenos conjuntos de dados.

Para aumentar a dimensão e apresentar graficamente o padrão de dados conjuntos para três variáveis, um *diagrama de dispersão tridimensional* pode ser empregado, conforme ilustrado na Figura 8-4 para os dados da Tabela 8-1. Outra opção, não ilustrada aqui, é o *gráfico de bolhas*, que é apresentado em duas dimensões, com a terceira variável registrada pelo diâmetro do ponto (ou bolha) que deve ser proporcional à magnitude da terceira variável. Como no caso dos diagramas de dispersão, esses gráficos também sugerem possíveis associações entre as variáveis envolvidas.

8-3.2 Dados Numéricos: A Distribuição de Freqüências e o Histograma

Considere os dados da Tabela 8-2. Esses dados são medidas de forças em libras por polegada quadrada (*pounds per square inch* — psi) de 100 garrafas de vidro de 1 litro de refrigerante, descartáveis. Essas medidas foram obtidas testando-se cada garrafa até ocorrer a quebra. Os dados foram registrados na ordem em que as garrafas foram testadas e, nesse formato, não fornecem muita informação sobre a força de ruptura das garrafas. Questões como "qual é a força média de ruptura?" ou "qual a porcentagem das garrafas que quebra abaixo de 230 psi?" não são de fácil resposta quando os dados estão nessa forma.

Uma distribuição de freqüências é um resumo dos dados mais útil do que a simples enumeração da Tabela 8-2. Para construirmos uma distribuição de freqüências, devemos dividir a amplitude dos dados em intervalos, que são chamados de *intervalos de classe*. Se possível, os intervalos de classe devem ser de igual tamanho, para possibilitar uma informação visual da distribuição de freqüências. Deve-se ter algum critério na seleção do número de intervalos de classe para se obter uma apresentação razoável. O número de intervalos de classe usado depende do número de observações e do tamanho da dispersão nos dados. Uma distribuição de freqüências que use muito poucos ou muitos intervalos de classe não será suficientemente informativa. Em geral, 5 a 20 intervalos são satisfatórios, e o número de intervalos deve crescer com *n*. A escolha de um número de intervalos de classe aproximadamente igual à raiz quadrada do número de observações em geral funciona bem na prática.

Tabela 8-2 Força de Ruptura em Libras por Polegada Quadrada para 100 Garrafas Descartáveis de 1 Litro de Refrigerante

265	197	346	280	265	200	221	265	261	278
205	286	317	242	254	235	176	262	248	250
263	274	242	260	281	246	248	271	260	265
307	243	258	321	294	328	263	245	274	270
220	231	276	228	223	296	231	301	337	298
268	267	300	250	260	276	334	280	250	257
260	281	208	299	308	264	280	274	278	210
234	265	187	258	235	269	265	253	254	280
299	214	264	267	283	235	272	287	274	269
215	318	271	293	277	290	283	258	275	251

Tabela 8-3 Distribuição de Freqüências para os Dados da Força de Ruptura da Tabela 8-2

Intervalo de Classe (psi)	Contagem	Freqüência	Freqüência Relativa	Freqüência Relativa Acumulada
$170 \leq x < 190$	II	2	0,02	0,02
$190 \leq x < 210$	IIII	4	0,04	0,06
$210 \leq x < 230$	IIII II	7	0,07	0,13
$230 \leq x < 250$	IIII IIII III	13	0,13	0,26
$250 \leq x < 270$	IIII IIII IIII IIII IIII II	32	0,32	0,58
$270 \leq x < 290$	IIII IIII IIII IIII	24	0,24	0,82
$290 \leq x < 310$	IIII IIII I	11	0,11	0,93
$310 \leq x < 330$	IIII	4	0,04	0,97
$330 \leq x < 350$	III	3	0,03	1,00
		100	1,00	

Na Tabela 8-3 mostra-se uma distribuição de freqüências para os dados da força de ruptura da Tabela 8-2. Como o conjunto de dados contém 100 observações, suspeitamos que cerca de $\sqrt{100} = 10$ intervalos de classe resultarão em uma distribuição de freqüências satisfatória. O maior e o menor valores dos dados são 346 e 176, respectivamente, de modo que os intervalos de classe devem cobrir, pelo menos, $346 - 176 = 170$ unidades de psi na escala. Se desejarmos que o limite inferior para o primeiro intervalo de classe esteja ligeiramente abaixo do menor valor dos dados e que o limite superior para o último intervalo esteja ligeiramente acima do maior valor dos dados, podemos então começar a distribuição de freqüências em 170 e terminar em 350. Esse é um intervalo de 180 unidades de psi. Nove intervalos de classe, cada um com 20 unidades de psi de largura, dão uma distribuição de freqüências razoável, e a distribuição de freqüências de Tabela 8-3 se baseia em nove intervalos de classe.

A quarta coluna da Tabela 8-3 contém a *distribuição de freqüências relativa*. Encontram-se as freqüências relativas dividindo-se a freqüência observada em cada intervalo de classe pelo número total de observações. A última coluna da Tabela 8-3 expressa as freqüências relativas acumuladas. As distribuições de freqüência são, em geral, de mais fácil interpretação do que tabelas de dados. Por exemplo, pela Tabela 8-3 é fácil de se ver que a maioria das garrafas quebra entre 230 e 290 psi, e que 13% delas quebram abaixo de 230 psi.

É útil, também, apresentar a distribuição de freqüências de forma gráfica, conforme mostra a Fig. 8-5. Tal apresentação se chama *histograma*. Para se desenhar um histograma usa-se um eixo horizontal para representar a escala de medida e traçar as fronteiras dos intervalos de classe. O eixo vertical

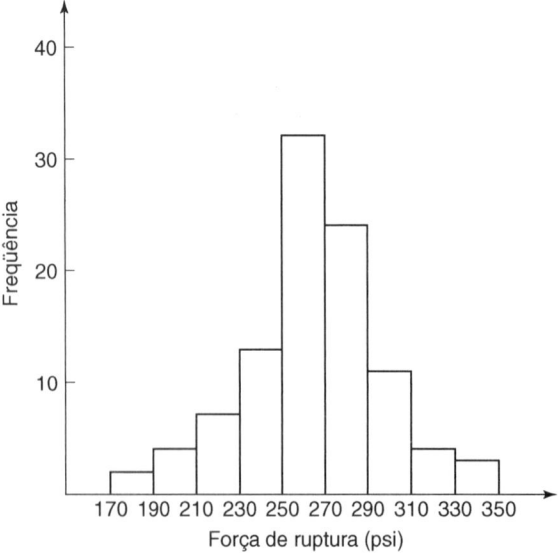

Figura 8-5 Histograma da força de ruptura para 100 garrafas descartáveis de vidro de refrigerante de 1 litro.

representa a escala da freqüência (ou freqüência relativa). Se os intervalos de classe são de igual largura, então as *alturas* dos retângulos desenhados no histograma são proporcionais às freqüências. Se os intervalos de classe são de larguras diferentes, então é costume desenharem-se retângulos cujas *áreas* são proporcionais às freqüências. Nesse caso, o resultado se chama *histograma de densidade*. Para um histograma que mostra a freqüência relativa no eixo vertical, as alturas dos retângulos são calculadas como

$$\text{altura do retângulo} = \frac{\text{freqüência relativa da classe}}{\text{amplitude da classe}}.$$

Quando, depois de agruparmos os dados em intervalos de igual largura, vemos que há muitos intervalos de classe vazios, uma opção é fundir os intervalos vazios nos intervalos contíguos, criando, assim, intervalos mais largos. O histograma de densidade resultante desse procedimento tem uma apresentação mais atrativa. No entanto, os histogramas são de mais fácil interpretação quando os intervalos de classe são de largura igual. O histograma fornece uma impressão visual da forma da distribuição das medidas, bem como informação sobre o centro e a dispersão dos dados.

Ao passarmos dos dados originais para uma distribuição de freqüências ou um histograma perde-se certa parcela de informação, uma vez que já não temos as observações individuais. Por outro lado, essa perda de informação é pequena comparada à facilidade de interpretação ganha com a distribuição de freqüências e o histograma. Nos casos em que os dados assumem apenas poucos valores distintos, um gráfico de pontos é uma melhor apresentação gráfica.

Quando os dados observados são de natureza discreta, tal como os resultantes de processos de contagem, existem duas escolhas para a construção do histograma. Uma opção é centrar os retângulos nos inteiros refletidos pelos dados de contagem, e a outra é reduzir o retângulo a uma linha vertical diretamente sobre esses inteiros. Em ambos os casos, a altura do retângulo ou o comprimento da linha é a freqüência ou a freqüência relativa de ocorrência do valor em questão.

Em resumo, o histograma é uma apresentação gráfica muito útil. Um histograma pode dar ao tomador de decisão uma boa compreensão dos dados, e é muito útil na apresentação da *forma, localização* e *variabilidade* dos dados. No entanto, o histograma não permite a identificação dos pontos individuais de dados, porque todas as observações em uma cela são indistinguíveis.

8-3.3 O Diagrama Ramo-e-Folhas

Suponha que os dados sejam representados por $x_1, x_2, \ldots, x_n$, e que cada número x_i consista em, pelo menos, dois dígitos. Para construir um diagrama ramo-e-folhas dividimos cada número x_i em duas partes: um ramo, que consiste em um ou mais dos dígitos líderes, e uma folha, que consiste nos dígitos restantes. Por exemplo, se os dados consistem nas porcentagens de informação defeituosa entre 0 e 100, em lotes de placas de semicondutores, então poderíamos dividir o valor 76 no ramo 7 e na folha 6. Em geral, devemos escolher relativamente poucos ramos em comparação com o número de observações. Usualmente, é melhor escolher entre 5 e 20 ramos. Uma vez escolhido um conjunto de ramos eles são listados ao longo da margem esquerda do diagrama e, ao lado de cada ramo, são listadas todas as folhas que correspondem aos valores dos dados observados na ordem em que se encontram no conjunto de dados.

Exemplo 8-1

Para ilustrar a construção de um ramo-e-folhas, considere os dados da força de ruptura de garrafas da Tabela 8-2. Para construir o ramo-e-folhas selecionamos como ramos os valores 17, 18, 19,...,34. O ramo-e-folhas resultante está apresentado na Fig. 8-6. A inspeção dessa apresentação revela imediatamente que a maioria das forças de ruptura fica entre 220 e 330 psi, e que o valor central está em algum ponto entre 260 e 270 psi. Além disso, as forças de ruptura estão distribuídas de maneira aproximadamente simétrica em torno do valor central. Assim, o diagrama de ramo-e-folhas, como o histograma, nos permite determinar rapidamente algumas características importantes dos dados que não eram tão imediatamente óbvias na apresentação original da Tabela 8-2. Note que, aqui, os números originais não se perdem, como ocorre em um histograma. Às vezes, para ajudar na determinação dos percentis ordenamos as folhas por magnitude, resultando em um ramo-e-folhas *ordenado*, como na Fig. 8-7. Por exemplo, como $n = 100$ é um número par, a *mediana*, ou observação "do meio" (veja Seção 8-4.1), é a média das duas observações de postos 50 e 51, ou

$$\tilde{x} = (265 + 265)/2 = 265.$$

Ramo	Folha	Freqüência
17	6	1
18	7	1
19	7	1
20	0,5,8	3
21	0,4,5	3
22	1,0,8,3	4
23	5,1,1,4,5,5	6
24	2,8,2,6,8,3,5	7
25	4,0,8,0,0,7,8,3,4,8,1	11
26	5,5,5,1,2,3,0,0,5,3,8,7,0,0,4,5,9,5,4,7,9	21
27	8,4,1,4,0,6,6,4,8,2,4,1,7,5	14
28	0,6,1,0,1,0,0,3,7,3	10
29	4,6,8,9,9,3,0	7
30	7,1,0,8	4
31	7,8	2
32	1,8	2
33	7,4	2
34	6	1
		100

Figura 8-6 Diagrama ramo-e-folhas para os dados da força de ruptura de garrafas da Tabela 8-2.

O *décimo percentil* é a observação com posto $(0,1)(100) + 0,5 = 10,5$ (a meio caminho entre a 10.ª e a 11.ª observações), ou $(220 + 221)/2 = 220,5$. O *primeiro quartil* é a observação de posto $(0,25)(100) + 0,5 = 25,5$ (a meio caminho entre a 25.ª e a 26.ª observações), ou $(248 + 248)/2 = 248$, e o terceiro quartil é a observação com posto $(0,75)(100) + 0,5 = 75,5$ (a meio caminho entre a 75.ª e a 76.ª observações), ou $(280 + 280)/2 = 280$. Os primeiro e terceiro quartis são, ocasionalmente, denotados pelos símbolos Q1 e Q3, respectivamente, e o *intervalo interquartil* ΠQ = Q3 − Q1 pode ser usado como medida de variabilidade. Para os dados da força de ruptura das garrafas, o intervalo interquartil é ΠQ = Q3 − Q1 = 280 − 248 = 32. As apresentações dos ramos-e-folhas das Figs. 8-6 e 8-7 são equivalentes a um histograma com 18 intervalos de classe. Em algumas situações, pode ser desejável acrescentar mais classes ou ramos. Uma maneira de se fazer isso seria modificar os ramos originais como segue: divida o ramo 5 (por exemplo) em dois novos ramos, 5* e 5•. O ramo 5* tem folhas 0, 1, 2, 3 e 4, e o ramo 5• tem folhas 5, 6, 7, 8 e 9. Isso duplicará o número dos ramos originais. Poderíamos aumentar em cinco vezes o número dos ramos originais, definindo cinco novos ramos: 5*, com folhas 0 e 1, 5*t*, com folhas 2 e 3, 5*f*, com folhas 4 e 5, 5*s*, com folhas 6 e 7, e 5•, com folhas 8 e 9.*

8-3.4 O Diagrama de Caixas

Um diagrama de caixas apresenta os três quartis, o mínimo e o máximo dos dados em uma caixa retangular, alinhada horizontal ou verticalmente. A caixa inclui o intervalo interquartil, com a linha à esquerda (ou inferior) no primeiro quartil Q1, e a linha à direita (ou superior) no terceiro quartil Q3. Traça-se uma linha através da caixa no segundo quartil (que é o 50.º percentil ou a mediana) Q2 = $\tilde{x}$. Uma linha, em ambas as pontas, se estende até os valores extremos. Essas linhas, algumas vezes chamadas bigodes, podem se estender apenas até o 10.º e o 90.º percentis, ou o 5.º e o 95.º percentis em conjuntos de dados grandes. Alguns autores se referem ao diagrama de caixas como o diagrama de caixa-e-bigode. A Fig. 8-8 apresenta o diagrama de caixa para os dados da força de ruptura de garrafas. Esse diagrama indica que a distribuição das forças de ruptura é bastante simétrica em torno do valor central, porque os bigodes direito e esquerdo e os comprimentos das caixas esquerda e direita em torno da mediana são basicamente iguais.

O diagrama de caixas é útil na comparação de duas ou mais amostras. Para ilustrar, considere os dados na Tabela 8-4, retirados de Messina (1987), que representam leituras de viscosidade em três

---
*Essa notação vem do inglês: t – *two e three*; f – *four e five*; s – *six e seven*. (N.T.)

Ramo	Folha	Freqüência
17	6	1
18	7	1
19	7	1
20	0,5,8	3
21	0,4,5	3
22	0,1,3,8	4
23	1,1,4,5,5,5	6
24	2,2,3,5,6,8,8	7
25	0,0,0,1,3,4,4,7,8,8,8	11
26	0,0,0,0,1,2,3,3,4,4,5,5,5,5,5,5,7,7,8,9,9	21
27	0,1,1,2,4,4,4,4,5,6,6,7,8,8	14
28	0,0,0,0,1,1,3,3,6,7	10
29	0,3,4,6,8,9,9	7
30	0,1,7,8	4
31	7,8	2
32	1,8	2
33	4,7	2
34	6	1
		100

Figura 8-7 Ramo-e-folhas ordenado para os dados da força de ruptura de garrafas.

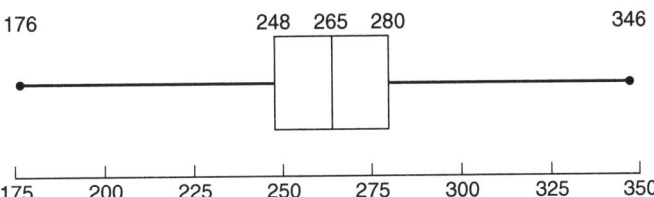

Figura 8-8 Diagrama de caixas para os dados da força de ruptura de garrafas.

misturas diferentes de uma matéria-prima usada em uma linha de produção. Um dos objetivos do estudo que Messina discute é comparar as três misturas. A Fig. 8-9 apresenta os diagramas de caixas para os dados da viscosidade. Essa apresentação permite uma interpretação fácil dos dados. A mistura 1 tem viscosidade mais alta do que a mistura 2, e esta tem viscosidade mais alta do que a mistura 3. A distribuição da viscosidade não é simétrica, e a leitura de viscosidade máxima da mistura 3 parece não usualmente alta, em comparação com as demais leituras. Essa observação pode ser um *outlier*, e ela exige exame e análise mais aprofundados.

Tabela 8-4 Medidas de Viscosidade para Três Misturas

Mistura 1	Mistura 2	Mistura 3
22,02	21,49	20,33
23,83	22,67	21,67
26,67	24,62	24,67
25,38	24,18	22,45
25,49	22,78	22,28
23,50	22,56	21,95
25,90	24,46	20,49
24,98	23,79	21,81

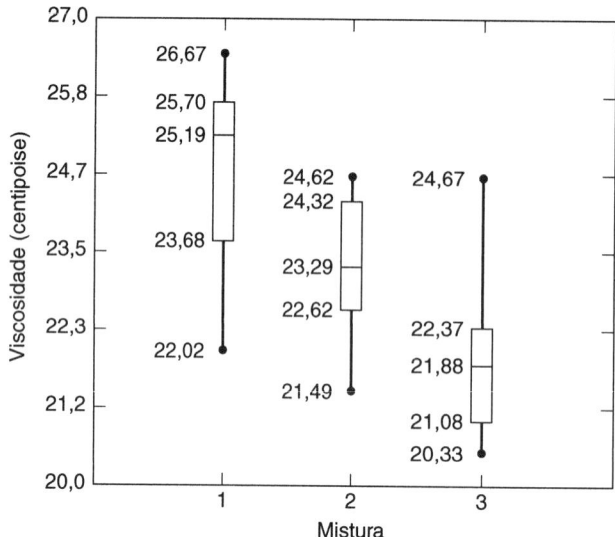

Figura 8-9 Diagramas de caixas para os dados de viscosidade da mistura na Tabela 8-4.

8-3.5 O Gráfico de Pareto

Um gráfico de Pareto é um gráfico de barras para dados de contagem. Ele exibe a freqüência de cada contagem no eixo vertical e as categorias da classificação no eixo horizontal. Organizamos, sempre, as categorias em *ordem decrescente da freqüência de ocorrência*; isto é, a de maior ocorrência fica à esquerda, seguida pela segunda de maior freqüência de ocorrência, e assim por diante.

A Fig. 8-10 apresenta um gráfico de Pareto para a produção de aviões de transporte da Boeing Commercial Airplane Company no ano de 2000. Note que o 737 foi o modelo mais popular, seguido pelos 777, 757, 767, 717, 747, MD-11 e o MD-90. A linha no gráfico de Pareto conecta as porcentagens acumuladas dos k modelos produzidos com maior freqüência ($k = 1, 2, 3, 4, 5$). Nesse exemplo, os dois modelos produzidos com maior freqüência respondem por aproximadamente 69% do total dos aviões produzidos em 2000. Uma característica desses gráficos é que a escala horizontal não é necessariamente numérica. Em geral, classificações categóricas são empregadas como nesse exemplo de fabricação de aviões.

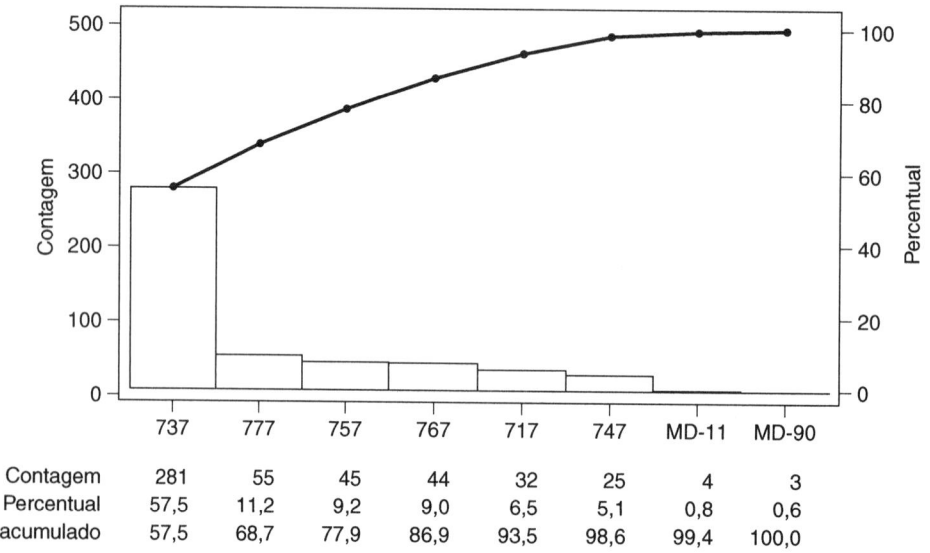

Figura 8-10 Produção de aviões em 2000. (*Fonte:* Boeing Commercial Airplane Company.)

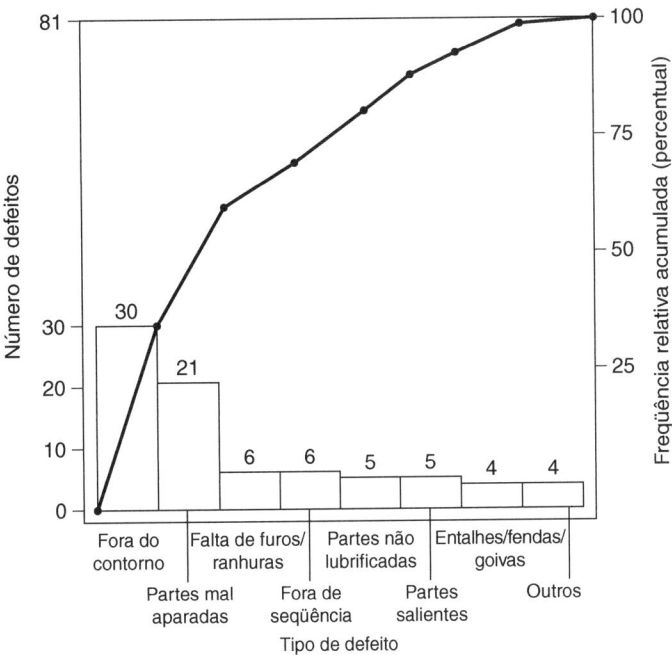

Figura 8-11 Gráfico de Pareto dos defeitos em elementos estruturais da porta.

O gráfico de Pareto tem esse nome em homenagem a um economista italiano que estabeleceu a teoria de que, em certas economias, a maior parte da riqueza pretence à minoria da população. Em dados de contagem, o "princípio de Pareto" ocorre freqüentemente; daí a razão do nome.

Os gráficos de Pareto são muito úteis na análise dos *dados defeituosos* em sistemas de produção. A Fig. 8-11 apresenta um gráfico de Pareto que mostra a freqüência com que vários tipos de defeitos ocorrem em peças de metal usadas em um componente estrutural da moldura de uma porta de automóvel. Note como o gráfico de Pareto realça os relativamente poucos defeitos que são responsáveis pela maioria dos defeitos observados na peça. O gráfico de Pareto é parte importante no programa de melhora da qualidade, porque permite que a gerência e a engenharia concentrem sua atenção nos defeitos mais críticos do produto ou processo. Uma vez identificados esses defeitos críticos, devem-se desenvolver e implementar ações corretivas para reduzi-los ou eliminá-los. Isso, no entanto, é mais fácil de ser feito quando temos certeza de estarmos atacando um problema legítimo: é mais fácil reduzir ou eliminar defeitos que ocorrem freqüentemente do que os que ocorrem raramente.

8-3.6 Gráficos Temporais

Basicamente, todas as pessoas devem ter alguma familiaridade com os gráficos temporais, uma vez que estão presentes diariamente na mídia. Exemplos são perfis de temperaturas históricas para determinada cidade, o Índice Industrial Dow Jones de fechamento para cada dia de operação, cada mês, cada trimestre, etc., e o gráfico do Índice de Preços ao Consumidor anual para todos os consumidores urbanos, publicado pelo Bureau of Labor Statistics. Muitos outros dados orientados no tempo são rotineiramente agrupados para dar suporte à atividade de inferência estatística. Considere a demanda de energia elétrica, medida em quilowatts, para certo edifício de escritórios, e apresentada como dados horários para cada uma das 24 horas do dia em que a usina de distribuição tem um pico de demanda no verão, por parte de todos os consumidores. Dados de demanda como esses são agrupados usando uma medida de tempo de uso ou "medidor de carga". Conceitualmente, um quilowatt é uma variável contínua. No entanto, o intervalo amostral de medida é muito pequeno, e os dados horários obtidos são, na verdade, médias nos intervalos amostrais de medida contidos em cada hora.

Usualmente, com gráficos temporais o tempo é representado no eixo horizontal, sendo o eixo vertical calibrado para acomodar a amplitude dos valores representados nos resultados observacionais. A Fig. 8-12 mostra os dados da demanda horária de quilowatt. Em geral, quando séries como essas exibem médias em um intervalo de tempo a variação que se apresenta nos dados é uma função do compri-

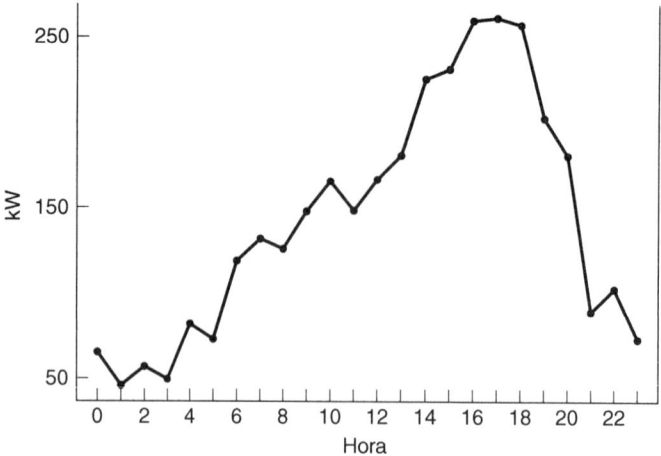

Figura 8-12 Dados da demanda horária de quilowatt (kW) em um dia de pico de verão para um edifício de escritórios.

mento do intervalo em que se faz a média, com menores intervalos resultando em maior variabilidade. Por exemplo, se usarmos intervalos de 15 minutos no caso dos dados de quilowatts haverá 96 pontos a serem plotados, e a variação nos dados parecerá muito maior.

8-4 DESCRIÇÃO NUMÉRICA DE DADOS

Assim como os gráficos podem melhorar a apresentação dos dados, também as descrições numéricas são de valia. Nesta seção, apresentamos várias medidas numéricas importantes para a descrição das características dos dados.

8-4.1 Medidas de Tendência Central

A medida mais comum de tendência central, ou de localização, dos dados é a média aritmética comum. Como consideramos os dados, em geral, como obtidos de uma *amostra* de unidades, referimo-nos à média aritmética como a *média amostral*. Se as observações em uma amostra de tamanho n são $x_1, x_2, \ldots, x_n$, então a média amostral é

$$\bar{x} = \frac{x_1 + x_2 + \cdots + x_n}{n}$$

$$= \frac{\sum_{i=1}^{n} x_i}{n}. \tag{8-1}$$

Para os dados das forças de ruptura de garrafas da Tabela 8-2, a média amostral é

$$\bar{x} = \frac{\sum_{i=1}^{100} x_i}{100} = \frac{26.406}{100} = 264,06.$$

Pelo exame da Fig. 8-5, parece que a média amostral de 264,06 psi é um valor "típico" da força de ruptura, uma vez que ocorre próximo ao meio dos dados, onde as observações se concentram. No entanto, essa impressão pode ser enganadora. Suponha que o histograma se parecesse com a Fig. 8-13. A média desses dados ainda é uma medida de tendência central, mas ela não implica necessariamente que a maioria das observações se concentre ao seu redor. Em geral, se considerarmos que as observações têm massa unitária a média amostral é, simplesmente, o centro de massa dos dados. Isso implica que o histograma se equilibrará se for sustentado no ponto da média amostral.

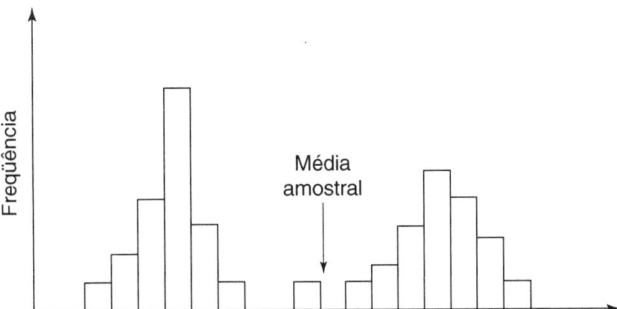

Figura 8-13 Um histograma.

A média amostral $\bar{x}$ representa o valor médio de todas as observações na amostra. Podemos pensar, também, em calcular o valor médio de todas as observações em uma *população* finita. Essa média é chamada de *média populacional* e, como vimos em capítulos anteriores, é denotada pela letra grega μ. Quando há um número finito de observações possíveis (digamos N) na população, então a média populacional é

$$\mu = \frac{\tau_x}{N}, \tag{8-2}$$

onde $\tau_x = \sum_{i=1}^{N} x_i$ é o total para população finita.

Nos capítulos seguintes, que tratam de inferência estatística, apresentaremos métodos para se fazer inferências sobre a média populacional que se baseiam na média amostral. Por exemplo, usaremos a média amostral como uma *estimativa pontual* de μ.

Outra medida de tendência central é a *mediana*, ou o ponto no qual a amostra se divide em duas metades. Denotemos por $x_{(1)}, x_{(2)}, \ldots, x_{(n)}$ uma amostra arranjada em ordem crescente de magnitude; isto é, $x_{(1)}$ denota a menor observação, $x_{(2)}$ denota a segunda menor observação, ..., e $x_{(n)}$ denota a maior observação. Então, a mediana é definida matematicamente como

$$\tilde{x} = \begin{cases} x_{((n+1)/2)} & n \text{ ímpar,} \\ \dfrac{x_{(n/2)} + x_{((n/2)+1)}}{2} & n \text{ par.} \end{cases} \tag{8-3}$$

A mediana tem a vantagem de não ser muito influenciada por valores extremos. Por exemplo, suponha que as observações amostrais sejam

$$1, 3, 4, 2, 7, 6, \text{ e } 8.$$

A média amostral é 4,43 e a mediana amostral é 4. Ambas as quantidades dão uma idéia razoável da tendência central dos dados. Suponha, agora, que a penúltima observação seja mudada, de modo que os dados agora sejam

$$1, 3, 4, 2, 7, 2519, \text{ e } 8.$$

Para esses dados, a média amostral é 363,43. Claramente, a média amostral, nesse caso, não nos diz muito sobre a tendência central da maioria dos dados. A mediana, no entanto, ainda é 4, e essa é, provavelmente, uma medida de tendência central muito mais significativa para a maioria das observações.

Assim como $\tilde{x}$ é o valor do meio em uma amostra, há um valor do meio em uma população. Definimos $\tilde{\mu}$ como a mediana da população; isto é, $\tilde{\mu}$ é um valor da variável aleatória associada tal que metade da população se situa abaixo de $\tilde{\mu}$ e metade se situa acima.

A *moda* é a observação que ocorre com maior freqüência na amostra. Por exemplo, a moda dos dados amostrais

$$2, 4, 6, 2, 5, 6, 2, 9, 4, 5, 2, \text{ e } 1$$

é 2, uma vez que ocorre quatro vezes, e nenhum outro valor ocorre tão freqüentemente. Pode haver mais de uma moda.

Se os dados são simétricos, então a média e a mediana coincidem. Se, além disso, os dados têm apenas uma moda (dizemos que os dados são unimodais) então a média, a mediana e a moda podem

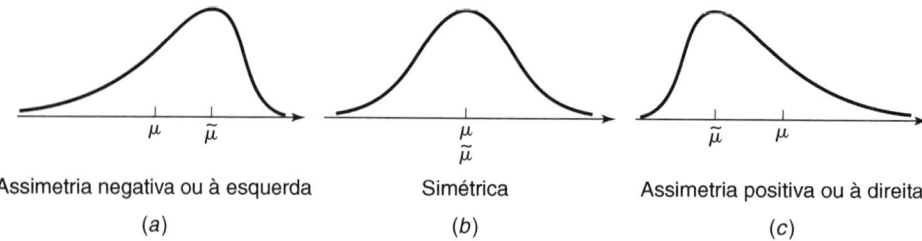

Assimetria negativa ou à esquerda (a)   Simétrica (b)   Assimetria positiva ou à direita (c)

Figura 8-14 A média e a mediana para distribuições simétricas e assimétricas.

todas coincidir. Se os dados são assimétricos (com uma longa cauda para um lado), então a média, a mediana e a moda não coincidirão. Em geral, temos que moda < média < mediana, se a distribuição é assimétrica à direita, enquanto que moda > mediana > média, se a distribuição é assimétrica à esquerda (veja Fig. 8-14).

A distribuição da média amostral é bem conhecida e relativamente fácil de se trabalhar com ela. Além disso, a média amostral é usualmente mais estável do que a mediana amostral, no sentido de que não varia tanto de amostra para amostra. Conseqüentemente, muitas técnicas estatísticas analíticas usam a média amostral. No entanto, a mediana e a moda podem também ser medidas descritivas úteis.

8-4.2 Medidas de Dispersão

A tendência central não fornece, necessariamente, informação suficiente para a descrição adequada dos dados. Por exemplo, considere as forças de ruptura obtidas de duas amostras de seis garrafas cada:

Amostra 1:   230   250   245   258   265   240
Amostra 2:   190   228   305   240   265   260

A média de ambas as amostras é 248 psi. No entanto, note que o espalhamento ou a dispersão da Amostra 2 é muito maior do que da Amostra 1 (veja Fig. 8-15). Nesta seção, definimos várias medidas de dispersão de largo uso.

A mais importante medida de dispersão é a *variância amostral*. Se $x_1, x_2, \ldots, x_n$ é uma amostra de n observações, então a variância amostral é

$$s^2 = \frac{\sum_{i=1}^{n}(x_i - \bar{x})^2}{n-1} = \frac{S_{xx}}{n-1}. \tag{8-4}$$

Note que o cálculo de s^2 exige o cálculo de $\bar{x}$, n subtrações e n elevações ao quadrado e operações de adição. Os desvios $x_i = \bar{x}$ podem ser bastante cansativos para se trabalhar com eles, e várias casas decimais devem ser usadas para se garantir a exatidão numérica. Uma fórmula computacional mais eficiente (mas ainda equivalente) para o cálculo de S_{xx} é

$$S_{xx} = \sum_{i=1}^{n} x_i^2 - \frac{1}{n}\left(\sum_{i=1}^{n} x_i\right)^2 \tag{8-5}$$

A fórmula para S_{xx} apresentada na Equação 8-5 requer apenas um passo computacional; mas deve-se tomar bastante cuidado em manter casas decimais suficientes para evitar um erro de arredondamento.

Para ver como a variância amostral mede a dispersão ou variabilidade, consulte a Fig. 8-16, que mostra os desvios $x_i = \bar{x}$ para a segunda amostra das forças de ruptura das garrafas. Quanto maior for a quantida-

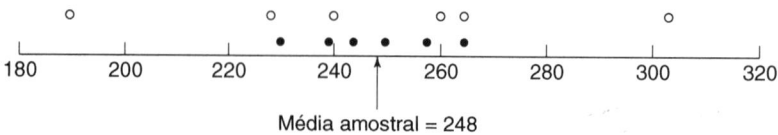

Média amostral = 248

● = Amostra 1   ○ = Amostra 2

Figura 8-15 Dados da força de ruptura.

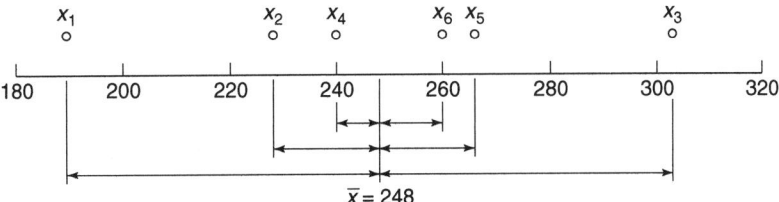

Figura 8-16 Como a variância amostral mede a variabilidade por meio dos desvios $x_i - \bar{x}$.

de de variabilidade nos dados da força de ruptura, maiores serão, em valor absoluto, *alguns* dos desvios $x_i = \bar{x}$. Como os desvios $x_i = \bar{x}$ sempre terão soma zero, devemos usar uma medida de variabilidade que mude os desvios negativos em quantidades não negativas. A elevação dos desvios ao quadrado é uma abordagem usada na variância amostral. Conseqüentemente, se s^2 for pequeno, então haverá relativamente pouca variabilidade nos dados, mas se s^2 for grande a variabilidade será relativamente grande.

As unidades de medida para a variância amostral são as unidades originais da variável elevadas ao quadrado. Assim, se x é medido em libras por polegada quadrada (psi), as unidades para a variância amostral serão (psi)^2.

Exemplo 8-2

Vamos calcular a variância amostral das forças de ruptura das garrafas para a segunda amostra na Fig. 8-15. Os desvios $x_i = \bar{x}$ para essa amostra estão mostrados na Fig. 8-16.

Observações	$x_i - \bar{x}$	$(x_i - \bar{x})^2$
$x_1 = 190$	−58	3364
$x_2 = 228$	−20	400
$x_3 = 305$	57	3249
$x_4 = 240$	−8	64
$x_5 = 265$	17	289
$x_6 = 260$	12	144
$\bar{x} = 248$	Soma = 0	Soma = 7510

Da Equação 8-4,

$$s^2 = \frac{S_{xx}}{n-1} = \frac{\sum_{i=1}^{n}(x_i - \bar{x})^2}{n-1} = \frac{7510}{5} = 1502 \,(\text{psi})^2.$$

Podemos, também, calcular S_{xx} pela formulação dada na equação 8-5, de modo que

$$s^2 = \frac{S_{xx}}{n-1} = \frac{\sum_{i=1}^{n} x_i^2 - \frac{1}{n}\left(\sum_{i=1}^{n} x_i\right)^2}{n-1} = \frac{367.534 - (1488)^2/6}{5} = 1502 \,(\text{psi})^2.$$

Se calcularmos a variância amostral da força de ruptura para os valores da Amostra 1, encontraremos que $s^2 =$ 158 (psi)^2. Isso é consideravelmente menor do que a variância amostral da Amostra 2, confirmando nossa impressão inicial de que a Amostra 1 tem menos variabilidade do que a Amostra 2.

Como s^2 se expressa em termos do quadrado das unidades originais, não é de fácil interpretação. Além disso, a variabilidade é um conceito mais difícil e menos familiar do que localização e tendência central. No entanto, podemos resolver a "maldição da dimensão" trabalhando com a raiz quadrada (positiva) da variância, s, chamada de *desvio-padrão amostral*. Isso fornece uma medida de dispersão que se expressa nas mesmas unidades que a variável original.

Exemplo 8-3

O desvio-padrão amostral para as forças de ruptura para as garrafas da Amostra 2 no Exemplo 8-2 e na Fig. 8-15 é

$$s = \sqrt{s^2} = \sqrt{1502} = 38{,}76 \text{ psi.}$$

Para as garrafas da Amostra 1, o desvio-padrão da força de ruptura é

$$s = \sqrt{158} = 12{,}57 \text{ psi.}$$

Exemplo 8-4

Calcule a variância amostral e o desvio-padrão amostral dos dados da força de ruptura de garrafas da Tabela 8-2. Note que

$$\sum_{i=1}^{100} x_i^2 = 7.074.258{,}00 \quad \text{e} \quad \sum_{i=1}^{100} x_i = 26.406.$$

Conseqüentemente,

$$S_{xx} = 7.074.258{,}00 - (26.406)^2/100 = 101.489{,}85 \text{ e } s^2 = 101.489{,}85/99 = 1025{,}15 \text{ psi}^2,$$

de modo que o desvio padrão amostral é

$$s = \sqrt{1025{,}15} = 32{,}02 \text{ psi.}$$

Quando a população é finita e consiste em N valores, podemos defnir a variância populacional como

$$\sigma^2 = \frac{\sum_{i=1}^{N}(x_i - \mu)^2}{N}, \tag{8-6}$$

que é, simplesmente, a média dos afastamentos, elevados ao quadrado, dos valores dos dados a partir da média amostral. Uma quantidade muito próxima, $\tilde{\sigma}^2$, é, algumas vezes, chamada de variância populacional, e é definida como

$$\tilde{\sigma}^2 = \frac{N}{N-1} \cdot \sigma^2. \tag{8-7}$$

Obviamente, na medida em que N se torna grande $\tilde{\sigma}^2 \to \sigma^2$, e muitas vezes o uso de $\tilde{\sigma}^2$ simplifica algumas das formulações algébricas apresentadas nos Capítulos 9 e 10. Quando se deve observar várias populações, um subscrito pode ser empregado para identificar as características e medidas descritivas da população, por exemplo, μ_x, σ_x^2, s_x^2, etc., se a variável x está sendo descrita.

Notamos que a média amostral pode ser usada para se fazer inferências sobre a média populacional. Analogamente, a variância amostral pode ser usada para se fazer inferências sobre a variância populacional. Observamos que o divisor na expressão para a variância amostral, s^2, é o tamanho amostral menos 1, $(n-1)$. Se soubéssemos, realmente, o valor da média populacional, μ, então poderíamos definir a variância amostral como o desvio quadrático médio das observações amostrais em torno de μ. Na prática, o valor de μ quase nunca é conhecido e, assim, a soma dos desvios ao quadrado em torno da média amostral $\bar{x}$ deve ser usada no lugar. No entanto, as observações x_i tendem a se aproximar mais de sua média $\bar{x}$ do que da média populacional μ, de modo que, para compensar, usamos o divisor $n-1$ em vez de n.

Uma outra maneira de se pensar sobre isso, é considerar que a variância amostral s^2 se baseia nos $n-1$ *graus de liberdade*. O termo *graus de liberdade* resulta do fato de que os n desvios $x_1 - \bar{x}$, $x_2 - \bar{x}$, ..., $x_n - \bar{x}$ têm sempre soma zero, de modo que a especificação de $n-1$ de quaisquer dessas quantidades determina, automaticamente, a restante. Assim, apenas $n-1$, dos n desvios $x_i - \bar{x}$ são independentes.

Uma outra medida de dispersão útil é a amplitude amostral

$$R = \text{máx}(x_i) - \text{mín}(x_i). \tag{8-8}$$

A amplitude amostral é muito fácil de ser calculada, mas ela ignora toda a informação na amostra entre a menor e a maior observações. Para pequenos tamanhos amostrais, digamos $n \leq 10$, essa perda de informação não é muito séria em algumas situações. A amplitude tem tido, tradicionalmente, uma grande aplicação no controle estatístico da qualidade, onde são comuns tamanhos amostrais de 4 ou 5 e a simplicidade computacional é a principal consideração; no entanto, essa vantagem tem sido diminuída pelo largo uso da medição eletrônica e sistemas de armazenamento e análise de dados e, como veremos mais tarde, a variância amostral (ou desvio-padrão) fornece uma "melhor" medida de variabilidade. Discutiremos brevemente o uso da amplitude em problemas de controle estatístico da qualidade no Capítulo 17.

Exemplo 8-5

Calcule a amplitude das duas amostras de forças de ruptura de garrafas da Seção 8-4, mostradas na Fig. 8-15. Para a primeira amostra, encontramos

$$R_1 = 265 - 230 = 35,$$

enquanto para a segunda amostra

$$R_2 = 305 - 190 = 115.$$

Note que a amplitude da segunda amostra é muito maior que a da primeira, o que implica que a segunda amostra tem maior variabilidade do que a primeira.

Ocasionalmente, é desejável expressar a variação como uma fração da média. Uma medida de variação relativa, chamada *coeficiente de variação amostral*, é definida como

$$CV = \frac{s}{\bar{x}}. \tag{8-9}$$

O coeficiente de variação é útil quando comparamos a variabilidade de dois ou mais conjuntos de dados que diferem consideravelmente na magnitude das observações. Por exemplo, o coeficiente de variação pode ser útil na comparação da variabilidade do uso diário de eletricidade em amostras de residências de uma só família em Atlanta, Georgia, e em Butte, Montana, durante o mês de julho.

8-4.3 Outras Medidas para Uma Variável

Duas outras medidas, ambas sem dimensão, são fornecidas por planilhas ou pacotes estatísticos, e são chamadas de estimativas de *assimetria* e de *curtose*. A noção de assimetria foi ilustrada graficamente na Fig. 8-14. Essas características são próprias da população ou do modelo populacional, sendo definidas em termos de momentos, μ_k, conforme descrito no Capítulo 2, Seção 2-5.

$$\text{assimetria} \quad \beta_3 = \frac{\mu_3}{\sigma^3} \quad \text{e} \quad \text{curtose} \quad \beta_4 = \frac{\mu_4}{\sigma^4} - 3, \tag{8-10}$$

onde, no caso de populações finitas, o *k-ésimo momento central* é definido como

$$\mu_k = \frac{\sum_{i=1}^{N}(x_i - \mu)^k}{N}. \tag{8-11}$$

Conforme discutido antes, a assimetria reflete o grau de simetria em torno da média; e a assimetria negativa resulta em uma cauda assimétrica na direção dos menores valores da variável, enquanto a assimetria positiva resulta de uma cauda assimétrica que se estende em direção aos valores mais altos da variável. Variáveis simétricas, tais como as descritas pelas distribuições normal e uniforme, têm assimetria igual a zero. A distribuição exponencial, por exemplo, tem assimetria $\beta_3 = 2$.

A curtose descreve a presença relativa de picos de uma distribuição quando comparada com a distribuição normal, onde um valor negativo é associado a uma distribuição relativamente achatada e um valor positivo é associado a distribuições com picos. Por exemplo, a medida de curtose para uma distribuição uniforme é $-1,2$, enquanto para uma variável normal a curtose é zero.

Se os dados sob análise representam medições de uma variável feitas em unidades amostrais, as estimativas amostrais de β_3 e β_4 são conforme mostram as Equações 8-12 e 8-13. Esses valores podem ser calculados pelas funções embutidas do Excel®, DISTORÇÃO e CURT.

$$\text{assimetria} \quad \beta_3 = \frac{n}{(n-1)(n-2)} \cdot \frac{\sum_{i=1}^{n}(x_i - \bar{x})^3}{s^3}; \quad n > 2. \tag{8-12}$$

$$\text{curtose} \quad \beta_4 = \frac{(n)(n+1)}{(n-1)(n-2)(n-3)} \cdot \frac{\sum_{i=1}^{n}(x_i - \bar{x})^4}{s^4} - 3; \quad n > 3. \tag{8-13}$$

Se os dados representam medições em todas as unidades de uma população finita ou um censo, então as Equações 8-10 e 8-11 devem ser utilizadas diretamente para a determinação dessas medidas.

Para os dados da força de resistência na Tabela 8-1, as funções da planilha retornam os valores de 0,865 e 0,161 para as medidas da assimetria e da curtose, respectivamente.

8-4.4 Medindo Associação

Uma medida da associação entre duas variáveis numéricas em dados amostrais é chamada de *coeficiente de correlação de Pearson ou simples*, sendo geralmente denotada por r. Quando os conjuntos de dados contêm diversas variáveis e se deseja apresentar o coeficiente de correlação para apenas um par de variáveis, chamadas de x e y, deve-se usar uma notação de subscrito, como r_{xy}, para designar a correlação simples entre a variável x e a variável y. O coeficiente de correlação é

$$r_{xy} = \frac{S_{xy}}{\left(S_{xx} \cdot S_{xy}\right)^{1/2}}, \tag{8-14}$$

onde S_{xx} é conforme mostrado na equação 8-5, e S_{yy} é definido de maneira análoga para a variável y, substituindo-se x por y na Equação 8-5, enquanto

$$S_{xy} = \sum_{i=1}^{n}(x_i - \bar{x})(y_i - \bar{y}) = \left(\sum_{i=1}^{n} x_i y_i\right) - \frac{1}{n}\left(\sum_{i=1}^{n} x_i\right) \cdot \left(\sum_{i=1}^{n} y_i\right). \tag{8-15}$$

Voltemos, agora, aos dados da força de resistência da solda, apresentados na Tabela 8-1, com os diagramas de dispersão mostrados na Fig. 8-3, tanto para a força de resistência (variável y) *versus* comprimento do fio (variável x_1) quanto para a força de resistência *versus* altura do molde (variável x_2). Para podermos distinguir entre os dois coeficientes de correlação, usamos r_1 para y versus x_1, e r_2 para y versus x_2. O coeficiente de correlação é uma medida sem unidade, que fica no intervalo $[-1, +1]$. Ele é uma medida da associação linear entre as duas variáveis do par. Na medida em que cresce a força da associação linear, $|r| \to 1$. Uma associação positiva significa que a grandes valores de x_1 estão associados a grandes valores de y, e o mesmo vale para x_2 e y. Em outros conjuntos de dados, onde a grandes valores de x estão associados pequenos valores de y, o coeficiente de correlação é negativo. Quando os dados não refletem qualquer associação linear, a correlação é zero. No caso dos dados da força de resistência, $r_1 = 0,982$ e $r_2 = 0,493$. Os cálculos foram feitos usando-se o Minitab®, selecionando-se Stat > Basic Statistics > Correlation. Ambos são, obviamente, positivos. É importante notar, no entanto, que esses resultados *não implicam causalidade*. Não podemos afirmar que um aumento em x_1 ou x_2 cause um aumento em y. Esse ponto importante é, em geral, omitido — com chances de más interpretações —, pois pode ser que uma quarta variável, não observada, seja a variável causadora que influencie todas as variáveis observadas.

No caso em que os dados representam medidas em variáveis associadas a um universo inteiro finito, as Equações 8-14 e 8-15 podem ser empregadas após substituição de $\bar{x}$ por μ_x, a média populacional finita para a população de x, e de $\bar{y}$ por μ_y, a média populacional finita para a população de y, e substituindo-se o tamanho amostral n na fórmula por N, o tamanho do universo. Nesse caso, é costume usar o símbolo ρ_{xy} para representar o *coeficiente de correlação para população finita* entre as variáveis x e y.

8-4.5 Dados Agrupados

Se os dados estão em uma distribuição de freqüências, é necessário modificar as fórmulas de cálculo para as medidas de tendência central e dispersão dadas nas Seções 8-4.1 e 8-4.2. Suponha que para cada um dos p valores distintos de x, digamos $x_1, x_2, \ldots, x_p$, a freqüência observada seja f_j. Então, a média e a variância amostrais podem ser calculadas como

$$\bar{x} = \frac{\sum_{j=1}^{p} f_j x_j}{\sum_{j=1}^{p} f_j} = \frac{\sum_{j=1}^{p} f_j x_j}{n} \tag{8-16}$$

e

$$s^2 = \frac{\sum_{j=1}^{p} f_j x_j^2 - \frac{1}{n}\left(\sum_{j=1}^{p} f_j x_j\right)^2}{n-1}, \tag{8-17}$$

respectivamente.

Uma situação semelhante surge quando os dados originais se perderam ou foram destruídos, mas preservaram-se os dados agrupados. Em tais casos, podemos aproximar os momentos importantes dos dados usando uma convenção, que dá a cada valor de dados o valor que representa o ponto médio do intervalo de classe no qual a observação estava classificada, de modo que todos os valores amostrais que estão em um intervalo de classe particular passam a ter o mesmo valor. Isso pode ser feito facilmente, e os valores *aproximados* da média e da variância são como nas Equações 8-18 e 8-19. Se m_j denota o ponto médio do j-ésimo intervalo de classe e se há c intervalos de classe, então a média e a variância amostrais são, aproximadamente,

$$\bar{x} \simeq \frac{\sum_{j=1}^{c} f_j m_j}{\sum_{j=1}^{c} f_j} = \frac{\sum_{j=1}^{c} f_j m_j}{n} \tag{8-18}$$

e

$$s^2 \simeq \frac{\sum_{j=1}^{c} f_j m_j^2 - \frac{1}{n}\left(\sum_{j=1}^{c} f_j m_j\right)^2}{n-1}. \tag{8-19}$$

Exemplo 8-6

Para ilustrar o uso das Equações 8-18 e 8-19, calculamos a média e a variância das forças de ruptura para os dados na distribuição de freqüências da Tabela 8-3. Note que há $c = 9$ intervalos de classe, e que $m_1 = 180, f_1 = 2, m_2 = 200, f_2 = 4, m_3 = 220, f_3 = 7, m_4 = 240, f_4 = 13, m_5 = 260, f_5 = 32, m_6 = 280, f_6 = 24, m_7 = 300, f_7 = 11, m_8 = 320, f_8 = 4, m_9 = 340$ e $f_9 = 3$. Assim,

$$\bar{x} \simeq \frac{\sum_{j=1}^{9} f_j m_j}{n} = \frac{26.460}{100} = 264{,}60 \text{ psi}$$

e

$$s^2 \simeq \frac{\sum_{j=1}^{9} f_j m_j^2 - \frac{1}{100}\left(\sum_{j=1}^{9} f_j m_j\right)^2}{99} = \frac{7.091.900 - (26.460)^2/100}{99} = 914{,}99 \text{ (psi)}^2$$

Note que esses valores estão bem próximos daqueles obtidos com os dados originais não agrupados.

Quando os dados estão agrupados em intervalos de classe, é também possível aproximar a mediana e a moda. A mediana é, aproximadamente,

$$\tilde{x} = I_M + \left(\frac{\frac{n+1}{2} - T}{f_M} \right) \Delta, \tag{8-20}$$

onde I_M é o limite inferior do intervalo de classe que contém a mediana (chamado de classe mediana), f_M é a freqüência na classe mediana, T é o total de todas as freqüências nos intervalos de classe que precedem a classe mediana e Δ é a largura da classe mediana. A moda, digamos MO, é aproximadamente

$$MO = I_{MO} + \left(\frac{a}{a+b} \right) \Delta, \tag{8-21}$$

onde I_{MO} é o limite inferior da classe modal (o intervalo de classe com a maior freqüência), a é o valor absoluto da diferença entre as freqüências da classe modal e da classe precedente, b é o valor absoluto da diferença entre as freqüências da classe modal e da classe posterior e Δ é a largura da classe modal.

8-5 RESUMO

Este capítulo é uma introdução ao campo da estatística, incluindo as noções de processo, universo, população, amostragem e resultados amostrais chamados de dados. Além disso, foram descritas e ilustradas várias apresentações comumente usadas: o gráfico de pontos, a distribuição de freqüências, o histograma, o diagrama de ramo-e-folhas, o gráfico de Pareto, o diagrama de caixas, o diagrama de dispersão e o gráfico temporal.

Introduzimos, também, medidas quantitativas para resumo dos dados. A média, a mediana e a moda descrevem a *tendência central*, ou *localização*, enquanto a variância, o desvio-padrão, a amplitude e o intervalo interquartil descrevem a *dispersão* ou *espalhamento* dos dados. Além disso, foram apresentadas medidas de assimetria e de curtose para descrever a *assimetria* e o *achatamento*, respectivamente. Apresentamos, também, o coeficiente de correlação para descrever a força de uma *associação linear* entre duas variáveis. Os capítulos subseqüentes focalizarão a utilização dos resultados amostrais para se fazer inferências sobre o processo, ou modelo do processo, ou sobre o universo.

8-6 EXERCÍCIOS

8-1. O fabricante de um filme fotográfico de alta velocidade está estudando seu tempo de armazenamento. Os seguintes dados estão disponíveis.

Vida (dias)	Vida (dias)	Vida (dias)	Vida (dias)
126	129	134	141
131	132	136	145
116	128	130	162
125	126	134	129
134	127	120	127
120	122	129	133
125	111	147	129
150	148	126	140
130	120	117	131
149	117	143	133

Construa um histograma e comente sobre as propriedades dos dados.

8-2. Dá-se, abaixo, a porcentagem de algodão em um material usado para a fabricação de camisas de homens. Construa um histograma para os dados e comente as propriedades dos dados.

34,2	33,6	33,8	34,7	37,8	32,6	35,8	34,6
33,1	34,7	34,2	33,6	33,6	33,1	37,6	33,6
34,5	35,0	33,4	32,5	35,4	34,6	37,3	34,1
35,6	35,4	34,7	34,1	34,6	35,9	34,6	34,7
34,3	36,2	34,6	35,1	33,8	34,7	35,5	35,7
35,1	36,8	35,2	36,8	37,1	33,6	32,8	36,8
34,7	35,1	35,0	37,9	34,0	32,9	32,1	34,3
33,6	35,3	34,9	36,4	34,1	33,5	34,5	32,7

8-3. Os dados seguintes representam o resultado em 90 lotes consecutivos de substrato cerâmico aos quais se aplicou um revestimento de metal por um processo de deposição a vapor. Construa um histograma para esses dados e comente suas propriedades.

94,1	87,3	94,1	92,4	84,6	85,4
93,2	84,1	92,1	90,6	83,6	86,6
90,6	90,1	96,4	89,1	85,4	91,7
91,4	95,2	88,2	88,8	89,7	87,5
88,2	86,1	86,4	86,4	87,6	87,5
86,1	94,3	85,0	85,1	85,1	85,1
95,1	93,2	84,9	84,0	89,6	90,5
90,0	86,7	87,3	93,7	90,0	95,6
92,4	83,0	89,6	87,7	90,1	88,3
87,3	95,3	90,3	90,6	94,3	84,1
86,6	94,1	93,1	89,4	97,3	83,7
91,2	97,8	94,6	88,6	96,8	82,9
86,1	93,1	96,3	84,1	94,4	87,3
90,4	86,4	94,7	82,6	96,1	86,4
89,1	87,6	91,1	83,1	98,0	84,5

8-4. Uma companhia eletrônica fabrica fontes de energia para computadores pessoais. Eles produzem várias centenas de fontes de energia em cada turno, e cada unidade é submetida a um teste de 12 horas de depuração. O número de unidades que falham durante esse teste de 12 horas em cada turno é mostrado a seguir.
(a) Construa uma distribuição de freqüências e um histograma.
(b) Ache a média amostral, a variância amostral e o desvio-padrão amostral.

3	6	4	7	6	7
4	7	8	2	1	4
2	9	4	6	4	8
5	10	10	9	13	7
6	14	14	10	12	3
10	13	8	7	10	6
5	10	12	9	2	7
4	9	4	16	5	8
3	8	5	11	7	4
11	10	14	13	10	12
9	3	2	3	4	6
2	2	8	13	2	17
7	4	6	3	2	5
8	6	10	7	6	10
4	4	8	3	4	8
2	10	6	2	10	9
6	8	4	9	8	11
5	7	6	4	14	7
4	14	15	13	6	2
3	13	4	3	4	8
2	12	7	6	4	10
8	5	5	5	8	7
10	4	3	10	7	4
9	6	2	6	9	3
11	5	6	7	2	6

8-5. Considere os dados do tempo de armazenamento do Exercício 8-1. Calcule a média amostral, a variância amostral e o desvio-padrão amostral.

8-6. Considere os dados sobre a porcentagem de algodão do Exercício 8-2. Ache a média amostral, a variância amostral, o desvio-padrão amostral, mediana amostral e a moda amostral.

8-7. Considere os dados do Exercício 8-3. Calcule a média amostral, a variância amostral e o desvio-padrão amostral.

8-8. Um artigo em *Computers and Industrial Engineering* (2001, p. 51) descreve os dados de tempos de falha (em horas) para motores de jatos. Alguns desses dados estão reproduzidos a seguir.

Máquina #	Tempo de Falha	Máquina #	Tempo de Falha
1	150	14	171
2	291	15	197
3	93	16	200
4	53	17	262
5	2	18	255
6	65	19	286
7	183	20	206
8	144	21	179
9	223	22	232
10	197	23	165
11	187	24	155
12	197	25	203
13	213		

(a) Construa a distribuição de freqüências e o histograma para esses dados.
(b) Calcule a média amostral, a mediana amostral, a variância amostral e o desvio-padrão amostral.

8-9. Para os dados do tempo de falha do Exercício 8-8, suponha que a quinta observação (2 horas) seja descartada. Construa uma distribuição de freqüências e um histograma para os dados restantes, e calcule a média amostral, a mediana amostral, a variância amostral e o desvio-padrão amostral. Compare os resultados com os obtidos no Exercício 8-8. Qual é o impacto da remoção dessa observação sobre as estatísticas-resumo?

8-10. Um artigo em *Technometrics* (Vol. 19, 1977, p. 425) apresenta os seguintes dados sobre as taxas de octano no combustível para várias marcas de gasolina:

88,5; 87,7; 83,4; 86,7; 87,5; 91,5; 88,6; 100,3;
95,6; 93,3; 94,7; 91,1; 91,0; 94,2; 87,8; 89,9;
88,3; 87,6; 84,3; 86,7; 88,2; 90,8; 88,3; 98,8;
94,2; 92,7; 93,2; 91,0; 90,3; 93,4; 88,5; 90,1;
89,2; 88,3; 85,3; 87,9; 88,6; 90,9; 89,0; 96,1;
93,3; 91,8; 92,3; 90,4; 90,1; 93,0; 88,7; 89,9;
89,8; 89,6; 87,4; 88,4; 88,9; 91,2; 89,3; 94,4;
92,7; 91,8; 91,6; 90,4; 91,1; 92,6; 89,8; 90,6;
91,1; 90,4; 89,3; 89,7; 90,3; 91,6; 90,5; 93,7;
92,7; 92,2; 92,2; 91,2; 91,0; 92,2; 90,0; 90,7.

(a) Construa um ramo-e-folhas.
(b) Construa uma distribuição de freqüências e um histograma.
(c) Calcule a média amostral, a variância amostral e o desvio-padrão amostral.
(d) Ache a mediana amostral e a moda amostral.
(e) Determine as medidas de assimetria e curtose.

8-11. Considere os dados sobre o tempo de armazenamento do Exercício 8-1. Construa um ramo-e-folhas para esses dados. Construa um ramo-e-folhas ordenado. Use esse diagrama para obter os 65.º e 95.º percentis.

8-12. Considere os dados sobre as porcentagens de algodão do Exercício 8-2.
(a) Construa um ramo-e-folhas.

(b) Calcule a média amostral, a variância amostral e o desvio-padrão amostral.
(c) Construa um ramo-e-folhas ordenado.
(d) Ache a mediana e o primeiro e o terceiro quartis.
(e) Ache o intervalo interquartil.
(f) Determine as medidas de assimetria e curtose.

8-13. Considere os dados do Exercício 8-3.
(a) Construa um ramo-e-folhas ordenado.
(b) Ache a mediana e o primeiro e terceiro quartis.
(c) Calcule o intervalo interquartil.

8-14. Construa um diagrama de caixas para os dados do tempo de armazenamento do Exercício 8-1. Interprete os dados usando esse diagrama.

8-15. Construa um diagrama de caixas para os dados da porcentagem de algodão do Exercício 8-2. Interprete os dados usando esse diagrama.

8-16. Construa um diagrama de caixas para os dados do Exercício 8-3. Compare-o com o histograma (Exercício 8-3) e o ramo-e-folhas (Exercício 8-13). Interprete os dados.

8-17. Um artigo em *Electrical Manufacturing & Coil Winding Conference Proceedings* (1995, p. 829) apresenta os resultados para o número de cargas devolvidas a um clube de recordes do mês. A companhia está interessada na razão devolução de uma carga. Os resultados são mostrados a seguir. Construa um gráfico de Pareto e interprete os dados.

Razão	Número de Clientes
Recusado	195.000
Seleção errada	50.000
Resposta errada	68.000
Cancelado	5.000
Outra	15.000

8-18. A tabela seguinte contém a freqüência de ocorrência de letras finais em um artigo do *Atlanta Journal*. Construa um histograma a partir desses dados. Algum descritor numérico deste capítulo tem algum significado para esses dados?

a	12	n	19
b	11	o	13
c	11	p	1
d	20	q	0
e	25	r	15
f	13	s	18
g	12	t	20
h	12	u	0
i	8	v	0
j	0	w	41
k	2	x	0
l	11	y	15
m	12	z	0

8-19. Mostre o seguinte:
a) $\sum_{i=1}^{n}(x_i - \bar{x}) = 0$.
b) $\sum_{i=1}^{n}(x_i - \bar{x})^2 = \sum_{i=1}^{n} x_i^2 - n\bar{x}^2$.

8-20. O peso de mancais produzidos por um processo de fundição está sendo estudado. Uma amostra de seis mancais resulta nos pesos 1,18; 1,21; 1,19; 1,17; 1,20 e 1,21 libras. Ache a média amostral, a variância amostral, o desvio-padrão amostral e a mediana amostral.

8-21. Mostra-se, a seguir, o diâmetro de oito anéis de pistão de automóveis. Calcule a média amostral, a variância amostral e o desvio-padrão amostral.

74,001 mm	73,998 mm
74,005	74,000
74,003	74,006
74,001	74,002

8-22. A espessura de placas de circuito impresso é uma característica muito importante. Uma amostra de oito placas tem as seguintes espessuras (em milésimos de polegada): 63, 61, 65, 62, 61, 64, 60 e 66. Calcule a média amostral, a variância amostral e o desvio-padrão amostral. Qual é a unidade de medida para cada estatística?

8-23. Codificando os Dados. Considere os dados sobre a espessura de placas de circuito impresso do Exercício 8-22.
(a) Suponha que subtraiamos uma constante 63 de cada número. Como são afetados a média, a variância e o desvio-padrão amostrais?
(b) Suponha que multipliquemos cada número por 100. Como são afetadas a média, a variância e o desvio-padrão amostrais?

8-24. Codificando os Dados. Seja $y_i = a + bx_i$, $i = 1, 2, \ldots, n$, onde a e b são constantes não nulas. Ache a relação entre $\bar{x}$ e $\bar{y}$, e entre s_x e s_y.

8-25. Considere a quantidade $\sum_{i=1}^{n}(x_i - a)^2$. Para qual valor de a essa quantidade é minimizada?

8-26. A Média Aparada. Suponha que os dados sejam arranjados em ordem crescente, LN% das observações sejam removidas de cada extremo e que seja calculada a média amostral dos dados restantes. A quantidade resultante é chamada de *média aparada*. A média aparada fica, em geral, entre a média amostral $\bar{x}$ e a mediana amostral $\tilde{x}$ (por quê?).
(a) Calcule a média aparada de 10% para os dados do Exercício 8-3.
(b) Calcule a média aparada de 20% para os dados do Exercício 8-3 e compare-a com o resultado da parte (a).

8-27. A Média Aparada. Suponha que LN não seja um inteiro. Desenvolva um procedimento para a obtenção de uma média aparada.

8-28. Considere os dados sobre tempo de armazenamento do Exercício 8-1. Construa uma distribuição de freqüências e um histograma usando uma largura do intervalo de classe de 2. Calcule a média e o desvio-padrão aproximados a partir da distribuição de freqüências e compare-os com os valores exatos obtidos no Exercício 8-5.

8-29. Considere a seguinte distribuição de freqüências.
(a) Calcule a média, a variância e o desvio-padrão amostrais.
(b) Calcule a mediana e a moda.

x_i	115	116	117	118	119	120	121	122	123	124
f_i	4	6	9	13	15	19	20	18	15	10

8-30. Considere a seguinte distribuição de freqüências.
(a) Calcule a média, a variância e o desvio-padrão amostrais.
(b) Calcule a mediana e a moda.

x_i	-4	-3	-2	-1	0	1	2	3	4
f_i	60	120	180	200	240	190	160	90	30

8-31. Para os dois conjuntos de dados nos Exercícios 8-29 e 8-30, calcule os coeficientes de variação amostrais.

8-32. Calcule a média, a variância, a mediana e a moda amostrais aproximadas a partir dos dados da seguinte distribuição de freqüências:

Intervalo de Classe	Freqüência
$10 \leq x < 20$	121
$20 \leq x < 30$	165
$30 \leq x < 40$	184
$40 \leq x < 50$	173
$50 \leq x < 60$	142
$60 \leq x < 70$	120
$70 \leq x < 80$	118
$80 \leq x < 90$	110
$90 \leq x < 100$	90

8-33. Calcule a média, a variância, a mediana e a moda amostrais aproximadas a partir dos dados na seguinte distribuição de freqüências:

Intervalo de Classe	Freqüência
$-10 \leq x < 0$	3
$0 \leq x < 10$	8
$10 \leq x < 20$	12
$20 \leq x < 30$	16
$30 \leq x < 40$	9
$40 \leq x < 50$	4
$50 \leq x < 60$	2

8-34. Calcule a média, o desvio-padrão, a variância, a mediana e a moda amostrais aproximadas para os dados na seguinte distribuição de freqüências:

Intervalo de Classe	Freqüência
$600 \leq x < 650$	41
$650 \leq x < 700$	46
$700 \leq x < 750$	50
$750 \leq x < 800$	52
$800 \leq x < 850$	60
$850 \leq x < 900$	64
$900 \leq x < 950$	65
$950 \leq x < 1000$	70
$1000 \leq x < 1050$	72

8-35. Um artigo em *International Journal of Industrial Ergonomics* (1999, p. 483) descreve um estudo realizado para se determinar a relação entre tempo de exaustão e distância percorrida até a exaustão para vários exercícios de cadeiras de rodas, realizados em uma pista externa de 400 m. Os tempos e as distâncias para dez participantes são os seguintes:

Tempo de Exaustão (em segundos)	Distância Percorrida até a Exaustão (em metros)
610	1373
310	698
720	1440
990	2228
1820	4550
475	713
890	2003
390	488
745	1118
885	1991

Determine a correlação simples (Pearson) entre tempo e distância. Interprete seus resultados.

8-36. Uma usina elétrica, que serve a 850.332 clientes residenciais, seleciona aleatoriamente, em 1.º de maio de 2002, uma amostra de 120 residências e instala um medidor de tempo de uso, ou "medidor de carga", em cada residência selecionada. No momento da instalação, o técnico registra o tamanho da residência (pés quadrados). Durante o período de pico de demanda do verão a companhia teve um pico de demanda às 17:30 horas de 30 de julho de 2002. As contas pelo uso (kWh) foram enviadas para todos os consumidores, inclusive aqueles do grupo amostral. Devido a um sistema cíclico de marcação, as contas de julho não refletem o mesmo período de uso para todos os clientes; no entanto, cada cliente tem um consumo para a conta de julho. Os medidores de tempo de uso têm memória e registram a demanda específica (kW) por intervalo de tempo; assim, para os clientes da amostra está disponível uma demanda média em 15 minutos para o intervalo de tempo de 17:00-17:45 horas em 30 de julho de 2002. O arquivo de dados Load-data contém os dados de kWh, kW e pés quadrados para cada uma das residências da amostra. Esse arquivo está disponível em www.wiley.com/college/hines.

Usando o Minitab[C1]® ou outro programa, faça o seguinte:
(a) Construa diagramas de dispersão de
  1. kW *versus* pés quadrados
  2. kW *versus* kWh
  e comente as apresentações, especificamente em relação à natureza da associação nas partes 1 e 2 e, para cada parte, o padrão geral da variação observada em kW em toda a amplitude de pés quadrados e de kWh.
(b) Construa um gráfico tridimensional de kW *versus* kWh e pés quadrados.
(c) Construa histogramas para os dados de kWh, kW e pés quadrados, e comente os padrões observados.
(d) Construa um ramo-e-folhas para os dados de kWh e compare-o com o histograma para os dados de kWh.
(e) Determine a média, a mediana e a moda amostrais para kWh, kW e pés quadrados.
(f) Determine o desvio-padrão amostral para kWh, kW e pés quadrados.
(g) Determine os primeiro e terceiro quartis para kWh, kW e pés quadrados.
(h) Determine as medidas de assimetria e curtose para kWh, kW e pés quadrados, e compare-as com as medidas para uma distribuição normal.
(i) Determine a correlação simples (Pearson) entre kW e pés quadrados e entre kW e kWh. Interprete.

Capítulo 9

Amostras Aleatórias e Distribuições Amostrais

Neste capítulo, iniciamos nosso estudo de inferência estatística. Lembre que a estatística é a ciência que tira conclusões sobre uma população com base em uma análise de dados amostrais extraídos daquela população. Há várias maneiras diferentes de se extrair uma amostra de uma população. Além disso, as conclusões a que podemos chegar sobre a população dependem de como a amostra é selecionada. Em geral, desejamos que a amostra seja *representativa* da população. Um método importante de selecionar uma amostra é a *amostragem aleatória*. A maior parte das técnicas estatísticas que apresentamos neste livro supõe que a amostra seja uma amostra aleatória. Neste capítulo, definimos *amostra aleatória* e introduzimos várias distribuições de probabilidade úteis na análise de informação de dados amostrais.

9-1 AMOSTRAS ALEATÓRIAS

Para se definir uma amostra aleatória, seja X uma variável aleatória com distribuição de probabilidade $f(x)$. Então, o conjunto de n observações, $X_1, X_2, \ldots, X_n$, tomadas da variável aleatória X e tendo resultados numéricos $x_1, x_2, \ldots, x_n$, é chamado de *amostra aleatória* se as observações são obtidas observando-se X independentemente, sob as mesmas condições, por n vezes. Note que as observações $X_1, X_2, \ldots, X_n$ em uma amostra aleatória são variáveis aleatórias independentes, com a mesma distribuição de probabilidade $f(x)$. Isto é, as distribuições marginais de $X_1, X_2, \ldots, X_n$ são $f(x_1), f(x_2), \ldots, f(x_n)$, respectivamente, e, pela independência, a distribuição de probabilidade conjunta da amostra aleatória é

$$g(x_1, x_2, \ldots, x_n) = f(x_1) \cdot f(x_2) \cdot \cdots \cdot f(x_n). \tag{9-1}$$

Definição

$X_1, X_2, \ldots, X_n$ é uma *amostra aleatória* de tamanho n se (a) as variáveis X são variáveis independentes e (b) toda observação X_i tem a mesma distribuição de probabilidade.

Para ilustrar essa definição, suponha que estejamos investigando a força de ruptura de garrafas de vidro de 1 litro de refrigerante, e que a força de ruptura na população de garrafas seja normalmente distribuída. Esperamos, então, que cada observação da força de ruptura $X_1, X_2, \ldots, X_n$ em uma amostra aleatória de n garrafas seja uma variável aleatória independente com exatamente a mesma distribuição normal.

Não é sempre fácil obter-se uma amostra aleatória. Algumas vezes, podemos usar tabelas de números aleatórios uniformes. Outras vezes, o engenheiro ou cientista não pode usar, com facilidade, procedimentos formais que garantam a aleatoriedade, devendo se basear em outros métodos de seleção. Uma *amostra de julgamento* é uma amostra extraída da população através do julgamento objetivo de um indivíduo. Como a precisão e o comportamento estatístico de amostras de julgamento não podem ser descritos, elas devem ser evitadas.

Exemplo 9-1

Suponha que desejemos extrair uma amostra aleatória de cinco lotes de matéria-prima de um total de 25 lotes disponíveis. Podemos numerar os lotes com os inteiros de 1 a 25. Agora, usando a Tabela XV do Apêndice, escolhemos arbitrariamente uma linha e uma coluna como ponto de partida. Lemos a coluna escolhida de cima para baixo, obtendo dois dígitos de cada vez, até que cinco números aceitáveis sejam encontrados (um número aceitável está entre 1 e 25). Para ilustrar, suponha que esse processo nos dê a seqüência de números 37, 48, 55, **02**, **17**, 61, 70, 43, **21**, 82, 73, **13**, 60, **25**. Os números em negrito indicam os lotes de matéria-prima que devem ser escolhidos como amostra aleatória.

Vamos, primeiramente, apresentar algumas especificidades sobre amostragem em universos finitos. As seções subseqüentes descreverão várias distribuições amostrais. As seções marcadas com um asterisco podem ser omitidas sem perda de continuidade.

*9-1.1 Amostragem Aleatória Simples de um Universo Finito

Ao selecionarmos n itens, *sem reposição*, de um universo finito de tamanho N, há $\binom{N}{n}$ amostras possíveis, e se as probabilidades de seleção são $\pi_k = 1/\binom{N}{n}$, para $k = 1, 2, \ldots, \binom{N}{n}$, então isso é uma *amostragem aleatória simples*. Note que cada unidade do universo aparece em exatamente $\binom{N-1}{n-1}$ das possíveis amostras, de modo que cada unidade tem probabilidade de inclusão de $\binom{N-1}{n-1} / \binom{N}{n} = \frac{n}{N}$.

Como veremos mais tarde, a amostragem sem reposição é mais "eficiente" do que a amostragem com reposição para se estimar a média ou o total de uma população finita; no entanto, discutiremos brevemente a *amostragem aleatória simples com reposição* para dar uma base de comparação. Nesse caso, há N^n amostras possíveis, e selecionamos cada uma com probabilidade $\pi_k = 1/N^n$, para $k = 1, 2, \ldots, N^n$. Nessa situação, uma unidade do universo pode não aparecer em qualquer amostra ou em n amostras, de modo que a noção de probabilidade de inclusão é menos significativa; no entanto, se considerarmos a probabilidade de que uma unidade específica seja selecionada *pelo menos* uma vez, isso é, obviamente, $1 - \left(1 - \frac{1}{N}\right)^n$, uma vez que, para cada unidade, a probabilidade de seleção em uma dada observação é $1/N$, uma constante, e as n seleções são independentes, de modo que essas observações podem ser consideradas provas de Bernoulli.

Exemplo 9-2

Considere um universo que consiste em cinco unidades numeradas 1, 2, 3, 4, 5. Ao amostrarmos sem reposição, usaremos uma amostra de tamanho dois e enumeraremos todas as possíveis amostras como

$$(1,2), (1,3), (1,4), (1,5), (2,3), \mathbf{(2,4)}, (2,5), (3,4), (3,5), (4,5).$$

Note que há $\binom{5}{2} = 10$ amostras possíveis. Se selecionamos uma dessas, onde cada uma tem, associada a si, uma probabilidade de seleção de 0,1, isso é uma amostragem aleatória simples. Considere essas possíveis amostras numeradas como 1, 2, ..., 0, onde 0 representa o número 10. Agora, consulte a Tabela XV (do Apêndice), que exibe inteiros aleatórios e, com os olhos fechados, ponha um dedo sobre ela. Leia o primeiro dígito do inteiro de cinco dígitos apresentado. Suponha que tenhamos escolhido o inteiro da linha 7 e da coluna 4. O primeiro dígito é 6, de modo que a amostra consiste nas unidades 2 e 4. Uma alternativa ao uso da tabela é jogar um único dado icosaédrico e escolher a amostra correspondente ao resultado da jogada. Note que cada unidade aparece em exatamente quatro das possíveis amostras e, assim, a probabilidade de inclusão para cada unidade é 0,4, que é simplesmente $n/N = 2/5$.

---

*Pode ser omitida em uma primeira leitura.

Em geral não é possível enumerar todas as possíveis amostras. Por exemplo, se $N = 100$ e $n = 25$, haveria mais de $2{,}43 \times 10^{23}$ amostras possíveis, de modo que outros processos de seleção, que mantenham as propriedades descritas na definição, devem ser usados. O procedimento mais comumente usado é o de numerar, primeiro, todas as unidades do universo de 1 a N, e então, usar realizações de um processo de números aleatórios para escolher, seqüencialmente, números de 1 a N até que tenham sido escolhidas n unidades, descartando-se duplicatas, se estivermos amostrando sem reposição, e mantendo-as, se estivermos amostrando com reposição. Relembre, do Capítulo 6, que o termo *números aleatórios* é usado para descrever uma seqüência de variáveis mutuamente independentes $U_1, U_2, \ldots$, que são identicamente distribuídas como uniformes em [0, 1]. Empregamos uma realização $u_1, u_2, \ldots$ que, na seleção seqüencial de unidades como membros de uma amostra, é descrita como

$$(\text{Número da Unidade})_i = \lfloor N \cdot u_j \rfloor + 1, \quad j = 1, 2, \ldots, J, i = 1, 2, \ldots, n, \quad i < j,$$

onde J é o número da prova na qual a n-ésima unidade, ou unidade final, é selecionada. Na amostragem sem reposição, $J \geq n$, e $\lfloor \ \rfloor$ é a função maior inteiro contido. Quando amostramos com reposição, $J = n$.

*9-1.2 Amostragem Aleatória Estratificada de um Universo Finito

Na amostragem a partir de um universo finito algumas vezes se dispõe de variáveis explanatórias ou auxiliares, que têm valores conhecidos para cada unidade do universo. Essas podem ser variáveis numéricas ou categóricas, ou ambas. Se pudermos usar as variáveis auxiliares para estabelecer critérios de associação de cada unidade do universo a exatamente um dos *estratos* resultantes, antes de iniciar a amostragem, então podemos selecionar amostras aleatórias simples dentre cada estrato (e a amostragem é independente de estrato para estrato), o que nos permite combinar, mais tarde, com pesos apropriados, as "estatísticas" de estrato, tais como médias e variâncias obtidas nos vários estratos. Em geral, esse é um esquema "eficiente" no sentido da estimação de médias e totais populacionais se, seguindo a classificação, a variância na variável que desejamos medir for pequena dentro do estrato, enquanto as diferenças nos valores das médias dos estratos forem grandes. Se são formados L estratos, então os tamanhos dos estratos são N_1, N_2 e $N_1 + N_2 \cdots + N_L = N$, enquanto os tamanhos amostrais são $n_1, n_2, \ldots, n_L$ e $n_1 + n_2 + \cdots + n_L = n$. Note que as probabilidades de inclusão são constantes *dentro* dos estratos, sendo n_h/N_h para o estrato h, mas podem diferir grandemente através dos estratos. Dois métodos comumente usados para a alocação das amostras em estratos são a alocação proporcional e a alocação ótima de Neyman, onde a alocação proporcional é

$$n_h = n(N_h/N), h = 1, 2, \ldots, L, \tag{9-2}$$

e a alocação de Neyman é

$$n_h = n \left[\frac{N_h \cdot \tilde{\sigma}_h}{\sum_{h=1}^{L} N_h \cdot \tilde{\sigma}_h} \right], \quad h = 1, 2, \ldots, L. \tag{9-3}$$

Os valores $\tilde{\sigma}_h$ são valores de desvios padrões dentro dos estratos, e quando planejamos o estudo amostral são, em geral, desconhecidos para as variáveis a serem observadas no estudo; no entanto, podem ser, em geral, calculados para uma variável explanatória ou auxiliar, onde pelo menos uma delas é numérica; e se há uma correlação "razoável", $|\rho| > 0{,}6$, entre a variável a ser medida e a variável auxiliar, então esses valores de desvios padrões substitutos, denotados por σ'_h, darão uma alocação razoavelmente próxima de ótima.

Exemplo 9-3

Na tentativa de responder às preocupações crescentes dos consumidores em relação à qualidade do processamento de reclamações, uma companhia de âmbito nacional de plano de saúde/seguro-saúde identificou várias características a serem monitoradas mensalmente. As mais importantes delas, para a companhia, são, primeiro, o tama-

---

*Pode ser omitida em uma primeira leitura.

nho do "erro financeiro" médio, que é o valor absoluto do erro (a mais ou a menos) para uma reclamação, e, em segundo lugar, a fração de reclamações preenchidas corretamente e pagas a fornecedores dentro de 14 dias. Três escritórios de processamento são os do leste (L), do centro (C) e do oeste (O) da América. Juntos, esses escritórios processam cerca de 450.000 reclamações por mês, e observou-se que eles diferem em precisão e pontualidade. Além disso, a correlação entre a quantidade total de dólares de reclamações e o erro financeiro total é, historicamente, de cerca de 0,65-0,80. Se uma amostra de 1000 reclamações é extraída mensalmente, devem-se formar estratos usando os escritórios L, C e O e os tamanhos totais das reclamações, como $0-$200, $201-$900, $901-$reclamação máxima. Assim, haveria nove estratos, e se para um dado ano houvesse 441.357 reclamações, estas poderiam ser facilmente associadas a estratos, uma vez que são naturalmente agrupadas por escritório e cada escritório usa o mesmo sistema de processamento para registrar dados por quantia da reclamação, o que permite fácil classificação pelo tamanho da reclamação. A essa altura, a amostra planejada de 1000 unidades já está alocada pelos nove estratos, conforme mostra a Tabela 9-1. A alocação em itálico, mostrada primeiro, usa a alocação proporcional, enquanto a segunda usa a alocação "ótima". Os valores representam o desvio-padrão na medida da quantia da reclamação dentro do estrato, uma vez que o desvio-padrão no "erro financeiro" é desconhecido. Depois de decidir qual alocação usar, nove amostras aleatórias simples, independentes, sem reposição, seriam selecionadas, resultando em 1000 formulários de reclamações a serem inspecionados. Os subscritos de identificação do estrato não são mostrados na Tabela 9-1.

Note que a alocação proporcional resulta em probabilidade de inclusão igual para todas as unidades, não apenas dentro do estrato, enquanto a alocação ótima extrai amostras maiores de estratos nos quais o produto da variabilidade interna, medida em desvios padrões (em geral, de uma variável auxiliar) e o número de unidades no estrato são grandes. Assim, as probabilidades de inclusão são as mesmas para todas as unidades associadas a um estrato, mas podem diferir grandemente através dos estratos.

9-2 ESTATÍSTICAS E DISTRIBUIÇÕES AMOSTRAIS

Uma *estatística* é qualquer função das observações em uma amostra aleatória que não depende de parâmetros desconhecidos. O processo de se extraírem conclusões sobre populações com base em dados amostrais faz uso considerável de estatísticas. Os procedimentos exigem que entendamos o comportamento probabilístico de certas estatísticas. Em geral, chamamos a distribuição de probabilidade de uma estatística de *distribuição amostral*. Há várias distribuições amostrais importantes que serão usadas extensivamente nos capítulos subseqüentes. Nesta seção, definimos e ilustramos rapidamente essas distribuições amostrais. Primeiramente, damos algumas definições relevantes e motivação adicional.

Uma *estatística* é, agora, definida como um valor determinado por uma função dos valores observados em uma amostra. Por exemplo, se $X_1, X_2, \ldots, X_n$ representam valores a serem observados em

Tabela 9-1 Dados para o Exemplo 9-3 sobre Seguro-Saúde

Escritório	Quantia Reclamada			Total
	$0 - $200	$201 - $900	$901 - $Reclamação Máxima	
Leste	$N = 132.365$	$N = 41.321$	$N = 10.635$	184.321
	$\sigma' = \$42$	$\sigma' = \$255$	$\sigma' = \$6781$	
	$n = 300/29$	$n = 94/54$	$n = 24/371$	*418*/454
Centro	$N = 92.422$	$N = 31.869$	$N = 6.163$	134.454
	$\sigma' = \$31$	$\sigma' = \$210$	$\sigma' = \$5128$	
	$n = 218/15$	$n = 72/35$	$n = 14/163$	*304*/213
Oeste	$N = 82.232$	$N = 33.793$	$N = 6.457$	122.582
	$\sigma' = \$57$	$\sigma' = \$310$	$\sigma' = \$7674$	
	$n = 187/24$	$n = 76/54$	$n = 15/255$	*278*/333
Total	$N = 311.119$	$N = 106.983$	$N = 23.255$	441.357
	$n = 705/68$	$n = 242/143$	$n = 53/789$	*1000*/1000

uma amostra probabilística de tamanho n em uma única variável X, então $\overline{X}$ e S^2, conforme descritos na Capítulo 8, nas Equações 8-1 e 8-4, são estatísticas. Além disso, o mesmo é verdade para a mediana, a moda, a amplitude amostral, a medida de assimetria amostral e a curtose amostral. Note que, aqui, foram usadas letras maiúsculas, uma vez que se faz referência a variáveis aleatórias, não a resultados numéricos específicos, como era o caso no Capítulo 8.

9-2.1 Distribuições Amostrais

Definição

A *distribuição amostral de uma estatística* é a função de densidade ou a função de probabilidade que descreve o comportamento probabilístico da estatística em amostragem repetida do mesmo universo ou do mesmo modelo de associação de variável do processo.

Apresentaram-se exemplos anteriormente, nos Capítulos 5-7. Relembre que a amostragem aleatória com tamanho de amostra n de uma variável do processo fornece resultados $X_1, X_2, \ldots, X_n$, que são variáveis aleatórias mutuamente independentes, todas com uma função de distribuição comum. Assim, a média amostral, $\overline{X}$, é uma combinação linear de n variáveis independentes. Se $E(X) = \mu$ e $V(X) = \sigma^2$, então, relembre que $E(\overline{X}) = \mu$ e $V(\overline{X}) = \sigma^2/n$. E se X é uma variável de medida, a função de densidade de $\overline{X}$ é a distribuição amostral dessa estatística, $\overline{X}$. Há várias distribuições amostrais importantes que serão usadas extensivamente em capítulos subseqüentes. Nesta seção, descreveremos e ilustraremos rapidamente essas distribuições amostrais.

A forma de uma distribuição amostral depende da hipótese de estabilidade, bem como da forma do modelo da variável do processo. No Capítulo 7 observamos que se $X \approx N(\mu, \sigma^2)$, então $\overline{X} \approx N(\mu, \sigma^2/n)$, e essa é a distribuição amostral de $\overline{X}$ para $n \geq 1$. Agora, se o modelo de associação de variável do processo toma alguma outra forma que não o modelo normal aqui ilustrado (p. ex., o modelo exponencial) e se as hipóteses de estacionariedade se verificam, então a análise matemática pode resultar em uma forma fechada para a distribuição amostral de $\overline{X}$. No caso desse exemplo, se empregarmos um modelo de processo exponencial para X, a distribuição amostral resultante para $\overline{X}$ é da forma de uma distribuição gama. No Capítulo 7 apresentou-se o importante Teorema Central do Limite. Relembre que se a função geratriz de momento $M_X(t)$ existe para todo t e se

$$Z_n = \frac{\overline{X} - \mu}{\sigma/\sqrt{n}}, \text{ então } \lim_{n \to \infty} \frac{F_n(z)}{\Phi(z)} = 1, \tag{9-4}$$

onde $F_n(z)$ é a função de distribuição acumulada de Z_n e $\Phi(z)$ é a FDA da variável normal padronizada, Z. Dito de modo simples, quando $n \to \infty$, $Z_n \to N(0,1)$, e esse resultado tem enorme utilidade em estatística aplicada. No entanto, no trabalho aplicado surge uma questão em relação a quão grande deve ser o tamanho n da amostra, para se empregar o modelo $N(0, 1)$ como distribuição amostral de Z_n ou, equivalentemente, para se descrever a distribuição amostral de $\overline{X}$ como $N(\mu, \sigma^2/n)$. Essa é uma questão importante, uma vez que a forma exata do modelo de associação de variável do processo é, em geral, desconhecida. Além disso, qualquer resposta deve ser condicionada, mesmo quando se baseia em evidência de simulação, experiência ou "prática aceitável". Admitindo-se a estabilidade do processo, uma sugestão geral é que se a medida de assimetria estiver próxima de zero (o que implica que o modelo de associação de variável é simétrico ou próximo disso), então $\overline{X}$ se aproxima da normalidade rapidamente, digamos para $n \approx 10$, mas isso depende, também, da curtose padronizada de X. Por exemplo, se $\beta_3 \approx 0$ e $|\beta_4| < 0{,}75$, então um tamanho amostral de $n = 5D$ pode ser bastante adequado para muitas aplicações. No entanto, deve-se notar que o comportamento da cauda de $\overline{X}$ pode se afastar um pouco do predito por um modelo normal.

Quando está presente uma considerável assimetria, a aplicação do Teorema Central do Limite para a descrição da distribuição amostral deve ser interpretada com cuidado. Uma "regra empírica" que tem sido usada com sucesso em pesquisas por amostragem, onde é comum tal comportamento da variável ($\beta_3 > 0$), é que

$$n > 25(\beta_3)^2. \tag{9-5}$$

Por exemplo, voltando ao modelo exponencial de associação de variável do processo, essa regra sugere que se exija um tamanho de amostra $n > 100$ para se empregar uma distribuição normal para descrever o comportamento de $\overline{X}$, uma vez que $\beta_3 = 2$.

Definição

O *erro-padrão* de uma estatística é o desvio-padrão de sua distribuição amostral. Se o erro-padrão envolve parâmetros desconhecidos cujos valores podem ser estimados, a substituição, por essas estimativas, no erro-padrão resulta em um *erro-padrão estimado*.

Para ilustrar essa definição, suponha que estejamos amostrando uma distribuição normal com média μ e variância σ^2. A distribuição de $\overline{X}$ é normal, com média μ e variância σ^2/n e, assim, o *erro-padrão* de $\overline{X}$ é

$$\frac{\sigma}{\sqrt{n}}.$$

Se não conhecemos σ, mas o substituímos pelo desvio-padrão amostral, s, nessa fórmula, então o *erro-padrão estimado* de $\overline{X}$ é

$$\frac{s}{\sqrt{n}}.$$

Exemplo 9-4

Suponha que coletemos dados sobre a força de aglutinação de uma argamassa modificada de cimento Portland. As dez observações são

$$16,85;\ 16,40;\ 17,21;\ 16,35;\ 16,52;\ 17,04;\ 16,96;\ 17,15;\ 16,59;\ 16,57,$$

onde a força de aglutinação é medida em unidades de kgf/cm^2. Supomos que a força de aglutinação seja bem descrita por uma distribuição normal. A média amostral é

$$\overline{x} = 16,76 \text{ kgf/cm}^2.$$

Primeiramente, suponha que saibamos (ou estamos propensos a aceitar) que o desvio-padrão da força de aglutinação é $\sigma = 0,25$ kgf/cm^2. Então, o *erro-padrão* da média amostral é

$$\sigma/\sqrt{n} = 0,25/\sqrt{10} = 0,079 \text{ kgf/cm}^2.$$

Se não estivermos propensos a aceitar que $\sigma = 0,25$ kgf/cm^2, podemos usar o *desvio-padrão amostral* $s = 0,316$ kgf/cm^2 para obter o *erro-padrão estimado,* como segue:

$$s/\sqrt{n} = 0,316/\sqrt{10} = 0,0999 \text{ kgf/cm}^2.$$

*9-2.2 Populações Finitas e Estudos Enumerativos

Nos casos em que a amostragem pode ser conceitualmente repetida sobre o mesmo universo finito de unidades, a distribuição amostral de $\overline{X}$ é interpretada de maneira semelhante à da amostragem de um processo, exceto pelo fato de que a estabilidade do processo não é uma preocupação. Qualquer inferência a ser feita deve ser sobre a coleção específica de valores da população de unidades. Comumente, em tais situações a amostragem é feita sem reposição, por ser mais eficiente. A noção geral de *esperança* é diferente em tais estudos, no sentido de que o valor esperado de uma estatística $\hat{\theta}$ é definido como

$$E^0\left(\hat{\theta}\right) = \sum_{k=1}^{\binom{N}{n}} \pi_k \cdot \hat{\theta}_k, \tag{9-6}$$

onde $\hat{\theta}_k$ é o valor da estatística se for selecionada a k-ésima amostra possível. Em amostragem aleatória simples, lembre que $\pi_k = 1 / \binom{N}{n}$.

Já no caso da estatística média amostral, $\overline{X}$, temos $E^0(\overline{X}) = \mu_x$, onde μ_x é a média para população finita da variável aleatória X. Também, sob amostragem aleatória simples sem reposição,

---
*Pode ser omitida em uma primeira leitura.

$$V(\overline{X}) = E^0[\overline{X}]^2 - \mu_x^2 = \frac{\tilde{\sigma}_x^2}{n}\left(1 - \frac{n}{N}\right), \qquad (9\text{-}7)$$

onde $\tilde{\sigma}_x^2$ é como definido na Equação 8-7. A razão n/N é chamada de fração amostral e representa a fração das medidas da população a ser incluída na amostra. Cochran (1977, p.22) dá provas concisas dos resultados mostrados nas Equações 9-6 e 9-7. Muitas vezes, em estudos dessa natureza o objetivo é estimar o total populacional (veja Equação 8-2), bem como a média. A estimativa do total pela "média por unidade", ou mpu, é simplesmente $\hat{\tau}_x = N \cdot \overline{X}$, e a variância dessa estatística é, obviamente, $V(\hat{\tau}_x) = N^2 \cdot V(\overline{X})$. Embora tenham sido desenvolvidas condições necessárias e suficientes para que a distribuição de $\overline{X}$ se aproxime da normal, elas são de pouca utilidade prática, e a regra dada pela Equação 9-5 tem sido amplamente usada.

Na amostragem com reposição, temos as quantidades $E^0(\overline{X}) = \mu_x$ e $V^0(\overline{X}) = \sigma_x^2/n$.

Quando se emprega a estratificação em estudos de enumeração de população finita, há duas estatísticas de interesse comum. Essas são a média amostral agregada e a estimativa do total populacional. A média é dada por

$$\hat{\mu}_x = \frac{1}{N}\sum_{h=1}^{L} N_h \cdot \overline{X}_h = \sum_{h=1}^{L} W_h \cdot \overline{X}_h, \qquad (9\text{-}8)$$

e a estimativa do total é τ_x, onde

$$\hat{\tau}_x = N \cdot \hat{\mu}_x \qquad (9\text{-}9)$$

Nessas formulações, $\overline{X}_h$ é a média amostral para o estrato h, e W_h, dado por (N_h/N), é chamado de peso do estrato para estrato h. Note que essas duas estatísticas são expressas como combinações lineares das estatísticas de estrato, independentes, $\overline{X}_h$, e ambas são estimadores mpu. As variâncias dessas estatísticas são dadas por

$$V(\hat{\mu}_x) = \sum_{h=1}^{L} W_h^2 \cdot \left[\frac{\tilde{\sigma}_{x_h}^2}{n_h}\cdot\left(1 - \frac{n_h}{N_h}\right)\right],$$
$$V(\hat{\tau}_x) = N^2 \cdot V(\hat{\mu}_x). \qquad (9\text{-}10)$$

Os termos da variância dentro dos estratos, $\tilde{\sigma}_{x_h}^2$, podem ser estimados pelos termos da variância amostral, $S_{x_h}^2$, para o estrato respectivo. As distribuições amostrais das estatísticas médias agregadas e estimativa do total, para tais estudos estratificados de enumeração, são estabelecidas apenas para situações em que os tamanhos amostrais são grandes o suficiente para se empregar a normalidade-limite indicada pelo Teorema Central do Limite. Note que essas estatísticas são combinações lineares de observações dentro do estrato e através dos estratos. O resultado é que, em tais casos, tomamos

$$\hat{\mu}_x \sim N(\mu_x, V(\hat{\mu}_x)), \qquad (9\text{-}11)$$

e

$$\hat{\tau}_x \sim N(\tau_x, V(\hat{\tau}_x)).$$

Exemplo 9-5

Suponha que o plano de amostragem no Exemplo 9-3 utilize a alocação "ótima", conforme a Tabela 9-1. As médias amostrais dos estratos e os desvios padrões amostrais da variável erro financeiro são calculadas, com os resultados mostrados na Tabela 9-2, onde as unidades de medida são erro \$/reclamação.

Utilizando, então, os resultados apresentados nas Equações 9-8 e 9-9, as estatísticas agregadas, quando calculadas, são $\bar{x} = \$18{,}36$ e $\tau_x = \$8.103.315$. Utilizando as Equações 9-10 e empregando os valores da variância amostral dentro dos estratos, $s_{x_h}^2$, para se estimar a variância dentro do estrato, $\tilde{\sigma}_{x_h}^2$, as estimativas para a variância na distribuição amostral da média amostral e da estimativa do total são $V(\mu_x) = 0{,}574$ e $V(\hat{\tau}_x) = 1{,}118 \times 10^{11}$, e as estimativas dos respectivos erros padrões são, assim, \$0,785 e \$334.408 para as distribuições dos estimadores da média e do total.

9-3 A DISTRIBUIÇÃO QUI-QUADRADO

Muitas outras distribuições amostrais úteis podem ser definidas em termos de variáveis aleatórias normais. Define-se, a seguir, a distribuição qui-quadrado.

Teorema 9-1

Sejam $Z_1, Z_2, \ldots, Z_k$ variáveis aleatórias independentes e normalmente distribuídas, com média $\mu = 0$ e variância $\sigma^2 = 1$. Então, a variável aleatória

$$\chi^2 = Z_1^2 + Z_2^2 + \cdots + Z_k^2$$

tem a função de densidade de probabilidade

$$f(u) = \frac{1}{2^{k/2}\Gamma\left(\frac{k}{2}\right)} u^{(k/2)-1} e^{-u/2}, \quad u > 0,$$

$$= 0, \quad \text{caso contrário} \qquad (9\text{-}12)$$

e diz-se que segue a distribuição qui-quadrado com k graus de liberdade, abreviada por χ_k^2.
Para a prova do Teorema 9-1, veja os Exercícios 7-47 e 7-48.
A média e a variância da distribuição χ_k^2 são

$$\mu = k \qquad (9\text{-}13)$$

e

$$\sigma^2 = 2k. \qquad (9\text{-}14)$$

A Fig. 9-1 mostra várias distribuições qui-quadrado. Note que a variável aleatória qui-quadrado é não-negativa e que a distribuição de probabilidade é assimétrica à direita. No entanto, à medida que k cresce a distribuição se torna mais simétrica. Quando $k \to \infty$, a forma-limite da distribuição qui-quadrado é a distribuição normal.

Tabela 9-2 Estatísticas Amostrais para o Exemplo do Seguro-Saúde

Escritório	Quantia Reclamada			Total
	$0 − $200	$201 − $900	$901 − $Reclamação Máxima	
Leste	$N = 132.365$	$N = 41.321$	$N = 10.635$	184.321
	$n = 29$	$n = 54$	$n = 371$	454
	$\bar{x} = 6,25$	$\bar{x} = 34,10$	$\bar{x} = 91,65$	
	$s_x = 4,30$	$s_x = 28,61$	$s_x = 81,97$	
Centro	$N = 96.422$	$N = 31.869$	$N = 6.163$	134.454
	$n = 15$	$n = 35$	$n = 163$	213
	$\bar{x} = 5,30$	$\bar{x} = 22,00$	$\bar{x} = 72,00$	
	$s_x = 4,82$	$s_x = 16,39$	$s_x = 56,67$	
Oeste	$N = 82.332$	$N = 33.793$	$N = 6.457$	131.225
	$n = 24$	$n = 54$	$n = 255$	333
	$\bar{x} = 10,52$	$\bar{x} = 46,28$	$\bar{x} = 124,91$	
	$s_x = 9,86$	$s_x = 31,23$	$s_x = 109,42$	
Total	$N = 311.119$	$N = 106.983$	$N = 31.898$	441.357
	$n = 67$	$n = 143$	$n = 789$	$n = 1.000$

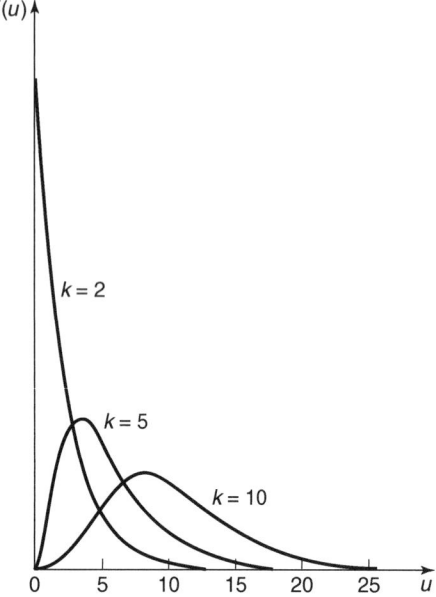

Figura 9-1 Várias distribuições χ^2.

Os pontos percentuais da distribuição χ_k^2 são dados na Tabela III do Apêndice. Defina $\chi_{\alpha,k}^2$ como o ponto percentual ou valor da variável aleatória qui-quadrado, com k graus de liberdade, tal que a probabilidade de que χ_k^2 exceda esse valor seja α. Isto é,

$$P\{\chi_k^2 \geq \chi_{\alpha,k}^2\} = \int_{\chi_{\alpha,k}^2}^{\infty} f(u)\,du = \alpha.$$

A área sombreada na Fig. 9-2 mostra essa probabilidade. Para ilustrar o uso da Tabela III, note que

$$P\{\chi_{10}^2 \geq \chi_{0,05;10}^2\} = P\{\chi_{10}^2 \geq 18{,}31\} = 0{,}05.$$

Isto é, o ponto de 5% da distribuição qui-quadrado com 10 graus de liberdade é $\chi_{0,05;10}^2 = 18{,}31$.

Como a distribuição normal, a distribuição qui-quadrado tem uma importante propriedade reprodutiva.

Teorema 9-2 Teorema da Aditividade da Qui-Quadrado

Sejam $\chi_1^2, \chi_2^2, \ldots, \chi_p^2$ variáveis aleatórias qui-quadrado independentes, com $k_1, k_2, \ldots, k_p$ graus de liberdade, respectivamente. Então, a quantidade

$$Y = \chi_1^2 + \chi_2^2 + \cdots + \chi_p^2$$

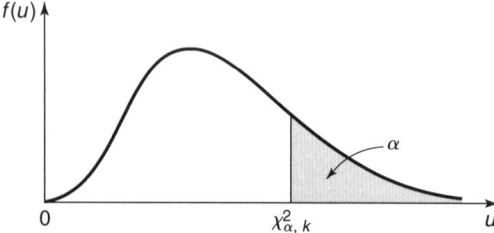

Figura 9-2 Ponto percentual $\chi_{\alpha,k}^2$ da distribuição qui-quadrado.

segue a distribuição qui-quadrado com número de graus de liberdade igual a

$$k = \sum_{i=1}^{p} k_i.$$

Prova Note que cada variável aleatória χ_i^2 pode ser escrita como a soma dos quadrados de k_i variáveis aleatórias normais padronizadas, digamos

$$\chi_i^2 = \sum_{j=1}^{k_i} Z_{ij}^2 \quad i = 1, 2, \ldots, p.$$

Portanto,

$$Y = \sum_{i=1}^{p} \chi_i^2 = \sum_{i=1}^{p} \sum_{j=1}^{k_i} Z_{ij}^2$$

e como todas as variáveis aleatórias Z_{ij} são independentes, porque as χ_i^2 são independentes, Y é exatamente a soma de $k = \sum_{i=1}^{p} k_i$ variáveis aleatórias normais padronizadas independentes. Pelo Teorema 9-1, segue que Y é uma variável aleatória qui-quadrado com k graus de liberdade.

Exemplo 9-6

Como um exemplo de uma estatística que segue s distribuição qui-quadrado, suponha que $X_1, X_2, \ldots, X_n$ seja uma amostra aleatória de uma população normal, com média μ e variância σ^2. A função da variância amostral

$$\frac{(n-1)S^2}{\sigma^2}$$

é distribuída como χ_{n-1}^2. Usaremos essa variável aleatória extensamente nos Capítulos 10 e 11. Veremos, nesses capítulos, que, por ser qui-quadrado a distribuição dessa variável aleatória, podemos construir estimativas de intervalos de confiança e testar hipóteses estatísticas sobre a variância de uma população normal.

Para ilustrar heuristicamente *por que* a distribuição da variável aleatória no Exemplo 9-6, $(n − 1)S^2/\sigma^2$, é qui-quadrado, note que

$$\frac{(n-1)S^2}{\sigma^2} = \frac{\sum_{i=1}^{n}(X_i - \overline{X})^2}{\sigma^2}. \tag{9-15}$$

Se $\overline{X}$ na Equação 9-15 for substituído por μ, então a distribuição de

$$\frac{\sum_{i=1}^{n}(X_i - \mu)^2}{\sigma^2}$$

é χ_n^2, porque os termos $(X_i − \mu)/\sigma$ são variáveis aleatórias normais padronizadas independentes. Considere, agora, o seguinte:

$$\sum_{i=1}^{n}(X_i - \mu)^2 = \sum_{i=1}^{n}\left[(X_i - \overline{X}) + (\overline{X} - \mu)\right]^2$$

$$= \sum_{i=1}^{n}(X_i - \overline{X})^2 + \sum_{i=1}^{n}(\overline{X} - \mu)^2 + 2(\overline{X} - \mu)\sum_{i=1}^{n}(X_i - \overline{X})$$

$$= \sum_{i=1}^{n}(X_i - \overline{X})^2 + n(\overline{X} - \mu)^2.$$

Portanto,

$$\frac{\sum_{i=1}^{n}(X_i - \mu)^2}{\sigma^2} = \frac{\sum_{i=1}^{n}(X_i - \overline{X})^2}{\sigma^2} + \frac{(\overline{X} - \mu)^2}{\sigma^2/n}$$

ou

$$\frac{\sum_{i=1}^{n}(X_i - \mu)^2}{\sigma^2} = \frac{(n-1)S^2}{\sigma^2} + \frac{(\overline{X} - \mu)^2}{\sigma^2/n}. \qquad (9\text{-}16)$$

Como $\overline{X}$ é distribuído normalmente, com média μ e variância σ^2/n, a quantidade $(\overline{X} - \mu)^2/(\sigma^2/n)$ é distribuída como χ_1^2. Além disso, pode-se mostrar que as variáveis aleatórias $\overline{X}$ e S^2 são independentes. Portanto, como $\sum_{i=1}^{n}(X_i - \mu)^2/\sigma^2$ é distribuída como χ_n^2, parece lógico usar a propriedade da aditividade da distribuição qui-quadrado (Teorema 9-2) e concluir que a distribuição de $(n-1)S^2/\sigma^2$ é χ_{n-1}^2.

9-4 A DISTRIBUIÇÃO t

Outra importante distribuição amostral é a distribuição t, algumas vezes chamada de distribuição t de Student.

Teorema 9-3

Sejam $Z \approx N(0, 1)$ e V uma variável aleatória qui-quadrado, com k graus de liberdade. Se Z e V são independentes, então a variável aleatória

$$T = \frac{Z}{\sqrt{V/k}}$$

tem função de densidade de probabilidade

$$f(t) = \frac{\Gamma[(k+1)/2]}{\sqrt{\pi k}\,\Gamma(k/2)} \cdot \frac{1}{\left[(t^2/k)+1\right]^{(k+1)/2}}, \qquad -\infty < t < \infty, \qquad (9\text{-}17)$$

e diz-se que ela segue a distribuição t com k graus de liberdade, abreviada por t_k.

Prova Como Z e V são independentes, sua função de densidade conjunta é

$$f(z,v) = \frac{v^{(k/2)-1}}{\sqrt{2\pi}\,2^{k/2}\,\Gamma\!\left(\dfrac{k}{2}\right)} e^{-(z^2+v)/2}, \qquad -\infty < z < \infty, 0 < v < \infty.$$

Usando o método da Seção 4-10, definimos uma nova variável aleatória $U = V$. Assim, as soluções das inversas de

$$t = \frac{z}{\sqrt{v/k}}$$

e

$$u = v$$

são

$$z = t\sqrt{\frac{u}{k}}$$

e

$$v = u.$$

O jacobiano é

$$J = \begin{vmatrix} \sqrt{\dfrac{u}{k}} & \dfrac{t}{2\sqrt{uk}} \\ 0 & 1 \end{vmatrix} = \sqrt{\dfrac{u}{k}}.$$

Assim,

$$|J| = \sqrt{\dfrac{u}{k}}$$

e, então, a função de densidade de probabilidade conjunta de T e U é

$$g(t,u) = \dfrac{\sqrt{u}}{\sqrt{2\pi k}\, 2^{k/2}\, \Gamma\left(\dfrac{k}{2}\right)} u^{(k/2)-1} e^{-[(u/k)t^2 + u]/2}. \tag{9-18}$$

Agora, como $v > 0$, devemos exigir que $u > 0$, e uma vez que $-\infty < z < \infty$, então $-\infty < t < \infty$. Rearranjando a Equação 9-18, temos

$$g(t,u) = \dfrac{1}{\sqrt{2\pi k}\, 2^{k/2}\, \Gamma\left(\dfrac{k}{2}\right)} u^{(k-1)/2} e^{-(u/2)[(t^2/k)+1]}, \qquad 0 < u < \infty,\ -\infty < t < \infty,$$

e como $f(t) = \int_0^\infty g(t,u)\,du$, obtemos

$$f(t) = \dfrac{1}{\sqrt{2\pi k}\, 2^{k/2}\, \Gamma\left(\dfrac{k}{2}\right)} \int_0^\infty u^{(k-1)/2} e^{-(u/2)[(t^2/k)+1]}\,du$$

$$= \dfrac{\Gamma[(k+1)/2]}{\sqrt{\pi k}\, \Gamma\left(\dfrac{k}{2}\right)} \cdot \dfrac{1}{\left[(t^2/k)+1\right]^{(k+1)/2}}, \qquad -\infty < t < \infty.$$

Principalmente por causa do uso histórico, muitos autores não fazem distinção entre a variável aleatória T e o símbolo t. A média e a variância da distribuição t são $\mu = 0$ e $\sigma^2 = k/(k-2)$ para $k < 2$, respectivamente. Várias distribuições t são exibidas na Fig. 9-3. A aparência geral da distribuição t é semelhante à da distribuição normal padronizada, no sentido de que ambas as distribuições são simétricas e unimodais, e o valor máximo da ordenada é alcançado na média $\mu = 0$. No entanto, a distribuição t tem caudas mais pesadas do que a normal; isto é, ela tem mais probabilidade nos extremos. Na medida em que o número de graus de liberdade $k \to \infty$, a forma-limite da distribuição t é a distribuição normal padronizada. Na visualização da distribuição t, é útil, algumas vezes, saber que a ordenada da

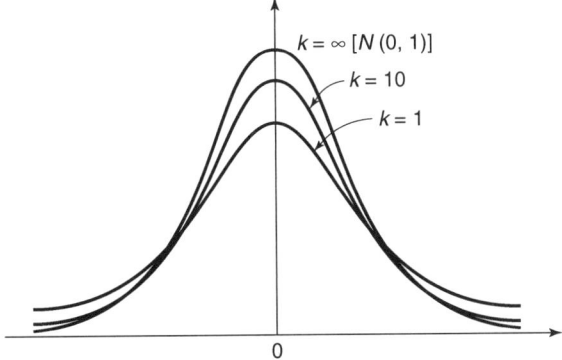

Figura 9-3 Várias distribuições t.

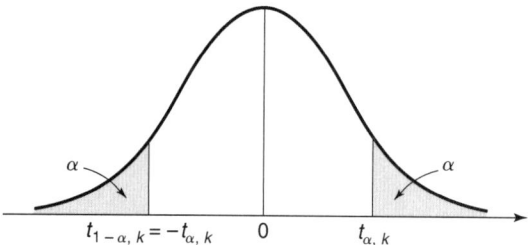

Figura 9-4 Pontos percentuais da distribuição t.

densidade em $\mu = 0$ é aproximadamente quatro a cinco vezes maior do que a ordenada no 5.º e 95.º percentis. Por exemplo, com 10 graus de liberdade para t, essa razão é 4,8, com 20 graus de liberdade, esse fator é 4,3 e, com 30 graus de liberdade, esse fator é 4,1. Por comparação, para a distribuição normal esse fator é 3,9.

Os pontos percentuais da distribuição t são apresentados na Tabela IV do Apêndice. Seja $t_{\alpha, k}$ o ponto percentual ou o valor da variável aleatória t com k graus de liberdade, tal que

$$P\{T \geq t_{\alpha,k}\} = \int_{t_{\alpha,k}}^{\infty} f(t)\,dt = \alpha.$$

Esse ponto percentual está ilustrado na Fig. 9-4. Note que uma vez que a distribuição t é simétrica em torno do zero, temos $t_{1-\alpha, k} = -t_{\alpha, k}$. Essa relação é útil, uma vez que a Tabela IV dá apenas os pontos percentuais da *cauda superior*, isto é, valores de $t_{\alpha, k}$ para $\alpha \leq 0{,}50$. Para ilustrar o uso da tabela, note que

$$P\{T \geq t_{0,05;10}\} = P\{T \geq 1{,}812\} = 0{,}05.$$

Assim, o ponto superior de 5% da distribuição t com 10 graus de liberdade é $t_{0,05;\,10} = 1{,}812$. Analogamente, o ponto da cauda inferior $t_{0,95;\,10} = -t_{0,05;\,10} = -1{,}812$.

Exemplo 9-7

Como um exemplo de uma variável aleatória que segue a distribuição t, suponha que $X_1, X_2, \ldots, X_n$ seja uma amostra aleatória de uma distribuição normal, com média μ e variância σ^2, e sejam $\overline{X}$ e S^2 a média e a variância amostrais. Considere a estatística

$$\frac{\overline{X} - \mu}{S/\sqrt{n}}. \tag{9-19}$$

Dividindo o numerador e o denominador da Equação 9-19 por σ, obtemos

$$\frac{\dfrac{\overline{X} - \mu}{\sigma}}{S/\sqrt{n}} = \frac{\dfrac{\overline{X} - \mu}{\sigma/\sqrt{n}}}{\sqrt{S^2/\sigma^2}}.$$

Como $(\overline{X} - \mu)/(\sigma/\sqrt{n}) \approx N(0, 1)$ e $S^2/\sigma^2 \sim \chi_{n-1}^2/(n-1)$, e como $\overline{X}$ e S^2 são independentes, vemos, pelo Teorema 9-3, que

$$T = \frac{\overline{X} - \mu}{S/\sqrt{n}} \tag{9-20}$$

segue uma distribuição t, com $\nu = n - 1$ graus de liberdade. Nos Capítulos 10 e 11 usaremos a variável aleatória na Equação 9-20 para construir intervalos de confiança e testar hipóteses sobre a média de uma distribuição normal.

9-5 A DISTRIBUIÇÃO F

Uma distribuição amostral muito útil é a distribuição F.

Teorema 9-4

Sejam W e Y variáveis aleatórias qui-quadrado independentes, com u e v graus de liberdade, respectivamente. Então a razão

$$F = \frac{W/u}{Y/v}$$

tem a função de densidade de probabilidade

$$h(f) = \frac{\Gamma\left(\frac{u+v}{2}\right)\left(\frac{u}{v}\right)^{u/2} f^{(u/2)-1}}{\Gamma\left(\frac{u}{2}\right)\Gamma\left(\frac{v}{2}\right)\left[\frac{u}{v}f+1\right]^{(u+v)/2}}, \qquad 0 < f < \infty, \tag{9-21}$$

e diz-se que segue a distribuição F com u graus de liberdade no numerador e v graus de liberdade no denominador. Usualmente ela é abreviada como $F_{u,v}$.

Prova Como W e Y são independentes, sua distribuição de densidade de probabilidade conjunta é

$$f(w,y) = \frac{w^{(u/2)-1} y^{(v/2)-1}}{2^{u/2}\Gamma\left(\frac{u}{2}\right) 2^{v/2}\Gamma\left(\frac{v}{2}\right)} e^{-(w+y)/2}, \qquad 0 < w, y < \infty.$$

Prosseguindo como na Seção 4-10, defina uma nova variável aleatória $M = Y$. As soluções das inversas de $f = (w/u)/(y/v)$ e $m = y$ são

$$w = \frac{umf}{v}$$

e

$$y = m.$$

Portanto, o jacobiano é

$$J = \begin{vmatrix} \frac{um}{v} & \frac{uf}{v} \\ 0 & 1 \end{vmatrix} = \frac{u}{v} m.$$

Assim, a função de densidade de probabilidade conjunta é dada por

$$g(f,m) = \frac{\frac{u}{v}\left(\frac{u}{v} fm\right)^{(u/2)-1} m^{v/2}}{2^{u/2}\Gamma\left(\frac{u}{2}\right) 2^{v/2}\Gamma\left(\frac{v}{2}\right)} e^{-(m/2)((u/v)f+1)}, \qquad 0 < f, m < \infty,$$

e, como $h(f) = \int_0^\infty g(f,m)dm$, obtemos a Equação 9-21, o que completa a prova.

A média e a variância da distribuição F são $\mu = v/(v-2)$ para $v < 2$, e

$$\sigma^2 = \frac{2v^2(u+v-2)}{u(v-2)^2(v-4)}, \qquad v > 4.$$

A Fig. 9-5 mostra várias distribuições F. A variável aleatória F é não-negativa, e a distribuição é assimétrica à direita. A distribuição F se parece muito com a distribuição qui-quadrado da Fig. 9-1; no entanto, os parâmetros u e v fornecem flexibilidade extra em relação à forma.

Os pontos percentuais da distribuição F são dados na Tabela V do Apêndice. Seja $F_{\alpha,u,v}$ o ponto percentual da distribuição F com u e v graus de liberdade, tal que a probabilidade de que a variável aleatória F exceda esse valor é

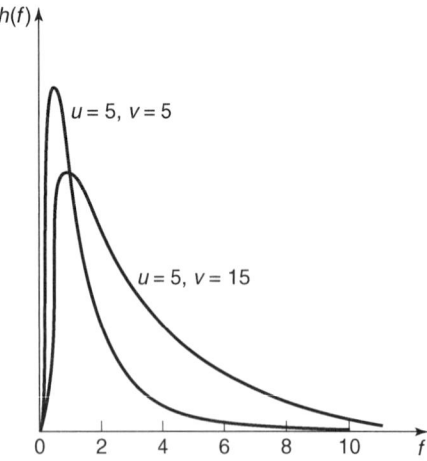

Figura 9-5 A distribuição F.

$$P\{F \geq F_{\alpha,u,v}\} = \int_{F_{\alpha,u,v}}^{\infty} h(f)\,df = \alpha.$$

Isso está ilustrado na Fig. 9-6. Por exemplo, se $u = 5$ e $v = 10$, vemos, pela Tabela V do Apêndice, que

$$P\{F \geq F_{0,05;5;10}\} = P\{F \geq 3{,}33\} = 0{,}05.$$

Isto é, o ponto 5% superior da $F_{5,\,10}$ é $F_{0,05;\,5;\,10} = 3{,}33$. A Tabela V contém apenas os pontos percentuais da cauda superior (valores de $F_{\alpha,\,u,\,v}$ para $\alpha \leq 0{,}50$). Os pontos percentuais da cauda inferior $F_{1-\alpha,\,u,\,v}$ podem ser encontrados como segue:

$$F_{1-\alpha,u,v} = \frac{1}{F_{\alpha,v,u}}. \tag{9-22}$$

Por exemplo, para encontrar o ponto percentual da cauda inferior $F_{0,95;\,5;\,10}$, note que

$$F_{0,95;5;10} = \frac{1}{F_{0,05;10;5}} = \frac{1}{4{,}74} = 0{,}211.$$

Exemplo 9-8

Como exemplo de uma estatística que segue a distribuição F, suponha que tenhamos duas populações normais, com variâncias σ_1^2 e σ_2^2. Considere amostras aleatórias independentes de tamanhos n_1 e n_2 extraídas das populações 1 e 2, respectivamente, e sejam S_1^2 e S_2^2 as variâncias amostrais. Então, a razão

$$F = \frac{S_1^2/\sigma_1^2}{S_2^2/\sigma_2^2} \tag{9-23}$$

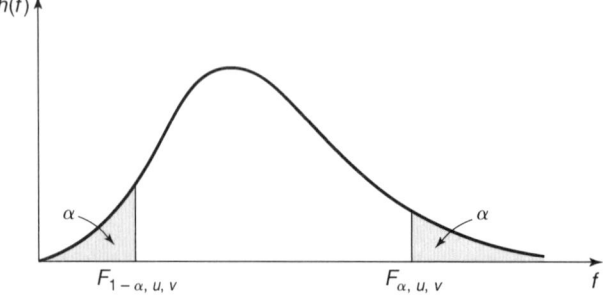

Figura 9-6 Pontos percentuais superior e inferior da distribuição F.

tem uma distribuição F com $n_1 - 1$ graus de liberdade no numerador e $n_2 - 1$ graus de liberdade no denominador. Isso segue diretamente dos fatos de que $(n_1 - 1)S_1^2/\sigma_1^2 \sim \chi^2_{n_1-1}$ e $(n_2 - 1)S_2^2/\sigma_2^2 \sim \chi^2_{n_2-1}$ e pelo Teorema 9-4. A variável aleatória na Equação 9-23 desempenha papel fundamental nos Capítulos 10 e 11, onde abordamos os problemas de estimação de intervalos de confiança e o teste de hipótese sobre as variâncias de duas populações normais independentes.

9-6 RESUMO

Este capítulo apresentou o conceito de amostragem aleatória e introduziu distribuições amostrais. Em amostragem repetida de uma população, estatísticas amostrais do tipo discutido no Capítulo 2 variam de amostra para amostra, e a distribuição de probabilidade de tais estatísticas (ou funções das estatísticas) é chamada de distribuição amostral. As distribuições normal, qui-quadrado, t de Student e F foram apresentadas neste capítulo, e serão empregadas extensivamente nos capítulos posteriores para descrever a variação amostral.

9-7 EXERCÍCIOS

9-1. Suponha que uma variável aleatória seja distribuída normalmente, com média μ e variância σ^2. Forme uma amostra aleatória de cinco observações. Qual é a função de densidade conjunta da amostra?

9-2. Transistores têm uma vida que é distribuída exponencialmente, com parâmetro λ. Obtém-se uma amostra aleatória de n transistores. Qual é a função de densidade conjunta da amostra?

9-3. Suponha que X seja distribuída uniformemente no intervalo de 0 a 1. Considere uma amostra aleatória de tamanho 4 de X. Qual é a função de densidade conjunta da amostra?

9-4. Um lote consiste em N transistores, dos quais M ($M \leq N$) são defeituosos. Selecionamos aleatoriamente dois transistores desse lote, sem reposição, e determinamos se são defeituosos ou não. Defina a variável aleatória

$$X_i = \begin{cases} 1 & \text{se o } i\text{-ésimo transistor é não-defeituoso,} \\ 0 & \text{se o } i\text{-ésimo transistor é defeituoso,} \end{cases} \quad i = 1, 2.$$

Determine a função de probabilidade conjunta para X_1 e X_2. Quais são as funções de probabilidade marginais para X_1 e X_2? X_1 e X_2 são variáveis aleatórias independentes?

9-5. Uma população de fontes de energia para computadores pessoais tem uma voltagem de saída que é distribuída normalmente, com uma média de 5,00 V e um desvio-padrão de 0,10 V. Seleciona-se uma amostra aleatória de oito fontes de energia. Especifique a distribuição amostral de $\overline{X}$.

9-6. Considere o problema das fontes de energia descrito no Exercício 9-5. Qual é o erro-padrão de $\overline{X}$?

9-7. Considere o problema das fontes de energia descrito no Exercício 9-5. Suponha que o desvio-padrão populacional seja desconhecido. Como você obteria o erro-padrão estimado?

9-8. Um especialista em aprovisionamento comprou 25 resistores do fornecedor 1 e 30 resistores do fornecedor 2. Sejam $X_{11}, X_{12}, \ldots, X_{1,25}$ as resistências observadas nos resistores do fornecedor 1, que se supõem distribuídas normal e independentemente, com uma média de Ω 100 e um desvio-padrão de 1,5 Ω. Analogamente, sejam $X_{21}, X_{22}, \ldots, X_{2,30}$ as resistências observadas nos resistores do fornecedor 2, que se supõem distribuídas normal e independentemente, com uma média de 105 Ω e um desvio-padrão de 2,0 Ω. Qual é a distribuição amostral de $\overline{X}_1 - \overline{X}_2$?

9-9. Considere o problema dos resistores no Exercício 9-8. Ache o erro padrão de $\overline{X}_1 - \overline{X}_2$.

9-10. Considere o problema dos resistores do Exercício 9-8. Se não pudermos assumir que a resistência seja distribuída normalmente, o que poderia ser dito sobre a distribuição amostral de $\overline{X}_1 - \overline{X}_2$?

9-11. Suponha que amostras aleatórias independentes de tamanhos n_1 e n_2 sejam extraídas de duas populações normais com médias μ_1 e μ_2 e variâncias σ_1^2 e σ_2^2, respectivamente. Se $\overline{X}_1$ e $\overline{X}_2$ são as médias amostrais, ache a distribuição amostral da estatística

$$\frac{\overline{X}_1 - \overline{X}_2 - (\mu_1 - \mu_2)}{\sqrt{(\sigma_1^2/n_1) + (\sigma_2^2/n_2)}}.$$

9-12. Um fabricante de aparelhos semicondutores extrai uma amostra aleatória de 100 *chips* e os testa, classificando cada *chip* como defeituoso ou não-defeituoso. Seja $X_i = 0(1)$ se o i-ésimo *chip* é não-defeituoso (defeituoso). A fração amostral de defeituosos é

$$\hat{p} = \frac{X_1 + X_2 + \cdots + X_{100}}{100}.$$

Qual á a distribuição amostral de $\hat{p}$?

9-13. Para o problema do semicondutor do Exercício 9-12, ache o erro-padrão de $\hat{p}$. Ache, também, o erro-padrão estimado de $\hat{p}$.

9-14. Desenvolva a função geratriz de momentos da distribuição qui-quadrado.

9-15. Deduza a média e a variância da variável aleatória qui-quadrado com u graus de liberdade.

9-16. Deduza a média e a variância da distribuição t.

9-17. Deduza a média e a variância da distribuição F.

9-18. Estatística de Ordem. Seja $X_1, X_2, \ldots, X_n$ uma amostra aleatória de tamanho n de X, uma variável aleatória que tem função de distribuição $F(x)$. Coloque os elementos em ordem crescente de magnitude numérica, resultando em $X_{(1)}, X_{(2)}, \ldots, X_{(n)}$, onde $X_{(1)}$ é o menor elemento amostral ($X_{(1)} = \text{mín}\{X_1, X_2, \ldots, X_n\}$) e $X_{(n)}$ é o maior elemento amostral ($X_{(n)} = \text{máx}\{X_1, X_2, \ldots, X_n\}$). X_i é chamado de i-ésima estatística de ordem. Algumas vezes, é de interesse a distribuição de alguma estatística de ordem, particularmente os valores mínimo e máximo, $X_{(1)}$ e $X_{(n)}$, respectivamente. Prove que as funções de distribuição de $X_{(1)}$ e $X_{(n)}$, denotadas respectivamente por $F_{X_{(1)}}(t)$ e $F_{X_{(n)}}(t)$, são

$$F_{X_{(1)}}(t) = 1 - [1 - F(t)]^n,$$
$$F_{X_{(n)}}(t) = [F(t)]^n.$$

Prove que, se X é contínua com distribuição de probabilidade $f(x)$, então as distribuições de probabilidade de $X_{(1)}$ e $X_{(n)}$ são

$$f_{X_{(1)}}(t) = n[1 - F(t)]^{n-1} f(t),$$
$$f_{X_{(n)}}(t) = n[F(t)]^{n-1} f(t).$$

9-19. Continuação do Exercício 9-18. Seja $X_1, X_2, \ldots, X_n$ uma amostra aleatória de uma variável aleatória de Bernoulli, com parâmetro p. Mostre que

$$P(X_{(n)} = 1) = 1 - (1-p)^n,$$
$$P(X_{(1)} = 0) = 1 - p^n.$$

Use os resultados do Exercício 9-18.

9-20. Continuação do Exercício 9-18. Seja $X_1, X_2, \ldots, X_n$ uma amostra aleatória de uma variável aleatória normal, com média μ e variância σ^2. Usando os resultados do Exercício 9-18, deduza as funções de densidade de $X_{(1)}$ e $X_{(n)}$.

9-21. Continuação do Exercício 9-18. Seja $X_1, X_2, \ldots, X_n$ uma amostra aleatória de uma variável aleatória exponencial, com parâmetro λ. Deduza as funções de distribuição e as distribuições de probabilidade para $X_{(1)}$ e $X_{(n)}$. Use os resultados do Exercício 9-18.

9-22. Seja $X_1, X_2, \ldots, X_n$ uma amostra aleatória de uma variável aleatória contínua. Ache

$$E[F(X_{(n)})]$$

e

$$E[F(X_{(1)})].$$

9-23. Usando a Tabela III do Apêndice, ache os seguintes valores:

(a) $\chi^2_{0,95;8}$.

(b) $\chi^2_{0,50;12}$.

(c) $\chi^2_{0,025;20}$.

(d) $\chi^2_{\alpha,10}$ tal que $P\{\chi^2_{10} \leq \chi^2_{\alpha,10}\} = 0{,}975$.

9-24. Usando a Tabela IV do Apêndice, ache os seguintes valores:

(a) $t_{0,25;10}$.

(b) $t_{0,25;20}$.

(c) $t_{\alpha,10}$ tal que $P\{t_{10} \leq t_{\alpha,10}\} = 0{,}95$.

9-25. Usando a Tabela V do Apêndice, ache os seguintes valores:

(a) $F_{0,25;4;9}$.

(b) $F_{0,05;15;10}$.

(c) $F_{0,95;6;8}$.

(d) $F_{0,90;24;24}$.

9-26. Seja $F_{1-\alpha,u,\nu}$ o ponto da cauda inferior ($\alpha \leq 0{,}50$) da distribuição $F_{u,\nu}$. Prove que $F_{1-\alpha,u,\nu} = 1/F_{\alpha,\nu,u}$.

Capítulo 10

Estimação de Parâmetro

Inferência estatística é o processo pelo qual a informação obtida a partir de dados amostrais é usada para se tirarem conclusões sobre a população da qual a amostra foi selecionada. As técnicas de inferência estatística podem ser divididas em duas áreas principais: *estimação de parâmetro* e *teste de hipóteses*. Este capítulo trata da estimação de parâmetro, e o teste de hipóteses é apresentado no Capítulo 11.

Como um exemplo de um problema de estimação de parâmetro, suponha que engenheiros civis estejam analisando a força de compressão do concreto. Há uma variabilidade natural na força de cada espécime individual de concreto. Conseqüentemente, os engenheiros estão interessados em estimar a força média para a população que consiste nesse tipo de concreto. Podem, também, estar interessados na estimação da variabilidade da força de compressão nessa população. Apresentaremos métodos para a obtenção de estimativas pontuais de parâmetros, tais como a média e a variância populacionais, e discutiremos métodos para a obtenção de certos tipos de estimativas intervalares de parâmetros, chamados de intervalos de confiança.

10-1 ESTIMAÇÃO PONTUAL

Uma estimativa pontual de um parâmetro populacional é um único valor numérico de uma estatística que corresponde àquele parâmetro. Isto é, a estimativa pontual é uma seleção única para o valor de um parâmetro desconhecido. Mais precisamente, se X é uma variável aleatória com distribuição de probabilidade $f(x)$, caracterizada pelo parâmetro desconhecido θ, e se $X_1, X_2, ..., X_n$ é uma amostra aleatória de tamanho n de X, então a estatística $\hat{\theta} = h(X_1, X_2, ..., X_n)$ correspondente a θ é chamada de *estimador* de θ. Note que a estimativa $\hat{\theta}$ é uma variável aleatória, porque é uma função de dados amostrais. Depois da seleção da amostra, $\hat{\theta}$ assume um valor numérico particular, chamado de estimativa pontual de θ.

Como exemplo, suponha que a variável aleatória X seja normalmente distribuída, com média μ desconhecida e variância σ^2 conhecida. A média amostral $\overline{X}$ é um estimador pontual da média populacional desconhecida, μ. Isto é, $\hat{\mu} = \overline{X}$. Depois de selecionada a amostra, o valor numérico $\overline{x}$ é a estimativa pontual de μ. Assim, se $x_1 = 2,5$, $x_2 = 3,1$, $x_3 = 2,8$ e $x_4 = 3,0$, então a estimativa pontual de μ é

$$\overline{x} = \frac{2,5 + 3,1 + 2,8 + 3,0}{4} = 2,85.$$

Analogamente, se a variância populacional, σ^2, for também desconhecida, um estimador pontual para σ^2 é a variância amostral S^2, e o valor numérico $S^2 = 0,07$, calculado a partir dos dados amostrais, é a estimativa pontual de σ^2.

Problemas de estimação ocorrem com freqüência em engenharia. Em geral, precisamos estimar os seguintes parâmetros:

- A média μ de uma única população
- A variância σ^2 (ou o desvio-padrão σ) de uma única população

- A proporção p de itens em uma população que pertencem a uma classe de interesse
- A diferença entre médias de duas populações, $\mu_1 - \mu_2$
- A diferença entre duas proporções populacionais, $p_1 - p_2$

Estimativas razoáveis desses parâmetros são:

- Para μ, a estimativa é $\hat{\mu} = \overline{X}$, a média amostral
- Para σ^2, a estimativa é $\hat{\sigma}^2 = S^2$, a variância amostral
- Para p, a estimativa é $\hat{p} = X/n$, a proporção amostral, onde X é o número de itens, em uma amostra aleatória de tamanho n, que pertencem a uma classe de interesse
- Para $\mu_1 - \mu_2$, a estimativa é $\hat{\mu}_1 = \hat{\mu}_2 = \overline{X}_1 - \overline{X}_2$, a diferença entre as médias amostrais de duas amostras aleatórias independentes
- Para $p_1 - p_2$, a estimativa é $\hat{p}_1 - \hat{p}_2$, a diferença entre duas proporções amostrais calculadas a partir de duas amostras aleatórias independentes

Pode haver vários estimadores pontuais potenciais diferentes para um parâmetro. Por exemplo, se desejamos estimar a média de uma variável aleatória podemos considerar, como estimadores pontuais, a média amostral, a mediana amostral ou, talvez, a média da maior e da menor observação na amostra. Para se decidir qual estimador pontual de um parâmetro particular é o melhor a ser usado precisamos examinar suas propriedades estatísticas e desenvolver alguns critérios para a comparação de estimadores.

10-1.1 Propriedades de Estimadores

Uma propriedade desejável de um estimador é que ele esteja "próximo", de alguma maneira, do verdadeiro valor do parâmetro desconhecido. Formalmente, dizemos que $\hat{\theta}$ é um estimador *não-viesado* do parâmetro θ se

$$E(\hat{\theta}) = \theta. \tag{10-1}$$

Isto é, $\hat{\theta}$ é um estimador não-viesado de θ se, "na média", seus valores forem iguais a θ. Note que isso é equivalente a se exigir que a média da distribuição amostral de $\hat{\theta}$ seja igual a θ.

Exemplo 10-1

Suponha que X seja uma variável aleatória com média μ e variância σ^2. Seja $X_1, X_2, \ldots, X_n$ uma amostra aleatória de tamanho n extraída de X. Mostre que a média amostral $\overline{X}$ e a variância amostral S^2 são estimadores não-viesados de μ e de σ^2, respectivamente. Considere

$$E(\overline{X}) = E\left(\frac{\sum_{i=1}^{n} X_i}{n}\right)$$
$$= \frac{1}{n}\sum_{i=1}^{n} E(X_i),$$

e, como $E(X_i) = \mu$ para todo $i = 1, 2, \ldots, n$,

$$E(\overline{X}) = \frac{1}{n}\sum_{i=1}^{n} \mu = \mu.$$

Portanto, a média amostral $\overline{X}$ é um estimador não-viesado da média populacional μ. Considere, agora,

$$E(S^2) = E\left[\frac{\sum_{i=1}^{n}(X_i - \overline{X})^2}{n-1}\right]$$
$$= \frac{1}{n-1} E\sum_{i=1}^{n}(X_i - \overline{X})^2$$
$$= \frac{1}{n-1} E\sum_{i=1}^{n}\left(X_i^2 + \overline{X}^2 - 2\overline{X}X_i\right)$$

$$= \frac{1}{n-1} E\left(\sum_{i=1}^{n} X_i^2 - n\overline{X}^2\right)$$

$$= \frac{1}{n-1}\left[\sum_{i=1}^{n} E(X_i^2) - nE(\overline{X}^2)\right].$$

No entanto, como $E(X_i^2) = \mu^2 + \sigma^2$ e $E(\overline{X}^2) = \mu^2 + \sigma^2/n$, temos

$$E(S^2) = \frac{1}{n-1}\left[\sum_{i=1}^{n}(\mu^2 + \sigma^2) - n(\mu^2 + \sigma^2/n)\right]$$

$$= \frac{1}{n-1}(n\mu^2 + n\sigma^2 - n\mu^2 - \sigma^2)$$

$$= \sigma^2.$$

Assim, a variância amostral S^2 é um estimador não-viesado da variância populacional σ^2. No entanto, o desvio-padrão amostral, S, é um estimador viesado do desvio padrão populacional, σ. Para grandes amostras, esse viés é desprezível.

O erro quadrático médio de um estimador $\hat{\theta}$ é definido como

$$EQM(\hat{\theta}) = E(\hat{\theta} - \theta)^2. \tag{10-2}$$

O erro quadrático médio pode ser reescrito como:

$$EQM(\hat{\theta}) = E[\hat{\theta} - E(\hat{\theta})]^2 + [\theta - E(\hat{\theta})]^2$$
$$= V(\hat{\theta}) + (\text{viés})^2. \tag{10-3}$$

Isto é, o erro quadrático médio de $\hat{\theta}$ é igual à variância do estimador mais o quadrado do viés. Se $\hat{\theta}$ é um estimador não-viesado, o erro quadrático médio de $\hat{\theta}$ é igual à variância de $\hat{\theta}$.

O erro quadrático médio é um critério importante para a comparação de dois estimadores. Sejam $\hat{\theta}_1$ e $\hat{\theta}_2$ dois estimadores do parâmetro θ, e sejam $EQM(\hat{\theta}_1)$ e $EQM(\hat{\theta}_2)$ os erros quadráticos médios de $\hat{\theta}_1$ e $\hat{\theta}_2$. Então, a eficiência relativa de $\hat{\theta}_2$ e $\hat{\theta}_1$ é definida como

$$\frac{EQM(\hat{\theta}_1)}{EQM(\hat{\theta}_2)}.$$

Se essa eficiência relativa for menor do que um, podemos concluir que $\hat{\theta}_1$ é um estimador mais eficiente de θ do que $\hat{\theta}_2$, no sentido de que tem um erro quadrático médio menor. Por exemplo, suponha que desejemos estimar a média μ de uma população. Temos uma amostra aleatória de n observações, $X_1, X_2, \ldots, X_n$, e desejamos comparar dois estimadores possíveis para μ: a média amostral $\overline{X}$ e uma única observação da amostra, digamos X_i. Note que tanto $\overline{X}$ quanto X_i são estimadores não-viesados de μ; conseqüentemente, o erro quadrático médio de ambos os estimadores é simplesmente a variância. Para a média amostral, temos $EQM(\overline{X}) = V(\overline{X}) = \sigma^2/n$, onde σ^2 é a variância populacional; para a observação individual, temos $EQM(X_i) = V(X_i) = \sigma^2$. Portanto, a eficiência relativa de X_i para $\overline{X}$ é

$$\frac{EQM(\overline{X})}{EQM(X_i)} = \frac{\sigma^2/n}{\sigma^2} = \frac{1}{n}.$$

Como $(1/n) < 1$ para tamanhos amostrais $n \geq 2$, concluímos que a média amostral é um melhor estimador de μ do que uma única observação X_i.

Na classe dos estimadores não-viesados, gostaríamos de achar o estimador que tivesse a menor variância. Tal estimador é chamado de estimador não-viesado de variância mínima. A Fig. 10-1 mostra a distribuição de probabilidade de dois estimadores não-viesados, $\hat{\theta}_1$ e $\hat{\theta}_2$, com $\hat{\theta}_1$ tendo variância menor do que $\hat{\theta}_2$. É mais provável que o estimador $\hat{\theta}_1$ resulte em uma estimativa mais próxima do verdadeiro valor do parâmetro desconhecido, θ, do que $\hat{\theta}_2$.

É possível obter um limite inferior para a variância de todos os estimadores não-viesados de θ. Seja $\hat{\theta}$ um estimador não-viesado do parâmetro θ, com base em uma amostra aleatória de n observações, e denote por $f(x, \theta)$ a distribuição de probabilidade da variável aleatória X. Então, um limite inferior para a variância de $\hat{\theta}$ é[1]

$$V(\hat{\theta}) \geq \frac{1}{nE\left[\dfrac{d}{d\theta}\ln f(X,\theta)\right]^2}. \qquad (10\text{-}4)$$

Essa desigualdade é chamada de limite inferior de Cramér-Rao. Se um estimador não-viesado, S_2^2, satisfaz a Equação 10-4 como uma igualdade, ele é um estimador não-viesado de variância mínima de θ.

Exemplo 10-2

Mostraremos que a média amostral, $\overline{X}$, é o estimador não-viesado de variância mínima da média de uma distribuição normal com variância conhecida.

Do Exemplo 10-1, observamos que $\overline{X}$ é um estimador não-viesado de μ. Note que

$$\ln f(X,\mu) = \ln\left\{(\sigma\sqrt{2\pi})^{-1}\exp\left[-\frac{1}{2}\left(\frac{X-\mu}{\sigma}\right)^2\right]\right\}$$

$$= -\ln(\sigma\sqrt{2\pi}) - \frac{1}{2}\left(\frac{X-\mu}{\sigma}\right)^2.$$

Substituindo na Equação 10-4, obtemos

$$V(\overline{X}) \geq \frac{1}{nE\left\{\dfrac{d}{d\mu}\left[-\ln(\sigma\sqrt{2\pi}) - \dfrac{1}{2}\left(\dfrac{X-\mu}{\sigma}\right)^2\right]\right\}^2}$$

$$= \frac{1}{nE\left[\dfrac{X-\mu}{\sigma^2}\right]^2}$$

$$= \frac{1}{\dfrac{nE(X-\mu)^2}{\sigma^4}}$$

$$= \frac{1}{\dfrac{n\sigma^2}{\sigma^4}}$$

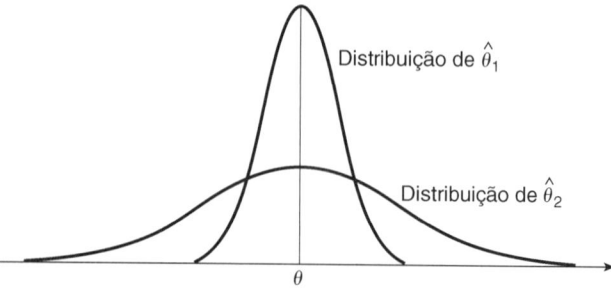

Figura 10-1 A distribuição de probabilidade de dois estimadores não-viesados, $\hat{\theta}_1$ e $\hat{\theta}_2$.

---

[1] Exigem-se certas condições da função $f(X, \theta)$ para a obtenção da desigualdade de Cramér-Rao (por exemplo, veja Tucker 1962). Essas condições são satisfeitas pela maioria das distribuições padrões de probabilidade.

$$= \frac{\sigma^2}{n}.$$

Como sabemos que, em geral, a variância da média amostral é $V(\overline{X}) = \sigma^2/n$, vemos que $V(\overline{X})$ satisfaz o limite inferior de Cramér-Rao como uma igualdade. Portanto, $\overline{X}$ é o estimador não-viesado de variância mínima de μ para a distribuição normal onde σ^2 é conhecida.

Algumas vezes, consideramos que estimadores viesados são preferíveis a estimadores não-viesados por terem erros quadráticos médios menores. Isto é, podemos reduzir consideravelmente a variância do estimador introduzindo uma quantidade relativamente pequena de viés. Desde que a redução na variância seja maior do que o quadrado do viés, isso resultará em um estimador melhor, no sentido do erro quadrático médio. Por exemplo, a Fig. 10-2 mostra a distribuição de probabilidade de um estimador viesado, $\hat{\theta}_1$, com menor variância do que o estimador não-viesado, $\hat{\theta}_2$. Uma estimativa com base em $\hat{\theta}_1$ estará, provavelmente, mais próxima do verdadeiro valor de θ do que uma estimativa com base em $\hat{\theta}_2$. Veremos uma aplicação de estimação viesada no Capítulo 15.

Um estimador $\hat{\theta}^*$ que tenha um erro quadrático médio menor do que ou igual ao erro quadrático médio de qualquer outro estimador $\hat{\theta}$, para todos os valores do parâmetro θ, é chamado de um estimador *ótimo* de θ.

Outra maneira de se definir a proximidade de um estimador $\hat{\theta}$ ao parâmetro θ é em termos da *consistência*. Se $\hat{\theta}_n$ é um estimador de θ com base em uma amostra aleatória de tamanho n, dizemos que $\hat{\theta}_n$ é consistente para θ se, para todo $\epsilon > 0$,

$$\lim_{n \to \infty} P(|\hat{\theta}_n - \theta| < \varepsilon) = 1. \tag{10-5}$$

A consistência é uma propriedade de grandes amostras, uma vez que descreve o comportamento-limite do estimador $\hat{\theta}$ quando o tamanho amostral tende para infinito. Em geral, é difícil provar que um estimador é consistente usando-se a definição da Equação 10-5. No entanto, estimadores cujos erros quadráticos médios (ou variâncias, se os estimadores forem não-viesados) tendem a zero quando o tamanho amostral se aproxima de infinito são consistentes. Por exemplo, $\overline{X}$ é um estimador consistente da média de uma distribuição normal, uma vez que $\overline{X}$ é não-viesado e $\lim_{n \to \infty} V(\overline{X}) = \lim_{n \to \infty} (\sigma^2/n) = 0$.

10-1.2 O Método da Máxima Verossimilhança

Um dos melhores métodos para a obtenção de um estimador pontual é o método da máxima verossimilhança. Suponha que X seja uma variável aleatória com distribuição de probabilidade $f(x, \theta)$, onde θ é o único parâmetro desconhecido. Sejam $X_1, X_2, \ldots, X_n$ os valores observados em uma amostra aleatória de tamanho n. Então, a *função de verossimilhança* da amostra é

$$L(\theta) = f(x_1, \theta) \cdot f(x_2, \theta) \cdot \cdots \cdot f(x_n, \theta). \tag{10-6}$$

Note que a função de verossimilhança é, agora, função apenas do parâmetro desconhecido, θ. O *estimador de máxima verossimilhança* (EMV) de θ é o valor de θ que maximiza a função de verossimilhança, $L(\theta)$. Essencialmente, o estimador de máxima verossimilhança é o valor de θ que maximiza a probabilidade de ocorrência dos resultados amostrais.

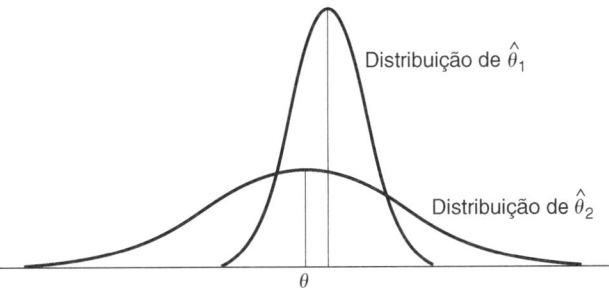

Figura 10-2 Um estimador viesado, $\hat{\theta}_1$, que tem menor variância do que o estimador não-viesado, $\hat{\theta}_2$.

Exemplo 10-3

Seja X uma variável aleatória de Bernoulli. A função de probabilidade é

$$p(x) = p^x(1-p)^{1-x}, \quad x = 0, 1,$$
$$= 0, \qquad \text{caso contrário,}$$

onde p é o parâmetro a ser estimado. A função de verossimilhança de uma amostra de tamanho n é

$$L(p) = \prod_{i=1}^{n} p^{x_i}(1-p)^{1-x_i} = p^{\sum_{i=1}^{n} x_i}(1-p)^{n-\sum_{i=1}^{n} x_i}.$$

Observamos que, se $\hat{p}$ maximiza $L(p)$, então $\hat{p}$ também maximiza $\ln L(p)$, uma vez que o logaritmo é uma função monótona crescente. Portanto,

$$\ln L(p) = \sum_{i=1}^{n} x_i \ln p + \left(n - \sum_{i=1}^{n} x_i\right)\ln(1-p).$$

Agora,

$$\frac{d \ln L(p)}{dp} = \frac{\sum_{i=1}^{n} x_i}{p} - \frac{\left(n - \sum_{i=1}^{n} x_i\right)}{1-p}.$$

Igualando isso a zero e resolvendo em relação a p, resulta no EMV $\hat{p}$ dado por

$$\hat{p} = \frac{1}{n}\sum_{i=1}^{n} X_i = \overline{X},$$

uma resposta intuitivamente agradável. Naturalmente, pode-se realizar um teste da derivada segunda, mas omitimos isso aqui.

Exemplo 10-4

Seja X distribuída normalmente, com média μ desconhecida e variância σ^2 conhecida. A função de verossimilhança de uma amostra de tamanho n é

$$L(\mu) = \prod_{i=1}^{n} \frac{1}{\sigma\sqrt{2\pi}} e^{-(x_i-\mu)^2/2\sigma^2}$$
$$= \frac{1}{(2\pi\sigma^2)^{n/2}} e^{-(1/2\sigma^2)\sum_{i=1}^{n}(x_i-\mu)^2}.$$

Agora,

$$\ln L(\mu) = -(n/2)\ln(2\pi\sigma^2) - (2\sigma^2)^{-1}\sum_{i=1}^{n}(x_i-\mu)^2$$

e

$$\frac{d \ln L(\mu)}{d\mu} = (\sigma^2)^{-1}\sum_{i=1}^{n}(x_i-\mu).$$

Igualando esse último resultado a zero e resolvendo em relação a μ, resulta em

$$\hat{\mu} = \frac{1}{n}\sum_{i=1}^{n} X_i = \overline{X}$$

como o EMV para μ.

Pode não ser sempre possível a utilização de métodos de cálculo para se determinar o máximo de $L(\theta)$. O exemplo seguinte ilustra isso.

Exemplo 10-5

Seja X distribuída uniformemente no intervalo de 0 a a. A função de verossimilhança de uma amostra aleatória X_1, X_2, ..., X_n de tamanho n é

$$L(a) = \prod_{i=1}^{n} \frac{1}{a} = \frac{1}{a^n}.$$

Note que a inclinação dessa função é diferente de zero em todos os pontos, de modo que não podemos usar os métodos do cálculo para encontrar o estimador de máxima verossimilhança, $\hat{a}$. No entanto, note que a função de verossimilhança cresce à medida que a decresce. Portanto, maximizaremos $L(a)$ fazendo $\hat{a}$ como o menor valor que ela poderia, razoavelmente, assumir. Obviamente, a não pode ser menor do que o maior valor amostral, de modo que usamos a maior observação como $\hat{a}$. Assim, $\hat{a} = \max_i X_i$ é o EMV para a.

O método de máxima verossimilhança pode ser usado em situações em que há vários parâmetros desconhecidos a serem estimados, digamos $\theta_1, \theta_2, ..., \theta_k$. Em tais casos, a função de verossimilhança dos k parâmetros desconhecidos, $\theta_1, \theta_2, ..., \theta_k$, e os estimadores de máxima verossimilhança, $\{\hat{\theta}_i\}$, seriam encontrados igualando-se a zero as k derivadas parciais de primeira ordem $\partial L(\theta_1, \theta_2, ..., \theta_k)/\partial \theta_i$, $i = 1, 2, ..., k$ e resolvendo-se o sistema de equações resultante.

Exemplo 10-6

Seja X distribuída normalmente, com média μ e variância σ^2, onde tanto μ quanto σ^2 são desconhecidas. Ache os estimadores de máxima verossimilhança de μ e de σ^2. A função de verossimilhança para uma amostra aleatória de tamanho n é

$$L(\mu, \sigma^2) = \prod_{i=1}^{n} \frac{1}{\sigma\sqrt{2\pi}} e^{-(x_i-\mu)^2/2\sigma^2}$$

$$= \frac{1}{(2\pi\sigma^2)^{n/2}} e^{-(1/2\sigma^2)\sum_{i=1}^{n}(x_i-\mu)^2}$$

e

$$\ln L(\mu, \sigma^2) = -\frac{n}{2}\ln(2\pi\sigma^2) - \frac{1}{2\sigma^2}\sum_{i=1}^{n}(x_i-\mu)^2.$$

Agora,

$$\frac{\partial \ln L(\mu, \sigma^2)}{\partial \mu} = \frac{1}{\sigma^2}\sum_{i=1}^{n}(x_i-\mu) = 0,$$

$$\frac{\partial \ln L(\mu, \sigma^2)}{\partial (\sigma^2)} = \frac{-n}{2\sigma^2} + \frac{1}{2\sigma^4}\sum_{i=1}^{n}(x_i-\mu)^2 = 0.$$

As soluções dessas equações resultam nos estimadores de máxima verossimilhança

$$\hat{\mu} = \frac{1}{n}\sum_{i=1}^{n} X_i = \overline{X}$$

e

$$\hat{\sigma}^2 = \frac{1}{n}\sum_{i=1}^{n}(X_i - \overline{X})^2,$$

que está intimamente relacionado à variância amostral não-viesada S^2. Explicitamente, $\hat{\sigma}^2 = ((n-1)/n)S^2$.

Os estimadores de máxima verossimilhança não são, necessariamente, não-viesados (veja o estimador de máxima verossimilhança de σ^2 no Exemplo 10-6), mas eles podem, em geral, ser facilmente modificados para se tornarem não-viesados. Além disso, o viés se aproxima de zero para grandes amostras. Em geral, os estimadores de máxima verossimilhança têm boas propriedades de grandes amostras ou *assintóticas*. Especificamente, eles são assintoticamente normalmente distribuídos, não-viesados e têm uma variância que se aproxima do limite inferior de Cramér-Rao para n grande. Mais precisamente, se $\hat{\theta}$ é o estimador de máxima verossimilhança para θ, então $\sqrt{n}(\hat{\theta}-\theta)$ é distribuído normalmente, com média zero e variância

$$V\left[\sqrt{n}\left(\hat{\theta}-\theta\right)\right] = V\left(\sqrt{n}\hat{\theta}\right) \simeq \frac{1}{E\left[\dfrac{d}{d\theta}\ln f(X,\theta)\right]^2}$$

para n grande. Os estimadores de máxima verossimilhança são, também, consistentes. Além disso, possuem a propriedade da invariância; isto é, se $\hat{\theta}$ é o estimador de máxima verossimilhança de θ e $u(\theta)$ é uma função de θ que tem uma inversa de valor único, então o estimador de máxima verossimilhança de $u(\theta)$ é $u(\hat{\theta})$.

Pode-se mostrar graficamente que o máximo da verossimilhança ocorrerá no valor do estimador de máxima verossimilhança. Considere uma amostra de tamanho $n = 10$ de uma distribuição normal:

$$14{,}15;\ 32{,}07;\ 32{,}30;\ 25{,}01;\ 21{,}86;\ 23{,}70;\ 25{,}92;\ 25{,}19;\ 22{,}59;\ 26{,}47.$$

Suponha que a variância populacional seja conhecida, 4. Já mostramos que o EMV para a média, μ, de uma distribuição normal é $\bar{X}$. Para esse conjunto de dados, $\bar{x} = 25$. A Fig. 10-3 mostra a log-verossimilhança para vários valores da média. Note que o valor máximo da função log-verossimilhança ocorre em aproximadamente $\bar{x} = 25$. Algumas vezes, a função de verossimilhança é relativamente achatada na região em torno do máximo. Isso pode ser devido ao tamanho da amostra extraída da população. Um pequeno tamanho de amostra pode levar a uma log-verossimilhança bastante achatada, o que implica menos precisão na estimativa do parâmetro de interesse.

10-1.3 O Método dos Momentos

Suponha que X seja uma variável aleatória contínua com densidade de probabilidade $f(x; \theta_1, \theta_2, \ldots, \theta_k)$ ou uma variável aleatória discreta com distribuição $p(x; \theta_1, \theta_2, \ldots, \theta_k)$, caracterizada por k parâmetros desconhecidos. Seja $X_1, X_2, \ldots, X_n$ uma amostra aleatória de tamanho n de X, e defina os k primeiros momentos amostrais em torno da origem como

$$m'_t = \frac{1}{n}\sum_{i=1}^{n} X_i^t, \qquad t = 1,2,\ldots,k. \tag{10-7}$$

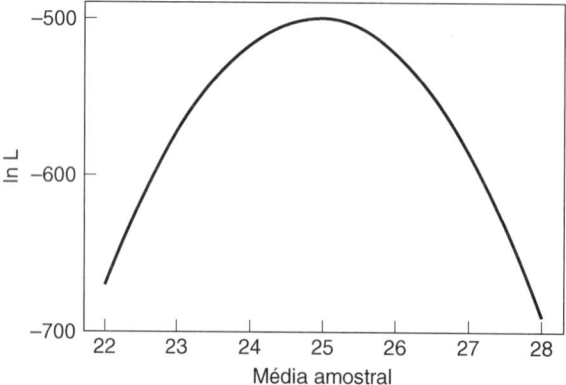

Figura 10-3 Log-verossimilhança para várias médias.

Os k primeiros momentos populacionais em torno da origem são

$$\mu'_t = E(X^t) = \int_{-\infty}^{\infty} x^t f(x;\theta_1,\theta_2,...,\theta_k)\,dx, \qquad t=1, 2, ..., k, \quad X \text{ contínua,}$$

$$= \sum_{x \in R_x} x^t p(x;\theta_1,\theta_2,...,\theta_k), \qquad t=1, 2, ..., k, \quad X \text{ discreta.} \qquad (10\text{-}8)$$

Os momentos populacionais $\{\mu'_i\}$ serão, em geral, funções dos k parâmetros desconhecidos $\{\theta_i\}$. Igualando os momentos amostrais aos momentos populacionais, resultará em k equações simultâneas nas k variáveis (os θ_i); isto é,

$$\mu'_t = m'_t, \qquad t=1, 2, ..., k. \qquad (10\text{-}9)$$

A solução da Equação 10-9, denotada $\theta_1, \theta_2, ..., \theta_k$, resultará nos estimadores dos momentos de $\theta_1, \theta_2, ..., \theta_k$.

Exemplo 10-7

Seja $X \sim N(\mu, \sigma^2)$, onde μ e σ^2 são desconhecidas. Para se deduzirem estimadores para μ e σ^2 pelo método dos momentos, relembre que, para a distribuição normal,

$$\mu'_1 = \mu,$$
$$\mu'_2 = \sigma^2 + \mu^2.$$

Os momentos amostrais são $m'_1 = (1/n)\sum_{i=1}^{n} X_i$ e $m'_2 = (1/n)\sum_{i=1}^{n} X_i^2$. Da Equação 10-9 obtemos

$$\mu = \frac{1}{n}\sum_{i=1}^{n} X_i,$$

$$\sigma^2 + \mu^2 = \frac{1}{n}\sum_{i=1}^{n} X_i^2,$$

que tem solução

$$\hat{\mu} = \frac{1}{n}\sum_{i=1}^{n} X_i = \overline{X},$$

$$\hat{\sigma}^2 = \frac{1}{n}\left(\sum_{i=1}^{n} X_i^2 - n\overline{X}^2\right) = \frac{1}{n}\sum_{i=1}^{n}(X_i - \overline{X})^2.$$

Exemplo 10-8

Seja X uniformemente distribuída no intervalo $(0, a)$. Para encontrarmos um estimador de a pelo método dos momentos, notamos que o primeiro momento populacional em torno do zero é

$$\mu'_1 = \int_0^a x\frac{1}{a}\,dx = \frac{a}{2}.$$

O primeiro momento amostral é exatamente $\overline{X}$. Portanto,

$$\hat{a} = 2\overline{X},$$

ou seja, o estimador de momentos de a é exatamente o dobro da média amostral.

O método dos momentos resulta, em geral, em estimadores razoavelmente bons. No Exemplo 10-7, por exemplo, os estimadores de momentos são idênticos aos estimadores de máxima verossimilhança. Em geral, os estimadores de momentos são normalmente distribuídos assintoticamente (aproximadamente) e consistentes. No entanto, suas variâncias podem ser maiores do que as variâncias de estimadores deduzidos por outros métodos, tais como o método da máxima verossimilhança. Ocasionalmente, o método dos momentos resulta em estimadores que são muito pobres, como no Exemplo 10-8. O estimador naquele exemplo não gera sempre uma estimativa que seja compatível com nosso conhecimento da situação. Por exemplo, se nossas observações amostrais fossem $x_1 = 60$, $x_2 = 10$ e $x_3 = 5$, então $\hat{a} = 50$, o que não é razoável, uma vez que sabemos que $a \geq 60$.

10-1.4 Inferência Bayesiana

Nos capítulos precedentes fizemos um extenso estudo do uso da probabilidade. Até agora, interpretamos essas probabilidades no sentido de freqüência; isto é, elas se referem a um experimento que pode ser repetido um número indefinido de vezes e, se a probabilidade de ocorrência de um evento A é 0,6, então esperamos que A ocorra em cerca de 60% das provas experimentais. Essa interpretação de freqüência da probabilidade é, em geral, chamada de ponto de vista objetivista ou clássico.

A inferência bayesiana requer uma interpretação diferente da probabilidade, chamada de ponto de vista subjetivo. Muitas vezes encontramos afirmações probabilísticas subjetivas, tais como "há 30% de chance de chover hoje". Afirmações subjetivas medem o "grau de crença" de uma pessoa em relação a algum evento, mais do que um significado de freqüência. A inferência bayesiana exige que façamos uso da probabilidade subjetiva para medir nosso grau de crença sobre um estado da natureza. Isto é, devemos especificar uma distribuição de probabilidade para descrever nosso grau de crença sobre um parâmetro desconhecido. Esse procedimento é totalmente diferente de qualquer coisa que tenhamos discutido anteriormente. Até agora, os parâmetros foram tratados como constantes desconhecidas. A inferência bayesiana exige que consideremos os parâmetros como *variáveis aleatórias*.

Suponha que $f(\theta)$ seja a distribuição de probabilidade de um parâmetro ou estado da natureza, θ. A distribuição $f(\theta)$ resume nossa informação objetiva sobre θ antes de obtermos informação amostral. Obviamente, se estivermos razoavelmente certos sobre o valor de θ, escolheremos $f(\theta)$ com variância pequena, enquanto que se não estivermos tão certos sobre θ escolheremos $f(\theta)$ com uma variância maior. Chamamos $f(\theta)$ de *distribuição a priori* de θ.

Considere, agora, a distribuição da variável aleatória X. Denotamos essa distribuição por $f(x|\theta)$, para indicar que a distribuição depende do parâmetro desconhecido θ. Suponha que tomemos uma amostra aleatória de X, digamos $X_1, X_2, \ldots, X_n$. A densidade conjunta da *verossimilhança* da amostra é

$$f(x_1, x_2, \ldots, x_n | \theta) = f(x_1|\theta) f(x_2|\theta) \cdots f(x_n|\theta).$$

Definimos a *distribuição a posteriori* de θ como a distribuição condicional de θ, dados os resultados amostrais. Isso é exatamente

$$f(\theta | x_1, x_2, \ldots, x_n) = \frac{f(x_1, x_2, \ldots, x_n; \theta)}{f(x_1, x_2, \ldots, x_n)}. \tag{10-10}$$

A distribuição conjunta da amostra e de θ no numerador da Equação 10-10 é o produto da distribuição *a priori* de θ e a verossimilhança, ou

$$f(x_1, x_2, \ldots, x_n; \theta) = f(\theta) \cdot f(x_1, x_2, \ldots, x_n | \theta).$$

O denominador da Equação 10-10, que é a distribuição marginal da amostra, é exatamente uma constante normalizadora, obtida por

$$f(x_1, x_2, \ldots, x_n) = \begin{cases} \int_{-\infty}^{\infty} f(\theta) f(x_1, x_2, \ldots, x_n | \theta) d\theta, & x \text{ contínua,} \\ \sum_{\theta} f(\theta) f(x_1, x_2, \ldots, x_n | \theta), & x \text{ discreta.} \end{cases} \tag{10-11}$$

Conseqüentemente, podemos escrever a distribuição *a posteriori* de θ como

$$f(\theta | x_1, x_2, \ldots, x_n) = \frac{f(\theta) f(x_1, x_2, \ldots, x_n | \theta)}{f(x_1, x_2, \ldots, x_n)}. \tag{10-12}$$

Notamos que o teorema de Bayes foi usado para transformar, ou atualizar, a distribuição *a priori* na distribuição *a posteriori*. A distribuição *a posteriori* reflete nosso grau de crença em relação a θ, dada a informação amostral. Além disso, a distribuição *a posteriori* é proporcional ao produto da distribuição *a priori* pela verossimilhança, onde a constante de proporcionalidade é a constante normalizadora $f(x_1, x_2, \ldots, x_n)$.

Assim, a densidade *a posteriori* para θ expressa nosso grau de crença em relação ao valor de θ, dado o resultado da amostra.

Exemplo 10-9

Sabe-se que o tempo de falha de um transistor é distribuído exponencialmente, com parâmetro λ. Para uma amostra aleatória de n transistores, a densidade conjunta dos elementos da amostra, dado λ, é

$$f(x_1, x_2, ..., x_n | \lambda) = \lambda^n e^{-\lambda \sum_{i=1}^{n} x_i}.$$

Suponha que consideremos que a distribuição *a priori* para λ seja, também, exponencial,

$$f(\lambda) = ke^{-k\lambda}, \quad \lambda > 0,$$
$$= 0, \quad \text{caso contrário},$$

onde k seria escolhido de acordo com o conhecimento exato ou grau de crença que tivermos sobre o valor de λ. A densidade conjunta da amostra e de λ é

$$f(x_1, x_2, ..., x_n; \lambda) = k\lambda^n e^{-\lambda (\sum x_i + k)}.$$

e a densidade marginal da amostra é

$$f(x_1, x_2, ..., x_n) = \int_0^\infty k\lambda^n e^{-\lambda (\sum x_i + k)} d\lambda$$
$$= \frac{k\Gamma(n+1)}{(\sum x_i + k)^{n+1}}.$$

Assim, a densidade *a posteriori* para λ, pela Equação 10-12, é

$$f(\lambda | x_1, x_2, ..., x_n) = \frac{1}{\Gamma(n+1)} (\sum x_i + k)^{n+1} \lambda^n e^{-(\sum x_i + k)},$$

e vemos que a densidade *a posteriori* para λ é uma distribuição gama, com parâmetros $n + 1$ e $\Sigma X_i + k$.

10-1.5 Aplicações à Estimação

Nesta seção, discutiremos a aplicação da inferência bayesiana ao problema da estimação de um parâmetro desconhecido de uma distribuição de probabilidade. Seja $X_1, X_2, ..., X_n$ uma amostra aleatória da variável aleatória X que tem função de densidade $f(x|\theta)$. Desejamos obter uma estimativa pontual de θ. Seja $f(\theta)$ a distribuição *a priori* para θ e seja $\ell(\hat{\theta}; \theta)$ a *função perda*. A função perda é uma função penalidade que reflete o "preço" que devemos pagar por identificar θ erroneamente por uma realização de seu estimador pontual, $\hat{\theta}$. Escolhas comuns para $\ell(\hat{\theta}; \theta)$ são $(\hat{\theta} - \theta)^2$ e $|\hat{\theta} - \theta|^2$. Em geral, quanto menos precisa uma realização de $\hat{\theta}$, maior o preço que devemos pagar. Juntamente com uma função perda particular, o *risco* é definido como o valor esperado da função perda em relação às variáveis aleatórias $X_1, X_2, ..., X_n$ envolvidas em $\hat{\theta}$. Em outras palavras, o risco é

$$R(d; \theta) = E\left[\ell(\hat{\theta}; \theta)\right]$$
$$= \int_{-\infty}^{\infty} \int_{-\infty}^{\infty} \cdots \int_{-\infty}^{\infty} \ell\{d(x_1, x_2, ..., x_n); \theta\} f(x_1, x_2, ..., x_n | \theta) dx_1 dx_2 \cdots dx_n,$$

onde a função $d(x_1, x_2, ..., x_n)$, uma notação alternativa para o estimador $\hat{\theta}$, é simplesmente uma função das observações. Como θ é considerado uma variável aleatória, o risco é, ele mesmo, uma variável aleatória. Gostaríamos de encontrar a função d que minimizasse o risco *esperado*. Escrevemos o risco esperado como

$$B(d) = E[R(d; \theta)] = \int_{-\infty}^{\infty} R(d; \theta) f(\theta) d\theta$$
$$= \int_{-\infty}^{\infty} \left\{ \int_{-\infty}^{\infty} \cdots \int_{-\infty}^{\infty} \ell\{d(x_1, x_2, ..., x_n); \theta\} f(x_1, x_2, ..., x_n | \theta) dx_1 dx_2 \cdots dx_n \right\} f(\theta) d\theta. \quad (10\text{-}13)$$

Definimos o *estimador de Bayes* do parâmetro θ como a função d da amostra $X_1, X_2, \ldots, X_n$ que minimiza o risco esperado. Invertendo a ordem de integração na Equação 10-13, obtemos

$$B(d) = \int_{-\infty}^{\infty} \cdots \int_{-\infty}^{\infty} \left\{ \int_{-\infty}^{\infty} \ell\{d(x_1, x_2, \ldots, x_n); \theta\} f(x_1, x_2, \ldots, x_n | \theta) f(\theta) d\theta \right\} dx_1 dx_2 \cdots dx_n. \quad (10\text{-}14)$$

A função B será minimizada se pudermos achar uma função d que minimize a quantidade entre as chaves externas na Equação 10-14, para todo conjunto de valores de x. Isto é, o estimador de Bayes de θ é uma função d dos x_i que minimiza

$$\int_{-\infty}^{\infty} \ell\{d(x_1, x_2, \ldots, x_n); \theta\} f(x_1, x_2, \ldots, x_n | \theta) f(\theta) d\theta$$

$$= \int_{-\infty}^{\infty} \ell(\hat{\theta}; \theta) f(x_1, x_2, \ldots, x_n; \theta) d\theta$$

$$= f(x_1, x_2, \ldots, x_n) \int_{-\infty}^{\infty} \ell(\hat{\theta}; \theta) f(\theta | x_1, x_2, \ldots, x_n) d\theta. \quad (10\text{-}15)$$

Assim, o estimador de Bayes de θ é o valor $\hat{\theta}$ que minimiza

$$\int_{-\infty}^{\infty} \ell(\hat{\theta}; \theta) f(\theta | x_1, x_2, \ldots, x_n) d\theta. \quad (10\text{-}16)$$

Se a função perda $\ell(\hat{\theta}; \theta)$ for a perda quadrática $(\hat{\theta} - \theta)^2$, então podemos mostrar que o estimador de Bayes de θ, digamos $\hat{\theta}$, é a média da densidade *a posteriori* para θ (confira o Exercício 10-78).

Exemplo 10-10

Considere a situação do Exemplo 10-9, onde se mostrou que se a variável aleatória X é distribuída exponencialmente com parâmetro λ e se a distribuição *a priori* para λ é exponencial com parâmetro k, então a distribuição *a posteriori* para λ é uma distribuição gama, com parâmetros $n + 1$ e $\sum_{i=1}^{n} X_i + k$. Portanto, supondo-se a função perda quadrática, o estimador de Bayes para λ é a média dessa distribuição gama,

$$\hat{\lambda} = \frac{n+1}{\sum_{i=1}^{n} X_i + k}.$$

Suponha que no problema do tempo de falha do Exemplo 10-9 uma distribuição *a priori* exponencial razoável para λ tem parâmetro $k = 140$. Isso é equivalente a dizer que a estimativa *a priori* para λ é 0,007142. Uma amostra aleatória de tamanho $n = 10$ resulta em $\sum_{i=1}^{n} x_i = 1500$. A estimativa de Bayes de λ é

$$\hat{\lambda} = \frac{n+1}{\sum_{i=1}^{10} x_i + k} = \frac{10+1}{1500+140} = 0{,}006707.$$

Podemos comparar isso com os resultados que teriam sido obtidos pelos métodos clássicos. O estimador de máxima verossimilhança do parâmetro λ em uma distribuição exponencial é

$$\lambda^* = \frac{n}{\sum_{i=1}^{n} X_i}.$$

Conseqüentemente, a estimativa de máxima verossimilhança de λ, com base nos dados amostrais anteriores, é

$$\lambda^* = \frac{n}{\sum_{i=1}^{n} x_i} = \frac{10}{1500} = 0{,}006667.$$

Note que os resultados produzidos pelos dois métodos diferem um pouco. A estimativa de Bayes é ligeiramente mais próxima da estimativa *a priori* do que a estimativa de máxima verossimilhança.

Exemplo 10-11

Seja $X_1, X_2, \ldots, X_n$ uma amostra aleatória de uma densidade normal com média μ e variância 1, onde μ é desconhecida. Suponha que a densidade *a priori* para μ seja normal, com média 0 e variância 1; isto é,

$$f(\mu) = \frac{1}{\sqrt{2\pi}} e^{-(1/2)\mu^2} \qquad -\infty < \mu < \infty.$$

A densidade condicional conjunta da amostra dado μ é

$$f(x_1, x_2 \ldots, x_n | \mu) = \frac{1}{(2\pi)^{n/2}} e^{-(1/2)\sum(x_i - \mu)^2}$$

$$= \frac{1}{(2\pi)^{n/2}} e^{-(1/2)\left(\sum x_i^2 - 2\mu \sum x_i + n\mu^2\right)}.$$

Assim, a densidade conjunta da amostra e μ é

$$f(x_1, x_2 \ldots, x_n; \mu) = \frac{1}{(2\pi)^{(n+1)/2}} \exp\left\{-\frac{1}{2}\left[\sum x_i^2 + (n+1)\mu^2 - 2\mu n \bar{x}\right]\right\}.$$

A densidade marginal da amostra é

$$f(x_1, x_2 \ldots, x_n) = \frac{1}{(2\pi)^{(n+1)/2}} \exp\left\{-\frac{1}{2}\sum x_i^2\right\} \int_{-\infty}^{\infty} \exp\left\{-\frac{1}{2}\left[(n+1)\mu^2 - 2\mu n \bar{x}\right]\right\} d\mu.$$

Completando o quadrado do argumento da exponencial na integral, obtemos

$$f(x_1, x_2 \ldots, x_n) = \frac{1}{(2\pi)^{n/2}} \exp\left[-\frac{1}{2}\left(\sum x_i^2 - \frac{n^2 \bar{x}^2}{n+1}\right)\right] \times \left[\frac{1}{(2\pi)^{1/2}} \int_{-\infty}^{\infty} \exp\left[-\frac{1}{2}(n+1)\left(\mu - \frac{n\bar{x}}{n+1}\right)^2\right] d\mu\right]$$

$$= \frac{1}{(n+1)^{1/2} (2\pi)^{n/2}} \exp\left[-\frac{1}{2}\left(\sum x_i^2 - \frac{n^2 \bar{x}^2}{n+1}\right)\right]$$

usando o fato de que a integral é $(2\pi)^{1/2}/(n+1)^{1/2}$ (uma vez que a densidade normal tem integral igual a 1). Agora, a densidade *a posteriori* para μ é

$$f(\mu | x_1, x_2 \ldots, x_n) = \frac{(2\pi)^{-(n+1)/2} \exp\left\{-\frac{1}{2}\left[\sum x_i^2 + (n+1)\mu^2 - 2n\bar{x}\mu\right]\right\}}{(2\pi)^{-n/2} (n+1)^{-1/2} \exp\left\{-\frac{1}{2}\left(\sum x_i^2 - \frac{n^2 \bar{x}^2}{n+1}\right)\right\}}$$

$$= \frac{(n+1)^{1/2}}{(2\pi)^{1/2}} \exp\left\{-\frac{1}{2}(n+1)\left[\mu^2 - \frac{2n\bar{x}\mu}{n+1} + \frac{n^2 \bar{x}^2}{(n+1)^2}\right]\right\}$$

$$= \frac{(n+1)^{1/2}}{(2\pi)^{1/2}} \exp\left\{-\frac{1}{2}(n+1)\left[\mu - \frac{n\bar{x}}{n+1}\right]^2\right\}.$$

Portanto, a densidade *a posteriori* para μ é uma densidade normal, com média $n\bar{X}/(n+1)$ e variância $(n+1)^{-1}$. Se a função perda, $\ell(\hat{\mu}; \mu)$, for a perda quadrática, o estimador de Bayes de μ é

$$\hat{\mu} = \frac{n\bar{X}}{n+1} = \frac{\sum_{i=1}^{n} X_i}{n+1}.$$

Há uma relação entre o estimador de Bayes para um parâmetro e o estimador de máxima verossimilhança para o mesmo parâmetro. Para tamanhos grandes de amostra, os dois são praticamente equivalentes. Em geral, a diferença entre os dois estimadores é pequena comparada a $1/\sqrt{n}$. Em problemas práticos, um tamanho moderado de amostra produzirá aproximadamente a mesma estimativa tanto pelo método de Bayes quanto pelo método de máxima verossimilhança, se os resultados amostrais forem consistentes com a informação *a priori* assumida. Caso não sejam consistentes, a estimativa de Bayes pode diferir consideravelmente da estimativa de máxima verossimilhança. Nessas circunstâncias, se os resultados amostrais são aceitos como corretos a informação *a priori* deve ser incorreta. A estimativa de máxima verossimilhança seria, então, a melhor estimativa a ser usada.

Se os resultados amostrais não concordam com a informação *a priori*, o estimador de Bayes tenderá a produzir uma estimativa que ficará entre a estimativa de máxima verossimilhança e as hipóteses *a priori*. Se houver mais inconsistência entre a informação *a priori* e a amostra, haverá uma diferença maior entre as duas estimativas. Para uma ilustração desse fato, consulte o Exemplo 10-10.

10-1.6 Precisão da Estimação: O Erro-Padrão

Quando reportamos o valor de uma estimativa pontual, usualmente é necessário dar alguma idéia de sua precisão. O *erro-padrão* é a medida usual de precisão empregada. Se $\hat{\theta}$ é um estimador de θ, então o *erro-padrão de* $\hat{\theta}$ é exatamente o desvio-padrão de $\hat{\theta}$, ou

$$\sigma_{\hat{\theta}} = \sqrt{V(\hat{\theta})}. \tag{10-17}$$

Se $\sigma_{\hat{\theta}}$ envolve parâmetros desconhecidos, então se usamos estimativas desses parâmetros na Equação 10-17 obtemos o *erro-padrão estimado de* $\hat{\theta}$, $\hat{\sigma}_{\hat{\theta}}$. Um erro-padrão pequeno implica ter sido reportada uma estimativa relativamente precisa.

Exemplo 10-12

Um artigo no *Journal of Heat Transfer* (Trans. ASME, Ses. C, 96, 1974, p. 59) descreve um método de medição da condutividade térmica do ferro Armco. Usando-se uma temperatura de 100°F e uma entrada de potência de 550 W, obtiveram-se as seguintes 10 medidas de condutividade térmica (em Btu/h-ft-°F):

41,60; 41,48; 42,34; 41,95; 41,86;
42,18; 41,72; 42,26; 41,81; 42,04;

Uma estimativa da condutividade térmica média a 100°F e 550 W é a média amostral, ou

$$\bar{x} = 41,924 \text{ Btu/h–ft–°F}.$$

O erro-padrão da média amostral é $\sigma_{\bar{x}} = \sigma/\sqrt{n}$, e como σ é desconhecido, podemos substituí-lo pelo desvio-padrão amostral para obtermos o erro-padrão estimado de $\bar{x}$,

$$\hat{\sigma}_{\bar{x}} = \frac{s}{\sqrt{n}} = \frac{0,284}{\sqrt{10}} = 0,0898.$$

Note que o erro-padrão é cerca de 0,2% da média amostral, o que implica que obtivemos uma estimativa pontual relativamente precisa para a condutividade térmica.

Quando a distribuição de $\hat{\theta}$ é desconhecida ou complicada, pode ser difícil estimar o erro-padrão de $\hat{\theta}$ usando-se a teoria estatística padrão. Nesse caso, uma técnica de computação intensiva, chamada *bootstrap*, pode ser usada. Efron e Tibshirani (1993) dão uma excelente introdução à técnica de bootstrap.

Suponha que o erro-padrão de $\hat{\theta}$ seja denotado por $\sigma_{\hat{\theta}}$. Suponha, também, que a função de densidade de probabilidade da população seja dada por $f(x;\theta)$. Um estimativa bootstrap de $\sigma_{\hat{\theta}}$ pode ser facilmente construída.

1. Dada uma amostra aleatória de $f(x;\hat{\theta})$, $x_1, x_2, ..., x_n$, estime θ, denotado por $\hat{\theta}$.
2. Usando a estimativa $\hat{\theta}$, gere uma amostra de tamanho da distribuição $f(x;\hat{\theta})$. Essa é a amostra bootstrap.
3. Usando a amostra bootstrap, estime θ. Denotamos essa estimativa por $\hat{\theta}_i^*$.
4. Gere B amostras bootstrap para obter estimativas bootstrap, $\hat{\theta}_i^*$ para $i = 1, 2, ..., B$ ($B = 100$ ou 200 é usado, em geral).
5. Represente por $\bar{\theta}^* = \sum_{i=1}^{B} \hat{\theta}_i^* / B$ a média amostral das estimativas bootstrap.

Tabela 10-1 Estimativas Bootstrap para o Exemplo 10-13

Amostra	Média Amostral, $\bar{x}_i^*$	$\hat{\lambda}_i^*$
1	243,407	0,00411
2	153,821	0,00650
3	126,554	0,00790
⋮		
100	204,390	0,00489

6. O erro-padrão bootstrap de $\bar{\theta}^*$ é encontrado com a fórmula usual do desvio-padrão:

$$S_{\hat{\theta}} = \sqrt{\frac{\sum_{i=1}^{B}\left(\hat{\theta}_i^* - \bar{\theta}^*\right)^2}{B-1}}.$$

Na literatura, $B-1$ é, em geral, substituído por B; para grandes valores de B, no entanto, há pouca diferença prática na estimativa obtida.

Exemplo 10-13

Sabe-se que os tempos de falha, X, de um componente eletrônico seguem uma distribuição exponencial, com parâmetro desconhecido λ. Uma amostra aleatória de dez componentes resulta nos seguintes tempos de falha (em horas):

195,2; 201,4; 183,0; 175,1; 205,1; 191,7; 188,6; 173,5; 200,8; 210,0.

A média da distribuição exponencial é dada por $E(X) = 1/\lambda$. Sabe-se, também, que $E(\bar{X}) = 1/\lambda$. Uma estimativa razoável para λ é, então, $\hat{\lambda} = 1/\bar{X}$. Pelos dados amostrais, encontramos $\bar{X} = 192,44$, o que resulta em $\hat{\lambda} = 1/192,44 = 0,00520$. B = 100 amostras bootstrap de tamanho $n = 10$ foram geradas pelo Minitab®, com $f(x; 0,00520) = 0,00520e^{-0,00520x}$. Algumas das estimativas bootstrap são mostradas na Tabela 10-1.

A média das estimativas bootstrap é encontrada como $\bar{\lambda}^* = \sum_{i=1}^{100}\hat{\lambda}_i^*\Big/100 = 0,00551$. O erro-padrão da estimativa é

$$S_{\hat{\theta}} = \sqrt{\frac{\sum_{i=1}^{B}\left(\hat{\lambda}_i^* - \bar{\lambda}^*\right)^2}{B-1}} = \sqrt{\frac{\sum_{i=1}^{100}\left(\hat{\lambda}_i^* - 0,00551\right)^2}{100-1}} = 0,00169.$$

10-2 ESTIMAÇÃO DE INTERVALO DE CONFIANÇA DE AMOSTRA ÚNICA

Em muitas situações, uma estimativa pontual não fornece informação suficiente sobre o parâmetro de interesse. Por exemplo, se estamos interessados em estimar a força média de compressão do concreto um único número pode não ser significativo. Uma estimativa de intervalo da forma $I \leq \mu \leq S$ pode ser mais útil. Os pontos extremos desse intervalo serão variáveis aleatórias, uma vez que são funções dos dados amostrais.

Em geral, para construirmos um estimador intervalar para o parâmetro desconhecido θ devemos encontrar duas estatísticas, I e S, tais que

$$P\{I \leq \theta \leq S\} = 1 - \alpha. \tag{10-18}$$

O intervalo resultante

$$I \leq \theta \leq S \tag{10-19}$$

é chamado de *intervalo de confiança de* $100(1 - \alpha)\%$ *de confiança* para o parâmetro desconhecido θ. I e S são chamados de *limites de confiança* superior e inferior, respectivamente, e $1 - \alpha$ é chama-

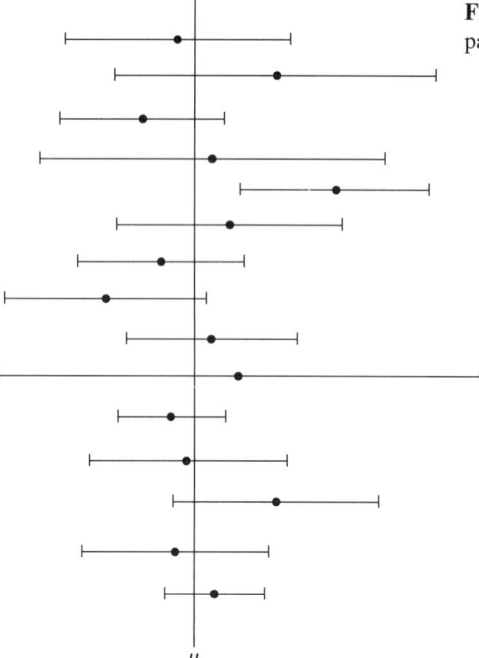

Figura 10-4 Construção repetida de um intervalo de confiança para μ.

do de *coeficiente de confiança*. A interpretação de um intervalo de confiança é que se muitas amostras aleatórias forem coletadas e se for calculado um intervalo de confiança de $100(1 - \alpha)\%$ de confiança para θ a partir de cada amostra, então $100(1 - \alpha)\%$ desses intervalos conterão o verdadeiro valor de θ. A Fig. 10-4 ilustra a situação, mostrando vários intervalos de confiança de $100(1 - \alpha)\%$ de confiança para a média μ de uma distribuição. Os pontos no centro de cada intervalo indicam a estimativa pontual de μ (nesse caso, $\bar{X}$). Note que um dos 15 intervalos deixa de conter o verdadeiro valor de μ. Se fosse ao nível de 95% de confiança, a longo prazo, apenas 5% dos intervalos deixariam de conter μ.

Na prática, obtemos apenas uma amostra aleatória e calculamos um intervalo de confiança. Como esse intervalo conterá, ou não, o verdadeiro valor de θ, não é razoável atribuir um nível de probabilidade a esse evento específico. A afirmativa apropriada seria de que θ está no intervalo observado, $[I,S]$, com confiança de $100(1 - \alpha)\%$. Essa afirmativa tem uma interpretação de freqüência; isto é, não sabemos se a afirmativa é verdadeira para essa amostra específica, mas o *método* usado para a obtenção do intervalo $[I,S]$ fornece afirmativas corretas $100(1 - \alpha)\%$ das vezes.

O intervalo de confiança na equação 10-19 poderia ser chamado, mais apropriadamente, de *intervalo de confiança bilateral*, uma vez que especifica limites superior e inferior para θ. Ocasionalmente, um intervalo de confiança *unilateral* pode ser mais apropriado. Um intervalo de confiança unilateral inferior de $100(1 - \alpha)\%$ de confiança para θ é dado pelo intervalo

$$I \leq \theta, \tag{10-20}$$

onde o limite inferior de confiança, I, é escolhido de tal maneira que

$$P\{I \leq \theta\} = 1 - \alpha. \tag{10-21}$$

Analogamente, um intervalo de confiança unilateral superior de $100(1 - \alpha)\%$ de confiança para θ é dado pelo intervalo

$$\theta \leq S, \tag{10-22}$$

onde o limite superior de confiança, S, é escolhido de tal forma que

$$P\{\theta \leq S\} = 1 - \alpha. \tag{10-23}$$

O comprimento do intervalo de confiança bilateral é uma medida importante da qualidade da informação obtida da amostra. O comprimento do semi-intervalo, $\theta - I$ ou $S - \theta$, é chamado de *precisão* do estimador. Quanto maior o intervalo de confiança, mais confiantes estaremos de que o intervalo contenha realmente o verdadeiro valor de θ. Por outro lado, quanto maior o intervalo, menos informação temos sobre o verdadeiro valor de θ. Em uma situação ideal, obtemos um intervalo relativamente pequeno com alta confiança.

10-2.1 Intervalo de Confiança para a Média de uma Distribuição Normal, Variância Conhecida

Seja X uma variável aleatória normal com média μ desconhecida e variância σ^2 conhecida, e suponha que seja extraída uma amostra aleatória de tamanho n, $X_1, X_2, \ldots, X_n$. Pode-se obter um intervalo de confiança de $100(1 - \alpha)\%$ de confiança para μ, considerando-se a distribuição amostral da média amostral $\overline{X}$. Na Seção 9-3, observamos que a distribuição amostral de $\overline{X}$ é normal se X for normal e aproximadamente normal se as condições do Teorema Central do Limite forem verificadas. A média de $\overline{X}$ é μ, e a variância é σ^2/n. Assim, a distribuição da estatística

$$Z = \frac{\overline{X} - \mu}{\sigma/\sqrt{n}}$$

é tomada como a distribuição normal-padrão.

A Fig. 10-5 mostra a distribuição de $Z = (\overline{X} - \mu)/\sigma\sqrt{n}$. Observando essa figura, vemos que

$$P\{-Z_{\alpha/2} \leq Z \leq Z_{\alpha/2}\} = 1 - \alpha$$

ou

$$P\left\{-Z_{\alpha/2} \leq \frac{\overline{X} - \mu}{\sigma/\sqrt{n}} \leq Z_{\alpha/2}\right\} = 1 - \alpha.$$

Isso pode ser rearranjado como

$$P\{\overline{X} - Z_{\alpha/2}\,\sigma/\sqrt{n} \leq \mu \leq \overline{X} + Z_{\alpha/2}\,\sigma/\sqrt{n}\} = 1 - \alpha. \tag{10-24}$$

Comparando as Equações 10-24 e 10-18, vemos que o intervalo de confiança bilateral para μ de $100(1 - \alpha)\%$ de confiança é

$$\overline{X} - Z_{\alpha/2}\,\sigma/\sqrt{n} \leq \mu \leq \overline{X} + Z_{\alpha/2}\,\sigma/\sqrt{n}. \tag{10-25}$$

Exemplo 10-14

Considere os dados sobre condutividade térmica do Exemplo 10-12. Suponha que desejemos encontrar um intervalo de confiança de 95% de confiança para a condutividade térmica média do ferro Armco. Suponha que o desvio-padrão da condutividade térmica a 100°F e 550 W seja $\sigma = 0{,}10$ Btu/h-ft-°F. Se admitirmos que a condutividade térmica é normalmente distribuída (ou que as condições do Teorema Central do Limite são satisfeitas), poderemos usar a Equação 10-25 para construir o intervalo de confiança. Um intervalo de 95% implica que $1 - \alpha = 0{,}95$, de modo que $\alpha = 0{,}05$ e, pela Tabela II do Apêndice, $Z_{\alpha/2} = Z_{0{,}05/2} = Z_{0{,}025} = 1{,}96$. O limite inferior de confiança é

$$\begin{aligned}
l &= \overline{x} - Z_{\alpha/2}\,\sigma/\sqrt{n} \\
&= 41{,}924 - 1{,}96(0{,}10)/\sqrt{10} \\
&= 41{,}924 - 0{,}062 \\
&= 41{,}862
\end{aligned}$$

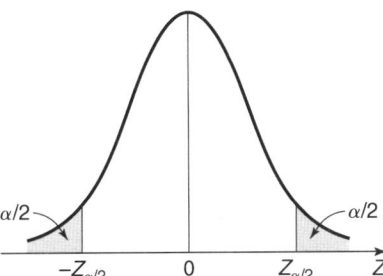

Figura 10-5 A distribuição de Z.

e o limite superior de confiança é

$$S = \bar{x} + Z_{\alpha/2}\,\sigma/\sqrt{n}$$
$$= 41{,}924 + 1{,}96(0{,}10)/\sqrt{10}$$
$$= 41{,}924 + 0{,}062$$
$$= 41{,}986.$$

Assim, o intervalo de confiança bilateral de 95% de confiança é

$$41{,}862 \leq \mu \leq 41{,}986.$$

Esse é nosso intervalo de valores razoáveis para a condutividade térmica média a 95% de confiança.

Nível de Confiança e Precisão da Estimação

Note que, no exemplo anterior, nossa escolha do nível de confiança de 95% foi essencialmente arbitrária. O que teria acontecido se tivéssemos escolhido um nível mais alto de confiança, digamos 99%? De fato, não parece razoável que desejemos níveis mais altos de confiança? Ao nível de $\alpha = 0{,}01$, encontramos $Z_{\alpha/2} = Z_{0{,}01/2} = Z_{0{,}005} = 2{,}58$, enquanto para $\alpha = 0{,}05$ temos $Z_{0{,}025} = 1{,}96$. Assim, o comprimento do intervalo de confiança de 95% de confiança é

$$2\left(1{,}96\,\sigma/\sqrt{n}\right) = 3{,}92\,\sigma/\sqrt{n},$$

enquanto o comprimento para o intervalo de confiança de 99% de confiança é

$$2\left(2{,}58\,\sigma/\sqrt{n}\right) = 5{,}15\,\sigma/\sqrt{n}.$$

O intervalo de 99% de confiança é maior do que o de 95% de confiança. É por isso que temos um nível de confiança mais alto no intervalo de confiança de 99% de confiança. Geralmente, para um tamanho de amostra n e desvio-padrão σ fixos, quanto mais alto o nível de confiança, maior o comprimento do intervalo de confiança resultante.

Como o *comprimento* do intervalo de confiança mede a *precisão* da estimação, vemos que a precisão está inversamente relacionada ao nível de confiança. Como observamos anteriormente, é altamente desejável obter um intervalo de confiança que seja pequeno o bastante para o propósito de tomada de decisão, mas que tenha, também, a confiança adequada. Uma maneira de conseguir isso é escolhendo-se o tamanho n da amostra grande o suficiente para resultar em um intervalo de tamanho especificado com a confiança prescrita.

Escolha do Tamanho da Amostra

A precisão do intervalo de confiança na Equação 10-25 é $Z_{\alpha/2}\sigma/\sqrt{n}$. Isso significa que ao usarmos $\bar{x}$ para estimar μ o erro $E = |\bar{x} - \mu|$ é menor do que $Z_{\alpha/2}\sigma/\sqrt{n}$, com confiança $100(1 - \alpha)$. A Fig. 10-6 mostra isso graficamente. Em situações em que o tamanho da amostra pode ser controlado, podemos escolher n de modo a estarmos $100(1 - \alpha)\%$ confiantes de que o erro na estimativa de μ seja menor do que um erro E especificado. O tamanho amostral apropriado é

$$n = \left(\frac{Z_{\alpha/2}\sigma}{E}\right)^2. \tag{10-26}$$

Se o membro direito da Equação 10-26 não for um inteiro, deve ser arredondado para cima. Note que $2E$ é o tamanho do intervalo de confiança resultante.

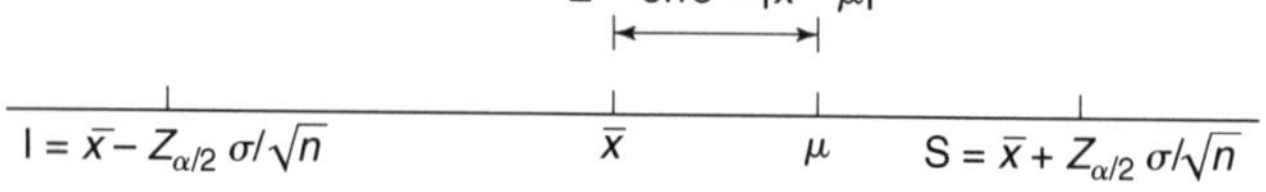

Figura 10-6 Erro na estimação de μ por $\bar{x}$.

Para ilustrar o uso desse procedimento, suponha que quiséssemos que o erro na estimativa de condutividade térmica média do ferro Armco do Exemplo 10-14 fosse menor do que 0,05 Btu/h-ft-°F, com 95% de confiança. Como $\sigma = 0,10$ e $Z_{0,025} = 1,96$, podemos encontrar o tamanho amostral necessário pela Equação 10-26 como

$$n = \left(\frac{Z_{\alpha/2}\sigma}{E}\right)^2 = \left[\frac{(1,96)0,10}{0,05}\right]^2 = 15,37 = 16.$$

Note que, em geral, o tamanho amostral se comporta como uma função do comprimento do intervalo de confiança $2E$, do nível de confiança $100(1 - \alpha)\%$ e do desvio-padrão σ, como segue:

- Na medida em que decresce o tamanho desejado do intervalo, $2E$, o tamanho amostral necessário, n, cresce para um valor fixo de σ e confiança especificada.
- Na medida em que σ cresce, o tamanho amostral necessário, n, cresce para um comprimento $2E$ fixo e confiança especificada.
- Na medida em que o nível de confiança aumenta, o tamanho amostral necessário, n, aumenta para um comprimento $2E$ e desvio-padrão σ fixos.

Intervalos de Confiança Unilaterais

É possível, também, obter intervalos de confiança unilaterais para μ, fazendo ou $I = -\infty$ ou $S = \infty$ e substituindo-se $Z_{\alpha/2}$ por Z_α. O intervalo de confiança superior de $100(1 - \alpha)\%$ de confiança para μ é

$$\mu \leq \overline{X} + Z_\alpha \sigma \sqrt{n}, \qquad (10\text{-}27)$$

e o intervalo de confiança inferior de $100(1 - \alpha)\%$ de confiança para μ é

$$\overline{X} - Z_\alpha \sigma \sqrt{n} \leq \mu. \qquad (10\text{-}28)$$

10-2.2 Intervalo de Confiança para a Média de uma Distribuição Normal, Variância Desconhecida

Suponha que desejemos encontrar um intervalo de confiança para a média de uma distribuição, mas que a variância seja desconhecida. Especificamente, dispomos de uma amostra aleatória de tamanho n, $X_1, X_2, \ldots, X_n$, e $\overline{X}$ e S^2 são a média e a variância amostrais, respectivamente. Uma possibilidade seria substituir σ, nas fórmulas para o intervalo de confiança para μ com variância conhecida (Equações 10-25, 10-27 e 10-28) pelo desvio-padrão amostral s. Se o tamanho amostral, n, for relativamente grande, digamos $n > 30$, então esse é um procedimento aceitável. Conseqüentemente, em geral chamamos os intervalos de confiança nas Seções 10-2.1 e 10-2.2 de *intervalos de confiança de grandes amostras*, porque são aproximadamente válidos mesmo que as variâncias populacionais desconhecidas sejam substituídas pelas variâncias amostrais correspondentes.

Quando os tamanhos amostrais são pequenos essa abordagem não é boa, e devemos usar outro procedimento. Para conseguir um intervalo de confiança válido devemos fazer uma hipótese mais forte sobre a população subjacente. A hipótese usual é a de que a população é *normalmente* distribuída. Isso leva a intervalos de confiança com base na distribuição t. Especificamente, seja $X_1, X_2, \ldots, X_n$ uma amostra aleatória de uma distribuição normal com média μ e variância σ^2 desconhecidas. Na Seção 9-4, notamos que a distribuição amostral da estatística

$$t = \frac{\overline{X} - \mu}{S/\sqrt{n}}$$

é a distribuição t com $n - 1$ graus de liberdade. Mostramos, agora, como se obtém o intervalo de confiança para μ.

A Fig. 10-7 mostra a distribuição de $t = (\overline{X} - \mu)/(S/\sqrt{n})$. Fazendo $t_{\alpha/2,n-1}$ como o ponto percentual superior $\alpha/2$ da distribuição t com $n - 1$ graus de liberdade, vemos, pela Fig. 10-7, que

$$P\{-t_{\alpha/2,n-1} \leq t \leq t_{\alpha/2,n-1}\} = 1 - \alpha$$

ou

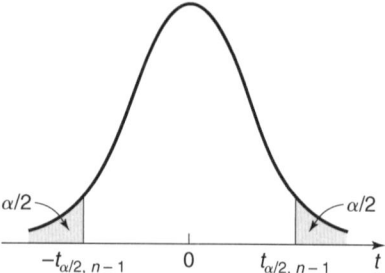

Figura 10-7 A distribuição t.

$$P\left\{-t_{\alpha/2,n-1} \leq \frac{\overline{X}-\mu}{S/\sqrt{n}} \leq t_{\alpha/2,n-1}\right\} = 1 - \alpha.$$

Rearranjando essa última equação, temos

$$P\left\{\overline{X} - t_{\alpha/2,n-1} S/\sqrt{n} \leq \mu \leq \overline{X} + t_{\alpha/2,n-1} S/\sqrt{n}\right\} = 1 - \alpha. \quad (10\text{-}29)$$

Comparando as Equações 10-29 e 10-18, vemos que um intervalo de confiança bilateral para μ de $100(1-\alpha)\%$ de confiança é

$$\overline{X} - t_{\alpha/2,n-1} S/\sqrt{n} \leq \mu \leq \overline{X} + t_{\alpha/2,n-1} S/\sqrt{n}. \quad (10\text{-}30)$$

Um intervalo de confiança inferior para μ, de $100(1-\alpha)\%$ de confiança, é dado por

$$\overline{X} - t_{\alpha,n-1} S \sqrt{n} \leq \mu, \quad (10\text{-}31)$$

e um intervalo de confiança superior para μ, de $100(1-\alpha)\%$ de confiança, é

$$\mu \leq \overline{X} + t_{\alpha,n-1} S \sqrt{n}. \quad (10\text{-}32)$$

Lembre que esses procedimentos se baseiam na hipótese de que estamos amostrando de uma população normal. Essa hipótese é importante para pequenas amostras. Felizmente, a hipótese de normalidade se verifica em muitas situações práticas. Quando não se verifica, devemos usar os intervalos de confiança *livres de distribuição* ou *não-paramétricos*. Os métodos não-paramétricos são discutidos no Capítulo 16. No entanto, quando a população é normal os intervalos da distribuição t são os menores possíveis com $100(1-\alpha)\%$ de confiança, e são, portanto, superiores aos métodos não-paramétricos.

A seleção do tamanho amostral n necessário para se obter um intervalo de confiança do comprimento desejado não é tão fácil quanto no caso em que σ é conhecido, porque o comprimento do intervalo depende do valor de σ (desconhecido, antes de os dados serem coletados) e de n. Além disso, n aparece no intervalo de confiança tanto através de $1/\sqrt{n}$ quanto de $t_{\alpha/2,n-1}$. Conseqüentemente, o n necessário deve ser determinado através de tentativa e erro.

Exemplo 10-15

Um artigo no *Journal of Testing and Evaluation* (Vol. 10, N.º 4, 1982, p. 133) apresenta as 20 medidas seguintes do tempo residual de inflamabilidade (em segundos) de espécimes de roupas de dormir de crianças:

9,85; 9,93; 9,75; 9,77; 9,67;
9,87, 9,67; 9,94; 9,85; 9,75;
9,83, 9,92; 9,74; 9,99; 9,88;
9,95, 9,95; 9,93; 9,92; 9,89;

Desejamos encontrar um intervalo de confiança de 95% de confiança para o tempo residual médio de inflamabilidade. A média e o desvio-padrão amostrais são

$$\overline{x} = 9{,}8475,$$
$$s = 0{,}0954.$$

Pela Tabela IV do Apêndice, encontramos $t_{0{,}025;19} = 2{,}093$. Os limites superior e inferior de confiança de 95% de confiança são

$$I = \bar{x} - t_{\alpha/2,n-1} s/\sqrt{n}$$
$$= 9{,}8475 - 2{,}093(0{,}0954)/\sqrt{20}$$
$$= 9{,}8029 \text{ segundos.}$$

e

$$S = \bar{x} + t_{\alpha/2,n-1} s/\sqrt{n}$$
$$= 9{,}8475 + 2{,}093(0{,}0954)/\sqrt{20}$$
$$= 9{,}8921 \text{ segundos.}$$

Portanto, o intervalo de confiança de 95% de confiança é

$$9{,}8029 \text{ s} \leq \mu \leq 9{,}8921 \text{ s}$$

Estamos 95% confiantes em que o tempo residual médio de inflamabilidade esteja entre 9,8025 e 9,8921 segundos.

10-2.3 Intervalo de Confiança para a Variância de uma Distribuição Normal

Suponha que X seja normalmente distribuída, com média μ e variância σ^2 desconhecidas. Seja $X_1, X_2, \ldots, X_n$ uma amostra aleatória de tamanho n, e seja S^2 a variância amostral. Mostrou-se, na Seção 9-3, que a distribuição amostral de

$$\chi^2 = \frac{(n-1)S^2}{\sigma^2}$$

é qui-quadrado, com $n - 1$ graus de liberdade. A Fig. 10-8 mostra essa distribuição.

Para desenvolver o intervalo de confiança, notamos, pela Fig. 10-8, que

$$P\{\chi^2_{1-\alpha/2, n-1} \leq \chi^2 \leq \chi^2_{\alpha/2, n-1}\} = 1 - \alpha$$

ou

$$P\left\{\chi^2_{1-\alpha/2, n-1} \leq \frac{(n-1)S^2}{\sigma^2} \leq \chi^2_{\alpha/2, n-1}\right\} = 1 - \alpha.$$

Essa última equação pode ser rearranjada, resultando em

$$P\left\{\frac{(n-1)S^2}{\chi^2_{\alpha/2,n-1}} \leq \sigma^2 \leq \frac{(n-1)S^2}{\chi^2_{1-\alpha/2,n-1}}\right\} = 1 - \alpha. \tag{10-33}$$

Comparando as Equações 10-33 e 10-18, vemos que um intervalo de confiança bilateral para σ^2 de $100(1 - \alpha)\%$ de confiança é

$$\frac{(n-1)S^2}{\chi^2_{\alpha/2,n-1}} \leq \sigma^2 \leq \frac{(n-1)S^2}{\chi^2_{1-\alpha/2,n-1}}. \tag{10-34}$$

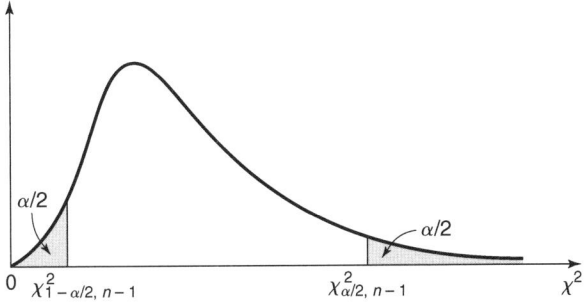

Figura 10-8 A distribuição χ^2.

Para encontrar um intervalo de confiança inferior para σ^2 de $100(1 - \alpha)\%$ de confiança, faça $S = \infty$ e substitua $\chi^2_{\alpha/2,n-1}$ por $\chi^2_{\alpha,n-1}$, obtendo

$$\frac{(n-1)S^2}{\chi^2_{\alpha,n-1}} \leq \sigma^2. \tag{10-35}$$

Encontra-se o intervalo de confiança superior de $100(1 - \alpha)\%$ de confiança fazendo-se $I = 0$ e substituindo-se $\chi^2_{1-\alpha/2,n-1}$ por $\chi^2_{1-\alpha,n-1}$, o que resulta em

$$\sigma^2 \leq \frac{(n-1)S^2}{\chi^2_{1-\alpha,n-1}}. \tag{10-36}$$

Exemplo 10-16

Um fabricante de refrigerantes está interessado na uniformidade da máquina usada para encher as latas. Especificamente, é desejável que o desvio-padrão σ do processo de enchimento seja menor do que 0,2 onças fluidas[2]; caso contrário, haverá uma porcentagem mais alta do que o tolerável de latas mal cheias. Suporemos que o volume de enchimento seja aproximadamente normalmente distribuído. Uma amostra aleatória de 20 latas resulta em uma variância amostral de $S^2 = 0{,}0225$ (onças fluidas)^2. Um intervalo de confiança superior de 95% de confiança é encontrado, usando-se a Equação 10-36 como segue:

$$\sigma^2 \leq \frac{(n-1)S^2}{\chi^2_{0,95;19}},$$

ou

$$\sigma^2 \leq \frac{(19)0{,}0225}{10{,}117} = 0{,}0423 \text{ (onças fluidas)}^2.$$

Essa última afirmativa pode ser convertida em um intervalo de confiança para o desvio-padrão σ, tomando-se a raiz quadrada de ambos os membros e obtendo-se

$$\sigma \leq 0{,}21 \text{ onças fluidas}.$$

Assim, ao nível de confiança de 95% os dados não confirmam a afirmação de que o desvio-padrão do processo seja menor do que 0,20 onças fluidas.

10-2.4 Intervalo de Confiança para uma Proporção

Muitas vezes, é necessário construir um intervalo de confiança de $100(1 - \alpha)\%$ de confiança para uma proporção. Por exemplo, suponha que seja extraída uma amostra aleatória de tamanho n de uma população grande (possivelmente, infinita) e que $X(\leq n)$ observações nessa amostra pertençam a uma classe de interesse. Então, $\hat{p} = X/n$ é um estimador pontual da proporção da população que pertence a essa classe. Note que n e p são os parâmetros de uma distribuição binomial. Além disso, na Seção 7-5 vimos que a distribuição amostral de p é aproximadamente normal, com média p e variância $p(1 - p)n$ se n não estiver próximo nem de 0 e nem de 1, e se for relativamente grande. Assim, a distribuição de

$$Z = \frac{\hat{p} - p}{\sqrt{\dfrac{p(1-p)}{n}}}$$

é aproximadamente normal padronizada.

Para construir o intervalo de confiança para p, note que

$$P\{-Z_{\alpha/2} \leq Z \leq Z_{\alpha/2}\} \simeq 1 - \alpha$$

ou

$$P\left\{-Z_{\alpha/2} \leq \frac{\hat{p} - p}{\sqrt{\dfrac{p(1-p)}{n}}} \leq Z_{\alpha/2}\right\} \simeq 1 - \alpha.$$

---
[2] Medida de volume inglesa, equivalente a 28,4131 cm^3.

Isso pode ser rearranjado como

$$P\left\{\hat{p} - Z_{\alpha/2}\sqrt{\frac{p(1-p)}{n}} \leq p \leq \hat{p} + Z_{\alpha/2}\sqrt{\frac{p(1-p)}{n}}\right\} \approx 1-\alpha. \qquad (10\text{-}37)$$

Reconhecemos a quantidade $\sqrt{p(1-p)/n}$ como o erro-padrão do estimador pontual $\hat{p}$. Infelizmente, os limites superior e inferior do intervalo de confiança obtido pela Equação 10-37 dependem do parâmetro desconhecido p. No entanto, uma solução satisfatória é substituir p por $\hat{p}$ no erro-padrão, resultando em um *erro-padrão estimado*. Assim,

$$P\left\{\hat{p} - Z_{\alpha/2}\sqrt{\frac{\hat{p}(1-\hat{p})}{n}} \leq p \leq \hat{p} + Z_{\alpha/2}\sqrt{\frac{\hat{p}(1-\hat{p})}{n}}\right\} \approx 1-\alpha, \qquad (10\text{-}38)$$

e o intervalo de confiança bilateral aproximado de $100(1 - \alpha)\%$ de confiança para p é

$$\hat{p} - Z_{\alpha/2}\sqrt{\frac{\hat{p}(1-\hat{p})}{n}} \leq p \leq \hat{p} + Z_{\alpha/2}\sqrt{\frac{\hat{p}(1-\hat{p})}{n}}. \qquad (10\text{-}39)$$

Um intervalo de confiança inferior aproximado de $100(1 - \alpha)\%$ de confiança é

$$\hat{p} - Z_{\alpha}\sqrt{\frac{\hat{p}(1-\hat{p})}{n}} \leq p, \qquad (10\text{-}40)$$

e um intervalo de confiança superior aproximado de $100(1 - \alpha)\%$ de confiança é

$$p \leq \hat{p} + Z_{\alpha}\sqrt{\frac{\hat{p}(1-\hat{p})}{n}}. \qquad (10\text{-}41)$$

Exemplo 10-17

Em uma amostra aleatória de 75 eixos, 12 têm um acabamento de superfície que é mais áspero do que permitem as especificações. Portanto, uma estimativa da proporção p de eixos na população que excedem as especificações de aspereza é $\hat{p} = x/n = 12/75 = 0{,}16$. Um intervalo de confiança bilateral de 95% de confiança para p é calculado pela Equação 10-39 como

$$\hat{p} - Z_{0{,}025}\sqrt{\frac{\hat{p}(1-\hat{p})}{n}} \leq p \leq \hat{p} + Z_{0{,}025}\sqrt{\frac{\hat{p}(1-\hat{p})}{n}}$$

ou

$$0{,}16 - 1{,}96\sqrt{\frac{0{,}16(0{,}84)}{75}} \leq p \leq 0{,}16 + 1{,}96\sqrt{\frac{0{,}16(0{,}84)}{75}},$$

o que se simplifica em

$$0{,}08 \leq p \leq 0{,}24.$$

Defina o erro na estimativa de p por $\hat{p}$ como $E = |p - \hat{p}|$. Note que estamos aproximadamente $100(1 - \alpha)\%$ confiantes em que esse erro seja menor do que $Z_{\alpha/2}\sqrt{p(1-p)/n}$. Portanto, em situações em que o tamanho amostral pode ser selecionado podemos escolher de modo a estarmos $100(1 - \alpha)\%$ confiantes de que o erro seja menor do que algum valor especificado E. O tamanho amostral apropriado é

$$n = \left(\frac{Z_{\alpha/2}}{E}\right)^2 p(1-p). \qquad (10\text{-}42)$$

Essa função é relativamente achatada de $p = 0{,}3$ a $p = 0{,}7$. Uma estimativa de p é necessária para se usar a Equação 10-42. Se uma estimativa $\hat{p}$, obtida a partir de uma amostra anterior, estiver disponível, ela poderá substituir p na Equação 10-42, ou talvez possa ser feita uma estimativa subjetiva. Se essas estimativas não forem satisfatórias, pode-se tomar uma amostra preliminar, calcular $\hat{p}$ e, então, usar a Equação 10-42 para determinar quantas observações adicionais são necessárias para estimar p com a precisão desejada. O tamanho amostral da Equação 10-42 será sempre um máximo para $p = 0{,}5$ (isto é, $p(1 - p) = 0{,}25$), e isso pode ser usado para se obter uma cota superior para n. Em outras palavras, estamos *pelo menos* $100(1 - \alpha)\%$ confiantes de que o erro na estimativa de p por $\hat{p}$ seja menor do que E se o tamanho da amostra for

$$n = \left(\frac{Z_{\alpha/2}}{E}\right)^2 (0{,}25).$$

Para se manter um nível de confiança de, pelo menos, $100(1 - \alpha)\%$, o valor de n é sempre arredondado para cima, para o próximo inteiro.

Exemplo 10-18

Considere os dados do Exemplo 10-17. Qual o tamanho necessário da amostra, se desejamos estar 95% confiantes de que o erro, ao usarmos $\hat{p}$ para estimar p, é menor do que 0,05? Usando $\hat{p} = 0{,}16$ como uma estimativa inicial de p, achamos, pela Equação 10-42, que o tamanho amostral necessário é

$$\left(\frac{Z_{0{,}025}}{E}\right)^2 \hat{p}(1 - \hat{p}) = \left(\frac{1{,}96}{0{,}05}\right)^2 0{,}16(0{,}84) = 207.$$

Observamos que os procedimentos desenvolvidos nesta seção dependem da aproximação normal da binomial. Em situações em que essa aproximação não é apropriada, particularmente casos em que n é pequeno, devem ser usados outros métodos. Tabelas da distribuição binomial podem ser usadas para se obter um intervalo de confiança para p. Se n for grande mas p for pequeno, então a aproximação de Poisson para a binomial pode ser usada para a construção de intervalos de confiança. Esses procedimentos são ilustrados em Duncan (1986).

Agresti e Coull (1998) apresentam uma forma alternativa de um intervalo de confiança para a proporção populacional, p, com base em um teste de hipótese de grandes amostras para p (veja o Capítulo 11). Agresti e Coull mostram que os limites superior e inferior de um intervalo de confiança aproximado de $100(1 - \alpha)\%$ de confiança para p são

$$\frac{\hat{p} + \dfrac{Z^2_{\alpha/2}}{2n} \pm z_{\alpha/2}\sqrt{\dfrac{\hat{p}(1 - \hat{p})}{n} + \dfrac{Z^2_{\alpha/2}}{4n^2}}}{1 + \dfrac{Z^2_{\alpha/2}}{n}}.$$

Os autores se referem a isso como o intervalo de confiança de *escore*. Intervalos de confiança unilaterais podem ser construídos simplesmente pela substituição de $Z_{\alpha/2}$ por Z_α.

Para ilustrar esse intervalo de confiança, reconsidere o Exemplo 10-17, que discute o acabamento da superfície de um eixo, com $n = 75$ e $\hat{p} = 0{,}16$. Os limites inferior e superior de um intervalo de confiança de 95% de confiança, usando a abordagem de Agresti e Coull, são

$$\frac{\hat{p} + \dfrac{Z^2_{\alpha/2}}{2n} \pm Z_{\alpha/2}\sqrt{\dfrac{\hat{p}(1 - \hat{p})}{n} + \dfrac{Z^2_{\alpha/2}}{4n^2}}}{1 + \dfrac{Z^2_{\alpha/2}}{n}} = \frac{0{,}16 + \dfrac{(1{,}96)^2}{2(75)} \pm 1{,}96\sqrt{\dfrac{0{,}16(0{,}84)}{75} + \dfrac{(1{,}96)^2}{4(75)^2}}}{1 + \dfrac{(1{,}96)^2}{75}}$$

$$= \frac{0{,}186 \pm 0{,}087}{1{,}051}$$

$$= 0{,}177 \pm 0{,}083.$$

Os limites inferior e superior de confiança resultantes são 0,094 e 0,260, respectivamente.

Agresti e Coull argumentam que o intervalo de confiança mais complicado tem várias vantagens em relação ao intervalo-padrão de grande amostra (dado na Equação 10-39). Uma vantagem é que o intervalo de confiança deles tende a manter melhor o nível de confiança estabelecido do que o intervalo de grande amostra padrão. Outra vantagem é que o limite inferior de confiança será sempre não-negativo. O intervalo de confiança de grandes amostras pode resultar em limites inferiores de confiança negativos, que o usuário normalmente considerará como 0. Um método que pode reportar um limite inferior negativo para um parâmetro que é inerentemente não-negativo (tal como uma proporção, p) é, em geral, considerado um método inferior. Finalmente, as exigências de que p não esteja próximo nem de 0 e nem de 1 e de que n seja relativamente grande não são exigências para a abordagem sugerida por Agresti e Coull. Em outras palavras, a abordagem deles resulta em um intervalo de confiança apropriado para qualquer combinação de n e p.

10-3 ESTIMAÇÃO DE INTERVALO DE CONFIANÇA PARA DUAS AMOSTRAS

10-3.1 Intervalo de Confiança para a Diferença entre Médias de Duas Distribuições Normais, Variâncias Conhecidas

Considere duas variáveis aleatórias independentes X_i com média μ_1 desconhecida e variância σ_1^2 conhecida, e X_2 com média μ_2 desconhecida e variância σ_2^2 conhecida. Desejamos encontrar um intervalo de confiança de $100(1-\alpha)\%$ de confiança para a diferença entre as médias, $\mu_1 - \mu_2$. Seja $X_{11}, X_{12}, \ldots, X_{1n_1}$ uma amostra aleatória de n_1 observações de X_1 e $X_{21}, X_{22}, \ldots, X_{2n_2}$ uma amostra aleatória de n_2 observações de X_2. Se $\overline{X}_1$ e $\overline{X}_2$ são as médias amostrais, a estatística

$$Z = \frac{\overline{X}_1 - \overline{X}_2 - (\mu_1 - \mu_2)}{\sqrt{\dfrac{\sigma_1^2}{n_1} + \dfrac{\sigma_2^2}{n_2}}}$$

é normal padronizada, se X_1 e X_2 são normais, ou aproximadamente normal padronizada, se as condições do Teorema Central do Limite se verificam, respectivamente. Pela Fig. 10-5, isso implica que

$$P\{-Z_{\alpha/2} \leq Z \leq Z_{\alpha/2}\} = 1 - \alpha$$

ou

$$P\left\{-Z_{\alpha/2} \leq \frac{\overline{X}_1 - \overline{X}_2 - (\mu_1 - \mu_2)}{\sqrt{\dfrac{\sigma_1^2}{n_1} + \dfrac{\sigma_2^2}{n_2}}} \leq Z_{\alpha/2}\right\} = 1 - \alpha.$$

Essa expressão pode ser rearranjada como

$$P\left\{\overline{X}_1 - \overline{X}_2 - Z_{\alpha/2}\sqrt{\dfrac{\sigma_1^2}{n_1} + \dfrac{\sigma_2^2}{n_2}} \leq \mu_1 - \mu_2 \right.$$

$$\left. \leq \overline{X}_1 - \overline{X}_2 + Z_{\alpha/2}\sqrt{\dfrac{\sigma_1^2}{n_1} + \dfrac{\sigma_2^2}{n_2}}\right\} = 1 - \alpha. \quad (10\text{-}43)$$

Comparando as Equações 10-43 e 10-18, notamos que o intervalo de confiança de $100(1-\alpha)\%$ de confiança para $\mu_1 - \mu_2$ é

$$\overline{X}_1 - \overline{X}_2 - Z_{\alpha/2}\sqrt{\dfrac{\sigma_1^2}{n_1} + \dfrac{\sigma_2^2}{n_2}} \leq \mu_1 - \mu_2 \leq \overline{X}_1 - \overline{X}_2 + Z_{\alpha/2}\sqrt{\dfrac{\sigma_1^2}{n_1} + \dfrac{\sigma_2^2}{n_2}}. \quad (10\text{-}44)$$

Intervalos de confiança unilaterais para $\mu_1 - \mu_2$ podem, também, ser obtidos. Um intervalo de confiança superior de $100(1-\alpha)\%$ de confiança para $\mu_1 - \mu_2$ é

$$\mu_1 - \mu_2 \leq \overline{X}_1 - \overline{X}_2 + Z_\alpha \sqrt{\frac{\sigma_1^2}{n_1} + \frac{\sigma_2^2}{n_2}}, \quad (10\text{-}45)$$

e um intervalo de confiança inferior de $100(1 - \alpha)\%$ de confiança é

$$\overline{X}_1 - \overline{X}_2 - Z_\alpha \sqrt{\frac{\sigma_1^2}{n_1} + \frac{\sigma_2^2}{n_2}} \leq \mu_1 - \mu_2. \quad (10\text{-}46)$$

Exemplo 10-19

Foram realizados testes sobre a força de tração em duas classes diferentes de longarinas de alumínio usadas na fabricação de aviões de transporte comerciais. Pela experiência passada com o processo de fabricação da longarina e pelo procedimento de teste, supõem-se conhecidos os desvios-padrão das forças de tração. Os dados obtidos são mostrados na Tabela 10-2.

Se μ_1 e μ_2 representam as verdadeiras forças médias de tração para as duas classes de longarinas, então podemos encontrar um intervalo de confiança de 90% de confiança para a diferença na força média $\mu_1 - \mu_2$, como segue:

$$I = \overline{x}_1 - \overline{x}_2 - Z_{\alpha/2} \sqrt{\frac{\sigma_1^2}{n_1} + \frac{\sigma_2^2}{n_2}}$$

$$= 87,6 - 74,5 - 1,645 \sqrt{\frac{(1,0)^2}{10} + \frac{(1,5)^2}{12}}$$

$$= 13,1 - 0,88$$

$$= 12,22 \text{ kg/mm}^2,$$

$$S = \overline{x}_1 - \overline{x}_2 + Z_{\alpha/2} \sqrt{\frac{\sigma_1^2}{n_1} + \frac{\sigma_2^2}{n_2}}$$

$$= 87,6 - 74,5 + 1,645 \sqrt{\frac{(1,0)^2}{10} + \frac{(1,5)^2}{12}}$$

$$= 13,1 + 0,88$$

$$= 13,98 \text{ kg/mm}^2.$$

Assim, o intervalo de confiança de 90% de confiança para a diferença na força média de tração é

$$12,22 \text{ kg/mm}^2 \leq \mu_1 - \mu_2 \leq 13,98 \text{ kg/mm}^2.$$

Estamos 90% confiantes em que a força média de tração do alumínio de classe 1 excede a do alumínio de classe 2 por uma quantidade de 12,22 a 13,98 kg/mm².

Se os desvios-padrão σ_1 e σ_2 são conhecidos (pelo menos, aproximadamente), e se os tamanhos amostrais n_1 e n_2 são iguais ($n_1 = n_2 = n$, digamos), então podemos determinar o tamanho amostral necessário tal que o erro na estimativa de $\mu_1 - \mu_2$ usando $\overline{X}_1 - \overline{X}_2$ seja menor do que E com $100(1 - \alpha)\%$ de confiança. O tamanho necessário de cada população é

$$n = \left(\frac{Z_{\alpha/2}}{E}\right)^2 \left(\sigma_1^2 + \sigma_2^2\right). \quad (10\text{-}47)$$

Lembre-se de arredondar para cima, se n não for um inteiro.

Tabela 10-2 Resultado do Teste da Força de Tração para Longarinas de Alumínio

Classe da Longarina	Tamanho da Amostra	Força de Tração Amostral Média (kg / mm²)	Desvio-Padrão (kg / mm²)
1	$n_1 = 10$	$\overline{x}_1 = 87,6$	$\sigma_1 = 1,0$
2	$n_2 = 12$	$\overline{x}_2 = 74,5$	$\sigma_2 = 1,5$

10-3.2 Intervalo de Confiança para a Diferença entre Médias de Duas Distribuições Normais, Variâncias Desconhecidas

Estendemos, agora, os resultados de Seção 10-2.2 ao caso de duas populações com médias e variâncias desconhecidas, e desejamos encontrar intervalos de confiança para a diferença entre as médias, $\mu_1 - \mu_2$. Se os tamanhos amostrais n_1 e n_2 excedem 30, então os intervalos da distribuição normal com variâncias conhecidas da Seção 10-3.1 podem ser usados. No entanto, quando se extraem pequenas amostras, devemos supor que as populações subjacentes sejam normalmente distribuídas com variâncias desconhecidas e basear os intervalos de confiança na distribuição t.

Caso I. $\sigma_1^2 = \sigma_2^2 = \sigma^2$

Considere duas variáveis aleatórias normais independentes, X_1 com média μ_1 e variância σ_1^2, e X_2 com média μ_2 e variância σ_2^2. Ambas as médias, μ_1 e μ_2 e ambas as variâncias, σ_1^2 e σ_2^2, são desconhecidas. No entanto, admita que seja razoável supor-se que ambas as variâncias sejam iguais; isto é, $\sigma_1^2 = \sigma_2^2 = \sigma$. Desejamos encontrar um intervalo de confiança de $100(1 - \alpha)\%$ de confiança para a diferença entre as médias $\mu_1 - \mu_2$.

Extraem-se amostras aleatórias de tamanhos n_1 e n_2 de X_1 e X_2, respectivamente. Denotemos as médias amostrais por $\overline{X}_1$ e $\overline{X}_2$, e as variâncias amostrais por S_1^2 e S_2^2. Como S_1^2 e S_2^2 são, ambos, estimativas da variância comum σ^2, podemos obter um estimador combinado de σ^2:

$$S_p^2 = \frac{(n_1-1)S_1^2 + (n_2-1)S_2^2}{n_1+n_2-2}. \tag{10-48}$$

Para desenvolver o intervalo de confiança para $\mu_1 - \mu_2$, note que a distribuição da estatística

$$t = \frac{\overline{X}_1 - \overline{X}_2 - (\mu_1 - \mu_2)}{S_p\sqrt{\frac{1}{n_1} + \frac{1}{n_2}}}$$

é a distribuição t com $n_1 + n_2 - 2$ graus de liberdade. Portanto,

$$P\{-t_{\alpha/2,n_1+n_2-2} \leq t \leq t_{\alpha/2,n_1+n_2-2}\} = 1 - \alpha$$

ou

$$P\left\{-t_{\alpha/2,n_1+n_2-2} \leq \frac{\overline{X}_1 - \overline{X}_2 - (\mu_1 - \mu_2)}{S_p\sqrt{\frac{1}{n_1} + \frac{1}{n_2}}} \leq t_{\alpha/2,n_1+n_2-2}\right\} = 1 - \alpha.$$

Isso pode ser rearranjado como

$$P\left\{\overline{X}_1 - \overline{X}_2 - t_{\alpha/2,n_1+n_2-2}S_p\sqrt{\frac{1}{n_1}+\frac{1}{n_2}} \right.$$
$$\left. \leq \mu_1 - \mu_2 \leq \overline{X}_1 - \overline{X}_2 + t_{\alpha/2,n_1+n_2-2}S_p\sqrt{\frac{1}{n_1}+\frac{1}{n_2}}\right\} = 1 - \alpha. \tag{10-49}$$

Portanto, um intervalo de confiança de $100(1 - \alpha)\%$ de confiança para a diferença entre as médias, $\mu_1 - \mu_2$, é

$$\overline{X}_1 - \overline{X}_2 - t_{\alpha/2,n_1+n_2-2}S_p\sqrt{\frac{1}{n_1}+\frac{1}{n_2}}$$
$$\leq \mu_1 - \mu_2 \leq \overline{X}_1 - \overline{X}_2 + t_{\alpha/2,n_1+n_2-2}S_p\sqrt{\frac{1}{n_1}+\frac{1}{n_2}}. \tag{10-50}$$

Um intervalo de confiança unilateral inferior de $100(1-\alpha)\%$ de confiança para $\mu_1 - \mu_2$ é

$$\overline{X}_1 - \overline{X}_2 - t_{\alpha, n_1+n_2-2} S_p \sqrt{\frac{1}{n_1} + \frac{1}{n_2}} \leq \mu_1 - \mu_2, \qquad (10\text{-}51)$$

e um intervalo de confiança unilateral superior de $100(1-\alpha)\%$ de confiança para $\mu_1 - \mu_2$ é

$$\mu_1 - \mu_2 \leq \overline{X}_1 - \overline{X}_2 + t_{\alpha, n_1+n_2-2} S_p \sqrt{\frac{1}{n_1} + \frac{1}{n_2}}. \qquad (10\text{-}52)$$

Exemplo 10-20

Em um processo químico de matérias-primas, usado para gravar placas de circuito impresso, estão sendo comparados dois catalisadores diferentes para se determinar se eles exigem tempos diferentes de imersão para a remoção de quantidades idênticas de material fotorresistente. Doze lotes foram submetidos ao catalisador 1, resultando em uma média amostral do tempo de imersão de $\overline{x}_1 = 24{,}6$ minutos e em um desvio-padrão amostral de $s_1 = 0{,}85$ minutos. Quinze lotes foram submetidos ao catalisador 2, resultando em um tempo médio de imersão de $\overline{x}_2 = 22{,}1$ minutos e em um desvio-padrão de $s_2 = 0{,}98$ minuto. Vamos achar um intervalo de confiança de 95% de confiança para a diferença entre as médias $\mu_1 - \mu_2$, supondo que os desvios-padrão (ou variâncias) das duas populações sejam iguais. A estimativa combinada da variância comum é encontrada usando-se a Equação 10-48, como segue:

$$s_p^2 = \frac{(n_1-1)s_1^2 + (n_2-1)s_2^2}{n_1+n_2-2}$$

$$= \frac{11(0{,}85)^2 + 14(0{,}98)^2}{12+15-2}$$

$$= 0{,}8557.$$

O desvio-padrão combinado é $s_p = \sqrt{0{,}8557} = 0{,}925$. Como $t_{\alpha/2, n_1+n_2-2} = t_{0{,}025;25} = 2{,}060$, podemos calcular os limites inferior e superior de confiança como

$$I = \overline{x}_1 - \overline{x}_2 - t_{\alpha/2, n_1+n_2-2} s_p \sqrt{\frac{1}{n_1} + \frac{1}{n_2}}$$

$$= 24{,}6 - 22{,}1 - 2{,}060(0{,}925)\sqrt{\frac{1}{12} + \frac{1}{15}}$$

$$= 1{,}76 \text{ minuto}$$

e

$$S = \overline{x}_1 - \overline{x}_2 + t_{\alpha/2, n_1+n_2-2} s_p \sqrt{\frac{1}{n_1} + \frac{1}{n_2}}$$

$$= 24{,}6 - 22{,}1 + 2{,}060(0{,}925)\sqrt{\frac{1}{12} + \frac{1}{15}}$$

$$= 3{,}24 \text{ minutos.}$$

Isto é, o intervalo de confiança de 95% de confiança para a diferença entre os tempos médios de imersão é

$$1{,}76 \text{ minuto} \leq \mu_1 - \mu_2 \leq 3{,}24 \text{ minutos.}$$

Estamos 95% confiantes de que o catalisador 1 requer um tempo de imersão maior do que o tempo de imersão exigido pelo catalisador 2 por uma quantidade que está entre 1,76 minuto e 3,24 minutos.

Caso II. $\sigma_1^2 \neq \sigma_2^2$

Em muitas situações não é razoável supor que $\sigma_1^2 = \sigma_2^2$. Quando essa hipótese não é garantida, pode-se ainda achar um intervalo de confiança de $100(1-\alpha)\%$ de confiança para $\mu_1 - \mu_2$ usando o fato de que a estatística

$$t^* = \frac{\overline{X}_1 - \overline{X}_2 - (\mu_1 - \mu_2)}{\sqrt{S_1^2/n_1 + S_2^2/n_2}}$$

tem distribuição aproximadamente t com número de graus de liberdade dado por

$$v = \frac{\left(S_1^2/n_1 + S_2^2/n_2\right)^2}{\dfrac{\left(S_1^2/n_1\right)^2}{n_1+1} + \dfrac{\left(S_2^2/n_2\right)^2}{n_2+1}} - 2. \tag{10-53}$$

Conseqüentemente, um intervalo de confiança aproximado de $100(1 - \alpha)\%$ de confiança para $\mu_1 - \mu_2$, quando $\sigma_1^2 \neq \sigma_2^2$, é

$$\overline{X}_1 - \overline{X}_2 - t_{\alpha/2,v}\sqrt{\frac{S_1^2}{n_1} + \frac{S_2^2}{n_2}} \leq \mu_1 - \mu_2 \leq \overline{X}_1 - \overline{X}_2 + t_{\alpha/2,v}\sqrt{\frac{S_1^2}{n_1} + \frac{S_2^2}{n_2}}. \tag{10-54}$$

Limites de confiança unilaterais superior (inferior) podem ser encontrados, substituindo-se o limite de confiança inferior (superior) por $-\infty$ (∞) e trocando-se $\alpha/2$ por α.

10-3.3 Intervalos de Confiança para $\mu_1 - \mu_2$ para Observações Emparelhadas

Nas Seções 10-3.1 e 10-3.2 desenvolvemos intervalos de confiança para a diferença entre as médias, onde duas amostras aleatórias independentes eram selecionadas das duas populações de interesse. Isto é, n_1 eram selecionadas aleatoriamente da primeira população, e uma amostra completamente independente de n_2 observações era selecionada aleatoriamente da segunda população. Há, também, situações experimentais em que há apenas n *unidades experimentais* diferentes e os dados são coletados aos pares; isto é, duas observações são feitas em cada unidade.

Por exemplo, o periódico *Human Factors* (1962, p. 375) reporta um estudo no qual se pede a 14 sujeitos que estacionem dois carros substancialmente diferentes em relação à distância entre rodas dianteiras e raio de curva. Registrou-se o tempo, em segundos, para cada carro e sujeito, e a Tabela 10-3 mostra os dados resultantes. Note que cada sujeito é a "unidade experimental" a que nos referimos antes. Desejamos obter um intervalo de confiança para a diferença no tempo médio para estacionamento dos dois carros, $\mu_1 - \mu_2$.

Em geral, suponha que os dados consistem em n pares $(X_{11}, X_{21}), (X_{12}, X_{22}), \ldots, (X_{1n}, X_{2n})$. Supõe-se que tanto X_1 quanto X_2 sejam distribuídas normalmente, com média μ_1 e μ_2, respectivamente. As variáveis aleatórias em *pares diferentes* são *independentes*. No entanto, como há duas medidas feitas na mesma unidade experimental, as duas medidas *dentro do mesmo par* podem não ser independentes.

Tabela 10-3 Tempo, em Segundos, para Estacionar Dois Automóveis

Sujeito	Automóvel		Diferença
	1	2	
1	37,0	17,8	19,2
2	25,8	20,2	5,6
3	16,2	16,8	−0,6
4	24,2	41,4	−17,2
5	22,0	21,4	0,6
6	33,4	38,4	−5,0
7	23,8	16,8	7,0
8	58,2	32,2	26,0
9	33,6	27,8	5,8
10	24,4	23,2	1,2
11	23,4	29,6	−6,2
12	21,2	20,6	0,6
13	36,2	32,2	4,0
14	29,8	53,8	−24,0

Considere as n diferenças $D_1 = X_{11} - X_{21}, D_2 = X_{12} - X_{22}, \ldots, D_n = X_{1n} - X_{2n}$. Agora, a média das diferenças D, digamos μ_D, é

$$\mu_D = E(D) = E(X_1 - X_2) = E(X_1) - E(X_2) = \mu_1 - \mu_2,$$

porque o valor esperado de $X_1 - X_2$ é a diferença dos valores esperados, independentemente de X_1 e X_2 serem independentes. Conseqüentemente, podemos construir um intervalo de confiança para $\mu_1 - \mu_2$ achando, justamente, um intervalo de confiança para μ_D. Como as diferenças D_i são normal e independentemente distribuídas, podemos usar o procedimento da distribuição t, descrito na Seção 10-22 para encontrar o intervalo de confiança para μ_D. Por analogia com a Equação 10-30, o intervalo de confiança de $100(1 - \alpha)\%$ de confiança para $\mu_D = \mu_1 - \mu_2$ é

$$\overline{D} - t_{\alpha/2,n-1} S_D/\sqrt{n} \leq \mu_D \leq \overline{D} + t_{\alpha/2,n-1} S_D/\sqrt{n}, \tag{10-55}$$

onde $\overline{D}$ e S_D são a média amostral e o desvio-padrão amostral das diferenças D_i, respectivamente. Esse intervalo de confiança é válido para o caso em que $\sigma_1^2 \neq \sigma_2^2$, porque S_D^2 estima $\sigma_D^2 = V(X_1 - X_2)$. Também para grandes amostras (digamos $n \geq 30$ pares) a suposição de normalidade não é necessária.

Exemplo 10-21

Retornamos aos dados da Tabela 10-3, relativa ao tempo para que $n = 14$ sujeitos estacionem dois carros paralelamente. Pela coluna de diferenças observadas d_i, calculamos $\overline{d} = 1,21$ e $s_d = 12,68$. Encontra-se o intervalo de confiança de 90% de confiança para $\mu_D = \mu_1 - \mu_2$ pela Equação 10-55, como segue:

$$\overline{d} - t_{0,05;13} s_d \sqrt{n} \leq \mu_D \leq \overline{d} + t_{0,05;13} s_d \sqrt{n},$$
$$1,21 - 1,771(12,68)/\sqrt{14} \leq \mu_D \leq 1,21 + 1,771(12,68)/\sqrt{14},$$
$$-4,79 \leq \mu_D \leq 7,21.$$

Note que o intervalo de confiança para μ_D inclui o zero. Isso implica que, ao nível de 90% de confiança, os dados não apóiam a afirmativa de que os dois carros tenham tempos médios de estacionamento, μ_1 e μ_2, diferentes. Isto é, o valor $\mu_D = \mu_1 - \mu_2 = 0$ não é inconsistente com os dados observados.

Note que, ao se emparelhar dados, graus de liberdade se perdem na comparação dos intervalos de confiança de duas amostras mas, tipicamente, ganha-se na precisão da estimação, porque S_d é menor do que S_p.

10-3.4 Intervalo de Confiança para a Razão das Variâncias de Duas Distribuições Normais

Suponha que X_1 e X_2 sejam variáveis aleatórias normais independentes com médias μ_1 e μ_2 desconhecidas e variâncias σ_1^2 e σ_2^2 desconhecidas, respectivamente. Desejamos encontrar um intervalo de confiança de $100(1 - \alpha)\%$ de confiança para a razão σ_1^2/σ_2^2. Considere duas amostras aleatórias, de tamanhos n_1 e n_2, extraídas de X_1 e X_2, e sejam S_1^2 e S_2^2 as variâncias amostrais. Para encontrarmos o intervalo de confiança, notamos que a distribuição amostral de

$$F = \frac{S_2^2/\sigma_2^2}{S_1^2/\sigma_1^2}$$

é F com $n_2 - 1$ e $n_1 - 1$ graus de liberdade. Essa distribuição é mostrada na Fig. 10-9.

Pela Fig. 10-9, vemos que

$$P\{F_{1-\alpha/2,n_2-1,n_1-1} \leq F \leq F_{\alpha/2,n_2-1,n_1-1}\} = 1 - \alpha$$

ou

$$P\left\{F_{1-\alpha/2,n_2-1,n_1-1} \leq \frac{S_2^2/\sigma_2^2}{S_1^2/\sigma_1^2} \leq F_{\alpha/2,n_2-1,n_1-1}\right\} = 1 - \alpha.$$

Daí,

$$P\left\{\frac{S_1^2}{S_2^2} F_{1-\alpha/2,n_2-1,n_1-1} \leq \frac{\sigma_1^2}{\sigma_2^2} \leq \frac{S_1^2}{S_2^2} F_{\alpha/2,n_2-1,n_1-1}\right\} = 1 - \alpha. \tag{10-56}$$

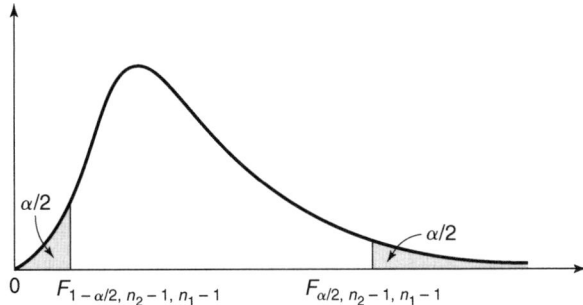

Figura 10-9 A distribuição F_{n_2-1,n_1-1}.

Comparando as Equações 10-56 e 10-18, vemos que um intervalo de confiança bilateral de 100$(1 - \alpha)\%$ de confiança para σ_1^2/σ_2^2 é

$$\frac{S_1^2}{S_2^2} F_{1-\alpha/2, n_2-1, n_1-1} \leq \frac{\sigma_1^2}{\sigma_2^2} \leq \frac{S_1^2}{S_2^2} F_{\alpha/2, n_2-1, n_1-1}, \tag{10-57}$$

onde o ponto $1 - \alpha/2$ da cauda inferior da distribuição F_{n_2-1,n_1-1} é dado por (veja Equação 9-22)

$$F_{1-\alpha/2, n_2-1, n_1-1} = \frac{1}{F_{\alpha/2, n_1-1, n_2-1}}. \tag{10-58}$$

Podemos, também, construir intervalos de confiança unilaterais. Um limite inferior de confiança, de $100(1 - \alpha)\%$ de confiança para σ_1^2/σ_2^2, é

$$\frac{S_1^2}{S_2^2} F_{1-\alpha, n_2-1, n_1-1} \leq \frac{\sigma_1^2}{\sigma_2^2}, \tag{10-59}$$

enquanto um limite superior de confiança de $100(1 - \alpha)\%$ de confiança para σ_1^2/σ_2^2 é

$$\frac{\sigma_1^2}{\sigma_2^2} \leq \frac{S_1^2}{S_2^2} F_{\alpha, n_2-1, n_1-1}. \tag{10-60}$$

Exemplo 10-22

Considere o processo químico de gravação, descrito no Exemplo 10-20. Lembre que dois catalisadores estão sendo comparados para se medir a eficácia na redução dos tempos de imersão para placas de circuito impresso. $n_1 = 12$ lotes foram testados com o catalisador 1 e $n_2 = 15$ lotes foram testados com o catalisador 2, resultando em $s_1 = 0,85$ minuto e $s_2 = 0,98$ minuto. Vamos encontrar um intervalo de confiança de 90% de confiança para a razão das variâncias σ_1^2/σ_2^2. Pela Equação 10-57, vemos que

$$\frac{s_1^2}{s_2^2} F_{0,95;14;11} \leq \frac{\sigma_1^2}{\sigma_2^2} \leq \frac{s_1^2}{s_2^2} F_{0,05;14;11},$$

$$\frac{(0,85)^2}{(0,98)^2} 0,39 \leq \frac{\sigma_1^2}{\sigma_2^2} \leq \frac{(0,85)^2}{(0,98)^2} 2,74,$$

ou

$$0,29 \leq \frac{\sigma_1^2}{\sigma_2^2} \leq 2,06,$$

usando o fato de que $F_{0,95;14;11} = 1/F_{0,05;11;14} = 1/2,58 = 0,39$. Como esse intervalo de confiança inclui a unidade, não poderíamos afirmar que os desvios-padrão dos tempos de imersão para os dois catalisadores são diferentes ao nível de 90% de confiança.

10-3.5 Intervalo de Confiança para a Diferença entre Duas Proporções

Se há duas proporções de interesse, digamos p_1 e p_2, é possível obter um intervalo de confiança de $100(1 - \alpha)\%$ de confiança para sua diferença, $p_1 - p_2$. Se duas amostras independentes, de tamanhos n_1 e n_2, são extraídas de populações infinitas, de modo que X_1 e X_2 sejam variáveis aleatórias binomiais independentes, com parâmetros $(n_1$ e $p_1)$ e $(n_2$ e $p_2)$ respectivamente, onde X_1 é o número de observações amostrais da primeira população que pertencem a uma classe de interesse, e X_2 representa o número de observações amostrais da segunda população que pertencem à classe de interesse, então $\hat{p}_1 = X_1/n_1$ e $\hat{p}_2 = X_2/n_2$ são estimadores independentes de p_1 e p_2, respectivamente. Além disso, sob a hipótese de que se aplica a aproximação normal para a binomial, a estatística

$$Z = \frac{\hat{p}_1 - \hat{p}_2 - (p_1 - p_2)}{\sqrt{\frac{p_1(1-p_1)}{n_1} + \frac{p_2(1-p_2)}{n_2}}}$$

é distribuída aproximadamente como a normal padronizada. Usando uma abordagem análoga à da seção anterior, segue que um intervalo de confiança bilateral aproximado de $100(1 - \alpha)\%$ de confiança para $p_1 - p_2$ é

$$\hat{p}_1 - \hat{p}_2 - Z_{\alpha/2}\sqrt{\frac{\hat{p}_1(1-\hat{p}_1)}{n_1} + \frac{\hat{p}_2(1-\hat{p}_2)}{n_2}}$$
$$\leq p_1 - p_2 \leq \hat{p}_1 - \hat{p}_2 + Z_{\alpha/2}\sqrt{\frac{\hat{p}_1(1-\hat{p}_1)}{n_1} + \frac{\hat{p}_2(1-\hat{p}_2)}{n_2}}. \tag{10-61}$$

Um intervalo de confiança inferior aproximado de $100(1 - \alpha)\%$ de confiança para $p_1 - p_2$ é

$$\hat{p}_1 - \hat{p}_2 - Z_{\alpha}\sqrt{\frac{\hat{p}_1(1-\hat{p}_1)}{n_1} + \frac{\hat{p}_2(1-\hat{p}_2)}{n_2}} \leq p_1 - p_2, \tag{10-62}$$

e um intervalo de confiança superior aproximado de $100(1 - \alpha)\%$ para $p_1 - p_2$ é

$$p_1 - p_2 \leq \hat{p}_1 - \hat{p}_2 + Z_{\alpha}\sqrt{\frac{\hat{p}_1(1-\hat{p}_1)}{n_1} + \frac{\hat{p}_2(1-\hat{p}_2)}{n_2}}. \tag{10-63}$$

Exemplo 10-23

Considere os dados do Exemplo 10-17. Suponha que seja feita uma modificação no processo de acabamento da superfície e que, subseqüentemente, seja obtida uma segunda amostra aleatória de 85 eixos. O número de eixos defeituosos nessa segunda amostra é 10. Portanto, como $n_1 = 75$, $\hat{p}_1 = 0{,}16$, $n_2 = 85$ e $\hat{p}_2 = 10/85 = 0{,}12$, podemos obter um intervalo de confiança aproximado de 95% de confiança para a diferença das proporções de defeituosos produzidos pelos dois processos pela Equação 10-61 como

$$\hat{p}_1 - \hat{p}_2 - Z_{0,025}\sqrt{\frac{\hat{p}_1(1-\hat{p}_1)}{n_1} + \frac{\hat{p}_2(1-\hat{p}_2)}{n_2}}$$
$$\leq p_1 - p_2 \leq \hat{p}_1 - \hat{p}_2 + Z_{0,025}\sqrt{\frac{\hat{p}_1(1-\hat{p}_1)}{n_1} + \frac{\hat{p}_2(1-\hat{p}_2)}{n_2}}$$

ou

$$0{,}16 - 0{,}12 - 1{,}96\sqrt{\frac{0{,}16(0{,}84)}{75} + \frac{0{,}12(0{,}88)}{85}}$$
$$\leq p_1 - p_2 \leq 0{,}16 - 0{,}12 + 1{,}96\sqrt{\frac{0{,}16(0{,}84)}{75} + \frac{0{,}12(0{,}88)}{85}}.$$

Isso é simplificado como

$$-0,07 \le p_1 - p_2 \le 0,15.$$

Esse intervalo inclui o zero, de modo que, com base nos dados amostrais parece improvável que as mudanças feitas no processo de acabamento da superfície tenham reduzido a proporção de eixos defeituosos produzidos.

10-4 INTERVALOS DE CONFIANÇA APROXIMADOS NA ESTIMAÇÃO DE MÁXIMA VEROSSIMILHANÇA

Se o método de máxima verossimilhança for usado para a estimação de parâmetros, as propriedades assintóticas desses estimadores podem ser usadas para a obtenção de intervalos de confiança aproximados. Seja $\hat{\theta}$ o estimador de máxima verossimilhança de θ. Para grandes amostras, $\hat{\theta}$ segue aproximadamente uma distribuição normal com média θ e variância $V(\hat{\theta})$ dada pelo limite inferior de Cramér-Rao (Equação 10-4). Portanto, um intervalo de confiança aproximado de $100(1 - \alpha)\%$ de confiança para θ é

$$\hat{\theta} - Z_{\alpha/2}[V(\hat{\theta})]^{1/2} \le \theta \le \hat{\theta} + Z_{\alpha/2}[V(\hat{\theta})]^{1/2}. \tag{10-64}$$

Usualmente, $V(\hat{\theta})$ é uma função do parâmetro desconhecido, θ. Nesses casos, substitua θ por $\hat{\theta}$.

Exemplo 10-24

Relembre o Exemplo 10-3, onde se mostrou que o estimador de máxima verossimilhança do parâmetro p de uma distribuição de Bernoulli é $\hat{p} = (1/n)\sum_{i=1}^{n} X_i = \overline{X}$. Usando o limite inferior de Cramér-Rao, podemos verificar que o limite inferior para a variância de $\hat{p}$ é

$$V(\hat{p}) \ge \frac{1}{nE\left[\dfrac{d}{dp}\ln\left[p^X(1-p)^{1-X}\right]\right]^2}$$

$$= \frac{1}{nE\left[\dfrac{X}{p} - \dfrac{(1-X)}{(1-p)}\right]^2}$$

$$= \frac{1}{nE\left[\dfrac{X^2}{p^2} + \dfrac{(1-X)^2}{(1-p)^2} - 2\dfrac{X(1-X)}{p(1-p)}\right]}.$$

Para a distribuição de Bernoulli, observamos que $E(X) = p$ e $E(X^2) = p$. Portanto, a última expressão se simplifica em

$$V(\hat{p}) \ge \frac{1}{n\left[\dfrac{1}{p} + \dfrac{1}{(1-p)}\right]} = \frac{p(1-p)}{n}.$$

Esse resultado não deve surpreender, uma vez que sabemos diretamente da distribuição de Bernoulli, $V(\overline{X}) = V(X_i)/n = p(1-p)/n$. Em qualquer caso, substituindo-se p por $\hat{p}$ em $V(\hat{p})$ encontra-se o intervalo de confiança de $100(1 - \alpha)\%$ de confiança para p pela Equação 10-64, como

$$\hat{p} - Z_{\alpha/2}\sqrt{\frac{\hat{p}(1-\hat{p})}{n}} \le p \le \hat{p} + Z_{\alpha/2}\sqrt{\frac{\hat{p}(1-\hat{p})}{n}}.$$

10-5 INTERVALOS DE CONFIANÇA SIMULTÂNEOS

Ocasionalmente, é necessário construir vários intervalos de confiança para mais de um parâmetro, e desejamos a probabilidade de $(1 - \alpha)$ de que *todos* esses intervalos de confiança, simultaneamente, produzam afirmativas corretas. Por exemplo, suponha que estejamos amostrando de uma população normal, com média e variância desconhecidas, e que desejemos construir intervalos de confiança para μ e σ^2 tais que a probabilidade seja $(1 - \alpha)$ de que ambos os intervalos resultem em conclusões corretas, simultaneamente. Como $\overline{X}$ s S^2 são independentes, podemos garantir esse resultado construindo intervalos de confiança de $100(1 - \alpha)^{1/2}\%$ de confiança para cada parâmetro separadamente, e ambos os intervalos resultarão em conclusões corretas simultaneamente com probabilidade $(1 - \alpha)^{1/2} (1 - \alpha)^{1/2} = (1 - \alpha)$.

Se as estatísticas amostrais nas quais se baseiam os intervalos de confiança não são variáveis aleatórias independentes, então os intervalos de confiança não são independentes e outros métodos devem ser usados. Em geral, suponha que sejam necessários m intervalos de confiança. A desigualdade de Bonferroni estabelece que

$$P\{\text{todas as } m \text{ afirmativas são simultaneamente corretas}\} \equiv 1 - \alpha \geq 1 - \sum_{i=1}^{m} \alpha_i, \quad (10\text{-}65)$$

onde $1 - \alpha_i$ é o nível de confiança usado no i-ésimo intervalo de confiança. Na prática, selecionamos um valor para o nível de confiança simultâneo, $1 - \alpha$, e escolhemos, então, o α_i individual tal que $\sum_{i=1}^{m} \alpha_i = \alpha$. Usualmente, fazemos $\alpha_i = \alpha/m$.

Como ilustração, suponha que desejemos construir dois intervalos de confiança para as médias de duas distribuições normais tais que estejamos, pelo menos, 90% confiantes de que ambos estejam simultaneamente corretos. Portanto, como $1 - \alpha = 0,90$, temos $\alpha = 0,10$, e como se quer dois intervalos de confiança, cada um deles deve ser construído com $\alpha_i = \alpha/2 = 0,10/2 = 0,05$, $i = 1, 2$. Isto é, dois intervalos individuais de 95% de confiança para μ_1 e μ_2 levarão a afirmativas corretas *simultaneamente* com probabilidade, pelo menos, de 0,90.

10-6 INTERVALOS DE CONFIANÇA BAYESIANOS

Anteriormente, apresentamos as técnicas bayesianas para a estimação pontual. Nesta seção, apresentaremos a abordagem bayesiana para a construção de intervalos de confiança.

Podemos usar os métodos bayesianos para construir estimativas intervalares de parâmetros que são semelhantes a intervalos de confiança. Se já tiver sido obtida a densidade *a posteriori* para θ, podemos construir um intervalo, usualmente centrado na média *a posteriori*, que contém $100(1 - \alpha)\%$ da probabilidade *a posteriori*. Tal intervalo é chamado de intervalo de Bayes de $100(1 - \alpha)\%$ para o parâmetro desconhecido θ.

Enquanto em muitos casos a estimativa intervalar de Bayes para θ será bem similar ao intervalo de confiança clássico com o mesmo coeficiente de confiança, a interpretação dos dois é bem diferente. Um intervalo de confiança é um intervalo que, antes de se extrair a amostra, incluirá o parâmetro desconhecido θ com probabilidade $1 - \alpha$. Isto é, o intervalo de confiança clássico está relacionado à freqüência relativa de um intervalo que inclui θ. Por outro lado, um intervalo de Bayes é um intervalo que contém $100(1 - \alpha)\%$ da probabilidade *a posteriori* para θ. Como a densidade de probabilidade *a posteriori* mede um grau de crença em relação a θ dados os resultados amostrais, o intervalo de Bayes fornece um grau subjetivo de crença em relação a θ mais do que uma interpretação de freqüência. A estimativa intervalar de Bayes de θ é afetada pelos resultados amostrais, mas não é completamente determinada por eles.

Exemplo 10-25

Suponha que a variável aleatória X seja distribuída normalmente, com média μ e variância 4. O valor de μ é desconhecido, mas uma densidade *a priori* razoável seria normal, com média 2 e variância 1. Isto é,

$$f(x_1, x_2, \ldots, x_n | \mu) = \frac{1}{(8\pi)^{n/2}} e^{-(1/8)\Sigma(x_i - \mu)^2}$$

e

$$f(\mu) = \frac{1}{\sqrt{2\pi}} e^{-(1/2)(\mu - 2)^2}.$$

Podemos mostrar que a densidade *a posteriori* para μ é

$$f(\mu|x_1, x_2, \ldots, x_n) = \frac{1}{\sqrt{2\pi}}\left(\frac{n}{4}+1\right)^{1/2} \exp\left\{-\frac{1}{2}\left(\frac{n}{4}+1\right)\left[\mu - \frac{\left(\frac{n\bar{x}}{4}+2\right)}{\left(\frac{n}{4}+1\right)}\right]^2\right\}$$

$$= \frac{1}{\sqrt{2\pi}}\left(\frac{n}{4}+1\right)^{1/2} \exp\left\{-\frac{1}{2}\left(\frac{n}{4}+1\right)\left(\mu - \frac{n\bar{x}+8}{n+4}\right)^2\right\}$$

usando os métodos da Seção 10-1.4. Assim, a distribuição *a posteriori* para μ é normal com média $(n\bar{X} + 8)/(n + 4)$ e variância $4/(n + 4)$. Um intervalo de Bayes de 95% para μ, que é simétrico em torno da média *a posteriori*, seria

$$\frac{n\bar{X}+8}{n+4} - Z_{0,025}\frac{2}{\sqrt{n+4}} \leq \mu \leq \frac{n\bar{X}+8}{n+4} + Z_{0,025}\frac{2}{\sqrt{n+4}} \tag{10-66}$$

Se uma amostra aleatória de tamanho 16 for extraída e encontrarmos $\bar{x} = 2,5$ a Equação 10-66 se reduz a

$$1{,}52 \leq \mu \leq 3{,}28.$$

Se ignorarmos a informação *a priori*, o intervalo de confiança clássico para μ é

$$1{,}52 \leq \mu \leq 3{,}48.$$

Vemos que o intervalo de Bayes é ligeiramente menor do que o intervalo de confiança clássico, porque a informação *a priori* é equivalente a um pequeno aumento no tamanho amostral, se não se supõe qualquer conhecimento *a priori*.

10-7 INTERVALOS DE CONFIANÇA BOOTSTRAP

Na Seção 10-1.6 introduzimos a técnica de bootstrap para estimar o erro-padrão de um parâmetro, θ. A técnica de bootstrap pode, também, ser usada para a construção de um intervalo de confiança para θ.

Para um parâmetro arbitrário θ, os limites gerais inferior e superior de $100(1 - \alpha)\%$ são, respectivamente,

$$I = \hat{\theta} - \text{percentil } 100(1 - \alpha/2) \text{ de } (\hat{\theta} - \theta),$$
$$S = \hat{\theta} - \text{percentil } 100(\alpha/2) \text{ de } (\hat{\theta} - \theta).$$

Amostras bootstrap podem ser geradas para se estimar os valores I e S.

Suponha que B amostras bootstrap sejam geradas e que sejam calculados $\hat{\theta}_1^*, \hat{\theta}_2^*, \ldots, \hat{\theta}_B^*$ e $\bar{\theta}^*$. Por essas estimativas, calculamos, então, as diferenças $\hat{\theta}_1^* - \bar{\theta}^*, \hat{\theta}_2^* - \bar{\theta}^*, \ldots, \bar{\theta}_B = \bar{\theta}^*$, arranjamos essas diferenças em ordem crescente, e encontramos os percentis necessários, $100(1 - \alpha/2)$ e $100(\alpha/2)$ para I e S. Por exemplo, se $B = 200$ e se deseja um intervalo de confiança de 90% de confiança, então o $100(0,10/2) = 95$º percentil e o $100(0,10/2) = 5$º percentil seriam a 190ª diferença e a 10ª diferença, respectivamente.

Exemplo 10-26

Um aparelho eletrônico consiste em quatro componentes. O tempo de falha para cada componente segue uma distribuição exponencial, e os componentes são idênticos uns aos outros e independentes uns dos outros. O aparelho eletrônico falhará apenas depois que todos os quatro componentes tiverem falhado. Coletaram-se os tempos de falha para os componentes eletrônicos em 15 de tais aparelho. Os tempos totais de falha são

78,7778; 13,5260; 6,8291; 47,3746; 16,2033; 27,5387; 28,2515; 38;5826;
35,4363; 80,2757; 50,3861; 81,3155; 42,2532; 33,9970; 57,4312.

É de interesse construir um intervalo de confiança de 90% de confiança para o parâmetro exponencial, λ. Por definição, a soma de r variáveis aleatórias exponenciais distribuídas identicamente e independentes segue uma distribuição gama, e é definida como (r, λ). Portanto, $r = 4$, mas λ precisa ser estimado. Uma estimativa bootstrap

Tabela 10-4 Estimativas Bootstrap para o Exemplo 10-26

Amostra	$\hat{\lambda}_i^*$	$\hat{\lambda}_i^* - \overline{\lambda}^*$
1	0,087316	−0,0075392
2	0,090689	−0,0041660
3	0,096664	0,0018094
⋮		
100	0,090193	−0,0046623

para λ pode ser encontrada usando-se a técnica dada na Seção 10-1.6. Usando os dados dos tempos de falha vistos, encontramos o tempo médio de falha, $\overline{x} = 42{,}545$. A média da distribuição gama é $E(X) = r/\lambda$ e λ é calculado para cada amostra bootstrap. Usando o Minitab® para $B = 100$ amostras bootstrap, encontramos a estimativa bootstrap $\overline{\lambda}^* = 0{,}0949$. Usando as estimativas bootstrap para cada amostra as diferenças podem ser calculadas, e a Tabela 10-4 mostra alguns desses cálculos.

Quando as 100 diferenças são colocadas em ordem crescente, o 5º e o 95º percentis se tornam −0,0205 e 0,0232, respectivamente. Portanto, os limites de confiança resultantes são

$$I = 0{,}0949 - 0{,}0232 = 0{,}0717,$$
$$S = 0{,}0949 - (-0{,}0205) = 0{,}1154.$$

Estamos aproximadamente 90% confiantes em que o verdadeiro valor de λ esteja entre 0,0717 e 0,1154. A Fig. 10-10 mostra o histograma das estimativas bootstrap $\overline{\lambda}_i^*$, enquanto a Fig. 10-11 mostra as diferenças $\overline{\lambda}_i^* - \overline{\lambda}^*$. As estimativas bootstrap são razoáveis quando o estimador é não-viesado e o erro-padrão é aproximadamente constante.

10-8 OUTROS PROBLEMAS DE ESTIMAÇÃO INTERVALAR

10-8.1 Intervalos de Predição

Até agora, neste capítulo, apresentamos estimadores intervalares para parâmetros populacionais, tais como a média, μ. Há muitas situações em que o usuário gostaria de predizer uma única observação futura para a variável aleatória de interesse, em vez de predizer ou estimar a média dessa variável aleatória. Um *intervalo de predição* pode ser construído para qualquer observação única em algum tempo futuro.

Considere uma amostra aleatória dada de tamanho n, $X_1, X_2, \ldots, X_n$, de uma população normal com média μ e variância σ^2. Denote por $\overline{X}$ média amostral. Suponha que desejemos predizer a observação futura X_{n+1}. Como $\overline{X}$ é o preditor pontual para essa observação, o erro de predição é dado por $X_{n+1} - \overline{X}$. O valor esperado e a variância do erro de predição são

$$E(X_{n+1} - \overline{X}) = E(X_{n+1}) - E(\overline{X}) = \mu - \mu = 0$$

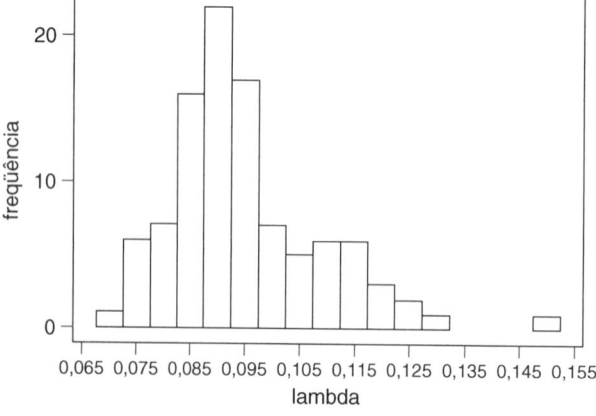

Figura 10-10 Histograma das estimativas bootstrap $\hat{\lambda}_i^*$.

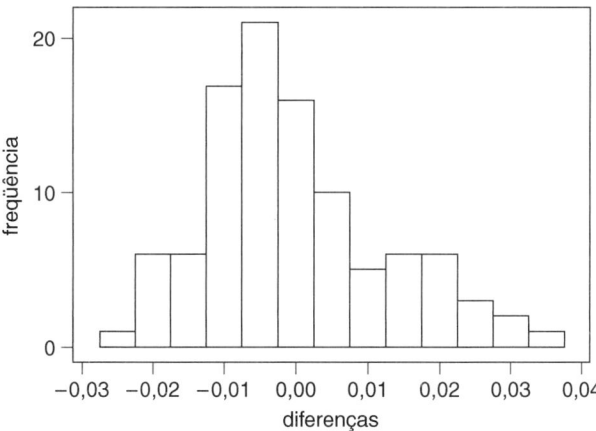

Figura 10-11 Histograma das diferenças $\overline{\lambda}_1^* - \overline{\lambda}^*$.

e

$$\text{Var}(X_{n+1} - \overline{X}) = \text{Var}(X_{n+1}) + \text{Var}(\overline{X})$$
$$= \sigma^2 + \frac{\sigma^2}{n}$$
$$= \sigma^2\left(1 + \frac{1}{n}\right).$$

Como X_{n+1} e $\overline{X}$ são variáveis aleatórias independentes, distribuídas normalmente, o erro de predição é também distribuído normalmente e

$$Z = \frac{(X_{n+1} - \overline{X}) - 0}{\sqrt{\sigma^2\left(1 + \frac{1}{n}\right)}} = \frac{X_{n+1} - \overline{X}}{\sqrt{\sigma^2\left(1 + \frac{1}{n}\right)}}$$

e é normal padronizada. Se σ^2 é desconhecida, pode ser estimada pela variância amostral, S^2, e, então,

$$T = \frac{X_{n+1} - \overline{X}}{\sqrt{S^2\left(1 + \frac{1}{n}\right)}}$$

segue a distribuição t com $n - 1$ graus de liberdade.

Seguindo o procedimento usual para a construção de intervalos de confiança, o intervalo de predição bilateral de $100(1 - \alpha)\%$ de confiança é

$$-t_{\alpha/2, n-1} \leq \frac{X_{n+1} - \overline{X}}{\sqrt{S^2\left(1 + \frac{1}{n}\right)}} \leq t_{\alpha/2, n-1}.$$

Rearranjando a desigualdade, obtemos a forma final para o intervalo de predição bilateral de $100(1 - \alpha)\%$:

$$\overline{X} - t_{\alpha/2, n-1}\sqrt{S^2\left(1 + \frac{1}{n}\right)} \leq X_{n+1} \leq \overline{X} + t_{\alpha/2, n-1}\sqrt{S^2\left(1 + \frac{1}{n}\right)}. \tag{10-67}$$

O intervalo de predição unilateral inferior de $100(1 - \alpha)\%$ é dado por

$$\overline{X} - t_{\alpha, n-1}\sqrt{S^2\left(1 + \frac{1}{n}\right)} \leq X_{n+1}. \tag{10-68}$$

O intervalo de predição unilateral superior de $100(1 - \alpha)\%$ é dado por

$$X_{n+1} \leq \overline{X} + t_{\alpha,n-1}\sqrt{S^2\left(1+\frac{1}{n}\right)}. \tag{10-69}$$

Exemplo 10-27

As forças máximas experimentadas por um avião de transporte de uma linha aérea para 10 vôos em determinada rota são (em unidades de gravidade, g)

$$1{,}15;\ 1{,}23;\ 1{,}56;\ 1{,}69;\ 1{,}71;\ 1{,}83;\ 1{,}83;\ 1{,}85;\ 1{,}90;\ 1{,}91.$$

A média e o desvio-padrão amostrais são calculados como $\bar{x} = 1{,}666$ e $s = 0{,}273$, respectivamente. Pode ser importante predizer a próxima força máxima a ser experimentada pelo avião. Como $t_{0,025;9} = 2{,}262$, o intervalo de predição de 95% para X_{11} é

$$1{,}666 - t_{\alpha/2,n-1}\sqrt{(0{,}273)^2\left(1+\frac{1}{10}\right)} \leq X_{11} \leq 1{,}666 + t_{\alpha/2,n-1}\sqrt{(0{,}273)^2\left(1+\frac{1}{10}\right)},$$

$$1{,}018 \leq X_{11} \leq 2{,}314.$$

10-8.2 Intervalos de Tolerância

Conforme apresentado anteriormente neste capítulo, os intervalos de confiança são os intervalos nos quais esperamos que esteja o verdadeiro parâmetro populacional, tal como a média μ. Em contraposição, os *intervalos de tolerância* são intervalos nos quais esperamos que esteja uma *porcentagem* dos valores populacionais.

Suponha que X seja uma variável aleatória normalmente distribuída, com média μ e variância σ^2. Esperaríamos que aproximadamente 95% de todos os valores de X estivessem contidos no intervalo $\mu \pm 1{,}645\sigma$. Mas, e se μ e σ são desconhecidos e devem ser estimados? Usando as estimativas pontuais $\bar{x}$ e s para uma amostra de tamanho n, podemos construir o intervalo $\bar{x} \pm 1{,}645s$. Infelizmente, devido à variabilidade na estimação de μ e σ, o intervalo resultante pode conter menos do que 95% dos valores. Nesse caso particular, um valor maior do que 1,645 será necessário para garantir uma cobertura de 95%, ao se usar estimativas pontuais para os parâmetros populacionais. Podemos construir um intervalo que conterá a porcentagem estabelecida dos valores da população e ficarmos confiantes no resultado. Por exemplo, podemos querer 90% de confiança de que o intervalo resultante cubra, pelo menos, 95% dos valores da população. Esse tipo de intervalo é conhecido como *intervalo de tolerância*, e pode ser construído facilmente para vários níveis de confiança.

Em geral, para $0 < q < 100$, o intervalo de tolerância bilateral para conter pelo menos $q\%$ dos valores de uma população normal com $100(1 - \alpha)\%$ de confiança é $\bar{x} \pm ks$. O valor k é uma constante tabelada para várias combinações de valores de q e de $100(1 - \alpha)$. Os valores de k são dados na Tabela XIV do Apêndice, para $q = 90$, 95 e 99 e para $100(1 - \alpha)\%$ 90, 95 e 99.

O intervalo de tolerância unilateral inferior para cobrir pelo menos $q\%$ dos valores de uma população normal com $100(1 - \alpha)\%$ de confiança é $\bar{x} + ks$. O intervalo de tolerância unilateral superior para cobrir pelo menos $q\%$ dos valores de uma população normal com $100(1 - \alpha)\%$ de confiança é $\bar{x} + ks$. Vários valores de k para intervalos de tolerância unilaterais foram calculados usando-se a técnica dada por Odeh e Owens (1980), e estão na Tabela XIV do Apêndice.

Exemplo 10-28

Reconsidere as forças máximas para o avião de transporte do Exemplo 10-27. Deseja-se um intervalo de tolerância bilateral que cubra 99% de todas as forças máximas, com 95% de confiança. Pela Tabela XIV (Apêndice), com $1 - \alpha = 0{,}95$, $q = 0{,}99$ e $n = 10$, encontramos $k = 4{,}433$. A média amostral e o desvio-padrão amostral foram calculados como $\bar{x} = 1{,}666$ e $s = 0{,}273$, respectivamente. O intervalo de tolerância resultante é, então,

$$1{,}666 \pm 4{,}433(0{,}273)$$

ou
$$(0{,}456,\ 2{,}876).$$

Assim, concluímos que estamos 95% confiantes em que pelo menos 99% de todas as forças máximas estarão entre 0,456 g e 2,876 g.

É possível construir intervalos de tolerância *não-paramétricos* que se baseiam nos valores extremos em uma amostra aleatória de tamanho n de uma população contínua. Se P é a proporção mínima da população contida entre a maior e a menor observações, com $1 - \alpha$ de confiança, então pode-se mostrar que

$$nP^{n-1} - (n-1)P^n = \alpha.$$

Além disso, o n necessário é, aproximadamente,

$$n = \frac{1}{2} + \frac{1+P}{1-P} \cdot \frac{\chi^2_{\alpha,4}}{4}. \tag{10-70}$$

Assim, para estarmos 95% certos de que pelo menos 90% da população estarão incluídos entre os valores extremos da amostra, exigimos uma amostra de tamanho

$$n = \frac{1}{2} + \frac{1{,}9}{0{,}1} \cdot \frac{9{,}488}{4} \simeq 46.$$

Note que há uma diferença fundamental entre limites de confiança e limites de tolerância. Limites de confiança (e, assim, intervalos de confiança) são usados para estimar um parâmetro de uma população, enquanto limites de tolerância (e intervalos de tolerância) são usados para indicar os limites entre os quais podemos esperar encontrar uma proporção de uma população. Na medida em que n se aproxima do infinito, o comprimento de um intervalo de confiança se aproxima de zero, enquanto os limites de tolerância se aproximam dos quantis correspondentes para a população.

10-9 RESUMO

Este capítulo introduziu as estimativas pontual e intervalar de parâmetros desconhecidos. Foram discutidos vários métodos para a obtenção de estimadores pontuais, incluindo o método de máxima verossimilhança e o método dos momentos. O método de máxima verossimilhança usualmente conduz a estimadores que têm boas propriedades estatísticas. Foram deduzidos intervalos de confiança para vários problemas de estimação de parâmetro. Esses intervalos têm uma interpretação de freqüência. Os intervalos de confiança bilaterais desenvolvidos nas Seções 10-2 e 10-3 estão resumidos na Tabela 10-5. Em algumas circunstâncias, os intervalos de confiança unilaterais podem ser adequados. Esses intervalos podem ser obtidos fazendo-se um limite de confiança, no intervalo de confiança bilateral, igual ao limite inferior (superior) de uma região possível para o parâmetro, e usando-se α em vez de $\alpha/2$ como nível de probabilidade no limite de confiança restante superior (inferior). Foram introduzidos os intervalos de confiança que usam a técnica bootstrap. Foram apresentados, também, os intervalos de tolerância. Introduziram-se rapidamente os intervalos de confiança aproximados na estimação de máxima verossimilhança e os intervalos de confiança simultâneos.

Tabela 10-5 Sumário dos Procedimentos para Intervalos de Confiança

Tipo de Problema	Estimador Pontual	Intervalo de Confiança Bilateral de $100(1-\alpha)\%$ de Confiança
Média μ de uma distribuição normal, variância σ^2 conhecida	$\overline{X}$	$\overline{X} - Z_{\alpha/2}\sigma/\sqrt{n} \le \mu \le \overline{X} + Z_{\alpha/2}\sigma/\sqrt{n}$
Diferença nas médias, μ_1 e μ_2 de duas distribuições normais, variâncias σ_1^2 e σ_2^2 conhecidas	$\overline{X}_1 - \overline{X}_2$	$\overline{X}_1 - \overline{X}_2 - Z_{\alpha/2}\sqrt{\dfrac{\sigma_1^2}{n_1} + \dfrac{\sigma_2^2}{n_2}} \le \mu_1 - \mu_2 \le \overline{X}_1 - \overline{X}_2 + Z_{\alpha/2}\sqrt{\dfrac{\sigma_1^2}{n_1} + \dfrac{\sigma_2^2}{n_2}}$
Média μ de uma distribuição normal, variância σ^2 desconhecida	$\overline{X}$	$\overline{X} - t_{\alpha/2, n-1} S/\sqrt{n} \le \mu \le \overline{X} + t_{\alpha/2, n-1} S/\sqrt{n}$
Diferença nas médias, $\mu_1 - \mu_2$, de duas distribuições normais, variância $\sigma_1^2 = \sigma_2^2$ desconhecida	$\overline{X}_1 - \overline{X}_2$	$\overline{X}_1 - \overline{X}_2 - t_{\alpha/2, n_1+n_2-2} S_p \sqrt{\dfrac{1}{n_1} + \dfrac{1}{n_2}} \le \mu_1 - \mu_2 \le \overline{X}_1 - \overline{X}_2 + t_{\alpha/2, n_1+n_2-2} S_p \sqrt{\dfrac{1}{n_1} + \dfrac{1}{n_2}}$, onde $S_p = \sqrt{\dfrac{(n_1-1)S_1^2 + (n_2-1)S_2^2}{n_1+n_2-2}}$
Diferença nas médias de duas distribuições normais para amostras emparelhadas, $\mu_D = \mu_1 - \mu_2$	$\overline{D}$	$\overline{D} - t_{\alpha/2, n-1} S_D/\sqrt{n} \le \mu_D \le \overline{D} + t_{\alpha/2, n-1} S_D/\sqrt{n}$
Variância σ^2 de uma distribuição normal	S^2	$\dfrac{(n-1)S^2}{\chi^2_{\alpha/2, n-1}} \le \sigma^2 \le \dfrac{(n-1)S^2}{\chi^2_{1-\alpha/2, n-1}}$
Razão das variâncias, σ_1^2/σ_2^2 de duas distribuições normais	$\dfrac{S_1^2}{S_2^2}$	$\dfrac{S_1^2}{S_2^2} F_{1-\alpha/2, n_2-1, n_1-1} \le \dfrac{\sigma_1^2}{\sigma_2^2} \le \dfrac{S_1^2}{S_2^2} F_{\alpha/2, n_2-1, n_1-1}$
Proporção ou parâmetro, p, de uma distribuição binomial	$\hat{p}$	$\hat{p} - Z_{\alpha/2}\sqrt{\dfrac{\hat{p}(1-\hat{p})}{n}} \le p \le \hat{p} + Z_{\alpha/2}\sqrt{\dfrac{\hat{p}(1-\hat{p})}{n}}$
Diferença de duas proporções ou de dois parâmetros binomiais, $p_1 - p_2$	$\hat{p}_1 - \hat{p}_2$	$\hat{p}_1 - \hat{p}_2 - Z_{\alpha/2}\sqrt{\dfrac{\hat{p}_1(1-\hat{p}_1)}{n_1} + \dfrac{\hat{p}_2(1-\hat{p}_2)}{n_2}} \le p_1 - p_2 \le \hat{p}_1 - \hat{p}_2 + Z_{\alpha/2}\sqrt{\dfrac{\hat{p}_1(1-\hat{p}_1)}{n_1} + \dfrac{\hat{p}_2(1-\hat{p}_2)}{n_2}}$

10-10 EXERCÍCIOS

10-1. Suponha que tenhamos uma amostra aleatória de tamanho $2n$ de uma população denotada por X e que $E(X) = \mu$ e $V(X) = \sigma^2$. Sejam

$$\overline{X}_1 = \frac{1}{2n}\sum_{i=1}^{2n} X_i \quad \text{e} \quad \overline{X}_2 = \frac{1}{n}\sum_{i=1}^{n} X_i$$

dois estimadores de μ. Qual é o melhor estimador de μ? Explique sua escolha.

10-2. Seja $X_1, X_2, \ldots, X_7$ uma amostra aleatória de uma população que tem média μ e variância σ^2. Considere os seguintes estimadores de μ:

$$\hat{\theta}_1 = \frac{X_1 + X_2 + \cdots + X_7}{7},$$

$$\hat{\theta}_2 = \frac{2X_1 - X_6 + X_4}{2}.$$

Algum dos estimadores é não-viesado? Qual estimador é "melhor"? Em que sentido é melhor?

10-3. Suponha que $\hat{\theta}_1$ e $\hat{\theta}_2$ sejam estimadores do parâmetro θ. Sabemos que $E(\hat{\theta}_1) = \theta$, $E(\hat{\theta}_2) = \theta/2$, $V(\hat{\theta}_1) = 10$ e $V(\hat{\theta}_2) = 4$. Qual estimador é "melhor"? Em que sentido é melhor?

10-4. Suponha que $\hat{\theta}_1$, $\hat{\theta}_2$ e $\hat{\theta}_3$ sejam estimadores de θ. Sabemos que $E(\hat{\theta}_1) = E(\hat{\theta}_2) = \theta$, $E(\hat{\theta}_3) \neq \theta$, $V(\hat{\theta}_1) = 12$, $V(\hat{\theta}_2) = 10$ e $E(\hat{\theta}_3 - \theta)^2 = 6$. Compare esses três estimadores. Qual você prefere? Por quê?

10-5. Considere três amostras aleatórias de tamanhos $n_1 = 10$, $n_2 = 8$ e $n_3 = 6$, extraídas de uma população com média μ e variância σ^2. Sejam S_1^2, S_2^2 e S_3^2 as variâncias amostrais. Mostre que

$$S^2 = \frac{10S_1^2 + 8S_2^2 + 6S_3^2}{24}$$

é um estimador não-viesado de σ^2.

10-6. Melhores Estimadores Lineares Não-viesados. Um estimador $\hat{\theta}$ é chamado de estimador linear se é uma combinação linear das observações na amostra. $\hat{\theta}$ é chamado de melhor estimador linear não-viesado se, de todas as funções lineares das observações, ele é não-viesado e tem menor variância. Mostre que a média amostral $\overline{X}$ é o melhor estimador linear não-viesado da média populacional, μ.

10-7. Ache o estimador de máxima verossimilhança do parâmetro c da distribuição de Poisson, com base em uma amostra aleatória de tamanho n.

10-8. Ache o estimador de c na distribuição de Poisson pelo método dos momentos com base em uma amostra aleatória de tamanho n.

10-9. Ache o estimador de máxima verossimilhança do parâmetro λ na distribuição exponencial com base em uma amostra de tamanho n.

10-10. Ache o estimador de λ na distribuição exponencial pelo método dos momentos, com base em uma amostra aleatória de tamanho n.

10-11. Ache os estimadores dos parâmetros r e λ da distribuição gama pelo método dos momentos com base em uma amostra aleatória de tamanho n.

10-12. Seja X uma variável aleatória geométrica, com parâmetro p. Ache o estimador de p pelo método dos momentos, com base em uma amostra aleatória de tamanho n.

10-13. Seja X uma variável aleatória geométrica com parâmetro p. Ache o estimador de máxima verossimilhança de p, com base em uma amostra aleatória de tamanho n.

10-14. Seja X uma variável aleatória de Bernoulli com parâmetro p. Ache o estimador de p pelo método dos momentos, com base em uma amostra aleatória de tamanho n.

10-15. Seja X uma variável aleatória binomial, com parâmetros n (conhecido) e p. Ache o estimador de p pelo método dos momentos com base em uma amostra aleatória de tamanho N.

10-16. Seja X uma variável aleatória binomial, com parâmetros n e p, ambos desconhecidos. Ache os estimadores de n e p pelo método dos momentos com base em uma amostra aleatória de tamanho N.

10-17. Seja X uma variável aleatória binomial com parâmetros n (desconhecido) e p. Ache o estimador de máxima verossimilhança de p com base em uma amostra aleatória de tamanho N.

10-18. Estabeleça a função de verossimilhança para uma amostra aleatória de tamanho n de uma distribuição de Weibull. Quais são as dificuldades encontradas na obtenção de estimadores de máxima verossimilhança para os três parâmetros da distribuição de Weibull?

10-19. Prove que se $\hat{\theta}$ é um estimador não-viesado de θ e se $\lim_{n\to\infty} V(\hat{\theta}) = 0$, então $\hat{\theta}$ é um estimador consistente de θ.

10-20. Seja X uma variável aleatória com média μ e variância σ^2. Dadas duas amostras aleatórias de tamanhos n_1 e n_2, com médias amostrais $\overline{X}_1$ e $\overline{X}_2$, respectivamente, mostre que

$$\overline{X} = a\overline{X}_1 + (1-a)\overline{X}_2, \qquad 0 < a < 1,$$

é um estimador não-viesado de μ. Admitindo que $\overline{X}_1$ e $\overline{X}_2$ sejam independentes, ache o valor de a que minimiza a variância de $\overline{X}$.

10-21. Suponha que a variável aleatória X tenha a distribuição de probabilidade

$$f(x) = (\gamma+1)x^\gamma, \qquad 0 < x < 1,$$
$$= 0, \qquad \text{caso contrário.}$$

Seja $X_1, X_2, \ldots, X_n$ uma amostra aleatória de tamanho n. Ache o estimador de máxima verossimilhança de γ.

10-22. Seja X com distribuição exponencial truncada (à esquerda, em x)

$$f(x) = \lambda \exp[-\lambda(x - x_\ell)], \qquad x > x_\ell > 0,$$
$$= 0, \qquad \text{caso contrário.}$$

Seja $X_1, X_2, \ldots, X_n$ uma amostra aleatória de tamanho n. Ache o estimador de máxima verossimilhança de λ.

10-23. Suponha que λ, no exercício anterior, seja conhecido, mas x_i seja desconhecido. Obtenha o estimador de máxima verossimilhança de x_i.

10-24. Seja X uma variável aleatória com média μ e variância σ^2, e seja $X_1, X_2, \ldots, X_n$ uma amostra aleatória de tamanho n de X. Mostre que o estimador $G = K \sum_{i=1}^{n-1}(X_{i+1} - X_i)^2$ é não-viesado, para uma escolha apropriada do valor de K.

10-25. Seja X uma variável aleatória normalmente distribuída, com média μ e variância σ^2. Suponha que σ^2 seja conhecida e que μ seja desconhecida. Supõe-se que a densidade *a priori* para μ seja normal, com média μ_0 e variância σ_0^2. Determine a densidade *a posteriori* para μ, dada uma amostra aleatória de tamanho n de X.

10-26. Seja X normalmente distribuída, com média conhecida μ e variância desconhecida σ^2. Suponha que a densidade *a priori* para $1/\sigma^2$ seja a distribuição gama, com parâmetros $m + 1$ e $m\sigma_0^2$. Determine a densidade *a posteriori* para $1/\sigma^2$, dada uma amostra aleatória de tamanho n de X.

10-27. Seja X uma variável aleatória geométrica, com parâmetro p. Suponha que admitamos como densidade *a priori* para p uma distribuição beta, com parâmetros a e b. Determine a densidade *a posteriori* para p, dada uma amostra aleatória de tamanho n de X.

10-28. Seja X uma variável aleatória de Bernoulli, com parâmetro p. Se a densidade *a priori* para p é uma distribuição beta com parâmetros a e b, determine a densidade *a posteriori* para p, dada uma amostra aleatória de tamanho n de X.

10-29. Seja X uma variável aleatória de Poisson, com parâmetro λ. A densidade *a priori* para λ é uma distribuição gama com parâmetros $m + 1$ e $(m + 1)/\lambda_0$. Determine a densidade *a posteriori* para λ, dada uma amostra aleatória de tamanho n de X.

10-30. Suponha que $X \sim N(\mu, 40)$, e seja $N(4, 8)$ a densidade *a priori* para μ. Para uma amostra aleatória de tamanho 25, obtém-se o valor $\bar{x} = 4,85$. Qual é a estimativa de Bayes de μ, admitindo-se uma perda quadrática?

10-31. Um processo fabrica placas de circuito impresso. Uma ranhura de localização é feita a uma distância X do furo de um componente na placa. A distância é uma variável aleatória $X \sim N(\mu; 0,01)$. A densidade *a priori* para μ é uniforme entre 0,98 e 1,20 polegada. Uma amostra aleatória de tamanho 4 resulta em $\bar{x} = 1,05$. Supondo uma perda quadrática, determine a estimativa de Bayes de μ.

10-32. O tempo entre falhas de uma máquina de moagem é distribuído exponencialmente, com parâmetro λ. Admita uma exponencial *a priori* para λ, com uma média de 3000 horas. Duas máquinas são observadas, e o tempo médio entre falhas é $\bar{x} = 3135$ horas. Supondo uma perda quadrática, determine a estimativa de Bayes para λ.

10-33. O peso de caixas de doces é normalmente distribuído, com média μ e variância $\frac{1}{10}$. É razoável admitir-se uma densidade *a priori* para μ que seja normal, com média de 10 libras e variância de $\frac{1}{25}$. Determine a estimativa de Bayes para μ, dado que uma amostra de tamanho 25 produz $\bar{x} = 10,05$ libras. Se as caixas que pesam menos do que 9,95 libras são defeituosas, qual é a probabilidade de que sejam produzidas caixas defeituosas?

10-34. Sabe-se que o número de defeitos que ocorrem em uma pastilha de silício usada na manufatura de circuitos integrados é uma variável aleatória de Poisson, com parâmetro λ. Suponha que a densidade *a priori* para λ seja exponencial, com um parâmetro de 0,25. Foi observado um total de 45 defeitos em 10 placas. Estabeleça uma integral que defina um intervalo de Bayes de 95% para λ. Quais as dificuldades encontradas no cálculo dessa integral?

10-35. A variável aleatória X tem função de densidade

$$f(x|\theta) = \frac{2x}{\theta^2}, \quad 0 < x < \theta,$$

e a densidade *a priori* para θ é

$$f(\theta) = 1, \quad 0 < \theta < 1.$$

(a) Ache a densidade *a posteriori* para θ, supondo $n = 1$.

(b) Ache o estimador de Bayes para θ, supondo a função perda $\ell(\hat{\theta}; \theta) = \theta^2(\hat{\theta} - \theta)^2$ e $n = 1$.

10-36. Seja X com distribuição de Bernoulli, com parâmetro p. Considere que uma densidade *a priori* razoável para p seja

$$f(p) = 6p(1 - p), \quad 0 \leq p \leq 1,$$
$$= 0, \quad \text{caso contrário.}$$

Se a função perda é a perda quadrática, ache o estimador de Bayes de p quando se dispõe de uma observação. Se a função perda é

$$\ell(\hat{p}; p) = 2(\hat{p} - p)^2,$$

ache o estimador de Bayes de p para $n = 1$.

10-37. Considere o intervalo de confiança para μ, com desvio-padrão, σ, conhecido:

$$\bar{X} - Z_{\alpha_2}\sigma\sqrt{n} \leq \mu \leq \bar{X} + Z_{\alpha_1}\sigma\sqrt{n},$$

onde $\alpha_1 + \alpha_2 = \alpha$. Seja $\alpha = 0,05$ e ache o intervalo para $\alpha_1 + \alpha_2 = 0,025$. Ache, agora, o intervalo para o caso $\alpha_1 = 0,01$ e $\alpha_2 = 0,04$. Qual intervalo é menor? Há alguma vantagem em relação a um intervalo de confiança "simétrico"?

10-38. Quando $X_1, X_2, \ldots, X_n$ são variáveis aleatórias independentes de Poisson, cada uma com parâmetro λ, e quando n é relativamente grande, a média amostral $\bar{X}$ é aproximadamente normal, com média λ e variância λ/n.

(a) Qual é a distribuição da estatística

$$\frac{\bar{X} - \lambda}{\sqrt{\lambda/n}}?$$

(b) Use os resultados de (a) para encontrar um intervalo de confiança de $100(1 - \alpha)\%$ de confiança para λ.

10-39. Um fabricante produz anéis de pistão para um motor de automóvel. Sabe-se que o diâmetro do anel tem distribuição aproximadamente normal, com desvio-padrão $\sigma = 0,001$ mm. Uma amostra aleatória de 15 anéis tem um diâmetro médio de $\bar{x} = 74,036$ mm.

(a) Construa o intervalo de confiança bilateral de 99% de confiança para o diâmetro médio do anel de pistão.

(b) Construa o intervalo de confiança unilateral inferior de 95% de confiança para o diâmetro médio do anel de pistão.

10-40. Sabe-se que a vida, em horas, de uma lâmpada de 75 W tem distribuição aproximadamente normal, com um desvio-padrão $\sigma = 25$ horas. Uma amostra aleatória de 20 lâmpadas tem uma vida média de $\bar{x} = 1014$.

(a) Construa um intervalo de confiança bilateral de 95% de confiança para a vida média.

(b) Construa um intervalo de confiança inferior de 95% de confiança para a vida média.

10-41. Um engenheiro civil está analisando a força de compressão do concreto. A força de compressão tem distribuição aproximadamente normal, com uma variância $\sigma^2 = 25$ (psi)^2. Uma amostra aleatória de 12 espécimes tem uma força média de compressão de $\bar{x} = 3250$ psi.

(a) Construa um intervalo de confiança bilateral de 95% de confiança para a força média de compressão.

(b) Construa um intervalo de confiança bilateral de 99% de confiança para a força média de compressão. Compare a largura desse intervalo com a do intervalo encontrado na parte (a).

10-42. Suponha que, no Exercício 10-40, quiséssemos estar 95% confiantes de que o erro na estimação da vida média fosse menor do que 5 horas. Qual tamanho de amostra deveria ser usado?

10-43. Suponha que, no Exercício 10-40, quiséssemos que o comprimento total do intervalo de confiança para a vida média fosse de 8 horas. Qual tamanho de amostra deveria ser usado?

10-44. Suponha que, no Exercício 10-41, quiséssemos estimar a força de compressão com um erro menor do que 15 psi. Qual tamanho de amostra seria necessário?

10-45. Duas máquinas são usadas para encher garrafas plásticas de detergente. Sabe-se que os desvios-padrão dos volumes de enchimento são $\sigma_1 = 0,15$ onça fluida e $\sigma_2 = 0,18$ onça fluida para as duas máquinas, respectivamente. Selecionam-se duas amostras aleatórias de $n_1 = 12$ garrafas da máquina 1 e $n_2 = 10$ garrafas da máquina 2, e as médias amostrais dos volumes de enchimento são $\bar{x}_1 = 30,87$ onças fluidas e $\bar{x}_2 = 30,68$ onças fluidas.
(a) Construa um intervalo de confiança bilateral de 90% de confiança para a diferença média no volume de enchimento.
(b) Construa um intervalo de confiança bilateral de 95% de confiança para a diferença média no volume de enchimento. Compare a largura desse intervalo com a do intervalo encontrado na parte (a).
(c) Construa um intervalo de confiança superior de 95% de confiança para a diferença média no volume de enchimento.

10-46. As taxas de queima de dois combustíveis sólidos propulsores de foguetes estão sendo estudadas. Sabe-se que ambos os propulsores têm aproximadamente o mesmo desvio-padrão da taxa de queima; isto é, $\sigma_1 = \sigma_2 = 3$ cm/s. Testam-se duas amostras aleatórias de $n_1 = 20$ e $n_2 = 20$ espécimes, e a média amostral das taxas de queima é de $\bar{x}_1 = 18$ cm/s e $\bar{x}_2 = 24$ cm/s. Construa um intervalo de confiança de 99% de confiança para a diferença média na taxa de queima.

10-47. Estão sendo testadas duas fórmulas diferentes de gasolina livre de chumbo para estudar seus números de octanagem. A variância do número de octanagem para a fórmula 1 é $\sigma_1^2 = 1,5$, e para a fórmula 2 é $\sigma_2^2 = 1,2$. Duas amostras aleatórias de tamanhos $n_1 = 15$ e $n_2 = 20$ são testadas, e os números médios de octanagem observados são $\bar{x}_1 = 89,6$ e $\bar{x}_2 = 92,5$. Construa um intervalo de confiança bilateral de 95% de confiança para a diferença no número médio de octanagem.

10-48. A força de compressão do concreto está sendo testada por um engenheiro civil. Ele testa 16 espécimes e obtém os seguintes dados:

2216	2237	2249	2204
2225	2301	2281	2263
2318	2255	2275	2295
2250	2238	2300	2217

(a) Construa um intervalo de confiança bilateral de 95% de confiança para a força média.
(b) Construa um intervalo de confiança inferior de 95% de confiança para a força média.
(c) Construa um intervalo de confiança bilateral de 95% de confiança para a força média, supondo que $\sigma = 36$. Compare esse intervalo com o da parte (a).
(d) Construa um intervalo de predição bilateral de 95% de confiança para uma única força de compressão.
(e) Construa um intervalo de tolerância bilateral que cubra 99% de todas as forças de compressão com 95% de confiança.

10-49. Um artigo no *Annual Reviews Material Research* (2001, p. 291) apresenta forças de aderência para vários materiais energéticos (explosivos, propulsores e pirotécnicos). As forças de aderência para 15 de tais materiais são mostradas a seguir. Construa um intervalo de confiança bilateral de 95% de confiança para a força média de aderência.

323, 312, 300, 284, 283, 261, 207, 183,
180, 179, 174, 167, 167, 157, 120.

10-50. A espessura da parede de 25 garrafas de vidro de 2 litros foi medida por um engenheiro de controle da qualidade. A média amostral foi $\bar{x} = 4,05$ e o desvio-padrão amostral foi $s = 0,08$. Ache um intervalo de confiança inferior de 90% de confiança para a espessura média da parede.

10-51. Um engenheiro industrial está interessado em estimar o tempo médio necessário para se montar uma placa de circuito impresso. Qual deve ser o tamanho da amostra, se o engenheiro deseja estar 95% confiante de que o erro na estimativa da média seja menor do que 0,25 minuto? O desvio-padrão do tempo de montagem é 0,45 minuto.

10-52. Uma amostra aleatória de tamanho 15 de uma população normal tem média $\bar{x} = 550$ e variância $s^2 = 49$. Ache o seguinte:
(a) Um intervalo de confiança bilateral de 95% de confiança para μ.
(b) Um intervalo de confiança inferior de 95% de confiança para μ.
(c) Um intervalo de confiança superior de 95% de confiança para μ.
(d) Um intervalo de predição de 95% de confiança para uma única observação.
(e) Um intervalo de tolerância bilateral que cubra 90% de todas as observações com 99% de confiança.

10-53. Um artigo em *Computers in Cardiology* (1993, p. 317) apresenta os resultados de um teste de estresse cardíaco, no qual o estresse é induzido por uma determinada droga. As taxas cardíacas (em batidas por minuto) de nove pacientes do sexo masculino são registradas, depois de administrada a droga. A taxa cardíaca média encontrada é $\bar{x} = 102,9$ (bpm), com um desvio-padrão amostral de $s = 13,9$ (bpm). Ache um intervalo de confiança de 90% de confiança para a taxa cardíaca média depois da administração da droga.

10-54. Duas amostras aleatórias independentes, de tamanhos $n_1 = 18$ e $n_2 = 20$, são extraídas de duas populações normais. As médias amostrais são $\bar{x}_1 = 200$ e $\bar{x}_2 = 190$. Sabemos que as variâncias são $\sigma_1^2 = 15$ e $\sigma_2^2 = 12$. Ache o seguinte:
(a) Um intervalo de confiança bilateral de 95% de confiança para $\mu_1 - \mu_2$.
(b) Um intervalo de confiança inferior de 95% de confiança para $\mu_1 - \mu_2$.
(c) Um intervalo de confiança superior de 95% de confiança para $\mu_1 - \mu_2$.

10-55. A voltagem de saída de dois tipos diferentes de transformadores está sendo estudada. Dez transformadores de cada tipo são selecionados aleatoriamente, e suas voltagens, medidas. As médias amostrais são $\bar{x}_1 = 12,13$ volts e $\bar{x}_2 = 12,05$ volts. Sabemos que as variâncias da voltagem de saída para os dois tipos de transformadores são $\sigma_1^2 = 0,7$ e $\sigma_2^2 = 0,8$, respectivamente. Construa um intervalo de confiança bilateral de 95% de confiança para a diferença na voltagem média.

10-56. Amostras aleatórias de tamanho 20 foram extraídas de duas populações normais independentes. As médias e os desvios-padrão amostrais foram $\bar{x}_1 = 22,0$, $s_1 = 1,8$, $\bar{x}_2 = 21,5$ e $s_2 = 1,5$. Supondo que $\sigma_1^2 = \sigma_2^2$, ache o seguinte:
(a) Um intervalo de confiança bilateral de 95% de confiança para $\mu_1 - \mu_2$.
(b) Um intervalo de confiança superior de 95% de confiança para $\mu_1 - \mu_2$.
(c) Um intervalo de confiança inferior de 95% de confiança para $\mu_1 - \mu_2$.

10-57. Estão sendo estudados os diâmetros de hastes de aço fabricadas por duas máquinas diferentes de perfilamento. Duas amostras aleatórias de tamanhos $n_1 = 15$ e $n_2 = 18$ são selecionadas, e as médias e as variâncias amostrais são $\bar{x}_1 = 8{,}73$, $S_1^2 = 0{,}30$, $\bar{x}_2 = 8{,}68$ e $S_2^2 = 0{,}34$, respectivamente. Supondo que $\sigma_1^2 = \sigma_2^2$, construa um intervalo de confiança bilateral de 95% de confiança para a diferença no diâmetro médio da haste.

10-58. Extraem-se amostras aleatórias de tamanhos $n_1 = 15$ e $n_2 = 10$ de duas populações normais independentes. As médias e as variâncias amostrais são $\bar{x}_1 = 300$, $S_1^2 = 16$, $\bar{x}_2 = 325$ e $S_2^2 = 49$. Supondo que $\sigma_1^2 \neq \sigma_2^2$, construa um intervalo de confiança bilateral de 95% de confiança para $\mu_1 - \mu_2$.

10-59. Considere os dados do Exercício 10-48. Construa o seguinte:
(a) Um intervalo de confiança bilateral de 95% de confiança para σ^2.
(b) Um intervalo de confiança inferior de 95% de confiança para σ^2.
(c) Um intervalo de confiança superior de 95% de confiança para σ^2.

10-60. Considere os dados do Exercício 10-49. Construa o seguinte:
(a) Um intervalo de confiança bilateral de 99% de confiança para σ^2.
(b) Um intervalo de confiança inferior de 99% de confiança para σ^2.
(c) Um intervalo de confiança superior de 99% de confiança para σ^2.

10-61. Construa um intervalo de confiança bilateral de 95% de confiança para a variância dos dados sobre a espessura da parede no Exercício 10-50.

10-62. Em uma amostra aleatória de 100 lâmpadas, o desvio-padrão amostral da vida da lâmpada é de 12,6 horas. Ache um intervalo de confiança superior de 90% de confiança para a variância da vida da lâmpada.

10-63. Considere os dados do Exercício 10-56. Construa um intervalo de confiança bilateral de 95% de confiança para a razão das variâncias populacionais, σ_1^2/σ_2^2.

10-64. Considere os dados do Exercício 10-57. Construa o seguinte:
(a) Um intervalo de confiança bilateral de 90% de confiança para σ_1^2/σ_2^2.
(b) Um intervalo de confiança bilateral de 95% de confiança para σ_1^2/σ_2^2. Compare a largura desse intervalo com a do intervalo de parte (a).
(c) Um intervalo de confiança inferior de 90% de confiança para σ_1^2/σ_2^2.
(d) Um intervalo de confiança superior de 90% de confiança para σ_1^2/σ_2^2.

10-65. Construa um intervalo de confiança bilateral de 95% de confiança para a razão das variâncias, σ_1^2/σ_2^2, usando os dados do Exercício 10-58.

10-66. De 400 motoristas selecionados aleatoriamente, 48 não tinham seguro. Construa um intervalo de confiança bilateral de 95% de confiança para a taxa de motoristas sem seguro.

10-67. Qual o tamanho necessário da amostra no Exercício 10-66 para se estar 95% confiante de que o erro na estimativa da taxa de motoristas sem seguro seja menor do que 0,03?

10-68. Um fabricante de calculadoras eletrônicas está interessado em estimar a fração de unidades defeituosas produzidas. Uma amostra aleatória de 8000 calculadoras contém 18 defeituosas. Ache um intervalo de confiança superior de 99% de confiança para a fração de defeituosas.

10-69. Será realizado um estudo sobre a percentagem de proprietários de residências que possuem pelo menos dois aparelhos de televisão. Qual o tamanho da amostra necessário, se desejamos estar 99% confiantes em que o erro na estimativa dessa quantidade seja menor do que 0,01?

10-70. Realiza-se um estudo para se determinar se há diferença significativa na filiação em sindicatos com relação ao sexo da pessoa. Uma amostra aleatória de 5000 homens empregados em fábricas foi pesquisada e, desse grupo, 785 eram membros de uma associação. Uma amostra aleatória de 3000 mulheres empregadas em fábricas foi também pesquisada e, desse grupo, 327 eram membros de uma associação. Construa um intervalo de confiança de 99% de confiança para a diferença nas proporções, $p_1 - p_2$.

10-71. A fração de defeituosos produzidos por duas linhas de produção está sendo analisada. Uma amostra aleatória de 1000 unidades da linha 1 tem 10 defeituosas, enquanto uma amostra aleatória de 1200 unidades da linha 2 tem 25 defeituosas. Ache um intervalo de confiança de 99% de confiança para a diferença na fração de defeituosos produzidos pelas duas linhas.

10-72. Os resultados de um estudo sobre o desempenho de direção de cadeiras de rodas motorizadas foram apresentados no *Proceedings of the IEEE 24th Annual Northeast Bioengineering Conference* (1998, p. 130). Nesse estudo, foram estudados os efeitos de dois tipos de alavanca de direção, a alavanca de sensor de força (ASF) e a alavanca de sensor de posição (ASP), sobre o controle da cadeira de rodas motorizada. Pediu-se a cada um de dez sujeitos que testasse as duas alavancas. Uma resposta de interesse é o tempo (em segundos) para completar determinado percurso. Dados típicos desse tipo de experimento são como os que seguem:

Sujeito	ASP	ASF
1	25,9	33,4
2	30,2	37,4
3	33,7	48,0
4	27,6	30,5
5	33,3	27,8
6	34,6	27,5
7	33,1	36,9
8	30,6	31,1
9	30,5	27,1
10	25,4	38,0

Ache um intervalo de confiança de 95% de confiança para a diferença nos tempos médios de percurso. Há alguma indicação de que uma alavanca seja preferível à outra?

10-73. O gerente de uma frota de automóveis está testando duas marcas de pneus radiais. Ele coloca, aleatoriamente, um pneu de cada marca nas duas rodas traseiras de oito carros, e roda com os carros até que os pneus se gastem. Os dados (em quilômetros) são mostrados a seguir:

Carro	Marca 1	Marca 2
1	36.925	34.318
2	45.300	42.280
3	36.240	35.500
4	32.100	31.950
5	37.210	38.015
6	48.360	47.800
7	38.200	37.810
8	33.500	33.215

Ache um intervalo de confiança de 95% de confiança para a diferença na milhagem média. Qual marca você preferiria?

10-74. Considere os dados do Exercício 10-50. Ache intervalos de confiança para μ e σ^2 tais que estejamos pelo menos 90% confiantes em que ambos os intervalos levem, simultaneamente, a conclusões corretas.

10-75. Considere os dados do Exercício 10-56. Suponha que se obtenha uma amostra aleatória de tamanho $n_1 = 15$ de uma terceira população normal, com $\bar{x}_3 = 20{,}5$ e $s_1 = 1{,}2$. Ache intervalos de confiança para bilaterais $\mu_1 - \mu_2$, $\mu_1 - \mu_3$ e $\mu_2 - \mu_3$, tais que a probabilidade de que todos esses três intervalos levem simultaneamente a conclusões corretas seja de 0,95.

10-76. Uma variável aleatória X é distribuída normalmente, com média μ e variância $\sigma^2 = 10$. A densidade *a priori* para μ é uniforme entre 6 e 12. Uma amostra aleatória de tamanho 16 resulta em $\bar{x} = 8$. Construa um intervalo de Bayes de 90% para μ. Poder-se-ia aceitar, razoavelmente, a hipótese de que $\mu = 9$?

10-77. Seja X uma variável aleatória distribuída normalmente, com média $\mu = 5$ e variância, σ^2, desconhecida. A densidade *a priori* para $1/\sigma^2$ é uma distribuição gama, com parâmetros $r = 3$ e $\lambda = 1{,}0$. Determine a densidade *a posteriori* para $1/\sigma^2$. Se uma amostra aleatória de tamanho 10 resulta em $\Sigma(x_i - 4)^2 = 4{,}92$, determine a estimativa de Bayes de $1/\sigma^2$, supondo uma perda quadrática. Estabeleça uma integral que defina um intervalo de Bayes de 90% para $1/\sigma^2$.

10-78. Prove que se a função perda quadrática for usada, o estimador de Bayes de θ é a média da distribuição *a posteriori* para θ.

Capítulo 11

Testes de Hipóteses

Muitos problemas exigem uma decisão entre aceitar ou rejeitar uma afirmativa sobre algum parâmetro. A afirmativa é, em geral, chamada de hipótese, e o procedimento de tomada de decisão em relação à hipótese é chamado teste de hipótese. Este é um dos aspectos mais úteis da inferência estatística, uma vez que muitos tipos de problemas de tomada de decisão podem ser formulados como problemas de teste de hipótese. Este capítulo apresentará procedimentos de teste de hipótese para várias situações importantes.

11-1 INTRODUÇÃO

11-1.1 Hipóteses Estatísticas

Uma hipótese estatística é uma afirmativa sobre a distribuição de probabilidade de uma variável aleatória. Hipóteses estatísticas envolvem, em geral, um ou mais parâmetros dessa distribuição. Por exemplo, suponha que estejamos interessados na força média de compressão de um tipo particular de concreto. Especificamente, estamos interessados em decidir se a força média de compressão (digamos, μ) é ou não igual a 2500 psi. Podemos expressar isso formalmente como

$$H_0: \mu = 2500 \text{ psi},$$
$$H_1: \mu \neq 2500 \text{ psi}. \quad (11\text{-}1)$$

A afirmativa $H_0:\mu = 2500$ psi na Equação 11-1 é chamada de *hipótese nula*, e a afirmativa $H_1:\mu \neq 2500$ psi é chamada de *hipótese alternativa*. Como a hipótese alternativa especifica valores de μ que poderiam ser maiores do que 2500 psi ou menores do que 2500 psi, ela é chamada uma *hipótese alternativa bilateral*. Em algumas situações podemos querer formular uma *hipótese alternativa unilateral*, como em

$$H_0: \mu = 2500 \text{ psi},$$
$$H_1: \mu > 2500 \text{ psi}. \quad (11\text{-}2)$$

É importante lembrar que hipóteses são sempre afirmativas sobre a população ou distribuição em estudo, não afirmativas sobre a amostra. O valor do parâmetro populacional especificado na hipótese nula (2500 psi, no exemplo dado aqui) é usualmente determinado de uma de três maneiras. Primeira, ele pode resultar de experiência passada ou de conhecimento do processo, ou mesmo de experimentação prévia. O objetivo do teste de hipótese, então, é, em geral, determinar se a situação experimental mudou. Segunda, esse valor pode ser determinado por alguma teoria ou modelo relativo ao processo em estudo. Aqui, o objetivo do teste de hipótese é verificar a teoria ou modelo. Uma terceira situação surge quando o valor do parâmetro populacional resulta de considerações externas, tais como planejamento ou especificações de engenharia ou de obrigações contratuais. Nessa situação, o objetivo usual do teste de hipótese é o teste de conformidade.

Estamos interessados em tomar uma decisão sobre a verdade ou falsidade de uma hipótese. Um procedimento que leva a tal decisão é chamado de *teste de uma hipótese*. Os procedimentos de teste de hipótese se apóiam no uso de informação em uma amostra aleatória da população de interesse. Se essa informação for consistente com a hipótese, então podemos concluir que a hipótese é verdadeira; no entanto, se essa informação não for consistente com a hipótese concluiremos que a hipótese é falsa.

Para testar uma hipótese, devemos extrair uma amostra aleatória, calcular uma estatística de teste apropriada a partir dos dados amostrais e, então, usar a informação contida na estatística de teste para tomar a decisão. Por exemplo, ao testar a hipótese nula relativa à força média de compressão do concreto na Equação 11-1, suponha que seja testada uma amostra aleatória de 10 espécimes de concreto e que a média amostral, $\bar{x}$, seja usada como estatística de teste. Se $\bar{x} > 2550$ psi ou se $\bar{x} < 2450$ psi, consideraríamos que a força média de compressão desse tipo particular de concreto é diferente de 2500 psi. Isto é, *rejeitaríamos* a hipótese nula $H_0: \mu = 2500$. Rejeitar H_0 implica que a hipótese alternativa, H_1, é verdadeira. O conjunto de todos os valores possíveis de $\bar{x}$ que são maiores do que 2550 psi ou menores do que 2450 psi é chamado de *região crítica* ou *região de rejeição* para o teste. Alternativamente, se $2450 \text{ psi} \leq \bar{x} \leq 2550 \text{ psi}$, então *aceitaríamos* a hipótese nula $H_0: \mu = 2500$. Assim, o intervalo [2450 psi, 1550 psi] é chamado de *região de aceitação* para o teste. Note que as fronteiras da região crítica, 2450 psi e 2550 psi (em geral chamados de *valores críticos* da estatística de teste) foram determinadas, de alguma forma, arbitrariamente. Nas seções subseqüentes, mostraremos como construir uma estatística de teste apropriada para se determinar a região crítica para várias situações de teste de hipótese.

11-1.2 Erros Tipo I e Tipo II

A decisão de aceitar ou rejeitar a hipótese nula se baseia em uma estatística de teste calculada a partir dos dados em uma amostra aleatória. Quando se toma uma decisão usando-se a informação em uma amostra aleatória essa decisão está sujeita a erro. Podem ocorrer dois tipos de erro ao se testar uma hipótese: se a hipótese nula é rejeitada quando ela é verdadeira, comete-se um erro tipo I. Se a hipótese nula é aceita quando ela é falsa, comete-se, então, um erro tipo II. A situação está descrita na Tabela 11-1.

As probabilidades de ocorrência de erros tipo I e tipo II têm símbolos especiais:

$$\alpha = P\{\text{erro tipo I}\} = P\{\text{rejeitar } H_0 | H_0 \text{ é verdadeira}\}, \quad (11\text{-}3)$$

$$\beta = P\{\text{erro tipo II}\} = P\{\text{aceitar } H_0 | H_0 \text{ é falsa}\}. \quad (11\text{-}4)$$

Algumas vezes, é conveniente trabalhar com o *poder* de um teste, onde

$$\text{Poder} = 1 - \beta = P\{\text{rejeitar } H_0 | H_0 \text{ é falsa}\}. \quad (11\text{-}5)$$

Note que o poder do teste é a probabilidade de que uma hipótese nula falsa seja corretamente rejeitada. Como os resultados de um teste de uma hipótese estão sujeitos a erro, não podemos "provar" ou "deixar de provar" uma hipótese estatística. No entanto, é possível planejar procedimentos de teste que controlem as probabilidades de erro, α e β, em valores relativamente pequenos.

A probabilidade do erro tipo I, α, é, em geral, chamada de *nível de significância* ou *tamanho* do teste. No exemplo do teste do concreto um erro tipo I ocorreria se a média amostral fosse $\bar{x} > 2550$ psi ou $\bar{x} < 2450$ psi, quando, de fato, a verdadeira força média de compressão fosse $\mu = 2500$ psi. Em geral, a probabilidade do erro tipo I é controlada pela localização da região crítica. Assim, é usualmente fácil para o analista, na prática, estabelecer a probabilidade de um erro tipo I em (ou próximo de) qualquer valor desejado. Como a probabilidade de se rejeitar H_0 de modo errado é diretamente controlada pelo tomador de decisão, a rejeição de H_0 é sempre uma *conclusão forte*. Suponha, agora, que a hipótese nula $H_0: \mu = 2500$ psi seja falsa. Isto é, a verdadeira força média de compressão, μ, é algum valor diferente de 2500 psi. A probabilidade de um erro tipo II não é uma constante, mas depen-

Tabela 11-1 Decisões no Teste de Hipótese

	H_0 é Verdadeira	H_0 é Falsa
Aceitar H_0	Nenhum erro	Erro tipo II
Rejeitar H_0	Erro tipo I	Nenhum erro

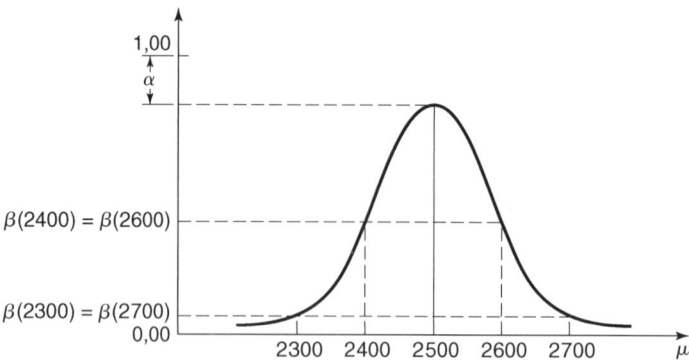

Figura 11-1 Curva característica de operação para o exemplo do teste do concreto.

de da verdadeira força média de compressão do concreto. Se μ denota a verdadeira força média de compressão, então $\beta(\mu)$ denota a probabilidade de erro tipo II correspondente a μ. A função $\beta(\mu)$ é calculada encontrando-se a probabilidade de que a estatística de teste (no caso, $\bar{x}$) caia na região de aceitação, dado um valor particular de μ. Definimos a *curva característica de operação* (ou curva CO) de um teste como o gráfico de $\beta(\mu)$ *versus* μ. A Fig. 11-1 mostra um exemplo de uma curva característica de operação, para o problema do teste do concreto. Por essa curva, vemos que a probabilidade do erro tipo II depende da extensão na qual $H_0: \mu = 2500$ psi é falsa. Por exemplo, note que $\beta(2700) < \beta(2600)$. Assim, podemos pensar na probabilidade de um erro tipo II como uma medida da capacidade do procedimento de teste em detectar um desvio particular em relação à hipótese nula, H_0. Pequenos desvios são mais difíceis de serem detectados do que os grandes. Observamos, também, que uma vez que essa é uma hipótese alternativa bilateral, a curva característica de operação é simétrica; isto é, $\beta(2400) = \beta(2600)$. Além disso, quando $\mu = 2500$ a probabilidade do erro tipo II é $\beta = 1 - \alpha$.

A probabilidade do erro tipo II é, também, uma função do tamanho amostral, conforme ilustra a Fig. 11-2. Por essa figura, vemos que para um dado valor da probabilidade do erro tipo I, α, e para um dado valor da força média de compressão, a probabilidade do erro tipo II diminui na medida em que o tamanho amostral, n, aumenta. Isto é, um desvio especificado da verdadeira média em relação ao valor especificado na hipótese nula é mais fácil de ser detectado para grandes tamanhos de amostra do que para pequenos. O efeito da probabilidade de erro tipo I, α, sobre a probabilidade do erro tipo II, Z_0, para um dado tamanho amostral, n, está ilustrado na Fig. 11-3. Diminuir α faz β aumentar, e aumentar α faz β diminuir.

Como a probabilidade de erro tipo II é uma função tanto do tamanho amostral quanto da extensão em que a hipótese nula, H_0, é falsa, é costume considerar a decisão de aceitação de H_0 como uma *conclusão fraca*, a menos que saibamos que β é aceitavelmente pequena. Assim, em vez de dizer que "aceitamos H_0", preferimos a terminologia "*deixar de rejeitar H_0*". Deixar de rejeitar H_0 significa que não encontramos evidência suficiente para rejeitar H_0, isto é, para fazer uma afirmativa forte. Assim,

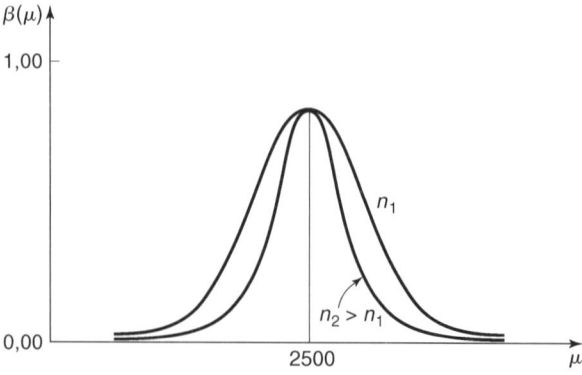

Figura 11-2 Efeito do tamanho amostral sobre a curva característica de operação.

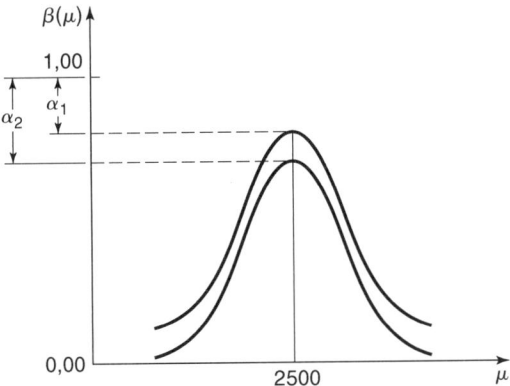

Figura 11-3 O efeito do erro tipo I sobre a curva característica de operação.

deixar de rejeitar H_0 não significa, necessariamente, que haja uma alta probabilidade de que H_0 seja verdadeira — pode implicar que mais dados sejam necessários para se chegar a uma conclusão forte. Isso pode ter importantes implicações para a formulação de hipóteses.

11-1.3 Hipóteses Unilaterais e Bilaterais

Como a rejeição de H_0 é sempre uma conclusão forte, enquanto deixar de rejeitar H_0 pode ser uma conclusão fraca, a menos que se saiba que o valor de β é pequeno, em geral preferimos construir hipóteses tais que a afirmativa sobre a conclusão forte que se deseja apareça na hipótese alternativa, H_1. Problemas para os quais uma hipótese alternativa bilateral é apropriada não oferecem ao analista uma escolha de formulação. Isto é, se desejamos testar a hipótese de que a média μ de uma distribuição é igual a um valor arbitrário, digamos μ_0, e se é importante detectar valores da verdadeira média μ que podem ser maiores ou menores do que μ_0, então deve-se usar a alternativa bilateral

$$H_0: \mu = \mu_0,$$
$$H_1: \mu \neq \mu_0.$$

Muitos problemas de teste de hipótese envolvem, naturalmente, uma hipótese alternativa unilateral. Por exemplo, suponha que desejemos rejeitar H_0 apenas quando o verdadeiro valor da média exceder μ_0. A hipótese seria

$$H_0: \mu = \mu_0, \qquad (11\text{-}6)$$
$$H_1: \mu > \mu_0.$$

Isso significa que a região crítica se localiza na cauda superior da distribuição da estatística de teste. Isto é, se a decisão deve se basear no valor da média amostral $\bar{x}$, então rejeitaremos H_0 na Equação 11-6 se $\bar{x}$ for muito grande. A Fig. 11-4 mostra a curva característica de operação para o teste dessa hipótese, juntamente com a curva característica de operação para um teste bilateral. Observamos que quando a verdadeira média μ excede μ_0 (isto é, quando a hipótese alternativa, $H_1: \mu > \mu_0$ é verdadeira), o teste unilateral é superior ao teste bilateral, no sentido de que tem uma curva característica de operação com

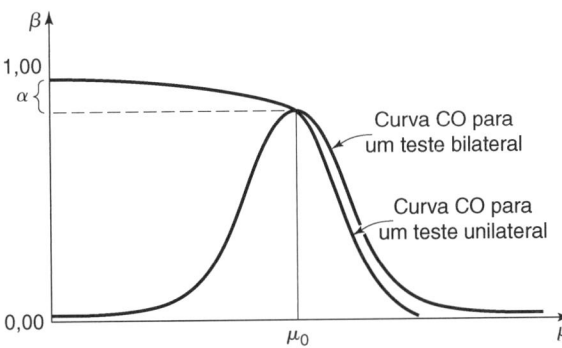

Figura 11-4 Curvas características de operação para testes bilaterais e unilaterais.

aclive mais acentuado. Quando $\mu = \mu_0$, ambos os testes, unilateral e bilateral, são equivalentes. No entanto, quando a verdadeira média μ é menor do que μ_0 as duas curvas características de operação diferem. Se $\mu < \mu_0$, o teste bilateral tem uma probabilidade maior de detectar esse afastamento de μ_0 do que o teste unilateral. Isso é intuitivo, uma vez que o teste unilateral é planejado supondo-se que μ não pode ser menor do que μ_0 ou, se μ for menor do que μ_0, é desejável aceitar-se a hipótese nula.

Na verdade, há dois modelos diferentes que podem ser usados para a hipótese alternativa unilateral. Para o caso em que a hipótese alternativa é $H_1: \mu > \mu_0$, esses dois modelos são

$$H_0: \mu = \mu_0, \\ H_1: \mu > \mu_0 \tag{11-7}$$

e

$$H_0: \mu \leq \mu_0, \\ H_1: \mu > \mu_0. \tag{11-8}$$

Na Equação 11-7, estamos admitindo que μ não pode ser menor do que μ_0, e a curva característica de operação não é definida para valores de $\mu < \mu_0$. Na Equação 11-8, estamos admitindo que μ pode ser menor do que μ_0 e que, em tal situação, seria desejável aceitar H_0. Assim, para a Equação 11-8 a curva característica de operação é definida para todos os valores $\mu \leq \mu_0$. Especificamente, se $\mu \leq \mu_0$, temos $\beta(\mu) = 1 - \alpha(\mu)$, onde $\alpha(\mu)$ é o nível de significância como uma função de μ. Para situações em que o modelo da Equação 11-8 é apropriado, definimos o nível de significância do teste como o valor máximo da probabilidade α do erro tipo I; isto é, o valor de α em $\mu = \mu_0$. Em situações em que hipóteses alternativas unilaterais são apropriadas, escreveremos a hipótese nula com a igualdade, em geral; por exemplo, $H_0: \mu = \mu_0$. A interpretação disso inclui os casos $H_0: \mu \leq \mu_0$ ou $H_0: \mu \geq \mu_0$, conforme apropriado.

Em problemas em que os procedimentos unilaterais são indicados, os analistas têm, ocasionalmente, dificuldade na escolha de uma formulação apropriada da hipótese alternativa. Por exemplo, suponha que um engarrafador de refrigerantes compre garrafas de 10 onças, descartáveis, de uma companhia de vidro. O engarrafador deseja estar certo de que as garrafas excedem as especificações em relação à pressão média interna ou força de rompimento que, para garrafas de 10 onças, é de 200 psi. O engarrafador decidiu formular o procedimento de decisão para um lote específico de garrafas como um problema de hipótese. Há duas formulações possíveis para esse problema, ou

$$H_0: \mu \leq 200 \text{ psi}, \\ H_1: \mu > 200 \text{ psi} \tag{11-9}$$

ou

$$H_0: \mu \geq 200 \text{ psi}, \\ H_1: \mu < 200 \text{ psi}. \tag{11-10}$$

Considere a formulação na Equação 11-9. Se a hipótese nula é rejeitada, as garrafas serão consideradas satisfatórias; se H_0 não é rejeitada, a implicação é a de que as garrafas não correspondem às especificações e não devem ser usadas. Como a rejeição de H_0 é uma conclusão forte, essa formulação força o fabricante de garrafas a "demonstrar" que a força média de rompimento excede as especificações. Considere, agora, a formulação na Equação 11-10. Nessa situação, as garrafas serão consideradas satisfatórias *a menos que* H_0 seja rejeitada. Isto é, concluiríamos que as garrafas são satisfatórias a menos que houvesse forte evidência do contrário.

Qual formulação é correta, a da Equação 11-9 ou da Equação 11-10? A resposta é "depende". Para a Equação 11-9, há alguma probabilidade de que H_0 seja aceita (isto é, decidiríamos que as garrafas não são satisfatórias) mesmo que a verdadeira média seja ligeiramente superior a 200 psi. Essa formulação implica que desejamos que a fabricante das garrafas *demonstre* que o produto corresponde às especificações ou as excede. Tal formulação seria apropriada se o fabricante tivesse demonstrado, no passado, dificuldade em corresponder às especificações, ou se as considerações de segurança do produto nos forcem a nos atermos rigidamente à especificação de 200 psi. Por outro lado, para a formulação da Equação 11-10 há alguma probabilidade de que H_0 seja aceita e as garrafas sejam consideradas satisfatórias, mesmo que a verdadeira média seja ligeiramente menor do que 200 psi. Concluiríamos que as garrafas não são satisfatórias apenas quando houvesse evidência forte de que a média não excede 200 psi; isto é, quando $H_0: \mu \geq 200$ psi fosse rejeitada. Essa formulação admite que estamos relativamente satisfeitos com o desempenho passado do fabricante e que pequenos desvios da especificação de $\mu \geq 200$ psi não são prejudiciais.

Na formulação de hipóteses alternativas unilaterais devemos lembrar que a rejeição de H_0 é sempre uma conclusão forte e, conseqüentemente, devemos colocar na hipótese alternativa a afirmativa de que é importante que tenhamos uma conclusão forte. Em geral, isso dependerá de nosso ponto de vista e de nossa experiência com a situação.

11-2 TESTES DE HIPÓTESES PARA UMA ÚNICA AMOSTRA

11-2.1 Testes de Hipóteses para a Média de uma Distribuição Normal, Variância Conhecida

Análise Estatística

Suponha que a variável aleatória X represente algum processo ou população de interesse. Admitimos que a distribuição de X seja normal ou que, se não for normal, as condições do Teorema Central do Limite se verifiquem. Além disso, supomos que a média, μ, de X seja desconhecida, mas que a variância, σ^2, seja conhecida. Estamos interessados em testar a hipótese

$$H_0: \mu = \mu_0, \tag{11-11}$$
$$H_1: \mu \neq \mu_0,$$

onde μ_0 é uma constante especificada.

Dispõe-se de uma amostra aleatória de tamanho n, $X_1, X_2, ..., X_n$. Cada observação nessa amostra tem média desconhecida μ e variância conhecida σ^2. O procedimento de teste para $H_0: \mu = \mu_0$ usa a estatística de teste

$$Z_0 = \frac{\overline{X} - \mu_0}{\sigma / \sqrt{n}}. \tag{11-12}$$

Se a hipótese nula $H_0: \mu = \mu_0$ for verdadeira, então $E(\overline{X}) = \mu_0$ e a distribuição de Z_0 é $N(0, 1)$. Conseqüentemente, se $H_0: \mu = \mu_0$ for verdadeira, a probabilidade de que um valor da estatística de teste Z_0 caia entre $-Z_{\alpha/2}$ e $Z_{\alpha/2}$ é $1 - \alpha$, onde $Z_{\alpha/2}$ é o ponto percentual da distribuição normal padronizada tal que $P\{Z \geq Z_{\alpha/2}\} = \alpha/2$ (isto é, $Z_{\alpha/2}$ é o ponto percentual de $100(1 - \alpha/2)$ da distribuição normal padronizada). A situação está ilustrada na Fig. 11-5. Note que a probabilidade de um valor da estatística de teste cair na região $Z_0 > Z_{\alpha/2}$ ou $Z_0 < -Z_{\alpha/2}$ é α quando $H_0: \mu = \mu_0$ é verdadeira. Claramente, o fato de uma amostra resultar em valor da estatística de teste que se localize nas caudas da distribuição de Z_0 seria bastante não usual com $H_0: \mu = \mu_0$ verdadeira; é, também, uma indicação de que H_0 é falsa. Assim, devemos rejeitar H_0 se

$$Z_0 > Z_{\alpha/2} \tag{11-13a}$$

ou

$$Z_0 < -Z_{\alpha/2} \tag{11-13b}$$

e deixar de rejeitar H_0 se

$$-Z_{\alpha/2} \leq Z_0 \leq Z_{\alpha/2}. \tag{11-14}$$

A Equação 11-14 define a *região de aceitação* para H_0, e a Equação 11-13 define a *região crítica*, ou *região de rejeição*. A probabilidade do erro tipo I para esse procedimento de teste é α.

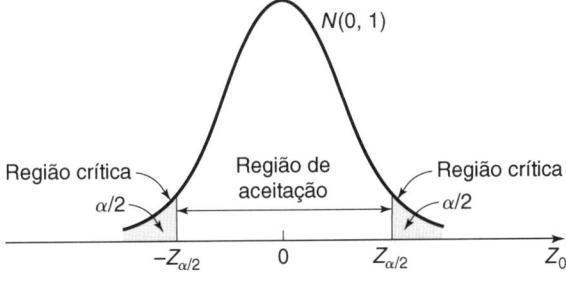

Figura 11-5 A distribuição de Z_0 quando $H_0: \mu = \mu_0$ é verdadeira.

Exemplo 11-1

Está-se estudando a taxa de queima de um propulsor de foguete. As especificações exigem que a taxa média de queima seja de 40 cm/s. Além disso, suponha que saibamos que o desvio-padrão da taxa de queima seja de aproximadamente 2 cm/s. O analista decide especificar uma probabilidade de erro tipo I, $\alpha = 0{,}05$, e baseará seu teste em uma amostra aleatória de tamanho $n = 25$. As hipóteses que desejamos testar são

$$H_0: \mu = 40 \text{ cm/s},$$
$$H_1: \mu \neq 40 \text{ cm/s}.$$

Testam-se 25 espécimes, e a taxa de queima amostral média é $\bar{x} = 41{,}25$ cm/s. O valor da estatística de teste na Equação 11-12 é

$$Z_0 = \frac{\bar{x} - \mu_0}{\sigma/\sqrt{n}}$$
$$= \frac{41{,}25 - 40}{2/\sqrt{25}} = 3{,}125.$$

Como $\alpha = 0{,}05$, as fronteiras da região crítica são $Z_{0{,}025} = 1{,}96$ e $-Z_{0{,}025} = -1{,}96$, e verificamos que Z_0 cai na região crítica. Assim, H_0 é rejeitada, e concluímos que a taxa média de queima não é igual a 40 cm/s.

Suponha, agora, que desejemos testar uma alternativa unilateral, digamos

$$H_0: \mu = \mu_0, \qquad (11\text{-}15)$$
$$H_1: \mu > \mu_0.$$

(Note que poderíamos ter escrito, também, $H_0: \mu \leq \mu_0$.) Na definição da região crítica para esse teste, observamos que um valor negativo da estatística de teste Z_0 nunca nos levaria a concluir que $H_0: \mu = \mu_0$ fosse falsa. Portanto, colocamos a região crítica na cauda superior da distribuição $N(0, 1)$ e rejeitamos H_0 para valores de Z_0 que forem muito grandes. Isto é, rejeitamos H_0 se

$$Z_0 > Z_\alpha. \qquad (11\text{-}16)$$

Analogamente, para testar

$$H_0: \mu = \mu_0, \qquad (11\text{-}17)$$
$$H_1: \mu < \mu_0,$$

calcularíamos a estatística de teste Z_0 e rejeitaríamos H_0 para valores muito pequenos de Z_0. Isto é, a região crítica está na cauda inferior da distribuição $N(0, 1)$, e rejeitamos H_0 se

$$Z_0 < -Z_\alpha. \qquad (11\text{-}18)$$

Escolha do Tamanho Amostral

Ao se testarem as hipóteses das Equações 11-11, 11-15 e 11-17, a probabilidade do erro tipo I, α, é escolhida diretamente pelo analista. No entanto, a probabilidade de erro tipo II, β, depende da escolha do tamanho amostral. Nesta seção, mostraremos como selecionar o tamanho amostral para se chegar a um valor específico de β.

Considere a hipótese bilateral

$$H_0: \mu = \mu_0,$$
$$H_1: \mu \neq \mu_0.$$

Suponha que a hipótese nula seja falsa e que o verdadeiro valor da média seja, digamos, $\mu = \mu_0 + \delta$, onde $\delta > 0$. Agora, como H_1 é verdadeira, a distribuição da estatística de teste, Z_0, é

$$Z_0 \sim N\left(\frac{\delta\sqrt{n}}{\sigma}, 1\right). \qquad (11\text{-}19)$$

A Fig. 11-6 mostra a distribuição da estatística de teste Z_0 sob a hipótese nula, H_0, e sob a hipótese alternativa, H_1. Pelo exame dessa figura vemos que se H_1 for verdadeira, um erro tipo II será cometido

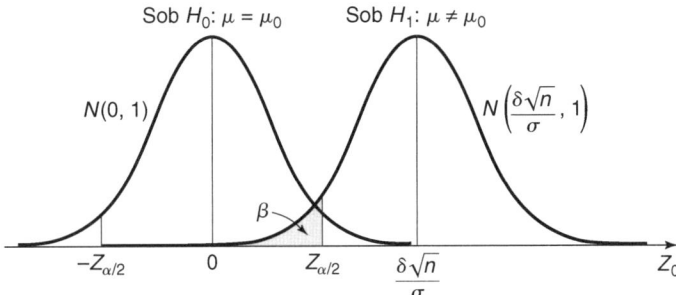

Figura 11-6 A distribuição de Z_0 sob H_0 e H_1.

apenas se $-Z_{\alpha/2} \leq Z_0 \leq Z_{\alpha/2}$, onde $Z_0 \sim N(\delta\sqrt{n}/\sigma, 1)$. Isto é, a probabilidade de erro tipo II, β, é a probabilidade de que Z_0 fique entre $-Z_{\alpha/2}$ e $Z_{\alpha/2}$, *dado que H_1 é verdadeira*. Essa probabilidade é mostrada como a região sombreada da Fig. 11-6. Expressa matematicamente, essa probabilidade é

$$\beta = \Phi\left(Z_{\alpha/2} - \frac{\delta\sqrt{n}}{\sigma}\right) - \Phi\left(-Z_{\alpha/2} - \frac{\delta\sqrt{n}}{\sigma}\right), \qquad (11\text{-}20)$$

onde $\Phi(z)$ denota a probabilidade à esquerda de z na distribuição normal padronizada. Note que a Equação 11-20 foi obtida pelo cálculo da probabilidade de Z_0 cair no intervalo $[-Z_{\alpha/2}, Z_{\alpha/2}]$ na distribuição de Z_0 quando H_1 é verdadeira. Esses dois pontos foram padronizados para produzir a Equação 11-20. Além disso, note que a Equação 11-20 também se verifica se $\delta < 0$, devido à simetria da distribuição normal.

Enquanto a Equação 11-20 pode ser usada para o cálculo do erro tipo II, é mais conveniente usar as curvas características de operação dos Gráficos VI*a* e VI*b* do Apêndice. Essas curvas plotam β, conforme calculado pela Equação 11-20, *versus* um parâmetro d para vários tamanhos n. Fornecem-se curvas para $\alpha = 0,05$ e para $\alpha = 0,01$. O parâmetro d é definido como

$$d = \frac{|\mu - \mu_0|}{\sigma} = \frac{|\delta|}{\sigma}. \qquad (11\text{-}21)$$

Escolhemos d de modo que um conjunto de curvas características de operação possa ser usado para todos os problemas, independentemente dos valores de μ_0 e σ. Pelo exame das curvas características de operação ou da Equação 11-20 e da Fig. 11-6, notamos o seguinte:

1. Quanto mais distante de μ_0 estiver o verdadeiro valor da média μ, menor a probabilidade do erro tipo II, β, para n e α dados. Isto é, vemos que para um tamanho amostral e α especificados, grandes diferenças na média são mais fáceis de serem detectadas do que pequenas diferenças.
2. Para δ e α dados, a probabilidade do erro tipo II, β, decresce na medida em que n cresce. Isto é, para se detectar uma diferença específica na média, μ, devemos tornar o teste mais poderoso, aumentando o tamanho amostral.

Exemplo 11-2

Considere o problema do propulsor de foguete no Exemplo 11-1. Suponha que o analista esteja preocupado com a probabilidade de um erro tipo II, caso a verdadeira taxa de queima seja $\mu = 41$ cm/s. Podemos usar as curvas características de operação para encontrar β. Note que $\delta = 41 - 40 = 1$, $n = 25$, $\sigma = 2$ e $\alpha = 0,05$. Então,

$$d = \frac{|\mu - \mu_0|}{\sigma} = \frac{|\delta|}{\sigma} = \frac{1}{2}$$

e, pelo Gráfico VI*a* (Apêndice), com $n = 25$, vemos que $\beta = 0,30$. Isto é, se a verdadeira taxa de queima for $\mu = 41$ cm/s, então há aproximadamente uma chance de 30% de que isso não seja detectado pelo teste, com $n = 25$.

Exemplo 11-3

Uma vez mais, considere o problema do propulsor de foguete do Exemplo 11-1. Suponha que o analista quisesse planejar o teste de modo que se a verdadeira taxa de queima diferisse de 40 cm/s por, no máximo, 1 cm/s, o teste detectaria isso (isto é, rejeitaria $H_0: \mu = 40$) com uma alta probabilidade, digamos, 0,90. As curvas características de operação podem ser usadas para se encontrar o tamanho amostral que dará tal teste. Como $\delta = |\mu - \mu_0|/\sigma = 1/2$, $\alpha = 0,05$ e $\beta = 0,10$, pelo Gráfico VI*a* (Apêndice) vemos que o tamanho amostral necessário é aproximadamente $n = 40$.

Em geral, as curvas características de operação envolvem três parâmetros: β, δ e n. Dados quaisquer dois desses parâmetros, o valor do terceiro pode ser determinado. Há duas aplicações típicas dessas curvas:

1. Para n e δ dados, ache β. Isso foi ilustrado no Exemplo 11-2. Esse tipo de problema é encontrado, em geral, quando o analista está preocupado com a sensitividade de um experimento já realizado ou quando o tamanho amostral é restrito por fatores econômicos ou outros.
2. Para β e δ dados, ache n. Isso foi ilustrado no Exemplo 11-3. Esse tipo de problema é encontrado, em geral, quando o analista tem a oportunidade de selecionar o tamanho amostral no início do experimento.

As curvas características de operação são dadas nos Gráficos VI*c* e VI*d* (Apêndice) para as alternativas unilaterais. Se a hipótese alternativa é $H_1: \mu > \mu_0$, então a escala das abscissas desses gráficos é

$$d = \frac{\mu - \mu_0}{\sigma}. \tag{11-22}$$

Quando a hipótese alternativa é $H_1: \mu < \mu_0$, a escala correspondente das abscissas é

$$d = \frac{\mu_0 - \mu}{\sigma}. \tag{11-23}$$

É, também, possível deduzir fórmulas para a determinação do tamanho amostral apropriado a ser usado para se obter um valor particular de β, para δ e α dados. Essas fórmulas são alternativas ao uso das curvas características de operação. Para as hipóteses alternativas bilaterais, sabemos, pela Equação 11-20, que

$$\beta = \Phi\left(Z_{\alpha/2} - \frac{\delta\sqrt{n}}{\sigma}\right) - \Phi\left(-Z_{\alpha/2} - \frac{\delta\sqrt{n}}{\sigma}\right),$$

ou, se $\delta > 0$,

$$\beta \simeq \Phi\left(Z_{\alpha/2} - \frac{\delta\sqrt{n}}{\sigma}\right), \tag{11-24}$$

uma vez que $\Phi\left(-Z_{\alpha/2} - \delta\sqrt{n}/\sigma\right) \simeq 0$ quando δ é positivo. Pela Equação 11-24, tomamos inversas das normais para obter

$$-Z_\beta \simeq Z_{\alpha/2} - \frac{\delta\sqrt{n}}{\sigma}$$

ou

$$n \simeq \frac{\left(Z_{\alpha/2} + Z_\beta\right)^2 \sigma^2}{\delta^2}. \tag{11-25}$$

Essa aproximação é boa quando $\Phi\left(-Z_{\alpha/2} - \delta\sqrt{n}/\sigma\right)$ é pequeno, comparado com β. Para qualquer uma das hipóteses alternativas unilaterais, tanto na Equação 11-15 quanto na Equação 11-17, o tamanho amostral exigido para produzir um erro tipo II especificado, com probabilidade β, dados δ e α, é

$$n = \frac{\left(Z_\alpha + Z_\beta\right)^2 \sigma^2}{\delta^2}. \tag{11-26}$$

Exemplo 11-4

Voltando ao problema do propulsor de foguete do Exemplo 11-3, vemos que $\sigma = 2$, $\delta = 41 - 40 = 1$, $\alpha = 0{,}05$ e $\beta = 0{,}10$. Como $Z_{\alpha/2} = Z_{0{,}025} = 1{,}96$ e $Z_\beta = Z_{0{,}10} = 1{,}28$, o tamanho amostral necessário para detectar esse afastamento de $H_0{:}\mu = 40$ é encontrado pela Equação 11-25 como

$$n \approx \frac{\left(Z_{\alpha/2} + Z_\beta\right)^2 \sigma^2}{\delta^2} = \frac{(1{,}96+1{,}28)^2 2^2}{1^2} = 42,$$

que está bem de acordo com o valor determinado pela curva característica de operação. Note que a aproximação é boa, uma vez que $\Phi\left(-Z_{\alpha/2} - \delta \sqrt{n}/\sigma\right) = \Phi\left(-1{,}96 - (1)\sqrt{42}/2\right) = \Phi(-5{,}20) \approx 0$, o que é pequeno em relação a β.

A Relação entre Testes de Hipóteses e Intervalos de Confiança

Há uma relação estreita entre o teste de uma hipótese sobre um parâmetro θ e o intervalo de confiança para θ. Se $[I, S]$ é um intervalo de confiança de $100(1 - \alpha)\%$ de confiança para o parâmetro θ, então o teste de tamanho α da hipótese

$$H_0: \theta = \theta_0,$$
$$H_1: \theta \neq \theta_0$$

levará à rejeição de H_0 se, e somente se, θ_0 não estiver no intervalo $[I, S]$. Como uma ilustração, considere o problema do propulsor de foguete do Exemplo 11-1. A hipótese nula $H_0{:}\mu = 40$ foi rejeitada usando-se $\alpha = 0{,}05$. O intervalo bilateral de confiança de 95% de confiança para μ para esses dados pode ser calculado pela Equação 10-25 como $40{,}47 \leq \mu \leq 42{,}03$. Isto é, o intervalo $[I, S]$ é $[40{,}47; 42{,}03]$, e como $\mu_0 = 40$ não está nesse intervalo, a hipótese nula $H_0{:}\mu = 40$ é rejeitada.

Teste para Grandes Amostras com Variância Desconhecida

Embora tenhamos desenvolvido o procedimento de teste para a hipótese nula $H_0{:}\mu = \mu_0$ supondo que σ^2 fosse conhecida, em muitas situações práticas σ^2 será desconhecida. Em geral, se $n \geq 30$, então a variância amostral, S^2, pode substituir σ^2 em procedimentos de teste com pouco efeito negativo. Assim, embora tenhamos dado um teste para σ^2 conhecida, ele pode ser facilmente convertido em um procedimento de teste para *amostra grande* com σ^2 desconhecida. O tratamento exato do caso em que σ^2 é desconhecida e n é pequeno envolve o uso da distribuição t, e será adiado até a Seção 11-2.2.

Valores P

Freqüentemente, usam-se pacotes estatísticos de computador para o teste de hipóteses estatísticas. Muitos desses programas calculam e informam a probabilidade de a estatística de teste assumir um valor no mínimo tão extremo quanto o valor observado da estatística, quando H_0 é verdadeira. Essa probabilidade é, usualmente, chamada *valor P*. Ela representa o menor nível de significância que levaria à rejeição de H_0. Assim, se $P = 0{,}04$ é o valor informado por um programa, a hipótese nula H_0 seria rejeitada ao nível $\alpha = 0{,}05$, mas não ao nível $\alpha = 0{,}01$. Em geral, se P for menor do que ou igual a α rejeitamos H_0, enquanto que se P exceder α deixamos de rejeitar H_0.

É costume chamar a estatística de teste (e os dados) de *significante* quando a hipótese nula, H_0, é rejeitada, de modo que podemos considerar o valor P como o menor nível α para o qual os dados são significantes. Uma vez conhecido o valor P, o tomador de decisão pode determinar, ele mesmo, quão significantes são os dados sem que o analista imponha, formalmente, um nível de significância predeterminado.

Não é sempre fácil calcular o valor P exato de um teste. No entanto, para os testes da distribuição normal que se seguem esse cálculo é relativamente fácil. Se Z_0 é o valor calculado da estatística de teste, então o valor P é

$$P = \begin{cases} 2\left[1 - \Phi(|Z_0|)\right] & \text{para um teste bilateral} \\ 1 - \Phi(Z_0) & \text{para um teste unilateral superior} \\ \Phi(Z_0) & \text{para um teste unilateral inferior} \end{cases}$$

Para ilustrar, considere o problema do propulsor de foguete do Exemplo 11-1. O valor calculado da estatística de teste é $Z_0 = 3,125$, e como a hipótese alternativa é bilateral, o valor P é

$$P = 2[1 - \Phi(3,125)] = 0,0018.$$

Assim, $H_0: \mu = 40$ seria rejeitada em qualquer nível de significância onde $\alpha \geq P = 0,0018$. Por exemplo, H_0 seria rejeitada se $\alpha = 0,01$, mas não seria rejeitada se $\alpha = 0,001$.

Significância Prática *Versus* Significância Estatística

Nos Capítulos 10 e 11 apresentamos intervalos de confiança e testes de hipóteses para problemas de amostra única e de duas amostras. No teste de hipótese discutimos a significância estatística quando a hipótese nula é rejeitada. O que não se discutiu foi a significância *prática* da rejeição da hipótese nula. No teste de hipótese, o objetivo é a tomada de decisão em relação a uma afirmativa ou crença. A decisão de rejeitar, ou não, a hipótese nula em favor da hipótese alternativa se baseia em uma amostra extraída da população de interesse. Se a hipótese nula é rejeitada, dizemos que há evidência estatisticamente significante contra a hipótese nula e em favor da alternativa. Resultados que são estatisticamente significantes (pela rejeição da hipótese nula) não são, necessariamente, resultados significantes na prática.

Para ilustrar, suponha que a temperatura média durante um único dia, através de uma estado particular, seja, hipoteticamente, $\mu = 63$ graus. Suponha que $n = 50$ localizações dentro do estado tivessem uma temperatura de $\bar{x} = 62$ graus e desvio-padrão de 0,5 grau. Se tivéssemos que testar a hipótese $H_0: \mu = 63$ contra $H_1: \mu \neq 63$, obteríamos um valor P resultante de, aproximadamente, 0, e rejeitaríamos a hipótese nula. Nossa conclusão seria de que a temperatura média não é 63 graus. Em outras palavras, ilustramos uma diferença estatisticamente significante entre o valor hipotético e a média amostral obtida dos dados. Mas isso é uma diferença prática? Isto é, 63 graus são *diferentes* de 62 graus? Muito poucos investigadores concluiriam, realmente, que essa diferença seja prática. Em outras palavras, significância estatística não implica significância prática.

O tamanho da amostra sob investigação tem uma influência direta sobre o poder do teste e sobre a significância prática. Na medida em que cresce o tamanho amostral, mesmo a menor diferença entre o valor hipotético e o valor amostral pode ser detectada pelo teste de hipótese. Assim, deve-se tomar cuidado na interpretação de resultados de um teste de hipótese quando os tamanhos amostrais são grandes.

11-2.2 Testes de Hipóteses para a Média de uma Distribuição Normal, Variância Desconhecida

Quando testamos hipóteses sobre a média μ de uma população com σ^2 desconhecida podemos usar os procedimentos de teste discutidos na Seção 11-2.1, desde que o tamanho amostral seja grande ($n \geq 30$). Esses procedimentos são aproximadamente válidos, independentemente de a população subjacente ser ou não normal. No entanto, quando o tamanho amostral é pequeno e σ^2 é desconhecida devemos fazer uma suposição sobre a forma da distribuição subjacente para obtermos um procedimento de teste. Uma suposição razoável, em muitos casos, é a de que a distribuição subjacente é normal.

Muitas populações encontradas na prática são bem aproximadas pela distribuição normal, de modo que essa suposição levará a um procedimento de teste de larga aplicação. De fato, afastamentos moderados da normalidade terão pouco efeito sobre a validade do teste. Quando a suposição não é razoável, podemos especificar outra distribuição (exponencial, Weibull, etc.) e usar algum método geral de construção de teste para obter um procedimento válido ou podemos usar um dos testes não-paramétricos que são válidos para qualquer distribuição subjacente (veja Capítulo 16).

Análise Estatística

Suponha que X seja uma variável aleatória distribuída normalmente, com média μ e variância σ^2 desconhecidas. Desejamos testar a hipótese de que μ seja igual a uma constante μ_0. Note que essa situação é semelhante à tratada na Seção 11-2.1, exceto pelo fato de que *ambas*, μ e σ^2, são desconhecidas. Suponha que esteja disponível uma amostra aleatória de tamanho n, $X_1, X_2, ..., X_n$, e sejam $\bar{X}$ e S^2 a média e a variância amostrais, respectivamente.

Suponha que desejemos testar a alternativa bilateral

$$H_0: \mu = \mu_0,$$
$$H_1: \mu \neq \mu_0.$$
(11-27)

O procedimento de teste se baseia na estatística

$$t_0 = \frac{\overline{X} - \mu_0}{S/\sqrt{n}},$$
(11-28)

que segue a distribuição t com $n - 1$ graus de liberdade, se a hipótese nula $H_0: \mu = \mu_0$ for verdadeira. Para se testar $H_0: \mu = \mu_0$ na Equação 11-27, calcula-se a estatística de teste t_0 na Equação 11-28 e rejeita-se H_0 se

$$t_0 > t_{\alpha/2,\, n-1}$$
(11-29a)

ou se

$$t_0 < -t_{\alpha/2,\, n-1},$$
(11-29b)

onde $t_{\alpha/2,\, n-1}$ e $-t_{\alpha/2,\, n-1}$ são os pontos percentuais $\alpha/2$ superior e inferior da distribuição t com $n - 1$ graus de liberdade.

Para a hipótese alternativa unilateral

$$H_0: \mu = \mu_0,$$
$$H_1: \mu > \mu_0,$$
(11-30)

calcula-se a estatística de teste t_0 pela Equação 11-28, e rejeitamos H_0 se

$$t_0 > t_{\alpha,\, n-1}.$$
(11-31)

Para a outra alternativa unilateral,

$$H_0: \mu = \mu_0,$$
$$H_1: \mu < \mu_0,$$
(11-32)

rejeitaríamos H_0 se

$$t_0 < -t_{\alpha,\, n-1}.$$
(11-33)

Exemplo 11-5

A força de rompimento de uma fibra têxtil é uma variável aleatória distribuída normalmente. As especificações exigem que a força média de rompimento seja igual a 150 psi. O fabricante gostaria de detectar qualquer afastamento significativo desse valor. Assim, ele deseja testar

$$H_0: \mu = 150 \text{ psi},$$
$$H_1: \mu \neq 150 \text{ psi}.$$

Seleciona-se uma amostra aleatória de 15 espécimes de fibra e determinam-se suas forças de rompimento. A média e a variância amostrais são calculadas a partir dos dados amostrais como $\overline{x} = 152{,}18$ e $s^2 = 16{,}63$. Portanto, a estatística de teste é

$$t_0 = \frac{\overline{x} - \mu_0}{s/\sqrt{n}} = \frac{152{,}18 - 150}{\sqrt{16{,}63/15}} = 2{,}07.$$

O erro tipo I é especificado como $\alpha = 0{,}05$. Assim, $t_{0,025;\, 14} = 2{,}145$ e $-t_{0,025;\, 14} = 2{,}145$, e concluiríamos que não há evidência suficiente para se rejeitar a hipótese nula de que $\mu = 150$ psi.

Escolha do Tamanho Amostral

A probabilidade do erro tipo II para testes sobre a média de uma distribuição normal com variância desconhecida depende da distribuição da estatística de teste na Equação 11-28, quando a hipótese nula $H_0: \mu = \mu_0$ é falsa. Quando o verdadeiro valor da média é $\mu = \mu_0 + \delta$, note que a estatística de teste pode ser escrita como

$$t_0 = \frac{\overline{X} - \mu_0}{S/\sqrt{n}}$$

$$= \frac{\dfrac{[\overline{X} - (\mu_0 + \delta)]\sqrt{n}}{\sigma} + \dfrac{\delta\sqrt{n}}{\sigma}}{S\,\sigma}$$

$$= \frac{Z + \dfrac{\delta\sqrt{n}}{\sigma}}{W}. \tag{11-34}$$

As distribuições de Z e W na Equação 11-34 são $N(0, 1)$ e $\sqrt{\chi^2_{n-1}/(n-1)}$, respectivamente, e Z e W são variáveis aleatórias independentes. No entanto, $\delta\sqrt{n}/\sigma$ é uma constante não-nula, de modo que o numerador da Equação 11-34 é uma variável aleatória $N(\delta\sqrt{n}/\sigma, 1)$. A distribuição resultante é chamada de distribuição t *não-central*, com $n - 1$ graus de liberdade e parâmetro de não-centralidade $\delta\sqrt{n}/\sigma$. Note que se $\delta = 0$, então a distribuição t não-central se reduz à distribuição t usual, ou central. Em qualquer caso, o erro tipo II para a alternativa bilateral (por exemplo) seria

$$\beta = P\{-t_{\alpha/2,\,n-1} \le t_0 \le t_{\alpha/2,\,n-1} | \delta \neq 0\}$$

$$= P\{-t_{\alpha/2,\,n-1} \le t'_0 \le t_{\alpha/2,\,n-1}\},$$

onde t'_0 denota a variável aleatória t não-central. Encontrar o erro tipo II para o teste t envolve encontrar a probabilidade contida entre dois pontos da distribuição t não-central.

As curvas características de operação nos Gráficos VI*e*, VI*f*, VI*g* e VI*h* (Apêndice) plotam β *versus* um parâmetro d para vários tamanhos amostrais n. Apresentam-se curvas tanto para alternativas bilaterais quanto para unilaterais e para $\alpha = 0{,}05$ ou $\alpha = 0{,}01$. Para a alternativa bilateral na Equação 11-27, o fator d da escala das abscissas nos Gráficos VI*e* e VI*f* é definido como

$$d = \frac{|\mu - \mu_0|}{\sigma} = \frac{|\delta|}{\sigma} \tag{11-35}$$

Para as alternativas unilaterais, quando se deseja a rejeição, i. é., $\mu > \mu_0$, como na Equação 11-30, usamos os Gráficos VI*g* e VI*h* com

$$d = \frac{\mu - \mu_0}{\sigma} = \frac{\delta}{\sigma}, \tag{11-36}$$

enquanto que, se a rejeição é desejada, isto é, $\mu < \mu_0$, como na Equação 11-32,

$$d = \frac{\mu_0 - \mu}{\sigma} = \frac{\delta}{\sigma}. \tag{11-37}$$

Notamos que d depende do parâmetro desconhecido σ^2. Há várias maneiras de se evitar tal dificuldade. Em alguns casos, podemos usar os resultados de um experimento prévio ou de informação anterior para fazer uma estimativa grosseira inicial de σ^2. Se estivermos interessados em estudar a característica de operação depois de coletados os dados, podemos usar a variância amostral s^2 para estimar σ^2. Se o analista não tem qualquer experiência prévia sobre a qual se basear para estimar σ^2, ele pode definir a diferença na média, δ, que deseja detectar em relação a σ. Por exemplo, se queremos detectar uma pequena diferença na média podemos usar um valor de $d = |\delta|/\sigma \le 1$, enquanto que se desejamos detectar apenas diferenças moderadamente grandes na média devemos selecionar $d = |\delta|/\sigma = 2$, por exemplo. Isto é, é o valor da razão $|\delta|/\sigma$ que é importante na determinação do tamanho amostral e, se for possível especificar o tamanho relativo da diferença nas médias que queremos detectar então um valor apropriado de d em geral pode ser selecionado.

Exemplo 11-6

Considere o problema do teste de fibra do Exemplo 11-5. Se a força de rompimento dessa fibra difere de 150 psi por, no máximo, 2,5 psi, o analista gostaria de rejeitar a hipótese nula $H_0: \mu = 150$ psi com uma probabilidade de, no mínimo, 0,90. O tamanho amostral de $n = 15$ é adequado para essa sensitividade de teste? Se usarmos o desvio-padrão amostral $s = \sqrt{16,63} = 4,08$ para estimar σ, então $d = |\delta|/\sigma = 2,5/4,08 = 0,61$. Consultando as curvas características de operação no Gráfico VIe, com $d = 0,61$ e $n = 15$, encontramos $\beta \simeq 0,45$. Assim, a probabilidade de se rejeitar $H_0:\mu = 150$ psi se o verdadeiro valor difere desse valor por $\pm 2,5$ psi é $1 - \beta = 1 - 0,45 = 0,55$, aproximadamente, e concluiremos que um tamanho amostral de $n = 15$ não é adequado. Para encontrar o tamanho amostral necessário para dar o grau de proteção desejado consulte as curvas características de operação no Gráfico VIe com $d = 0,61$ e $\beta = 0,10$, e leia o tamanho amostral correspondente como $n = 35$, aproximadamente.

11-2.3 Testes de Hipóteses para a Variância de uma Distribuição Normal

Há ocasiões em que são necessários testes relativos à variância ou ao desvio-padrão de uma população. Nesta seção, apresentamos dois procedimentos, sendo um baseado na suposição de normalidade e o outro um teste de grandes amostras.

Procedimentos de Teste para uma População Normal

Suponha que desejemos testar a hipótese de que a variância σ^2 de uma distribuição normal é igual a um valor especificado, digamos σ_0^2. Seja $X \sim N(\mu, \sigma^2)$, onde μ e σ^2 são desconhecidas, e seja $X_1, X_2, ..., X_n$ uma amostra aleatória de n observações dessa população. Para testarmos

$$H_0: \sigma^2 = \sigma_0^2, \quad (11\text{-}38)$$
$$H_1: \sigma^2 \neq \sigma_0^2,$$

usamos a estatística de teste

$$\chi_0^2 = \frac{(n-1)S^2}{\sigma_0^2}, \quad (11\text{-}39)$$

onde S^2 é a variância amostral. Agora, se $H_0: \sigma^2 = \sigma_0^2$ é verdadeira, então a estatística de teste χ_0^2 segue a distribuição qui-quadrado com $n - 1$ graus de liberdade. Portanto, $H_0: \sigma^2 = \sigma_0^2$ seria rejeitada se

$$\chi_0^2 > \chi_{\alpha/2,\, n-1}^2 \quad (11\text{-}40a)$$

ou se

$$\chi_0^2 < \chi_{1-\alpha/2,\, n-1}^2, \quad (11\text{-}40b)$$

onde $\chi_{\alpha/2,\, n-1}^2$ $\chi_{1-\alpha/2,\, n-1}^2$ são os pontos percentuais $\alpha/2$ superior e inferior da distribuição qui-quadrado com $n - 1$ graus de liberdade.

A mesma estatística de teste é usada para as alternativas unilaterais. Para a hipótese unilateral

$$H_0: \sigma^2 = \sigma_0^2, \quad (11\text{-}41)$$
$$H_1: \sigma^2 > \sigma_0^2,$$

rejeitaríamos H_0 se

$$\chi_0^2 > \chi_{\alpha,\, n-1}^2. \quad (11\text{-}42)$$

Para a outra hipótese unilateral,

$$H_0: \sigma^2 = \sigma_0^2, \quad (11\text{-}43)$$
$$H_1: \sigma^2 < \sigma_0^2,$$

rejeitaríamos H_0 se

$$\chi_0^2 < \chi_{1-\alpha,\, n-1}^2. \quad (11\text{-}44)$$

Exemplo 11-7

Considere a máquina descrita no Exemplo 10-16, usada para encher latas com refrigerante. Se a variância do volume de enchimento exceder 0,02 (onças fluidas)^2, então uma porcentagem inaceitavelmente alta de latas será mal cheia. O engarrafador está interessado em testar a hipótese

$$H_0: \sigma^2 = 0,02,$$
$$H_1: \sigma^2 > 0,02.$$

Uma amostra aleatória de $n = 20$ latas resulta em uma variância amostral de $s^2 = 0,0225$. Assim, a estatística de teste é

$$\chi_0^2 = \frac{(n-1)s^2}{\sigma_0^2} = \frac{(19)0,0225}{0,02} = 21,38$$

Se escolhermos $\alpha = 0,05$, veremos que $\chi_{0,05;19}^2 = 30,14$ e concluiremos que não há evidência forte de que a variância do volume de enchimento exceda 0,02 (onças fluidas)^2.

Escolha do Tamanho Amostral

Os Gráficos VIi até VIn (Apêndice) apresentam curvas características de operação para testes χ^2 para $\alpha = 0,05$ e $\alpha = 0,01$. Para a hipótese alternativa bilateral da Equação 11-38 os Gráficos VIi e VIj plotam β *versus* um parâmetro da abscissa,

$$\lambda = \frac{\sigma}{\sigma_0}, \tag{11-45}$$

para vários tamanhos amostrais n, onde σ denota o verdadeiro valor do desvio-padrão. Os Gráficos VIk e VIl são para a alternativa unilateral $H_1: \sigma^2 > \sigma_0^2$, e os Gráficos VI$m$ e VIn são para a outra alternativa unilateral, $H_1: \sigma^2 > \sigma_0^2$. Ao usar esses gráficos, consideramos σ como o valor do desvio-padrão que desejamos detectar.

Exemplo 11-8

No Exemplo 11-7, ache a probabilidade de rejeitar $H_0: \sigma^2 = 0,02$ se a verdadeira variância é tão grande quanto $\sigma^2 = 0,03$. Como $\sigma = \sqrt{0,03} = 0,1732$ e $\sigma_0 = \sqrt{0,02} = 0,1414$, o parâmetro da abscissa é

$$\lambda = \frac{\sigma}{\sigma_0} = \frac{0,1732}{0,1414} = 1,23.$$

Pelo Gráfico VIk, com $\lambda = 1,23$ e $n = 20$, vemos que $\beta \simeq 0,60$. Isto é, há apenas cerca de 40% de chance de que $H_0: \sigma^2 = 0,02$ seja rejeitada, se a variância é realmente tão grande quanto $\sigma^2 = 0,03$. Para se reduzir β deve ser usado um tamanho amostral maior. Pela curva característica de operação, notamos que para se reduzir β a 0,20 é necessário um tamanho amostral de 75.

Um Procedimento de Teste para Grandes Amostras

O procedimento de teste qui-quadrado dado há pouco é bastante sensível à suposição de normalidade. Conseqüentemente, seria desejável desenvolver um procedimento que não exigisse tal suposição. Quando a população subjacente não é necessariamente normal, mas n é grande ($n \geq 35$ ou 40), então podemos usar o seguinte resultado: se $X_1, X_2, ..., X_n$ é uma amostra aleatória de uma população com variância σ^2, o desvio-padrão amostral S é aproximadamente normal, com média $E(S) \simeq \sigma$ e variância $V(S) \simeq \sigma^2/2n$, se n é grande.

Então, a distribuição de

$$Z_0 = \frac{S - \sigma}{\sigma/\sqrt{2n}} \tag{11-46}$$

é aproximadamente normal padronizada.

Para testar

$$H_0: \sigma^2 = \sigma_0^2,$$
$$H_1: \sigma^2 \neq \sigma_0^2,$$
(11-47)

substitua σ por σ_0 na Equação 11-46. Assim, a estatística de teste é

$$Z_0 = \frac{S - \sigma_0}{\sigma_0/\sqrt{2n}},$$
(11-48)

e rejeitamos H_0 se $Z_0 > Z_{\alpha/2}$ ou se $Z_0 < -Z_{\alpha/2}$. A mesma estatística de teste é usada para alternativas unilaterais. Se estivermos testando

$$H_0: \sigma^2 = \sigma_0^2,$$
$$H_1: \sigma^2 > \sigma_0^2,$$
(11-49)

rejeitamos H_0 se $Z_0 > Z_\alpha$, e se estivermos testando

$$H_0: \sigma^2 = \sigma_0^2,$$
$$H_1: \sigma^2 < \sigma_0^2,$$
(11-50)

rejeitamos H_0 se $Z_0 < -Z_\alpha$.

Exemplo 11-9

Uma parte plástica moldada por injeção é usada em uma impressora gráfica. Antes de fazer um contrato de longo prazo, o fabricante da impressora deseja estar certo, usando $\alpha = 0{,}01$, de que o fornecedor pode produzir as partes com um desvio-padrão de tamanho máximo de 0,025 mm. As hipóteses a serem testadas são

$$H_0: \sigma^2 = 6{,}25 \times 10^{-4},$$
$$H_1: \sigma^2 < 6{,}25 \times 10^{-4},$$

uma vez que $(0{,}025)^2 = 0{,}000625$. Obtém-se uma amostra aleatória de $n = 50$ partes, e o desvio-padrão amostral é $s = 0{,}021$. A estatística de teste é

$$Z_0 = \frac{s - \sigma_0}{\sigma_0/\sqrt{2n}} = \frac{0{,}021 - 0{,}025}{0{,}025/\sqrt{100}} = -1{,}60.$$

Como $-Z_{0{,}01} = -2{,}33$ e o valor observado de Z_0 não é menor do que esse valor crítico, H_0 não é rejeitada. Isto é, a evidência do processo do fornecedor não é forte o bastante para justificar um contrato de longo prazo.

11-2.4 Testes de Hipóteses para uma Proporção

Análise Estatística

Em muitos problemas de engenharia e gerenciamento existe a preocupação com uma variável aleatória que siga a distribuição binomial. Por exemplo, considere um processo de produção que fabrica itens que são classificados como aceitáveis ou defeituosos. Usualmente, é razoável modelar a ocorrência de defeituosos com a distribuição binomial, onde o parâmetro binomial p representa a proporção de itens defeituosos produzidos.

Consideraremos o seguinte teste

$$H_0: p = p_0,$$
$$H_1: p \neq p_0.$$
(11-51)

Será dado um teste aproximado, baseado na aproximação normal da binomial. Esse procedimento aproximado será válido desde que p não se aproxime extremamente de zero ou 1, e se o tamanho amostral for relativamente grande. Seja X o número de observações, em uma amostra aleatória de tamanho n, que pertencem à classe associada a p. Então, se a hipótese nula $H_0: p = p_0$ é verdadeira, temos que $X \sim N(np_0, np_0(1 - p_0))$, aproximadamente. Para testar $H_0: p = p_0$, calcule a estatística de teste

$$Z_0 = \frac{X - np_0}{\sqrt{np_0(1 - p_0)}} \tag{11-52}$$

e rejeite $H_0: p = p_0$ se

$$Z_0 > Z_{\alpha/2} \quad \text{ou} \quad Z_0 < -Z_{\alpha/2}. \tag{11-53}$$

Regiões críticas para hipóteses alternativas unilaterais são localizadas da maneira usual.

Exemplo 11-10

Uma firma de semicondutores produz aparelhos lógicos. O contrato com o cliente exige uma fração de defeituosos de não mais do que 0,05. Eles desejam testar

$$H_0: p = 0,05,$$
$$H_1: p > 0,05.$$

Uma amostra aleatória de 200 aparelhos resulta em seis defeituosos. A estatística de teste é

$$Z_0 = \frac{x - np_0}{\sqrt{np_0(1 - p_0)}} = \frac{6 - 200(0,05)}{\sqrt{200(0,05)(0,95)}} = -1,30$$

Usando $\alpha = 0,05$, encontramos $Z_{0,05} = 1,645$ e, assim, não podemos rejeitar a hipótese de que $p = 0,05$.

Escolha do Tamanho Amostral

É possível obter equações fechadas para o erro β para os testes desta seção. O erro β, para a alternativa bilateral $H_1: p \neq p_0$, é aproximadamente

$$\beta \simeq \Phi\left(\frac{p_0 - p + Z_{\alpha/2}\sqrt{p_0(1 - p_0)/n}}{\sqrt{p(1 - p)/n}}\right) - \Phi\left(\frac{p_0 - p - Z_{\alpha/2}\sqrt{p_0(1 - p_0)/n}}{\sqrt{p(1 - p)/n}}\right). \tag{11-54}$$

Se a hipótese alternativa for $H_1: p < p_0$, então

$$\beta \simeq 1 - \Phi\left(\frac{p_0 - p - Z_\alpha\sqrt{p_0(1 - p_0)/n}}{\sqrt{p(1 - p)/n}}\right), \tag{11-55}$$

enquanto que se a alternativa for $H_1: p > p_0$, então

$$\beta \simeq \Phi\left(\frac{p_0 - p + Z_\alpha\sqrt{p_0(1 - p_0)/n}}{\sqrt{p(1 - p)/n}}\right). \tag{11-56}$$

Essas equações podem ser resolvidas para se encontrar o tamanho amostral n que dê um teste de nível α que tenha um risco de erro β especificado. As equações do tamanho amostral são

$$n = \left(\frac{Z_{\alpha/2}\sqrt{p_0(1 - p_0)} + Z_\beta\sqrt{p(1 - p)}}{p - p_0}\right)^2 \tag{11-57}$$

para a alternativa bilateral e

$$n = \left(\frac{Z_\alpha\sqrt{p_0(1 - p_0)} + Z_\beta\sqrt{p(1 - p)}}{p - p_0}\right)^2 \tag{11-58}$$

para as alternativas unilaterais.

Exemplo 11-11

Para a situação descrita no Exemplo 11-10, suponha que desejemos achar o erro β do teste se $p = 0,07$. Usando a Equação 11-56, o erro β é

$$\beta \simeq \Phi\left(\frac{0,05 - 0,07 + 1,645\sqrt{(0,05)(0,95)/200}}{\sqrt{(0,07)(0,93)/200}}\right)$$
$$= \Phi(0,30)$$
$$= 0,6179.$$

Essa probabilidade do erro tipo II não é tão pequena quanto se gostaria, mas $n = 200$ não é particularmente grande e 0,07 não está muito distante do valor da hipótese nula $p_0 = 0,05$. Suponha que desejemos que o erro β não seja maior do que 0,10, se o verdadeiro valor da fração de defeituosos é $p = 0,07$. O tamanho amostral exigido seria encontrado pela Equação 11-58 como

$$n = \left(\frac{1,645\sqrt{(0,05)(0,95)} + 1,28\sqrt{(0,07)(0,93)}}{0,07 - 0,05}\right)^2$$
$$= 1174,$$

que é um tamanho amostral muito grande. No entanto, note que estamos tentando detectar um desvio muito pequeno do valor da hipótese nula, $p_0 = 0,05$.

11-3 TESTES DE HIPÓTESES PARA DUAS AMOSTRAS

11-3.1 Testes de Hipóteses sobre as Médias de Duas Distribuições Normais, Variâncias Conhecidas

Análise Estatística

Suponha que haja duas populações de interesse, X_1 e X_2. Admitimos que X_1 tenha média μ_1 desconhecida e variância σ_1^2 conhecida, e que X_2 tenha média μ_2 desconhecida e variância σ_2^2 conhecida. Estamos interessados em testar a hipótese de que as médias μ_1 e μ_2 sejam iguais. Supõe-se que as variáveis aleatórias X_1 e X_2 sejam normalmente distribuídas, ou que, sendo elas não-normais, se verifiquem as condições do Teorema Central do Limite.

Considere, primeiro, a hipótese alternativa bilateral

$$H_0: \mu_1 = \mu_2, \quad (11\text{-}59)$$
$$H_1: \mu_1 \neq \mu_2.$$

Suponha que se extraia uma amostra aleatória de tamanho n_1 de X_1, digamos $X_{11}, X_{12}, ..., X_{n_1}$, e que uma segunda amostra aleatória, de tamanho n_2, seja extraída de X_2, digamos $X_{21}, X_{22}, ..., X_{2n_2}$. Supõe-se que $\{X_{1j}\}$ seja distribuído independentemente, com média μ_1 e variância σ_1^2, e que $\{X_{2j}\}$ seja distribuído independentemente, com média μ_2 e variância σ_2^2, e que as duas amostras, $\{X_{1j}\}$ e $\{X_{2j}\}$, sejam independentes. O procedimento de teste se baseia na distribuição da diferença das médias amostrais, $\overline{X}_1 - \overline{X}_2$. Em geral, sabemos que

$$\overline{X}_1 - \overline{X}_2 \sim N\left(\mu_1 - \mu_2, \frac{\sigma_1^2}{n_1} + \frac{\sigma_2^2}{n_2}\right).$$

Assim, se a hipótese nula $H_0: \mu_1 = \mu_2$ for verdadeira, a estatística de teste

$$Z_0 = \frac{\overline{X}_1 - \overline{X}_2}{\sqrt{\dfrac{\sigma_1^2}{n_1} + \dfrac{\sigma_2^2}{n_2}}} \quad (11\text{-}60)$$

segue a distribuição $N(0, 1)$. Portanto, o procedimento para se testar $H_0: \mu_1 = \mu_2$ é calcular a estatística de teste Z_0 na Equação 11-60 e rejeitar a hipótese nula se

$$Z_0 > Z_{\alpha/2} \qquad (11\text{-}61\text{a})$$

ou

$$Z_0 < -Z_{\alpha/2}. \qquad (11\text{-}61\text{b})$$

As hipóteses alternativas unilaterais são analisadas similarmente. Para se testar

$$\begin{aligned} H_0: \mu_1 &= \mu_2, \\ H_1: \mu_1 &> \mu_2, \end{aligned} \qquad (11\text{-}62)$$

calcula-se a estatística de teste Z_0 na Equação 11-60, e $H_0: \mu_1 = \mu_2$ é rejeitada se

$$Z_0 > Z_\alpha. \qquad (11\text{-}63)$$

Para se testar a outra hipótese alternativa unilateral,

$$\begin{aligned} H_0: \mu_1 &= \mu_2, \\ H_1: \mu_1 &< \mu_2, \end{aligned} \qquad (11\text{-}64)$$

usa-se a estatística de teste Z_0 na Equação 11-60 e rejeita-se $H_0: \mu_1 = \mu_2$ se

$$Z_0 < -Z_\alpha. \qquad (11\text{-}65)$$

Exemplo 11-12

A gerente de uma indústria de suco de laranja enlatado está interessada em comparar o desempenho de duas linhas de produção diferentes de sua fábrica. Como a linha 1 é relativamente nova, ela suspeita que sua produção em número de caixas por dia seja maior do que o número de caixas produzidas pela linha mais velha, 2. Selecionam-se aleatoriamente dez dias de dados de cada linha, encontrando-se $\bar{x}_1 = 824,9$ caixas por dia e $\bar{x}_2 = 818,6$ caixas por dia. Devido à experiência com a operação desse tipo de equipamento, sabe-se que $\sigma_1^2 = 40$ e $\sigma_2^2 = 50$. Deseja-se testar

$$\begin{aligned} H_0: \mu_1 &= \mu_2, \\ H_1: \mu_1 &> \mu_2. \end{aligned}$$

O valor da estatística de teste é

$$Z_0 = \frac{\bar{x}_1 - \bar{x}_2}{\sqrt{\dfrac{\sigma_1^2}{n_1} + \dfrac{\sigma_2^2}{n_2}}} = \frac{824,9 - 818,6}{\sqrt{\dfrac{40}{10} + \dfrac{50}{10}}} = 2,10.$$

Usando-se $\alpha = 0,05$, encontra-se $Z_{0,05} = 1,645$, e como $Z_0 > Z_{0,05}$, H_0 seria rejeitada e se concluiria que o número médio de caixas produzidas por dia pela nova linha de produção é maior do que o número médio de caixas produzidas por dia pela linha antiga.

Escolha do Tamanho Amostral

As curvas características de operação nos Gráficos VIa, VIb, VIc e VId (Apêndice) podem ser usadas para se calcular a probabilidade de erro tipo II para as hipóteses nas Equações 11-59, 11-62 e 11-64. Essas curvas são úteis, também, na determinação do tamanho amostral. Fornecem-se curvas para $\alpha = 0,05$ e $\alpha = 0,01$. Para a hipótese alternativa da Equação 11-59, a escala das abscissas das curvas características de operação nos Gráficos VIa e VIb é d, onde

$$d = \frac{|\mu_1 - \mu_2|}{\sqrt{\sigma_1^2 + \sigma_2^2}} = \frac{|\delta|}{\sqrt{\sigma_1^2 + \sigma_2^2}}, \qquad (11\text{-}66)$$

e os tamanhos amostrais devem ser iguais, $n = n_1 = n_2$. Para a hipótese alternativa unilateral $H_0: \mu_1 > \mu_2$ na Equação 11-62, a escala das abscissas é

$$d = \frac{\mu_1 - \mu_2}{\sqrt{\sigma_1^2 + \sigma_2^2}} = \frac{\delta}{\sqrt{\sigma_1^2 + \sigma_2^2}}, \qquad (11\text{-}67)$$

onde $n = n_1 = n_2$. A outra hipótese alternativa unilateral, $H_0: \mu_1 < \mu_2$, exige que d seja definido como

$$d = \frac{\mu_2 - \mu_1}{\sqrt{\sigma_1^2 + \sigma_2^2}} = \frac{\delta}{\sqrt{\sigma_1^2 + \sigma_2^2}} \qquad (11\text{-}68)$$

e $n = n_1 = n_2$.

Não é pouco usual encontrar problemas onde os custos da coleta de dados diferem substancialmente entre as duas populações ou onde uma variância populacional é muito maior do que a outra. Nesses casos, deve-se usar, em geral, tamanhos diferentes de amostra. Se $n_1 \neq n_2$, as curvas características de operação podem ser acessadas com um valor *equivalente* de n calculado por

$$n = \frac{\sigma_1^2 + \sigma_2^2}{\sigma_1^2/n_1 + \sigma_2^2/n_2}. \qquad (11\text{-}69)$$

Se $n_1 \neq n_2$ e seus valores são fixados de antemão, então a Equação 11-69 é usada diretamente para o cálculo de n e as curvas características de operação são acessadas com um valor especificado de d para se obter β. Se d for dado e for necessária a determinação de n_1 e n_2 para se obter um β específico, β^*, pode-se então tentar adivinhar valores de n_1 e n_2, calcular n na Equação 11-69, acessar as curvas com o valor especificado de d e encontrar β. Se $\beta = \beta^*$, então os valores de teste de n_1 e n_2 são satisfatórios. Se $\beta \neq \beta^*$, fazem-se então ajustes em n_1 e n_2, e o processo se repete.

Exemplo 11-13

Considere o problema da linha de produção de suco de laranja do Exemplo 11-12. Se a verdadeira diferença nas taxas médias de produção for de 10 caixas por dia, ache o tamanho amostral necessário para detectar essa diferença com uma probabilidade de 0,90. O valor apropriado do parâmetro da abscissa é

$$d = \frac{\mu_1 - \mu_2}{\sqrt{\sigma_1^2 + \sigma_2^2}} = \frac{10}{\sqrt{40 + 50}} = 1{,}05,$$

e, como $\alpha = 0{,}05$, encontramos, pelo Gráfico VIc, que $n = n_1 = n_2 = 8$.

É possível, também, deduzir fórmulas para o tamanho amostral necessário para se obter um β especificado para δ e α dados. Essas fórmulas são, ocasionalmente, suplementos úteis das curvas características de operação. Para a hipótese alternativa bilateral, o tamanho amostral $n = n_1 = n_2$ é

$$n \simeq \frac{\left(Z_{\alpha/2} + Z_\beta\right)^2 \left(\sigma_1^2 + \sigma_2^2\right)}{\delta^2}. \qquad (11\text{-}70)$$

Essa aproximação é válida quando $\Phi\left(-Z_{\alpha/2} - \delta\sqrt{n}/\sqrt{\sigma_1^2 + \sigma_2^2}\right)$ é pequeno, comparado com β. Para a alternativa unilateral, temos $n = n_1 = n_2$, onde

$$n = \frac{\left(Z_\alpha + Z_\beta\right)^2 \left(\sigma_1^2 + \sigma_2^2\right)}{\delta^2}. \qquad (11\text{-}71)$$

As deduções das Equações 11-70 e 11-71 seguem de perto o caso de amostra única da Seção 11-2. Para ilustrar o uso dessas equações, considere a situação no Exemplo 11-13. Temos uma alternativa unilateral, com $\alpha = 0{,}05$, $\delta = 10$, $\sigma_1^2 = 40$, $\sigma_2^2 = 50$ e $\beta = 0{,}10$. Assim, $Z_\alpha = Z_{0,05} = 1{,}645$, $Z_\beta = Z_{0,10} = 1{,}28$ e o tamanho amostral exigido é encontrado pela Equação 11-71 como

$$n = \frac{\left(Z_\alpha + Z_\beta\right)^2 \left(\sigma_1^2 + \sigma_2^2\right)}{\delta^2} = \frac{(1{,}645 + 1{,}28)^2 (40 + 50)}{10^2} = 8,$$

o que concorda com os resultados obtidos no Exemplo 11-13.

11-3.2 Testes de Hipóteses para as Médias de Duas Distribuições Normais, Variâncias Desconhecidas

Consideramos, agora, os testes de hipóteses sobre a igualdade das médias, μ_1 e μ_2, de duas distribuições normais, onde as variâncias σ_1^2 e σ_2^2 são desconhecidas. Será usada uma estatística t para testar essas hipóteses. Conforme notado na Seção 11-2.2, a suposição de normalidade é necessária para se desenvolver o procedimento de teste, mas afastamentos moderados da normalidade não afetam fortemente o procedimento. Há duas situações diferentes que devem ser tratadas. No primeiro caso, admitimos que as variâncias das duas distribuições normais sejam desconhecidas, mas iguais; isto é, $\sigma_1^2 = \sigma_2^2 = \sigma^2$. No segundo, admitimos que σ_1^2 e σ_2^2 são desconhecidas e não necessariamente iguais.

Caso 1: $\sigma_1^2 = \sigma_2^2 = \sigma^2$ Sejam X_1 e X_2 duas populações normais independentes, com médias μ_1 e μ_2 desconhecidas e variâncias desconhecidas, mas iguais, $\sigma_1^2 = \sigma_2^2 = .\sigma^2$. Desejamos testar

$$H_0: \mu_1 = \mu_2,$$
$$H_1: \mu_1 \neq \mu_2. \tag{11-72}$$

Suponha que $X_{11}, X_{12}, \ldots, X_{1n_1}$ seja uma amostra aleatória de n_1 observações de X_1 e que $X_{21}, X_{22}, \ldots, X_{2n_2}$ seja uma amostra aleatória de n_2 observações de X_2. Sejam $\overline{X}_1$, $\overline{X}_2$, S_1^2 e S_2^2 as médias e variâncias amostrais, respectivamente. Como tanto S_1^2 quanto S_2^2 estimam a variância comum, podemos combiná-las para obter uma única estimativa, digamos

$$S_p^2 = \frac{(n_1 - 1)S_1^2 + (n_2 - 1)S_2^2}{n_1 + n_2 - 2}. \tag{11-73}$$

Esse estimador "combinado" foi introduzido na Seção 10-3.2. Para testar $H_0: \mu_1 = \mu_2$ na Equação 11-72, calcule a estatística de teste

$$t_0 = \frac{\overline{X}_1 - \overline{X}_2}{S_p\sqrt{\dfrac{1}{n_1} + \dfrac{1}{n_2}}}. \tag{11-74}$$

Se $H_0: \mu_1 = \mu_2$ for verdadeira, t_0 é distribuída como $t_{n_1 + n_2 - 2}$. Portanto, se

$$t_0 > t_{\alpha/2, n_1 + n_2 - 2} \tag{11-75a}$$

ou se

$$t_0 < -t_{\alpha/2, n_1 + n_2 - 2} \tag{11-75b}$$

rejeitamos $H_0: \mu_1 = \mu_2$.

As alternativas unilaterais são tratadas de modo análogo. Para testar

$$H_0: \mu_1 = \mu_2,$$
$$H_1: \mu_1 > \mu_2, \tag{11-76}$$

calcule a estatística de teste t_0 na Equação 11-74 e rejeite $H_0: \mu_1 = \mu_2$ se

$$t_0 > t_{\alpha, n_1 + n_2 - 2}. \tag{11-77}$$

Para a outra alternativa unilateral

$$H_0: \mu_1 = \mu_2,$$
$$H_1: \mu_1 < \mu_2, \tag{11-78}$$

calcule a estatística de teste t_0 e rejeite $H_0: \mu_1 = \mu_2$ se

$$t_0 < -t_{\alpha, n_1 + n_2 - 2}. \tag{11-79}$$

O teste t de duas amostras dado nesta seção é, em geral, chamado de teste t *combinado* porque as variâncias amostrais são combinadas para se estimar a variância comum. É, também, conhecido como teste t *independente*, porque se supõe que as duas populações normais sejam independentes.

Exemplo 11-14

Dois catalisadores estão sendo analisados para se determinar como eles afetam o resultado médio de um processo químico. Especificamente, o catalisador 1 está em uso corrente, mas o catalisador 2 é aceitável. Como o catalisador 2 é mais barato, se não afetar o resultado do processo ele deve ser adotado. Suponha que desejemos testar as hipóteses

$$H_0: \mu_1 = \mu_2,$$
$$H_1: \mu_1 \neq \mu_2.$$

Dados de uma planta piloto resultam em $n_1 = 8$, $\bar{x}_1 = 91{,}73$, $s_1^2 = 3{,}89$, $n_2 = 8$, $\bar{x}_2 = 93{,}75$ e $s_2^2 = 4{,}02$. Pela Equação 11-73, encontramos

$$s_p^2 = \frac{(n_1-1)s_1^2 + (n_2-1)s_2^2}{n_1 + n_2 - 2} = \frac{(7)3{,}89 + 7(4{,}02)}{8+8-2} = 3{,}96.$$

A estatística de teste é

$$t_0 = \frac{\bar{x}_1 - \bar{x}_2}{s_p\sqrt{\frac{1}{n_1} + \frac{1}{n_2}}} = \frac{91{,}73 - 93{,}75}{1{,}99\sqrt{\frac{1}{8} + \frac{1}{8}}} = -2{,}03.$$

Usando $\alpha = 0{,}05$, encontramos $t_{0{,}025;\,14} = 2{,}145$ e $-t_{0{,}025;\,14} = -2{,}145$ e, conseqüentemente, $H_0: \mu_1 = \mu_2$ não pode ser rejeitada. Isto é, não temos evidência forte para concluir que o catalisador 2 produz um resultado médio diferente do resultado médio quando se usa o catalisador 1.

***

Caso 2: $\sigma_1^2 \neq \sigma_2^2$ Em algumas situações não podemos assumir, de maneira razoável, que as variâncias desconhecidas σ_1^2 e σ_2^2 sejam iguais. Não há uma estatística t exata disponível para o teste de $H_0: \mu_1 = \mu_2$ nesse caso. No entanto, a estatística

$$t_0^* = \frac{\bar{X}_1 - \bar{X}_2}{\sqrt{\frac{S_1^2}{n_1} + \frac{S_2^2}{n_2}}} \qquad (11\text{-}80)$$

segue aproximadamente uma distribuição t, com número de graus de liberdade dado por

$$v = \frac{\left(\frac{S_1^2}{n_1} + \frac{S_2^2}{n_2}\right)^2}{\frac{(S_1^2/n_1)^2}{n_1+1} + \frac{(S_2^2/n_2)^2}{n_2+1}} - 2 \qquad (11\text{-}81)$$

se a hipótese nula $H_0: \mu_1 = \mu_2$ for verdadeira. Portanto, se $\sigma_1^2 \neq \sigma_2^2$ as hipóteses das Equações 11-72, 11-76 e 11-78 são testadas como antes, exceto pelo fato de que t_0^* é usada como estatística de teste e $n_1 + n_2 - 2$ é substituído por v na determinação dos graus de liberdade para o teste. Esse problema geral é chamado de problema de Behrens-Fisher.

Exemplo 11-15

Um fabricante de aparelhos de vídeo está testando projetos de microcircuitos para determinar se eles produzem fluxos equivalentes de corrente. A engenharia de desenvolvimento obteve os seguintes dados:

Planejamento 1	$n_1 = 15$	$\bar{x}_1 = 24{,}2$	$s_1^2 = 10$
Planejamento 2	$n_2 = 10$	$\bar{x}_2 = 23{,}9$	$s_2^2 = 20$

Desejamos testar

$$H_0: \mu_1 = \mu_2,$$
$$H_1: \mu_1 \neq \mu_2,$$

onde se supõe que ambas as populações sejam normais, mas não estamos propensos a admitir que as variâncias desconhecidas σ_1^2 e σ_2^2 sejam iguais. A estatística de teste é

$$t_0^* = \frac{\bar{x}_1 - \bar{x}_2}{\sqrt{\dfrac{s_1^2}{n_1} + \dfrac{s_2^2}{n_2}}} = \frac{24{,}2 - 23{,}9}{\sqrt{\dfrac{10}{15} + \dfrac{20}{10}}} = 0{,}184.$$

Os graus de liberdade em t_0^* são encontrados pela Equação 11-81 como

$$v = \frac{\left(\dfrac{s_1^2}{n_1} + \dfrac{s_2^2}{n_2}\right)^2}{\dfrac{(s_1^2/n_1)^2}{n_1+1} + \dfrac{(s_2^2/n_2)^2}{n_2+1}} - 2 = \frac{\left(\dfrac{10}{15} + \dfrac{20}{10}\right)^2}{\dfrac{(10/15)^2}{16} + \dfrac{(20/10)^2}{11}} - 2 = 16.$$

Usando $\alpha = 0{,}10$, encontramos $t_{\alpha/2, v} = t_{0{,}05;\,16} = 1{,}746$. Como $|t_0^*| < t_{0{,}05;\,16}$, não podemos rejeitar $H_0: \mu_1 = \mu_2$.

Escolha do Tamanho da Amostra

As curvas características de operação nos Gráficos VIe, VIf, VIg e VIh (Apêndice) são usadas para se calcular o erro tipo II para o caso em que $\sigma_1^2 = \sigma_2^2 = \sigma^2$. Infelizmente, quando $\sigma_1^2 \neq \sigma_2^2$ a distribuição de t_0^* é desconhecida se a hipótese nula for falsa, e não há curva característica de operação disponível para esse caso.

Para a alternativa bilateral na Equação 11-72, quando $\sigma_1^2 = \sigma_2^2 = \sigma^2$ e $n_1 = n_2 = n$, são usados os Gráficos VIe e VIf, com

$$d = \frac{|\mu_1 - \mu_2|}{2\sigma} = \frac{|\delta|}{2\sigma}. \qquad (11\text{-}82)$$

Para se usar essas curvas, elas devem ser acessadas com o tamanho amostral $n^* = 2n - 1$. Para a hipótese alternativa unilateral da Equação 11-76, usamos os Gráficos VIg e VIh e definimos

$$d = \frac{\mu_1 - \mu_2}{2\sigma} = \frac{\delta}{2\sigma}, \qquad (11\text{-}83)$$

enquanto para a outra hipótese alternativa unilateral da Equação 11-78 usamos

$$d = \frac{\mu_2 - \mu_1}{2\sigma} = \frac{\delta}{2\sigma}. \qquad (11\text{-}84)$$

Note-se que o parâmetro d é uma função de σ, que é desconhecido. Como no teste t de amostra única (Seção 11-2.2), podemos ter que nos apoiar em uma estimativa prévia de σ ou usar uma estimativa subjetiva. Alternativamente, podemos definir as diferenças na média que desejamos detectar em relação a σ.

Exemplo 11-16

Considere o experimento do catalisador do Exemplo 11-14. Suponha que se o catalisador 2 produz um resultado que difere do resultado do catalisador 1 por 3,0%, gostaríamos de rejeitar a hipótese nula com uma probabilidade de, no mínimo, 0,85. Qual o tamanho amostral necessário? Usando $s_p = 1{,}99$ como uma primeira estimativa do desvio-padrão comum, σ, temos $d = |\delta|/2\sigma = |3{,}00|/(2)(1{,}99) = 0{,}75$. Pelo Gráfico VIe (Apêndice) com $d = 0{,}75$ e $\beta = 0{,}15$ encontramos $n^* = 20$, aproximadamente. Portanto, como $n^* = 2n - 1$,

$$n = \frac{n^* + 1}{2} = \frac{20 + 1}{2} = 10{,}5 \approx 11$$

e usaríamos tamanhos amostrais de $n_1 = n_2 = n = 11$.

11-3.3 O Teste t Emparelhado

Um caso especial de teste t de duas amostras ocorre quando as observações sobre as duas populações de interesse são coletadas aos pares. Cada par de observações, digamos (X_{1j}, X_{2j}), é extraído sob condições idênticas, mas essas condições podem mudar de um para outro par. Por exemplo, suponha que estejamos interessados na comparação de dois tipos diferentes de ponteiras para uma máquina de teste de dureza. Essa máquina pressiona a ponteira em um espécime de metal com uma força conhecida. Medindo-se a profundidade da depressão causada pela ponteira pode-se determinar a dureza do espécime. Se vários espécimes fossem selecionados aleatoriamente, metade testada com a ponteira 1, metade testada com a ponteira 2, e fosse aplicado o teste t combinado ou independente da Seção 11-3.2, os resultados do teste poderiam não ser válidos. Isto é, os espécimes de metal poderiam ter sido cortados de barras produzidas em diferentes temperaturas ou eles poderiam não ser homogêneos, que é outro fator que pode afetar a dureza; então, as diferenças observadas entre as leituras da dureza média para os dois tipos de ponteiras incluiriam, também, diferenças entre os espécimes.

O procedimento experimental correto seria coletar os dados em *pares*; isto é, tomar duas leituras de dureza de cada espécime, uma com cada ponteira. O procedimento de teste consistiria, então, na análise das *diferenças* entre as leituras de dureza de cada espécime. Se não houver diferença entre as ponteiras, então a média das diferenças deve ser zero. Esse procedimento de teste é chamado de *teste t emparelhado*.

Seja (X_{11}, X_{21}), (X_{12}, X_{22}), ..., (X_{1n}, X_{2n}) um conjunto de n observações *emparelhadas*, para as quais supomos que $X_1 \sim N(\mu_1, \sigma_1^2)$ e $X_2 \sim N(\mu_2, \sigma_2^2)$. Defina as diferenças entre cada par de observações como $D_j = X_{1j} - X_{2j}$, $j = 1, 2, ..., n$.

As diferenças D_j são distribuídas normalmente, com média

$$\mu_D = E(X_1 - X_2) = E(X_1) - E(X_2) = \mu_1 - \mu_2,$$

de modo que um teste sobre a igualdade de μ_1 e μ_2 pode ser obtido realizando-se um teste t de amostra única sobre μ_D. Especificamente, testar $H_0: \mu_1 = \mu_2$ contra $H_1: \mu_1 \neq \mu_2$ é equivalente a testar

$$H_0: \mu_D = 0, \tag{11-85}$$
$$H_1: \mu_D \neq 0.$$

A estatística de teste apropriada para a Equação 11-85 é

$$t_0 = \frac{\overline{D}}{S_D/\sqrt{n}}, \tag{11-86}$$

onde

$$\overline{D} = \frac{1}{n}\sum_{j=1}^{n} D_j \tag{11-87}$$

e

$$S_D^2 = \frac{\sum_{j=1}^{n} D_j^2 - \frac{1}{n}\left(\sum_{j=1}^{n} D_j\right)^2}{n-1} \tag{11-88}$$

são a média e a variância amostrais das diferenças. Rejeitaríamos $H_0: \mu_D = 0$ (o que implica que $\mu_1 \neq \mu_2$) se $t_0 > t_{\alpha/2, n-1}$ ou se $t_0 < -t_{\alpha/2, n-1}$. As alternativas unilaterais são tratadas de maneira análoga.

Exemplo 11-17

Um artigo no *Journal of Strain Analysis* (Vol. 18, N.º 2, 1983) compara vários métodos de se predizer a força de cisalhamento de longarinas de chapa de aço. A Tabela 11-2 mostra dados para dois desses métodos, os procedimentos Karlsruhe e Lehigh, aplicados a nove longarinas específicas. Desejamos determinar se há alguma diferença (na média) entre os dois métodos.

A média e o desvio-padrão amostrais das diferenças d_j são $\overline{d} = 0,2739$ e $s_d = 0,1351$, de modo que a estatística de teste é

$$t_0 = \frac{\overline{d}}{s_d/\sqrt{n}} = \frac{0,2739}{0,1351/\sqrt{9}} = 6,08.$$

Tabela 11-2 Predições de Força para Nove Longarinas de Chapa de Aço (Carga Predita/Carga Observada)

Longarina	Método de Karlsruhe	Método de Lehigh	Diferença d_j
S1/1	1,186	1,061	0,125
S2/1	1,151	0,992	0,159
S3/1	1,322	1,063	0,259
S4/1	1,339	1,062	0,277
S5/1	1,200	1,065	0,135
S2/1	1,402	1,178	0,224
S2/2	1,365	1,037	0,328
S2/3	1,537	1,086	0,451
S2/4	1,559	1,052	0,507

Para a alternativa bilateral $H_1: \mu_D \neq 0$ e $\alpha = 0,1$ deixaríamos de rejeitar a hipótese nula apenas se $|t_0| < t_{0,05;\,8} = 1,86$. Como $t_0 > t_{0,05;\,8}$ concluímos que os dois métodos de predição de força dão resultados diferentes. Especificamente, o método de Karlsruhe produz, na média, predições de força mais altas do que o método de Lehigh.

Comparações Emparelhadas Versus Não-emparelhadas Algumas vezes, ao realizar um experimento comparativo o investigador pode escolher entre o teste t de análise emparelhada e o teste t de duas amostras (ou não-emparelhado). Se são feitas n medições em cada população, a estatística t de duas amostras é

$$t_0 = \frac{\overline{X}_1 - \overline{X}_2}{S_p\sqrt{\frac{1}{n} + \frac{1}{n}}},$$

que é comparada a $t_{\alpha/2,\, 2n-2}$ e, naturalmente, a estatística t emparelhada é

$$t_0 = \frac{\overline{D}}{S_D/\sqrt{n}},$$

que é comparada a $t_{\alpha/2,\, n-1}$. Note que, uma vez que

$$\overline{D} = \frac{1}{n}\sum_{j=1}^{n} D_j = \frac{1}{n}\sum_{j=1}^{n}(X_{1j} - X_{2j}) = \frac{1}{n}\sum_{j=1}^{n} X_{1j} - \frac{1}{n}\sum_{j=1}^{n} X_{2j}$$
$$= \overline{X}_1 - \overline{X}_2,$$

os numeradores de ambas as estatísticas são idênticos. No entanto, o denominador do teste t de duas amostras se baseia na suposição de que X_1 e X_2 sejam *independentes*. Em muitos experimentos emparelhados há uma forte correlação positiva entre X_1 e X_2. Isto é,

$$V(\overline{D}) = V(\overline{X}_1 - \overline{X}_2)$$
$$= V(\overline{X}_1) + V(\overline{X}_2) - 2\text{Cov}(\overline{X}_1, \overline{X}_2)$$
$$= \frac{2\sigma^2(1-\rho)}{n},$$

supondo-se que ambas as populações, X_1 e X_2, tenham variâncias iguais. Além disso, S_D^2/n estima a variância de $\overline{D}$. Agora, sempre que há uma correlação positiva dentro dos pares o denominador do teste t emparelhado será menor do que o denominador do teste t de duas amostras. Isso pode fazer com que o teste t de duas amostras subestime consideravelmente a significância dos dados, se for aplicado incorretamente a amostras emparelhadas.

Embora o emparelhamento, em geral, leve a um menor valor da variância de $\overline{X}_1 - \overline{X}_2$, ele tem uma desvantagem — o teste t emparelhado conduz a uma perda de $n - 1$ graus de liberdade, em comparação com o teste t de duas amostras. Sabemos que, em geral, o aumento nos graus de liberdade de um teste aumenta o poder contra quaisquer valores alternativos fixos do parâmetro.

Assim, como decidirmos sobre a condução do experimento — devemos emparelhar as observações ou não? Embora não haja uma resposta geral para essa pergunta, podemos dar algumas diretrizes que se baseiam na discussão anterior. Elas são as seguintes:

1. Se as unidades experimentais são relativamente homogêneas (σ pequeno) e a correlação entre os pares é pequena, o ganho em precisão devido ao emparelhamento será ofuscado pela perda nos graus de liberdade, de modo que deve ser usado um experimento de amostras independentes.
2. Se as unidades experimentais são relativamente heterogêneas (σ grande) e há grande correlação positiva entre os pares, deve-se usar o experimento emparelhado.

A implementação das regras ainda exige algum julgamento em sua implementação, porque σ e ρ, em geral, não são conhecidos com precisão. Além disso, se o número de graus de liberdade for grande (digamos, 40 ou 50) então a perda de $n-1$ deles em função do emparelhamento pode não ser séria. No entanto, se o número de graus de liberdade for pequeno (10 ou 20) então perder metade deles pode ser potencialmente sério, se não houver uma compensação através do aumento na precisão proveniente do emparelhamento.

11-3.4 Testes para a Igualdade de Duas Variâncias

Apresentamos, agora, testes para a comparação de duas variâncias. Seguindo a abordagem da Seção 11-2.3, apresentamos testes para populações normais e testes de grandes amostras que podem ser aplicados a populações não-normais.

Procedimento de Teste para Populações Normais

Suponha que sejam de interesse duas populações, $X_1 \sim N(\mu_1, \sigma_1^2)$ e $X_2 \sim N(\mu_2, \sigma_2^2)$, onde μ_1, σ_1^2, μ_2 e σ_2^2 são desconhecidas. Desejamos testar hipóteses sobre a igualdade das duas variâncias, digamos $H_0: \sigma_1^2 = \sigma_2^2$. Suponha que estejam disponíveis duas amostras aleatórias, uma de tamanho n_1 da população 1 e outra de tamanho n_2 da população 2, e sejam S_1^2 e S_2^2 as variâncias amostrais. Para testar a alternativa bilateral

$$H_0: \sigma_1^2 = \sigma_2^2, \tag{11-89}$$
$$H_1: \sigma_1^2 \neq \sigma_2^2,$$

usamos o fato de que a estatística

$$F_0 = \frac{S_1^2}{S_2^2} \tag{11-90}$$

é distribuída como F, com $n_1 - 1$ e $n_2 - 1$ graus de liberdade, se a hipótese nula, $H_0: \sigma_1^2 = \sigma_2^2$, for verdadeira. Portanto, rejeitamos H_0 se

$$F_0 > F_{\alpha/2, n_1-1, n_2-1} \tag{11-91a}$$

ou se

$$F_0 < F_{1-\alpha/2, n_1-1, n_2-1}, \tag{11-91b}$$

onde $F_{\alpha/2, n_1-1, n_2-1}$ e $F_{1-\alpha/2, n_1-1, n_2-1}$ são os pontos percentuais $\alpha/2$ superior e inferior da distribuição F com $n_1 - 1$ e $n_2 - 1$ graus de liberdade. A Tabela V (Apêndice) dá apenas os pontos da cauda superior de F, de modo que para encontrar $F_{1-\alpha/2, n_1-1, n_2-1}$ devemos usar

$$F_{1-\alpha/2, n_1-1, n_2-1} = \frac{1}{F_{\alpha/2, n_2-1, n_1-1}}. \tag{11-92}$$

A mesma estatística de teste pode ser usada para o teste de hipóteses alternativas unilaterais. Como a notação X_1 e X_2 é arbitrária, denote por X_1 a população que pode ter a maior variância. Assim, a hipótese alternativa unilateral é

$$H_0: \sigma_1^2 = \sigma_2^2, \quad (11\text{-}93)$$
$$H_1: \sigma_1^2 > \sigma_2^2.$$

Se
$$F_0 > F_{\alpha, n_1-1, n_2-1}, \quad (11\text{-}94)$$

rejeitamos $H_0: \sigma_1^2 = \sigma_2^2$.

Exemplo 11-18

Usa-se cauterização química para remover cobre de placas de circuito impresso. X_1 e X_2 representam os resultados do processo quando se usam duas concentrações diferentes. Suponha que desejemos testar

$$H_0: \sigma_1^2 = \sigma_2^2,$$
$$H_1: \sigma_1^2 \neq \sigma_2^2.$$

Duas amostras aleatórias de tamanhos $n_1 = n_2 = 8$ resultam em $s_1^2 = 3{,}89$ e $s_2^2 = 4{,}02$ e

$$F_0 = \frac{s_1^2}{s_2^2} = \frac{3{,}89}{4{,}02} = 0{,}97.$$

Se $\alpha = 0{,}05$, temos que $F_{0,025; 7; 7} = 4{,}99$ e $F_{0,975; 7; 7} = (F_{0,025; 7; 7})^{-1} = (4{,}99)^{-1} = 0{,}20$. Portanto, não podemos rejeitar $H_0: \sigma_1^1 = \sigma_2^2$, e podemos concluir que não há evidência forte de que a variância do resultado seja afetada pela concentração.

Escolha do Tamanho Amostral

Os Gráficos VI*o*, VI*p*, VI*q* e VI*r* (Apêndice) fornecem curvas características de operação para o teste F para $\alpha = 0{,}05$ e $\alpha = 0{,}01$, supondo $n_1 = n_2 = n$. Os Gráficos VI*o* e VI*p* são usados com a alternativa bilateral da Equação 11-89. Eles plotam o parâmetro da abscissa

$$\lambda = \frac{\sigma_1}{\sigma_2} \quad (11\text{-}95)$$

para vários $n_1 = n_2 = n$. Os Gráficos VI*q* e VI*r* são usados para a alternativa unilateral da Equação 11-93.

Exemplo 11-19

Para o problema da análise do resultado do processo químico do Exemplo 11-18, suponha que uma das concentrações afetasse a variância do resultado, sendo uma das variâncias quatro vezes a outra, e que desejássemos detectar esse fato com probabilidade de, pelo menos, 0,80. Que tamanho amostral deveria ser usado? Note que, se uma variância é quatro vezes a outra, então

$$\lambda = \frac{\sigma_1}{\sigma_2} = 2.$$

Consultando o Gráfico VI*o*, com $\beta = 0{,}20$ e $\lambda = 2$, encontramos que é necessário um tamanho amostral de $n_1 = n_2 = 20$, aproximadamente.

Um Procedimento de Teste para Grandes Amostras

Quando ambos os tamanhos amostrais, n_1 e n_2, são grandes, pode-se desenvolver um procedimento de teste que não exige a hipótese de normalidade. O teste se baseia no resultado de que os desvios-padrão amostrais, S_1 e S_2, têm distribuições aproximadamente normais, com médias σ_1 e σ_2, respectivamente, e variâncias $\sigma_1^2/2n_1$ e $\sigma_2^2/2n_2$, respectivamente. Para o teste de

$$H_0: \sigma_1^2 = \sigma_2^2, \quad (11\text{-}96)$$
$$H_1: \sigma_1^2 \neq \sigma_2^2,$$

usamos a estatística de teste

$$Z_0 = \frac{S_1 - S_2}{S_p\sqrt{\frac{1}{2n_1} + \frac{1}{2n_2}}}, \tag{11-97}$$

onde S_p é o estimador combinado do desvio-padrão comum, σ. Essa estatística tem uma distribuição normal padronizada aproximada quando $\sigma_1^2 = \sigma_2^2$. Rejeitamos H_0 se $Z_0 > Z_{\alpha/2}$ ou se $Z_0 < -Z_{\alpha/2}$. As regiões de rejeição para as alternativas unilaterais têm a mesma forma que em outros testes normais de duas amostras.

11-3.5 Testes de Hipóteses para Duas Proporções

Os testes da Seção 11-2.4 podem ser estendidos ao caso em que há dois parâmetros binomiais de interesse, p_1 e p_2, e desejamos testar se são iguais. Isto é, desejamos testar

$$H_0: p_1 = p_2, \tag{11-98}$$
$$H_1: p_1 \neq p_2.$$

Apresentaremos um procedimento para grandes amostras com base na aproximação normal da binomial e, então, delinearemos uma abordagem possível para pequenos tamanhos de amostra.

Teste para Grandes Amostras de $H_0: p_1 = p_2$

Suponha que sejam extraídas duas amostras aleatórias de tamanhos n_1 e n_2 de duas populações e represente por X_1 e X_2 o número de observações que pertencem à classe de interesse nas amostras 1 e 2, respectivamente. Além disso, suponha que se aplique, a cada população, a aproximação normal da binomial, de modo que os estimadores das proporções populacionais, $\hat{p}_1 = X_1/n_1$ e $\hat{p}_2 = X_2/n_2$, têm distribuições aproximadamente normais. Agora, se a hipótese nula $H_0: p_1 = p_2$ for verdadeira, então, usando-se o fato de que $p_1 = p_2 = p$, a variável aleatória

$$Z = \frac{\hat{p}_1 - \hat{p}_2}{\sqrt{p(1-p)\left[\frac{1}{n_1} + \frac{1}{n_2}\right]}}$$

tem distribuição de aproximadamente $N(0, 1)$. Uma estimativa do parâmetro comum, p, é

$$\hat{p} = \frac{X_1 + X_2}{n_1 + n_2}.$$

A estatística de teste para $H_0: p_1 = p_2$ é, então,

$$Z_0 = \frac{\hat{p}_1 - \hat{p}_2}{\sqrt{\hat{p}(1-\hat{p})\left[\frac{1}{n_1} + \frac{1}{n_2}\right]}}. \tag{11-99}$$

Se

$$Z_0 > Z_{\alpha/2} \quad \text{ou} \quad Z_0 < -Z_{\alpha/2}, \tag{11-100}$$

a hipótese nula é rejeitada.

Exemplo 11-20

Dois tipos diferentes de computadores de controle de tiro estão sendo considerados, para uso pelo exército americano, em baterias de seis canhões de 105 mm. Os dois sistemas de computadores são submetidos a um teste operacional, no qual se conta o número total de acertos no alvo. O sistema 1 teve 250 acertos em 300 rodadas, enquanto o sistema 2 teve 178 acertos em 260 rodadas. Há razão para se acreditar que os dois sistemas diferem? Para responder a essa questão, testamos

$$H_0: p_1 = p_2,$$
$$H_1: p_1 \neq p_2.$$

Note que $\hat{p}_1 = 250/300 = 0{,}8333$, $\hat{p}_2 = 178/260 = 0{,}6846$ e

$$\hat{p} = \frac{x_1 + x_2}{n_1 + n_2} = \frac{250 + 178}{300 + 260} = 0{,}7643.$$

O valor da estatística de teste é

$$Z_0 = \frac{\hat{p}_1 - \hat{p}_2}{\sqrt{\hat{p}(1-\hat{p})\left[\frac{1}{n_1} + \frac{1}{n_2}\right]}} = \frac{0{,}8333 - 0{,}6846}{\sqrt{0{,}7643(0{,}2357)\left[\frac{1}{300} + \frac{1}{260}\right]}} = 4{,}13.$$

Se usarmos $\alpha = 0{,}05$, então $Z_{0{,}025} = 1{,}96$ e $-Z_{0{,}025} = -1{,}96$, e rejeitaremos H_0, concluindo que há uma diferença significativa nos dois sistemas de computadores.

Escolha do Tamanho Amostral

O cálculo do erro β para o teste precedente é, de alguma maneira, mais complicado do que no caso de amostra única. O problema é que o denominador de Z_0 é uma estimativa do desvio-padrão de $\hat{p}_1 - \hat{p}_2$ sob a hipótese de que $p_1 = p_2 = p$. Quando $H_0: p_1 = p_2$ é falsa, o desvio-padrão de $\hat{p}_1 - \hat{p}_2$ é

$$\sigma_{\hat{p}_1 - \hat{p}_2} = \sqrt{\frac{p_1(1-p_1)}{n_1} + \frac{p_2(1-p_2)}{n_2}}. \tag{11-101}$$

Se a hipótese alternativa é bilateral, o risco β é, aproximadamente,

$$\beta \simeq \Phi\left(\frac{Z_{\alpha/2}\sqrt{\bar{p}\bar{q}(1/n_1 + 1/n_2)} - (p_1 - p_2)}{\sigma_{\hat{p}_1 - \hat{p}_2}}\right)$$
$$- \Phi\left(\frac{-Z_{\alpha/2}\sqrt{\bar{p}\bar{q}(1/n_1 + 1/n_2)} - (p_1 - p_2)}{\sigma_{\hat{p}_1 - \hat{p}_2}}\right), \tag{11-102}$$

onde

$$\bar{p} = \frac{n_1 p_1 + n_2 p_2}{n_1 + n_2},$$
$$\bar{q} = \frac{n_1(1-p_1) + n_2(1-p_2)}{n_1 + n_2},$$

e $\sigma_{\hat{p}_1 - \hat{p}_2}$ é dado pela Equação 11-101. Se a hipótese alternativa é $H_1: p_1 > p_2$, então

$$\beta \simeq \Phi\left(\frac{Z_{\alpha}\sqrt{\bar{p}\bar{q}(1/n_1 + 1/n_2)} - (p_1 - p_2)}{\sigma_{\hat{p}_1 - \hat{p}_2}}\right), \tag{11-103}$$

e se a hipótese alternativa é $H_1: p_1 < p_2$, então

$$\beta \simeq 1 - \Phi\left(\frac{-Z_{\alpha}\sqrt{\bar{p}\bar{q}(1/n_1 + 1/n_2)} - (p_1 - p_2)}{\sigma_{\hat{p}_1 - \hat{p}_2}}\right). \tag{11-104}$$

Para um par especificado de valores, p_1 e p_2, podemos achar os tamanhos amostrais $n_1 = n_2 = n$ necessários para resultar no teste de tamanho α que tenha o erro tipo II β especificado. Para a alternativa bilateral, o tamanho amostral comum é, aproximadamente,

$$n \simeq \frac{\left(Z_{\alpha/2}\sqrt{(p_1+p_2)(q_1+q_2)/2} + Z_\beta\sqrt{p_1q_1+p_2q_2}\right)^2}{(p_1-p_2)^2},\tag{11-105}$$

onde $q_1 = 1 - p_1$ e $q_2 = 1 - p_2$. Para alternativas unilaterais, substitua $Z_{\alpha/2}$, na Equação 11-105 por Z_α.

Teste para Pequenas Amostras de $H_0: p_1 = p_2$

Muitos problemas que envolvem a comparação de proporções p_1 e p_2 têm tamanhos amostrais relativamente grandes, de modo que o procedimento que se baseia na aproximação normal da binomial é largamente usado na prática. No entanto, ocasionalmente, encontram-se problemas de pequeno tamanho amostral. Em tais casos, os testes Z não são apropriados e necessita-se de um procedimento alternativo. Nesta seção, descrevemos um procedimento que se baseia na distribuição hipergeométrica.

Suponha que X_1 e X_2 sejam o número de sucessos em duas amostras aleatórias de tamanhos n_1 e n_2, respectivamente. O procedimento de teste requer que consideremos o número total de sucessos como fixo, com valor $X_1 + X_2 = Y$. Considere, agora, as hipóteses

$$H_0: p_1 = p_2,$$
$$H_1: p_1 > p_2.$$

Dado que $X_1 + X_2 = Y$, grandes valores de X_1 apóiam H_1, enquanto valores pequenos ou moderados de X_1 apóiam H_0. Portanto, rejeitaremos H_0 sempre que X_1 for suficientemente grande.

Como a amostra combinada de $n_1 + n_2$ observações contém um total de $X_1 + X_2 = Y$ sucessos, se $H_0: p_1 = p_2$ os sucessos não têm probabilidade maior de se concentrarem na primeira amostra do que na segunda. Isto é, todas as maneiras nas quais $n_1 + n_2$ respostas podem ser divididas em uma amostra de n_1 respostas e uma segunda amostra de n_2 respostas são igualmente prováveis. O número de maneiras de se selecionar X_1 sucessos para a primeira amostra, deixando $Y - X_1$ sucessos para a segunda, é

$$\binom{Y}{X_1}\binom{n_1+n_2-Y}{n_1-X_1}.$$

Como os resultados são igualmente prováveis, a probabilidade de haver exatamente X_1 sucessos na amostra 1 é determinada pela razão do número de resultados da amostra 1 que tem X_1 sucessos para o número total de resultados, ou

$$P(X_1 = x_1 | Y \text{ sucessos em } n_1 + n_2 \text{ respostas}) = \frac{\binom{Y}{x_1}\binom{n_1+n_2-Y}{n_1-x_1}}{\binom{n_1+n_2}{n_1}},\tag{11-106}$$

dado que $H_0: p_1 = p_2$ é verdadeira. Reconhecemos a Equação 11-106 como uma distribuição hipergeométrica.

Para usar a Equação 11-106 para teste de hipótese devemos calcular a probabilidade de achar um valor de X_1 no mínimo tão extremo quanto o valor observado de X_1. Note que essa probabilidade é um valor P. Se esse valor P for suficientemente pequeno, então a hipótese nula será rejeitada. Essa abordagem pode, também, ser aplicada a alternativas unilaterais inferiores ou bilaterais.

Exemplo 11-21

Tecidos isolantes usados em placas de circuito impresso são fabricados em grandes rolos. O fabricante está tentando melhorar o *resultado* do processo, isto é, o número de rolos produzidos sem defeitos. Uma amostra de 10 rolos contém exatamente quatro rolos sem defeitos. Pela análise dos tipos de defeitos, a engenharia de produção sugere várias mudanças no processo. Em seguida à implementação dessas mudanças outra amostra de 10 rolos resulta em 8 rolos sem defeitos. Os dados apóiam a afirmativa de que o novo processo seja melhor do que o antigo, usando-se $\alpha = 0{,}10$?

Para responder a essa questão, calculamos o valor P. Em nosso exemplo, $n_1 = n_2 = 10$, $y = 8 + 4 = 12$ e o valor observado é $x_1 = 8$. Os valores de x_1 que são mais extremos do que 8 são 9 e 10. Portanto,

$$P(X_1 = 8 \mid 12 \text{ sucessos}) = \frac{\binom{12}{8}\binom{8}{2}}{\binom{20}{10}} = 0{,}0750,$$

$$P(X_1 = 9 \mid 12 \text{ sucessos}) = \frac{\binom{12}{9}\binom{8}{1}}{\binom{20}{10}} = 0{,}0095,$$

$$P(X_1 = 10 \mid 12 \text{ sucessos}) = \frac{\binom{12}{10}\binom{8}{0}}{\binom{20}{10}} = 0{,}0003.$$

O valor P é $P = 0{,}0750 + 0{,}0095 + 0{,}0003 = 0{,}0848$. Assim, no nível $\alpha = 0{,}10$ a hipótese nula é rejeitada, e concluímos que as mudanças da engenharia melhoraram o resultado do processo.

Esse procedimento de teste é algumas vezes chamado de teste de Fisher-Irwin. Como o teste depende da hipótese de que $X_1 + X_2$ seja fixado em algum valor, alguns estatísticos argumentam contra seu uso quando $X_1 + X_2$ não é, na verdade, fixo. Claramente, $X_1 + X_2$ não é fixo pelo procedimento amostral em nosso exemplo. No entanto, como não há outros procedimentos melhores, o teste de Fisher-Irwin é em geral usado se $X_1 + X_2$ é ou não fixo de antemão.

11-4 TESTE DA QUALIDADE DE AJUSTE

Os procedimentos de teste de hipótese discutidos nas seções anteriores são para problemas nos quais a forma da função de densidade da variável aleatória é conhecida, e as hipóteses envolvem os parâmetros da distribuição. Um outro tipo de hipótese é, em geral, encontrada: não sabemos a distribuição de probabilidade da variável aleatória em estudo, X, e desejamos testar a hipótese de que X segue uma distribuição de probabilidade particular. Por exemplo, podemos querer testar a hipótese de que X segue a distribuição normal.

Nesta seção, descrevemos um procedimento de teste formal de qualidade de ajuste baseado na distribuição qui-quadrado. Descreveremos, também, uma técnica gráfica muito útil que consiste nos gráficos de probabilidade. Finalmente, daremos algumas diretrizes úteis para a seleção da forma da distribuição da população.

O Teste Qui-Quadrado da Qualidade de Ajuste

O procedimento de teste requer uma amostra aleatória de tamanho n da variável aleatória X, cuja função de densidade de probabilidade é desconhecida. Essas n observações são dispostas em um histograma de freqüência tendo k intervalos de classe. Seja O_i a freqüência observada no i-ésimo intervalo de classe. Pela distribuição de probabilidade hipotética, calculamos a freqüência esperada no i-ésimo intervalo de classe, denotada por E_i. A estatística de teste é

$$\chi_0^2 = \sum_{i=1}^{k} \frac{(O_i - E_i)^2}{E_i}. \tag{11-107}$$

Pode-se mostrar que χ_0^2 segue, aproximadamente, a distribuição qui-quadrado com $k - p - 1$ graus de liberdade, onde p representa o número de parâmetros da distribuição hipotética estimada pela estatística amostral. Essa aproximação melhora na medida em que n aumenta. Rejeitamos a hipótese nula de que X segue a distribuição hipotética se $\chi_\alpha^2 > \chi_{\alpha, k-p-1}^2$.

Um ponto a se notar na aplicação desse procedimento de teste se refere à magnitude das freqüências esperadas. Se essas freqüências esperadas forem muito pequenas χ_0^2 não refletirá o desvio do observado em relação ao esperado, mas apenas as menores freqüências esperadas. Não há um acordo geral em relação ao valor mínimo das freqüências esperadas, mas os valores 3, 4 e 5 são amplamente

Tabela 11-3 Dados para o Exemplo 11-22

	0	1	2	3	4	5	6	7	8	9	Total n
Freqüências observadas, O_i	94	93	112	101	104	95	100	99	108	94	1000
Freqüências esperadas, E_i	100	100	100	100	100	100	100	100	100	100	1000

usados como mínimo. Se uma freqüência esperada for muito pequena ela poderá ser combinada com a freqüência esperada de um intervalo de classe adjacente. As freqüências observadas correspondentes devem, então, ser também combinadas, e k será reduzido em uma unidade. Não se exige que os intervalos de classe tenham a mesma amplitude.

Damos, agora, três exemplos do procedimento de teste.

Exemplo 11-22

Uma Distribuição Completamente Especificada Um cientista de computação desenvolveu um algoritmo para gerar inteiros pseudo-aleatórios sobre o intervalo 0-9. Ele codifica o algoritmo e gera 1000 dígitos pseudo-aleatórios. A Tabela 11-3 mostra os dados. Há evidência de que o gerador de números aleatórios esteja funcionando corretamente?

Se o gerador de números aleatórios estiver funcionando corretamente os valores 0-9 devem seguir a distribuição *uniforme discreta*, o que implica que cada um dos inteiros deve ocorrer cerca de 100 vezes. Isto é, as freqüências esperadas são $E_i = 100$, para $i = 0, 1, ..., 9$. Como essas freqüências esperadas podem ser determinadas a partir dos dados sem a estimação de qualquer parâmetro, o teste de qualidade de ajuste qui-quadrado resultante terá $k - p - 1 = 10 - 0 - 1 = 9$ graus de liberdade.

O valor observado da estatística de teste é

$$\chi_0^2 = \sum_{i=1}^{k} \frac{(O_i - E_i)^2}{E_i}$$
$$= \frac{(94-100)^2}{100} + \frac{(93-100)^2}{100} + \cdots + \frac{(94-100)^2}{100}$$
$$= 3{,}72.$$

Como $\chi_{0,05;9}^2 = 16{,}92$, não podemos rejeitar a hipótese de que os dados provêm de uma distribuição uniforme discreta. Assim, o gerador de números aleatórios parece estar funcionando satisfatoriamente.

Exemplo 11-23

Uma Distribuição Discreta Espera-se que o número de defeitos em placas de circuito impresso siga uma distribuição de Poisson. Coletou-se uma amostra aleatória de $n = 60$ placas impressas e observou-se o número de defeitos, resultando nos seguintes dados:

Número de Defeitos	Freqüência Observada
0	32
1	15
2	9
3	4

A média da suposta distribuição de Poisson neste exemplo é desconhecida e deve ser estimada pelos dados amostrais. A estimativa do número médio de defeitos por placa é a média amostral; isto é, $(32 \cdot 0 + 15 \cdot 1 + 9 \cdot 2 + 4 \cdot 3)/60 = 0{,}75$. Pela distribuição acumulada de Poisson, com parâmetro 0,75, podemos calcular as freqüências esperadas como $E_i = np_i$, onde p_i é a probabilidade hipotética teórica associada ao i-ésimo intervalo de classe e n é o número total de observações. As hipóteses apropriadas são

$$H_0: p(x) = \frac{e^{-0{,}75}(0{,}75)^x}{x!}, \qquad x = 0, 1, 2, ...,$$
$$H_1: p(x) \text{ não é Poissom com } \lambda = 0{,}75.$$

Podemos calcular as freqüências esperadas como segue:

Número de Falhas	Probabilidade	Freqüência Esperada
0	0,472	28,32
1	0,354	21,24
2	0,133	7,98
≥ 3	0,041	2,46

As freqüências esperadas são obtidas pela multiplicação do tamanho amostral pelas respectivas probabilidades. Como a freqüência esperada na última célula é menor do que 3, combinamos as duas últimas células:

Número de Falhas	Freqüência Observada	Freqüência Esperada
0	32	28,32
1	15	21,24
≥ 2	13	10,44

A estatística de teste (que terá $k - p - 1 = 3 - 1 - 1 = 1$ grau de liberdade) se torna

$$\chi_0^2 = \frac{(32-28,32)^2}{28,32} + \frac{(15-21,24)^2}{21,24} + \frac{(13-10,44)^2}{10,44} = 2,94,$$

e como $\chi_{0,05;1}^2 = 3,84$, não podemos rejeitar a hipótese de que a ocorrência de defeitos segue uma distribuição de Poisson com média de 0,75 defeitos por placa.

Exemplo 11-24

Uma Distribuição Contínua Um engenheiro de produção está testando uma fonte de energia usada em uma estação de trabalho de processamento. Ele deseja determinar se a voltagem de saída é descrita adequadamente por uma distribuição normal. De uma amostra aleatória de $n = 100$ unidades ele obtém estimativas amostrais da média e do desvio-padrão, $\bar{x} = 12,04$ V e $s = 0,08$ V.

Uma prática comum na construção dos intervalos de classe para a distribuição de freqüências usada no teste de qualidade de ajuste qui-quadrado é escolher os limites das células de modo que as freqüências esperadas $E_i = np_i$ sejam iguais para todas as células. Para se usar esse método, desejamos escolher as fronteiras das células $a_0, a_1, ..., a_k$ para as k células, de modo que todas as probabilidades

$$p_i = P(a_{i-1} \leq X \leq a_i) = \int_{a_{i-1}}^{a_i} f(x)dx$$

sejam iguais. Suponha que decidamos usar $k = 8$ células. Para a distribuição normal padronizada, os intervalos que dividem a escala em oito segmentos igualmente prováveis são $[0; 0,32)$, $[0,32; 0,675)$, $[0,675; 1,15)$, $[1,15; \infty)$ e seus quatro intervalos "imagens simétricas" do outro lado do zero. Denotando-se esses pontos normais padronizados por $a_0, a_1, ..., a_8$, é fácil calcular os pontos necessários para o problema normal geral que temos em mãos; isto é, definimos os novos pontos finais dos intervalos de classe pela transformação $a_i' = \bar{x} + sa_i$, $i = 0, 1, ..., 8$. Por exemplo, o ponto final à direita do sexto intervalo é

$$a_6' = \bar{x} + sa_6 = 12,04 + (0,08)(0,675) = 12,094.$$

Para cada intervalo, $p_i = \frac{1}{8} = 0,125$, de modo que as freqüências esperadas das células são $E_i = np_i = 100(0,125) = 12,5$. A tabela completa das freqüências esperadas e observadas é dada na Tabela 11-4.

O valor calculado da estatística qui-quadrado é

$$\chi_0^2 = \sum_{i=1}^{8} \frac{(O_i - E_i)^2}{E_i}$$
$$= \frac{(10-12,5)^2}{12,5} + \frac{(14-12,5)^2}{12,5} + \cdots + \frac{(14-12,5)^2}{12,5}$$
$$= 1,12.$$

Como foram estimados dois parâmetros da distribuição normal, comparamos $\chi_0^2 = 1,12$ com uma distribuição qui-quadrado com $k - p - 1 = 8 - 2 - 1 = 5$ graus de liberdade. Usando $\alpha = 0,10$, vemos que $\chi_{0,1;5}^2 = 13,36$, de modo que concluímos que não há razão para acreditar que a voltagem de saída não seja distribuída normalmente.

Tabela 11-4 Freqüências Observadas e Esperadas

Intervalo de Classe	Freqüência Observada, O_i	Freqüência Esperada, E_i
$x < 11{,}948$	10	12,5
$11{,}948 \leq x < 11{,}986$	14	12,5
$11{,}986 \leq x < 12{,}014$	12	12,5
$12{,}014 \leq x < 12{,}040$	13	12,5
$12{,}040 \leq x < 12{,}066$	11	12,5
$12{,}066 \leq x < 12{,}094$	12	12,5
$12{,}094 \leq x < 12{,}132$	14	12,5
$12{,}132 \leq x$	14	12,5
	100	100

Gráficos de Probabilidade

Métodos gráficos também são úteis ao se selecionar a distribuição de probabilidade para descrever os dados. Os gráficos de probabilidade constituem um método gráfico para se determinar se os dados se adaptam a uma distribuição hipotética com base em um exame visual subjetivo dos dados. O procedimento geral é muito simples, e pode ser realizado rapidamente. Os gráficos de probabilidade requerem papel gráfico especial, conhecido como papel de *probabilidade*, projetado para a distribuição hipotética. O papel de probabilidade é largamente usado para as distribuições normal, lognormal, Weibull e várias distribuições qui-quadrado e gama. Para se construir um gráfico de probabilidade as observações na amostra são primeiro ordenadas da menor para a maior. Isto é, a amostra $X_1, X_2, ..., X_n$ é arranjada como $X_{(1)}, X_{(2)}, ..., X_{(n)}$ onde $X_{(j)} \leq X_{(j+1)}$. As observações ordenadas $X_{(j)}$ são, então, plotadas *versus* sua freqüência acumulada observada $(j - 0{,}5)/n$ no papel de probabilidade apropriado. Se a distribuição hipotética descreve os dados de modo adequado, os pontos plotados se localizarão aproximadamente sobre uma reta; se os pontos se desviarem significativamente de uma reta, então o modelo hipotético não é apropriado. Em geral, a determinação de os pontos estarem ou não sobre uma reta é subjetiva.

Exemplo 11-25

Para ilustrar esse método, considere os seguintes dados:

$$-0{,}314,\ 1{,}080,\ 0{,}863,\ -0{,}179,\ -1{,}390,\ -0{,}563,\ 1{,}436,\ 1{,}153,\ 0{,}504,\ -0{,}801.$$

Supomos que esses dados sejam adequadamente modelados por uma distribuição normal. As observações são ordenadas e suas freqüências acumuladas $(j - 0{,}5)/n$ são calculadas como segue:

j	$X_{(j)}$	$(j - 0{,}5)/n$
1	−1,390	0,05
2	−0,801	0,15
3	−0,563	0,25
4	−0,314	0,35
5	−0,179	0,45
6	0,504	0,55
7	0,863	0,65
8	1,080	0,75
9	1,153	0,85
10	1,436	0,95

Os pares de valores $X_{(j)}$ e $(j - 0{,}5)/n$ são, agora, plotados no papel de probabilidade normal. A Fig. 11-7 mostra esse gráfico. A maioria dos papéis de probabilidade normal plota $100(j - 0{,}5)/n$ na escala vertical direita e $100[1 - (j - 0{,}5)/n]$ na escala vertical esquerda, com o valor da variável plotado na escala horizontal. Escolhemos plotar $X_{(j)}$ *versus* $100(j - 0{,}5)/n$ na escala vertical direita na Fig. 11-7. Uma reta, escolhida subjetivamente, foi traçada através dos pontos. Ao traçar a reta deve-se olhar mais os pontos próximos ao meio do que os pontos extremos. Como esses pontos, em geral, se localizam próximos da reta, concluímos que uma distribuição normal descreve os dados.

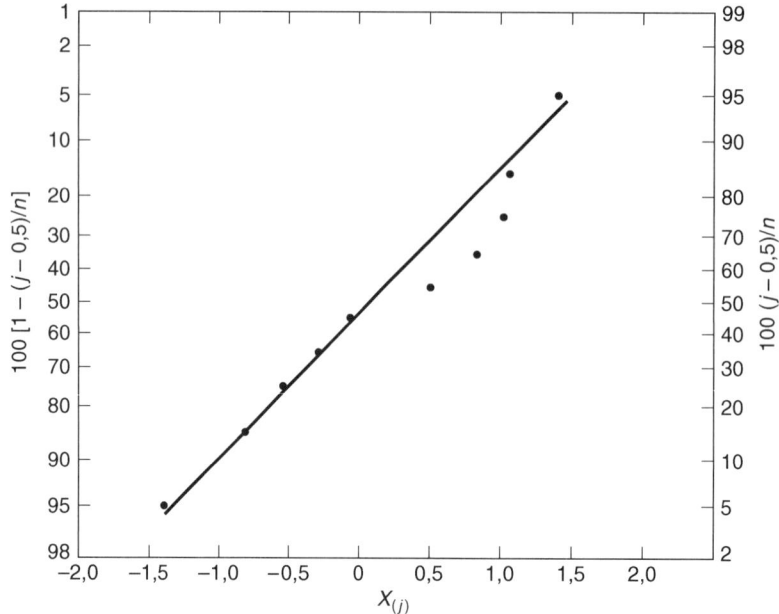

Figura 11-7 Gráfico de probabilidade normal.

Podemos obter uma estimativa da média e do desvio-padrão diretamente do gráfico de probabilidade normal. Vemos, pela reta na Fig. 11-7, que a média é estimada como o 50.º percentil da amostra, ou $\hat{\mu} = 0,10$, aproximadamente, e o desvio-padrão é estimado como a diferença entre o 84.º e o 50.º percentis, ou $\hat{\sigma} = 0,95 - 0,10 = 0,85$, aproximadamente.

Um gráfico de probabilidade normal pode ser construído também em papel de gráfico comum plotando-se os escores normais padronizados Z_j versus $X_{(j)}$, onde os escores normais padronizados satisfazem

$$\frac{j-0,5}{n} = P(Z \leq Z_j) = \Phi(Z_j).$$

Por exemplo, se $(j - 0,5)/n = 0,05$, então $\Phi(Z_j) = 0,05$ implica que $Z_j = 1,64$. Para ilustrar, considere os dados do Exemplo 11-25. Na tabela que se segue, mostramos os escores normais padronizados na última coluna:

j	$X_{(j)}$	$(j - 0,5)/n$	Z_j
1	−1,390	0,05	−1,64
2	−0,801	0,15	−1,04
3	−0,563	0,25	−0,67
4	−0,314	0,35	−0,39
5	−0,179	0,45	−0,13
6	0,504	0,55	0,13
7	0,863	0,65	0,39
8	1,080	0,75	0,67
9	1,153	0,85	1,04
10	1,436	0,95	1,64

A Fig. 11-8 apresenta o gráfico de Z_j versus $X_{(j)}$. Esse gráfico de probabilidade normal é equivalente ao da Fig. 11-7. Muitos programas de computador constroem gráficos de probabilidade para várias distribuições. Para um exemplo do Minitab®, veja a Seção 11-6.

Seleção da Forma de uma Distribuição

A escolha da distribuição hipotética que se adapte aos dados é importante. Algumas vezes, os analistas podem usar seu conhecimento do fenômeno físico para escolher a distribuição para modelar os dados.

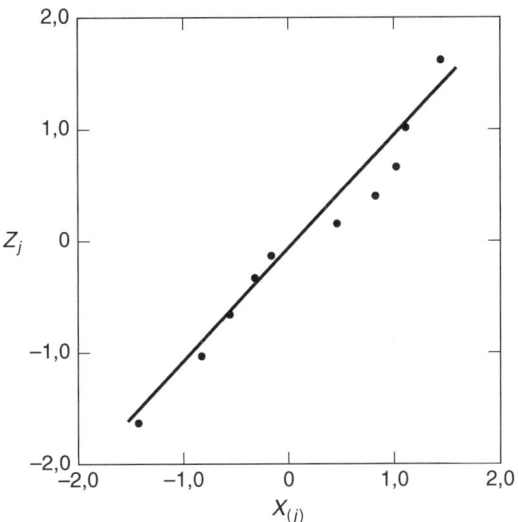

Figura 11-8 Gráfico de probabilidade normal.

Por exemplo, ao se estudar os dados sobre defeitos em placas de circuito no Exemplo 11-23 escolheu-se uma distribuição de Poisson como distribuição hipotética para descrever os dados porque falhas são fenômenos tipo "evento por unidade", e tais fenômenos são, em geral, bem modelados por uma distribuição de Poisson. Algumas vezes, a experiência prévia pode sugerir a escolha da distribuição.

Em situações em que não há experiência prévia ou teoria para sugerir uma distribuição para descrever os dados, o analista deve se basear em outros métodos. A inspeção de um histograma de freqüência pode, muitas vezes, sugerir uma distribuição apropriada. Pode-se, também, usar a apresentação da Fig. 11-9 para ajudar na seleção de uma distribuição que descreva os dados. Ao usar a Fig. 11-9 note que o eixo β_2 cresce para baixo. Essa figura mostra a região no plano β_1, β_2 para várias distribuições de probabilidade-padrão, onde

$$\sqrt{\beta_1} = \frac{E(X-\mu)^3}{(\sigma^2)^{3/2}}$$

é uma medida padronizada de assimetria e

$$\beta_2 = \frac{E(X-\mu)^4}{\sigma^4}$$

é uma medida padronizada de curtose (ou de pico). Para usar a Fig. 11-9, calcule as estimativas amostrais de β_1 e β_2,

$$\sqrt{\hat{\beta}_1} = \frac{M_3}{(M_2)^{3/2}}$$

e

$$\hat{\beta}_2 = \frac{M_4}{M_2^2},$$

onde

$$M_j = \frac{1}{n}\sum_{i=1}^{n}(X_i - \overline{X})^j \qquad j=1,2,3,4,$$

e plote o ponto $\hat{\beta}_1$, $\hat{\beta}_2$. Se o ponto plotado cair razoavelmente próximo de um ponto, reta ou área que corresponde a uma das distribuições dadas na figura, então essa distribuição é uma candidata lógica para modelar os dados.

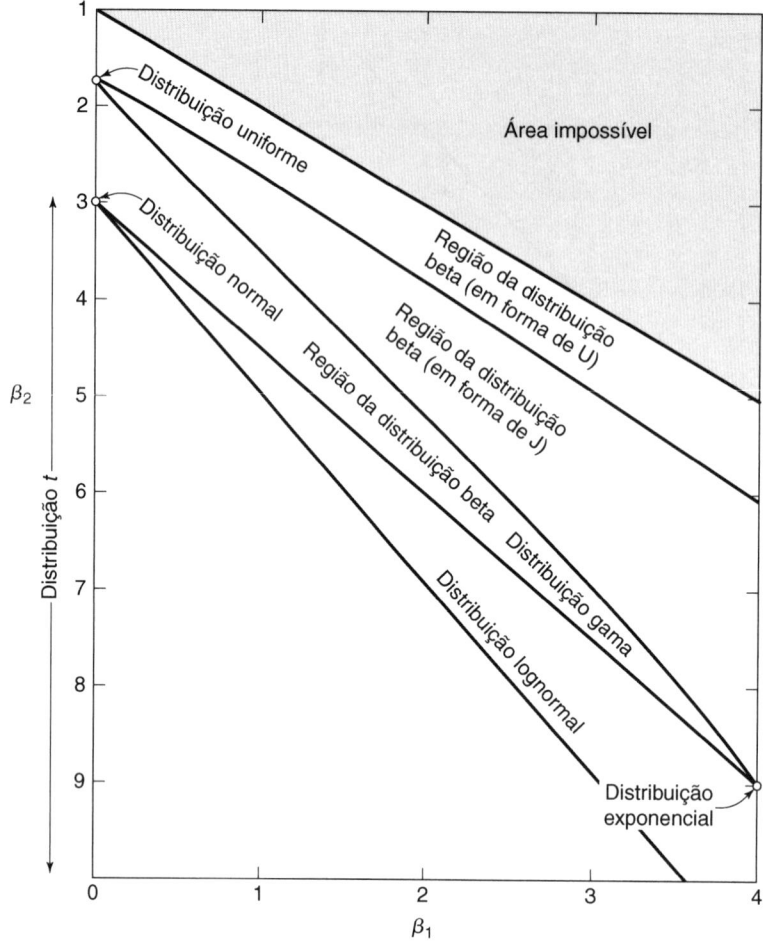

Figura 11-9 Regiões no plano β_1, β_2 para várias distribuições-padrão. (Adaptado de G. J. Hahn e S. S. Shapiro, *Statistical Models in Engineering*, John Wiley & Sons, Nova York, 1967; usado com permissão do editor e do professor E. S. Pearson, University of London.)

Pela inspeção da Fig. 11-9, notamos que todas as distribuições normais são representadas pelo ponto $\beta_1 = 0$ e $\beta_2 = 3$. Isso é razoável, uma vez que todas as distribuições normais têm a mesma forma. Analogamente, as distribuições uniforme e exponencial são representadas por um único ponto no plano β_1, β_2. As distribuições gama e lognormal são representadas por retas, pois suas formas dependem dos valores dos parâmetros. Note que essas retas estão próximas umas das outras, o que pode explicar por que alguns conjuntos de dados podem ser modelados, igualmente bem, por uma ou outra distribuição. Observamos, também, que há regiões do plano β_1, β_2 para as quais nenhuma das distribuições na Fig. 11-9 é apropriada. Outras distribuições mais gerais, como as famílias de distribuições de Johnson ou de Pearson, podem ser necessárias nesses casos. Hahn e Shapiro (1967) dão procedimentos para o ajuste dessas famílias de distribuições e figuras semelhantes à Fig. 11-9.

11-5 TESTES PARA TABELAS DE CONTINGÊNCIA

Muitas vezes, os n elementos de uma amostra de uma população podem ser classificados de acordo com dois critérios diferentes. É de interesse, então, saber se os dois métodos de classificação são estatisticamente independentes; por exemplo, podemos considerar a população de graduandos em engenharia e podemos querer determinar se o salário inicial é independente, ou não, das disciplinas acadêmicas. Suponha que o primeiro método de classificação tenha r níveis e que o segundo tenha c níveis. Denotaremos por O_{ij} a freqüência observada para o nível i do primeiro método de classificação e para o nível j do segundo método de classificação. Os dados apareceriam, em geral, como na Tabela 11-5. Tal tabela é comumente chamada de *tabela de contingência* $r \times c$.

Tabela 11-5 Uma Tabela de Contingência $r \times c$

	Coluna			
Linha	1	2	...	c
1	O_{11}	O_{12}	...	O_{1c}
2	O_{21}	O_{22}	...	O_{2c}
⋮	⋮	⋮		⋮
r	O_{r1}	O_{r2}	...	O_{rc}

Estamos interessados em testar a hipótese de que os métodos de classificação das linhas e das colunas são independentes. Se rejeitarmos essa hipótese, concluiremos que há alguma *interação* entre os dois critérios de classificação. Os procedimentos exatos são difíceis de ser obtidos, mas uma estatística de teste aproximada é válida para n grande. Suponha que as O_{ij} sejam variáveis aleatórias multinomiais e que p_{ij} seja a probabilidade de que um elemento selecionado aleatoriamente caia na ij-ésima célula, dado que as duas classificações são independentes. Então, $p_{ij} = u_i v_j$, onde u_i é a probabilidade de que um elemento selecionado aleatoriamente caia na classe da linha i e v_j é a probabilidade de que um elemento selecionado aleatoriamente caia na classe da coluna j. Agora, admitindo-se a independência, os estimadores de máxima verossimilhança de u_i e v_j são

$$\hat{u}_i = \frac{1}{n}\sum_{j=1}^{c} O_{ij},$$

$$\hat{v}_j = \frac{1}{n}\sum_{i=1}^{r} O_{ij}. \quad (11\text{-}108)$$

Novamente, admitindo-se a independência, o número esperado em cada célula é

$$E_{ij} = n\hat{u}_i\hat{v}_j = \frac{1}{n}\sum_{m=1}^{c} O_{im}\sum_{k=1}^{r} O_{kj}. \quad (11\text{-}109)$$

Para n grande, a estatística

$$\chi_0^2 = \sum_{i=1}^{r}\sum_{j=1}^{c}\frac{(O_{ij}-E_{ij})^2}{E_{ij}} \sim \chi_{(r-1)(c-1)}^2, \quad (11\text{-}110)$$

aproximadamente, e rejeitamos a hipótese de independência se $\chi_0^2 > \chi_{\alpha,(r-1)(c-1)}^2$.

Exemplo 11-26

Uma companhia deve escolher entre três planos de pensão. O gerente deseja saber se a preferência por planos é independente da classificação do emprego. A Tabela 11-6 mostra as opiniões de uma amostra aleatória de 500 empregados. Podemos calcular $\hat{u}_1 = (340/500) = 0{,}68$, $\hat{u}_2 = (160/500) = 0{,}32$, $\hat{v}_1 = (200/500) = 0{,}40$, $\hat{v}_2 = (200/500) = 0{,}40$ e $\hat{v}_3 = (100/500) = 0{,}20$. As freqüências esperadas podem ser calculadas pela Equação 11-109. Por exemplo, o número esperado de trabalhadores assalariados que preferem o plano de pensão 1 é

$$E_{11} = n\hat{u}_1\hat{v}_1 = 500(0{,}68)(0{,}40) = 136.$$

Tabela 11-6 Dados Observados para o Exemplo 11-26

	Plano de Pensão			
	1	2	3	Total
Trabalhadores assalariados	160	140	40	340
Trabalhadores horistas	40	60	60	160
Totais	200	200	100	500

Tabela 11-7 Freqüências Esperadas para o Exemplo 11-26

	Plano de Pensão			
	1	2	3	Total
Trabalhadores assalariados	136	136	68	340
Trabalhadores horistas	64	64	32	160
Totais	200	200	100	500

As freqüências esperadas constam da Tabela 11-7. A estatística de teste é calculada pela Equação 11-110 como segue:

$$\chi_0^2 = \sum_{i=1}^{2} \sum_{j=1}^{3} \frac{(O_{ij} - E_{ij})^2}{E_{ij}}$$

$$= \frac{(160-136)^2}{136} + \frac{(140-136)^2}{136} + \frac{(40-68)^2}{68} + \frac{(40-64)^2}{64} + \frac{(60-64)^2}{64} + \frac{(60-32)^2}{32} = 49{,}63.$$

Como $\chi_{0{,}05;2}^2 = 5{,}99$, rejeitamos a hipótese de independência e concluímos que a preferência pelos planos de pensão não é independente da classificação do emprego.

O uso da tabela de contingência de dois critérios para se testar a independência entre duas variáveis de classificação em uma amostra de uma única população de interesse é apenas uma aplicação dos métodos de tabelas de contingência. Outra situação comum ocorre quando há r populações de interesse e cada população é dividida nas mesmas c categorias. Extrai-se, então, uma amostra da i-ésima população e introduzem-se as contagens nas colunas apropriadas da i-ésima linha. Nessa situação, desejamos investigar se as proporções nas c categorias são as mesmas para todas as populações. A hipótese nula nesse problema afirma que as populações são *homogêneas* em relação às categorias. Por exemplo, quando há apenas duas categorias, tais como sucesso e falha, defeituosos e não-defeituosos e assim por diante, então o teste de homogeneidade é, na realidade, um teste da igualdade de r parâmetros binomiais. Os cálculos das freqüências esperadas, a determinação dos graus de liberdade e o cálculo da estatística qui-quadrado para o teste de homogeneidade são idênticos ao teste para independência.

11-6 EXEMPLOS DE SAÍDAS DE COMPUTADOR

Há muitos pacotes estatísticos disponíveis que podem ser usados para a construção de intervalos de confiança, realização de testes de hipóteses e determinação de tamanhos amostrais. Nesta seção, apresentamos resultados para vários problemas com o uso do Minitab®.

Exemplo 11-27

Conduziu-se um estudo sobre a força de tração de uma fibra particular sob várias temperaturas. Os resultados do estudo (dados em MPa) são

226, 237, 272, 245, 428, 298, 345, 201, 327, 301, 317, 395, 332, 238, 367.

Suponha que seja de interesse determinar se a força média de tração é maior do que 250 MPa. Isto é, testar

$$H_0: \mu = 250,$$
$$H_1: \mu > 250.$$

Um gráfico de probabilidade normal foi construído para a força de tração e é mostrado na Fig. 11-10. A suposição de normalidade parece ser satisfeita. Supõe-se desconhecida a variância populacional para a força de tração e, como resultado, um teste t de amostra única será usado para esse problema.

Os resultados do Minitab® para o teste de hipótese e para o intervalo de confiança para a média são

```
Test of mu = 250 vs mu > 250
Variable        N         Mean      StDev    SE Mean
FT             15        301.9       65.9       17.0

Variable     95.0%   Lower Bound        T         P
FT                         272.0      3.05    0.004
```

O valor P é reportado como 0,004, o que nos leva a rejeitar a hipótese nula e concluir que a força de tração média é maior do que 250 MPa. O intervalo de confiança unilateral inferior de 95% de confiança é dado como $272 < \mu$.

Exemplo 11-28

Reconsidere o Exemplo 11-17, que compara dois métodos de predição da força de cisalhamento para longarinas de aço. A saída do Minitab® para o teste t emparelhado, com $\alpha = 0,10$, é

```
Paired T for Karlsruhe - Lehigh

                N       Mean      StDev    SE Mean
Karlsruhe       9     1.3401     0.1460     0.0487
Lehigh          9     1.0662     0.0494     0.0165
Difference      9     0.2739     0.1351     0.0450

90% CI for mean difference: (0.1901, 0.3576)
T-Test of mean difference = 0 (vs not = 0): T-Value = 6.08 P-Value =
0.000
```

Os resultados da saída do Minitab® estão de acordo com os resultados encontrados no Exemplo 11-17. O Minitab® fornece, também, o intervalo de confiança apropriado para o problema. Com $\alpha = 0,10$ o nível de confiança é 0,90; o intervalo de confiança de 90% de confiança para a diferença entre os dois métodos é (0,1901; 0,3576). Como o intervalo de confiança não contém o zero, concluímos, também, que há uma diferença significante entre os dois métodos.

Exemplo 11-29

O número de vôos cancelados é registrado, para todas as linhas aéreas, para cada dia de serviço. O número de vôos registrados e o número desses vôos que foram cancelados em um único dia em março de 2001 são apresentados a seguir para duas das maiores companhias aéreas.

Companhia Aérea	# de Vôos	# de Vôos Cancelados	Proporção
American Airlines	2128	115	$\hat{p}_1 = 0,054$
America West Airlines	635	49	$\hat{p}_2 = 0,077$

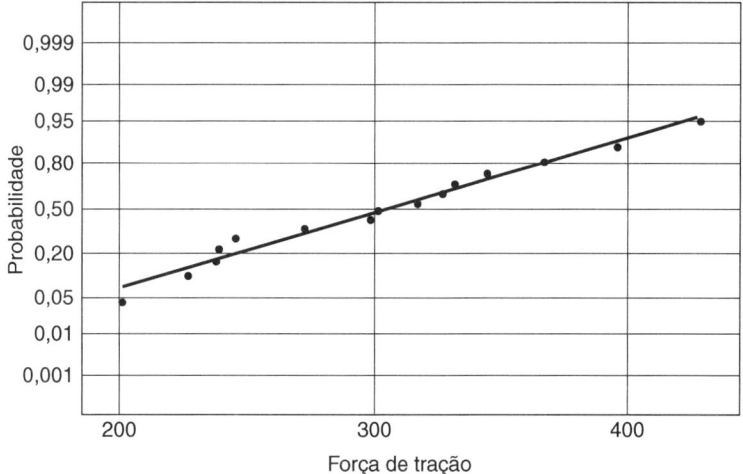

Figura 11-10 Gráfico de probabilidade normal para o Exemplo 11-27.

Há uma diferença significativa na proporção dos vôos cancelados pelas duas companhias? As hipóteses de interesse são $H_0: p_1 = p_2$ versus $H_1: p_1 \neq p_2$. Um teste de duas amostras para as proporções e um intervalo bilateral de confiança para proporções são

```
Sample      X         N      Sample p
1         115      2128      0.054041
2          49       635      0.077165

Estimate for p(1) - p(2): -0.0231240
95% CI for p(1) - p(2): (-0.0459949, -0.000253139)
Test for p(1) - p(2) = 0 (vs not = 0): Z = -1.98 P-Value = 0.048
```

O valor P é dado como 0,048, o que indica que há uma diferença significante entre as proporções de vôos cancelados pelas companhias American e America West em um nível de 5% de significância. O intervalo de confiança de 95% de confiança (−0,0460; −0,0003) indica que a companhia America West teve uma proporção maior, estatisticamente significante, do que a American Airlines, para esse único dia.

Exemplo 11-30

Supõe-se que a força média de compressão de um determinado concreto da alta resistência seja de $\mu = 20$ (MPa). Sabe-se que o desvio-padrão da força de compressão é $\sigma = 1,3$ MPa. Um grupo de engenheiros deseja determinar o número de espécimes de concreto necessários em um estudo para detectar uma diminuição na força média de compressão de dois desvios-padrão. Se a força média de compressão é, realmente, menor do que $\mu - 2\sigma$, eles desejam estar confiantes em detectar corretamente essa diferença significante. Em outras palavras, o teste de interesse seria $H_0: \mu = 20$ versus $H_1: \mu < 20$. Para esse estudo, o nível de significância é estabelecido em $\alpha = 0,05$ e o poder do teste é $1 - \beta = 0,99$. Qual é o número mínimo de espécimes de concreto que deve ser usado nesse estudo? Para uma diferença de 2σ ou 2,6 MPa, $\alpha = 0,05$ e $1 - \beta = 0,99$, o tamanho amostral mínimo pode ser encontrado usando-se o Minitab®. A saída resultante é

```
Testing mean = null (versus < null)
Calculating power for mean = null + difference
Alpha = 0.05 Sigma = 1.3

              Sample   Target   Actual
Difference    Size     Power    Power
   -2.6        6       0.9900   0.9936
```

O número mínimo de espécimes a ser usado no estudo deve ser $n = 6$ para se alcançar o poder e o nível de significância desejados.

Exemplo 11-31

Um fabricante de correias de borracha deseja inspecionar e controlar o número de correias defeituosas produzidas na linha. A proporção aceitável de correias não-conformes é $p = 0,01$. Para propósitos práticos, se a proporção aumenta para $p = 0,035$ ou mais o fabricante deseja detectar essa mudança. Isto é, o teste de interesse seria $H_0: p = 0,01$ versus $H_1: p > 0,01$. Se o nível de significância aceitável é $\alpha = 0,05$ e o poder do teste é $1 - \beta = 0,95$, quantas correias de borracha devem ser selecionadas para inspeção? Para $\alpha = 0,05$ e $1 - \beta = 0,95$, o tamanho amostral apropriado pode ser determinado com o uso do Minitab®. A saída é

```
Testing proportion = 0.01 (versus > 0.01)
Alpha = 0.05

Alternative    Sample   Target   Actual
Proportion     Size     Power    Power
  3.50E-02     348      0.9500   0.9502
```

Assim, para se detectar adequadamente uma mudança significante na proporção de correias de borracha não-conformes seriam necessárias amostras aleatórias de pelo menos $n = 348$.

11-7 RESUMO

Este capítulo introduziu o teste de hipótese. Procedimentos para o teste de hipóteses para médias e variâncias estão resumidos na Tabela 11-8. O teste de qualidade de ajuste qui-quadrado foi introduzido para testar a hipótese de que uma distribuição empírica segue uma lei de probabilidade particular. Métodos gráficos são também úteis no teste de qualidade de ajuste, particularmente quando os tamanhos amostrais são pequenos. Introduziram-se, também, tabelas de contingência de dois critérios para se testar a hipótese de que dois métodos de classificação de uma amostra são independentes. Apresentaram-se, também, vários exemplos com o uso de computador.

Tabela 11-8 Resumo dos Procedimentos de Teste de Hipótese para Médias e Variâncias

Hipótese Nula	Estatística de Teste	Hipótese Alternativa	Critérios para Rejeição	Parâmetro da Curva CO
$H_0: \mu = \mu_0$, σ^2 conhecida	$Z_0 = \dfrac{\bar{X} - \mu_0}{\sigma/\sqrt{n}}$	$H_1: \mu \neq \mu_0$ $H_1: \mu > \mu_0$ $H_1: \mu < \mu_0$	$\|Z_0\| > Z_{\alpha/2}$ $Z_0 > Z_\alpha$ $Z_0 < -Z_\alpha$	$d = \|\mu - \mu_0\|/\sigma$ $d = (\mu - \mu_0)/\sigma$ $d = (\mu_0 - \mu)/\sigma$
$H_0: \mu = \mu_0$, σ^2 desconhecida	$t_0 = \dfrac{\bar{X} - \mu_0}{S/\sqrt{n}}$	$H_1: \mu \neq \mu_0$ $H_1: \mu > \mu_0$ $H_1: \mu < \mu_0$	$\|t_0\| > t_{\alpha/2, n-1}$ $t_0 > t_{\alpha, n-1}$ $t_0 < -t_{\alpha, n-1}$	$d = \|\mu - \mu_0\|/\sigma$ $d = (\mu - \mu_0)/\sigma$ $d = (\mu_0 - \mu)/\sigma$
$H_0: \mu_1 = \mu_2$, σ_1^2 e σ_2^2 conhecida	$Z_0 = \dfrac{\bar{X}_1 - \bar{X}_2}{\sqrt{\dfrac{\sigma_1^2}{n_1} + \dfrac{\sigma_2^2}{n_2}}}$	$H_1: \mu_1 \neq \mu_2$ $H_1: \mu_1 > \mu_2$ $H_1: \mu_1 < \mu_2$	$\|Z_0\| > Z_{\alpha/2}$ $Z_0 > Z_\alpha$ $Z_0 < -Z_\alpha$	$d = \|\mu_1 - \mu_2\|/\sqrt{\sigma_1^2 + \sigma_2^2}$ $d = (\mu_1 - \mu_2)/\sqrt{\sigma_1^2 + \sigma_2^2}$ $d = (\mu_2 - \mu_1)/\sqrt{\sigma_1^2 + \sigma_2^2}$
$H_0: \mu_1 = \mu_2$, $\sigma_1^2 = \sigma_2^2 = \sigma^2$ desconhecida	$t_0 = \dfrac{\bar{X}_1 - \bar{X}_2}{S_p\sqrt{\dfrac{1}{n_1} + \dfrac{1}{n_2}}}$	$H_1: \mu_1 \neq \mu_2$ $H_1: \mu_1 > \mu_2$ $H_1: \mu_1 < \mu_2$	$\|t_0\| > t_{\alpha/2, n_1+n_2-2}$ $t_0 > t_{\alpha, n_1+n_2-2}$ $t_0 < -t_{\alpha, n_1+n_2-2}$	$d = \|\mu_1 - \mu_2\|/2\sigma$ $d = (\mu_1 - \mu_2)/2\sigma$ $d = (\mu_2 - \mu_1)/2\sigma$
$H_0: \mu_1 = \mu_2$, $\sigma_1^2 \neq \sigma_2^2$ desconhecida	$t_0 = \dfrac{\bar{X}_1 - \bar{X}_2}{\sqrt{\dfrac{S_1^2}{n_1} + \dfrac{S_2^2}{n_2}}}$ $v = \dfrac{\left(\dfrac{S_1^2}{n_1} + \dfrac{S_2^2}{n_2}\right)^2}{\dfrac{(S_1^2/n_1)^2}{n_1+1} + \dfrac{(S_2^2/n_2)^2}{n_2+1}} - 2$	$H_1: \mu_1 \neq \mu_2$ $H_1: \mu_1 > \mu_2$ $H_1: \mu_1 < \mu_2$	$\|t_0\| > t_{\alpha/2, v}$ $t_0 > t_{\alpha, v}$ $t_0 < -t_{\alpha, v}$	— — —
$H_0: \sigma^2 = \sigma_0^2$,	$\chi_0^2 = \dfrac{(n-1)S^2}{\sigma_0^2}$	$H_1: \sigma^2 \neq \sigma_0^2$ $H_1: \sigma^2 > \sigma_0^2$ $H_1: \sigma^2 < \sigma_0^2$	$\chi_0^2 > \chi_{\alpha/2, n-1}^2$ ou $\chi_0^2 < \chi_{1-\alpha/2, n-1}^2$ $\chi_0^2 > \chi_{\alpha, n-1}^2$ $\chi_0^2 < \chi_{1-\alpha, n-1}^2$	$\lambda = \sigma/\sigma_0$ $\lambda = \sigma/\sigma_0$ $\lambda = \sigma/\sigma_0$
$H_0: \sigma_1^2 = \sigma_2^2$	$F_0 = S_1^2/S_2^2$	$H_1: \sigma_1^2 \neq \sigma_2^2$ $H_1: \sigma_1^2 > \sigma_2^2$	$F_0 > F_{\alpha/2, n_1-1, n_2-1}$ ou $F_0 < F_{1-\alpha/2, n_1-1, n_2-1}$ $F_0 > F_{\alpha, n_1-1, n_2-1}$	$\lambda = \sigma_1/\sigma_2$ $\lambda = \sigma_1/\sigma_2$

11-8 EXERCÍCIOS

11-1. Exige-se que a força de rompimento de uma fibra usada na fabricação de roupas seja de, no mínimo, 160 psi. A experiência passada indica que o desvio-padrão da força de rompimento é de 3 psi. Testa-se uma amostra aleatória de quatro espécimes e encontra-se que a força de rompimento média é de 158 psi.
(a) A fibra deve ser considerada aceitável com $\alpha = 0,05$?
(b) Qual é a probabilidade de se aceitar $H_0: \mu \leq 160$ se a fibra tem uma verdadeira força de rompimento de 165 psi?

11-2. Estuda-se o resultado de um processo químico. Da experiência passada com esse processo sabe-se que a variância do resultado é de 5 (unidades de σ^2 = porcentagem^2). Os últimos cinco dias de operação da fábrica forneceram os seguintes resultados (em porcentagens): 91,6; 88,75; 90,8; 89,95; 91,3.
(a) Há razão para se acreditar que o resultado seja de menos de 90%?
(b) Qual o tamanho amostral necessário para detectar um resultado médio verdadeiro de 85% com probabilidade de 0,95?

11-3. Sabe-se que os diâmetros de ferrolhos têm um desvio-padrão de 0,0001 polegada. Uma amostra aleatória de 10 ferrolhos resulta em um diâmetro médio de 0,2546 polegada.
(a) Teste a hipótese de que o verdadeiro diâmetro médio dos ferrolhos é de 0,255 polegada usando $\alpha = 0,05$.
(b) Qual o tamanho amostral necessário para se detectar um verdadeiro diâmetro médio de 0,2552 polegada com uma probabilidade de no mínimo 0,90?

11-4. Considere os dados do Exercício 10-39.
(a) Teste a hipótese de que o diâmetro médio do anel de pistão é de 74,035 mm. Use $\alpha = 0,01$.
(b) Qual o tamanho amostral necessário para se detectar um verdadeiro diâmetro médio de 74,030 com uma probabilidade de, no mínimo, 0,95?

11-5. Considere os dados do Exercício 10-40. Teste a hipótese de que a vida média das lâmpadas é de 1000 horas. Use $\alpha = 0,05$.

11-6. Considere os dados do Exercício 10-41. Teste a hipótese de que a força média de compressão é igual a 3500 psi. Use $\alpha = 0,01$.

11-7. Duas máquinas são usadas para encher garrafas plásticas com um volume líquido de 16,0 onças. Pode-se supor que os processos de enchimento sejam normais, com desvios-padrão de $\sigma_1 = 0,015$ e $\sigma_2 = 0,018$. A engenharia da qualidade suspeita que ambas as máquinas enchem as garrafas com o mesmo volume líquido, seja ele 16,0 onças ou não. Extrai-se uma amostra aleatória da saída de cada máquina.

Máquina 1		Máquina 2	
16,03	16,01	16,02	16,03
16,04	15,96	15,97	16,04
16,05	15,98	15,96	16,02
16,05	16,02	16,01	16,01
16,02	15,99	15,99	16,00

(a) Você acha que a engenharia da qualidade está certa? Use $\alpha = 0,05$.
(b) Admitindo-se tamanhos amostrais iguais, qual o tamanho da amostra a ser usado para garantir que $\beta = 0,05$ se a verdadeira diferença nas médias é 0,075? Suponha que $\alpha = 0,05$.
(c) Qual é o poder do teste em (a) para uma verdadeira diferença nas médias de 0,075?

11-8. O departamento de revelação de filmes de uma loja local está considerando a substituição de sua máquina de processamento de filmes atual. O tempo que a máquina leva para processar um rolo de filme é importante. Seleciona-se uma amostra aleatória de 12 rolos de filme colorido de 24 poses, que é processada pela máquina atual. O tempo médio de processamento é 8,1 minutos, com um desvio amostral de 1,4 minuto. Uma amostra aleatória de 10 rolos do mesmo tipo de filme é selecionada e processada na máquina nova. O tempo médio de processamento é de 7,3 minutos, com um desvio-padrão amostral de 0,9 minuto. A loja não comprará a nova máquina a menos que o tempo de processamento seja mais de 2 minutos inferior ao da máquina atual. Com base nessa informação, a nova máquina deve ser comprada?

11-9. Considere os dados do Exercício 10-45. Teste a hipótese de que ambas as máquinas enchem com o mesmo volume. Use $\alpha = 0,10$.

11-10. Considere os dados do Exercício 10-46. Teste $H_0: \mu_1 = \mu_2$ contra $H_1: \mu_1 > \mu_2$ usando $\alpha = 0,05$.

11-11. Considere o número de octanagem da gasolina do Exercício 10-47. Se a fórmula 2 produz um número de octanagem mais alto do que a fórmula 1, o fabricante gostaria de detectar isso. Formule e teste uma hipótese apropriada usando $\alpha = 0,05$.

11-12. Os desvios laterais, em jardas, de certo tipo de granada de morteiro estão sendo estudados pelo fabricante do propulsor. Observaram-se os seguintes dados.

Rodada	Desvio	Rodada	Desvio
1	11,28	6	−9,48
2	−10,42	7	6,25
3	−8,51	8	10,11
4	1,95	9	−8,65
5	6,47	10	−0,68

Teste a hipótese de que o desvio lateral médio dessas granadas é zero. Admita que o desvio lateral seja normalmente distribuído.

11-13. O tempo de armazenamento de um filme fotográfico é de interesse para o fabricante, que observa os seguintes tempos para oito unidades escolhidas aleatoriamente da produção atual. Suponha que o tempo de armazenamento seja distribuído normalmente.

108 dias	128 dias
134	163
124	159
116	134

(a) Há alguma evidência de que o tempo médio de armazenamento é maior ou igual a 125 dias?
(b) Se é importante detectar uma razão de $\delta/\sigma = 1,0$, com uma probabilidade de 0,90, o tamanho amostral é suficiente?

11-14. Estuda-se o conteúdo de titânio em uma liga, na intenção de aumentar a força de tração. Uma análise de seis espécimes escolhidos aleatoriamente resulta nos seguintes conteúdos de titânio.

8,0%	7,7%
9,9	11,6
9,9	14,6

Há alguma evidência de que o conteúdo médio de titânio é maior do que 9,5%?

11-15. Um artigo no periódico *Journal of Construction Engineering and Management* (1999, p. 30) apresenta alguns dados sobre o número de horas de trabalho perdidas por dia em uma construção devido a incidentes relacionados com o clima. Em 11 dias de trabalho registraram-se as seguintes horas de trabalho perdidas.

8,8	8,8
12,5	12,2
5,4	13,3
12,8	6,9
9,1	2,2
14,7	

Supondo que as horas de trabalho sejam normalmente distribuídas, há alguma evidência para se concluir que o número médio de horas de trabalho perdidas por dia é maior do que 8 horas?

11-16. Supõe-se que a porcentagem de sucata produzida em uma operação de acabamento de metal seja menor do que 7,5%. Selecionaram-se aleatoriamente vários dias e calcularam-se as porcentagens de sucata.

5,51%	7,32%
6,49	8,81
6,46	8,56
5,37	7,46

(a) Em sua opinião, a taxa verdadeira de sucata é menor do que 7,5%?
(b) Se é importante detectar uma razão $\delta/\sigma = 1,5$ com uma probabilidade de, pelo menos, 0,90, qual é o tamanho amostral mínimo que deve ser usado?
(c) Para $\delta/\sigma = 2,0$, qual é o poder desse teste?

11-17. Suponha que devemos testar as hipóteses

$$H_0: \mu \geq 15,$$
$$H_1: \mu < 15,$$

onde se sabe que $\sigma^2 = 2,5$. Se $\alpha = 0,05$ e a verdadeira média é 12, qual o tamanho amostral necessário para garantir um erro tipo II de 5%?

11-18. Um engenheiro deseja testar a hipótese de que o ponto de fusão de uma liga é de 1000°C. Se o verdadeiro ponto de fusão difere desse valor por mais de 20°C ele deve mudar a composição da liga. Admitindo-se que o ponto de fusão seja uma variável aleatória normalmente distribuída, $\alpha = 0,05$, $\beta = 0,10$ e $\sigma = 10$°C, quantas observações devem ser feitas?

11-19. Estão sendo estudados dois métodos para produção de gasolina a partir do petróleo cru. Supõe-se que os resultados de ambos os processos sejam distribuídos normalmente. Os seguintes dados sobre resultados foram obtidos de uma usina-piloto.

Processo	Resultados (%)					
1	24,2	26,6	25,7	24,8	25,9	26,5
2	21,0	22,1	21,8	20,9	22,4	22,0

(a) Há razão para se acreditar que o processo 1 tem um resultado médio maior? Use $\alpha = 0,01$. Suponha que ambas as variâncias sejam iguais.
(b) Admitindo-se que para se adotar o processo 1 ele deva produzir um resultado médio no mínimo 5% maior do que o do processo 2, quais seriam suas recomendações?
(c) Ache o poder do teste da parte (a) se o resultado médio do processo 1 é 5% maior do que o do processo 2.
(d) Qual é o tamanho amostral necessário para o teste da parte (a) para se garantir que a hipótese nula será rejeitada com uma probabilidade de 0,90 quando o resultado médio do processo 1 excede o resultado médio do processo 2 por 5%?

11-20. Um artigo em *Proceedings of the 1998 Winter Simulation Conference* (1998, p. 1079) discute o conceito de validação para modelos de simulação de tráfego. O propósito do estudo é planejar e modificar as instalações (rodovias e mecanismos de controle) para otimizar a eficiência e a segurança do fluxo de tráfego. Parte do estudo compara a velocidade observada em vários cruzamentos e a velocidade simulada por um modelo em teste. O objetivo é determinar se o modelo de simulação é representativo da velocidade observada real. Coletam-se dados de campo em um local particular e implementa-se, então, o modelo de simulação. Quatorze velocidades (ft/s) são medidas em uma determinada localização. Simulam-se quatorze observações com o modelo proposto. Os dados são:

Campo		Modelo	
53,33	57,14	47,40	58,20
53,33	57,14	49,80	59,00
53,33	61,54	51,90	60,10
55,17	61,54	52,20	63,40
55,17	61,54	54,50	65,80
55,17	69,57	55,70	71,30
57,14	69,57	56,70	75,40

Supondo que as variâncias sejam iguais, realize um teste de hipótese para determinar se há diferença significativa entre os dados de campo e os dados do modelo. Use $\alpha = 0,05$.

11-21. Seguem tempos de queima (em minutos) de dois tipos diferentes de combustível.

Tipo 1		Tipo 2	
63	82	64	56
81	68	72	63
57	59	83	74
66	75	59	82
82	73	65	82

(a) Teste a hipótese de que as duas variâncias são iguais. Use $\alpha = 0,05$.
(b) Com os resultados da parte (a), teste a hipótese de que os tempos médios de queima são iguais.

11-22. Um novo aparelho de filtragem foi instalado em uma unidade química. Antes de sua instalação, uma amostra aleatória resultou na seguinte informação sobre a porcentagem de impureza: $\bar{x}_1 = 12,5$, $s_1^2 = 101,17$ e $n_1 = 8$. Após a instalação, uma amostra aleatória resultou em $\bar{x}_2 = 12,2$, $s_2^2 = 94,73$, $n_2 = 9$.
(a) Pode-se concluir que as duas variâncias sejam iguais?
(b) O aparelho de filtragem reduziu significativamente a porcentagem de impureza?

11-23. Suponha que duas amostras aleatórias sejam extraídas de duas populações normais com variâncias iguais. Os dados amostrais resultam em $\bar{x}_1 = 20,0$, $n_1 = 10$, $\Sigma(x_{1i} - \bar{x}_1)^2 = 1480$, $\bar{x}_2 = 15,8$, $n_2 = 10$ e $\Sigma(x_{2i} - \bar{x}_2)^2 = 1425$.
(a) Teste a hipótese de que as duas médias sejam iguais. Use $\alpha = 0,01$.

(b) Ache a probabilidade de que a hipótese nula na parte (a) será rejeitada se a verdadeira diferença nas médias for de 10.

(c) Qual o tamanho amostral necessário para se detectar uma verdadeira diferença nas médias de 5 com probabilidade de pelo menos 0,80, sabendo-se que uma estimativa inicial grosseira para a variância comum é de 150?

11-24. Considere os dados do Exercício 10-56.

(a) Teste a hipótese de que as médias das duas distribuições normais são iguais. Use $\alpha = 0,05$ e suponha que $\sigma_1^2 = \sigma_2^2$.

(b) Qual o tamanho amostral necessário para se detectar uma diferença nas médias de 2,0 com uma probabilidade de pelo menos 0,85?

(c) Teste a hipótese de que as variâncias das duas distribuições são iguais. Use $\alpha = 0,05$.

(d) Ache o poder do teste em (c) se a variância de uma população é quatro vezes a da outra.

11-25. Considere os dados do Exercício 10-57. Supondo que $\sigma_1^2 = \sigma_2^2$, teste a hipótese de que os diâmetros médios das hastes não diferem. Use $\alpha = 0,05$.

11-26. Uma companhia química produz certa droga cujo peso tem um desvio-padrão de 4 mg. Foi proposto um novo método de produção dessa droga, embora envolva um custo adicional. A gerência aprovará uma mudança na técnica de produção apenas se o desvio-padrão do peso no novo processo for menor do que 4 mg. Se o desvio-padrão do peso for de até 3 mg a companhia gostaria de trocar os métodos de produção com uma probabilidade de, pelo menos, 0,90. Supondo que o peso seja normalmente distribuído e que $\alpha = 0,05$, quantas observações devem ser feitas? Suponha que os pesquisadores escolham $n = 10$ e obtenham os dados que se seguem. Essa é uma boa escolha para n? Qual deve ser a decisão deles?

16,628 gramas	16,630 gramas
16,622	16,631
16,627	16,624
16,623	16,622
16,618	16,626

11-27. Um fabricante de instrumentos de medida de precisão afirma que o desvio-padrão no uso do instrumento é de 0,00002 polegada. Um analista, que desconhece a afirmativa, usa o instrumento oito vezes e obtém um desvio-padrão amostral de 0,00005 polegada.

(a) Com $\alpha = 0,05$, a afirmativa se justifica?

(b) Calcule um intervalo de confiança de 99% de confiança para a verdadeira variância.

(c) Qual é o poder do teste, se o verdadeiro desvio-padrão é de 0,00004?

(d) Qual o menor tamanho amostral que pode ser usado para se detectar um verdadeiro desvio-padrão de 0,00004 com uma probabilidade de pelo menos 0,95? Use $\alpha = 0,01$.

11-28. Admite-se que o desvio-padrão de medições feitas por um termopar especial seja de 0,005 grau. Se o desvio-padrão for de 0,010 desejamos detectá-lo com uma probabilidade de pelo menos 0,90. Use $\alpha = 0,01$. Que tamanho amostral deve ser usado? Se esse tamanho amostral for usado e o desvio-padrão amostral for $s = 0,007$, qual será sua conclusão, usando $\alpha = 0,01$? Construa um intervalo de confiança unilateral superior de 95% de confiança para a verdadeira variância.

11-29. O responsável por uma empresa fornecedora de energia está interessado na variabilidade da voltagem de saída. Ele testou 12 unidades, escolhidas aleatoriamente, com os seguintes resultados:

5,34	5,65	4,76
5,00	5,55	5,54
5,07	5,35	5,44
5,25	5,35	4,61

(a) Teste a hipótese de que $\sigma^2 = 0,5$. Use $\alpha = 0,05$.

(b) Se o verdadeiro valor é $\sigma^2 = 1,0$, qual é a probabilidade de que a hipótese em (a) seja rejeitada?

11-30. Para os dados do Exercício 11-7, teste a hipótese de que as duas variâncias são iguais usando $\alpha = 0,01$. O resultado desse teste influencia a maneira pela qual deva ser conduzido um teste para as médias? Qual o tamanho amostral necessário para se detectar $\sigma_1^2/\sigma_2^2 = 2,5$ com uma probabilidade de, pelo menos, 0,90?

11-31. Considere as duas amostras seguintes, extraídas de duas populações normais.

Amostra 1	Amostra 2
4,34	1,87
5,00	2,00
4,97	2,00
4,25	1,85
5,55	2,11
6,55	2,31
6,37	2,28
5,55	2,07
3,76	1,76
—	1,91
—	2,00

Há alguma evidência para se concluir que a variância da população 1 seja maior do que a variância da população 2? Use $\alpha = 0,01$. Ache a probabilidade de se detectar $\sigma_1^2/\sigma_2^2 = 4,0$.

11-32. Duas máquinas produzem peças de metal. A variância do peso dessas peças é de interesse. Foram coletados os seguintes dados.

Máquina 1	Máquina 2
$n_1 = 25$	$n_2 = 30$
$\bar{x}_1 = 0,984$	$\bar{x}_2 = 0,907$
$s_1^2 = 13,46$	$s_2^2 = 9,65$

(a) Teste a hipótese de que as variâncias das duas máquinas são iguais. Use $\alpha = 0,05$.

(b) Teste a hipótese de que as duas máquinas produzem peças que têm o mesmo peso médio. Use $\alpha = 0,05$.

11-33. Em um teste de dureza, uma bola de aço é pressionada sobre o material em um teste a uma carga-padrão. Mede-se o diâmetro da indentação, que é relacionado à dureza. Dispõe-se de dois tipos de bola de aço, e comparam-se seus desempenhos em 10 espécimes. Cada espécime é testado duas vezes, uma vez com cada bola. Os resultados são mostrados a seguir:

Bola x	75	46	57	43	58	32	61	56	34	65
Bola y	52	41	43	47	32	49	52	44	57	60

Teste a hipótese de que as duas bolas de aço dão a mesma medida esperada de dureza. Use $\alpha = 0,05$.

11-34. Dois tipos de equipamento de exercício para pessoas deficientes, A e B, são em geral usados para se determinar o efeito do exercício particular sobre a taxa cardíaca (em batimentos por minuto). Sete sujeitos participaram de um estudo para se determinar se os dois tipos de equipamento têm o mesmo efeito sobre a taxa cardíaca. A tabela a seguir mostra os resultados.

Sujeitos Observados	A	B
1	162	161
2	163	187
3	140	199
4	191	206
5	160	161
6	158	160
7	155	162

Realize um teste de hipóteses apropriado para determinar se há uma diferença significante na taxa cardíaca devida ao tipo de equipamento usado.

11-35. Um projetista aeronáutico tem evidência teórica de que a pintura do avião reduz sua velocidade a uma potência e posição de flapes específicas. Ele testa seis aviões consecutivos da linha de montagem antes e depois da pintura. Os resultados são mostrados abaixo.

Velocidade Mais Alta (mph)		
Avião	Pintado	Não Pintado
1	286	289
2	285	286
3	279	283
4	283	288
5	281	283
6	286	289

Os dados confirmam a teoria do projetista? Use $\alpha = 0,05$.

11-36. Um artigo em *International Journal of Fatigue* (1998, p. 537) discute a resistência à fadiga de flexão de dentes de engrenagem quando se usa um processo determinado de pré-esforço ou pré-carga. Obtém-se o pré-esforço de um dente de engrenagem aplicando-se e removendo-se uma única sobrecarga ao elemento da máquina. Para determinar diferenças significantes na resistência à fadiga devida ao pré-esforço os dados de fadiga foram emparelhados. Um dente "pré-esforçado" e outro "não pré-esforçado" eram emparelhados se estivessem presentes na mesma engrenagem. Formaram-se onze pares e foram medidas as vidas de fadiga. (A resposta final de interesse é ln[(vida de fadiga) $\times 10^{-3}$].)

Par	Dente com Pré-carga	Dente sem Pré-carga
1	3,813	2,706
2	4,025	2,364
3	3,042	2,773
4	3,831	2,558
5	3,320	2,430
6	3,080	2,616
7	2,498	2,765
8	2,417	2,486
9	2,462	2,688
10	2,236	2,700
11	3,932	2,810

Realize um teste da hipótese para determinar se o esforço de fadiga aumenta significantemente a vida de fadiga do dente de engrenagem. Use $\alpha = 0,10$.

11-37. Considere os dados do Exercício 10-66. Teste a hipótese de que a taxa de não-segurados é de 10%. Use $\alpha = 0,05$.

11-38. Considere os dados do Exercício 10-68. Teste a hipótese de que a fração de calculadoras defeituosas produzidas é de 2,5%.

11-39. Suponha que desejemos testar a hipótese $H_0: \mu_1 = \mu_2$ contra a alternativa $H_1: \mu_1 \neq \mu_2$, onde ambas as variâncias, σ_1^2 e σ_2^2, são conhecidas. Pode-se tomar um total de $n_1 + n_2 = N$ observações. Como devem ser alocadas essas observações nas duas populações para se maximizar a probabilidade de que H_0 seja rejeitada se H_1 é verdadeira e $\mu_1 - \mu_2 = \delta \neq 0$?

11-40. Considere o estudo sobre filiação a sindicatos, descrito no Exercício 10-70. Teste a hipótese de que a proporção de homens que pertencem a sindicatos não difere da proporção de mulheres que pertencem a sindicatos. Use $\alpha = 0,05$.

11-41. Usando os dados do Exercício 10-71, determine se é razoável concluir que a linha de produção 2 produziu uma fração de produtos defeituosos maior do que a linha 1. Use $\alpha = 0,01$.

11-42. Dois tipos diferentes de máquinas de molde por injeção são usados para moldar peças plásticas. Uma peça é considerada defeituosa se tiver rugas excessivas ou se estiver descolorida. Duas amostras aleatórias, cada uma de tamanho 500, são selecionadas, encontrando-se 32 peças defeituosas na amostra da máquina 1 e 21 defeituosas na amostra da máquina 2. É razoável concluir que ambas as máquinas produzem a mesma proporção de peças defeituosas?

11-43. Suponha que desejemos testar $H_0: \mu_1 = \mu_2$ contra $H_1: \mu_1 \neq \mu_2$, onde σ_1^2 e σ_2^2 são conhecidas. O tamanho amostral total, N, é fixo, mas a alocação das observações nas duas populações, de modo que $n_1 + n_2 = N$, deve ser feita com base em custos. Se os custos para amostragem nas populações 1 e 2 são C_1 e C_2, respectivamente, ache os tamanhos amostrais de custo mínimo que forneçam uma variância especificada para a diferença nas médias amostrais.

11-44. Um fabricante de um novo comprimido analgésico gostaria de demonstrar que seu produto funciona duas vezes mais rápido do que o produto do concorrente. Especificamente, ele gostaria de testar

$$H_0: \mu_1 = 2\mu_2,$$
$$H_1: \mu_1 > 2\mu_2,$$

onde μ_1 é o tempo médio de absorção do produto concorrente e μ_2 é o tempo médio de absorção do novo produto. Supondo que as variâncias σ_1^2 e σ_2^2 sejam conhecidas, sugira um procedimento para se testar essa hipótese.

11-45. Deduza uma expressão similar à Equação 11-20 para o erro β para o teste da variância de uma distribuição normal. Suponha que seja especificada uma alternativa bilateral.

11-46. Deduza uma expressão similar à Equação 11-20 para o erro β para o teste da igualdade das variâncias de duas distribuições normais. Suponha que seja especificada uma alternativa bilateral.

11-47. Mostra-se, a seguir, o número de unidades defeituosas encontradas a cada dia por um testador funcional em circuito em um processo de montagem de placas de circuito impresso.

Número de Defeituosos por Dia	Vezes Observadas
0-10	6
11-15	11
16-20	16
21-25	28
26-30	22
31-35	19
36-40	11
41-45	4

(a) É razoável concluir que esses dados provêm de uma distribuição normal? Use um teste de qualidade de ajuste qui-quadrado.
(b) Plote os dados em papel de probabilidade normal. Uma suposição de normalidade parece justificável?

11-48. Defeitos em superfícies de placas na fabricação de circuitos integrados são inevitáveis. Em um determinado processo, foram coletados os seguintes dados.

Número de Defeitos	Números de Placas com i Defeitos
0	4
1	13
2	34
3	56
4	70
5	70
6	58
7	42
8	25
9	15
10	9
11	3
12	1

A suposição de uma distribuição de Poisson parece apropriada como modelo de probabilidade para esse processo?

11-49. Um gerador de números pseudo-aleatórios é planejado de modo que os inteiros de 0 a 9 tenham probabilidade igual de ocorrência. Os primeiros 10.000 números são os seguintes:

0	1	2	3	4	5	6	7	8	9
967	1008	975	1022	1003	989	1001	981	1043	1011

Esse gerador parece estar operando adequadamente?

11-50. O tempo de ciclo de uma máquina automática tem sido observado e registrado.

S	2,1	2,11	2,12	2,13	2,14	2,15	2,16	2,17	2,18	2,19	2,2
Freq	16	28	41	74	149	256	137	82	40	19	11

(a) Parece que a distribuição normal é um modelo razoável de probabilidade para o tempo de ciclo? Use o teste de qualidade de ajuste qui-quadrado.
(b) Plote os dados em papel de probabilidade normal. A suposição de normalidade parece razoável?

11-51. Um engarrafador de refrigerante está estudando a força de pressão interna em garrafas descartáveis de um litro. Testa-se uma amostra aleatória de 16 garrafas e obtêm-se as forças de pressão. Os dados são mostrados a seguir. Plote esses dados em papel de probabilidade normal. Parece razoável concluir que a força de pressão seja normalmente distribuída?

226,16 psi	211,14 psi
202,20	203,62
219,54	188,12
193,73	224,39
208,15	221,31
195,45	204,55
193,71	202,21
200,81	201,63

11-52. Uma companhia opera quatro máquinas em três turnos diários. Pelos registros da produção, foram coletados os seguintes dados sobre o número de estragos.

Turno	Máquinas			
	A	B	C	D
1	41	20	12	16
2	31	11	9	14
3	15	17	16	10

Teste a hipótese de que os estragos são independentes do turno.

11-53. Classificam-se os pacientes em um hospital como caso cirúrgico ou caso clínico. Mantém-se um registro do número de vezes que os pacientes exigem serviço de enfermagem durante a noite e se esses pacientes estão no sistema de saúde pública ou não. Os dados são os seguintes:

Saúde Pública	Categoria do Paciente	
	Cirúrgico	Clínico
Sim	46	52
Não	36	43

Teste a hipótese de que as chamadas pelos pacientes cirúrgicos ou clínicos são independentes de os pacientes estarem se tratando pelo sistema público de saúde ou não.

11-54. As notas obtidas em cursos simultâneos de estatística e de pesquisa operacional foram as seguintes, para um grupo de estudantes:

Nota em Estatística	Nota em Pesquisa Operacional			
	A	B	C	Outro
A	25	6	17	13
B	17	16	15	6
C	18	4	18	10
Outro	10	8	11	20

As notas em estatística e em pesquisa operacional estão relacionadas?

11-55. Um experimento com granadas de artilharia resulta nos seguintes dados sobre as características de deflexão lateral e amplitude. Você concluiria que a deflexão e a amplitude são independentes?

Amplitude (jardas)	Deflexão Lateral		
	Esquerda	Normal	Direita
0 – 1.999	6	14	8
2.000 – 5.999	9	11	4
6.000 – 11.999	8	17	6

11-56. Estão sendo estudadas as falhas de um componente eletrônico. Há quatro tipos de falhas possíveis e duas posições de montagem para o aparelho. Obtiveram-se os seguintes dados.

Posição de Montagem	Tipo de Falha			
	A	B	C	D
1	22	46	18	9
2	4	17	6	12

Você concluiria que o tipo de falha é independente da posição de montagem?

11-57. Um artigo em *Research in Nursing and Health* (1999, p. 263) resume dados coletados de um estudo anterior (*Research in Nursing and Health*, 1998, p. 285) sobre a relação entre atividade física e *status* socioeconômico de 1507 mulheres brancas. Os dados são apresentados na tabela a seguir.

Status Socioeconômico	Atividade Física	
	Inativo	Ativo
Baixo	216	245
Médio	226	409
Alto	114	297

Teste a hipótese de que a atividade física é independente do *status* socioeconômico.

11-58. Tecidos são classificados em três tipos: *A*, *B* e *C*. Os resultados a seguir foram obtidos de cinco teares. A classificação dos tecidos é independente do tear?

Tear	Número de Peças de Tecido na Classificação de Tecidos		
	A	B	C
1	185	16	12
2	190	24	21
3	170	35	16
4	158	22	7
5	185	22	15

11-59. Um artigo no *Journal of Marketing Research* (1970, p. 36) relata um estudo da relação entre condições das instalações em postos de gasolina e a agressividade de sua política de marketing de gasolina. Uma amostra de 441 postos de gasolina foi estudada, obtendo-se os resultados mostrados a seguir. Há evidência de que a estratégia de preço da gasolina e as condições das instalações são independentes?

Política	Condição		
	Subpadrão	Padrão	Moderna
Agressiva	24	52	58
Neutra	15	73	86
Não-agressiva	17	80	36

11-60. Considere o processo de molde por injeção descrito no Exercício 11-42.
(a) Estabeleça esse problema como uma tabela de contingência 2 × 2 e realize a análise estatística indicada.
(b) Estabeleça, claramente, a hipótese que está sendo testada. Você está testando homogeneidade ou independência?
(c) Esse procedimento é equivalente ao procedimento de teste do Exercício 11-42?

Capítulo 12

Planejamento e Análise de Experimentos de Fator Único: A Análise de Variância

Experimentos são uma parte natural do processo de tomada de decisão na engenharia e no gerenciamento. Por exemplo, suponha que um engenheiro civil esteja estudando o efeito de métodos de cura sobre a força média de compressão do concreto. O experimento consistiria na confecção de vários espécimes de teste de concreto, usando cada um dos métodos de cura propostos e testando-se, então, a força de compressão de cada espécime. Os dados desse experimento poderiam ser usados para se determinar qual método de cura deve ser usado para se obter a máxima força de compressão.

Se há apenas dois métodos de cura de interesse, o experimento poderia ser *planejado* e *analisado* utilizando-se os métodos do Capítulo 11. Isto é, o experimento tem um *único fator* de interesse – métodos de cura – e há apenas dois *níveis* do fator. Se o interesse do experimento for a determinação de qual método de cura produz a força de compressão máxima, então o número de espécimes a serem testados pode ser determinado com o uso das curvas características de operação do Gráfico VI (Apêndice), e o teste *t* pode ser usado para se determinar se as duas médias diferem.

Muitos experimentos de fator único exigem mais de dois níveis do fator a ser considerado. Por exemplo, o engenheiro civil pode ter cinco métodos diferentes de cura para estudar. Neste capítulo, introduzimos a análise de variância para se lidar com mais de dois níveis de um único fator. No Capítulo 13, mostramos como planejar e analisar experimentos com vários fatores.

12-1 EXPERIMENTO DE FATOR ÚNICO COMPLETAMENTE ALEATORIZADO

12-1.1 Um Exemplo

Um fabricante de papel usado para a confecção de sacolas de mercearia está interessado em melhorar a força de resistência do produto. A engenharia de produção acha que a força de resistência é uma função da concentração de madeira de lei na polpa, e que a amplitude das concentrações de madeira de lei de interesse prático está entre 5% e 20%. Uma das engenheiras responsáveis pelo estudo decide investigar quatro níveis de concentração de madeira de lei: 5%, 10%, 15% e 20%. Ela decide, também, fazer seis espécimes de teste em cada nível de concentração usando uma usina-piloto. Todos os 24 espécimes são testados em um testador de tração de laboratório, em ordem aleatória. Os dados desse experimento constam da Tabela 12-1.

Esse é um exemplo de um experimento de fator único completamente aleatorizado, com quatro níveis do fator. Os níveis do fator são, algumas vezes, chamados de *tratamentos*. Cada tratamento tem seis observações, ou *replicações*. O papel da *aleatorização* nesse experimento é extremamente importante. A aleatorização da ordem das 24 rodadas praticamente elimina o efeito de qualquer variável de ruído que possa afetar a força de resistência observada. Por exemplo, suponha que haja um efeito de aquecimento no testador, isto é, quanto mais a máquina trabalha maior a força de resistência observada. Se as 24 rodadas forem feitas na ordem de concentração crescente de madeira de lei (isto é, todos os espécimes de 5% de concentração são testados primeiro, seguidos por todos os de 10% de concentração, etc.),

Tabela 12-1 Força de Resistência do Papel (psi)

Concentração de Madeira de Lei (%)	Observação						Totais	Médias
	1	2	3	4	5	6		
5	7	8	15	11	9	10	60	10,00
10	12	17	13	18	19	15	94	15,67
15	14	18	19	17	16	18	102	17,00
20	19	25	22	23	18	20	127	21,17
							383	15,96

então quaisquer diferenças observadas devidas à concentração de madeira de lei poderiam, também, ser devidas ao efeito de aquecimento.

É importante que se faça a análise gráfica dos dados de um experimento planejado. A Fig. 12-1 apresenta diagramas de caixas da força de resistência nos quatro níveis de concentração de madeira de lei. Esse gráfico indica que a mudança na concentração de madeira de lei tem um efeito na força de resistência; especificamente, maiores concentrações de madeira de lei produzem maiores forças de resistência observadas. Além disso, a distribuição da força de resistência em um nível particular de madeira de lei é razoavelmente simétrica, e a variabilidade na força de resistência não muda dramaticamente com a mudança da concentração de madeira de lei.

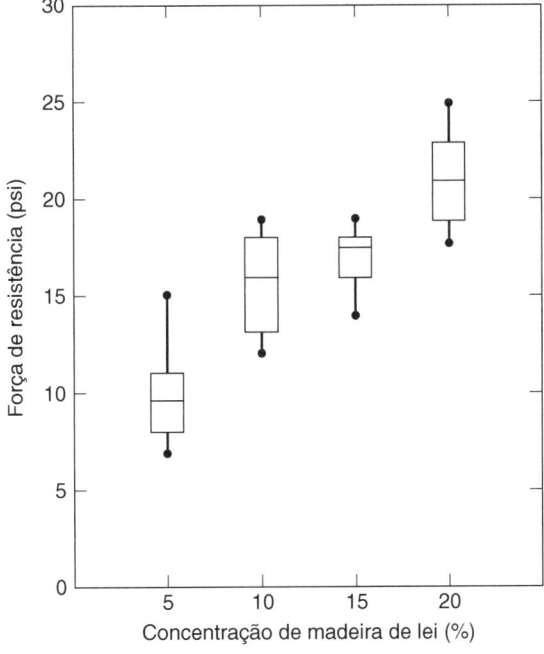

Figura 12-1 Diagramas de caixas dos dados de concentração de madeira de lei.

A interpretação gráfica dos dados é sempre uma boa idéia. Os diagramas de caixas mostram a variabilidade das observações *dentro* de um tratamento (nível do fator) e a variabilidade *entre* tratamentos. Mostramos, agora, como os dados de um experimento aleatorizado de fator único podem ser analisados estatisticamente.

12-1.2 A Análise de Variância

Suponha que tenhamos a níveis diferentes de um único fator (tratamentos) que desejamos comparar. A resposta observada para cada um dos a tratamentos é uma variável aleatória. Os dados apareceriam como na Tabela 12-2. Uma entrada na Tabela 12-2, digamos y_{ij}, representa a j-ésima observação tomada sob o tratamento i. Consideramos, inicialmente, o caso em que há um número igual de observações, n, em cada tratamento.

Podemos descrever as observações na Tabela 12-2 pelo modelo estatístico linear

$$y_{ij} = \mu + \tau_i + \varepsilon_{ij} \begin{cases} i = 1, 2, \ldots, a, \\ j = 1, 2, \ldots, n, \end{cases} \quad (12\text{-}1)$$

onde y_{ij} é a (ij)-ésima observação, μ é um parâmetro comum a todos os tratamentos, chamado de *média total*, τ_i é um parâmetro associado ao i-ésimo tratamento, chamado de *efeito do i-ésimo tratamento*, e ε_{ij} é um componente de erro aleatório. Note que y_{ij} representa tanto a variável aleatória quanto sua realização. Gostaríamos de testar certas hipóteses sobre os efeitos dos tratamentos e de estimá-los. Para o teste de hipótese, admite-se que os erros do modelo sejam variáveis aleatórias distribuídas normal e independentemente, com média zero e variância σ^2 [abreviadamente, NID($0, \sigma^2$)]. Supõe-se que a variância, σ^2, seja constante para todos os níveis do fator.

O modelo da Equação 12-1 é chamado de análise de variância *de um critério*, porque se investiga apenas um fator. Além disso, exigiremos que as observações sejam obtidas em ordem aleatória, de modo que o ambiente no qual os tratamentos são usados (em geral, chamados de unidades experimentais) seja o mais uniforme possível. Isso é chamado de planejamento experimental completamente aleatorizado. Há duas maneiras diferentes segundo as quais os a níveis do fator no experimento poderiam ter sido escolhidos. Primeiro, os a tratamentos poderiam ter sido escolhidos especificamente pelo experimentador. Nessa situação, desejamos testar hipóteses sobre τ_i, e as conclusões se aplicarão apenas aos níveis do fator considerados na análise. As conclusões não podem se estender a tratamentos similares que não tenham sido considerados. Também, podemos querer estimar τ_i. Isso é chamado de modelo de *efeitos fixos*. Alternativamente, os a tratamentos poderiam ser uma amostra aleatória de uma população maior de tratamentos. Nessa situação, gostaríamos de poder estender as conclusões (que se baseiam em uma amostra de tratamentos) a todos os tratamentos na população, tenham eles sido considerados explicitamente na análise ou não. Aqui, as τ_i são variáveis aleatórias, e o conhecimento daquelas particulares investigadas é relativamente sem utilidade. Em vez disso, testamos a hipótese sobre a variabilidade das τ_i e tentamos estimar essa variabilidade. Isso é chamado de modelo de *efeitos aleatórios* ou de *componentes da variância*.

Nesta seção, desenvolveremos a análise de variância de um critério para o modelo de efeitos fixos. No modelo de efeitos fixos, os efeitos dos tratamentos τ_i são usualmente definidos como desvios da média total, de modo que

$$\sum_{i=1}^{a} \tau_i = 0. \quad (12\text{-}2)$$

Represente por $y_i.$ o total das observações sob o i-ésimo tratamento e por $\bar{y}_i.$ a média das observações sob o i-ésimo tratamento. Analogamente, seja $y..$ o total geral de todas as observações e $\bar{y}..$ a média geral de todas as observações. Expresso matematicamente,

$$y_i. = \sum_{j=1}^{n} y_{ij}, \qquad \bar{y}_i. = y_i./n, \qquad i = 1, 2, \ldots, a,$$

$$y.. = \sum_{i=1}^{a} \sum_{j=1}^{n} y_{ij}, \qquad \bar{y}.. = y../N, \quad (12\text{-}3)$$

Tabela 12-2 Dados Típicos da Análise de Variância de um Critério

Tratamento	Observação				Totais	Médias
1	y_{11}	y_{12}	$\cdots$	y_{1n}	$y_1.$	$\bar{y}_1.$
2	y_{21}	y_{22}	$\cdots$	y_{2n}	$y_2.$	$\bar{y}_2.$
$\vdots$	$\vdots$	$\vdots$		$\vdots$	$\vdots$	$\vdots$
a	y_{a1}	y_{a2}	$\cdots$	y_{an}	$y_a.$	$\bar{y}_a.$

onde $N = an$ é o número total de observações. Assim, a notação de "ponto" subscrito implica soma ao longo do subscrito que o ponto substitui.

Estamos interessados no teste da igualdade dos efeitos dos a tratamentos. Usando-se a Equação 12-2, as hipóteses adequadas são

$$H_0: \tau_1 = \tau_2 = \cdots = \tau_a = 0,$$
$$H_1: \tau_i \neq 0 \text{ para pelo menos um } i. \tag{12-4}$$

Isto é, se a hipótese nula for verdadeira, então cada observação é composta pela média geral μ mais uma realização do erro aleatório ε_{ij}.

O procedimento de teste para a hipótese na Equação 12-4 é chamado de análise de variância. O nome "análise de variância" resulta do particionamento da variabilidade total nos dados em suas partes componentes. A soma de quadrados total corrigida, que é uma medida da variabilidade total nos dados, pode ser escrita como

$$\sum_{i=1}^{a}\sum_{j=1}^{n}(y_{ij} - \overline{y}_{..})^2 = \sum_{i=1}^{a}\sum_{j=1}^{n}\left[(\overline{y}_{i.} - \overline{y}_{..}) + (y_{ij} - \overline{y}_{i.})\right]^2 \tag{12-5}$$

ou

$$\sum_{i=1}^{a}\sum_{j=1}^{n}(y_{ij} - \overline{y}_{..})^2 = n\sum_{i=1}^{a}(\overline{y}_{i.} - \overline{y}_{..})^2 + \sum_{i=1}^{a}\sum_{j=1}^{n}(y_{ij} - \overline{y}_{i.})^2$$
$$+ 2\sum_{i=1}^{a}\sum_{j=1}^{n}(\overline{y}_{i.} - \overline{y}_{..})(y_{ij} - \overline{y}_{i.}). \tag{12-6}$$

Note que o termo do produto cruzado na Equação 12-6 é zero, uma vez que

$$\sum_{j=1}^{n}(y_{ij} - \overline{y}_{i.}) = y_{i.} - n\overline{y}_{i.} = y_{i.} - n(y_{i.}/n) = 0.$$

Assim, temos

$$\sum_{i=1}^{a}\sum_{j=1}^{n}(y_{ij} - \overline{y}_{..})^2 = n\sum_{i=1}^{a}(\overline{y}_{i.} - \overline{y}_{..})^2 + \sum_{i=1}^{a}\sum_{j=1}^{n}(y_{ij} - \overline{y}_{i.})^2. \tag{12-7}$$

A Equação 12-7 mostra que a variabilidade total nos dados, medida pela soma de quadrados total corrigida, pode ser particionada em uma soma de quadrados das diferenças entre as médias dos tratamentos e a média total, e uma soma de quadrados das diferenças das observações dentro dos tratamentos e a média do respectivo tratamento. Diferenças entre as médias de tratamento observadas e a média total medem as diferenças entre tratamentos, enquanto diferenças entre observações dentro de um tratamento e a média do tratamento podem ser devidas apenas a erro aleatório. Portanto, escrevemos a Equação 12-7 simbolicamente como

$$SQ_T = SQ_{\text{tratamentos}} + SQ_E,$$

onde SQ_T é a soma total de quadrados, $SQ_{\text{tratamentos}}$ é a soma de quadrados devida aos tratamentos (i.e., *entre* tratamentos), e SQ_E é a soma de quadrados devida ao erro (i.e., *dentro* dos tratamentos). Há um total de $an = N$ observações; assim, SQ_T tem $N - 1$ graus de liberdade. Há a níveis do fator, de modo que $SQ_{\text{tratamentos}}$ tem $a - 1$ graus de liberdade. Finalmente, dentro de qualquer tratamento há n replicações, o que dá $n - 1$ graus de liberdade com os quais estimar o erro experimental. Como há a tratamentos, temos $a(n - 1) = an - a = N - a$ graus de liberdade para o erro.

Considere, agora, as propriedades distributivas dessas somas de quadrados. Como admitimos que os erros ε_{ij} sejam NID$(0, \sigma^2)$, as observações y_{ij} são NID$(\mu + \tau_i, \sigma^2)$. Assim, SQ_T/σ^2 tem distribuição qui-quadrado, com $N - 1$ graus de liberdade, uma vez que SQ_T é uma soma de quadrados de variáveis aleatórias normais. Podemos, também, mostrar que $SQ_{\text{tratamentos}}/\sigma^2$ é qui-quadrado com $a - 1$ graus de liberdade, se H_0 for verdadeira, e SQ_E/σ^2 é qui-quadrado com $N - a$ graus de liberdade. No entanto, as três somas de quadrados não são independentes, pois $SQ_{\text{tratamentos}}$ e SQ_E totalizam SQ_T. O teorema seguinte, que é uma forma especial devida a Cochran, é útil no desenvolvimento do procedimento de teste.

Teorema 12-1 (Cochran)

Seja $Z_i \sim$ NID $(0, 1)$ para $i = 1, 2, \ldots, v$ e seja

$$\sum_{i=1}^{v} Z_i^2 = Q_1 + Q_2 + \cdots + Q_s,$$

onde $s < v$ e Q_i é qui-quadrado com v_i graus de liberdade ($i = 1, 2, \ldots, v$). Então, $Q_1, Q_2, \ldots, Q_s$ são variáveis aleatórias qui-quadrado independentes, com $v_1, v_2, \ldots, v_s$ graus de liberdade, respectivamente, se e somente se

$$v = v_1 + v_2 + \cdots + v_s.$$

Usando esse teorema, notamos que os graus de liberdade para $SQ_{\text{tratamento}}$ e SQ_E totalizam $N - 1$, de modo que $SQ_{\text{tratamentos}}/\sigma^2$ e SQ_E/σ^2 são variáveis aleatórias qui-quadrado distribuídas independentemente. Portanto, sob a hipótese nula tística

$$F_0 = \frac{SQ_{\text{tratamentos}}/(a-1)}{SQ_E/(N-a)} = \frac{MQ_{\text{tratamentos}}}{MQ_E} \qquad (12\text{-}8)$$

segue a distribuição $F_{a-1,N-a}$. As quantidades $MQ_{\text{tratamentos}}$ e MQ_E são as *médias quadráticas*.

Os valores esperados das médias quadráticas são usados para mostrar que F_0 na Equação 12-8 é uma estatística de teste apropriada para $H_0: \tau_i = 0$ e para a determinação de critérios de rejeição dessa hipótese nula. Considere

$$E(MQ_E) = E\left(\frac{SQ_E}{N-a}\right) = \frac{1}{N-a} E\left[\sum_{i=1}^{a}\sum_{j=1}^{n}\left(y_{ij} - \bar{y}_{i\cdot}\right)^2\right]$$

$$= \frac{1}{N-a} E\left[\sum_{i=1}^{a}\sum_{j=1}^{n}\left(y_{ij}^2 - 2 y_{ij}\bar{y}_{i\cdot} + \bar{y}_{i\cdot}^2\right)\right]$$

$$= \frac{1}{N-a} E\left[\sum_{i=1}^{a}\sum_{j=1}^{n} y_{ij}^2 - 2n\sum_{i=1}^{a}\bar{y}_{i\cdot}^2 + n\sum_{i=1}^{a}\bar{y}_{i\cdot}^2\right]$$

$$= \frac{1}{N-a} E\left[\sum_{i=1}^{a}\sum_{j=1}^{n} y_{ij}^2 - \frac{1}{n}\sum_{i=1}^{a} y_{i\cdot}^2\right].$$

Substituindo-se o modelo, a Equação 12-1, nessa equação, obtemos

$$E(MQ_E) = \frac{1}{N-a} E\left[\sum_{i=1}^{a}\sum_{j=1}^{n}\left(\mu + \tau_i + \varepsilon_{ij}\right)^2 - \frac{1}{n}\sum_{i=1}^{a}\left(\sum_{j=1}^{n}\left(\mu + \tau_i + \varepsilon_{ij}\right)\right)^2\right].$$

Expandindo os quadrados e tomando as esperanças das quantidades entre colchetes, vemos que os termos que envolvem ε_{ij}^2 e $\sum_{i=1}^{n} \varepsilon_{ij}^2$ são substituídos por σ^2 e $n\sigma^2$, respectivamente, porque $E(\varepsilon_{ij}) = 0$. Além disso, todos os produtos cruzados que envolvem ε_{ij} têm esperança zero. Portanto, depois de expandir os quadrados, tomar as esperanças e notar que $\sum_{i=1}^{n} \tau_i = 0$, temos

$$E(MQ_E) = \frac{1}{N-a} E\left[N\mu^2 + n\sum_{i=1}^{a}\tau_i^2 + N\sigma^2 - N\mu^2 - n\sum_{i=1}^{a}\tau_i^2 - a\sigma^2\right]$$

ou

$$E(MQ_E) = \sigma^2.$$

Com abordagem semelhante, podemos mostrar que

$$E(MQ_{\text{tratamento}}) = \sigma^2 + \frac{n\sum_{i=1}^{a}\tau_i^2}{a-1}.$$

Pelas médias quadráticas esperadas, vemos que MQ_E é um estimador não-viesado de σ^2. Também, sob a hipótese nula, $MQ_{\text{tratamentos}}$ é um estimador não-viesado de σ^2. No entanto, se a hipótese nula é falsa, então o valor esperado de $MQ_{\text{tratamentos}}$ é maior do que σ^2. Assim, sob a hipótese alternativa o valor esperado do numerador da estatística de teste (Equação 12-8) é maior do que o valor esperado do denominador. Conseqüentemente, devemos rejeitar H_0 se a estatística de teste for grande. Isso implica uma região crítica na cauda superior. Logo, rejeitamos H_0 se

$$F_0 > F_{\alpha, a-1, N-a}$$

onde F_0 é calculado pela Equação 12-8.

Fórmulas computacionais eficientes para as somas de quadrados podem ser obtidas pela expansão e simplificação das definições de $SQ_{\text{tratamentos}}$ e SQ_T na Equação 12-7. Isso resulta em

$$SQ_T = \sum_{i=1}^{a}\sum_{j=1}^{n} y_{ij}^2 - \frac{y_{..}^2}{N} \tag{12-9}$$

e

$$SQ_{\text{tratamentos}} = \sum_{i=1}^{a} \frac{y_{i.}^2}{n} - \frac{y_{..}^2}{N}. \tag{12-10}$$

A soma dos quadrados do erro é obtida pela subtração:

$$SQ_E = SQ_T - SQ_{\text{tratamentos}}. \tag{12-11}$$

O procedimento de teste está resumido na Tabela 12-3, que é chamada de tabela de análise de variância.

Exemplo 12-1

Considere o experimento sobre a concentração de madeira de lei na Seção 12-1.1. Podemos usar a análise de variância para testar a hipótese de que concentrações diferentes de madeira de lei não afetam a força média de resistência do papel. As somas de quadrados para a análise de variância são calculadas pelas Equações 12-9, 12-10 e 12-11, como segue:

$$SQ_T = \sum_{i=1}^{4}\sum_{j=1}^{6} y_{ij}^2 - \frac{y_{..}^2}{N}$$

$$= (7)^2 + (8)^2 + \cdots + (20)^2 - \frac{(383)^2}{24} = 512{,}96,$$

$$SQ_{\text{tratamentos}} = \sum_{i=1}^{4} \frac{y_{i.}^2}{n} - \frac{y_{..}^2}{N}$$

$$= \frac{(60)^2 + (94)^2 + (102)^2 + (127)^2}{6} - \frac{(383)^2}{24} = 382{,}79,$$

$$SQ_E = SQ_T - SQ_{\text{tratamentos}}$$
$$= 512{,}96 - 382{,}79 = 130{,}17.$$

Tabela 12-3 Análise de Variância de um Critério para o Modelo de Efeitos Fixos

Fonte de Variação	Soma de Quadrados	Graus de Liberdade	Média Quadrática	F_0
Entre tratamentos	$SQ_{\text{tratamentos}}$	$a-1$	$MQ_{\text{tratamentos}}$	$\dfrac{MQ_{\text{tratamentos}}}{MQ_E}$
Erro (dentro dos tratamentos)	SQ_E	$N-a$	MQ_E	
Total	SQ_T	$N-1$		

Tabela 12-4 Análise de Variância para os Dados da Força de Resistência

Fonte de Variação	Soma de Quadrados	Graus de Liberdade	Média Quadrática	F_0
Concentração de madeira de lei	382,79	3	127,60	19,61
Erro	130,17	20	6,51	
Total	512,96	23		

A análise de variância está resumida na Tabela 12-4. Como $F_{0,01; 3; 20} = 4,94$, rejeitamos H_0 e concluímos que a concentração de madeira de lei na polpa afeta de maneira significante a resistência do papel.

12-1.3 Estimação dos Parâmetros do Modelo

É possível deduzir estimadores para os parâmetros no modelo da análise de variância de um critério

$$y_{ij} = \mu + \tau_i + \varepsilon_{ij}.$$

Um critério de estimação apropriado é estimar μ e τ_i de tal forma que a soma dos quadrados dos erros, ou desvios ε_{ij}, seja mínima. Esse método de estimação de parâmetros é chamado de método de *mínimos quadrados*. Na estimação de μ e τ_i por mínimos quadrados a hipótese de normalidade para os erros ε_{ij} não é necessária. Para encontrar os estimadores de mínimos quadrados para μ e τ_i formamos a soma de quadrados dos erros

$$L = \sum_{i=1}^{a} \sum_{j=1}^{n} \varepsilon_{ij}^2 = \sum_{i=1}^{a} \sum_{j=1}^{n} \left(y_{ij} - \mu - \tau_i \right)^2 \qquad (12\text{-}12)$$

e encontramos os valores de μ e τ_i, digamos $\hat{\mu}$ e $\hat{\tau}_i$ que minimizam L. Os valores $\hat{\mu}$ e $\hat{\tau}_i$ são as soluções das $a + 1$ equações simultâneas

$$\left. \frac{\partial L}{\partial \mu} \right|_{\hat{\mu}, \hat{\tau}_i} = 0,$$

$$\left. \frac{\partial L}{\partial \tau_i} \right|_{\hat{\mu}, \hat{\tau}_i} = 0, \qquad i = 1, 2, \ldots, a.$$

Derivando a Equação 12-12 em relação a μ e τ_i e igualando a zero, obtemos

$$-2 \sum_{i=1}^{a} \sum_{j=1}^{n} \left(y_{ij} - \hat{\mu} - \hat{\tau}_i \right) = 0$$

e

$$-2 \sum_{j=1}^{n} \left(y_{ij} - \hat{\mu} - \hat{\tau}_i \right) = 0, \qquad i = 1, 2, \ldots, a.$$

Depois de simplificadas, essas equações se tornam

$$\begin{aligned} N\hat{\mu} + n\hat{\tau}_1 + n\hat{\tau}_2 + \cdots + n\hat{\tau}_a &= y_{..}, \\ n\hat{\mu} + n\hat{\tau}_1 \phantom{+ n\hat{\tau}_2 + \cdots + n\hat{\tau}_a} &= y_{1.}, \\ n\hat{\mu} \phantom{+ n\hat{\tau}_1} + n\hat{\tau}_2 \phantom{+ \cdots + n\hat{\tau}_a} &= y_{2.}, \\ &\vdots \\ n\hat{\mu} \phantom{+ n\hat{\tau}_1 + n\hat{\tau}_2 + \cdots} + n\hat{\tau}_a &= y_{a.}. \end{aligned} \qquad (12\text{-}13)$$

As Equações 12-13 são chamadas de *equações normais de mínimos quadrados*. Note que se somarmos as a últimas equações obtemos a primeira equação normal. Portanto, as equações normais não são linearmente independentes, e não há estimativas únicas para μ, τ_1, τ_2, ..., τ_a. Uma maneira de se superar essa dificuldade é impor uma restrição à solução das equações normais. Há várias maneiras de se escolher essa restrição. Como definimos os efeitos dos tratamentos como desvios da média geral, parece razoável aplicar a restrição

$$\sum_{i=1}^{a} \hat{\tau}_i = 0. \tag{12-14}$$

Usando essa restrição, obtemos como solução das equações normais

$$\hat{\mu} = \bar{y}_{..},$$
$$\hat{\tau}_i = \bar{y}_{i.} - \bar{y}_{..}, \qquad i = 1, 2, ..., a. \tag{12-15}$$

Essa solução tem considerável apelo intuitivo, uma vez que a média total é estimada pela média geral das observações e a estimativa de qualquer efeito de tratamento é exatamente a diferença entre a média do tratamento e a média geral.

Essa solução não é única, obviamente, porque depende da restrição (Equação 12-14) que tivermos escolhido. A princípio isso pode parecer ruim, porque dois experimentadores diferentes podem analisar os mesmos dados e obter resultados diferentes, se aplicarem restrições diferentes. No entanto, certas *funções* dos parâmetros do modelo são estimadas de maneira única, independentemente da restrição. Alguns exemplos são $\tau_i - \tau_j$, que pode ser estimada por e $\hat{\tau}_i - \hat{\tau}_j = \bar{y}_{i.} - \bar{y}_{j.}$ e $\mu + \tau_i$, que pode ser estimada por $\hat{\mu}_i + \hat{\tau}_i = \bar{y}_{i.}$. Como, em geral, estamos mais interessados nas diferenças nos efeitos dos tratamentos do que nos seus valores reais, não causa preocupação o fato de τ_i não poder ser estimado de maneira única. Em geral, qualquer função dos parâmetros do modelo que seja uma combinação linear dos membros esquerdos das equações normais pode ser estimada de maneira única. Funções que são estimadas de maneira única, independentemente da restrição usada, são chamadas de funções *estimáveis*.

Freqüentemente, gostaríamos de construir um intervalo de confiança para a média do i-ésimo tratamento, definida por

$$\mu_i = \mu + \tau_i, \qquad i = 1, 2, ..., a.$$

Um estimador pontual de μ_i seria $\hat{\mu}_i = \hat{\mu} + \hat{\tau}_j = \bar{y}_{i.}$. Agora, se assumirmos que o erros sejam distribuídos normalmente, cada $\bar{y}_{i.}$ será NID$(\mu, \sigma^2/n)$. Assim, se σ^2 for conhecida, podemos usar a distribuição normal para construir um intervalo de confiança para μ_i. Usando MQ_E como estimador de σ^2, podemos basear nosso intervalo de confiança na distribuição t. Assim, um intervalo de confiança de $100(1 - \alpha)\%$ de confiança para a média do i-ésimo tratamento, μ_i, é

$$\left[\bar{y}_{i.} \pm t_{\alpha/2, N-a} \sqrt{MQ_E/n} \right]. \tag{12-16}$$

Um intervalo de confiança de $100(1 - \alpha)\%$ de confiança para a diferença entre duas médias de tratamento, $\mu_i - \mu_j$, é

$$\left[\bar{y}_{i.} - \bar{y}_{j.} \pm t_{\alpha/2, N-a} \sqrt{2MQ_E/n} \right]. \tag{12-17}$$

Exemplo 12-2

Podemos usar os resultados obtidos anteriormente para estimar as forças médias de resistência em diferentes níveis de concentração de madeira de lei para o experimento na Seção 12-1.1. As estimativas das forças médias de resistência são

$$\bar{y}_{1.} = \hat{\mu}_{5\%} = 10{,}00 \text{ psi},$$

$$\bar{y}_{2.} = \hat{\mu}_{10\%} = 15{,}67 \text{ psi},$$

$$\bar{y}_{3.} = \hat{\mu}_{15\%} = 17{,}00 \text{ psi},$$

$$\bar{y}_{4.} = \hat{\mu}_{20\%} = 21{,}17 \text{ psi}.$$

Um intervalo de confiança de 95% de confiança para a força média de resistência a 20% de madeira de lei é encontrado pela Equação 12-16, como segue:

$$\left[\bar{y}_{i\cdot} \pm t_{\alpha/2, N-a}\sqrt{MQ_E/n}\right],$$
$$\left[21{,}17 \pm (2{,}086)\sqrt{6{,}51/6}\right],$$
$$\left[21{,}17 \pm 2{,}17\right].$$

O intervalo de confiança desejado é

$$19{,}00 \text{ psi} \leq \mu_{20\%} \leq 23{,}34 \text{ psi}.$$

O exame visual dos dados sugere que a força média de resistência a 10% e 15% de madeira de lei é semelhante. Um intervalo de confiança para a diferença nas médias $\mu_{15\%} - \mu_{10\%}$ é

$$\left[\bar{y}_{i\cdot} - \bar{y}_{j\cdot} \pm t_{\alpha/2, N-a}\sqrt{2MQ_E/n}\right],$$
$$\left[17{,}00 - 15{,}67 \pm (2{,}086)\sqrt{2(6{,}51)/6}\right],$$
$$\left[1{,}33 \pm 3{,}07\right].$$

Assim, o intervalo de confiança para $\mu_{15\%} - \mu_{10\%}$ é

$$-1{,}74 \leq \mu_{15\%} - \mu_{10\%} \leq 4{,}40.$$

Como o intervalo de confiança inclui o zero, concluiríamos que não há diferença na força média de resistência nesses dois níveis particulares de madeira de lei.

12-1.4 Análise dos Resíduos e Verificação do Modelo

O modelo da análise de variância de um critério supõe que as observações sejam distribuídas normal e independentemente, com a mesma variância em cada tratamento ou nível do fator. Essas hipóteses devem ser verificadas pelo exame dos *resíduos*. Definimos um resíduo como $e_{ij} = y_{ij} - \bar{y}_{i\cdot}$, isto é, a diferença entre uma observação e a média do tratamento correspondente. Os resíduos para o experimento da porcentagem de madeira de lei são mostrados na Tabela 12-5.

A hipótese de normalidade pode ser verificada pela plotagem dos resíduos em papel de probabilidade normal. Para verificar a hipótese de variâncias iguais em cada nível do fator, plote os resíduos contra os níveis do fator e compare a dispersão dos resíduos. É também útil plotar os resíduos contra $\bar{y}_{i\cdot}$ (algumas vezes chamado de o *valor ajustado*); a variabilidade nos resíduos não deve depender, de modo algum, do valor de $\bar{y}_{i\cdot}$. Quando surge um padrão nesses gráficos isso, em geral, sugere a necessidade de uma *transformação*, isto é, a análise dos dados em outra métrica. Por exemplo, se a variabilidade nos resíduos aumenta com $\bar{y}_{i\cdot}$, então uma transformação tal como log y ou $\sqrt{y}$ deve ser considerada. Em alguns problemas, a dependência da dispersão dos resíduos em relação a $\bar{y}_{i\cdot}$ é uma informação muito importante. Pode ser desejável selecionar o nível do fator que resulte em y máximo; no entanto, esse nível pode, também, causar mais variação em y de uma para outra rodada.

A hipótese de independência pode ser verificada plotando-se os resíduos contra o tempo ou ordem de rodada na qual o experimento foi realizado. Um padrão nesse gráfico, tal como seqüências de resíduos positivos e negativos, pode indicar que as observações não são independentes. Isso sugere que o

Tabela 12-5 Resíduos para o Experimento da Força de Resistência

Concentração de Madeira de Lei	Resíduos					
5%	−3,00	−2,00	5,00	1,00	−1,00	0,00
10%	−3,67	1,33	−2,67	2,33	3,33	−0,67
15%	−3,00	1,00	2,00	0,00	−1,00	1,00
20%	−2,17	3,83	0,83	1,83	−3,17	−1,17

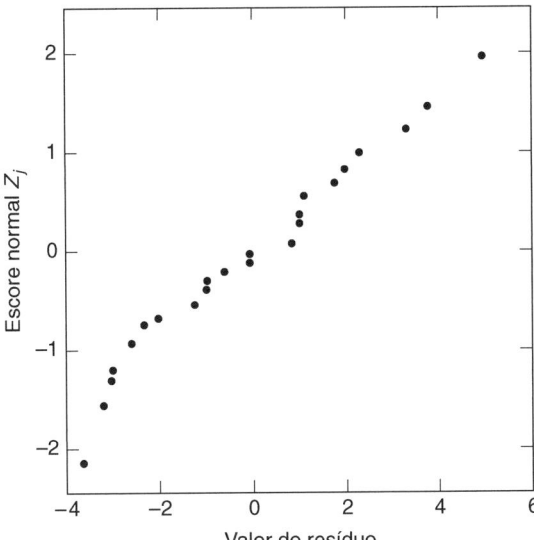

Figura 12-2 Gráfico de probabilidade normal dos resíduos do experimento de concentração de madeira de lei.

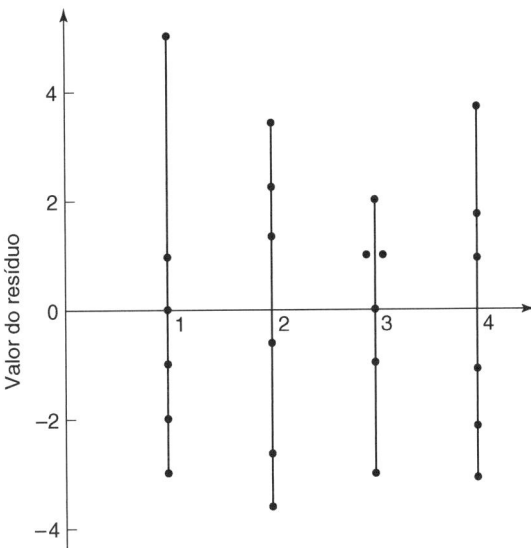

Figura 12-3 Gráfico de resíduos *versus* tratamento.

tempo ou ordem da rodada é importante, ou que variáveis que mudam com o tempo são importantes e não foram incluídas no planejamento do experimento.

A Fig. 12-2 mostra um gráfico de probabilidade normal dos resíduos do experimento da concentração de madeira de lei. As Figs. 12-3 e 12-4 apresentam os resíduos plotados contra o número do tratamento e o valor ajustado $\bar{y}_{i.}$. Esses gráficos não revelam qualquer inadequação do modelo ou problema com as hipóteses.

12-1.5 Um Planejamento Não-balanceado

Em alguns experimentos de fator único, o número de observações extraídas sob cada tratamento pode ser diferente. Dizemos, então, que o planejamento é *não-balanceado*. A análise de variância descrita antes ainda é válida, mas devem ser feitas pequenas modificações nas fórmulas das somas de quadrados. Seja n_i o número de observações sob o tratamento i ($i = 1, 2, ..., a$); e seja o número total de observações $N = \sum_{i=1}^{a} n_i$. As fórmulas computacionais para SQ_T e $SQ_{\text{tratamentos}}$ se tornam

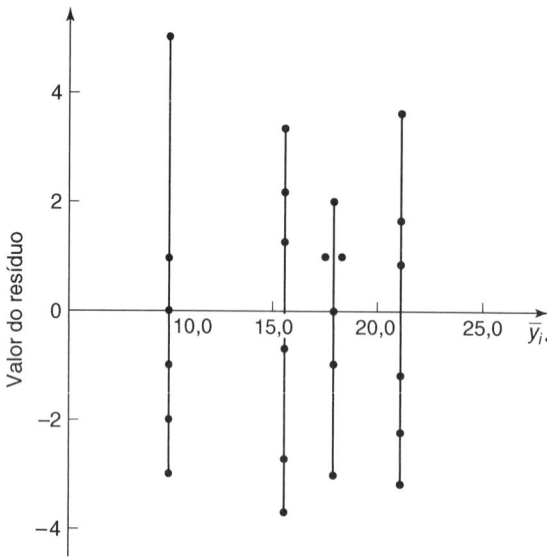

Figura 12-4 Gráfico de resíduos *versus* $\bar{y}_{i.}$.

$$SQ_T = \sum_{i=1}^{a}\sum_{j=1}^{n_i} y_{ij}^2 - \frac{y_{..}^2}{N}$$

e

$$SQ_{\text{tratamentos}} = \sum_{i=1}^{a} \frac{y_{i.}^2}{n_i} - \frac{y_{..}^2}{N}.$$

Na resolução das equações normais usa-se a restrição $\sum_{i=1}^{a} n_i \hat{\tau}_i = 0$. Não são exigidas outras mudanças na análise de variância.

Há duas vantagens importantes em se escolher o planejamento balanceado. Primeiro, a estatística de teste é relativamente insensível a pequenos afastamentos da hipótese de igualdade de variâncias, se os tamanhos amostrais forem iguais. Isso já não é o caso para tamanhos amostrais diferentes. Em segundo lugar, o poder do teste é maximizado se as amostras forem do mesmo tamanho.

12-2 TESTES PARA AS MÉDIAS DE TRATAMENTOS INDIVIDUAIS

12-2.1 Contrastes Ortogonais

A rejeição da hipótese nula no modelo de efeitos fixos da análise de variância implica que há diferenças entre as a médias de tratamentos, mas não especifica a natureza exata das diferenças. Nessa situação, mais comparações entre grupos de médias de tratamentos podem ser úteis. A média do i-ésimo tratamento é definida como $\mu_i = \mu + \tau_i$, e μ_i é estimada por $\bar{y}_{i.}$. Comparações entre médias de tratamentos são feitas, usualmente, em termos dos totais dos tratamentos $\{y_{i.}\}$.

Considere o experimento sobre a concentração de madeira de lei apresentado na Seção 12-1.1. Como a hipótese $H_0: \tau_i = 0$ foi rejeitada, sabemos que algumas concentrações de madeira de lei produzem forças de resistência diferentes de outras, mas quais exatamente causam essa diferença? Podemos suspeitar, no início do experimento, que as concentrações de madeira de lei 3 e 4 produzem a mesma força de resistência, o que implica que gostaríamos de testar a hipótese

$$H_0: \mu_3 = \mu_4,$$
$$H_1: \mu_3 \neq \mu_4.$$

Essa hipótese poderia ser testada usando-se uma combinação linear de totais de tratamento, digamos

$$y_{3.} - y_{4.} = 0.$$

Se suspeitássemos que a *média* das concentrações de madeira de lei 1 e 3 não diferia da *média* das concentrações de madeira de lei 2 e 4, então a hipótese seria

$$H_0: \mu_1 + \mu_3 = \mu_2 + \mu_4,$$
$$H_1: \mu_1 + \mu_3 \neq \mu_2 + \mu_4,$$

o que implica usar a combinação linear de totais de tratamentos

$$y_{1.} + y_{3.} - y_{2.} - y_{4.} = 0.$$

Em geral, a comparação de médias de tratamentos de interesse implicará uma combinação linear de totais de tratamentos tal como

$$C = \sum_{i=1}^{a} c_i y_{i.},$$

com a restrição de que $\sum_{i=1}^{a} c_i = 0$. Essas combinações lineares são chamadas de *contrastes*. A soma de quadrados para qualquer contraste é

$$SQ_C = \frac{\left(\sum_{i=1}^{a} c_i y_{i.}\right)^2}{n \sum_{i=1}^{a} c_i^2} \tag{12-18}$$

e tem um único grau de liberdade. Se o planejamento é não-balanceado, então a comparação de médias de tratamentos requer que $\sum_{i=1}^{a} n_i c_i = 0$, e a Equação 12-18 se torna

$$SQ_C = \frac{\left(\sum_{i=1}^{a} c_i y_{i.}\right)^2}{\sum_{i=1}^{a} n_i c_i^2}. \tag{12-19}$$

Testa-se um contraste comparando-se sua soma de quadrados à média quadrática do erro. A estatística resultante seria distribuída como F, com 1 e $N - a$ graus de liberdade.

Um caso especial muito importante desse procedimento é o dos *contrastes ortogonais*. Dois contrastes com coeficientes $\{c_i\}$ e $\{d_i\}$ são ortogonais se

$$\sum_{i=1}^{a} c_i d_i = 0$$

ou, para um planejamento não-balanceado, se

$$\sum_{i=1}^{a} n_i c_i d_i = 0.$$

Para a tratamentos, um conjunto de $a - 1$ contrastes ortogonais particionará a soma de quadrados devida aos tratamentos em $a - 1$ componentes independentes com um único grau de liberdade. Assim, os testes realizados em contrastes ortogonais são independentes.

Há várias maneiras de se escolher os coeficientes do contraste ortogonal para um conjunto de tratamentos. Usualmente, alguma coisa na natureza do experimento deve sugerir quais comparações serão de interesse. Por exemplo, se há $a = 3$ tratamentos, com o tratamento 1 como "controle" e os tratamentos 2 e 3 como níveis reais do fator de interesse do experimentador, então os contrastes ortogonais apropriados seriam como segue:

Tratamento	Contrastes Ortogonais	
1 (controle)	−2	0
2 (nível 1)	1	−1
3 (nível 2)	1	1

Note que o contraste 1, com $c_i = -2, 1, 1$, compara o efeito médio do fator com o controle, enquanto o contraste 2, com $d_i = 0, -1, 1$, compara os dois níveis do fator de interesse.

Os coeficientes do contraste devem ser escolhidos antes de se rodar o experimento, pois se essas comparações forem selecionadas depois do exame dos dados muitos experimentadores construiriam testes que comparam grandes diferenças observadas nas médias. Essas grandes diferenças poderiam ser devidas à presença de efeito real ou ao erro aleatório. Se os experimentadores sempre escolherem grandes diferenças para comparar, eles aumentarão o erro tipo I do teste, uma vez que em uma alta e não-usual porcentagem das comparações selecionadas as diferenças observadas serão devidas ao erro.

Exemplo 12-3

Considere o experimento da concentração de madeira de lei. Há quatro níveis de concentração, e os conjuntos possíveis de comparações entre essas médias e as comparações ortogonais associadas são

$$H_0: \mu_1 + \mu_4 = \mu_2 + \mu_3, \qquad C_1 = y_{1.} - y_{2.} - y_{3.} + y_{4.},$$
$$H_0: 3\mu_1 + \mu_2 = \mu_3 + 3\mu_4, \qquad C_2 = -3y_{1.} - y_{2.} + y_{3.} + 3y_{4.},$$
$$H_0: \mu_1 + 3\mu_3 = 3\mu_2 + \mu_4, \qquad C_3 = -y_{1.} + 3y_{2.} - 3y_{3.} + y_{4.}.$$

Note que as constantes dos contrastes são ortogonais. Usando os dados da Tabela 12-1, encontramos os valores numéricos para os contrastes e as somas de quadrados como segue:

$$C_1 = 60 - 94 - 102 + 127 = -9, \qquad SQ_{C_1} = \frac{(-9)^2}{6(4)} = 3{,}38,$$

$$C_2 = -3(60) - 94 + 102 + 3(127) = 209, \qquad SQ_{C_2} = \frac{(209)^2}{6(20)} = 364{,}00,$$

$$C_3 = -60 + 3(94) - 3(102) + 127 = 43, \qquad SQ_{C_3} = \frac{(43)^2}{6(20)} = 15{,}41.$$

Essas somas de quadrados de contraste particionam completamente a soma de quadrados de tratamentos; isto é, $SQ_{\text{tratamentos}} = SQ_{C_1} + SQ_{C_2} + SQ_{C_3} = 382{,}79$. Esses testes para os contrastes são geralmente, incorporados na análise de variância, como mostra a Tabela 12-6. Por essa análise, concluímos que há diferenças significantes entre as concentrações 1, 2 versus 3, 4, mas que a média de 1 e 4 não difere da média de 2 e 3, nem a média de 1 e 3 difere da média de 2 e 4.

Tabela 12-6 Análise de Variância para os Dados da Força de Resistência

Fonte de Variação	Soma de Quadrados	Graus de Liberdade	Média Quadrática	F_0
Concentração de madeira de lei	382,79	3	127,60	19,61
C_1 (1, 4 vs. 2, 3)	(3,38)	(1)	3,38	0,52
C_2 (1, 2 vs. 3, 4)	(364,00)	(1)	364,00	55,91
C_3 (1, 3 vs. 2, 4)	(15,41)	(1)	15,41	2,37
Erro	130,17	20	6,51	
Total	512,96	23		

12-2.2 Teste de Tukey

Freqüentemente, os analistas não sabem, de antemão, como construir contrastes ortogonais apropriados ou podem querer testar mais do que $a - 1$ comparações usando os mesmos dados. Por exemplo, os analistas podem querer testar todos os pares possíveis de médias. A hipótese nula seria, então, $H_0: \mu_i = \mu_j$, para todo $i \neq j$. Se testarmos todos os pares possíveis de médias usando testes t, a probabilidade de cometermos um erro tipo I para todo o conjunto de comparações pode ser grandemente aumentada. Há vários procedimentos disponíveis que evitam esse problema. Entre os mais populares estão o teste de

Newman-Keuls [Newman (1939); Keuls (1952)], o teste de amplitude múltipla de Duncan [Duncan (1955)] e o teste de Tukey [Tukey (1953)]. Descreveremos, aqui, o teste de Tukey.

O procedimento de Tukey faz uso de outra distribuição, chamada de *distribuição da amplitude studentizada*, cuja estatística de teste é

$$q = \frac{\bar{y}_{máx} - \bar{y}_{mín}}{\sqrt{MQ_E/n}},$$

onde $\bar{y}_{máx}$ é a maior média amostral e $\bar{y}_{mín}$ é a menor média amostral entre p médias amostrais. Seja $q_\alpha(a, f)$ o ponto percentual α superior de q, onde a é o número de tratamentos e f é o número de graus de liberdade para o erro. Duas médias, $\bar{y}_{i\cdot}$ e $\bar{y}_{j\cdot}$, $(i \neq j)$, são consideradas significantemente diferentes se

$$|\bar{y}_{i\cdot} - \bar{y}_{j\cdot}| > T_\alpha$$

onde

$$T_\alpha = q_\alpha(a, f)\sqrt{\frac{MQ_E}{n}}. \tag{12-20}$$

A Tabela XII (Apêndice) contém valores de $q_\alpha(a, f)$ para $\alpha = 0{,}05$ e $\alpha = 0{,}01$ e uma seleção de valores para a e f. O procedimento de Tukey tem a propriedade de que o nível de significância geral é exatamente α para tamanhos amostrais iguais e é no máximo α para tamanhos amostrais diferentes.

Exemplo 12-4

Aplicaremos o teste de Tukey ao experimento de concentração de madeira de lei. Lembre que $a = 4$ médias, $n = 6$ e $MQ_E = 6{,}51$. As médias dos tratamentos são

$$\bar{y}_{1\cdot} = 10{,}00 \text{ psi}, \qquad \bar{y}_{2\cdot} = 15{,}67 \text{ psi}, \qquad \bar{y}_{3\cdot} = 17{,}00 \text{ psi}, \qquad \bar{y}_{4\cdot} = 21{,}17 \text{ psi}.$$

Pela Tabela XII (Apêndice), com $\alpha = 0{,}05$, $a = 4$ e $f = 20$, encontramos $q_{0,05}(4, 20) = 3{,}96$.

Usando a Equação 12-20,

$$T_\alpha = q_{0,05}(4, 20)\sqrt{\frac{MQ_E}{n}} = 3{,}96\sqrt{\frac{6{,}51}{6}} = 4{,}12.$$

Portanto, concluiríamos que as duas médias são significantemente diferentes se

$$|\bar{y}_{i\cdot} - \bar{y}_{j\cdot}| > 4{,}12.$$

As diferenças nas médias dos tratamentos são

$$|\bar{y}_{1\cdot} - \bar{y}_{2\cdot}| = |10{,}00 - 15{,}67| = 5{,}67,$$
$$|\bar{y}_{1\cdot} - \bar{y}_{3\cdot}| = |10{,}00 - 17{,}00| = 7{,}00,$$
$$|\bar{y}_{1\cdot} - \bar{y}_{4\cdot}| = |10{,}00 - 21{,}17| = 11{,}17,$$
$$|\bar{y}_{2\cdot} - \bar{y}_{3\cdot}| = |15{,}67 - 17{,}00| = 1{,}33,$$
$$|\bar{y}_{2\cdot} - \bar{y}_{4\cdot}| = |15{,}67 - 21{,}17| = 5{,}50,$$
$$|\bar{y}_{3\cdot} - \bar{y}_{4\cdot}| = |17{,}00 - 21{,}17| = 4{,}17.$$

Por essa análise, vemos diferenças significantes entre todos os pares de médias, exceto 2 e 3. Pode ser útil traçar o gráfico das médias dos tratamentos, tal como na Fig. 12-5, com as médias que *não* são diferentes sublinhadas.

Intervalos de confiança simultâneos podem, também, ser construídos para as diferenças nos pares de médias usando-se a abordagem de Tukey. Pode-se mostrar que

$$P\left[\left(\bar{y}_{i\cdot} - \bar{y}_{j\cdot}\right) - q_\alpha(a, f)\sqrt{\frac{MQ_E}{n}} \leq \mu_i - \mu_j \leq \left(\bar{y}_{i\cdot} - \bar{y}_{j\cdot}\right) + q_\alpha(a, f)\sqrt{\frac{MQ_E}{n}}\right] = 1 - \alpha$$

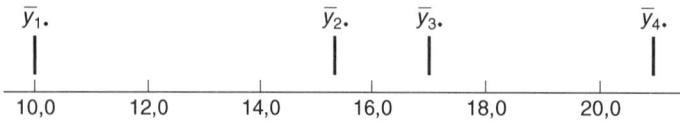

Figura 12-5 Resultados do teste de Tukey.

quando os tamanhos amostrais são iguais. Essa expressão representa um intervalo de confiança *simultâneo* de $100(1-\alpha)\%$ de confiança para todos os pares de médias $\mu_i - \mu_j$.

Se os tamanhos amostrais forem desiguais, o intervalo de confiança simultâneo de $100(1-\alpha)\%$ de confiança para todos os pares de médias $\mu_i - \mu_j$ é dado por

$$P\left[\left(\bar{y}_{i\cdot} - \bar{y}_{j\cdot}\right) - \frac{q_\alpha(a,f)}{\sqrt{2}}\sqrt{MQ_E\left(\frac{1}{n_i}+\frac{1}{n_j}\right)} \leq \mu_i - \mu_j \leq \left(\bar{y}_{i\cdot} - \bar{y}_{j\cdot}\right) + \frac{q_\alpha(a,f)}{\sqrt{2}}\sqrt{MQ_E\left(\frac{1}{n_i}+\frac{1}{n_j}\right)}\right] = 1-\alpha.$$

A interpretação dos intervalos de confiança é direta. Se o zero estiver contido no intervalo, então não há diferença significante entre as duas médias ao nível de significância α.

Deve-se notar que o nível de significância, α, no procedimento de comparações múltiplas de Tukey representa uma *taxa de erro experimental*. Em relação aos intervalos de confiança, α representa a probabilidade de que um ou mais intervalos de confiança para as diferenças em pares *não* contenha a verdadeira diferença para tamanhos amostrais iguais (quando os tamanhos amostrais são diferentes, essa probabilidade se torna, no máximo, α).

12-3 O MODELO DE EFEITOS ALEATÓRIOS

Em muitas situações, o fator de interesse tem um número grande de níveis possíveis. O analista está interessado em tirar conclusões sobre a *população* inteira de níveis do fator. Se o experimentador seleciona aleatoriamente a desses níveis da população de níveis do fator, então dizemos que o fator é um fator *aleatório*. Como os níveis do fator realmente usados no experimento foram escolhidos aleatoriamente, as conclusões a que o analista chegar serão válidas para a população inteira dos níveis do fator. Admitiremos que a população de níveis do fator seja infinita ou grande o bastante para ser considerada infinita.

O modelo estatístico linear é

$$y_{ij} = \mu + \tau_i + \varepsilon_{ij} \begin{cases} i = 1,2,\ldots,a, \\ j = 1,2,\ldots,n, \end{cases} \quad (12\text{-}21)$$

onde τ_i e ε_{ij} são variáveis aleatórias independentes. Note que o modelo é idêntico, em estrutura, ao caso de efeitos fixos, mas os parâmetros têm uma interpretação diferente. Se a variância de τ_i é σ_τ^2, então a variância de qualquer observação é

$$V(y_{ij}) = \sigma_\tau^2 + \sigma^2.$$

As variâncias σ_τ^2 e σ^2 são chamadas de *componentes da variância*, e o modelo, Equação 12-21, é chamado de modelo de *componentes da variância* ou de *efeitos aleatórios*. Para testarmos hipóteses usando esse modelo, exigimos que $\{\varepsilon_{ij}\}$ sejam $NID(0,\sigma^2)$, que $\{\tau_i\}$ sejam $NID(0,\sigma_\tau^2)$ e que τ_i e ε_{ij} sejam independentes. A hipótese de que $\{\tau_i\}$ sejam variáveis aleatórias independentes implica que a hipótese usual de $\sum_{i=1}^{n}\tau_i = 0$ do modelo de efeitos fixos não se aplica ao modelo de efeitos aleatórios.

A identidade da soma de quadrados

$$SQ_T = SQ_{\text{tratamentos}} + SQ_E \quad (12\text{-}22)$$

ainda é válida. Isto é, particionamos a variabilidade total nas observações em um componente que mede a variação entre tratamentos ($SQ_{\text{tratamentos}}$) e um componente que mede a variação dentro dos tratamentos (SQ_E). No entanto, em vez de testarmos hipóteses sobre efeitos de tratamentos individuais testamos as hipóteses

$$H_0: \sigma_\tau^2 = 0,$$

$$H_1: \sigma_\tau^2 > 0.$$

Se $\sigma_\tau^2 = 0$, todos os tratamentos são idênticos, mas se $\sigma_\tau^2 > 0$ então há variabilidade entre os tratamentos. A quantidade SQ_E/σ^2 é distribuída como qui-quadrado, com $N - a$ graus de liberdade e, sob a hipótese nula, $SQ_{\text{tratamentos}}/\sigma^2$ é distribuída como qui-quadrado com $a - 1$ graus de liberdade. Além disso, as variáveis aleatórias são independentes umas das outras. Assim, sob a hipótese nula, a razão

$$F_0 = \frac{SQ_{\text{tratamentos}}/(a-1)}{SQ_E/(N-a)} = \frac{MQ_{\text{tratamentos}}}{MQ_E} \qquad (12\text{-}23)$$

é distribuída como F com $a - 1$ e $N - a$ graus de liberdade. Examinando as médias quadráticas esperadas, podemos determinar a região crítica para essa estatística.

Considere

$$E(MQ_{\text{tratamentos}}) = \frac{1}{a-1} E(SQ_{\text{tratamentos}}) = \frac{1}{a-1} E\left[\sum_{i=1}^{a} \frac{y_{i\cdot}^2}{n} - \frac{y_{\cdot\cdot}^2}{N}\right]$$

$$= \frac{1}{a-1} E\left[\frac{1}{n}\sum_{i=1}^{a}\left(\sum_{j=1}^{n}(\mu + \tau_i + \varepsilon_{ij})\right)^2 - \frac{1}{N}\left(\sum_{i=1}^{a}\sum_{j=1}^{n}(\mu + \tau_i + \varepsilon_{ij})\right)^2\right].$$

Se elevarmos ao quadrado e tomarmos as esperanças das quantidades entre colchetes, vemos que os termos que envolvem τ_i^2 são substituídos por σ_τ^2, uma vez que $E(\tau_i) = 0$. Também, os termos que envolvem $\sum_{j=1}^{n} \varepsilon_{ij}$, $\sum_{i=1}^{a}\sum_{j=1}^{n} \varepsilon_{ij}^2$ e $\sum_{i=1}^{a}\sum_{j=1}^{n} \tau_i^2$ são substituídos por $n\sigma^2$, $an\sigma^2$ e σ_τ^2, respectivamente. Finalmente, os termos com produtos cruzados que envolvem τ_i e ε_{ij} têm esperança zero. Isso leva a

$$E(MQ_{\text{tratamentos}}) = \frac{1}{a-1}\left[N\mu^2 + N\sigma_\tau^2 + a\sigma^2 - N\mu^2 - n\sigma_\tau^2 - \sigma^2\right]$$

ou

$$E(MQ_{\text{tratamentos}}) = \sigma^2 + n\sigma_\tau^2. \qquad (12\text{-}24)$$

Uma abordagem semelhante mostrará que

$$E(MQ_E) = \sigma^2. \qquad (12\text{-}25)$$

Pelas médias quadráticas esperadas, vemos que se H_0 for verdadeira tanto o numerador quanto o denominador da estatística de teste, Equação 12-23, são estimadores não-viesados de σ^2; por outro lado, se H_1 for verdadeira o valor esperado do numerador é maior do que o valor esperado do denominador. Portanto, devemos rejeitar H_0 para valores de F_0 que sejam muito grandes. Isso implica uma região crítica na cauda superior, de modo que rejeitamos H_0 se $F_0 > F_{\alpha, a-1, N-a}$.

O procedimento de cálculo e a tabela da análise de variância para o modelo de efeitos aleatórios são idênticos ao do caso de efeitos fixos. As conclusões, no entanto, são bastante diferentes, porque se aplicam à população inteira de tratamentos.

Usualmente, precisamos estimar os componentes da variância (σ^2 e σ_τ^2) no modelo. O procedimento para a estimativa de σ^2 e σ_τ^2 é chamado de "método da análise de variância" porque usa as linhas da tabela da análise de variância. Ele não exige a hipótese de normalidade para as observações. O procedimento consiste em se igualar as médias quadráticas esperadas a seus valores observados na tabela da análise de variância e resolver em relação aos componentes da variância. Ao igualarmos as médias quadráticas observadas e esperadas no modelo de efeitos aleatórios de um critério, obtemos

$$MQ_{\text{tratamentos}} = \sigma^2 + n\sigma_\tau^2$$

e

$$MQ_E = \sigma^2.$$

Assim, os estimadores dos componentes da variância são

$$\hat{\sigma}^2 = MQ_E \tag{12-26}$$

e

$$\hat{\sigma}_\tau^2 = \frac{MQ_{\text{tratamentos}} - MQ_E}{n}. \tag{12-27}$$

Para tamanhos amostrais diferentes, substitua n na Equação 12-27 por

$$n_0 = \frac{1}{a-1}\left[\sum_{i=1}^{a} n_i - \frac{\sum_{i=1}^{a} n_i^2}{\sum_{i=1}^{a} n_i}\right].$$

Algumas vezes, o método de análise de variância produz uma estimativa negativa de um componente da variância. Como os componentes da variância são, por definição, não-negativos, uma estimativa negativa de um componente da variância é inaceitável. Uma alternativa é aceitar a estimativa e usá-la como evidência de que o verdadeiro valor do componente da variância é zero, admitindo-se que a variação amostral levou a uma estimativa negativa. Embora isso tenha um apelo intuitivo, atrapalhará as propriedades estatísticas de outras estimativas. Outra alternativa é reestimar o componente negativo da variância por um método que sempre resulte em estimativas não-negativas. Outra possibilidade, ainda, é considerar a estimativa negativa como evidência de que o modelo linear pressuposto é incorreto, o que exige um estudo do modelo e de suas hipóteses para a determinação de um modelo mais apropriado.

Exemplo 12-5

Em seu livro *Design and Analysis of Experiments* (2001), D.C. Montgomery descreve um experimento de fator único que envolve um modelo de efeitos aleatórios. Uma companhia de manufatura têxtil faz um tecido em um grande número de teares. A companhia está interessada na variabilidade da força de tração de tear para tear. Para estudar isso, um engenheiro de produção seleciona quatro teares e faz quatro determinações de força em amostras de tecido escolhidas aleatoriamente para cada tear. A Tabela 12-7 mostra os dados, e a análise de variância está resumida na Tabela 12-8.

Pela análise de variância, concluímos que os teares na fábrica diferem significativamente em sua capacidade de produzir tecido de força uniforme. Os componentes da variância são estimados por $\hat{\sigma}^2 = 1,90$ e

$$\hat{\sigma}_\tau^2 = \frac{29,73 - 1,90}{4} = 6,96.$$

Portanto, a variância da força no *processo de manufatura* é estimada por

$$\widehat{V(y_{ij})} = \hat{\sigma}_\tau^2 + \hat{\sigma}^2$$

$$= 6,96 + 1,90$$

$$= 8,86.$$

A maior parte dessa variabilidade é atribuível a diferenças *entre* os teares.

Tabela 12-7 Dados da Força para o Exemplo 12-5

Tear	Observações				Totais	Médias
	1	2	3	4		
1	98	97	99	96	390	97,5
2	91	90	93	92	366	91,5
3	96	95	97	95	383	95,8
4	95	96	99	98	388	97,0
					1527	95,4

Tabela 12-8 Análise de Variância para os Dados da Força

Fonte de Variação	Soma de Quadrados	Graus de Liberdade	Média Quadrática	F_0
Teares	89,19	3	29,73	15,68
Erro	22,75	12	1,90	
Total	111,94	15		

Esse exemplo ilustra uma aplicação importante da análise de variância – a possibilidade de diferentes fontes de variabilidade em um processo de fabricação. Problemas de excessiva variabilidade em parâmetros ou propriedades funcionais críticas surgem, freqüentemente, em programas de melhoria da qualidade. Assim, no exemplo anterior da força do tecido a média do processo é estimada por $\bar{y}.. = 95,45$ psi, e o desvio-padrão do processo é estimado por $\hat{\sigma}_y = \sqrt{\widehat{W(y_{ij})}} = \sqrt{8,86} = 2,98$ psi. Se a força tiver uma distribuição aproximadamente normal, isso implicaria uma distribuição da força no produto fabricado que pareceria com a distribuição normal mostrada na Fig. 12-6a. Se o limite inferior de especificação (LIE) para a força está em 90 psi, então uma proporção substancial de defeituosos do processo é *sucata*; isto é, material defeituoso que deve ser vendido como de má qualidade. Essa sucata está diretamente relacionada com o excesso de variabilidade resultante das *diferenças entre teares*. A variabilidade no desempenho do tear pode se dever a instalação errada, manutenção fraca, supervisão inadequada, operadores mal treinados, e assim por diante. O engenheiro ou gerente responsável pela melhoria da qualidade deve identificar e remover do processo essas fontes de variabilidade. Se ele puder fazer isso, então a variabilidade da força será grandemente reduzida, talvez em nível tão baixo quanto $\hat{\sigma}_y = \hat{\sigma} = \sqrt{1,90} = 1,39$ psi, como mostra a Fig. 12-6b. Nesse processo melhorado, a redução da variabilidade na força reduziu enormemente a sucata. Isso resultará em menor custo, maior qualidade, clientes mais satisfeitos e posição de competitividade realçada para a companhia.

12-4 O PLANEJAMENTO EM BLOCOS ALEATORIZADO

12-4.1 Planejamento e Análise Estatística

Em muitos problemas experimentais é necessário planejar o experimento de modo que a variabilidade que surge das variáveis de ruído possa ser controlada. Como exemplo, relembre a situação no Exem-

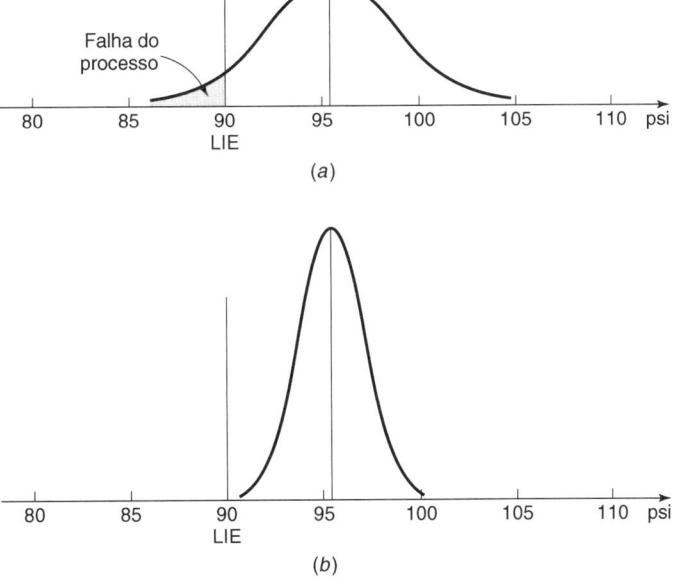

Figura 12-6 A distribuição da força do tecido. (*a*) Processo atual, (*b*) Processo melhorado.

plo 11-17, onde dois procedimentos diferentes foram usados para a predição da força de cisalhamento de longarinas de chapa de aço. Como cada longarina tinha, potencialmente, força diferente, e como essa variabilidade na força não era de interesse direto, planejamos o experimento usando os dois métodos em cada longarina e comparamos a diferença nas leituras de força média com zero, usando o teste *t* emparelhado. O teste *t* emparelhado é um procedimento para a comparação de duas médias, quando não se pode fazer todas as rodadas experimentais sob condições homogêneas. Assim, o teste *t* emparelhado reduz o ruído no experimento, bloqueando o efeito da variável de ruído. O planejamento em blocos aleatorizado é uma extensão do teste *t* emparelhado, que é usado em situações em que o fator de interesse tem mais de dois níveis.

Como um exemplo, suponha que desejemos comparar o efeito de quatro produtos químicos diferentes sobre a força de um tecido particular. Sabe-se que o efeito desses produtos varia consideravelmente de um espécime de tecido para outro. Nesse exemplo, temos apenas um fator: o tipo do produto químico. Assim, poderíamos selecionar vários pedaços de tecido e comparar todos os quatro produtos químicos em condições relativamente homogêneas, fornecidas por cada pedaço de tecido. Isso removeria qualquer variação devida ao tecido.

O procedimento geral para um planejamento em blocos completamente aleatorizado consiste na seleção de *b* blocos e na rodada de uma replicação completa do experimento em cada bloco. Um planejamento em blocos completamente aleatorizado, para se investigar um único fator com *a* níveis, pareceria como a Fig. 12-7. Haverá *a* observações (uma por nível do fator) em cada bloco, e a ordem na qual essas observações são feitas é designada aleatoriamente dentro do bloco.

Descreveremos, agora, a análise estatística para um planejamento em blocos aleatorizado. Suponha que seja de interesse um único fator com *a* níveis e que o experimento seja rodado em *b* blocos, conforme mostra a Fig. 12-7. As observações podem ser representadas pelo modelo estatístico linear,

$$y_{ij} = \mu + \tau_i + \beta_j + \varepsilon_{ij} \begin{cases} i=1,2,\ldots,a, \\ j=1,2,\ldots,b, \end{cases} \quad (12\text{-}28)$$

onde μ é a média geral, τ_i é o efeito do *i*-ésimo tratamento, β_j é o efeito do *j*-ésimo bloco e ε_{ij} é o termo usual do erro aleatório NID(0, σ^2). Os tratamentos e os blocos serão considerados inicialmente como fatores fixos. Além disso, os efeitos de tratamentos e blocos são definidos como desvios da média geral, de modo que $\sum_{i=1}^{a} \tau_i = 0$ e $\sum_{j=1}^{b} \beta_j = 0$. Estamos interessados no teste da igualdade dos efeitos dos tratamentos. Isto é,

$$H_0: \tau_1 = \tau_2 = \cdots = \tau_a = 0,$$

$H_1: \tau_i \neq 0$ para pelo menos um *i*.

Seja y_i o total de todas as observações tomadas sob o tratamento *i*, seja $y_{.j}$ o total de todas as observações no bloco *j*, seja $y_{..}$ o total geral de todas as observações, e seja $N = ab$ o número total de observações. Analogamente, $\bar{y}_{i.}$ é a média das observações feitas sob o tratamento *i*, $\bar{y}_{.j}$ é a média das observações no bloco *j* e $\bar{y}_{..}$ é a média geral de todas as observações. A soma de quadrados total corrigida é

$$\sum_{i=1}^{a}\sum_{j=1}^{b}\left(y_{ij}-\bar{y}_{..}\right)^2 = \sum_{i=1}^{a}\sum_{j=1}^{b}\left[\left(\bar{y}_{i.}-\bar{y}_{..}\right)+\left(\bar{y}_{.j}-\bar{y}_{..}\right)+\left(y_{ij}-\bar{y}_{i.}-\bar{y}_{.j}+\bar{y}_{..}\right)\right]^2. \quad (12\text{-}29)$$

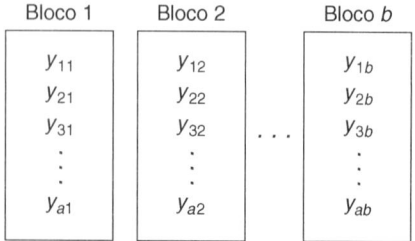

Figura 12-7 O planejamento em blocos completamente aleatorizado.

Expandindo-se o lado direito da Equação 12-29 e aplicando-se alguns algebrismos, resulta

$$\sum_{i=1}^{a}\sum_{j=1}^{b}(y_{ij}-\overline{y}..)^2 = b\sum_{i=1}^{a}(\overline{y}_{i.}-\overline{y}..)^2 + a\sum_{j=1}^{b}(\overline{y}_{.j}-\overline{y}..)^2$$
$$+ \sum_{i=1}^{a}\sum_{j=1}^{b}(y_{ij}-\overline{y}_{i.}-\overline{y}_{.j}+\overline{y}..)^2 \quad (12\text{-}30)$$

ou, simbolicamente,

$$SQ_T = SQ_{\text{tratamentos}} + SQ_{\text{blocos}} + SQ_E. \quad (12\text{-}31)$$

A quebra dos graus de liberdade correspondentes à Equação 12-31 é

$$ab - 1 = (a - 1) + (b - 1) + (a - 1)(b - 1). \quad (12\text{-}32)$$

A hipótese nula de nenhum efeito dos tratamentos ($H_0: \tau_i = 0$) é testada pela razão F, $MQ_{\text{tratamentos}}/MQ_E$. A análise de variância está resumida na Tabela 12-9. Fórmulas de cálculo para as somas de quadrados estão também nessa tabela. O mesmo procedimento de teste é usado em casos em que os tratamentos e/ou os blocos são aleatórios.

Exemplo 12-6

Realizou-se um experimento para determinar o efeito de quatro produtos químicos diferentes sobre a força de um tecido. Esses produtos são usados como parte do processo de acabamento de estamparia. Selecionaram-se cinco amostras de tecido e realizou-se um experimento em blocos aleatorizado, testando-se cada produto químico uma vez, em ordem aleatória, em cada amostra de tecido. Os dados estão mostrados na Tabela 12-10.

Tabela 12-9 Análise de Variância para Planejamento em Blocos Completamente Aleatórizado

Fonte de Variação	Soma de Quadrados	Graus de Liberdade	Média Quadrática	F_0
Tratamentos	$\sum_{i=1}^{a}\dfrac{y_{i.}^2}{b} - \dfrac{y_{..}^2}{ab}$	$a - 1$	$\dfrac{SQ_{\text{tratamentos}}}{a-1}$	$\dfrac{MQ_{\text{tratamentos}}}{MQ_E}$
Blocos	$\sum_{j=1}^{b}\dfrac{y_{.j}^2}{a} - \dfrac{y_{..}^2}{ab}$	$b - 1$	$\dfrac{SQ_{\text{blocos}}}{b-1}$	
Erro	SQ_E (por subtração)	$(a - 1)(b - 1)$	$\dfrac{SQ_E}{(a-1)(b-1)}$	
Total	$\sum_{i=1}^{a}\sum_{j=1}^{b} y_{ij}^2 - \dfrac{y_{..}^2}{ab}$	$ab - 1$		

Tabela 12-10 Dados da Força do Tecido — Planejamento em Blocos

Tipo de Produto Químico	Amostra de Tecido					Totais de Linha, $y_{i.}$	Médias de Linha, $\overline{y}_{i.}$
	1	2	3	4	5		
1	1,3	1,6	0,5	1,2	1,1	5,7	1,14
2	2,2	2,4	0,4	2,0	1,8	8,8	1,76
3	1,8	1,7	0,6	1,5	1,3	6,9	1,38
4	3,9	4,4	2,0	4,1	3,4	17,8	3,56
Total de Coluna, $y_{.j}$	9,2	10,1	3,5	8,8	7,6	39,2	1,96
Média de Coluna, $\overline{y}_{.j}$	2,30	2,53	0,88	2,20	1,90	$(y..)$	$(\overline{y}..)$

As somas de quadrados para a análise de variância são calculadas como segue:

$$SQ_T = \sum_{i=1}^{4}\sum_{j=1}^{5} y_{ij}^2 - \frac{y_{..}^2}{ab}$$

$$= (1,3)^2 + (1,6)^2 + \cdots + (3,4)^2 - \frac{(39,2)^2}{20} = 25,69,$$

$$SQ_{\text{tratamentos}} = \sum_{i=1}^{4} \frac{y_{i.}^2}{b} - \frac{y_{..}^2}{ab}$$

$$= \frac{(5,7)^2 + (8,8)^2 + (6,9)^2 + (17,8)^2}{5} - \frac{(39,2)^2}{20} = 18,04,$$

$$SQ_{\text{blocos}} = \sum_{j=1}^{5} \frac{y_{.j}^2}{a} - \frac{y_{..}^2}{ab}$$

$$= \frac{(9,2)^2 + (10,1)^2 + (3,5)^2 + (8,8)^2 + (7,6)^2}{4} - \frac{(39,2)^2}{20} = 6,69,$$

$$SQ_E = SQ_T - SQ_{\text{blocos}} - SQ_{\text{tratamentos}}$$
$$= 25,69 - 6,69 - 18,04 = 0,96.$$

A análise de variância está resumida na Tabela 12-11. Concluiríamos que há uma diferença significante nos tipos químicos no que diz respeito a seus efeitos sobre a força do tecido.

Suponha que seja conduzido um experimento como um planejamento em blocos aleatorizado, e que os blocos não fossem realmente necessários. Há ab observações e $(a-1)(b-1)$ graus de liberdade para o erro. Se o experimento tivesse sido feito como um planejamento de fator único completamente aleatorizado com b replicações, teríamos $a(b-1)$ graus de liberdade para o erro. Assim, os blocos custaram $a(b-1) - (a-1)(b-1) = b-1$ graus de liberdade para o erro. Logo, como a perda nos graus de liberdade para o erro é, em geral, pequena, se há uma chance razoável de que os efeitos dos blocos possam ser importantes o experimentador deve usar o planejamento em blocos aleatorizado.

Por exemplo, considere o experimento descrito no Exemplo 12-6 como uma análise de variância de um critério. Teríamos 16 graus de liberdade para o erro. No planejamento em blocos aleatorizado há 12 graus de liberdade para o erro. Portanto, os blocos custaram 4 graus de liberdade, uma perda muito pequena considerando-se o ganho possível em informação que se poderia ter se os efeitos dos blocos são realmente importantes. Como regra geral, quando na dúvida sobre a importância dos efeitos dos blocos o experimentador deve usar blocos e apostar que os efeitos dos blocos existam. Se o experimentador estiver errado, a pequena perda nos graus de liberdade para o erro terá efeito desprezível, a menos que o número de graus de liberdade seja muito pequeno. O leitor deve comparar essa discussão com a do final da Seção 11-3.3.

12-4.2 Testes para Médias de Tratamentos Individuais

Quando a análise de variância indica que existe uma diferença entre as médias de tratamentos, usualmente precisamos realizar alguns testes de acompanhamento para isolar as diferenças específicas. Qualquer método de comparação múltipla, tal como o teste de Tukey, pode ser usado para isso.

Tabela 12-11 Análise de Variância para o Experimento em Bloco Aleatorizado

Fonte de Variação	Soma de Quadrados	Graus de Liberdade	Média Quadrática	F_0
Tipo de produto químico (tratamentos)	18,04	3	6,01	75,13
Amostra de tecido (blocos)	6,69	4	1,67	
Erro	0,96	12	0,08	
Total	25,69	19		

O teste de Tukey, apresentado na Seção 12-2.2, pode ser usado para determinar diferenças entre médias de tratamentos, quando estão envolvidos blocos, simplesmente substituindo-se n pelo número b de blocos na Equação 12-20. Lembre-se de que os graus de liberdade para o erro, agora, mudaram. Para o planejamento em blocos aleatorizado, $f = (a - 1)(b - 1)$.

Para ilustrar esse procedimento, lembre-se de que as médias dos quatro tipos de produtos químicos do Exemplo 12-6 são

$$\bar{y}_{1.} = 1,14, \qquad \bar{y}_{2.} = 1,76, \qquad \bar{y}_{3.} = 1,38, \qquad \bar{y}_{4.} = 3,56,$$

$$T_\alpha = q_{0,05}(4,12)\sqrt{\frac{MQ_E}{b}} = 4,20\sqrt{\frac{0,08}{5}} = 0,53$$

Portanto, concluiríamos que duas médias são significantemente diferentes se

$$|\bar{y}_{i.} - \bar{y}_{j.}| > 0,53.$$

Os valores absolutos das diferenças nas médias dos tratamentos são

$$|\bar{y}_{1.} - \bar{y}_{2.}| = |1,14 - 1,76| = 0,62,$$
$$|\bar{y}_{1.} - \bar{y}_{3.}| = |1,14 - 1,38| = 0,24,$$
$$|\bar{y}_{1.} - \bar{y}_{4.}| = |1,14 - 3,56| = 2,42,$$
$$|\bar{y}_{2.} - \bar{y}_{3.}| = |1,76 - 1,38| = 0,38,$$
$$|\bar{y}_{2.} - \bar{y}_{4.}| = |1,76 - 3,56| = 1,80,$$
$$|\bar{y}_{3.} - \bar{y}_{4.}| = |1,38 - 3,56| = 2,18.$$

Os resultados indicam que os produtos químicos 1 e 3 não diferem, e que os tipos 2 e 3 não diferem. A Fig. 12-8 representa os resultados graficamente, e os pares sublinhados não diferem.

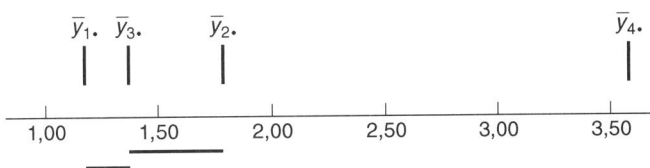

Figura 12-8 Resultados do teste de Tukey.

12-4.3 Análise dos Resíduos e Verificação do Modelo

Em qualquer experimento planejado, é sempre importante examinar os resíduos e verificar violações das hipóteses básicas que possam invalidar os resultados. Os resíduos para o planejamento em blocos aleatorizado são exatamente as diferenças entre os valores observados e os ajustados

$$e_{ij} = y_{ij} - \hat{y}_{ij},$$

onde os valores ajustados são

$$\hat{y}_{ij} = \bar{y}_{i.} + \bar{y}_{.j} - \bar{y}_{..} \qquad (12\text{-}33)$$

O valor ajustado representa a estimativa da resposta média quando o i-ésimo tratamento é rodado no j-ésimo bloco. Os resíduos do experimento do Exemplo 12-6 estão mostrados na Tabela 12-12.

As Figs. 12-9, 12-10, 12-11 e 12-12 apresentam os gráficos de resíduos importantes para o experimento. Há alguma indicação de que a amostra de tecido (bloco) 3 tenha maior variabilidade na força

Tabela 12-12 Resíduos do Planejamento em Blocos Aleatorizado

Tipo de Produto Químico	Amostra de Tecido				
	1	2	3	4	5
1	–0,18	–0,11	0,44	–0,18	0,02
2	0,10	0,07	–0,27	0,00	0,10
3	0,08	–0,24	0,30	–0,12	–0,02
4	0,00	0,27	–0,48	0,30	–0,10

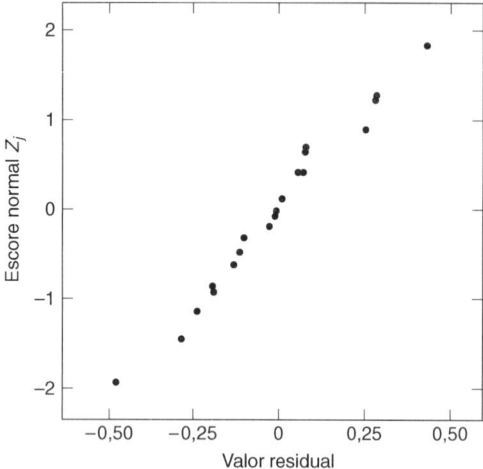

Figura 12-9 Gráfico de probabilidade normal dos resíduos do planejamento em blocos aleatorizado.

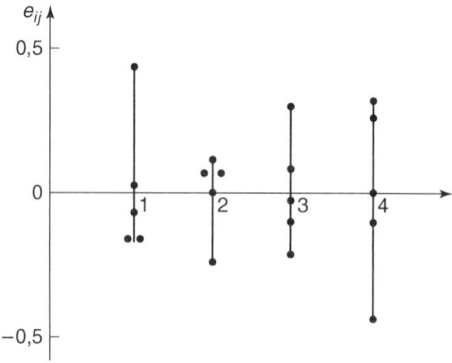

Figura 12-10 Resíduos por tratamento.

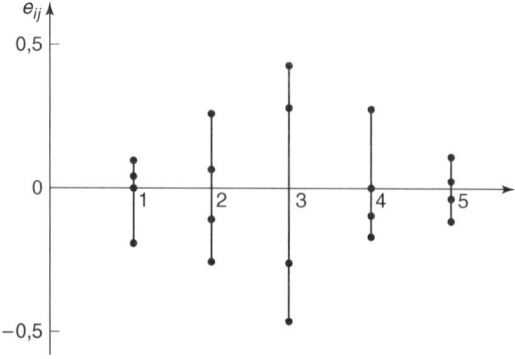

Figura 12-11 Resíduos por bloco.

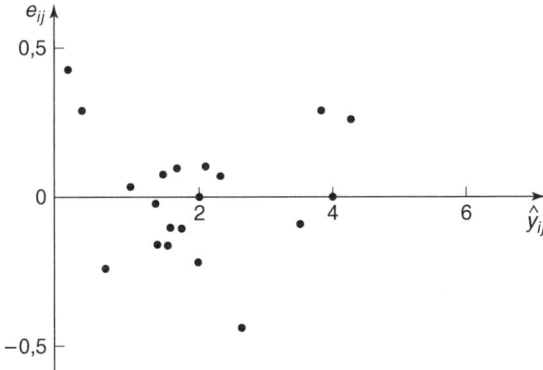

Figura 12-12 Resíduos *versus* $\hat{y}_{ij}$.

quando tratada com os quatro produtos químicos do que as outras amostras. Também, o produto químico tipo 4, que fornece a maior força, tem alguma variabilidade a mais na força. Experimentos de acompanhamento podem ser necessários para se confirmar essas descobertas, se elas forem potencialmente importantes.

12-5 DETERMINAÇÃO DO TAMANHO AMOSTRAL EM EXPERIMENTOS DE FATOR ÚNICO

Em qualquer problema de planejamento experimental, a escolha do tamanho da amostra ou do número de replicações é importante. As curvas características de operação podem ser usadas para fornecer diretrizes para essa seleção. Lembre que a curva característica de operação é um gráfico do erro tipo II (β), para vários tamanhos amostrais, contra uma medida da diferença nas médias que é importante ser detectada. Assim, se o experimentador sabe qual o tamanho da diferença nas médias que é de potencial importância, as curvas características de operação podem ser usadas para se determinar quantas replicações são necessárias para se obter a sensitividade adequada.

Consideramos, primeiro, a determinação do tamanho amostral em um modelo de efeitos fixos, para o caso de tamanhos amostrais iguais em cada tratamento. O poder do teste, $(1 - \beta)$, é

$$1 - \beta = P\{\text{Rejeitar } H_0 | H_0 \text{ é falsa}\} \tag{12-34}$$
$$= P\{F_0 > F_{\alpha, a-1, N-a} | H_0 \text{ é falsa}\}.$$

Para avaliar essa afirmativa de probabilidade, precisamos saber a distribuição da estatística de teste F_0 se a hipótese nula for falsa. Pode-se mostrar que se H_0 é falsa, a estatística $F_0 = MQ_{\text{tratamentos}}/MQ_E$ é distribuída como uma variável aleatória F não-central, com $a - 1$ e $N - a$ graus de liberdade, e um parâmetro de não-centralidade, δ. Se $\delta = 0$, então a distribuição F não-central se torna a distribuição F central.

As curvas características de operação no Gráfico VII do Apêndice são usadas para calcular o poder do teste para o modelo de efeitos fixos. Essas curvas plotam a probabilidade do erro tipo II (β) contra Φ, onde

$$\Phi^2 = \frac{n \sum_{i=1}^{a} \tau_i^2}{a\sigma^2}. \tag{12-35}$$

O parâmetro Φ^2 está relacionado ao parâmetro de não-centralidade, δ. Estão disponíveis curvas para $\alpha = 0,05$ e $\alpha = 0,01$, e para vários valores de graus de liberdade para o numerador e o denominador. Em um planejamento completamente aleatorizado, o símbolo n na Equação 12-35 é o número de replicações. Em um planejamento em blocos aleatorizado, substitua n pelo número de blocos.

Ao usar as curvas características de operação, devemos definir a diferença nas médias que desejamos detectar em termos de $\sum_{i=1}^{a} \tau_i^2$. Também a variância do erro é, em geral, desconhecida. Em tais casos, devemos escolher razões de $\sum_{i=1}^{a} \tau_i^2 / \sigma^2$ que desejamos detectar. Alternativamente, se uma estimativa de σ^2 estiver disponível, deve-se substituir σ^2 por essa estimativa. Por exemplo, se estivéssemos interessados na sensitividade de um experimento que já foi realizado, deveríamos usar MQ_E como uma estimativa de σ^2.

Exemplo 12-7

Suponha que estejam sendo comparadas cinco médias, em um experimento completamente aleatorizado, com $\alpha = 0{,}01$. O experimentador gostaria de saber quantas replicações rodar, se é importante rejeitar H_0 com uma probabilidade de, no mínimo, 0,90, se $\sum_{i=1}^{5} \tau_i^2/\sigma^2 = 5{,}0$. O parâmetro Φ^2 é, nesse caso,

$$\Phi^2 = \frac{n \sum_{i=1}^{a} \tau_i^2}{a\sigma^2} = \frac{n}{5}(5) = n,$$

e a curva característica de operação para $a - 1 = 5 - 1 = 4$ e $N - a = a(n - 1) = 5(n - 1)$ graus de liberdade para o erro é mostrada no Gráfico VII (Apêndice). Como uma primeira tentativa, experimente $n = 4$ replicações. Isso resulta em $\Phi^2 = 4$, $\Phi = 2$ e $5(3) = 15$ graus de liberdade para o erro. Conseqüentemente, pelo Gráfico VII vemos que $\beta \approx 0{,}38$. Portanto, o poder do teste é de aproximadamente $1 - \beta = 1 - 0{,}38 = 0{,}62$, o que é menor do que os 0,90 exigidos; concluímos, então, que $n = 4$ replicações não são suficientes. Procedendo de maneira análoga, podemos construir a seguinte apresentação.

n	Φ^2	Φ	$a(n-1)$	β	Poder ($1-\beta$)
4	4	2,00	15	0,38	0,62
5	5	2,24	20	0,18	0,82
6	6	2,45	25	0,06	0,94

Assim, no mínimo $n = 6$ replicações devem ser rodadas para se obter um teste com o poder exigido.

O poder do teste para o modelo de efeitos aleatórios é

$$1 - \beta = P\{\text{Rejeitar } H_0 | H_0 \text{ é falsa}\} \qquad (12\text{-}36)$$
$$= P\{F_0 > F_{\alpha, a-1, N-a} | \sigma_\tau^2 > 0\}.$$

Uma vez mais, é necessária a distribuição da estatística de teste F_0 sob a hipótese alternativa. Pode-se mostrar que se H_1 for verdadeira ($\sigma_\tau^2 > 0$), a distribuição de F_0 é F central, com $a - 1$ e $N - a$ graus de liberdade.

Como o poder do modelo de efeitos aleatórios se baseia na distribuição F central, podemos usar as tabelas da distribuição F do Apêndice para resolver a Equação 12-36. No entanto, é mais fácil avaliar o poder do teste usando-se as curvas características de operação no Gráfico VIII do Apêndice. Essas curvas plotam a probabilidade do erro tipo II contra λ, onde

$$\lambda = \sqrt{1 + \frac{n\sigma_\tau^2}{\sigma^2}}. \qquad (12\text{-}37)$$

No planejamento em blocos aleatorizado, substitua n por b, o número de blocos. Como σ^2 é, em geral, desconhecida, podemos estimar *a priori*, ou definir o valor de σ_τ^2 que estamos interessados em detectar em termos de σ_τ^2 / σ^2.

Exemplo 12-8

Considere um planejamento completamente aleatorizado, com cinco tratamentos selecionados aleatoriamente, com seis observações por tratamento e $\alpha = 0{,}05$. Desejamos determinar o poder do teste, se σ_τ^2 for igual a σ^2. Como $a = 5$, $n = 6$ e $\sigma_\tau^2 = \sigma^2$, podemos calcular

$$\lambda = \sqrt{1 + (6)1} = 2{,}646.$$

Pela curva característica de operação com $a - 1 = 4$, $N - a = 25$ graus de liberdade e $\alpha = 0{,}05$, vemos que

$$\beta \simeq 0{,}20.$$

Portanto, o poder é de aproximadamente 0,80.

12-6 EXEMPLOS DE SAÍDAS DE COMPUTADOR

Muitos softwares de computador podem ser utilizados para realizar a análise de variância para as situações apresentadas neste capítulo. Nesta seção, apresenta-se o resultado do Minitab®.

Saída de Computador para o Exemplo da Concentração de Madeira de Lei

Reconsidere o Exemplo 12-1, que estuda o efeito da concentração de madeira de lei na força de resistência. Usando-se a ANOVA (do inglês, Analysis of Variance) no Minitab®, obtém-se o seguinte resultado.

```
Analysis of Variance for FR
Source     DF        SS        MS         F         P
Concen      3    382.79    127.60     19.61     0.000
Error      20    130.17      6.51
Total      23    512.96
                                       Individual 95% CIs For Mean
                                       Based on Pooled StDev
Level       N      Mean     StDev    --+---------+---------+---------+
5           6    10.000     2.828    (--*--)
10          6    15.667     2.805              (--*--)
15          6    17.000     1.789                (--*--)
20          6    21.167     2.639                        (--*--)
                                     --+---------+---------+---------+
Pooled StDev =             2.551    10.0      15.0      20.0      25.0
```

Os resultados da análise de variância são idênticos aos apresentados na Seção 12-1.2. O Minitab® fornece, também, intervalos de confiança de 95% de confiança para as médias de cada nível de concentração de madeira de lei, usando uma estimativa combinada do desvio-padrão. A interpretação dos intervalos de confiança é direta. Os níveis do fator com intervalos de confiança que não se sobrepõem são chamados significantemente diferentes.

Um indicador melhor de diferenças significantes é fornecido por intervalos de confiança que se baseiam no teste de Tukey para diferenças emparelhadas, uma opção no Minitab®. O resultado obtido é

```
Tukey's pairwise comparisons

Family error rate = 0.0500
Individual error rate = 0.0111

Critical value = 3.96

Intervals for (column level mean) - (row level mean)

              5         10        15

10        -9.791
          -1.542

15       -11.124     -5.458
          -2.876      2.791

20       -15.291     -9.624    -8.291
          -7.042     -1.376    -0.042
```

12-7 RESUMO

Os intervalos (simultâneos) de confiança são facilmente interpretados. Por exemplo, o intervalo de confiança de 95% de confiança para a diferença na força média de resistência entre as concentrações de 5% e 10% de madeira de lei é $(-9{,}791; -1{,}542)$. Como esse intervalo de confiança não contém o valor 0, concluímos que há uma diferença significante entre as concentrações de 5% e 10% de madeira de lei. Os intervalos de confiança restantes são interpretados de maneira análoga. Os resultados fornecidos pelo Minitab® são idênticos aos encontrados na Seção 12-2.2.

Este capítulo introduziu métodos de planejamento e análise para experimentos com fator único. Foi enfatizada a importância da aleatorização em experimentos de fator único. Em um experimento completamente aleatorizado, todas as rodadas são feitas em ordem aleatória para equilibrar os efeitos de variáveis de ruído desconhecidas. Se uma variável de ruído conhecida pode ser controlada, podem ser usados blocos como planejamento alternativo. Foram apresentados os modelos de efeitos fixos e efeitos aleatórios da análise de variância. A principal diferença entre os dois modelos é o espaço de inferência. No modelo de efeitos fixos, as inferências são válidas apenas em relação aos níveis do fator considerados na análise, enquanto no modelo de efeitos aleatórios as conclusões podem ser estendidas à população dos níveis do fator. Contrastes ortogonais e o teste de Tukey foram sugeridos para se fazerem comparações entre médias dos níveis do fator no experimento de efeitos fixos. Foi dado, também, um procedimento para se estimar os componentes da variância em um modelo de efeitos aleatórios. Introduziu-se a análise de resíduos para a verificação de hipóteses subjacentes da análise de variância.

12-8 EXERCÍCIOS

12-1. Realiza-se um estudo para se determinar o efeito da velocidade de corte sobre a duração (em horas) de uma máquina particular. Quatro níveis de velocidade de corte são selecionados para o estudo, com os seguintes resultados:

Velocidade de Corte	Durabilidade da ferramenta					
1	41	43	33	39	36	40
2	42	36	34	45	40	39
3	34	38	34	34	36	33
4	36	37	36	38	35	35

(a) A velocidade de corte afeta a durabilidade da máquina? Faça diagramas de caixas comparativos e realize uma análise de variância.
(b) Plote a duração média da ferramenta contra a velocidade de corte e interprete os resultados.
(c) Use o teste de Tukey para investigar diferenças entre os níveis individuais de velocidade de corte. Interprete os resultados.
(d) Ache os resíduos e examine-os em relação à não-adequação do modelo.

12-2. Em "Orthogonal Design for Process Optimization and Its Applications to Plasma Etching" (*Solid State Technology*, maio de 1987), G. Z. Yin e D. W. Jillie descrevem um experimento para se determinar o efeito da taxa de fluxo de C_2F_6 sobre a uniformidade da gravação em uma pastilha de silício usada na produção de circuitos integrados. Três taxas de fluxo são usadas no experimento, e a uniformidade resultante (em porcentagem) para seis replicações é a seguinte:

Fluxo de C_2F_6	Observações					
	1	2	3	4	5	6
125	2,7	4,6	2,6	3,0	3,2	3,8
160	4,9	4,6	5,0	4,2	3,6	4,2
200	4,6	3,4	2,9	3,5	4,1	5,1

(a) A taxa de fluxo de C_2F_6 afeta a uniformidade da gravação? Construa diagramas de caixas para comparar os níveis do fator e realize a análise de variância.
(b) Os resíduos indicam algum problema com as hipóteses subjacentes?

12-3. Está-se estudando a força de compressão do concreto. Quatro técnicas de mistura diferentes estão sendo investigadas. Foram coletados os seguintes dados:

Técnica de Mistura	Força de Compressão (psi)			
1	3129	3000	2865	2890
2	3200	3300	2975	3150
3	2800	2900	2985	3050
4	2600	2700	2600	2765

(a) Teste a hipótese de que as técnicas de mistura afetam a força do concreto. Use $\alpha = 0{,}05$.
(b) Use o teste de Tukey para fazer comparações entre pares de médias. Estime os efeitos de tratamento.

12-4. Um moinho têxtil tem um grande número de teares. Supõe-se que cada tear forneça a mesma quantidade de tecido por minuto. Para investigar essa hipótese, cinco teares são escolhidos aleatoriamente e seus resultados medidos em tempos diferentes. Obtêm-se os seguintes dados:

Tear	Resultado (lb / min)				
1	4,0	4,1	4,2	4,0	4,1
2	3,9	3,8	3,9	4,0	4,0
3	4,1	4,2	4,1	4,0	3,9
4	3,6	3,8	4,0	3,9	3,7
5	3,8	3,6	3,9	3,8	4,0

(a) Esse é um experimento de efeitos fixos ou aleatórios? Os teares têm resultados semelhantes?
(b) Estime a variabilidade entre teares.
(c) Estime a variância do erro experimental.
(d) Qual é a probabilidade de se aceitar H_0 se σ_τ^2 é quatro vezes a variância do erro experimental?
(e) Analise os resíduos desse experimento e verifique a não-adequação do modelo.

12-5. Foi feito um experimento para se determinar se quatro temperaturas específicas de formas afetam a densidade de certo tipo de tijolo. O experimento levou aos seguintes dados:

Temperatura (°F)	Densidade
100	21,8 21,9 21,7 21,6 21,7 21,5 21,8
125	21,7 21,4 21,5 21,5 – – –
150	21,9 21,8 21,8 21,6 21,5 – –
175	21,9 21,7 21,8 21,7 21,6 21,8 –

(a) A temperatura do forno afeta a densidade dos tijolos?
(b) Estime os componentes no modelo.
(c) Analise os resíduos do experimento.

12-6. Um engenheiro eletrônico está interessado no efeito, sobre a condutividade do tubo, de cinco tipos diferentes de revestimento para tubos de raios catódicos usados em um aparelho de sistema de telecomunicações. Foram obtidos os seguintes dados de condutividade:

Tipo de Revestimento	Condutividade
1	143 141 150 146
2	152 149 137 143
3	134 133 132 127
4	129 127 132 129
5	147 148 144 142

(a) Há alguma diferença na condutividade devida ao tipo de revestimento? Use $\alpha = 0,05$.
(b) Estime a média total e os efeitos de tratamento.
(c) Calcule uma estimativa intervalar, de 95% de confiança, da média para o revestimento tipo 1. Calcule uma estimativa intervalar, de 99% de confiança, da diferença média entre os revestimentos tipos 1 e 4.
(d) Teste todos os pares de médias usando o teste de Tukey, com $\alpha = 0,05$.
(e) Admita que o revestimento tipo 4 esteja em uso corrente. Quais são suas recomendações para o fabricante? Desejamos minimizar a condutividade.

12-7. O tempo de resposta, em milissegundos, foi determinado para três tipos diferentes de circuitos em uma calculadora eletrônica. Os resultados são:

Tipo de Circuito	Tempo de Resposta
1	19 22 20 18 25
2	20 21 33 27 40
3	16 15 18 26 17

(a) Teste a hipótese de que os três tipos de circuitos têm o mesmo tempo de resposta.
(b) Use o teste de Tukey para comparar pares de médias de tratamento.
(c) Construa um conjunto de contrastes ortogonais, admitindo que no início do experimento você tenha suspeitado que o tempo de resposta do circuito tipo 2 era diferente dos outros dois.
(d) Qual é o poder desse teste para detectar $\sum_{i=1}^{3} \tau_i^2 / \sigma^2 = 3,0$?
(e) Analise os resíduos desse experimento.

12-8. Em "The Effect of Nozzle Design on the Stability and Performance of Turbulent Water Jets" (*Fire Safety Journal, Vol. 4, agosto de 1981*), C. Theobald descreve um experimento no qual um fator de forma foi determinado para vários planejamentos de tubulação diferentes em diferentes níveis de velocidade de saída do jato. O interesse principal nesse experimento é o planejamento da tubulação, e a velocidade é um fator de ruído. Os dados são mostrados a seguir:

Tipo de Tubulação	Velocidade de Saída do Jato (m/s)					
	11,73	14,37	16,59	20,43	23,46	28,74
1	0,78	0,80	0,81	0,75	0,77	0,78
2	0,85	0,85	0,92	0,86	0,81	0,83
3	0,93	0,92	0,95	0,89	0,89	0,83
4	1,14	0,97	0,98	0,88	0,86	0,83
5	0,97	0,86	0,78	0,76	0,76	0,75

(a) O tipo da tubulação afeta o fator forma? Compare as tubulações usando diagramas de caixas e a análise de variância.
(b) Use o teste de Tukey para determinar diferenças específicas entre as tubulações. Um gráfico da média (ou desvio-padrão) do fator forma *versus* tipo da tubulação ajuda nas conclusões?
(c) Analise os resíduos desse experimento.

12-9. Em seu livro *Design and Analysis of Experiments* (2001), D. C. Montgomery descreve um experimento para se determinar o efeito de quatro agentes químicos sobre a força de um tipo particular de tecido. Devido à possível variabilidade de tecido para tecido, peças de tecido são consideradas blocos. Cinco peças são selecionadas e todos os quatro agentes químicos, em ordem aleatória, são aplicados em cada peça. As forças de tração resultantes são:

Peça	Produto Químico				
	1	2	3	4	5
1	73	68	74	71	67
2	73	67	75	72	70
3	75	68	78	73	68
4	73	71	75	75	69

(a) Há alguma diferença na força de tração entre os agentes químicos?
(b) Use o teste de Tukey para investigar diferenças específicas entre os agentes químicos.
(c) Analise os resíduos desse experimento.

12-10. Suponha que quatro populações normais tenham variância comum $\sigma^2 = 25$ e médias $\mu_1 = 50$, $\mu_2 = 60$, $\mu_3 = 50$ e $\mu_4 = 60$. Quantas observações devem ser tomadas de cada população de modo que a probabilidade de se rejeitar a hipótese de igualdade das médias seja no mínimo de 0,90? Use $\alpha = 0,05$.

12-11. Suponha que cinco populações normais tenham variância comum $\sigma^2 = 100$ e médias $\mu_1 = 175$, $\mu_2 = 190$, $\mu_3 = 160$ e $\mu_4 = 200$ e $\mu_5 = 215$. Quantas observações por população são necessárias para que a probabilidade de se rejeitar a hipótese de igualdade das médias seja de no mínimo 0,95? Use $\alpha = 0{,}01$.

12-12. Considere o teste da igualdade das médias de duas populações normais, onde as variâncias são desconhecidas, mas tidas como iguais. O procedimento de teste apropriado é o teste t de duas amostras. Mostre que o teste t de duas amostras é equivalente à análise de variância de um critério.

12-13. Mostre que a variância da combinação linear $\sum_{i=1}^{a} c_i y_{i.}$ é $\sigma^2 \sum_{i=1}^{a} n_i c_i^2$.

12-14. Em um modelo de efeitos fixos, suponha que haja n observações para cada um de quatro tratamentos. Sejam Q_1^2, Q_2^2 e Q_3^2 os componentes de grau de liberdade único para os contrastes ortogonais. Prove que $SQ_{\text{tratamentos}} = Q_1^2 + Q_2^2 + Q_3^2$.

12-15. Considere os dados mostrados no Exercício 12-7.
(a) Escreva as equações normais de mínimos quadrados para esse problema e resolva-as em relação a $\hat{\mu}$ e $\hat{\tau}_i$, fazendo a restrição usual $\left(\sum_{i=1}^{3} \hat{\tau}_i = 0\right)$. Estime $\tau_1 - \tau_2$.
(b) Resolva as equações em (a) usando a restrição $\hat{\tau}_3 = 0$. Os estimadores $\hat{\tau}_i$ e $\hat{\mu}$ são os mesmos encontrados em (a)? Por quê? Estime, agora, $\tau_1 - \tau_2$ e compare sua resposta com (a). Que afirmativa pode ser feita sobre a estimação de contrastes nos τ_i?
(c) Estime $\mu + \tau_1$, $2\tau_1 - \tau_2 - \tau_3$ e $\mu + \tau_1 + \tau_2$ usando as duas soluções das equações normais. Compare os resultados obtidos em cada caso.

Capítulo 13

Planejamento de Experimentos com Vários Fatores

Um experimento é apenas um teste ou uma série de testes. Os experimentos são realizados em todas as disciplinas científicas e da engenharia, e constituem a maior parte dos processos de descoberta e aprendizagem. As conclusões que podem ser extraídas de um experimento dependerão, em parte, da maneira como o experimento foi conduzido e, assim, o *planejamento* do experimento desempenha um papel central na solução do problema. Este capítulo introduz técnicas de planejamento experimental úteis quando vários fatores estão envolvidos.

13-1 EXEMPLOS DE APLICAÇÕES DE PLANEJAMENTO EXPERIMENTAL

Exemplo 13-1

Um Experimento de Caracterização Um engenheiro de desenvolvimento está trabalhando em um novo processo para a soldagem de componentes eletrônicos em placas de circuito impresso. Especificamente, ele está trabalhando com um novo tipo de máquina de fluxo de solda que – ele espera – reduz o número de juntas de solda defeituosas. (Uma máquina de fluxo de solda preaquece as placas de circuito impresso e as leva, então, para o contato com uma onda de líquido de solda. Essa máquina faz todas as conexões elétricas e a maior parte das conexões mecânicas dos componentes na placa de circuito impresso. Os defeitos de solda requerem retoques ou retrabalho, que aumentam os custos e, em geral, estragam as placas.) A máquina de fluxo de solda tem várias variáveis que o engenheiro pode controlar. Elas são as seguintes:

1. Temperatura da solda
2. Temperatura de preaquecimento
3. Velocidade da esteira
4. Tipo do fluxo
5. Gravidade específica do fluxo
6. Profundidade da onda de solda
7. Ângulo da esteira

Além desses fatores controláveis há vários fatores que não podem ser facilmente controlados, uma vez que a máquina tenha entrado em sua rotina de fabricação, incluindo os seguintes:

1. Espessura da placa de circuito impresso
2. Tipos de componentes usados nas placas
3. Disposição dos componentes na placa
4. Operador
5. Fatores ambientais
6. Taxa de produção

Algumas vezes, chamamos os fatores não-controláveis de fatores de *ruído*. A Fig. 13-1 mostra uma representação esquemática do processo.

Nessa situação, o engenheiro está interessado na *caracterização* da máquina de fluxo de solda; isto é, ele está interessado na determinação de quais fatores (tanto controláveis quanto não-controláveis) afetam a ocor-

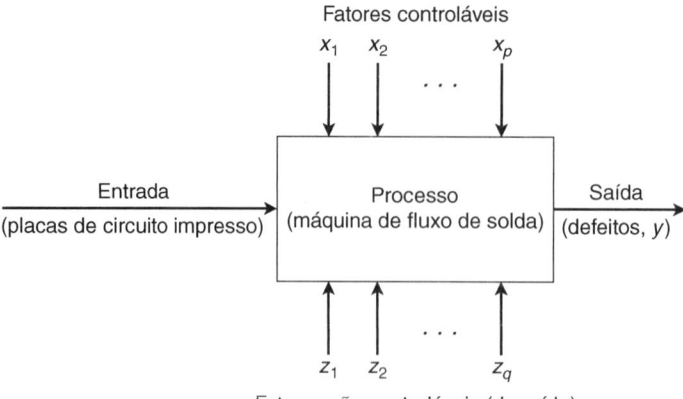

Figura 13-1 O experimento da máquina de fluxo de solda.

rência de defeitos nas placas de circuito impresso. Para isso, ele pode planejar um experimento que lhe permita estimar a magnitude e a direção dos efeitos dos fatores. Algumas vezes, chamamos um experimento como esse de experimento de *varredura*. A informação desse estudo de caracterização ou de varredura pode ser usada para identificar os fatores críticos, determinar a direção do ajuste nesses fatores, no sentido de se reduzir o número de defeitos, e ajudar na determinação de quais fatores devem ser controlados cuidadosamente durante a fabricação para que sejam evitados altos níveis de defeitos e desempenho errático do processo.

Exemplo 13-2

Um Experimento de Otimização Em um experimento de caracterização, estamos interessados na determinação de *quais* fatores afetam a resposta. Um próximo passo lógico é a determinação da região nos fatores importantes que levam a uma resposta ótima. Por exemplo, se a resposta é o produto, procuraríamos uma região de produto máximo, e se a resposta é o custo, procuraríamos uma região de custo mínimo.

Como ilustração, suponha que o resultado de um processo químico seja influenciado pela temperatura de operação e pelo tempo de reação. Atualmente, estamos operando o processo a 155°F e 1,7 hora de tempo de reação, obtendo resultados em torno de 75%. A Fig. 13-2 mostra uma vista de cima do espaço tempo-temperatura. Nesse gráfico ligamos por linhas os pontos de resultado constante. Essas linhas são chamadas de *contornos*, e mostramos os contornos para os resultados de 60%, 70%, 80%, 90% e 95%. Para se localizar o ponto ótimo é necessário planejar um experimento que varie o tempo de reação e a temperatura conjuntamente. Esse planejamento está ilustrado na Fig. 13-2. As respostas observadas nos quatro pontos do experimento (145°F; 1,2h), (145°F; 2,2h), (165°F; 1,2h) e (165°F; 2,2h) indicam que devemos nos deslocar na direção de temperaturas crescentes e tempos de reação mais baixos para obter aumento no resultado. Podem ser realizadas algumas rodadas extras nessa direção, para se localizar a região de resultado máximo.

Esses exemplos ilustram apenas duas aplicações potenciais dos métodos de planejamento experimental. No ambiente de engenharia, as aplicações do planejamento experimental são numerosas. Algumas áreas potenciais de uso são as seguintes:

1. Localização de defeitos do processo
2. Desenvolvimento e otimização do processo
3. Avaliação de materiais alternativos
4. Teste de confiabilidade e de vida
5. Teste de desempenho
6. Configuração do projeto do produto
7. Determinação da tolerância de componente

Os métodos de planejamento experimental permitem que esses problemas sejam resolvidos com eficiência durante os estágios iniciais do ciclo do produto. Isso tem o potencial de reduzir dramaticamente o custo do produto e o tempo marginal de desenvolvimento.

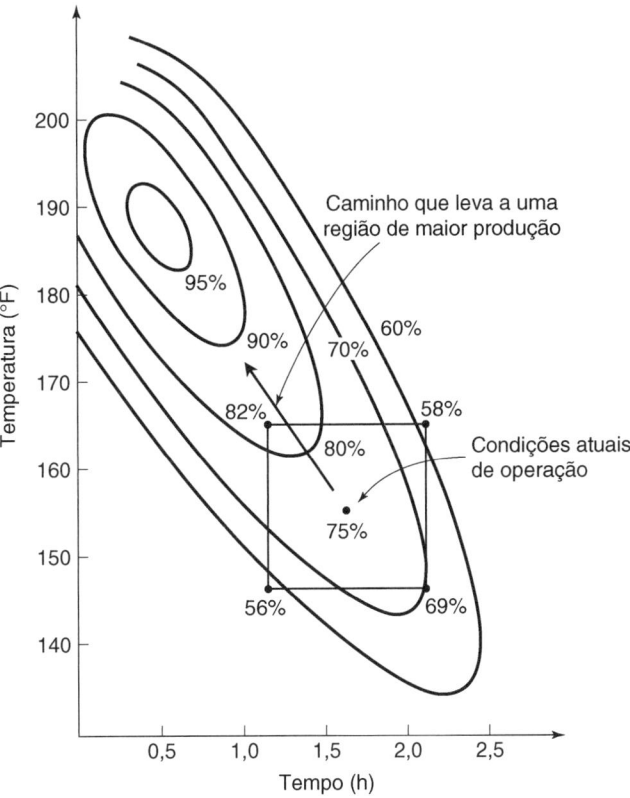

Figura 13-2 Gráfico de contorno do produto como função do tempo de reação e da temperatura de reação, como ilustração de um experimento de otimização.

13-2 EXPERIMENTOS FATORIAIS

Quando há vários fatores de interesse em um experimento, um *planejamento fatorial* deve ser usado. Trata-se de planejamentos nos quais os fatores variam conjuntamente. Especificamente, por um experimento fatorial queremos dizer que em cada tentativa ou replicação completa do experimento todas as possíveis combinações dos níveis dos fatores são investigadas. Assim, se há dois fatores, A e B, com a níveis do fator A e b níveis do fator B, então cada replicação contém todas as ab combinações de tratamento.

O efeito de um fator é definido como a mudança na resposta produzida por uma mudança no nível do fator. Isso se chama um *efeito principal* porque se refere aos fatores primários no estudo. Por exemplo, considere os dados da Tabela 13-1. O efeito principal do fator A é a diferença entre a resposta média no primeiro nível de A e a resposta média no segundo nível de A, ou

$$A = \frac{30+40}{2} - \frac{10+20}{2} = 20.$$

Isto é, mudar o fator A do nível 1 para o nível 2 ocasiona um aumento de 20 unidades na resposta média. Similarmente, o efeito principal de B é

$$B = \frac{20+40}{2} - \frac{10+30}{2} = 10.$$

Tabela 13-1 Um Experimento Fatorial com Dois Fatores

Fator A	Fator B	
	B_1	B_2
A_1	10	20
A_2	30	40

Tabela 13-2 Um Experimento Fatorial com Interação

Fator A	Fator B	
	B_1	B_2
A_1	10	20
A_2	30	0

Em alguns experimentos, a diferença na resposta entre os níveis de um fator não é a mesma em todos os níveis dos outros fatores. Quando isso ocorre há uma *interação* entre os fatores. Por exemplo, considere os dados da Tabela 13-2. No primeiro nível do fator B o efeito de A é

$$A = 30 - 10 = 20,$$

e, no segundo nível do fator B, o efeito principal de A é

$$A = 0 - 20 = -20.$$

Como o efeito de A depende do nível escolhido para o fator B, há uma interação entre A e B.

Quando uma interação é grande, os efeitos principais correspondentes têm pouco significado. Por exemplo, usando os dados da Tabela 13-2 vemos que o efeito principal de A é

$$A = \frac{30+0}{2} - \frac{10+20}{2} = 0,$$

e poderíamos ser tentados a considerar que não há efeito de A. No entanto, quando examinamos os efeitos de A nos *diferentes níveis do fator B* vimos que esse não era o caso. O efeito do fator A depende dos níveis do fator B. Assim, o conhecimento da interação AB é mais útil do que o conhecimento dos efeitos principais. Uma interação significante pode mascarar a significância dos efeitos principais.

O conceito de interação pode ser ilustrado graficamente. A Fig. 13-3 plota os dados na Tabela 13-1 contra os níveis de A, para ambos os níveis de B. Note que as retas B_1 e B_2 são praticamente paralelas, o que indica que os fatores A e B não interagem significantemente. A Fig. 13-4 exibe os dados da Tabela 13-2. Nesse gráfico, as retas B_1 e B_2 não são paralelas, o que indica a interação entre os fatores A e B. Tais exposições gráficas são, em geral, usadas na apresentação de resultados de experimentos.

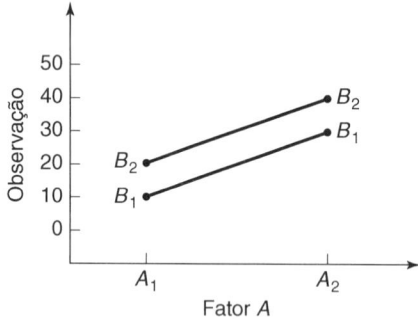

Figura 13-3 Experimento fatorial, nenhuma interação.

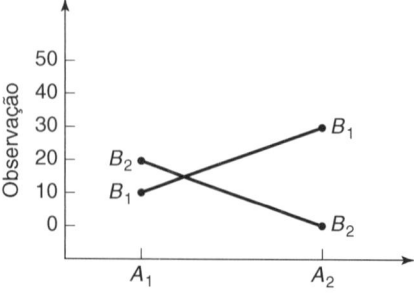

Figura 13-4 Experimento fatorial, com interação.

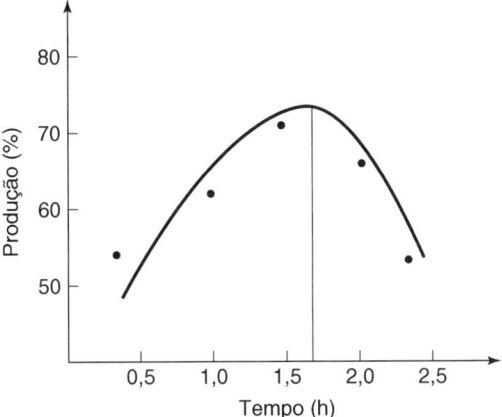

Figura 13-5 Produto *versus* tempo de reação, com temperatura constante de 155°F.

Uma alternativa ao experimento fatorial que é (infelizmente) usada na prática é a mudança dos fatores, um de cada vez, no lugar de variá-los simultaneamente. Para ilustrar esse procedimento de um fator por vez, considere o experimento de otimização descrito no Exemplo 13-2. O engenheiro está interessado em encontrar os valores de temperatura e tempo de reação que maximizem o resultado. Suponha que fixemos a temperatura em 155°F (o nível de operação corrente) e realizemos cinco rodadas em diferentes níveis de tempo, digamos 0,5 hora, 1,0 hora, 1,5 hora, 2,0 horas e 2,5 horas. Os resultados dessa série de rodadas são mostrados na Fig. 13-5. Essa figura indica que o resultado máximo é alcançado em cerca de 1,7 hora de tempo de reação. Para otimizar a temperatura, o engenheiro fixa o tempo em 1,7 hora (o ótimo aparente) e realiza cinco rodadas a temperaturas diferentes, digamos 140°F, 150°F, 160°F, 170°F e 180°F. Os resultados desse conjunto de rodadas estão plotados na Fig. 13-6. O resultado máximo ocorre em cerca de 155°F. Portanto, concluímos que operar o processo em 155°F e 1,7 hora é o melhor conjunto de condições operacionais, fornecendo um resultado de cerca de 75%.

A Fig. 13-7 mostra o gráfico de contorno do resultado como função da temperatura e do tempo, com o experimento de um fator de cada vez mostrado sobre os contornos. Claramente, o planejamento de um fator de cada vez falhou drasticamente aqui, uma vez que o ótimo verdadeiro está, no mínimo, 20 pontos de resultado acima e ocorre em tempos de reação mais baixos e a temperaturas mais altas. A falha em descobrir tempos de reação menores é particularmente importante, uma vez que isso pode ter impacto significativo sobre o volume e a capacidade de produção, o planejamento da produção, o custo de fabricação e a produtividade total.

O método de um fator de cada vez falhou aqui porque ele deixa de detectar a interação entre temperatura e tempo. Os experimentos fatoriais são a única maneira de detectar interações. Além disso, o método de um fator de cada vez é ineficiente; ele requer mais experimentação do que um fatorial e,

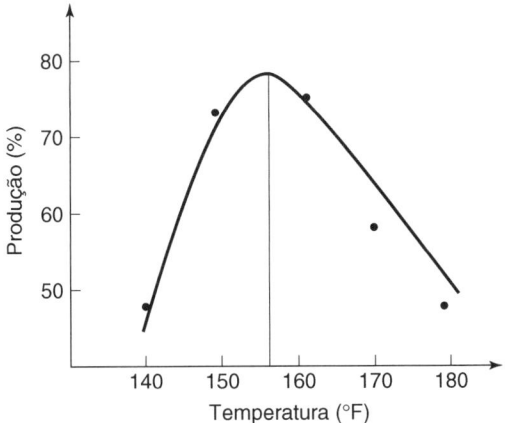

Figura 13-6 Produto *versus* temperatura, com tempo de reação constante de 1,7 h.

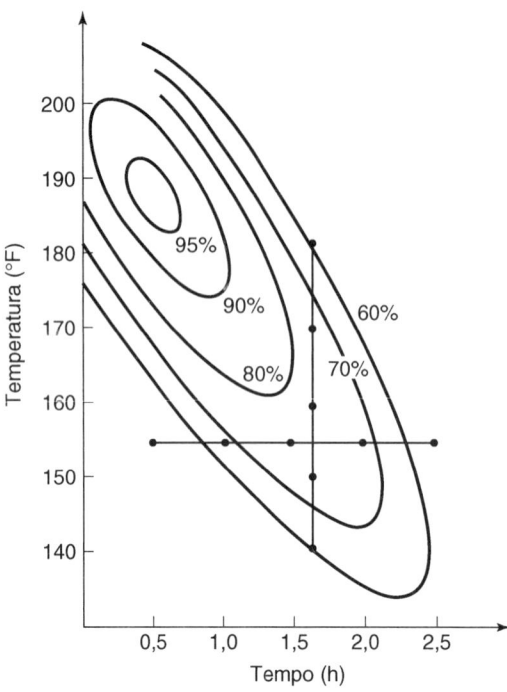

Figura 13-7 Experimento de otimização que usa o método de um fator por vez.

como acabamos de ver, não há segurança de que produza os resultados corretos. O experimento mostrado na Fig. 13-2, que produziu a informação que apontava a região de ótimo, é um exemplo simples de um experimento fatorial.

13-3 EXPERIMENTOS FATORIAIS DE DOIS FATORES

O tipo mais simples de experimento fatorial envolve apenas dois fatores, digamos A e B. Há a níveis do fator A e b níveis do fator B. A Tabela 13-3 mostra o experimento fatorial de dois fatores. Note que há n *replicações* do experimento e que cada replicação contém todas as ab combinações de tratamento. A observação na ij-ésima célula na k-ésima replicação é denotada por y_{ijk}. Na coleta de dados, as abn observações devem ser obtidas em ordem *aleatória*. Assim como o experimento de fator único estudado no Capítulo 12, o fatorial de dois fatores é um *planejamento completamente aleatorizado*.

As observações podem ser descritas pelo modelo estatístico linear

$$y_{ijk} = \mu + \tau_i + \beta_j + (\tau\beta)_{ij} + \varepsilon_{ijk} \begin{cases} i = 1, 2, ..., a, \\ j = 1, 2, ..., b, \\ k = 1, 2, ..., n, \end{cases} \quad (13\text{-}1)$$

onde μ é o efeito médio global, τ_i é o efeito do i-ésimo nível do fator A, β_j é o efeito do j-ésimo nível do fator B, $(\tau\beta)_{ij}$ é o efeito da interação entre A e B e ε_{ijk} é um componente do erro aleatório NID($0, \sigma^2$) (distribuído normal e independentemente). Estamos interessados no teste da hipótese de nenhuma significância do efeito do fator A, nenhuma significância do efeito do fator B e nenhuma significância da interação AB. Assim como nos experimentos de fator único do Capítulo 12, a análise de variância será usada para testar essas hipóteses. Como há dois fatores em estudo, o procedimento usado é chamado de análise de variância de dois critérios.

13-3.1 Análise Estatística do Modelo de Efeitos Fixos

Suponha que os fatores A e B estejam fixados. Isto é, os a níveis do fator A e os b níveis do fator B são especificamente escolhidos pelo experimentador, e as inferências se referem a esses níveis, apenas.

Tabela 13-3 Arranjo dos Dados para um Planejamento Fatorial de Dois Fatores

	Fator B			
Fator A	1	2	$\cdots$	b
1	$y_{111}, y_{112}, \ldots, y_{11n}$	$y_{121}, y_{122}, \ldots, y_{12n}$		$y_{1b1}, y_{1b2}, \ldots, y_{1bn}$
2	$y_{211}, y_{212}, \ldots, y_{21n}$	$y_{221}, y_{222}, \ldots, y_{22n}$		$y_{2b1}, y_{2b2}, \ldots, y_{2bn}$
$\vdots$				
a	$y_{a11}, y_{a12}, \ldots, y_{a1n}$	$y_{a21}, y_{a22}, \ldots, y_{a2n}$		$y_{ab1}, y_{ab2}, \ldots, y_{abn}$

Nesse modelo, é costume definir os efeitos τ_i, β_j e $(\tau\beta)_{ij}$ como desvios em relação à média, de modo que $\sum_{i=1}^{a}\tau_i = 0$, $\sum_{j=1}^{b}\beta_j = 0$, $\sum_{i=1}^{a}(\tau\beta)_{ij} = 0$ e $\sum_{j=1}^{b}(\tau\beta)_{ij} = 0$.

Sejam $y_{i..}$ o total das observações sob o *i*-ésimo nível do fator *A*, $y_{.j.}$ o total das observações sob o *j*-ésimo nível do fator *B*, $y_{ij.}$ o total das observações na *ij*-ésima célula da Tabela 13-3 e $y_{...}$ o total geral de todas as observações. Defina $\bar{y}_{i..}$, $\bar{y}_{.j.}$, $\bar{y}_{ij.}$ e $\bar{y}_{...}$ como as médias totais de linhas, colunas e células correspondentes. Isto é

$$y_{i..} = \sum_{j=1}^{b}\sum_{k=1}^{n} y_{ijk}, \qquad \bar{y}_{i..} = \frac{y_{i..}}{bn}, \qquad i = 1, 2, \ldots, a,$$

$$y_{.j.} = \sum_{i=1}^{a}\sum_{k=1}^{n} y_{ijk}, \qquad \bar{y}_{.j.} = \frac{y_{.j.}}{an}, \qquad j = 1, 2, \ldots, b,$$

$$y_{ij.} = \sum_{k=1}^{n} y_{ijk}, \qquad \bar{y}_{ij.} = \frac{y_{ij.}}{n}, \qquad \begin{matrix} i = 1,2,\ldots,a, \\ j = 1,2,\ldots,b, \end{matrix} \qquad (13\text{-}2)$$

$$y_{...} = \sum_{i=1}^{a}\sum_{j=1}^{b}\sum_{k=1}^{n} y_{ijk}, \qquad \bar{y}_{...} = \frac{y_{...}}{abn}.$$

A soma de quadrados total corrigida pode ser escrita como

$$\begin{aligned}
\sum_{i=1}^{a}\sum_{j=1}^{b}\sum_{k=1}^{n} & \left(y_{ijk} - \bar{y}_{...}\right)^2 \\
&= \sum_{i=1}^{a}\sum_{j=1}^{b}\sum_{k=1}^{n} \left[\left(\bar{y}_{i..} - \bar{y}_{...}\right) + \left(\bar{y}_{.j.} - \bar{y}_{...}\right)\right. \\
&\qquad \left. + \left(\bar{y}_{ij.} - \bar{y}_{i..} - \bar{y}_{.j.} + \bar{y}_{...}\right) + \left(y_{ijk} - \bar{y}_{ij.}\right)\right]^2 \\
&= bn\sum_{i=1}^{a}\left(\bar{y}_{i..} - \bar{y}_{...}\right)^2 + an\sum_{j=1}^{b}\left(\bar{y}_{.j.} - \bar{y}_{...}\right)^2 \\
&\quad + n\sum_{i=1}^{a}\sum_{j=1}^{b}\left(\bar{y}_{ij.} - \bar{y}_{i..} - \bar{y}_{.j.} + \bar{y}_{...}\right)^2 + \sum_{i=1}^{a}\sum_{j=1}^{b}\sum_{k=1}^{n}\left(y_{ijk} - \bar{y}_{ij.}\right)^2.
\end{aligned} \qquad (13\text{-}3)$$

Assim, a soma de quadrados total é particionada em uma soma de quadrados devida às "linhas", ou fator *A* (SQ_A), uma soma de quadrados devida às "colunas", ou fator *B* (SQ_B), uma soma de quadrados devida à interação entre *A* e *B* (SQ_{AB}) e uma soma de quadrados devida ao erro (SQ_E). Note que deve haver, no mínimo, duas replicações para se obter uma soma de quadrados do erro diferente de zero.

A identidade das somas de quadrados na Equação 13-3 pode ser escrita, simbolicamente, como

$$SQ_T = SQ_A + SQ_B + SQ_{AB} + SQ_E. \qquad (13\text{-}4)$$

Há um total de $abn - 1$ graus de liberdade. Os efeitos principais A e B têm $a - 1$ e $b - 1$ graus de liberdade, enquanto o efeito da interação AB tem $(a - 1)(b - 1)$ graus de liberdade. Dentro de cada uma das ab células na Tabela 13-3 há $n - 1$ graus de liberdade entre as n replicações, e as observações na mesma célula podem diferir apenas devido ao erro aleatório. Portanto, há $ab(n - 1)$ graus de liberdade para o erro. A razão de cada soma de quadrados no membro direito da Equação 13-4 para seus graus de liberdade é uma *média quadrática*.

Supondo que os fatores A e B estejam fixados, os valores esperados das médias quadráticas são

$$E(MQ_A) = E\left(\frac{SQ_A}{a-1}\right) = \sigma^2 + \frac{bn \sum_{i=1}^{a} \tau_i^2}{a-1},$$

$$E(MQ_B) = E\left(\frac{SQ_B}{b-1}\right) = \sigma^2 + \frac{an \sum_{j=1}^{b} \beta_j^2}{b-1},$$

$$E(MQ_{AB}) = E\left(\frac{SQ_{AB}}{(a-1)(b-1)}\right) = \sigma^2 + \frac{n \sum_{i=1}^{a} \sum_{j=1}^{b} (\tau\beta)_{ij}^2}{(a-1)(b-1)},$$

e

$$E(MQ_E) = E\left(\frac{SQ_E}{ab(n-1)}\right) = \sigma^2.$$

Assim, para testar $H_0: \tau_i = 0$ (nenhum efeito do fator linha), $H_0: \beta_j = 0$ (nenhum efeito do fator coluna) e $H_0: (\tau\beta)_{ij} = 0$ (nenhum efeito da interação) devemos dividir a média quadrática correspondente pela média quadrática do erro. Cada uma dessas razões seguirá uma distribuição F, com o número de graus de liberdade do numerador igual ao número de graus de liberdade da média quadrática do numerador e $ab(n - 1)$ graus de liberdade para o denominador, e a região crítica se localizará na cauda superior. O procedimento de teste é arranjado em uma tabela de análise de variância, tal como mostrado na Tabela 13-4.

Obtêm-se facilmente as fórmulas computacionais para as somas de quadrados na Equação 13-4. A soma de quadrados total é calculada como

$$SQ_T = \sum_{i=1}^{a} \sum_{j=1}^{b} \sum_{k=1}^{n} y_{ijk}^2 - \frac{y_{...}^2}{abn}. \tag{13-5}$$

Tabela 13-4 Tabela da Análise de Variância para o Modelo de Efeitos Fixos com Dois Critérios de Classificação

Fonte de Variação	Soma de Quadrados	Graus de Liberdade	Média Quadrática	F_0
Tratamentos A	SQ_A	$a - 1$	$MQ_A = \dfrac{SQ_A}{a-1}$	$\dfrac{MQ_A}{MQ_E}$
Tratamentos B	SQ_B	$b - 1$	$MQ_B = \dfrac{SQ_B}{b-1}$	$\dfrac{MQ_B}{MQ_E}$
Interação	SQ_{AB}	$(a-1)(b-1)$	$MQ_{AB} = \dfrac{SQ_{AB}}{(a-1)(b-1)}$	$\dfrac{MQ_{AB}}{MQ_E}$
Erro	SQ_E	$ab(n-1)$	$MQ_E = \dfrac{SQ_E}{ab(n-1)}$	
Total	SQ_T	$abn - 1$		

As somas de quadrados para os efeitos principais são

$$SQ_A = \sum_{i=1}^{a} \frac{y_{i..}^2}{bn} - \frac{y_{...}^2}{abn} \qquad (13\text{-}6)$$

e

$$SQ_B = \sum_{j=1}^{b} \frac{y_{.j.}^2}{an} - \frac{y_{...}^2}{abn}. \qquad (13\text{-}7)$$

Usualmente, calculamos SQ_{AB} em dois passos. Primeiro, calculamos a soma de quadrados entre os totais de celas, a chamada soma de quadrados devida aos "subtotais":

$$SQ_{\text{subtotais}} = \sum_{i=1}^{a}\sum_{j=1}^{b} \frac{y_{ij.}^2}{n} - \frac{y_{...}^2}{abn}.$$

Essa soma de quadrados contém, também, SQ_A e SQ_B. Portanto, o segundo passo é calcular SQ_{AB} como

$$SQ_{AB} = SQ_{\text{subtotais}} - SQ_A - SQ_B. \qquad (13\text{-}8)$$

A soma de quadrados do erro é encontrada por subtração como

$$SQ_E = SQ_T - SQ_{AB} - SQ_A - SQ_B \qquad (13\text{-}9a)$$

ou

$$SQ_E = SQ_T - SQ_{\text{subtotais}}. \qquad (13\text{-}9b)$$

Exemplo 13-3

As tintas de base das aeronaves são aplicadas em superfícies de alumínio por dois métodos: por mergulho ou por *spray*. O objetivo da tinta de base é melhorar a aderência da pintura. Algumas partes podem ser pintadas por qualquer dos métodos de aplicação, e a engenharia está interessada em saber se três tintas de base diferem em suas propriedades de aderência. Realiza-se um experimento fatorial para investigar os efeitos do tipo de tinta de base e do método de aplicação sobre a aderência da pintura. Três espécimes são pintados com cada base usando-se cada método de aplicação, aplicando-se uma pintura final e medindo-se a força de aderência. Os dados do experimento são mostrados na Tabela 13-5. Os números circulados nas células são os totais de células $y_{ij.}$. As somas de quadrados necessárias para a análise de variância são calculadas como segue:

$$SQ_T = \sum_{i=1}^{a}\sum_{j=1}^{b}\sum_{k=1}^{n} y_{ijk}^2 - \frac{y_{...}^2}{abn}$$

$$= (4{,}0)^2 + (4{,}5)^2 + \cdots + (5{,}0)^2 - \frac{(89{,}8)^2}{18} = 10{,}72,$$

$$SQ_{\text{tipos}} = \sum_{i=1}^{a} \frac{y_{i..}^2}{bn} - \frac{y_{...}^2}{abn}$$

$$= \frac{(28{,}7)^2 + (34{,}1)^2 + (27{,}0)^2}{6} - \frac{(89{,}8)^2}{18} = 4{,}58,$$

$$SQ_{\text{métodos}} = \sum_{j=1}^{b} \frac{y_{.j.}^2}{an} - \frac{y_{...}^2}{abn}$$

$$= \frac{(40{,}2)^2 + (49{,}6)^2}{9} - \frac{(89{,}8)^2}{18} = 4{,}91,$$

$$SQ_{\text{interação}} = \sum_{i=1}^{a}\sum_{j=1}^{b} \frac{y_{ij.}^2}{n} - \frac{y_{...}^2}{abn} - SQ_{\text{tipos}} - SQ_{\text{métodos}}$$

$$= \frac{(12{,}8)^2 + (15{,}9)^2 + \cdots + (15{,}5)^2}{3} - \frac{(89{,}8)^2}{18} - 4{,}58 - 4{,}91 = 0{,}24,$$

Tabela 13-5 Dados da Força de Aderência para o Exemplo 13-3

Tipo de Base	Método de Aplicação		$y_{i..}$
	Mergulho	*Spray*	
1	4,0; 4,5; 4,3 (12,8)	5,4; 4,9; 5,6 (15,9)	28,7
2	5,6; 4,9; 5,4 (15,9)	5,8; 6,1; 6,3 (18,2)	34,1
3	3,8; 3,7; 4,0 (11,5)	5,5; 5,0; 5,0 (15,5)	27,0
$y_{.j.}$	40,2	49,6	89,8 = $y_{...}$

Tabela 13-6 Análise de Variância para o Exemplo 13-3

Fonte de Variação	Soma de Quadrados	Graus de Liberdade	Média Quadrática	F_0
Tipo de base	4,581	2	2,291	27,86
Métodos de aplicação	4,909	1	4,909	59,70
Interação	0,241	2	0,121	1,47
Erro	0,987	12	0,082	
Total	10,718	17		

e

$$SQ_E = SQ_T - SQ_{tipos} - SQ_{métodos} - SQ_{interação}$$

$$= 10,72 - 4,58 - 4,91 - 0,24 = 0,99.$$

A análise de variância está resumida na Tabela 13-6. Como $F_{0,05;2;12} = 3,89$ e $F_{0,05;1;12} = 4,75$, concluímos que os efeitos principais do tipo de base e do método de aplicação afetam a força de aderência. Além disso, como $1,5 < F_{0,05;2;12}$, não há qualquer indicação de interação entre esses fatores.

A Fig. 13-8 mostra um gráfico das médias de força de aderência nas celas $\bar{y}_{ij.}$ *versus* os níveis do tipo de base para cada método de aplicação. A ausência de interação é evidente pelo paralelismo das duas linhas. Além disso, como uma resposta grande indica força de aderência maior, concluímos que o *spray* é um método de aplicação superior e que a base tipo 2 é mais eficaz.

Testes para Médias Individuais Quando ambos os fatores são fixados pode-se fazer a comparação entre as médias individuais de cada fator usando-se o teste de Tukey. Quando não há interação, essas comparações podem ser feitas usando-se ou as médias de linhas $\bar{y}_{i..}$ ou as médias de colunas $\bar{y}_{.j.}$. No entanto, quando a interação é significativa as comparações entre as médias de um fator (digamos A) podem ser obscurecidas pela interação AB. Nesse caso, podemos aplicar o teste de Tukey às médias do fator A, com o fator B fixado em um nível particular.

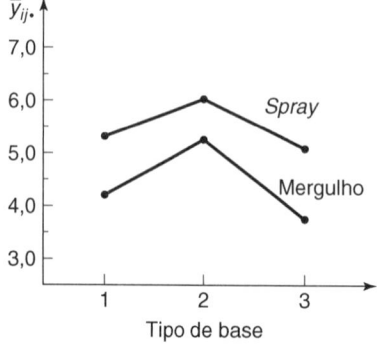

Figura 13-8 Gráfico da força média de aderência *versus* tipos de base para o Exemplo 13-3.

13-3.2 Verificação da Adequação do Modelo

Assim como nos experimentos de fator único, discutidos no Capítulo 12, os resíduos de um experimento fatorial desempenham papel importante na verificação da adequação do modelo. Os resíduos de um experimento fatorial de dois fatores são

$$e_{ijk} = y_{ijk} - \overline{y}_{ij\cdot}.$$

Isto é, os resíduos são exatamente as diferenças entre as observações e as médias de célula correspondentes.

A Tabela 13-7 apresenta os resíduos para os dados da pintura de base do Exemplo 13-3. O gráfico de probabilidade normal desses resíduos é exibido na Fig. 13-9. Esse gráfico tem caudas que não se localizam exatamente ao longo de uma reta que passa pelo centro do gráfico, o que indica alguns problemas potenciais com a hipótese de normalidade, mas o desvio da normalidade não parece ser grave. As Figs. 13-10 e 13-11 plotam os resíduos *versus* os níveis dos tipos de base e métodos de aplicação, respectivamente. Há alguma indicação de que a base tipo 3 resulta em uma variabilidade ligeiramente menor na força de aderência do que as outras duas bases. O gráfico dos resíduos *versus* os valores ajustados, $\hat{y}_{ijk} = \overline{y}_{ij\cdot}$, na Fig. 13-12, não revela qualquer padrão não-usual.

13-3.3 Uma Observação por Célula

Em alguns casos que envolvem um experimento fatorial de dois fatores podemos ter apenas uma replicação, isto é, apenas uma observação por célula. Nessa situação, há exatamente tantos parâmetros no modelo de análise de variância quantas são as observações, e o número de graus de liberdade do erro é zero. Assim, não é possível testar a hipótese sobre os efeitos principais e interações, a menos que sejam feitas hipóteses adicionais. A hipótese usual é ignorar o efeito de interação e usar a média quadrática da interação como uma média quadrática do erro. Assim, a análise é equivalente à análise usada no planejamento de blocos aleatorizado. Essa hipótese de nenhuma interação pode ser perigosa, e o

Tabela 13-7 Resíduos para o Experimento de Pintura de Base para Aeronaves do Exemplo 13-3

	Método de Aplicação	
Tipo de Base	Mergulho	*Spray*
1	−0,27; 0,23; 0,03	0,10; −0,40; 0,30
2	0,30; −0,40; 0,10	−0,27; 0,03; 0,23
3	−0,03; −0,13; 0,17	0,33; −0,17; −0,17

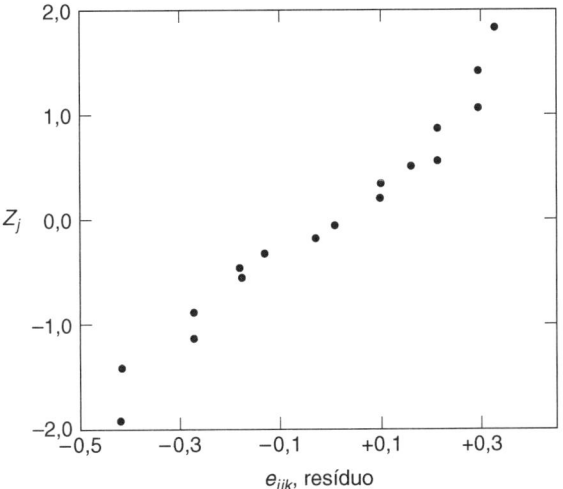

Figura 13-9 Gráfico de probabilidade normal dos resíduos, Exemplo 13-3.

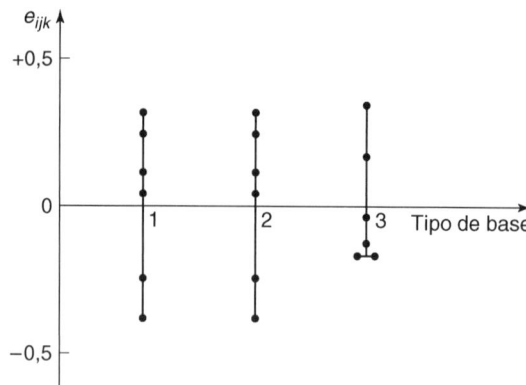

Figura 13-10 Gráfico dos resíduos *versus* tipo de base.

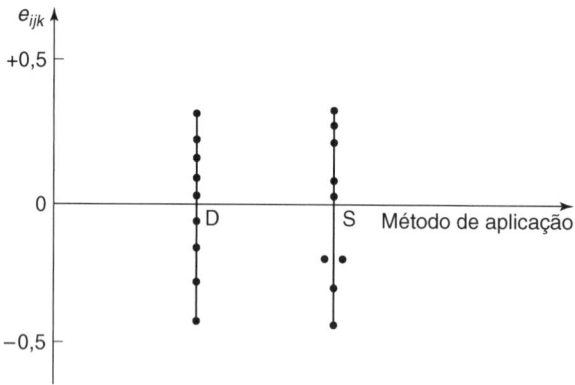

Figura 13-11 Gráfico dos resíduos *versus* método de aplicação.

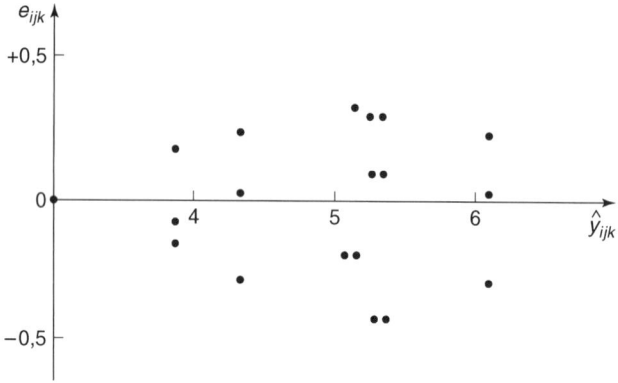

Figura 13-12 Gráfico dos resíduos *versus* valores preditos $\hat{y}_{ijk.} = \bar{y}_{ij.}$.

experimentador deve examinar os dados e os resíduos cuidadosamente em busca de indicação de que há, realmente, interação presente. Para mais detalhes, veja Montgomery (2001).

13-3.4 O Modelo de Efeitos Aleatórios

Até agora, consideramos o caso em que A e B são fatores fixos. Consideraremos, agora, a situação em que os níveis de ambos os fatores são selecionados aleatoriamente de uma população maior de níveis de fator, e desejamos estender nossas conclusões à população amostrada de níveis de fator. As observações são representadas pelo modelo

$$y_{ijk} = \mu + \tau_i + \beta_j + (\tau\beta)_{ij} + \varepsilon_{ijk} \begin{cases} i = 1, 2, ..., a, \\ j = 1, 2, ..., b, \\ k = 1, 2, ..., n, \end{cases} \quad (13\text{-}10)$$

onde os parâmetros τ_i, β_j, $(\tau\beta)_{ij}$ e ε_{ijk} são variáveis aleatórias. Especificamente, supomos que τ_i seja NID$(0, \sigma_\tau^2)$, que β_j seja NID$(0, \sigma_\beta^2)$, que $(\tau\beta)_{ij}$ seja NID$(0, \sigma_{\tau\beta}^2)$ e que ε_{ijk} seja NID$(0, \sigma^2)$. A variância de qualquer observação é

$$V(y_{ijk}) = \sigma_\tau^2, \sigma_\beta^2, \sigma_{\tau\beta}^2 + \sigma^2,$$

e σ_τ^2, σ_β^2, $\sigma_{\tau\beta}^2$ e σ^2 são chamadas de *componentes da variância*. As hipóteses que estamos interessados em testar são $H_0: \sigma_\tau^2 = 0$, $H_0: \sigma_\beta^2 = 0$ e $H_0: \sigma_{\tau\beta}^2 = 0$. Note a semelhança em relação ao modelo de efeitos aleatórios de um critério.

A análise de variância básica permanece inalterada; isto é, SQ_A, SQ_B, SQ_{AB}, SQ_T e SQ_E são todas calculadas como no caso de efeitos fixos. Para construir a estatística de teste devemos examinar as médias quadráticas esperadas. Elas são

$$E(MQ_A) = \sigma^2 + n\sigma_{\tau\beta}^2 + bn\sigma_\tau^2,$$

$$E(MQ_B) = \sigma^2 + n\sigma_{\tau\beta}^2 + an\sigma_\beta^2,$$

$$E(MQ_{AB}) = \sigma^2 + n\sigma_{\tau\beta}^2, \quad (13\text{-}11)$$

e

$$E(MQ_E) = \sigma^2.$$

Note, pelas médias quadráticas esperadas, que a estatística apropriada para o teste de $H_0: \sigma_{\tau\beta}^2 = 0$ é

$$F_0 = \frac{MQ_{AB}}{MQ_E}, \quad (13\text{-}12)$$

uma vez que, sob H_0, tanto o numerador quanto o denominador de F_0 têm esperança σ^2, e apenas se H_0 for falsa é que $E(MQ_{AB})$ é maior do que $E(MQ_E)$. A razão F_0 é distribuída como $F_{(a-1)(b-1), ab(n-1)}$. Analogamente, para testar $H_0: \sigma_\beta^2 = 0$ usaríamos

$$F_0 = \frac{MQ_A}{MQ_{AB}}, \quad (13\text{-}13)$$

que é distribuída como $F_{a-1, (a-1)(b-1)}$, e para testar $H_0: \sigma_\beta^2 = 0$ a estatística seria

$$F_0 = \frac{MQ_B}{MQ_{AB}}, \quad (13\text{-}14)$$

que é distribuída como $F_{b-1, (a-1)(b-1)}$. Esses são testes unilaterais de cauda superior. Note que essas estatísticas de teste não são as mesmas usadas se ambos os fatores, A e B, forem fixados. As médias quadráticas esperadas são sempre usadas como guia para a construção da estatística de teste.

Os componentes da variância podem ser estimados igualando-se as médias quadráticas observadas aos seus valores esperados e resolvendo-se em relação aos componentes da variância. Isso resulta em

$$\begin{aligned} \hat{\sigma}^2 &= MQ_E, \\ \hat{\sigma}_{\tau\beta}^2 &= \frac{MQ_{AB} - MQ_E}{n}, \\ \hat{\sigma}_\beta^2 &= \frac{MQ_B - MQ_{AB}}{an}, \\ \hat{\sigma}_\tau^2 &= \frac{MQ_A - MQ_{AB}}{bn}. \end{aligned} \quad (13\text{-}15)$$

Exemplo 13-4

Suponha que, no Exemplo 13-3, um grande número de bases e vários métodos de aplicação pudessem ser usados. Três bases, digamos 1, 2, e 3, são selecionadas aleatoriamente, assim como dois métodos de aplicação. A Tabela 13-8 mostra a análise de variância, supondo-se o modelo de efeitos aleatórios.

Note que as quatro primeiras colunas na tabela da análise de variância são exatamente como no Exemplo 13-3. Agora, no entanto, as razões F são calculadas de acordo com as Equações 13-12 a 13-14. Como $F_{0,05;2;12} = 3,89$, concluímos que a interação não é significante. Também, como $F_{0,05;2;2} = 19,0$ e $F_{0,05;1;2} = 18,5$, concluímos que tanto os tipos de base quanto os métodos de aplicação afetam significantemente a força de aderência, embora o tipo de base seja pouco significante em $\alpha = 0,05$. Os componentes da variância podem ser estimados com o uso da Equação 13-15, como segue:

$$\hat{\sigma}^2 = 0,08,$$

$$\hat{\sigma}^2_{\tau\beta} = \frac{0,12 - 0,08}{3} = 0,0133,$$

$$\hat{\sigma}^2_{\tau} = \frac{2,29 - 0,12}{6} = 0,36,$$

$$\hat{\sigma}^2_{\beta} = \frac{4,91 - 0,12}{9} = 0,53.$$

Claramente, os dois maiores componentes da variância são para os tipos de base ($\hat{\sigma}^2_{\tau} = 0,36$) e os métodos de aplicação ($\hat{\sigma}^2_{\beta} = 0,53$).

13-3.5 O Modelo Misto

Suponha, agora, que um dos fatores, A, seja fixado e que o outro, B, seja aleatório. Isso é chamado análise de variância de *modelo misto*. O modelo linear é

$$y_{ijk} = \mu + \tau_i + \beta_j + (\tau\beta)_{ij} + \varepsilon_{ijk} \begin{cases} i = 1, 2, ..., a, \\ j = 1, 2, ..., b, \\ k = 1, 2, ..., n. \end{cases} \quad (13\text{-}16)$$

Nesse modelo, τ_i é um efeito fixo definido de tal modo que $\sum_{i=1}^{a} \tau_i = 0$, β_j é um efeito aleatório, o termo de interação $(\tau\beta)_{ij}$ é um efeito aleatório e ε_{ijk} é um erro aleatório NID(0, σ^2). É costume, também, admitir que β_j seja NID(0, σ^2_{β}) e que os elementos de interação $(\tau\beta)_{ij}$ sejam variáveis aleatórias normais, com média zero e variância $[(a-1)/a]\sigma^2_{\tau\beta}$. Os elementos de interação não são todos independentes.

As médias quadráticas esperadas nesse caso são

$$E(MQ_A) = \sigma^2 + n\sigma^2_{\tau\beta} + \frac{bn\sum_{i=1}^{a}\tau_i^2}{a-1},$$

$$E(MQ_B) = \sigma^2 + an\sigma^2_{\beta}, \quad (13\text{-}17)$$

$$E(MQ_{AB}) = \sigma^2 + n\sigma^2_{\tau\beta},$$

Tabela 13-8 Análise de Variância para o Exemplo 13-4

Fonte de Variação	Soma de Quadrados	Graus de Liberdade	Média Quadrática	F_0
Tipos de base	4,58	2	2,29	19,08
Métodos de aplicação	4,91	1	4,91	40,92
Interação	0,24	2	0,12	1,5
Erro	0,99	12	0,08	
Total	10,72	17		

e

$$E(MQ_E) = \sigma^2.$$

Portanto, a estatística de teste apropriada para se testar $H_0: \tau_i = 0$ é

$$F_0 = \frac{MQ_A}{MQ_{AB}}, \qquad (13\text{-}18)$$

que é distribuída como $F_{a-1,(a-1)(b-1)}$. Para o teste de $H_0: \sigma_\beta^2 = 0$, a estatística de teste é

$$F_0 = \frac{MQ_B}{MQ_E}, \qquad (13\text{-}19)$$

que é distribuída como $F_{b-1,ab(n-1)}$. Finalmente, para o teste de $H_0: \sigma_{\tau\beta}^2 = 0$ usaríamos

$$F_0 = \frac{MQ_{AB}}{MQ_E}, \qquad (13\text{-}20)$$

que é distribuída como $F_{(a-1)(b-1),ab(n-1)}$.

Os componentes da variância σ_β^2, $\sigma_{\tau\beta}^2$ e σ^2 podem ser estimados eliminando-se a primeira equação da Equação 13-17, deixando-se três equações em três incógnitas, cujas soluções são

$$\hat{\sigma}_\beta^2 = \frac{MQ_B - MQ_E}{an},$$

$$\hat{\sigma}_{\tau\beta}^2 = \frac{MQ_{AB} - MQ_E}{n},$$

e

$$\hat{\sigma}^2 = MQ_E. \qquad (13\text{-}21)$$

Essa abordagem geral pode ser usada para estimar os componentes da variância em *qualquer* modelo misto. Depois de eliminar as médias quadráticas que contêm fatores fixos sempre haverá um conjunto de equações restante que poderá ser resolvido em relação aos componentes da variância. A Tabela 13-9 resume a análise de variância para o modelo misto de dois fatores.

13-4 EXPERIMENTOS FATORIAIS GERAIS

Muitos experimentos envolvem mais de dois fatores. Nesta seção, introduzimos o caso em que há níveis do fator A, b níveis do fator B, c níveis do fator C e assim por diante, arranjados em um experimento fatorial. Em geral, haverá um total de $abc \ldots n$ observações se houver n replicações do experimento completo.

Tabela 13-9 Análise de Variância para o Modelo de Dois Fatores

Fonte de Variação	Soma de Quadrados	Graus de Liberdade	Média Quadrática	Média Quadrática Esperada	F_0
Linhas (A)	SQ_A	$a-1$	MQ_A	$\sigma^2 + n\sigma_{\tau\beta}^2 + bn\Sigma\tau_i^2/(a-1)$	$\dfrac{MQ_A}{MQ_{AB}}$
Colunas (B)	SQ_B	$b-1$	MQ_B	$\sigma^2 + an\sigma_\beta^2$	$\dfrac{MQ_B}{MQ_E}$
Interação	SQ_{AB}	$(a-1)(b-1)$	MQ_{AB}	$\sigma^2 + n\sigma_{\tau\beta}^2$	$\dfrac{MQ_{AB}}{MQ_E}$
Erro	SQ_E	$ab(n-1)$	MQ_E	σ^2	
Total	SQ_T	$abn-1$			

Por exemplo, considere o experimento de três fatores como modelo subjacente

$$y_{ijkl} = \mu + \tau_i + \beta_j + \gamma_k + (\tau\beta)_{ij} + (\tau\gamma)_{ik} + (\beta\gamma)_{jk}$$

$$+ (\tau\beta\gamma)_{ijk} + \varepsilon_{ijkl} \begin{cases} i = 1, 2, \ldots, a, \\ j = 1, 2, \ldots, b, \\ k = 1, 2, \ldots, c, \\ l = 1, 2, \ldots, n. \end{cases} \tag{13-22}$$

Supondo que A, B e C sejam fixados, a Tabela 13-10 mostra a análise de variância. Note que deve haver, no mínimo, duas replicações ($n \geq 2$) para se calcular a soma de quadrados do erro. Os testes F para efeitos principais e interações seguem diretamente das médias quadráticas esperadas.

Obtêm-se facilmente fórmulas de cálculo para as somas de quadrados da Tabela 13-10. A soma de quadrados total é, usando a notação "ponto",

$$SQ_T = \sum_{i=1}^{a} \sum_{j=1}^{b} \sum_{k=1}^{c} \sum_{l=1}^{n} y_{ijkl}^2 - \frac{y_{....}^2}{abcn}. \tag{13-23}$$

A soma de quadrados para os efeitos principais se calcula a partir dos totais para fatores $A(y_{i...})$, $B(y_{.j..})$ e $C(y_{..k.})$ como segue:

$$SQ_A = \sum_{i=1}^{a} \frac{y_{i...}^2}{bcn} - \frac{y_{....}^2}{abcn}, \tag{13-24}$$

$$SQ_B = \sum_{j=1}^{b} \frac{y_{.j..}^2}{acn} - \frac{y_{....}^2}{abcn}, \tag{13-25}$$

$$SQ_C = \sum_{k=1}^{c} \frac{y_{..k.}^2}{abn} - \frac{y_{....}^2}{abcn}. \tag{13-26}$$

Tabela 13-10 Tabela da Análise de Variância para o Modelo de Efeitos Fixos de Três Fatores

Fonte de Variação	Soma de Quadrados	Graus de Liberdade	Média Quadrática	Médias Quadráticas Esperadas	F_0
A	SQ_A	$a - 1$	MQ_A	$\sigma^2 + \dfrac{bcn\Sigma\tau_i^2}{a-1}$	$\dfrac{MQ_A}{MQ_E}$
B	SQ_B	$b - 1$	MQ_B	$\sigma^2 + \dfrac{acn\Sigma\beta_j^2}{b-1}$	$\dfrac{MQ_B}{MQ_E}$
C	SQ_C	$c - 1$	MQ_C	$\sigma^2 + \dfrac{abn\Sigma\gamma_k^2}{c-1}$	$\dfrac{MQ_C}{MQ_E}$
AB	SQ_{AB}	$(a-1)(b-1)$	MQ_{AB}	$\sigma^2 + \dfrac{cn\Sigma\Sigma(\tau\beta)_{ij}^2}{(a-1)(b-1)}$	$\dfrac{MQ_{AB}}{MQ_E}$
AC	SQ_{AC}	$(a-1)(c-1)$	MQ_{AC}	$\sigma^2 + \dfrac{bn\Sigma\Sigma(\tau\gamma)_{ik}^2}{(a-1)(c-1)}$	$\dfrac{MQ_{AC}}{MQ_E}$
BC	SQ_{BC}	$(b-1)(c-1)$	MQ_{BC}	$\sigma^2 + \dfrac{an\Sigma\Sigma(\beta\gamma)_{jk}^2}{(b-1)(c-1)}$	$\dfrac{MQ_{BC}}{MQ_E}$
ABC	SQ_{ABC}	$(a-1)(b-1)(c-1)$	MQ_{ABC}	$\sigma^2 + \dfrac{n\Sigma\Sigma\Sigma(\tau\beta\gamma)_{ijk}^2}{(a-1)(b-1)(c-1)}$	$\dfrac{MQ_{ABC}}{MQ_E}$
Erro	SQ_E	$abc(n-1)$	MQ_E	σ^2	
Total	SQ_T	$abcn - 1$			

Para calcular as somas de quadrados da interação de dois fatores são necessários os totais para as células $A \times B$, $A \times C$ e $B \times C$. Pode ser útil transformar a tabela de dados original em três tabelas de duas entradas para os cálculos desses totais. As somas de quadrados são

$$SQ_{AB} = \sum_{i=1}^{a}\sum_{j=1}^{b} \frac{y_{ij..}^2}{cn} - \frac{y_{....}^2}{abcn} - SQ_A - SQ_B$$
$$= SQ_{\text{subtotais}(AB)} - SQ_A - SQ_B, \quad (13\text{-}27)$$

$$SQ_{AC} = \sum_{i=1}^{a}\sum_{k=1}^{c} \frac{y_{i.k.}^2}{bn} - \frac{y_{....}^2}{abcn} - SQ_A - SQ_C$$
$$= SQ_{\text{subtotais}(AC)} - SQ_A - SQ_C, \quad (13\text{-}28)$$

e

$$SQ_{BC} = \sum_{j=1}^{b}\sum_{k=1}^{c} \frac{y_{.jk.}^2}{an} - \frac{y_{....}^2}{abcn} - SQ_B - SQ_C$$
$$= SQ_{\text{subtotais}(BC)} - SQ_B - SQ_C. \quad (13\text{-}29)$$

A soma de quadrados da interação de três fatores é calculada a partir dos totais de células de três entradas $y_{ij.}$ como

$$SQ_{ABC} = \sum_{i=1}^{a}\sum_{j=1}^{b}\sum_{k=1}^{c} \frac{y_{ijk.}^2}{n} - \frac{y_{....}^2}{abcn} - SQ_A - SQ_B - SQ_C - SQ_{AB} - SQ_{AC} - SQ_{BC} \quad (13\text{-}30a)$$

$$= SQ_{\text{subtotais}(ABC)} - SQ_A - SQ_B - SQ_C - SQ_{AB} - SQ_{AC} - SQ_{BC}. \quad (13\text{-}30b)$$

A soma de quadrados do erro pode ser encontrada subtraindo-se a soma de quadrados para cada efeito e interação principais da soma total de quadrados, ou por

$$SQ_E = SQ_T - SQ_{\text{subtotais}(ABC)}. \quad (13\text{-}31)$$

Exemplo 13-5

Um engenheiro mecânico está estudando a aspereza de uma peça produzida em uma operação de corte de metal. Três fatores são de interesse: taxa de alimentação (A), profundidade do corte (B) e ângulo da ferramenta (C). Associaram-se dois níveis a todos os três fatores, e duas replicações de um experimento fatorial são rodadas. A Tabela 13-11 mostra os dados. Os totais de célula de três entradas $y_{ijk.}$ estão circulados nessa tabela.

As somas de quadrados são calculadas como segue, usando-se as Equações 13-23 a 13-31:

$$SQ_T = \sum_{i=1}^{a}\sum_{j=1}^{b}\sum_{k=1}^{c}\sum_{l=1}^{n} y_{ijkl}^2 - \frac{y_{....}^2}{abcn} = 2051 - \frac{(177)^2}{16} = 92{,}9375,$$

$$SQ_A = \sum_{i=1}^{a} \frac{y_{i...}^2}{bcn} - \frac{y_{....}^2}{abcn}$$
$$= \frac{(75)^2 + (102)^2}{8} - \frac{(177)^2}{16} = 45{,}5625,$$

$$SQ_B = \sum_{j=1}^{b} \frac{y_{.j..}^2}{acn} - \frac{y_{....}^2}{abcn}$$
$$= \frac{(82)^2 + (95)^2}{8} - \frac{(177)^2}{16} = 10{,}5625,$$

$$SQ_C = \sum_{k=1}^{c} \frac{y_{..k.}^2}{abn} - \frac{y_{....}^2}{abcn}$$
$$= \frac{(85)^2 + (92)^2}{8} - \frac{(177)^2}{16} = 3{,}0625,$$

$$SQ_{AB} = \sum_{i=1}^{a}\sum_{j=1}^{b}\frac{y_{ij..}^{2}}{cn} - \frac{y_{....}^{2}}{abcn} - SQ_{A} - SQ_{B}$$

$$= \frac{(37)^{2}+(38)^{2}+(45)^{2}+(57)^{2}}{4} - \frac{(177)^{2}}{16} - 45,5625 - 10,5625$$

$$= 7,5625,$$

$$SQ_{AC} = \sum_{i=1}^{a}\sum_{k=1}^{c}\frac{y_{i.k.}^{2}}{bn} - \frac{y_{....}^{2}}{abcn} - SQ_{A} - SQ_{C}$$

$$= \frac{(36)^{2}+(39)^{2}+(49)^{2}+(53)^{2}}{4} - \frac{(177)^{2}}{16} - 45,5625 - 3,0625$$

$$= 0,0625,$$

$$SQ_{BC} = \sum_{j=1}^{b}\sum_{k=1}^{c}\frac{y_{.jk.}^{2}}{an} - \frac{y_{....}^{2}}{abcn} - SQ_{B} - SQ_{C}$$

$$= \frac{(38)^{2}+(44)^{2}+(47)^{2}+(48)^{2}}{4} - \frac{(177)^{2}}{16} - 10,5625 - 3,0625$$

$$= 1,5625,$$

$$SQ_{ABC} = \sum_{i=1}^{a}\sum_{j=1}^{b}\sum_{k=1}^{c}\frac{y_{ijk.}^{2}}{n} - \frac{y_{....}^{2}}{abcn} - SQ_{A} - SQ_{B} - SQ_{C} - SQ_{AB} - SQ_{AC} - SQ_{BC}$$

$$= \frac{(16)^{2}+(21)^{2}+\cdots+(30)^{2}}{2} - \frac{(177)^{2}}{16} - 45,5625 - 10,5625 - 3,0625 - 7,5625 - 0,0625 - 1,5625$$

$$= 5,0625,$$

$$SQ_{E} = SQ_{T} - SQ_{\text{subtotais}(ABC)}$$
$$= 92,9375 - 73,4375 = 19,5000.$$

A análise de variância está resumida na Tabela 13-12. A taxa de alimentação tem um efeito significante no acabamento da superfície ($\alpha < 0,01$), assim como a profundidade do corte ($0,05 < \alpha < 0,10$). Há alguma indicação de uma ligeira interação entre esses fatores, uma vez que o teste F para a interação AB é menor do que o valor crítico de 10%.

Obviamente, os experimentos fatoriais com três ou mais fatores são complicados e exigem muitas rodadas, particularmente se algum dos fatores tiver vários níveis (mais de dois). Isso nos leva a considerar uma classe de planejamentos fatoriais com todos os fatores em dois níveis. Esses planejamentos são extremamente fáceis de se estabelecer e analisar e, como veremos, é possível reduzir grandemente o número de rodadas experimentais através da técnica de replicação fracionada.

13-5 O PLANEJAMENTO FATORIAL 2^{k}

Há certos tipos de planejamentos fatoriais que são muito úteis. Um deles é um planejamento fatorial com k fatores, cada um em dois níveis. Como cada replicação completa do planejamento tem 2^{k} rodadas ou combinações de tratamento, o arranjo é chamado de planejamento fatorial 2^{k}. Esses planejamentos têm uma análise estatística grandemente simplificada e formam, também, a base de muitos outros planejamentos úteis.

13-5.1 O Planejamento 2^{2}

O tipo mais simples de planejamento 2^{k} é o 2^{2}, isto é, dois fatores, A e B, cada um em dois níveis. Em geral, consideramos esses níveis como os níveis "alto" e "baixo" do fator. A Fig. 13-13 mostra o planejamento 2^{2}. Note que esse planejamento pode ser representado geometricamente como um quadrado, com as $2^{2} = 4$ rodadas formando os cantos do quadrado. Usa-se uma notação especial para representar as combinações de tratamento. Em geral, uma combinação de tratamento é representada por uma série de letras minúsculas. Se uma letra está presente, então o fator correspondente é roda-

Tabela 13-11 Dados Codificados da Aspereza da Superfície para o Exemplo 13-5

Taxa de Alimentação (A)	Profundidade do Corte (B)				
	0,025 polegada		0,040 polegada		
	Ângulo da Ferramenta (C)		Ângulo da Ferramenta (C)		
	15°	25°	15°	25°	$y_{i\cdot\cdot\cdot}$
20 in/min	9 7 ⑯	11 10 ㉑	9 11 ⑳	10 8 ⑱	75
30 in/min	10 12 ㉒	10 13 ㉓	12 15 ㉗	16 14 ㉚	102
B × C Totais $y_{\cdot jk}$	38	44	47	48	177 = $y_{\cdots}$

A × B Totais $y_{ij\cdot}$			A × C Totais $y_{i\cdot k}$		
A/B	0,025	0,040	A/C	15	25
20	37	38	20	36	39
30	45	57	30	49	53
$y_{\cdot j\cdot}$	82	95	$y_{\cdot\cdot k}$	85	92

Tabela 13-12 Análise de Variância para o Exemplo 13-5

Fonte de Variação	Soma de Quadrados	Graus de Liberdade	Média Quadrática	F_0
Taxa de alimentação (A)	45,5625	1	45,5625	18,69[a]
Profundidade do corte (B)	10,5625	1	10,5625	4,33[b]
Ângulo da ferramenta (C)	3,0625	1	3,0625	1,26
AB	7,5625	1	7,5625	3,10
AC	0,0625	1	0,0625	0,03
BC	1,5625	1	1,5625	0,64
ABC	5,0625	1	5,0625	2,08
Erro	19,5000	8	2,4375	
Total	92,9375	15		

[a]Significante a 1%.
[b]Significante a 10%.

do no nível alto na combinação de tratamento; se ela está ausente, o fator é rodado em seu nível baixo. Por exemplo, a combinação de tratamento *a* indica que o fator *A* está em seu nível alto e o fator *B* está em seu nível baixo. A combinação de tratamento com ambos os fatores em nível baixo é denotada por (1). Essa notação é usada em toda a série de planejamento 2^k. Por exemplo, a combinação de tratamento em um planejamento 2^4 com *A* e *C* em nível alto e *B* e *D* em nível baixo é denotada por *ac*.

Os efeitos de interesse no planejamento 2^k são os efeitos principais *A* e *B* e a interação de dois fatores *AB*. Sejam, também, (1), *a*, *b* e *ab* os totais de todas as *n* observações tomadas nesses pontos do planejamento. É fácil estimar o efeito desses fatores. Para estimar o efeito principal de *A* tomamos a

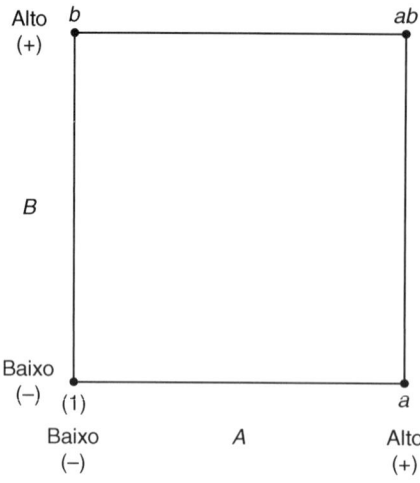

Figura 13-13 O planejamento fatorial 2^2.

média das observações no lado direito do quadrado, onde A está em seu nível alto, e subtraímos disso a média das observações no lado esquerdo do quadrado, onde A está em seu nível baixo, ou

$$A = \frac{a+ab}{2n} - \frac{b+(1)}{2n}$$
$$= \frac{1}{2n}[a+ab-b-(1)]. \qquad (13\text{-}32)$$

Analogamente, o efeito principal de B se encontra tomando-se a média das observações no alto do quadrado, onde B está em seu nível alto, e subtraindo disso a média das observações na parte de baixo do quadrado, onde B está em seu nível baixo:

$$B = \frac{b+ab}{2n} - \frac{a+(1)}{2n}$$
$$= \frac{1}{2n}[b+ab-a-(1)]. \qquad (13\text{-}33)$$

Finalmente, a interação AB é estimada tomando-se a diferença nas médias da diagonal na Fig. 13-13, ou

$$AB = \frac{ab+(1)}{2n} - \frac{a+b}{2n}$$
$$= \frac{1}{2n}[ab+(1)-a-b]. \qquad (13\text{-}34)$$

As quantidades entre colchetes nas Equações 13-32, 13-33 e 13-34 são chamadas de *contrastes*. Por exemplo, o contraste A é

$$\text{Contraste}_A = a + ab - b - (1).$$

Nessas equações, os coeficientes do contraste são sempre $+1$ ou -1. Uma tabela de sinais mais e menos, como a Tabela 13-13, pode ser usada para se determinar o sinal de cada combinação de trata-

Tabela 13-13 Sinais dos Efeitos no Planejamento 2^2

Combinações de Tratamentos	Efeito Fatorial			
	I	A	B	AB
(1)	+	−	−	+
a	+	+	−	−
b	+	−	+	−
ab	+	+	+	+

mento para um contraste particular. Os cabeçalhos das colunas para a Tabela 13-13 são os efeitos principais A e B, a interação AB e I, que representa o total. Os cabeçalhos das linhas são as combinações de tratamento. Note que os sinais na coluna AB são os produtos dos sinais das colunas A e B. Para gerar um contraste a partir dessa tabela, multiplique os sinais na coluna apropriada da Tabela 13-13 pelas combinações de tratamento listadas nas linhas e some.

Para obter as somas de quadrados para A, B e AB podemos usar a Equação 12-18, que expressa a relação entre um contraste com um único grau de liberdade e sua soma de quadrados:

$$SQ = \frac{(\text{Contraste})^2}{n\sum(\text{coeficientes do contraste})^2}. \qquad (13\text{-}35)$$

Portanto, as somas de quadrados para A, B e AB são

$$SQ_A = \frac{[a+ab-b-(1)]^2}{4n},$$

$$SQ_B = \frac{[b+ab-a-(1)]^2}{4n},$$

$$SQ_{AB} = \frac{[ab+(1)-a-b]^2}{4n}.$$

A análise de variância se completa calculando-se a soma de quadrados total SQ_T (com $4n-1$ graus de liberdade) como usual, e obtendo-se a soma dos quadrados do erro SQ_E [com $4(n-1)$ graus de liberdade] por subtração.

Exemplo 13-6

Um artigo em *AT&T Technical Journal* (março/abril, 1986, Vol. 65, p. 39) descreve a aplicação dos planejamentos experimentais de dois níveis na fabricação de circuitos integrados. Um passo do processamento básico nessa indústria é criar uma camada epitaxial sobre substratos ou pastilhas de silício polido. As pastilhas são montadas sobre um susceptor e posicionadas dentro de um recipiente em forma de sino. Vapores químicos são introduzidos através de tubulações próximas do topo do recipiente. Gira-se o susceptor e o calor é aplicado. Mantêm-se essas condições até que a camada epitaxial esteja espessa o bastante.

A Tabela 13-14 apresenta os resultados de um planejamento fatorial 2^2 com $n = 4$ replicações, que usa os fatores $A =$ tempo de deposição e $B =$ taxa de fluxo de arsênico. Os dois níveis do tempo de deposição são $- =$ curto e $+ =$ longo, e os dois níveis da taxa de fluxo de arsênico são $- = 55\%$ e $+ = 59\%$. A variável resposta é a espessura da camada epitaxial (μm). Podemos encontrar estimativas dos efeitos usando as Equações 13-32, 13-33 e 13-34, como segue:

$$A = \frac{1}{2n}[a+ab-b-(1)]$$

$$= \frac{1}{2(4)}[59{,}299+59{,}156-55{,}686-56{,}081] = 0{,}836,$$

$$B = \frac{1}{2n}[b+ab-a-(1)]$$

Tabela 13-14 Planejamento 2^2 para o Experimento do Processo Epitaxial

Combinações de Tratamentos	Fatores do Planejamento			Espessura (μm)	Espessura (μm)	
	A	B	AB		Total	Média
(1)	−	−	+	14,037; 14,165; 13,972; 13,907	56,081	14,021
a	+	−	−	14,821; 14,757; 14,843; 14,878	59,299	14,825
b	−	+	−	13,880; 13,860; 14,032; 13,914	55,686	13,922
ab	+	+	+	14,888; 14,921; 14,415; 14,932	59,156	14,789

$$= \frac{1}{2(4)}[55{,}686 + 59{,}156 - 59{,}299 - 56{,}081] = -0{,}067,$$

$$AB = \frac{1}{2n}[ab + (1) - a - b]$$

$$= \frac{1}{2(4)}[59{,}156 + 56{,}081 - 59{,}299 - 55{,}686] = 0{,}032.$$

As estimativas numéricas dos efeitos indicam que o efeito do tempo de deposição é grande e tem uma direção positiva (aumentando-se o tempo de deposição, aumenta-se a espessura), uma vez que mudando-se o tempo de deposição de baixo para alto muda-se a espessura média da camada epitaxial em cerca de 0,836 μm. Os efeitos da taxa de fluxo de arsênico (B) e da interação (AB) parecem pequenos.

A magnitude desses efeitos pode ser confirmada pela análise de variância. As somas de quadrados para A, B e AB são calculadas com o uso da Equação 13-35:

$$SQ = \frac{(\text{Contraste})^2}{n \cdot 4},$$

$$SQ_A = \frac{[a + ab - b - (1)]^2}{16}$$

$$= \frac{[6{,}688]^2}{16}$$

$$= 2{,}7956,$$

$$SQ_B = \frac{[b + ab - a - (1)]^2}{16}$$

$$= \frac{[-0{,}538]^2}{16}$$

$$= 0{,}0181,$$

$$SQ_{AB} = \frac{[ab + (1) - a - b]^2}{16}$$

$$= \frac{[0{,}256]^2}{16}$$

$$= 0{,}0040.$$

A análise de variância está resumida na Tabela 13-15. Isso confirma nossas conclusões, obtidas pelo exame da magnitude e da direção dos efeitos; o tempo de deposição afeta a espessura da camada epitaxial e, pela direção das estimativas dos efeitos, sabemos que quanto mais longos os tempos de deposição mais espessas as camadas epitaxiais.

Análise dos Resíduos É fácil obter os resíduos de um planejamento 2^k ajustando-se o modelo de regressão aos dados. Para o experimento do processo epitaxial, o modelo de regressão é

$$y = \beta_0 + \beta_1 x_1 + \varepsilon,$$

Tabela 13-15 Análise de Variância para o Experimento do Processo Epitaxial

Fonte de Variação	Soma de Quadrados	Graus de Liberdade	Média Quadrática	F_0
A (tempo de deposição)	2,7956	1	2,7956	134,50
B (fluxo de arsênico)	0,0181	1	0,0181	0,87
AB	0,0040	1	0,0040	0,19
Erro	0,2495	12	0,0208	
Total	3,0672	15		

uma vez que a única variável ativa é o tempo de deposição, que é representado por x_1. Aos níveis baixo e alto do tempo de deposição são associados os valores $x_1 = -1$ e $x_1 = +1$, respectivamente. O modelo ajustado é

$$\hat{y} = 14,389 + \left(\frac{0,836}{2}\right)x_1,$$

onde o intercepto $\hat{\beta}_0$ é a média geral de todas as 16 observações ($\bar{y}$), e a inclinação $\hat{\beta}_1$ é a metade da estimativa do efeito para o tempo de deposição. A razão pela qual o coeficiente é a metade da estimativa do efeito se deve ao fato de os coeficientes de regressão medirem o efeito da mudança de uma unidade em x_1 sobre a média de y, e a estimativa do efeito de baseia em uma mudança de duas unidades (de -1 para $+1$).

Esse modelo pode ser usado para se obter os valores preditos nos quatro pontos do planejamento. Por exemplo, considere o ponto com tempo de deposição baixo ($x_1 = -1$) e baixa taxa de fluxo de arsênico. O valor previsto é

$$\hat{y} = 14,389 + \left(\frac{0,836}{2}\right)(-1) = 13,971 \ \mu m,$$

e os resíduos seriam

$$e_1 = 14,037 - 13,971 = 0,066,$$
$$e_2 = 14,165 - 13,971 = 0,194,$$
$$e_3 = 13,972 - 13,971 = 0,001,$$
$$e_4 = 13,907 - 13,971 = -0,064.$$

É fácil verificar que, para o tempo de deposição curto ($x_1 = -1$) e a taxa de fluxo de arsênico alta, $\hat{y} = 14,389 + (0,836/2)(-1) = 13,971 \ \mu m$, os valores preditos e resíduos restantes são

$$e_5 = 13,880 - 13,971 = -0,091,$$
$$e_6 = 13,860 - 13,971 = -0,111,$$
$$e_7 = 14,032 - 13,971 = 0,061,$$
$$e_8 = 13,914 - 13,971 = -0,057;$$

para o tempo de deposição longo ($x_1 = +1$) e a taxa de fluxo de arsênico baixa, $\hat{y} = 14,389 + (0,836/2)(+1) = 14,807 \ \mu m$, e os resíduos são

$$e_9 = 14,821 - 14,807 = 0,014,$$
$$e_{10} = 14,757 - 14,807 = -0,050,$$
$$e_{11} = 14,843 - 14,807 = 0,036,$$
$$e_{12} = 14,878 - 14,807 = 0,071,$$

e para o tempo de deposição longo ($x_1 = +1$) e a alta taxa de fluxo de arsênico, $\hat{y} = 14,389 + (0,836/2)(+1) = 14,807 \ \mu m$, eles são

$$e_{13} = 14,888 - 14,807 = 0,081,$$
$$e_{14} = 14,921 - 14,807 = 0,114,$$
$$e_{15} = 14,415 - 14,807 = -0,392,$$
$$e_{16} = 14,932 - 14,807 = 0,125.$$

A Fig. 13-14 mostra um gráfico de probabilidade normal desses resíduos. Esse gráfico indica que um resíduo, $e_{15} = -0,392$, é um *outlier*. Examinando as quatro rodadas com longo tempo de deposi-

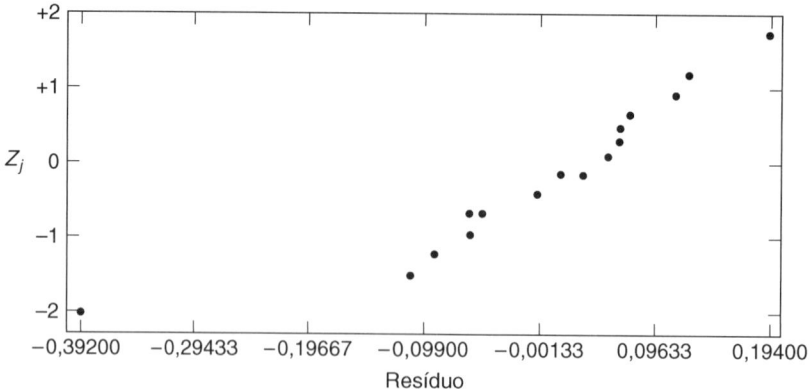

Figura 13-14 Gráfico de probabilidade normal dos resíduos para o experimento do processo epitaxial.

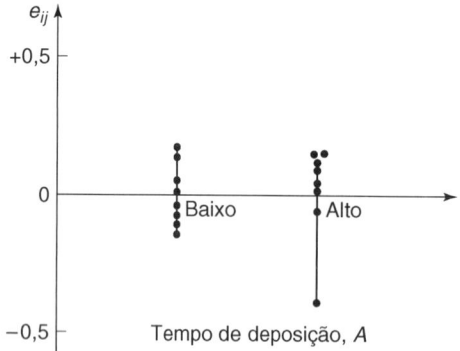

Figura 13-15 Gráfico dos resíduos *versus* tempo de deposição.

ção e alta taxa de fluxo de arsênico, vemos que a observação $y_{15} = 14,415$ é consideravelmente menor do que as outras três observações naquela combinação de tratamento. Isso acrescenta alguma evidência a mais à conclusão provisória de que a observação é um *outlier*. Outra possibilidade é a de que existam algumas variáveis do processo que afetam a *variabilidade* na espessura da camada epitaxial, e se pudéssemos identificar quais variáveis produzem esse efeito então seria possível ajustá-las em níveis que minimizassem a variabilidade na espessura da camada epitaxial. Isso teria importantes implicações nos estágios subseqüentes da fabricação. As Figs. 13-15 e 13-16 são gráficos de resíduos *versus* tempo de deposição e taxa de fluxo de arsênico, respectivamente. Exceto por esse resíduo grande associado a y_{15}, não há evidência forte de que o tempo de deposição ou a taxa de fluxo de arsênico influencie a variabilidade da espessura da camada epitaxial.

A Fig. 13-17 mostra o desvio-padrão estimado da espessura da camada epitaxial em todas as quatro rodadas do planejamento 2^2. Esses desvios-padrão foram calculados usando-se os dados da Tabela 13-14. Note que o desvio-padrão das quatro observações com A e B no nível alto é consideravelmente maior do que os desvios-padrão em qualquer um dos outros três pontos do planejamento. A maior parte da diferença é atribuível à medição da espessura baixa associada a y_{15}. O desvio-padrão das quatro observações com A e B no nível baixo é, também, um pouco maior do que os desvios-padrão nas duas rodadas restantes. Isso poderia ser uma indicação de que há outras variáveis do processo não incluídas nesse experimento que afetam a espessura da camada epitaxial. Poder-se-ia planejar outro experimento para se estudar essa possibilidade, envolvendo outras variáveis do processo (na verdade, o artigo original mostra que há dois fatores adicionais, não considerados nesse exemplo, que afetam a variabilidade do processo).

13-5.2 O Planejamento 2^k para $k \geq 3$ Fatores

Os métodos apresentados na seção anterior para planejamentos fatoriais com $k = 2$ fatores, cada um em dois níveis, podem ser facilmente estendidos a mais de dois fatores. Por exemplo, considere $k = 3$ fatores, cada um em dois níveis. Esse planejamento é um planejamento fatorial 2^3 e tem oito combinações de trata-

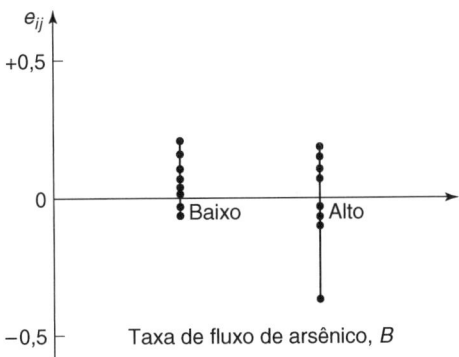

Figura 13-16 Gráfico dos resíduos *versus* taxa de fluxo de arsênico.

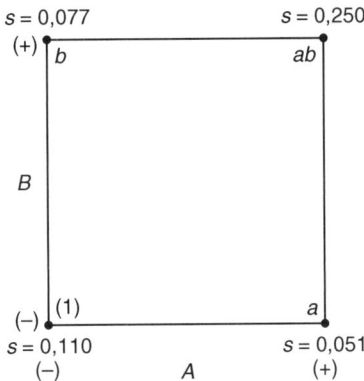

Figura 13-17 Os desvios-padrão estimados da espessura da camada epitaxial nas quatro rodadas no planejamento 2^2.

mento. Geometricamente, o planejamento pode ser mostrado como na Fig. 13-18, com as oito rodadas formando os vértices do cubo. Esse planejamento permite que sejam estimados três efeitos principais (A, B e C) juntamente com três interações de dois fatores (AB, AC e BC) e uma interação de três fatores (ABC).

Os efeitos principais podem ser facilmente estimados. Lembre que (1), a, b, ab, c, ac, bc e abc representam o total das n replicações em cada uma das oito combinações de tratamento no planejamento. Consultando o cubo da Fig. 13-18, estimaríamos o efeito principal de A fazendo a média das quatro combinações de tratamento do lado direito do cubo, onde A está em seu nível alto, e subtraindo dessa média a média das quatro combinações de tratamento do lado esquerdo do cubo, onde A está em seu nível baixo. Isso resulta em

$$A = \frac{1}{4n}\left[a + ab + ac + abc - b - c - bc - (1)\right]. \tag{13-36}$$

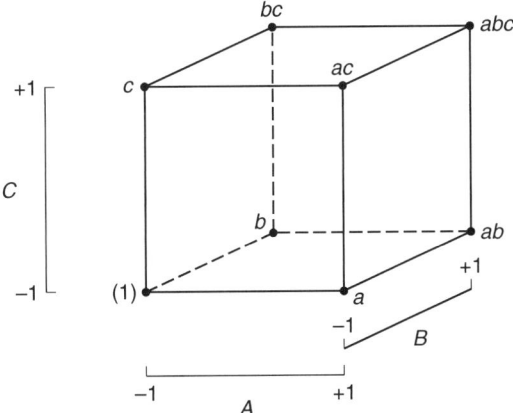

Figura 13-18 O planejamento 2^3.

De modo análogo, o efeito de B é a diferença das médias das quatro combinações de tratamento na face posterior do cubo e as quatro na face anterior, ou

$$B = \frac{1}{4n}\left[b + ab + bc + abc - a - c - ac - (1)\right], \tag{13-37}$$

e o efeito de C é a diferença entre as médias das quatro combinações de tratamento na face superior e as quatro na face inferior, ou

$$C = \frac{1}{4n}\left[c + ac + bc + abc - a - b - ab - (1)\right]. \tag{13-38}$$

Considere, agora, a interação de dois fatores AB. Quando C está em seu nível baixo, AB é exatamente a diferença média no efeito de A nos dois níveis de B, ou

$$AB(C \text{ baixo}) = \frac{1}{2n}[ab - b] - \frac{1}{2n}[a - (1)].$$

Analogamente, quando C está em seu nível alto a interação AB é

$$AB(C \text{ alto}) = \frac{1}{2n}[abc - bc] - \frac{1}{2n}[ac - c].$$

A interação AB é exatamente a média desses dois componentes, ou

$$AB = \frac{1}{4n}\left[ab + (1) + abc + c - b - a - bc - ac\right]. \tag{13-39}$$

Com abordagem semelhante, podemos mostrar que as estimativas dos efeitos das interações AC e BC são:

$$AC = \frac{1}{4n}\left[ac + (1) + abc + b - a - c - ab - bc\right], \tag{13-40}$$

$$BC = \frac{1}{4n}\left[bc + (1) + abc + a - b - c - ab - ac\right]. \tag{13-41}$$

O efeito da interação ABC é a diferença média entre a interação AB nos dois níveis de C. Assim,

$$\begin{aligned} ABC &= \frac{1}{4n}\left\{[abc - bc] - [ac - c] - [ab - b] + [a - (1)]\right\} \\ &= \frac{1}{4n}\left[abc - bc - ac + c - ab + b + a - (1)\right]. \end{aligned} \tag{13-42}$$

As quantidades entre colchetes nas Equações 13-36 a 13-42 são contrastes nas oito combinações de tratamento. Esses contrastes podem ser obtidos de uma tabela de sinais mais e menos para o planejamento 2^3, mostrada na Tabela 13-16. Os sinais para os efeitos principais (colunas A, B e C) são obtidos pela associação de um sinal mais ao nível alto e de um sinal menos ao nível baixo. Uma vez estabelecidos os sinais para os efeitos principais, encontram-se os sinais para as colunas restantes pela multiplicação das colunas precedentes apropriadas, linha a linha. Por exemplo, os sinais na coluna AB são os produtos dos sinais nas colunas A e B.

A Tabela 13-16 tem várias propriedades interessantes.

1. Exceto pela coluna da identidade I, cada coluna tem um número igual de sinais mais e menos.
2. A soma dos produtos de sinais em quaisquer duas colunas é zero; isto é, as colunas na tabela são *ortogonais*.
3. A multiplicação de qualquer coluna pela coluna I deixa a coluna inalterada; isto é, I é um *elemento identidade*.
4. O produto de quaisquer duas colunas resulta em uma coluna da tabela; por exemplo, $A \times B = AB$ e $AB \times ABC = A^2B^2C = C$, uma vez que qualquer coluna multiplicada por si mesma é a coluna identidade.

Tabela 13-16 Sinais dos Efeitos no Planejamento 2^3

Combinações de Tratamentos	Efeito Fatorial							
	I	A	B	AB	C	AC	BC	ABC
(1)	+	−	−	+	−	+	+	−
a	+	+	−	−	−	−	+	+
b	+	−	+	−	−	+	−	+
ab	+	+	+	+	−	−	−	−
c	+	−	−	+	+	−	−	+
ac	+	+	−	−	+	+	−	−
bc	+	−	+	−	+	−	+	−
abc	+	+	+	+	+	+	+	+

A estimativa de qualquer efeito principal ou interação é determinada pela multiplicação das combinações de tratamento na primeira coluna da tabela pelos sinais da coluna correspondente ao efeito ou interação, seguida da soma desses resultados para produzir um contraste e dividindo-se o contraste pela metade do número total de rodadas no experimento. Expresso matematicamente,

$$\text{Efeito} = \frac{\text{Contraste}}{n2^{k-1}}. \tag{13-43}$$

A soma de quadrados para qualquer efeito é

$$SQ = \frac{(\text{Contraste})^2}{n2^k}. \tag{13-44}$$

Exemplo 13-7

Considere o experimento da aspereza da superfície descrito originalmente no Exemplo 13-5. Esse é um planejamento fatorial 2^3 nos fatores taxa de alimentação (A), profundidade do corte (B) e ângulo da ferramenta (C), com $n = 2$ replicações. A Tabela 13-17 apresenta os dados observados da aspereza da superfície.

Os efeitos principais podem ser estimados com o uso das Equações 13-36 a 13-42. O efeito de A é, por exemplo,

$$A = \frac{1}{4n}[a + ab + ac + abc - b - c - bc - (1)]$$
$$= \frac{1}{4(2)}[22 + 27 + 23 + 30 - 20 - 21 - 18 - 16]$$
$$= \frac{1}{8}[27] = 3{,}375,$$

e a soma de quadrados para A é encontrada usando-se a Equação 13-44:

$$SQ_A = \frac{(\text{Contraste}_A)^2}{n2^k}$$
$$= \frac{(27)^2}{2(8)} = 45{,}5625.$$

É fácil verificar que os outros efeitos são

$$B = 1{,}625,$$

$$C = 0{,}875,$$

$$AB = 1{,}375,$$

$$AC = 0{,}125,$$

$$BC = -0{,}625,$$

$$ABC = 1{,}125.$$

Pelo exame da magnitude dos efeitos, a taxa de alimentação (fator A) é claramente dominante, seguida pela profundidade do corte (B) e pela interação AB, embora o efeito da interação seja relativamente pequeno. A análise de variância está resumida na Tabela 13-18, e confirma nossa interpretação das estimativas dos efeitos.

Outros Métodos para o Julgamento da Significância dos Efeitos A análise de variância é uma maneira formal de determinar quais efeitos são não nulos. Há outros dois métodos que são úteis. No primeiro método, podemos calcular os erros-padrão dos efeitos e comparar a magnitude dos efeitos com seus erros-padrão. O segundo método usa os gráficos de probabilidade normal para avaliar a importância dos efeitos.

O erro-padrão de um efeito é fácil de ser encontrado. Se admitimos que há n replicações em cada uma das 2^k rodadas do planejamento e se $y_{i1}, y_{i2}, \ldots, y_{in}$ são as observações na i-ésima rodada (ponto do planejamento), então

$$S_i^2 = \frac{1}{n-1} \sum_{j=1}^{n} (y_{ij} - \bar{y}_i)^2, \qquad i = 1, 2, \ldots, 2^k,$$

é uma estimativa da variância na i-ésima rodada, onde $\bar{y}_i = \sum_{j=1}^{n} y_{ij}/n$ é a média amostral das n observações. As 2^k estimativas da variância podem ser combinadas para se obter uma estimativa global da variância

$$S^2 = \frac{1}{2^k(n-1)} \sum_{i=1}^{2^k} \sum_{j=1}^{n} (y_{ij} - \bar{y}_i)^2, \tag{13-45}$$

onde, obviamente, pressupomos variâncias iguais para cada ponto do planejamento. Essa é, também, a estimativa da variância dada pela média quadrática do erro do procedimento da análise de variância. Cada estimativa de efeito tem variância dada por

$$V(\text{Efeito}) = V\left[\frac{\text{Contraste}}{n2^{k-1}}\right]$$

$$= \frac{1}{\left(n2^{k-1}\right)^2} V(\text{Contraste}).$$

Cada contraste é uma combinação linear dos 2^k totais de tratamento, e cada total consiste em n observações. Portanto,

$$V(\text{Contraste}) = n2^k \sigma^2$$

Tabela 13-17 Dados da Aspereza da Superfície para o Exemplo 13-7

Combinações de Tratamentos	Fatores do Planejamento			Aspereza	Totais de Superfície
	A	B	C		
(1)	−1	−1	−1	9, 7	16
a	1	−1	−1	10, 12	22
b	−1	1	−1	9, 11	20
ab	1	1	−1	12, 5	27
c	−1	−1	1	11, 10	21
ac	1	−1	1	10, 13	23
bc	−1	1	1	10, 8	18
abc	1	1	1	16, 14	30

Tabela 13-18 Análise de Variância para o Experimento do Acabamento da Superfície

Fonte de Variação	Soma de Quadrados	Graus de Liberdade	Média Quadrática	F_0
A	45,5625	1	45,5625	18,69
B	10,5625	1	10,5625	4,33
C	3,0625	1	3,0625	1,26
AB	7,5625	1	7,5625	3,10
AC	0,0625	1	0,0625	0,03
BC	1,5625	1	1,5625	0,64
ABC	5,0625	1	5,0625	2,08
Erro	19,5000	8	2,4375	
Total	92,9375	15		

e a variância de um efeito é

$$V(\text{Efeito}) = \frac{1}{\left(n2^{k-1}\right)^2} n2^k \sigma^2$$
$$= \frac{1}{n2^{k-2}} \sigma^2. \tag{13-46}$$

O erro-padrão estimado de um efeito seria encontrado substituindo-se σ^2 por sua estimativa S^2 e tomando-se a raiz quadrada da Equação 13-46.

Para ilustrar, em relação ao experimento da aspereza da superfície, vemos que $S^2 = 2,4375$, e o erro-padrão de cada efeito estimado é

$$e.p.(\text{Efeito}) = \sqrt{\frac{1}{n2^{k-2}} S^2}$$
$$= \sqrt{\frac{1}{2 \cdot 2^{3-2}} (2,4375)}$$
$$= 0,78.$$

Portanto, os limites de dois desvios-padrão para as estimativas dos efeitos são

$$A: \; 3,375 \pm 1,56,$$
$$B: \; 1,625 \pm 1,56,$$
$$C: \; 0,875 \pm 1,56,$$
$$AB: \; 1,375 \pm 1,56,$$
$$AC: \; 0,125 \pm 1,56,$$
$$BC: \; -0,625 \pm 1,56,$$
$$ABC: \; 1,125 \pm 1,56.$$

Esses intervalos são aproximadamente intervalos de confiança de 95% de confiança. Eles indicam que os dois efeitos principais, A e B, são importantes, mas que os outros efeitos não o são, uma vez que os intervalos para todos os efeitos, exceto para A e B, incluem o zero.

Os gráficos de probabilidade normal podem, também, ser usados para julgar a significância dos efeitos. Ilustraremos esse método na seção seguinte.

Projeção de Planejamentos 2^k Qualquer planejamento 2^k recairá ou se projetará em outro planejamento 2^k com menos variáveis, se um ou mais dos fatores originais for retirado. Algumas vezes, isso pode dar clareza maior em relação aos fatores restantes. Por exemplo, considere o experimento da aspereza da superfície. Como o fator C e todas as suas interações são desprezíveis, poderíamos eliminar o fator C do planejamento. O resultado é fazer o cubo da Fig. 13-18 recair em um quadrado no plano $A - B$ — no entanto, cada uma das quatro rodadas no novo planejamento tem quatro replicações. Em geral, se eliminamos h fatores de modo que permaneçam $r = k - h$ fatores, o planejamento 2^k original com n replicações se projetará em um planejamento 2^r com $n2^h$ replicações.

Análise dos Resíduos Podemos obter os resíduos de um planejamento 2^k usando o método demonstrado antes para o planejamento 2^2. Como um exemplo, considere o experimento da aspereza da superfície. Os três maiores efeitos são A, B e a interação AB. O modelo de regressão usado para a obtenção dos valores preditos é

$$\hat{y} = \hat{\beta}_0 + \hat{\beta}_1 x_1 + \hat{\beta}_2 x_2 + \hat{\beta}_{12} x_1 x_2,$$

onde x_1 representa o fator A, x_2 representa o fator B e $x_1 x_2$ representa a interação AB. Os coeficientes de regressão $\hat{\beta}_1$, $\hat{\beta}_2$ e $\hat{\beta}_{12}$ são estimados pela metade das estimativas dos efeitos correspondentes, e $\hat{\beta}_0$ é a média geral. Assim,

$$\hat{y} = 11{,}0625 + \left(\frac{3{,}375}{2}\right) x_1 + \left(\frac{1{,}625}{2}\right) x_2 + \left(\frac{1{,}375}{2}\right) x_1 x_2,$$

e os valores preditos seriam obtidos pela substituição dos níveis baixo e alto de A e B nessa equação. Para ilustrar, na combinação de tratamento onde A, B e C estão todos no nível baixo, o valor predito é

$$\hat{y} = 11{,}0625 + \left(\frac{3{,}375}{2}\right)(-1) + \left(\frac{1{,}625}{2}\right)(-1) + \left(\frac{1{,}375}{2}\right)(-1)(-1)$$
$$= 9{,}25.$$

Os valores observados nessa rodada são 9 e 7, de modo que os resíduos são $9 - 9{,}25 = -0{,}25$ e $7 - 9{,}25 = -2{,}25$. Os resíduos para as outras sete rodadas são obtidos de maneira análoga.

A Fig. 13-19 mostra um gráfico de probabilidade normal dos resíduos. Como os resíduos se localizam aproximadamente ao longo de uma reta, não suspeitamos de qualquer não-normalidade grave nos dados. Não há indicação de *outliers* extremos. Seria útil, também, plotar os resíduos *versus* os valores preditos e *versus* cada um dos fatores A, B e C.

Algoritmo de Yates para o 2^k No lugar de se usar a tabela de sinais mais e menos para a obtenção dos contrastes para as estimativas dos efeitos e as somas de quadrados, um algoritmo tabular simples, criado por Yates, pode ser empregado. Para usar esse algoritmo construa uma tabela com as combinações de tratamento e os totais de tratamento correspondentes registrados em uma *ordem-padrão*. Por ordem-padrão queremos dizer que os fatores são introduzidos um de cada vez, combinando-o com todos os níveis de fator acima dele. Assim, para um 2^2, a ordem-padrão é (1), a, b, ab, enquanto para um 2^3

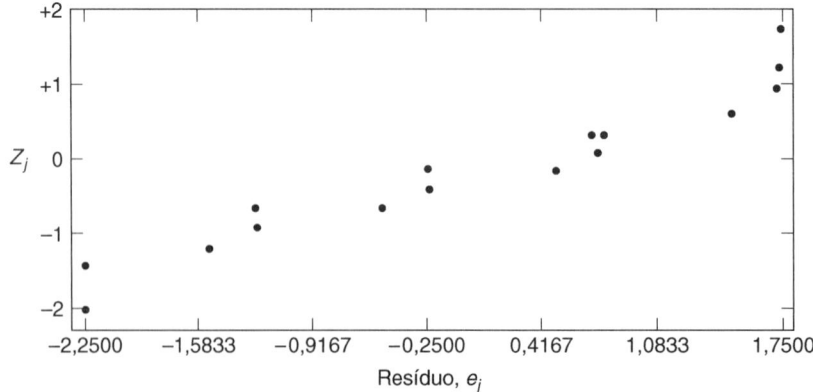

Figura 13-19 Gráfico de probabilidade normal dos resíduos do experimento da aspereza da superfície.

é (1), a, b, ab, c, ac, bc, abc, e para um 2^4 a ordem é (1), a, b, ab, c, ac, bc, abc, d, ad, bd, abd, cd, acd, bcd, $abcd$. Então, siga esse procedimento de quatro passos:

1. Rotule com [1] a coluna adjacente. Calcule as entradas na metade superior dessa coluna, somando as observações em pares adjacentes. Calcule as entradas na metade inferior dessa coluna, mudando o sinal da primeira entrada em cada par de observações originais e somando os pares adjacentes.
2. Rotule com [2] a coluna adjacente. Construa a coluna [2] usando as entradas na coluna [1]. Siga o mesmo procedimento empregado para gerar a coluna [1]. Continue esse processo até que k colunas tenham sido construídas. A coluna k contém os contrastes designados nas linhas.
3. Calcule as somas dos quadrados para os efeitos, elevando ao quadrado as entradas na coluna [k] e dividindo por $n2^k$.
4. Calcule as estimativas dos efeitos, dividindo as entradas na coluna [k] por $n2^{k-1}$.

Exemplo 13-8

Considere o experimento da aspereza da superfície no Exemplo 13-7. Esse é um planejamento 2^3, com $n = 2$ replicações. A Tabela 13-19 ilustra a análise desses dados pelo algoritmo de Yates. Note que as somas de quadrados calculadas pelo algoritmo de Yates concordam com os resultados obtidos no Exemplo 13-7.

13-5.3 Planejamento 2^k com uma Única Replicação

Na medida em que aumenta o número de fatores em um experimento fatorial, aumenta também o número de efeitos que podem ser estimados. Por exemplo, um experimento 2^4 tem 4 efeitos principais, 6 interações de dois fatores, 4 interações de três fatores e uma interação de quatro fatores, enquanto um experimento 2^6 tem seis efeitos principais, 15 interações de dois fatores, 20 interações de três fatores, 15 interações de quatro fatores, 6 interações de cinco fatores e uma interação de seis fatores. Na maioria das situações aplica-se o *princípio da dispersão dos efeitos principais*; isto é, o sistema é usualmente dominado pelos efeitos principais e pelas interações de ordem baixa. Interações de três fatores ou mais são, em geral, desprezíveis. Portanto, quando o número de fatores é moderadamente grande, digamos $k \geq 4$ ou 5, uma prática comum é rodar apenas uma única replicação do planejamento 2^k e, então, combinar as interações de ordem mais alta como uma estimativa do erro.

Exemplo 13-9

Um artigo em *Solid State Technology* ("Orthogonal Design for Process Optimization and its Application in Plasma Etching", maio de 1987, p. 127) descreve a aplicação de planejamentos fatoriais no desenvolvimento de um processo de gravação de nitreto em um gravador de plasma de pastilha única. O processo usa C_2F_6 como gás reagente. É possível variar o fluxo de gás, a potência aplicada no catodo, a pressão na câmara de reação e o espaçamento entre o anodo e o catodo. Diversas variáveis resposta seriam geralmente de interesse nesse processo, mas nesse exemplo vamos nos concentrar na taxa da gravação para o nitreto de silício.

Tabela 13-19 Algoritmo de Yates para o Experimento da Aspereza da Superfície

Combinações de Tratamentos	Resposta	[1]	[2]	[3]	Efeito	Soma de Quadrados $[3]^2/n2^3$	Estimativas dos Efeitos $[3]/n2^2$
(1)	16	38	85	177	Total	—	—
a	22	47	92	27	A	45,5625	3,375
b	20	44	13	13	B	10,5625	1,625
ab	27	48	14	11	AB	7,5625	1,375
c	21	6	9	7	C	3,0625	0,875
ac	23	7	4	1	AC	0,0625	0,125
bc	18	2	1	−5	BC	1,5625	−0,625
abc	30	12	10	9	ABC	5,0625	1,125

Usaremos uma única replicação de um planejamento 2^4 para investigar esse processo. Como é improvável que as interações de três e quatro fatores sejam significantes, vamos planejar experimentalmente combiná-las como uma estimativa de erro. Os níveis do fator usados no planejamento são mostrados a seguir:

	Fator do Planejamento			
	A	B	C	D
	Espaçamento	Pressão	Fluxo de C_2F_6	Potência
Nível	(cm)	(mTorr)	(SCCM)	(w)
Baixo (–)	0,80	450	125	275
Alto (+)	1,20	550	200	325

A Tabela 13-20 apresenta os dados das 16 rodadas do planejamento 2^4. A Tabela 13-21 é a tabela dos sinais mais e menos para o planejamento 2^4. Os sinais nas colunas dessa tabela podem ser usados para estimar os efeitos dos fatores. Para ilustrar, a estimativa do fator A é

$$A = \frac{1}{8}[a + ab + ac + abc + ad + abd + acd + abcd - (1) - b - c - d - bc - bd - cd - bcd]$$
$$= \frac{1}{8}[669 + 650 + 642 + 635 + 749 + 868 + 860 + 729 - 550 - 604 - 633$$
$$- 601 - 1037 - 1052 - 1075 - 1063]$$
$$= -101,625.$$

Assim, o efeito do aumento do espaçamento entre o anodo e o catodo de 0,80 cm para 1,20 cm é a diminuição da taxa de gravação de 101,625 Å/min.

É fácil verificar que o conjunto completo das estimativas dos efeitos é

$$A = -101,625, \qquad D = 306,125,$$
$$B = -1,625, \qquad AD = -153,625,$$
$$AB = -7,875, \qquad BD = -0,625,$$
$$C = 7,375, \qquad ABD = 4,125,$$
$$AC = -24,875, \qquad CD = -2,125,$$

Tabela 13-20 O Planejamento 2^4 para o Experimento da Gravação de Plasma

A	B	C	D	Taxa de Gravação
(Espaçamento)	(Pressão)	(Fluxo de C_2F_6)	(Potência)	(Å/min)
–1	–1	–1	–1	550
1	–1	–1	–1	669
–1	1	–1	–1	604
1	1	–1	–1	650
–1	–1	1	–1	633
1	–1	1	–1	642
–1	1	1	–1	601
1	1	1	–1	635
–1	–1	–1	1	1037
1	–1	–1	1	749
–1	1	–1	1	1052
1	1	–1	1	868
–1	–1	1	1	1075
1	–1	1	1	860
–1	1	1	1	1063
1	1	1	1	729

Tabela 13-21 Constantes de Contraste para o Planejamento 2^4

	A	B	AB	C	AC	BC	ABC	D	AD	BD	ABD	CD	ACD	BCD	ABCD
(1)	−	−	+	−	+	+	−	−	+	+	−	+	−	−	+
a	+	−	−	−	−	+	+	−	−	+	+	+	+	−	−
b	−	+	−	−	+	−	+	−	+	−	+	+	−	+	−
ab	+	+	+	−	−	−	−	−	−	−	−	+	+	+	+
c	−	−	+	+	−	−	+	−	+	+	−	−	+	+	−
ac	+	−	−	+	+	−	−	−	−	+	+	−	−	+	+
bc	−	+	−	+	−	+	−	−	+	−	+	−	+	−	+
abc	+	+	+	+	+	+	+	−	−	−	−	−	−	−	−
d	−	−	+	−	+	+	−	+	−	−	+	−	+	+	−
ad	+	−	−	−	−	+	+	+	+	−	−	−	−	+	+
bd	−	+	−	−	+	−	+	+	−	+	−	−	+	−	+
abd	+	+	+	−	−	−	−	+	+	+	+	−	−	−	−
cd	−	−	+	+	−	−	+	+	−	−	+	+	−	−	+
acd	+	−	−	+	+	−	−	+	+	−	−	+	+	−	−
bcd	−	+	−	+	−	+	−	+	−	+	−	+	−	+	−
abcd	+	+	+	+	+	+	+	+	+	+	+	+	+	+	+

$$BC = -43{,}875, \quad ACD = 5{,}625,$$
$$ABC = -15{,}625, \quad BCD = -25{,}375,$$
$$ABCD = -40{,}125.$$

Um método muito útil no julgamento da significância dos fatores em um experimento 2^k é construir um gráfico de probabilidade normal das estimativas dos efeitos. Se nenhum dos efeitos for significante, então as estimativas se comportarão como uma amostra aleatória extraída de uma distribuição normal com média zero, e os efeitos plotados ficarão aproximadamente ao longo de uma reta. Aqueles efeitos que não se colocarem sobre a reta são fatores significantes.

O gráfico de probabilidade normal das estimativas dos efeitos do experimento de gravação de plasma é mostrado na Fig. 13-20. Claramente, os efeitos principais de A e D e da interação AD são significantes, uma vez que se localizam longe da reta que passa pelos outros pontos. A análise de variância resumida na Tabela 13-22 confirma essas descobertas. Note que na análise de variância combinamos as interações de três e quatro fatores para formar a média quadrática do erro. Se o gráfico de probabilidade normal tivesse indicado que alguma das interações era importante, elas não poderiam ser incluídas no termo erro.

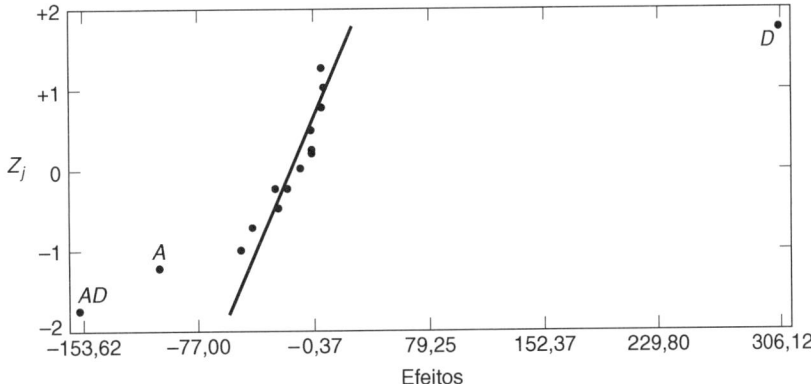

Figura 13-20 Gráfico de probabilidade normal dos efeitos do experimento de gravação de plasma.

Tabela 13-22 Análise de Variância para o Experimento de Gravação de Plasma

Fonte de Variação	Soma de Quadrados	Graus de Liberdade	Média Quadrática	F_0
A	41.310,563	1	41.310,563	20,28
B	10,563	1	10,563	< 1
C	217,563	1	217,563	< 1
D	374.850,063	1	374.850,063	183,99
AB	248,063	1	248,063	< 1
AC	2.475,063	1	2.475,063	1,21
AD	94.402,563	1	99.402,563	48,79
BC	7.700,063	1	7.700,063	3,78
BD	1,563	1	1,563	< 1
CD	18,063	1	18,063	< 1
Erro	10.186,815	5	2.037,363	
Total	531.420,938	15		

Como $A = -101,625$, o efeito do aumento do espaçamento entre o anodo e o catodo é diminuir a taxa de gravação. No entanto, $D = 306,125$, de modo que aplicando níveis mais altos de potência será aumentada a taxa de gravação. A Fig. 13-21 é um gráfico da interação AD. Esse gráfico indica que o efeito da mudança do espaçamento em situação de potência baixa é pequeno, mas o aumento do espaçamento em situação de potência alta reduz drasticamente a taxa de gravação. Obtêm-se altas taxas de gravação em situações de potência alta e espaçamentos pequenos.

Os resíduos do experimento podem ser obtidos pelo modelo de regressão

$$\hat{y} = 776{,}0625 - \left(\frac{101{,}625}{2}\right)x_1 + \left(\frac{306{,}125}{2}\right)x_4 - \left(\frac{153{,}625}{2}\right)x_1 x_4.$$

Por exemplo, quando A e D estão ambos no nível baixo, o valor predito é

$$\hat{y} = 776{,}0625 - \left(\frac{101{,}625}{2}\right)(-1) + \left(\frac{306{,}125}{2}\right)(-1) - \left(\frac{153{,}625}{2}\right)(-1)(-1)$$
$$= 597,$$

e os quatro resíduos nessa combinação de tratamento são

$$e_1 = 550 - 597 = -47,$$
$$e_2 = 604 - 597 = 7,$$

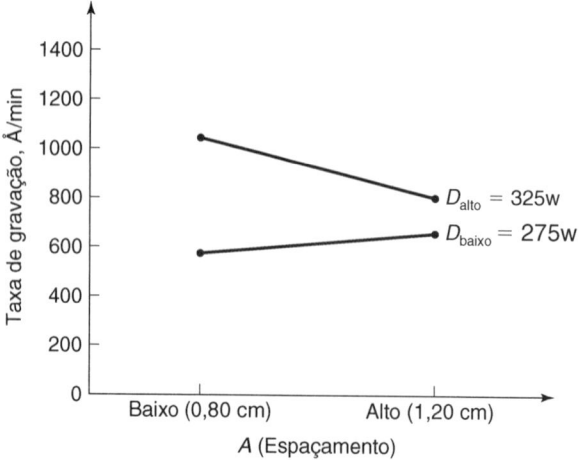

Figura 13-21 Interação AD do experimento de gravação de plasma.

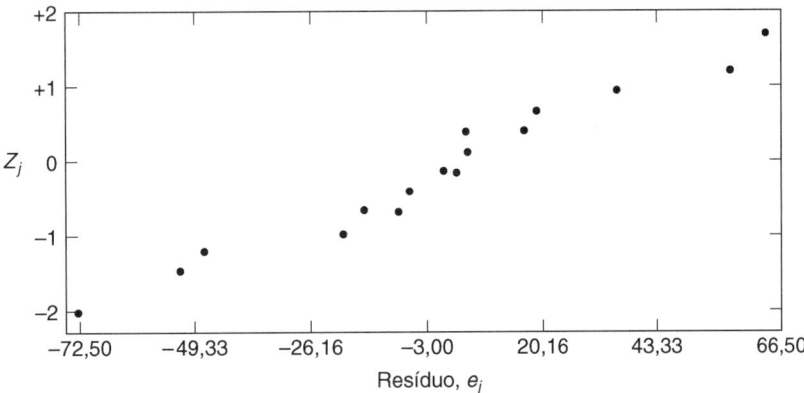

Figura 13-22 Gráfico de probabilidade normal dos resíduos do experimento de gravação de plasma.

$$e_3 = 638 - 597 = 41,$$
$$e_4 = 601 - 597 = 4.$$

Os resíduos nas outras três combinações de tratamento (A alto, D baixo), (A baixo, D alto) e (A alto, D alto) são obtidos de maneira análoga. A Fig. 13-22 mostra um gráfico de probabilidade normal dos resíduos. O gráfico é satisfatório.

13-6 CONFUNDIMENTO NO PLANEJAMENTO 2^k

É, em geral, impossível rodar uma replicação completa de um planejamento fatorial sob condições experimentais homogêneas. O *confundimento* é uma técnica de planejamento para se rodar um experimento fatorial em blocos, onde o tamanho do bloco é menor do que o número de combinações de tratamento em uma replicação completa. A técnica faz com que certos efeitos de interação sejam indistinguíveis de, ou *confundidos com*, blocos. Ilustraremos o confundimento no planejamento fatorial 2^k em 2^p blocos, onde $p < k$.

Considere um planejamento 2^2. Suponha que cada uma das $2^2 = 4$ combinações de tratamento exija quatro horas de análise de laboratório. Assim, são necessários dois dias para realizar o experimento. Se os dias são considerados como blocos, então devemos associar duas das quatro combinações de tratamento a cada dia.

Considere o planejamento mostrado na Fig. 13-23. Note que o bloco 1 contém as combinações de tratamento (1) e ab, e o bloco 2 contém a e b. Os contrastes para a estimação dos efeitos principais A e B são

$$\text{Contraste}_A = ab + a - b - (1),$$
$$\text{Contraste}_B = ab + b - a - (1).$$

Note que esses contrastes não são afetados pelos blocos, uma vez que, em cada contraste, há uma combinação de tratamento com sinal mais e uma com sinal menos de cada bloco. Isto é, qualquer diferença entre o bloco 1 e o bloco 2 será cancelada. O contraste para a interação AB é

$$\text{Contraste}_{AB} = ab + (1) - a - b.$$

Como as duas combinações de tratamento com o sinal mais, ab e (1), estão no bloco 1, e as duas com sinal menos, a e b, estão no bloco 2, o efeito dos blocos e da interação AB são idênticos. Isto é, AB é confundida com os blocos.

A razão para isso é evidente pela tabela de sinais mais e menos para o planejamento 2^2 (Tabela 13-13). Por essa tabela, vemos que todas as combinações de tratamento que têm um sinal mais em AB estão alocadas no bloco 1, enquanto as combinações de tratamento que têm um sinal menos em AB estão alocadas no bloco 2.

Bloco 1	Bloco 2
(1)	a
ab	b

Figura 13-23 O planejamento 2^2 em dois blocos.

Bloco 1	Bloco 2
(1)	a
ab	b
ac	c
bc	abc

Figura 13-24 O planejamento 2^3 em dois blocos, ABC confundido.

Esse esquema pode ser usado para confundir qualquer planejamento 2^k em dois blocos. Como um segundo exemplo, considere um planejamento 2^3 rodado em dois blocos. Suponha que desejemos confundir a interação de três fatores ABC com blocos. Pela tabela de sinais mais e menos para o planejamento 2^3 (Tabela 13-16), alocamos as combinações de tratamento que têm sinal menos em ABC no bloco 1 e aquelas com sinal mais em ABC, no bloco 2. A Fig. 13-24 mostra o planejamento resultante.

Há um método mais geral para a construção de blocos. O método emprega um *contraste definidor*, digamos

$$L = \alpha_1 x_1 + \alpha_2 x_2 + \cdots + \alpha_k x_k, \tag{13-47}$$

onde x_i é o nível do i-ésimo fator que aparece na combinação de tratamento e α_i é o expoente que aparece no i-ésimo fator no efeito a ser confundido. Para o sistema 2^k, temos $\alpha_i = 0$ ou 1 e/ou $x_i = 0$ (nível baixo) ou $x_i = 1$ (nível alto). As combinações de tratamento que produzem o mesmo valor de L (módulo 2) serão alocadas no mesmo bloco. Como os únicos valores possíveis de L (mod 2) são 0 ou 1, isso alocará as combinações de tratamento em exatamente dois blocos.

Como um exemplo, considere um planejamento 2^3, com ABC confundido com blocos. Aqui, x_1 corresponde a A, x_2 a B, x_3 a C e $\alpha_1 = \alpha_2 = \alpha_3 = 1$. Assim, o contraste definidor para ABC é

$$L = x_1 + x_2 + x_3.$$

Para associar as combinações de tratamento aos dois blocos substituímos as combinações de tratamento no contraste definidor, como segue:

$$(1): L = 1(0) + 1(0) + 1(0) = 0 = 0 \text{ (mod 2)},$$
$$a: L = 1(1) + 1(0) + 1(0) = 1 = 1 \text{ (mod 2)},$$
$$b: L = 1(0) + 1(1) + 1(0) = 1 = 1 \text{ (mod 2)},$$
$$ab: L = 1(1) + 1(1) + 1(0) = 2 = 0 \text{ (mod 2)},$$
$$c: L = 1(0) + 1(0) + 1(1) = 1 = 1 \text{ (mod 2)},$$
$$ac: L = 1(1) + 1(0) + 1(1) = 2 = 0 \text{ (mod 2)},$$
$$bc: L = 1(0) + 1(1) + 1(1) = 2 = 0 \text{ (mod 2)},$$
$$abc: L = 1(1) + 1(1) + 1(1) = 3 = 1 \text{ (mod 2)}.$$

Portanto, (1), ab, ac e bc são rodadas no bloco 1, e a, b, c e abc são rodadas no bloco 2. Esse é o mesmo planejamento mostrado na Fig. 13-24.

Um método abreviado é útil na construção desses planejamentos. O bloco que contém a combinação de tratamento (1) é chamado de *bloco principal*. Qualquer elemento [exceto (1)] no bloco principal pode ser gerado pela multiplicação de dois outros elementos no bloco principal, módulo 2. Por exemplo, considere o bloco principal do planejamento 2^3, com ABC confundido, mostrado na Fig. 13-24. Note que

$$ab \cdot ac = a^2 bc = bc,$$
$$ab \cdot bc = ab^2 c = ac,$$
$$ac \cdot bc = abc^2 = ab.$$

As combinações de tratamento no outro bloco (ou blocos) podem ser geradas pela multiplicação de um elemento no novo bloco por cada um dos elementos no bloco principal, módulo 2. Para o 2^3, com ABC confundido, como o bloco principal é (1), ab, ac e bc, sabemos que b está no outro bloco. Assim, os elementos desse segundo bloco são

$$b \cdot (1) = b,$$
$$b \cdot ab = ab^2 = a,$$
$$b \cdot ac = abc,$$
$$b \cdot bc = b^2 c = c.$$

Exemplo 13-10

Realiza-se um experimento para investigar os efeitos de quatro fatores sobre a distância terminal de tiros perdidos de um míssil terra-ar de ombro.

Os quatro fatores são tipo do alvo (A), tipo do buscador (B), altura do alvo (C) e amplitude do alvo (D). Cada fator pode ser convenientemente rodado em dois níveis, e o sistema de rastreamento óptico permitirá que as distâncias terminais dos tiros perdidos sejam medidas com aproximação de pés. Duas armas diferentes são usadas no vôo de teste, e como pode haver diferenças entre indivíduos resolveu-se rodar o planejamento 2^4 em dois blocos, com $ABCD$ confundido. Assim, o contraste definidor é

$$L = x_1 + x_2 + x_3 + x_4.$$

O planejamento experimental e os dados resultantes são

Bloco 1	Bloco 2
(1) = 3	a = 7
ab = 7	b = 5
ac = 6	c = 6
bc = 8	d = 4
ad = 10	abc = 6
bd = 4	bcd = 7
cd = 8	acd = 9
abcd = 9	abd = 12

A Tabela 13-23 mostra a análise do planejamento pelo algoritmo de Yates. Um gráfico de probabilidade normal dos efeitos mostraria que A (tipo do alvo), D (amplitude do alvo) e AD têm grandes efeitos. Uma análise de variância que confirma esses resultados, usando as interações de três fatores como erro, é mostrada na Tabela 13-24.

Tabela 13-23 Algoritmo de Yates para o Planejamento 2^4 do Exemplo 13-10

Combinações de Tratamentos	Resposta	[1]	[2]	[3]	[4]	Efeito	Soma de Quadrados	Estimativas dos Efeitos
(1)	3	10	22	48	111	Total	—	—
a	7	12	26	63	21	A	27,5625	2,625
b	5	12	30	4	5	B	1,5625	0,625
ab	7	14	33	17	−1	AB	0,0625	−0,125
c	6	14	6	4	7	C	3,0625	0,875
ac	6	16	−2	1	−19	AC	22,5625	−2,375
bc	8	17	14	−4	−3	BC	0,5625	−0,375
abc	6	16	3	3	−1	ABC	0,0625	−0,125
d	4	4	2	4	15	D	14,0625	1,375
ad	10	2	2	3	13	AD	10,5625	1,625
bd	4	0	2	−8	−3	BD	0,5625	−0,375
abd	12	−2	−1	−11	7	ABD	3,0625	0,875
cd	8	6	−2	0	−1	CD	0,0625	−0,125
acd	9	8	−2	−3	−3	ACD	0,5625	−0,375
bcd	7	1	2	0	−3	BCD	0,5625	−0,375
abcd	9	2	1	−1	−1	ABCD	0,0625	−0,125

Tabela 13-24 Análise de Variância para o Exemplo 13-10

Fonte de Variação	Soma de Quadrados	Graus de Liberdade	Média Quadrática	F_0
Blocos (ABCD)	0,0625	1	0,0625	0,06
A	27,5625	1	27,5625	25,94
B	1,5625	1	1,5625	1,47
C	3,0625	1	3,0625	2,88
D	14,0625	1	14,0625	13,24
AB	0,0625	1	0,0625	0,06
AC	22,5625	1	22,5625	21,24
AD	10,5625	1	10,5625	9,94
BC	0,5625	1	0,5625	0,53
BD	0,5625	1	0,5625	0,53
CD	0,0625	1	0,0625	0,06
Erro (ABC + ABD + ACD + BCD)	4,2500	4	1,0625	
Total	84,9375	15		

É possível confundir o planejamento 2^k em quatro blocos de 2^{k-2} observações cada. Para a construção do planejamento, escolhem-se dois efeitos para serem confundidos com blocos e obtêm-se seus contrastes definidores. Um terceiro efeito, a interação generalizada dos dois escolhidos inicialmente, é também confundido com blocos. A interação generalizada dos dois efeitos é encontrada pela multiplicação de suas respectivas colunas.

Por exemplo, considere o planejamento 2^4 em quatro blocos. Se AC e BD são confundidos com blocos, sua interação generalizada é (AC)(BD) = ABCD. Constrói-se o planejamento usando-se os contrastes definidores para AC e BD:

$$L_1 = x_1 + x_3,$$
$$L_2 = x_3 + x_4.$$

É fácil verificar que os quatro blocos são

Bloco 1 $L_1 = 0, L_2 = 0$	Bloco 2 $L_1 = 1, L_2 = 0$	Bloco 3 $L_1 = 0, L_2 = 1$	Bloco 4 $L_1 = 1, L_2 = 1$
(1)	a	b	ab
ac	c	abc	bc
bd	abd	d	ad
abcd	bcd	acd	cd

Esse procedimento geral pode ser estendido para o confundimento do planejamento 2^k em 2^p blocos, onde $p < k$. Selecione p efeitos a serem confundidos, tais que nenhum efeito escolhido seja uma interação generalizada dos outros. Os blocos podem ser construídos a partir dos p contrastes definidores $L_1, L_2, ..., L_p$, associados a esses efeitos. Além disso, exatamente $2^p - p - 1$ outros efeitos são confundidos com blocos, que são interações generalizadas dos p efeitos escolhidos originalmente. Deve-se tomar cuidado para não confundir efeitos de interesse potencial.

Para mais informação sobre confundimento, consulte Montgomery (2001, Capítulo 7), obra que contém diretrizes para a seleção de fatores a serem confundidos com blocos de modo que os efeitos principais e das interações de ordem inferior não sejam confundidos. Em particular, o livro contém uma tabela de esquemas de confundimento sugeridos para planejamentos de até sete fatores e uma amplitude de tamanhos de blocos, alguns de até duas rodadas.

13-7 REPLICAÇÃO FRACIONADA DO PLANEJAMENTO 2^k

Na medida em que aumenta o número de fatores em um 2^k, o número de rodadas necessárias aumenta rapidamente. Por exemplo, um 2^5 requer 32 rodadas. Nesse planejamento, apenas 5 graus de liberdade correspondem aos efeitos principais e 10 graus de liberdade correspondem às interações de dois fatores. Se pudermos supor que certas interações de ordem superior são desprezíveis, então pode-se usar um planejamento fatorial fracionado que envolva menos do que o conjunto completo das 2^k rodadas para se obter informação sobre os efeitos principais e as interações de ordem inferior. Nesta seção, introduziremos a replicação fracionada do planejamento 2^k. Para um tratamento mais completo, veja Montgomery (2001, Capítulo 8).

13-7.1 A Fração Um Meio do Experimento 2^k

Uma fração um meio do planejamento 2^k contém 2^{k-1} rodadas e é chamada, em geral, de planejamento fatorial fracionado 2^{k-1}. Como um exemplo, considere o planejamento 2^{3-1}, isto é, a fração um meio do 2^3. A tabela de sinais mais e menos para o planejamento 2^3 é exibida na Tabela 13-25. Suponha que selecionemos as quatro combinações de tratamento a, b, c e abc como nossa fração um meio. Essas combinações de tratamento estão mostradas no topo da Tabela 13-25. Usaremos tanto a notação convencional (a, b, c, ...) quanto a notação de sinais mais e menos para as combinações de tratamento. A equivalência entre as duas notações é a seguinte:

Notação 1	Notação 2
a	+ − −
b	− + −
c	− − +
abc	+ + +

Note que o planejamento 2^{3-1} é formado apenas pela seleção daquelas combinações de tratamento que resultam em um sinal mais no efeito ABC. Assim, ABC é chamado o *gerador* dessa fração particular. Além disso, o elemento identidade I tem, também, o sinal mais para todas as quatro rodadas, de modo que chamamos

$$I = ABC$$

de relação definidora para o planejamento.

As combinações de tratamento nos planejamentos 2^{3-1} fornecem três graus de liberdade associados aos efeitos principais. Pela Tabela 13-25, obtemos as estimativas dos efeitos principais como

$$A = \frac{1}{2}[a - b - c + abc],$$

$$B = \frac{1}{2}[-a + b - c + abc],$$

$$C = \frac{1}{2}[-a - b + c + abc].$$

É fácil, também, verificar que as estimativas das interações de dois fatores são

$$BC = \frac{1}{2}[a - b - c + abc],$$

$$AC = \frac{1}{2}[-a + b - c + abc],$$

$$AB = \frac{1}{2}[-a - b + c + abc].$$

Assim, a combinação linear das observações na coluna A, digamos ℓ_A, estima $A + BC$. Analogamente, ℓ_B estima $B + AC$ e ℓ_C estima $C + AB$. Dois ou mais efeitos que tenham essa propriedade são chamados de *aliases*. No nosso planejamento 2^{3-1}, A e BC são aliases, B e AC são aliases e C e AB são aliases. A ocorrência desses efeitos é resultado direto da replicação fracionada. Em muitas situações práticas será possível selecionar a fração de modo que os efeitos principais e as interações de ordem inferior de interesse serão aliases com interações de ordem superior (que são, provavelmente, desprezíveis).

Tabela 13-25 Sinais Mais e Menos para o Planejamento Fatorial 2^3

Combinações de Tratamentos	Efeito Fatorial							
	I	A	B	C	AB	AC	BC	ABC
a	+	+	−	−	−	−	+	+
b	+	−	+	−	−	+	−	+
c	+	−	−	+	+	−	−	+
abc	+	+	+	+	+	+	+	+
ab	+	+	+	−	+	−	−	−
ac	+	+	−	+	−	+	−	−
bc	+	−	+	+	−	−	+	−
(1)	+	−	−	−	+	+	+	−

A estrutura de aliases para esse planejamento se encontra na relação definidora $I = ABC$. A multiplicação de qualquer efeito pela relação definidora resulta nos aliases para aquele efeito. Em nosso exemplo, o alias de A

$$A = A \cdot ABC = A^2 BC = BC,$$

uma vez que $A \cdot I = A$ e $A^2 = I$. Os aliases de B e C são

$$B = B \cdot ABC = AB^2 C = AC$$

e

$$C = C \cdot ABC = ABC^2 = AB.$$

Suponha, agora, que tenhamos escolhido a outra fração um meio, isto é, as combinações de tratamento da Tabela 13-25 associadas a um sinal menos em ABC. A relação definidora para esse planejamento é $I = -ABC$. Os aliases são $A = -BC$, $B = -AC$ e $C = -AB$. Assim, as estimativas de A, B e C com essa fração realmente estimam $A - BC$, $B - AC$ e $C - AB$. Na prática, em geral não importa qual fração selecionamos. A fração com o sinal mais na relação definidora é, em geral, chamada de *fração principal* e a outra é, em geral, chamada de *fração alternada*.

Algumas vezes usamos *seqüências* de planejamentos fatoriais fracionais para estimar os efeitos. Por exemplo, suponha que tenhamos rodado a fração principal do planejamento 2^{3-1}. Desse planejamento, temos as seguintes estimativas de efeitos:

$$\ell_A = A + BC,$$
$$\ell_B = B + AC,$$
$$\ell_C = C + AB.$$

Suponha que desejemos admitir que as interações de dois fatores sejam desprezíveis. Se o são, então o planejamento 2^{3-1} produziu estimativas dos três efeitos principais, A, B e C. No entanto, se depois de rodar a fração principal estivermos inseguros sobre as interações, é possível estimá-las rodando a fração *alternada*. Essa fração produz as seguintes estimativas de efeitos:

$$\ell'_A = A - BC,$$
$$\ell'_B = B - AC,$$
$$\ell'_C = C - AC.$$

Se combinarmos as estimativas das duas frações, obteremos o seguinte:

Efeito i	A partir de $\frac{1}{2}(\ell_i + \ell'_i)$	A partir de $\frac{1}{2}(\ell_i - \ell'_i)$
$i = A$	$\frac{1}{2}(A + BC + A - BC) = A$	$\frac{1}{2}[A + BC - (A - BC)] = BC$
$i = B$	$\frac{1}{2}(B + AC + B - AC) = B$	$\frac{1}{2}[B + AC - (B - AC)] = AC$
$i = C$	$\frac{1}{2}(C + AB + C - AB) = C$	$\frac{1}{2}[C + AB - (C - AB)] = AB$

Assim, combinando uma seqüência de dois planejamentos fatoriais fracionais podemos isolar tanto os efeitos principais quanto as interações de dois fatores. Essa propriedade torna o planejamento fatorial fracionado altamente útil em problemas experimentais, uma vez que podemos rodar seqüências de experimentos pequenos, eficientes, combinar as informações ao longo de *vários* experimentos e tirar proveito do fato de aprendermos sobre o processo que estamos experimentando enquanto prosseguimos.

Um planejamento 2^{k-1} pode ser construído escrevendo-se as combinações de tratamento para um fatorial completo com $k - 1$ fatores e somando-se, então, o k-ésimo fator pela identificação de seus níveis alto e baixo com os sinais mais e menos da interação de maior ordem $\pm ABC \ldots (K - 1)$. Portanto, obtém-se um fatorial fracionado 2^{3-1} escrevendo-se o fatorial 2^2 completo e igualando-se, então, o fator C à interação $\pm AB$. Assim, para obter a fração principal usaríamos $C = +AB$ como segue:

2^2 Completo		$2^{3-1}, I = +ABC$		
A	B	A	B	C = AB
−	−	−	−	+
+	−	+	−	−
−	+	−	+	−
+	+	+	+	+

Para obter a fração alternada, igualaríamos a última coluna a $C = -AB$.

Exemplo 13-11

Para ilustrar o uso da fração um meio, considere o experimento de gravação descrito no Exemplo 13-9. Suponha que decidamos usar um planejamento 2^{4-1} com $I = ABCD$ para investigar os quatro fatores – espaçamento (A), pressão (B), taxa de fluxo (C) e potência (D). Esse planejamento seria construído escrevendo-se um 2^3 nos fatores A, B e C e fazendo-se $D = ABC$. O planejamento e as taxas de gravação resultantes estão na Tabela 13-26.

Nesse planejamento, os efeitos principais se tornam aliases das interações de três fatores; note que o alias de A é

$$A \cdot I = A \cdot ABCD,$$
$$= A^2BCD,$$
$$= BCD,$$

e, analogamente,

$$B = ACD,$$
$$C = ABD,$$
$$D = ABC.$$

As interações de dois fatores são aliases entre si. Por exemplo, o alias de AB é CD:

$$AB \cdot I = AB \cdot ABCD,$$
$$= A^2B^2CD,$$
$$= CD.$$

Tabela 13-26 Planejamento 2^{4-1} com Relação Definidora $I = ABCD$

A	B	C	D = ABC	Combinações de Tratamentos	Taxa de Gravação
−	−	−	−	(1)	550
+	−	−	+	ad	749
−	+	−	+	bd	1052
+	+	−	−	ab	650
−	−	+	+	cd	1075
+	−	+	−	ac	642
−	+	+	−	bc	601
+	+	+	+	abcd	729

Os outros aliases são

$$AC = BD,$$
$$AD = BC.$$

As estimativas dos efeitos principais e seus aliases são encontrados usando-se as quatro colunas de sinais na Tabela 13-26. Por exemplo, pela coluna A obtemos

$$\ell_A = A + BCD = \tfrac{1}{4}(-550 + 749 - 1052 + 650 - 1075 + 642 - 601 + 729)$$
$$= -127,00.$$

As outras colunas nos dão

$$\ell_B = B + ACD = 4,00,$$
$$\ell_C = C + ABD = 11,50,$$

e

$$\ell_D = D + ABC = 290,50.$$

Claramente, ℓ_A e ℓ_D são grandes, e se acreditamos que as interações de três fatores sejam desprezíveis então os efeitos principais A (espaçamento) e D (potência) afetam significantemente a taxa de gravação.

As interações são estimadas formando-se as colunas AB, AC e AD e acrescentando-as à tabela. Os sinais na coluna AB são $+,-,-,+,+,-,-,+$, e essa coluna produz a estimativa

$$\ell_{AB} = AB + CD = \tfrac{1}{4}(550 - 749 - 1052 + 650 + 1075 - 642 - 601 + 729)$$
$$= -10,00.$$

Pelas colunas AC e AD encontramos

$$\ell_{AC} = AC + BD = -25,50,$$
$$\ell_{AD} = AD + BC = -197,50.$$

A estimativa ℓ_{AD} é grande; a interpretação mais direta dos resultados é a de que essa é a interação AD. Assim, os resultados obtidos pelo planejamento 2^{4-1} concordam com os resultados do fatorial completo no Exemplo 13-9.

***

Gráficos de Probabilidade Normal e Resíduos O gráfico de probabilidade normal é muito útil na avaliação da significância dos efeitos de um fatorial fracionado. Isso é particularmente verdade quando há muitos efeitos a serem estimados. Os resíduos podem ser obtidos de um fatorial fracionado pelo método do modelo de regressão mostrado anteriormente. Esses resíduos devem ser plotados *versus* os valores preditos, *versus* os níveis dos fatores e em papel de probabilidade normal, conforme discutimos antes, tanto para avaliar as hipóteses subjacentes ao modelo quanto para ganhar mais clareza sobre a situação experimental.

Projeção de um Planejamento 2^{k-1} Se um ou mais fatores de uma fração um meio de um 2^k pode ser retirado, o planejamento se projetará em um planejamento fatorial completo. Por exemplo, a Fig. 13-25 apresenta um planejamento 2^{3-1}. Note que esse planejamento se projetará em um fatorial completo em quaisquer dois dos três fatores originais. Assim, se considerarmos que no máximo dois dos três fatores são importantes, o planejamento 2^{3-1} é um planejamento excelente para a identificação de fatores significantes. Algumas vezes, os experimentos que servem para identificar um número relativamente pequeno de fatores significantes em um conjunto maior de fatores são chamados de *experimentos de varredura*. Essa propriedade de projeção é altamente útil na varredura de fatores, uma vez que permite que sejam eliminados os fatores que podem ser desprezados, resultando em um experimento mais forte nos fatores ativos que permanecem.

No planejamento 2^{4-1} usado no experimento de gravação de plasma do Exemplo 13-11, vimos que dois dos quatro fatores (B e C) podiam ser eliminados. Se eliminamos esses fatores, as colunas restantes na Tabela 13-26 formam um planejamento 2^2 nos fatores A e D, com duas replicações. Esse planejamento é mostrado na Fig. 13-26.

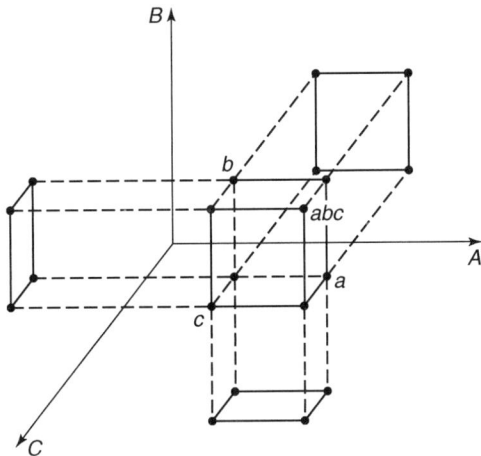

Figura 13-25 Projeção de um planejamento 2^{3-1} em três planejamentos 2^2.

Resolução do Planejamento O conceito de resolução do planejamento é uma ferramenta útil para a catalogação de planejamentos fatoriais fracionais de acordo com os padrões de aliases que produzem. Os planejamentos de resoluções III, IV e V são particularmente importantes. Seguem as definições desses termos e um exemplo de cada:

1. *Planejamentos de Resolução III.* São planejamentos nos quais nenhum dos efeitos principais tem por alias outro efeito principal, mas os efeitos principais têm aliases nas interações de dois fatores, e estas podem ser aliases umas das outras. O planejamento 2^{3-1} com $I = ABC$ é de resolução III. Usualmente, empregamos um numeral romano como subscrito para indicar a resolução do planejamento; assim, a fração um meio é um planejamento 2_{III}^{3-1}.
2. *Planejamentos de Resolução IV.* São planejamentos nos quais nenhum efeito principal é alias de outro efeito principal ou interação de dois fatores, mas as interações de dois fatores são aliases umas das outras. O planejamento 2^{4-1} com $I = ABCD$ usado no Exemplo 13-11 é de resolução IV (2_{IV}^{4-1}).
3. *Planejamentos de Resolução V.* São planejamentos nos quais nenhum efeito principal ou interação de dois fatores é alias de qualquer outro efeito principal ou interação de dois fatores, mas as interações de dois fatores são aliases das interações de três fatores. Um planejamento 2^{5-1} com $I = ABCDE$ é de resolução V (2_{V}^{5-1}).

Os planejamentos de resoluções III e IV são particularmente úteis nos experimentos de varredura de fatores. Um planejamento de resolução IV fornece informação muito boa sobre os efeitos principais, e fornecerá alguma informação sobre as interações de dois fatores.

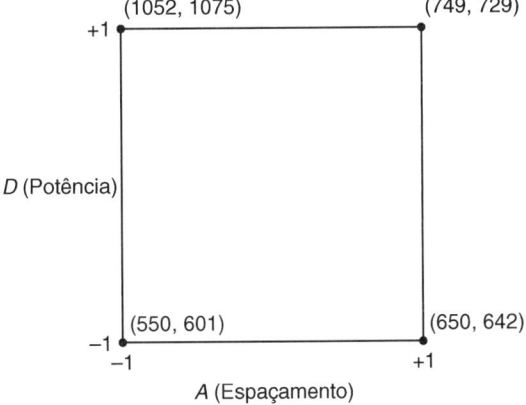

Figura 13-26 O planejamento 2^2 obtido pela retirada dos fatores B e C do experimento de gravação de plasma.

13-7.2 Frações Menores: O Fatorial Fracionado 2^{k-p}

Embora o planejamento 2^{k-1} seja valioso na redução do número de rodadas necessárias para um experimento, vemos freqüentemente que frações menores fornecem informação quase tão útil e com economia maior. Em geral, um planejamento 2^k pode ser rodado em uma fração $1/2^p$ chamada de planejamento fatorial fracionado 2^{k-p}. Assim, uma fração $1/4$ é chamada de planejamento fatorial fracionado 2^{k-2}, uma fração $1/8$ é chamada de planejamento 2^{k-3}, e assim por diante.

Para ilustrar uma fração $1/4$, considere um experimento com seis fatores e suponha que o engenheiro esteja interessado primeiramente nos efeitos principais, mas que gostaria também de obter alguma informação sobre as interações de dois fatores. Um planejamento 2^{6-1} exigiria 32 rodadas e teria 31 graus de liberdade para a estimação dos efeitos. Como há apenas seis efeitos principais e 15 interações de dois fatores, a fração um meio é ineficaz — ela exige muitas rodadas. Suponha que consideremos a fração $1/4$ ou um planejamento 2^{6-2}. Esse planejamento contém 16 rodadas e, com 15 graus de liberdade, nos permitirá a estimação de todos os seis efeitos principais, com alguma capacidade para examinar as interações de dois fatores. Para gerar esse planejamento escrevemos um planejamento 2^4 nos fatores A, B, C e D, e acrescentamos duas colunas para E e F. Para encontrar as novas colunas selecionamos dois *geradores de planejamento* $I = ABCE$ e $I = ACDF$. Assim, a coluna E é encontrada por $E = ABC$ e a coluna F, por $F = ACD$, e também as colunas $ABCE$ e $ACDF$ são iguais à coluna identidade. No entanto, sabemos que o produto de quaisquer duas colunas na tabela de sinais mais e menos para um 2^k é exatamente uma outra coluna na tabela; assim, o produto de $ABCE$ e $ACDF$ ou $ABCE$ $(ACDF) = A^2BC^2DEF = BDEF$ é, também, uma coluna identidade. Conseqüentemente, a *relação definidora completa* para o planejamento 2^{6-2} é

$$I = ABCE = ACDF = BDEF.$$

Para encontrar o alias de qualquer efeito, simplesmente multiplique o efeito por cada *palavra* na relação definidora que se segue. A estrutura de aliases completa é

$$A = BCE = CDF = ABDEF,$$
$$B = ACE = DEF = ABCDF,$$
$$C = ABE = ADF = BCDEF,$$
$$D = ACF = BEF = ABCDE,$$
$$E = ABC = BDF = ACDEF,$$
$$F = ACD = BDE = ABCEF,$$
$$AB = CE = BCDF = ADEF,$$
$$AC = BE = DF = ABCDEF,$$
$$AD = CF = BCDE = ABEF,$$
$$AE = BC = CDEF = ABDF,$$
$$AF = CD = BCEF = ABDE,$$
$$BD = EF = ACDE = ABCF,$$
$$BF = DE = ABCD = ACEF$$
$$ABF = CEF = BCD = ADE,$$
$$CDE = ABD = AEF = CBF.$$

Note que esse é um planejamento de resolução IV; os efeitos principais são aliases das interações de três fatores e maiores, e as interações de dois fatores são aliases umas das outras. Esse planejamento fornecerá informação muito boa sobre os efeitos principais e dará alguma idéia sobre a força das interações de dois fatores. Por exemplo, se a interação AD parece ser significante, então AD e/ou CF são significantes. Se A e/ou D são efeitos principais significantes, mas C e F não o são, o experimentador

Tabela 13-27 Construção do Planejamento 2^{6-2} com Geradores $I = ABCE$ e $I = ACDF$

A	B	C	D	E = ABC	F = ACD	
−	−	−	−	−	−	(1)
+	−	−	−	+	+	aef
−	+	−	−	+	−	be
+	+	−	−	−	+	abf
−	−	+	−	+	+	cef
+	−	+	−	−	−	ac
−	+	+	−	−	+	bcf
+	+	+	−	+	−	abce
−	−	−	+	−	+	df
+	−	−	+	+	−	ade
−	+	−	+	+	+	bdef
+	+	−	+	−	−	abd
−	−	+	+	+	−	cde
+	−	+	+	−	+	acdf
−	+	+	+	−	−	bcd
+	+	+	+	+	+	abcdef

pode, razoavelmente, atribuir a significância à interação *AD*. A Tabela 13-27 mostra a construção do planejamento.

Os mesmos princípios se aplicam para se obterem frações ainda menores. Suponha que desejemos investigar sete fatores em 16 rodadas. Isso é um planejamento 2^{7-3} (uma fração 1/8). Esse planejamento é construído escrevendo-se um planejamento 2^4 nos fatores *A*, *B*, *C* e *D* e somando-se, então, três novas colunas. Escolhas razoáveis para os três geradores exigem que $I = ABCE$, $I = BCDF$ e $I = ACDG$. Portanto, as novas colunas são formadas fazendo-se $E = ABC$, $F = BCD$ e $G = ACD$. A relação definidora completa se encontra pela multiplicação dos geradores, dois de cada vez e, depois, três de cada vez, o que resulta em

$$I = ABCE = BCDF = ACDG = ADEF = BDEG = ABFG = CEFG.$$

Note que todo efeito principal nesse planejamento será alias de interações de três fatores e mais altas, e que as interações de dois fatores serão aliases umas das outras. Assim, esse é um planejamento de resolução IV.

Para sete fatores, podemos reduzir o número de rodadas ainda mais. O planejamento 2^{7-4} é um experimento de oito rodadas que acomoda sete variáveis. Isso é uma fração 1/16 e é obtido escrevendo-se primeiro um planejamento 2^3 nos fatores *A*, *B* e *C*, e formando-se, então, quatro novas colunas, a partir de $I = ABD$, $I = ACE$, $I = BCF$ e $I = ABCG$. A Tabela 13-28 mostra o planejamento.

Tabela 13-28 Um Planejamento Fatorial Fracionado 2_{III}^{7-4}

A	B	C	D(= AB)	E(= AC)	F(= BC)	G(= ABC)
−	−	−	+	+	+	−
+	−	−	−	−	+	+
−	+	−	−	+	−	+
+	+	−	+	−	−	−
−	−	+	+	−	−	+
+	−	+	−	+	−	−
−	+	+	−	−	+	−
+	+	+	+	+	+	+

A relação definidora completa é encontrada pela multiplicação dos geradores dois a dois, três a três e, finalmente, quatro a quatro, o que resulta em

$$I = ABD = ACE = BCF = ABCG = BCDE = ACDF = CDG = ABEF$$
$$= BEG = AFG = DEF = ADEG = CEFG = BDFG = ABCDEFG.$$

O alias de qualquer efeito principal é encontrado multiplicando-se aquele efeito por cada termo na relação definidora. Por exemplo, o alias de A é

$$A = BD = CE = ABCF = BCG = ABCDE = CDF = ACDG$$
$$= BEF = ABEG = FG = ADEF = DEG = ACEFG = ABDFG$$
$$= BCDEFG.$$

Esse planejamento é de resolução III, uma vez que o efeito principal é alias de interações de dois fatores. Se supusermos que todas as interações de três fatores e mais altas são desprezíveis, os aliases dos sete efeitos principais são

$$\ell_A = A + BD + CE + FG,$$
$$\ell_B = B + AD + CF + FG,$$
$$\ell_C = C + AE + BF + DG,$$
$$\ell_D = D + AB + CG + EF,$$
$$\ell_E = E + AC + BG + DF$$
$$\ell_F = F + BC + AG + DE,$$
$$\ell_G = G + CD + BE + AF.$$

Esse planejamento 2_{III}^{7-4} é chamado de fatorial fracionado *saturado*, porque todos os graus de liberdade são usados para estimar os efeitos principais. É possível combinar seqüências desses fatoriais fracionais de resolução III para separar os efeitos principais das interações de dois fatores. O procedimento é ilustrado em Montgomery (2001, Capítulo 8).

Na construção de um planejamento fatorial fracionado é importante selecionar geradores para planejamentos 2^{k-p} com até 10 fatores. Os geradores nessa tabela produzirão planejamentos de resolução máxima para qualquer combinação especificada de k e p. Para mais de 10 fatores, recomenda-se um planejamento de resolução III. Esses planejamentos podem ser construídos usando-se o mesmo método ilustrado antes para o planejamento 2_{III}^{7-4}. Por exemplo, para investigar até 15 fatores em 16 rodadas escreva um planejamento 2^4 nos fatores A, B, C e D e gere, então, 11 novas colunas tomando os produtos das quatro colunas originais duas a duas, três a três e quatro a quatro. O planejamento resultante é um fatorial fracionado 2_{III}^{15-11} Esses planejamentos, juntamente com outros fatoriais fracionais úteis, são discutidos por Montgomery (2001, Capítulo 8).

13-8 EXEMPLOS DE SAÍDAS DE COMPUTADOR

Apresentamos as saídas do Minitab® para alguns dos exemplos discutidos neste capítulo.

Saída de Computador para o Exemplo 13-3

Reconsidere o Exemplo 13-3, que trata da pintura de base de aeronaves. Os resultados do Minitab® para o planejamento fatorial 3×3 com três replicações são

```
Analysis of Variance for Aderencia
Source           DF        SS        MS        F        P
Type              2    4.5811    2.2906    27.86    0.000
Applicat          1    4.9089    4.9089    59.70    0.000
Type*Applicat     2    0.2411    0.1206     1.47    0.269
Error            12    0.9867    0.0822
Total            17   10.7178
```

Os resultados do Minitab® estão de acordo com os resultados obtidos na Tabela 13-6.

Saída para o Exemplo 13-7

Reconsidere o Exemplo 13-7, que trata da aspereza de uma superfície. Os resultados do Minitab® para o planejamento 2 × 2 com duas replicações são

```
Term         Effect      Coef    SE Coef        T         P
Constant              11.0625     0.3903    28.34     0.000
A            3.3750    1.6875     0.3903     4.32     0.003
B            1.6250    0.8125     0.3903     2.08     0.071
C            0.8750    0.4375     0.3903     1.12     0.295
A*B          1.3750    0.6875     0.3903     1.76     0.116
A*C          0.1250    0.0625     0.3903     0.16     0.877
B*C         -0.6250   -0.3125     0.3903    -0.80     0.446
A*B*C        1.1250    0.5625     0.3903     1.44     0.188

Analysis of Variance

Source              DF    Seq SS    Adj SS   Adj MS       F         P
Main Effects         3    59.187    59.187   19.729    8.09     0.008
2-Way Interactions   3     9.187     9.187    3.062    1.26     0.352
3-Way Interactions   1     5.062     5.062    5.062    2.08     0.188
Residual Error       8    19.500    19.500    2.437
Pure Error           8    19.500    19.500    2.438
Total               15    92.937
```

A saída do Minitab® é ligeiramente diferente dos resultados vistos no Exemplo 13-7. Fornecem-se os testes *t* para os efeitos principais e interações, além da análise de variância para a significância dos efeitos principais e das interações de dois e três fatores. Os resultados da ANOVA indicam que pelo menos um dos efeitos principais é significante, ao passo que nenhuma interação de dois ou três fatores o é.

13-9 RESUMO

Este capítulo introduziu o planejamento e a análise de experimentos com vários fatores, concentrando-se nos planejamentos fatoriais e fatoriais fracionais. Foram considerados modelos fixos, aleatórios e mistos. Os testes F para os efeitos principais e interações nesses planejamentos dependem de os fatores serem fixos ou aleatórios.

Os planejamentos fatoriais 2^k foram, também, introduzidos. Esses são planejamentos muito úteis, nos quais todos os k fatores aparecem em dois níveis. Eles possuem um método de análise estatística grandemente simplificado. Em situações nas quais o planejamento não pode ser rodado sob condições homogêneas o planejamento 2^k pode ser facilmente confundido em 2^p blocos. Isso exige que certas interações sejam confundidas com blocos. O planejamento 2^k também se presta à replicação fracionada, na qual apenas um subconjunto particular das 2^k combinações de tratamento é rodado. Na replicação fracionada cada efeito é alias de um ou mais efeitos. A idéia geral é fazer as interações de ordem mais alta aliases dos efeitos principais e interações de ordem mais baixa. Este capítulo discutiu métodos para a construção dos planejamentos fatoriais fracionais 2^{k-p}, isto é, uma fração $1/2^p$ do planejamento 2^k. Esses planejamentos são particularmente úteis na experimentação industrial.

13-10 EXERCÍCIOS

13-1. Um artigo no *Journal of Materials Processing Technology* (2000, p. 113) apresenta resultados de um experimento que envolve o desgaste de ferramentas na fresagem. O objetivo é minimizar o desgaste das ferramentas. Dois fatores de interesse no estudo eram a velocidade de corte (m/min) e a profundidade do corte (mm). Uma resposta de interesse é o desgaste de flanco da ferramenta (mm). Três níveis de cada fator foram selecionados, e rodou-se um experimento fatorial com três replicações. Analise os dados e tire conclusões.

Velocidade de Corte	Profundidade do Corte		
	1	2	3
12	0,170	0,198	0,217
	0,185	0,210	0,241
	0,110	0,232	0,223
15	0,178	0,215	0,260
	0,210	0,243	0,289
	0,250	0,292	0,320
	0,212	0,250	0,285
18,75	0,238	0,282	0,325
	0,267	0,321	0,354

13-2. Um engenheiro suspeita que o acabamento da superfície de uma peça de metal seja influenciado pelo tipo de pintura usada e pelo tempo de secagem. Ele seleciona três tempos de secagem — 20, 25 e 30 minutos — e seleciona aleatoriamente dois tipos de pintura dentre várias disponíveis. Ele realiza um experimento e obtém os dados mostrados aqui. Analise-os e tire conclusões. Estime os componentes da variância.

	Tempo de Secagem (min)		
Pintura	20	25	30
1	74	73	78
	64	61	85
	50	44	92
2	92	98	66
	86	73	45
	68	88	85

13-3. Suponha que no Exercício 13-2 os tipos de pintura sejam efeitos fixos. Calcule um intervalo de confiança de 95% de confiança para a diferença média entre as respostas dos tipos 1 e 2 de pintura.

13-4. Estudam-se os fatores que influenciam a força de ruptura de tecido. Quatro máquinas e três operadores são escolhidos aleatoriamente e roda-se um experimento que usa partes do mesmo pedaço de tecido medindo uma jarda. Os resultados são os seguintes:

	Máquina			
Operador	1	2	3	4
A	109	110	108	110
	110	115	109	116
B	111	110	111	114
	112	111	109	112
C	109	112	114	111
	111	115	109	112

Teste em relação a interações e efeitos principais ao nível de 5%. Estime os componentes da variância.

13-5. Suponha que no Exercício 13-4 os operadores tenham sido escolhidos aleatoriamente, mas apenas quatro máquinas estavam disponíveis para o teste. Isso influencia a análise ou suas conclusões?

13-6. Uma companhia emprega engenheiros para estudos de tempo. Sua supervisora deseja determinar se os padrões estabelecidos por eles são influenciados por uma interação entre engenheiros e operadores. Ela seleciona três operadores aleatoriamente e realiza um experimento no qual os engenheiros estabelecem padrões de tempo para a mesma tarefa. Ela obtém os dados a seguir. Analise-os e tire conclusões.

	Operador		
Engenheiro	1	2	3
1	2,59	2,38	2,40
	2,78	2,49	2,72
2	2,15	2,85	2,66
	2,86	2,72	2,87

13-7. Um artigo em *Industrial Quality Control* (1956, p. 5) descreve um experimento para investigar o efeito de dois fatores (tipo de vidro e tipo de fósforo) no brilho de um tubo de imagem de televisão. A variável resposta medida é a corrente necessária (em microampères) para se obter um nível específico de brilho. Os dados são mostrados a seguir. Analise-os e tire conclusões, supondo que os dois fatores são fixos.

	Tipo de Fósforo		
Tipo de Vidro	1	2	3
1	280	300	290
	290	310	285
	285	295	290
2	230	260	220
	235	240	225
	240	235	230

13-8. Considere os dados sobre desgaste de ferramenta no Exercício 13-1. Plote os resíduos desse experimento contra os níveis de velocidade de corte e contra a profundidade do corte. Comente os gráficos obtidos. Quais são as possíveis conseqüências da informação dada pelos gráficos de resíduos?

13-9. A porcentagem de concentração de madeira de lei na polpa bruta, a rapidez de drenagem e o tempo de cozimento da polpa estão sendo estudados em relação ao efeito sobre a resistência do papel. Analise os dados mostrados na tabela que se segue, supondo que todos os três fatores sejam fixos.

Porcentagem de Concentração de Madeira de Lei	Tempo de Cozimento 1.5 horas Drenagem			Tempo de Cozimento 2.0 horas Drenagem		
	400	500	650	400	500	650
10	96,6	97,7	99,4	98,4	99,6	100,6
	96,0	96,0	99,8	98,6	100,4	100,9
15	98,5	96,0	98,4	97,5	98,7	99,6
	97,2	96,9	97,6	98,1	98,0	99,0
20	97,5	95,6	97,4	97,6	97,0	98,5
	96,6	96,2	98,1	98,4	97,8	99,8

13-10. Um artigo em *Quality Engineering* (1999, p. 357) apresenta os resultados de um experimento realizado para a determinação dos efeitos de três fatores sobre a deformação em um processo de moldagem por injeção. A deformação é definida como o empeno no produto manufaturado. Uma determinada companhia produz componentes plásticos moldados para uso em aparelhos de televisão, máquinas de lavar e automóveis. Os três fatores de interesse (cada um em três níveis) são A = temperatura de fundição, B = velocidade de injeção, C = processo de injeção. Um planejamento fatorial completo 2^3 foi feito com replicação. Analise os dados desse experimento.

A	B	C	I	II
−1	−1	−1	1,35	1,40
1	−1	−1	2,15	2,20
−1	1	−1	1,50	1,50
1	1	−1	1,10	1,20
−1	−1	1	0,70	0,70
1	−1	1	1,40	1,35
−1	1	1	1,20	1,35
1	1	1	1,10	1,00

13-11. Para o experimento do empeno do Exercício 13-10, obtenha os resíduos e plote-os em papel de probabilidade normal. Plote os resíduos também *versus* os valores preditos. Comente esses gráficos.

13-12. Considera-se que quatro fatores possivelmente influenciem o gosto de um refrigerante: tipo de adoçante (*A*), razão do xarope para a água (*B*), nível de gaseificação (*C*) e temperatura (*D*). Cada fator pode ser rodado em dois níveis, resultando em um planejamento 2^4. Em cada rodada do planejamento dão-se amostras da bebida a um conjunto de teste de 20 pessoas. Cada pessoa associa um escore de 1 a 10 à bebida. O escore total é a variável resposta, e o objetivo é encontrar uma fórmula que maximize o escore total. Fazem-se duas replicações desse planejamento, e os resultados são os mostrados a seguir. Analise os dados e tire conclusões.

Combinações de Tratamentos	Replicação I	Replicação II	Combinações de Tratamentos	Replicação I	Replicação II
(1)	190	193	*d*	198	195
a	174	178	*ad*	172	176
b	181	185	*bd*	187	183
ab	183	180	*abd*	185	186
c	177	178	*cd*	199	190
ac	181	180	*acd*	179	175
bc	188	182	*bcd*	187	184
abc	173	170	*abcd*	180	180

13-13. Considere o experimento do Exercício 13-12. Plote os resíduos contra os níveis dos fatores *A*, *B*, *C* e *D*. Construa, também, um gráfico de probabilidade normal dos resíduos. Comente esses gráficos.

13-14. Ache o erro-padrão dos efeitos para o experimento do Exercício 13-12. Tendo os erros-padrão como guia, quais fatores parecem ser significantes?

13-15. Os dados mostrados aqui representam uma única replicação de um planejamento 2^5 usado em um experimento para estudar a força de compressão do concreto. Os fatores são mistura (*A*), tempo (*B*), laboratório (*C*), temperatura (*D*) e tempo de secagem (*E*). Analise os dados, supondo que as interações de três fatores e de ordem superior sejam desprezíveis. Use um gráfico de probabilidade normal para verificar os efeitos.

(1) = 700	*d* = 1000	*e* = 800	*de* = 1900
a = 900	*ad* = 1100	*ae* = 1200	*ade* = 1500
b = 3400	*bd* = 3000	*be* = 3500	*bde* = 4000
ab = 5500	*abd* = 6100	*abe* = 6200	*abde* = 6500
c = 600	*cd* = 800	*ce* = 600	*cde* = 1500
ac = 1000	*acd* = 1100	*ace* = 1200	*acde* = 2000
bc = 3000	*bcd* = 3300	*bce* = 3006	*bcde* = 3400
abc = 5300	*abcd* = 6000	*abce* = 5500	*abcde* = 6300

13-16. Um experimento descrito por M. G. Natrella, no *Handbook of Experimental Statistics* do National Bureau of Standards (N.º 91, 1963), envolve o teste de inflamabilidade de tecidos após serem aplicados tratamentos antifogo. Há quatro fatores: tipo do tecido (*A*), tipo do tratamento antifogo (*B*), condições de lavagem (*C* – o nível baixo é nenhuma lavagem, o nível alto é após uma lavagem) e o método de condução do teste (*D*). Todos os fatores são rodados em dois níveis, e a variável resposta é o número de polegadas de tecido queimadas de uma amostra de teste de tamanho-padrão. Os dados são

(1) = 42	*d* = 40
a = 31	*ad* = 30
b = 45	*bd* = 50
ab = 29	*abd* = 25
c = 39	*cd* = 40
ac = 28	*acd* = 25
bc = 46	*bcd* = 50
abc = 32	*abcd* = 23

(a) Estime os efeitos e prepare um gráfico de probabilidade normal desses efeitos.
(b) Construa um gráfico de probabilidade normal dos resíduos e comente os resultados.
(c) Construa uma tabela de análise de variância, supondo que as interações de três e quatro fatores sejam desprezíveis.

13-17. Considere os dados da primeira replicação do Exercício 13-10. Suponha que essas observações não pudessem ser todas rodadas sob as mesmas condições. Estabeleça um planejamento para rodar essas observações em dois blocos de quatro observações, cada uma com *ABC* confundido. Analise os dados.

13-18. Considere os dados da primeira replicação do Exercício 13-12. Construa um planejamento com dois blocos de oito observações cada, com *ABCD* confundido. Analise os dados.

13-19. Repita o Exercício 13-18, supondo que se exijam quatro blocos. Confunda *ABD* e *ABC* (e, conseqüentemente, *CD*) com blocos.

13-20. Construa um planejamento 2^5 em quatro blocos. Selecione os efeitos a serem confundidos de modo que o maior número possível de interações possa ser confundido com blocos.

13-21. Um artigo em *Industrial and Engineering Chemistry* ("Factorial Experiments in Pilot Plant Studies", 1951, p. 1300) relata um experimento para investigar os efeitos da temperatura (*A*), da passagem de gás (*B*) e da concentração (*C*) sobre a força de uma solução de um produto em uma unidade de recirculação. Usaram-se dois blocos, com *ABC* confundido, e o experimento foi replicado duas vezes. Os dados são os seguintes:

Replicação 1		Replicação 2	
Bloco 1	Bloco 2	Bloco 1	Bloco 2
(1) = 99	*a* = 18	(1) = 46	*a* = 18
ab = 52	*b* = 51	*ab* = −47	*b* = 62
ac = 42	*c* = 108	*ac* = 22	*c* = 104
bc = 95	*abc* = 35	*bc* = 67	*abc* = 36

(a) Analise os dados desse experimento.
(b) Plote os resíduos em um gráfico de probabilidade normal e *versus* os valores preditos. Comente os gráficos obtidos.
(c) Comente a eficácia desse planejamento. Note que replicamos o experimento duas vezes e, ainda assim, não temos qualquer informação sobre a interação *ABC*.
(d) Sugira um planejamento melhor; especificamente, um que forneça alguma informação sobre *todas* as interações.

13-22. R. D. Snee ("Experimenting with a Large Number of Variables", em *Experiments in Industry: Design, Analysis and Interpretation of Results*, de R. D. Snee, L. B. Hare e J. B. Trout, Editores, ASQC, 1985) descreve um experimento no qual se usou um planejamento 2^{5-1}, com $I = ABCDE$, para estudar os efeitos de cinco fatores sobre a cor de um produto químico. Os fatores são *A* = solvente/reagente, *B* = catalisador/reagente, *C* = temperatura, *D* =

pureza do reagente e E = pH do reagente. Os resultados obtidos são os seguintes:

$$e = -0,63 \quad d = 6,79$$
$$a = 2,51 \quad ade = 6,47$$
$$b = -2,68 \quad bde = 3,45$$
$$abe = 1,66 \quad abd = 5,68$$
$$c = 2,06 \quad cde = 5,22$$
$$ace = 1,22 \quad acd = 4,38$$
$$bce = -2,09 \quad bcd = 4,30$$
$$abc = 1,93 \quad abcde = 4,05$$

(a) Prepare um gráfico de probabilidade normal dos efeitos. Quais são os fatores ativos?
(b) Calcule os resíduos. Construa um gráfico de probabilidade normal dos resíduos e plote os resíduos *versus* os valores ajustados. Comente os gráficos.
(c) Se quaisquer fatores são desprezíveis, reduza o planejamento 2^{5-1} em um fatorial completo nos cinco fatores. Comente o planejamento resultante e interprete os resultados.

13-23. Um artigo em *Journal of Quality Technology* (Vol. 17, 1985, p. 198) descreve o uso de um fatorial fracionado replicado para investigar os efeitos de cinco fatores sobre a altura livre de molas em folha usadas em aplicação automotiva. Os fatores são A = temperatura do forno, B = tempo de aquecimento, C = tempo de transferência, D = tempo de compressão e E = temperatura do óleo de resfriamento. Os dados são apresentados a seguir.

A	B	C	D	E			
−	−	−	−	−	7,78,	7,78,	7,81
+	−	−	+	−	8,15,	8,18,	7,88
−	+	−	+	−	7,50,	7,56,	7,50
+	+	−	−	−	7,59,	7,56,	7,75
−	−	+	+	−	7,54,	8,00,	7,88
+	−	+	−	−	7,69,	8,09,	8,06
−	+	+	−	−	7,56,	7,52,	7,44
+	+	+	+	−	7,56,	7,81,	7,69
−	−	−	−	+	7,50,	7,25,	7,12
+	−	−	+	+	7,88,	7,88,	7,44
−	+	−	+	+	7,50,	7,56,	7,50
+	+	−	−	+	7,63,	7,75,	7,56
−	−	+	+	+	7,32,	7,44,	7,44
+	−	+	−	+	7,56,	7,69,	7,62
−	+	+	−	+	7,18,	7,18,	7,25
+	+	+	+	+	7,81,	7,50,	7,59

(a) Qual é o gerador para essa fração? Escreva a estrutura de aliases.
(b) Analise os dados. Quais fatores influenciam a altura livre média?
(c) Calcule a amplitude da altura livre para cada rodada. Há alguma indicação de que algum desses fatores afete a variabilidade na altura livre?
(d) Analise os resíduos desse experimento e comente sobre o que descobriu.

13-24. Um artigo em *Industrial and Engineering Chemistry* ("More on Planning Experiments to Increase Research Efficiency", 1970, p. 60) usa um planejamento 2^{5-2} para investigar os efeitos de A = temperatura de condensação, B = quantidade do material 1, C = volume do solvente, D = tempo de condensação e E = quantidade do material 2 sobre a produção. Os resultados obtidos são os seguintes:

$$e = 23,2, \quad ad = 16,9, \quad cd = 23,8, \quad bde = 16,8,$$
$$ab = 15,5, \quad bc = 16,2, \quad ace = 23,4, \quad abcde = 18,1.$$

(a) Verifique que os geradores do planejamento usados foram $I = ACE$ e $I = BDE$.
(b) Escreva a relação definidora completa e os aliases desse planejamento.
(c) Estime os efeitos principais.
(d) Prepare uma tabela de análise de variância. Verifique que as interações AB e AD estão disponíveis para serem usadas como erro.
(e) Plote os resíduos *versus* os valores ajustados. Construa, também, um gráfico de probabilidade normal dos resíduos. Comente os resultados.

13-25. Um artigo em *Cement and Concrete Research* (2001, p. 1213) descreve um experimento que investigou os efeitos de quatro óxidos de metal sobre várias propriedades do cimento. Os quatro fatores são todos rodados em dois níveis, e uma resposta de interesse é a densidade de carga média (g/cm^3). Os quatro fatores e seus níveis são

Fator	Nível Baixo (−1)	Nível Alto (+1)
A: %Fe_2O_3	0	30
B: % ZnO	0	15
C: %PbO	0	2,5
D: %Cr_2O_3	0	2,5

A tabela que se segue dá os resultados típicos desse tipo de experimento:

Rodada	A	B	C	D	Densidade
1	−1	−1	−1	1	2,001
2	1	−1	−1	−1	2,062
3	−1	1	−1	−1	2,019
4	1	1	−1	1	2,059
5	−1	−1	1	−1	1,990
6	1	−1	1	1	2,076
7	−1	1	1	1	2,038
8	1	1	1	−1	2,118

(a) Qual é o gerador para essa fração?
(b) Analise os dados. Quais fatores influenciam a densidade de carga média?
(c) Analise os resíduos desse experimento e comente o que descobriu.

13-26. Considere o planejamento 2^{6-2} da Tabela 13-27. Suponha que, depois de analisar os dados originais, descubramos que os fatores C e E podem ser omitidos. Qual tipo de planejamento 2^k resta nas variáveis que sobram?

13-27. Considere o planejamento 2^{6-2} da Tabela 13-27. Suponha que, depois da análise dos dados originais, descubramos que os fatores D e F podem ser omitidos. Qual tipo de planejamento 2^k resta nas variáveis que sobram? Compare os resultados com o Exercício 13-26. Você pode explicar por que as respostas são diferentes?

13-28. Suponha que, no Exercício 13-12, fosse possível rodar apenas uma fração um meio do planejamento 2^4. Construa o planejamento e realize a análise estatística; use os dados da replicação I.

13-29. Suponha que no Exercício 13-15 possa ser rodada apenas uma fração um meio do planejamento 2^5. Construa o planejamento e realize a análise.

13-30. Considere os dados do Exercício 13-15. Suponha que apenas uma fração um quarto do planejamento 2^5 possa ser rodada. Construa o planejamento e analise os dados.

13-31. Construa um planejamento fatorial fracionado 2^{6-3}_m. Escreva os aliases, supondo que sejam de interesse apenas os efeitos principais e as interações de dois fatores.

Capítulo 14

Regressão Linear Simples e Correlação

Em muitos problemas, há duas ou mais variáveis que são intrinsecamente relacionadas, e é necessário explorar a natureza dessa relação. A análise de regressão é uma técnica estatística para a modelagem e a investigação de relações entre duas ou mais variáveis. Por exemplo, em um processo químico, suponha que o resultado da produção esteja relacionado com a temperatura de operação do processo. Pode-se usar a análise de regressão para a construção de um modelo que expresse o resultado como função da temperatura. Esse modelo pode, então, ser usado para predizer o resultado a um determinado nível de temperatura. Pode ser usado, também, com as finalidades de otimização ou controle do processo.

Em geral, suponha que haja uma única variável dependente, ou *resposta y*, relacionada com k variáveis independentes, ou *regressoras*, digamos $x_1, x_2, ..., x_k$. A variável resposta y é uma variável aleatória, enquanto as variáveis regressoras $x_1, x_2, ..., x_k$ são medidas com erro desprezível. As variáveis x_j, são chamadas variáveis *matemáticas* e são, freqüentemente, controladas pelo experimentador. A análise de regressão pode, também, ser usada em situações em que $y, x_1, x_2, ..., x_k$ são variáveis aleatórias distribuídas conjuntamente, tais como no caso em que os dados são coletados como diferentes medições em uma mesma unidade experimental. A relação entre essas variáveis é caracterizada por um modelo matemático chamado uma *equação de regressão*. Mais precisamente, falamos da regressão de y sobre $x_1, x_2, ..., x_k$. Esse modelo de regressão é ajustado a um conjunto de dados. Em algumas situações, o experimentador saberá a forma exata da verdadeira relação funcional entre y e $x_1, x_2, ..., x_k$, digamos $y = \phi(x_1, x_2, ..., x_k)$. No entanto, na maioria dos casos a verdadeira relação funcional é desconhecida, e o experimentador escolherá uma função apropriada para aproximar ϕ. Usa-se, em geral, um modelo polinomial como função aproximadora.

Neste capítulo, discutimos o caso em que apenas uma única variável regressora, x, é de interesse. O Capítulo 15 apresentará o caso que envolve mais de uma variável regressora.

14-1 REGRESSÃO LINEAR SIMPLES

Desejamos determinar a relação entre uma única variável regressora x e uma variável resposta y. Supõe-se que a variável regressora x seja uma variável matemática contínua, controlável pelo experimentador. Suponha que a verdadeira relação entre y e x seja uma reta, e que a observação y em cada nível de x seja uma variável aleatória. O valor esperado de y para cada valor de x é

$$E(y|x) = \beta_0 + \beta_1 x, \quad (14\text{-}1)$$

em que o intercepto β_0 e a inclinação β_1 são constantes desconhecidas. Supomos que cada observação, y, possa ser descrita pelo modelo

$$y = \beta_0 + \beta_1 x + \varepsilon, \quad (14\text{-}2)$$

em que ε é um erro aleatório com média zero e variância σ^2. Supõe-se, também, que os $\{\varepsilon\}$ sejam variáveis aleatórias não correlacionadas. O modelo de regressão da Equação 14-2 que envolve apenas uma única variável regressora x é, em geral, chamado de modelo de regressão linear simples.

Suponha que tenhamos n pares de observações, digamos (y_1, x_1), (y_2, x_2), ..., (y_n, x_n). Esses dados podem ser usados para estimar os parâmetros desconhecidos β_0 e β_1 na Equação 14-2. Nosso procedimento de estimação será o método de mínimos quadrados. Isto é, estimaremos β_0 e β_1 de modo que a soma dos quadrados dos desvios entre as observações e a reta de regressão seja mínima. Agora, usando a equação 14-2, podemos escrever

$$y_i = \beta_0 + \beta_1 x_i + \varepsilon_i, \qquad i = 1, 2, \ldots, n, \tag{14-3}$$

e a soma dos quadrados dos desvios das observações em relação à verdadeira reta de regressão é

$$L = \sum_{i=1}^{n} \varepsilon_i^2 = \sum_{i=1}^{n} (y_i - \beta_0 - \beta_1 x_i)^2. \tag{14-4}$$

Os estimadores de mínimos quadrados de β_0 e β_1, digamos $\hat{\beta}_0$ e $\hat{\beta}_1$, devem satisfazer

$$\left.\frac{\partial L}{\partial \beta_0}\right|_{\hat{\beta}_0, \hat{\beta}_1} = -2 \sum_{i=1}^{n} \left(y_i - \hat{\beta}_0 - \hat{\beta}_1 x_i\right) = 0,$$

$$\left.\frac{\partial L}{\partial \beta_1}\right|_{\hat{\beta}_0, \hat{\beta}_1} = -2 \sum_{i=1}^{n} \left(y_i - \hat{\beta}_0 - \hat{\beta}_1 x_i\right) x_i = 0. \tag{14-5}$$

Simplificando essas duas equações, resulta

$$n\hat{\beta}_0 + \hat{\beta}_1 \sum_{i=1}^{n} x_i = \sum_{i=1}^{n} y_i,$$

$$\hat{\beta}_0 \sum_{i=1}^{n} x_i + \hat{\beta}_1 \sum_{i=1}^{n} x_i^2 = \sum_{i=1}^{n} y_i x_i. \tag{14-6}$$

As Equações 14-6 são chamadas *equações normais* de mínimos quadrados. A solução das equações normais é

$$\hat{\beta}_0 = \bar{y} - \hat{\beta}_1 \bar{x}, \tag{14-7}$$

$$\hat{\beta}_1 = \frac{\sum_{i=1}^{n} y_i x_i - \frac{1}{n}\left(\sum_{i=1}^{n} y_i\right)\left(\sum_{i=1}^{n} x_i\right)}{\sum_{i=1}^{n} x_i^2 - \frac{1}{n}\left(\sum_{i=1}^{n} x_i\right)^2} \tag{14-8}$$

onde $\bar{y} = (1/n)\sum_{i=1}^{n} y_i$ e $\bar{x} = (1/n)\sum_{i=1}^{n} x_i$. Assim, as Equações 14-7 e 14-8 são os estimadores de mínimos quadrados do intercepto e da inclinação, respectivamente. O modelo de regressão linear simples ajustado é

$$\hat{y} = \hat{\beta}_0 + \hat{\beta}_1 x. \tag{14-9}$$

Em termos de notação, é conveniente dar símbolos especiais ao numerador e ao denominador da Equação 14-8. Isto é, sejam

$$S_{xx} = \sum_{i=1}^{n} (x_i - \bar{x})^2 = \sum_{i=1}^{n} x_i^2 - \frac{1}{n}\left(\sum_{i=1}^{n} x_i\right)^2 \tag{14-10}$$

e

$$S_{xy} = \sum_{i=1}^{n} y_i (x_i - \bar{x}) = \sum_{i=1}^{n} x_i y_i - \frac{1}{n}\left(\sum_{i=1}^{n} x_i\right)\left(\sum_{i=1}^{n} y_i\right). \tag{14-11}$$

Chamamos S_{xx} a soma corrigida de quadrados de x, e S_{xy} a soma corrigida de produtos cruzados de x e y. Os membros mais à direita das Equações 14-10 e 14-11 são as fórmulas de cálculo usuais. Usando-se essa nova notação, o estimador de mínimos quadrados da inclinação é

$$\hat{\beta}_1 = \frac{S_{xy}}{S_{xx}}. \tag{14-12}$$

Exemplo 14-1

Um engenheiro químico está estudando o efeito da temperatura de operação do processo sobre o resultado da produção. O estudo resulta nos seguintes dados:

Temperatura, °C (x)	100	110	120	130	140	150	160	170	180	190
Resultado, % (y)	45	51	54	61	66	70	74	78	85	89

Esses pares de pontos estão plotados na Fig. 14-1. Tal apresentação se chama um *diagrama de dispersão*. O exame desse diagrama indica que há uma forte relação entre a produção e a temperatura, e a hipótese experimental de um modelo linear $y = \beta_0 + \beta_1 x + \varepsilon$ parece razoável. Podem-se calcular as seguintes quantidades:

$$n = 10, \quad \sum_{i=1}^{10} x_i = 1450, \quad \sum_{i=1}^{10} y_i = 673, \quad \bar{x} = 145, \quad \bar{y} = 67{,}3,$$

$$\sum_{i=1}^{10} x_i^2 = 218.500, \quad \sum_{i=1}^{10} y_i^2 = 47.225, \quad \sum_{i=1}^{10} x_i y_i = 101.570.$$

Pelas Equações 14-10 e 14-11, encontramos

$$S_{xx} = \sum_{i=1}^{10} x_i^2 - \frac{1}{10}\left(\sum_{i=1}^{10} x_i\right)^2 = 218.500 - \frac{(1450)^2}{10} = 8250$$

e

$$S_{xy} = \sum_{i=1}^{10} x_i y_i - \frac{1}{10}\left(\sum_{i=1}^{10} x_i\right)\left(\sum_{i=1}^{10} y_i\right) = 101.570 - \frac{(1450)(673)}{10} = 3985.$$

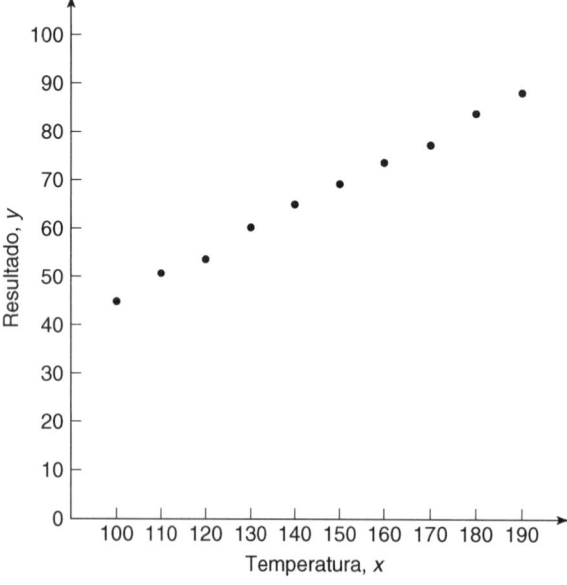

Figura 14-1 Diagrama de dispersão do resultado *versus* temperatura.

Assim, as estimativas de mínimos quadrados da inclinação e do intercepto são

$$\hat{\beta}_1 = \frac{S_{xy}}{S_{xx}} = \frac{3985}{8250} = 0{,}483$$

e

$$\hat{\beta}_0 = \bar{y} - \hat{\beta}_1 \bar{x} = 67{,}3 - (0{,}483)145 = -2{,}739.$$

O modelo de regressão linear simples ajustado é

$$\hat{y} = -2{,}739 + 0{,}483x.$$

Já que admitimos, apenas experimentalmente, como apropriado o modelo linear, desejamos averiguar a adequação do modelo. As propriedades estatísticas dos estimadores de mínimos quadrados $\hat{\beta}_0$ e $\hat{\beta}_1$ são úteis na verificação dessa adequação. Os estimadores $\hat{\beta}_0$ e $\hat{\beta}_1$ são variáveis aleatórias, uma vez que são combinações lineares dos y_i que, por sua vez, são variáveis aleatórias. Considere primeiro $\hat{\beta}_1$. O valor esperado de $\hat{\beta}_1$ é

$$\begin{aligned}
E(\hat{\beta}_1) &= E\left(\frac{S_{xy}}{S_{xx}}\right) \\
&= \frac{1}{S_{xx}} E\left[\sum_{i=1}^{n} y_i(x_i - \bar{x})\right] \\
&= \frac{1}{S_{xx}} E\left[\sum_{i=1}^{n} (x_i - \bar{x})(\beta_0 + \beta_1 x_i + \varepsilon_i)\right] \\
&= \frac{1}{S_{xx}} \left\{ E\left[\beta_0 \sum_{i=1}^{n}(x_i - \bar{x})\right] + E\left[\beta_1 \sum_{i=1}^{n} x_i(x_i - \bar{x})\right] + E\left[\sum_{i=1}^{n} \varepsilon_i(x_i - \bar{x})\right] \right\} \\
&= \frac{1}{S_{xx}} \beta_1 S_{xx} \\
&= \beta_1,
\end{aligned}$$

uma vez que $\sum_{i=1}^{n}(x_i - \bar{x}) = 0$, $\sum_{i=1}^{n} x_i(x_i - \bar{x}) = S_{xx}$, e, por hipótese, $E(\varepsilon_i) = 0$. Assim, $\hat{\beta}_1$ é um estimador *não-viesado* da verdadeira inclinação β_1. Considere, agora, a variância de $\hat{\beta}_1$. Como supusemos que $V(\varepsilon_i) = \sigma^2$, segue que $V(y_i) = \sigma^2$, e

$$\begin{aligned}
V(\hat{\beta}_1) &= V\left(\frac{S_{xy}}{S_{xx}}\right) \\
&= \frac{1}{S_{xx}^2} V\left[\sum_{i=1}^{n} y_i(x_i - \bar{x})\right].
\end{aligned} \tag{14-13}$$

As variáveis aleatórias $\{y_i\}$ são não-correlacionadas porque os $\{\varepsilon_i\}$ são não-correlacionados. Assim, a variância da soma na Equação 14-13 é exatamente a soma das variâncias, e a variância de cada termo na soma, digamos, $V[y_i(x_i - \bar{x})]$, é $\sigma^2(x_i - \bar{x})^2$. Assim,

$$\begin{aligned}
V(\hat{\beta}_1) &= \frac{1}{S_{xx}^2} \sigma^2 \sum_{i=1}^{n}(x_i - \bar{x})^2 \\
&= \frac{\sigma^2}{S_{xx}}.
\end{aligned} \tag{14-14}$$

Usando abordagem semelhante, podemos mostrar que

$$E(\hat{\beta}_0) = \beta_0 \quad \text{e} \quad V(\hat{\beta}_0) = \sigma^2 \left[\frac{1}{n} + \frac{\bar{x}^2}{S_{xx}}\right].$$

Note que $\hat{\beta}_0$ é um estimador não-viesado de β_0. A covariância de $\hat{\beta}_0$ e $\hat{\beta}_1$ é não-nula; de fato, $\text{Cov}(\hat{\beta}_0, \hat{\beta}_1) = -\sigma^2 \bar{x}/S_{xx}$.

Usualmente, é necessário obter uma estimativa de σ^2. A diferença entre a observação y_i e o valor predito correspondente y_i, $e_i = y_i - \hat{y}_i$, é chamada de um *resíduo*. A soma de quadrados dos resíduos, ou *soma de quadrados dos erros*, seria

$$SQ_E = \sum_{i=1}^{n} e_i^2$$

$$= \sum_{i=1}^{n} (y_i - \hat{y}_i)^2. \qquad (14\text{-}16)$$

Uma fórmula de cálculo mais conveniente para SQ_E pode ser encontrada pela substituição do modelo ajustado $\hat{y}_i = \hat{\beta}_0 + \hat{\beta}_1 x$ na Equação 14-16 e simplificando-a. O resultado é

$$SQ_E = \sum_{i=1}^{n} y_i^2 - n\bar{y}^2 - \hat{\beta}_1 S_{xy},$$

e se fizermos $\sum_{i=1}^{n} y_i^2 - n\bar{y}^2 = \sum_{i=1}^{n} (y_i - \bar{y})^2 \equiv S_{yy}$, então poderemos escrever SQ_E como

$$SQ_E = S_{yy} - \hat{\beta}_1 S_{xy}. \qquad (14\text{-}17)$$

O valor esperado da soma de quadrados dos erros SQ_E é $E(SQ_E) = (n-2)\sigma^2$. Assim,

$$\hat{\sigma}^2 = \frac{SQ_E}{n-2} \equiv MQ_E \qquad (14\text{-}18)$$

é um estimador não-viesado de σ^2.

A análise de regressão é amplamente usada e freqüentemente *mal usada*. Há vários abusos comuns da regressão que devem ser mencionados rapidamente. Deve-se ter cuidado na seleção de variáveis com as quais construiremos os modelos de regressão e na determinação da forma da função aproximadora. É perfeitamente possível desenvolverem-se relações estatísticas entre variáveis que são completamente não-relacionadas no sentido prático. Por exemplo, pode-se tentar relacionar a força de cisalhamento de pontos de solda com o número de caixas de papel de computador usadas pelo departamento de processamento de dados. Uma reta pode até aparecer para fornecer um bom ajuste dos dados, mas não há por que confiar em tal relação. Uma forte associação observada entre variáveis não implica, necessariamente, que exista uma relação *causal* entre elas. Experimentos planejados são a única maneira de determinar relações causais.

As relações de regressão são válidas apenas para valores da variável independente dentro da amplitude dos dados originais. A relação linear que admitimos experimentalmente pode ser válida na amplitude original dos dados de x, mas provavelmente não se manterá ao encontrarmos valores de x além dessa região. Em outras palavras, na medida em que nos afastamos para além da amplitude dos valores de x para os quais os dados foram coletados temos menos certeza sobre a validade do modelo admitido. Os modelos de regressão não são necessariamente válidos para o objetivo de extrapolação.

Finalmente, às vezes sentimos que o modelo $y = \beta x + \varepsilon$ é apropriado. A omissão do intercepto desse modelo implica, naturalmente, que $y = 0$ quando $x = 0$. Essa é uma hipótese muito forte que é, em geral, não justificada. Mesmo quando duas variáveis, tais como a altura e o peso de homens, parecem justificar o uso desse modelo, em geral obteríamos um melhor ajuste incluindo o intercepto, por causa da amplitude limitada dos dados na variável independente.

14-2 TESTE DE HIPÓTESES NA REGRESSÃO LINEAR SIMPLES

Uma parte importante da verificação da adequação de um modelo de regressão linear simples é o teste de hipóteses estatísticas sobre os parâmetros do modelo e a construção de certos intervalos de confiança. O teste de hipótese é discutido nesta seção, e a Seção 14-3 apresenta métodos para a construção de intervalos de confiança. Para testarmos hipóteses sobre a inclinação e o intercepto do modelo de regressão devemos fazer a hipótese adicional de que o componente de erro ε_i é distribuído normalmente.

Assim, as hipóteses completas são as de que os erros são NID$((0, \sigma^2))$ (distribuídos normal e independentemente). Mais tarde, discutiremos como essas hipóteses podem ser verificadas através da *análise de resíduos*.

Suponha que desejemos testar a hipótese de que a inclinação seja igual a uma constante, $\beta_{1,0}$. As hipóteses apropriadas são

$$H_0: \beta_1 = \beta_{1,0},$$
$$H_1: \beta_1 \neq \beta_{1,0}, \tag{14-19}$$

na qual admitimos uma alternativa bilateral. Agora, como os ε_i são NID$(0, \sigma^2)$, segue diretamente que as observações y_i são NID$(\beta_0 + \beta_1 x_i, \sigma^2)$. Pela Equação 14-8, observamos que $\hat{\beta}_1$ é uma combinação linear das observações y_i. Assim, $\hat{\beta}_1$ é uma combinação linear de variáveis aleatórias normais independentes e, conseqüentemente, $\hat{\beta}_1$ é N$(\beta_1, \sigma^2/S_{xx})$, usando-se as propriedades de viés nulo e variância de $\hat{\beta}_1$ da Seção 14-1. Além disso, $\hat{\beta}_1$ é independente de MQ_E. Então, como resultado da hipótese de normalidade, a estatística

$$t_0 = \frac{\hat{\beta}_1 - \beta_{1,0}}{\sqrt{MQ_E/S_{xx}}} \tag{14-20}$$

segue a distribuição *t* com $n - 2$ graus de liberdade sob $H_0: \beta_1 = \beta_{1,0}$. Rejeitamos $H_0: \beta_1 = \beta_{1,0}$ se

$$|t_0| > t_{\alpha/2, n-2}, \tag{14-21}$$

em que t_0 é calculado pela Equação 14-20.

Um procedimento semelhante pode ser usado para o teste de hipóteses sobre o intercepto. Para se testar

$$H_0: \beta_0 = \beta_{0,0},$$
$$H_1: \beta_0 \neq \beta_{0,0}, \tag{14-22}$$

usaríamos a estatística

$$t_0 = \frac{\hat{\beta}_0 - \beta_{0,0}}{\sqrt{MQ_E\left[\dfrac{1}{n} + \dfrac{\bar{x}^2}{S_{xx}}\right]}} \tag{14-23}$$

e rejeitaríamos a hipótese nula se $|t_0| > t_{\alpha/2, n-2}$.

Um caso especial muito importante da hipótese da Equação 14-19 é

$$H_0: \beta_1 = 0,$$
$$H_1: \beta_1 \neq 0. \tag{14-24}$$

Essa hipótese se relaciona com a *significância da regressão*. Deixar de rejeitar $H_0: \beta_1 = 0$ é equivalente à conclusão de que não há relação linear entre x e y. Essa situação está ilustrada na Fig. 14-2. Note que isso pode implicar ou que x é de pouco valor para explicar a variação em y, e que o melhor estimador de y para qualquer x é $\hat{y} = \bar{y}$ (Fig. 14-2a), ou que a verdadeira relação entre x e y não é linear (Fig. 14-2b). Alternativamente, se $H_0: \beta_1 = 0$ for rejeitada, isso implica que x é importante na explicação da variabilidade em y. A Fig. 14-3 ilustra isso. No entanto, a rejeição de $H_0: \beta_1 = 0$ poderia significar ou que o modelo linear é adequado (Fig. 14-3a) ou que, mesmo que haja um efeito linear de x, podem-se obter melhores resultados adicionando-se termos polinomiais em x de ordem mais alta (Fig. 14-3b).

O procedimento de teste para $H_0: \beta_1 = 0$ pode ser desenvolvido por duas abordagens. A primeira começa com a seguinte partição da soma total de quadrados corrigida para y:

$$S_{yy} \equiv \sum_{i=1}^{n}(y_i - \bar{y})^2 = \sum_{i=1}^{n}(\hat{y}_i - \bar{y})^2 + \sum_{i=1}^{n}(y_i - \hat{y}_i)^2. \tag{14-25}$$

Os dois componentes de S_{yy} medem, respectivamente, a quantidade de variabilidade em y_i devida à reta de regressão, e a variação residual deixada sem explicação pela reta de regressão. Em geral, cha-

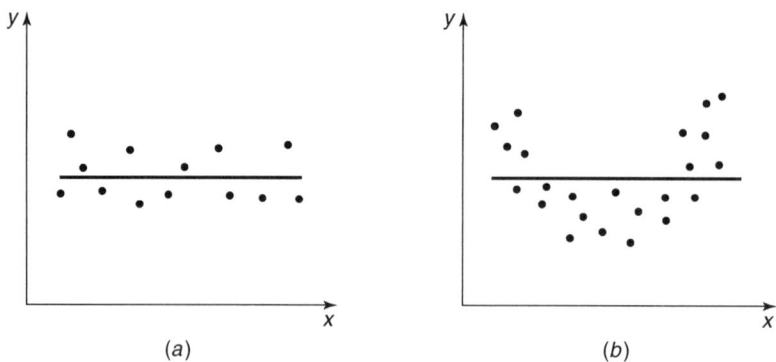

Figura 14-2 A hipótese $H_0: \beta_1 = 0$ não é rejeitada.

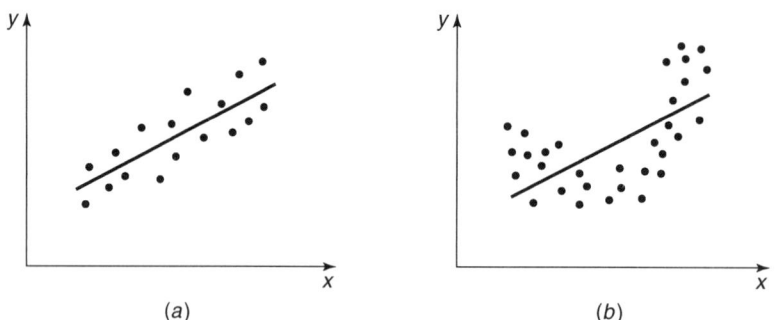

Figura 14-3 A hipótese $H_0: \beta_1 = 0$ é rejeitada.

mamos $SQ_E = \sum_{i=1}^{n} (y_i - \hat{y}_i)^2$ de soma de quadrados dos *erros* e $SQ_R = \sum_{i=1}^{n} (\hat{y}_i - \bar{y})^2$ de *soma de quadrados da regressão*. Assim, a Equação 14-25 pode ser escrita como

$$S_{yy} = SQ_R + SQ_E. \qquad (14\text{-}26)$$

Comparando as Equações 14-26 e 14-17, notamos que a soma de quadrados da regressão SQ_R é

$$SQ_R = \hat{\beta}_1 S_{xy}. \qquad (14\text{-}27)$$

S_{yy} tem $n - 1$ graus de liberdade, e SQ_R e SQ_E têm 1 e $n - 2$ graus de liberdade, respectivamente.

Podemos mostrar que e $E[SQ_E/(n-2)] = \sigma^2$ e $E(SQ_R) = \sigma^2 + \beta_1^2 S_{xx}$, e que SQ_E e SQ_R são independentes. Assim, se $H_0: \beta_1 = 0$ é verdadeira, a estatística

$$F_0 = \frac{SQ_R/1}{SQ_E/(n-2)} = \frac{MQ_R}{MQ_E} \qquad (14\text{-}28)$$

segue a distribuição $F_{1,n-2}$, e rejeitaríamos H_0 se $F_0 > F_{\alpha,1,n-2}$. O procedimento de teste é, em geral, arranjado em uma tabela de análise de variância (ou ANOVA), como a Tabela 14-1.

O teste da significância da regressão pode, também, ser desenvolvido a partir da Equação 14-20, com $\beta_{1,0} = 0$, digamos

$$t_0 = \frac{\hat{\beta}_1}{\sqrt{MQ_E/S_{xx}}}. \qquad (14\text{-}29)$$

Elevando ao quadrado ambos os membros da Equação 14-29, obtemos

$$t_0^2 = \frac{\hat{\beta}_1^2 S_{xx}}{MQ_E} = \frac{\hat{\beta}_1 S_{xy}}{MQ_E} = \frac{MQ_R}{MQ_E}. \qquad (14\text{-}30)$$

Tabela 14-1 Análise de Variância para o Teste da Significância da Regressão

Fonte de Variação	Soma de Quadrados	Graus de Liberdade	Média Quadrática	F_0
Regressão	$SQ_R = \hat{\beta}_1 S_{xy}$	1	MQ_R	MQ_R/MQ_E
Erros ou Resíduos	$SQ_E = S_{yy} - \hat{\beta}_1 S_{xy}$	$n-2$	MQ_E	
Total	S_{yy}	$n-1$		

Tabela 14-2 Teste da Significância da Regressão, Exemplo 14-2

Fonte de Variação	Soma de Quadrados	Graus de Liberdade	Média Quadrática	F_0
Regressão	1924,87	1	1924,87	2138,74
Erro	7,23	8	0,90	
Total	1932,10	9		

Note que t_0^2 na Equação 14-30 é idêntico a F_0 na Equação 14-28. É verdade, em geral, que o quadrado de uma variável aleatória t com f graus de liberdade é uma variável aleatória F com 1 e f graus de liberdade no numerador e no denominador, respectivamente. Assim, o teste que usa t_0 é equivalente ao teste baseado em F_0.

Exemplo 14-2

Vamos testar o modelo desenvolvido no Exemplo 14-1 para a significância da regressão. O modelo ajustado é $\hat{y} = -2,739 + 0,483x$, e S_{yy} pode ser calculada como

$$S_{yy} = \sum_{i=1}^{n} y_i^2 - \frac{1}{n}\left(\sum_{i=1}^{n} y_i\right)^2$$

$$= 47.225 - \frac{(673)^2}{10}$$

$$= 1932,10.$$

A soma de quadrados da regressão é

$$SQ_R = \hat{\beta}_1 S_{xy} = (0,483)(3985) = 1924,87,$$

e a soma de quadrados dos erros é

$$SQ_E = S_{yy} - SQ_R$$

$$= 1932,10 - 1924,87$$

$$= 7,23.$$

A análise de variância para o teste de $H_0: \beta_1 = 0$ está resumida na Tabela 14-2. Note que $F_0 = 2138,74 > F_{0,01;1,8} = 11,26$, rejeitamos H_0 e concluímos que $\beta_1 \neq 0$.

14-3 ESTIMAÇÃO INTERVALAR NA REGRESSÃO LINEAR SIMPLES

Além das estimativas pontuais da inclinação e do intercepto, é possível obter estimativas intervalares desses parâmetros. A largura desses intervalos de confiança é uma medida da qualidade geral da reta de regressão. Se os ε_i são distribuídos normal e independentemente, então

$$\left(\hat{\beta}_1 - \beta_1\right)\Big/\sqrt{MQ_E/S_{xx}} \quad \text{e} \quad \left(\hat{\beta}_0 - \beta_0\right)\Big/\sqrt{MQ_E\left[\frac{1}{n} + \frac{\bar{x}^2}{S_{xx}}\right]}$$

são ambos distribuídos como t com $n - 2$ graus de liberdade. Assim, um intervalo de confiança de $100(1 - \alpha)\%$ de confiança para a inclinação β_1 é dado por

$$\hat{\beta}_1 - t_{\alpha/2, n-2}\sqrt{\frac{MQ_E}{S_{xx}}} \leq \beta_1 \leq \hat{\beta}_1 + t_{\alpha/2, n-2}\sqrt{\frac{MQ_E}{S_{xx}}}. \tag{14-31}$$

De maneira análoga, um intervalo de confiança de $100(1 - \alpha)\%$ de confiança para o intercepto β_0 é

$$\hat{\beta}_0 - t_{\alpha/2, n-2}\sqrt{MQ_E\left[\frac{1}{n} + \frac{\bar{x}^2}{S_{xx}}\right]} \leq \beta_0 \leq \hat{\beta}_0 + t_{\alpha/2, n-2}\sqrt{MQ_E\left[\frac{1}{n} + \frac{\bar{x}^2}{S_{xx}}\right]}. \tag{14-32}$$

Exemplo 14-3

Vamos encontrar um intervalo de confiança de 95% de confiança para a inclinação da reta de regressão usando os dados do Exemplo 14-1. Relembre que $\hat{\beta}_1 = 0{,}483$, $S_{xx} = 8250$ e $MQ_E = 0{,}90$ (veja a Tabela 14-2). Então, pela Equação 14-31 obtemos

$$\hat{\beta}_1 - t_{0{,}025, 8}\sqrt{\frac{MQ_E}{S_{xx}}} \leq \beta_1 \leq \hat{\beta}_1 + t_{0{,}025, 8}\sqrt{\frac{MQ_E}{S_{xx}}}$$

ou

$$0{,}483 - 2{,}306\sqrt{\frac{0{,}90}{8250}} \leq \beta_1 \leq 0{,}483 + 2{,}306\sqrt{\frac{0{,}90}{8250}}.$$

Isso se simplifica em

$$0{,}459 \leq \beta_1 \leq 0{,}507.$$

Um intervalo de confiança pode ser construído para a resposta média em um valor específico de x, digamos x_0. Esse é um intervalo de confiança para $E(y|x_0)$ e é, em geral, chamado de intervalo de confiança em torno da reta de regressão. Como $E(y|x_0) = \beta_0 + \beta_1 x_0$, podemos obter uma estimativa pontual de $E(y|x_0)$ pelo modelo ajustado como

$$\widehat{E(y|x_0)} \equiv \hat{y}_0 = \hat{\beta}_0 + \hat{\beta}_1 x_0.$$

Agora, $\hat{y}_0$ é um estimador não-viesado de $E(y|x_0)$, uma vez que $\hat{\beta}_0$ e $\hat{\beta}_1$ são estimadores não-viesados de β_0 e β_1. A variância de $\hat{y}_0$ é

$$V(\hat{y}_0) = \sigma^2\left[\frac{1}{n} + \frac{(x_0 - \bar{x})^2}{S_{xx}}\right],$$

e $\hat{y}_0$ é distribuído normalmente, assim como $\hat{\beta}_0$ e $\hat{\beta}_1$ também o são. Portanto, um intervalo de confiança de $100(1 - \alpha)\%$ de confiança em torno da verdadeira reta de regressão em $x = x_0$ pode ser calculado por

$$\hat{y}_0 - t_{\alpha/2, n-2}\sqrt{MQ_E\left(\frac{1}{n} + \frac{(x_0 - \bar{x})^2}{S_{xx}}\right)}$$
$$\leq E(y|x_0) \leq \hat{y}_0 + t_{\alpha/2, n-2}\sqrt{MQ_E\left(\frac{1}{n} + \frac{(x_0 - \bar{x})^2}{S_{xx}}\right)}. \tag{14-33}$$

A largura do intervalo de confiança para $E(y|x_0)$ é uma função de x_0. A largura do intervalo é um mínimo para $x_0 = \bar{x}$, e aumenta na medida em que $|x_0 - \bar{x}|$ aumenta. Esse alargamento é uma das razões pelas quais não se recomenda o uso da regressão para extrapolações.

Exemplo 14-4

Vamos construir um intervalo de confiança de 95% de confiança em torno da reta de regressão para os dados do Exemplo 14-1. O modelo ajustado é $\hat{y}_0 = -2{,}739 + 0{,}483 x_0$, e o intervalo de confiança de 95% de confiança para $E(y|x_0)$ é encontrado pela Equação 14-33 como

$$\left[\hat{y}_0 \pm 2{,}306 \sqrt{0{,}90 \left(\frac{1}{10} + \frac{(x_0 - 145)^2}{8250} \right)} \right].$$

Os valores ajustados $\hat{y}_0$ e os limites de 95% de confiança correspondentes para os pontos $x_0 = x_i$, $i = 1, 2, \ldots, 10$ são apresentados na Tabela 14-3. Para ilustrar o uso dessa tabela, podemos achar o intervalo de confiança de 95% de confiança para o verdadeiro resultado médio do processo em $x_0 = 140°C$, por exemplo, como

$$64{,}88 - 0{,}71 \leq E(y|x_0 = 140) \leq 64{,}88 + 0{,}71$$

ou

$$64{,}17 \leq E(y|x_0 = 140) \leq 65{,}49.$$

O modelo ajustado e o intervalo de 95% de confiança em torno da reta de regressão são mostrados na Fig. 14-4.

Tabela 14-3 Intervalo de Confiança em Torno da Reta de Regressão, Exemplo 14-4

x_0	100	110	120	130	140	150	160	170	180	190
$\hat{y}_0$	45,56	50,39	55,22	60,05	64,88	69,72	74,55	79,38	84,21	89,04
Limites de confiança de 95%	±1,30	±1,10	±0,93	±0,79	±0,71	±0,71	±0,79	±0,93	±1,10	±1,30

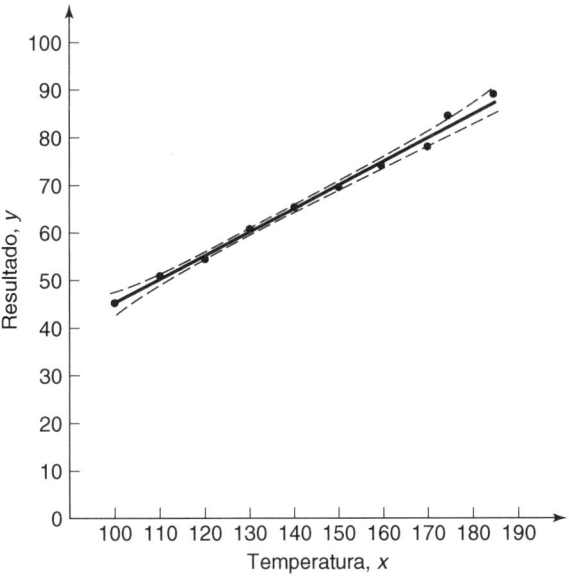

Figura 14-4 Um intervalo de confiança de 95% em torno da reta de regressão para o Exemplo 14-4.

14-4 PREDIÇÃO DE NOVAS OBSERVAÇÕES

Uma importante aplicação da análise de regressão é a predição de novas ou futuras observações y correspondentes a um nível específico da variável regressora x. Se x_0 é o valor de interesse da variável regressora, então

$$\hat{y}_0 = \hat{\beta}_0 + \hat{\beta}_1 x_0 \qquad (14\text{-}34)$$

é a estimativa pontual do valor novo ou futuro da resposta y_0.

Considere, agora, a obtenção de uma estimativa intervalar dessa observação futura y_0. Essa nova observação é independente das observações usadas para desenvolver-se o modelo de regressão. Assim, o intervalo de confiança em torno da reta de regressão, Equação 14-33, não é apropriado, uma vez que se baseia apenas nos dados usados para se ajustar o modelo de regressão. O intervalo de confiança em torno da reta de regressão se refere à verdadeira resposta média em $x = x_0$ (isto é, um parâmetro populacional), não a futuras observações.

Seja y_0 a futura observação em $x = x_0$, e seja $\hat{y}_0$, dado pela Equação 14-34, o estimador de y_0. Note que a variável aleatória

$$\psi = y_0 - \hat{y}_0$$

é distribuída normalmente, com média zero e variância

$$V(\psi) = V(y_0 - \hat{y}_0)$$
$$= \sigma^2 \left[1 + \frac{1}{n} + \frac{(x_0 - \bar{x})^2}{S_{xx}} \right],$$

porque y_0 é independente de $\hat{y}_0$. Assim, o intervalo de predição de $100(1 - \alpha)\%$ de confiança para as futuras observações em $x = x_0$ é

$$\hat{y}_0 - t_{\alpha/2, n-2} \sqrt{MQ_E \left[1 + \frac{1}{n} + \frac{(x_0 - \bar{x})^2}{S_{xx}} \right]}$$
$$\leq y_0 \leq \hat{y}_0 + t_{\alpha/2, n-2} \sqrt{MQ_E \left[1 + \frac{1}{n} + \frac{(x_0 - \bar{x})^2}{S_{xx}} \right]}. \qquad (14\text{-}35)$$

Note que o intervalo de predição tem largura mínima em $x_0 = \bar{x}$ e se alarga na medida em que $|x_0 - \bar{x}|$ aumenta. Comparando a Equação 14-35 com a Equação 14-33, observamos que o intervalo de predição em x_0 é sempre mais largo do que o intervalo de confiança em x_0. Isso ocorre porque o intervalo de predição depende tanto do erro do modelo estimado quanto do erro associado às futuras observações (σ^2).

Podemos, também, achar um intervalo de predição de $100(1 - \alpha)\%$ para a *média* de k observações futuras para a resposta em $x = x_0$. Seja $\bar{y}_0$ a média de k observações futuras em $x = x_0$. O intervalo de predição de $100(1 - \alpha)\%$ de confiança para $\bar{y}_0$ é

$$\hat{y}_0 - t_{\alpha/2, n-2} \sqrt{MQ_E \left[\frac{1}{k} + \frac{1}{n} + \frac{(x_0 - \bar{x})^2}{S_{xx}} \right]}$$
$$\leq \bar{y}_0 \leq \hat{y}_0 + t_{\alpha/2, n-2} \sqrt{MQ_E \left[\frac{1}{k} + \frac{1}{n} + \frac{(x_0 - \bar{x})^2}{S_{xx}} \right]}. \qquad (14\text{-}36)$$

Para ilustrar a construção de um intervalo de predição, suponha que usemos os dados do Exemplo 14-1, encontrando um intervalo de predição de 95% de confiança para a próxima observação para o resultado do processo em $x_0 = 160°C$. Pela Equação 14-35, vemos que o intervalo de predição é

$$74,55 - 2,306 \sqrt{0,90 \left[1 + \frac{1}{10} + \frac{(160-145)^2}{8250} \right]}$$
$$\leq y_0 \leq 74,55 + 2,306 \sqrt{0,90 \left[1 + \frac{1}{10} + \frac{(160-145)^2}{8250} \right]},$$

que, simplificado, resulta em

$$72,21 \leq y_0 \leq 76,89.$$

14-5 MEDINDO A ADEQUAÇÃO DO MODELO DE REGRESSÃO

O ajuste de um modelo de regressão exige várias suposições. A estimação dos parâmetros do modelo exige a hipótese de que os erros sejam variáveis aleatórias não-correlacionadas, com média zero e variância constante. Os testes de hipóteses e a estimação de intervalos exigem que os erros sejam distribuídos normalmente. Além disso, supomos que a ordem do modelo esteja correta; isto é, se ajustamos um polinômio de primeiro grau, então admitimos que o fenômeno realmente se comporta de acordo com um polinômio de primeiro grau.

O analista deve sempre considerar que a validade dessas hipóteses pode ser duvidosa e conduzir a análise para verificar a adequação do modelo que foi escolhido de modo experimental. Nesta seção, discutimos métodos úteis a esse respeito.

14-5.1 Análise dos Resíduos

Definimos os resíduos como $e_i = y_i - \hat{y}_i$, $i = 1, 2, \ldots, n$, onde y_i é uma observação e $\hat{y}_i$ é o correspondente valor estimado a partir do modelo de regressão. A análise dos resíduos é, freqüentemente, útil na verificação da hipótese de que os erros são NID(0, σ^2) e na determinação da utilidade, ou não, de termos adicionais no modelo.

Como uma verificação aproximada da normalidade, o experimentador pode construir um histograma de freqüência dos resíduos ou plotá-los em papel de probabilidade normal. É necessário discernimento para verificar a não-normalidade nesses gráficos. Pode-se, também, padronizar os resíduos, calculando-se $d_i = e_i / \sqrt{MQ_E}$, $i = 1, 2, \ldots, n$. Se os erros forem NID(0, σ^2), então, aproximadamente 95% dos resíduos padronizados devem cair no intervalo (−2, +2). Resíduos muito distantes desse intervalo podem indicar a presença de um *outlier*, isto é, uma observação atípica em relação ao resto dos dados. Várias regras têm sido propostas para descartar os *outliers*. No entanto, algumas vezes os *outliers* fornecem informação importante sobre circunstâncias não-usuais, de interesse para o experimentador, e não devem ser descartados. Assim, um *outlier* detectado deve ser analisado primeiro e descartado, se garantido. Para mais discussão sobre *outliers*, veja Montgomery, Peck e Vining (2001).

Freqüentemente, é útil plotar os resíduos (1) em seqüência temporal (se conhecida), (2) contra os $\hat{y}_i$ e (3) contra a variável independente x. Esses gráficos, em geral, se parecerão com um dos quatro padrões gerais mostrados na Fig. 14-5. O padrão da Fig. 14-5a representa normalidade, enquanto os das Figs. 14-5b, c e d representam anomalias. Se os resíduos se parecem como na Fig. 14-5b, então a

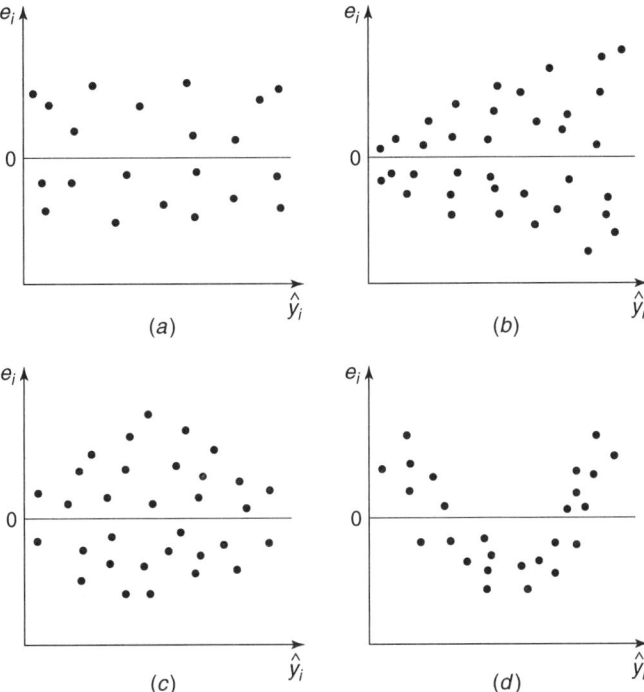

Figura 14-5 Padrões para gráficos de resíduos. (*a*) Satisfatório, (*b*) funil, (*c*) arco duplo, (*d*) não-linear. [Adaptado de Montgomery, Peck e Vining (2001).]

variância das observações pode estar crescendo com o tempo ou com a magnitude de y_i ou de x_i. Se um gráfico de resíduos contra o tempo tem a aparência da Fig. 14-5b, então a variância das observações está crescendo com o tempo. Gráficos contra $\hat{y}_i$ e x_i que se parecem com a Fig. 14-5c indicam, também, desigualdade na variância. Gráficos residuais que se parecem com a Fig. 14-5d indicam inadequação do modelo; isto é, devem-se adicionar termos de ordem mais alta ao modelo.

Exemplo 14-5

Os resíduos para o modelo de regressão no Exemplo 14-1 são calculados como segue:

$$e_1 = 45{,}00 - 45{,}56 = -0{,}56, \qquad e_6 = 70{,}00 - 69{,}72 = 0{,}28,$$
$$e_2 = 51{,}00 - 50{,}39 = 0{,}61, \qquad e_7 = 74{,}00 - 74{,}55 = -0{,}55,$$
$$e_3 = 54{,}00 - 55{,}22 = -1{,}22, \qquad e_8 = 78{,}00 - 79{,}38 = -1{,}38,$$
$$e_4 = 61{,}00 - 60{,}05 = 0{,}95, \qquad e_9 = 85{,}00 - 84{,}21 = 0{,}79,$$
$$e_5 = 66{,}00 - 64{,}88 = 1{,}12, \qquad e_{10} = 89{,}00 - 89{,}04 = -0{,}04.$$

Esses resíduos são plotados em papel de probabilidade normal na Fig. 14-6. Como os resíduos se localizam aproximadamente sobre uma reta na Fig. 14-6, concluímos que não há afastamento grave da normalidade. Os resíduos estão, também, plotados *versus* $\hat{y}_i$, na Fig. 14-7a, e *versus* x_i na Fig. 14-7b. Esses gráficos não indicam inadequações sérias do modelo.

14-5.2 O Teste para a Falta de Ajuste

Em geral, os modelos de regressão são ajustados aos dados quando a verdadeira relação funcional é desconhecida. Naturalmente, gostaríamos de saber se a ordem do modelo que admitimos experimentalmente é correta. Esta seção descreverá um teste para a validade dessa suposição.

O perigo de se usar um modelo que seja uma aproximação ruim da verdadeira relação funcional está ilustrado na Fig. 14-8. Obviamente, um polinômio de grau 2 ou mais deveria ser usado nessa situação.

Apresentamos um teste para a "qualidade de ajuste" do modelo de regressão. Especificamente, as hipóteses que desejamos testar são

H_0: O modelo se ajusta adequadamente aos dados

H_1: O modelo não se ajusta aos dados

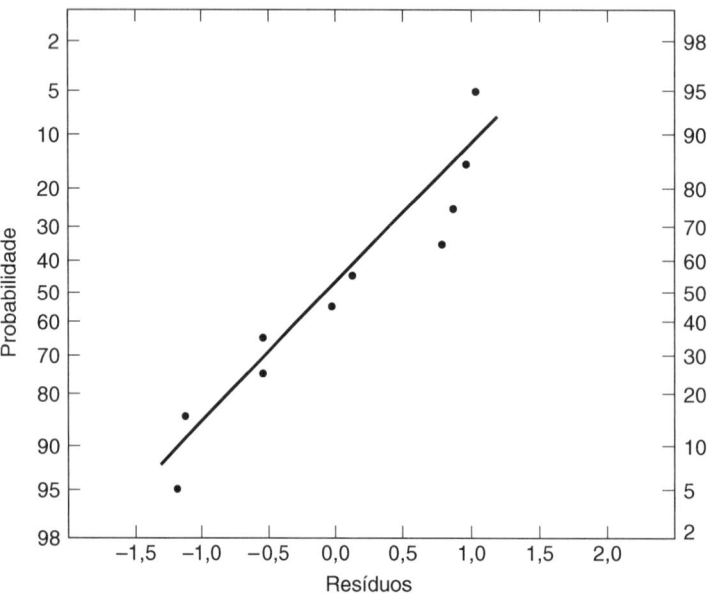

Figura 14-6 Gráfico de probabilidade normal dos resíduos.

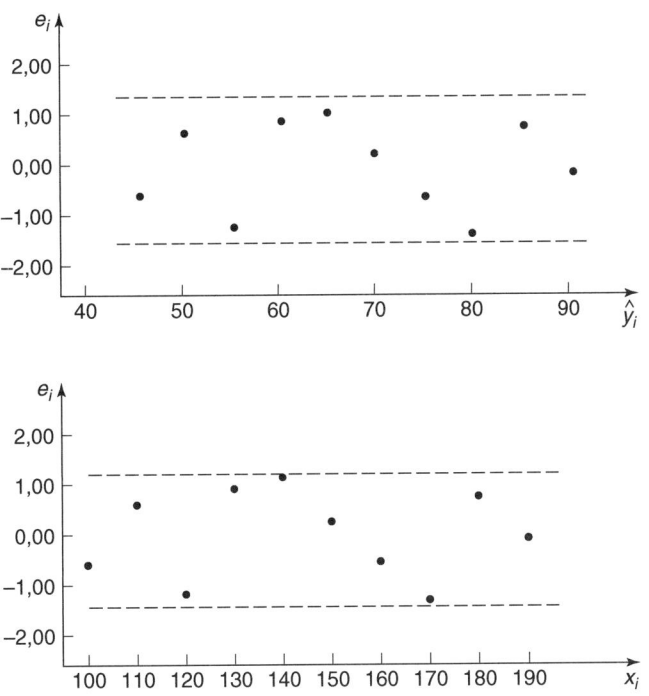

Figura 14-7 Gráfico de resíduos para o Exemplo 14-5. (*a*) Gráfico *versus* $\hat{y}_i$; (*b*) gráfico *versus* x_i.

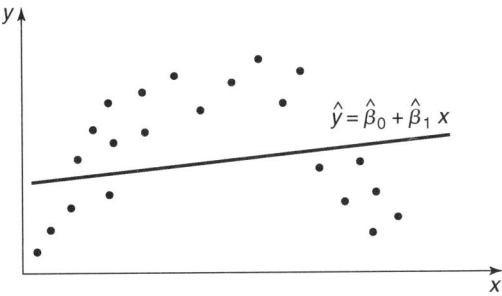

Figura 14-8 Um modelo de regressão que mostra falta de ajuste.

O teste envolve a partição da soma de quadrados dos erros ou resíduos em dois componentes

$$SQ_E = SQ_{EP} + SQ_{FA}$$

onde SQ_{EP} é a soma de quadrados atribuível ao erro "puro" e SQ_{FA} é a soma de quadrados atribuível à falta de ajuste do modelo. Para calcularmos SQ_{EP}, devemos ter observações repetidas sobre y para, pelo menos, um nível de x. Suponha que tenhamos n observações tais que

$y_{11}, y_{12}, \ldots, y_{1n_1}$ observações repetidas em x_1,

$y_{21}, y_{22}, \ldots, y_{2n_2}$ observações repetidas em x_2,

.   .
.   .
.   .

$y_{m1}, y_{m2}, \ldots, y_{mn_m}$ observações repetidas em x_m.

Note que há m níveis distintos de x. A contribuição para a soma de quadrados do erro puro em x_1, digamos, seria

$$\sum_{u=1}^{n_1} (y_{1u} - \bar{y}_1)^2. \tag{14-37}$$

A soma de quadrados total para o erro puro seria obtida pela soma da Equação 14-37 por todos os níveis de x, como

$$SS_{EP} = \sum_{i=1}^{m} \sum_{u=1}^{n_i} (y_{iu} - \bar{y}_i)^2. \tag{14-38}$$

Há $n_e = \sum_{i=1}^{m} 1(n_i - 1) = n - m$ graus de liberdade associados à soma de quadrados do erro puro. A soma de quadrados para a falta de ajuste é simplesmente

$$SQ_{FA} = SQ_E - SQ_{EP} \tag{14-39}$$

com $n - 2 - n_e = m - 2$ graus de liberdade. A estatística de teste para a falta de ajuste seria, então,

$$F_0 = \frac{SQ_{FA}/(m-2)}{SQ_{EP}/(n-m)} = \frac{MQ_{FA}}{MQ_{EP}}, \tag{14-40}$$

e a rejeitaríamos se $F_0 > F_{\alpha, m-2, n-m}$.

Esse procedimento de teste pode ser facilmente introduzido na análise de variância feita para a significância da regressão. Se a hipótese nula de adequação do modelo é rejeitada, então o modelo deve ser abandonado, e deve-se tentar achar um modelo mais apropriado. Se H_0 não é rejeitada, então não há razão aparente para se duvidar da adequação do modelo, e MQ_{EP} e MQ_{FA} são, em geral, combinados para se estimar σ^2.

Exemplo 14-6

Suponha que temos os seguintes dados:

x	1,0	1,0	2,0	3,3	3,3	4,0	4,0	4,0	4,7	5,0
y	2,3	1,8	2,8	1,8	3,7	2,6	2,6	2,2	3,2	2,0
x	5,6	5,6	5,6	6,0	6,0	6,5	6,9			
y	3,5	2,8	2,1	3,4	3,2	3,4	5,0			

Podemos calcular $S_{yy} = 10,97$, $S_{xy} = 13,20$, $S_{xx} = 52,53$, $\bar{y} = 2,847$ e $\bar{x} = 4,382$. O modelo de regressão é $\hat{y} = 1,708 + 0,260x$, e a soma de quadrados da regressão é $SQ_R = (0,260)(13,62) = 3,541$. A soma de quadrados do erro puro é calculada como segue:

Nível de x	$\Sigma(y_i - \bar{y})^2$	Graus de Liberdade
1,0	0,1250	1
3,3	1,8050	1
4,0	0,1066	2
5,6	0,9800	2
6,0	0,0200	1
Total:	3,0366	7

A análise de variância está resumida na Tabela 14-4. Como $F_{0,25; 8; 7} = 1,70$, não podemos rejeitar a hipótese de que o modelo experimental descreva adequadamente os dados. Combinaremos as médias quadráticas da falta de ajuste e do erro puro para formar a média quadrática do denominador no teste da significância da regressão. Também, como $F_{0,05; 1; 15} = 4,54$, concluímos que $\beta_1 \neq 0$.

Ao ajustar um modelo de regressão a dados experimentais, uma boa prática é usar o modelo de menor grau que descreva adequadamente os dados. O teste de falta de ajuste pode ser útil a esse respeito. No

Tabela 14-4 Análise de Variância para o Exemplo 14-6

Fonte de Variação	Soma de Quadrados	Graus de Liberdade	Média Quadrática	F_0
Regressão	3,541	1	3,541	7,15
Resíduo	7,429	15	0,495	
(Falta de Ajuste)	4,392	8	0,549	1,27
(Erro Puro)	3,037	7	0,434	
Total	10,970	16		

entanto, é sempre possível ajustar um polinômio de grau $n-1$ a n pontos de dados, e o experimentador não deve considerar o uso de um modelo "saturado", isto é, que tenha quase tantas variáveis independentes quantas observações em y.

14-5.3 O Coeficiente de Determinação

A quantidade

$$R^2 = \frac{SQ_R}{S_{yy}} = 1 - \frac{SQ_E}{S_{yy}} \tag{14-41}$$

chama-se coeficiente de determinação e é, em geral, usada para julgar-se a adequação de um modelo de regressão. (Veremos, mais adiante, que no caso em que x e y são variáveis aleatórias distribuídas conjuntamente, R^2 é o quadrado do coeficiente de correlação entre x e y.) Claramente, $0 \leq R^2 \leq 1$. Em geral, nos referimos a R^2 de modo mais informal como a quantidade de variabilidade nos dados explicada pelo, ou devida ao, modelo de regressão. Para os dados do Exemplo 14-1, temos $R^2 = SQ_R/S_{yy} = 1924,87/1932,10 = 0,9963$; isto é, 99,63% da variabilidade nos dados são devidos ao modelo.

A estatística R^2 deve ser usada com cuidado, uma vez que é sempre possível tornar R^2 unitário pela simples adição de termos suficientes ao modelo. Por exemplo, podemos obter um ajuste "perfeito" a n pontos de dados com um polinômio de grau $n-1$. Também, R^2 sempre crescerá se adicionarmos uma variável ao modelo, mas isso não significa, necessariamente, que o novo modelo seja superior ao antigo. A menos que a soma de quadrados dos erros, no novo modelo, seja reduzida por uma quantidade igual à média quadrática dos erros original, o novo modelo terá uma média quadrática dos erros maior do que o antigo, devido à perda de um grau de liberdade. Assim, o novo modelo será, realmente, pior do que o anterior.

Há vários conceitos errados em relação a R^2. Em geral, R^2 não mede a magnitude da inclinação da reta de regressão. Um grande valor de R^2 não implica uma inclinação acentuada. Além disso, R^2 não mede a propriedade do modelo, uma vez que ele pode ser artificialmente inflado pela adição de termos polinomiais de ordem mais alta. Mesmo que x e y sejam relacionados de uma maneira não-linear, R^2 será quase sempre grande. Por exemplo, R^2, para a equação de regressão na Fig. 14-3b, será relativamente grande, mesmo que a aproximação linear seja fraca. Finalmente, mesmo que R^2 seja grande, isso não implica necessariamente que o modelo de regressão forneça predições acuradas de futuras observações.

14-6 TRANSFORMAÇÕES PARA UMA RETA

Ocasionalmente, vemos que o modelo de regressão dado pela reta $y = \beta_0 + \beta_1 x + \varepsilon$ não é apropriado porque a verdadeira função de regressão não é linear. Algumas vezes, isso é determinado visualmente através do diagrama de dispersão e, algumas vezes, sabemos, por antecipação, que o modelo não é linear por causa de experiência prévia ou pela teoria subjacente. Em algumas situações, uma função não-linear pode ser expressa através de uma reta, usando-se uma transformação adequada. Tais modelos não-lineares são chamados *intrinsecamente lineares*.

Como um exemplo de um modelo não-linear que é intrinsecamente linear, considere a função exponencial

$$y = \beta_0 e^{\beta_1 x} \varepsilon.$$

Essa função é intrinsecamente linear, pois pode ser transformada em uma reta por uma transformação logarítmica

$$\ln y = \ln \beta_0 + \beta_1 x + \ln \varepsilon.$$

Essa transformação exige que os termos dos erros, $\ln \varepsilon$, sejam distribuídos normal e independentemente, com média 0 e variância σ^2.

Outra função intrinsecamente linear é

$$y = \beta_0 + \beta_1 \left(\frac{1}{x}\right) + \varepsilon.$$

Usando-se a transformação recíproca $z = 1/x$, o modelo se lineariza em

$$y = \beta_0 + \beta_1 z + \varepsilon.$$

Algumas vezes, várias transformações podem ser empregadas conjuntamente para linearizar uma função. Por exemplo, considere a função

$$y = \frac{1}{\exp(\beta_0 + \beta_1 x + \varepsilon)}.$$

Fazendo $y^* = 1/y$, temos a forma linearizada

$$\ln y^* = \beta_0 + \beta_1 x + \varepsilon.$$

Vários outros exemplos de modelos não-lineares que são intrinsecamente lineares são dados por Daniel e Wood (1980).

14-7 CORRELAÇÃO

Até aqui, nosso desenvolvimento da análise de regressão admitiu que x é uma variável matemática, medida com erro desprezível, e que y é uma variável aleatória. Muitas aplicações da análise de regressão envolvem situações em que *ambos*, x e y, são variáveis aleatórias. Nessas situações, supõe-se, em geral, que as observações (y_i, x_i), $i = 1, 2, \ldots, n$ sejam variáveis aleatórias distribuídas conjuntamente, obtidas da distribuição $f(y, x)$. Por exemplo, suponha que desejemos desenvolver um modelo de regressão que relacione a força de cisalhamento de pontos de solda com o diâmetro da solda. Nesse exemplo, o diâmetro da solda não pode ser controlado. Selecionamos, então, n pontos de solda e observamos um diâmetro (x_i) e uma força de cisalhamento (y_i) para cada um. Assim, (y_i, x_i) são variáveis aleatórias distribuídas conjuntamente.

Usualmente, admitimos que a distribuição conjunta de y_i e x_i seja uma distribuição normal bivariada. Isto é,

$$f(y, x) = \frac{1}{2\pi\sigma_1\sigma_2\sqrt{1-\rho^2}} \exp\left\{-\frac{1}{2(1-\rho^2)}\left[\left(\frac{y-\mu_1}{\sigma_1}\right)^2 + \left(\frac{x-\mu_2}{\sigma_2}\right)^2 - 2\rho\left(\frac{y-\mu_1}{\sigma_1}\right)\left(\frac{x-\mu_2}{\sigma_2}\right)\right]\right\}. \quad (14\text{-}42)$$

em que μ_1 e σ_1^2 são a média e a variância de y, μ_2 e σ_2^2 são a média e a variância de x, e ρ é o coeficiente de correlação entre y e x. Lembre, do Capítulo 4, que o coeficiente de correlação é definido como

$$\rho = \frac{\sigma_{12}}{\sigma_1\sigma_2},$$

em que σ_{12} é a covariância entre y e x.

A distribuição condicional de y para um dado valor de x é (veja Capítulo 7)

$$f(y|x) = \frac{1}{\sqrt{2\pi}\sigma_{12}} \exp\left[-\frac{1}{2}\left(\frac{y-\beta_0-\beta_1 x}{\sigma_{12}}\right)^2\right], \tag{14-43}$$

onde

$$\beta_0 = \mu_1 - \mu_2 \rho \frac{\sigma_1}{\sigma_2}, \tag{14-44a}$$

$$\beta_1 = \frac{\sigma_1}{\sigma_2}\rho, \tag{14-44b}$$

e

$$\sigma_{12}^2 = \sigma_1^2(1-\rho^2). \tag{14-44c}$$

Isto é, a distribuição condicional de y dado x é normal, com média

$$E(y|x) = \beta_0 + \beta_1 x \tag{14-45}$$

e variância σ_{12}^2. Note que a média da distribuição condicional de y dado x é um modelo de regressão linear. Além disso, há uma relação entre o coeficiente de correlação ρ e a inclinação β_1. Pela Equação 14-4b vemos que se $\rho = 0$, então $\beta_1 = 0$, o que implica que não há regressão de y sobre x. Isto é, o conhecimento de x não nos ajuda a predizer y.

O método de máxima verossimilhança pode ser usado para estimar os parâmetros β_0 e β_1. Pode-se mostrar que os estimadores de máxima verossimilhança desses parâmetros são

$$\hat{\beta}_0 = \bar{y} - \hat{\beta}_1 \bar{x} \tag{14-46a}$$

e

$$\hat{\beta}_1 = \frac{\sum_{i=1}^{n} y_i(x_i - \bar{x})}{\sum_{i=1}^{n}(x_i - \bar{x})^2} = \frac{S_{xy}}{S_{xx}}. \tag{14-46b}$$

Notamos que os estimadores do intercepto e da inclinação na Equação 14-46 são idênticos aos dados pelo método de mínimos quadrados no caso em que se supôs que x fosse uma variável matemática. Isto é, o modelo de regressão com y e x distribuídos normal e conjuntamente é equivalente ao modelo em que x é considerado uma variável matemática. Isso acontece porque as variáveis aleatórias y dado x são distribuídas normal e independentemente, com média $\beta_0 + \beta_1 x$ e variância constante σ_{12}^2. Esses resultados serão verdadeiros também para *qualquer* distribuição conjunta de y e x, tal que a distribuição condicional de y dado x seja normal.

É possível extrair inferências sobre o coeficiente de correlação ρ nesse modelo. O estimador de ρ é o *coeficiente de correlação amostral*

$$r = \frac{\sum_{i=1}^{n} y_i(x_i - \bar{x})}{\left[\sum_{i=1}^{n}(x_i - \bar{x})^2 \sum_{i=1}^{n}(y_i - \bar{y})^2\right]^{1/2}}$$
$$= \frac{S_{xy}}{\left[S_{xx}S_{yy}\right]^{1/2}}. \tag{14-47}$$

Note que

$$\hat{\beta}_1 = \left(\frac{S_{yy}}{S_{xx}}\right)^{1/2} r, \tag{14-48}$$

de modo que a inclinação $\hat{\beta}_1$ é exatamente o coeficiente de correlação amostral r multiplicado por um fator escalar, que é a raiz quadrada da "dispersão" dos valores de y dividida pela "dispersão" dos valores de x. Assim, $\hat{\beta}_1$ e r estão intimamente relacionados, embora forneçam informações, de algum modo, diferentes. O coeficiente de correlação amostral r mede a associação linear entre y e x, enquanto $\hat{\beta}_1$ mede a mudança predita na média de y para uma mudança unitária em x. No caso de uma variável matemática x, r não tem qualquer significado, porque a magnitude de r depende da escolha do espaçamento para x. Podemos também escrever, pela Equação 14-48,

$$R^2 \equiv r^2 = \hat{\beta}_1^2 \frac{S_{xx}}{S_{yy}}$$

$$= \frac{\hat{\beta}_1 S_{xy}}{S_{yy}}$$

$$= \frac{SQ_R}{S_{yy}},$$

que reconhecemos, pela Equação 14-41, como o coeficiente de determinação. Isto é, o coeficiente de determinação, R^2, é exatamente o quadrado do coeficiente de correlação linear entre y e x.

Em geral, é útil o teste das hipóteses

$$H_0: \rho = 0,$$
$$H_1: \rho \neq 0.$$
(14-49)

A estatística de teste apropriada para essa hipótese é

$$t_0 = \frac{r\sqrt{n-2}}{\sqrt{1-r^2}},$$
(14-50)

que segue uma distribuição t, com $n-2$ graus de liberdade se $H_0: \rho = 0$ for verdadeira. Portanto, rejeitaríamos a hipótese nula se $|t_0| > t_{\alpha/2, n-2}$. Esse teste é equivalente ao teste da hipótese $H_0: \beta_1 = 0$ dado na Seção 14-2. Essa equivalência segue diretamente da Equação 14-48.

O procedimento de teste para a hipótese

$$H_0: \rho = \rho_0,$$
$$H_1: \rho \neq \rho_0,$$
(14-51)

em que $\rho_0 \neq 0$ é um pouco mais complicado. Para amostras moderadamente grandes ($n \geq 25$), a estatística

$$Z = \text{arctanh } r = \frac{1}{2} \ln \frac{1+r}{1-r}$$
(14-52)

segue aproximadamente uma distribuição normal, com média

$$\mu_Z = \text{arctanh } \rho = \frac{1}{2} \ln \frac{1+\rho}{1-\rho}$$

e variância

$$\sigma_Z^2 = (n-3)^{-1}.$$

Assim, para testarmos a hipótese $H_0: \rho = \rho_0$, podemos calcular a estatística

$$Z_0 = (\text{arctanh } r - \text{arctanh } \rho_0)(n-3)^{1/2}$$
(14-53)

e rejeitamos $H_0: \rho = \rho_0$ se $|Z_0| > Z_{\alpha/2}$.

É, também, possível construir um intervalo de confiança para ρ de $100(1-\alpha)\%$ de confiança, usando-se a transformação da Equação 14-52. O intervalo de confiança de $100(1-\alpha)\%$ de confiança é

$$\tanh\left(\operatorname{arctanh} r - \frac{Z_{\alpha/2}}{\sqrt{n-3}}\right) \leq \rho \leq \tanh\left(\operatorname{arctanh} r + \frac{Z_{\alpha/2}}{\sqrt{n-3}}\right), \tag{14-54}$$

em que $\tanh u = (e^u - e^{-u})/(e^u + e^{-u})$.

Exemplo 14-7

Montgomery, Peck e Vining (2001) descrevem uma aplicação da análise de regressão na qual uma engenheira, em uma engarrafadora de refrigerantes, estuda as operações de distribuição do produto e rotas de serviço para as máquinas de venda. Ela suspeita que o tempo necessário para carregar e dar manutenção a uma máquina esteja relacionado com o número de caixas entregues. Seleciona-se uma amostra aleatória de 25 pontos de varejo com máquinas de venda e observam-se, para cada ponto, o tempo de entrega (em minutos) e o volume do produto entregue (em caixas). Os dados são mostrados na Tabela 14-5. Admitimos que o tempo de entrega e o volume do produto entregue sejam distribuídos normal e conjuntamente.

Tabela 14-5 Dados para o Exemplo 14-7

Observação	Tempo de Entrega (y)	Número de Caixas (x)	Observação	Tempo de Entrega (y)	Número de Caixas (x)
1	9,95	2	14	11,66	2
2	24,45	8	15	21,65	4
3	31,75	11	16	17,89	4
4	35,00	10	17	69,00	20
5	25,02	8	18	10,30	1
6	16,86	4	19	34,93	10
7	14,38	2	20	46,59	15
8	9,60	2	21	44,88	15
9	24,35	9	22	54,12	16
10	27,50	8	23	56,63	17
11	17,08	4	24	22,13	6
12	37,00	11	25	21,15	5
13	41,95	12			

Usando os dados da Tabela 14-5, podemos calcular

$$S_{yy} = 6105{,}9447, \qquad S_{xx} = 698{,}5600, \quad \text{e} \quad S_{xy} = 2027{,}7132.$$

O modelo de regressão é

$$\hat{y} = 5{,}1145 + 2{,}9027x.$$

O coeficiente de correlação amostral entre x e y é calculado pela Equação 14-47 como

$$r = \frac{S_{xy}}{\left[S_{xx}S_{yy}\right]^{1/2}} = \frac{2027{,}7132}{\left[(698{,}5600)(6105{,}9447)\right]^{1/2}} = 0{,}9818.$$

Note que $R^2 = (0{,}9818)^2 = 0{,}9640$, ou que aproximadamente 96,40% da variabilidade no tempo de entrega são explicados pela relação linear com o volume entregue. Para testarmos a hipótese

$$H_0: \rho = 0,$$
$$H_1: \rho \neq 0,$$

podemos calcular a estatística de teste da Equação 14-50 como segue:

$$t_0 = \frac{r\sqrt{n-2}}{\sqrt{1-r^2}} = \frac{0{,}9818\sqrt{23}}{\sqrt{1-0{,}9640}} = 24{,}80.$$

Como $t_{0,025;23} = 2,069$, rejeitamos H_0 e concluímos que o coeficiente de correlação $\rho \neq 0$. Finalmente, podemos construir um intervalo de confiança aproximado de 95% de confiança para ρ, usando a equação 14-54. Como arc tanh r = arc tanh 0,9819 = 2,3452, a Equação 14-54 se torna

$$\tanh\left(2,3452 - \frac{1,96}{\sqrt{22}}\right) \leq \rho \leq \tanh\left(2,3452 + \frac{1,96}{\sqrt{22}}\right),$$

que se reduz a

$$0,9585 \leq \rho \leq 0,9921.$$

14-8 EXEMPLO DE SAÍDA DE COMPUTADOR

Muitos dos procedimentos apresentados neste capítulo podem ser implementados com o uso de pacotes estatísticos. Nesta seção, apresentamos a saída do Minitab® para os dados do Exemplo 14-1.

Relembre que o Exemplo 14-1 fornece dados sobre o efeito da temperatura de operação do processo sobre o resultado do produto. A saída do Minitab® é

```
The regression equation is
Resultado = - 2.74 + 0.483 Temp

Predictor      Coef      SE Coef        T          P
Constant     -2.739        1.546     -1.77      0.114
Temp         0.48303      0.01046    46.17      0.000

S = 0.9503    R-Sq = 99.6%    R-Sq(adj) = 99.6%

Analysis of Variance

Source          DF        SS         MS         F         P
Regression       1      1924.9     1924.9    2131.57    0.000
Residual Error   8         7.2        0.9
Total            9      1932.1
```

A equação de regressão é apresentada junto com os resultados dos testes t para os coeficientes individuais. Os valores P indicam que o intercepto não parece ser significante (valor $P = 0,114$), enquanto a variável regressora, temperatura, é estatisticamente significante (valor $P \approx 0$). A análise de variância está testando também a hipótese $H_0:\beta_1 = 0$ e pode ser rejeitada (valor $P \approx 0$). Note, também, que T = 46,17 para a temperatura e $t^2 = (46,17)^2 = 2131,67 \approx F$. A menos de arredondamentos, os resultados do computador estão de acordo com os encontrados antes neste capítulo.

14-9 RESUMO

Este capítulo introduziu o modelo de regressão linear simples e mostrou como as estimativas de mínimos quadrados dos parâmetros do modelo podem ser obtidas. Desenvolveram-se, também, os procedimentos de teste de hipótese e as estimativas de intervalos de confiança para os parâmetros do modelo. Os testes de hipóteses e os intervalos de confiança exigem a suposição de que as observações y sejam variáveis aleatórias distribuídas normal e independentemente. Apresentaram-se procedimentos para o teste da adequação do modelo, incluindo um teste de falta de ajuste e a análise dos resíduos. O modelo de correlação foi introduzido para lidar com o caso em que x e y têm distribuição normal conjunta. Discutiu-se, também, a equivalência do problema de estimação do parâmetro do modelo de regressão para o caso em que x e y têm distribuição normal conjunta com o caso em que x é uma variável matemática. Desenvolveram-se procedimentos para a obtenção de estimativas pontuais e intervalares do coeficiente de correlação e para o teste de hipóteses sobre o coeficiente de correlação.

14-10 EXERCÍCIOS

14-1. Montgomery, Peck e Vining (2001) apresentam dados relativos ao desempenho dos 28 times da National Football League em 1976. Suspeitava-se que o número de jogos ganhos (y) estivesse relacionado com o número de jardas ganhas por um oponente (x). Os dados são exibidos a seguir.

Times	Jogos Ganhos (y)	Jardas Ganhas pelo Oponente (x)
Washington	10	2205
Minnesota	11	2096
New England	11	1847
Oakland	13	1903
Pittsburgh	10	4757
Baltimore	11	1848
Los Angeles	10	1564
Dallas	11	1821
Atlanta	4	2577
Buffalo	2	2476
Chicago	7	1984
Cincinnati	10	1917
Cleveland	9	1761
Denver	9	1709
Detroit	6	1901
GreenBay	5	2288
Houston	5	2072
Kansas City	5	2861
Miami	6	2411
New Orleans	4	2289
New York Giants	3	2203
New York Jets	3	2592
Philadelphia	4	2053
St. Louis	10	1979
San Diego	6	2048
San Francisco	8	1786
Seattle	2	2876
Tampa Bay	0	2560

(a) Ajuste um modelo de regressão linear que relacione os jogos ganhos com as jardas ganhas por um oponente.
(b) Teste a significância da regressão.
(c) Ache um intervalo de confiança de 95% de confiança para a inclinação.
(d) Que porcentagem da variabilidade total é explicada pelo modelo?
(e) Ache os resíduos e prepare gráficos apropriados dos resíduos.

14-2. Suponha que quiséssemos usar o modelo desenvolvido no Exercício 14-1 para predizer o número de jogos que um time ganhará se puder limitar os oponentes a 1800 jardas. Ache uma estimativa pontual do número de jogos ganhos se os oponentes ganharem apenas 1800 jardas. Ache um intervalo de predição de 95% de confiança para o número de jogos ganhos.

14-3. A revista *Motor Trend* apresenta, freqüentemente, os dados de desempenho de automóveis. A tabela a seguir apresenta dados do volume de 1975 daquela revista relativos ao desempenho de milhagem de gasolina e deslocamento do motor para 15 automóveis.

Automóvel	Milhas / Galão (y)	Deslocamento (Polegadas Cúbicas) (x)
Apollo	18,90	350
Omega	17,00	350
Nova	20,00	250
Monarch	18,25	351
Duster	20,07	225
Jensen Conv.	11,20	440
Skyhawk	22,12	231
Monza	21,47	262
Corolla SR-5	30,40	96,9
Camaro	16,50	350
Eldorado	14,39	500
Trans Am	16,59	400
Charger SE	19,73	318
Cougar	13,90	351
Corvette	16,50	350

(a) Ajuste um modelo de regressão que relacione o desempenho de milhagem ao deslocamento do motor.
(b) Teste a significância da regressão.
(c) Que porcentagem da variabilidade total na milhagem é explicada pelo modelo?
(d) Ache um intervalo de confiança de 90% de confiança para a milhagem média, se o deslocamento do motor é de 275 polegadas cúbicas.

14-4. Suponha que desejemos predizer a milhagem de gasolina de um carro com um deslocamento de motor de 275 polegadas cúbicas. Ache uma estimativa pontual, usando o modelo desenvolvido no Exercício 14-3, e uma estimativa apropriada de intervalo de 90% de confiança. Compare esse intervalo com o obtido no Exercício 14-3d. Qual é o maior, e por quê?

14-5. Ache os resíduos do modelo do Exercício 14-3. Prepare gráficos apropriados de resíduos e comente a adequação do modelo.

14-6. Um artigo em *Technometrics*, de S. C. Narula e J. F. Wellington ("Prediction, Linear Regression and a Minimum Sum of Relative Errors", Vol. 19, 1977) apresenta dados sobre o preço de venda e taxas anuais para 27 casas. Os dados são mostrados a seguir.

Preço de Venda / 1000	Taxas (Local, Escola, Condado) / 1000
25,9	4,9176
29,5	5,0208
27,9	4,5429
25,9	4,5573
29,9	5,0597
29,9	3,8910
30,9	5,8980
28,9	5,6039
35,9	5,8282
31,5	5,3003

(continua)

Preço de Venda / 1000	Taxas (Local, Escola, Condado) / 1000
31,0	6,2712
30,9	5,9592
30,0	5,0500
36,9	8,2464
41,9	6,6969
40,5	7,7841
43,9	9,0384
37,5	5,9894
37,9	7,5422
44,5	8,7951
37,9	6,0831
38,9	8,3607
36,9	8,1400
45,8	9,1416

(a) Ajuste um modelo de regressão que relacione preços de venda com taxas pagas.
(b) Teste a significância da regressão.
(c) Que porcentagem da variabilidade no preço de venda é explicada pelas taxas pagas?
(d) Ache os resíduos para esse modelo. Construa um gráfico de probabilidade normal para os resíduos. Plote os resíduos *versus* $\hat{y}$ e *versus* x. O modelo parece satisfatório?

14-7. A resistência do papel usado na manufatura de caixas de papelão (y) está relacionada com a porcentagem de concentração de madeira de lei na polpa original (x). Sob condições de controle, uma fábrica-piloto manufatura 16 amostras, cada uma de um lote diferente de polpa, e mede a força de tração. Os dados são mostrados aqui.

y	101,4	117,4	117,1	106,2	131,9	146,9	146,8	133,9
x	1,0	1,5	1,5	1,5	2,0	2,0	2,2	2,4
y	111,3	123,0	125,1	145,2	134,3	144,5	143,7	146,9
x	2,5	2,5	2,8	2,8	3,0	3,0	3,2	3,3

(a) Ajuste um modelo de regressão linear simples aos dados.
(b) Teste a falta de ajuste e a significância da regressão.
(c) Construa um intervalo de confiança de 90% de confiança para a inclinação, β_1.
(d) Construa um intervalo de confiança de 90% de confiança para o intercepto, β_0.
(e) Construa um intervalo de confiança de 95% de confiança em torno da verdadeira reta de regressão em $x = 2,5$.

14-8. Calcule os resíduos para o modelo de regressão do Exercício 14-7. Prepare gráficos apropriados de resíduos e comente a adequação do modelo.

14-9. Supõe-se que o número de libras de vapor usadas por mês por uma fábrica química esteja relacionado com a temperatura média ambiental para aquele mês. As quantidades usadas e as temperaturas no ano passado constam da tabela seguinte.

Mês	Temp.	Uso / 1000
Jan.	21	185,79
Fev.	24	214,47
Mar.	32	288,03
Abr.	47	424,84
Mai.	50	454,58
Jun.	59	539,03
Jul.	68	621,55
Ago.	74	675,06
Set.	62	562,03
Out.	50	452,93
Nov.	41	369,95
Dez.	30	273,98

(a) Ajuste um modelo de regressão linear aos dados.
(b) Teste a significância da regressão.
(c) Teste a hipótese de que a inclinação é $\beta_1 = 10$.
(d) Construa um intervalo de confiança de 99% de confiança em torno da verdadeira reta de regressão em $x = 58$.
(e) Construa um intervalo de predição para o uso de vapor no próximo mês, com uma temperatura ambiente média de 58°.

14-10. Calcule os resíduos para o modelo de regressão do Exercício 14-9. Faça gráficos apropriados dos resíduos e comente sobre a adequação do modelo.

14-11. Considera-se que a porcentagem de impureza no gás de oxigênio produzido por um processo de destilação esteja relacionada com a porcentagem de hidrocarboneto no condensador principal do processador. Estão disponíveis dados de um mês de operação, conforme mostra a tabela.
(a) Ajuste um modelo de regressão linear simples aos dados.
(b) Teste a falta de ajuste e a significância da regressão.
(c) Calcule R^2 para esse modelo.
(d) Calcule um intervalo de confiança de 95% de confiança para a inclinação β_1.

14-12. Calcule os resíduos para os dados do Exercício 14-11.
(a) Plote os resíduos em papel de probabilidade normal e tire as conclusões apropriadas.
(b) Plote os resíduos contra $\hat{y}$ e x. Interprete esses gráficos.

Pureza (%)	86,91	89,85	90,28	86,34	92,58	87,33	86,29	91,86	95,61	89,86
Hidrocarboneto (%)	1,02	1,11	1,43	1,11	1,01	0,95	1,11	0,87	1,43	1,02
Pureza (%)	96,73	99,42	98,66	96,07	93,65	87,31	95,00	96,85	85,20	90,56
Hidrocarboneto (%)	1,46	1,55	1,55	1,55	1,40	1,15	1,01	0,99	0,95	0,98

Tabela para o Exercício 14-11

14-13. Um artigo em *Transportation Research* (1999, p. 183) apresenta um estudo sobre o emprego marítimo no mundo. O objetivo do estudo era determinar uma relação entre o nível médio de emprego e o tamanho médio da frota. O nível de emprego se refere à razão do número de postos a serem ocupados por marinheiros por navio (postos/navio). Os dados coletados para navios do Reino Unido por um período de 16 anos são

Tamanho Médio	Nível
9154	20,27
9277	19,98
9221	20,28
9198	19,65
8705	18,81
8530	18,20
8544	18,05
7964	16,81
7440	15,56
6432	13,98
6032	14,51
5125	10,99
4418	12,83
4327	11,85
4133	11,33
3765	10,25

(a) Ajuste um modelo de regressão linear que relacione o nível médio de emprego ao tamanho médio do navio.
(b) Teste a significância da regressão.
(c) Ache um intervalo de confiança de 95% de confiança para a inclinação.
(d) Que porcentagem da variabilidade total é explicada pelo modelo?
(e) Ache os resíduos e construa gráficos dos resíduos apropriados.

14-14. Mostram-se, abaixo, as médias finais para 20 estudantes, selecionados aleatoriamente, que fazem um curso de estatística para engenharia e um curso de pesquisa operacional na Georgia Tech. Suponha que as médias finais sejam distribuídas normal e conjuntamente.

Estatística	86	75	69	75	90	94	83	86	71	65
PO	80	81	75	81	92	95	80	81	76	72

Estatística	84	71	62	90	83	75	71	76	84	97
PO	85	72	65	93	81	70	73	72	80	98

(a) Ache a reta de regressão que relaciona a média final em estatística à média final em PO.
(b) Estime o coeficiente de correlação.
(c) Teste a hipótese de que $\rho = 0$.
(d) Teste a hipótese de que $\rho = 0,5$.
(e) Construa um intervalo de confiança de 95% de confiança para o coeficiente de correlação.

14-15. Mostram-se, na tabela que se segue, o peso e a pressão sangüínea sistólica de 26 homens selecionados aleatoriamente, com idades entre 25 e 30 anos. Suponha que o peso e a pressão sangüínea sejam distribuídos normal e conjuntamente.

Sujeito	Peso	Sistólica
1	165	130
2	167	133
3	180	150
4	155	128
5	212	151
6	175	146
7	190	150
8	210	140
9	200	148
10	149	125
11	158	133
12	169	135
13	170	150
14	172	153
15	159	128
16	168	132
17	174	149
18	183	158
19	215	150
20	195	163
21	180	156
22	143	124
23	240	170
24	235	165
25	192	160
26	187	159

(a) Ache a reta de regressão que relacione a pressão sangüínea sistólica ao peso.
(b) Estime o coeficiente de correlação.
(c) Teste a hipótese de que $\rho = 0$.
(d) Teste a hipótese de que $\rho = 0,6$.
(e) Construa um intervalo de confiança de 95% de confiança para o coeficiente de correlação.

14-16. Considere o modelo de regressão linear simples $y = \beta_0 + \beta_1 x + \varepsilon$. Mostre que $E(MQ_R) = \sigma^2 + \beta_1^2 S_{xx}$.

14-17. Suponha que tenhamos admitido o modelo de regressão linear
$$y = \beta_0 + \beta_1 x_1 + \varepsilon$$
mas que a variável resposta seja afetada por uma segunda variável, x_2, tal que a verdadeira função de regressão seja
$$E(y) = \beta_0 + \beta_1 x_1 + \beta_2 x_2.$$
O estimador da inclinação no modelo de regressão linear simples é não-viesado?

14-18. Suponha que estejamos ajustando uma reta e que desejemos fazer a variância da inclinação $\hat{\beta}_1$ tão pequena quanto possível. Onde devem ser feitas as observações x_i, $i = 1, 2, ..., n$, de modo a minimizar $V(\hat{\beta}_1)$? Discuta as implicações práticas dessa localização dos x_i.

14-19. Mínimos Quadrados Ponderados. Suponha que estejamos ajustando a reta $y = \beta_0 + \beta_1 x + \varepsilon$, mas que a variância dos valores de y dependa, agora, do nível de x; isto é,
$$V(y_i | x_i) = \sigma_i^2 = \frac{\sigma^2}{w_i}, \qquad i = 1, 2, ..., n,$$

em que w_i são constantes desconhecidas, em geral chamadas *pesos*. Mostre que as equações normais de mínimos quadrados resultantes são

$$\hat{\beta}_0 \sum_{i=1}^n w_i + \hat{\beta}_1 \sum_{i=1}^n w_i x_i = \sum_{i=1}^n w_i y_i,$$

$$\hat{\beta}_0 \sum_{i=1}^n w_i x_i + \hat{\beta}_1 \sum_{i=1}^n w_i x_i^2 = \sum_{i=1}^n w_i x_i y_i.$$

14-20. Considere os dados mostrados a seguir. Suponha que a relação entre y e x seja, supostamente, $y = (\beta_0 + \beta_1 x + \varepsilon)^{-1}$. Ajuste um modelo apropriado aos dados. A forma do modelo pressuposto parece apropriada?

x	10	15	18	12	9	8	11	6
y	0,17	0,13	0,09	0,15	0,20	0,21	0,18	0,24

14-21. Considere os dados sobre peso e pressão sangüínea do Exercício 14-15. Ajuste um modelo sem intercepto aos dados e compare-o ao modelo obtido no Exercício 14-15. Qual modelo é superior?

14-22. Os dados seguintes, adaptados de Montgomery, Peck e Vining (2001), apresentam o número de deficientes mentais certificados por 10.000 da população estimada do Reino Unido (y) e o número de licenças expedidas pela BBC (em milhões) de rádios receptores para os anos de 1924-1937. Comente o modelo. Especificamente, a existência de uma forte correlação implica uma relação de causa e efeito?

Ano	Número de Deficientes Mentais Certificados por 10.000 da População Estimada do Reino Unido (y)	Número de Licenças de Rádios Receptores Expedidas (Milhões) no Reino Unido (x)
1924	8	1,350
1925	8	1,960
1926	9	2,270
1927	10	2,483
1928	11	2,730
1929	11	3,091
1930	12	3,674
1931	16	4,620
1932	18	5,497
1933	19	6,260
1934	20	7,012
1935	21	7,618
1936	22	8,131
1937	23	8,593

Capítulo 15

Regressão Múltipla

Muitos problemas de regressão envolvem mais de uma variável regressora. Tais modelos são chamados de *modelos de regressão múltipla*. A regressão múltpla é uma das técnicas estatísticas mais amplamente usadas. Este capítulo apresenta as técnicas básicas da estimação de parâmetros, estimação de intervalos de confiança e verificação da adequação do modelo para a regressão múltipla. Introduz, também, alguns dos problemas especiais encontrados, em geral, no uso prático da regressão múltipla, incluindo construção do modelo e seleção de variáveis, autocorrelação nos erros e multicolinearidade ou dependência não-linear, entre as variáveis regressoras.

15-1 MODELOS DE REGRESSÃO MÚLTIPLA

Um modelo de regressão que envolve mais de uma variável regressora é chamado de modelo de *regressão múltipla*. Como um exemplo, suponha que a vida efetiva de uma ferramenta de corte dependa da velocidade de corte e do ângulo da ferramenta. Um modelo de regressão múltipla que pode descrever essa relação é

$$y = \beta_0 + \beta_1 x_1 + \beta_2 x_2 + \varepsilon, \tag{15-1}$$

em que y representa a vida da ferramenta, x_1 representa a velocidade de corte e x_2 o ângulo da ferramenta. Esse é um *modelo de regressão linear múltipla* com duas variáveis regressoras. O termo "linear" é usado porque a Equação 15-1 é uma função linear dos parâmetros desconhecidos β_0, β_1 e β_2. Note que o modelo descreve um plano no espaço bidimensional x_1, x_2. O parâmetro β_0 define o intercepto do plano. Algumas vezes, chamamos β_1 e β_2 de coeficientes de regressão *parcial*, porque β_1 mede a mudança esperada em y por unidade de variação em x_1 quando x_2 se mantém constante, e β_2 mede a mudança esperada em y por unidade de mudança em x_2 quando x_1 se mantém constante.

Em geral, a variável dependente ou resposta, y, pode ser relacionada a k variáveis independentes. O modelo

$$y = \beta_0 + \beta_1 x_1 + \beta_2 x_2 + \cdots + \beta_k x_k + \varepsilon \tag{15-2}$$

é chamado de modelo de regressão linear múltipla com k variáveis independentes. Os parâmetros β_j, $j = 0, 1, \ldots, k$ são chamados de coeficientes de regressão. Esse modelo descreve um hiperplano no espaço k-dimensional das variáveis regressoras $\{x_j\}$. O parâmetro β_j representa a mudança esperada na resposta y por unidade de mudança em x_j quando todas as demais variáveis independentes x_i ($i \neq j$) são mantidas constantes. Os parâmetros β_j, $j = 1, 2, \ldots, k$ são, em geral, chamados de coeficientes de regressão parcial porque descrevem o efeito parcial de uma variável independente quando as outras variáveis independentes no modelo são mantidas constantes.

Os modelos de regressão linear múltipla são usados, em geral, como funções aproximadoras. Isto é, a verdadeira relação funcional entre y e $x_1, x_2, \ldots, x_k$ é desconhecida, mas dentro de certos limites das variáveis independentes o modelo de regressão linear é uma aproximação adequada.

Modelos de aparência mais complexa do que o da Equação 15-2 podem ainda ser, em geral, analisados pelas técnicas de regressão linear múltipla. Por exemplo, considere o modelo polinomial cúbico em uma variável independente,

$$y = \beta_0 + \beta_1 x + \beta_2 x^2 + \beta_3 x^3 + \varepsilon. \tag{15-3}$$

Se fizermos $x_1 = x$, $x_2 = x^2$ e $x_3 = x^3$, então a Equação 15-3 pode ser escrita como

$$y = \beta_0 + \beta_1 x_1 + \beta_2 x_2 + \beta_3 x_3 + \varepsilon, \tag{15-4}$$

que é um modelo de regressão linear múltipla com três variáveis regressoras. Modelos que incluem os efeitos de interação podem, também, ser analisados pelos métodos de regressão linear múltipla. Por exemplo, suponha que o modelo seja

$$y = \beta_0 + \beta_1 x_1 + \beta_2 x_2 + \beta_{12} x_1 x_2 + \varepsilon. \tag{15-5}$$

Se fizermos $x_3 = x_1 x_2$ e $\beta_3 = \beta_{12}$, então a Equação 15-5 pode ser escrita como

$$y = \beta_0 + \beta_1 x_1 + \beta_2 x_2 + \beta_3 x_3 + \varepsilon, \tag{15-6}$$

que é um modelo de regressão linear. Em geral, qualquer modelo de regressão que seja linear nos *parâmetros* (os β) é um modelo de regressão linear, independentemente da forma da superfície que ele gere.

15-2 ESTIMAÇÃO DOS PARÂMETROS

O método de mínimos quadrados pode ser usado para se estimar os coeficientes de regressão na Equação 15-2. Suponha que estejam disponíveis $n > k$ observações, e seja x_{ij} a i-ésima observação ou nível da variável x_j. Os dados aparecem na Tabela 15-1. Supomos que o termo erro ε no modelo tenha $E(\varepsilon) = 0$, $V(\varepsilon) = \sigma^2$ e que $\{\varepsilon_i\}$ sejam variáveis aleatórias não correlacionadas.

Podemos escrever o modelo, Equação 15-2, em termos das observações,

$$\begin{aligned}
y_i &= \beta_0 + \beta_1 x_{i1} + \beta_2 x_{i2} + \cdots + \beta_k x_{ik} + \varepsilon_i \\
&= \beta_0 + \sum_{j=1}^{k} \beta_j x_{ij} + \varepsilon_i, \qquad i = 1, 2, \ldots, n.
\end{aligned} \tag{15-7}$$

A função de mínimos quadrados é

$$\begin{aligned}
L &= \sum_{i=1}^{n} \varepsilon_i^2 \\
&= \sum_{i=1}^{n} \left(y_i - \beta_0 - \sum_{j=1}^{k} \beta_j x_{ij} \right)^2.
\end{aligned} \tag{15-8}$$

A função L deve ser minimizada em relação a $\beta_0, \beta_1, \ldots, \beta_k$. Os estimadores de mínimos quadrados de $\beta_0, \beta_1, \ldots, \beta_k$ devem satisfazer

$$\left. \frac{\partial L}{\partial \beta_0} \right|_{\hat{\beta}_0, \hat{\beta}_1, \ldots, \hat{\beta}_k} = -2 \sum_{i=1}^{n} \left(y_i - \hat{\beta}_0 - \sum_{j=1}^{k} \hat{\beta}_j x_{ij} \right) = 0 \tag{15-9a}$$

Tabela 15-1 Dados para a Regressão Linear Múltipla

y	x_1	x_2	$\cdots$	x_k
y_1	x_{11}	x_{12}	$\cdots$	x_{1k}
y_2	x_{21}	x_{22}	$\cdots$	x_{2k}
.	.	.		.
.	.	.		.
.	.	.		.
y_n	x_{n1}	x_{n2}	$\cdots$	x_{nk}

e

$$\left.\frac{\partial L}{\partial \beta_j}\right|_{\hat{\beta}_0,\hat{\beta}_1,\ldots,\hat{\beta}_k} = -2\sum_{i=1}^{n}\left(y_i - \hat{\beta}_0 - \sum_{j=1}^{k}\hat{\beta}_j x_{ij}\right)x_{ij} = 0, \qquad j = 1, 2, \ldots, k. \tag{15-9b}$$

Resolvendo a Equação 15-9, obtemos as equações normais de mínimos quadrados

$$\begin{aligned}
n\hat{\beta}_0 + \hat{\beta}_1 \sum_{i=1}^{n} x_{i1} &+ \hat{\beta}_2 \sum_{i=1}^{n} x_{i2} &+ \cdots + \hat{\beta}_k \sum_{i=1}^{n} x_{ik} &= \sum_{i=1}^{n} y_i, \\
\hat{\beta}_0 \sum_{i=1}^{n} x_{i1} &+ \hat{\beta}_1 \sum_{i=1}^{n} x_{i1}^2 &+ \hat{\beta}_2 \sum_{i=1}^{n} x_{i1}x_{i2} + \cdots + \hat{\beta}_k \sum_{i=1}^{n} x_{i1}x_{ik} &= \sum_{i=1}^{n} x_{i1}y_i, \\
\vdots \quad &\quad \vdots \quad &\quad \vdots \quad \vdots \quad \vdots & \\
\hat{\beta}_0 \sum_{i=1}^{n} x_{ik} &+ \hat{\beta}_1 \sum_{i=1}^{n} x_{ik}x_{i1} + \hat{\beta}_2 \sum_{i=1}^{n} x_{ik}x_{i2} + \cdots + \hat{\beta}_k \sum_{i=1}^{n} x_{ik}^2 &= \sum_{i=1}^{n} x_{ik}y_i.
\end{aligned} \tag{15-10}$$

Note que há $p = k + 1$ equações normais, uma para cada um dos coeficientes de regressão desconhecidos. A solução das equações normais consistirá nos estimadores de mínimos quadrados dos coeficientes de regressão $\hat{\beta}_0, \hat{\beta}_1, \ldots \hat{\beta}_k$.

É mais fácil resolver as equações normais se forem expressas em notação matricial. Damos, agora, um desenvolvimento matricial das equações normais que corresponde ao desenvolvimento da Equação 15-10. O modelo em termos das observações, Equação 15-7, pode ser escrito em notação matricial como

$$\mathbf{y} = \mathbf{X}\boldsymbol{\beta} + \boldsymbol{\varepsilon},$$

em que

$$\mathbf{y} = \begin{bmatrix} y_1 \\ y_2 \\ \vdots \\ y_n \end{bmatrix}, \qquad \mathbf{X} = \begin{bmatrix} 1 & x_{11} & x_{12} & \cdots & x_{1k} \\ 1 & x_{21} & x_{22} & \cdots & x_{2k} \\ \vdots & \vdots & \vdots & & \vdots \\ 1 & x_{n1} & x_{n2} & \cdots & x_{nk} \end{bmatrix},$$

$$\boldsymbol{\beta} = \begin{bmatrix} \beta_0 \\ \beta_1 \\ \vdots \\ \beta_k \end{bmatrix}, \qquad \text{e} \qquad \boldsymbol{\varepsilon} = \begin{bmatrix} \varepsilon_1 \\ \varepsilon_2 \\ \vdots \\ \varepsilon_n \end{bmatrix}.$$

Em geral, $\mathbf{y}$ é um vetor $(n \times 1)$ de observações, $\mathbf{X}$ é uma matriz $(n \times p)$ dos níveis das variáveis independentes, $\boldsymbol{\beta}$ é um vetor $(p \times 1)$ dos coeficientes de regressão e ε é um vetor $(n \times 1)$ dos erros aleatórios.

Desejamos encontrar o vetor dos estimadores de mínimos quadrados, $\hat{\boldsymbol{\beta}}$, que minimize

$$L = \sum_{i=1}^{n} \varepsilon_i^2 = \boldsymbol{\varepsilon}'\boldsymbol{\varepsilon} = (\mathbf{y} - \mathbf{X}\boldsymbol{\beta})'(\mathbf{y} - \mathbf{X}\boldsymbol{\beta}).$$

Note que L pode ser expressa como

$$\begin{aligned}
L &= \mathbf{y}'\mathbf{y} - \boldsymbol{\beta}'\mathbf{X}'\mathbf{y} - \mathbf{y}'\mathbf{X}\boldsymbol{\beta} + \boldsymbol{\beta}'\mathbf{X}'\mathbf{X}\boldsymbol{\beta} \\
&= \mathbf{y}'\mathbf{y} - 2\boldsymbol{\beta}'\mathbf{X}'\mathbf{y} + \boldsymbol{\beta}'\mathbf{X}'\mathbf{X}\boldsymbol{\beta},
\end{aligned} \tag{15-11}$$

uma vez que $\boldsymbol{\beta}'\mathbf{X}'\mathbf{y}$ é uma matriz (1×1), portanto um escalar, e sua transposta $(\boldsymbol{\beta}'\mathbf{X}'\mathbf{y})' = \mathbf{y}'\mathbf{X}\boldsymbol{\beta}$ é o mesmo escalar. Os estimadores de mínimos quadrados devem satisfazer

$$\left.\frac{\partial L}{\partial \boldsymbol{\beta}}\right|_{\hat{\boldsymbol{\beta}}} = -2\mathbf{X}'\mathbf{y} + 2\mathbf{X}'\mathbf{X}\hat{\boldsymbol{\beta}} = \mathbf{0},$$

que, simplificado, resulta em

$$\mathbf{X}'\mathbf{X}\hat{\boldsymbol{\beta}} = \mathbf{X}'\mathbf{y}. \tag{15-12}$$

As Equações 15-12 são as equações normais de mínimos quadrados. Elas são idênticas às Equações 15-10. Para resolver as equações normais, multiplique ambos os membros da Equação 15-12 pela inversa de $\mathbf{X}'\mathbf{X}$. Assim, o estimador de mínimos quadrados de $\boldsymbol{\beta}$ é

$$\hat{\boldsymbol{\beta}} = (\mathbf{X}'\mathbf{X})^{-1}\mathbf{X}'\mathbf{y}. \tag{15-13}$$

É fácil ver que a forma da matriz das equações normais é idêntica à forma escalar. Escrevendo a Equação 15-12 em detalhe, obtemos

$$\begin{bmatrix} n & \sum_{i=1}^{n} x_{i1} & \sum_{i=1}^{n} x_{i2} & \cdots & \sum_{i=1}^{n} x_{ik} \\ \sum_{i=1}^{n} x_{i1} & \sum_{i=1}^{n} x_{i1}^{2} & \sum_{i=1}^{n} x_{i1}x_{i2} & \cdots & \sum_{i=1}^{n} x_{i1}x_{ik} \\ \vdots & \vdots & \vdots & & \vdots \\ \sum_{i=1}^{n} x_{ik} & \sum_{i=1}^{n} x_{ik}x_{i1} & \sum_{i=1}^{n} x_{ik}x_{i2} & \cdots & \sum_{i=1}^{n} x_{ik}^{2} \end{bmatrix} \begin{bmatrix} \hat{\beta}_0 \\ \hat{\beta}_1 \\ \vdots \\ \hat{\beta}_k \end{bmatrix} = \begin{bmatrix} \sum_{i=1}^{n} y_i \\ \sum_{i=1}^{n} x_{i1}y_i \\ \vdots \\ \sum_{i=1}^{n} x_{ik}y_i \end{bmatrix}.$$

Se for efetuada a multiplicação matricial indicada, resultará a forma escalar das equações normais (isto é, Equação 15-10). Nessa forma, é fácil ver que $\mathbf{X}'\mathbf{X}$ é uma matriz simétrica ($p \times p$) e que $\mathbf{X}'\mathbf{y}$ é um vetor coluna ($p \times 1$). Note a estrutura especial da matriz $\mathbf{X}'\mathbf{X}$. Os elementos da diagonal de $\mathbf{X}'\mathbf{X}$ são as somas dos quadrados dos elementos nas colunas de $\mathbf{X}$, e os elementos fora da diagonal são as somas dos produtos cruzados dos elementos nas colunas de $\mathbf{X}$. Além disso, note que os elementos de $\mathbf{X}'\mathbf{y}$ são as somas dos produtos cruzados das colunas de $\mathbf{X}$ e as observações $\{y_i\}$.

O modelo de regressão ajustado é

$$\hat{\mathbf{y}} = \mathbf{X}\hat{\boldsymbol{\beta}}. \tag{15-14}$$

Na notação escalar, o modelo ajustado é

$$\hat{y}_i = \hat{\beta}_0 + \sum_{j=1}^{k} \hat{\beta}_j x_{ij}, \qquad i = 1, 2, \ldots, n.$$

A diferença entre a observação y_i e o valor ajustado $\hat{y}_i$ é um resíduo, digamos $e_i = y_i - \hat{y}_i$. O vetor ($n \times 1$) dos resíduos é denotado por

$$\mathbf{e} = \mathbf{y} - \hat{\mathbf{y}}. \tag{15-15}$$

Exemplo 15-1

Um artigo no *Journal of Agricultural Engineering and Research* (2001, p. 275) descreve o uso de um modelo de regressão para relacionar a suscetibilidade de dano em pêssegos devido à altura da qual caem (altura da queda, medida em mm) e à densidade do pêssego (medida em g/cm³). Um objetivo da análise é fornecer um modelo de predição para o dano ao pêssego como uma diretriz para as operações de colheita e de pós-colheita. Dados típicos desse tipo de experimento são exibidos na Tabela 15-2.

Ajustaremos o modelo de regressão linear múltipla

$$y = \beta_0 + \beta_1 x_1 + \beta_2 x_2 + \varepsilon$$

Tabela 15-2 Dados dos Pêssegos Danificados para o Exemplo 15-1

Número da Observação	Dano (mm), y	Altura da Queda (mm), x_1	Densidade da Fruta (g/cm³), x_2
1	3,62	303,7	0,90
2	7,27	366,7	1,04
3	2,66	336,8	1,01
4	1,53	304,5	0,95
5	4,91	346,8	0,98
6	10,36	600,0	1,04
7	5,26	369,0	0,96
8	6,09	418,0	1,00
9	6,57	269,0	1,01
10	4,24	323,0	0,94
11	8,04	562,2	1,01
12	3,46	284,2	0,97
13	8,50	558,6	1,03
14	9,34	415,0	1,01
15	5,55	349,5	1,04
16	8,11	462,8	1,02
17	7,32	333,1	1,05
18	12,58	502,1	1,10
19	0,15	311,4	0,91
20	5,23	351,4	0,96

aos dados. A matriz **X** e o vetor **y** para esse modelo são

$$\mathbf{X} = \begin{bmatrix} 1 & 303,7 & 0,90 \\ 1 & 366,7 & 1,04 \\ 1 & 336,8 & 1,01 \\ 1 & 304,5 & 0,95 \\ 1 & 346,8 & 0,98 \\ 1 & 600,0 & 1,04 \\ 1 & 369,0 & 0,96 \\ 1 & 418,0 & 1,00 \\ 1 & 269,0 & 1,01 \\ 1 & 323,0 & 0,94 \\ 1 & 562,2 & 1,01 \\ 1 & 284,2 & 0,97 \\ 1 & 558,6 & 1,03 \\ 1 & 415,0 & 1,01 \\ 1 & 349,5 & 1,04 \\ 1 & 462,8 & 1,02 \\ 1 & 333,1 & 1,05 \\ 1 & 502,1 & 1,10 \\ 1 & 311,4 & 0,91 \\ 1 & 351,4 & 0,96 \end{bmatrix}, \quad \mathbf{y} = \begin{bmatrix} 3,62 \\ 7,27 \\ 2,66 \\ 1,53 \\ 4,91 \\ 10,36 \\ 5,26 \\ 6,09 \\ 6,57 \\ 4,24 \\ 8,04 \\ 3,46 \\ 8,50 \\ 9,34 \\ 5,55 \\ 8,11 \\ 7,32 \\ 12,58 \\ 0,15 \\ 5,23 \end{bmatrix}.$$

A matriz $\mathbf{X'X}$ é

$$\mathbf{X'X} = \begin{bmatrix} 1 & 1 & \cdots & 1 \\ 303,7 & 366,7 & \cdots & 351,4 \\ 0,90 & 1,04 & \cdots & 0,96 \end{bmatrix} \begin{bmatrix} 1 & 303,7 & 0,90 \\ 1 & 366,7 & 1,04 \\ \vdots & \vdots & \vdots \\ 1 & 351,4 & 0,96 \end{bmatrix}$$

Tabela 15-3 Observações, Valores Ajustados e Resíduos para o Exemplo 15-1

Número da Observação	y_i	$\hat{y}_i$	$e_i = y_i - \hat{y}_i$
1	3,62	1,56	2,06
2	7,27	7,27	0,00
3	2,66	5,83	−3,17
4	1,53	3,31	−1,78
5	4,91	4,92	−0,01
6	10,36	10,34	0,02
7	5,26	4,51	0,75
8	6,09	6,55	−0,46
9	6,57	4,94	1,63
10	4,24	3,21	1,03
11	8,04	8,79	−0,75
12	3,46	3,75	−0,29
13	8,50	9,44	−0,94
14	9,34	6,86	2,48
15	5,55	7,05	−1,50
16	8,11	7,84	0,27
17	7,32	7,18	0,14
18	12,58	11,14	1,44
19	0,15	2,01	−1,86
20	5,23	4,28	0,95

$$= \begin{bmatrix} 20 & 7767,8 & 19,93 \\ 7767,8 & 3201646 & 7791,878 \\ 19,93 & 7791,878 & 19,9077 \end{bmatrix},$$

e o vetor $\mathbf{X'y}$ é

$$\mathbf{X'y} = \begin{bmatrix} 1 & 1 & \cdots & 1 \\ 303,7 & 366,7 & \cdots & 351,4 \\ 0,90 & 1,04 & \cdots & 0,96 \end{bmatrix} \begin{bmatrix} 3,62 \\ 7,27 \\ \vdots \\ 5,23 \end{bmatrix} = \begin{bmatrix} 120,79 \\ 51129,17 \\ 122,70 \end{bmatrix}.$$

Os estimadores de mínimos quadrados são encontrados pela Equação 15-13 como

$$\hat{\boldsymbol{\beta}} = (\mathbf{X'X})^{-1}\mathbf{X'y},$$

ou

$$\begin{bmatrix} \hat{\beta}_0 \\ \hat{\beta}_1 \\ \hat{\beta}_2 \end{bmatrix} = \begin{bmatrix} 20 & 7767,8 & 19,93 \\ 7767,8 & 3201646 & 7791,878 \\ 19,93 & 7791,878 & 19,9077 \end{bmatrix}^{-1} \begin{bmatrix} 120,79 \\ 51129,17 \\ 122,70 \end{bmatrix}$$

$$= \begin{bmatrix} 24,63666 & 0,005321 & -26,74679 \\ 0,005321 & 0,0000077 & -0,008353 \\ -26,74679 & -0,008353 & 30,096389 \end{bmatrix} \begin{bmatrix} 120,79 \\ 51129,17 \\ 122,70 \end{bmatrix}$$

$$= \begin{bmatrix} -33,831 \\ 0,01314 \\ 34,890 \end{bmatrix}.$$

Assim, o modelo de regressão ajustado é

$$\hat{y} = -33,831 + 0,01314 x_1 + 34,890 x_2.$$

A Tabela 15-3 mostra os valores ajustados dos y e dos resíduos. Os valores ajustados e os resíduos são calculados com a mesma precisão que os dados originais.

As propriedades estatísticas do estimador de mínimos quadrados, $\hat{\boldsymbol{\beta}}$, podem ser demonstradas facilmente. Considere primeiro o viés:

$$E(\hat{\boldsymbol{\beta}}) = E\,[(\mathbf{X'X})^{-1}\mathbf{X'y}]$$
$$= E\,[(\mathbf{X'X})^{-1}\mathbf{X'}(\mathbf{X}\boldsymbol{\beta} + \boldsymbol{\varepsilon})]$$
$$= E\,[(\mathbf{X'X})^{-1}\mathbf{X'X}\boldsymbol{\beta} + (\mathbf{X'X})^{-1}\mathbf{X'}\boldsymbol{\varepsilon}]$$
$$= \boldsymbol{\beta},$$

uma vez que $E(\boldsymbol{\varepsilon}) = \mathbf{0}$ e $(\mathbf{X'X})^{-1}\mathbf{X'X} = \mathbf{I}$. Assim, $\hat{\boldsymbol{\beta}}$ é um estimador não-viesado de $\boldsymbol{\beta}$. A propriedade de variância de $\hat{\boldsymbol{\beta}}$ se expressa pela matriz de covariância

$$\text{Cov}(\hat{\boldsymbol{\beta}}) = E\,\{[\hat{\boldsymbol{\beta}} - E(\hat{\boldsymbol{\beta}})][\hat{\boldsymbol{\beta}} - E(\hat{\boldsymbol{\beta}})]'\}.$$

A matriz de covariância de $\hat{\boldsymbol{\beta}}$ é uma matriz simétrica ($p \times p$), cujo jj-ésimo elemento é a variância de $\hat{\beta}_j$ e cujo (i,j)-ésimo elemento é a covariância entre $\hat{\beta}_i$ e $\hat{\beta}_j$. A matriz de covariância de $\hat{\boldsymbol{\beta}}$ é

$$\text{Cov}(\hat{\boldsymbol{\beta}}) = \sigma^2(\mathbf{X'X})^{-1}.$$

Usualmente, é necessário estimar σ^2. Para desenvolver esse estimador, considere a soma dos quadrados dos resíduos, digamos

$$SQ_E = \sum_{i=1}^{n}(y_i - \hat{y}_i)^2$$
$$= \sum_{i=1}^{n} e_i^2$$
$$= \mathbf{e'e}.$$

Substituindo $\mathbf{e} = \mathbf{y} - \hat{\mathbf{y}} = \mathbf{y} - \mathbf{X}\hat{\boldsymbol{\beta}}$, obtemos

$$SQ_E = (\mathbf{y} - \mathbf{X}\hat{\boldsymbol{\beta}})'(\mathbf{y} - \mathbf{X}\hat{\boldsymbol{\beta}})$$
$$= \mathbf{y'y} - \hat{\boldsymbol{\beta}}'\mathbf{X'y} - \mathbf{y'X}\hat{\boldsymbol{\beta}} + \hat{\boldsymbol{\beta}}'\mathbf{X'X}\hat{\boldsymbol{\beta}}$$
$$= \mathbf{y'y} - 2\hat{\boldsymbol{\beta}}'\mathbf{X'y} + \hat{\boldsymbol{\beta}}'\mathbf{X'X}\hat{\boldsymbol{\beta}}.$$

Como $\mathbf{X'X}\hat{\boldsymbol{\beta}} = \mathbf{X'y}$, esta última equação se torna

$$SQ_E = \mathbf{y'y} - \hat{\boldsymbol{\beta}}'\mathbf{X'y}. \tag{15-16}$$

A Equação 15-16 se chama soma de quadrados dos *erros* ou dos *resíduos*, e tem $n - p$ graus de liberdade associados a ela. A média quadrática dos erros é

$$MQ_E = \frac{SQ_E}{n - p}. \tag{15-17}$$

Pode-se mostrar que o valor esperado de MQ_E é σ^2; assim, um estimador não-viesado de σ^2 é dado por

$$\hat{\sigma}^2 = MQ_E. \tag{15-18}$$

Exemplo 15-2

Estimaremos a variância do erro, σ^2, para o problema de regressão múltipla do Exemplo 15-1. Usando os dados da Tabela 15-2, encontramos

$$\mathbf{y'y} = \sum_{i=1}^{20} y_i^2 = 904{,}60$$

e

$$\hat{\boldsymbol{\beta}}'\mathbf{X'y} = \begin{bmatrix} -33{,}831 & 0{,}01314 & 34{,}890 \end{bmatrix} \begin{bmatrix} 120{,}79 \\ 51129{,}17 \\ 122{,}70 \end{bmatrix}$$

$$= 866{,}39.$$

Assim, a soma de quadrados dos erros é

$$SQ_E = \mathbf{y}'\mathbf{y} - \hat{\boldsymbol{\beta}}'\mathbf{X}'\mathbf{y}$$
$$= 904{,}60 - 866{,}39$$
$$= 38{,}21.$$

A estimativa de σ^2 é

$$\hat{\sigma}^2 = \frac{SQ_E}{n-p} = \frac{38{,}21}{20-3} = 2{,}247.$$

15-3 INTERVALOS DE CONFIANÇA NA REGRESSÃO LINEAR MÚLTIPLA

Em geral, é necessário construir estimativas de intervalo de confiança para os coeficientes de regressão $\{\boldsymbol{\beta}_j\}$. O desenvolvimento de um procedimento para a obtenção desses intervalos de confiança exige que admitamos que os erros $\{\varepsilon_i\}$ sejam distribuídos normal e independentemente, com média zero e variância σ^2. Assim, as observações $\{y_i\}$ são distribuídas normal e independentemente, com média $\beta_0 + \sum_{j=1}^{k} b_j x_{ij}$, e variância σ^2. Como o estimador de mínimos quadrados $\hat{\boldsymbol{\beta}}$ é uma combinação linear das observações, segue que $\hat{\boldsymbol{\beta}}$ é distribuído normalmente com vetor médio $\boldsymbol{\beta}$ e matriz de covariância $\sigma^2 (\mathbf{X}'\mathbf{X})^{-1}$. Então, cada uma das quantidades

$$\frac{\hat{\beta}_j - \beta_j}{\sqrt{\hat{\sigma}^2 C_{jj}}}, \qquad j = 0, 1, \ldots, k, \tag{15-19}$$

é distribuída como t, com $n - p$ graus de liberdade, onde C_{jj} é o jj-ésimo elemento da matriz $(\mathbf{X}'\mathbf{X})^{-1}$ e $\hat{\sigma}^2$ é a estimativa da variância do erro, obtida pela Equação 15-18. Assim, um intervalo de confiança de $100(1 - \alpha)\%$ de confiança para o coeficiente de regressão $\beta_j, j = 1, 2, \ldots, k$ é

$$\hat{\beta}_j - t_{\alpha/2, n-p} \sqrt{\hat{\sigma}^2 C_{jj}} \leq \beta_j \leq \hat{\beta}_j + t_{\alpha/2, n-p} \sqrt{\hat{\sigma}^2 C_{jj}}. \tag{15-20}$$

Exemplo 15-3

Construiremos um intervalo de confiança de 95% de confiança para o parâmetro β_1 do Exemplo 15-1. Note que a estimativa pontual de β_1 é $\hat{\beta}_1 = 0{,}01314$, e o elemento da diagonal de $(\mathbf{X}'\mathbf{X})^{-1}$ correspondente a β_1 é $C_{11} = 0{,}0000077$. A estimativa de σ^2 foi obtida no Exemplo 15-2 como 2,247, e $t_{0{,}025;17} = 2{,}110$. Assim, o intervalo de confiança de 95% de confiança para β_1 é calculado pela Equação 15-20 como

$$0{,}01314 - (2{,}110)\sqrt{(2{,}247)(0{,}0000077)} \leq \beta_1 \leq 0{,}01314 + (2{,}110)\sqrt{(2{,}247)(0{,}0000077)},$$

que se reduz a

$$0{,}00436 \leq \beta_1 \leq 0{,}0219.$$

Podemos obter, também, um intervalo de confiança para a resposta média em um ponto particular, digamos $(x_{01}, x_{02}, \ldots, x_{0k})$. Para estimar a resposta média nesse ponto, defina o vetor

$$\mathbf{x}_0 = \begin{bmatrix} 1 \\ x_{01} \\ x_{02} \\ \vdots \\ x_{0k} \end{bmatrix}.$$

A resposta média estimada nesse ponto é

$$\hat{y}_0 = \mathbf{x}'_0\hat{\boldsymbol{\beta}}. \tag{15-21}$$

Esse estimador é não-viesado, pois $E(\hat{y}_0) = E(\mathbf{x}'_0\hat{\boldsymbol{\beta}}) = \mathbf{x}'_0\boldsymbol{\beta} = E(y_0)$, e a variância de $\hat{y}_0$ é

$$V(\hat{y}_0) = \sigma^2 \mathbf{x}'_0(\mathbf{X'X})^{-1}\mathbf{x}_0. \tag{15-22}$$

Assim, um intervalo de confiança de $100(1 - \alpha)\%$ de confiança para a resposta média no ponto $(x_{01}, x_{02}, \ldots, x_{0k})$ é

$$\hat{y}_0 - t_{\alpha/2, n-p}\sqrt{\hat{\sigma}^2 \mathbf{x}'_0(\mathbf{X'X})^{-1}\mathbf{x}_0} \leq E(y_0) \leq \hat{y}_0 + t_{\alpha/2, n-p}\sqrt{\hat{\sigma}^2 \mathbf{x}'_0(\mathbf{X'X})^{-1}\mathbf{x}_0}. \tag{15-23}$$

A Equação 15-23 é um intervalo de confiança em torno do hiperplano de regressão. É a generalização de regressão múltipla da Equação 14-33.

Exemplo 15-4

Os cientistas que conduziram o experimento sobre pêssegos danificados, do Exemplo 15-1, gostariam de construir um intervalo de confiança de 95% de confiança para o dano médio para um pêssego que caia de uma altura de $x_1 = 325$ mm, se sua densidade é $x_2 = 0{,}98$ g/cm³. Assim,

$$\mathbf{x}_0 = \begin{bmatrix} 1 \\ 325 \\ 0{,}98 \end{bmatrix}.$$

A resposta média estimada nesse ponto é encontrada pela Equação 15-21 como

$$\hat{y}_0 = \mathbf{x}'_0\hat{\boldsymbol{\beta}} = \begin{bmatrix} 1 & 325 & 0{,}98 \end{bmatrix} \begin{bmatrix} -33{,}831 \\ 0{,}01314 \\ 34{,}890 \end{bmatrix} = 4{,}63.$$

A variância de $\hat{y}_0$ é estimada por

$$\hat{\sigma}^2 \mathbf{x}'_0(\mathbf{X'X})^{-1}\mathbf{x}_0 = 2{,}247 \begin{bmatrix} 1 & 325 & 0{,}98 \end{bmatrix} \begin{bmatrix} 24{,}63666 & 0{,}005321 & -26{,}74679 \\ 0{,}005321 & 0{,}0000077 & -0{,}008353 \\ -26{,}74679 & -0{,}008353 & 30{,}096389 \end{bmatrix} \begin{bmatrix} 1 \\ 325 \\ 0{,}98 \end{bmatrix}$$

$$= 2{,}247(0{,}0718) = 0{,}1613.$$

Portanto, um intervalo de confiança de 95% para o dano médio nesse ponto é encontrado pela Equação 15-23 como

$$4{,}63 - 2{,}110\sqrt{0{,}1613} \leq E(y_0) \leq 4{,}63 + 2{,}110\sqrt{0{,}1613},$$

que se reduz a

$$3{,}78 \leq E(y_0) \leq 5{,}48.$$

15-4 PREDIÇÃO DE NOVAS OBSERVAÇÕES

O modelo de regressão pode ser usado para a predição de futuras observações de y correspondentes a valores particulares das variáveis independentes, digamos $x_{01}, x_{02}, \ldots, x_{0k}$. Se $\mathbf{x}'_0 = [1, x_{01}, x_{02}, \ldots, x_{0k}]$, então uma estimativa pontual da observação futura y_0 no ponto $(x_{01}, x_{02}, \ldots, x_{0k})$ é

$$\hat{y}_0 = \mathbf{x}'_0\hat{\boldsymbol{\beta}}. \tag{15-24}$$

Um intervalo de predição de $100(1 - \alpha)\%$ para essa observação futura é

$$\hat{y}_0 - t_{\alpha/2, n-p}\sqrt{\hat{\sigma}^2\left(1 + \mathbf{x}'_0(\mathbf{X'X})^{-1}\mathbf{x}_0\right)}$$
$$\leq y_0 \leq \hat{y}_0 + t_{\alpha/2, n-p}\sqrt{\hat{\sigma}^2\left(1 + \mathbf{x}'_0(\mathbf{X'X})^{-1}\mathbf{x}_0\right)}. \tag{15-25}$$

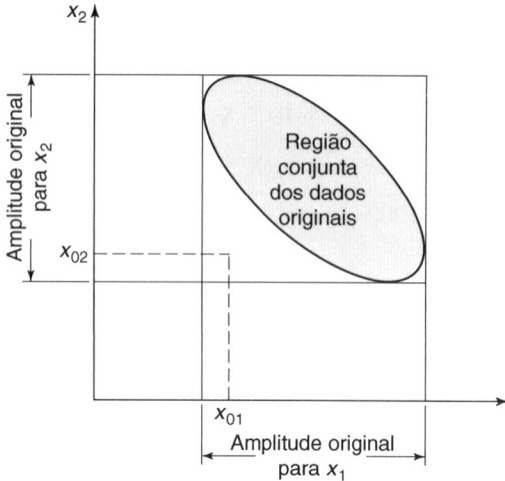

Figura 15-1 Um exemplo de extrapolação na regressão múltipla.

Esse intervalo de predição é uma generalização do intervalo de predição para uma observação futura em um modelo de regressão linear simples, Equação 14-35.

Na predição de novas observações e na estimação da resposta média em um dado ponto ($x_{01}, x_{02}, ..., x_{0k}$) deve-se ter cuidado na extrapolação além da região que contém as observações originais. É bem possível que um modelo que se ajusta bem na região dos dados originais não se ajuste bem fora dessa região. Na regressão múltipla, é geralmente fácil extrapolar inadvertidamente, uma vez que os níveis das variáveis ($x_{i1}, x_{i2}, ..., x_{ik}$), $i = 1, 2, ..., n$ definem conjuntamente a região que contém os dados. Como um exemplo, considere a Fig. 15-1, que ilustra a região que contém as observações para um modelo de regressão de duas variáveis. Note que o ponto (x_{01}, x_{02}) está dentro dos limites para ambas as variáveis independentes x_1 e x_2, mas está fora da região das observações originais. Assim, tanto a predição do valor de uma nova observação quanto a estimação da resposta média nesse ponto serão extrapolações do modelo de regressão original.

Exemplo 15-5

Suponha que os cientistas no Exemplo 15-1 desejem construir um intervalo de predição de 95% de confiança para o dano a um pêssego que cai de uma altura de $x_1 = 325$ mm e tem uma densidade de $x_2 = 0{,}98$ g/cm³. Note que $\mathbf{x}'_0 = [1\ 325\ 0{,}98]$ e que a estimativa do dano é $\hat{y}_0 = \mathbf{x}'_0\boldsymbol{\beta} = 4{,}63$ mm. Também, no Exemplo 15-4 calculamos $\mathbf{x}'_0(\mathbf{X}'\mathbf{X})^{-1}\mathbf{x}_0 = 0{,}0718$. Assim, pela Equação 15-25 temos

$$4{,}63 - 2{,}110\sqrt{2{,}247(1+0{,}0718)} \le y_0 \le 4{,}63 + 2{,}110\sqrt{2{,}247(1+0{,}0718)},$$

e o intervalo de predição de 95% é

$$1{,}36 \le y_0 \le 7{,}90.$$

15-5 TESTE DE HIPÓTESES NA REGRESSÃO LINEAR MÚLTIPLA

Nos problemas de regressão linear múltipla, certos testes de hipóteses em relação aos parâmetros do modelo são úteis na medida da adequação do modelo. Nesta seção, descrevemos vários procedimentos importantes de teste de hipótese. Continuamos a exigir a hipótese de normalidade para os erros, introduzida na seção anterior.

15-5.1 Teste da Significância da Regressão

O teste da significância da regressão é um teste para se determinar se há, ou não, uma relação linear entre a variável dependente y e um subconjunto das variáveis independentes $x_1, x_2, ..., x_k$. As hipóteses apropriadas são

$$H_0: \beta_1 = \beta_2 = \cdots = \beta_k = 0,$$
$$H_1: \beta_j \neq 0 \text{ para pelo menos um } j.$$
(15-26)

A rejeição de $H_0:\beta_j = 0$ implica que pelo menos uma das variáveis independentes $x_1, x_2, \ldots, x_k$ contribui significantemente para o modelo. O procedimento de teste é uma generalização do procedimento usado na regressão linear simples. A soma total de quadrados S_{yy} é particionada em uma soma de quadrados devida à regressão e uma soma de quadrados devida ao erro, digamos

$$S_{yy} = SQ_R + SQ_E,$$

e se $H_0:\beta_j = 0$ for verdadeira, então $SQ_R/\sigma^2 \sim \chi_k^2$, onde o número de graus de liberdade para χ^2 é igual ao número de variáveis regressoras no modelo. Também podemos mostrar que $SQ_R/\sigma^2 \sim \chi_{n-k-1}^2$ e que SQ_E e SQ_R são independentes. O procedimento de teste para $H_0:\beta_j = 0$ é calcular

$$F_0 = \frac{SQ_R/k}{SQ_E/(n-k-1)} = \frac{MQ_R}{MQ_E}$$
(15-27)

e rejeitar H_0 se $F_0 > F_{\alpha,k,n-k-1}$. O procedimento é, em geral, resumido em uma tabela de análise da variância, tal como a Tabela 15-4.

Uma fórmula computacional para SQ_R pode ser facilmente encontrada. Deduzimos uma fórmula de cálculo para SQ_E na Equação 15-6, isto é,

$$SQ_E = \mathbf{y}'\mathbf{y} - \hat{\boldsymbol{\beta}}'\mathbf{X}'\mathbf{y}.$$

Agora, como $S_{yy} = \sum_{i=1}^n y_i^2 - \left(\sum_{i=1}^n y_i\right)^2/n = \mathbf{y}'\mathbf{y} - \left(\sum_{i=1}^n y_i\right)^2/n$, podemos reescrever a equação anterior

$$SQ_E = \mathbf{y}'\mathbf{y} - \frac{1}{n}\left(\sum_{i=1}^n y_i\right)^2 - \left[\hat{\boldsymbol{\beta}}'\mathbf{X}'\mathbf{y} - \frac{1}{n}\left(\sum_{i=1}^n y_i\right)^2\right]$$

ou

$$SQ_E = S_{yy} - SQ_R.$$

Assim, a soma de quadrados da regressão é

$$SQ_R = \hat{\boldsymbol{\beta}}'\mathbf{X}'\mathbf{y} - \frac{1}{n}\left(\sum_{i=1}^n y_i\right)^2,$$
(15-28)

a soma de quadrados dos erros é

$$SQ_E = \mathbf{y}'\mathbf{y} - \hat{\boldsymbol{\beta}}'\mathbf{X}'\mathbf{y},$$
(15-29)

e a soma total de quadrados é

$$S_{yy} = \mathbf{y}'\mathbf{y} - \frac{1}{n}\left(\sum_{i=1}^n y_i\right)^2.$$
(15-30)

Tabela 15-4 Análise de Variância para a Significância da Regressão na Regressão Múltipla

Fonte de Variação	Soma de Quadrados	Graus de Liberdade	Média Quadrática	F_0
Regressão	SQ_R	k	MQ_R	MQ_R/MQ_E
Erros ou resíduos	SQ_E	$n-k-1$	MQ_E	
Total	S_{yy}	$n-1$		

Exemplo 15-6

Testaremos a significância da regressão com os dados dos pêssegos danificados do Exemplo 15-1. Algumas das quantidades numéricas exigidas foram calculadas no Exemplo 15-2. Note que

$$S_{yy} = \mathbf{y}'\mathbf{y} - \frac{1}{n}\left(\sum_{i=1}^{n} y_i\right)^2$$

$$= 904{,}60 - \frac{(120{,}79)^2}{20}$$

$$= 175{,}089,$$

$$SQ_R = \hat{\boldsymbol{\beta}}'\mathbf{X}'\mathbf{y} - \frac{1}{n}\left(\sum_{i=1}^{n} y_i\right)^2$$

$$= 866{,}39 - \frac{(120{,}79)^2}{20}$$

$$= 136{,}88,$$

$$SQ_E = S_{yy} - SQ_R$$

$$= \mathbf{y}'\mathbf{y} - \hat{\boldsymbol{\beta}}'\mathbf{X}'\mathbf{y}$$

$$= 38{,}21.$$

A Tabela 15-5 mostra a análise da variância. Para o teste de $H_0: \beta_1 = \beta_2 = 0$, calculamos a estatística

$$F_0 = \frac{MQ_R}{MQ_E} = \frac{68{,}44}{2{,}247} = 30{,}46.$$

Como $F_0 > F_{0{,}05;2;17} = 3{,}59$, o dano ao pêssego está relacionado à altura de queda, à densidade da fruta ou a ambos. No entanto, notamos que isso não implica necessariamente que a relação encontrada seja apropriada para a predição do dano como função da altura de queda ou da densidade da fruta. Exigem-se mais testes da adequação do modelo.

15-5.2 Testes para os Coeficientes de Regressão Individuais

Freqüentemente, interessa-nos testar hipóteses sobre os coeficientes de regressão individuais. Tais testes seriam úteis na determinação do valor de cada uma das variáveis independentes no modelo de regressão. Por exemplo, o modelo poderia ser mais efetivo com a inclusão de variáveis adicionais ou, talvez, com a exclusão de uma ou mais variáveis já presentes no modelo.

A adição de uma variável a um modelo de regressão sempre faz com que a soma de quadrados para a regressão aumente e a soma de quadrados dos erros diminua. Devemos decidir se o aumento na soma de quadrados da regressão é suficiente para garantir o uso da variável adicional no modelo. Além disso, a adição ao modelo de uma variável sem importância pode, na verdade, aumentar a média quadrática dos erros, diminuindo, assim a utilidade do modelo.

As hipóteses para o teste da significância de qualquer coeficiente de regressão individual, digamos β_j, são

$$H_0: \beta_j = 0,$$
$$H_1: \beta_j \neq 0. \tag{15-31}$$

Tabela 15-5 Teste para a Significância da Regressão para o Exemplo 15-6

Fonte de Variação	Soma de Quadrados	Graus de Liberdade	Média Quadrática	F_0
Regressão	136,88	2	68,44	30,46
Erro	38,21	17	2,247	
Total	175,09	19		

Se $H_0: \beta_j = 0$ não for rejeitada, então isso indica que x_j pode, possivelmente, ser retirada do modelo. A estatística de teste para essa hipótese é

$$t_0 = \frac{\hat{\beta}_j}{\sqrt{\hat{\sigma}^2 C_{jj}}}, \qquad (15\text{-}32)$$

onde C_{jj} é o elemento da diagonal de $(\mathbf{X}'\mathbf{X})^{-1}$ que corresponde a $\hat{\beta}_j$. A hipótese nula $H_0: \beta_j = 0$ é rejeitada se $|t_0| > t_{\alpha/2, n-k-1}$. Note que esse é, realmente, um teste parcial ou marginal, porque o coeficiente de regressão $\hat{\beta}_j$ depende de todas as outras variáveis regressoras $(i \neq j)$ que estão no modelo. Para ilustrar o uso desse teste, considere os dados do Exemplo 15-1 e suponha que desejemos testar

$$H_0: \beta_2 = 0,$$
$$H_1: \beta_2 \neq 0.$$

O elemento da diagonal principal de $(\mathbf{X}'\mathbf{X})^{-1}$ que corresponde a $\hat{\beta}_2$ é $C_{22} = 30{,}096$, de modo que a estatística t na Equação 15-32 é

$$t_0 = \frac{\hat{\beta}_j}{\sqrt{\hat{\sigma}^2 C_{22}}} = \frac{34{,}89}{\sqrt{(2{,}247)(30{,}096)}} = 4{,}24.$$

Como $t_{0{,}025;22} = 2{,}110$, rejeitamos $H_0: \beta_2 = 0$ e concluímos que a variável x_2 (densidade) contribui significantemente para o modelo. Note que esse teste mede a contribuição parcial ou marginal de x_2, dado que x_1 está no modelo.

Podemos, também, examinar a contribuição de uma variável, digamos x_j, para a soma de quadrados da regressão, dado que outras variáveis x_i $(i \neq j)$ estão incluídas no modelo. O procedimento usado para isso é chamado de teste geral de significância da regressão ou método da "soma de quadrados extra". Esse procedimento pode, também, ser usado para investigar a contribuição para o modelo de um *subconjunto* de variáveis regressoras. Considere o modelo de regressão com k variáveis regressoras

$$\mathbf{y} = \mathbf{X}\boldsymbol{\beta} + \boldsymbol{\varepsilon},$$

onde $\mathbf{y}$ é $(n \times 1)$, $\mathbf{X}$ é $(n \times p)$, $\boldsymbol{\beta}$ é $(p \times 1)$, $\boldsymbol{\varepsilon}$ é $(n \times 1)$ e $p = k + 1$. Gostaríamos de determinar se o subconjunto de variáveis regressoras $x_1, x_2, \ldots, x_r$, $(r < k)$ contribui significantemente para o modelo de regressão. Considere a partição do vetor dos coeficientes de regressão como segue:

$$\boldsymbol{\beta} = \begin{bmatrix} \boldsymbol{\beta}_1 \\ \boldsymbol{\beta}_2 \end{bmatrix},$$

em que $\boldsymbol{\beta}_1$ é $(r \times 1)$ e $\boldsymbol{\beta}_2$ é $[(p - r) \times 1]$. Desejamos testar as hipóteses

$$H_0: \boldsymbol{\beta}_1 = \mathbf{0},$$
$$H_1: \boldsymbol{\beta}_1 \neq \mathbf{0}. \qquad (15\text{-}33)$$

O modelo pode ser escrito como

$$\mathbf{y} = \mathbf{X}\boldsymbol{\beta} + \boldsymbol{\varepsilon} = \mathbf{X}_1\boldsymbol{\beta}_1 + \mathbf{X}_2\boldsymbol{\beta}_2 + \boldsymbol{\varepsilon}, \qquad (15\text{-}34)$$

onde $\mathbf{X}_1$ representa as colunas de $\mathbf{X}$ associadas a $\boldsymbol{\beta}_1$, e $\mathbf{X}_2$ representa as colunas de $\mathbf{X}$ associadas a $\boldsymbol{\beta}_2$.

Para o modelo *completo* (que inclui tanto $\boldsymbol{\beta}_1$ quanto $\boldsymbol{\beta}_2$), sabemos que $\hat{\boldsymbol{\beta}} = (\mathbf{X}'\mathbf{X})^{-1}\mathbf{X}'\mathbf{y}$. Também, a soma de quadrados da regressão para todas as variáveis, inclusive o intercepto, é

$$SQ_R(\boldsymbol{\beta}) = \hat{\boldsymbol{\beta}}'\mathbf{X}'\mathbf{y} \qquad (p \text{ graus de liberdade})$$

e

$$MQ_E = \frac{\mathbf{y}'\mathbf{y} - \hat{\boldsymbol{\beta}}'\mathbf{X}'\mathbf{y}}{n - p}.$$

$SQ_R(\boldsymbol{\beta})$ é chamada de soma de quadrados da regressão *devida* a $\boldsymbol{\beta}$. Para encontrar a contribuição para a regressão dos termos em $\boldsymbol{\beta}_1$, ajuste o modelo supondo que a hipótese nula $H_0: \boldsymbol{\beta}_1 = 0$ seja verdadeira. O modelo *reduzido* é encontrado pela Equação 15-34 como

$$\mathbf{y} = \mathbf{X}_2\boldsymbol{\beta}_2 + \boldsymbol{\varepsilon}. \tag{15-35}$$

O estimador de mínimos quadrados de $\boldsymbol{\beta}_2$ é $\hat{\boldsymbol{\beta}}_2 = (\mathbf{X}_2'\mathbf{X}_2)^{-1}\mathbf{X}_2'\mathbf{y}$, e

$$SQ_R(\boldsymbol{\beta}_2) = \hat{\boldsymbol{\beta}}_2'\mathbf{X}_2'\mathbf{y} \qquad (p - r \text{ graus de liberdade}). \tag{15-36}$$

A soma de quadrados da regressão devida a $\boldsymbol{\beta}_1$, dado que $\boldsymbol{\beta}_2$ já está no modelo, é

$$SQ_R(\boldsymbol{\beta}_1|\boldsymbol{\beta}_2) = SQ_R(\boldsymbol{\beta}) - SQ_R(\boldsymbol{\beta}_2). \tag{15-37}$$

Essa soma de quadrados tem r graus de liberdade. Algumas vezes é chamada de "soma de quadrados extra" devida a $\boldsymbol{\beta}_1$. Note que $SQ_R(\boldsymbol{\beta}_1|\boldsymbol{\beta}_2)$ é o aumento na soma de quadrados da regressão devido à inclusão das variáveis $x_1, x_2, \ldots, x_r$ no modelo. Agora, $SQ_R(\boldsymbol{\beta}_1|\boldsymbol{\beta}_2)$ é independente de MQ_E, e a hipótese nula $\boldsymbol{\beta}_1 = \mathbf{0}$ pode ser testada pela estatística

$$F_0 = \frac{SQ_R(\boldsymbol{\beta}_1|\boldsymbol{\beta}_2)/r}{MQ_E}. \tag{15-38}$$

Se $F_0 > F_{\alpha, r, n-p}$, rejeitamos H_0, concluindo que pelo menos um parâmetro em $\boldsymbol{\beta}_1$ é diferente de zero e, conseqüentemente, pelo menos uma das variáveis $x_1, x_2, \ldots, x_r$ em $\mathbf{X}_1$ contribui significantemente para o modelo de regressão. Alguns autores chamam o teste na Equação 15-38 de teste *F parcial*.

O teste *F* parcial é muito útil. Podemos usá-lo para medir a contribuição de x_j como se fosse a última variável acrescentada ao modelo, calculando

$$SQ_R(\beta_j|\beta_0, \beta_1, \ldots, \beta_{j-1}, \beta_{j+1}, \ldots, \beta_k).$$

Esse é o aumento na soma de quadrados da regressão devido ao acréscimo de x_j a um modelo que já contém $x_1, \ldots, x_{j-1}, x_{j+1}, \ldots, x_k$. Note que o teste *F* parcial em uma única variável x_j é equivalente ao teste *t* na Equação 15-32. No entanto, o teste *F* parcial é um procedimento mais geral, no sentido de que pode medir o efeito de conjuntos de variáveis. Na Seção 15-11 mostraremos como o teste *F* parcial desempenha papel importante na *construção do modelo*, isto é, na procura pelo melhor conjunto de variáveis regressoras para se usar no modelo.

Exemplo 15-7

Considere os dados sobre pêssegos danificados do Exemplo 15-1. Investigaremos a contribuição da variável x_2 (densidade) para o modelo. Isto é, desejamos testar

$$H_0: \beta_2 = 0,$$
$$H_1: \beta_2 \neq 0.$$

Para o teste dessa hipótese, precisamos da soma de quadrados extra devida a β_2, ou

$$SQ_R(\beta_2|\beta_1, \beta_0) = SQ_R(\beta_1, \beta_2, \beta_0) - SQ_R(\beta_1, \beta_0)$$
$$= SQ_R(\beta_1, \beta_2|\beta_0) - SQ_R(\beta_1|\beta_0).$$

No Exemplo 15-6, calculamos

$$SQ_R(\beta_1, \beta_2|\beta_0) = \hat{\boldsymbol{\beta}}'\mathbf{X}'\mathbf{y} - \frac{1}{n}\left(\sum_{i=1}^{n} y_i\right)^2 = 136{,}88 \qquad (2 \text{ graus de liberdade}),$$

e, se o modelo $y = \beta_0 + \beta_1 x_1 + \varepsilon$ é ajustado, temos

$$SQ_R(\beta_1|\beta_0) = \hat{\beta}_1 S_{xy} = 96{,}21 \qquad (1 \text{ grau de liberdade})$$

Assim, temos

$$SQ_R(\beta_2|\beta_1, \beta_0) = 136{,}88 - 96{,}21$$
$$= 40{,}67 \qquad \text{(1 grau de liberdade)}.$$

Isso é o aumento na soma de quadrados da regressão atribuível à adição de x_2 a um modelo que já contém x_1. Para o teste de $H_0{:}\beta_2 = 0$, forme a estatística de teste

$$F_0 = \frac{SQ_R(\beta_2|\beta_1,\beta_0)/1}{MQ_E} = \frac{40{,}67}{2{,}247} = 18{,}10.$$

Note que a MQ_E do modelo *completo*, que usa tanto x_1 quanto x_2, é usada no denominador da estatística de teste. Como $F_{0,05;1;17} = 4{,}45$, rejeitamos $H_0{:}\beta_2 = 0$ e concluímos que a densidade (x_2) contribui significativamente para o modelo.

Como esse teste F parcial envolve um única variável, ele é equivalente ao teste t. Para ver isso, lembre-se de que o teste t para $H_0{:}\beta_2 = 0$ resultou na estatística de teste $t_0 = 4{,}24$. Além disso, lembre-se que o quadrado de uma variável aleatória t com v graus de liberdade é uma variável aleatória F com um e v graus de liberdade, e notamos que $t_0^2 = (4{,}24)^2 = 17{,}98 \approx F_0$.

15-6 MEDIDAS DA ADEQUAÇÃO DO MODELO

Muitas técnicas podem ser usadas para se medir a adequação de um modelo de regressão múltipla. Esta seção apresentará várias delas. A validação do modelo é uma parte importante do processo de construção do modelo de regressão. Um bom artigo sobre esse assunto é o de Snee (1977) (veja também Montgomery, Peck e Vining, 2001).

15-6.1 O Coeficiente de Determinação Múltipla

O coeficiente de determinação múltipla, R^2, é definido como

$$R^2 = \frac{SQ_R}{S_{yy}} = 1 - \frac{SQ_E}{S_{yy}}. \qquad (15\text{-}39)$$

R^2 é uma medida da quantidade de redução na variabilidade de y que se obtém com o uso das variáveis regressoras $x_1, x_2, \ldots, x_k$. Como no caso da regressão linear simples, devemos ter $0 \le R^2 \le 1$. No entanto, como antes, um valor grande de R^2 não implica necessariamente que o modelo de regressão seja um bom modelo. O acréscimo de uma variável ao modelo causará, sempre, um aumento em R^2, independentemente de a variável adicional ser ou não estatisticamente significante. Assim, é possível que modelos com grandes valores de R_1^2 produzam predições pobres de novas observações ou estimativas da resposta média.

A raiz quadrada positiva de R^2 é o coeficiente de correlação múltipla entre y e o conjunto de variáveis regressoras $x_1, x_2, \ldots, x_k$. Isto é, R é uma medida da associação linear entre y e $x_1, x_2, \ldots, x_k$. Quando $k = 1$, isso se torna a correlação simples entre y e x.

Exemplo 15-8

O coeficiente de determinação múltipla para o modelo de regressão estimado no Exemplo 15-1 é

$$R^2 = \frac{SQ_R}{S_{yy}} = \frac{136{,}88}{175{,}09} = 0{,}782.$$

Isto é, cerca de 78,2% da variabilidade no dano y são explicados quando são usadas as duas variáveis regressoras, altura de queda (x_1) e densidade da fruta (x_2). Desenvolveu-se o modelo que relaciona a densidade a x_1, apenas. O valor de R^2 para esse modelo é $R^2 = 0{,}549$. Assim, o acréscimo da variável x_2 ao modelo aumentou R^2 de 0,549 para 0,782.

R^2 Ajustado

Alguns estatísticos preferem usar o *coeficiente de determinação múltipla ajustado*, R^2 ajustado, definido como

$$R_{\text{aj}}^2 = 1 - \frac{SQ_E/(n-p)}{S_{yy}/(n-1)}. \qquad (15\text{-}40)$$

O valor $S_{yy}/(n-1)$ será constante, independentemente do número de variáveis no modelo. $SQ_E/(n-p)$ é a média quadrática para o erro, que mudará com o acréscimo ao modelo ou a retirada dele de termos (novas variáveis regressoras, termos de interação, termos de ordem superior). Assim, R_{aj}^2 crescerá apenas se a adição de um novo termo reduzir significantemente a média quadrática dos erros. Em outras palavras, R_{aj}^2 penalizará a adição de termos ao modelo que não sejam significantes na modelagem da resposta. A interpretação do coeficiente de determinação múltipla ajustado é idêntica à de R^2.

Exemplo 15-9

Podemos calcular R_{aj}^2 para o modelo ajustado no Exemplo 15-1. Pelo Exemplo 15-6, vimos que $SQ_E = 38,21$ e $S_{yy} = 175,09$. O R_{aj}^2 estimado é, então,

$$R_{aj}^2 = 1 - \frac{38,21/(20-3)}{175,09/(20-1)} = 1 - \frac{2,247}{9,215}$$
$$= 0,756.$$

O R^2 ajustado terá papel significante na seleção de variáveis e na construção do modelo mais tarde, neste capítulo.

15-6.2 Análise dos Resíduos

Os resíduos do modelo de regressão múltipla estimado, definidos por $e_i = y_i - \hat{y}_i$, desempenham um papel importante no julgamento da adequação do modelo, assim como o fazem na regressão linear simples. Como notamos na Seção 14-5.1, há vários gráficos de resíduos que são freqüentemente úteis, e eles estão ilustrados no Exemplo 15-9. É útil, também, plotar os resíduos contra variáveis que não estão presentemente no modelo, mas que são possíveis candidatas à inclusão. Padrões nesses gráficos, semelhantes aos da Fig. 14-5, indicam que o modelo pode ser melhorado pelo acréscimo de uma variável candidata.

Exemplo 15-10

Os resíduos para o modelo estimado no Exemplo 15-1 estão na Tabela 15-3. Esses resíduos estão plotados em um gráfico de probabilidade normal na Fig. 15-2. Não são óbvios quaisquer desvios graves em relação à normalidade, embora o resíduo menor ($e_3 = -3,17$) não se localize próximo aos demais. O resíduo padronizado, $-3,17/\sqrt{2,247} = -2,11$, parece grande e poderia indicar uma observação não-usual. Os resíduos estão plotados contra $\hat{y}$ na Fig. 15-3 e contra x_1 e x_2 nas Figs. 15-4 e 15-5 respectivamente. Na Fig. 15-4, há alguma indicação de que a hipótese de variância constante pode não ser satisfeita. A remoção da observação não-usual pode melhorar o ajuste do modelo, mas não há indicação de erro na coleta de dados. Portanto, o ponto será mantido. Veremos subseqüentemente (Exemplo 15-16) que duas outras variáveis regressoras são necessárias para a adequada modelagem desses dados.

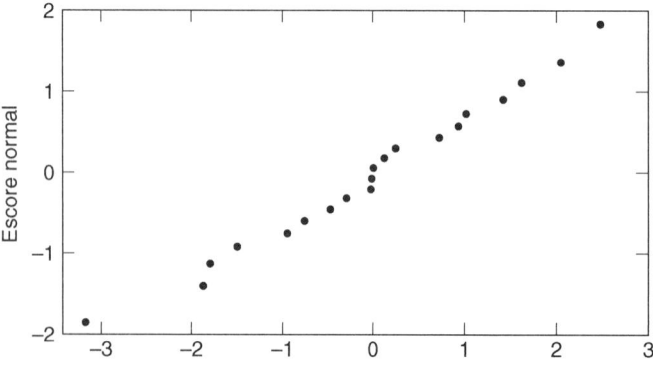

Figura 15-2 Gráfico de probabilidade normal dos resíduos para o Exemplo 15-10.

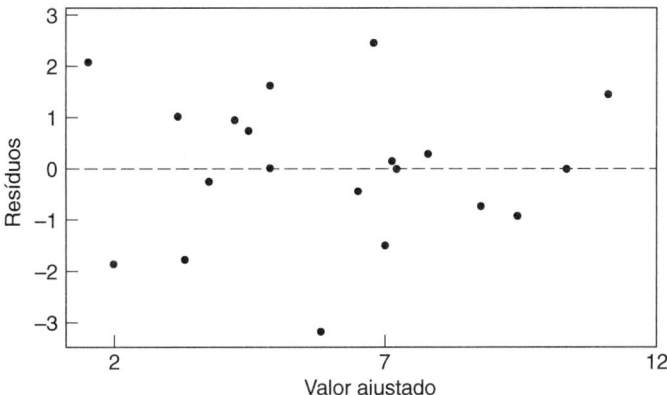

Figura 15-3 Gráfico dos resíduos contra $\hat{y}$ para o Exemplo 15-10.

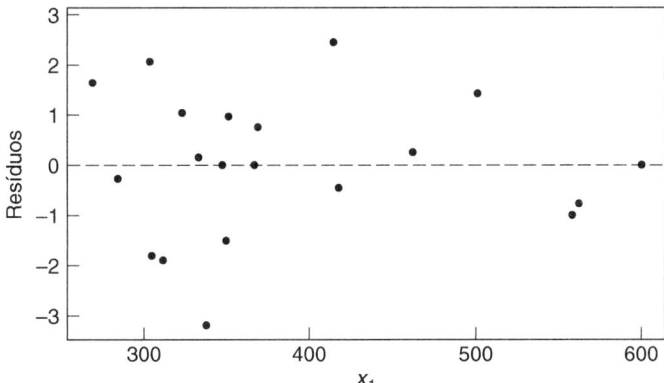

Figura 15-4 Gráfico dos resíduos contra x_1 para o Exemplo 15-10.

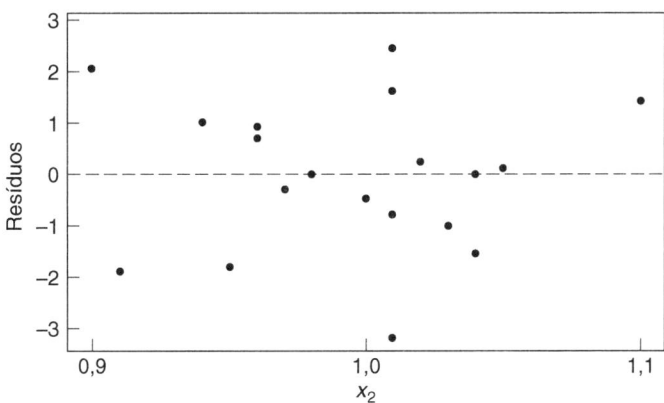

Figura 15-5 Gráfico dos resíduos contra x_2 para o Exemplo 15-10.

15-7 REGRESSÃO POLINOMIAL

O modelo linear $\mathbf{y} = \mathbf{X}\boldsymbol{\beta} + \boldsymbol{\varepsilon}$ é um modelo geral que pode ser usado para ajustar qualquer relação que seja *linear* nos parâmetros desconhecidos $\boldsymbol{\beta}$. Isso inclui a importante classe dos modelos de regressão polinomial. Por exemplo, o polinômio do segundo grau em uma variável,

$$y = \beta_0 + \beta_1 x + \beta_{11} x^2 + \varepsilon, \tag{15-41}$$

e o polinômio do segundo grau em duas variáveis

$$y = \beta_0 + \beta_1 x_1 + \beta_2 x_2 + \beta_{11} x_1^2 + \beta_{22} x_2^2 + \beta_{12} x_1 x_2 + \varepsilon, \tag{15-42}$$

são modelos de regressão linear.

Os modelos de regressão polinomial são amplamente usados nos casos em que a resposta é curvilínea, porque os princípios gerais da regressão múltipla podem ser aplicados. O exemplo seguinte ilustra alguns dos tipos de análises que podem ser feitas.

Exemplo 15-11

Painéis laterais para o interior de um avião são feitos em uma prensa de 1500 t. O custo unitário de fabricação varia com o tamanho do lote de produção. Os dados a seguir fornecem o custo médio por unidade (em centenas de dólares) para esse produto (y) e o tamanho do lote de produção (x). O diagrama de dispersão, mostrado na Fig. 15-6, indica que um polinômio de segunda ordem pode ser apropriado.

y	1,81	1,70	1,65	1,55	1,48	1,40	1,30	1,26	1,24	1,21	1,20	1,18
x	20	25	30	35	40	50	60	65	70	75	80	90

Ajustaremos o modelo

$$y = \beta_0 + \beta_1 x + \beta_{11} x^2 + \varepsilon.$$

O vetor $\mathbf{y}$, a matriz $\mathbf{X}$ e o vetor $\boldsymbol{\beta}$ são os seguintes:

$$\mathbf{y} = \begin{bmatrix} 1,81 \\ 1,70 \\ 1,65 \\ 1,55 \\ 1,48 \\ 1,40 \\ 1,30 \\ 1,26 \\ 1,24 \\ 1,21 \\ 1,20 \\ 1,18 \end{bmatrix}, \quad \mathbf{X} = \begin{bmatrix} 1 & 20 & 400 \\ 1 & 25 & 625 \\ 1 & 30 & 900 \\ 1 & 35 & 1225 \\ 1 & 40 & 1600 \\ 1 & 50 & 2500 \\ 1 & 60 & 3600 \\ 1 & 65 & 4225 \\ 1 & 70 & 4900 \\ 1 & 75 & 5625 \\ 1 & 80 & 6400 \\ 1 & 90 & 8100 \end{bmatrix}, \quad \boldsymbol{\beta} = \begin{bmatrix} \beta_0 \\ \beta_1 \\ \beta_{11} \end{bmatrix}.$$

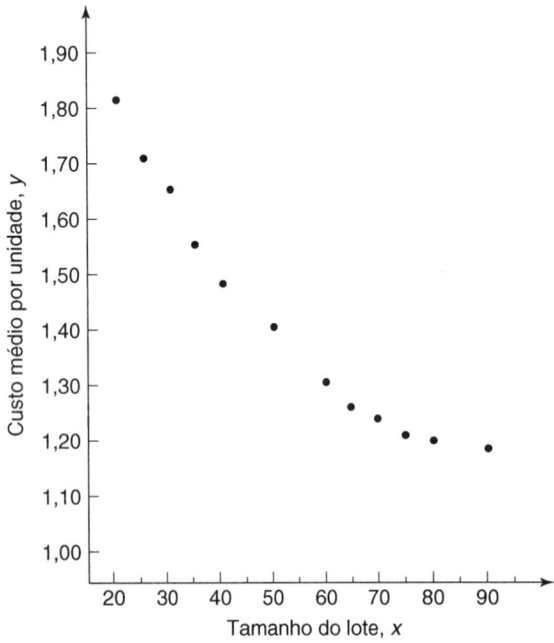

Figura 15-6 Dados para o Exemplo 15-11.

Tabela 15-6 Teste para a Signicância da Regressão para o Modelo de Segunda Ordem no Exemplo 15-11

Fonte de Variação	Soma de Quadrados	Graus de Liberdade	Média Quadrática	F_0
Regressão	0,5254	2	0,2627	2171,07
Erro	0,0011	9	0,000121	
Total	0,5265	11		

Resolvendo-se as equações normais $\mathbf{X'X\hat{\beta} = X'y}$, resulta o modelo ajustado

$$\hat{y} = 2{,}1983 - 0{,}0225x + 0{,}0001251x^2.$$

A Tabela 15-6 mostra o teste para a significância da regressão. Como $F_0 = 2171{,}07$ é significante a 1%, concluímos que pelo menos um dos parâmetros β_1 e β_{11} é diferente de zero. Além disso, os testes-padrão para a adequação do modelo não revelam qualquer comportamento não-usual.

Nos ajustes polinomiais, gostamos em geral de usar o modelo de menor grau que seja consistente com os dados. Nesse exemplo, parece lógico investigar a retirada do termo quadrático do modelo. Isto é, gostaríamos de testar

$$H_0: \beta_{11} = 0,$$
$$H_1: \beta_{11} \neq 0.$$

O teste geral de significância da regressão pode ser usado para se testar essa hipótese. Precisamos determinar a "soma de quadrados extra" devido a β_{11}, ou

$$SQ_R(\beta_{11}|\beta_1, \beta_0) = SQ_R(\beta_1, \beta_{11}|\beta_0) - SQ_R(\beta_1|\beta_0).$$

A soma de quadrados $SQ_R(\beta_1, \beta_{11}|\beta_0) = 0{,}5254$, pela Tabela 15-6. Para achar $SQ_R(\beta_1|\beta_0)$, ajustamos um modelo de regressão linear simples aos dados originais, resultando

$$\hat{y} = 1{,}9004 - 0{,}0091x.$$

Pode-se verificar facilmente que a soma de quadrados da regressão para esse modelo é

$$SQ_R(\beta_1|\beta_0) = 0{,}4942.$$

Assim, a soma de quadrados extra devida a β_{11}, dado que β_1 e β_0 estão no modelo, é

$$SQ_R(\beta_{11}|\beta_0, \beta_1) = SQ_R(\beta_1, \beta_{11}|\beta_0) - SQ_R(\beta_1|\beta_0)$$
$$= 0{,}5254 - 0{,}4942$$
$$= 0{,}0312.$$

A análise da variância, com o teste de $H_0: \beta_{11} = 0$ incorporado ao procedimento, é mostrada na Tabela 15-7. Note que o termo quadrático contribui significantemente para o modelo.

Tabela 15-7 Análise de Variância do Exemplo 15-11 Mostrando o Teste para $H_0: \beta_{11} = 0$

Fonte de Variação	Soma de Quadrados	Graus de Liberdade	Média Quadrática	F_0
Regressão	$SQ_R(\beta_1, \beta_{11}|\beta_0) = 0{,}5254$	2	0,2627	2171,07
Linear	$SQ_R(\beta_1|\beta_0) = 0{,}4942$	1	0,4942	4084,30
Quadrática	$SQ_R(\beta_{11}|\beta_0, \beta_1) = 0{,}0312$	1	0,0312	257,85
Erro	0,0011	9	0,000121	
Total	0,5265	11		

15-8 VARIÁVEIS INDICADORAS

Os modelos de regressão apresentados nas seções anteriores se basearam em variáveis *quantitativas*, isto é, variáveis que são medidas em uma escala numérica. Por exemplo, variáveis tais como temperatura, pressão, distância e idade são variáveis quantitativas. Ocasionalmente, precisamos incorporar variáveis *qualitativas* em um modelo de regressão. Por exemplo, suponha que uma das variáveis em um modelo de regressão seja o operador que está associado a cada observação y_i. Suponha que apenas dois operadores estejam envolvidos. Podemos querer atribuir níveis diferentes aos dois operadores para cercar a possibilidade de que cada operador possa ter um efeito diferente sobre a resposta.

O método usual de se cercar os diferentes níveis de uma variável qualitativa é o uso de variáveis indicadoras. Por exemplo, para se introduzir o efeito de dois operadores diferentes em um modelo de regressão poderíamos definir uma variável indicadora como segue:

$$x = 0 \text{ se a observação for do operador 1,}$$

$$x = 1 \text{ se a observação for do operador 2.}$$

Em geral, uma variável qualitativa com t níveis é representada por $t - 1$ variáveis indicadoras, às quais se associam os valores 0 ou 1. Assim, se houvesse *três* operadores os diferentes níveis seriam relatados por *duas* variáveis indicadoras, definidas como segue:

x_1	x_2	
0	0	se a observação for do operador 1,
1	0	se a observação for do operador 2,
0	1	se a observação for do operador 3.

As variáveis indicadoras são também chamadas de variáveis *dummy* ou *binárias*, ou *dicotômicas*. O exemplo que se segue ilustra alguns dos usos das variáveis indicadoras. Para outras aplicações, veja Montgomery, Peck e Vining (2001).

Exemplo 15-12

(Adaptado de Montgomery, Peck e Vining, 2001.) Um engenheiro mecânico está estudando o acabamento da superfície de partes de metal produzidas em um torno e sua relação com a velocidade (em RPM) do torno. Os dados constam da Tabela 15-8. Note que os dados foram coletados usando-se dois tipos diferentes de ferramenta de corte. Como é provável que o tipo da ferramenta de corte afete o acabamento da superfície, ajustaremos o modelo

$$y = \beta_0 + \beta_1 x_1 + \beta_2 x_2 + \varepsilon,$$

em que y é o acabamento da superfície, x_1 é a velocidade do torno em RPM e x_2 é uma variável indicadora que denota o tipo da ferramenta de corte usada; isto é,

$$x_2 = \begin{cases} 0 \text{ para a ferramenta tipo 302,} \\ 1 \text{ para a ferramenta tipo 416.} \end{cases}$$

Os parâmetros nesse modelo podem ser facilmente interpretados. Se $x_2 = 0$, então o modelo se torna

$$y = \beta_0 + \beta_1 x_1 + \varepsilon,$$

que é um modelo de reta, com inclinação β_1 e intercepto β_0. No entanto, se $x_2 = 1$, então o modelo se torna

$$y = \beta_0 + \beta_1 x_1 + \beta_2(1) + \varepsilon = \beta_0 + \beta_2 + \beta_1 x_1 + \varepsilon,$$

que é um modelo de reta com inclinação β_1 e intercepto $\beta_0 + \beta_2$. Assim, o modelo $y = \beta_0 + \beta_1 x + \beta_2 x_2 + \varepsilon$ implica que o acabamento da superfície está relacionado linearmente à velocidade do torno e que a inclinação β_1 não depende do tipo de ferramenta de corte usada. No entanto, o tipo de ferramenta de corte afeta realmente o intercepto, e β_2 indica a mudança no intercepto associada a uma mudança no tipo da ferramenta de 302 para 416.

Tabela 15-8 Dados do Acabamento da Superfície para o Exemplo 15-12

Número da Observação, i	Acabamento da Superfície, y_i	RPM	Tipo de Ferramenta de Corte
1	45,44	225	302
2	42,03	200	302
3	50,10	250	302
4	48,75	245	302
5	47,92	235	302
6	47,79	237	302
7	52,26	265	302
8	50,52	259	302
9	45,58	221	302
10	44,78	218	302
11	33,50	224	416
12	31,23	212	416
13	37,52	248	416
14	37,13	260	416
15	34,70	243	416
16	33,92	238	416
17	32,13	224	416
18	35,47	251	416
19	33,49	232	416
20	32,29	216	416

A matriz **X** e o vetor **y** para esse problema são os seguintes:

$$\mathbf{X} = \begin{bmatrix} 1 & 225 & 0 \\ 1 & 200 & 0 \\ 1 & 250 & 0 \\ 1 & 245 & 0 \\ 1 & 235 & 0 \\ 1 & 237 & 0 \\ 1 & 265 & 0 \\ 1 & 259 & 0 \\ 1 & 221 & 0 \\ 1 & 218 & 0 \\ 1 & 224 & 1 \\ 1 & 212 & 1 \\ 1 & 248 & 1 \\ 1 & 260 & 1 \\ 1 & 243 & 1 \\ 1 & 238 & 1 \\ 1 & 224 & 1 \\ 1 & 251 & 1 \\ 1 & 232 & 1 \\ 1 & 216 & 1 \end{bmatrix}, \quad \mathbf{y} = \begin{bmatrix} 45,44 \\ 42,03 \\ 50,10 \\ 48,75 \\ 47,92 \\ 47,79 \\ 52,26 \\ 50,52 \\ 45,58 \\ 44,78 \\ 33,50 \\ 31,23 \\ 37,52 \\ 37,13 \\ 34,70 \\ 33,92 \\ 32,13 \\ 35,47 \\ 33,49 \\ 32,29 \end{bmatrix}.$$

O modelo ajustado é

$$\hat{y} = 14,2762 + 0,1411x_1 - 13,2802x_2.$$

A Tabela 15-9 mostra a análise de variância para esse modelo. Note que a hipótese $H_0: \beta_1 = \beta_2 = 0$ (significância da regressão) é rejeitada. Essa tabela contém, também, a soma dos quadrados

Tabela 15-9 Análise de Variância para o Exemplo 15-12

Fonte de Variação	Soma de Quadrados	Graus de Liberdade	Média Quadrática	F_0
Regressão	1012,0595	2	506,0297	1103,69[a]
$SQ_R(\beta_1\|\beta_0)$	(130,6091)	(1)	130,6091	284,87[a]
$SQ_R(\beta_2\|\beta_1, \beta_0)$	(881,4504)	(1)	881,4504	1922,52[a]
Erro	7,7943	17	0,4508	
Total	1019,8538	19		

[a]Significante a 1%.

$$SQ_R = SQ_R(\beta_1, \beta_2|\beta_0)$$
$$= SQ_R(\beta_1|\beta_0) + SQ_R(\beta_2|\beta_1, \beta_0),$$

de modo que se pode fazer um teste para $H_0: \beta_2 = 0$. Essa hipótese é rejeitada também, de modo que concluímos que o tipo da ferramenta tem um efeito sobre o acabamento da superfície.

É possível, também, usar variáveis indicadoras para se investigar se o tipo da ferramenta afeta *ambos*, a inclinação *e* o intercepto. Seja o modelo

$$y = \beta_0 + \beta_1 x_1 + \beta_2 x_2 + \beta_3 x_1 x_2 + \varepsilon,$$

em que x_2 é a variável indicadora. Se a ferramenta tipo 302 for usada, $x_2 = 0$ e o modelo é

$$y = \beta_0 + \beta_1 x_1 + \varepsilon.$$

Se for usada a ferramenta tipo 416, $x_2 = 1$ e o modelo se torna

$$y = \beta_0 + \beta_1 x_1 + \beta_2 + \beta_3 x_1 + \varepsilon$$
$$= (\beta_0 + \beta_2) + (\beta_1 + \beta_3)x_1 + \varepsilon.$$

Note que β_2 é a mudança no intercepto e β_3 é a mudança na inclinação produzida por uma mudança no tipo de ferramenta.

Outro método para a análise desses dados é o ajuste aos dados de modelos de regressão separados para cada tipo de ferramenta. No entanto, a abordagem da variável indicadora tem várias vantagens. Primeira, deve-se estimar apenas um modelo de regressão. Segunda, pela combinação dos dados de ambas as ferramentas obtêm-se mais graus de liberdade para o erro. Terceira, os testes de ambas as hipóteses para os parâmetros β_2 e β_3 são apenas casos especiais do teste geral de significância da regressão.

15-9 A MATRIZ DE CORRELAÇÃO

Suponha que desejemos estimar os parâmetros do modelo

$$y_i = \beta_0 + \beta_1 x_{i1} + \beta_2 x_{i2} + \varepsilon_i, \qquad i = 1, 2, \ldots, n. \tag{15-43}$$

Podemos reescrever esse modelo com um intercepto transformado β_0' como

$$y_i = \beta_0' + \beta_1(x_{i1} - \bar{x}_1) + \beta_2(x_{i2} - \bar{x}_2) + \varepsilon_i \tag{15-44}$$

ou, uma vez que $\hat{\beta}_0' = \bar{y}$,

$$y_i - \bar{y} = \beta_1(x_{i1} - \bar{x}_1) + \beta_2(x_{i2} - \bar{x}_2) + \varepsilon_i. \tag{15-45}$$

A matriz $\mathbf{X'X}$ para esse modelo é

$$\mathbf{X'X} = \begin{bmatrix} S_{11} & S_{12} \\ S_{12} & S_{22} \end{bmatrix}, \tag{15-46}$$

onde

$$S_{kj} = \sum_{i=1}^{n}(x_{ik} - \bar{x}_k)(x_{ij} - \bar{x}_j), \qquad k, j = 1, 2. \tag{15-47}$$

É possível expressar essa matriz $\mathbf{X'X}$ na forma de correlação. Seja

$$r_{kj} = \frac{S_{kj}}{\left(S_{kk}S_{jj}\right)^{1/2}}, \qquad k, j = 1, 2, \tag{15-48}$$

e note que $r_{11} = r_{22} = 1$. Então, a forma de correlação da matriz $\mathbf{X'X}$, Equação 15-46, é

$$\mathbf{R} = \begin{bmatrix} 1 & r_{12} \\ r_{12} & 1 \end{bmatrix}. \tag{15-49}$$

A quantidade r_{12} é a correlação amostral entre x_1 e x_2. Podemos, também, definir a correlação amostral entre x_j e y como

$$r_{jy} = \frac{S_{jy}}{\left(S_{jj}S_{yy}\right)^{1/2}}, \qquad j = 1, 2, \tag{15-50}$$

em que

$$S_{jy} = \sum_{u=1}^{n} \left(x_{uj} - \bar{x}_j\right)\left(y_u - \bar{y}\right), \qquad j = 1, 2, \tag{15-51}$$

é a soma corrigida dos produtos cruzados entre x_1 e x_2, e S_{yy} é a usual soma total de quadrados de y corrigida.

Essas transformações resultam em um novo modelo de regressão,

$$y_i^* = b_1 z_{i1} + b_2 z_{i2} + \varepsilon_i^*, \tag{15-52}$$

onde

$$y_i^* = \frac{y_i - \bar{y}}{S_{yy}^{1/2}},$$

$$z_{ij} = \frac{x_{ij} - \bar{x}_j}{S_{jj}^{1/2}}, \qquad j = 1, 2.$$

A relação entre os parâmetros b_1 e b_2 no novo modelo, Equação 15-52, e os parâmetros β_0, β_1 e β_2 no modelo original, Equação 15-43, é a seguinte:

$$\beta_1 = b_1 \left(\frac{S_{yy}}{S_{11}}\right)^{1/2}, \tag{15-53}$$

$$\beta_2 = b_2 \left(\frac{S_{yy}}{S_{22}}\right)^{1/2}, \tag{15-54}$$

$$\beta_0 = \bar{y} - \beta_1 \bar{x}_1 - \beta_2 \bar{x}_2. \tag{15-55}$$

As equações normais de mínimos quadrados para o modelo transformado, Equação 15-52, são

$$\begin{bmatrix} 1 & r_{12} \\ r_{12} & 1 \end{bmatrix} \begin{bmatrix} \hat{b}_1 \\ \hat{b}_2 \end{bmatrix} = \begin{bmatrix} r_{1y} \\ r_{2y} \end{bmatrix}. \tag{15-56}$$

A solução da Equação 15-56 é

$$\begin{bmatrix} \hat{b}_1 \\ \hat{b}_2 \end{bmatrix} = \begin{bmatrix} 1 & r_{12} \\ r_{12} & 1 \end{bmatrix}^{-1} \begin{bmatrix} r_{1y} \\ r_{2y} \end{bmatrix}$$

$$= \frac{1}{1 - r_{12}^2} \begin{bmatrix} 1 & -r_{12} \\ -r_{12} & 1 \end{bmatrix} \begin{bmatrix} r_{1y} \\ r_{2y} \end{bmatrix}$$

ou

$$\hat{b}_1 = \frac{r_{1y} - r_{12}r_{2y}}{1 - r_{12}^2},$$ (15-57a)

$$\hat{b}_2 = \frac{r_{2y} - r_{12}r_{1y}}{1 - r_{12}^2}.$$ (15-57b)

Os coeficientes de regressão, Equações 15-57, são em geral chamados de *coeficientes de regressão padronizados*. Muitos programas de computador de regressão múltipla usam essa transformação para reduzir os erros de arredondamento na matriz $(\mathbf{X}'\mathbf{X})^{-1}$. Esses erros de arredondamento podem ser muito sérios quando as variáveis originais diferem consideravelmente em magnitude. Alguns desses programas de computador apresentam, também, tanto os coeficientes de regressão originais quanto os coeficientes padronizados. Os coeficientes de regressão padronizados são adimensionais, e isso pode tornar mais fácil a comparação dos coeficientes de regressão em situações em que as variáveis originais x_j diferem consideravelmente em suas unidades de medida. Na interpretação desses coeficientes de regressão padronizados, no entanto, devemos nos lembrar de que eles são ainda coeficientes de regressão parciais (isto é, b_j mostra o efeito de z_j dado que outros z_i, $i \neq j$, estão no modelo). Além disso, os $\hat{b}_j$ são afetados pelo espaçamento dos níveis dos x_j. Conseqüentemente, não devemos usar a magnitude dos $\hat{b}_j$ como uma medida da importância das variáveis regressoras.

Embora tenhamos tratado explicitamente apenas o caso de duas variáveis regressoras, os resultados se generalizam. Se há k variáveis regressoras $x_1, x_2, \ldots, x_k$, pode-se escrever a matriz $\mathbf{X}'\mathbf{X}$ na forma de correlação

$$\mathbf{R} = \begin{bmatrix} 1 & r_{12} & r_{13} & \cdots & r_{1k} \\ r_{12} & 1 & r_{23} & \cdots & r_{2k} \\ r_{13} & r_{23} & 1 & \cdots & r_{3k} \\ & & & \vdots & \\ r_{1k} & r_{2k} & r_{3k} & \cdots & 1 \end{bmatrix},$$ (15-58)

em que $r_{ij} = S_{ij}/(S_{ii}S_{jj})^{1/2}$ é o coeficiente de correlação entre x_i e x_j, e $S_{ij} = \sum_{u=1}^{n}(x_{ui} - \bar{x}_i)(x_{uj} - \bar{x}_j)$. As correlações entre x_j e y são

$$\mathbf{g} = \begin{bmatrix} r_{1y} \\ r_{2y} \\ \vdots \\ r_{ky} \end{bmatrix},$$ (15-59)

em que $r_{iy} = \sum_{u=1}^{n}(x_{ui} - \bar{x}_i)(y_u - \bar{y})$. O vetor dos coeficientes de regressão padronizados $\hat{\mathbf{b}}' = [\hat{b}_1, \hat{b}_2, \ldots, \hat{b}_k]$ é

$$\hat{\mathbf{b}} = \mathbf{R}^{-1}\mathbf{g}.$$ (15-60)

A relação entre os coeficientes de regressão padronizados e os coeficientes de regressão originais é

$$\hat{\beta}_j = \hat{b}_j \left(\frac{S_{yy}}{S_{jj}}\right)^{1/2}, \qquad j = 1, 2, \ldots, k.$$ (15-61)

Exemplo 15-13

Para os dados do Exemplo 15-1, temos

$$S_{yy} = 175,089, \qquad S_{11} = 184710,16,$$
$$S_{1y} = 4215,372, \qquad S_{22} = 0,047755,$$
$$S_{2y} = 2,33, \qquad S_{12} = 51,2873.$$

Portanto,

$$r_{12} = \frac{S_{12}}{(S_{11}S_{22})^{1/2}} = \frac{51,2873}{\sqrt{(184710,16)(0,047755)}} = 0,5460,$$

$$r_{1y} = \frac{S_{1y}}{(S_{11}S_{yy})^{1/2}} = \frac{4215,372}{\sqrt{(184710,16)(175,089)}} = 0,7412,$$

$$r_{2y} = \frac{S_{2y}}{(S_{22}S_{yy})^{1/2}} = \frac{2,33}{\sqrt{(0,047755)(175,089)}} = 0,8060,$$

e a matriz de correlação para esse problema é

$$\begin{bmatrix} 1 & 0,5460 \\ 0,5460 & 1 \end{bmatrix}.$$

Pela Equação 15-56, as equações normais em termos dos coeficientes de regressão padronizados são

$$\begin{bmatrix} 1 & 0,5460 \\ 0,5460 & 1 \end{bmatrix} \begin{bmatrix} \hat{b}_1 \\ \hat{b}_2 \end{bmatrix} = \begin{bmatrix} 0,7412 \\ 0,8060 \end{bmatrix}.$$

Conseqüentemente, os coeficientes de regressão padronizados são

$$\begin{bmatrix} \hat{b}_1 \\ \hat{b}_2 \end{bmatrix} = \begin{bmatrix} 1 & 0,5460 \\ 0,5460 & 1 \end{bmatrix}^{-1} \begin{bmatrix} 0,7412 \\ 0,8060 \end{bmatrix}$$

$$= \begin{bmatrix} 1,424737 & -0,77791 \\ -0,77791 & 1,424737 \end{bmatrix} \begin{bmatrix} 0,7412 \\ 0,8060 \end{bmatrix}$$

$$= \begin{bmatrix} 0,429022 \\ 0,571754 \end{bmatrix}.$$

Esses coeficientes de regressão padronizados poderiam, também, ter sido calculados diretamente tanto da Equação 15-57 quanto da Equação 15-61. Note que embora $\hat{b}_2 > \hat{b}_1$, devemos ter cuidado em concluir que a densidade da fruta x_2 seja mais importante do que a altura de queda (x_1), uma vez que $\hat{b}_1$ e $\hat{b}_2$ são ainda coeficientes de regressão *parciais*.

15-10 PROBLEMAS EM REGRESSÃO MÚLTIPLA

Há um grande número de problemas freqüentemente encontrados no uso da regressão múltipla. Nesta seção, discutimos brevemente três dessas áreas de problemas: o efeito da multicolinearidade sobre o modelo de regressão, o efeito de pontos afastados no espaço x sobre os coeficientes de regressão e a autocorrelação nos erros.

15-10.1 Multicolinearidade

Na maioria dos problemas de regressão múltipla, as variáveis independentes ou regressoras x_j são intercorrelacionadas. Em situações em que essa intercorrelação é muito grande dizemos que existe a *multicolinearidade*. A multicolinearidade pode ter sérios efeitos sobre as estimativas dos coeficientes de regressão e sobre a aplicabilidade geral do modelo estimado.

Os efeitos da multicolinearidade podem ser facilmente demonstrados. Considere um modelo de regressão com duas variáveis regressoras x_1 e x_2, e suponha que x_1 e x_2 tenham sido "padronizadas", como na Seção 15-9, de modo que a matriz $\mathbf{X}'\mathbf{X}$ está na forma de correlação, como na Equação 15-49. O modelo é

$$y_i = \beta_0 + \beta_1 x_{i1} + \beta_2 x_{i2} + \varepsilon_i, \quad i = 1, 2, \ldots, n.$$

A matriz $(\mathbf{X}'\mathbf{X})^{-1}$ para esse modelo é

$$\mathbf{C} = (\mathbf{X}'\mathbf{X})^{-1} = \begin{bmatrix} 1/(1-r_{12}^2) & -r_{12}/(1-r_{12}^2) \\ -r_{12}/(1-r_{12}^2) & 1/(1-r_{12}^2) \end{bmatrix}$$

e os estimadores dos parâmetros são

$$\hat{\beta}_1 = \frac{\mathbf{x}_1'\mathbf{y} - r_{12}\mathbf{x}_2'\mathbf{y}}{1 - r_{12}^2},$$

$$\hat{\beta}_2 = \frac{\mathbf{x}_2'\mathbf{y} - r_{12}\mathbf{x}_1'\mathbf{y}}{1 - r_{12}^2},$$

em que r_{12} é a correlação amostral entre x_1 e x_2, e $\mathbf{x}_1'\mathbf{y}$ e $\mathbf{x}_2'\mathbf{y}$ são os elementos do vetor $\mathbf{X}'\mathbf{y}$.

Se a multicolinearidade estiver presente, x_1 e x_2 serão altamente correlacionadas e $|r_{12}| \to 1$. Em tal situação, as variâncias e as covariâncias dos coeficientes de regressão se tornam muito grandes, pois $V(\hat{\beta}_j) = C_{jj}\sigma^2 \to \infty$ quando $|r_{12}| \to 1$ e $\text{Cov}(\hat{\beta}_1, \hat{\beta}_2) = C_{12}\sigma^2 \to \pm\infty$, de acordo com $r_{12} \to \pm 1$. As grandes variâncias para $\hat{\beta}_j$ implicam que os coeficientes de regressão estão mal estimados. Note que o efeito da multicolinearidade é introduzir uma dependência "quase" linear nas colunas da matriz $\mathbf{X}$. Na medida em que $r_{12} \to \pm 1$, essa dependência linear se torna exata. Além disso, se admitirmos que $\mathbf{x}_1'\mathbf{y} \to \mathbf{x}_2'\mathbf{y}$ quando $r_{12} \to \pm 1$, então as estimativas dos coeficientes de regressão tornar-se-ão iguais em magnitude mas com sinais opostos; isto é, $\hat{\beta}_1 = -\hat{\beta}_2$, *independentemente* dos reais valores de β_1 e β_2.

Problemas semelhantes ocorrem quando a multicolinearidade está presente e há mais de duas variáveis regressoras. Em geral, os elementos da diagonal da matriz $\mathbf{C} = (\mathbf{X}'\mathbf{X})^{-1}$ podem ser escritos como

$$C_{jj} = \frac{1}{1 - R_j^2}, \qquad j = 1, 2, \ldots, k, \tag{15-62}$$

onde R_j^2 é o coeficiente de determinação múltipla que resulta da regressão de x_j sobre as outras $k - 1$ variáveis regressoras. Claramente, quanto mais forte a dependência linear de x_j das variáveis regressoras restantes (e, portanto, mais forte a multicolinearidade), maior será o valor de R_j^2. Dizemos que a variância de $\hat{\beta}_j$ é "inflada" pela quantidade $(1 - R_j^2)^{-1}$. Conseqüentemente, chamamos

$$FIV\left(\hat{\beta}_j\right) = \frac{1}{1 - R_j^2}, \qquad j = 1, 2, \ldots, k, \tag{15-63}$$

de *fator de inflação da variância* para $\hat{\beta}_j$. Note que esses fatores são os elementos da diagonal principal da inversa da matriz de correlação. Eles são uma medida importante da extensão na qual a multicolinearidade está presente.

Embora as estimativas dos coeficientes de regressão sejam muito imprecisas quando está presente a multicolinearidade, a equação estimada pode ainda ser útil. Por exemplo, suponha que desejemos predizer novas observações. Se essas predições são exigidas na região do espaço x onde há o efeito da multicolinearidade, então em geral serão obtidos resultados satisfatórios, porque enquanto o β_j individualmente pode ser mal estimado a função $\sum_{j=1}^{k} \beta_j x_{ij}$ pode ser bastante bem estimada. Por outro lado, se a predição das novas observações exige extrapolação, então esperaríamos, em geral, resultados fracos. A extrapolação exige, normalmente, boas estimativas dos parâmetros individuais do modelo.

A multicolinearidade surge por várias razões. Ocorrerá quando o analista coletar os dados de tal modo que uma restrição da forma $\sum_{j=1}^{k} a_j \mathbf{x}_j = \mathbf{0}$ se verifica entre as colunas da matriz $\mathbf{X}$ (os a_j são constantes, não todos nulos). Por exemplo, se quatro variáveis regressoras são os componentes de uma mistura, então tal restrição sempre existirá, porque a soma dos componentes é sempre constante. Usualmente, essas restrições não se verificam exatamente, e o analista não sabe se elas existem.

Há várias maneiras de se detectar a presença da multicolinearidade. Algumas das mais importantes serão aqui discutidas rapidamente.

1. Os fatores de inflação da variância, definidos na Equação 15-63, são medidas muito úteis da multicolinearidade. Quanto maior o fator de inflação da variância, mais forte é a multicolinearidade. Alguns autores sugeriram que se algum dos fatores de inflação da variância exceder 10, então a multicolinearidade é um problema. Outros autores consideram esse valor muito liberal, e sugerem que os fatores de inflação da variância não devem exceder 4 ou 5.
2. O determinante da matriz de correlação deve, também, ser usado como uma medida da multicolinearidade. O valor desse determinante pode ficar entre 0 e 1. Quando o valor do determinante

é 1, as colunas da matriz **X** são ortogonais (isto é, não há intercorrelação entre as variáveis de regressão), e quando o valor é 0 há uma dependência linear exata entre as colunas de **X**. Quanto menor o valor do determinante, maior o grau da multicolinearidade.

3. Os autovalores, ou raízes características da matriz de correlação, fornecem uma medida de multicolinearidade. Se **X'X** está na forma de correlação, então os autovalores de **X'X** são as raízes da equação

$$|\mathbf{X'X} - \lambda \mathbf{I}| = 0.$$

Um ou mais autovalores próximos de zero implica a presença da multicolinearidade. Se $\lambda_{máx}$ e $\lambda_{mín}$ denotam o maior e o menor autovalor de **X'X**, então a razão $\lambda_{máx}/\lambda_{mín}$ também pode ser usada como medida de multicolinearidade. Quanto maior o valor dessa razão, maior o grau de multicolinearidade. Geralmente, se a razão $\lambda_{máx}/\lambda_{mín}$ for menor do que 10 há pouco problema com a multicolinearidade.

4. Algumas vezes, a inspeção dos elementos individuais da matriz de correlação pode ajudar na constatação da multicolinearidade. Se um elemento $|r_{ij}|$ estiver próximo de 1, então x_i e x_j podem ser fortemente multicolineares. No entanto, quando mais de duas variáveis regressoras estão envolvidas de uma maneira multicolinear os r_{ij} individuais não são necessariamente grandes. Assim, esse método nem sempre nos possibilitará detectar a presença da multicolinearidade.

5. Se o teste F para a significância da regressão for significante, mas os testes para os coeficientes de regressão individuais não o forem, então a multicolinearidade pode estar presente.

Várias medidas corretivas têm sido propostas para a solução do problema da multicolinearidade. Sugere-se, freqüentemente, o aumento dos dados com novas observações destinadas de modo específico a quebrar as dependências lineares aproximadas que existem correntemente. No entanto, algumas vezes isso é impossível por razões econômicas ou por causa das restrições físicas que relacionam os x_j. Outra possibilidade é a retirada de certas variáveis do modelo. Isso tem a desvantagem de que se descarta a informação contida nas variáveis retiradas.

Como a multicolinearidade afeta principalmente a estabilidade dos coeficientes de regressão, parece que seria útil a estimação desses parâmetros por algum método menos sensível à multicolinearidade do que o de mínimos quadrados comum. Vários métodos têm sido sugeridos para isso. Hoerl e Kennard (1970a, b) propuseram regressão de cumeeira (em inglês, *ridge regression*) como uma alternativa aos mínimos quadrados usuais. Nessa regressão, as estimativas dos parâmetros são obtidas pela solução de

$$\boldsymbol{\beta}^*(l) = (\mathbf{X'X} + l\mathbf{I})^{-1}\mathbf{X'y}, \tag{15-64}$$

em que $l > 0$ é uma constante. Geralmente, valores de l no intervalo $0 \leq l \leq 1$ são apropriados. O estimador de cumeeira $\boldsymbol{\beta}^*(l)$ não é um estimador não-viesado de $\boldsymbol{\beta}$, como o é o estimador de mínimos quadrados comum $\hat{\boldsymbol{\beta}}$, mas o erro quadrático médio de $\boldsymbol{\beta}^*(l)$ será menor do que o erro quadrático médio de $\hat{\boldsymbol{\beta}}$. Assim, a regressão de cumeeira procura encontrar um conjunto de coeficientes de regressão que seja mais "estável", no sentido de ter um erro quadrático médio pequeno. Como a multicolinearidade, em geral, resulta em estimadores de mínimos quadrados que podem ter variâncias muito grandes, a regressão de cumeeira é adequada para situações em que existe o problema da multicolinearidade.

Para se obter o estimador da regressão de cumeeira pela Equação 15-64, deve-se especificar um valor para a constante l. Naturalmente, há um l "ótimo" para qualquer problema, mas a abordagem mais simples é resolver a Equação 15-64 para vários valores de l no intervalo $0 \leq l \leq 1$. Constrói-se, então, um gráfico dos valores de $\boldsymbol{\beta}^*(l)$ *versus* l. Essa apresentação é chamada de *traço de cumeeira*. O valor apropriado de l é escolhido subjetivamente, por inspeção desse gráfico. Tipicamente, escolhe-se um valor para l tal que sejam obtidos parâmetros relativamente estáveis. Em geral, a variância de $\boldsymbol{\beta}^*(l)$ é uma função decrescente de l, enquanto o viés ao quadrado, $[\boldsymbol{\beta} - \boldsymbol{\beta}^*(l)]$, é uma função crescente de l. A escolha do valor de l envolve o conhecimento dessas duas propriedades de $\boldsymbol{\beta}^*(l)$.

Uma boa discussão do uso prático da regressão de cumeeira está em Marquardt e Snee (1975). Há, também, muitas outras técnicas de estimação viesada que foram propostas para se lidar com a multicolinearidade. Várias delas são discutidas em Montgomery, Peck e Vining (2001).

Exemplo 15-14

(Baseado em um exemplo em Hald, 1952.) O calor gerado, em calorias por grama, por um tipo particular de cimento como uma função das quantidades da quatro aditivos (z_1, z_2, z_3 e z_4) é mostrado na Tabela 15-10. Desejamos ajustar um modelo de regressão linear múltipla a esses dados.

Os dados serão codificados pela definição de um novo conjunto de variáveis regressoras como

$$x_{ij} = \frac{z_{ij} - \bar{z}_j}{\sqrt{S_{jj}}}, \quad i = 1, 2, \ldots, 15, \quad j = 1, 2, 3, 4,$$

onde $S_{jj} = \sum_{i=1}^{n}(z_{ij} - \bar{z}_j)^2$ é a soma de quadrados corrigida dos níveis de z_j. Os dados codificados são mostrados na Tabela 15-11. Essa transformação torna o intercepto ortogonal aos outros coeficientes de regressão, pois a primeira coluna da matriz **X** consiste em uns. Portanto, o intercepto nesse modelo será sempre estimado por $\bar{y}$. A matriz (4×4) **X'X** para as quatro variáveis codificadas é a matriz de correlação

$$\mathbf{X'X} = \begin{bmatrix} 1,00000 & 0,84894 & 0,91412 & 0,93367 \\ 0,84894 & 1,00000 & 0,76899 & 0,97567 \\ 0,91412 & 0,76899 & 1,00000 & 0,86784 \\ 0,93367 & 0,97567 & 0,86784 & 1,00000 \end{bmatrix}.$$

Essa matriz contém vários coeficientes de correlação grandes, e isso pode indicar multicolinearidade significante. A inversa de **X'X** é

$$(\mathbf{X'X})^{-1} = \begin{bmatrix} 20,769 & 25,813 & -0,608 & -44,042 \\ 25,813 & 74,486 & 12,597 & -107,710 \\ -0,608 & 12,597 & 8,274 & -18,903 \\ -44,042 & -107,710 & -18,903 & 163,620 \end{bmatrix}.$$

Os fatores de inflação da variância são os elementos da diagonal principal dessa matriz. Note que três desses fatores excedem 10, uma boa indicação da presença da multicolinearidade. Os autovalores de **X'X** são $\lambda_1 = 3,657$, $\lambda_2 = 0,2679$, $\lambda_3 = 0,07127$ e $\lambda_4 = 0,004014$. Dois dos autovalores, λ_3 e λ_4, são relativamente próximos de zero. Também a razão do maior autovalor para o menor é

$$\frac{\lambda_{\text{máx}}}{\lambda_{\text{mín}}} = \frac{3,657}{0,004014} = 911,06,$$

Tabela 15-10 Dados para o Exemplo 15-14

Número da Observação	y	z_1	z_2	z_3	z_4
1	28,25	10	31	5	45
2	24,80	12	35	5	52
3	11,86	5	15	3	24
4	36,60	17	42	9	65
5	15,80	8	6	5	19
6	16,23	6	17	3	25
7	29,50	12	36	6	55
8	28,75	10	34	5	50
9	43,20	18	40	10	70
10	38,47	23	50	10	80
11	10,14	16	37	5	61
12	38,92	20	40	11	70
13	36,70	15	45	8	68
14	15,31	7	22	2	30
15	8,40	9	12	3	24

Tabela 15-11 Dados Codificados para o Exemplo 15-14

Número da Observação	y	x_1	x_2	x_3	x_4
1	28,25	−0,12515	0,00405	−0,09206	−0,05538
2	24,80	−0,02635	0,08495	−0,09206	0,03692
3	11,86	−0,37217	−0,31957	−0,27617	−0,33226
4	36,60	0,22066	0,22653	0,27617	0,20832
5	15,80	−0,22396	−0,50161	−0,09206	−0,39819
6	16,23	−0,32276	−0,27912	−0,27617	−0,31907
7	29,50	−0,02635	0,10518	0,00000	0,07647
8	28,75	−0,12515	0,06472	−0,09206	0,01055
9	43,20	0,27007	0,18608	0,36823	0,27425
10	38,47	0,51709	0,38834	0,36823	0,40609
11	10,14	0,17126	0,12540	−0,09206	0,15558
12	38,92	0,36887	0,18608	0,46029	0,27425
13	36,70	0,12186	0,28721	0,18411	0,24788
14	15,31	−0,27336	−0,17799	−0,36823	−0,25315
15	8,40	−0,17456	−0,38025	−0,27617	−0,33226

que é consideravelmente maior do que 10. Portanto, como o exame dos fatores de inflação da variância e dos autovalores indica problemas potenciais com a multicolinearidade, usaremos a regressão de cumeeira para estimar os parâmetros do modelo.

Resolvemos a Equação 15-64 para vários valores de l, e os resultados estão resumidos na Tabela 15-12. O traço de cumeeira é mostrado na Fig. 15-7. A instabilidade das estimativas de mínimos quadrados, β_j^* ($l = 0$), é evidente pela inspeção do traço de cumeeira. Em geral é difícil a escolha de um valor de l, a partir do traço de cumeeira, que estabilize simultaneamente as estimativas de todos os coeficientes de regressão. Escolheremos $l = 0,064$ o que implica que o modelo de regressão é

$$\hat{y} = 25,53 - 18,0566x_1 + 17,2202x_2 + 36,0743x_3 + 4,7242x_4,$$

com $\hat{\beta}_0 = \bar{y} = 25,53$. Convertendo o modelo para as variáveis originais z_j, temos

$$\hat{y} = 2,9913 - 0,8920z_1 + 0,3483z_2 + 3,3209z_3 - 0,0623z_4.$$

Tabela 15-12 Estimativas da Regressão de Cumeeira para o Exemplo 15-14

l	$\beta_1^*(l)$	$\beta_2^*(l)$	$\beta_3^*(l)$	$\beta_4^*(l)$
0,000	−28,3318	65,9996	64,0479	−57,2491
0,001	−31,0360	57,0244	61,9645	−44,0901
0,002	−32,6441	50,9649	60,3899	−35,3088
0,004	−34,1071	43,2358	58,0266	−24,3241
0,008	−34,3195	35,1426	54,7018	−13,3348
0,016	−31,9710	27,9534	50,0949	−4,5489
0,032	−26,3451	22,0347	43,8309	1,2950
0,064	−18,0566	17,2202	36,0743	4,7242
0,128	−9,1786	13,4944	27,9363	6,5914
0,256	−1,9896	10,9160	20,8028	7,5076
0,512	2,4922	9,2014	15,3197	7,7224

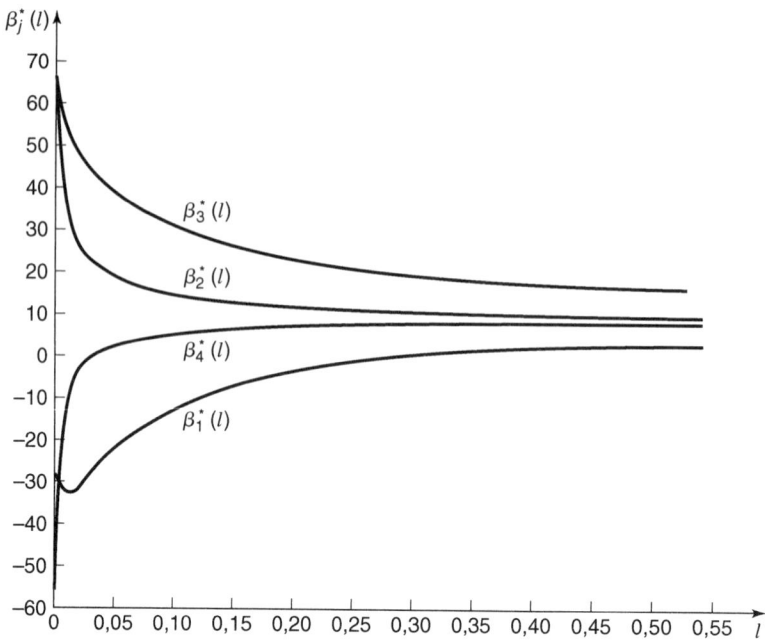

Figura 15-7 Traço de cumeeira para o Exemplo 15-14.

15-10.2 Observações Influentes na Regressão

Ao usarmos a regressão múltipla, ocasionalmente verificamos que algum pequeno subconjunto das observações é não-usualmente influente. Algumas vezes essas observações influentes estão distantes de onde o restante dos dados foi coletado. Uma situação hipotética para duas variáveis está ilustrada na Fig. 15-8, onde uma observação no espaço x está afastada do resto dos dados. A disposição dos pontos no espaço x é importante na determinação das propriedades do modelo. Por exemplo, o ponto (x_{i1}, x_{i2}) na Fig. 15-8 deve ser muito influente na determinação das estimativas dos coeficientes de regressão, do valor de R^2 e do valor de MQ_E.

Gostaríamos de examinar os pontos de dados usados na construção do modelo para determinar se eles controlam muitas propriedades do modelo. Se esses pontos influentes forem pontos "ruins", ou errados de alguma maneira, então eles devem ser eliminados. Por outro lado, pode não haver coisa alguma errada com esses pontos, mas gostaríamos de pelo menos determinar se eles produzem ou não resultados consistentes com o resto dos dados. Em qualquer caso, mesmo que um ponto influente seja válido gostaríamos de saber se ele controla propriedades importantes do modelo, pois isso poderia ter um impacto no uso do modelo.

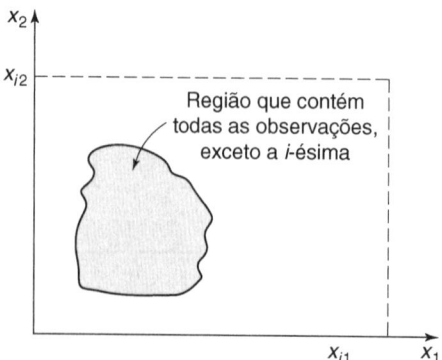

Figura 15-8 Um ponto que está afastado no espaço x.

Montgomery, Peck e Vining (2001) descrevem vários métodos para detectar observações influentes. Um excelente diagnóstico é a medida de distância de Cook (1977, 1979). Essa é uma medida da distância ao quadrado entre a estimativa de mínimos quadrados de $\boldsymbol{\beta}$, com base em todas as n observações, e a estimativa $\hat{\boldsymbol{\beta}}_{(i)}$ com base na remoção do i-ésimo ponto. A medida de distância de Cook é

$$D_i = \frac{\left(\hat{\boldsymbol{\beta}}_{(i)} - \hat{\boldsymbol{\beta}}\right)' \mathbf{X}'\mathbf{X}\left(\hat{\boldsymbol{\beta}}_{(i)} - \hat{\boldsymbol{\beta}}\right)}{pMQ_E}, \qquad i = 1, 2, \ldots, n,$$

Claramente, se o i-ésimo ponto é influente, sua remoção resultará em mudança considerável em $\hat{\boldsymbol{\beta}}_{(i)}$ em relação ao valor $\hat{\boldsymbol{\beta}}$. Assim, um grande valor de D_i implica que o i-ésimo ponto é influente. A estatística D_i é, na verdade, calculada com o uso de

$$D_i = \frac{f_i^2}{p} \frac{h_{ii}}{(1 - h_{ii})}, \qquad i = 1, 2, \ldots, n, \tag{15-65}$$

onde $f_i = e_i / \sqrt{MQ_E(i - h_{ii})}$ e h_{ii} é o i-ésimo elemento da diagonal da matriz

$$\mathbf{H} = \mathbf{X}(\mathbf{X}'\mathbf{X})^{-1}\mathbf{X}'.$$

A matriz $\mathbf{H}$ é, algumas vezes, chamada de matriz "chapéu", uma vez que

$$\hat{\mathbf{y}} = \mathbf{X}\hat{\boldsymbol{\beta}}$$
$$= \mathbf{X}(\mathbf{X}'\mathbf{X})^{-1}\mathbf{X}'\mathbf{y}$$
$$= \mathbf{H}\mathbf{y}.$$

Assim, $\mathbf{H}$ é a matriz projeção que transforma os valores observados $\mathbf{y}$ em um conjunto de valores ajustados $\hat{\mathbf{y}}$.

Pela Equação 15-65, notamos que D_i é constituída de uma componente que reflete quão bem o modelo ajusta a i-ésima observação. $y_i = [(e_i / \sqrt{MQ_E(i - h_{ii})}]$ é chamado um resíduo *Studentizado*, e é um método de se escalonar os resíduos de modo que tenham variância unitária e uma componente que meça quão afastado o ponto está do resto dos dados. $[(h_{ii}/(1 - h_{ii})$ é a distância do i-ésimo ponto ao centróide dos restantes $n - 1$ pontos.] Um valor $D_i > 1$ indicaria que o ponto é influente. Qualquer uma das componentes de D_i (ou ambas) pode contribuir para um valor grande.

Exemplo 15-15

A Tabela 15-13 lista os valores de D_i para os dados sobre pêssegos danificados do Exemplo 15-1. Para ilustrar os cálculos, considere a primeira observação:

$$D_i = \frac{f_i^2}{p} \cdot \frac{h_{ii}}{(1 - h_{ii})}$$

$$= \frac{\left[e_1 / \sqrt{MQ_E(1 - h_{11})}\right]^2}{p} \cdot \frac{h_{11}}{(1 - h_{11})}$$

$$= \frac{\left[2,06 / \sqrt{2,247(1 - 0,249)}\right]^2}{3} \cdot \frac{0,249}{(1 - 0,249)}$$

$$= 0,277.$$

Os valores na Tabela 15-13 foram calculados com o uso do Minitab®. A medida de distância de Cook, D_i, não identifica quaisquer observações potencialmente influentes nos dados, uma vez que nenhum valor de D_i excede 1.

Tabela 15-13 Diagnóstico de Influência para os Dados sobre Pêssegos Danificados no Exemplo 15-15

Observação (i)	h_{ii}	Medida de Distância de Cook (D_i)
1	0,249	0,277
2	0,126	0,000
3	0,088	0,156
4	0,104	0,061
5	0,060	0,000
6	0,299	0,000
7	0,081	0,008
8	0,055	0,002
9	0,193	0,116
10	0,117	0,024
11	0,250	0,037
12	0,109	0,002
13	0,213	0,045
14	0,055	0,056
15	0,147	0,067
16	0,080	0,001
17	0,209	0,001
18	0,276	0,160
19	0,210	0,171
20	0,078	0,012

15-10.3 Autocorrelação

Os modelos de regressão desenvolvidos até aqui admitiram que os componentes de erro do modelo, ε_i, fossem variáveis aleatórias não-correlacionadas. Muitas aplicações de análise de regressão envolvem dados para os quais essa hipótese pode não ser apropriada. Em problemas de regressão onde as variáveis dependente e independentes são orientadas no tempo ou dados de séries temporais a hipótese de erros não correlacionados é, em geral, não-sustentável. Por exemplo, suponha que estejamos regredindo as vendas trimestrais de um produto contra as despesas trimestrais com propaganda de um ponto de venda. Ambas as variáveis são séries temporais, e se elas forem positivamente correlacionadas com outros fatores, como renda disponível e tamanho da população, que não estão incluídos no modelo, então é provável que os termos do erro no modelo de regressão sejam correlacionados positivamente ao longo do tempo. Variáveis que exibem correlação ao longo do tempo são chamadas de variáveis *autocorrelacionadas*. Muitos problemas de regressão em economia, finanças e agricultura envolvem erros autocorrelacionados.

A ocorrência de erros correlacionados positivamente tem várias conseqüências potencialmente sérias. Os estimadores de mínimos quadrados comuns dos parâmetros são afetados, no sentido de que já não são mais estimadores de variância mínima, embora sejam ainda não-viesados. Além disso, a média quadrática dos erros, MQ_E, pode subestimar a variância do erro, σ^2. Também, os intervalos de confiança e testes de hipóteses, que são desenvolvidos supondo-se erros não-correlacionados, não são válidos se a autocorrelação estiver presente.

Há vários procedimentos estatísticos que podem ser usados para se determinar se os termos do erro no modelo não são correlacionados. Descreveremos um deles, o teste de Durbin-Watson. Esse teste supõe que os dados sejam gerados pelo *modelo auto-regressivo de primeira ordem*

$$y_t = \beta_0 + \beta_1 x_t + \varepsilon_t, \qquad t = 1, 2, \ldots, n, \qquad (15\text{-}66)$$

onde t é o índice do tempo e os termos do erro são gerados de acordo com o processo

$$\varepsilon_t = \rho \varepsilon_{t-1} + a_t, \qquad (15\text{-}67)$$

em que $|\rho| < 1$ é um parâmetro desconhecido e os a_i são variáveis aleatórias NID($0, \sigma^2$). A Equação 15-66 é um modelo de regressão linear simples, exceto pelos erros, que são gerados pela Equação 15-67.

O parâmetro ρ na Equação 15-67 é o coeficiente de autocorrelação. O teste de Durbin-Watson pode ser aplicado às hipóteses

$$H_0: \rho = 0,$$
$$H_1: \rho > 0. \tag{15-68}$$

Note que, se $H_0: \rho = 0$ não for rejeitada estamos dizendo que não há autocorrelação nos erros, e que o modelo de regressão linear comum é adequado.

Para o teste de $H_0: \rho = 0$, ajuste primeiro o modelo pelos mínimos quadrados comuns. Calcule, então, a estatística de Durbin-Watson

$$D = \frac{\sum_{t=2}^{n}(e_t - e_{t-1})^2}{\sum_{t=1}^{n} e_t^2}, \tag{15-69}$$

Tabela 15-14 Valores Críticos da Estatística de Durbin-Watson

| Tamanho da Amostra | Probabilidade na Cauda Inferior (Nível de Significância = α) | \multicolumn{10}{c}{k = Número de Regressores (Excluindo o Intercepto)} |
| | | 1 | | 2 | | 3 | | 4 | | 5 | |
		D_I	D_S	D_I	D_S	D_I	D_S	D_I	D_S	D_I	D_S
15	0,01	0,81	1,07	0,70	1,25	0,59	1,46	0,49	1,70	0,39	1,96
	0,025	0,95	1,23	0,83	1,40	0,71	1,61	0,59	1,84	0,48	2,09
	0,05	1,08	1,36	0,95	1,54	0,82	1,75	0,69	1,97	0,56	2,21
20	0,01	0,95	1,15	0,86	1,27	0,77	1,41	0,63	1,57	0,60	1,74
	0,025	1,08	1,28	0,99	1,41	0,89	1,55	0,79	1,70	0,70	1,87
	0,05	1,20	1,41	1,10	1,54	1,00	1,68	0,90	1,83	0,79	1,99
25	0,01	1,05	1,21	0,98	1,30	0,90	1,41	0,83	1,52	0,75	1,65
	0,025	1,13	1,34	1,10	1,43	1,02	1,54	0,94	1,65	0,86	1,77
	0,05	1,20	1,45	1,21	1,55	1,12	1,66	1,04	1,77	0,95	1,89
30	0,01	1,13	1,26	1,07	1,34	1,01	1,42	0,94	1,51	0,88	1,61
	0,025	1,25	1,38	1,18	1,46	1,12	1,54	1,05	1,63	0,98	1,73
	0,05	1,35	1,49	1,28	1,57	1,21	1,65	1,14	1,74	1,07	1,83
40	0,01	1,25	1,34	1,20	1,40	1,15	1,46	1,10	1,52	1,05	1,58
	0,025	1,35	1,45	1,30	1,51	1,25	1,57	1,20	1,63	1,15	1,69
	0,05	1,44	1,54	1,39	1,60	1,34	1,66	1,29	1,72	1,23	1,79
50	0,01	1,32	1,40	1,28	1,45	1,24	1,49	1,20	1,54	1,16	1,59
	0,025	1,42	1,50	1,38	1,54	1,34	1,59	1,30	1,64	1,26	1,69
	0,05	1,50	1,59	1,46	1,63	1,42	1,67	1,38	1,72	1,34	1,77
60	0,01	1,38	1,45	1,35	1,48	1,32	1,52	1,28	1,56	1,25	1,60
	0,025	1,47	1,54	1,44	1,57	1,40	1,61	1,37	1,65	1,33	1,69
	0,05	1,55	1,62	1,51	1,65	1,48	1,69	1,44	1,73	1,41	1,77
80	0,01	1,47	1,52	1,44	1,54	1,42	1,57	1,39	1,60	1,36	1,62
	0,025	1,54	1,59	1,52	1,62	1,49	1,65	1,47	1,67	1,44	1,70
	0,05	1,61	1,66	1,59	1,69	1,56	1,72	1,53	1,74	1,51	1,77
100	0,01	1,52	1,56	1,50	1,58	1,48	1,60	1,45	1,63	1,44	1,65
	0,025	1,59	1,63	1,57	1,65	1,55	1,67	1,53	1,70	1,51	1,72
	0,05	1,65	1,69	1,63	1,72	1,61	1,74	1,59	1,76	1,57	1,78

Fonte: Adaptado de *Econometrics,* de R. J. Wonnacott e T. H. Wonnacott, John Wiley & Sons, Nova York, 1970, com permissão da editora.

onde e_i é o t-ésimo resíduo. Para um valor adequado de α, obtenha os valores críticos $D_{\alpha,S}$ e $D_{\alpha,I}$ da Tabela 15-14. Se $D > D_{\alpha,S}$, não rejeite $H_0:\rho = 0$; mas se $D < D_{\alpha,I}$ rejeite $H_0:\rho = 0$ e conclua que os erros são autocorrelacionados positivamente. Se $D_{\alpha,I} \leq D \leq D_{\alpha,S}$, o teste é não-conclusivo. Quando o teste é não-conclusivo, a implicação é a de que mais dados devem ser coletados. Em muitos problemas isso é difícil de ser feito.

Para se testar em relação à autocorrelação *negativa*, isto é, se a hipótese alternativa na Equação 15-68 for $H_1:\rho < 0$, use, então, $D' = 4 - D$ como estatística de teste, onde D é definido como na Equação 15-69. Se for especificada uma alternativa bilateral, use ambos os procedimentos unilaterais observando que o erro tipo I para o teste bilateral é 2α, onde α é o erro tipo I para os testes unilaterais.

A única medida corretiva eficaz, quando está presente a autocorrelação, é a construção de um modelo que leve em conta explicitamente a estrutura de autocorrelação dos erros. Para um tratamento introdutório desses métodos, consulte Montgomery, Peck e Vining (2001).

15-11 SELEÇÃO DE VARIÁVEIS NA REGRESSÃO MÚLTIPLA

15-11.1 O Problema da Construção do Modelo

Um importante problema em muitas aplicações da análise de regressão é a seleção do conjunto de variáveis independentes ou regressoras a ser usado no modelo. Algumas vezes, a experiência anterior ou as considerações teóricas subjacentes podem ajudar o analista a especificar o conjunto de variáveis independentes. Usualmente, no entanto, o problema consiste na seleção de um conjunto apropriado de regressoras de um conjunto que, quase certamente, inclui todas as variáveis importantes, mas estamos certos de que nem *todas* essas variáveis candidatas são necessárias para a modelagem adequada da resposta y.

Em tal situação, estamos interessados em examinar as variáveis candidatas para obtermos um modelo de regressão que contenha o "melhor" subconjunto de variáveis regressoras. Gostaríamos que o modelo final contivesse suficientes variáveis regressoras de modo que o uso pretendido do modelo (predição, por exemplo) seja realizado satisfatoriamente. Por outro lado, para fixarmos o custo de manutenção do modelo em um mínimo gostaríamos que o modelo usasse tão poucas variáveis regressoras quanto possível. O compromisso com esses dois objetivos conflitantes é, em geral, chamado de procura pela "melhor" equação de regressão. No entanto, na maioria dos problemas não há um modelo único que seja o "melhor" em termos de vários critérios de avaliação que têm sido propostos. São necessários discernimento e experiência com o sistema a ser modelado para a seleção de um conjunto apropriado de variáveis independentes para uma equação de regressão.

Nenhum algoritmo produzirá sempre uma boa solução para o problema de seleção de variáveis. Os procedimentos disponíveis mais recentemente são técnicas de busca. Para funcionarem satisfatoriamente eles exigem discernimento e interação com o analista. Discutiremos, rapidamente, agora, algumas das técnicas de seleção de variáveis mais populares.

15-11.2 Procedimentos Computacionais para a Seleção de Variáveis

Admitimos que haja k variáveis candidatas, $x_1, x_2, \ldots, x_k$, e uma única variável dependente, y. Todos os modelos incluirão um termo intercepto, β_0, de modo que o modelo com *todas* as variáveis incluídas teria $k + 1$ termos. Além disso, a forma funcional de cada variável candidata (por exemplo, $x_1 = 1/x_1$, $x_2 = \ln x_2$, etc.) é correta.

Todas as Regressões Possíveis Essa abordagem requer que o analista ajuste todas as equações de regressão que envolvem uma variável candidata, todas as equações de regressão que envolvem duas variáveis candidatas, e assim por diante. Então, essas equações são avaliadas de acordo com alguns critérios adequados para se selecionar o "melhor" modelo de regressão. Se há k variáveis candidatas, há um total de 2^k equações a serem examinadas. Por exemplo, se $k = 4$, há $2^4 = 16$ possíveis equações de regressão, enquanto se $k = 10$, há $2^{10} = 1024$ possíveis equações de regressão. Daí o número de equações a serem examinadas cresce rapidamente na medida em que o número de variáveis candidatas aumenta.

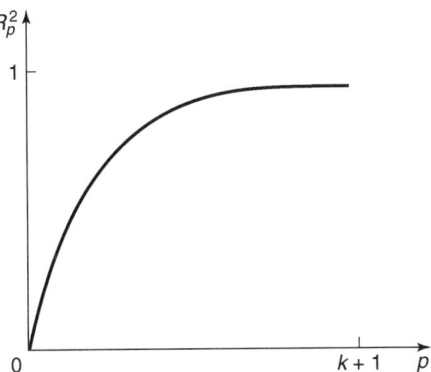

Figura 15-9 Gráfico de R_p^2 contra p.

Há um número de critérios que podem ser usados para a avaliação e a comparação dos diferentes modelos de regressão obtidos. O critério mais comumente usado, talvez, se baseia no coeficiente de determinação múltipla. Denote por R_p^2 o coeficiente de determinação para um modelo de regressão com p termos, isto é, $p - 1$ variáveis candidatas e um termo intercepto (note que $p \leq k + 1$). Computacionalmente, temos

$$R_p^2 = \frac{SQ_R(p)}{S_{yy}} = 1 - \frac{SQ_E(p)}{S_{yy}}, \qquad (15\text{-}70)$$

onde $SQ_R(p)$ e $SQ_E(p)$ denotam a soma de quadrados da regressão e a soma de quadrados dos erros, respectivamente, para a equação com p variáveis. R_p^2 aumenta na medida em que p aumenta, e é um máximo quando $p = k + 1$. Assim, o analista usa esse critério acrescentando variáveis ao modelo até que uma variável adicional não seja mais útil, no sentido de que dá apenas um pequeno acréscimo a R_p^2. A abordagem geral está ilustrada na Fig. 15-9, que dá um gráfico hipotético de R_p^2 contra p. Tipicamente, examina-se uma apresentação como essa e se escolhe o número de variáveis no modelo como o ponto em que o "joelho" na curva se torna aparente. Claramente, isso requer discernimento por parte do analista.

Um segundo critério é considerar a média quadrática dos erros para a equação com p variáveis, $MQ_E(p) = SQ_E(p)/(n - p)$. Em geral, $MQ_E(p)$ decresce à medida que p cresce, mas não é necessariamente assim. Se a adição de uma nova variável ao modelo com $p - 1$ termos não reduz a soma de quadrados dos erros no novo modelo com p termos por uma quantidade igual à média quadrática dos erros no antigo modelo com $p - 1$ termos, $MQ_E(p)$ *aumentará* por causa da perda de um grau de liberdade para o erro. Assim, um critério lógico é selecionar p como o valor que minimiza $MQ_E(p)$; ou, como $MQ_E(p)$ é, geralmente, achatado na vizinhança do mínimo, poderíamos escolher p de tal modo que a adição de novas variáveis produza apenas reduções muito pequenas em $MQ_E(p)$. O procedimento geral está ilustrado na Fig. 15-10.

Um terceiro critério é a estatística C_p, que é uma medida da média quadrática total dos erros para o modelo de regressão. Definimos a média quadrática total dos erros padronizados como

$$\begin{aligned}
\Gamma_p &= \frac{1}{\sigma^2} \sum_{i=1}^{n} E\left[\hat{y}_i - E(y_i)\right]^2 \\
&= \frac{1}{\sigma^2} \left[\sum_{i=1}^{n} \left\{ E(y_i) - E(\hat{y}_i) \right\}^2 + \sum_{i=1}^{n} V(\hat{y}_i) \right] \\
&= \frac{1}{\sigma^2} \left[(\text{viés})^2 + \text{variância} \right].
\end{aligned}$$

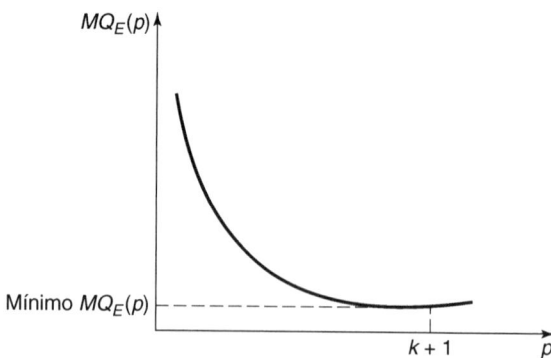

Figura 15-10 Gráfico de $MQ_E(p)$ contra p.

Usamos a média quadrática dos erros do modelo *completo* com $k + 1$ termos como uma estimativa de σ^2; isto é, $\hat{\sigma}^2 = MQ_E(k + 1)$. Um estimador de Γ_p é

$$C_p = \frac{SQ_E(p)}{\hat{\sigma}^2} - n + 2p. \tag{15-71}$$

Se o modelo de p termos tem viés desprezível, então pode-se mostrar que

$$E(C_p|\text{viés zero}) = p.$$

Assim, os valores de C_p para cada modelo de regressão sob consideração devem ser plotados contra p. As equações de regressão que têm viés desprezível terão valores de C_p que se localizarão próximos à reta $C_p = p$, enquanto aqueles com viés significativo terão valores de C_p que se localizam acima dessa linha. Escolhe-se, então, como a "melhor" equação de regressão um modelo com C_p mínimo ou um modelo com um valor de C_p ligeiramente maior que contenha menos viés do que o mínimo.

Um outro critério se baseia em uma modificação de R_p^2 que leva em conta o número de variáveis no modelo. Apresentamos essa estatística na Seção 15-6.1, o R^2 ajustado para o modelo ajustado no Exemplo 15-1. Essa estatística se chama R_p^2 *ajustado* e é definida como

$$R_{aj}^2(p) = 1 - \frac{n-1}{n-p}\left(1 - R_p^2\right). \tag{15-72}$$

Note que $R_{aj}^2(p)$ pode decrescer quando p cresce se o decréscimo em $(n - 1)(1 - R_p^2)$ não for compensado pela perda de um grau de liberdade em $n - p$. O experimentador selecionaria, usualmente, o modelo de regressão que tivesse o valor máximo de $R_{aj}^2(p)$. No entanto, note que isso é equivalente ao modelo que minimiza $MQ_E(p)$, uma vez que

$$R_{aj}^2(p) = 1 - \left(\frac{n-1}{n-p}\right)\left(1 - R_p^2\right)$$

$$= 1 - \left(\frac{n-1}{n-p}\right)\frac{SQ_E(p)}{S_{yy}}$$

$$= 1 - \left(\frac{n-1}{S_{yy}}\right)MQ_E(p).$$

Exemplo 15-16

Os dados da Tabela 15-15 são um conjunto expandido dos dados dos pêssegos danificados do Exemplo 15-1. Há, agora, cinco variáveis candidatas — altura de queda (x_1), densidade da fruta (x_2), altura da fruta no ponto de impacto (x_3), espessura da polpa da fruta (x_4) e energia potencial da fruta antes do impacto (x_5).

A Tabela 15-16 apresenta os resultados de todas as regressões possíveis (exceto o modelo trivial com apenas um intercepto) para esses dados. Os valores de R_p^2, $R_{aj}^2(p)$, $MQ_E(p)$ e C_p são dados na tabela. A Fig. 15-11 mostra um gráfico do R_p^2 máximo para cada subconjunto de tamanho p. Com base nesse gráfico não parece haver muito ganho

Tabela 15-15 Dados sobre Pêssegos Danificados para o Exemplo 15-16

Observação	Tempo de Entrega, y	Altura da Queda, x_1	Densidade da Fruta, x_2	Altura da Fruta, x_3	Espessura da Polpa da Fruta, x_4	Energia Potencial, x_5
1	3,62	303,7	0,90	26,1	22,3	184,5
2	7,27	366,7	1,04	18,0	21,5	185,2
3	2,66	336,8	1,01	39,0	22,9	128,4
4	1,53	304,5	0,95	48,5	20,4	173,0
5	4,91	346,8	0,98	43,1	18,7	139,6
6	10,36	600,0	1,04	21,0	17,0	146,5
7	5,26	369,0	0,96	12,7	20,4	155,5
8	6,09	418,0	1,00	46,0	18,1	129,2
9	6,57	269,0	1,01	2,6	21,5	154,6
10	4,24	323,0	0,94	6,9	24,4	152,8
11	8,04	562,2	1,01	27,3	19,5	199,6
12	3,46	284,2	0,97	30,6	20,2	177,5
13	8,50	558,6	1,03	37,7	22,6	210,0
14	9,34	415,0	1,01	26,1	17,1	165,1
15	5,55	349,5	1,04	48,0	21,5	195,3
16	8,11	462,8	1,02	32,8	23,7	171,0
17	7,32	333,1	1,05	29,2	21,9	163,9
18	12,58	502,1	1,10	4,0	16,9	140,8
19	0,15	311,4	0,91	39,2	26,0	154,1
20	5,23	351,4	0,96	36,3	23,5	194,6

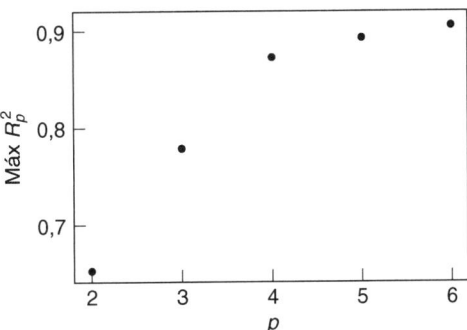

Figura 15-11 Gráfico do máximo de R_p^2 para o Exemplo 15-16.

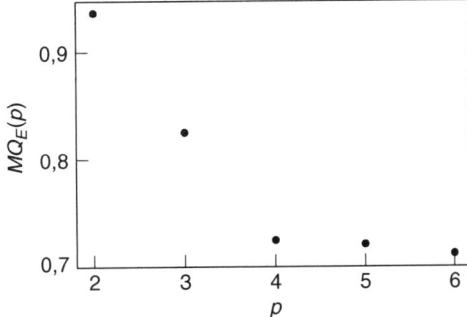

Figura 15-12 Gráfico da $MQ_E(p)$ para o Exemplo 15-16.

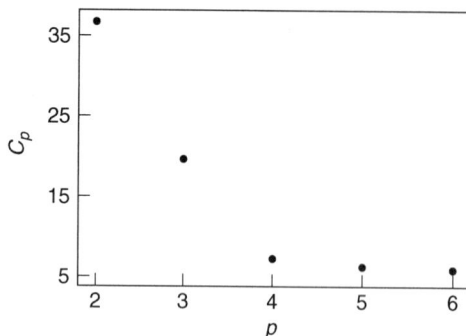

Figura 15-13 Gráfico C_p para o Exemplo 15-16.

em se acrescentar a quinta variável. O valor de R^2_p não parece aumentar significativamente com a adição de x_5 ao modelo de quatro variáveis com o valor de R^2_p mais alto. Um gráfico do $MQ_E(p)$ mínimo para cada subconjunto de tamanho p é mostrado na Fig. 15-12. O melhor modelo de duas variáveis é (x_1, x_2) ou (x_2, x_3); o melhor modelo de três variáveis é (x_1, x_2, x_3) o melhor modelo de quatro variáveis é (x_1, x_2, x_3, x_4) ou (x_1, x_2, x_3, x_5). Há vários modelos com valores de $MQ_E(p)$ relativamente pequenos, mas o modelo de três variáveis (x_1, x_2, x_3) ou o modelo de quatro variáveis (x_1, x_2, x_3, x_4) será superior aos outros modelos baseados no critério de $MQ_E(p)$. Será necessário mais estudo.

A Fig. 15-13 mostra um gráfico C_p. Apenas o modelo de cinco variáveis tem $C_p \leq p$ (especificamente, $C_p = 6,0$), mas o valor de C_p para o modelo de quatro variáveis (x_1, x_2, x_3, x_4) é $C_p = 6,1732$. Parece haver ganho insuficiente em C_p para justificar a inclusão de x_5. Para ilustrar os cálculos, para essa equação (para o modelo que inclui (x_1, x_2, x_3, x_4)) encontraríamos

$$C_p = \frac{SQ_E(p)}{\hat{\sigma}^2} - n + 2p$$

$$= \frac{18,29715}{1,13132} - 20 + 2(5) = 6,1732,$$

observando que $\hat{\sigma}^2 = 1,13132$ se obtém da equação completa $(x_1, x_2, x_3, x_4, x_5)$. Como todos os outros modelos (com exceção do modelo de cinco variáveis) contêm viés substancial, concluiríamos, com base no critério C_p, que o melhor subconjunto de variáveis regressoras é (x_1, x_2, x_3, x_4). Como esse modelo resulta, também, em $MQ_E(p)$ relativamente pequeno e em um R^2_p relativamente alto, nós o selecionaríamos como a "melhor" equação de regressão. O modelo final é

$$\hat{y} = -19,9 + 0,0123x_1 + 27,3x_2 - 0,0655x_3 - 0,196x_4.$$

Lembre-se, no entanto, de que se deve analisar mais esse modelo, bem como outros modelos candidatos. Com estudo adicional é possível descobrir um modelo de ajuste ainda melhor. Discutiremos isso com mais detalhe mais adiante, neste capítulo.

A abordagem de todas as regressões possíveis exige considerável esforço computacional, mesmo quando k é moderadamente pequeno. No entanto, se o analista deseja examinar menos coisas do que o modelo estimado e todas as suas estatísticas associadas é possível usar algoritmos para todas as regressões possíveis que produzem menos informação sobre cada modelo, mas que são mais eficientes computacionalmente. Por exemplo, suponha que pudéssemos calcular eficientemente apenas as MQ_E para cada modelo. Como modelos com MQ_E grandes provavelmente não serão selecionados como as melhores equações de regressão, teríamos de examinar em detalhe apenas os modelos com pequenos valores de MQ_E. Há várias abordagens que desenvolvem algoritmos computacionalmente eficientes para todas as regressões possíveis (por exemplo, veja Furnival e Wilson, 1974). Os pacotes Minitab® e SAS fornecem o algoritmo de Furnival e Wilson como opção. A saída do SAS é mostrada na Tabela 15-16.

Regressão Passo a Passo Esta é, talvez, a técnica mais usada para seleção de variáveis. O procedimento constrói iterativamente uma seqüência de modelos de regressão pela adição ou remoção de variáveis a cada passo. O critério para adição ou remoção de uma variável em qualquer passo é usualmente expresso em termos de um teste F parcial. Seja F_{entra} o valor da estatística F para a adição de uma variável ao modelo, e seja F_{sai} o valor da estatística F para a remoção de uma variável do modelo. Devemos ter $F_{\text{entra}} \geq F_{\text{sai}}$ e, usualmente, $F_{\text{entra}} = F_{\text{sai}}$.

A regressão passo a passo começa com a formação de um modelo de uma variável que usa a variável regressora que tem a maior correlação com a variável resposta y. Essa será, também, a variável

Tabela 15-16 Todas as Regressões Possíveis para os Dados no Exemplo 15-16

Número no Modelo p–1	R_p^2	$R_{aj}^2(p)$	C_p	$MQ_E(p)$	Variáveis no Modelo
1	0,6530	0,6337	37,7047	3,37540	x_2
1	0,5495	0,5245	53,7211	4,38205	x_1
1	0,3553	0,3194	83,7824	6,27144	x_4
1	0,1980	0,1535	108,1144	7,80074	x_3
1	0,0021	–0,0534	138,4424	9,70689	x_5
2	0,7805	0,7547	19,9697	2,26063	x_1, x_2
2	0,7393	0,7086	26,3536	2,68546	x_2, x_3
2	0,7086	0,6744	31,0914	3,00076	x_2, x_4
2	0,7030	0,6681	31,9641	3,05883	x_1, x_3
2	0,6601	0,6201	38,6031	3,50064	x_2, x_5
2	0,6412	0,5990	41,5311	3,69550	x_1, x_4
2	0,5528	0,5002	55,2140	4,60607	x_1, x_5
2	0,4940	0,4345	64,3102	5,21141	x_3, x_4
2	0,4020	0,3316	78,5531	6,15925	x_4, x_5
2	0,2125	0,1199	107,8731	8,11045	x_3, x_5
3	0,8756	0,8523	7,2532	1,36135	x_1, x_2, x_3
3	0,8049	0,7683	18,1949	2,13501	x_1, x_2, x_4
3	0,7898	0,7503	20,5368	2,30060	x_2, x_3, x_4
3	0,7807	0,7396	21,9371	2,39961	x_1, x_2, x_5
3	0,7721	0,7294	23,2681	2,49372	x_1, x_3, x_4
3	0,7568	0,7112	25,6336	2,66098	x_2, x_3, x_5
3	0,7337	0,6837	29,2199	2,91456	x_2, x_4, x_5
3	0,7032	0,6475	33,9410	3,24838	x_1, x_3, x_5
3	0,6448	0,5782	42,9705	3,88683	x_1, x_4, x_5
3	0,5666	0,4853	55,0797	4,74304	x_3, x_4, x_5
4	0,8955	0,8676	6,1732	1,21981	x_1, x_2, x_3, x_4
4	0,8795	0,8474	8,6459	1,40630	x_1, x_2, x_3, x_5
4	0,8316	0,7866	16,0687	1,96614	x_2, x_3, x_4, x_5
4	0,8103	0,7597	19,3611	2,21446	x_1, x_2, x_4, x_5
4	0,7854	0,7282	23,2090	2,50467	x_1, x_3, x_4, x_5
5	0,9095	0,8772	6,0000	1,13132	x_1, x_2, x_3, x_4, x_5

que produzirá a maior estatística F. Se a estatística F exceder F_{entra}, o procedimento termina. Por exemplo, suponha que nesse passo x_1 seja selecionada. No segundo passo as restantes $k-1$ variáveis candidatas são examinadas, e a variável para a qual a estatística

$$F_j = \frac{SQ_R(\beta_j|\beta_1,\beta_0)}{MQ_E(x_j,x_1)} \qquad (15\text{-}73)$$

é máxima é acrescentada à equação, desde que $F_j > F_{\text{entra}}$. Na Equação 15-73, $MQ_E(x_j, x_1)$ denota a média quadrática dos erros para o modelo que contém ambos, x_1 e x_j. Suponha que esse procedimento indique, agora, que x_2 deva ser acrescentada ao modelo. O algoritmo de regressão passo a passo determina se a variável x_1, adicionada no primeiro passo, deve ser removida ou não. Isso é feito calculando-se a estatística F

$$F_1 = \frac{SQ_R(\beta_1|\beta_2,\beta_0)}{MQ_E(x_1,x_2)}. \qquad (15\text{-}74)$$

Se $F_1 < F_{\text{sai}}$, a variável x_1 é removida.

Em geral, examina-se a cada passo o conjunto das variáveis candidatas restantes, e a variável com a maior estatística F parcial é introduzida, desde que o valor observado de F exceda F_{entra}. Calcula-se, então, a estatística F parcial para cada variável no modelo, e a variável com o menor valor observado de F é removida se $F < F_{sai}$. O procedimento continua até que variáveis não possam mais ser adicionadas ao modelo ou ser dele retiradas.

A regressão passo a passo é em geral realizada por um programa de computador. O analista exerce controle sobre o procedimento pela escolha de F_{entra} e F_{sai}. Alguns programas de computador para regressão passo a passo exigem a especificação de valores numéricos para F_{entra} e F_{sai}. Como o número de graus de liberdade de MQ_E depende do número de variáveis no modelo, que muda de um para outro passo, valores fixos de F_{entra} e F_{sai} fazem com que variem as taxas de erros tipo I e tipo II. Alguns programas de computador permitem que o analista especifique os níveis de erro tipo I para F_{entra} e F_{sai}. No entanto, o nível de significância "anunciado" não é o verdadeiro nível, pois a variável selecionada é a que maximiza a estatística parcial naquele estágio. Algumas vezes é útil experimentar diferentes valores de F_{entra} e F_{sai} (ou diferentes taxas anunciadas de erro tipo I) em várias rodadas para se ver se isso afeta substancialmente a escolha do modelo final.

Exemplo 15-17

Aplicaremos a regressão passo a passo aos dados dos pêssegos danificados da Tabela 15-15. A saída do Minitab® é fornecida na Fig. 15-14. Por essa figura, vemos que as variáveis x_1, x_2 e x_3 são significantes, porque a última coluna contém entradas apenas para x_1, x_2 e x_3. A Fig. 15-15 fornece a saída de computador do SAS, que dará suporte para os cálculos a seguir. Em vez de especificar valores numéricos de F_{entra} e F_{sai}, *anunciamos* um erro tipo I de $\alpha = 0,10$. O primeiro passo consiste na construção de um modelo de regressão linear simples que usa a variável que dá a maior estatística F. Essa é x_2, e como

$$F_2 = \frac{SQ_R(\beta_2|\beta_0)}{MQ_E(x_2)} = \frac{114,32885}{3,37540} = 33,87 > F_{entra} = F_{0,10;1;18} = 3,01,$$

introduz-se x_2 no modelo.

O segundo passo começa pela descoberta da variável x_j que tenha a maior estatística F parcial, dado que x_2 está no modelo. Essa é x_1, e como

$$F_1 = \frac{SQ_R(\beta_1|\beta_2,\beta_0)}{MQ_E(x_2,x_1)} = \frac{46,45691}{2,26063} = 20,55 > F_{entra} = F_{0,10;1;17} = 3,03,$$

introduz-se x_1 no modelo. Agora, o procedimento avalia se x_2 deve ou não ser mantida, dado que x_1 está no modelo. Isso envolve o cálculo de

$$F_2 = \frac{SQ_R(\beta_2|\beta_1,\beta_0)}{MQ_E(x_2,x_1)} = \frac{40,44627}{2,26063} = 17,89 > F_{entra} = F_{0,10;1;17} = 3,03.$$

```
Alpha-to-Enter:     0.1         Alpha-to-Remove      0.1
Response is y on 5 predictors, with N = 20

         Step            1            2            3
     Constant        -42.87        -33.83        -27.89

x2                     49.1          34.9          30.7
T-Value                5.82          4.23          4.71
P-Value               0.000         0.001         0.000

x1                                 0.0131        0.0136
T-Value                              3.14          4.19
P-Value                             0.006         0.001

x3                                              -0.067
T-Value                                           -3.50
P-Value                                           0.003

S                      1.84          1.50          1.17
R-Sq                  65.30         78.05         87.56
R-Sq (adj)            63.37         75.47         85.23
C-p                    37.7          20.0           7.3
```

Figura 15-14 Saída do Minitab® para a regressão passo a passo no Exemplo 15-17.

```
                              The REG Procedure
                             Dependent Variable: y
Forward Selection: Step 1 Variable x2 Entered: R-Square = 0.6530 and C(p) =
37.7047
Source               DF      Sum of Squares    Mean Square      F Value    Pr > F
Model                 1          114.32885       114.32885        33.87    <.0001
Error                18           60.75725         3.37540
Corrected Total      19          175.08609
Variable      Parameter Estimate     Standard Error     Type II SS    F Value    Pr > F
Intercept          -42.87237              8.41429          87.62858      25.96    <.0001
x2                  49.08366              8.43377         114.32885      33.87    <.0001
                         Bounds on condition number: 1, 1
---------------------------------------------------------------------------------
Forward Selection: Step 2 Variable x1 Entered: R-Square = 0.7805 and C(p) =
19.9697
Source               DF      Sum of Squares    Mean Square      F Value    Pr > F
Model                 2          136.65541        68.32771        30.23    <.0001
Error                17           38.43068         2.26063
Corrected Total      19          175.0860
Variable      Parameter Estimate     Standard Error     Type II SS    F Value    Pr > F
Intercept          -33.83110              7.46286          46.45691      20.55    0.0003
x1                   0.01314              0.00418          22.32656       9.88    0.0059
x2                  34.88963              8.24844          40.44627      17.89    0.0006
                     Bounds on condition number: 1.4282, 5.7129
---------------------------------------------------------------------------------
Forward Selection: Step 3 Variable x3 Entered: R-Square = 0.8756 and C(p) =
7.2532
Source               DF      Sum of Squares    Mean Square      F Value    Pr > F
Model                 3          153.30451        51.10150        37.54    <.0001
Error                16           21.78159         1.36135
Corrected Total      19          175.08609
Variable      Parameter Estimate     Standard Error     Type II SS    F Value    Pr > F
Intercept          -27.89190              6.03518          29.07675      21.36    0.0003
x1                   0.01360              0.00325          23.87130      17.54    0.0007
x2                  30.68486              6.51286          30.21859      22.40    0.0002
x3                  -0.06701              0.01916          16.64910      12.23    0.0030
                     Bounds on condition number: 1.4786, 11.85
---------------------------------------------------------------------------------
No other variable met the 0.1000 significance level for entry into the model.
                           Summary of Forward Selection
          Variable     Number     Partial      Model
Step      Entered      Vars In    R-Square    R-Square    C(p)      F Value    Pr > F
  1         x2            1        0.6530      0.6530    37.7047     33.87     <.0001
  2         x1            2        0.1275      0.7805    19.9697      9.88     0.0059
  3         x3            3        0.0951      0.8756     7.2532     12.23     0.0030
```

Figura 15-15 Saída do SAS para a regressão passo a passo no Exemplo 15-17.

Assim, x_2 deve ser mantida. O passo 2 termina com ambas, x_1 e x_2, no modelo.

O terceiro passo descobre a próxima variável a ser introduzida, x_3. Como

$$F_3 = \frac{SQ_R(\beta_3|\beta_2,\beta_1,\beta_0)}{MQ_E(x_3,x_2,x_1)} = \frac{16{,}64910}{1{,}36135} = 12{,}23 > F_{\text{entra}} = F_{0{,}10;1;16} = 3{,}05,$$

x_3 é acrescentada ao modelo. Os testes F parciais para x_2 (dadas x_1 e x_3) e x_1 (dadas x_2 e x_3) indicam que essas variáveis devem ser mantidas. Assim, o terceiro passo termina com as variáveis x_1, x_2 e x_3 no modelo.

No quarto passo, nenhum dos termos restantes, x_4 ou x_5, é significativo o bastante para ser incluído no modelo. Portanto, o procedimento passo a passo termina.

O procedimento de regressão passo a passo concluiria que o melhor modelo inclui x_1, x_2 e x_3. As verificações usuais de adequação do modelo, tais como análise dos resíduos e gráficos C_p, devem ser aplicadas à equação. Esses resultados são similares aos encontrados por todas as regressões possíveis, com exceção de que x_4 foi também considerada uma possível variável significante com todas as regressões possíveis.

Seleção Progressiva Esse procedimento de seleção de variável se baseia no princípio de que as variáveis devam ser adicionadas ao modelo uma de cada vez, até que nenhuma das variáveis candidatas restantes produza um aumento significativo na soma de quadrados da regressão. Isto é, as variáveis são adicionadas, uma de cada vez, enquanto $F > F_{entra}$. A seleção progressiva é uma simplificação da regressão passo a passo que omite o teste F parcial para a remoção de variáveis do modelo que tenham sido acrescentadas em passos anteriores. Isso é uma fraqueza potencial da seleção progressiva; o procedimento não explora o efeito que a adição de uma variável no passo atual tem sobre variáveis acrescentadas em passos anteriores.

Exemplo 15-18

A aplicação do algoritmo de seleção progressiva aos dados dos pêssegos danificados na Tabela 15-15 começaria pela introdução de x_2 no modelo. Então, a variável que resulta no maior teste F parcial, dado que x_2 está no modelo, é adicionada — essa é a variável x_1. O terceiro passo introduz x_3, que resulta na maior estatística F parcial, dado que x_1 e x_2 estão no modelo. Como as estatísticas F parciais para x_4 e x_5 não são significantes, o procedimento termina. A saída do SAS para a seleção progressiva é exibida na Fig. 15-16. Note que a seleção progressiva conduz ao mesmo modelo final que a regressão passo a passo. Isso nem sempre acontece.

Eliminação Retroativa Esse algoritmo começa com todas as k variáveis candidatas no modelo. Então, a variável com a menor estatística F parcial é eliminada, se a estatística F for insignificante, isto é, se $F < F_{sai}$. Em seguida, o modelo com $k - 1$ variáveis é estimado, encontrando-se a próxima variável para potencial eliminação. O algoritmo termina quando mais nenhuma variável pode ser eliminada.

Exemplo 15-19

Para aplicar a eliminação retroativa aos dados da Tabela 15-15 começamos pela estimação do modelo completo com todas as cinco variáveis. Esse modelo é $\hat{y} = -20{,}89732 + 0{,}01102x_1 + 27{,}37046x_2 - 0{,}06929x_3 - 0{,}25695x_4 + 0{,}01668x_5$.

A Fig. 15-17 mostra a saída de computador do SAS. Os testes F parciais para cada variável são os seguintes:

$$F_1 = \frac{SQ_R(\beta_1|\beta_2,\beta_3,\beta_4,\beta_5,\beta_0)}{MQ_E} = \frac{13{,}65360}{1{,}13132} = 12{,}07,$$

$$F_2 = \frac{SQ_R(\beta_2|\beta_1,\beta_3,\beta_4,\beta_5,\beta_0)}{MQ_E} = \frac{21{,}73153}{1{,}13132} = 19{,}21,$$

$$F_3 = \frac{SQ_R(\beta_3|\beta_1,\beta_2,\beta_4,\beta_5,\beta_0)}{MQ_E} = \frac{17{,}37834}{1{,}13132} = 15{,}36,$$

$$F_4 = \frac{SQ_R(\beta_4|\beta_1,\beta_2,\beta_3,\beta_5,\beta_0)}{MQ_E} = \frac{5{,}25602}{1{,}13132} = 4{,}65,$$

$$F_5 = \frac{SQ_R(\beta_5|\beta_1,\beta_2,\beta_3,\beta_4,\beta_0)}{MQ_E} = \frac{2{,}45862}{1{,}13132} = 2{,}17.$$

A variável x_5 tem a menor estatística F, $F_5 = 2{,}17 < F_{sai} = F_{0{,}10;1;14} = 3{,}10$; assim, remove-se x_5 do modelo no passo 1. O modelo está, agora, ajustado apenas com as quatro variáveis restantes. No passo 2, a estatística F para x_4 ($F_4 = 2{,}86$) é menor do que $F_{sai} = F_{0{,}10;1;15} = 3{,}07$, portanto x_4 é removida do modelo. Nenhuma das variáveis restantes tem estatística F menor do que os valores de F_{sai} apropriados, e o procedimento termina. O modelo nas três variáveis (x_1, x_2, x_3) tem todas as variáveis significantes de acordo com o critério do teste F parcial. Note que a eliminação retroativa resultou no mesmo modelo encontrado pela seleção progressiva e pela regressão passo a passo. Isso nem sempre acontece.

Alguns Comentários sobre a Seleção do Modelo Final Ilustramos várias abordagens diferentes para a seleção de variáveis na regressão linear múltipla. O modelo final obtido por qualquer procedimento de construção de modelo deve ser submetido às usuais verificações de adequação, tais como análise de resíduos e exame dos efeitos de pontos muito distantes. O analista pode considerar, também, o aumen-

```
                          The REG Procedure
                         Dependent Variable: y
Backward Elimination: Step 0 All Variables Entered: R-Square = 0.9095 and
C(p) = 6.0000
                       Sum of        Mean
Source            DF   Squares      Square    F Value    Pr > F
Model              5  159.24760    31.84952    28.15     <.0001
Error             14   15.83850     1.13132
Corrected Total   19  175.08609
              Parameter   Standard
Variable      Estimate     Error     Type II SS   F Value    Pr > F
Intercept    -20.89732    7.16035     9.63604      8.52      0.0112
x1             0.01102    0.00317    13.65360     12.07      0.0037
x2            27.37046    6.24496    21.73153     19.21      0.0006
x3            -0.06929    0.01768    17.37834     15.36      0.0015
x4            -0.25695    0.11921     5.25602      4.65      0.0490
x5             0.01668    0.01132     2.45862      2.17      0.1626
              Bounds on condition number: 1.6438, 35.628
-------------------------------------------------------------------------
Backward Elimination: Step 1 Variable x5 Removed: R-Square = 0.8955 and
C(p) = 6.1732
                       Sum of        Mean
Source            DF   Squares      Square    F Value    Pr > F
Model              4  156.78898    39.19724    32.13     <.0001
Error             15   18.29712     1.21981
Corrected Total   19  175.08609
              Parameter   Standard
Variable      Estimate     Error     Type II SS   F Value    Pr > F
Intercept    -19.93175    7.40393     8.84010      7.25      0.0167
x1             0.01233    0.00316    18.51245     15.18      0.0014
x2            27.28797    6.48433    21.60246     17.71      0.0008
x3            -0.06549    0.01816    15.86299     13.00      0.0026
x4            -0.19641    0.11621     3.48447      2.86      0.1117
              Bounds on condition number: 1.6358, 22.31
-------------------------------------------------------------------------
Backward Elimination: Step 2 Variable x4 Removed: R-Square = 0.8756 and
C(p) = 7.2532
                       Sum of        Mean
Source            DF   Squares      Square    F Value    Pr > F
Model              3  153.30451    51.10150    37.54     <.0001
Error             16   21.78159     1.36135
Corrected Total   19  175.08609
              Parameter   Standard
Variable      Estimate     Error     Type II SS   F Value    Pr > F
Intercept    -27.89190    6.03518    29.07675     21.36      0.0003
x1             0.01360    0.00325    23.87130     17.54      0.0007
x2            30.68486    6.51286    30.21859     22.20      0.0002
x3            -0.06701    0.01916    16.64910     12.23      0.0030
              Bounds on condition number: 1.4786, 11.85
-------------------------------------------------------------------------
    All variables left in the model are significant at the 0.1000 level.
                    Summary of Backward Elimination
        Variable    Number   Partial     Model
Step    Entered    Vars In   R-Square   R-Square    C(p)    F Value    Pr > F
 1        x5          4      0.0140     0.8955    6.1732     2.17      0.1626
 2        x4          3      0.0199     0.8756    7.2532     2.86      0.1117
```

Figura 15-16 Saída do SAS para a seleção progressiva no Exemplo 15-18.

```
                           The REG Procedure
                         Dependent Variable: y
Stepwise Selection: Step 1  Variable x2 Entered: R-Square = 0.6530 and C(p) =
37.7047
                          Sum of         Mean
Source             DF     Squares        Square      F Value     Pr > F
Model               1     114.32885      114.32885   33.87       <.0001
Error              18      60.75725        3.37540
Corrected Total    19     175.08609
                Parameter    Standard
Variable        Estimate     Error       Type II SS  F Value     Pr > F
Intercept       -42.87237    8.41429      87.62858   25.96       <.0001
x2               49.08366    8.43377     114.32885   33.87       <.0001
                     Bounds on condition number: 1, 1
-------------------------------------------------------------------------------
Stepwise Selection: Step 2  Variable x1 Entered: R-Square = 0.7805 and C(p) =
19.9697
                          Sum of         Mean
Source             DF     Squares        Square      F Value     Pr > F
Model               2     136.65541       68.32771   30.23       <.0001
Error              17      38.43068        2.26063
Corrected Total    19     175.08609
                Parameter    Standard
Variable        Estimate     Error       Type II SS  F Value     Pr > F
Intercept       -33.83110    7.46286      46.45691   20.55       0.0003
x1                0.01314    0.00418      22.32656    9.88       0.0059
x2               34.88963    8.24844      40.44627   17.89       0.0006
                 Bounds on condition number: 1.4282, 5.7129
-------------------------------------------------------------------------------
Stepwise Selection: Step 3  Variable x3 Entered: R-Square = 0.8756 and C(p) =
7.2532
                          Sum of         Mean
Source             DF     Squares        Square      F Value     Pr > F
Model               3     153.30451       51.10150   37.54       <.0001
Error              16      21.78159        1.36135
Corrected Total    19     175.08609
                Parameter    Standard
Variable        Estimate     Error       Type II SS  F Value     Pr > F
Intercept       -27.89190    6.03518      29.07675   21.36       0.0003
x1                0.01360    0.00326      23.87130   17.54       0.0007
x2               30.68486    6.51286      30.21859   22.20       0.0002
x3               -0.06701    0.01916      16.64910   12.23       0.0030
                 Bounds on condition number: 1.4786, 11.85
-------------------------------------------------------------------------------
     All variables left in the model are significant at the 0.1000 level.
  No other variable met the 0.1000 significance level for entry into the model.
                        Summary of Stepwise Selection
         Variable  Variable  Number   Partial    Model
  Step   Entered   Removed   Vars In  R-Square   R-Square   C(p)     F Value   Pr > F
   1     x2                     1     0.6530     0.6530     37.7047  33.87     <.0001
   2     x1                     2     0.1275     0.7805     19.9697   9.88     0.0059
   3     x3                     3     0.0951     0.8756      7.2532  12.23     0.0030
```

Figura 15-17 Saída do SAS para a eliminação retroativa no Exemplo 15-19.

to do conjunto original de variáveis candidatas, através de produtos cruzados, termos polinomiais ou outras transformações das variáveis originais que possam melhorar o modelo.

Uma das principais críticas aos métodos de seleção de variáveis, tal como a regressão passo a passo, é que o analista pode concluir que há uma "melhor" equação de regressão. Esse não é o caso, em geral, porque normalmente há vários modelos de regressão igualmente bons que podem ser usados. Uma maneira de evitar esse problema é o uso de várias técnicas diferentes de construção de modelo, verificando-se então se resultam em modelos diferentes. Por exemplo, encontramos o mesmo modelo para os dados dos pêssegos danificados usando-se regressão passo a passo, seleção progressiva e eliminação retroativa. Isso é uma boa indicação de que o modelo de três variáveis é a melhor equação de regressão. Além disso, há técnicas de seleção de variáveis que são planejadas para se encontrar o melhor modelo de uma variável, o melhor modelo de duas variáveis, e assim por diante. Para uma discussão desses modelos e do problema de seleção de variáveis em geral, veja Montgomery, Peck e Vining (2001).

Se o número de regressoras candidatas não é muito grande, o método de todas as regressões possíveis é recomendado. Ele não é distorcido pela multicolinearidade entre as regressoras, como o são os métodos do tipo por passos.

15-12 RESUMO

Este capítulo introduziu a regressão linear múltipla, incluindo a estimação por mínimos quadrados de parâmetros, a estimação intervalar, a predição de novas observações e métodos para teste de hipóteses. Discutiram-se vários testes de adequação do modelo, incluindo os gráficos dos resíduos. Mostrou-se que os modelos de regressão polinomial podem ser tratados pelos métodos usuais de regressão linear múltipla. Introduziram-se as variáveis indicadoras para se lidar com variáveis qualitativas. Observou-se, também, que o problema da multicolinearidade, ou intercorrelação entre as variáveis regressoras, pode complicar enormemente o problema da regressão e leva, em geral, a um modelo de regressão que pode não predizer bem novas observações. Várias causas e medidas corretivas desse problema, inclusive técnicas de estimação viesada, foram discutidas. Finalmente, introduziu-se o problema de seleção de variáveis na regressão múltipla. Foram ilustrados alguns procedimentos de construção de modelo, incluindo-se o de todas as regressões possíveis, a regressão passo a passo, a seleção progressiva e a eliminação retroativa.

15-13 EXERCÍCIOS

15-1. Considere os dados dos pêssegos danificados na Tabela 15-15.
(a) Ajuste um modelo de regressão a esses dados, usando x_1 (altura da queda) e x_4 (espessura da polpa da fruta).
(b) Teste a significância da regressão.
(c) Calcule os resíduos deste modelo. Analise esses resíduos usando os métodos discutidos nesse capítulo.
(d) Como se compara esse modelo de duas variáveis com o modelo de duas variáveis que usa x_1 e x_2, do Exemplo 15-1?

15-2. Considere os dados dos pêssegos danificados na Tabela 15-15.
(a) Ajuste um modelo de regressão a esses dados, usando x_1 (altura da queda), x_2 (densidade da fruta) e x_3 (altura da fruta no ponto de impacto).
(b) Teste a significância da regressão.
(c) Calcule os resíduos desse modelo. Analise esses resíduos usando os métodos discutidos neste capítulo.

15-3. Usando os dados do Exercício 15-1, ache um intervalo de confiança de 95% de confiança para β_4.

15-4. Usando os resultados do Exercício 15-2, ache um intervalo de confiança de 95% de confiança para β_3.

15-5. Os dados da Tabela E15-5 (ver adiante) são as estatísticas de desempenho em 1976 dos times da Liga Nacional de Futebol (NFL) (*Fonte: The Sporting News*).
(a) Ajuste um modelo de regressão múltipla que relacione o número de jogos ganhos às jardas de passagem (x_2), assalto percentual (x_7) e jardas de arremesso do oponente (x_8).
(b) Construa gráficos de resíduos apropriados e comente a adequação do modelo.
(c) Teste a significância de cada variável para o modelo usando o teste t ou o teste F parcial.

15-6. A Tabela E15-6 (ver adiante) apresenta o desempenho em milhagem de gasolina para 25 automóveis (*Fonte: Motor Trend*, 1975).
(a) Ajuste um modelo de regressão que relacione a milhagem de gasolina ao deslocamento do motor (x_1) e ao número de cilindros do carburador (x_6).
(b) Analise os resíduos e comente a adequação do modelo.
(c) Qual é a utilidade de se adicionar x_6 a um modelo que já contém x_1?

15-7. Considera-se que a energia elétrica consumida a cada mês por uma usina química esteja relacionada à temperatura ambiente média (x_1), ao número de dias no mês (x_2), à pureza média do produto

Tabela E15-5 Desempenho dos Times da Liga Nacional de Futebol Americano de 1976

Time	y	x_1	x_2	x_3	x_4	x_5	x_6	x_7	x_8	x_9
Washington	10	2113	1985	38,9	64,7	+4	868	59,7	2205	1917
Minnesota	11	2003	2855	38,8	61,3	+3	615	55,0	2096	1575
New England	11	2957	1737	40,1	60,0	+14	914	65,6	1847	2175
Oakland	13	2285	2905	41,6	45,3	−4	957	61,4	1903	2476
Pittsburgh	10	2971	1666	39,2	53,8	+15	836	66,1	1457	1866
Baltimore	11	2309	2927	39,7	74,1	+8	786	61,0	1848	2339
Los Angeles	10	2528	2341	38,1	65,4	+12	754	66,1	1564	2092
Dallas	11	2147	2737	37,0	78,3	−1	761	58,0	1821	1909
Atlanta	4	1689	1414	42,1	47,6	−3	714	57,0	2577	2001
Buffalo	2	2566	1838	42,3	54,2	−1	797	58,9	2476	2254
Chicago	7	2363	1480	37,3	48,0	+19	984	67,5	1984	2217
Cincinnati	10	2109	2191	39,5	51,9	+6	700	57,2	1917	1758
Cleveland	9	2295	2229	37,4	53,6	−5	1037	58,8	1761	2032
Denver	9	1932	2204	35,1	71,4	+3	986	58,6	1709	2025
Detroit	6	2213	2140	38,8	58,3	+6	819	59,2	1901	1686
Green Bay	5	1722	1730	36,6	52,6	−19	791	54,4	2288	1835
Houston	5	1498	2072	35,3	59,3	−5	776	49,6	2072	1914
Kansas City	5	1873	2929	41,1	55,3	+10	789	54,3	2861	2496
Miami	6	2118	2268	38,2	69,6	+6	582	58,7	2411	2670
New Orleans	4	1775	1983	39,3	78,3	+7	901	51,7	2289	2202
New York Giants	3	1904	1792	39,7	38,1	−9	734	61,9	2203	1988
New York Jets	3	1929	1606	39,7	68,8	−21	627	52,7	2592	2324
Philadelphia	4	2080	1492	35,5	68,8	−8	722	57,8	2053	2550
St. Louis	10	2301	2835	35,3	74,1	+2	683	59,7	1979	2110
San Diego	6	2040	2416	38,7	50,0	0	576	54,9	2048	2628
San Francisco	8	2447	1638	39,9	57,1	−8	848	65,3	1786	1776
Seattle	2	1416	2649	37,4	56,3	−22	684	43,8	2876	2524
Tampa Bay	0	1503	1503	39,3	47,0	−9	875	53,5	2560	2241

y: Jogos ganhos (por temporada de 14 jogos).
x_1: Jardas de arremesso (temporada).
x_2: Jardas de passagem (temporada).
x_3: Média de chutes sem tocar o chão (jardas/chutes).
x_4: Porcentagem de gols de três pontos (gols feitos/tentativas de gol).
x_5: Diferencial de viradas (viradas conseguidas/viradas perdidas).
x_6: Jardas de penalidade máxima.
x_7: Assalto percentual (jogadas de assalto/total de jogadas).
x_8: Jardas de arremesso do oponente (temporada).
x_9: Jardas de passagem do oponente (temporada).

(x_3) e às toneladas produzidas (x_4). Os dados históricos de anos passados estão disponíveis e apresentados na Tabela E15-7.
(a) Ajuste um modelo de regressão múltipla a esses dados.
(b) Teste a significância da regressão.
(c) Use a estatística F parcial para testar $H_0: \beta_3 = 0$ e $H_0: \beta_4 = 0$.
(d) Calcule os resíduos desse modelo. Analise os resíduos utilizando os métodos discutidos neste capítulo.

15-8. Hald (1952) reporta dados sobre o calor emitido em calorias por grama do cimento (y) para várias quantidades de quatro ingredientes (x_1, x_2, x_3, x_4). (Ver Tabela E15-8.)

(a) Ajuste um modelo de regressão múltipla a esses dados.
(b) Teste a significância da regressão.
(c) Teste a hipótese $\beta_4 = 0$ usando o teste F parcial.
(d) Calcule a estatística t para cada variável independente. Que conclusões você tira?
(e) Teste a hipótese $\beta_2 = \beta_3 = \beta_4 = 0$ usando o teste F parcial.
(f) Construa um intervalo de confiança de 95% de confiança para β_2.

15-9. Um artigo intitulado "A Method for Improving the Accuracy of Polynomial Regression Analysis" em *Journal of Quality Technology* (1971, p. 149) reportou os seguintes dados sobre y = força

Tabela E15-6 Desempenho de Consumo de Combustível para 25 Automóveis

Automóvel	y	x_1	x_2	x_3	x_4	x_5	x_6	x_7	x_8	x_9	x_{10}	x_{11}
Apollo	18,90	350	165	260	8,0:1	2,56:1	4	3	200,3	69,9	3910	A
Nova	20,00	250	105	185	8,25:1	2,73:1	1	3	196,7	72,2	3510	A
Monarch	18,25	351	143	255	8,0:1	3,00:1	2	3	199,9	74,0	3890	A
Duster	20,07	225	95	170	8,4:1	2,76:1	1	3	194,1	71,8	3365	M
Jenson Conv.	11,20	440	215	330	8,2:1	2,88:1	4	3	184,5	69,0	4215	A
Skyhawk	22,12	231	110	175	8,0:1	2,56:1	2	3	179,3	65,4	3020	A
Scirocco	34,70	89,7	70	81	8,2:1	3,90:1	2	4	155,7	64,0	1905	M
Corolla SR-5	30,40	96,9	75	83	9,0:1	4,30:1	2	5	165,2	65,0	2320	M
Camaro	16,50	350	155	250	8,5:1	3,08:1	4	3	195,4	74,4	3885	A
Datsun B210	36,50	85,3	80	83	8,5:1	3,89:1	2	4	160,6	62,2	2009	M
Capri II	21,50	171	109	146	8,2:1	3,22:1	2	4	170,4	66,9	2655	M
Pacer	19,70	258	110	195	8,0:1	3,08:1	1	3	171,5	77,0	3375	A
Granada	17,80	302	129	220	8,0:1	3,00:1	2	3	199,9	74,0	3890	A
Eldorado	14,39	500	190	360	8,5:1	2,73:1	4	3	224,1	79,8	5290	A
Imperial	14,89	440	215	330	8,2:1	2,71:1	4	3	231,0	79,7	5185	A
Nova LN	17,80	350	155	250	8,5:1	3,08:1	4	3	196,7	72,2	3910	A
Starfire	23,54	231	110	175	8,0:1	2,56:1	2	3	179,3	65,4	3050	A
Cordoba	21,47	360	180	290	8,4:1	2,45:1	2	3	214,2	76,3	4250	A
Trans Am	16,59	400	185	NA	7,6:1	3,08:1	4	3	196	73,0	3850	A
Corolla E-5	31,90	96,9	75	83	9,0:1	4,30:1	2	5	165,2	61,8	2275	M
Mark IV	13,27	460	223	366	8,0:1	3,00:1	4	3	228	79,8	5430	A
Celica GT	23,90	133,6	96	120	8,4:1	3,91:1	2	5	171,5	63,4	2535	M
Charger SE	19,73	318	140	255	8,5:1	2,71:1	2	3	215,3	76,3	4370	A
Cougar	13,90	351	148	243	8,0:1	3,25:1	2	3	215,5	78,5	4540	A
Corvette	16,50	350	165	255	8,5:1	2,73:1	4	3	185,2	69,0	3660	A

y: Milhas/galão.
x_1: Deslocamento (polegadas cúbicas).
x_2: Cavalo-vapor (pés-libra).
x_3: Torque (pés-libra).
x_4: Razão de compressão.
x_5: Razão do eixo traseiro.
x_6: Carburador (cilindros).
x_7: Número de marchas.
x_8: Comprimento total (polegadas).
x_9: Largura (polegadas).
x_{10}: Peso (libras).
x_{11}: Tipo de transmissão (A – automática, M – manual).

Tabela E15-7

y	x_1	x_2	x_3	x_4	y	x_1	x_2	x_3	x_4
240	25	24	91	100	300	80	25	87	97
236	31	21	90	95	296	84	25	86	96
290	45	24	88	110	267	75	24	88	110
274	60	25	87	88	276	60	25	91	105
301	65	25	91	94	288	50	25	90	100
316	72	26	94	99	261	38	23	89	98

Tabela E15-8

Número da Observação	y	x_1	x_2	x_3	x_4
1	78,5	7	26	6	60
2	74,3	1	29	15	52
3	104,3	11	56	8	20
4	87,6	11	31	8	47
5	95,9	7	52	6	33
6	109,2	11	55	9	22
7	102,7	3	71	17	6
8	72,5	1	31	22	44
9	93,1	2	54	18	22
10	115,9	21	47	4	26
11	83,8	1	40	23	34
12	113,3	11	66	9	12
13	109,4	10	68	8	12

de cisalhamento extrema de um composto de borracha (psi) e x = temperatura de cura (°F).

y	770	800	840	810	735	640	590	560
x	280	284	292	295	298	305	308	315

(a) Ajuste um polinômio de segunda ordem a esses dados.
(b) Teste a significância da regressão.
(c) Teste a hipótese $\beta_{11} = 0$.
(d) Calcule os resíduos e verifique a adequação do modelo.

15-10. Considere os seguintes dados, resultantes de um experimento para se determinar o efeito de x = tempo de teste em horas a uma determinada temperatura sobre y = mudança na viscosidade do óleo.

y	−4,42	−1,39	−1,55	−1,89	−2,43	−3,15	−4,05	−5,15	−6,43	−7,89
x	0,25	0,50	0,75	1,00	1,25	1,50	1,75	2,00	2,25	2,50

(a) Ajuste um polinômio de segunda ordem aos dados.
(b) Teste a significância da regressão.
(c) Teste a hipótese $\beta_{11} = 0$.
(d) Calcule os resíduos e verifique a adequação do modelo.

15-11. Para muitos modelos de regressão polinomial subtraímos $\bar{x}$ de cada valor de x para produzir uma regressora "centrada" $x' = x - \bar{x}$. Usando os dados do Exercício 15-9, ajuste o modelo $y = \beta_0^* + \beta_1^* x' + \beta_{11}^* (x')^2 + \varepsilon$. Use os resultados para estimar os coeficientes no modelo não-centrado $y = \beta_0 + \beta_1 x + \beta_{11} x^2 + \varepsilon$.

15-12. Suponha que usemos uma variável padronizada $x' = (x - \bar{x})/s_x$, onde s_x é o desvio-padrão de x, na construção de um modelo de regressão polinomial. Usando os dados do Exercício 15-9 e a abordagem da variável padronizada, ajuste o modelo $y = \beta_0^* + \beta_1^* x' + \beta_{11}^* (x')^2 + \varepsilon$.
(a) Qual valor de y você prediz quando $x = 285°F$?
(b) Estime os coeficientes de regressão no modelo não-padronizado $y = \beta_0 + \beta_1 x + \beta_{11} x^2 + \varepsilon$.
(c) O que você pode dizer sobre a relação entre SQ_E e R^2 para os modelos padronizado e não padronizado?
(d) Suponha que $y' = (y - \bar{y})/s_y$ seja usado no modelo junto com x'. Ajuste o modelo e comente sobre a relação entre SQ_E e R^2 nos modelos padronizado e não-padronizado.

15-13. Os dados mostrados na tabela abaixo foram coletados durante um experimento para se determinar a mudança na eficiência do empuxo (%) quando o ângulo de divergência da ponta de um foguete (x) muda.
(a) Ajuste um modelo de segunda ordem aos dados.
(b) Teste em relação à significância da regressão e à falta de ajuste.
(c) Teste a hipótese $\beta_{11} = 0$.

15-14. Discuta os riscos inerentes ao ajuste de modelos polinomiais.

15-15. Considere os dados do Exemplo 15-12. Teste a hipótese de que dois modelos de regressão diferentes (com inclinações e interceptos diferentes) sejam necessários para a modelagem adequada dos dados.

15-16. Regressão Linear por Partes (I). Suponha que y esteja relacionado com x linearmente por partes. Isto é, relações lineares diferentes são apropriadas nos intervalos $-\infty < x \leq x^*$ e $x^* < x < \infty$. Mostre como as variáveis indicadoras podem ser usadas para se ajustar um modelo de regressão linear por partes, admitindo-se conhecido o ponto x^*.

15-17. Regressão Linear por Partes (II). Considere o modelo de regressão linear por partes descrito no Exercício 15-16. Suponha que no ponto x^* ocorra uma descontinuidade na função de regressão. Mostre como as variáveis indicadoras podem ser usadas para se incorporar a descontinuidade ao modelo.

15-18. Regressão Linear por Partes (III). Considere o modelo de regressão linear por partes, descrito no Exercício 15-16. Suponha que o ponto x^* não seja conhecido com certeza e deva ser estimado. Desenvolva uma abordagem que possa ser usada para se ajustar um modelo de regressão linear por partes.

15-19. Calcule os coeficientes de regressão padronizados para o modelo de regressão desenvolvido no Exercício 15-1.

15-20. Calcule os coeficientes de regressão padronizados para o modelo de regressão desenvolvido no Exercício 15-2.

15-21. Ache os fatores de inflação da variância para o modelo de regressão desenvolvido no Exemplo 15-1. Eles indicam que a multicolinearidade seja um problema nesse modelo?

15-22. Use os dados sobre o desempenho dos times da Liga Nacional de Futebol do Exercício 15-5 para a construção de modelos de regressão usando as seguintes técnicas:
(a) Todas as regressões possíveis.
(b) Regressão passo a passo.
(c) Seleção progressiva.
(d) Eliminação retroativa.
(e) Comente os vários modelos obtidos.

Tabela E15-13

y	24,60	24,71	23,90	39,50	39,60	57,12	67,11	67,24	67,15	77,87	80,11	84,67
x	4,0	4,0	4,0	5,0	5,0	6,0	6,5	6,5	6,75	7,0	7,1	7,3

15-23. Use os dados sobre a milhagem de gasolina do Exercício 15-6 pra a construção de modelos usando as seguintes técnicas:
(a) Todas as regressões possíveis.
(b) Regressão passo a passo.
(c) Seleção progressiva.
(d) Eliminação retroativa.
(e) Comente os vários modelos obtidos.

15-24. Considere os dados de Hald sobre cimento do Exercício 15-8. Construa modelos de regressão para os dados usando as seguintes técnicas:
(a) Todas as regressões possíveis.
(b) Regressão passo a passo.
(c) Seleção progressiva.
(d) Eliminação regressiva.

15-25. Considere os dados de Hald sobre cimento do Exercício 15-8. Ajuste um modelo de regressão que envolva todas as quatro regressoras e ache os fatores de inflação da variância. A multicolinearidade é um problema nesse modelo? Use uma regressão de cumeeira para estimar os coeficientes nesse modelo. Compare o modelo de cumeeira com os modelos obtidos no Exercício 15-25 usando métodos de seleção de variáveis.

Capítulo 16

Estatística Não-paramétrica

16-1 INTRODUÇÃO

A maioria dos procedimentos de teste de hipótese e intervalos de confiança nos capítulos anteriores se baseia na hipótese de que estamos trabalhando com amostras aleatórias de populações normais. Felizmente, a maioria desses procedimentos é relativamente insensível a ligeiros afastamentos da normalidade. Em geral, os testes t e F e os intervalos de confiança t terão níveis reais de significância ou de confiança que diferem dos níveis nominais ou anunciados escolhidos pelo experimentador, embora a diferença entre os níveis reais e os anunciados seja usualmente pequena quando a população subjacente não é muito diferente da distribuição normal. Tradicionalmente, chamamos esses procedimentos de métodos *paramétricos* porque se baseiam em uma família paramétrica particular de distribuições — nesse caso, a normal. Alternativamente, algumas vezes dizemos que esses procedimentos não são *livres de distribuição* porque dependem da hipótese de normalidade.

Neste capítulo descrevemos procedimentos chamados de métodos *não-paramétricos* ou *livres de distribuição*, e usualmente não fazemos qualquer hipótese sobre a distribuição da população subjacente, com exceção de que seja contínua. Esses procedimentos têm níveis reais de significância α ou níveis de confiança $100(1 - \alpha)\%$ para muitos tipos diferentes de distribuições. Eles são, também, bastante atrativos. Uma de suas vantagens é que os dados não precisam ser quantitativos; eles podem ser categóricos (tal como sim ou não, defeituoso ou não-defeituoso, etc.) ou dados de postos. Outra vantagem é que os procedimentos não-paramétricos são em geral muito rápidos e fáceis de serem realizados.

Os procedimentos descritos neste capítulo são competidores dos procedimentos paramétricos t e F descritos antes. Conseqüentemente, é importante comparar o desempenho dos métodos paramétricos e não-paramétricos sob as hipóteses de populações normais e não-normais. Em geral, os procedimentos não-paramétricos não utilizam todas as informações fornecidas pela amostra e, como resultado, um procedimento não-paramétrico será menos eficiente do que o procedimento paramétrico correspondente quando a população subjacente é normal. Essa perda de eficiência usualmente se reflete em uma exigência por um tamanho amostral maior para o procedimento não-paramétrico do que o que seria exigido pelo procedimento paramétrico para se alcançar a mesma probabilidade de erro tipo II. Por outro lado, essa perda de eficiência não é geralmente grande, e com freqüência a diferença no tamanho amostral é muito pequena. Quando as distribuições subjacentes não são normais os métodos não-paramétricos têm muito a oferecer. Eles fornecem, em geral, melhora considerável em relação à teoria normal dos métodos paramétricos.

16-2 O TESTE DOS SINAIS

16-2.1 Uma Descrição do Teste dos Sinais

O teste dos sinais é usado para o teste de hipóteses sobre a mediana $\tilde{\mu}$ de uma distribuição contínua. Lembre que a mediana de uma distribuição é um valor tal que a probabilidade de que um valor observado de X seja menor do que ou igual à mediana é 0,5, e a probabilidade de que um valor observado de X seja maior do que ou igual à mediana é 0,5. Isto é, $P(X \leq \tilde{\mu}) = P(X \geq \tilde{\mu}) = 0,5$.

Como a distribuição normal é simétrica, a média de uma distribuição normal é igual à mediana. Assim, o teste dos sinais pode ser usado para se testar hipóteses sobre a média de uma distribuição normal. Esse é o mesmo problema para o qual usamos o teste t no Capítulo 11. Discutiremos os méritos relativos dos dois procedimentos na Seção 16-2.4. Note que enquanto o teste t foi planejado para amostras de uma distribuição normal, o teste de sinais é apropriado para amostras de qualquer distribuição contínua. Assim, o teste dos sinais é um procedimento não-paramétrico.

Suponha que as hipóteses sejam

$$H_0: \tilde{\mu} = \tilde{\mu}_0,$$
$$H_1: \tilde{\mu} \neq \tilde{\mu}_0. \tag{16-1}$$

O procedimento de teste é o seguinte. Suponha que $X_1, X_2, \ldots, X_n$ seja uma amostra aleatória de n observações da população de interesse. Forme as diferenças $(X_i - \tilde{\mu}_0)$, $i = 1, 2, \ldots, n$. Agora, se $H_0: \tilde{\mu} = \tilde{\mu}_0$ é verdadeira, qualquer diferença $X_i - \tilde{\mu}_0$ é positiva ou negativa de maneira igualmente provável. Assim, denote por R^+ o número dessas diferenças $(X_i - \tilde{\mu}_0)$ que são positivas e por R^- o número dessas diferenças que são negativas, e faça $R = \min(R^+, R^-)$.

Quando a hipótese nula é verdadeira, R tem uma distribuição binomial com parâmetros n e $p = 0,5$. Assim, encontraríamos um valor crítico, digamos R_α^*, da distribuição binomial que garanta que P(erro tipo I) $= P$(rejeitar H_0 quando H_0 é verdadeira) $= \alpha$. Uma tabela desses valores críticos R_α^* é apresentada no Apêndice, Tabela X. Se a estatística de teste $R \leq R_\alpha^*$, então a hipótese nula $H_0: \tilde{\mu} = \tilde{\mu}_0$ deve ser rejeitada.

Exemplo 16-1

Montgomery, Peck e Vining (2001) relatam um estudo no qual um motor de foguete é feito pela união de um propulsor de explosão e um propulsor de manutenção dentro de uma cápsula de metal. A força de resistência ao cisalhamento da união dos dois tipos de propulsores é uma característica importante. A Tabela 16-1 mostra os resultados de teste de 20 motores selecionados aleatoriamente. Gostaríamos de testar a hipótese de que a força de cisalhamento mediana é de 2000 psi.

O estabelecimento formal da hipótese de interesse é

$$H_0: \tilde{\mu} = 2000,$$
$$H_1: \tilde{\mu} \neq 2000.$$

As duas últimas colunas da Tabela 16-1 mostram as diferenças $(X_i - 2000)$, para $i = 1, 2, \ldots, 20$ e os sinais correspondentes. Note que $R^+ = 14$ e $R^- = 6$. Portanto, $R = \min(R^+, R^-) = \min(14, 6) = 6$. Pela Tabela X do Apêndice, com $n = 20$ vemos que o valor crítico para $\alpha = 0,05$ é $R_{0,05}^* = 5$. Portanto, como $R = 6$ não é menor do que ou igual ao valor crítico $R_{0,05}^* = 5$ não podemos rejeitar a hipótese nula de que a força de cisalhamento mediana seja de 2000 psi.

Observe que, como R é uma variável aleatória binomial, poderíamos testar a hipótese de interesse calculando diretamente um valor P da distribuição binomial. Quando $H_0: \tilde{\mu} = 2000$ é verdadeira, R tem uma distribuição binomial com parâmetros $n = 20$ e $p = 0,5$. Assim, a probabilidade de observar seis ou menos sinais negativos em uma amostra de 20 observações é

$$P(R \leq 6) = \sum_{r=0}^{6} \binom{20}{r}(0,5)^r (0,5)^{20-r}$$
$$= 0,058.$$

Como o valor P não é menor do que o nível de significância desejado, não podemos rejeitar a hipótese nula de $\tilde{\mu} = 2000$ psi.

Níveis Exatos de Significância Quando uma estatística de teste tem uma distribuição discreta, tal como R no teste de sinais, pode ser impossível escolher um valor crítico R_α^* que tenha um nível de significância exatamente igual a α. A abordagem usual é escolher R_α^* que resulte em um valor de α tão próximo do desejado quanto possível.

Tabela 16-1 Dados da Força de Cisalhamento dos Propulsores

Observação (i)	Força de Cisalhamento (X_i)	Diferenças ($X_i - 2000$)	Sinal
1	2158,70	+158,70	+
2	1678,15	−321,85	−
3	2316,00	+316,00	+
4	2061,30	+61,30	+
5	2207,50	+207,50	+
6	1708,30	−291,70	−
7	1784,70	−215,30	−
8	2575,10	+575,00	+
9	2357,90	+357,90	+
10	2256,70	+256,70	+
11	2165,20	+165,20	+
12	2399,55	+399,55	+
13	1779,80	−220,20	−
14	2336,75	+336,75	+
15	1765,30	−234,70	−
16	2053,50	+53,50	+
17	2414,40	+414,40	+
18	2200,50	+200,50	+
19	2654,20	+654,20	+
20	1753,70	−246,30	−

Empates no Teste de Sinais Como se supõe que a população subjacente seja contínua, é teoricamente impossível encontrar um "empate", isto é, um valor de X_i exatamente igual a $\tilde{\mu}_0$. No entanto, isso pode acontecer algumas vezes na prática por causa da maneira como os dados foram coletados. Quando ocorrem empates eles devem ser descartados aplicando-se o teste dos sinais aos dados restantes.

Hipóteses Alternativas Unilaterais Podemos, também, usar o teste dos sinais quando uma hipótese alternativa unilateral é apropriada. Se a alternativa for $H_1: \tilde{\mu} > \tilde{\mu}_0$, rejeite $H_0: \tilde{\mu} = \tilde{\mu}_0$ se $R^- < R_\alpha^*$; se a alternativa for $H_1: \tilde{\mu} < \tilde{\mu}_0$, então rejeite $H_0: \tilde{\mu} = \tilde{\mu}_0$ se $R^+ < R_\alpha^*$. O nível de significância de um teste unilateral é a metade do valor mostrado na Tabela X do Apêndice. É possível, também, calcular um valor P da distribuição binomial para o caso unilateral.

A Aproximação Normal Quando $p = 0,5$ a distribuição binomial é bem aproximada por uma distribuição normal quando n é, pelo menos, 10. Assim, como a média da binomial é np e a variância é $np(1-p)$, a distribuição de R é aproximadamente normal, com média $0,5n$ e variância $0,25n$, quando n é razoavelmente grande. Assim, nesses casos a hipótese nula pode ser testada com a estatística

$$Z_0 = \frac{R - 0,5n}{0,5\sqrt{n}}. \tag{16-2}$$

A alternativa bilateral seria rejeitada se $|Z_0| > Z_{\alpha/2}$, e as regiões críticas da alternativa unilateral seriam escolhidas de modo a refletir o sentido da alternativa (se a alternativa é $H_1: \tilde{\mu} > \tilde{\mu}_0$, rejeite H_0 se $Z_0 > Z_\alpha$, por exemplo).

16-2.2 O Teste dos Sinais para Amostras Emparelhadas

O teste dos sinais pode ser aplicado, também, a observações emparelhadas extraídas de populações contínuas. Seja (X_{1j}, X_{2j}), $j = 1, 2, \ldots, n$ uma coleção de observações emparelhadas de duas populações contínuas e sejam

$$D_j = X_{1j} - X_{2j} \qquad j = 1, 2, \ldots, n,$$

as diferenças emparelhadas. Desejamos testar a hipótese de que as duas populações têm uma mediana comum, isto é, que $\tilde{\mu}_1 = \tilde{\mu}_2$. Isso é equivalente a se testar se a mediana das diferenças é zero, $\tilde{\mu}_d = 0$, e pode ser feito pela aplicação do teste dos sinais às n diferenças D_j, conforme ilustrado no exemplo que se segue.

Exemplo 16-2

Um engenheiro de automóveis está estudando dois tipos diferentes de aparelhos de medida para um sistema de injeção eletrônica a fim de determinar se eles diferem em seus desempenhos de milhagem de combustível. O sistema é instalado em 12 carros diferentes, e um teste é realizado com cada sistema de medida em cada carro. Os dados do desempenho da milhagem de combustível, as diferenças correspondentes e seus sinais são mostrados na Tabela 16-2. Note que $R^+ = 8$ e $R^- = 4$. Assim, $R = \text{mín}(R^+, R^-) = \text{mín}(8, 4) = 4$. Pela Tabela X do Apêndice, com $n = 12$ encontramos o valor crítico para $\alpha = 0,05$ como $R^*_{0,05} = 2$. Como R não é menor do que o valor crítico $R^*_{0,05}$, não podemos rejeitar a hipótese nula de que os dois aparelhos de medição resultem no mesmo desempenho de milhagem de combustível.

16-2.3 O Erro Tipo II (β) para o Teste dos Sinais

O teste dos sinais controlará a probabilidade de erro tipo I no nível α anunciado para o teste da hipótese nula $H_0: \tilde{\mu} = \tilde{\mu}_0$ para qualquer distribuição contínua. Como em qualquer procedimento de teste de hipótese, é importante investigar o erro tipo II, β. O teste deve ser capaz de detectar efetivamente afastamentos da hipótese nula, uma boa medida dessa eficiência é o valor de β para afastamentos que são importantes. Um pequeno valor de β implica um procedimento de teste eficiente.

Na determinação de β é preciso ter em mente que não apenas um valor particular de $\tilde{\mu}$, digamos $\tilde{\mu}_0 + \Delta$, deve ser usado, mas que também a *forma* da distribuição subjacente afetará os cálculos. Para ilustrar, suponha que a distribuição subjacente seja normal com $\sigma = 1$ e que estejamos testando a hipótese de que $\tilde{\mu} = 2$ (uma vez que $\tilde{\mu} = \mu$ na distribuição normal, isso é equivalente a se testar que a média é igual a 2). É importante detectar um afastamento de $\tilde{\mu} = 2$ para $\tilde{\mu} = 3$. A situação está ilustrada graficamente na Fig.16-1a. Quando a hipótese alternativa é verdadeira $H_1: \tilde{\mu} = 3$), a probabilidade de que a variável aleatória X exceda o valor 2 é

$$p = P(X > 2) = P(Z > -1) = 1 - \Phi(-1) = 0,8413.$$

Suponha que tenhamos extraído amostras de tamanho 12. No nível $\alpha = 0,05$, a Tabela X do Apêndice indica que rejeitaríamos $H_1: \tilde{\mu} = 2$ se $R \leq R^*_{0,05} = 2$. Assim, o erro β é a probabilidade de não rejeitarmos $H_0: \tilde{\mu} = 2$ quando, de fato, $\tilde{\mu} = 3$ ou

$$\beta = 1 - \sum_{x=0}^{2} \binom{12}{x}(0,1587)^x(0,8413)^{12-x} = 0,2944.$$

Tabela 16-2 Desempenho dos Aparelhos de Medição de Fluxo

Carro	Aparelho de Medição 1	Aparelho de Medição 2	Diferença, D_j	Sinal
1	17,6	16,8	0,8	+
2	19,4	20,0	−0,6	−
3	19,5	18,2	1,3	+
4	17,1	16,4	0,7	+
5	15,3	16,0	−0,7	−
6	15,9	15,4	0,5	+
7	16,3	16,5	−0,2	−
8	18,4	18,0	0,4	+
9	17,3	16,4	0,9	+
10	19,1	20,1	−1,0	−
11	17,8	16,7	1,1	+
12	18,2	17,9	0,3	+

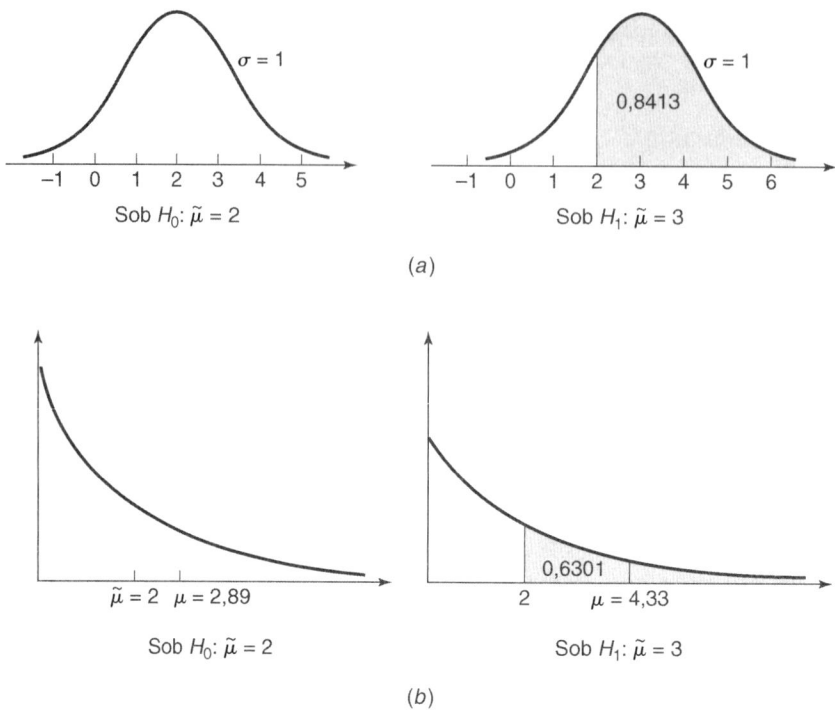

Figura 16-1 Cálculo de β para o teste dos sinais. (*a*) Distribuições normais, (*b*) distribuições exponenciais.

Se a distribuição de X for exponencial em vez de normal, então a situação seria como mostrado na Fig.16-1*b*, e a probabilidade de que a variável aleatória X exceda o valor $x = 2$ quando $\tilde{\mu} = 3$ (note que quando a mediana de uma distribuição exponencial é 3, a média é 4,33) é

$$p = P(X > 2) = \int_2^\infty \frac{1}{4,33} e^{-\frac{1}{4,33}x} dx = e^{-\frac{2}{4,33}} = 0,6301.$$

O erro β, nesse caso, é

$$\beta = 1 - \sum_{x=0}^{2} \binom{12}{x} (0,3699)^x (0,6301)^{12-x} = 0,8794.$$

Assim, o erro β para o teste dos sinais depende não apenas do valor alternativo de $\tilde{\mu}$, mas também da área sob a distribuição de probabilidade da população, à direita do valor especificado na hipótese nula. Essa área é altamente dependente da forma daquela distribuição de probabilidade particular.

16-2.4 Comparação do Teste dos Sinais e do Teste *t*

Se a população subjacente for normal, então tanto o teste dos sinais quanto o teste *t* podem ser usados para se testar $H_0: \tilde{\mu} = \tilde{\mu}_0$. Sabe-se que o teste *t* tem o menor valor possível de β entre todos os testes com nível de significância α, de modo que ele é superior ao teste dos sinais no caso da distribuição normal. Quando a distribuição da população é simétrica e não-normal (mas com média finita $\mu = \tilde{\mu}$), então o teste *t* tem um erro β menor do que o β para o teste dos sinais, a menos que a distribuição tenha caudas muito pesadas comparadas com a normal. Assim, o teste dos sinais é usualmente considerado um procedimento de teste para a mediana mais do que um sério competidor para o teste *t*. O teste de postos com sinais de Wilcoxon na próxima seção é preferível ao teste dos sinais e se compara bem com o teste *t* para distribuições simétricas.

16-3 O TESTE DE POSTOS COM SINAIS DE WILCOXON

Suponha que desejemos admitir que a população de interesse seja *contínua* e *simétrica*. Como na seção anterior, nosso interesse se concentra na mediana $\tilde{\mu}$ (ou, equivalentemente, na média μ, uma vez que $\tilde{\mu} = \mu$ para distribuições simétricas). Uma desvantagem do teste dos sinais nessa situação é que ele considera apenas os sinais dos desvios $X_i - \tilde{\mu}_0$, e não suas magnitudes. O teste de postos com sinais de Wilcoxon é planejado para superar essa desvantagem.

16-3.1 Uma Descrição do Teste

Estamos interessados em testar $H_0: \mu = \mu_0$ contra as alternativas usuais. Suponha que $X_1, X_2, ..., X_n$ seja uma amostra aleatória de uma distribuição contínua e simétrica, com média (e mediana) μ. Calcule as diferenças $X_i - \mu_0$, $i = 1, 2, ..., n$. Ordene os valores absolutos das diferenças, $|X_i - \mu_0|$, $i = 1, 2, ..., n$, em ordem crescente e, então, dê aos postos os sinais de suas diferenças correspondentes. Sejam R^+ a soma dos postos positivos e R^- o valor absoluto da soma dos postos negativos, e seja $R = \text{mín}(R^+, R^-)$. A Tabela XI do Apêndice contém valores críticos de R, digamos R_α^*. Se a hipótese alternativa for $H_1: \mu \neq \mu_0$, então se $R \leq R_\alpha^*$ a hipótese nula $H_0: \mu = \mu_0$ é rejeitada.

Para testes unilaterais, se a alternativa for $H_1: \mu > \mu_0$, rejeite $H_0: \mu = \mu_0$ se $R^- < R_\alpha^*$; e se a alternativa for $H_1: \mu < \mu_0$, rejeite $H_0: \mu = \mu_0$ se $R^+ < R_\alpha^*$. O nível de significância para testes unilaterais é a metade do nível anunciado na Tabela XI do Apêndice.

Exemplo 16-3

Para ilustrar o teste de postos com sinais de Wilcoxon, considere os dados da força de cisalhamento de propulsores apresentados na Tabela 16-1. Os postos com sinais são

Observação	Diferença, $X_i - 2000$	Posto com Sinal
16	+53,50	+1
4	+61,30	+2
1	+158,70	+3
11	+165,20	+4
18	+200,50	+5
5	+207,50	+6
7	−215,30	−7
13	−220,20	−8
15	−234,70	−9
20	−246,30	−10
10	+256,70	+11
6	−291,70	−12
3	+316,00	+13
2	−321,85	−14
14	+336,75	+15
9	+357,90	+16
12	+399,55	+17
17	+414,40	+18
8	+575,00	+19
19	+654,20	+20

A soma dos postos positivos é $R^+ = (1 + 2 + 3 + 4 + 5 + 6 + 11 + 13 + 15 + 16 + 17 + 18 + 19 + 20) = 150$, e a soma dos postos negativos é $R^- = (7 + 8 + 9 + 10 + 12 + 14) = 60$. Portanto, $R = \text{mín}(R^+, R^-) = \text{mín}(150, 60) = 60$. Pela Tabela XI do Apêndice, com $n = 20$ e $\alpha = 0,05$, encontramos o valor crítico $R_{0,05}^* = 52$. Como R excede R_α^*, não podemos rejeitar a hipótese nula de que a força de cisalhamento média (ou mediana, uma vez que se supõe que as populações sejam simétricas) seja de 2000 psi.

Empates no Teste de Postos com Sinais de Wilcoxon

Como a população subjacente é contínua os empates são teoricamente impossíveis, embora ocorram, algumas vezes, na prática. Se várias observações têm o mesmo valor absoluto, associa-se a eles a média dos postos que receberiam se fossem ligeiramente diferentes uns dos outros.

16-3.2 Uma Aproximação para Grandes Amostras

Se o tamanho amostral for moderadamente grande, digamos $n > 20$, então pode-se mostrar que R tem, aproximadamente, uma distribuição normal com média

$$\mu_R = \frac{n(n+1)}{4}$$

e variância

$$\sigma_R^2 = \frac{n(n+1)(2n+1)}{24}.$$

Portanto, um teste de $H_0: \mu = \mu_0$ pode se basear na estatística

$$Z_0 = \frac{R - n(n+1)/4}{\sqrt{n(n+1)(2n+1)/24}}. \tag{16-3}$$

Uma região crítica apropriada pode ser escolhida da tabela da distribuição normal padronizada.

16-3.3 Observações Emparelhadas

O teste de postos com sinais de Wilcoxon pode ser aplicado a dados emparelhados. Seja (X_{1j}, X_{2j}), $j = 1, 2, \ldots, n$, uma coleção de observações emparelhadas de distribuições contínuas que diferem apenas em relação a suas médias (*não* é necessário que as distribuições de X_1 e X_2 sejam simétricas). Isso garante que a distribuição das *diferenças* $D_j = X_{ij} - X_{2j}$ seja *contínua* e *simétrica*.

Para se usar o teste de postos com sinais de Wilcoxon ordenamos as diferenças em ordem crescente de seus valores absolutos e damos aos postos os sinais das diferenças. Aos empates são dadas as médias dos postos. Sejam R^+ a soma dos postos positivos e R^- o valor absoluto da soma dos postos negativos, e seja $R = \min(R^+, R^-)$. Rejeitamos a hipótese nula de igualdade das médias se $R \leq R_\alpha^*$, onde R_α^* é escolhido pela Tabela XI do Apêndice.

Para testes unilaterais, se a hipótese alternativa for $H_1: \mu_1 > \mu_2$ (ou $H_1: \mu_D > 0$) rejeite H_0 se $R^- < R_\alpha^*$; e se $H_1: \mu_1 < \mu_2$ (ou $\mu_D < 0$), rejeite H_0 se $R^+ < R_\alpha^*$. Note que o nível de significância para os testes unilaterais é a metade do valor dado na Tabela XI.

Exemplo 16-4

Considere os dados sobre o aparelho de medição de combustível do Exemplo 16-2. Os postos com sinais são mostrados abaixo.

Carro	Diferença	Posto com Sinal
7	−0,2	−1
12	0,3	2
8	0,4	3
6	0,5	4
2	−0,6	−5
4	0,7	6,5
5	−0,7	−6,5
1	0,8	8
9	0,9	9
10	−1,0	−10
11	1,1	11
3	1,3	12

Note que $R^+ = 55,5$ e $R^- = 22,5$; portanto, $R = \min(R^+, R^-) = \min(55,5; 22,5) = 22,5$. Pela Tabela XI do Apêndice, com $n = 12$ e $\alpha = 0,05$, encontramos o valor crítico $R_{0,05}^* = 13$. Como R excede $R_{0,05}^*$, não podemos rejeitar a hipótese nula de que os dois aparelhos de medição resultem no mesmo desempenho de milhagem.

16-3.4 Comparação com o Teste t

Quando a população subjacente é normal, tanto o teste t quanto o teste de postos com sinais de Wilcoxon podem ser usados para o teste de hipóteses sobre μ. O teste t é o melhor teste em tais situações, no sentido de que produz um valor mínimo de β para todos os testes com nível de significância α. No entanto, como não é sempre claro que a distribuição seja apropriada e como há muitas situações em que sabemos ser ela inapropriada, é interessante comparar os dois procedimentos para populações normais e não-normais.

Infelizmente, tal comparação não é fácil. O problema é que β, para o teste de postos com sinais de Wilcoxon, é muito difícil de se obter, e β para o teste t é difícil de se obter para distribuições não-normais. Por causa da dificuldade da comparação dos erros tipo II desenvolveram-se outras medidas de comparação. Uma medida amplamente usada é a *eficiência relativa assintótica* (ERA). A ERA de um teste relativamente a outro teste é a razão-limite dos tamanhos amostrais necessários para se obter probabilidades de erro idênticas para os dois procedimentos. Por exemplo, se a ERA de um teste relativamente a um competidor é 0,5, então quando os tamanhos amostrais forem grandes o primeiro teste exigirá uma amostra do dobro do tamanho do segundo teste para se obter um desempenho de erro semelhante. Embora isso não nos diga muita coisa para pequenos tamanhos de amostra, podemos afirmar o seguinte:

1. Para populações normais, a ERA do teste de postos com sinais de Wilcoxon em relação ao teste t é de aproximadamente 0,95.
2. Para populações não-normais, a ERA é, pelo menos, de 0,86 e, em muitos casos, excederá a unidade. Quando isso acontece, o teste de postos com sinais de Wilcoxon exige um tamanho amostral menor do que o teste t.

Embora estes sejam resultados para grandes amostras, concluímos em geral que o teste de postos com sinais de Wilcoxon nunca será muito pior do que o teste t e, em muitos casos em que a população é não-normal, ele pode ser superior. Assim, o teste de postos com sinais de Wilcoxon é uma alternativa útil para o teste t.

16-4 O TESTE DA SOMA DE POSTOS DE WILCOXON

Suponha que tenhamos duas populações contínuas independentes, X_1 e X_2, com médias μ_1 e μ_2. As distribuições de X_1 e X_2 têm a mesma forma e dispersão, e diferem apenas (possivelmente) nas médias. O teste da soma de postos de Wilcoxon pode ser usado para o teste da hipótese $H_0: \mu_1 = \mu_2$. Algumas vezes, esse procedimento é chamado de teste de Mann-Whitney, embora a estatística de teste de Mann-Whitney seja em geral expressa de forma diferente.

16-4.1 Uma Descrição do Teste

Sejam $X_{11}, X_{12}, \ldots, X_{1n_1}$ e $X_{21}, X_{22}, \ldots, X_{2n_2}$ duas amostras aleatórias independentes das populações contínuas X_1 e X_2 descritas antes. Supomos que $n_1 \leq n_2$. Organize todas as $n_1 + n_2$ observações em ordem crescente de magnitude e associe postos a elas. Se ocorrer empate para duas ou mais observações, use então a média dos postos que teriam sido associados se as observações fossem diferentes. Seja R_1 a soma dos postos na amostra menor X_1, e defina

$$R_2 = n_1(n_1 + n_2 + 1) - R_1. \tag{16-4}$$

Agora, se as duas médias não diferem esperaríamos que as somas dos postos fossem aproximadamente iguais para ambas as amostras. Conseqüentemente, se as somas dos postos diferirem bastante, concluiríamos que as médias não são iguais.

A Tabela IX do Apêndice contém os valores críticos R_α^* das somas de postos para $\alpha = 0,05$ e $\alpha = 0,01$. Consulte a Tabela IX do Apêndice com os tamanhos amostrais apropriados n_1 e n_2. A hipótese nula $H_0: \mu_1 = \mu_2$ é rejeitada em favor de $H_1: \mu_1 \neq \mu_2$ se R_1 ou R_2 for menor do que ou igual ao valor crítico tabelado, R_α^*.

O procedimento pode também ser usado para alternativas unilaterais. Se a alternativa for $H_1: \mu_1 < \mu_2$, rejeite então H_0 se $R_1 \geq R_\alpha^*$; enquanto que para $H_1: \mu_1 > \mu_2$, rejeite H_0 se $R_2 \geq R_\alpha^*$. Para esses testes unilaterais, os valores críticos tabelados, R_α^*, correspondem aos níveis de significância de $\alpha = 0,025$ e $\alpha = 0,005$.

448 Capítulo Dezesseis

Exemplo 16-5

Está-se estudando o esforço axial médio em membros extensíveis usados na estrutura de aeronaves. Duas ligas estão sendo investigadas. A liga 1 é um material tradicional, e a liga 2 é uma nova liga de alumínio e lítio, muito mais leve do que o material-padrão. Dez espécimes de cada liga são testados, medindo-se o esforço axial. Os dados amostrais estão reunidos na tabela seguinte:

Liga 1		Liga 2	
3238 psi	3254 psi	3261 psi	3248 psi
3195	3229	3187	3215
3246	3225	3209	3226
3190	3217	3212	3240
3204	3241	3258	3234

Os dados estão arranjados em ordem crescente e com postos como segue:

Número da Liga	Tensão Axial	Posto
2	3187 psi	1
1	3190	2
1	3195	3
1	3204	4
2	3209	5
2	3212	6
2	3215	7
1	3217	8
1	3225	9
2	3226	10
1	3229	11
2	3234	12
1	3238	13
2	3240	14
1	3241	15
1	3246	16
2	3248	17
1	3254	18
2	3258	19
2	3261	20

A soma dos postos para a liga 1 é

$$R_1 = 2 + 3 + 4 + 8 + 9 + 11 + 13 + 15 + 16 + 18 = 99,$$

e para a liga 2 é

$$R_2 = n_1(n_1 + n_2 + 1) - R_1 = 10(10 + 10 + 1) - 99 = 111.$$

Pela Tabela IX do Apêndice, com $n_1 = n_2 = 10$ e $\alpha = 0,05$, encontramos $R_{0,05}^* = 78$. Como nem R_1 nem R_2 são menores do que $R_{0,05}^*$, não podemos rejeitar a hipótese de que ambas as ligas mostrem o mesmo esforço axial médio.

16-4.2 Uma Aproximação para Grandes Amostras

Quando ambos, n_1 e n_2, são moderadamente grandes, digamos maiores do que 8, a distribuição de R_1 pode ser bem aproximada pela distribuição normal com média

$$\mu_{R_1} = \frac{n_1(n_1 + n_2 + 1)}{2}$$

e variância

$$\sigma_{R_1}^2 = \frac{n_1 n_2 (n_1 + n_2 + 1)}{12}.$$

Portanto, para n_1, $n_2 > 8$, poderíamos usar

$$Z_0 = \frac{R_1 - \mu_{R_1}}{\sigma_{R_1}} \quad (16\text{-}5)$$

como uma estatística de teste, e a região crítica apropriada como $|Z_0| > Z_{\alpha/2}$, $Z_0 > Z_\alpha$ ou $Z_0 < -Z_\alpha$, dependendo de o teste ser bilateral, unilateral superior ou unilateral inferior.

16-4.3 Comparação com o Teste t

Na Seção 16-3.4 discutimos a comparação do teste t com o teste de postos com sinais de Wilcoxon. Os resultados para o problema de duas amostras são idênticos ao caso de uma amostra; isto é, quando a hipótese de normalidade é correta o teste da soma dos postos de Wilcoxon é aproximadamente 95% tão eficiente quanto o teste t em grandes amostras. Por outro lado, independentemente da forma das distribuições, o teste da soma de postos de Wilcoxon será sempre, pelo menos, 86% tão eficiente se as distribuições subjacentes forem bem não-normais. A eficiência do teste de Wilcoxon em relação ao teste t é usualmente alta se as distribuições subjacentes tiverem caudas mais pesadas do que as da normal, porque o comportamento do teste t é muito dependente da média amostral, que é muito instável em distribuições com caudas pesadas.

16-5 MÉTODOS NÃO-PARAMÉTRICOS NA ANÁLISE DE VARIÂNCIA

16-5.1 O Teste de Kruskal-Wallis

O modelo de análise de variância de fator único desenvolvido no Capítulo 12 para a comparação de a médias populacionais é

$$y_{ij} = \mu + \tau_i + \varepsilon_{ij} \begin{cases} i = 1, 2, \ldots, a, \\ j = 1, 2, \ldots, n_i. \end{cases} \quad (16\text{-}6)$$

Nesse modelo, supõe-se que os termos erro ε_{ij} sejam distribuídos normal e independentemente, com média zero e variância σ^2. A hipótese de normalidade levou diretamente ao teste F descrito no Capítulo 12. O teste de Kruskal-Wallis é uma alternativa não-paramétrica para o teste F; ele exige apenas que os ε_{ij} tenham a mesma distribuição contínua para todos os tratamentos, $i = 1, 2, \ldots, a$.

Suponha que $\sum_{i=1}^{a} n_i$ seja o número total de observações. Ordene todas as N observações da menor para a maior e associe à menor observação o posto 1, à seguinte menor o posto 2,..., e à maior observação o posto N. Se a hipótese nula

$$H_0: \mu_1 = \mu_2 = \cdots = \mu_a$$

for verdadeira, as N observações provêm da mesma distribuição, e todas as associações possíveis de N postos às a amostras são igualmente prováveis; esperaríamos, então, que os postos $1, 2, \ldots, N$ se misturassem através das a amostras. Se, no entanto, a hipótese nula H_0 for falsa, então algumas amostras consistirão em observações que têm predominantemente postos pequenos, enquanto outras amostras consistirão em observações que têm predominantemente postos altos. Seja R_{ij} o posto da observação y_{ij}, e sejam R_i e $\overline{R}_i$ o total e a média dos n_i postos no i-ésimo tratamento. Quando a hipótese nula é verdadeira, então

$$E(R_{ij}) = \frac{N+1}{2}$$

e

$$E(\overline{R}_{i\cdot}) = \frac{1}{n_i} \sum_{j=1}^{n_i} E(R_{ij}) = \frac{N+1}{2}.$$

A estatística de teste de Kruskal-Wallis mede o grau no qual os verdadeiros postos médios observados, $\overline{R}_{i\cdot}$, diferem de seus valores esperados $(N + 1)/2$. Se essa diferença for grande, então a hipótese nula H_0 é rejeitada. A estatística de teste é

$$K = \frac{12}{N(N+1)} \sum_{i=1}^{a} n_i \left(\overline{R}_{i\cdot} - \frac{N+1}{2} \right)^2. \tag{16-7}$$

Uma fórmula alternativa de cálculo é

$$K = \frac{12}{N(N+1)} \sum_{i=1}^{a} \frac{R_{i\cdot}^2}{n_i} - 3(N+1). \tag{16-8}$$

Em geral, preferiríamos a Equação 16-8 à Equação 16-7, uma vez que envolve os totais de postos em lugar das médias.

A hipótese nula H_0 deve ser rejeitada se os dados amostrais gerarem um valor grande para K. Obtém-se a distribuição nula para K usando-se o fato de que, sob H_0, cada associação possível de postos aos a tratamentos é igualmente provável. Assim, poderíamos enumerar todas as possíveis associações e contar o número de vezes que cada valor de K ocorre. Isso levou a tabelas de valores críticos de K, embora a maioria das tabelas esteja restrita a pequenos tamanhos amostrais n_i. Na prática, empregamos, em geral, a seguinte aproximação para grandes amostras: sempre que H_0 for verdadeira e

$$a = 3 \text{ e } n_i \geq 6 \qquad \text{para } i = 1, 2, 3$$

ou

$$a > 3 \text{ e } n_i \geq 5 \qquad \text{para } i = 1, 2, \ldots, a,$$

então K tem, aproximadamente, uma distribuição qui-quadrado, com $a - 1$ graus de liberdade. Como grandes valores de K implicam que H_0 seja falsa, rejeitaríamos H_0 se

$$K \geq \chi^2_{\alpha, a-1}.$$

O teste tem nível de significância aproximado a.

Empates no Teste de Kruskal-Wallis Quando houver empate entre as observações, associe um posto médio a cada uma das observações empatadas. Nesse caso, devemos substituir a estatística de teste na Equação 16-8 por

$$K = \frac{1}{S^2} \left[\sum_{i=1}^{a} \frac{R_{i\cdot}^2}{n_i} - \frac{N(N+1)^2}{4} \right], \tag{16-9}$$

onde n_i é o número de observações no i-ésimo tratamento, N é o número total de observações e

$$S^2 = \frac{1}{N-1} \left[\sum_{i=1}^{a} \sum_{j=1}^{n_i} R_{ij}^2 - \frac{N(N+1)^2}{4} \right]. \tag{16-10}$$

Note que S^2 é exatamente a variância dos postos. Quando o número de empates é moderado haverá pequena diferença entre as Equações 16-8 e 16-9, e a forma mais simples (Equação 16-8) deve ser usada.

Exemplo 16-6

Em *Design and Analysis of Experiments*, 5ª Edição (John Wiley & Sons, 2001), D. C. Montgomery apresenta dados de um experimento no qual cinco níveis diferentes de conteúdo de algodão em uma fibra sintética foram testados para se determinar se o conteúdo de algodão tem um efeito sobre a força de tração da fibra. Os dados amostrais e os postos desse experimento estão na Tabela 16-3. Como há um número razoavelmente grande de empates, usamos a Equação 16-9 como estatística de teste. Pela Equação 16-10, encontramos

$$S^2 = \frac{1}{N-1} \left[\sum_{i=1}^{a} \sum_{j=1}^{n_i} R_{ij}^2 - \frac{N(N+1)^2}{4} \right]$$

Tabela 16-3 Dados e Postos para o Experimento de Teste da Tração

Porcentagem de Algodão									
15		20		25		30		35	
y_{1j}	R_{1j}	y_{2j}	R_{2j}	y_{3j}	R_{3j}	y_{4j}	R_{4j}	y_{5j}	R_{5j}
7	2,0	12	9,5	14	11,0	19	20,5	7	2,0
7	2,0	17	14,0	18	16,5	25	25,0	10	5,0
15	12,5	12	9,5	18	16,5	22	23,0	11	7,0
11	7,0	18	16,5	19	20,5	19	20,5	15	12,5
9	4,0	18	16,5	19	20,5	23	24,0	11	7,0
$R_{i\cdot}$	27,5		66,0		85,0		113,0		33,5

$$= \frac{1}{24}\left[5497,79 - \frac{25(26)^2}{4}\right]$$
$$= 53,03,$$

e a estatística de teste é

$$K = \frac{1}{S^2}\left[\sum_{i=1}^{a} \frac{R_{i\cdot}^2}{n_i} - \frac{N(N+1)^2}{4}\right]$$

$$= \frac{1}{53,03}\left[5245,0 - \frac{25(26)^2}{4}\right]$$

$$= 19,25.$$

Como $K > \chi^2_{0,01;4} = 13,28$, rejeitamos a hipótese nula e concluímos que os tratamentos diferem. Essa é a mesma conclusão dada pelo teste F usual da análise de variância.

16-5.2 A Transformação de Postos

O procedimento usado na seção anterior, de substituição de observações por seus postos, é chamado de *transformação de postos*. É uma técnica poderosa e muito útil. Se fôssemos aplicar o teste F comum aos postos em vez de aos dados originais, obteríamos

$$F_0 = \frac{K/(a-1)}{(N-1-K)/(N-a)}$$

como estatística de teste. Note que na medida em que a estatística de Kruskal-Wallis, K, cresce ou decresce, F_0 também cresce ou decresce, de modo que o teste de Kruskal-Wallis é aproximadamente equivalente à aplicação, aos postos, da análise de variância usual.

A transformação de postos tem larga aplicação em problemas de planejamento experimental para os quais não existe a alternativa não-paramétrica à análise da variância. Se se associam postos aos dados e se aplica o teste F comum, resulta um procedimento aproximado mas que tem boas propriedades estatísticas. Quando estamos preocupados com a hipótese de normalidade ou com o efeito de *outliers* ou valores "discrepantes", recomendamos que se realize a análise de variância usual tanto para os dados originais quanto para os postos. Quando ambos os procedimentos dão resultados semelhantes as hipóteses da análise de variância são, provavelmente, verificadas de modo razoável e a análise-padrão é satisfatória. Quando os dois procedimentos diferem deve-se preferir a transformação de postos, uma vez que ela é menos propensa a ser distorcida pela não-normalidade e pelas observações não-usuais. Em tais casos, o experimentador pode desejar investigar o uso de transformações para não-normalidade e examinar os dados e os procedimentos experimentais para determinar se existem *outliers* e, em caso afirmativo, por que eles ocorreram.

16-6 RESUMO

Este capítulo introduziu métodos estatísticos não-paramétricos ou livres de distribuição. Esses procedimentos são alternativas aos testes paramétricos t e F quando a hipótese de normalidade para as populações subjacentes não é satisfeita. O teste dos sinais pode ser usado para se testarem hipóteses sobre a mediana de uma distribuição contínua. Pode, também, ser aplicado a observações emparelhadas. O teste de postos com sinais de Wilcoxon pode ser usado para o teste de hipóteses sobre a média de uma distribuição contínua simétrica. Pode, também, ser aplicado a observações emparelhadas. O teste de postos com sinais de Wilcoxon é uma boa alternativa para o teste t. O problema de teste de hipótese de duas amostras sobre médias de distribuições contínuas simétricas é abordado com o uso do teste da soma de postos de Wilcoxon. Esse procedimento se compara de modo bem favorável com o teste t de duas amostras. O teste de Kruskal-Wallis é uma alternativa útil para o teste F na análise de variância.

16-7 EXERCÍCIOS

16-1. Extraem-se dez amostras de um banho de galvanização usado em um processo de fabricação eletrônica e mede-se o pH do banho. Os valores do pH da amostra são listados a seguir:

> 7,91; 7,85; 6,82; 8,01; 7,46; 6,95; 7,05; 7,35; 7,25; 7,42.

A engenharia de produção acredita que o pH tenha um valor mediano de 7,0. Os dados amostrais indicam que essa afirmativa esteja correta? Use o teste dos sinais para investigar essa hipótese.

16-2. O conteúdo de titânio em uma liga para aeronaves é um determinante importante para a resistência. Uma amostra de 20 *coupons* de teste revela os seguintes conteúdos de titânio (em %):

> 8,32; 8,05; 8,93; 8,65; 8,25; 8,46; 8,52; 8,35; 8,36; 8,41; 8,42; 8,30; 8,71; 8,75; 8,60; 8,83; 8,50; 8,38; 8,29; 8,46.

O conteúdo mediano de titânio deveria ser 8,5%. Use o teste dos sinais para estudar essa hipótese.

16-3. A distribuição do tempo entre chegadas em um sistema de telecomunicação é exponencial, e o gerente do sistema deseja testar a hipótese de que $H_0: \tilde{\mu} = 3,5$ min *versus* $H_1: \tilde{\mu} > 3,5$ min.
(a) Qual é o valor da média da distribuição exponencial sob $H_0: \tilde{\mu} = 3,5$ min?
(b) Suponha que tenhamos extraído uma amostra de $n = 10$ e observado $R^- = 3$. O teste dos sinais rejeitaria H_0 ao nível $\alpha = 0,05$?
(c) Qual é o erro tipo II desse teste se $\tilde{\mu} = 4,5$?

16-4. Suponha que extraiamos uma amostra de $n = 10$ medições de uma distribuição normal com $\sigma = 1$. Desejamos testar $H_0: \mu = 0$ contra $H_1: \mu > 0$. A estatística de teste normal é $Z_0 = (\bar{X} - \mu_0)/\sigma/\sqrt{n}$, e decidimos usar uma região crítica de 1,96 (isto é, rejeitar H_0 se $Z_0 \geq 1,96$).
(a) Qual é o valor de α para esse teste?
(b) Qual é o valor de β para esse teste se $\mu = 1$?
(c) Se for usado um teste dos sinais, especifique a região crítica que dá um valor de α que seja consistente com o valor de α para o teste normal.
(d) Qual é o valor de β para o teste dos sinais se $\mu = 1$? Compare esse resultado com o obtido na parte (b).

16-5. Dois tipos diferentes de pontas podem ser usados em um testador de dureza Rockwell. Oito *coupons* de um lingote de teste de uma liga à base de níquel são selecionados, e cada *coupon* é testado duas vezes, uma com cada ponta. As leituras de dureza da escala C Rockwell são mostradas a seguir. Use o teste dos sinais para determinar se as duas pontas produzem, ou não, leituras de dureza equivalentes.

Coupon	Ponta 1	Ponta 2
1	63	60
2	52	51
3	58	56
4	60	59
5	55	58
6	57	54
7	53	52
8	59	61

16-6. Teste de Tendências. Uma hélice de turbocompressor é fabricada por um processo de fundição de revestimento. O eixo se ajusta na abertura da hélice, e essa abertura é uma dimensão crítica. Na medida em que se formam os padrões de cera a ferramenta que produz esses padrões se desgasta. Isso pode causar aumento na dimensão da abertura da hélice. Dez medições de aberturas, em ordem temporal de produção, são mostradas a seguir:

> 4,00 (mm), 4,02; 4,03; 4,01; 4,00; 4,03; 4,04; 4,02; 4,03; 4,03.

(a) Suponha que p seja a probabilidade de que a observação X_{i+5} exceda a observação X_i. Se não há qualquer tendência ascendente ou descendente, então não é nem mais nem menos provável que X_{i+5} exceda X_i ou fique abaixo dele. Qual é o valor de p?
(b) Seja V o número de valores de para os quais $X_{i+5} > X_i$. Se não há qualquer tendência ascendente ou descendente nas medições, qual é a distribuição de probabilidade de V?
(c) Use os dados anteriores e os resultados das partes (a) e (b) para testar H_0: não há qualquer tendência *versus* H_1: há tendência ascendente. Use $\alpha = 0,05$.

Note que esse teste é uma modificação do teste dos sinais. Ele foi desenvolvido por Cox e Stuart.

16-7. Considere o teste de postos com sinais de Wilcoxon, e suponha que $n = 5$. Admita que $H_0: \mu = \mu_0$ seja verdadeira.

(a) Quantas seqüências diferentes de postos com sinais são possíveis? Enumere essas seqüências.

(b) Quantos valores diferentes de R^+ existem? Ache a probabilidade associada a cada valor de R^+.

(c) Suponha que definamos a região crítica do teste como R_α^*, tal que rejeitamos se $R^+ > R_\alpha^*$, e $R_\alpha^* = 13$. Qual é o nível α aproximado desse teste?

(d) Você pode ver, por esse exercício, como foram desenvolvidos os valores críticos para o teste de postos com sinais de Wilcoxon? Explique.

16-8. Considere os dados do Exercício 16-1, e suponha que a distribuição do pH seja simétrica e contínua. Use o teste de postos com sinais de Wilcoxon para testar a hipótese $H_0: \mu = 7$ contra $H_1: \mu \neq 7$.

16-9. Considere os dados do Exercício 16-2. Suponha que a distribuição do conteúdo de titânio seja simétrica e contínua. Use o teste de postos com sinais de Wilcoxon para testar a hipótese $H_0: \mu = 8,5$ versus $H_1: \mu \neq 8,5$.

16-10. Considere os dados do Exercício 16-2. Use a aproximação de grandes amostras para o teste de postos com sinais de Wilcoxon para testar a hipótese $H_0: \mu = 8,5$ versus $H_0: \mu \neq 8,5$. Suponha que a distribuição de conteúdo de titânio seja contínua e simétrica.

16-11. Para a aproximação de grandes amostras para o teste de postos com sinais de Wilcoxon, deduza a média e o desvio-padrão da estatística de teste usada no procedimento.

16-12. Considere os dados do teste de dureza Rockwell no Exercício 16-5. Suponha que ambas as distribuições sejam contínuas e use o teste de postos com sinais de Wilcoxon para testar se a diferença média entre as leituras de dureza das duas pontas é zero.

16-13. Um engenheiro elétrico deve projetar um circuito que forneça a quantidade máxima de corrente a um tubo de imagem para se alcançar brilho suficiente da imagem. Dentro de suas restrições de projeto ele desenvolve dois circuitos candidatos e testa os protótipos de cada. Os dados resultantes (em microampères) são mostrados a seguir:

Circuito 1: 251, 255, 258, 257, 250, 251, 254, 250, 248

Circuito 2: 250, 253, 249, 256, 259, 252, 260, 251

Use o teste da soma de postos de Wilcoxon para testar $H_0: \mu_1 = \mu_2$ contra a alternativa $H_1: \mu_1 > \mu_2$.

16-14. Um consultor viaja freqüentemente de Phoenix, Arizona, a Los Angeles, Califórnia. Ele usa uma de duas linhas aéreas, United ou Southwest. Os números de minutos de atraso na chegada de seu vôo para as últimas seis viagens são mostrados a seguir. Há evidência de que qualquer uma das linhas aéreas tenha desempenho superior em relação a chegadas no horário?

United	2	19	1	–2	8	0	(minutos de atraso)
Southwest	20	4	8	8	–3	5	(minutos de atraso)

16-15. O fabricante de uma banheira quente está interessado em testar dois elementos de aquecimento diferentes para seu produto. O elemento que produzir o máximo ganho de calor em 15 minutos será preferível. Ele obtém 10 amostras de cada unidade de aquecimento e testa cada uma. Mostra-se, a seguir, o ganho de calor após 15 minutos (em °F). Há alguma razão para se suspeitar que uma unidade seja superior à outra?

Unidade 1 25, 27, 29, 31, 30, 26, 24, 32, 33, 38.

Unidade 2 31, 33, 32, 35, 34, 29, 38, 35, 37, 30.

16-16. Em *Design and Analysis of Experiments*, 5ª Edição (John Wiley & Sons, 2001), D. C. Montgomery apresenta os resultados de um experimento para comparar quatro técnicas de mistura em relação à força de tensão de cimento Portland. Os resultados são mostrados a seguir. Há alguma indicação de que a técnica de mistura afete a força?

Técnica de Mistura	Força de Tensão (lb / in.^{2})			
1	3129	3000	2865	2890
2	3200	3000	2975	3150
3	2800	2900	2985	3050
4	2600	2700	2600	2765

16-17. Um artigo em *Quality Control Handbook*, 3ª Edição (McGraw-Hill, 1962) apresenta os resultados de um experimento realizado para investigar o efeito de três diferentes métodos de condicionamento sobre a força de ruptura de tijolos de cimento. Os dados são mostrados a seguir. Há alguma indicação de que o método de condicionamento afete a força de ruptura?

Método de Condicionamento	Força de Ruptura (lb / in.^{2})				
1	553	550	568	541	537
2	553	599	579	545	540
3	492	530	528	510	571

16-18. Em *Statistics for Research* (John Wiley & Sons, 1983), S. Dowdy e S. Wearden apresentam os resultados de um experimento para medir o estresse resultante de se trabalhar com serras manuais. Os experimentadores mediram o ângulo de deflexão da serra quando ela começava a serrar uma tábua de 3 polegadas de espessura. Mostram-se, a seguir, os ângulos de deflexão para cinco serras escolhidas aleatoriamente de cada um de quatro fabricantes diferentes. Há alguma evidência de que os produtos dos fabricantes sejam diferentes em relação ao ângulo?

Fabricante	Ângulo de Deflexão				
A	42	17	24	39	43
B	28	50	44	32	61
C	57	45	48	41	54
D	29	40	22	34	30

Capítulo 17

Controle Estatístico da Qualidade e Engenharia de Confiabilidade

A qualidade dos produtos e serviços usados por nossa sociedade tornou-se o principal fator de decisão do consumidor em muitos, se não na maioria, dos negócios hoje. Independentemente de o consumidor ser um indivíduo, uma corporação, um programa militar de defesa ou uma loja de varejo, é provável que ele dê à qualidade a mesma importância que se dá ao custo e ao prazo. Conseqüentemente, a melhoria da qualidade tornou-se uma das principais preocupações de muitas corporações americanas. Este capítulo trata dos métodos de controle estatístico da qualidade e da engenharia da confiabilidade, dois conjuntos de ferramentas que são essenciais nas atividades de melhoria da qualidade.

17-1 MELHORIA DA QUALIDADE E ESTATÍSTICA

Qualidade significa adequação para uso. Por exemplo, podemos comprar automóveis que esperamos não terem defeitos de fabricação e fornecerem transporte confiável e econômico; um varejista compra bens acabados com a expectativa de que eles sejam bem embalados e fáceis de armazenar e expor, ou um fabricante compra matéria-prima na expectativa de processá-la com um mínimo de retrabalho ou sobras. Em outras palavras, todos os consumidores esperam que os produtos e serviços que compram correspondam a suas especificações e que essas especificações definam a adequação para uso.

Qualidade, ou adequação para uso, é determinada através da interação de qualidade de *planejamento* e *qualidade de ajustamento*. Por qualidade de planejamento queremos dizer graus ou níveis diferentes de desempenho, confiabilidade, praticidade e função, que são o resultado de decisões deliberadas de engenharia e gerenciamento. Por qualidade de ajustamento queremos dizer *redução de variabilidade* e *eliminação de defeitos* sistemáticos, até que todas as unidades produzidas sejam idênticas e sem defeitos.

Há alguma confusão em nossa sociedade em relação à melhoria da qualidade; algumas pessoas ainda pensam que isso significa dourar um produto ou gastar mais dinheiro para desenvolver um produto ou processo. Esse pensamento está errado. Melhoria da qualidade significa *eliminação sistemática do desperdício*. Exemplos de desperdícios incluem sucata e retrabalho na produção, inspeção e teste, erros em documentos (tais como desenhos de engenharia, cheques, ordens de compra e planos), linhas diretas com o consumidor, custos de garantia e o tempo gasto para se refazerem coisas que deveriam ter sido feitas corretamente da primeira vez. Um esforço bem-sucedido de melhoria da qualidade pode eliminar muito desse desperdício e resultar em menores custos, maior produtividade, aumento na satisfação do consumidor, melhor reputação do negócio, maior fatia do mercado e, finalmente, lucros maiores para a companhia.

Os métodos estatísticos desempenham papel fundamental na melhoria da qualidade. Algumas aplicações incluem as seguintes:

1. No projeto e no desenvolvimento de produtos, os métodos estatísticos, incluindo o planejamento de experimentos, podem ser usados para se compararem materiais diferentes e componentes

ou ingredientes diferentes e ajudar na determinação da tolerância tanto do sistema quanto do componente. Isso pode reduzir significativamente os custos e o tempo do desenvolvimento.
2. Os métodos estatísticos podem ser usados para determinar a capacidade de um processo de fabricação. O controle estatístico do processo pode ser usado para melhorar sistematicamente um processo pela redução da variabilidade.
3. Os métodos de planejamento de experimentos podem ser usados para se investigarem melhorias no processo. Essas melhorias podem levar a uma produção maior e a menores custos de fabricação.
4. Testes de vida fornecem a confiabilidade e outros dados de desempenho sobre o produto. Isso pode resultar em novos e melhores planejamentos e em produtos com vidas úteis mais longas e menores custos de manutenção e operação.

Algumas dessas aplicações foram ilustradas em capítulos anteriores deste livro. É essencial que engenheiros e gerentes tenham uma compreensão profunda dessas ferramentas estatísticas em qualquer indústria ou negócio que deseje ser produtor de alta qualidade com baixo custo de produção. Neste capítulo damos uma introdução aos métodos básicos do controle estatístico da qualidade e da engenharia de confiabilidade que, juntamente com o planejamento de experimentos, formam a base de um esforço bem-sucedido de melhoria da qualidade.

17-2 CONTROLE ESTATÍSTICO DA QUALIDADE

O campo do controle estatístico da qualidade pode ser definido num sentido amplo como o que consiste nos métodos estatísticos e de engenharia úteis em medição, monitoramento, controle e melhoria da qualidade. Neste capítulo emprega-se uma definição um pouco mais restrita. Definiremos controle estatístico da qualidade como os métodos estatísticos e de engenharia para o controle do processo.

O controle estatístico da qualidade é um campo relativamente novo, remontando à década de 1920. O Dr. Walter A. Shewhart, do Bell Telephone Laboratories, foi um dos pioneiros do campo. Em 1924 ele escreveu um memorando que mostrava um moderno gráfico de controle, uma das ferramentas básicas do controle estatístico de processo. Harold F. Dodge e Harry G. Romig, dois outros funcionários do Bell System, assumiram a liderança no desenvolvimento de métodos de amostragem e inspeção com base estatística. O trabalho desses três homens forma a base do moderno campo do controle estatístico da qualidade. A Segunda Guerra Mundial presenciou a ampla introdução desses métodos na indústria americana. Os doutores W. Edwards Demig e Joseph M. Juran foram fundamentais na disseminação dos métodos de controle estatístico da qualidade desde a Segunda Guerra Mundial.

Os japoneses têm sido particularmente bem-sucedidos na utilização de métodos de controle estatístico da qualidade, e têm usado métodos estatísticos para ganhar vantagem significativa em relação a seus competidores. Por volta de 1970, a indústria americana sofreu extensamente a competição japonesa (e de outros países), o que levou, por sua vez, a um interesse renovado pelos métodos de controle estatístico da qualidade nos Estados Unidos. Muito desse interesse se concentra no *controle estatístico do processo* e no *planejamento experimental*. Muitas das companhias americanas iniciaram programas extensos de implementação desses métodos em sua produção, engenharia e outras organizações de negócios.

17-3 CONTROLE ESTATÍSTICO DO PROCESSO

É impossível inspecionar a qualidade em um produto; o produto deve ser feito correto da primeira vez. Isso implica que o processo de fabricação deva ser estável ou replicável e capaz de operar com pequena variabilidade em torno da dimensão-alvo ou nominal. Os controles estatísticos *online* de processos são ferramentas poderosas, úteis para se alcançar a estabilidade do processo e melhorar a capacidade através da redução da variabilidade.

É costume pensar em controle estatístico de processo (CEP) como um conjunto de ferramentas de resolução de problemas a ser aplicado a qualquer processo. As principais ferramentas do CEP são as seguintes:

1. Histograma
2. Gráfico de Pareto

3. Diagrama de causa e efeito
4. Diagrama de concentração de defeito
5. Gráfico de controle
6. Diagrama de dispersão
7. Folha de controle

Embora essas ferramentas sejam parte importante do CEP, elas constituem, realmente, apenas o aspecto técnico do assunto. CEP é uma *atitude* — um desejo, por parte de todos os indivíduos na organização, de melhorar continuamente a qualidade e a produtividade através de uma redução sistemática da variabilidade. O gráfico de controle é a mais importante das ferramentas do CEP. Fazemos, agora, uma introdução a vários tipos básicos de gráficos de controle.

17-3.1 Introdução aos Gráficos de Controle

A teoria básica do gráfico de controle foi desenvolvida por Walter Shewhart, por volta de 1920. Para entendermos como funciona um gráfico de controle devemos, primeiro, entender a teoria da variação de Shewhart. Shewhart teorizou que todos os processos, mesmo bons, se caracterizam por certa quantidade de variação, se o medirmos com um instrumento de resolução suficiente. Quando essa variação se restringe à *variação aleatória* ou *do acaso* apenas, dizemos que o processo está sob *controle estatístico*. No entanto, pode existir outra situação na qual a variabilidade do processo é também afetada por alguma *causa atribuível*, tal como instalação defeituosa da máquina, erro do operador, matéria-prima não satisfatória, componentes de máquina desgastados, e assim por diante.[1] Essas causas atribuíveis de variação têm, usualmente, um efeito adverso na qualidade do produto, de modo que é importante dispor de alguma técnica sistemática para se detectar afastamentos sérios de um estado de controle estatístico tão logo eles ocorram. Os gráficos de controle são usados, principalmente, com esse objetivo.

O poder do gráfico de controle está em sua capacidade de distinguir causas atribuíveis de variações aleatórias. É tarefa do indivíduo que usa o gráfico de controle identificar a causa-raiz subjacente, responsável pela condição de fora de controle, desenvolver e implementar uma ação corretiva apropriada e, então, acompanhar para garantir que a causa atribuível tenha sido eliminada. Há três pontos a serem lembrados.

1. Um estado de controle estatístico não é um estado natural para a maioria dos processos.
2. O uso atento dos gráficos de controle resultará na eliminação das causas atribuíveis, fornecendo um processo sob controle e com variabilidade reduzida.
3. O gráfico de controle é ineficaz sem o sistema para desenvolver e implementar ações corretivas que ataquem as causas-raiz dos problemas. O envolvimento da gerência e da engenharia é, usualmente, necessário para se alcançar isso.

Fazemos distinção entre gráficos de controle para medições e gráficos de controle para atributos, dependendo de as observações sobre a característica da qualidade serem dados de medições ou dados enumerativos. Por exemplo, podemos escolher medir o diâmetro de um eixo com um micrômetro e utilizar esses dados juntamente com um gráfico de controle para medições. Por outro lado, podemos julgar cada unidade do produto como defeituosa ou não-defeituosa e usar a fração de unidades defeituosas ou o número total de defeitos juntamente com um gráfico de controle para atributos. Obviamente, certos produtos e características da qualidade se prestam à análise por qualquer dos métodos, e uma escolha nítida entre os dois métodos pode ser difícil.

Um gráfico de controle, seja para medições ou para atributos, consiste em uma *linha central* que corresponde à qualidade média na qual o processo deve funcionar quando exibe controle estatístico, e dois *limites de controle*, chamados limites superior e inferior de controle (LSC e LIC). Um gráfico de controle típico é exibido na Fig. 17-1. Os limites de controle são escolhidos de modo que os valores que ficam entre eles possam ser atribuídos à variação aleatória, enquanto consideramos que os valores que ficam além deles indicam falta de controle estatístico. A abordagem geral consiste em se tomar, periodicamente, uma amostra do processo, calcular alguma quantidade apropriada e plotar essa quantidade no gráfico de controle. Quando um valor amostral se situa fora dos limites de controle procuramos alguma causa atribuível de variação. No entanto, mesmo que um valor amostral se situe entre os limites de controle, uma tendência ou qualquer outro padrão sistemático pode indicar a necessidade de

---
[1] Algumas vezes, usa-se causa *comum* em lugar de "causa aleatória" ou "do acaso", e causa *especial* em lugar de "causa atribuível."

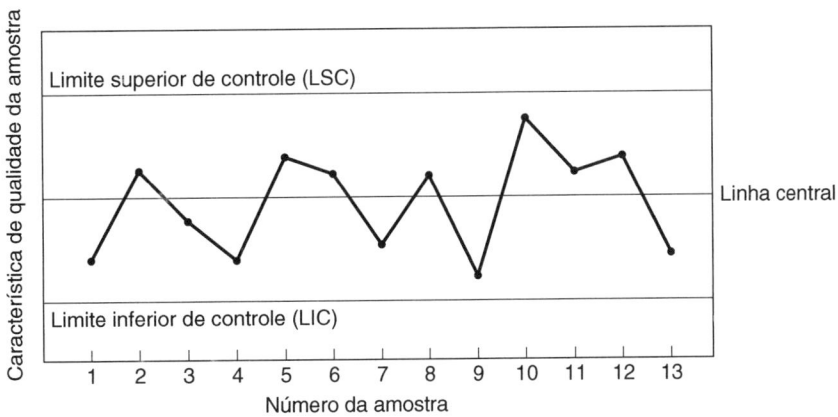

Figura 17-1 Um gráfico de controle típico.

alguma ação, usualmente para se evitar problema mais sério. As amostras devem ser selecionadas de tal modo que cada uma seja tão homogênea quanto possível e que, ao mesmo tempo, maximize a oportunidade para a presença de variação devida a alguma causa atribuível. Isso é chamado, usualmente, de conceito de *subgrupo racional*. A ordem de produção e a fonte (se existe mais de uma) são bases comumente usadas para a obtenção de subgrupos racionais.

A habilidade de interpretação precisa de gráficos de controle se adquire, em geral, com a experiência. É necessário que o usuário tenha completa familiaridade tanto com a fundamentação estatística dos gráficos de controle quanto com a natureza do processo de produção.

17-3.2 Gráficos de Controle para Medições

Ao se lidar com uma característica da qualidade que pode se expressar como uma medida é comum exercer controle sobre o valor médio da característica da qualidade e sobre sua variabilidade. O controle sobre a média da qualidade é exercido pelo gráfico de controle para médias, usualmente chamado de gráfico $\overline{X}$. A variabilidade do processo pode ser controlada pelo gráfico da amplitude (R) ou por um gráfico de desvio-padrão, dependendo de como o desvio-padrão populacional é estimado. Discutiremos apenas o gráfico R.

Suponha que a média do processo e o desvio-padrão, digamos μ e σ, sejam conhecidos e que, além disso, possamos supor que a característica da qualidade siga a distribuição normal. Seja $\overline{X}$ a média amostral com base em uma amostra aleatória de tamanho n extraída desse processo. Então, a probabilidade de que a média de tais amostras aleatórias fique entre $\mu + Z_{\alpha/2}(\sigma/\sqrt{n})$ e $\mu - Z_{\alpha/2}(\sigma/\sqrt{n})$ é $1 - \alpha$. Assim, poderíamos usar esses dois valores como limites superior e inferior de controle, respectivamente. No entanto, em geral não conhecemos μ e σ, e eles precisam ser estimados. Além disso, a hipótese de normalidade pode não ser possível. Por essas razões, o limite de probabilidade $1 - \alpha$ é raramente usado na prática. Usualmente, $Z_{\alpha/2}$ é substituído por 3 e usam-se os limites de controle "3-sigma".

Quando μ e σ são desconhecidos, em geral os estimamos com base em amostras preliminares, extraídas quando se considera que o processo esteja sob controle. Recomendamos o uso de, pelo menos, 20 a 25 amostras preliminares. Suponha que estejam disponíveis k amostras preliminares, cada uma de tamanho n. Tipicamente, n será 4, 5 ou 6; esses tamanhos amostrais relativamente pequenos são amplamente usados e surgem, em geral, da construção de subgrupos racionais. Seja $\overline{X}_i$ a média amostral para a i-ésima amostra. Estimamos, então, a média da população, μ, pela média geral

$$\overline{\overline{X}} = \frac{1}{k}\sum_{i=1}^{k} \overline{X}_i. \tag{17-1}$$

Assim, podemos tomar $\overline{\overline{X}}$ como a linha central do gráfico de controle $\overline{X}$.

Podemos estimar σ tanto pelos desvios-padrão quanto pelas amplitudes das k amostras. Por ser mais freqüentemente usado na prática, restringimos nossa discussão ao método da amplitude. O tamanho amostral é relativamente pequeno, de modo que há pouca perda de eficiência em se estimar σ a partir das amplitudes amostrais. É necessária a relação entre a amplitude, R, de uma amostra de uma população normal com parâmetros conhecidos e o desvio-padrão daquela população. Como R é uma variável aleatória, a quantidade $W = R/\sigma$, chamada de amplitude relativa, é também uma variável aleatória. Os parâmetros da distribuição de W foram determinados para qualquer tamanho amostral, n. A média da distribuição de W é chamada de d_2, e a Tabela XIII do Apêndice fornece d_2 para vários valores de n. Seja R_i a amplitude da i-ésima amostra, e seja

$$\overline{R} = \frac{1}{k}\sum_{i=1}^{k} R_i \qquad (17\text{-}2)$$

a amplitude média. Então, uma estimativa de σ seria

$$\hat{\sigma} = \frac{\overline{R}}{d_2}. \qquad (17\text{-}3)$$

Portanto, podemos usar como nossos limites superior e inferior de controle para o gráfico $\overline{X}$

$$LSC = \overline{\overline{X}} + \frac{3}{d_2\sqrt{n}}\overline{R},$$
$$LIC = \overline{\overline{X}} - \frac{3}{d_2\sqrt{n}}\overline{R}. \qquad (17\text{-}4)$$

Notamos que a quantidade

$$A_2 = \frac{3}{d_2\sqrt{n}}$$

é uma constante que depende do tamanho amostral, de modo que podemos reescrever a Equação 17-4 como

$$LSC = \overline{\overline{X}} + A_2\overline{R},$$
$$LIC = \overline{\overline{X}} - A_2\overline{R}. \qquad (17\text{-}5)$$

A constante A_2 está tabelada para vários tamanhos amostrais na Tabela XIII do Apêndice.

Os parâmetros do gráfico R podem, também, ser facilmente determinados. A linha central será, obviamente, $\overline{R}$. Para a determinação dos limites de controle precisamos de uma estimativa de σ_R, o desvio-padrão de R. Uma vez mais, supondo o processo sob controle, a distribuição da amplitude relativa W será útil. O desvio-padrão de W, σ_W, é uma função de n que foi determinada. Assim, como

$$R = W\sigma,$$

podemos obter o desvio-padrão de R como

$$\sigma_R = \sigma_W \sigma.$$

Já que σ é desconhecido, podemos estimar σ_R como

$$\hat{\sigma}_R = \sigma_W \frac{\overline{R}}{d_2},$$

e usaríamos como limites superior e inferior de controle do gráfico R

$$LSC = \overline{R} + \frac{3\sigma_W}{d_2}\overline{R},$$
$$LIC = \overline{R} - \frac{3\sigma_W}{d_2}\overline{R}. \qquad (17\text{-}6)$$

Fazendo $D_3 = 1 - 3\sigma_W/d_2$ e $D_4 = 1 + 3\sigma_W/d_2$, podemos reescrever a Equação 17-6 como

$$LSC = D_4\overline{R},$$
$$LIC = D_3\overline{R},$$
(17-7)

onde D_3 e D_4 estão tabelados na Tabela XIII do Apêndice.

Quando se usam amostras preliminares para a construção dos limites para os gráficos de controle, é costume tratar esses valores como valores experimentais. Portanto, as k médias e amplitudes amostrais devem ser plotadas nos gráficos apropriados, e quaisquer pontos que excedam esses limites de controle devem ser investigados. Se se descobrem causas atribuíveis para esses pontos eles devem ser eliminados, e novos limites para os gráficos de controle devem ser determinados. Dessa maneira, o processo pode ser levado a um controle estatístico e alcançadas suas capacidades inerentes. Outras mudanças na centralização e na dispersão do processo podem, então, ser contempladas.

Exemplo 17-1

Um componente do motor de um avião a jato é fabricado por um processo de fundição de revestimento. A abertura do estator nessa peça de fundição é um parâmetro funcional importante da peça. Vamos ilustrar o uso dos gráficos de controle de $\overline{X}$ e R para verificar a estabilidade estatística desse processo. A Tabela 17-1 apresenta 20 amostras de cinco peças cada uma. Os valores dados na tabela foram codificados usando-se os três últimos dígitos da dimensão; isto é, 31,6 seria 0,50316 polegada.

As quantidades $\overline{\overline{X}} = 33,33$ e $\overline{R} = 5,85$ estão mostradas no pé da Tabela 17-1. Note que mesmo $\overline{X}$, $\overline{\overline{X}}$, R e $\overline{R}$ sendo agora realizações de variáveis aleatórias, ainda as escrevemos com letras maiúsculas. Essa é a convenção usual em controle da qualidade, e sempre será claro, pelo contexto, o que a notação indica. Os limites de controle tentativos para o gráfico $\overline{X}$ são

$$\overline{\overline{X}} \pm A_2\overline{R} = 33,3 \pm (0,577)(5,85) = 33,33 \pm 3,37,$$

ou

$$LSC = 36,70,$$
$$LIC = 29,96.$$

Tabela 17-1 Medidas das Aberturas do Estator

Número da Amostra	x_1	x_2	x_3	x_4	x_5	$\overline{X}$	R
1	33	29	31	32	33	31,6	4
2	35	33	31	37	31	33,2	6
3	35	37	33	34	36	35,0	4
4	30	31	33	34	33	32,2	4
5	33	34	35	33	34	33,8	2
6	38	37	39	40	38	38,4	3
7	30	31	32	34	31	31,6	4
8	29	39	38	39	39	36,8	10
9	28	34	35	36	43	35,2	15
10	39	33	32	34	32	34,0	7
11	28	30	28	32	31	29,8	4
12	31	35	35	35	34	34,0	4
13	27	32	34	35	37	33,0	10
14	33	33	35	37	36	34,8	4
15	35	37	32	35	39	35,6	7
16	33	33	27	31	30	30,8	6
17	35	34	34	30	32	33,0	5
18	32	33	30	30	33	31,6	3
19	25	27	34	27	28	28,2	9
20	35	35	36	33	30	33,8	6
						$\overline{\overline{X}} = 33,33$	$\overline{R} = 5,85$

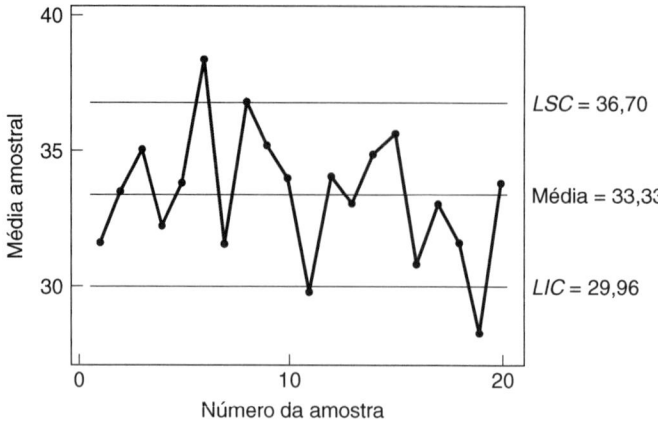

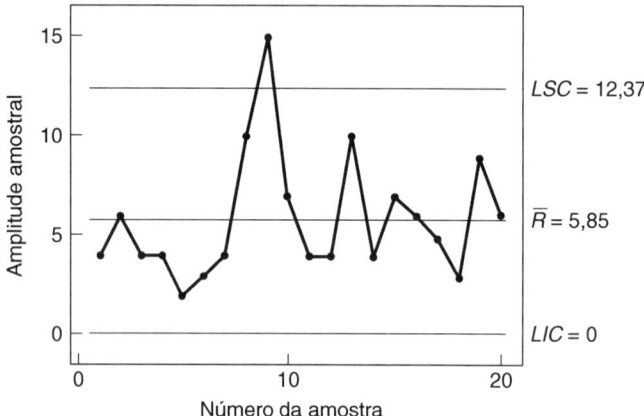

Figura 17-2 Os gráficos de controle $\overline{X}$ e R para a abertura da hélice.

Para o gráfico R, os limites de controle tentativos são

$$LSC = D_4\overline{R} = (2{,}115)(5{,}85) = 12{,}37,$$
$$LIC = D_3\overline{R} = (0)(5{,}85) = 0.$$

Os gráficos de controle $\overline{X}$ e R, com esses limites tentativos, estão mostrados na Fig. 17-2. Note que as amostras 6, 8, 11 e 19 estão fora de controle no gráfico $\overline{X}$, e que a amostra 9 está fora de controle no gráfico de R. Suponha que todas as causas atribuíveis possam ser ligadas a uma ferramenta defeituosa na área de moldagem. Desprezaríamos essas cinco amostras e recalcularíamos os limites para os gráficos $\overline{X}$ e de R. Esses novos limites revisados são, para o gráfico $\overline{X}$,

$$LSC = \overline{\overline{X}} + A_2\overline{R} = 32{,}90 + (0{,}577)(5{,}313) = 35{,}96,$$
$$LIC = \overline{\overline{X}} - A_2\overline{R} = 32{,}90 - (0{,}577)(5{,}313) = 29{,}84,$$

e, para o gráfico R, eles são

$$LSC = D_4\overline{R} = (2{,}115)(5{,}067) = 10{,}71,$$
$$LIC = D_3\overline{R} = (0)(5{,}067) = 0.$$

Os gráficos de controle revisados estão na Fig. 17-3. Note que tratamos as 20 primeiras amostras preliminares como *dados de estimação* com os quais estabelecer os limites de controle. Esses limites podem, agora, ser usados para o julgamento do controle estatístico da produção futura. Na medida em que novas amostras se tornam disponíveis os valores de $\overline{X}$ e R devem ser calculados e plotados nos gráficos de controle. É desejável que os limites sejam revisados periodicamente, mesmo que o processo permaneça estável. Os limites devem sempre ser revisados quando são feitas melhorias no processo.

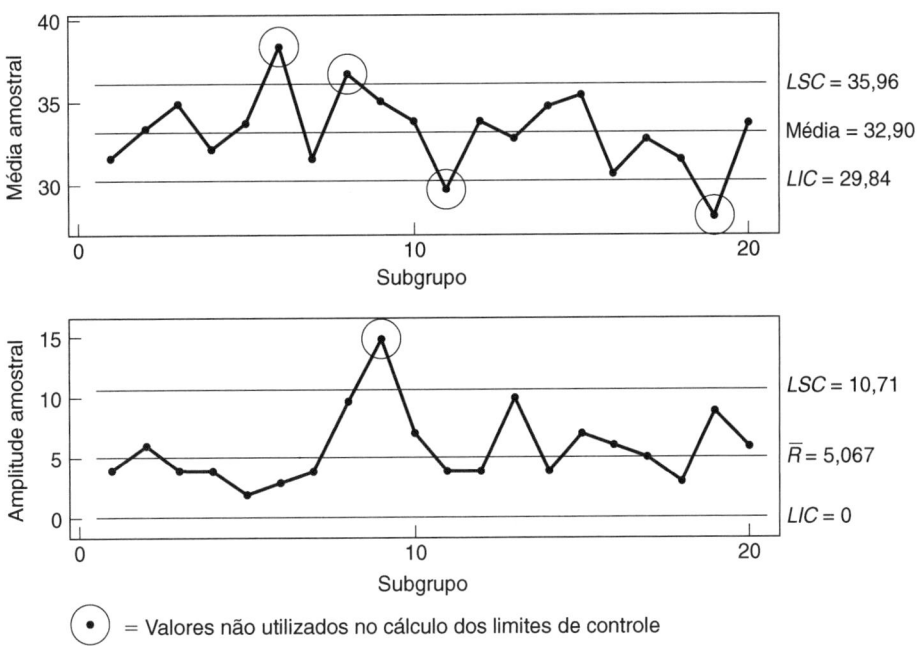

Figura 17-3 Os gráficos de controle $\bar{X}$ e R para a abertura do estator, limites revisados.

Estimando a Capacidade do Processo

Usualmente, é necessário obter alguma informação sobre a *capacidade* do processo, isto é, sobre o desempenho do processo quando está operando sob controle. Duas ferramentas gráficas, o gráfico de *tolerância* (ou gráfico de filas) e o *histograma*, são úteis para a verificação da capacidade do processo. O gráfico de tolerância para todas as 20 amostras do processo de manufatura do estator está mostrado na Fig. 17-4. As especificações sobre a abertura do estator, 0,5030 ± 0,001 polegada, estão mostradas,

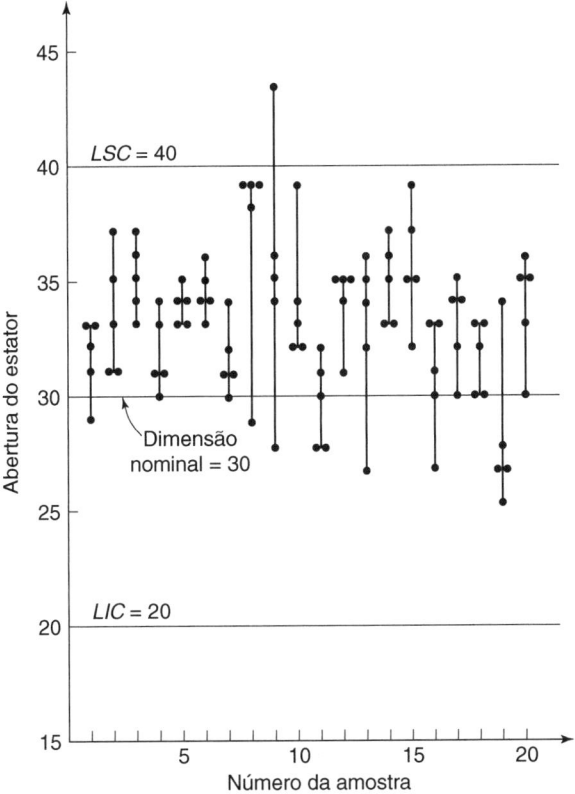

Figura 17-4 Diagrama de tolerância para a abertura do estator.

também, no gráfico. Em termos dos dados codificados, o limite superior de especificação é $LSE = 40$ e o limite inferior de especificação é $LIE = 20$. O gráfico de tolerância é útil para revelar padrões ao longo do tempo nas medições individuais ou mostrar que um valor particular de $\overline{X}$ ou de R foi produzido por uma ou duas observações não-usuais na amostra. Por exemplo, note as duas observações não-usuais na amostra 9 e a única observação não-usual na amostra 8. Note, também, que é apropriado plotar os limites de especificação no gráfico de tolerância, uma vez que ele é um gráfico de medidas individuais. *Nunca é apropriado plotar limites de especificação em um gráfico de controle ou usar as especificações na determinação dos limites de controle.* Os limites de especificação e os limites de controle não são relacionados. Finalmente, note, pela Fig. 17-4, que o processo está rodando fora do centro da dimensão nominal de 0,5030 polegada.

A Fig. 17-5 mostra o histograma para as medidas da abertura do estator. As observações das amostras 6, 8, 9, 11 e 19 foram removidas desse histograma. A impressão geral do exame desse histograma é a de que o processo é capaz de responder às especificações, mas está rodando fora do centro.

Outra maneira de se expressar a capacidade do processo é em termos da razão da capacidade do processo (RCP), definida como

$$RCP = \frac{LSC - LIC}{6\sigma}. \qquad (17\text{-}8)$$

Note que a amplitude de 6σ (3σ de cada lado da média) é, algumas vezes, chamada de *capacidade básica* do processo. Os limites de 3σ de cada lado de média do processo são algumas vezes chamados de limites *naturais* de tolerância, uma vez que representam limites que um processo sob controle deveria respeitar com a maioria das unidades produzidas. Para a abertura do estator, poderíamos estimar σ como

$$\hat{\sigma} = \frac{\overline{R}}{d_2} = \frac{4,8}{2,326} = 2,06.$$

Assim, um estimador para a RCP seria

$$RCP = \frac{LSC - LIC}{6\sigma}$$
$$= \frac{40 - 20}{6(2,06)}$$
$$= 1,62.$$

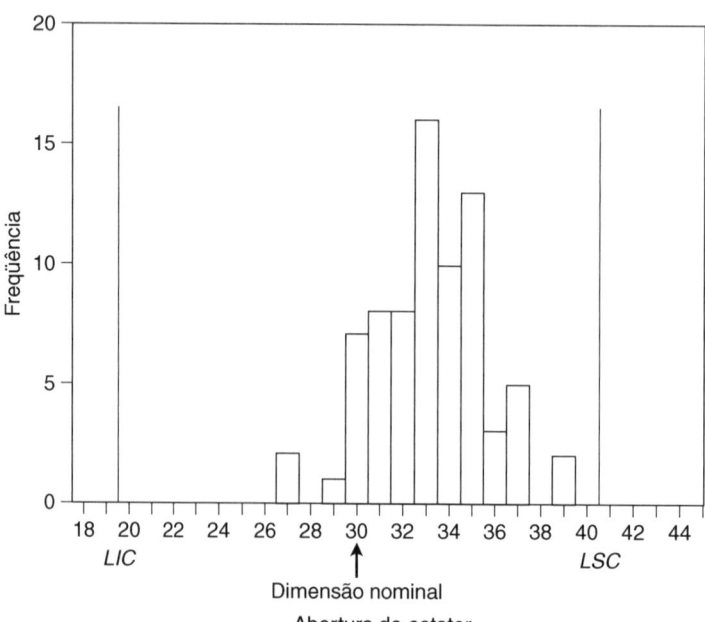

Figura 17-5 Histograma para a abertura do estator.

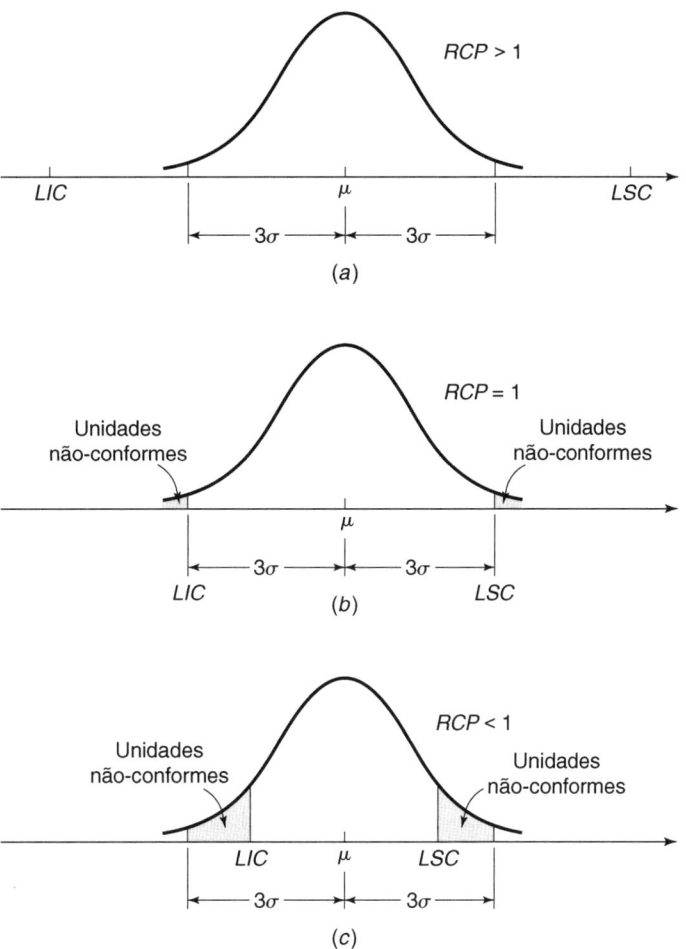

Figura 17-6 Falhas do processo e razão da capacidade do processo (RCP).

A *RCP* tem uma interpretação natural; $(1/RCP)100$ é exatamente a porcentagem da faixa de tolerância usada pelo processo. Assim, o processo da abertura do estator usa aproximadamente $(1/1,62)100 = 61,7\%$ da faixa de tolerância.

A Fig. 17-6a mostra um processo para o qual a *RCP* excede a unidade. Como os limites naturais de tolerância do processo ficam dentro das especificações, muito poucas unidades defeituosas ou não-conformes serão produzidas. Se $RCP = 1$, conforme mostrado na Fig. 17-6b, resultarão mais unidades defeituosas. De fato, para um processo distribuído normalmente, se $RCP = 1$ a fração de não-conformes é de 0,27%, ou 2700 partes por milhão. Finalmente, quando a *RCP* é menor do que a unidade, como na Fig. 17-6c, o processo é muito sensível, e uma grande quantidade de unidades não-conformes será produzida.

A definição da *RCP* dada na Equação 17-8 assume implicitamente que o processo esteja centrado na dimensão nominal. Se o processo está sendo rodado fora do centro, sua *capacidade real* será menor do que a indicada pela *RCP*. É conveniente considerar a *RCP* como uma medida de *capacidade potencial*, isto é, capacidade com um *processo centrado*. Se o processo não está centrado, então uma medida da capacidade real é dada por

$$RCP_k = \min\left[\frac{LSC - \overline{\overline{X}}}{3\sigma}, \frac{\overline{\overline{X}} - LIC}{3\sigma}\right]. \qquad (17\text{-}9)$$

De fato, RCP_k é uma razão da capacidade do processo unilateral que é calculada em relação ao limite de especificação mais próximo da média do processo. Para o processo da abertura do estator, encontramos que

$$RCP_k = \min\left[\frac{LSC - \overline{\overline{X}}}{3\sigma}; \frac{\overline{\overline{X}} - LIC}{3\sigma}\right]$$

$$= \min\left[\frac{40 - 33{,}19}{3(2{,}06)} = 1{,}10; \frac{33{,}19 - 20}{3(2{,}06)} = 2{,}13\right]$$

$$= 1{,}10.$$

Note que, se $RCP = RCP_k$, o processo está centrado na dimensão nominal. Como $RCP_k = 1{,}10$ para o processo de abertura do estator e $RCP = 1{,}62$, o processo está, obviamente, rodando fora do centro, como se notou antes nas Figs. 17-4 e 17-5. Essa operação fora do centro foi, finalmente, devida a uma ferramenta de cera superdimensionada. A mudança da ferramenta resultou em melhoria substancial no processo.

Montgomery (2001) fornece diretrizes sobre os valores apropriados da RCP e uma tabela que relaciona as falhas, para um processo distribuído normalmente e sob controle estatístico, como função da RCP. Muitas companhias americanas usam $RCP = 1{,}33$ como um alvo mínimo aceitável e $RCP = 1{,}66$ como um alvo mínimo para força, segurança ou características críticas. Também algumas companhias americanas, particularmente a indústria automobilística, adotaram a terminologia japonesa $C_p = RCP$ e $C_{pk} = RCP_k$. Como C_p tem um outro sentido em estatística (na regressão múltipla; veja Capítulo 15), preferimos a notação tradicional RCP e RCP_k.

17-3.3 Gráficos de Controle para Medições Individuais

Existem muitas situações nas quais a amostra consiste em uma única observação; isto é, $n = 1$. Essas situações ocorrem quando a produção é muito lenta ou dispendiosa e é impraticável permitir que o tamanho amostral seja maior do que um. Outros casos incluem processos em que cada observação pode ser medida por uma inspeção automatizada, por exemplo. O *gráfico de controle de Shewhart para medições individuais* é apropriado para esse tipo de situação. Veremos mais tarde, neste capítulo, que o gráfico de controle da média móvel exponencialmente ponderada e o gráfico de somas cumulativas podem ser mais informativos do que o gráfico individual.

O gráfico de controle de Shewhart usa a amplitude móvel, MR, de duas observações sucessivas para estimar a variabilidade do processo. A média móvel é definida como

$$MR_i = |x_i - x_{i-1}|.$$

Por exemplo, para m observações calculam-se $m - 1$ amplitudes móveis como $MR_2 = |x_2 - x_1|$, $MR_3 = |x_3 - x_2|$, ..., $MR_m = |x_m - x_{m-1}|$. Gráficos de controle simultâneos podem ser estabelecidos para observações individuais e para amplitude móvel.

Os limites de controle para o gráfico de controle para observações individuais são calculados como

$$LSC = \overline{x} + 3\frac{\overline{MR}}{d_2},$$

$$\text{Linha central} = \overline{x}, \tag{17-10}$$

$$LIC = \overline{x} - 3\frac{\overline{MR}}{d_2},$$

onde $\overline{MR}$ é a média amostral das MR_i.

Se uma amplitude móvel de tamanho $n = 2$ é usada, então $d_2 = 1{,}128$, pela Tabela XIII do Apêndice. Os limites de controle para o gráfico de controle da amplitude móvel são

$$LSC = D_4 \overline{MR},$$

$$\text{Linha central} = \overline{MR}, \tag{17-11}$$

$$LIC = D_3 \overline{MR}.$$

Exemplo 17-2

Lotes de um determinado produto químico são selecionados de um processo e mede-se a pureza de cada um. Dados para 15 lotes sucessivos foram coletados e constam da Tabela 17-2. As amplitudes móveis de tamanho $n = 2$ também estão mostradas na Tabela 17-2.

Para estabelecermos o gráfico de controle para observações individuais, precisamos primeiro da média amostral das 15 medições de pureza. Essa média é $\bar{x} = 0,757$. A média das amplitudes móveis de duas observações é $\overline{MR} = 0,046$. Os limites de controle para o gráfico de observações individuais com amplitudes móveis de tamanho 2 e que usa os limites da Equação 17-10 são

$$LSC = 0,757 + 3\frac{0,046}{1,128} = 0,879,$$

$$\text{Linha central} = 0,757,$$

$$LIC = 0,757 - 3\frac{0,046}{1,128} = 0,635.$$

Os limites de controle para o gráfico das amplitudes móveis são encontrados usando-se os limites dados na Equação 17-11:

$$LSC = 3,267(0,046) = 0,150,$$

$$\text{Linha central} = 0,046,$$

$$LIC = 0(0,046) = 0.$$

Tabela 17-2 Pureza de um Produto Químico

Lote	Pureza, x	Amplitude Móvel, MR
1	0,77	
2	0,76	0,01
3	0,77	0,01
4	0,72	0,05
5	0,73	0,01
6	0,73	0,00
7	0,85	0,12
8	0,70	0,15
9	0,75	0,05
10	0,74	0,01
11	0,75	0,01
12	0,84	0,09
13	0,79	0,05
14	0,72	0,07
15	0,74	0,02
	$\bar{x} = 0,757$	$\overline{MR} = 0,046$

A Fig. 17-7 mostra os gráficos para as observações individuais e para as amplitudes móveis. Como não há pontos além dos limites de controle, o processo parece estar sob controle estatístico.

O gráfico para observações individuais pode ser interpretado de maneira parecida com o gráfico de controle $\bar{X}$. Uma situação de fora de controle seria indicada por um ponto (ou pontos) além dos limites de controle ou por um padrão como uma seqüência de um mesmo lado da linha central.

O gráfico da amplitude móvel não pode ser interpretado da mesma maneira. Embora um ponto (ou pontos) localizado fora dos limites de controle provavelmente indicasse uma situação de fora de controle, um padrão ou uma seqüência de um mesmo lado da linha central não indica, necessariamente, que o processo esteja fora de controle. Isso se deve ao fato de que as amplitudes móveis são correlacionadas, e essa correlação pode, naturalmente, ocasionar padrões ou tendências no gráfico.

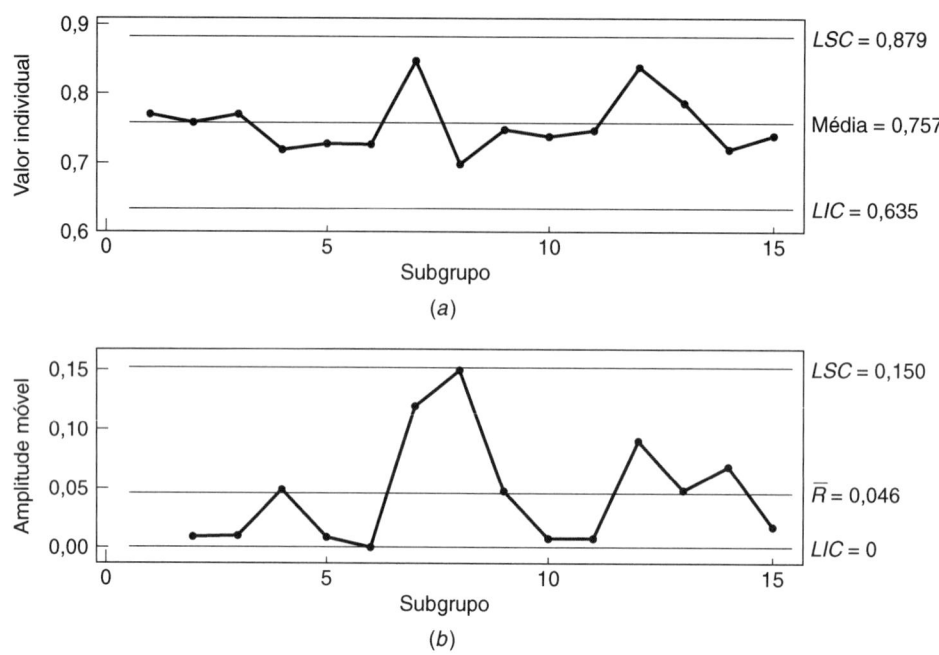

Figura 17-7 Gráficos de controle para (a) observações individuais e (b) amplitude móvel sobre a pureza.

17-3.4 Gráficos de Controle para Atributos

O Gráfico p (Fração de Defeituosos ou Não-conformes)

Muitas vezes, é desejável classificar um produto como defeituoso ou não-defeituoso com base na comparação com um padrão. Isso é feito usualmente para se obter economia e simplicidade na operação de inspeção. Por exemplo, o diâmetro de um rolamento de mancal deve ser verificado para se determinar se ele passará através de um calibrador que consiste em buracos circulares cortados em um padrão. Isso seria muito mais simples do que medir o diâmetro com um micrômetro. Os gráficos de controle para atributos são usados nessas situações. No entanto, gráficos de controle para atributos exigem um tamanho amostral consideravelmente maior do que seus análogos para medições. Discutiremos o gráfico da fração de defeituosos, ou gráfico p, e dois gráficos para defeitos, os gráficos c e u. Note que é possível que uma unidade tenha muitos defeitos e seja defeituosa ou não-defeituosa. Em algumas aplicações, uma unidade pode ter vários defeitos e, ainda assim, ser classificada como não-defeituosa. Suponha que D seja o número de unidades defeituosas em uma amostra aleatória de tamanho n. Admitimos que D seja uma variável aleatória binomial com parâmetro p desconhecido. A fração amostral de defeituosos é um estimador de p, isto é

$$\hat{p} = \frac{D}{n}. \tag{17-12}$$

Além disso, a variância da estatística $\hat{p}$ é

$$\sigma^2_{\hat{p}} = \frac{p(1-p)}{n},$$

de modo que podemos estimar $\sigma^2_{\hat{p}}$ como

$$\hat{\sigma}^2_{\hat{p}} = \frac{\hat{p}(1-\hat{p})}{n}. \tag{17-13}$$

A linha central e os limites de controle para o gráfico da fração de defeituosos podem, agora, ser facilmente determinados. Suponha que estejam disponíveis k amostras preliminares, cada uma de tamanho n, e que D_i seja o número de defeituosos na i-ésima amostra. Então, podemos tomar

$$\bar{p} = \frac{\sum_{i=1}^{k} D_i}{kn} \tag{17-14}$$

como linha central e

$$LSC = \bar{p} + 3\sqrt{\frac{\bar{p}(1-\bar{p})}{n}},$$

$$LIC = \bar{p} - 3\sqrt{\frac{\bar{p}(1-\bar{p})}{n}} \tag{17-15}$$

como limites superior e inferior de controle, respectivamente. Esses limites de controle se baseiam na aproximação normal para a distribuição binomial. Quando p é pequena, a aproximação normal pode não ser sempre adequada. Em tais casos, é melhor usar limites de controle obtidos diretamente da tabela de probabilidades binomiais ou, talvez, da aproximação de Poisson para a distribuição binomial. Se p é pequena, o limite inferior de controle pode ser um número negativo. Se isso ocorrer, é costume considerar zero como limite inferior de controle.

Exemplo 17-3

Suponha que desejemos construir um gráfico de controle da fração de defeituosos para uma linha de produção de um substrato cerâmico. Temos 20 amostras preliminares, cada uma de tamanho 100; a Tabela 17-3 mostra o número de defeituosos em cada amostra. Suponha que as amostras sejam numeradas na seqüência de produção. Note que $\bar{p} = 800/200 = 0,40$ e, portanto, os parâmetros tentativos para o gráfico de controle são

Linha central = 0,395

$$LSC = 0,395 + 3\sqrt{\frac{(0,395)(0,605)}{100}} = 0,5417,$$

$$LIC = 0,395 - 3\sqrt{\frac{(0,395)(0,605)}{100}} = 0,2483.$$

Tabela 17-3 Número de Defeituosos em Amostras de 100 Substratos de Cerâmica

Amostra	Número de Defeituosos	Amostra	Número de Defeituosos
1	44	11	36
2	48	12	52
3	32	13	35
4	50	14	41
5	29	15	42
6	31	16	30
7	46	17	46
8	52	18	38
9	44	19	26
10	38	20	30

A Fig. 17-8 mostra o gráfico de controle. Todas as amostras estão sob controle. Se não estivessem, procuraríamos por causas atribuíveis de variação e revisaríamos os limites apropriadamente.

Embora esse processo exiba controle estatístico, sua capacidade ($\bar{p} = 0,395$) é muito pobre. Devemos seguir passos apropriados para investigar o processo e determinar por que tão grande número de unidades defeituosas está sendo produzido. As unidades defeituosas devem ser analisadas para especificar os tipos de defeitos presentes. Uma vez conhecidos esses tipos de defeitos, mudanças no processo devem ser investigadas para se determinar seu impacto sobre os níveis de defeitos. Experimentos planejados podem ser úteis a esse respeito.

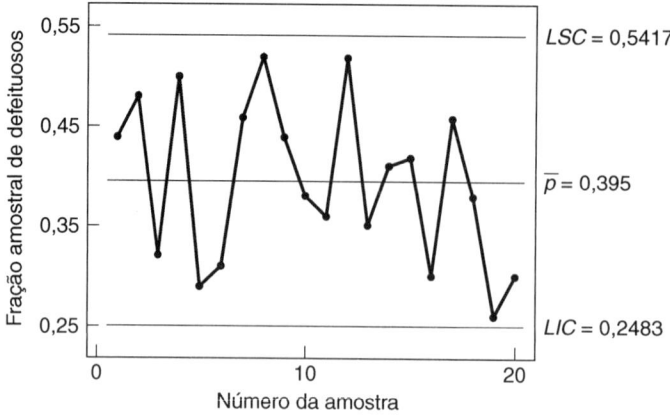

Figura 17-8 O gráfico p para um substrato de cerâmica.

Exemplo 17-4

Gráficos de Controle de Atributos *Versus* de Medições

A vantagem dos gráficos de controle de medições em relação aos gráficos p no que diz respeito ao tamanho da amostra pode ser ilustrada facilmente. Suponha que uma característica da qualidade distribuída normalmente tenha um desvio-padrão de 4 e limites de especificação de 52 e 68. O processo está centrado em 60, o que resulta em uma fração de defeituosos de 0,0454. Mude a média do processo para 56. Agora, a fração de defeituosos é de 0,1601. Se a probabilidade de se detectar a mudança na primeira amostra em seguida à mudança deve ser de 0,50, então o tamanho amostral deve ser tal que o limite inferior 3-sigma será 56. Isso implica que

$$60 - \frac{3(4)}{\sqrt{n}} = 56,$$

cuja solução é $n = 9$. Para um gráfico p, usando a aproximação normal para a binomial devemos ter

$$0{,}0454 + 3\sqrt{\frac{(0{,}0454)(0{,}9546)}{n}} = 0{,}1601,$$

cuja solução é $n = 30$. Assim, a menos que o custo de inspeção da mensuração seja mais do que três vezes o custo da inspeção de atributos, o gráfico de controle para medições é mais barato para ser operado.

O Gráfico c (Defeitos)

Em algumas situações, pode ser necessário controlar o número de defeitos em uma unidade em vez da fração de defeituosos. Nessas situações podemos usar o gráfico de controle para defeitos, ou o gráfico c. Suponha que na fabricação de tecido seja necessário controlar o número de defeitos por jarda ou que, na montagem da asa de um avião, deva-se controlar o número de rebites faltantes. Muitas situações de defeitos por unidade podem ser modeladas pela distribuição de Poisson.

Seja c o número de defeitos em uma unidade, onde c é uma variável aleatória de Poisson com parâmetro α. Agora, a média e a variância dessa distribuição são ambas α. Assim, se k unidades estão disponíveis e c_i é o número de defeitos na unidade i, a linha central do gráfico de controle é

$$\bar{c} = \frac{1}{k}\sum_{i=1}^{k} c_i, \tag{17-16}$$

e

$$\begin{aligned}LSC &= \bar{c} + 3\sqrt{\bar{c}}, \\ LIC &= \bar{c} - 3\sqrt{\bar{c}}\end{aligned} \tag{17-17}$$

são os limites superior e inferior de controle, respectivamente.

Exemplo 17-5

Montam-se placas de circuito impresso através de uma combinação de montagem manual e automação. Uma máquina de solda em fluxo é usada para fazer as conexões mecânicas e elétricas dos componentes na placa. As placas passam pelo processo de solda em fluxo quase continuamente e, a cada hora, cinco placas são selecionadas e inspecionadas com objetivos de controle do processo. O número de defeitos em cada amostra de cinco placas é anotado. A Tabela 17-4 mostra os resultados para 20 amostras. Agora, $\bar{c} = 160 / 20 = 8$ e, portanto,

$$LSC = 8 + 3\sqrt{8} = 16,484,$$
$$LIC = 8 - 3\sqrt{8} < 0, \text{ fixado como } 0.$$

Pelo gráfico de controle da Fig. 17-9 vemos que o processo está sob controle. No entanto, oito defeitos por grupo de cinco placas de circuito é muito (cerca de 8/5 = 1,6 defeito/placa), e o processo necessita melhorar. Deve-se investigar os tipos específicos de defeitos encontrados nas placas de circuito impresso. Isso, em geral, sugerirá caminhos potenciais para a melhoria do processo.

Tabela 17-4 Número de Defeitos em Amostras de Cinco Placas de Circuito Impresso

Amostra	Número de Defeitos	Amostra	Número de Defeitos
1	6	11	9
2	4	12	15
3	8	13	8
4	10	14	10
5	9	15	8
6	12	16	2
7	16	17	7
8	2	18	1
9	3	19	7
10	10	20	13

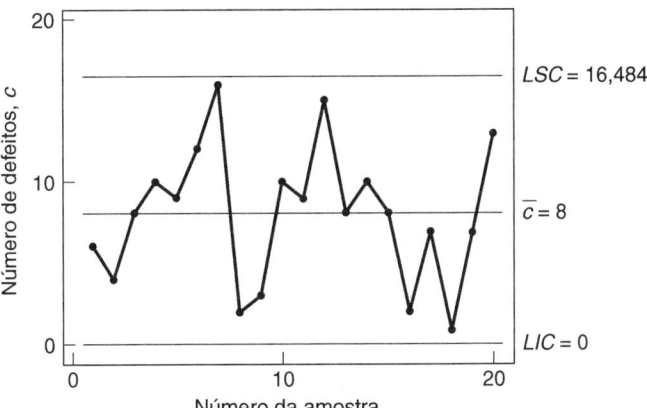

Figura 17-9 O gráfico c para defeitos em amostras de cinco placas de circuito impresso.

O Gráfico u (Defeitos por Unidade)

Em alguns processos, pode ser preferível trabalhar com o número de defeitos por unidade em lugar do número total de defeitos. Assim, se a amostra consiste em n unidades e há c defeitos no total na mesma amostra, então

$$u = \frac{c}{n}$$

é o número médio de defeitos por unidade. Um gráfico u pode ser construído para tais dados. Se há k amostras preliminares, cada uma com $u_1, u_2, ..., u_k$ defeito por unidade, então a linha central no gráfico u é

$$\bar{u} = \frac{1}{k}\sum_{i=1}^{k} u_i, \qquad (17\text{-}18)$$

e os limites de controle são dados por

$$LSC = \bar{u} + 3\sqrt{\frac{\bar{u}}{n}},$$
$$LIC = \bar{u} - 3\sqrt{\frac{\bar{u}}{n}}. \qquad (17\text{-}19)$$

Exemplo 17-6

Pode-se construir um gráfico u para os dados de defeitos em placas de circuito impresso do Exemplo 17-5. Como cada amostra contém $n = 5$ placas de circuito impresso, os valores de u para cada amostra podem ser calculados conforme segue:

Amostra	Tamanho da amostra, n	Número de defeitos, c	Defeitos por unidade
1	5	6	1,2
2	5	4	0,8
3	5	8	1,6
4	5	10	2,0
5	5	9	1,8
6	5	12	2,4
7	5	16	3,2
8	5	2	0,4
9	5	3	0,6
10	5	10	2,0
11	5	9	1,8
12	5	15	3,0
13	5	8	1,6
14	5	10	2,0
15	5	8	1,6
16	5	2	0,4
17	5	7	1,4
18	5	1	0,2
19	5	7	1,4
20	5	13	2,6

A linha central para o gráfico u é

$$\bar{u} = \frac{1}{20}\sum_{i=1}^{20} u_i = \frac{32}{20} = 1,6,$$

e os limites superior e inferior de controle são

$$LSC = \bar{u} + 3\sqrt{\frac{\bar{u}}{n}} = 1,6 + 3\sqrt{\frac{1,6}{5}} = 3,3,$$
$$LIC = \bar{u} - 3\sqrt{\frac{\bar{u}}{n}} = 1,6 - 3\sqrt{\frac{1,6}{5}} < 0, \text{ fixado como } 0.$$

O gráfico de controle está exibido na Fig. 17-10. Note que o gráfico u neste exemplo é equivalente ao gráfico c na Fig. 17-9. Em alguns casos, particularmente quando o tamanho amostral não é constante, o gráfico u será preferível ao gráfico c. Para uma discussão sobre tamanhos amostrais variáveis em gráficos de controle, veja Montgomery (2001).

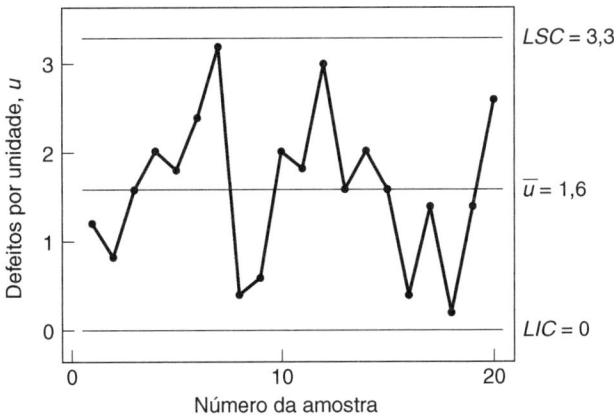

Figura 17-10 O gráfico u de defeitos por unidade em placas de circuito impresso, Exemplo 17-6.

17-3.5 Gráficos de Controle CUSUM e MMEP

Até aqui, no Capítulo 17, apresentamos os gráficos de controle mais básicos, os gráficos de controle de Shewhart. A principal desvantagem desses gráficos de controle é sua não-sensitividade a pequenas mudanças no processo (mudanças, em geral, menores do que $1,5\sigma$). Essa desvantagem se deve ao fato de que os gráficos de Shewhart usam informação apenas da observação corrente.

Alternativas aos gráficos de controle de Shewhart incluem o *gráfico de controle de somas cumulativas* e o *gráfico de controle da média móvel exponencialmente ponderada*. Esses gráficos de controle são mais sensíveis a pequenas mudanças no processo porque incorporam informação de observações correntes e *passadas recentes*.

Gráficos de Controle CUSUM Tabular para a Média do Processo

O gráfico de controle de soma cumulativa (CUSUM) foi introduzido, inicialmente, por Page (1954) e incorpora informação de uma seqüência de observações amostrais. O gráfico plota as somas cumulativas dos desvios das observações em relação a um valor-alvo. Para ilustrar, sejam $\bar{x}_j$ a j-ésima média amostral, μ_0 o valor-alvo para a média do processo e $n \geq 1$ o tamanho amostral. O gráfico de controle CUSUM plota a quantidade

$$C_i = \sum_{j=1}^{n} \left(\bar{x}_j - \mu_0 \right) \tag{17-20}$$

contra a amostra i. A quantidade C_i é a soma cumulativa até a i-ésima amostra, inclusive. Enquanto o processo permanece sob controle no valor-alvo μ_0, C_i, na Equação 17-20 representa um passeio aleatório com média zero. Por outro lado, se o processo sai do valor-alvo então será evidente uma flutuação em C_i, para cima ou para baixo. Pelo fato de incorporar informação de uma seqüência de observações, o gráfico CUSUM é capaz de detectar uma pequena mudança no processo mais rapidamente do que o gráfico-padrão de Shewhart. Os gráficos CUSUM podem ser facilmente implementados tanto para dados de subgrupo quanto para observações individuais. Apresentaremos o CUSUM tabular para observações individuais.

O CUSUM *tabular* envolve duas estatísticas, C_i^+ e C_i^-, que são as acumulações dos desvios acima e abaixo da média-alvo, respectivamente. C_i^+ é chamado CUSUM unilateral superior, e C_i^- CUSUM unilateral inferior. Essas estatísticas são calculadas como segue:

$$C_i^+ = \text{máx}[0, x_i - (\mu_0 + K) + C_{i-1}^+], \tag{17-21}$$

$$C_i^- = \text{máx}[0, (\mu_0 - K) - x_i + C_{i-1}^-], \tag{17-22}$$

com valores iniciais de $C_0^+ = C_0^- = 0$. A constante K é chamada de *valor de referência* e é, em geral, escolhida aproximadamente a meio caminho entre a média-alvo, μ_0, e a média fora de controle que estamos interessados em detectar, denotada μ_1. Em outras palavras, K é a metade do tamanho da mudança de μ_0 para μ_1, ou

$$K = \frac{|\mu_1 - \mu_0|}{2}.$$

As estatísticas dadas nas Equações 17-21 e 17-22 acumulam os desvios do alvo que são maiores do que K e voltam a zero quando qualquer quantidade se torna negativa. O gráfico de controle CUSUM plota os valores de C_i^+ e C_i^- para cada amostra. Se qualquer estatística se localizar fora do *intervalo de decisão*, H, o processo é considerado fora de controle. Discutiremos a escolha de H mais adiante, neste capítulo, mas uma boa regra empírica é sempre fazer $H = 5\sigma$.

Exemplo 17-7

Um estudo apresentado em Food Control (2001, p.119) dá os resultados de medições de conteúdo de matéria seca em manteiga de um processo em lotes. Um dos objetivos do estudo é monitorar a quantidade de matéria seca de um lote para outro. A Tabela 17-5 mostra alguns dados que podem ser típicos desse tipo de processo. Os valores reportados, x_i, são porcentagens do conteúdo de matéria seca examinado depois da mistura. A quantidade-alvo de conteúdo de matéria seca é 45%, e supõe-se que $\sigma = 0{,}84\%$. Vamos admitir, também, que estejamos interessados

Tabela 17-5 Cálculos do CUSUM para o Exemplo 17-7

Lote, i	x_i	$x_i - 45{,}42$	C_i^+	$44{,}58 - x_i$	C_i^-
1	46,21	0,79	0,79	−1,63	0
2	45,73	0,31	1,10	−1,15	0
3	44,37	−1,05	0,05	0,21	0,21
4	44,19	−1,23	0	0,39	0,60
5	43,73	−1,69	0	0,85	1,45
6	45,66	0,24	0,24	−1,08	0,37
7	44,24	−1,18	0	0,34	0,71
8	44,48	−0,94	0	0,10	0,81
9	46,04	0,62	0,62	−1,46	0
10	44,04	−1,38	0	0,54	0,54
11	42,96	−2,46	0	1,62	2,16
12	46,02	0,60	0,60	−1,44	0,72
13	44,82	−0,60	0	−0,24	0,48
14	45,02	−0,40	0	−0,44	0,04
15	45,77	0,35	0,35	−1,19	0
16	47,40	1,98	2,33	−2,82	0
17	47,55	2,13	4,46	−2,97	0
18	46,64	1,22	5,68	−2,06	0
19	46,31	0,89	6,57	−1,73	0
20	44,82	−0,60	5,97	−0,24	0
21	45,39	−0,03	5,94	−0,81	0
22	47,80	2,38	8,32	−3,22	0
23	46,69	1,27	9,59	−2,11	0
24	46,99	1,57	11,16	−2,41	0
25	44,53	−0,89	10,27	0,05	0

em detectar uma mudança na média do processo de, pelo menos, 1σ, isto é, $\mu_1 = \mu_0 + 1\sigma = 45 + 1(0{,}84) = 45{,}84\%$. Usaremos o intervalo de decisão recomendado de $H = 5\sigma = 5(0{,}84) = 4{,}2$. O valor de referência, K, é

$$K = \frac{|45{,}84 - 45|}{2} = 0{,}42.$$

Os valores de C_i^+ e C_i^- são dados na Tabela 17-5. Para ilustrar os cálculos, considere os dois primeiros lotes da amostra. Relembre que $C_0^+ = C_0^- = 0$ e, usando as Equações 17-21 e 17-22, com $K = 0{,}42$ e $\mu_0 = 45$, temos

$$C_1^+ = \text{máx}[0, x_1 - (45 + 0{,}42) + C_0^+]$$
$$= \text{máx}[0, x_1 - 45{,}42 + C_0^+]$$

e

$$C_1^- = \text{máx}[0, (45 - 0{,}42) - x_1 + C_0^-]$$
$$= \text{máx}[0, 44{,}58 - x_1 + C_0^-].$$

Para o lote 1, $x_i = 46{,}21$,

$$C_1^+ = \text{máx}[0; 46{,}21 - 45{,}42 + 0]$$
$$= \text{máx}[0; 0{,}79]$$
$$= 0{,}79,$$

e

$$C_1^- = \text{máx}[0; 44{,}58 - 46{,}21 + 0]$$
$$= \text{máx}[0; -1{,}63]$$
$$= 0.$$

Para o lote 2, $x_2 = 45{,}73$,

$$C_2^+ = \text{máx}[0; 45{,}73 - 45{,}42 + 0{,}79]$$
$$= \text{máx}[0; 1{,}10]$$
$$= 1{,}10,$$

e

$$C_2^- = \text{máx}[0; 44{,}58 - 45{,}73 + 0]$$
$$= \text{máx}[0; -1{,}15]$$
$$= 0.$$

Os cálculos do CUSUM dados na Tabela 17-5 indicam que o CUSUM unilateral superior para o lote 17 é $C_{17}^+ = 4{,}46$, que excede o valor de decisão de $H = 4{,}2$. Assim, o processo parece ter mudado para uma situação de fora de controle. O gráfico do *status* do CUSUM criado pelo Minitab®, com $H = 4{,}2$, é apresentado na Fig. 17-11. A situação de fora de controle é também evidente nesse gráfico no lote 17.

O gráfico de controle CUSUM é uma poderosa ferramenta da qualidade para se detectar se um processo se afastou da média-alvo. As escolhas corretas de H e K podem melhorar enormemente a sensi-

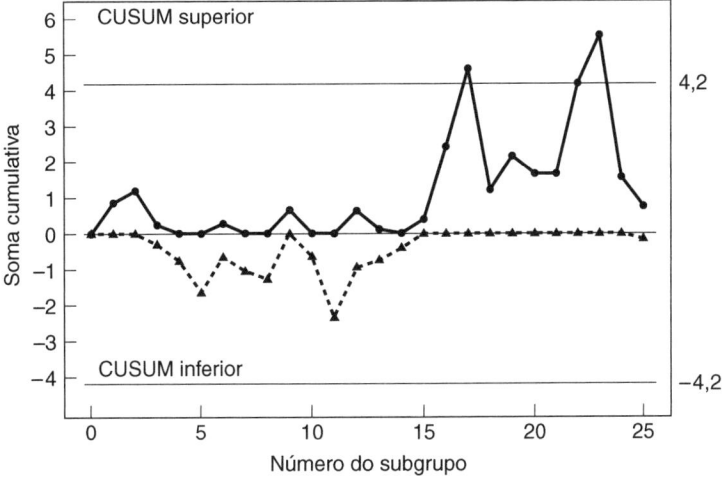

Figura 17-11 Gráfico de status do CUSUM para o Exemplo 17-7.

tividade do gráfico de controle e, ao mesmo tempo, proteger contra a ocorrência de *falsos alarmes* (o processo está realmente sob controle, mas o gráfico de controle sinaliza o contrário). Recomendações de planejamento para o CUSUM serão dadas mais tarde neste capítulo, quando for introduzido o conceito do comprimento médio de seqüências.

Apresentamos os gráficos de controle CUSUM superior e inferior para situações em que é de interesse uma mudança, em qualquer direção, em relação ao alvo do processo. Há muitas situações em que podemos estar interessados em uma mudança em apenas uma direção, para cima ou para baixo. Podem-se construir gráficos CUSUM unilaterais para essas situações. Para um desenvolvimento completo desses gráficos e mais detalhes, veja Montgomery (2001).

Gráficos de Controle MMEP

Os gráficos de controle da média móvel exponencialmente ponderada (MMEP) são, também, uma boa alternativa ao gráfico de controle de Shewhart, quando é de interesse detectar uma pequena mudança na média do processo. Apresentaremos o MMEP para medições individuais, embora o procedimento possa ser modificado para subgrupos de tamanho $n > 1$.

O gráfico de controle MMEP foi introduzido pela primeira vez por Roberts (1959). A MMEP é definida como

$$z_i = \lambda x_i + (1 - \lambda) z_{i-1}, \qquad (17\text{-}23)$$

em que λ é um peso, $0 < \lambda \leq 1$. O procedimento se inicia com $z_0 = \mu_0$, a média-alvo do processo. Se não se conhece uma média-alvo, então a média de dados preliminares, $\bar{x}$, é usada como valor inicial da MMEP. A definição dada na Equação 17-23 demonstra que informação de observações passadas é incorporada no valor corrente de z_i. O valor z_i é uma média ponderada de todas as médias amostrais anteriores. Para ilustrar, podemos substituir z_{i-1} no lado direito da Equação 17-23, obtendo

$$z_i = \lambda x_i + (1 - \lambda)[\lambda x_{i-1} + (1 - \lambda) z_{i-2}]$$
$$= \lambda x_i + \lambda(1 - \lambda) x_{i-1} + (1 - \lambda)^2 z_{i-2}.$$

Substituindo recursivamente $z_{i-j}, j = 1, 2, ..., t$, vemos que

$$z_i = \lambda \sum_{j=0}^{i-1} (1 - \lambda)^j x_{i-j} + (1 - \lambda)^i z_0.$$

A MMEP pode ser considerada uma média ponderada de todas as observações passadas e presentes. Note que os pesos decrescem geometricamente com a idade da observação, atribuindo-se menos peso às observações que ocorreram mais cedo no processo. A MMEP é usada freqüentemente na predição, mas os gráficos de controle MMEP têm sido usados extensamente para o monitoramento de muitos tipos de processos.

Se as observações são variáveis aleatórias independentes com variância σ^2, a variância de MMEP, z_i, é

$$\sigma_{z_i}^2 = \sigma^2 \left(\frac{\lambda}{2 - \lambda} \right) \left[1 - (1 - \lambda)^{2i} \right].$$

Dadas uma média-alvo, μ_0, e a variância da MMEP, o limite superior de controle, a linha central e o limite inferior de controle para o gráfico de controle MMEP são

$$LSC = \mu_0 + L\sigma \sqrt{\left(\frac{\lambda}{2 - \lambda} \right) \left[1 - (1 - \lambda)^{2i} \right]},$$

$$\text{Linha central} = \mu_0,$$

$$LIC = \mu_0 - L\sigma \sqrt{\left(\frac{\lambda}{2 - \lambda} \right) \left[1 - (1 - \lambda)^{2i} \right]},$$

em que L é a distância entre os limites de controle. Note que o termo $1 - (1 - \lambda)^{2i}$ se aproxima de 1 na medida em que i aumenta. Assim, enquanto o processo continua sendo rodado, os limites de controle para o MMEP se aproximam de valores do estado de equilíbrio

$$LSC = \mu_0 + L\sigma\sqrt{\frac{\lambda}{2-\lambda}},$$

$$LIC = \mu_0 - L\sigma\sqrt{\frac{\lambda}{2-\lambda}}.$$

(17-24)

Embora os limites de controle dados na Equação 17-24 forneçam boas aproximações, recomenda-se que os limites exatos sejam usados para pequenos valores de i.

Exemplo 17-8

Vamos, agora, implementar o gráfico de controle MMEP com $\lambda = 0{,}2$ e $L = 2{,}7$ para os dados sobre matéria seca apresentados na Tabela 17-5. Relembre que a média-alvo é $\mu_0 = 45\%$ e que se supõe que o desvio-padrão do processo seja $\sigma = 0{,}84\%$. Os cálculos para o MMEP são apresentados na Tabela 17-6. Para demonstrar alguns desses cálculos, considere a primeira observação, com $x_1 = 46{,}21$. Encontramos

$$z_1 = \lambda x_1 + (1 - \lambda)z_0$$
$$= (0{,}2)(46{,}21) + (0{,}80)(45)$$
$$= 45{,}24.$$

O segundo valor da MMEP é, então,

$$z_2 = \lambda x_2 + (1 - \lambda)z_1$$
$$= (0{,}2)(45{,}73) + (0{,}80)(45{,}24)$$
$$= 45{,}34.$$

Tabela 17-6 Cálculos da MMEP para o Exemplo 17-8

Lote, i	x_i	z_i	LSC	LIC
1	46,21	45,24	45,45	44,55
2	45,73	45,34	45,58	44,42
3	44,37	45,15	45,65	44,35
4	44,19	44,95	45,69	44,31
5	43,73	44,71	45,71	44,29
6	45,66	44,90	45,73	44,27
7	44,24	44,77	45,74	44,26
8	44,48	44,71	45,75	44,25
9	46,04	44,98	45,75	44,25
10	44,04	44,79	45,75	44,25
11	42,96	44,42	45,75	44,25
12	46,02	44,74	45,75	44,25
13	44,82	44,76	45,75	44,25
14	45,02	44,81	45,76	44,24
15	45,77	45,00	45,76	44,24
16	47,40	45,48	45,76	44,24
17	47,55	45,90	45,76	44,24
18	46,64	46,04	45,76	44,24
19	46,31	46,10	45,76	44,24
20	44,82	45,84	45,76	44,24
21	45,39	45,75	45,76	44,24
22	47,80	46,16	45,76	44,24
23	46,69	46,27	45,76	44,24
24	46,99	46,41	45,76	44,24
25	44,53	46,04	45,76	44,24

Os valores da MMEP são plotados em um gráfico de controle com os limites de controle superior e inferior dados por

$$LSC = \mu_0 + L\sigma\sqrt{\left(\frac{\lambda}{2-\lambda}\right)\left[1-(1-\lambda)^{2i}\right]}$$

$$= 45 + 2{,}7(0{,}84)\sqrt{\left(\frac{0{,}2}{2-0{,}2}\right)\left[1-(1-0{,}2)^{2i}\right]},$$

$$LIC = \mu_0 - L\sigma\sqrt{\left(\frac{\lambda}{2-\lambda}\right)\left[1-(1-\lambda)^{2i}\right]}$$

$$= 45 - 2{,}7(0{,}84)\sqrt{\left(\frac{0{,}2}{2-0{,}2}\right)\left[1-(1-0{,}2)^{2i}\right]}.$$

Assim, para $i = 1$,

$$LSC = 45 + 2{,}7(0{,}84)\sqrt{\left(\frac{0{,}2}{2-0{,}2}\right)\left[1-(1-0{,}2)^{2(1)}\right]}$$

$$= 45{,}45,$$

$$LIC = \mu_0 - L\sigma\sqrt{\left(\frac{\lambda}{2-\lambda}\right)\left[1-(1-\lambda)^{2(1)}\right]}$$

$$= 44{,}55.$$

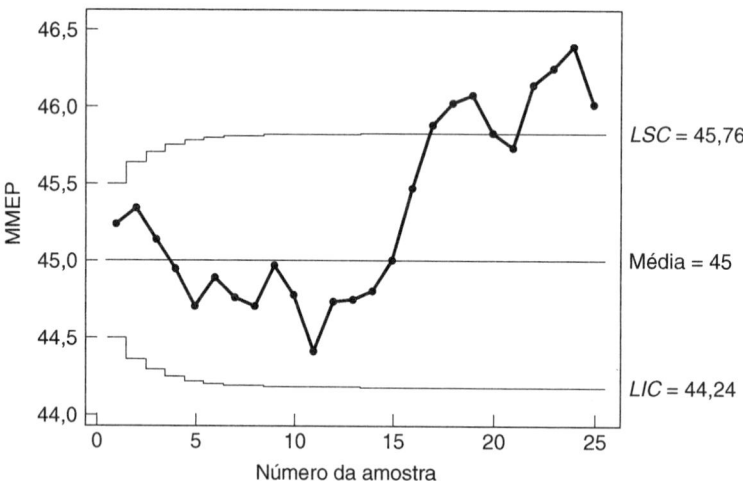

Figura 17-12 Gráfico da MMEP para o Exemplo 17-8.

Os limites de controle restantes são calculados de maneira análoga e plotados no gráfico de controle dado na Fig. 17-12. Os limites de controle tendem a crescer com i, mas então tendem para os valores do estado de equilíbrio dados pelas Equações 17-24:

$$LSC = \mu_0 + L\sigma\sqrt{\frac{\lambda}{2-\lambda}}$$

$$= 45 + 2{,}7(0{,}84)\sqrt{\frac{0{,}2}{2-0{,}2}}$$

$$= 45{,}76,$$

$$LIC = \mu_0 - L\sigma\sqrt{\frac{\lambda}{2-\lambda}}$$

$$= 45 - 2{,}7(0{,}84)\sqrt{\frac{0{,}2}{2-0{,}2}}$$

$$= 44{,}24.$$

O gráfico de controle MMEP sinaliza na observação 17, indicando que o processo está fora de controle.

A sensitividade do gráfico de controle MMEP para um processo particular dependerá das escolhas de L e λ. Várias escolhas desses parâmetros serão apresentadas mais tarde neste capítulo, quando for introduzido o conceito de comprimento médio de seqüências. Para mais detalhes e desenvolvimentos relativos ao MMEP, veja Crowder (1987), Lucas e Saccucci (1990) e Montgomery (2001).

17-3.6 Comprimento Médio da Seqüência

Neste capítulo apresentamos técnicas de construção de gráficos de controle para uma variedade de situações e fizemos recomendações sobre o planejamento de gráficos de controle. Nesta seção, apresentaremos o *comprimento médio da seqüência* (CMS) para um gráfico de controle. O CMS pode ser usado para verificar o desempenho do gráfico de controle ou para determinar os valores apropriados dos vários parâmetros para os gráficos de controle apresentados neste capítulo. O CMS é o número esperado de amostras extraídas antes que um gráfico de controle sinalize para uma situação de fora de controle. Em geral, o CMS é

$$\text{CMS} = \frac{1}{p},$$

em que p é a probabilidade de qualquer ponto exceder os limites de controle. Se o processo está sob controle e o gráfico de controle sinaliza fora de controle, dizemos que ocorreu um *falso alarme*. Para ilustrar, considere o gráfico de controle $\overline{X}$ com os limites-padrão de 3σ. Para essa situação, $p = 0{,}0027$ é a probabilidade de que um único ponto fique fora dos limites de controle quando o processo está sob controle. O CMS sob controle para o gráfico de controle $\overline{X}$ é

$$\text{CMS} = \frac{1}{p} = \frac{1}{0{,}0027} = 370.$$

Em outras palavras, mesmo que o processo permaneça sob controle devemos esperar, na média, um sinal de fora de controle (ou alarme falso) a cada 370 amostras. Em geral, se o processo está realmente sob controle desejamos um valor grande de CMS. Mais formalmente, podemos definir o CMS sob controle como

$$\text{CMS}_0 = \frac{1}{\alpha},$$

onde α é a probabilidade de que um ponto amostral se situe além do limite de controle.

Se, por outro lado, o processo está fora de controle, então é desejável um pequeno valor de CMS. Um pequeno valor de CMS indica que o gráfico de controle sinalizará fora de controle logo após a mudança no processo. O CMS de fora de controle é

$$\text{CMS}_1 = \frac{1}{1-\beta},$$

onde β é a probabilidade de não se detectar uma mudança na primeira amostra após a ocorrência da mudança. Para ilustrar, considere o gráfico de controle $\overline{X}$ com os limites 3σ. Suponha que o alvo ou o valor sob controle seja μ_0 e que o processo tenha mudado para uma média fora de controle de $\mu_1 = \mu_0 + k\sigma$. A probabilidade de não se detectar essa mudança é dada por

$$\beta = P[LIC \leq \overline{X} \leq LSC | \mu = \mu_1].$$

Isto é, β é a probabilidade de que a próxima amostra seja plotada sob controle, quando, de fato, o processo mudou para fora de controle. Como $\overline{X} \sim N(\mu, \sigma^2/n)$ e $LIC = \mu_0 - L\sigma/\sqrt{n}$ e $LSC = \mu_0 + L\sigma/\sqrt{n}$, podemos reescrever β como

$$\beta = P\left[\mu_0 - L\sigma/\sqrt{n} \leq \overline{X} \leq \mu_0 + L\sigma/\sqrt{n} \,\middle|\, \mu = \mu_1\right]$$

$$= P\left[\frac{(\mu_0 - L\sigma/\sqrt{n}) - \mu_1}{\sigma/\sqrt{n}} \leq \frac{\overline{X} - \mu_1}{\sigma/\sqrt{n}} \leq \frac{(\mu_0 + L\sigma/\sqrt{n}) - \mu_1}{\sigma/\sqrt{n}} \,\middle|\, \mu = \mu_1\right]$$

$$= P\left[\frac{(\mu_0 - L\sigma/\sqrt{n}) - (\mu_0 + k\sigma)}{\sigma/\sqrt{n}} \leq Z \leq \frac{(\mu_0 + L\sigma/\sqrt{n}) - (\mu_0 + k\sigma)}{\sigma/\sqrt{n}}\right]$$

$$= P\left[-L - k\sqrt{n} \leq Z \leq L - k\sqrt{n}\right],$$

em que Z é uma variável aleatória normal padronizada. Se denotarmos por Φ a função de distribuição acumulada da normal padronizada, então

$$\beta = \Phi\left(L - k\sqrt{n}\right) - \Phi\left(-L - k\sqrt{n}\right).$$

Daí, $1 - \beta$ é a probabilidade de que uma mudança no processo seja detectada na primeira amostra após a ocorrência da mudança. Isto é, o processo mudou e um ponto excede os limites de controle — sinalizando que o processo está fora de controle. Assim, CSM_1 é o número esperado de amostras observadas antes que seja detectada uma mudança.

Os CMSs têm sido usados para cálculo e planejamento de gráficos de controle para variáveis e para atributos. Para mais discussão sobre o uso dos CMS para esses gráficos, veja Montgomery (2001).

CMSs para os Gráficos de Controle CUSUM e MMEP

Antes, neste capítulo, apresentamos os gráficos de controle CUSUM e MMEP. O CMS pode ser usado para especificar alguns dos valores dos parâmetros necessários para o planejamento desses gráficos.

Para se implementar o gráfico de controle CUSUM tabular, devem-se escolher os valores do intervalo de decisão, H, e o valor de referência, K. Lembre que H e K são múltiplos do desvio-padrão do processo, especificamente $H = h\sigma$ e $K = k\sigma$, onde $k = 1/2$ é, em geral, usado como um padrão. A seleção adequada desses valores é importante. O CMS é um critério que pode ser usado para a determinação de H e K. Conforme dito antes, é desejável um grande valor de CMS quando o processo está sob controle. Assim, podemos colocar CMS_0 em um nível aceitável e determinar h e k de acordo. Além disso, gostaríamos que o gráfico de controle detectasse rapidamente uma mudança na média do processo. Isso exigiria valores de h e k tais que os valores de CMS_1 fossem muito pequenos. Para ilustrar, Montgomery (2001) fornece o CMS para o gráfico de controle CUSUM com $h = 5$ e $k = 1/2$. Esses valores são dados na Tabela 17-7. O comprimento médio da seqüência sob controle, CMS_0, é 465. Se é importante que uma pequena mudança, digamos $0,50\sigma$, seja detectada, então com $h = 5$ e $k = 1/2$ esperaríamos detectar essa mudança em 38 amostras (na média) após a mudança ter ocorrido. Hawkins (1993) apresenta uma tabela de valores de h e k que resultarão em um comprimento médio da seqüência sob controle de $CMS_0 = 370$. Os valores são reproduzidos na Tabela 17-8.

O planejamento do gráfico de controle MMEP pode, também, se basear nos CMSs. Lembre que os parâmetros do planejamento do gráfico de controle MMEP são o múltiplo do desvio-padrão, L, e o valor do fator de ponderação, λ. Os valores desses parâmetros podem ser escolhidos de modo que o desempenho do CMS dos gráficos de controle seja satisfatório.

Vários autores discutem o desempenho do CMS do gráfico de controle MMEP, incluindo Crowder (1987) e Lucas e Saccucci (1990). Lucas e Saccucci (1990) fornecem o desempenho do CMS para várias combinações de L e λ. Os resultados são reproduzidos na Tabela 17-9. Novamente, são desejáveis grandes valores do CMS sob controle e pequenos valores do CMS fora de controle. Para ilustrar, se são usados $L = 2,8$ e $\lambda = 0,10$, esperaríamos $CMS_0 \cong 500$, enquanto o CMS necessário para se detectar uma mudança de $0,5\sigma$ é $CMS_1 \cong 31,3$. Para detectar mudanças menores na média do processo, vê-se que devem ser usados pequenos valores de λ. Note que, para $L = 3,0$ e $\lambda = 1,0$, o MMEP se reduz ao gráfico de controle-padrão de Shewhart, com limites 3σ.

Tabela 17-7 Desempenho do CUSUM Tabular com $h = 5$ e $k = 1/2$

Mudança na média (múltiplo de σ)	0	0,25	0,50	0,75	1,00	1,50	2,00	2,50	3,00	4,00
CMS	465	139	38,0	17,0	10,4	5,75	4,01	3,11	2,57	2,01

Tabela 17-8 Valores de h e k que Resultam em $CMS_0 = 370$ (Hawkins 1993)

k	0,25	0,50	0,75	1,0	1,25	1,5
h	8,01	4,77	3,34	2,52	1,99	1,61

Tabela 17-9 CMSs para Vários Esquemas de Controle MMEP (Lucas e Saccucci 1990)

Mudança na Média (múltiplo de σ)	$L = 3,054$ $\lambda = 0,40$	$L = 2,998$ $\lambda = 0,25$	$L = 2,962$ $\lambda = 0,20$	$L = 2,814$ $\lambda = 0,10$	$L = 2,615$ $\lambda = 0,05$
0	500	500	500	500	500
0,25	224	170	150	106	84,1
0,50	71,2	48,2	41,8	31,3	28,8
0,75	28,4	20,1	18,2	15,9	16,4
1,00	14,3	11,1	10,5	10,3	11,4
1,50	5,9	5,5	5,5	6,1	7,1
2,00	3,5	3,6	3,7	4,4	5,2
2,50	2,5	2,7	2,9	3,4	4,2
3,00	2,0	2,3	2,4	2,9	3,5
4,00	1,4	1,7	1,9	2,2	2,7

Cuidados no Uso do CMS

Embora o CMS forneça informação valiosa para o planejamento e o cálculo de esquemas de controle, há vários inconvenientes em se confiar nos CMSs como um critério de decisão. Deve-se notar que o comprimento de seqüência segue uma distribuição geométrica, uma vez que representa o número de amostras anteriores à ocorrência de um "sucesso" (sucesso, aqui, é a ocorrência de um ponto fora dos limites de controle). Um inconveniente é que o desvio-padrão do comprimento da seqüência é muito grande. Em segundo lugar, pelo fato de o comprimento de seqüência seguir uma distribuição geométrica, a média da distribuição (CMS) pode não ser uma estimativa confiável do verdadeiro comprimento da seqüência.

17-3.7 Outras Ferramentas para a Solução de Problemas de CEP

Embora o gráfico de controle seja uma ferramenta poderosa para a investigação de causas de variação em um processo, ele é mais eficaz quando usado com outras ferramentas de resolução de problemas de CEP. Nesta seção ilustramos algumas dessas ferramentas, usando os dados sobre defeitos em placas de circuito impresso do Exemplo 17-5.

A Fig. 17-9 mostra um gráfico c para o número de defeitos em amostras de cinco placas de circuito impresso. O gráfico exibe controle estatístico, mas o número de defeitos deve ser reduzido, uma vez que o número médio de defeitos por placa é 8/5 = 1,6, e esse nível de defeitos exigiria extenso retrabalho.

O primeiro passo na resolução desse problema é a construção do *diagrama de Pareto* dos tipos individuais de defeitos. O diagrama de Pareto, mostrado na Fig. 17-13, indica que solda insuficiente e bolas de solda são os defeitos que ocorrem com maior freqüência, perfazendo (109/160)100 = 68% dos defeitos observados. Além disso, as primeiras cinco categorias de defeitos no gráfico de Pareto são todas de defeitos relacionados à solda. Isso aponta o processo de fluxo de solda como um candidato potencial para melhoria.

Para melhorar o processo de fluxo de solda, uma equipe composta por um operador do soldador, um supervisor de loja, um engenheiro de produção responsável pelo processo e um engenheiro da qualidade é formada para estudar as causas potenciais dos defeitos do soldador. Após a reunião, eles fazem o diagrama de causa e efeito mostrado na Fig. 17-14. O diagrama de causa e efeito é muito usado para mostrar claramente as várias causas potenciais de defeitos em produtos e suas inter-relações. É útil no resumo do conhecimento sobre o processo.

Como resultado da reunião, a equipe identifica as seguintes variáveis como potencialmente influentes na criação dos defeitos:

1. Gravidade específica do fluxo
2. Temperatura da solda
3. Velocidade da esteira
4. Ângulo da esteira
5. Altura da camada de solda
6. Temperatura de preaquecimento
7. Método de enchimento da bandeja

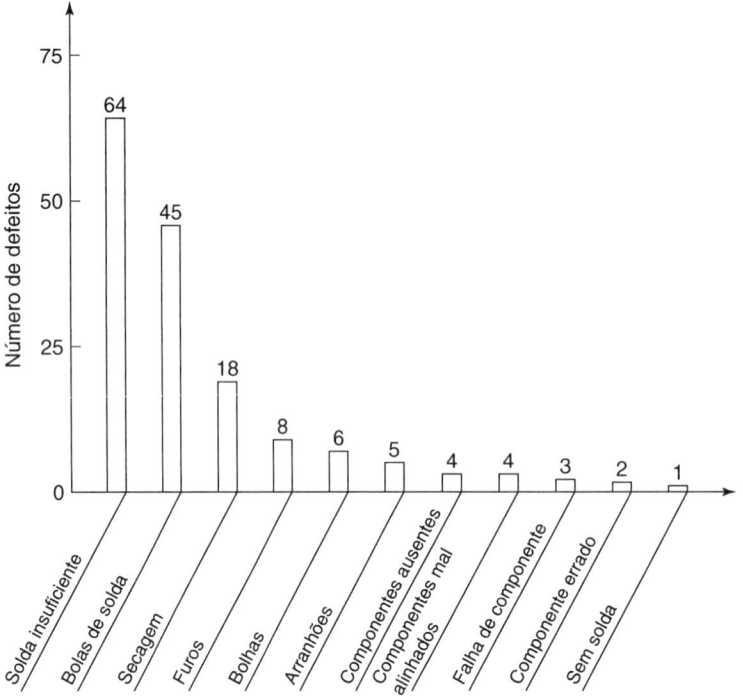

Figura 17-13 Diagrama de Pareto para os defeitos nas placas de circuito impresso.

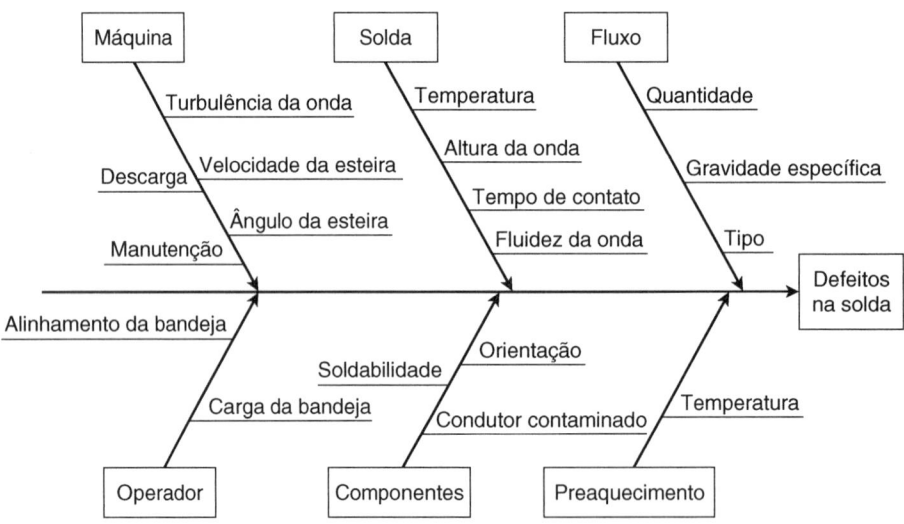

Figura 17-14 Diagrama de causa e efeito para o processo de soldagem de placas de circuito impresso.

Um *experimento estatisticamente planejado* poderia ser usado para estudar o efeito dessas sete variáveis sobre os defeitos de solda. A equipe construiu, também, um *diagrama de concentração de defeitos* para o produto. Um diagrama de concentração de defeitos é um esboço ou desenho do produto com os defeitos que ocorrem com maior freqüência mostrados sobre a parte. Esse diagrama é usado para se determinar se os defeitos ocorrem no mesmo local na parte. O diagrama de concentração de defeitos para a placa de circuito impresso é mostrado na Fig. 17-15. Esse diagrama indica que a maioria dos defeitos de solda insuficiente ocorre perto da borda frontal da placa, onde ocorre o contato inicial com a onda de solda. Investigação posterior mostrou que uma das bandejas usadas

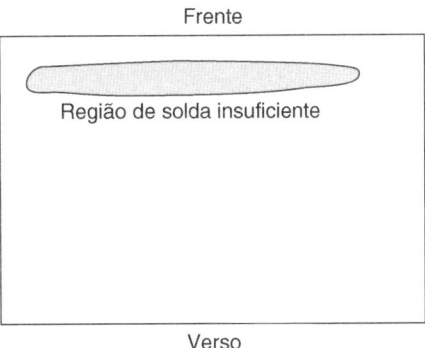

Figura 17-15 Diagrama de concentração de defeitos para uma placa de circuito impresso.

para carregar as placas através do fluxo estava empenada, fazendo com que a borda frontal da placa tivesse pouco contato com a onda de solda.

Quando a bandeja defeituosa foi substituída, usou-se o experimento planejado para investigar as sete variáveis discutidas anteriormente. Os resultados desse experimento indicaram que vários desses fatores eram influentes e poderiam ser ajustados para reduzir os defeitos de solda. Depois de implementados os resultados do experimento, a porcentagem de juntas de solda que exigiam retrabalho foi reduzida de 1% para menos de 100 partes por milhão (0,01%).

17-4 ENGENHARIA DA CONFIABILIDADE

Um dos mais desafiantes esforços das últimas três décadas tem sido o planejamento e o desenvolvimento de sistemas de larga escala para exploração do espaço, novas gerações de aeronaves comerciais e militares e produtos eletromecânicos complexos como copiadoras e computadores. O desempenho desses sistemas, e as conseqüências de suas falhas, são de fundamental importância. Por exemplo, a comunidade militar tem historicamente colocado forte ênfase na confiabilidade do equipamento. Essa ênfase surge, principalmente, em função das razões crescentes dos custos de manutenção para os custos de compra e das implicações estratégicas e táticas da falha do sistema. Na área do consumidor de produto manufaturado, alta confiabilidade passou a ser esperada tanto quanto conformidade com outras importantes características da qualidade.

A engenharia da confiabilidade engloba várias atividades, uma das quais é a modelagem da confiabilidade. Essencialmente, a probabilidade de sobrevivência do sistema é expressa como uma função das confiabilidades (probabilidades de sobrevivência) de um subsistema de componentes. Usualmente, esses modelos dependem do tempo, mas há algumas situações em que isso não ocorre. Uma segunda atividade importante é o teste de vida e a estimação de confiabilidade.

17-4.1 Definições Básicas de Confiabilidade

Consideremos um componente que acaba de ser manufaturado. Ele deve ser operado a um "nível de estresse" estabelecido ou dentro de alguma faixa de estresse tal como temperatura, choque e assim por diante. A variável aleatória T será definida como o tempo de falha, e a *confiabilidade* do componente (ou subsistema ou sistema) no tempo t é $R(t) = P[T > t]$. R é chamada de *função de confiabilidade*. O processo de falha é usualmente complexo, consistindo em pelo menos três tipos de falhas: falhas iniciais, falhas de desgaste e falhas que ocorrem entre estas. Uma distribuição composta hipotética do tempo de falha é mostrada na Fig. 17-16. Essa é uma distribuição mista, e

$$p(0) + \int_0^\infty g(t)dt = 1. \tag{17-25}$$

Como para muitos componentes (ou sistemas) as falhas iniciais ou as falhas do instante zero são removidas durante os testes, a variável aleatória T é condicionada para o evento $T > 0$, de modo que a densidade de falha é

$$f(t) = \frac{g(t)}{1 - p(0)}, \quad t > 0, \tag{17-26}$$
$$= 0 \qquad \text{caso contrário.}$$

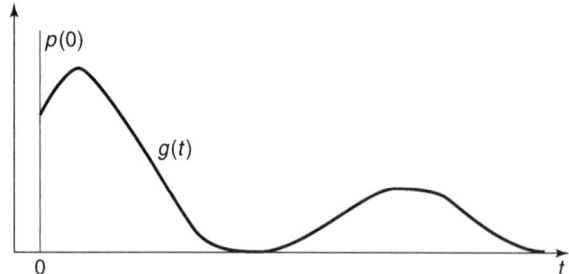

Figura 17-16 Uma distribuição de falha composta.

Assim, em termos de f, a função de confiabilidade, R, é

$$R(t) = 1 - F(t) = \int_t^\infty f(x)dx. \tag{17-27}$$

O termo *taxa de falha por intervalo* denota a taxa de falha em um intervalo de tempo particular $[t_1, t_2]$, e os termos *taxa de falha*, *taxa de falha instantânea* e *risco* serão usados como sinônimos à maneira de uma forma-limite da taxa de falha por intervalo quando $t_2 \to t_1$. A taxa de falha por intervalo $FR(t_1, t_2)$ é a seguinte:

$$TF(t_1, t_2) = \left[\frac{R(t_1) - R(t_2)}{R(t_1)}\right] \cdot \left[\frac{1}{t_2 - t_1}\right]. \tag{17-28}$$

O primeiro termo entre colchetes é simplesmente

$$P\{\text{Falha em } [t_1, t_2] | \text{Sobreviveu até tempo } t_1\}. \tag{17-29}$$

O segundo termo é para a característica dimensional, de modo que podemos expressar a probabilidade condicional da Equação 17-29 em base de tempo por unidade.

Desenvolveremos a taxa de falha instantânea (como função de t). Seja $h(t)$ a função de risco. Então

$$h(t) = \lim_{\Delta t \to 0} \frac{R(t) - R(t + \Delta t)}{R(t)} \frac{1}{\Delta t}$$

$$= -\lim_{\Delta t \to 0} \frac{R(t + \Delta t) - R(t)}{\Delta t} \cdot \frac{1}{R(t)},$$

ou

$$h(t) = \frac{-R'(t)}{R(t)} = \frac{f(t)}{R(t)}, \tag{17-30}$$

uma vez que $R(t) = 1 - F(t)$ e $-R'(t) = f(t)$. Uma função de risco típica é mostrada na Fig. 17-17. Note que $h(t) \cdot dt$ deve ser considerada a probabilidade instantânea de falha em t, dada a sobrevivência até t.

Um resultado útil é o de que a função de confiabilidade R pode ser facilmente expressa em termos de h como

$$R(t) = e^{-\int_0^t h(x)dx} = e^{-H(t)}, \tag{17-31}$$

onde

$$H(t) = \int_0^t h(x)dx.$$

A Equação 17-31 resulta da definição dada na Equação 17-30 e a integração de ambos os membros

$$\int_0^t h(x)dx = -\int_0^t \frac{R'(x)}{R(x)}dx = -\ln R(x)\bigg|_0^t,$$

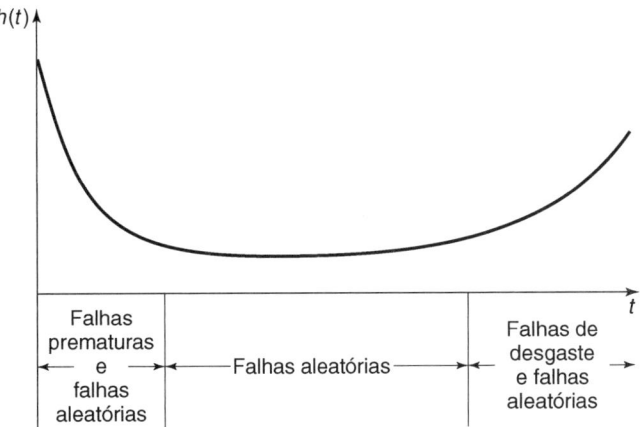

Figura 17-17 Uma função de risco típica.

de modo que

$$\int_0^t h(x)dx = -\ln R(t) + \ln R(0).$$

Como $F(0) = 0$, vemos que $\ln R(0) = 0$ e

$$e^{-\int_0^t h(x)dx} = e^{\ln R(t)} = R(t).$$

O tempo médio de falha (TMF) é

$$E[T] = \int_0^\infty t f(t)dt.$$

Uma forma alternativa útil é

$$E[T] = \int_0^\infty R(t)dt. \tag{17-32}$$

A maioria das modelagens de sistemas complexos supõe que apenas as falhas aleatórias dos componentes precisam ser consideradas. Isso é equivalente a dizer que a distribuição do tempo de falha é exponencial, isto é,

$$f(t) = \lambda e^{-\lambda t}, \qquad t \geq 0,$$
$$= 0, \qquad \text{caso contrário,}$$

de modo que

$$h(t) = \frac{f(t)}{R(t)} = \frac{\lambda e^{-\lambda t}}{e^{-\lambda t}} = \lambda$$

é uma constante. Quando todas as falhas iniciais tiverem sido removidas por *depuração* e o tempo para a ocorrência de falhas de desgaste for muito grande (assim como com partes eletrônicas), então essa hipótese é razoável.

A distribuição normal é mais geralmente usada para a modelagem de falhas de desgaste ou falhas de estresse (onde a variável aleatória sob estudo é o nível de estresse). Em situações em que a maioria das falhas é devida ao desgaste, a distribuição normal pode ser bem apropriada.

A distribuição lognormal tem sido considerada aplicável para a descrição do tempo de falha para alguns tipos de componentes, e a literatura parece indicar uma crescente utilização dessa densidade para esse propósito.

A distribuição de Weibull tem sido extensamente usada para representar o tempo de falha, e sua natureza é tal que pode ser bem aproximada ao fenômeno observado. Quando um sistema é composto de um número de componentes e a falha é devida ao mais sério de um grande número de defeitos ou possíveis defeitos, a distribuição de Weibull parece ser um modelo bastante bom.

A distribuição gama resulta, freqüentemente, da modelagem de redundância em espera, onde os componentes têm uma distribuição exponencial para o tempo de falha. Estudaremos a redundância em espera na Seção 17-4.5.

17-4.2 O Modelo Exponencial para o Tempo de Falha

Nesta seção admitimos que a distribuição do tempo de falha seja exponencial; isto é, apenas "falhas aleatórias" são consideradas. A densidade, a função de confiabilidade e a função de risco são dadas nas Equações 17-33 a 17-35 e mostradas na Fig. 17-18:

$$f(t) = \lambda e^{-\lambda t}, \quad t \geq 0,$$
$$= 0, \quad \text{caso contrário,} \tag{17-33}$$

$$R(t) = P[T > t] = e^{-\lambda t}, \quad t \geq 0,$$
$$= 0, \quad \text{caso contrário,} \tag{17-34}$$

$$h(t) = \frac{f(t)}{R(t)} = \lambda, \quad t \geq 0,$$
$$= 0, \quad \text{caso contrário.} \tag{17-35}$$

A função de risco constante tem a interpretação de que o processo de falha não tem memória; isto é,

$$P\{t \leq T \leq t + \Delta t | T > t\} = \frac{e^{-\lambda t} - e^{-\lambda(t+\Delta t)}}{e^{-\lambda t}} = 1 - e^{-\lambda \Delta t}, \tag{17-36}$$

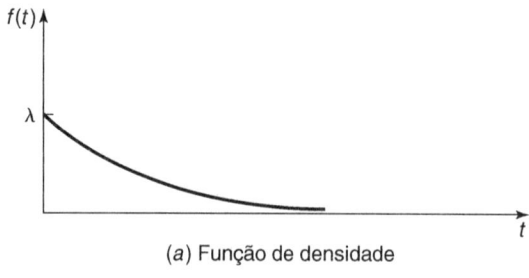

(a) Função de densidade

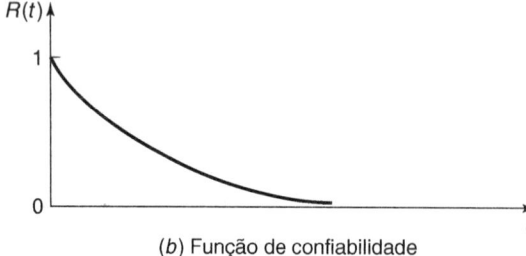

(b) Função de confiabilidade

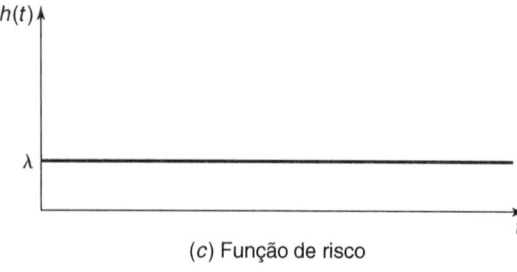

(c) Função de risco

Figura 17-18 Densidade, função de confiabilidade e função de risco para o modelo de falha exponencial.

uma quantidade que é independente de t. Assim, se um componente estiver funcionando no tempo t é tão bom quanto um novo. A vida restante tem a mesma densidade f.

Exemplo 17-9

Um diodo usado em uma placa de circuito impresso tem taxa de falha de $2,3 \times 10^{-8}$ falhas por hora. No entanto, sob o estresse de temperatura crescente sabe-se que a taxa é de cerca de $1,5 \times 10^{-5}$ falhas por hora. O tempo de falha é distribuído exponencialmente, de modo que temos

$$f(t) = (1,5 \times 10^{-5})e^{-(1,5 \times 10^{-5})t}, \qquad t \geq 0,$$
$$= 0, \qquad \text{caso contrário,}$$
$$R(t) = e^{-(1,5 \times 10^{-5})t}, \qquad t \geq 0,$$
$$= 0, \qquad \text{caso contrário,}$$

e

$$h(t) = 1,5 \times 10^{-5}, \qquad t \geq 0,$$
$$= 0, \qquad \text{caso contrário.}$$

Para determinar a confiabilidade em $t = 10^4$ e $t = 10^5$, calculamos $R(10^4) = e^{-1,5} = 0,86$ e $R(10^5) = e^{-1,5} = 0,223$.

17-4.3 Sistemas Seriais Simples

Um sistema serial simples é mostrado na Fig. 17-19. Para que o sistema funcione todos os componentes devem funcionar, e se supõe que os componentes funcionem *independentemente*. Sejam T_j o tempo de falha para o componente c_j, $j = 1, 2, ..., n$ e T o tempo de falha do sistema. O modelo de confiabilidade é, então,

$$R(t) = P[T > t] = P(T_1 > t) \cdot P(T_2 > t) \cdot \cdots \cdot P(T_n > t),$$

ou

$$R(t) = R_1(t) \cdot R_2(t) \cdot \cdots \cdot R_n(t), \qquad (17\text{-}37)$$

em que

$$P[T_j > t] = R_j(t).$$

Exemplo 17-10

Três componentes devem todos funcionar para que um sistema funcione. As variáveis aleatórias T_1, T_2 e T_3, que representam os tempos de falha para os componentes, são independentes, com as seguintes distribuições:

$$T_1 \sim N\left(2 \times 10^3,\ 4 \times 10^4\right),$$
$$T_2 \sim \text{Weibull}\left(\gamma = 0,\ \delta = 1,\ \beta = \frac{1}{7}\right),$$
$$T_3 \sim \text{lognormal}\left(\mu = 10,\ \sigma^2 = 4\right).$$

Segue que

$$R_1(t) = 1 - \Phi\left(\frac{t - 2 \times 10^3}{200}\right),$$
$$R_2(t) = e^{-t^{(1/7)}},$$
$$R_3(t) = 1 - \Phi\left(\frac{\ln t - 10}{2}\right),$$

Figura 17-19 Um sistema serial simples.

de modo que

$$R(t) = \left[1 - \Phi\left(\frac{t - 2\times 10^3}{200}\right)\right] \cdot \left[e^{-t^{(1/7)}}\right] \cdot \left[1 - \Phi\left(\frac{\ln t - 10}{2}\right)\right].$$

Por exemplo, se $t = 2187$ horas, então

$$R(2187) = [1 - \Phi(0{,}935)][e^{-3}][1 - \Phi(-1{,}154)]$$
$$= [0{,}175][0{,}0498][0{,}876]$$
$$\simeq 0{,}0076.$$

Para o sistema serial simples, a confiabilidade do sistema pode ser calculada com o uso do produto das funções de confiabilidade dos componentes, conforme demonstrado; no entanto, quando todos os componentes têm uma distribuição exponencial os cálculos são grandemente simplificados, pois

$$R(t) = e^{-\lambda_1 t} \cdot e^{-\lambda_2 t} \cdots e^{-\lambda_n t} = e^{-(\lambda_1 + \lambda_2 + \cdots + \lambda_n)t},$$

ou

$$R(t) = e^{-\lambda_s t}, \qquad (17\text{-}38)$$

em que $\lambda_s = \sum_{j=1}^{n} \lambda_j$ representa a *taxa de falha do sistema*. Notamos, também, que a função de confiabilidade do sistema é da mesma forma que as funções de confiabilidade dos componentes. A taxa de falha do sistema é simplesmente a soma das taxas de falha dos componentes, e isso torna a aplicação muito fácil.

Exemplo 17-11

Considere um circuito eletrônico com três aparelhos de circuito integrado, 12 diodos de silicone, 8 capacitores cerâmicos e 15 resistores de composição. Suponha que sob níveis de estresse de temperatura, choque e outros cada componente tenha taxas de falha conforme mostrado na tabela que segue, e que as falhas dos componentes sejam independentes.

	Falhas por Hora
Circuitos integrados	$1{,}3 \times 10^{-9}$
Diodos	$1{,}7 \times 10^{-7}$
Capacitores	$1{,}2 \times 10^{-7}$
Resistores	$6{,}1 \times 10^{-8}$

Portanto,

$$\lambda_s = 3(0{,}013 \times 10^{-7}) + 12(1{,}7 \times 10^{-7}) + 8(1{,}2 \times 10^{-7}) + 15(0{,}61 \times 10^{-7})$$
$$= 3{,}9189 \times 10^{-6},$$

e

$$R(t) = e^{-(3{,}9189 \times 10^{-6})t}.$$

O tempo médio de falha do circuito é

$$\text{TMF} = E[T] = \frac{1}{\lambda_s} = \frac{1}{3{,}9189} \times 10^6 = 2{,}55 \times 10^5 \text{ horas}.$$

Se desejarmos determinar, digamos, $R(10^4)$, obteremos $R(10^4) = e^{-0{,}039189} \simeq 0{,}96$.

17-4.4 Redundância Ativa Simples

Uma configuração redundante ativa é mostrada na Fig. 17-20. A montagem funciona se k ou mais componentes funcionam ($k \leq n$). Se todos os componentes estão em operação no instante zero usamos o termo "ativa" para descrever a redundância. Novamente, supõe-se a independência.

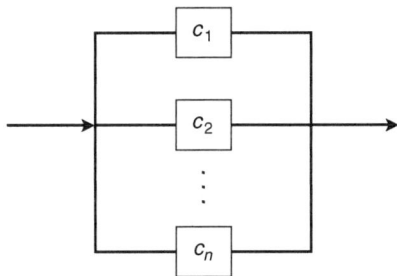

Figura 17-20 Uma configuração redundante ativa.

Não é conveniente trabalhar com uma formulação geral, e na maioria dos casos isso é desnecessário. Quando todos os componentes têm a mesma função de confiabilidade, como é o caso quando os componentes são todos do mesmo tipo, fazemos $R_j(t) = r(t)$ para $j = 1, 2, ..., n$, de modo que

$$R(t) = \sum_{x=k}^{n} \binom{n}{x} [r(t)]^x [1-r(t)]^{n-x}$$
$$= 1 - \sum_{x=0}^{k-1} \binom{n}{x} [r(t)]^x [1-r(t)]^{n-x}.$$
(17-39)

A Equação 17-39 é deduzida da definição de confiabilidade.

Exemplo 17-12

Três componentes idênticos são arranjados em redundância ativa, operando independentemente. Para que a montagem funcione, pelo menos dois dos componentes devem funcionar ($k = 2$). A função de confiabilidade para o sistema é, então,

$$R(t) = \sum_{x=2}^{3} \binom{3}{x} [r(t)]^x [1-r(t)]^{n-x}$$
$$= 3[r(t)]^2 [1-r(t)] + [r(t)]^3$$
$$= [r(t)]^2 [3 - 2r(t)].$$

Note que R é uma função do tempo t.

Quando se exige apenas um dos n componentes, como geralmente é o caso, e os componentes não são idênticos, obtemos

$$R(t) = 1 - \prod_{j=1}^{n} [1 - R_j(t)].$$
(17-40)

O produto é a probabilidade de que todos os componentes falhem e, obviamente, se eles não falham o sistema sobrevive. Quando os componentes são idênticos e apenas um é exigido, a Equação 17-40 se reduz a

$$R(t) = 1 - [1 - r(t)]^n,$$
(17-41)

em que $r(t) = R_j(t)$, $j = 1, 2, ..., n$.

Quando os componentes tiverem leis de falha exponenciais, consideraremos dois casos. Primeiro, quando os componentes são idênticos com taxa de falha λ e pelo menos k componentes são exigidos para que a montagem funcione, a Equação 17-39 se torna

$$R(t) = \sum_{x=k}^{n} \binom{n}{x} [e^{-\lambda t}]^x [1 - e^{-\lambda t}]^{n-x}.$$
(17-42)

O segundo caso se refere à situação em que os componentes têm densidades de falha exponenciais idênticas e apenas um componente deve funcionar para que a montagem funcione. Usando a Equação 17-41, obtemos

$$R(t) = 1 - [1 - e^{-\lambda t}]^n. \tag{17-43}$$

Exemplo 17-13

No Exemplo 17-12, onde três componentes idênticos foram arranjados em redundância ativa e pelo menos dois eram exigidos para a operação do sistema, obtivemos

$$R(t) = [r(t)]^2[3 - 2r(t)].$$

Se as funções de confiabilidade dos componentes são

$$r(t) = e^{-\lambda t},$$

então

$$R(t) = e^{-2\lambda t}[3 - 2e^{-\lambda t}]$$
$$= 3e^{-2\lambda t} - 2e^{-3\lambda t}.$$

Se dois componentes são arranjados em uma redundância ativa, conforme descrito, e apenas um deve funcionar para que a montagem funcione e se, além disso, as densidades dos tempos de falha são exponenciais com taxa de falha λ, então pela Equação 17-42 obtemos

$$R(t) = 1 - [1 - e^{-\lambda t}]^2 = 2e^{-\lambda t} - e^{-2\lambda t}.$$

17-4.5 Redundância em Espera

Uma forma comum de redundância, chamada redundância em espera, é mostrada na Fig. 17-21. A unidade rotulada TD é uma tecla de decisão, que admitiremos ter confiabilidade 1 para todo t. As regras de operação são as seguintes. O componente 1 está inicialmente "ativado", e quando esse componente falha a tecla de decisão liga o componente 2, que permanece ligado até que falhe. As unidades em espera não estão sujeitas a falhas até serem ativadas. O tempo de falha para a montagem é

$$T = T_1 + T_2 + \cdots + T_n,$$

em que T_i é o tempo de falha para o i-ésimo componente e $T_1, T_2, ..., T_n$ são variáveis aleatórias independentes. O valor mais comum para n, na prática, é dois, de modo que o Teorema Central do Limite é de pouca valia. No entanto, sabemos, pela propriedade das combinações lineares, que

$$E[T] = \sum_{i=1}^{n} E(T_i)$$

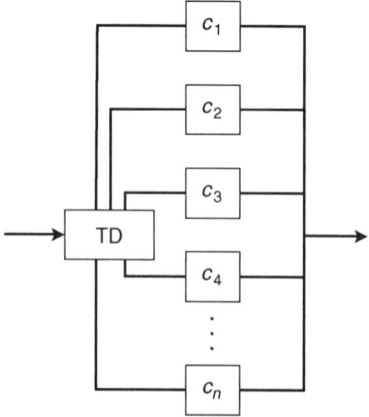

Figura 17-21 Redundância em espera.

e

$$V[T] = \sum_{i=1}^{n} V(T_i).$$

Devemos conhecer as distribuições das variáveis aleatórias T_i para encontrar a distribuição de T. O caso mais comum ocorre quando os componentes são idênticos e se admite que as distribuições dos tempos de falha sejam exponenciais. Nesse caso, T tem uma distribuição gama

$$f(t) = \frac{\lambda}{(n-1)!}(\lambda t)^{n-1} e^{-\lambda t}, \quad t > 0,$$
$$= 0 \quad \text{caso contrário,}$$

de modo que a função de confiabilidade é

$$R(t) = \sum_{k=0}^{n-1} e^{-\lambda t} (\lambda t)^k / k!, \quad t > 0. \tag{17-44}$$

O parâmetro λ é a taxa de falha do componente; isto é, $E(T_i) = 1/\lambda$. O tempo médio de falha e a variância são

$$\text{TMF} = E[T] = n/\lambda \tag{17-45}$$

e

$$V[T] = n/\lambda^2, \tag{17-46}$$

respectivamente.

Exemplo 17-14

Dois componentes idênticos são mostrados em uma configuração de redundância em espera com mudança perfeita. As vidas dos componentes são variáveis aleatórias independentes, distribuídas identicamente, tendo distribuição exponencial com taxa de falha de 100^{-1}. O tempo médio de falha é

$$\text{TMF} = 2/100^{-1} = 200$$

e a variância é

$$V[T] = 2/(100^{-1})^2 = 20.000.$$

A função de confiabilidade, R, é

$$R(t) = \sum_{k=0}^{1} e^{-t/100} (-t/100)^k / k!,$$

ou

$$R(t) = e^{-t/100}[1 + t/100].$$

17-4.6 Teste de Vida

Os testes de vida são conduzidos com diferentes propósitos. Algumas vezes, n unidades são colocadas em teste e usadas até que todas, ou a maioria, falhe; o objetivo é o teste da hipótese sobre a forma da densidade do tempo de falha com certos parâmetros. Tanto os testes estatísticos formais quanto os gráficos de probabilidades são amplamente usados nos testes de vida.

Um segundo objetivo nos testes de vida é estimar a confiabilidade. Suponha, por exemplo, que um fabricante esteja interessado em estimar $R(100)$ para um componente ou sistema particular. Uma abordagem para esse problema seria colocar n unidades em teste e contar o número de falhas, r, ocorridas antes de 1000 horas de operação. As unidades que falham não devem ser substituídas, nesse exemplo. Uma estimativa da não-confiabilidade é $\hat{p} = r/n$, e uma estimativa da confiabilidade é

$$\hat{R}(1000) = 1 - \frac{r}{n}. \tag{17-47}$$

Um limite inferior de confiança de 100(1 − α)% de confiança para R(100) é dado por [1− limite superior para p], em que p é a não-confiabilidade. Esse limite superior para p pode ser determinado com o uso da tabela da distribuição binomial. No caso em que n é grande, uma estimativa do limite superior para p é

$$\hat{p} + Z_{1-\alpha} \sqrt{\frac{\hat{p}(1-\hat{p})}{n}}. \tag{17-48}$$

Exemplo 17-15

Cem unidades são colocadas em teste de vida, que é rodado por 1000 horas. Há duas falhas durante o teste, de modo que $\hat{p} = 0,02$ e $\hat{R}(100) = 0,98$. Usando-se uma tabela da distribuição binomial, um limite superior de confiança de 95% de confiança para p é 0,06, de modo que um limite inferior para R(100) é dado por 0,94.

Recentemente, tem havido muito trabalho na análise dos dados do tempo de falha, incluindo métodos gráficos para identificação de modelos de tempo de falha apropriados e estimação de parâmetros. Para um bom resumo desse trabalho, consulte Elsayed (1996).

17-4.7 Estimação da Confiabilidade com Distribuição do Tempo de Falha Conhecida

No caso em que se supõe conhecida a forma da função de confiabilidade e há apenas um parâmetro, o estimador de máxima verossimilhança para R(t) é $\hat{R}(t)$, que se obtém pela substituição de θ por $\hat{\theta}$ na expressão para R(t), onde $\hat{\theta}$ é o estimador de máxima verossimilhança para θ. Para mais detalhes e resultados para distribuições de tempo de falha específicas, consulte Elsayed (1996).

17-4.8 Estimação com Distribuição Exponencial do Tempo de Falha

O caso mais comum para a situação de um parâmetro é aquele em que a distribuição do tempo de falha é exponencial, $R(t) = e^{-t/\theta}$. O parâmetro $\theta = E[T]$ é chamado de tempo médio de falha, e o estimador para R é $\hat{R}(t)$, onde

$$\hat{R}(t) = e^{-t/\hat{\theta}}$$

e $\hat{\theta}$ é o estimador de máxima verossimilhança de θ.

Epstein (1960) desenvolveu estimadores de máxima verossimilhança para θ sob um número diferente de condições e, além disso, mostrou que um intervalo de confiança de 100(1 − α)% de confiança para R(t) é dado por

$$[e^{-t/\hat{\theta}_I}, e^{-t/\hat{\theta}_S}], \tag{17-49}$$

para o caso bilateral, ou

$$[e^{-t/\hat{\theta}_I}, 1] \tag{17-50}$$

para o intervalo unilateral inferior. Nesses casos, os valores $\hat{\theta}_I$ e $\hat{\theta}_S$ são os limites de confiança inferior e superior para θ.

Serão usados os seguintes símbolos:

- n = número de unidades colocadas em teste em $t = 0$.
- Q = tempo total de teste em unidades de hora.
- t^* = tempo no qual o teste termina.
- r = número de falhas acumuladas no tempo t.
- r^* = número preestabelecido de falhas.

$1 - \alpha$ = nível de confiança.
$\chi^2_{\alpha, k}$ = o ponto percentual α superior da distribuição qui-quadrado com k graus de liberdade.

Há quatro situações a serem consideradas, de acordo com a interrupção de teste se dar após um tempo preestabelecido ou após um número preestabelecido de falhas, e de acordo com a substituição, ou não, durante o teste, dos itens defeituosos.

Para o teste com reposição, o tempo total de teste em horas é $Q = nt^*$, e para o teste sem reposição

$$Q = \sum_{i=1}^{r} t_i + (n-r)t^*. \qquad (17\text{-}51)$$

Se itens são censurados (itens retirados que não falharam) e se as falhas são substituídas enquanto os itens censurados não o são, então

$$Q = \sum_{j=1}^{c} t_j + (n-c)t^*, \qquad (17\text{-}52)$$

onde c representa o número de itens censurados e t_j é o tempo da j-ésima censura. Se nem os itens censurados e nem os itens com falhas são substituídos, então

$$Q = \sum_{i=1}^{r} t_i + \sum_{j=1}^{c} t_j + (n-r-c)t^*. \qquad (17\text{-}53)$$

O desenvolvimento de estimadores de máxima verossimilhança para θ é razoavelmente direto. No caso em que o teste é sem reposição e o teste é interrompido após a falha de um número fixo de itens, a função de verossimilhança é

$$L = \prod_{i=1}^{r} f(t_i) \cdot \prod_{i=r}^{n} R(t^*) \qquad (17\text{-}54)$$

$$= \frac{1}{\theta^r} e^{-(1/\theta) \sum_{i=1}^{r} t_i} \cdot e^{-(n-r)t^*/\theta}.$$

Então,

$$l = \ln L = -r \ln \theta - \frac{1}{\theta} \sum_{i=1}^{r} t_i - (n-r)t^*/\theta$$

e, resolvendo $(\partial l/\partial \theta) = 0$, resulta no estimador

$$\hat{\theta} = \frac{\sum_{i=1}^{r} t_i + (n-r)t^*}{r} = \frac{Q}{r}. \qquad (17\text{-}55)$$

Acontece que

$$\hat{\theta} = Q/r \qquad (17\text{-}56)$$

é o estimador de máxima verossimilhança de θ para todos os casos considerados para o planejamento e operação do teste.

A quantidade $2r\hat{\theta}/\theta$ tem uma distribuição qui-quadrado com $2r$ graus de liberdade no caso em que o teste é interrompido após um número fixo de falhas. Para um tempo fixo t^* para término, os graus de liberdade se tornam $2r + 2$.

Como a expressão $2r\hat{\theta}/\theta = 2Q/\theta$, os limites de confiança para θ podem ser expressos conforme indicado na Tabela 17-10. Os resultados apresentados na tabela podem ser usados diretamente com as Equações 17-49 e 17-50 para o estabelecimento dos limites de confiança para $R(t)$. Deve-se notar que esse procedimento de teste não exige que o teste seja rodado no instante para o qual se pede uma estimativa de confiabilidade. Por exemplo, 100 unidades são colocadas em teste sem reposição por 200 horas, o parâmetro θ é estimado e $\hat{R}(1000)$ é estimado. No caso do teste binomial mencionado anteriormente, teria sido necessário rodar o teste por 1000 horas.

Tabela 17-10 Limites de Confiança para θ

Natureza do Limite	Número Fixo de Falhas, r^*	Tempo de Término Fixo, t^*
Limites bilaterais	$\left[\dfrac{2Q}{\chi^2_{\alpha/2,2r}}, \dfrac{2Q}{\chi^2_{1-\alpha/2,2r}}\right]$	$\left[\dfrac{2Q}{\chi^2_{\alpha/2,2r+2}}, \dfrac{2Q}{\chi^2_{1-\alpha/2,2r+2}}\right]$
Limite unilateral inferior	$\left[\dfrac{2Q}{\chi^2_{\alpha,2r}}, \infty\right]$	$\left[\dfrac{2Q}{\chi^2_{\alpha,2r+2}}, \infty\right]$

Os resultados são, no entanto, dependentes da hipótese de que a distribuição seja exponencial.

Algumas vezes é necessário estimar o tempo t_R para o qual a confiabilidade será R. Para o modelo exponencial, essa estimativa é

$$\hat{t}_R = \hat{\theta} \cdot \ln\frac{1}{R} \tag{17-57}$$

e os limites de confiança para t_R são dados na Tabela 17-11.

Exemplo 17-16

Vinte itens são colocados em um teste com reposição que deve ser operado até que ocorram 10 falhas. A décima falha ocorre em 80 horas, e a engenheira da confiabilidade deseja estimar o tempo médio de falha, os limites bilaterais de 95% para θ, $R(100)$, e limites bilaterais de 95% para $R(100)$. Finalmente, ela quer a estimativa pontual para o tempo no qual a confiabilidade será 0,8 e o respectivo intervalo bilateral de confiança de 95% de confiança.

De acordo com a Equação 17-56 e os resultados apresentados nas Tabelas 17-10 e 17-11,

$$\hat{\theta} = \frac{nt^*}{r} = \frac{20(80)}{10} = 160 \text{ horas,}$$

$$Q = nt^* = 1600 \text{ unidades horas,}$$

$$\left[\frac{2Q}{\chi^2_{0,025;20}}, \frac{2Q}{\chi^2_{0,975;20}}\right] = \left[\frac{3200}{34,17}, \frac{3200}{9,591}\right]$$

$$= [93,65; 333,65],$$

$$\hat{R}(100) = e^{-100/\hat{\theta}} = e^{-100/160} = 0,535.$$

De acordo com a Equação 17-49, o intervalo de confiança para $R(100)$ é

$$[e^{-100/93,65}, e^{-100/333,65}] = [0,344; 0,741].$$

Também

$$\hat{t}_{0,80} = \hat{\theta}\ln\frac{1}{R} = 160\ln\frac{1}{0,8} = 35,70 \text{ horas.}$$

Os limites de confiança bilaterais de 95% de confiança são determinados pela Tabela 17-11 como

$$\left[\frac{2(1600)(0,223)}{34,17}, \frac{2(1600)(0,223)}{9,591}\right] = [20,9; 74,45].$$

Tabela 17-11 Limites de Confiança para t_R

Natureza do Limite	Número Fixo de Falhas, r^*	Tempo de Término Fixo, t^*
Limites bilaterais	$\left[\dfrac{2Q\ln(1/R)}{\chi^2_{\alpha/2,2r}}, \dfrac{2Q\ln(1/R)}{\chi^2_{1-\alpha/2,2r}}\right]$	$\left[\dfrac{2Q\ln(1/R)}{\chi^2_{\alpha/2,2r+2}}, \dfrac{2Q\ln(1/R)}{\chi^2_{1-\alpha/2,2r+2}}\right]$
Limite unilateral inferior	$\left[\dfrac{2Q\ln L(1/R)}{\chi^2_{\alpha,2r}}, \infty\right]$	$\left[\dfrac{2Q\ln(1/R)}{\chi^2_{\alpha,2r-2}}, \infty\right]$

17-4.9 Testes de Demonstração e de Aceitação

Não é incomum que um comprador faça testes de produtos que chegam para garantir que eles estejam de acordo com as especificações de confiabilidade. Esses testes são testes destrutivos e, no caso de medida de atributo, o planejamento do teste segue aquele da amostragem de aceitação discutido anteriormente neste capítulo.

Um conjunto especial de planos de amostragem, que supõe uma distribuição exponencial do tempo de falha, foi apresentado em um manual do Departamento de Defesa (DOD H-108), e esses planos estão em uso.

17-5 RESUMO

Este capítulo apresentou vários métodos largamente usados para o controle estatístico da qualidade. Os gráficos de controle foram introduzidos e discutiu-se seu uso como instrumentos de supervisão do processo. Os gráficos de controle $\overline{X}$ e R são usados para dados de medidas. Quando a característica da qualidade é um atributo, pode-se usar o gráfico p para a fração de defeituosos ou os gráficos c ou u para defeitos.

Discutiu-se, também, o uso da probabilidade como uma técnica de modelagem na análise da confiabilidade. A distribuição exponencial é amplamente usada como a distribuição do tempo de falha, embora outros modelos plausíveis incluam as distribuições normal, lognormal, Weibull e gama. Os métodos de análise da confiabilidade de sistemas foram apresentados para sistemas seriais, bem como para sistemas que têm redundância ativa ou em espera. Foram introduzidos brevemente, também, os testes de vida e a estimação da confiabilidade.

17-6 EXERCÍCIOS

17-1. Uma matriz de ejeção é usada para a fabricação de hastes de alumínio. O diâmetro das hastes é uma característica crítica da qualidade. A seguir, são mostrados valores de $\overline{X}$ e R para 20 amostras de cinco hastes cada. As especificações sobre as hastes são 0,5035 ± 0,0010 polegada. Os valores apresentados são os três últimos dígitos das medidas; isto é, 34,2 é lido como 0,50342.

Amostra	$\overline{X}$	R	Amostra	$\overline{X}$	R
1	34,2	3	11	35,4	8
2	31,6	4	12	34,0	6
3	31,8	4	13	36,0	4
4	33,4	5	14	37,2	7
5	35,0	4	15	35,2	3
6	32,1	2	16	33,4	10
7	32,6	7	17	35,0	4
8	33,8	9	18	34,4	7
9	34,8	10	19	33,9	8
10	38,6	4	20	34,0	4

(a) Estabeleça gráficos $\overline{X}$ e R, revisando os limites de controle experimentais, admitindo que se possam encontrar causas atribuíveis.
(b) Calcule RCP e RCP_k. Interprete essas razões.
(c) Qual a porcentagem de defeituosos produzida por esse processo?

17-2. Suponha que um processo esteja sob controle e que estejam sendo usados os limites de controle 3-sigma no gráfico $\overline{X}$. Deixe que a média sofra uma mudança de $1,5\sigma$. Qual é a probabilidade de que essa mudança permaneça não-detectada por três amostras consecutivas? Qual seria essa probabilidade se estivessem sendo usados os limites de controle 2-sigma? O tamanho amostral é 4.

17-3. Suponha que um gráfico $\overline{X}$ seja usado para controlar um processo distribuído normalmente e que amostras de tamanho n sejam extraídas a cada h horas e plotadas em um gráfico, que tem limites de k sigmas.
(a) Ache o número esperado de amostras que serão extraídas até que um sinal de ação falsa seja gerado. Isso é chamado de comprimento médio de seqüência (CMS) sob controle.
(b) Suponha que o processo mude para um estado fora de controle. Ache o número esperado de amostras que serão extraídas até que um sinal de ação falsa seja gerado. Esse é o CMS fora de controle.
(c) Calcule o CMS sob controle para $k = 3$. Como isso se altera se $k = 2$? O que você acha dos limites 2-sigma na prática?
(d) Calcule o CMS fora de controle para uma mudança de um sigma, dado que $n = 5$.

17-4. Vinte e cinco amostras de tamanho 5 são extraídas de um processo a intervalos regulares, obtendo-se os seguintes dados:

$$\sum_{i=1}^{25} \overline{X}_i = 362{,}75, \qquad \sum_{i=1}^{25} R_i = 8{,}60.$$

(a) Calcule os limites de controle para os gráficos $\overline{X}$ e R.
(b) Supondo que o processo esteja sob controle e que os limites de especificação sejam 14,50 ± 0,50, que conclusões se pode tirar sobre a capacidade de o processo operar dentro desses limites? Estime a porcentagem de itens defeituosos que serão produzidos.
(c) Calcule RCP e RCP_k. Interprete essas razões.

17-5. Suponha que um gráfico $\overline{X}$ para um processo esteja sob controle, com limites 3-sigma. Amostras de tamanho 5 são extraídas a cada 15 minutos, no quarto da hora. Suponha, agora, que a média do processo mude para fora de controle por $1,5\sigma$ 10 minutos após a hora.

Se D é o número esperado de defeituosos produzidos por quarto de hora nesse estado de fora de controle, ache a perda esperada (em termos de unidades defeituosas) que resulta desse procedimento fora de controle.

17-6. O comprimento total do corpo de um isqueiro usado em um automóvel é controlado através de gráficos $\overline{X}$ e R. A tabela seguinte dá os comprimentos para 20 amostras de tamanho 4 (medições são codificadas de 5,00 mm; isto é, 15 é 5,15 mm).

Amostra	Observação			
	1	2	3	4
1	15	10	8	9
2	14	14	10	6
3	9	10	9	11
4	8	6	9	13
5	14	8	9	12
6	9	10	7	13
7	15	10	12	12
8	14	16	11	10
9	11	7	16	10
10	11	14	11	12
11	13	8	9	5
12	10	15	8	10
13	8	12	14	9
14	15	12	14	6
15	13	16	9	5
16	14	8	8	12
17	8	10	16	9
18	8	14	10	9
19	13	15	10	8
20	9	7	15	8

(a) Estabeleça gráficos $\overline{X}$ e R. O processo está sob controle estatístico?
(b) As especificações são 5,10 ± 0,50 mm. O que se pode dizer sobre a capacidade do processo?

17-7. Montgomery (2001) apresenta 30 observações da espessura do óxido de pastilhas individuais de silício. Os dados são

Pastilha	Espessura do Óxido	Pastilha	Espessura do Óxido
1	45,4	16	58,4
2	48,6	17	51,0
3	49,5	18	41,2
4	44,0	19	47,1
5	50,9	20	45,7
6	55,2	21	60,6
7	45,5	22	51,0
8	52,8	23	53,0
9	45,3	24	56,0
10	46,3	25	47,2
11	53,9	26	48,0
12	49,8	27	55,9
13	46,9	28	50,0
14	49,8	29	47,9
15	45,1	30	53,4

(a) Construa um gráfico de probabilidade normal para os dados. A hipótese de normalidade parece razoável?
(b) Estabeleça o gráfico de controle para observações individuais para a espessura do óxido. Interprete o gráfico.

17-8. Usa-se uma máquina para encher garrafas com uma marca particular de óleo vegetal. Uma única garrafa é selecionada aleatoriamente e registra-se o peso da garrafa. A experiência com o processo indica que a variabilidade é bastante estável, com $\sigma = 0,07$ oz. O alvo do processo é 32 oz. Vinte e quatro amostras foram registradas em um período de 12 horas, com os resultados dados a seguir.

Número da Amostra	x	Número da Amostra	x
1	32,03	13	31,97
2	31,98	14	32,01
3	32,02	15	31,93
4	31,85	16	32,09
5	31,91	17	31,96
6	32,09	18	31,88
7	31,98	19	31,82
8	32,03	20	31,92
9	31,98	21	31,81
10	31,91	22	31,95
11	32,01	23	31,97
12	32,12	24	31,94

(a) Construa um gráfico de probabilidade normal para os dados. A hipótese de normalidade parece ser satisfeita?
(b) Estabeleça um gráfico de controle para observações individuais para os pesos. Interprete os resultados.

17-9. A seguir, apresentamos os números de juntas de solda defeituosas encontradas em amostras sucessivas de 500 juntas de solda.

Dia	Número de Defeituosos	Dia	Número de Defeituosos
1	106	11	42
2	116	12	37
3	164	13	25
4	89	14	88
5	99	15	101
6	40	16	64
7	112	17	51
8	36	18	74
9	69	19	71
10	74	20	43
—	—	21	80

Construa um gráfico de controle para a fração de defeituosos. O processo está sob controle?

17-10. Um processo é controlado por um gráfico p, usando-se amostras de tamanho 100. A linha central no gráfico está em 0,05. Qual é a probabilidade de que o gráfico de controle detecte uma mudança para 0,08 na primeira amostra após a mudança? Qual é a probabilidade de que a mudança seja detectada, pelo menos, na terceira amostra após a mudança?

17-11. Suponha que um gráfico p, com linha central em $\overline{p}$, com k unidades de sigma, seja usado para controlar um processo. Há uma fração crítica de defeituosos p_c que deve ser detectada com probabilidade 0,50 na primeira amostra em seguida à mudança para esse estado. Deduza uma fórmula geral para o tamanho da amostra a ser usado nesse gráfico.

17-12. Um processo distribuído normalmente usa 66,7% da faixa de especificação. Está centrado na dimensão nominal, localizada a meio caminho entre os limites superior e inferior de especificação.
(a) Qual é a razão de capacidade do processo, RCP?
(b) Qual nível de falhas (fração de defeituosos) é produzido?
(c) Suponha que a média mude para uma distância exatamente a 3 desvios-padrão abaixo do limite superior de especificação. Qual é o valor de RCP_k? Como mudou a RCP?
(d) Qual é a falha real experimentada após a mudança na média?

17-13. Considere um processo em que as especificações sobre uma característica da qualidade são 100 ± 15. Sabemos que o desvio-padrão dessa característica da qualidade é 5. Onde devemos centrar o processo para minimizar a fração de defeituosos produzidos? Suponha, agora, que a média mude para 105 e que estejamos usando um tamanho amostral de 4 em um gráfico $\bar{X}$. Qual é a probabilidade de que tal mudança seja detectada na primeira amostra após a mudança? Que tamanho amostral seria necessário em um gráfico p para se obter um grau similar de proteção?

17-14. Suponha que as seguintes frações de defeituosos tenham sido encontradas em amostras sucessivas de tamanho 100 (leia de cima para baixo):

0,09	0,03	0,12
0,10	0,05	0,14
0,13	0,13	0,06
0,08	0,10	0,05
0,14	0,14	0,14
0,09	0,07	0,11
0,10	0,06	0,09
0,15	0,09	0,13
0,13	0,08	0,12
0,06	0,11	0,09

O processo está sob controle em relação a sua fração de defeituosos?

17-15. Os dados seguintes representam o número de defeitos de solda observados em 24 amostras de cinco placas de circuito impresso: 7, 6, 8, 10, 24, 6, 5, 4, 8, 11, 15, 8, 4, 16, 11, 12, 8, 6, 5, 9, 7, 14, 8, 21. Podemos concluir que o processo esteja sob controle usando um gráfico c? Se não, suponha que se possam encontrar causas atribuíveis e revise os limites de controle.

17-16. Os números seguintes representam as quantidades de defeitos por 1000 pés em um fio coberto por borracha: 1, 1, 3, 7, 8, 10, 5, 13, 0, 19, 24, 6, 9, 11, 15, 8, 3, 6, 7, 4, 9, 20, 11, 7, 18, 10, 6, 4, 0, 9, 7, 3, 1, 8, 12. Os dados provêm de um processo sob controle?

17-17. Suponha que o número de defeitos em uma unidade seja conhecido, 8. Se o número de defeitos em uma unidade muda para 16, qual é a probabilidade de que essa mudança seja detectada por um gráfico c na primeira amostra em seguida à mudança?

17-18. Suponha que estejamos inspecionando *drives* de disco em relação a defeitos por unidade, e se saiba que há uma média de dois defeitos por unidade. Decidimos fazer nossa unidade de inspeção para o gráfico c com cinco *drives* de disco, e controlamos o número total de defeitos por unidade de inspeção. Descreva o novo gráfico de controle.

17-19. Considere os dados do Exercício 17-15. Estabeleça um gráfico u para esse processo. Compare-o com o gráfico c do Exercício 17-15.

17-20. Considere os dados sobre a espessura do óxido apresentados no Exercício 17-7. Estabeleça um gráfico de controle MMEP com $\lambda = 0{,}20$ e $L = 2{,}962$. Interprete o gráfico.

17-21. Considere os dados sobre espessura do óxido apresentados no Exercício 17-7. Construa um gráfico de controle CUSUM com $k = 0{,}75$ e $h = 3{,}34$ se a espessura-alvo é 50. Interprete o gráfico.

17-22. Considere os pesos dados no Exercício 17-8. Estabeleça um gráfico de controle MMEP com $\lambda = 0{,}10$ e $L = 2{,}7$. Interprete o gráfico.

17-23. Considere os pesos dados no Exercício 17-8. Estabeleça um gráfico de controle CUSUM com $k = 0{,}50$ e $h = 4{,}0$. Interprete o gráfico.

17-24. Uma distribuição de tempo de falha é dada por uma distribuição uniforme:

$$f(t) = \frac{1}{\beta - \alpha}, \qquad \alpha \leq t \leq \beta,$$
$$= 0 \qquad \text{caso contrário.}$$

(a) Determine a função de confiabilidade.
(b) Mostre que

$$\int_0^\infty R(t)dt = \int_0^\infty tf(t)dt.$$

(c) Determine a função de risco.
(d) Mostre que

$$R(t) = e^{-H(t)},$$

em que H é definido como na Equação 17-31.

17-25. Três unidades que operam e falham independentemente formam uma configuração em série, conforme mostra a figura.

→ $\lambda_1 = 3 \times 10^{-2}$ → $\lambda_2 = 6 \times 10^{-3}$ → $\lambda_3 = 4 \times 10^{-2}$ →

A distribuição do tempo e falha para cada unidade é exponencial, com as taxas de falha indicadas.
(a) Ache R(60) para o sistema.
(b) Qual é o tempo médio de falha (TMF) para esse sistema?

17-26. Cinco unidades idênticas são arranjadas em uma redundância ativa para formar um subsistema. As falhas das unidades são independentes, e pelo menos duas das unidades devem sobreviver a 1000 horas para que o subsistema realize sua missão.
(a) Se as unidades têm distribuição exponencial do tempo de falha, com taxa de falha 0,002, qual é a confiabilidade do subsistema?
(b) Qual é a confiabilidade se se exige a sobrevivência de apenas uma das unidades?

17-27. Se as unidades descritas no exercício anterior são operadas sob redundância em espera, com uma tecla de decisão perfeita, e se exige apenas uma unidade para a sobrevivência do sistema, determine a confiabilidade do subsistema.

17-28. Cem unidades são colocadas em teste e envelhecidas até que todas as unidades falhem. Obtém-se os seguintes resultados, e calcula-se uma vida média de $\bar{t} = 160$ horas a partir dos dados seriais.

Intervalo de Tempo	Número de Falhas
0-100	50
100-200	18
200-300	17
300-400	8
400-500	4
Após 500 horas	3

Use o teste de qualidade de ajuste qui-quadrado para determinar se você considera que a distribuição exponencial representa um modelo razoável do tempo de falha para esses dados.

17-29. Cinqüenta unidades são colocadas em um teste de vida por 1000 horas. Oito unidades falham durante o período. Estime $R(1000)$ para essas unidades. Determine um intervalo de confiança inferior de 95% de confiança para $R(1000)$.

17-30. Na Seção 17-4.7 notou-se que, para funções de confiabilidade de um parâmetro, $R(t; \theta)$, $\hat{R}(t; \theta) = R(t; \hat{\theta})$, em que $\hat{\theta}$ e $\hat{R}$ são os estimadores de máxima verossimilhança. Prove essa afirmativa para o caso

$$R(t;\theta) = e^{-t/\theta}, \quad t \geq 0,$$
$$= 0, \quad \text{caso contrário.}$$

Sugestão: Expresse a função de densidade f em termos de R.

17-31. Para um teste sem reposição que termina após 200 horas de operação, nota-se que as falhas ocorrem nos seguintes tempos: 9, 21, 40, 55 e 85 horas. Supõe-se que as unidades tenham uma distribuição exponencial do tempo de falha, com 100 unidades em teste inicialmente.

(a) Estime o tempo médio de falha.

(b) Construa um limite de confiança inferior de 95% de confiança para o tempo médio de falha.

17-32. Use a descrição do Exercício 17-31.

(a) Estime $R(300)$ e construa um limite de confiança inferior de 95% de confiança para $R(300)$.

(b) Estime o tempo para o qual a confiabilidade será de 0,9 e construa um limite inferior de 95% para $t_{0,9}$.

Capítulo 18

Processos Estocásticos e Filas

18-1 INTRODUÇÃO

O termo *processo estocástico* é freqüentemente usado em relação a observações de um processo físico, orientado no tempo, que é controlado por um mecanismo aleatório. Mais precisamente, um processo estocástico é uma seqüência de variáveis aleatórias $\{X_t\}$, onde $t \in T$ é um índice de tempo ou de seqüência. O espaço imagem de X_t pode ser discreto ou contínuo; no entanto, neste capítulo consideraremos apenas o caso em que, em um instante particular t, o processo se encontra em um de $m + 1$ *estados* mutuamente exclusivos e exaustivos. Os estados são rotulados como 0, 1, 2, 3, ..., m.

As variáveis $X_1, X_2,...$ podem representar o número de clientes que esperam pelo serviço em uma bilheteria nos instantes 1 minuto, 2 minutos e assim por diante, após a abertura da bilheteria. Outro exemplo seria a demanda diária por certo produto em dias sucessivos. X_0 representa o estado inicial do processo.

Este capítulo introduzirá um tipo especial de processo estocástico, chamado de *processo de Markov*. Discutiremos, também, as *equações de Chapman-Kolmogorov*, várias propriedades especiais das *cadeias de Markov*, as *equações de nascimento e morte* e algumas aplicações a filas de espera, ou *filas*, e problemas de interferência.

No estudo dos processos estocásticos, são necessárias certas hipóteses sobre a distribuição de probabilidade conjunta das variáveis aleatórias $X_1, X_2,...$. No caso das provas de Bernoulli, apresentadas no Capítulo 5, relembre que essas variáveis foram definidas como independentes e que o espaço imagem (espaço de estado) consistia em dois valores (0,1). Aqui, consideraremos primeiro as cadeias de Markov de tempo discreto, o caso em que o tempo é discreto e a hipótese de independência é relaxada para permitir uma dependência de um estágio.

18-2 CADEIAS DE MARKOV DE TEMPO DISCRETO

Um processo estocástico exibe a *propriedade markoviana* se

$$P\{X_{t+1} = j | X_t = i\} = P\{X_{t+1} = j | X_t = i, X_{t-1} = i_1, X_{t-2} = i_2, ..., X_0 = i_t\} \quad (18\text{-}1)$$

para $t = 0, 1, 2, ...$ e toda seqüência $j, i, i_1, ..., i_t$. Isso é equivalente a se dizer que a probabilidade para um evento no instante $t + 1$, *dado* apenas o resultado no instante t, é igual à probabilidade do evento no instante $t + 1$, *dada* toda a história do sistema. Em outras palavras, a probabilidade do evento em $t + 1$ não depende da história do estado anterior ao tempo t.

As probabilidades condicionais

$$P\{X_{t+1} = j | X_t = i\} = p_{ij} \quad (18\text{-}2)$$

são chamadas de probabilidades de transição em um passo, e se diz que são *estacionárias* se

$$P\{X_{t+1} = j | X_t = i\} = P\{X_1 = j | X_0 = i\}, \qquad \text{para } t = 0, 1, 2, ..., \quad (18\text{-}3)$$

de modo que as probabilidades de transição permanecem inalteradas através do tempo. Esses valores podem ser dispostos em uma matriz $\mathbf{P} = [p_{ij}]$, chamada de matriz de transição em um passo. A matriz $\mathbf{P}$ tem $m + 1$ linhas e $m + 1$ colunas, e

$$0 \leq p_{ij} \leq 1,$$

enquanto

$$\sum_{j=0}^{m} p_{ij} = 1 \quad \text{para} \quad i = 0, 1, 2, ..., m.$$

Isto é, cada elemento da matriz $\mathbf{P}$ é uma probabilidade, e cada linha da matriz tem soma 1.

A existência de probabilidades de transição estacionárias em um passo implica que

$$p_{ij}^{(n)} = P\{X_{t+n} = j | X_t = i\} = P\{X_n = j | X_0 = i\} \tag{18-4}$$

para todo $t = 0, 1, 2, ...$. Os valores $p_{ij}^{(n)}$ são chamados de probabilidades de transição em n passos, e podem ser dispostos em uma matriz de transição em n passos

$$\mathbf{P}^{(n)} = [p_{ij}^{(n)}],$$

onde

$$0 \leq p_{ij}^{(n)} \leq 1, \quad n = 0, 1, 2, ..., \quad i = 0, 1, 2, ..., m, \quad j = 0, 1, 2, ..., m,$$

e

$$\sum_{j=0}^{m} p_{ij}^{(n)} = 1, \quad n = 0, 1, 2, ..., \quad i = 0, 1, 2, ..., m.$$

A matriz de transição de passo 0 é a matriz identidade.

Define-se uma *cadeia de Markov de estado finito* como um processo estocástico que tem um número finito de estados, a propriedade markoviana, probabilidades de transição estacionárias e um conjunto inicial de probabilidades $\mathbf{A} = [a_0^{(0)}, a_1^{(0)}, a_2^{(0)}, ..., a_m^{(0)}]$, em que $a_i^{(0)} = P\{X_0 = i\}$.

As equações de *Chapman-Kolmogorov* são úteis no cálculo das probabilidades de transição em n passos. Essas equações são

$$p_{ij}^{(n)} = \sum_{l=0}^{m} p_{il}^{(v)} \cdot p_{lj}^{(n-v)}, \quad \begin{array}{l} i = 0, 1, 2, ..., m, \\ j = 0, 1, 2, ..., m, \\ 0 \leq v \leq n, \end{array} \tag{18-5}$$

e indicam que, ao passar do estado i para o estado j em n passos o processo estará em algum estado, digamos l, após exatamente v passos ($v \leq n$). Assim, $p_{il}^{(v)} \cdot p_{lj}^{(n-v)}$ é a probabilidade condicional de que, dado o estado i como estado inicial, o processo vá ao estado l em v passos e do l ao j em $(n - v)$ passos. Somando em relação a l, a soma dos produtos resulta em $p_{ij}^{(n)}$.

Colocando $v = 1$ ou $v = n - 1$, obtemos

$$p_{ij}^{(n)} = \sum_{l=0}^{m} p_{il} p_{lj}^{(n-1)} = \sum_{l=0}^{m} p_{il}^{(n-1)} \cdot p_{lj}, \quad \begin{array}{l} i = 0, 1, 2, ..., m, \\ j = 0, 1, 2, ..., m, \\ n = 1, 2, ... \end{array}$$

Segue-se que as probabilidades de transição em n passos, $\mathbf{P}^{(n)}$, podem ser obtidas das probabilidades de um passo, e

$$\mathbf{P}^{(n)} = \mathbf{P}^n. \tag{18-6}$$

A probabilidade não-condicional de o processo estar no estado j no instante $t = n$ é

$$\mathbf{A}^{(n)} = [a_0^{(n)}, a_1^{(n)}, ..., a_m^{(n)}], \tag{18-7}$$

onde

$$a_j^{(n)} = P\{X_n = j\} = \sum_{i=0}^{m} a_i^{(0)} \cdot p_{ij}^{(n)}, \quad \begin{array}{l} j = 0, 1, 2, \ldots, m, \\ n = 1, 2, \ldots. \end{array}$$

Assim, $\mathbf{A}^{(n)} = \mathbf{A} \cdot \mathbf{P}^{(n)}$. Além disso, notamos que a regra para a multiplicação de matrizes resolve a lei de probabilidade total do Teorema 1-8, de modo que $\mathbf{A}^{(n)} = \mathbf{A}^{(n-1)} \cdot \mathbf{P}$.

Exemplo 18-1

Em um sistema de cálculo, a probabilidade de um erro em cada ciclo depende de ele ter sido, ou não, precedido por um erro. Definimos 0 como o estado de erro e 1 como o estado de não-erro. Suponha que a probabilidade de um erro seja 0,75, se precedido por um erro; a probabilidade de um erro seja 0,50, se precedido por um não-erro; a probabilidade de um não-erro seja 0,25, se precedido por um erro, e que a probabilidade de um não-erro seja 0,50, se precedido por um não-erro. Assim,

$$\mathbf{P} = \begin{bmatrix} 0{,}75 & 0{,}25 \\ 0{,}50 & 0{,}50 \end{bmatrix}.$$

As matrizes de transição em dois passos, três passos, ..., sete passos são mostradas a seguir:

$$\mathbf{P}^2 = \begin{bmatrix} 0{,}688 & 0{,}312 \\ 0{,}625 & 0{,}375 \end{bmatrix}, \quad \mathbf{P}^3 = \begin{bmatrix} 0{,}672 & 0{,}328 \\ 0{,}656 & 0{,}344 \end{bmatrix},$$

$$\mathbf{P}^4 = \begin{bmatrix} 0{,}668 & 0{,}332 \\ 0{,}664 & 0{,}336 \end{bmatrix}, \quad \mathbf{P}^5 = \begin{bmatrix} 0{,}667 & 0{,}333 \\ 0{,}666 & 0{,}334 \end{bmatrix},$$

$$\mathbf{P}^6 = \begin{bmatrix} 0{,}667 & 0{,}333 \\ 0{,}667 & 0{,}333 \end{bmatrix}, \quad \mathbf{P}^7 = \begin{bmatrix} 0{,}667 & 0{,}333 \\ 0{,}667 & 0{,}333 \end{bmatrix}.$$

Se sabemos que o sistema, inicialmente, está em um estado de não erro, então $a_1^{(0)} = 1$, $a_2^{(0)} = 0$ e $\mathbf{A}^{(n)} = [a_j^{(n)}] = \mathbf{A}\mathbf{P}^{(n)}$ $\mathbf{A}^{(n)} = [a_j^{(n)}] = \mathbf{A} \cdot \mathbf{P}^{(n)}$. Assim, por exemplo, $\mathbf{A}^{(7)} = [0{,}667, 0{,}333]$.

18-3 CLASSIFICAÇÃO DE ESTADOS E CADEIAS

Consideraremos, primeiro, a noção de *tempos da primeira passagem*. O comprimento do intervalo de tempo (número de passos nos sistemas de tempo discreto) para que o processo passe do estado i para o estado j pela primeira vez é chamado de tempo da primeira passagem. Se $i = j$, então esse é o número de passos necessários para que o processo retorne ao estado i pela primeira vez, e é chamado de *tempo do primeiro retorno* ou *tempo de recorrência* para o estado i.

Os tempos da primeira passagem, sob certas condições, são variáveis aleatórias com uma distribuição de probabilidade associada. Denotamos por $f_{ij}^{(n)}$ a probabilidade de que o tempo da primeira passagem do estado i para o estado j seja igual a n, onde se pode mostrar, diretamente do Teorema 1-5, que

$$f_{ij}^{(1)} = p_{ij}^{(1)} = p_{ij},$$
$$f_{ij}^{(2)} = p_{ij}^{(2)} - f_{ij}^{(1)} \cdot p_{jj},$$
$$\vdots$$
$$f_{ij}^{(n)} = p_{ij}^{(n)} - f_{ij}^{(1)} \cdot p_{jj}^{(n-1)} - f_{ij}^{(2)} \cdot p_{jj}^{(n-2)} - \cdots - f_{ij}^{(n-1)} p_{jj}. \tag{18-8}$$

Assim, por cálculo recursivo a partir das probabilidades de transição em um passo, resulta a probabilidade de que o tempo da primeira passagem seja n, dados i e j.

Exemplo 18-2

Usando-se as probabilidades de um passo apresentadas no Exemplo 18-1, a distribuição do tempo de passagem de índice n para $i = 0$, $j = 1$, é determinada como

$$f_{01}^{(1)} = p_{01} = 0,250,$$

$$f_{01}^{(2)} = (0,312) - (0,25)(0,5) = 0,187,$$

$$f_{01}^{(3)} = (0,328) - (0,25)(0,375) - (0,187)(0,5) = 0,141,$$

$$f_{01}^{(4)} = (0,332) - (0,25)(0,344) - (0,187)(0,375) - (0,141)(0,5) = 0,105.$$

$$\vdots$$

Há quatro de tais distribuições correspondentes aos valores de i, j: (0,0), (0,1), (1,0), (1,1).

Se i e j são fixados, então $\sum_{n=1}^{\infty} f_{ij}^{(n)} \leq 1$. Quando a soma é igual a 1, os valores $f_{ij}^{(n)}$, para $n = 1$, 2, ..., representam a distribuição de probabilidade do tempo da primeira passagem para i e j especificados. No caso em que um processo no estado i nunca pode alcançar o estado j, $\sum_{n=1}^{\infty} f_{ij}^{(n)} < 1$.

Quando $i = j$ e $\sum_{n=1}^{\infty} f_{ij}^{(n)} = 1$, o estado i é chamado de *estado recorrente*, uma vez que, dado que o processo está no estado i, ele sempre retornará, em algum instante, ao estado i.

Se $p_{ii} = 1$ para algum estado i, então esse estado é chamado de *estado absorvente* e, uma vez entrado nele, o processo nunca sairá dele.

O estado i é chamado de *estado transiente* se

$$\sum_{n=1}^{\infty} f_{ii}^{(n)} < 1,$$

uma vez que há uma probabilidade positiva de que, dado que processo está no estado i, ele nunca mais retornará a esse estado. Não é sempre fácil classificar um estado como transiente ou recorrente, pois algumas vezes é difícil calcular as probabilidades dos tempos das primeiras passagens, $f_{ij}^{(n)}$, para todo n, como é o caso no Exemplo 18-2. No entanto, o tempo esperado da primeira passagem é

$$\mu_{ij} = \begin{cases} \infty, & \sum_{n=1}^{\infty} f_{ij}^{(n)} < 1, \\ \sum_{n=1}^{\infty} n \cdot f_{ij}^{(n)}, & \sum_{n=1}^{\infty} f_{ij}^{(n)} = 1, \end{cases} \qquad (18\text{-}9)$$

e, se $\sum_{n=1}^{\infty} f_{ij}^{(n)} = 1$, um argumento condicionante simples mostra que

$$\mu_{ij} = 1 + \sum_{l \neq j} p_{il} \cdot \mu_{lj}. \qquad (18\text{-}10)$$

Se tomarmos $i = j$, o tempo esperado da primeira passagem é chamado de *tempo esperado de recorrência*. Se $\mu_{ii} = \infty$ para um estado recorrente, este é chamado *nulo*; se $\mu_{ii} < \infty$, é chamado *não-nulo* ou *recorrente positivo*.

Não há estados recorrentes não-nulos em uma cadeia de Markov de estado finito. Todos os estados em tais cadeias são recorrentes positivos ou transientes.

Um estado é chamado de *periódico* com período $\tau > 1$ se um retorno for possível apenas em $\tau, 2\tau, 3\tau, \ldots$ passos; assim, $p_{ii}^{(n)} = 0$ para todos os valores de n que não são divisíveis por $\tau > 1$, e τ é o menor inteiro com essa propriedade.

Diz-se que um estado j é *acessível* a partir do estado i se $p_{ii}^{(n)} > 0$ para algum $n = 1, 2, \ldots$. Em nosso exemplo do sistema de cálculo, cada estado, 0 e 1, é acessível a partir do outro, pois $p_{ii}^{(n)} > 0$ para todo i, j e para todo n. Se o estado j é acessível a partir de i e o estado i é acessível a partir de j, então dizemos que os estados se *comunicam*. Esse é o caso no Exemplo 18-1. Note-se que qualquer estado se comunica consigo próprio. Se o estado i se comunica com j, j também se comunica com i. Também, se i se comunica com l e l se comunica com j, então i se comunica com j.

Se o espaço de estados for dividido em conjuntos disjuntos de estados (chamados classes de equivalência), em que estados que se comunicam pertencem à mesma classe, então a cadeia de Markov pode consistir em uma ou mais classes. Se há apenas uma classe, de modo que todos os estados se comunicam, diz-se que a cadeia de Markov é *irredutível*. A cadeia representada pelo Exemplo 18-1 é, assim, também irredutível. Para cadeias de Markov de estado finito, os estados de uma classe são todos recorrentes positivos ou todos transientes. Em muitas aplicações, todos os estados se comunicam. Esse é o caso quando há um valor de n para o qual $p_{ij}^{(n)} > 0$ para todos os valores de i e j.

Se o estado i em uma classe é não-periódico e se é também recorrente positivo, diz-se, então, que o estado é *ergódico*. Uma cadeia de Markov irredutível é ergódica se todos os seus estados são ergódicos. No caso de tais cadeias de Markov, a distribuição

$$\mathbf{A}^{(n)} = \mathbf{A} \cdot \mathbf{P}^n$$

converge quando $n \to \infty$, e a distribuição-limite é independente das probabilidades iniciais, $\mathbf{A}$. No Exemplo 18-1, viu-se claramente que esse era o caso e, após cinco passos ($n > 5$), $P\{X_n = 0\} = 0{,}667$ e $P\{X_n = 1\} = 0{,}333$, usando-se três algarismos significativos.

Em geral, para cadeias de Markov irredutíveis ergódicas,

$$\lim_{n \to \infty} p_{ij}^{(n)} = \lim_{n \to \infty} a_j^{(n)} = p_j,$$

e, além disso, esses valores p_j são independentes de i. Essas probabilidades de "estado estacionário", p_j, satisfazem as seguintes *equações de estado*:

$$p_j > 0, \tag{18-11a}$$

$$\sum_{j=0}^{m} p_j = 1, \tag{18-11b}$$

$$p_j = \sum_{i=0}^{m} p_i \cdot p_{ij} \qquad j = 0, 1, 2, \ldots, m. \tag{18-11c}$$

Como há $m + 2$ equações em 18-11b e 18-11c, e como há $m + 1$ incógnitas, uma das equações é redundante. Assim, usaremos m das $m + 1$ equações na Equação 18-11c com a Equação 18-11b.

Exemplo 18-3

No caso do sistema de cálculo apresentado no Exemplo 18-1, temos, a partir das Equações 18-11b e 18-11c,

$$1 = p_0 + p_1,$$
$$p_0 = p_0(0{,}75) + p_1(0{,}50),$$

ou

$$p_0 = 2/3 \quad \text{e} \quad p_1 = 1/3,$$

que concorda com o resultado que surge no Exemplo 18-1, quando $n > 5$.

As probabilidades de estado estacionário e o tempo médio de recorrência para cadeias de Markov irredutíveis ergódicas têm uma relação recíproca,

$$\mu_{jj} = \frac{1}{p_j}, \qquad j = 0, 1, 2, \ldots, m. \tag{18-12}$$

No Exemplo 18-3, note que $\mu_{00} = 1/p_0 = 1{,}5$ e $\mu_{11} = 1/p_1 = 3$.

Exemplo 18-4

Um psicólogo observa, por um período de tempo, o humor do presidente de uma corporação no departamento de pesquisas operacionais. Atraído por modelagens matemáticas, o psicólogo classifica o humor em três estados, como se segue:

0: Bom (alegre)
1: Razoável (mais ou menos)
2: Pobre (triste e deprimido)

O psicólogo observa que as mudanças de humor ocorrem apenas durante a noite; assim, os dados permitem a estimação das probabilidades de transição

$$\mathbf{P} = \begin{bmatrix} 0{,}6 & 0{,}2 & 0{,}2 \\ 0{,}3 & 0{,}4 & 0{,}3 \\ 0{,}0 & 0{,}3 & 0{,}7 \end{bmatrix}.$$

As equações

$$p_0 = 0{,}6p_0 + 0{,}3p_1 + 0p_2,$$
$$p_1 = 0{,}2p_0 + 0{,}4p_1 + 0{,}3p_2,$$
$$1 = p_0 + p_1 + p_2$$

são resolvidas simultaneamente em relação às probabilidades de estado estacionário

$$p_0 = 3/13,$$
$$p_1 = 4/13,$$
$$p_2 = 6/13.$$

Dado que o presidente está de mau humor, isto é, no estado 2, o tempo médio necessário para o retorno a esse estado é μ_{22}, onde

$$\mu_{22} = \frac{1}{p_2} = \frac{13}{6} \text{ dias}.$$

Conforme observado anteriormente, se $p_{kk} = 1$, o estado k é chamado de *estado absorvente*, e o processo permanece no estado k, uma vez alcançado esse estado. Nesse caso, b_{ik} é chamado de probabilidade de absorção, que é a probabilidade condicional de absorção no estado k dado o estado i. Matematicamente, temos

$$b_{ik} = \sum_{j=0}^{m} p_{ij} \cdot b_{jk}, \qquad i = 0, 1, 2, \ldots, m, \tag{18-13}$$

em que

$$b_{kk} = 1$$

e

$$b_{ik} = 0 \qquad \text{para } i \text{ recorrente, } i \neq k.$$

18-4 CADEIAS DE MARKOV DE TEMPO CONTÍNUO

Se o parâmetro tempo for um índice contínuo em vez de discreto, como admitimos na seção anterior, a cadeia de Markov é chamada de cadeia de *parâmetro contínuo*. É costume usar uma notação ligeiramente diferente para cadeias de Markov de parâmetro contínuo, especificamente $X(t) = X_t$, onde se considera que $\{X(t)\}$, $t \geq 0$, tem estados 0, 1, ..., m. A natureza discreta do espaço de estado (espaço imagem de $X(t)$) é, assim, mantida, e

$$p_{ij}(t) = P[X(t+s) = j | X(s) = i], \quad \begin{array}{l} i = 0, 1, 2, \ldots, m, \\ j = 0, 1, 2, \ldots, m, \\ s \geq 0, t \geq 0, \end{array}$$

é a função de probabilidade de transição estacionária. Note-se que essas probabilidades não dependem de s, mas apenas de t, para um par especificado i, j de estados. Além disso, no instante $t = 0$ a função é contínua, com

$$\lim_{t \to 0} p_{ij}(t) = \begin{cases} 0 & i \neq j, \\ 1 & i = j. \end{cases}$$

Há uma correspondência direta entre os modelos de tempo discreto e tempo contínuo. As equações de Chapman-Kolmogorov se tornam

$$p_{ij}(t) = \sum_{l=0}^{m} p_{il}(v) \cdot p_{lj}(t - v) \tag{18-14}$$

para $0 \leq v \leq t$ e para o par especificado de estados i, j e tempo t. Se há instantes t_1 e t_2 tais que $p_{ij}(t_1) > 0$ e $p_{ij}(t_2) > 0$, dizemos que os estados i e j se comunicam. Uma vez mais, os estados que se comunicam formam uma classe de equivalência, e quando a cadeia é irredutível (todos os estados formam uma única classe)

$$p_{ij}(t) > 0, \quad \text{para } t > 0,$$

para cada par de estados i, j.

Temos, também, a propriedade de que

$$\lim_{t \to \infty} p_{ij}(t) = p_j,$$

onde p_j existe e é independente do vetor de probabilidade de estado inicial **A**. Os valores p_j são, novamente, chamados de probabilidades de estado estacionário e satisfazem

$$p_j > 0, \quad j = 0, 1, 2, ..., m,$$

$$\sum_{j=0}^{m} p_j = 1,$$

$$p_j = \sum_{i=0}^{m} p_i \cdot p_{ij}(t), \quad j = 0, 1, 2, ..., m, \quad t \geq 0.$$

A *intensidade da transição*, dado que o estado é j, é definida como

$$u_j = \lim_{\Delta t \to 0} \left\{ \frac{1 - p_{jj}(\Delta t)}{\Delta t} \right\} = -\frac{d}{dt} p_{jj}(t)\bigg|_{t=0}, \tag{18-15}$$

onde o limite existe e é finito. Do mesmo modo, a *intensidade da passagem* do estado i para o estado j, dado que o sistema está no estado i, é

$$u_{ij} = \lim_{\Delta t \to 0} \left\{ \frac{p_{ij}(\Delta t)}{\Delta t} \right\} = \frac{d}{dt} p_{ij}(t)\bigg|_{t=0}, \tag{18-16}$$

onde, novamente, o limite existe e é finito. A interpretação das intensidades é que elas representam a taxa de transição instantânea do estado i para o estado j. Para Δt pequeno, $p_{ij}(\Delta t) = u_{ij} + o(\Delta t)$, onde $o\Delta t/\Delta t \to 0$ quando $\Delta t \to 0$, de modo que u_{ij} é uma constante de proporcionalidade pela qual $p_{ij}(\Delta t)$ é proporcional a Δt quando $\Delta t \to 0$. As intensidades de transição satisfazem, também, as equações de equilíbrio

$$p_j \cdot u_j = \sum_{i \neq j} p_i \cdot u_{ij}, \quad j = 0, 1, 2, ..., m. \tag{18-17}$$

Essas equações indicam que no estado estacionário a taxa de transição para fora do estado j é igual à taxa de transição para dentro de j.

Exemplo 18-5

Um mecanismo de controle eletrônico para um processo químico é construído com dois módulos idênticos, que operam como um par redundante ativo paralelo. O funcionamento de pelo menos um dos módulos é necessário para que o mecanismo opere. A loja de manutenção tem duas estações de reparos idênticas para esses módulos e, além disso, quando um módulo falha e entra na loja qualquer outro trabalho é colocado de lado e o trabalho de reparo do módulo se inicia imediatamente. O "sistema" aqui consiste no mecanismo e na oficina de reparos, e os estados são os seguintes:

0: Ambos os módulos operando
1: Uma unidade operando e a outra em reparo
2: Duas unidades em reparo (mecanismo parado)

A variável aleatória que representa o tempo de falha para um módulo tem uma densidade exponencial, digamos

$$f_T(t) = \lambda e^{-\lambda t}, \qquad t \geq 0,$$
$$= 0, \qquad t < 0,$$

e a variável aleatória que descreve o tempo de reparo em uma estação de reparo tem, também, uma densidade exponencial, digamos

$$r_T(t) = \mu e^{-\mu t}, \qquad t \geq 0,$$
$$= 0, \qquad t < 0.$$

Os tempos entre falhas e entre reparos são independentes, e pode-se mostrar que $\{X(t)\}$ é uma cadeia de Markov irredutível de parâmetro contínuo, com transições de um estado apenas para seus estados vizinhos: $0 \to 1$, $1 \to 0$, $1 \to 2$, $2 \to 1$. Naturalmente, pode não haver mudança de estado.

As intensidades de transição são

$$u_0 = 2\lambda, \qquad u_1 = \lambda + \mu,$$
$$u_{01} = 2\lambda, \qquad u_{12} = \lambda,$$
$$u_{02} = 0, \qquad u_{20} = 0,$$
$$u_{10} = \mu, \qquad u_{21} = 2\mu,$$
$$u_2 = 2\mu.$$

Usando-se a Equação 18-17,

$$2\lambda p_0 = \mu p_1,$$
$$(\lambda + \mu) p_1 = 2\lambda p_0 + 2\mu p_2,$$
$$2\mu p_2 = \lambda p_1,$$

e como $p_0 + p_1 + p_2 = 1$, algum algebrismo dá

$$p_0 = \frac{\mu^2}{(\lambda + \mu)^2},$$
$$p_1 = \frac{2\lambda\mu}{(\lambda + \mu)^2},$$
$$p_2 = \frac{\lambda^2}{(\lambda + \mu)^2}.$$

A disponibilidade do sistema (probabilidade de que o sistema esteja funcionando) na condição de estado estacionário é, assim,

$$\text{Disponibilidade} = 1 - \frac{\lambda^2}{(\lambda + \mu)^2}.$$

A matriz das probabilidades de transição para o incremento de tempo Δt pode ser expressa como

$$\mathbf{P} = \left[p_{ij}(\Delta t) \right]$$

$$= \begin{bmatrix} 1 - u_0 \Delta t & u_{01} \Delta t & \cdots & u_{0j} \Delta t & \cdots & u_{0m} \Delta t \\ u_{10} \Delta t & 1 - u_1 \Delta t & \cdots & u_{1j} \Delta t & \cdots & u_{1m} \Delta t \\ \vdots & & & & & \\ u_{i0} \Delta t & u_{i1} \Delta t & \cdots & u_{ij} \Delta t & \cdots & u_{1m} \Delta t \\ \vdots & & & & & \\ u_{m0} \Delta t & u_{m1} \Delta t & \cdots & u_{mj} \Delta t & \cdots & 1 - u_m \Delta t \end{bmatrix} \qquad (18\text{-}18)$$

e

$$p_j(t + \Delta t) = \sum_{i=0}^{m} p_i(t) \cdot p_{ij}(\Delta t), \qquad j = 0, 1, 2, \ldots, m, \tag{18-19}$$

em que

$$p_j(t) = P[X(t) = j].$$

Pela j-ésima equação das $m + 1$ equações da Equação 18-19

$$p_j(t + \Delta t) = p_0(t) \cdot u_{0j}\Delta t + \cdots + p_i(t) \cdot u_{ij}\Delta t + \cdots + p_j(t)[1 - u_j\Delta t] + \cdots + p_m(t) \cdot u_{mj}\Delta t,$$

que pode ser reescrita como

$$\frac{d}{dt} p_j(t) = \lim_{\Delta t \to 0}\left[\frac{p_j(t + \Delta t) - p_j(t)}{\Delta t}\right] = -u_j \cdot p_j(t) + \sum_{i \neq j} u_{ij} \cdot p_i(t). \tag{18-20}$$

O sistema de equações diferenciais resultante é

$$p'_j(t) = -u_j \cdot p_j(t) + \sum_{i \neq j} u_{ij} \cdot p_i(t), \qquad j = 0, 1, 2, \ldots, m, \tag{18-21}$$

que pode ser resolvido quando m é finito, dadas as condições iniciais (probabilidades) **A**, e usando-se o resultado de que $\sum_{j=0}^{m} p_j(t) = 1$. A solução

$$[p_0(t), p_1(t), \ldots, p_m(t)] = \mathbf{P}(t) \tag{18-22}$$

apresenta as probabilidades de estado como função do tempo, do mesmo modo que $p_j^{(n)}$ apresentou as probabilidades de estado como um função do número de transições, n, dado um vetor de condição inicial, **A**, no modelo de tempo discreto. A solução para as Equações 18-21 pode ser um pouco difícil de se obter e, na prática, empregam-se técnicas de transformação.

18-5 O PROCESSO NASCIMENTO E MORTE NAS FILAS

A principal aplicação do chamado processo de nascimento e morte que veremos será na teoria de *filas* ou *filas de espera*. Aqui, nascimento se refere a uma *chegada*, e *morte* a uma *saída* de um sistema físico, conforme mostra a Fig. 18-1.

A teoria de filas é o estudo matemático de filas ou filas de espera. Essas filas de espera ocorrem em vários ambientes de problemas. Há um processo de entrada ou "população de visitantes", da qual se extraem as chegadas, e um *sistema* de filas que, na Fig. 18-1, consiste na fila e nas instalações de serviço. A população de visitantes pode ser finita ou infinita. As chegadas ocorrem de maneira probabilística. Uma hipótese comum é a de que os tempos entre chegadas são distribuídos exponencialmente. Em geral, a fila se classifica de acordo com sua capacidade, finita ou infinita, e a disciplina de serviço se refere à ordem na qual os clientes na fila são atendidos. O mecanismo de serviço consiste em um ou mais atendentes, e o tempo de serviço decorrido é comumente chamado de tempo de espera.

Será usada a seguinte notação:

$$X(t) = \text{Número de clientes no sistema no instante } t$$

$$\text{Estados} = 0, 1, 2, \ldots, j, j + 1, \ldots$$

$$s = \text{Número de atendentes}$$

$$p_j(t) = P\{X(t) = j | \mathbf{A}\}$$

$$p_j = \lim_{t \to \infty} p_j(t)$$

$$\lambda_n = \text{Taxa de chegada dado que } n \text{ clientes estão no sistema}$$

$$\mu_n = \text{Taxa de serviço dado que } n \text{ clientes estão no sistema}$$

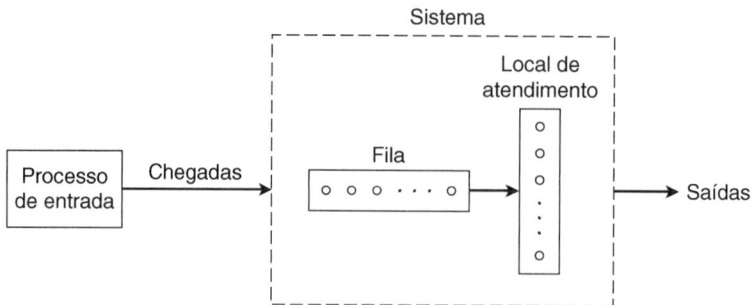

Figura 18-1 Um sistema de fila simples.

O processo de nascimento e morte pode ser usado para se descrever como $X(t)$ muda ao longo do tempo. Admitiremos, aqui, que quando $X(t) = j$ a distribuição de probabilidade do tempo até o próximo nascimento (chegada) será exponencial, com parâmetro $\lambda_j, j = 0, 1, 2, \ldots$. Além disso, dado $X(t) = j$, o tempo restante para se completar o próximo serviço é considerado exponencial, com parâmetro μ_j, $j = 1, 2, \ldots$. Admite-se que valham postulados do tipo Poisson, de modo que a probabilidade de mais de um nascimento ou uma morte no mesmo instante é zero.

Um diagrama de transição é mostrado na Fig. 18-2. A matriz de transição correspondente à Equação 18-18 é

$$\mathbf{P} = \begin{bmatrix} 1-\lambda_0\Delta t & \lambda_0\Delta t & 0 & \cdots & 0 & \cdots \\ \mu_1\Delta t & 1-(\lambda_1+\mu_1)\Delta t & \lambda_1\Delta t & \cdots & 0 & \cdots \\ 0 & \mu_2\Delta t & 1-(\lambda_2+\mu_2)\Delta t & \cdots & 0 & \cdots \\ 0 & 0 & \mu_3\Delta t & \cdots & \vdots & \cdots \\ \vdots & \vdots & \vdots & & \vdots & \\ 0 & 0 & 0 & \cdots & 0 & \cdots \\ \vdots & \vdots & \vdots & \cdots & \lambda_{j-1}\Delta t & \\ 0 & 0 & 0 & \cdots & 1-(\lambda_j+\mu_j)\Delta t & \cdots \\ 0 & 0 & 0 & \cdots & \mu_{j+1}\Delta t & \cdots \\ \vdots & \vdots & \vdots & & \vdots & \\ 0 & 0 & 0 & \cdots & 0 & \cdots \end{bmatrix}.$$

Note que $p_{ij}(\Delta t) = 0$ para $j < i - 1$ ou $j > i + 1$. Além disso, as intensidades de transição e as intensidades de passagem mostradas na Equação 18-17 são

$$u_0 = \lambda_0,$$
$$u_j = \lambda_j + \mu_j \qquad \text{para } j = 1, 2, \ldots,$$
$$u_{ij} = \lambda_i \qquad \text{para } j = i + 1,$$
$$\quad = \mu_i \qquad \text{para } j = i - 1,$$
$$\quad = 0 \qquad \text{para } j < i - 1, j > i + 1.$$

O fato de as intensidades de transição e as intensidades de passagem serem constantes com o tempo é importante no desenvolvimento desse modelo. A natureza da transição pode ser considerada como

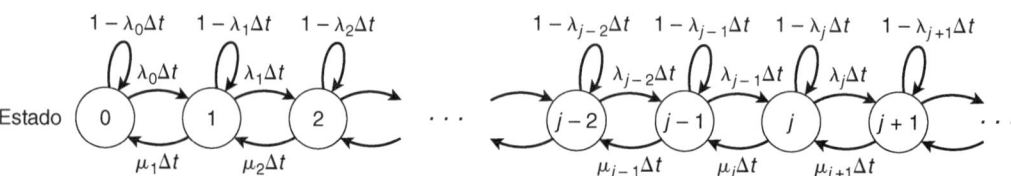

Figura 18-2 Diagrama de transição para o processo nascimento e morte.

especificada por hipótese ou como resultado de uma hipótese *a priori* sobre a distribuição do tempo entre ocorrências (nascimentos e mortes).

As hipóteses de tempos de serviço independentes, distribuídos exponencialmente, e tempos entre chegadas independentes, distribuídos exponencialmente, resultam em intensidades que são constantes ao longo do tempo. Isso foi observado, também, no desenvolvimento das distribuições de Poisson e exponencial, nos Capítulos 5 e 6.

Os métodos usados nas Equações 18-19 a 18-21 podem ser utilizados para a formulação de um conjunto infinito de equações diferenciais de estado a partir da matriz de transição da Equação 18-22. Assim, o comportamento dependente do tempo é descrito nas seguintes equações:

$$p'_0(t) = -\lambda_0 p_0(t) + \mu_1 p_1(t), \tag{18-23}$$

$$p'_j(t) = -(\lambda_j + \mu_j) p_j(t) + \lambda_{j-1} p_{j-1}(t) + \mu_{j+1} p_{j+1}(t), \qquad j = 1, 2, \ldots, \tag{18-24}$$

$$\sum_{j=0}^{\infty} p_j(t) = 1, \quad \text{e} \quad \mathbf{A} = \left[a_0^{(0)}, a_1^{(0)}, \ldots, a_j^{(0)}, \ldots \right].$$

No estado estacionário ($t \to \infty$), temos $p'_j(t) = 0$, de modo que obtêm-se as equações de estado estacionário a partir das Equações 18-23 e 18-24:

$$\begin{aligned}
\mu_1 p_1 &= \lambda_0 p_0, \\
\lambda_0 p_0 + \mu_2 p_2 &= (\lambda_1 + \mu_1) \cdot p_1, \\
\lambda_1 p_1 + \mu_3 p_3 &= (\lambda_2 + \mu_2) \cdot p_2, \\
&\vdots \\
\lambda_{j-2} p_{j-2} + \mu_j p_j &= (\lambda_{j-1} + \mu_{j-1}) p_{j-1}, \\
\lambda_{j-1} p_{j-1} + \mu_{j+1} p_{j+1} &= (\lambda_j + \mu_j) p_j, \\
&\vdots
\end{aligned} \tag{18-25}$$

e $\sum_{j=0}^{\infty} p_j = 1$.

As Equações 18-25 poderiam ter sido determinadas, também, por aplicação direta da Equação 18-17, que fornece um "equilíbrio de taxa" ou "equilíbrio de intensidade". Resolvendo as Equações 18-25, obtemos

$$p_1 = \frac{\lambda_0}{\mu_1} \cdot p_0,$$

$$p_1 = \frac{\lambda_1}{\mu_2} \cdot p_1 = \frac{\lambda_1 \lambda_0}{\mu_2 \mu_1} \cdot p_0,$$

$$p_3 = \frac{\lambda_2}{\mu_3} \cdot p_2 = \frac{\lambda_2 \lambda_1 \lambda_0}{\mu_3 \mu_2 \mu_1} \cdot p_0,$$

$$\vdots$$

$$p_j = \frac{\lambda_{j-1}}{\mu_j} \cdot p_{j-1} = \frac{\lambda_{j-1} \lambda_{j-2} \cdots \lambda_0}{\mu_j \mu_{j-1} \cdots \mu_1} \cdot p_0,$$

$$p_{j+1} = \frac{\lambda_j}{\mu_{j+1}} \cdot p_j = \frac{\lambda_j \lambda_{j-1} \cdots \lambda_0}{\mu_{j+1} \mu_j \cdots \mu_1} \cdot p_0.$$

Se fizermos

$$C_j = \frac{\lambda_{j-1} \lambda_{j-2} \cdots \lambda_0}{\mu_j \mu_{j-1} \cdots \mu_1}, \tag{18-26}$$

então

$$p_j = C_j \cdot p_0, \qquad j = 1, 2, 3, \ldots,$$

e como

$$\sum_{j=0}^{\infty} p_j = 1 \quad \text{ou} \quad p_0 + \sum_{j=1}^{\infty} p_j = 1, \tag{18-27}$$

obtemos

$$p_0 = \frac{1}{1 + \sum_{j=1}^{\infty} C_j}.$$

Esses resultados de estado estacionário pressupõem que os valores de λ_j e μ_j sejam tais que se possa alcançar um estado estacionário. Isso será verdade se $\lambda_j = 0$ para $j > k$, de modo que há um número finito de estados. Isso é verdade, também, se $\rho = \lambda/s\mu < 1$, onde λ e μ são constantes e s denota o número de atendentes. O estado estacionário não será alcançado se $\sum_{j=1}^{\infty} C_j = \infty$.

18-6 CONSIDERAÇÕES SOBRE MODELOS DE FILAS

Quando a taxa de chegada, λ_j, é constante para todo j, a constante é denotada por λ. Analogamente, quando a taxa de serviço por atendente ocupado é constante ela será denotada por μ, de modo que $\mu_j = s\mu$ se $j \geq s$, e $\mu_j = j\mu$ se $j < s$. As distribuições exponenciais

$$f_T(t) = \lambda e^{-\lambda t}, \qquad t \geq 0,$$
$$= 0, \qquad t < 0,$$
$$r_T(t) = \mu e^{-\mu t}, \qquad t \geq 0,$$
$$= 0, \qquad t < 0,$$

para tempos entre chegadas e tempos de serviço em um canal ocupado produzem taxas λ e μ que são constantes. O tempo médio entre chegadas é $1/\lambda$, e o tempo médio para um canal ocupado completar o serviço é $1/\mu$.

Um conjunto especial de notações tem sido amplamente usado na análise de estado estacionário de sistemas de filas. Essa notação é dada na lista seguinte:

$$L = \sum_{j=0}^{\infty} j \cdot p_j = \text{Número esperado de clientes no sistema de filas}$$
$$L_q = \sum_{j=s}^{\infty} (j-s) \cdot p_j = \text{Comprimento esperado da fila}$$
$$W = \text{Tempo esperado no sistema (incluindo tempo de serviço)}$$
$$W_q = \text{Tempo médio de espera na fila (excluindo tempo de serviço)}$$

Se λ é constante para todo j, então já se mostrou que

$$L = \lambda W \tag{18-28}$$

e

$$L_q = \lambda W_q$$

(Esses resultados são casos especiais do que é conhecido por lei de Little.) Se os λ_j não são iguais, $\overline{\lambda}$ substitui λ, onde

$$\overline{\lambda} = \sum_{j=0}^{\infty} \lambda_j \cdot p_j. \tag{18-29}$$

O coeficiente de utilização do sistema $\rho = \lambda/s\mu$ é a fração do tempo que os atendentes estão ocupados. No caso em que o tempo médio de serviço é $1/\mu$ para todo $j \geq 1$,

$$W = W_q + \frac{1}{\mu}. \tag{18-30}$$

Às taxas do processo de nascimento e morte, $\lambda_0, \lambda_1, ..., \lambda_j$ e $\mu_1, \mu_2, ..., \mu_j, ...,$ podem ser associados quaisquer valores positivos, desde que a associação leve a uma solução de estado estacionário. Isso permite considerável flexibilidade no uso dos resultados dados na Equação 18-27. Os modelos específicos que serão apresentados subseqüentemente diferirão no modo como λ_j e μ_j variam como função de j.

18-7 MODELO BÁSICO DE ATENDENTE ÚNICO COM TAXAS CONSTANTES

Consideraremos, agora, o caso em que $s = 1$, isto é, um único atendente. Admitiremos, também, um comprimento potencial de fila ilimitado, com tempo entre chegadas exponencial com um parâmetro constante λ, de modo que $\lambda_0 = \lambda_1 = \cdots = \lambda$. Além disso, admitiremos que os tempos de serviço sejam independentes e distribuídos exponencialmente, com $\mu_0 = \mu_1 = \cdots = \mu$ e $\lambda < \mu$. Como resultado da Equação 18-26, temos

$$C_j = \left(\frac{\lambda}{\mu}\right)^j = \rho^j, \qquad j = 1, 2, 3, ..., \tag{18-31}$$

e, da Equação 18-27

$$p_j = \rho^j p_0, \qquad j = 1, 2, 3, ...,$$

$$p_0 = \frac{1}{1 + \sum_{j=1}^{\infty} \rho^j} = 1 - \rho. \tag{18-32}$$

Assim, as equações de estado estacionário são

$$p_j = (1-\rho)\rho^j, \qquad j = 0, 1, 2, ... \tag{18-33}$$

Note que a probabilidade de que haja j clientes no sistema, p_j, é dada por uma distribuição geométrica com parâmetro ρ. O número médio de clientes no sistema, L, é determinado como

$$\begin{aligned} L &= \sum_{j=0}^{\infty} j \cdot (1-\rho)\rho^j \\ &= (1-\rho) \cdot \rho \sum_{j=0}^{\infty} \frac{d}{d\rho}(\rho^j) \\ &= (1-\rho) \cdot \rho \frac{d}{d\rho} \sum_{j=0}^{\infty} \rho^j \\ &= \frac{\rho}{1-\rho}. \end{aligned} \tag{18-34}$$

E o comprimento esperado da fila é

$$\begin{aligned} L_q &= \sum_{j=1}^{\infty} (j-1) \cdot p_j \\ &= L - (1-p_0) \\ &= \frac{\rho^2}{1-\rho} = \frac{\lambda^2}{\mu(\mu-\lambda)}. \end{aligned} \tag{18-35}$$

Usando as Equações 18-28 e 18-34, vemos que o tempo médio de espera no sistema é

$$W = \frac{L}{\lambda} = \frac{\rho}{\lambda(1-\rho)} = \frac{1}{\mu - \lambda}, \qquad (18\text{-}36)$$

e o tempo médio de espera na fila é

$$W_q = \frac{L_q}{\lambda} = \frac{\lambda^2}{\mu(\mu - \lambda) \cdot \lambda} = \frac{\lambda}{\mu(\mu - \lambda)}. \qquad (18\text{-}37)$$

Esses resultados poderiam ter sido desenvolvidos diretamente das distribuições do tempo no sistema e do tempo na fila, respectivamente. Como a distribuição exponencial reflete um processo sem memória, uma chegada que encontra j unidades no sistema esperará durante $j + 1$ serviços, incluindo o seu e, assim, seu tempo de espera, T_{j+1}, é a soma de $j + 1$ variáveis aleatórias independentes distribuídas exponencialmente. No Capítulo 6, mostrou-se que essa variável aleatória tem uma distribuição gama. Essa é uma densidade condicional, dado que a chegada encontra j unidades no sistema. Assim, se S representa o tempo no sistema,

$$\begin{aligned}
P(S > w) &= \sum_{j=0}^{\infty} p_j \cdot P(T_{j+1} > w) \\
&= \sum_{j=0}^{\infty} (1-\rho)\rho^j \cdot \int_w^{\infty} \frac{\mu^{j+1}}{\Gamma(j+1)} t^j e^{-\mu t} dt \\
&= \int_w^{\infty} (1-\rho)\mu e^{-\mu t} \sum_{j=0}^{\infty} \frac{(\rho\mu t)^j}{j!} dt \qquad (18\text{-}38) \\
&= \int_w^{\infty} (1-\rho)\mu e^{-(1-\rho)\mu t} dt \\
&= e^{-\mu(1-\rho)w}, \qquad w \geq 0, \\
&= 0, \qquad w < 0,
\end{aligned}$$

que se considera o complemento da função de distribuição para uma variável aleatória exponencial com parâmetro $\mu(1 - \rho)$. O valor médio $W = 1/\mu(1 - \rho) = 1/(\mu - \lambda)$ segue imediatamente.

Se representarmos por S_q o tempo na fila, excluindo o tempo de atendimento, então

$$P(S_q = 0) = p_0 = 1 - \rho.$$

Se fizermos T_j como a soma dos j tempos de serviço, T_j terá, novamente, uma distribuição gama. Então, como nas manipulações anteriores,

$$\begin{aligned}
P(S_q > w_q) &= \sum_{j=1}^{\infty} p_j \cdot P(T_j > w_q) \\
&= \sum_{j=1}^{\infty} (1-\rho)\rho^j \cdot P(T_j > w_q) \qquad (18\text{-}39) \\
&= \rho e^{-\mu(1-\rho)w_q}, \qquad w_q > 0, \\
&= 0, \qquad w_q < 0,
\end{aligned}$$

e encontramos a distribuição do tempo na fila, $g(w_q)$, para $w_q > 0$, como

$$g(w_q) = \frac{d}{dw_q}\left[1 - \rho e^{-\mu(1-\rho)w_q}\right] = \rho(1-\rho)\mu e^{-\mu(1-\rho)w_q}, \qquad w_q > 0.$$

Assim, a distribuição de probabilidade é

$$g(w_q) = 1 - \rho, \qquad w_q = 0,$$
$$= \lambda(1-\rho)e^{-(\mu-\lambda)w_q}, \qquad w_q > 0, \qquad (18\text{-}40)$$

que, como se notou na Seção 2-2, é uma variável aleatória do tipo misto (na Equação 2-2, $G \neq 0$ e $H \neq 0$). O tempo médio de espera na fila, W_q, poderia ter sido determinado diretamente dessa distribuição como

$$W_q = (1-\rho) \cdot 0 + \int_0^\infty w_q \cdot \lambda(1-\rho)e^{-(\mu-\lambda)w_q} dw_q$$
$$= \frac{\lambda}{\mu(\mu-\lambda)}. \qquad (18\text{-}41)$$

Quando $\lambda \geq \mu$, a soma dos termos p_j na Equação 18-32 diverge. Nesse caso, não há solução de estado estacionário, uma vez que o estado estacionário nunca é atingido. Isto é, a fila cresceria sem limites.

18-8 ATENDENTE ÚNICO COM COMPRIMENTO DE FILA LIMITADO

Se a fila é limitada, de modo que no máximo N unidades podem estar no sistema, e se o tempo de serviço exponencial e o tempo entre chegadas exponencial são mantidos do modelo anterior, temos

$$\lambda_0 = \lambda_1 = \cdots = \lambda_{N-1} = \lambda,$$
$$\lambda_j = 0, \qquad j \geq N,$$

e

$$\mu_1 = \mu_2 = \cdots = \mu_N = \mu.$$

Da Equação 18-26, segue que

$$C_j = \left(\frac{\lambda}{\mu}\right)^j, \qquad j \leq N,$$
$$= 0, \qquad j > N. \qquad (18\text{-}42)$$

Assim,

$$p_j = \left(\frac{\lambda}{\mu}\right)^j p_0 = \rho^j p_0 \qquad j = 0, 1, 2, \ldots, N,$$

de modo que

$$p_0 \sum_{j=0}^N \rho^j = 1$$

e

$$p_0 = \frac{1}{1 + \sum_{j=1}^N \rho^j} = \frac{1-\rho}{1-\rho^{N+1}}. \qquad (18\text{-}43)$$

Como resultado, as equações de estado estacionário são dadas por

$$p_j = \rho^j \left[\frac{1-\rho}{1-\rho^{N+1}}\right], \qquad j = 0, 1, 2, \ldots, N. \qquad (18\text{-}44)$$

O número médio de clientes no sistema, nesse caso, é

$$L = \sum_{j=0}^{N} j \cdot \rho^j \left[\frac{1-\rho}{1-\rho^{N+1}} \right]$$
$$= \rho \left[\frac{1-(N+1)\rho^N + N\rho^{N+1}}{(1-\rho)(1-\rho^{N+1})} \right]. \tag{18-45}$$

O número médio de clientes na fila é

$$L_q = \sum_{j=1}^{N} (j-1) \cdot p_j$$
$$= \sum_{j=0}^{N} jp_j - \sum_{j=1}^{N} p_j \tag{18-46}$$
$$= L - (1 - p_0).$$

O tempo médio no sistema é

$$W = \frac{L}{\lambda}, \tag{18-47}$$

e o tempo médio na fila é

$$W_q = \frac{L_q}{\lambda} = \frac{L - 1 + p_0}{\lambda}, \tag{18-48}$$

onde L é dado pela Equação 18-45.

18-9 ATENDENTES MÚLTIPLOS COM UMA FILA ILIMITADA

Consideraremos, agora, o caso em que há múltiplos atendentes. Admitiremos que a fila seja ilimitada e que se verifiquem as hipóteses sobre serem exponenciais os tempos entre chegadas e os tempos de serviço. Nesse caso, temos

$$\lambda_0 = \lambda_1 = \cdots = \lambda_j = \cdots = \lambda \tag{18-49}$$

e

$$\mu_j = j\mu \qquad \text{para } j \leq s,$$
$$= s\mu \qquad \text{para } j > s.$$

Assim, definindo $\phi = \lambda/\mu$, temos

$$C_j = \frac{\lambda^j}{j! \mu^j} = \frac{\phi^j}{j!} \qquad j \leq s$$
$$= \frac{\lambda^j}{s! s^{j-s} \mu^j} = \frac{\phi^j}{s! s^{j-s}}, \qquad j > s. \tag{18-50}$$

Segue, da Equação 18-27, que as equações de estado são desenvolvidas como

$$p_j = \frac{\phi^j p_0}{j!} \qquad j \leq s$$
$$= \frac{\phi^j p_0}{s! s^{j-s}} \qquad j > s$$
$$p_0 = \frac{1}{1 + \sum_{j=1}^{s} \frac{\phi^j}{j!} + \sum_{j=s+1}^{\infty} \frac{\phi^j}{s! s^{j-s}}} \tag{18-51}$$
$$= \frac{1}{\sum_{j=0}^{s-1} \frac{\phi^j}{j!} + \frac{\phi^s}{s!} \left(\frac{1}{1-\rho} \right)}$$

onde $\rho = \lambda/s\mu = \phi/s$ é o coeficiente de utilização, supondo-se $\rho < 1$.

O valor L_q, que representa o número médio de unidades na fila, é desenvolvido como segue:

$$L_q = \sum_{j=s}^{\infty}(j-s)p_j = \sum_{j=0}^{\infty} j \cdot p_{s+j} = \left[\frac{\phi^s}{s!}\sum_{j=0}^{\infty} j\rho^j\right] \cdot p_0$$

$$= \left[\frac{\phi^s}{s!} \cdot \rho \frac{d}{d\rho}\left(\sum_{j=0}^{\infty}\rho^j\right)\right] \cdot p_0 \qquad (18\text{-}52)$$

$$= \left[\frac{\phi^s \rho}{s!(1-\rho)^2}\right] \cdot p_0.$$

Então,

$$W_q = \frac{L_q}{\lambda} \qquad (18\text{-}53)$$

e

$$W = W_q + \frac{1}{\mu}, \qquad (18\text{-}54)$$

de modo que

$$L = \lambda W = \lambda\left(W_q + \frac{1}{\mu}\right) = L_q + \phi. \qquad (18\text{-}55)$$

18-10 OUTROS MODELOS DE FILAS

Há numerosos outros modelos de filas que podem ser desenvolvidos a partir do processo de nascimento e morte. Além disso, é possível desenvolver modelos de filas para situações que envolvem distribuições não-exponenciais. Um resultado útil, dado sem prova, é para um sistema de servidor único que tem tempo entre chegadas exponencial e uma distribuição arbitrária do tempo de serviço, com média $1/\mu$ e variância σ^2. Se $\rho = \lambda/\mu < 1$, então as medidas de estado estacionário são dadas pelas Equações 18-56:

$$\begin{aligned} p_0 &= 1 - \rho, \\ L_q &= \frac{\lambda^2\sigma^2 + \rho^2}{2(1-\rho)}, \\ L &= \rho + L_q, \\ W_q &= \frac{L_q}{\lambda}, \\ W &= W_q + \frac{1}{\mu}. \end{aligned} \qquad (18\text{-}56)$$

No caso em que os tempos de serviço são constantes em $1/\mu$, as relações anteriores fornecem as medidas do desempenho do sistema, fazendo-se a variância $\sigma^2 = 0$.

18-11 RESUMO

Neste capítulo, introduzimos a noção de processos estocásticos de espaço de estado discreto para orientações de tempo discretas e contínuas. O processo de Markov foi desenvolvido juntamente com a apresentação das propriedades e características de estado. Seguiram-se a apresentação do processo de nascimento e morte e várias aplicações importantes dos modelos de filas para a descrição de fenômenos de tempos de espera.

18-12 EXERCÍCIOS

18-1. Uma loja de conserto de sapatos, em um pequeno shopping suburbano, tem um sapateiro. Os sapatos são trazidos para conserto e chegam de acordo com um processo de Poisson, com taxa de chegada constante de dois pares por hora. A distribuição do tempo de conserto é exponencial, com uma média de 20 minutos, e há independência entre os processos de conserto e de chegada. Considere um par de sapatos como uma unidade a ser reparada, e faça o seguinte:
(a) No estado estacionário, ache a probabilidade de que o número de pares de sapatos no sistema exceda 5.
(b) Ache o número médio de pares na loja e o número médio de pares à espera de conserto.
(c) Ache o tempo médio de um ciclo para um par de sapatos na loja (tempo, na loja, esperando conserto mais o tempo de conserto, mas excluindo o tempo de espera para ser apanhado).

18-2. Analisam-se os dados sobre o tempo para uma determinada localidade, e emprega-se uma cadeia de Markov como modelo para a mudança do tempo, como segue. A probabilidade condicional de mudança de chuvoso para céu claro em um dia é 0,3. Analogamente, a probabilidade condicional de transição de céu claro para chuvoso em um dia é 0,1. O modelo deve ser um modelo de tempo discreto, com as transições ocorrendo apenas entre os dias.
(a) Determine a matriz **P** das probabilidades de transição de um passo.
(b) Ache as probabilidades de estado estacionário
(c) Se hoje está claro, ache a probabilidade de que esteja claro exatamente três dias a partir de hoje.
(d) Ache a probabilidade de que a primeira passagem de um dia claro para um dia chuvoso ocorra em exatamente dois dias, dado que o estado inicial é um dia claro.
(e) Qual é o tempo médio de recorrência para o estado de dia chuvoso?

18-3. Um canal de comunicação transmite caracteres binários (0,1). Há uma probabilidade p de que um caractere transmitido seja recebido corretamente por um receptor que, então, transmite para outro canal, e assim por diante. Se X_0 é o caractere inicial e X_1 é o caractere recebido após a primeira transmissão, X_2, após a segunda transmissão etc., então, com independência, $\{X_n\}$ é uma cadeia de Markov. Ache as matrizes de transição de um passo e de estado estacionário.

18-4. Considere uma redundância ativa de dois componentes em que os componentes são idênticos e as distribuições dos tempos de falha são exponenciais. Quando ambas as unidades estão operando, cada uma carrega carga $L/2$ e cada uma tem taxa de falha λ. No entanto, quando uma unidade falha a carga carregada pelo outro componente é L e sua taxa de falha sob essa carga é $1/5\lambda$. Há apenas uma oficina de reparo disponível e o tempo de reparo é distribuído exponencialmente, com média $1/\mu$. Considera-se que o sistema falhou quando ambos os componentes estão no estado de falha. Ambos os componentes estão operando inicialmente. Suponha que $\mu > (1,5)\lambda$. Considere os seguintes estados:

0: Nenhum componente falhou.
1: Um componente falhou e está em reparo.
2: Dois componentes falharam, um está em reparo, um está em espera e o sistema está na condição de falha.

(a) Determine a matriz **P** das probabilidades de transição associadas ao intervalo de tempo Δt.
(b) Determine as probabilidades de estado estacionário.
(c) Escreva o sistema de equações diferenciais que apresenta as relações transientes ou dependentes do tempo para transição.

18-5. Um satélite de comunicação é lançado através de um sistema auxiliar que tem um sistema de controle de orientação de tempo discreto. Os sinais de correção de curso formam uma seqüência $\{X_n\}$, em que o espaço de estado para X é o seguinte:

0: Nenhuma correção é exigida.
1: Exigida correção menor.
2: Exigida correção maior.
3: Abortar e destruir o sistema.

Se $\{X_n\}$ pode ser modelada como uma cadeia de Markov com matriz de transição de um passo como

$$\mathbf{P} = \begin{bmatrix} 1 & 0 & 0 & 0 \\ 2/3 & 1/6 & 1/6 & 0 \\ 0 & 2/3 & 1/6 & 1/6 \\ 0 & 0 & 0 & 1 \end{bmatrix},$$

faça o seguinte:
(a) Mostre que os estados 0 e 1 são estados absorventes.
(b) Se o estado inicial é o estado 1, calcule a probabilidade do estado estacionário de que o sistema esteja no estado 0.
(c) Se as probabilidades iniciais são (0,1/2,1/2,0), calcule a probabilidade de estado estacionário, p_0.
(d) Repita (c) com $A = (1/4, 1/4, 1/4, 1/4)$.

18-6. Um jogador aposta \$1 em cada mão de vinte-e-um. A probabilidade de se ganhar em qualquer mão é p, e a probabilidade de se perder é $1 - p = q$. O jogador continuará a jogar até que tenha acumulado \$Y ou até que não tenha mais dinheiro. Denote por X_t os ganhos acumulados na mão t. Note que $X_{t+1} = X_t + 1$, com probabilidade p, e que $X_{t+1} = X_t - 1$, com probabilidade q, e $X_{t+1} = X_t$ se $X_t = 0$ ou $X_t = Y$. O processo estocástico X_t é uma cadeia de Markov.
(a) Ache a matriz de transição de um passo, **P**.
(b) Para $Y = 4$ e $p = 0,3$, ache as probabilidades de absorção: b_{10}, b_{14}, b_{30} e b_{34}.

18-7. Um objeto se move entre quatro pontos de um círculo, rotulados de 1, 2, 3 e 4. A probabilidade de se mover uma unidade para a direita é p, e a probabilidade de se mover uma unidade para a esquerda é $1 - p = q$. Suponha que o objeto comece em 1 e denote por X_n a localização, no círculo, após n passos.
(a) Ache a matriz de transição de um passo, **P**.
(b) Ache uma expressão para as probabilidades de estado estacionário, p_j.
(c) Calcule as probabilidades p_j para $p = 0,5$ e $p = 0,8$.

18-8. Para o modelo de fila de atendente único apresentado na Seção 18-7, esboce os gráficos das seguintes quantidades como uma função de $\rho = \lambda/\mu$ para $0 < \rho < 1$.
(a) Probabilidade de nenhuma unidade no sistema.
(b) Tempo médio no sistema.
(c) Tempo médio na fila.

18-9. Os tempos entre chegadas em um telefone público são exponenciais, com um tempo médio de 10 minutos. Supõe-se que a duração de uma chamada telefônica seja distribuída exponencialmente, com uma média de 3 minutos.
(a) Qual é a probabilidade de que uma pessoa que chegue à cabine tenha que esperar?
(b) Qual é o comprimento médio da fila?
(c) A companhia telefônica instalará um segundo telefone quando uma pessoa que chegue à cabine tiver uma expectativa de 3 mi-

nutos ou mais de espera. De quanto deve ser o aumento na taxa de chegada de pessoas para justificar um segundo telefone?

(d) Qual é a probabilidade de que uma pessoa que chegue à cabine tenha que esperar mais de 10 minutos pelo telefone?

(e) Qual é a probabilidade de que uma pessoa leve mais de 10 minutos ao todo, esperando e completando a ligação?

(f) Estime a fração de um dia em que o telefone estará em uso.

18-10. Automóveis chegam a um posto de uma maneira aleatória, com uma taxa média de 15 por hora. Esse posto tem apenas uma bomba, com uma taxa média de atendimento de 27 clientes por hora. Os tempos de atendimento são distribuídos exponencialmente. Há espaço para apenas um automóvel em atendimento e dois esperando. Se todos os três espaços estiverem ocupados, um carro que chegue irá para outro posto.

(a) Qual é o número médio de unidades no posto?

(b) Qual é a fração de clientes perdidos?

(c) Por que $L_q \neq L - 1$?

18-11. Uma escola de engenharia tem três secretárias em seu escritório geral. Professores com trabalhos para as secretárias chegam aleatoriamente, a uma taxa média de 20 por dia de 8 horas. A quantidade de tempo que uma secretária gasta em um trabalho tem uma distribuição exponencial, com uma média de 40 minutos.

(a) Qual a fração de tempo em que as secretárias estão ocupadas?

(b) Quanto tempo leva, em média, para que um professor tenha seu trabalho realizado?

(c) Se uma ordem de economia reduziu o número de secretárias a duas, quais serão as respostas para (a) e (b)?

18-12. A freqüência média de chegadas em um aeroporto é de 18 aviões por hora, e o tempo médio que uma partida é retida por causa de uma chegada é de 2 minutos. Quantas partidas podem ser previstas de modo que a probabilidade de um avião ter que esperar seja de 0,20? Ignore os efeitos de população finita e suponha exponenciais os tempos entre chegadas e de serviço.

18-13. Um sistema de reservas de um hotel usa linhas de entrada WATS para atender aos pedidos dos clientes. O número médio de chamadas que chegam por hora é 50, e o tempo médio de atendimento de uma chamada é de 3 minutos. Suponha que os tempos entre chegadas e de atendimento sejam distribuídos exponencialmente. As chamadas que chegam quando todas as linhas estão ocupadas recebem um sinal de ocupado e se perdem do sistema.

(a) Ache as equações de estado estacionário para esse sistema.

(b) Quantas linhas WATS devem ser instaladas para garantir que a probabilidade de um cliente obter um sinal de ocupado seja 0,05?

(c) Qual é a fração de tempo em que todas as linhas WATS estão ocupadas?

(d) Suponha que durante a noite as chamadas ocorram a uma taxa média de 10 por hora. Como isso afeta a utilização das linhas WATS?

(e) Suponha que o tempo médio estimado de atendimento (3 minutos) esteja errado, e que o tempo verdadeiro seja de 5 minutos. Qual o efeito disso sobre a probabilidade de um cliente encontrar todas as linhas ocupadas, se for usado o número de linhas de (b)?

Capítulo 19

Simulação por Computador

Uma das aplicações mais usadas da probabilidade e estatística consiste no uso de métodos de simulação por computador. Uma simulação é simplesmente uma imitação da operação de um sistema do mundo real com o objetivo de avaliar aquele sistema. Nos últimos 20 anos, a simulação computacional tem gozado de grande popularidade nas indústrias de manufatura, produção, logística, serviços e financeiras, para mencionar apenas umas poucas áreas de aplicação. As simulações são, em geral, usadas para analisar sistemas que são muito complicados para serem abordados via métodos analíticos, tal como a teoria de filas. Estamos interessados principalmente em simulações que são:

1. Dinâmicas — isto é, o estado do sistema muda com o tempo.
2. Discretas — isto é, o estado do sistema muda como resultado de eventos discretos, tais como chegadas ou partidas de clientes.
3. Estocásticas (em oposição a determinísticas).

A natureza estocástica da simulação ocasiona a discussão que se segue no texto.

Este capítulo é organizado como segue. Começa, na Seção 19-1, com alguns exemplos motivadores bastante simples que se destinam a mostrar como se pode aplicar a simulação para responder a questões interessantes sobre sistemas estocásticos. Esses exemplos, invariavelmente, envolvem a geração de variáveis aleatórias para dirigir a simulação, por exemplo, tempos entre chegadas de clientes e tempos de atendimento. O objeto da Seção 19-2 é o desenvolvimento de técnicas para a geração de variáveis aleatórias. Já nos referimos a algumas dessas técnicas em capítulos anteriores, mas faremos aqui uma apresentação mais completa. Depois de se rodar uma simulação completamente, deve-se realizar uma análise rigorosa do resultado, uma tarefa difícil, pois o resultado de uma simulação, por exemplo, tempos de espera de clientes, quase nunca é independente ou distribuído identicamente. O problema da análise do resultado é estudado na Seção 19-3. Uma característica particularmente atraente da simulação computacional é sua capacidade de permitir ao experimentador analisar e comparar certos cenários rápida e eficientemente. A Seção 19-4 discute métodos para a redução da variância de estimadores que surgem de um único cenário, resultando, assim, em afirmações mais precisas sobre o desempenho do sistema sem qualquer custo adicional no tempo de execução da simulação. Estendemos, também, este trabalho mencionando métodos para a seleção do melhor entre um número de cenários competidores. Mencionamos, aqui, que excelentes referências gerais para o tópico de simulação estocástica são Banks, Carson, Nelson e Nicol (2001) e Law e Kelton (2000).

19-1 EXEMPLOS MOTIVADORES

Esta seção ilustra o uso da simulação através de uma série de exemplos motivadores simples. O objetivo é mostrar como se usam variáveis aleatórias em uma simulação para responder a questões a respeito do sistema estocástico subjacente.

Exemplo 19-1

Jogada de uma Moeda

Estamos interessados em simular jogadas independentes de uma moeda honesta. Naturalmente, essa é uma seqüência trivial de provas de Bernoulli, com probabilidade de sucesso $p = 1/2$, mas esse exemplo serve para mostrar como se pode usar a simulação para analisar tal sistema. Primeiramente, precisamos gerar realizações de caras (K) e coroas (C), cada uma com probabilidade 1/2. Supondo-se que a simulação possa, de alguma forma, produzir uma seqüência de números aleatórios independentes e uniformes em (0,1), $U_1, U_2, ...$, vamos designar arbitrariamente a jogada i por K se observarmos $U_i < 0{,}5$, e por C se observarmos $U_i \geq 0{,}5$. A forma de gerar esses números independentes uniformes é o assunto da Seção 19-2. De qualquer modo, suponhamos que foram observados os seguintes números uniformes:

$$0{,}32 \quad 0{,}41 \quad 0{,}06 \quad 0{,}93 \quad 0{,}82 \quad 0{,}49 \quad 0{,}21 \quad 0{,}77 \quad 0{,}71 \quad 0{,}08.$$

Essa seqüência de números uniformes corresponde aos resultados KKKCCKKCCK. No Exercício 19-1, pede-se ao leitor que estude esse exemplo de várias maneiras. Esse tipo de simulação "estática", na qual simplesmente repetimos o mesmo tipo de prova vezes e vezes, tornou-se conhecido como simulação de Monte Carlo, em homenagem à cidade-estado européia onde o jogo é uma atividade de recreação popular.

Exemplo 19-2

Estimativa de π

Neste exemplo, estimaremos π usando a simulação de Monte Carlo junto com uma relação geométrica. Em relação à Fig. 19-1, considere um quadrado unitário com um círculo inscrito, ambos centrados em (1/2, 1/2). Se jogarmos dardos aleatoriamente no quadrado, a probabilidade de que um determinado dardo caia dentro do círculo é $\pi/4$, a razão da área do círculo para a do quadrado. Como podemos usar esse fato simples para estimar π? Usaremos a simulação de Monte Carlo para jogar muitos dardos no quadrado. Especificamente, geraremos pares de variáveis aleatórias independentes uniformes em (0,1), $(U_{11}, U_{12}), (U_{21}, U_{22}),\ldots$. Esses pares cairão aleatoriamente no quadrado. Se, para o par i, acontecer que

$$(U_{i1} - 1/2)^2 + (U_{i2} - 1/2)^2 \leq 1/4, \tag{19-1}$$

então esse par cairá também dentro do círculo. Suponha que rodemos o experimento para n pares (dardos). Seja $X_i = 1$ se o par i satisfizer a desigualdade 19-1, isto é, se o i-ésimo dardo cair dentro do círculo; caso contrário, seja $X_i = 0$. Conte, agora, o número de dardos que caem dentro do círculo, $X = \sum_{i=1}^{n} X_i$. Claramente, X tem distribuição binomial com parâmetros n e $p = \pi/4$. Então, a proporção $\hat{p} = X/n$ é a estimativa de máxima verossimilhança para $p = \pi/4$, e, assim, o estimador de máxima verossimilhança para π é exatamente $\hat{\pi} = 4\hat{p}$. Se, por exemplo, realizássemos $n = 1000$ provas e observássemos $X = 753$ dardos no círculo, nossa estimativa seria $\hat{\pi} = 3{,}12$. Encontraremos essa técnica de estimação novamente no Exercício 19-2.

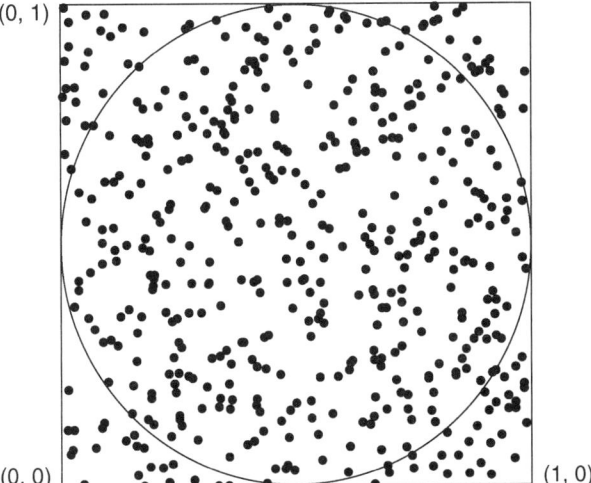

Figura 19-1 Lançando dardos para estimar π.

Exemplo 19-3

Integração de Monte Carlo

Outro uso interessante da simulação por computador envolve a integração de Monte Carlo. Usualmente, o método se torna eficaz apenas para integrais de dimensão mais alta, mas voltaremos ao caso unidimensional básico para simplicidade de exposição. Para isso, considere a integral

$$I = \int_a^b f(x)dx = (b-a)\int_0^1 f(a+(b-a)u)du. \qquad (19\text{-}2)$$

Como descrito na Fig. 19-2, estimaremos o valor dessa integral pela soma dos n retângulos, cada um com largura $1/n$, centrado aleatoriamente no ponto U_i em [0,1] e de altura $f(a + (b - a)U_i)$. Assim, uma estimativa para I é

$$\hat{I}_n = \frac{b-a}{n}\sum_{i=1}^{n} f(a+(b-a)U_i). \qquad (19\text{-}3)$$

Pode-se mostrar (ver Exercício 19-3) que $\hat{I}_n$ é um estimador não-viesado para I, isto é, $E[\hat{I}_n] = I$ para todo n. Isso torna $\hat{I}_n$ um estimador intuitivo e atraente.

Para ilustrar, suponha que desejemos estimar a integral

$$I = \int_0^1 [1+\cos(\pi x)]dx$$

e que os seguintes $n = 4$ números sejam uma amostra de variáveis aleatórias uniformes (0,1):

$$0{,}419 \quad 0{,}109 \quad 0{,}732 \quad 0{,}893.$$

Ligando na equação 19-3, obtemos

$$\hat{I}_4 = \frac{1-0}{4}\sum_{i=1}^{4}\left[1+\cos\left(\pi(0+(1-0)U_i)\right)\right] = 0{,}896,$$

que está próximo da resposta real de 1. Veja o Exercício 19-4 para exemplos adicionais da integração de Monte Carlo.

Exemplo 19-4

Uma Fila de Atendente Único

Nosso objetivo agora é simular o comportamento de um sistema de fila de atendente único. Suponha que seis clientes cheguem a um banco nos seguintes tempos, que foram gerados por alguma distribuição de probabilidade apropriada:

$$3 \quad 4 \quad 6 \quad 10 \quad 15 \quad 20.$$

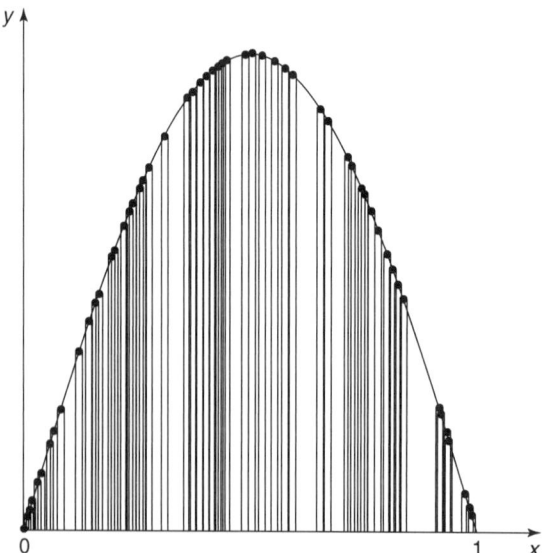

Figura 19-2 Integração de Monte Carlo.

Na chegada, os clientes entram em uma fila defronte de um único caixa e são atendidos seqüencialmente, por ordem de chegada. Os tempos de atendimento correspondentes aos clientes que chegaram são

$$7 \quad 6 \quad 4 \quad 6 \quad 1 \quad 2.$$

Para esse exemplo, estamos supondo que o banco abra no tempo 0 e feche no tempo 20 (logo após a chegada do sexto cliente), atendendo os clientes que restam.

A Tabela 19-1 e a Fig. 19-3 traçam a evolução do sistema à medida que o tempo passa. A tabela mantém registro dos tempos nos quais os clientes chegam, são atendidos e saem. A Fig. 19-3 mostra o gráfico do estado da fila como função do tempo; em particular, mostra $L(t)$, o número de clientes no sistema (fila + atendimento) no tempo t.

Tabela 19-1 Clientes de Banco em um Sistema de Fila de Atendente Único

i, Cliente	A_i, Tempo de Chegada	B_i, Início do Atendimento	S_i, Tempo de Atendimento	D_i, Tempo de Saída	W_i, Espera
1	3	3	7	10	0
2	4	10	6	16	6
3	6	16	4	20	10
4	10	20	6	26	10
5	15	26	1	27	11
6	20	27	2	29	7

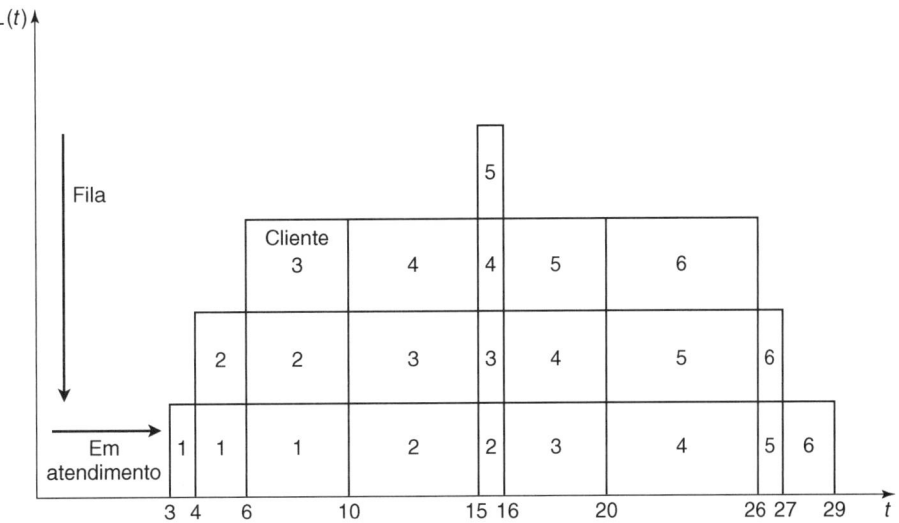

Figura 19-3 Número de clientes $L(t)$ em um sistema de fila de atendente único.

Note que o cliente i pode começar a ser atendido apenas no tempo máx(A_i, D_{i-1}), isto é, o máximo entre seu tempo de chegada e o tempo de partida do cliente anterior. A tabela e a figura são de fácil interpretação. Por exemplo, o sistema está vazio até o tempo 3, quando chega o cliente 1. No tempo 4, chega o cliente 2, mas este deve esperar na fila até que o cliente 1 termine de ser atendido no tempo 10. Vemos, pela figura, que entre os tempos 20 e 26 o cliente 4 está sendo atendido, enquanto os clientes 5 e 6 esperam na fila. Pela tabela, a média do tempo de espera para os seis clientes é $\sum_{i=1}^{6} W_i / 6 = 44/6$. Além disso, o número médio de clientes no sistema é $\int_0^{29} L(t)dt/29 = 70/29$, onde calculamos a integral pela soma dos retângulos da Fig. 19-3. O Exercício 19-5 examina extensões da fila de atendente único. Muitos pacotes de computador para simulação fornecem maneiras simples para a modelagem e a análise de redes de filas mais complicadas.

Exemplo 19-5

Política de Inventário (s, S)
Os pedidos de clientes para um determinado bem chegam todos os dias em uma loja. Durante certo período de uma semana as quantidades pedidas foram

$$10 \quad 6 \quad 11 \quad 3 \quad 20 \quad 6 \quad 8.$$

A loja começa a semana com um estoque inicial de 20. Se o estoque cai para 5 ou menos o dono pede ao armazém central o suficiente para fazer o estoque voltar a 20. Tais ordens de reabastecimento são feitas apenas ao final do dia, e a mercadoria é recebida no dia seguinte, antes da abertura da loja. Não há retorno de pedidos, de modo que os pedidos de clientes que não são atendidos imediatamente se perdem. Isso se chama sistema de inventário (s, S), no qual o estoque é reabastecido em $S = 20$ sempre que atinge o nível $s = 5$.

Esta é a história para esse sistema:

Dia	Estoque Inicial	Pedido de Cliente	Fim do Estoque	Reabastecimento?	Pedidos Perdidos
1	20	10	10	Não	0
2	10	6	4	Sim	0
3	20	11	9	Não	0
4	9	3	6	Não	0
5	6	20	0	Sim	14
6	20	6	14	Não	0
7	14	8	6	Não	0

Vemos que ao final dos dias 2 e 5 foram feitas ordens de reabastecimento. Em particular no dia 5 a loja ficou totalmente sem estoque e, como resultado, perdeu 14 pedidos. Veja o Exercício 19-6.

19-2 GERAÇÃO DE VARIÁVEIS ALEATÓRIAS

Todos os exemplos descritos na Seção 19-1 exigiam variáveis aleatórias para se fazer a simulação. Nos Exemplos 19-1 a 19-3 tivemos necessidade de variáveis aleatórias uniformes (0,1); os Exemplos 19-4 e 19-5 usaram variáveis aleatórias mais complicadas para modelar as chegadas de clientes, os tempos de atendimento e as quantidades de pedidos. Esta seção discute métodos para gerar automaticamente tais variáveis aleatórias. A geração de variáveis aleatórias uniformes (0,1) é um bom ponto de partida, especialmente porque a geração de uniformes (0,1) forma a base para a geração de todas as outras variáveis aleatórias.

19-2.1 Gerando Variáveis Aleatórias Uniformes (0,1)

Há vários métodos para a geração de variáveis aleatórias uniformes (0,1), entre eles os seguintes:

1. Amostragem a partir de certos aparelhos físicos, tais como um relógio atômico.
2. Procura de números aleatórios predeterminados em uma tabela.
3. Geração de números *pseudo-aleatórios* (NPA) a partir de um algoritmo determinístico.

As técnicas mais usadas na prática empregam a última estratégia de geração de NPA a partir de um algoritmo determinístico. Embora, por definição, os NPA não sejam verdadeiramente aleatórios, há muitos algoritmos disponíveis que produzem NPA que parecem perfeitamente aleatórios. Além disso, esses algoritmos têm a vantagem de ser computacionalmente rápidos e repetíveis — velocidade é uma boa propriedade, por razões óbvias, e repetitividade é desejável para experimentadores que desejam ser capazes de repetir os resultados de suas simulações quando as repetições são feitas sob condições idênticas.

Talvez o método mais popular para a obtenção de NPAs seja o gerador de congruência linear (GCL). Aqui, começamos com um inteiro "semente" não-negativo, X_0, usamos a semente para gerar uma seqüência de inteiros não-negativos $X_1, X_2, \ldots$ e, então, convertemos os X_i em NPAs, $U_1, U_2, \ldots$ i o algoritmo é simples.

1. Especifique um inteiro semente não-negativo, X_0.
2. Para $i = 1, 2, \ldots$, seja $X_i = (aX_{i-1} + c) \bmod(m)$, onde a, c e m são constantes inteiras escolhidas apropriadamente e onde "mod" denota a função módulo, por exemplo, $17 \bmod(5) = 2$ e $-1 \bmod(5) = 4$.
3. Para $i = 1, 2, \ldots$, seja $U_i = X_i/m$.

Exemplo 19-6

Considere o gerador de "brinquedo" $X_i = (5X_{i-1} + c) \mod(8)$, com semente $X_0 = 0$. Isso produz a seqüência de inteiros $X_1 = 1, X_2 = 6, X_3 = 7, X_4 = 4, X_5 = 5, X_6 = 2, X_7 = 3, X_8 = 0$, onde os resultados começam a se repetir ou se completa um "ciclo". Os NPAs correspondentes à seqüência, começando com a semente $X_0 = 0$, são, então, $U_1 = 1/8, U_2 = 6/8, U_3 = 7/8, U_4 = 4/8, U_5 = 5/8, U_1 = 2/8, U_7 = 3/8, U_8 = 0$. Como qualquer semente produz, certamente, todos os inteiros 0, 1, ..., 7, dizemos que esse é um gerador de *ciclo inteiro* (ou de *período inteiro*).

Exemplo 19-7

Nem todos os geradores são de período inteiro. Considere outro gerador de "brinquedo" $X_i = (3X_{i-1} + 1) \mod(7)$, com semente $X_0 = 0$. Ele produz a seqüência de inteiros $X_1 = 1, X_2 = 4, X_3 = 6, X_4 = 5, X_5 = 2, X_6 = 0$, onde o ciclo recomeça. Além disso, note que para esse gerador uma semente $X_0 = 3$ produz a seqüência $X_1 = 3 = X_2 = X_3 = ...$, que não parece muito aleatória!

O comprimento do ciclo do gerador do Exemplo 19-7 depende, obviamente, da semente escolhida, o que é uma desvantagem. Os geradores de período inteiro, tal como o estudado no Exemplo 19-6, obviamente evitam esse problema. Um gerador de período inteiro com um longo comprimento de ciclo é apresentado no exemplo que se segue.

Exemplo 19-8

O gerador $X_i = 16897 \, X_{i-1} \mod(2^{31} - 1)$ é de período inteiro. Como $c = 0$, esse gerador é chamado de GCL *multiplicativo*, e deve ser usado com uma semente $X_0 \neq 0$. Esse gerador é usado em muitas aplicações reais, e passa na maioria dos testes estatísticos em relação à uniformidade e à aleatoriedade. Para evitar o excesso de inteiros e problemas de arredondamento aritméticos reais, Bratley, Fox e Schrage (1987) apresentam o seguinte esquema de implementação em Fortran para esse algoritmo.

```
FUNCTION UNIF(IX)
K1 = IX/127773
IX = 16807*(IX - K1*127773) - K1*2836
IF (IX.LT.0)IX = IX + 2147483647
UNIF = IX * 4.656612875E-10
RETURN
END
```

Nesse programa, introduzimos uma semente inteira IX e recebemos um NPA UNIF. A semente IX é atualizada automaticamente para a chamada seguinte. Note que no Fortran a divisão de inteiros resulta em *truncamento*, por exemplo, 15/4 = 3; assim, K1 é um inteiro.

19-2.2 Gerando Variáveis Aleatórias Não-uniformes

O objetivo, agora, é a geração de variáveis aleatórias com distribuições que não sejam uniformes. Os métodos que usaremos para isso começam sempre com um NPA e, então, aplicam ao NPA uma transformação apropriada que resulta na variável aleatória não-uniforme desejada. Tais variáveis aleatórias não-uniformes são importantes na simulação por várias razões: por exemplo, as chegadas de clientes a um local de atendimento em geral seguem um processo de Poisson; os tempos de atendimentos podem ser normais; e as decisões de roteamento são caracterizadas por variáveis aleatórias de Bernoulli.

Método da Transformação Inversa para a Geração de Variáveis Aleatórias

A técnica mais básica para a geração de variáveis aleatórias a partir de um NPA se baseia no admirável *Teorema da Transformação Inversa*.

Teorema 19-1

Se X é uma variável aleatória com função de distribuição acumulada (FDA) $F(x)$, então a variável aleatória $Y = F(X)$ tem distribuição uniforme (0,1).

Prova

Para facilidade de exposição, suponha que X seja uma variável aleatória contínua. Então, a FDA de Y é

$$G(y) = Pr(Y \leq y)$$
$$= Pr(F(X) \leq y)$$
$$= Pr(X \leq F^{-1}(y)) \text{ (a inversa existe, uma vez que } F(x) \text{ é contínua)}$$
$$= F(F^{-1}(y))$$
$$= y.$$

Como $G(y) = y$ é a FDA da distribuição uniforme $(0,1)$, a prova está completa.

De posse do Teorema 19-1 é fácil gerar certas variáveis aleatórias. Tudo o que se tem a fazer é o seguinte:

1. Ache a FDA de X, digamos $F(X)$.
2. Faça $F(X) = U$, onde U é um NPA uniforme $(0,1)$.
3. Resolva em relação a $X = F^{-1}(U)$.

Ilustramos essa técnica com uma série de exemplos, tanto para distribuições contínuas quanto discretas.

Exemplo 19-9

Vamos, aqui, gerar uma variável aleatória exponencial com taxa λ, seguindo a receita delineada acima.

1. A FDA é $F(x) = 1 - e^{-\lambda x}$.
2. Faça $F(x) = 1 - e^{-\lambda x} = U$.
3. Resolvendo em relação a X, obtemos $X = F^{-1}(U) = -[\ln(1 - U)]/\lambda$.

Assim, se se fornece um NPA uniforme $(0,1)$ U, vemos que $X = -[\ln(1 - U)]/\lambda$ é uma variável aleatória exponencial com parâmetro l.

Exemplo 19-10

Agora, vamos gerar uma variável aleatória normal padrão, Z. Usando a notação especial $\Phi(\cdot)$ para a FDA normal-padrão $(0,1)$, fazemos $\Phi(Z) = U$, de modo que $Z = \Phi^{-1}(U)$. Infelizmente, a FDA inversa não existe na forma fechada, de modo que devemos recorrer ao uso de tabelas da normal padronizada (ou outras aproximações). Por exemplo, se temos $U = 0{,}72$, então a Tabela II (Apêndice) nos dá $Z = \Phi^{-1}(0{,}72) = 0{,}583$.

Exemplo 19-11

Podemos estender o exemplo anterior para gerar qualquer variável normal, isto é, uma com média e variância arbitrárias. Isso é imediato, uma vez que se Z é normal-padrão, então $X = \mu + \sigma Z$ é normal com média μ e variância σ^2. Por exemplo, suponha que estejamos interessados em gerar uma variável normal X com média $\mu = 3$ e variância $\sigma^2 = 4$. Então, se, como no exemplo anterior, $U = 0{,}72$, obtemos $Z \approx 0{,}583$ e, como conseqüência, $X \approx 3 + 2(0{,}583) = 4{,}166$.

Exemplo 19-12

Podemos usar, também, as idéias do Teorema 19-1 para gerar realizações de variáveis aleatórias discretas. Suponha que a variável aleatória discreta X tenha função de probabilidade

$$p(x) = \begin{cases} 0{,}3 & \text{se } x = -1, \\ 0{,}6 & \text{se } x = 2{,}3, \\ 0{,}1 & \text{se } x = 7, \\ 0 & \text{caso contrário.} \end{cases}$$

Para gerar variáveis a partir dessa distribuição fazemos a seguinte tabela, onde $F(X)$ é a FDA associada e U denota o conjunto de NPAs uniformes $(0,1)$ correspondentes a cada valor de x:

x	p(x)	F(x)	U
−1	0,3	0,3	[0; 0,3)
2,3	0,6	0,9	[0,3; 0,9)
7	0,1	1,0	[0,9; 1,0)

Para gerar uma realização de X, geramos primeiro um NPA U e, então, lemos o valor correspondente de x na tabela. Por exemplo, se $U = 0,43$, então $X = 2,3$.

Outros Métodos de Geração de Variáveis Aleatórias

Embora o método da transformação inversa seja intuitivamente agradável de ser usado, sua aplicação na vida real pode algumas vezes ser difícil. Por exemplo, expressões de forma fechada para a inversa FDA, $F^{-1}(U)$, podem não existir, como no caso da distribuição normal, ou a aplicação do método pode ser desnecessariamente tediosa. Apresentamos, agora, alguns métodos interessantes para geração de uma variedade de variáveis aleatórias.

Método de Box-Müller

O método de Box-Müller (1958) é uma técnica exata para a geração de variáveis aleatórias (0,1) normais padronizadas independentes e identicamente distribuídas (IID). O teorema apropriado, mencionado sem prova, é

Teorema 19-2

Sejam U_1 e U_2 variáveis aleatórias IID uniformes (0,1). Então

$$Z_1 = \sqrt{-2\ln(U_1)} \cos(2\pi U_2)$$

e

$$Z_2 = \sqrt{-2\ln(U_1)} \operatorname{sen}(2\pi U_2)$$

são variáveis aleatórias normais padronizadas IID.

Note que as avaliações dos senos e co-senos devem ser feitas em *radianos*.

Exemplo 19-13

Suponha que $U_1 = 0,35$ e $U_2 = 0,65$ sejam dois NPAs IID. Usando o método de Box-Müller para gerar duas variáveis aleatórias normais (0,1), obtemos

$$Z_1 = \sqrt{-2\ln(0,35)} \cos(2\pi(0,65)) = -0,8517$$

e

$$Z_2 = \sqrt{-2\ln(0,35)} \operatorname{sen}(2\pi(0,65)) = -1,172.$$

Teorema Central do Limite

Pode-se usar, também, o Teorema Central do Limite (TCL) para gerar variáveis aleatórias de maneira rápida que são *aproximadamente* normais. Suponha que $U_1, U_2, ..., U_n$ sejam NPAs IID. Então, para valores grandes de n o TCL diz que

$$\frac{\sum_{i=1}^{n} U_i - \mathrm{E}\left[\sum_{i=1}^{n} U_i\right]}{\sqrt{\mathrm{Var}\left(\sum_{i=1}^{n} U_i\right)}}$$

$$= \frac{\sum_{i=1}^{n} U_i - \sum_{i=1}^{n} \mathrm{E}[U_i]}{\sqrt{\sum_{i=1}^{n} \mathrm{Var}(U_i)}}$$

$$= \frac{\sum_{i=1}^{n} U_i - (n/2)}{\sqrt{n/12}}$$

$$\approx \mathrm{N}(0,1).$$

Em particular, a escolha $n = 12$ (que resulta em "grande o bastante") fornece a aproximação conveniente

$$\sum_{i=1}^{12} U_i - 6 \approx N(0,1).$$

Exemplo 19-14

Suponha que tenhamos os seguintes NPAs:

0,28 0,87 0,44 0,49 0,10 0,76 0,65 0,98 0,24 0,29 0,77 0,90.

Então

$$\sum_{i=1}^{12} U_i - 6 = 0,77$$

é uma realização de uma distribuição aproximadamente normal padronizada.

Convolução

Um outro artifício popular envolve a geração de variáveis aleatórias via *convolução*, o que indica que algum tipo de soma foi feito.

Exemplo 19-15

Suponha que $X_1, X_2, ..., X_n$ sejam variáveis aleatórias exponenciais IID com taxa λ. Então, diz-se que $Y = \sum_{i=1}^{n} X_i$ tem uma distribuição *Erlang*, com parâmetros n e λ. Resulta que essa distribuição tem função de densidade de probabilidade

$$f(y) = \begin{cases} \lambda^n e^{-\lambda y} y^{n-1} / (n-1)! & \text{se } y > 0, \\ 0 & \text{caso contrário.} \end{cases} \quad (19\text{-}4)$$

que os leitores devem reconhecer como um caso especial da distribuição gama (veja o Exercício 19-16).

A FDA dessa distribuição é muito difícil de ser invertida diretamente. Uma maneira que ocorre à mente para a geração de uma realização de uma Erlang é simplesmente gerar e, então, somar n variáveis aleatórias exponenciais (λ) IID. O esquema seguinte é uma maneira eficiente de se fazer exatamente isso. Suponha que $U_1, U_2, ..., U_n$ sejam NPAs IID. Pelo Exemplo 19-9, sabemos que $X_i = -\frac{1}{\lambda} \ln(1 - U_i)$, $i = 1, 2, ..., n$ são variáveis aleatórias exponenciais (λ) IID. Assim, podemos escrever

$$Y = \sum_{i=1}^{n} X_i$$
$$= \sum_{i=1}^{n} \left[-\frac{1}{\lambda} \ln(1 - U_i) \right]$$
$$= -\frac{1}{\lambda} \ln\left(\prod_{i=1}^{n} (1 - U_i) \right).$$

Essa implementação é muito eficiente, uma vez que requer apenas uma execução de uma operação log natural. De fato, podemos fazer um pouco melhor de um ponto de vista de eficiência — note, simplesmente, que tanto U_i quanto $(1 - U_i)$ são uniformes $(0,1)$. Então,

$$Y = -\frac{1}{\lambda} \ln\left(\prod_{i=1}^{n} U_i \right)$$

é também Erlang.

Para ilustrar, suponha que tenhamos três NPAs IID à disposição, $U_1 = 0,23$, $U_2 = 0,97$ e $U_3 = 0,48$. Para gerar uma realização da Erlang com parâmetros $n = 3$ e $\lambda = 2$ tomamos simplesmente

$$Y = -\frac{1}{\lambda} \ln(U_1 U_2 U_3) = -\frac{1}{2} \ln((0,23)(0,97)(0,48)) = 1,117.$$

Aceitação-Rejeição

Uma das mais populares classes de procedimentos de geração de variáveis aleatórias funciona pela amostragem de NPAs até que algum critério apropriado de "aceitação" seja satisfeito.

Exemplo 19-16

Um exemplo fácil da técnica de aceitação-rejeição envolve a geração de uma variável aleatória geométrica com probabilidade de sucesso p. Para isso, considere uma seqüência de NPAs $U_1, U_2, \ldots$. Nosso objetivo é gerar uma realização geométrica X, isto é, uma variável que tenha a função de probabilidade

$$p(x) = \begin{cases} (1-p)^{x-1} p & \text{se } x = 1, 2, \ldots, \\ 0, & \text{caso contrário.} \end{cases}$$

Em palavras, X representa o número de provas de Bernoulli até que se observe o primeiro sucesso. Essa caracterização sugere imediatamente um algoritmo elementar de aceitação-rejeição.

1. Inicie com $i \leftarrow 0$.
2. Faça $i \leftarrow i + 1$.
3. Tome uma observação de Bernoulli (p).

$$Y_i = \begin{cases} 1 & \text{se } U_i < p, \\ 0, & \text{caso contrário.} \end{cases}$$

4. Se $Y_i = 1$, então temos nosso primeiro sucesso e paramos, caso em que *aceitamos* $X = i$. Caso contrário, se $Y_i = 0$, então *rejeitamos* e voltamos ao passo 2.

Para ilustrar, vamos gerar uma variável geométrica com probabilidade de sucesso $p = 0,3$. Suponha que tenhamos à nossa disposição os seguintes NPAs:

$$0,38 \quad 0,67 \quad 0,24 \quad 0,89 \quad 0,10 \quad 0,71.$$

Como $U_1 = 0,38 \geq p$, temos $Y_1 = 0$ e rejeitamos $X = 1$. Como $U_2 = 0,67 \geq p$, temos $Y_2 = 0$ e rejeitamos $X = 2$. Como $U_3 = 0,24 < p$, temos $Y_3 = 1$ e aceitamos $X = 3$.

19-3 ANÁLISE DA SAÍDA

A análise da saída da simulação é um dos aspectos mais importantes de qualquer estudo de simulação adequado e completo. Como os processos de entrada que norteiam a simulação são usualmente variáveis aleatórias (p. ex., tempos entre chegadas, tempos de atendimento e tempos de parada), devemos considerar a saída da simulação também como aleatória. Assim, rodadas da simulação resultam apenas em *estimativas* de medidas do desempenho do sistema (p. ex., o tempo médio de espera do cliente). Esses estimadores são, eles mesmos, variáveis aleatórias e estão, portanto, sujeitos ao erro amostral — e o erro amostral deve ser levado em conta para se fazer inferências válidas em relação ao desempenho do sistema.

O problema é que a simulação quase nunca produz saída bruta conveniente que sejam dados normais IID. Por exemplo, os tempos de espera de clientes consecutivos em um sistema de fila

- não são independentes — de modo típico, eles são serialmente correlacionados; se um cliente no correio espera na fila por um longo tempo, então é provável que o próximo cliente também espere um longo tempo.
- não são identicamente distribuídos — os clientes que aparecem de manhã cedo provavelmente esperam menos do que os que aparecem logo antes do final do expediente.
- não são distribuídos normalmente — eles são usualmente assimétricos à direita (e, certamente, não são menores do que zero).

O fato é que é difícil aplicar as técnicas da estatística "clássica" à análise da saída de simulações. Nosso objetivo aqui é dar métodos para a realização da análise estatística de saídas de simulações de computador de eventos discretos. Para facilitar a apresentação, identificamos dois tipos de simulação em relação à análise da saída: simulações terminais e de estado estacionário.

1. *Simulações terminais* (*ou transientes*). Aqui, a natureza do problema define explicitamente o comprimento da rodada da simulação. Por exemplo, podemos estar interessados na simulação de um banco que fecha em um horário específico a cada dia.

2. *Simulações não-terminais (estado estacionário).* Aqui, estuda-se o comportamento a longo prazo do sistema. Presumivelmente, esse comportamento de "estado estacionário" é independente das condições iniciais da simulação. Um exemplo é o da linha de produção contínua, para a qual o experimentador está interessado em alguma medida de desempenho a longo prazo.

As técnicas para analisar saídas de simulações terminais se baseiam no método de replicações independentes, discutido na Seção 19-3.1. Problemas adicionais surgem para simulações de estado estacionário. Por exemplo, devemos agora nos preocupar com o problema do início da simulação — como deve ser iniciada no tempo zero e por quanto tempo deve ser rodada antes que possam ser coletados dados representativos de estado estacionário? Problemas de iniciação são considerados na Seção 19-3.2. Finalmente, a Seção 19-3.3 trata da questão de estimação pontual e de intervalos de confiança para os parâmetros de desempenho da simulação de estado estacionário.

19-3.1 Análise de Simulação Terminal

Estamos, aqui, interessados na simulação de algum sistema de interesse por um horizonte de tempo finito. Suponha, por enquanto, que tenhamos obtido saída de simulação discreta, $Y_1, Y_2, ..., Y_m$, onde o número de observações, m, pode ser constante ou uma variável aleatória. Por exemplo, o experimentador pode especificar o número m de tempos de espera de clientes, $Y_1, Y_2, ..., Y_m$ a serem tirados de uma simulação de fila. Ou m pode denotar o número aleatório de clientes observados durante um período de tempo especificado, $[0, T]$.

Alternativamente, podemos observar uma saída de simulação *contínua* $\{Y(t) | 0 \leq t \leq T\}$ por um período de tempo especificado $[0, T]$. Por exemplo, se estivermos interessados em estimar o número médio de clientes que esperam na fila durante $[0, T]$, a quantidade $Y(t)$ será o número de clientes na fila no instante t.

O objetivo mais fácil é estimar o valor esperado da média amostral das observações,

$$\theta \equiv E[\overline{Y}_m],$$

em que a média amostral no caso discreto é

$$\overline{Y}_m \equiv \frac{1}{m} \sum_{i=1}^{m} Y_i$$

(com uma expressão análoga para o caso contínuo). Por exemplo, podemos estar interessados em estimar o valor esperado do tempo médio de espera de todos os clientes em um shopping durante o período de 10 às 14 horas.

Embora $\overline{Y}_m$ seja um estimador não-viesado para θ, uma análise estatística adequada exige que encontremos, também, uma estimativa da $Var(\overline{Y}_m)$. Como os Y_i não são, necessariamente, variáveis aleatórias IID, pode acontecer que $Var(\overline{Y}_m) \neq Var(Y_i)/m$ para algum i, um caso não incluído nos cursos básicos de estatística.

Por essa razão, é provável que a variância amostral familiar

$$S^2 = \frac{1}{m-1} \sum_{i=1}^{m} \left(Y_i - \overline{Y}_m\right)^2$$

seja altamente *viesada* como um estimador de $mVar(\overline{Y}_m)$. Assim, não se deve usar S^2/m para se estimar $Var(\overline{Y}_m)$.

Uma maneira de contornar o problema é pelo método de *replicação independente* (RI). A RI estima $Var(\overline{Y}_m)$ através da realização de b rodadas de simulação independentes (replicações) do sistema em estudo, em que cada replicação consiste em m observações. É fácil fazer replicações independentes — simplesmente reinicie cada replicação com uma semente pseudo-aleatória diferente.

Para prosseguir, denote a média amostral da replicação i por

$$Z_i \equiv \frac{1}{m} \sum_{j=1}^{m} Y_{i,j},$$

onde $Y_{i,j}$ é a observação j da replicação i, para $i = 1, 2, ..., b$ e $j = 1, 2, ..., m$.

Se cada rodada se inicia com as mesmas condições de operação (p. ex., todas as filas vazias e ociosas), então as médias amostrais das replicações $Z_1, Z_2, ..., Z_b$ são variáveis aleatórias IID. Então, o estimador pontual óbvio para $Var(\overline{Y}_m) = Var(Z_i)$ é

$$\hat{V}_R \equiv \frac{1}{b-1} \sum_{i=1}^{b} (Z_i - \overline{Z}_b)^2,$$

em que a média geral é definida como

$$\overline{Z}_b \equiv \frac{1}{b} \sum_{i=1}^{b} Z_i.$$

Note como as fórmulas de $\hat{V}_R$ e S^2/m se parecem uma com a outra. Mas, como as médias amostrais das replicações são IID, $\hat{V}_R$ é, em geral, muito menos viesada do que S^2/m para estimar $Var(\overline{Y}_m)$.

À luz dessa discussão, vemos que $\hat{V}_R/b$ é um estimador razoável para $Var(\overline{Z}_b)$. Além disso, se o número de observações por replicação, m, é suficientemente grande, o Teorema Central do Limite nos diz que as médias amostrais das replicações são aproximadamente *normais* IID.

Assim, a estatística básica (Capítulo 10) fornece um intervalo de confiança (IC) bilateral aproximado de $100(1 - \alpha)\%$ de confiança para θ,

$$\theta \in \overline{Z}_b \pm t_{\alpha/2, b-1} \sqrt{\hat{V}_R/b}, \tag{19-5}$$

em que $t_{\alpha/2, b-1}$ é o ponto percentual $1 - \alpha/2$ da distribuição t com $b - 1$ graus de liberdade.

Exemplo 19-17

Suponha que desejemos estimar o valor provável do tempo médio de espera para os 5000 primeiros clientes que aguardam em certo sistema de filas. Faremos cinco replicações independentes do sistema, com cada rodada começando com o sistema vazio e ocioso consistindo em 5000 tempos de espera. As médias das replicações resultantes são

i	1	2	3	4	5
Z_i	3,2	4,3	5,1	4,2	4,6

Então, $\overline{Z}_5 = 4,28$ e $\hat{V}_R = 0,487$. Para o nível $\alpha = 0,05$, temos $t_{0,025;\,4} = 2,78$, e a Equação 19-5 dá [3,41; 5,15] como um IC de 95% de confiança para o valor esperado do tempo médio de espera para os primeiros 5000 clientes.

Replicações independentes podem ser usadas no cálculo de estimativas da variância para estatísticas diferentes da média amostral. Assim, o método pode ser usado para a obtenção de ICs para quantidades diferentes de $E[\overline{Y}_m]$, por exemplo, quantis. Veja qualquer dos textos usuais sobre simulação para usos adicionais de replicações independentes.

19-3.2 Problemas de Iniciação

Antes que uma simulação possa ser rodada, devem-se arranjar valores iniciais para todas as variáveis de estado de simulação. Como o experimentador pode não saber quais valores iniciais são apropriados para as variáveis de estado, esses valores devem ser escolhidos arbitrariamente de alguma forma. Por exemplo, devemos decidir que seja "mais conveniente" iniciar uma fila vazia e ociosa. Tal escolha das condições iniciais pode ter um impacto significativo, mas não reconhecido, sobre os resultados da rodada da simulação. Assim, o problema do *viés da iniciação* pode levar a erros, particularmente na análise da saída de estado estacionário.

Alguns exemplos de problemas relativos à iniciação de simulação são os seguintes.

1. A detecção visual dos efeitos da iniciação é, algumas vezes, difícil — especialmente no caso de processos estocásticos que têm alta variância intrínseca, tais como sistemas de filas.

2. Como se deve iniciar a simulação? Suponha que uma loja de máquinas feche em certa hora a cada dia, mesmo que haja serviços esperando para serem feitos. Deve-se, então, ter cuidado para começar cada dia com uma demanda que dependa do número de trabalhos restantes do dia anterior.
3. O viés da iniciação pode levar a estimadores pontuais para os parâmetros do estado estacionário apresentando alto erro quadrático médio, bem como ICs com cobertura pobre.

Como o viés da iniciação origina preocupações importantes, como detectá-lo e lidar com ele? Listamos, primeiramente, métodos para detectá-lo.

1. *Tente detectar o viés visualmente*, examinando uma realização do processo simulado. Isso pode não ser fácil, uma vez que a análise pode perder o viés. Além disso, um exame visual pode ser tedioso. Para tornar a análise visual mais eficiente devem-se transformar os dados (p. ex., tome logaritmo ou raiz quadrada), suavizá-los, tomar as médias por várias replicações independentes ou construir gráficos de média móvel.
2. *Realize testes estatísticos para o viés da iniciação*. Kelton e Law (1983) dão um procedimento seqüencial intuitivamente atraente para se detectar o viés. Vários outros testes verificam se a porção inicial da saída da simulação contém mais variação do que as porções posteriores.

Se for detectado viés na iniciação, pode-se desejar fazer alguma coisa em relação a ele. Há dois métodos simples para se lidar com o viés. Um é *truncar a saída*, permitindo que a simulação "se aqueça" antes que os dados sejam retidos para análise. O experimentador esperaria, então, que os dados restantes fossem representativos do sistema de estado estacionário. O truncamento da saída é, provavelmente, o método mais popular para se lidar com o viés da iniciação, e todas as principais linguagens de simulação têm funções de truncamento embutidas. Mas, como encontrar um bom ponto de truncamento? Se a saída for truncada "muito cedo" pode ainda existir viés significativo nos dados restantes. Se for truncada "muito tarde", então podem-se perder boas observações. Infelizmente, as regras simples para a determinação de pontos de truncamento não funcionam bem, em geral. Uma prática comum é fazer a média das observações através de várias replicações e, então, escolher visualmente um ponto de truncamento com base nas médias das rodadas. Veja Welch (1983) para uma boa abordagem gráfica/visual.

O segundo método consiste em *fazer uma rodada muito longa* para superar os efeitos do viés de iniciação. Esse método de controle do viés é conceitualmente simples de ser realizado e pode resultar em estimadores pontuais que tenham erros quadráticos médios mais baixos do que os estimadores análogos a partir de dados truncados (veja, p. ex., Fishman 1978). No entanto, um problema com essa abordagem é que ela pode ser antieconômica com relação às observações; para alguns sistemas, pode ser exigido um comprimento excessivo da rodada antes que os efeitos da iniciação se tornem desprezíveis.

19-3.3 Análise da Simulação de Estado Estacionário

Suponha, agora, que tenhamos em mãos uma saída de simulação estacionária (estado estacionário) $Y_1, Y_2, ..., Y_n$. Nosso objetivo é estimar algum parâmetro de interesse, possivelmente o tempo médio de espera do cliente ou o lucro esperado, produzido por certa configuração da fábrica. Como no caso de simulações terminais, uma boa análise estatística deve fornecer o valor de qualquer estimador pontual juntamente com uma medida de sua variância.

Várias metodologias têm sido propostas na literatura para a condução da análise da saída de estado estacionário; médias de lotes, replicações independentes, séries temporais padronizadas, análise espectral, regeneração, modelagem por séries temporais, bem como várias outras. Examinaremos as duas mais populares: médias de lotes e replicações independentes. (Lembre-se: conforme discutido antes, os intervalos de confiança para simulações *terminais* em geral usam replicações independentes.)

Médias de Lotes

Em geral o método de médias de lotes é usado para se estimar $Var(\bar{Y}_n)$ ou calcular ICs para a média μ de processos de estado estacionário. A idéia é dividir uma longa rodada de simulação em um número de lotes contíguos e, então, lançar mão do Teorema Central do Limite para se supor que as médias amostrais de lotes resultantes sejam aproximadamente normais IID.

Em particular, suponha que particionemos $Y_1, Y_2, ..., Y_n$ em b lotes contíguos, disjuntos, cada um consistindo em m observações (suponha que $n = bm$). Assim, o i-ésimo lote, $i = 1, 2, ..., b$, consiste nas variáveis aleatórias

$$Y_{(i-1)m+1}, Y_{(i-1)m+2}, ..., Y_{im}.$$

A média do i-ésimo lote é, simplesmente, a média amostral das m observações do lote i, $i = 1, 2, ..., b$,

$$Z_i = \frac{1}{m} \sum_{j=1}^{m} Y_{(i-1)m+j}.$$

Do mesmo modo que para replicações independentes, definimos o estimador para $Var(Z_i)$ baseado nas médias dos lotes como

$$\hat{V}_B = \frac{1}{b-1} \sum_{i=1}^{b} \left(Z_i - \overline{Z}_b\right)^2,$$

em que

$$\overline{Y}_n = \overline{Z}_b = \frac{1}{b} \sum_{i=1}^{b} Z_i$$

é a média amostral geral. Se m é grande, então as médias dos lotes são aproximadamente *normais* IID, e (como para RI) obtemos um IC aproximado para μ, de $100(1 - \alpha)\%$ de confiança,

$$\mu \in \overline{Z}_b \pm t_{\alpha/2, b-1} \sqrt{\hat{V}_B / b}.$$

Essa equação é muito semelhante à Equação 19-5. Naturalmente, a diferença aqui é que as médias de lotes dividem uma longa rodada em um número de lotes, enquanto as replicações independentes usam um número de rodadas mais curtas independentes. Na verdade, considere o velho exemplo de RI da Seção 19-3.1, entendendo-se que os Z_i devem, agora, ser considerados como médias de lotes (em vez de médias de replicações); então, os mesmos números valem para o exemplo.

A técnica de médias de lotes é intuitivamente atraente e fácil de se compreender. Mas podem surgir problemas se os Y_j não forem estacionários (p. ex., se estiver presente um viés de iniciação significativo), se as médias dos lotes não forem normais ou se as médias dos lotes não forem independentes. Se existe qualquer dessas violações de hipóteses, podem resultar intervalos de confiança de baixa cobertura — sem que o analista perceba.

Para melhorar o problema do viés da iniciação, o usuário pode truncar alguns dos dados ou fazer uma longa rodada, como discutido na Seção 19-3.2. Além disso, a falta de independência ou de normalidade das médias dos lotes pode ser contornada pelo aumento do tamanho do lote, m.

Replicações Independentes

Entre as dificuldades encontradas ao se usar as médias de lotes, a mais preocupante deve ser a possibilidade de correlação entre as médias dos lotes. Esse problema é explicitamente evitado pelo método de RI, descrito no contexto de simulações terminais, na Seção 19-3.1. De fato, as médias de replicações são independentes por construção. Infelizmente, como *cada* uma das b replicações deve ser iniciada apropriadamente, o viés da iniciação apresenta mais problemas quando se usam RI do que quando se usam médias de lotes. A recomendação usual, no contexto da análise de estado estacionário, é usar as médias de lotes preferencialmente às RI por causa do possível viés de iniciação em cada uma das replicações.

19-4 COMPARAÇÃO DE SISTEMAS

Um dos usos mais importantes da análise de saída de simulação diz respeito à comparação de sistemas competidores ou de configurações alternativas de sistemas. Por exemplo, suponha que desejemos avaliar duas diferentes estratégias de "reinício" que uma companhia aérea pode usar em seguida a uma grande interrupção do tráfego, tal como uma tempestade de neve no Alasca. Qual política minimiza uma certa função custo associada ao reinício? A simulação é inigualavelmente equipada para ajudar o experimentador a conduzir esse tipo de análise de comparação.

Há muitas técnicas disponíveis para a comparação de sistemas, entre elas (i) ICs da estatística clássica, (ii) números aleatórios comuns (NAC), (iii) variáveis antitéticas e (iv) procedimentos de hierarquia e seleção.

19-4.1 Intervalos de Confiança Clássicos

Em nosso exemplo da linha aérea, seja $Z_{i,j}$ o custo obtida da j-ésima replicação de simulação da estratégia i, $i = 1, 2, j = 1, 2, ..., b_i$. Suponha que $Z_{i,1}, Z_{i,2}, ..., Z_{i,b_i}$ sejam normais IID com média μ_i desconhecida e variância desconhecida, $i = 1, 2$, uma hipótese que pode ser justificada pela argumentação de que podemos fazer o seguinte:

1. Obter dados independentes pelo controle dos números aleatórios entre replicações.
2. Obter custos identicamente distribuídos entre replicações pela realização das replicações sob condições idênticas.
3. Obter dados aproximadamente normais pela adição (ou pela média) de vários subcustos para a obtenção dos custos gerais para ambas as estratégias.

O objetivo é calcular um IC de $100(1 - \alpha)\%$ de confiança para a diferença $\mu_1 - \mu_2$. Para isso, suponha que os $Z_{1,j}$ sejam independentes dos $Z_{2,j}$, e defina

$$\overline{Z}_{i,b_i} = \frac{1}{b_i} \sum_{j=1}^{b_i} Z_{i,j}, \qquad i = 1, 2,$$

e

$$S_i^2 = \frac{1}{b_i - 1} \sum_{j=1}^{b_i} \left(Z_{i,j} - \overline{Z}_{i,b_i} \right)^2, \qquad i = 1, 2.$$

Um IC aproximado de $100(1 - \alpha)\%$ de confiança é

$$\mu_1 - \mu_2 \in \overline{Z}_{1,b_1} - \overline{Z}_{2,b_2} \pm t_{\alpha/2,\nu} \sqrt{\frac{S_1^2}{b_1} + \frac{S_2^2}{b_2}},$$

em que o número aproximado de graus de liberdade ν (uma função das variâncias amostrais) foi dado no Capítulo 10.

Suponha que (como no exemplo da linha aérea) o custo baixo seja bom. Se o intervalo se situa totalmente à esquerda [direita] de zero, então o sistema 1 [2] é melhor; se o intervalo contém o zero, então os dois sistemas devem ser considerados, em um sentido estatístico, iguais.

Uma estratégia alternativa clássica é usar um IC que seja análogo a um teste t emparelhado. Aqui, tomamos b replicações de *ambas* as estratégias e fazemos as diferenças $D_j = Z_{1,j} - Z_{2,j}$ para $j = 1, 2, ..., b$. Calculamos, então, as médias e as variâncias amostrais das diferenças:

$$\overline{D}_b = \frac{1}{b} \sum_{j=1}^{b} D_j \quad \text{e} \quad S_D^2 = \frac{1}{b-1} \sum_{j=1}^{b} \left(D_j - \overline{D}_b \right)^2.$$

O IC de $100(1 - \alpha)\%$ resultante é

$$\mu_1 - \mu_2 \in \overline{D}_b \pm t_{\alpha/2,b-1} \sqrt{S_D^2/b}.$$

Esses intervalos t emparelhados são muito eficientes se $Corr(Z_{1,j}, Z_{2,j}) > 0$, $j = 1, 2, ..., b$ (onde ainda supomos que $Z_{1,1}, Z_{1,2}, ..., Z_{1,b}$ são IID e $Z_{2,1}, Z_{2,2}, ..., Z_{2,b}$ são IID). Nesse caso, resulta que

$$V(\overline{D}_b) < \frac{V(Z_{1,j}) + V(Z_{2,j})}{b}.$$

Se $Z_{1,j}$ e $Z_{2,j}$ tivessem sido simulados *independentemente*, então teríamos *igualdade* na expressão. Assim, o artifício pode resultar em um S_D^2 relativamente pequeno e, então, pequeno comprimento do IC. Assim, como invocar o artifício?

19-4.2 Números Aleatórios Comuns

A idéia por trás do artifício visto aqui é usar *números aleatórios comuns*, isto é, usar os mesmos números pseudo-aleatórios exatamente da mesma maneira para rodadas correspondentes de cada um dos sistemas competidores. Por exemplo, podemos usar precisamente os mesmos tempos de chegada de clientes ao simular diferentes configurações propostas para uma loja de serviços. Submetendo os sistemas alternativos a condições experimentais idênticas, esperamos tornar fácil a distinção de quais sistemas são melhores, mesmo que os respectivos estimadores estejam sujeitos a erro amostral.

Considere o caso em que comparamos dois sistemas de filas, A e B, com base nos tempos esperados de trânsito dos clientes, θ_A e θ_B, onde o menor valor de θ corresponde ao melhor sistema. Suponha que tenhamos estimadores $\hat{\theta}_A$ e $\hat{\theta}_B$ para θ_A e θ_B, respectivamente. Declaramos que A é o melhor sistema se $\hat{\theta}_A < \hat{\theta}_B$. Se $\hat{\theta}_A$ e $\hat{\theta}_B$ são simulados independentemente, então a variância de sua diferença

$$V(\hat{\theta}_A - \hat{\theta}_B) = V(\hat{\theta}_A) + V(\hat{\theta}_B),$$

pode ser bem grande, o que pode tornar nossa afirmativa pouco convincente. Se pudéssemos reduzir $V(\hat{\theta}_A - \hat{\theta}_B)$, poderíamos ficar mais confiantes sobre nossa afirmativa.

NACs algumas vezes induzem alta correlação positiva entre os estimadores pontuais $\hat{\theta}_A$ e $\hat{\theta}_B$. Temos, então,

$$V(\hat{\theta}_A - \hat{\theta}_B) = V(\hat{\theta}_A) + V(\hat{\theta}_B) - 2Cov(\hat{\theta}_A, \hat{\theta}_B)$$
$$< V(\hat{\theta}_A) + V(\hat{\theta}_B),$$

e obtemos um ganho na variância.

19-4.3 Números Aleatórios Antitéticos

Alternativamente, se pudermos induzir uma correlação *negativa* entre dois estimadores não-viesados, $\hat{\theta}_1$ e $\hat{\theta}_2$, para algum parâmetro θ, então o estimador não-viesado $(\hat{\theta}_1 + \hat{\theta}_2)/2$ deve ter variância baixa.

A maioria dos textos sobre simulação orienta sobre como rodar simulações de sistemas competidores de modo a se induzir correlação positiva ou negativa entre eles. O consenso é de que, se conduzidos adequadamente, os números aleatórios comuns e antitéticos podem levar a tremendas reduções da variância.

19-4.4 Seleção do Melhor Sistema

Os métodos de *postos*, *seleção* e *comparações múltiplas* compõem outra classe de técnicas estatísticas usadas para a comparação de sistemas alternativos. Aqui, o experimentador está interessado em selecionar o melhor entre vários processos competidores. Tipicamente, seleciona-se a probabilidade desejada de seleção correta do melhor processo, em especial se o melhor processo for significativamente melhor do que seus competidores. Esses métodos são simples de serem usados, em geral, e intuitivamente atraentes. Veja Bechhofer, Santner e Goldsman (1995) para uma sinopse dos procedimentos mais populares.

19-5 RESUMO

Este capítulo começou com exemplos simples de motivação, que ilustravam vários conceitos de simulação. Depois disso, a discussão se voltou para a geração de números pseudo-aleatórios, isto é, números que parecem ser uniformes (0,1) IID. NPAs são importantes porque eles norteiam a geração de várias outras variáveis aleatórias importantes, por exemplo, normal, exponencial e Erlang. Dedicamos, também, bastante espaço à discussão da análise da saída de simulação — a saída de simulação quase nunca é IID, de modo que se deve tomar cuidado especial se queremos tirar conclusões estatisticamen-

19-6 EXERCÍCIOS

19-1. Extensão do Exemplo 19-1.
(a) Jogue uma moeda 100 vezes. Quantas caras você observou?
(b) Quantas vezes você observou duas caras em seguida? E três em seguida? E quatro? Cinco?
(c) Juntamente com 10 amigos, repita (a) e (b) com base em um total de 1000 jogadas.
(d) Simule, agora, as jogadas da moeda usando um programa de computador. Simule 10.000 lançamentos da moeda e responda (a) e (b).

19-2. Extensão do Exemplo 19-2. Jogue n dardos aleatoriamente em um quadrado unitário que contém um círculo inscrito. Use os resultados de suas jogadas para estimar π. Seja $n = 2^k$ para $k = 1, 2, \ldots, 15$ e faça um gráfico de suas estimativas como uma função de k.

19-3. Extensão do Exemplo 19-3. Mostre que $\hat{I}_n$, definido na Equação 19-3, é um estimador não-viesado para a integral I, definida na Equação 19-2.

19-4. Outras extensões do Exemplo 19-3.
(a) Use a integração de Monte Carlo, com $n = 10$ observações, para estimar $\int_0^2 \frac{1}{2\pi} e^{-x^2/2} dx$. Use, agora, $n = 1000$. Compare com a resposta que você pode obter via tabela da normal padronizada.
(b) Como você faria se tivesse que estimar $\int_0^{10} \frac{1}{2\pi} e^{-x^2/2} dx$?
(c) Use a integração de Monte Carlo, com $n = 10$ observações, para estimar $\int_0^1 \cos(2\pi x) dx$. Use, agora, $n = 1000$. Compare com a resposta real.

19-5. Extensão do Exemplo 19-4. Suponha que 10 clientes cheguem a uma agência de correio nos seguintes tempos:

$$3 \quad 4 \quad 6 \quad 7 \quad 13 \quad 14 \quad 20 \quad 25 \quad 28 \quad 30$$

Ao chegar, os clientes entram na fila de um caixa único e são atendidos por ordem de chegada. Os tempos de atendimento correspondentes aos clientes que chegam são os seguintes:

$$6{,}0 \quad 5{,}5 \quad 4{,}0 \quad 1{,}0 \quad 2{,}5 \quad 2{,}0 \quad 2{,}0 \quad 2{,}5 \quad 4{,}0 \quad 2{,}5$$

Suponha que a agência abra no tempo 0 e feche suas portas no tempo 30 (logo após a chegada do 10.º cliente), atendendo quaisquer clientes que ainda estejam na agência.
(a) Quando o último cliente finalmente deixa o sistema?
(b) Qual é o tempo médio de espera para os 10 clientes?
(c) Qual é o número máximo de clientes no sistema? Quando é que esse máximo é alcançado?
(d) Qual é o número médio de clientes na fila durante os 30 primeiros minutos?
(e) Repita, agora, as partes (a)-(d) supondo que os atendimentos sejam feitos atendendo-se primeiro os que cheguem por último.

19-6. Repita o Exemplo 19-5, que lida com uma política de inventário (s, S), exceto que agora deve ser usado o nível de ordem $s = 6$.

19-7. Considere o gerador de números pseudo-aleatórios $X_i = (5X_{i-1} + 1) \bmod(16)$, com semente $X_0 = 0$.
(a) Calcule X_1 e X_2, juntamente com os NPAs U_1 e U_2 correspondentes.
(b) Esse é um gerador de período inteiro?
(c) Qual é X_{150}?

19-8. Considere o gerador de números pseudo-aleatórios "recomendado" $X_i = 16807 X_{i-1} \bmod(2^{31} - 1)$, com semente $X_0 = 1234567$.
(a) Calcule X_1 e X_2, juntamente com os NPAs U_1 e U_2 correspondentes.
(b) Qual é $X_{100.000}$?

19-9. Mostre como usar o método da transformação inversa para gerar uma variável aleatória exponencial com taxa $\lambda = 2$. Demonstre sua técnica usando o NPA $U = 0{,}75$.

19-10. Considere o método da transformação inversa para gerar uma variável aleatória (0,1) normal padronizada.
(a) Demonstre sua técnica usando o NPA $U = 0{,}25$.
(b) Usando sua resposta em (a), gere uma variável aleatória N(1,9).

19-11. Suponha que X tenha função de densidade de probabilidade $f(x) = |x/4|$, $-2 < x < 2$.
(a) Desenvolva uma técnica de transformação inversa para gerar uma realização de X.
(b) Demonstre sua técnica usando $U = 0{,}6$.
(c) Esboce $f(x)$ e veja se você pode arranjar outro método para gerar X.

19-12. Suponha que a variável aleatória discreta X tenha função de probabilidade

$$p(x) = \begin{cases} 0{,}35 & \text{se } x = -2{,}5, \\ 0{,}25 & \text{se } x = 1{,}0, \\ 0{,}40 & \text{se } x = 10{,}5, \\ 0, & \text{caso contrário}. \end{cases}$$

Como no Exemplo 19-12, faça uma tabela para gerar realizações dessa distribuição. Ilustre sua técnica com o NPA $U = 0{,}86$.

19-13. A distribuição de Weibull (α, β), popular na teoria de confiabilidade e outras disciplinas de estatística aplicada, tem FDA

$$F(x) = \begin{cases} 1 - e^{-(x/\alpha)^\beta} & \text{se } x > 0, \\ 0 & \text{caso contrário}. \end{cases}$$

(a) Mostre como usar o método da transformação inversa para gerar uma realização da distribuição de Weibull.
(b) Demonstre sua técnica para uma variável aleatória de Weibull (1,5; 2,0) usando o NPA $U = 0{,}66$.

19-14. Suponha que $U_1 = 0{,}45$ e $U_2 = 0{,}12$ sejam dois NPAs IID. Use o método de Box-Müller para gerar duas variáveis N(0,1).

19-15. Considere os seguintes NPAs:

$$0{,}88 \quad 0{,}87 \quad 0{,}33 \quad 0{,}69 \quad 0{,}20 \quad 0{,}79 \quad 0{,}21$$
$$0{,}96 \quad 0{,}11 \quad 0{,}42 \quad 0{,}91 \quad 0{,}70$$

Use o Teorema Central do Limite para gerar uma realização que seja aproximadamente normal padronizada.

19-16. Prove a Equação 19-4 do texto. Isso mostra que a soma de n variáveis aleatórias exponenciais IID é Erlang. *Sugestão*: ache a função geratriz de momento de Y e compare-a com a da distribuição gama.

19-17. Usando dois NPAs, $U_1 = 0{,}73$ e $U_2 = 0{,}11$, gere uma realização de uma distribuição Erlang com $n = 2$ e $\lambda = 3$.

19-18. Suponha que $U_1, U_2, ..., U_n$ sejam NPAs.
(a) Sugira um método fácil de transformação inversa para gerar uma seqüência de variáveis aleatórias de Bernoulli IID, cada uma com parâmetro de sucesso p.
(b) Mostre como usar sua resposta de (a) para gerar uma variável aleatória binomial com parâmetros n e p.

19-19. Use a técnica de aceitação-rejeição para gerar uma variável aleatória geométrica com probabilidade de sucesso 0,25. Use tantos NPAs do Exercício 19-15 quantos forem necessários.

19-20. Admita que $Z_1 = 3$, $Z_2 = 5$ e $Z_3 = 4$ sejam três médias de lotes que resultam de uma longa rodada de simulação. Ache um intervalo de confiança bilateral de 90% de confiança para a média.

19-21. Suponha que $\mu \in [-2,5; 3,5]$ seja um intervalo de confiança de 90% de confiança para o custo médio suscitado por certa política de inventário. Suponha, além disso, que esse intervalo tenha se baseado em cinco replicações independentes do sistema de inventário subjacente. Infelizmente, o patrão decidiu que deseja um intervalo de 95% de confiança. Você pode fornecê-lo?

19-22. As taxas de desemprego anuais para Andorra durante os últimos 15 anos são as seguintes:

6,9 8,3 8,8 11,4 11,8 12,1 10,6 11,0
9,9 9,2 12,3 13,9 9,2 8,2 8,9

Use o método das médias de lotes para esses dados a fim de obter um intervalo de confiança bilateral de 95% de confiança para o desemprego médio. Use cinco lotes, cada um com dados de três anos.

19-23. Suponha que estejamos interessados em intervalos de confiança de estado estacionário para a média da saída da simulação X_1, $X_2, ..., X_{10000}$. (Você pode considerar que esses são tempos de espera.) Dividimos convenientemente a seqüência em cinco lotes, cada um com tamanho 2000; admita que as médias dos lotes resultantes sejam as seguintes:

100 80 90 110 120

Use o método de médias de lotes para esses dados a fim de obter um intervalo de confiança de 95% de confiança para a média.

19-24. Os números anuais de tempestades de neve para Siberacuse, NY, durante os últimos 15 anos, são os seguintes:

100 103 88 72 98 121 106 110 99
162 123 139 92 142 169

(a) Use o método de médias de lotes para os dados acima para obter um intervalo de confiança bilateral de 95% de confiança para a tempestade anual média. Use cinco lotes, cada um com os dados de três anos.
(b) Os números anuais totais de tempestades de neve correspondentes para Buffoonalo, NY (que fica próximo a Siberacuse) são os seguintes:

90 95 72 68 95 110 112 90 75
144 110 123 81 130 145

Como se comparam as tempestades em Buffoonalo com as de Siberacuse? Dê uma resposta com base em uma análise visual.
(c) Ache, agora, um intervalo de confiança de 95% de confiança para a diferença nas médias entre as duas cidades. *Sugestão*: pense em números aleatórios comuns.

19-25. Variáveis Antitéticas. Suponha que $X_1, X_2, ..., X_n$ sejam IID com média μ e variância σ^2. Suponha, além disso, que $Y_1, Y_2, ..., Y_n$ sejam também IID, com média m e variância σ^2. O artifício interessante aqui é que admitiremos, também, que $Cov(X_i, Y_i) < 0$ para todo i. Assim, em outras palavras, as observações dentro de uma das duas seqüências são IID, mas são correlacionadas negativamente *entre* as seqüências.

(a) Eis um exemplo de como podemos chegar a esse cenário com o uso de simulação. Sejam $X_i = -\ln(U_i)$ e $Y_i = -\ln(1 - U_i)$, onde os U_i são variáveis aleatórias IID uniformes $(0,1)$.
  i.   Qual é a distribuição de X_i? De Y_i?
  ii. Qual é a $Cov(U_i, 1 - U_i)$?
  iii. Você esperaria $Cov(X_i, Y_i) < 0$? Y_i
       Resposta: Sim.
(b) Denote por $\bar{X}_n$ e $\bar{Y}_n$ as médias amostrais dos X_i e Y_i, respectivamente, cada uma com base em n observações. Sem calcular realmente $Cov(X_i, Y_i)$, estabeleça como $V((\bar{X}_n + \bar{Y}_n)/2)$ se compara com $V(\bar{X}_{2n})$. Em outras palavras, deveríamos fazer duas rodadas correlacionadas negativamente, cada uma consistindo em n observações, ou apenas uma rodada de $2n$ observações?
(c) E se você usasse esse artifício ao estimar $\int_0^1 \text{sen}(\pi x)dx$ com a simulação de Monte Carlo?

19-26. Outra técnica de redução da variância. Suponha que nosso objetivo seja estimar a média μ de alguma saída de processo de simulação de estado estacionário, $X_1, X_2, ..., X_n$. Suponha que, de alguma maneira, conheçamos o valor esperado de alguma outra variável aleatória Y e que saibamos, também, que $Cov(\bar{X}, Y) > 0$, onde $\bar{X}$ é a média amostral. Obviamente, $\bar{X}$ é o estimador "usual" para μ. Vamos procurar outro estimador para μ, especificamente o estimador de variável de controle,

$$C = \bar{X} - k(Y - E[Y]),$$

em que k é alguma constante.
(a) Mostre que C é não-viesado para μ.
(b) Ache uma expressão para $V(C)$. Comentários?
(c) Minimize $V(C)$ em relação a k.

19-27. Um exercício de computador. Faça um histograma de $X_i = -\ln(U_i)$, para $i = 1, 2, ..., 20.000$, onde os U_i são uniformes $(0,1)$ IID. Com qual tipo de distribuição isso se parece?

19-28. Outro exercício de computador. Vejamos se o Teorema Central do Limite funciona. No Exercício 19-27 você gerou 20.000 observações da exponencial (1). Agora, forme 1000 médias de 20 observações cada a partir das 20.000 originais. Mais precisamente, seja

$$Y_i = \frac{1}{20} \sum_{j=1}^{20} X_{20(i-1)+j}.$$

Faça um histograma dos Y_i. Eles parecem aproximadamente normais?

19-29. Ainda outro exercício de computador. Vamos gerar algumas observações normais usando o método de Box-Müller. Para isso, gere primeiro 1000 pares de números aleatórios IID uniformes $(0,1)$, $(U_{1,1}, U_{2,1}), (U_{1,2}, U_{2,2}), ..., (U_{1,1000}, U_{2,1000})$. Faça

$$X_i = \sqrt{-2\ln(U_{1,i})} \cos(2\pi U_{2,i})$$

e

$$Y_i = \sqrt{-2\ln(U_{1,i})} \text{sen}(2\pi U_{2,i})$$

para $i = 1, 2, ..., 1000$. Faça um histograma dos X_i resultantes. [Os X_i são $N(0,1)$.] Faça, agora, o gráfico X_i vs. Y_i. Algum comentário?

Apêndice

Tabela I	Distribuição de Poisson Acumulada
Tabela II	Distribuição Normal-Padrão Acumulada
Tabela III	Pontos Percentuais da Distribuição χ^2
Tabela IV	Pontos Percentuais da Distribuição t
Tabela V	Pontos Percentuais da Distribuição F
Gráfico VI	Curvas Características de Operação
Gráfico VII	Curvas Características de Operação para a Análise de Variância do Modelo de Efeitos Fixos
Gráfico VIII	Curvas Características de Operação para a Análise de Variância do Modelo de Efeitos Aleatórios
Tabela IX	Valores Críticos para o Teste de Wilcoxon de Duas Amostras
Tabela X	Valores Críticos para o Teste dos Sinais
Tabela XI	Valores Críticos para o Teste dos Postos com Sinais de Wilcoxon
Tabela XII	Pontos Percentuais da Estatística da Amplitude Studentizada
Tabela XIII	Fatores para Gráficos de Controle da Qualidade
Tabela XIV	Valores k para Intervalos de Tolerância Unilaterais e Bilaterais
Tabela XV	Números Aleatórios

Tabela I Distribuição de Poisson Acumulada[a]

x	0,01	0,05	0,10	$c = \lambda t$ 0,20	0,30	0,40	0,50	0,60
0	0,990	0,951	0,904	0,818	0,740	0,670	0,606	0,548
1	0,999	0,998	0,995	0,982	0,963	0,938	0,909	0,878
2		0,999	0,999	0,998	0,996	0,992	0,985	0,976
3				0,999	0,999	0,999	0,998	0,996
4					0,999	0,999	0,999	0,999
5							0,999	0,999

x	0,70	0,80	0,90	$c = \lambda t$ 1,00	1,10	1,20	1,30	1,40
0	0,496	0,449	0,406	0,367	0,332	0,301	0,272	0,246
1	0,844	0,808	0,772	0,735	0,699	0,662	0,626	0,591
2	0,965	0,952	0,937	0,919	0,900	0,879	0,857	0,833
3	0,994	0,990	0,986	0,981	0,974	0,966	0,956	0,946
4	0,999	0,998	0,997	0,996	0,994	0,992	0,989	0,985
5	0,999	0,999	0,999	0,999	0,999	0,998	0,997	0,996
6		0,999	0,999	0,999	0,999	0,999	0,999	0,999
7			0,999	0,999	0,999	0,999	0,999	0,999
8							0,999	0,999

x	1,50	1,60	1,70	$c = \lambda t$ 1,80	1,90	2,00	2,10	2,20
0	0,223	0,201	0,182	0,165	0,149	0,135	0,122	0,110
1	0,557	0,524	0,493	0,462	0,433	0,406	0,379	0,354
2	0,808	0,783	0,757	0,730	0,703	0,676	0,649	0,622
3	0,934	0,921	0,906	0,891	0,874	0,857	0,838	0,819
4	0,981	0,976	0,970	0,963	0,955	0,947	0,937	0,927
5	0,995	0,993	0,992	0,989	0,986	0,983	0,979	0,975
6	0,999	0,998	0,998	0,997	0,996	0,995	0,994	0,992
7	0,999	0,999	0,999	0,999	0,999	0,998	0,998	0,998
8	0,999	0,999	0,999	0,999	0,999	0,999	0,999	0,999
9			0,999	0,999	0,999	0,999	0,999	0,999
10							0,999	0,999

Tabela I Distribuição de Poisson Acumulada[a] (*continuação*)

				$c = \lambda t$				
x	2,30	2,40	2,50	2,60	2,70	2,80	2,90	3,00
0	0,100	0,090	0,082	0,074	0,067	0,060	0,055	0,049
1	0,330	0,308	0,287	0,267	0,248	0,231	0,214	0,199
2	0,596	0,569	0,543	0,518	0,493	0,469	0,445	0,423
3	0,799	0,778	0,757	0,736	0,714	0,691	0,669	0,647
4	0,916	0,904	0,891	0,877	0,862	0,847	0,831	0,815
5	0,970	0,964	0,957	0,950	0,943	0,934	0,925	0,916
6	0,990	0,988	0,985	0,982	0,979	0,975	0,971	0,966
7	0,997	0,996	0,995	0,994	0,993	0,991	0,990	0,988
8	0,999	0,999	0,998	0,998	0,998	0,997	0,996	0,996
9	0,999	0,999	0,999	0,999	0,999	0,999	0,999	0,998
10	0,999	0,999	0,999	0,999	0,999	0,999	0,999	0,999
11			0,999	0,999	0,999	0,999	0,999	0,999
12							0,999	0,999

				$c = \lambda t$				
x	3,50	4,00	4,50	5,00	5,50	6,00	6,50	7,00
0	0,030	0,018	0,011	0,006	0,004	0,002	0,001	0,000
1	0,135	0,091	0,061	0,040	0,026	0,017	0,011	0,007
2	0,320	0,238	0,173	0,124	0,088	0,061	0,043	0,029
3	0,536	0,433	0,342	0,265	0,201	0,151	0,111	0,081
4	0,725	0,628	0,532	0,440	0,357	0,285	0,223	0,172
5	0,857	0,785	0,702	0,615	0,528	0,445	0,369	0,300
6	0,934	0,889	0,831	0,762	0,686	0,606	0,526	0,449
7	0,973	0,948	0,913	0,866	0,809	0,743	0,672	0,598
8	0,990	0,978	0,959	0,931	0,894	0,847	0,791	0,729
9	0,996	0,991	0,982	0,968	0,946	0,916	0,877	0,830
10	0,998	0,997	0,993	0,986	0,974	0,957	0,933	0,901
11	0,999	0,999	0,997	0,994	0,989	0,979	0,966	0,946
12	0,999	0,999	0,999	0,997	0,995	0,991	0,983	0,973
13	0,999	0,999	0,999	0,999	0,998	0,996	0,992	0,987
14		0,999	0,999	0,999	0,999	0,998	0,997	0,994
15			0,999	0,999	0,999	0,999	0,998	0,997
16				0,999	0,999	0,999	0,999	0,999
17					0,999	0,999	0,999	0,999
18						0,999	0,999	0,999
19							0,999	0,999
20								0,999

(*continua*)

Tabela I Distribuição de Poisson Acumulada[a] (*continuação*)

x	7,50	8,00	8,50	$c = \lambda t$ 9,00	9,50	10,0	15,0	20,0
0	0,000	0,000	0,000	0,000	0,000	0,000	0,000	0,000
1	0,004	0,003	0,001	0,001	0,000	0,000	0,000	0,000
2	0,020	0,013	0,009	0,006	0,004	0,002	0,000	0,000
3	0,059	0,042	0,030	0,021	0,014	0,010	0,000	0,000
4	0,132	0,099	0,074	0,054	0,040	0,029	0,000	0,000
5	0,241	0,191	0,149	0,115	0,088	0,067	0,002	0,000
6	0,378	0,313	0,256	0,206	0,164	0,130	0,007	0,000
7	0,524	0,452	0,385	0,323	0,268	0,220	0,018	0,000
8	0,661	0,592	0,523	0,455	0,391	0,332	0,037	0,002
9	0,776	0,716	0,652	0,587	0,521	0,457	0,069	0,005
10	0,862	0,815	0,763	0,705	0,645	0,583	0,118	0,010
11	0,920	0,888	0,848	0,803	0,751	0,696	0,184	0,021
12	0,957	0,936	0,909	0,875	0,836	0,791	0,267	0,039
13	0,978	0,965	0,948	0,926	0,898	0,864	0,363	0,066
14	0,989	0,982	0,972	0,958	0,940	0,916	0,465	0,104
15	0,995	0,991	0,986	0,977	0,966	0,951	0,568	0,156
16	0,998	0,996	0,993	0,988	0,982	0,972	0,664	0,221
17	0,999	0,998	0,997	0,994	0,991	0,985	0,748	0,297
18	0,999	0,999	0,998	0,997	0,995	0,992	0,819	0,381
19	0,999	0,999	0,999	0,998	0,998	0,996	0,875	0,470
20	0,999	0,999	0,999	0,999	0,999	0,998	0,917	0,559
21	0,999	0,999	0,999	0,999	0,999	0,999	0,946	0,643
22		0,999	0,999	0,999	0,999	0,999	0,967	0,720
23			0,999	0,999	0,999	0,999	0,980	0,787
24					0,999	0,999	0,988	0,843
25						0,999	0,993	0,887
26							0,996	0,922
27							0,998	0,947
28							0,999	0,965
29							0,999	0,978
30							0,999	0,986
31							0,999	0,991
32							0,999	0,995
33							0,999	0,997
34								0,998

[a] As entradas na tabela são valores de $F(x) = P(X \le x) = \sum_{i=0}^{x} e^{-c} c^i / i!$. Os espaços em branco abaixo da última entrada em qualquer coluna devem ser lidos como 1,0.

Tabela II Distribuição Normal-Padrão Acumulada

$$\Phi(z) = \int_{-\infty}^{z} \frac{1}{\sqrt{2\pi}} e^{-u^2/2} du$$

z	0,00	0,01	0,02	0,03	0,04	z
0,0	0,500 00	0,503 99	0,507 98	0,511 97	0,515 95	0,0
0,1	0,539 83	0,543 79	0,547 76	0,551 72	0,555 67	0,1
0,2	0,579 26	0,583 17	0,587 06	0,590 95	0,594 83	0,2
0,3	0,617 91	0,621 72	0,625 51	0,629 30	0,633 07	0,3
0,4	0,655 42	0,659 10	0,662 76	0,666 40	0,670 03	0,4
0,5	0,691 46	0,694 97	0,698 47	0,701 94	0,705 40	0,5
0,6	0,725 75	0,729 07	0,732 37	0,735 65	0,738 91	0,6
0,7	0,758 03	0,761 15	0,764 24	0,767 30	0,770 35	0,7
0,8	0,788 14	0,791 03	0,793 89	0,796 73	0,799 54	0,8
0,9	0,815 94	0,818 59	0,821 21	0,823 81	0,826 39	0,9
1,0	0,841 34	0,843 75	0,846 13	0,848 49	0,850 83	1,0
1,1	0,864 33	0,866 50	0,868 64	0,870 76	0,872 85	1,1
1,2	0,884 93	0,886 86	0,888 77	0,890 65	0,892 51	1,2
1,3	0,903 20	0,904 90	0,906 58	0,908 24	0,909 88	1,3
1,4	0,919 24	0,920 73	0,922 19	0,923 64	0,925 06	1,4
1,5	0,933 19	0,934 48	0,935 74	0,936 99	0,938 22	1,5
1,6	0,945 20	0,946 30	0,947 38	0,948 45	0,949 50	1,6
1,7	0,955 43	0,956 37	0,957 28	0,958 18	0,959 07	1,7
1,8	0,964 07	0,964 85	0,965 62	0,966 37	0,967 11	1,8
1,9	0,971 28	0,971 93	0,972 57	0,973 20	0,973 81	1,9
2,0	0,977 25	0,977 78	0,978 31	0,978 82	0,979 32	2,0
2,1	0,982 14	0,982 57	0,983 00	0,983 41	0,983 82	2,1
2,2	0,986 10	0,986 45	0,986 79	0,987 13	0,987 45	2,2
2,3	0,989 28	0,989 56	0,989 83	0,990 10	0,990 36	2,3
2,4	0,991 80	0,992 02	0,992 24	0,992 45	0,992 66	2,4
2,5	0,993 79	0,993 96	0,994 13	0,994 30	0,994 46	2,5
2,6	0,995 34	0,995 47	0,995 60	0,995 73	0,995 85	2,6
2,7	0,996 53	0,996 64	0,996 74	0,996 83	0,996 93	2,7
2,8	0,997 44	0,997 52	0,997 60	0,997 67	0,997 74	2,8
2,9	0,998 13	0,998 19	0,998 25	0,998 31	0,998 36	2,9
3,0	0,998 65	0,998 69	0,998 74	0,998 78	0,998 82	3,0
3,1	0,999 03	0,999 06	0,999 10	0,999 13	0,999 16	3,1
3,2	0,999 31	0,999 34	0,999 36	0,999 38	0,999 40	3,2
3,3	0,999 52	0,999 53	0,999 55	0,999 57	0,999 58	3,3
3,4	0,999 66	0,999 68	0,999 69	0,999 70	0,999 71	3,4
3,5	0,999 77	0,999 78	0,999 78	0,999 79	0,999 80	3,5
3,6	0,999 84	0,999 85	0,999 85	0,999 86	0,999 86	3,6
3,7	0,999 89	0,999 90	0,999 90	0,999 90	0,999 91	3,7
3,8	0,999 93	0,999 93	0,999 93	0,999 94	0,999 94	3,8
3,9	0,999 95	0,999 95	0,999 96	0,999 96	0,999 96	3,9

(*continua*)

Tabela II Distribuição Normal-Padrão Acumulada (*continuação*)

$$\Phi(z) = \int_{-\infty}^{z} \frac{1}{\sqrt{2\pi}} e^{-u^2/2} du$$

z	0,05	0,06	0,07	0,08	0,09	z
0,0	0,519 94	0,523 92	0,527 90	0,531 88	0,535 86	0,0
0,1	0,559 62	0,563 56	0,567 49	0,571 42	0,575 34	0,1
0,2	0,598 71	0,602 57	0,606 42	0,610 26	0,614 09	0,2
0,3	0,636 83	0,640 58	0,644 31	0,648 03	0,651 73	0,3
0,4	0,673 64	0,677 24	0,680 82	0,684 38	0,687 93	0,4
0,5	0,708 84	0,712 26	0,715 66	0,719 04	0,722 40	0,5
0,6	0,742 15	0,745 37	0,748 57	0,751 75	0,754 90	0,6
0,7	0,773 37	0,776 37	0,779 35	0,782 30	0,785 23	0,7
0,8	0,802 34	0,805 10	0,807 85	0,810 57	0,813 27	0,8
0,9	0,828 94	0,831 47	0,833 97	0,836 46	0,838 91	0,9
1,0	0,853 14	0,855 43	0,857 69	0,859 93	0,862 14	1,0
1,1	0,874 93	0,876 97	0,879 00	0,881 00	0,882 97	1,1
1,2	0,894 35	0,896 16	0,897 96	0,899 73	0,901 47	1,2
1,3	0,911 49	0,913 08	0,914 65	0,916 21	0,917 73	1,3
1,4	0,926 47	0,927 85	0,929 22	0,930 56	0,931 89	1,4
1,5	0,939 43	0,940 62	0,941 79	0,942 95	0,944 08	1,5
1,6	0,950 53	0,951 54	0,952 54	0,953 52	0,954 48	1,6
1,7	0,959 94	0,960 80	0,961 64	0,962 46	0,963 27	1,7
1,8	0,967 84	0,968 56	0,969 26	0,969 95	0,970 62	1,8
1,9	0,974 41	0,975 00	0,975 58	0,976 15	0,976 70	1,9
2,0	0,979 82	0,980 30	0,980 77	0,981 24	0,981 69	2,0
2,1	0,984 22	0,984 61	0,985 00	0,985 37	0,985 74	2,1
2,2	0,987 78	0,988 09	0,988 40	0,988 70	0,988 99	2,2
2,3	0,990 61	0,990 86	0,991 11	0,991 34	0,991 58	2,3
2,4	0,992 86	0,993 05	0,993 24	0,993 43	0,993 61	2,4
2,5	0,994 61	0,994 77	0,994 92	0,995 06	0,995 20	2,5
2,6	0,995 98	0,996 09	0,996 21	0,996 32	0,996 43	2,6
2,7	0,997 02	0,997 11	0,997 20	0,997 28	0,997 36	2,7
2,8	0,997 81	0,997 88	0,997 95	0,998 01	0,998 07	2,8
2,9	0,998 41	0,998 46	0,998 51	0,998 56	0,998 61	2,9
3,0	0,998 86	0,998 89	0,998 93	0,998 97	0,999 00	3,0
3,1	0,999 18	0,999 21	0,999 24	0,999 26	0,999 29	3,1
3,2	0,999 42	0,999 44	0,999 46	0,999 48	0,999 50	3,2
3,3	0,999 60	0,999 61	0,999 62	0,999 64	0,999 65	3,3
3,4	0,999 72	0,999 73	0,999 74	0,999 75	0,999 76	3,4
3,5	0,999 81	0,999 81	0,999 82	0,999 83	0,999 83	3,5
3,6	0,999 87	0,999 87	0,999 88	0,999 88	0,999 89	3,6
3,7	0,999 91	0,999 92	0,999 92	0,999 92	0,999 92	3,7
3,8	0,999 94	0,999 94	0,999 95	0,999 95	0,999 95	3,8
3,9	0,999 96	0,999 96	0,999 96	0,999 97	0,999 97	3,9

Tabela III Pontos Percentuais da Distribuição χ^{2a}

v \ α	0,995	0,990	0,975	0,950	0,900	0,500	0,100	0,050	0,025	0,010	0,005
1	0,00+	0,00+	0,00+	0,00+	0,02	0,45	2,71	3,84	5,02	6,63	7,88
2	0,01	0,02	0,05	0,10	0,21	1,39	4,61	5,99	7,38	9,21	10,60
3	0,07	0,11	0,22	0,35	0,58	2,37	6,25	7,81	9,35	11,34	12,84
4	0,21	0,30	0,48	0,71	1,06	3,36	7,78	9,49	11,14	13,28	14,86
5	0,41	0,55	0,83	1,15	1,61	4,35	9,24	11,07	12,83	15,09	16,75
6	0,68	0,87	1,24	1,64	2,20	5,35	10,65	12,59	14,45	16,81	18,55
7	0,99	1,24	1,69	2,17	2,83	6,35	12,02	14,07	16,01	18,48	20,28
8	1,34	1,65	2,18	2,73	3,49	7,34	13,36	15,51	17,53	20,09	21,96
9	1,73	2,09	2,70	3,33	4,17	8,34	14,68	16,92	19,02	21,67	23,59
10	2,16	2,56	3,25	3,94	4,87	9,34	15,99	18,31	20,48	23,21	25,19
11	2,60	3,05	3,82	4,57	5,58	10,34	17,28	19,68	21,92	24,72	26,76
12	3,07	3,57	4,40	5,23	6,30	11,34	18,55	21,03	23,34	26,22	28,30
13	3,57	4,11	5,01	5,89	7,04	12,34	19,81	22,36	24,74	27,69	29,82
14	4,07	4,66	5,63	6,57	7,79	13,34	21,06	23,68	26,12	29,14	31,32
15	4,60	5,23	6,27	7,26	8,55	14,34	22,31	25,00	27,49	30,58	32,80
16	5,14	5,81	6,91	7,96	9,31	15,34	23,54	26,30	28,85	32,00	34,27
17	5,70	6,41	7,56	8,67	10,09	16,34	24,77	27,59	30,19	33,41	35,72
18	6,26	7,01	8,23	9,39	10,87	17,34	25,99	28,87	31,53	34,81	37,16
19	6,84	7,63	8,91	10,12	11,65	18,34	27,20	30,14	32,85	36,19	38,58
20	7,43	8,26	9,59	10,85	12,44	19,34	28,41	31,41	34,17	37,57	40,00
21	8,03	8,90	10,28	11,59	13,24	20,34	29,62	32,67	35,48	38,93	41,40
22	8,64	9,54	10,98	12,34	14,04	21,34	30,81	33,92	36,78	40,29	42,80
23	9,26	10,20	11,69	13,09	14,85	22,34	32,01	35,17	38,08	41,64	44,18
24	9,89	10,86	12,40	13,85	15,66	23,34	33,20	36,42	39,36	42,98	45,56
25	10,52	11,52	13,12	14,61	16,47	24,34	34,28	37,65	40,65	44,31	46,93
26	11,16	12,20	13,84	15,38	17,29	25,34	35,56	38,89	41,92	45,64	48,29
27	11,81	12,88	14,57	16,15	18,11	26,34	36,74	40,11	43,19	46,96	49,65
28	12,46	13,57	15,31	16,93	18,94	27,34	37,92	41,34	44,46	48,28	50,99
29	13,12	14,26	16,05	17,71	19,77	28,34	39,09	42,56	45,72	49,59	52,34
30	13,79	14,95	16,79	18,49	20,60	29,34	40,26	43,77	46,98	50,89	53,67
40	20,71	22,16	24,43	26,51	29,05	39,34	51,81	55,76	59,34	63,69	66,77
50	27,99	29,71	32,36	34,76	37,69	49,33	63,17	67,50	71,42	76,15	79,49
60	35,53	37,48	40,48	43,19	46,46	59,33	74,40	79,08	83,30	88,38	91,95
70	43,28	45,44	48,76	51,74	55,33	69,33	85,53	90,53	95,02	100,42	104,22
80	51,17	53,54	57,15	60,39	64,28	79,33	96,58	101,88	106,63	112,33	116,32
90	59,20	61,75	65,65	69,13	73,29	89,33	107,57	113,14	118,14	124,12	128,30
100	67,33	70,06	74,22	77,93	82,36	99,33	118,50	124,34	129,56	135,81	140,17

[a] v = graus de liberdade.

Tabela IV Pontos Percentuais da Distribuição t

$\nu \backslash \alpha$	0,40	0,25	0,10	0,05	0,025	0,01	0,005	0,0025	0,001	0,0005
1	0,325	1,000	3,078	6,314	12,706	31,821	63,657	127,32	318,31	636,62
2	0,289	0,816	1,886	2,920	4,303	6,965	9,925	14,089	23,326	31,598
3	0,277	0,765	1,638	2,353	3,182	4,541	5,841	7,453	10,213	12,924
4	0,271	0,741	1,533	2,132	2,776	3,747	4,604	5,598	7,173	8,610
5	0,267	0,727	1,476	2,015	2,571	3,365	4,032	4,773	5,893	6,869
6	0,265	0,718	1,440	1,943	2,447	3,143	3,707	4,317	5,208	5,959
7	0,263	0,711	1,415	1,895	2,365	2,998	3,499	4,029	4,785	5,408
8	0,262	0,706	1,397	1,860	2,306	2,896	3,355	3,833	4,501	5,041
9	0,261	0,703	1,383	1,833	2,262	2,821	3,250	3,690	4,297	4,781
10	0,260	0,700	1,372	1,812	2,228	2,764	3,169	3,581	4,144	4,587
11	0,260	0,697	1,363	1,796	2,201	2,718	3,106	3,497	4,025	4,437
12	0,259	0,695	1,356	1,782	2,179	2,681	3,055	3,428	3,930	4,318
13	0,259	0,694	1,350	1,771	2,160	2,650	3,012	3,372	3,852	4,221
14	0,258	0,692	1,345	1,761	2,145	2,624	2,977	3,326	3,787	4,140
15	0,258	0,691	1,341	1,753	2,131	2,602	2,947	3,286	3,733	4,073
16	0,258	0,690	1,337	1,746	2,120	2,583	2,921	3,252	3,686	4,015
17	0,257	0,689	1,333	1,740	2,110	2,567	2,898	3,222	3,646	3,965
18	0,257	0,688	1,330	1,734	2,101	2,552	2,878	3,197	3,610	3,922
19	0,257	0,688	1,328	1,729	2,093	2,539	2,861	3,174	3,579	3,883
20	0,257	0,687	1,325	1,725	2,086	2,528	2,845	3,153	3,552	3,850
21	0,257	0,686	1,323	1,721	2,080	2,518	2,831	3,135	3,527	3,819
22	0,256	0,686	1,321	1,717	2,074	2,508	2,819	3,119	3,505	3,792
23	0,256	0,685	1,319	1,714	2,069	2,500	2,807	3,104	3,485	3,767
24	0,256	0,685	1,318	1,711	2,064	2,492	2,797	3,091	3,467	3,745
25	0,256	0,684	1,316	1,708	2,060	2,485	2,787	3,078	3,450	3,725
26	0,256	0,684	1,315	1,706	2,056	2,479	2,779	3,067	3,435	3,707
27	0,256	0,684	1,314	1,703	2,052	2,473	2,771	3,057	3,421	3,690
28	0,256	0,683	1,313	1,701	2,048	2,467	2,763	3,047	3,408	3,674
29	0,256	0,683	1,311	1,699	2,045	2,462	2,756	3,038	3,396	3,659
30	0,256	0,683	1,310	1,697	2,042	2,457	2,750	3,030	3,385	3,646
40	0,255	0,681	1,303	1,684	2,021	2,423	2,704	2,971	3,307	3,551
60	0,254	0,679	1,296	1,671	2,000	2,390	2,660	2,915	3,232	3,460
120	0,254	0,677	1,289	1,658	1,980	2,358	2,617	2,860	3,160	3,373
∞	0,253	0,674	1,282	1,645	1,960	2,326	2,576	2,807	3,090	3,291

Fonte: Esta tabela foi adaptada de *Biometrika Tables for Statisticians,* Vol. 1, 3.ª edição, 1966, com a permissão dos administradores da Biometrika.

Tabela V Pontos Percentuais da Distribuição F

$$F_{0.25, v_1, v_2}$$

Graus de liberdade para o numerador (v_1)

v_2 \ v_1	1	2	3	4	5	6	7	8	9	10	12	15	20	24	30	40	60	120	∞
1	5,83	7,50	8,20	8,58	8,82	8,98	9,10	9,19	9,26	9,32	9,41	9,49	9,58	9,63	9,67	9,71	9,76	9,80	9,85
2	2,57	3,00	3,15	3,23	3,28	3,31	3,34	3,35	3,37	3,38	3,39	3,41	3,43	3,43	3,44	3,45	3,46	3,47	3,48
3	2,02	2,28	2,36	2,39	2,41	2,42	2,43	2,44	2,44	2,44	2,45	2,46	2,46	2,46	2,47	2,47	2,47	2,47	2,47
4	1,81	2,00	2,05	2,06	2,07	2,08	2,08	2,08	2,08	2,08	2,08	2,08	2,08	2,08	2,08	2,08	2,08	2,08	2,08
5	1,69	1,85	1,88	1,89	1,89	1,89	1,89	1,89	1,89	1,89	1,89	1,89	1,88	1,88	1,88	1,88	1,87	1,87	1,87
6	1,62	1,76	1,78	1,79	1,79	1,78	1,78	1,78	1,77	1,77	1,77	1,76	1,76	1,75	1,75	1,75	1,74	1,74	1,74
7	1,57	1,70	1,72	1,72	1,71	1,71	1,70	1,70	1,70	1,69	1,68	1,68	1,67	1,67	1,66	1,66	1,65	1,65	1,65
8	1,54	1,66	1,67	1,66	1,66	1,65	1,64	1,64	1,63	1,63	1,62	1,62	1,61	1,60	1,60	1,59	1,59	1,58	1,58
9	1,51	1,62	1,63	1,63	1,62	1,61	1,60	1,60	1,59	1,59	1,58	1,57	1,56	1,56	1,55	1,54	1,54	1,53	1,53
10	1,49	1,60	1,60	1,59	1,59	1,58	1,57	1,56	1,56	1,55	1,54	1,53	1,52	1,52	1,51	1,51	1,50	1,49	1,48
11	1,47	1,58	1,58	1,57	1,56	1,55	1,54	1,53	1,53	1,52	1,51	1,50	1,49	1,49	1,48	1,47	1,47	1,46	1,45
12	1,46	1,56	1,56	1,55	1,54	1,53	1,52	1,51	1,51	1,50	1,49	1,48	1,47	1,46	1,45	1,45	1,44	1,43	1,42
13	1,45	1,55	1,55	1,53	1,52	1,51	1,50	1,49	1,49	1,48	1,47	1,46	1,45	1,44	1,43	1,42	1,42	1,41	1,40
14	1,44	1,53	1,53	1,52	1,51	1,50	1,49	1,48	1,47	1,46	1,45	1,44	1,43	1,42	1,41	1,41	1,40	1,39	1,38
15	1,43	1,52	1,52	1,51	1,49	1,48	1,47	1,46	1,46	1,45	1,44	1,43	1,41	1,41	1,40	1,39	1,38	1,37	1,36
16	1,42	1,51	1,51	1,50	1,48	1,47	1,46	1,45	1,44	1,44	1,43	1,41	1,40	1,39	1,38	1,37	1,36	1,35	1,34
17	1,42	1,51	1,50	1,49	1,47	1,46	1,45	1,44	1,43	1,43	1,41	1,40	1,39	1,38	1,37	1,36	1,35	1,34	1,33
18	1,41	1,50	1,49	1,48	1,46	1,45	1,44	1,43	1,42	1,42	1,40	1,39	1,38	1,37	1,36	1,35	1,34	1,33	1,32
19	1,41	1,49	1,49	1,47	1,46	1,44	1,43	1,42	1,41	1,41	1,40	1,38	1,37	1,36	1,35	1,34	1,33	1,32	1,30
20	1,40	1,49	1,48	1,47	1,45	1,44	1,43	1,42	1,41	1,40	1,39	1,37	1,36	1,35	1,34	1,33	1,32	1,31	1,29
21	1,40	1,48	1,48	1,46	1,44	1,43	1,42	1,41	1,40	1,39	1,38	1,37	1,35	1,34	1,33	1,32	1,31	1,30	1,28
22	1,40	1,48	1,47	1,45	1,44	1,42	1,41	1,40	1,39	1,39	1,37	1,36	1,34	1,33	1,32	1,31	1,30	1,29	1,28
23	1,39	1,47	1,47	1,45	1,43	1,42	1,41	1,40	1,39	1,38	1,37	1,35	1,34	1,33	1,32	1,31	1,30	1,28	1,27
24	1,39	1,47	1,46	1,44	1,43	1,41	1,40	1,39	1,38	1,38	1,36	1,35	1,33	1,32	1,31	1,30	1,29	1,28	1,26
25	1,39	1,47	1,46	1,44	1,42	1,41	1,40	1,39	1,38	1,37	1,36	1,34	1,33	1,32	1,31	1,29	1,28	1,27	1,25
26	1,38	1,46	1,45	1,44	1,42	1,41	1,39	1,38	1,37	1,37	1,35	1,34	1,32	1,31	1,30	1,29	1,28	1,26	1,25
27	1,38	1,46	1,45	1,43	1,42	1,40	1,39	1,38	1,37	1,36	1,35	1,33	1,32	1,31	1,30	1,28	1,27	1,26	1,24
28	1,38	1,46	1,45	1,43	1,41	1,40	1,39	1,38	1,37	1,36	1,34	1,33	1,31	1,30	1,29	1,28	1,27	1,25	1,24
29	1,38	1,45	1,45	1,43	1,41	1,40	1,38	1,37	1,36	1,35	1,34	1,32	1,31	1,30	1,29	1,27	1,26	1,25	1,23
30	1,38	1,45	1,44	1,42	1,41	1,39	1,38	1,37	1,36	1,35	1,34	1,32	1,30	1,29	1,28	1,27	1,26	1,24	1,23
40	1,36	1,44	1,42	1,40	1,39	1,37	1,36	1,35	1,34	1,33	1,31	1,30	1,28	1,26	1,25	1,24	1,22	1,21	1,19
60	1,35	1,42	1,41	1,38	1,37	1,35	1,33	1,32	1,31	1,30	1,29	1,27	1,25	1,24	1,22	1,21	1,19	1,17	1,15
120	1,34	1,40	1,39	1,37	1,35	1,33	1,31	1,30	1,29	1,28	1,26	1,24	1,22	1,21	1,19	1,18	1,16	1,13	1,10
∞	1,32	1,39	1,37	1,35	1,33	1,31	1,29	1,28	1,27	1,25	1,24	1,22	1,19	1,18	1,16	1,14	1,12	1,08	1,00

Fonte: Adaptado, com permissão, de *Biometrika Tables for Statisticians*, Vol. 1, 3.ª edição, de E. S. Pearson e H. O. Hartley, Cambridge University Press, Cambridge, 1966.

(*continua*)

Tabela V Pontos Percentuais da Distribuição F (continuação)

$$F_{0.10, v_1, v_2}$$

Graus de liberdade para o numerador (v_1)

v_2 \ v_1	1	2	3	4	5	6	7	8	9	10	12	15	20	24	30	40	60	120	∞
1	39,86	49,50	53,59	55,83	57,24	58,20	58,91	59,44	59,86	60,19	60,71	61,22	61,74	62,00	62,26	62,53	62,79	63,06	63,33
2	8,53	9,00	9,16	9,24	9,29	9,33	9,35	9,37	9,38	9,39	9,41	9,42	9,44	9,45	9,46	9,47	9,47	9,48	9,49
3	5,54	5,46	5,39	5,34	5,31	5,28	5,27	5,25	5,24	5,23	5,22	5,20	5,18	5,18	5,17	5,16	5,15	5,14	5,13
4	4,54	4,32	4,19	4,11	4,05	4,01	3,98	3,95	3,94	3,92	3,90	3,87	3,84	3,83	3,82	3,80	3,79	3,78	3,76
5	4,06	3,78	3,62	3,52	3,45	3,40	3,37	3,34	3,32	3,30	3,27	3,24	3,21	3,19	3,17	3,16	3,14	3,12	3,10
6	3,78	3,46	3,29	3,18	3,11	3,05	3,01	2,98	2,96	2,94	2,90	2,87	2,84	2,82	2,80	2,78	2,76	2,74	2,72
7	3,59	3,26	3,07	2,96	2,88	2,83	2,78	2,75	2,72	2,70	2,67	2,63	2,59	2,58	2,56	2,54	2,51	2,49	2,47
8	3,46	3,11	2,92	2,81	2,73	2,67	2,62	2,59	2,56	2,54	2,50	2,46	2,42	2,40	2,38	2,36	2,34	2,32	2,29
9	3,36	3,01	2,81	2,69	2,61	2,55	2,51	2,47	2,44	2,42	2,38	2,34	2,30	2,28	2,25	2,23	2,21	2,18	2,16
10	3,29	2,92	2,73	2,61	2,52	2,46	2,41	2,38	2,35	2,32	2,28	2,24	2,20	2,18	2,16	2,13	2,11	2,08	2,06
11	3,23	2,86	2,66	2,54	2,45	2,39	2,34	2,30	2,27	2,25	2,21	2,17	2,12	2,10	2,08	2,05	2,03	2,00	1,97
12	3,18	2,81	2,61	2,48	2,39	2,33	2,28	2,24	2,21	2,19	2,15	2,10	2,06	2,04	2,01	1,99	1,96	1,93	1,90
13	3,14	2,76	2,56	2,43	2,35	2,28	2,23	2,20	2,16	2,14	2,10	2,05	2,01	1,98	1,96	1,93	1,90	1,88	1,85
14	3,10	2,73	2,52	2,39	2,31	2,24	2,19	2,15	2,12	2,10	2,05	2,01	1,96	1,94	1,91	1,89	1,86	1,83	1,80
15	3,07	2,70	2,49	2,36	2,27	2,21	2,16	2,12	2,09	2,06	2,02	1,97	1,92	1,90	1,87	1,85	1,82	1,79	1,76
16	3,05	2,67	2,46	2,33	2,24	2,18	2,13	2,09	2,06	2,03	1,99	1,94	1,89	1,87	1,84	1,81	1,78	1,75	1,72
17	3,03	2,64	2,44	2,31	2,22	2,15	2,10	2,06	2,03	2,00	1,96	1,91	1,86	1,84	1,81	1,78	1,75	1,72	1,69
18	3,01	2,62	2,42	2,29	2,20	2,13	2,08	2,04	2,00	1,98	1,93	1,89	1,84	1,81	1,78	1,75	1,72	1,69	1,66
19	2,99	2,61	2,40	2,27	2,18	2,11	2,06	2,02	1,98	1,96	1,91	1,86	1,81	1,79	1,76	1,73	1,70	1,67	1,63
20	2,97	2,59	2,38	2,25	2,16	2,09	2,04	2,00	1,96	1,94	1,89	1,84	1,79	1,77	1,74	1,71	1,68	1,64	1,61
21	2,96	2,57	2,36	2,23	2,14	2,08	2,02	1,98	1,95	1,92	1,87	1,83	1,78	1,75	1,72	1,69	1,66	1,62	1,59
22	2,95	2,56	2,35	2,22	2,13	2,06	2,01	1,97	1,93	1,90	1,86	1,81	1,76	1,73	1,70	1,67	1,64	1,60	1,57
23	2,94	2,55	2,34	2,21	2,11	2,05	1,99	1,95	1,92	1,89	1,84	1,80	1,74	1,72	1,69	1,66	1,62	1,59	1,55
24	2,93	2,54	2,33	2,19	2,10	2,04	1,98	1,94	1,91	1,88	1,83	1,78	1,73	1,70	1,67	1,64	1,61	1,57	1,53
25	2,92	2,53	2,32	2,18	2,09	2,02	1,97	1,93	1,89	1,87	1,82	1,77	1,72	1,69	1,66	1,63	1,59	1,56	1,52
26	2,91	2,52	2,31	2,17	2,08	2,01	1,96	1,92	1,88	1,86	1,81	1,76	1,71	1,68	1,65	1,61	1,58	1,54	1,50
27	2,90	2,51	2,30	2,17	2,07	2,00	1,95	1,91	1,87	1,85	1,80	1,75	1,70	1,67	1,64	1,60	1,57	1,53	1,49
28	2,89	2,50	2,29	2,16	2,06	2,00	1,94	1,90	1,87	1,84	1,79	1,74	1,69	1,66	1,63	1,59	1,56	1,52	1,48
29	2,89	2,50	2,28	2,15	2,06	1,99	1,93	1,89	1,86	1,83	1,78	1,73	1,68	1,65	1,62	1,58	1,55	1,51	1,47
30	2,88	2,49	2,28	2,14	2,03	1,98	1,93	1,88	1,85	1,82	1,77	1,72	1,67	1,64	1,61	1,57	1,54	1,50	1,46
40	2,84	2,44	2,23	2,09	2,00	1,93	1,87	1,83	1,79	1,76	1,71	1,66	1,61	1,57	1,54	1,51	1,47	1,42	1,38
60	2,79	2,39	2,18	2,04	1,95	1,87	1,82	1,77	1,74	1,71	1,66	1,60	1,54	1,51	1,48	1,44	1,40	1,35	1,29
120	2,75	2,35	2,13	1,99	1,90	1,82	1,77	1,72	1,68	1,65	1,60	1,55	1,48	1,45	1,41	1,37	1,32	1,26	1,19
∞	2,71	2,30	2,08	1,94	1,85	1,77	1,72	1,67	1,63	1,60	1,55	1,49	1,42	1,38	1,34	1,30	1,24	1,17	1,00

Graus de liberdade para o denominador (v_2)

Tabela V Pontos Percentuais da Distribuição F (continuação)

$$F_{0,05, v_1, v_2}$$

v_2 \ v_1	1	2	3	4	5	6	7	8	9	10	12	15	20	24	30	40	60	120	∞
1	161,4	199,5	215,7	224,6	230,2	234,0	236,8	238,9	240,5	241,9	243,9	245,9	248,0	249,1	250,1	251,1	252,2	253,3	254,3
2	18,51	19,00	19,16	19,25	19,30	19,33	19,35	19,37	19,38	19,40	19,41	19,43	19,45	19,45	19,46	19,47	19,48	19,49	19,50
3	10,13	9,55	9,28	9,12	9,01	8,94	8,89	8,85	8,81	8,79	8,74	8,70	8,66	8,64	8,62	8,59	8,57	8,55	8,53
4	7,71	6,94	6,59	6,39	6,26	6,16	6,09	6,04	6,00	5,96	5,91	5,86	5,80	5,77	5,75	5,72	5,69	5,66	5,63
5	6,61	5,79	5,41	5,19	5,05	4,95	4,88	4,82	4,77	4,74	4,68	4,62	4,56	4,53	4,50	4,46	4,43	4,40	4,36
6	5,99	5,14	4,76	4,53	4,39	4,28	4,21	4,15	4,10	4,06	4,00	3,94	3,87	3,84	3,81	3,77	3,74	3,70	3,67
7	5,59	4,74	4,35	4,12	3,97	3,87	3,79	3,73	3,68	3,64	3,57	3,51	3,44	3,41	3,38	3,34	3,30	3,27	3,23
8	5,32	4,46	4,07	3,84	3,69	3,58	3,50	3,44	3,39	3,35	3,28	3,22	3,15	3,12	3,08	3,04	3,01	2,97	2,93
9	5,12	4,26	3,86	3,63	3,48	3,37	3,29	3,23	3,18	3,14	3,07	3,01	2,94	2,90	2,86	2,83	2,79	2,75	2,71
10	4,96	4,10	3,71	3,48	3,33	3,22	3,14	3,07	3,02	2,98	2,91	2,85	2,77	2,74	2,70	2,66	2,62	2,58	2,54
11	4,84	3,98	3,59	3,36	3,20	3,09	3,01	2,95	2,90	2,85	2,79	2,72	2,65	2,61	2,57	2,53	2,49	2,45	2,40
12	4,75	3,89	3,49	3,26	3,11	3,00	2,91	2,85	2,80	2,75	2,69	2,62	2,54	2,51	2,47	2,43	2,38	2,34	2,30
13	4,67	3,81	3,41	3,18	3,03	2,92	2,83	2,77	2,71	2,67	2,60	2,53	2,46	2,42	2,38	2,34	2,30	2,25	2,21
14	4,60	3,74	3,34	3,11	2,96	2,85	2,76	2,70	2,65	2,60	2,53	2,46	2,39	2,35	2,31	2,27	2,22	2,18	2,13
15	4,54	3,68	3,29	3,06	2,90	2,79	2,71	2,64	2,59	2,54	2,48	2,40	2,33	2,29	2,25	2,20	2,16	2,11	2,07
16	4,49	3,63	3,24	3,01	2,85	2,74	2,66	2,59	2,54	2,49	2,42	2,35	2,28	2,24	2,19	2,15	2,11	2,06	2,01
17	4,45	3,59	3,20	2,96	2,81	2,70	2,61	2,55	2,49	2,45	2,38	2,31	2,23	2,19	2,15	2,10	2,06	2,01	1,96
18	4,41	3,55	3,16	2,93	2,77	2,66	2,58	2,51	2,46	2,41	2,34	2,27	2,19	2,15	2,11	2,06	2,02	1,97	1,92
19	4,38	3,52	3,13	2,90	2,74	2,63	2,54	2,48	2,42	2,38	2,31	2,23	2,16	2,11	2,07	2,03	1,98	1,93	1,88
20	4,35	3,49	3,10	2,87	2,71	2,60	2,51	2,45	2,39	2,35	2,28	2,20	2,12	2,08	2,04	1,99	1,95	1,90	1,84
21	4,32	3,47	3,07	2,84	2,68	2,57	2,49	2,42	2,37	2,32	2,25	2,18	2,10	2,05	2,01	1,96	1,92	1,87	1,81
22	4,30	3,44	3,05	2,82	2,66	2,55	2,46	2,40	2,34	2,30	2,23	2,15	2,07	2,03	1,98	1,94	1,89	1,84	1,78
23	4,28	3,42	3,03	2,80	2,64	2,53	2,44	2,37	2,32	2,27	2,20	2,13	2,05	2,01	1,96	1,91	1,86	1,81	1,76
24	4,26	3,40	3,01	2,78	2,62	2,51	2,42	2,36	2,30	2,25	2,18	2,11	2,03	1,98	1,94	1,89	1,84	1,79	1,73
25	4,24	3,39	2,99	2,76	2,60	2,49	2,40	2,34	2,28	2,24	2,16	2,09	2,01	1,96	1,92	1,87	1,82	1,77	1,71
26	4,23	3,37	2,98	2,74	2,59	2,47	2,39	2,32	2,27	2,22	2,15	2,07	1,99	1,95	1,90	1,85	1,80	1,75	1,69
27	4,21	3,35	2,96	2,73	2,57	2,46	2,37	2,31	2,25	2,20	2,13	2,06	1,97	1,93	1,88	1,84	1,79	1,73	1,67
28	4,20	3,34	2,95	2,71	2,56	2,45	2,36	2,29	2,24	2,19	2,12	2,04	1,96	1,91	1,87	1,82	1,77	1,71	1,65
29	4,18	3,33	2,93	2,70	2,55	2,43	2,35	2,28	2,22	2,18	2,10	2,03	1,94	1,90	1,85	1,81	1,75	1,70	1,64
30	4,17	3,32	2,92	2,69	2,53	2,42	2,33	2,27	2,21	2,16	2,09	2,01	1,93	1,89	1,84	1,79	1,74	1,68	1,62
40	4,08	3,23	2,84	2,61	2,45	2,34	2,25	2,18	2,12	2,08	2,00	1,92	1,84	1,79	1,74	1,69	1,64	1,58	1,51
60	4,00	3,15	2,76	2,53	2,37	2,25	2,17	2,10	2,04	1,99	1,92	1,84	1,75	1,70	1,65	1,59	1,53	1,47	1,39
120	3,92	3,07	2,68	2,45	2,29	2,17	2,09	2,02	1,96	1,91	1,83	1,75	1,66	1,61	1,55	1,55	1,43	1,35	1,25
∞	3,84	3,00	2,60	2,37	2,21	2,10	2,01	1,94	1,88	1,83	1,75	1,67	1,57	1,52	1,46	1,39	1,32	1,22	1,00

Graus de liberdade para o numerador (v_1)

Graus de liberdade para o denominador (v_2)

(continua)

Tabela V Pontos Percentuais da Distribuição F (continuação)

$$F_{0,025, v_1, v_2}$$

$v_2 \backslash v_1$	1	2	3	4	5	6	7	8	9	10	12	15	20	24	30	40	60	120	∞
1	647,8	799,5	864,2	899,6	921,8	937,1	948,2	956,7	963,3	968,6	976,7	984,9	993,1	997,2	1001	1006	1010	1014	1018
2	38,51	39,00	39,17	39,25	39,30	39,33	39,36	39,37	39,39	39,40	39,41	39,43	39,45	39,46	39,46	39,47	39,48	39,49	39,50
3	17,44	16,04	15,44	15,10	14,88	14,73	14,62	14,54	14,47	14,42	14,34	14,25	14,17	14,12	14,08	14,04	13,99	13,95	13,90
4	12,22	10,65	9,98	9,60	9,36	9,20	9,07	8,98	8,90	8,84	8,75	8,66	8,56	8,51	8,46	8,41	8,36	8,31	8,26
5	10,01	8,43	7,76	7,39	7,15	6,98	6,85	6,76	6,68	6,62	6,52	6,43	6,33	6,28	6,23	6,18	6,12	6,07	6,02
6	8,81	7,26	6,60	6,23	5,99	5,82	5,70	5,60	5,52	5,46	5,37	5,27	5,17	5,12	5,07	5,01	4,96	4,90	4,85
7	8,07	6,54	5,89	5,52	5,29	5,12	4,99	4,90	4,82	4,76	4,67	4,57	4,47	4,42	4,36	4,31	4,25	4,20	4,14
8	7,57	6,06	5,42	5,05	4,82	4,65	4,53	4,43	4,36	4,30	4,20	4,10	4,00	3,95	3,89	3,84	3,78	3,73	3,67
9	7,21	5,71	5,08	4,72	4,48	4,32	4,20	4,10	4,03	3,96	3,87	3,77	3,67	3,61	3,56	3,51	3,45	3,39	3,33
10	6,94	5,46	4,83	4,47	4,24	4,07	3,95	3,85	3,78	3,72	3,62	3,52	3,42	3,37	3,31	3,26	3,20	3,14	3,08
11	6,72	5,26	4,63	4,28	4,04	3,88	3,76	3,66	3,59	3,53	3,43	3,33	3,23	3,17	3,12	3,06	3,00	2,94	2,88
12	6,55	5,10	4,47	4,12	3,89	3,73	3,61	3,51	3,44	3,37	3,28	3,18	3,07	3,02	2,96	2,91	2,85	2,79	2,72
13	6,41	4,97	4,35	4,00	3,77	3,60	3,48	3,39	3,31	3,25	3,15	3,05	2,95	2,89	2,84	2,78	2,72	2,66	2,60
14	6,30	4,86	4,24	3,89	3,66	3,50	3,38	3,29	3,21	3,15	3,05	2,95	2,84	2,79	2,73	2,67	2,61	2,55	2,49
15	6,20	4,77	4,15	3,80	3,58	3,41	3,29	3,20	3,12	3,06	2,96	2,86	2,76	2,70	2,64	2,59	2,52	2,46	2,40
16	6,12	4,69	4,08	3,73	3,50	3,34	3,22	3,12	3,05	2,99	2,89	2,79	2,68	2,63	2,57	2,51	2,45	2,38	2,32
17	6,04	4,62	4,01	3,66	3,44	3,28	3,16	3,06	2,98	2,92	2,82	2,72	2,62	2,56	2,50	2,44	2,38	2,32	2,25
18	5,98	4,56	3,95	3,61	3,38	3,22	3,10	3,01	2,93	2,87	2,77	2,67	2,56	2,50	2,44	2,38	2,32	2,26	2,19
19	5,92	4,51	3,90	3,56	3,33	3,17	3,05	2,96	2,88	2,82	2,72	2,62	2,51	2,45	2,39	2,33	2,27	2,20	2,13
20	5,87	4,46	3,86	3,51	3,29	3,13	3,01	2,91	2,84	2,77	2,68	2,57	2,46	2,41	2,35	2,29	2,22	2,16	2,09
21	5,83	4,42	3,82	3,48	3,25	3,09	2,97	2,87	2,80	2,73	2,64	2,53	2,42	2,37	2,31	2,25	2,18	2,11	2,04
22	5,79	4,38	3,78	3,44	3,22	3,05	2,93	2,84	2,76	2,70	2,60	2,50	2,39	2,33	2,27	2,21	2,14	2,08	2,00
23	5,75	4,35	3,75	3,41	3,18	3,02	2,90	2,81	2,73	2,67	2,57	2,47	2,36	2,30	2,24	2,18	2,11	2,04	1,97
24	5,72	4,32	3,72	3,38	3,15	2,99	2,87	2,78	2,70	2,64	2,54	2,44	2,33	2,27	2,21	2,15	2,08	2,01	1,94
25	5,69	4,29	3,69	3,35	3,13	2,97	2,85	2,75	2,68	2,61	2,51	2,41	2,30	2,24	2,18	2,12	2,05	1,98	1,91
26	5,66	4,27	3,67	3,33	3,10	2,94	2,82	2,73	2,65	2,59	2,49	2,39	2,28	2,22	2,16	2,09	2,03	1,95	1,88
27	5,63	4,24	3,65	3,31	3,08	2,92	2,80	2,71	2,63	2,57	2,47	2,36	2,25	2,19	2,13	2,07	2,00	1,93	1,85
28	5,61	4,22	3,63	3,29	3,06	2,90	2,78	2,69	2,61	2,55	2,45	2,34	2,23	2,17	2,11	2,05	1,98	1,91	1,83
29	5,59	4,20	3,61	3,27	3,04	2,88	2,76	2,67	2,59	2,53	2,43	2,32	2,21	2,15	2,09	2,03	1,96	1,89	1,81
30	5,57	4,18	3,59	3,25	3,03	2,87	2,75	2,65	2,57	2,51	2,41	2,31	2,20	2,14	2,07	2,01	1,94	1,87	1,79
40	5,42	4,05	3,46	3,13	2,90	2,74	2,62	2,53	2,45	2,39	2,29	2,18	2,07	2,01	1,94	1,88	1,80	1,72	1,64
60	5,29	3,93	3,34	3,01	2,79	2,63	2,51	2,41	2,33	2,27	2,17	2,06	1,94	1,88	1,82	1,74	1,67	1,58	1,48
120	5,15	3,80	3,23	2,89	2,67	2,52	2,39	2,30	2,22	2,16	2,05	1,94	1,82	1,76	1,69	1,61	1,53	1,43	1,31
∞	5,02	3,69	3,12	2,79	2,57	2,41	2,29	2,19	2,11	2,05	1,94	1,83	1,71	1,64	1,57	1,48	1,39	1,27	1,00

Graus de liberdade para o numerador (v_1)

Graus de liberdade para o denominador (v_2)

Tabela V Pontos Percentuais da Distribuição F (continuação)

$$F_{0{,}01,\,v_1,\,v_2}$$

Graus de liberdade para o numerador (v_1)

v_2 \ v_1	1	2	3	4	5	6	7	8	9	10	12	15	20	24	30	40	60	120	∞
1	4052	4999,5	5403	5625	5764	5859	5928	5982	6022	6056	6106	6157	6209	6235	6261	6287	6313	6339	6366
2	98,50	99,00	99,17	99,25	99,30	99,33	99,36	99,37	99,39	99,40	99,42	99,43	99,45	99,46	99,47	99,47	99,48	99,49	99,50
3	34,12	30,82	29,46	28,71	28,24	27,91	27,67	27,49	27,35	27,23	27,05	26,87	26,69	26,60	26,50	26,41	26,32	26,22	26,13
4	21,20	18,00	16,69	15,98	15,52	15,21	14,98	14,80	14,66	14,55	14,37	14,20	14,02	13,93	13,84	13,75	13,65	13,56	13,46
5	16,26	13,27	12,06	11,39	10,97	10,67	10,46	10,29	10,16	10,05	9,89	9,72	9,55	9,47	9,38	9,29	9,20	9,11	9,02
6	13,75	10,92	9,78	9,15	8,75	8,47	8,26	8,10	7,98	7,87	7,72	7,56	7,40	7,31	7,23	7,14	7,06	6,97	6,88
7	12,25	9,55	8,45	7,85	7,46	7,19	6,99	6,84	6,72	6,62	6,47	6,31	6,16	6,07	5,99	5,91	5,82	5,74	5,65
8	11,26	8,65	7,59	7,01	6,63	6,37	6,18	6,03	5,91	5,81	5,67	5,52	5,36	5,28	5,20	5,12	5,03	4,95	4,86
9	10,56	8,02	6,99	6,42	6,06	5,80	5,61	5,47	5,35	5,26	5,11	4,96	4,81	4,73	4,65	4,57	4,48	4,40	4,31
10	10,04	7,56	6,55	5,99	5,64	5,39	5,20	5,06	4,94	4,85	4,71	4,56	4,41	4,33	4,25	4,17	4,08	4,00	3,91
11	9,65	7,21	6,22	5,67	5,32	5,07	4,89	4,74	4,63	4,54	4,40	4,25	4,10	4,02	3,94	3,86	3,78	3,69	3,60
12	9,33	6,93	5,95	5,41	5,06	4,82	4,64	4,50	4,39	4,30	4,16	4,01	3,86	3,78	3,70	3,62	3,54	3,45	3,36
13	9,07	6,70	5,74	5,21	4,86	4,62	4,44	4,30	4,19	4,10	3,96	3,82	3,66	3,59	3,51	3,43	3,34	3,25	3,17
14	8,86	6,51	5,56	5,04	4,69	4,46	4,28	4,14	4,03	3,94	3,80	3,66	3,51	3,43	3,35	3,27	3,18	3,09	3,00
15	8,68	6,36	5,42	4,89	4,56	4,32	4,14	4,00	3,89	3,80	3,67	3,52	3,37	3,29	3,21	3,13	3,05	2,96	2,87
16	8,53	6,23	5,29	4,77	4,44	4,20	4,03	3,89	3,78	3,69	3,55	3,41	3,26	3,18	3,10	3,02	2,93	2,84	2,75
17	8,40	6,11	5,18	4,67	4,34	4,10	3,93	3,79	3,68	3,59	3,46	3,31	3,16	3,08	3,00	2,92	2,83	2,75	2,65
18	8,29	6,01	5,09	4,58	4,25	4,01	3,84	3,71	3,60	3,51	3,37	3,23	3,08	3,00	2,92	2,84	2,75	2,66	2,57
19	8,18	5,93	5,01	4,50	4,17	3,94	3,77	3,63	3,52	3,43	3,30	3,15	3,00	2,92	2,84	2,76	2,67	2,58	2,49
20	8,10	5,85	4,94	4,43	4,10	3,87	3,70	3,56	3,46	3,37	3,23	3,09	2,94	2,86	2,78	2,69	2,61	2,52	2,42
21	8,02	5,78	4,87	4,37	4,04	3,81	3,64	3,51	3,40	3,31	3,17	3,03	2,88	2,80	2,72	2,64	2,55	2,46	2,36
22	7,95	5,72	4,82	4,31	3,99	3,76	3,59	3,45	3,35	3,26	3,12	2,98	2,83	2,75	2,67	2,58	2,50	2,40	2,31
23	7,88	5,66	4,76	4,26	3,94	3,71	3,54	3,41	3,30	3,21	3,07	2,93	2,78	2,70	2,62	2,54	2,45	2,35	2,26
24	7,82	5,61	4,72	4,22	3,90	3,67	3,50	3,36	3,26	3,17	3,03	2,89	2,74	2,66	2,58	2,49	2,40	2,31	2,21
25	7,77	5,57	4,68	4,18	3,85	3,63	3,46	3,32	3,22	3,13	2,99	2,85	2,70	2,62	2,54	2,45	2,36	2,27	2,17
26	7,72	5,53	4,64	4,14	3,82	3,59	3,42	3,29	3,18	3,09	2,96	2,81	2,66	2,58	2,50	2,42	2,33	2,23	2,13
27	7,68	5,49	4,60	4,11	3,78	3,56	3,39	3,26	3,15	3,06	2,93	2,78	2,63	2,55	2,47	2,38	2,29	2,20	2,10
28	7,64	5,45	4,57	4,07	3,75	3,53	3,36	3,23	3,12	3,03	2,90	2,75	2,60	2,52	2,44	2,35	2,26	2,17	2,06
29	7,60	5,42	4,54	4,04	3,73	3,50	3,33	3,20	3,09	3,00	2,87	2,73	2,57	2,49	2,41	2,33	2,23	2,14	2,03
30	7,56	5,39	4,51	4,02	3,70	3,47	3,30	3,17	3,07	2,98	2,84	2,70	2,55	2,47	2,39	2,30	2,21	2,11	2,01
40	7,31	5,18	4,31	3,83	3,51	3,29	3,12	2,99	2,89	2,80	2,66	2,52	2,37	2,29	2,20	2,11	2,02	1,92	1,80
60	7,08	4,98	4,13	3,65	3,34	3,12	2,95	2,82	2,72	2,63	2,50	2,35	2,20	2,12	2,03	1,94	1,84	1,73	1,60
120	6,85	4,79	3,95	3,48	3,17	2,96	2,79	2,66	2,56	2,47	2,34	2,19	2,03	1,95	1,86	1,76	1,66	1,53	1,38
∞	6,63	4,61	3,78	3,32	3,02	2,80	2,64	2,51	2,41	2,32	2,18	2,04	1,88	1,79	1,70	1,59	1,47	1,32	1,00

Graus de liberdade para o denominador (v_2)

Gráfico VI Curvas Características de Operação

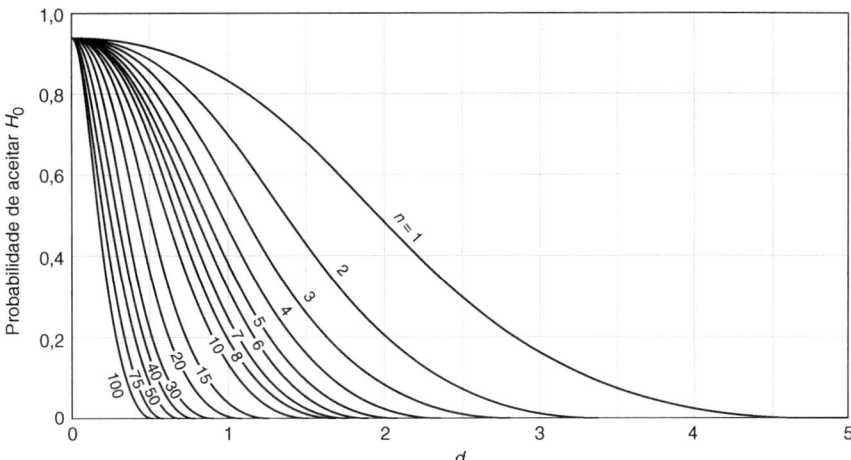

(a) Curvas CO para diferentes valores de n para o teste normal bilateral e para um nível de significância $\alpha = 0{,}05$.

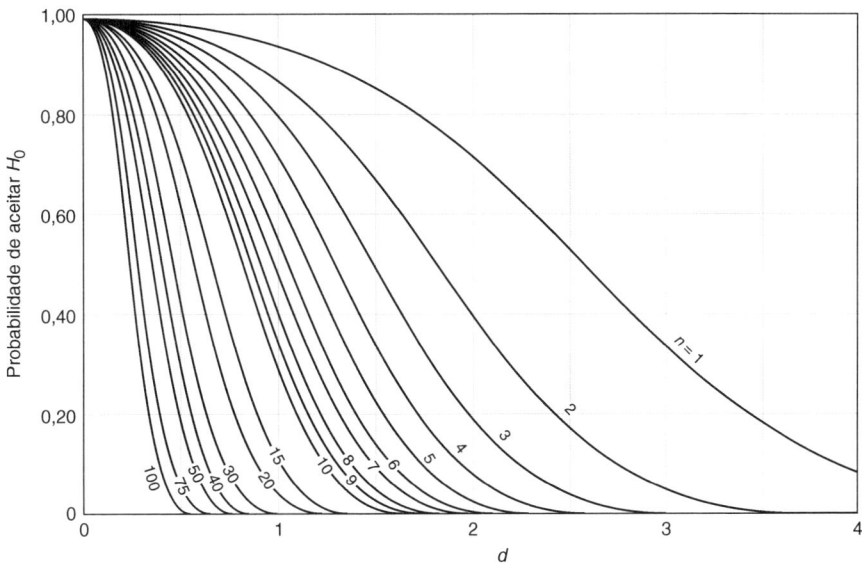

(b) Curvas CO para diferentes valores de n para o teste normal bilateral e para um nível de significância $\alpha = 0{,}01$.

Fonte: Gráficos VI*a, e, f, k, m* e *q* são reproduzidos, com permissão, de "Operating Characteristics for the Commom Statistical Tests of Significance", de C. L. Ferris, F. E. Grubbs e C. L. Weaver, *Annals of Mathematical Statistics*, junho, 1946.

Gráficos VI*b, c, d, g, h, i, j, l, n, o, p* e *r* são reproduzidos, com permissão, de *Engineering Statistics*, 2.ª edição, de A. H. Bowker e G. J. Lieberman, Prentice-Hall, Englewood Cliffs, NJ, 1972.

Gráfico VI Curvas Características de Operação (*continuação*)

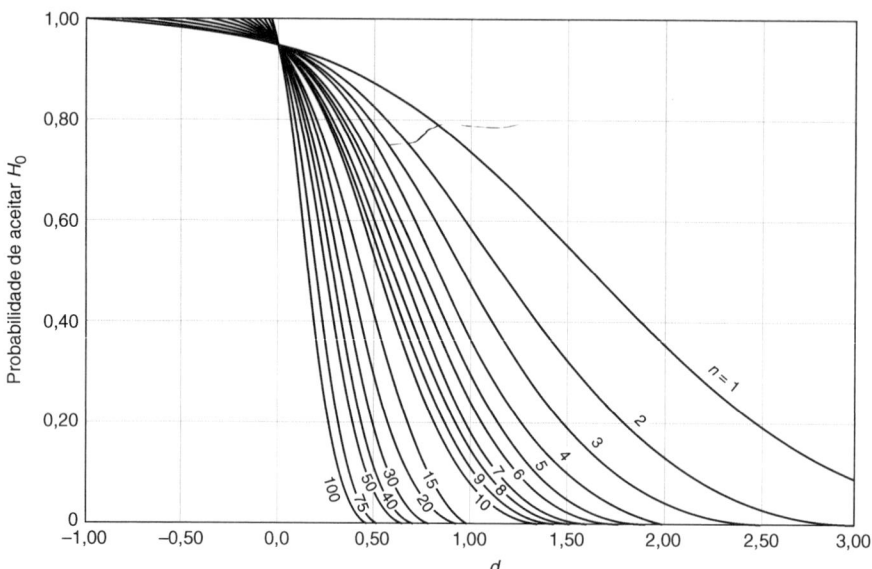

(*c*) Curvas CO para diferentes valores de *n* para o teste normal unilateral e para um nível de significância $\alpha = 0{,}05$.

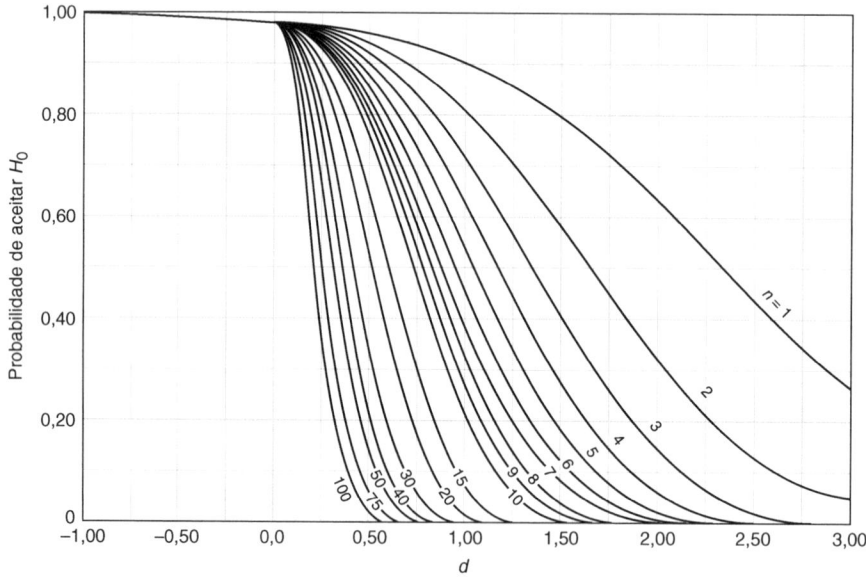

(*d*) Curvas CO para diferentes valores de *n* para o teste normal unilateral e para um nível de significância $\alpha = 0{,}01$.

(*continua*)

Gráfico VI Curvas Características de Operação (*continuação*)

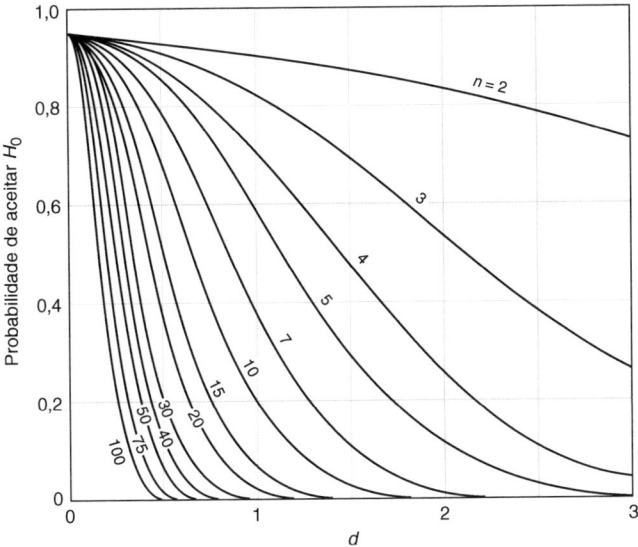

(*e*) Curvas CO para diferentes valores de *n* para o teste *t* bilateral e para um nível de significância $\alpha = 0{,}05$.

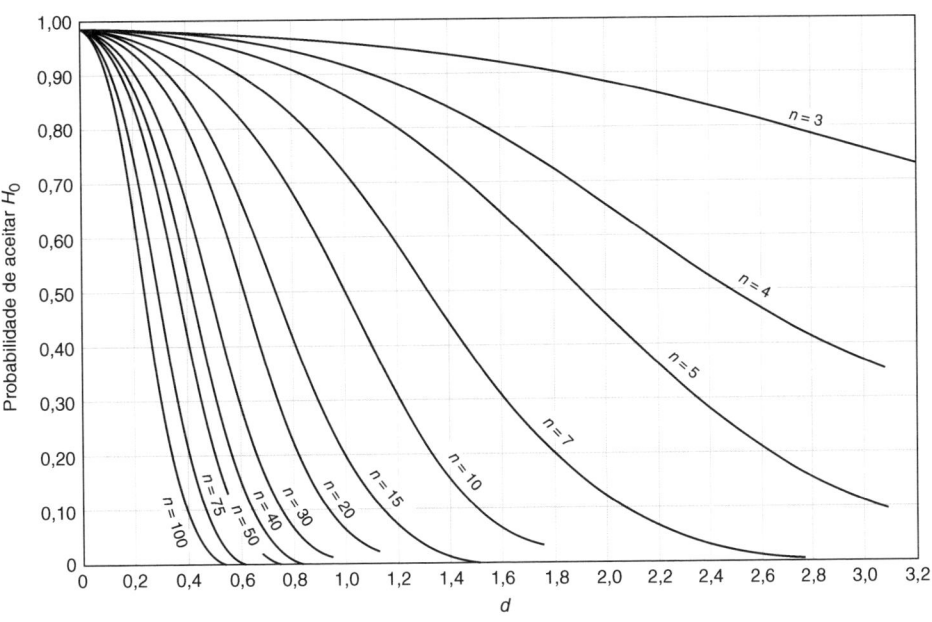

(*f*) Curvas CO para diferentes valores de *n* para o teste *t* bilateral e para um nível de significância $\alpha = 0{,}01$.

Gráfico VI Curvas Características de Operação (*continuação*)

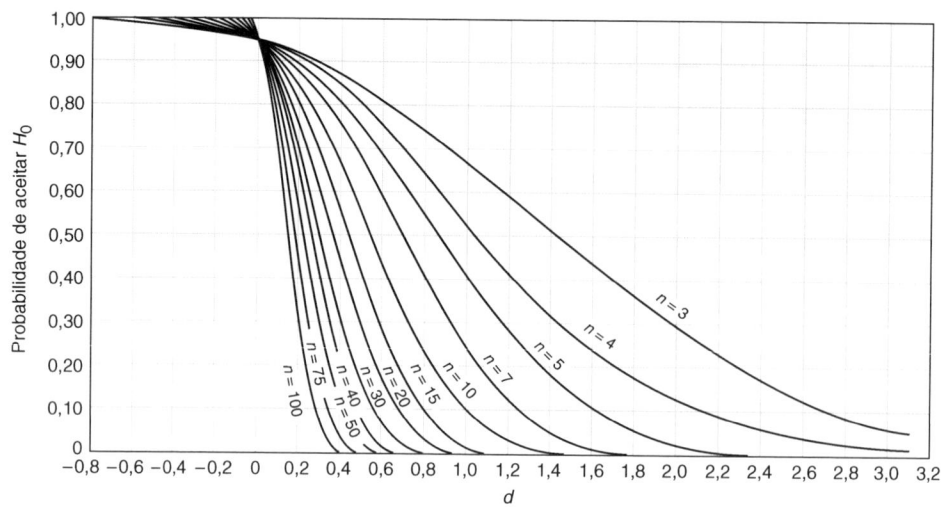

(*g*) Curvas CO para diferentes valores de *n* para o teste *t* unilateral e para um nível de significância $\alpha = 0{,}05$.

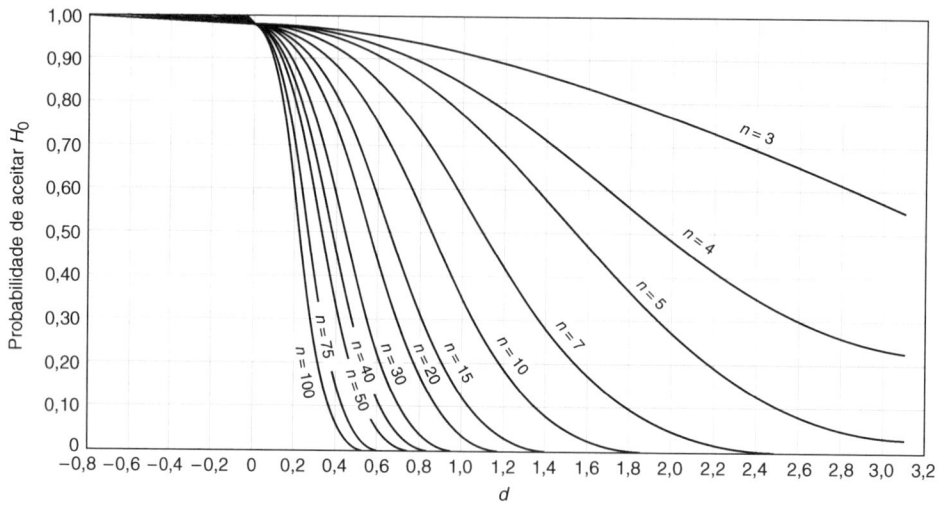

(*h*) Curvas CO para diferentes valores de *n* para o teste *t* unilateral e para um nível de significância $\alpha = 0{,}01$.

(*continua*)

Gráfico VI Curvas Características de Operação (*continuação*)

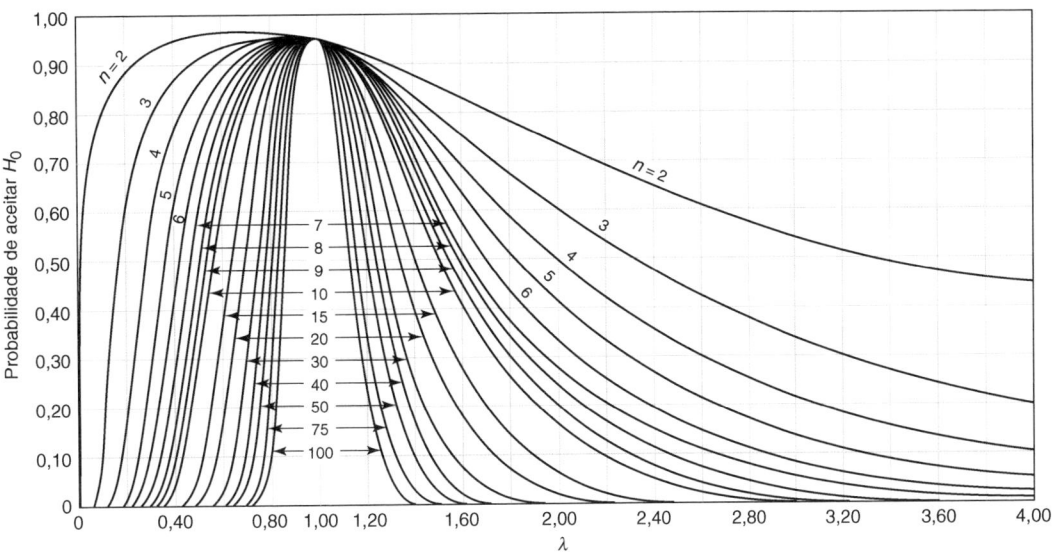

(*i*) Curvas CO para diferentes valores de *n* para o teste qui-quadrado bilateral e para um nível de significância $\alpha = 0{,}05$.

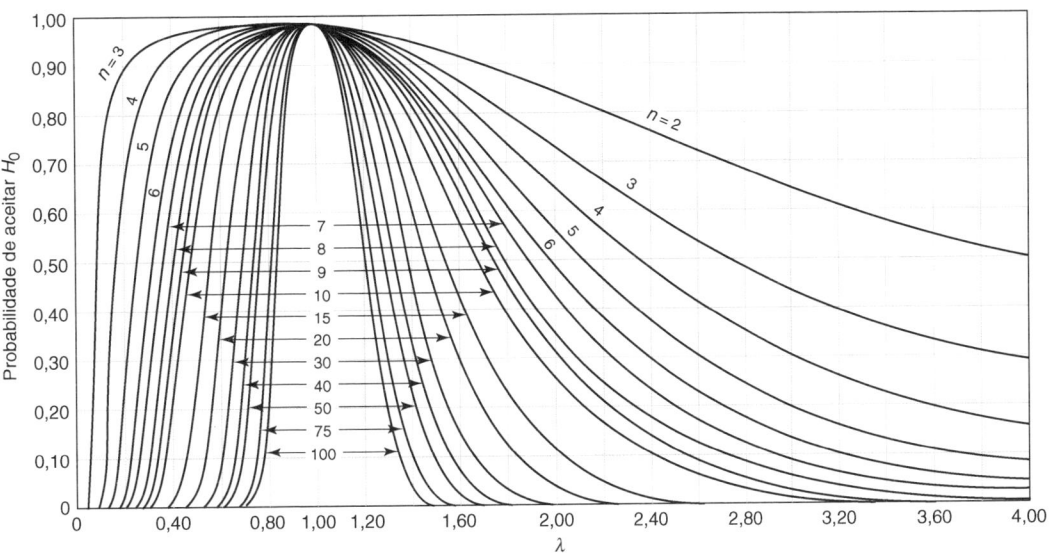

(*j*) Curvas CO para diferentes valores de *n* para o teste qui-quadrado bilateral e para um nível de significância $\alpha = 0{,}01$.

Gráfico VI Curvas Características de Operação (*continuação*)

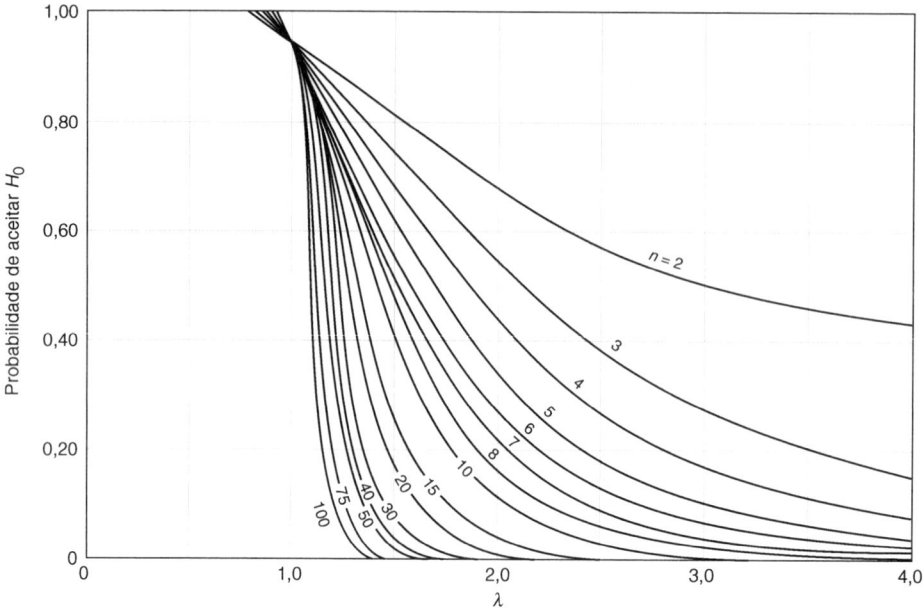

(*k*) Curvas CO para diferentes valores de *n* para o teste qui-quadrado unilateral (cauda superior) e para um nível de significância $\alpha = 0{,}05$.

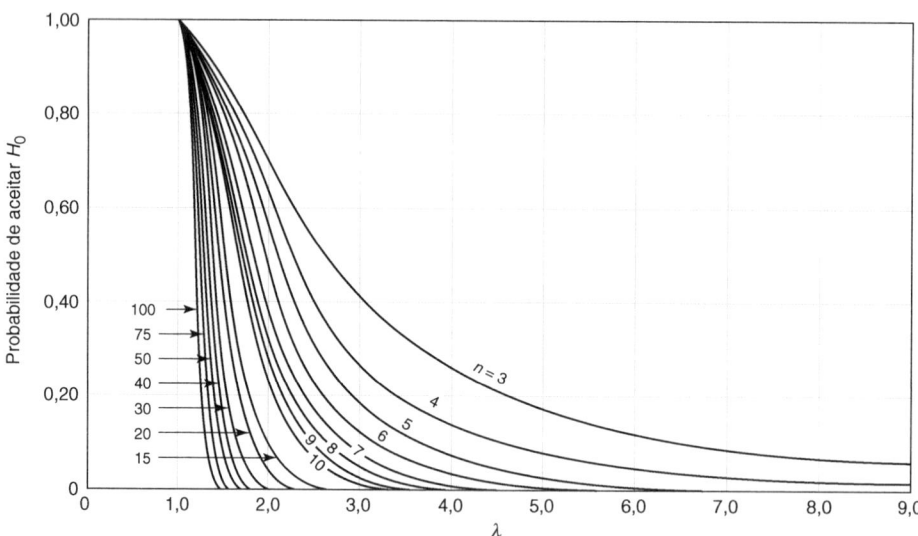

(*l*) Curvas CO para diferentes valores de *n* para o teste qui-quadrado unilateral (cauda superior) e para um nível de significância $\alpha = 0{,}01$.

(*continua*)

Gráfico VI Curvas Características de Operação (*continuação*)

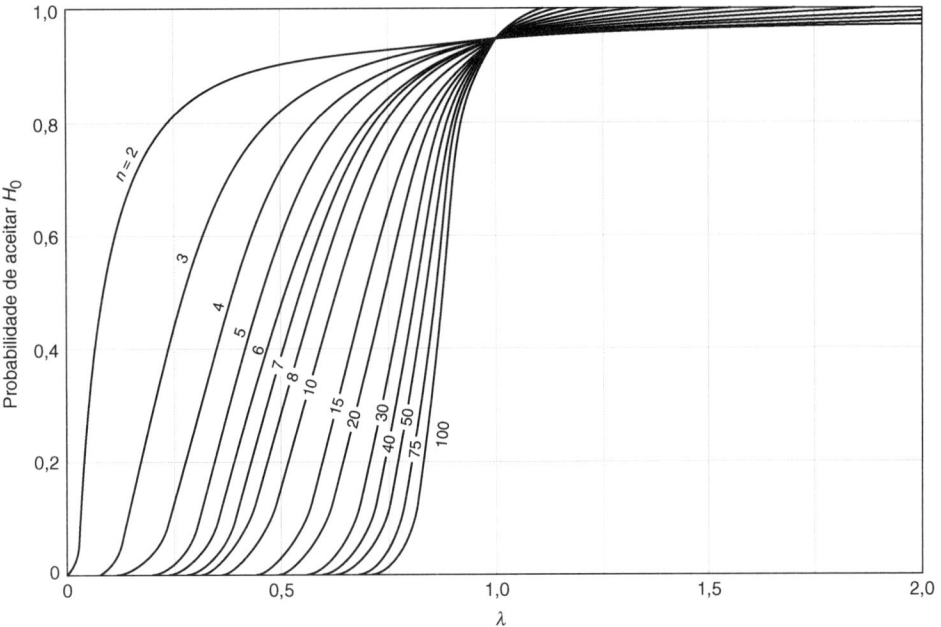

(*m*) Curvas CO para diferentes valores de *n* para o teste qui-quadrado unilateral (cauda inferior) e para um nível de significância $\alpha = 0{,}05$.

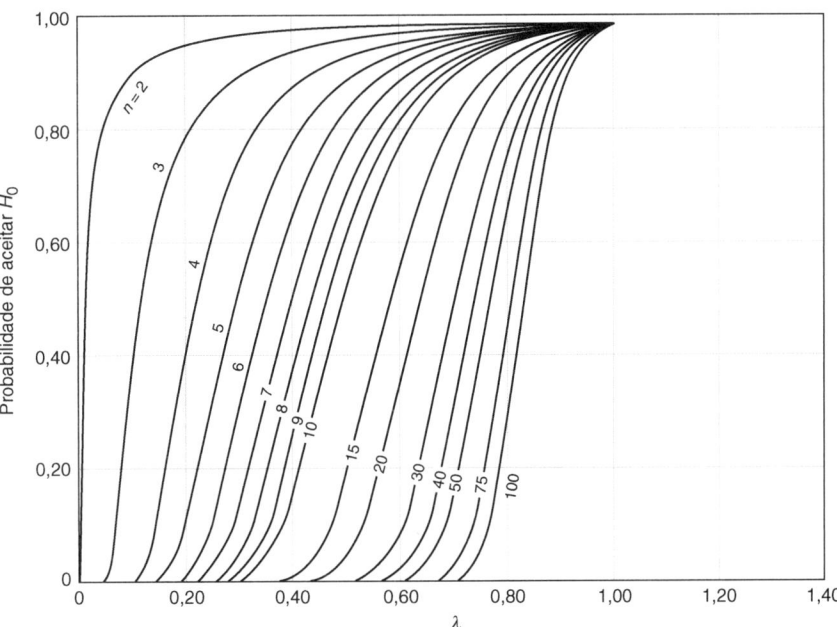

(*n*) Curvas CO para diferentes valores de *n* para o teste qui-quadrado unilateral (cauda inferior) e para um nível de significância $\alpha = 0{,}01$.

Gráfico VI Curvas Características de Operação (*continuação*)

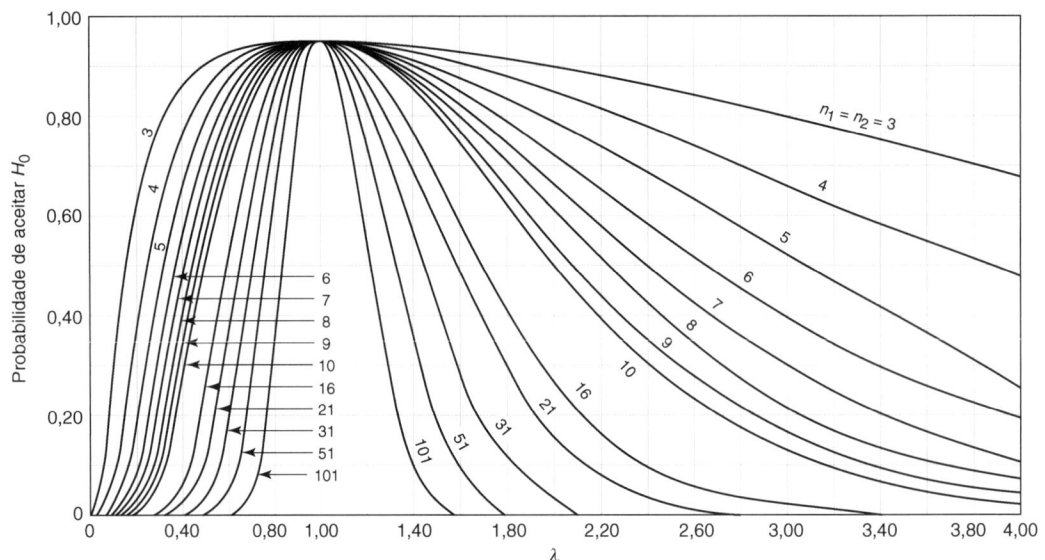

(*o*) Curvas CO para diferentes valores de n para o teste F bilateral e para um nível de significância $\alpha = 0{,}05$.

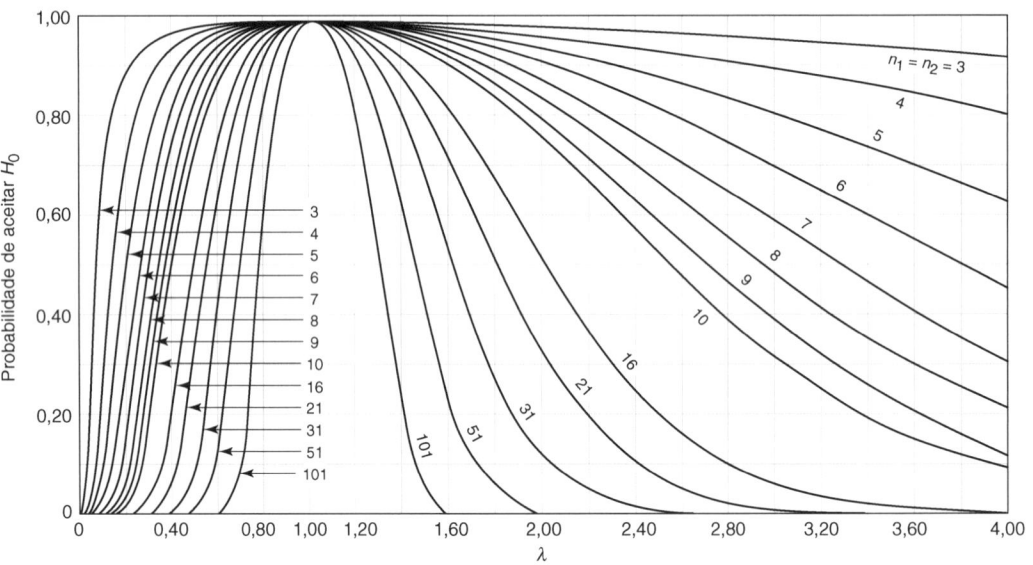

(*p*) Curvas CO para diferentes valores de n para o teste F bilateral e para um nível de significância $\alpha = 0{,}01$.

(*continua*)

Gráfico VI Curvas Características de Operação (*continuação*)

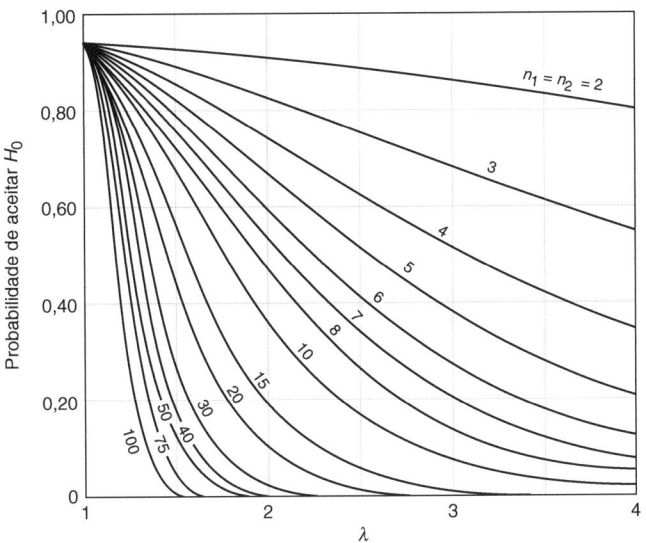

(*q*) Curvas CO para diferentes valores de *n* para o teste *F* unilateral e para um nível de significância $\alpha = 0{,}05$.

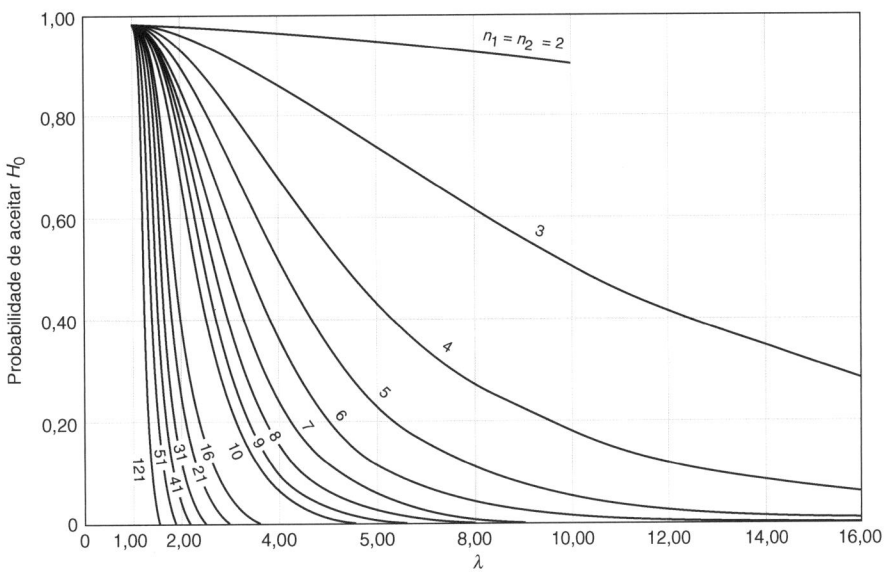

(*r*) Curvas CO para diferentes valores de *n* para o teste *F* unilateral e para um nível de significância $\alpha = 0{,}01$.

Gráfico VII Curvas Características de Operação para a Análise de Variância do Modelo de Efeitos Fixos

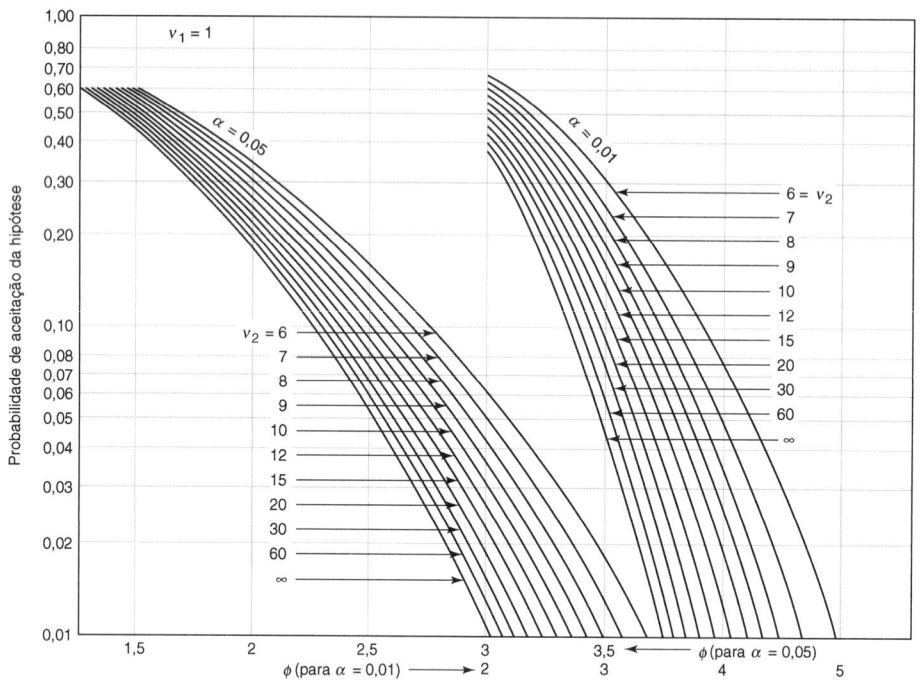

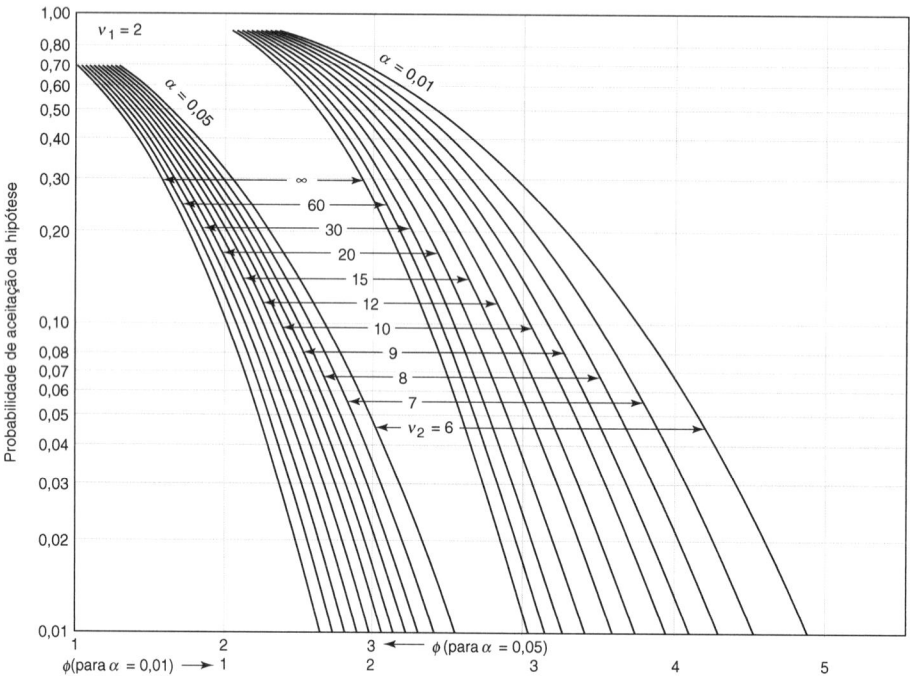

v_1 = graus de liberdade do numerador v_2 = graus de liberdade do denominador

Fonte: O Gráfico VII é adaptado, com permissão, de *Biometrika Tables for Statisticians*, Vol. 2, de E. S. Pearson e H. O. Hartley, Cambridge University Press, Cambridge, 1972.

(*continua*)

Gráfico VII Curvas Características de Operação para a Análise de Variância do Modelo de Efeitos Fixos (*continuação*)

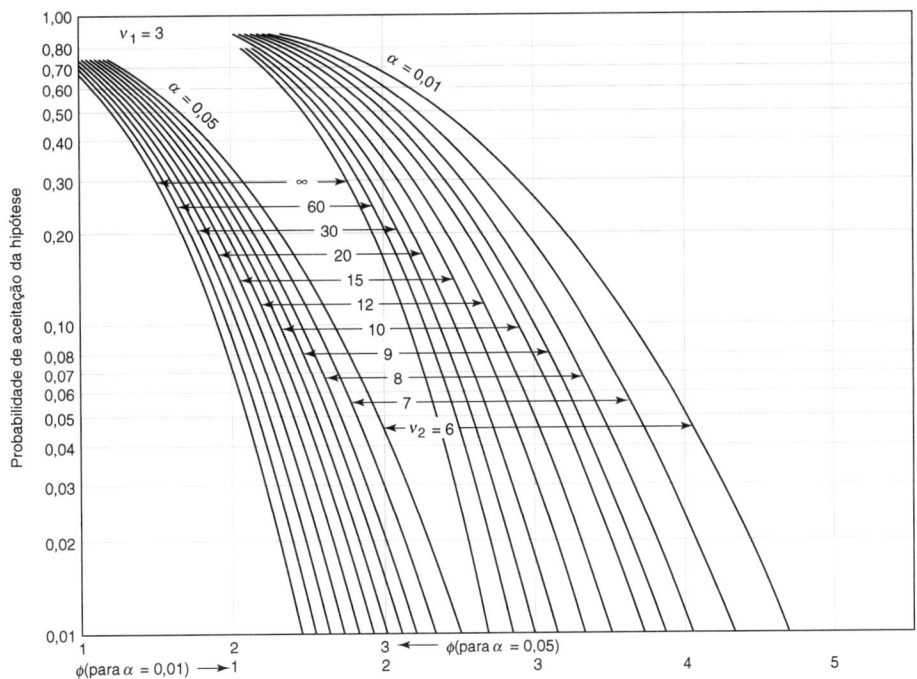

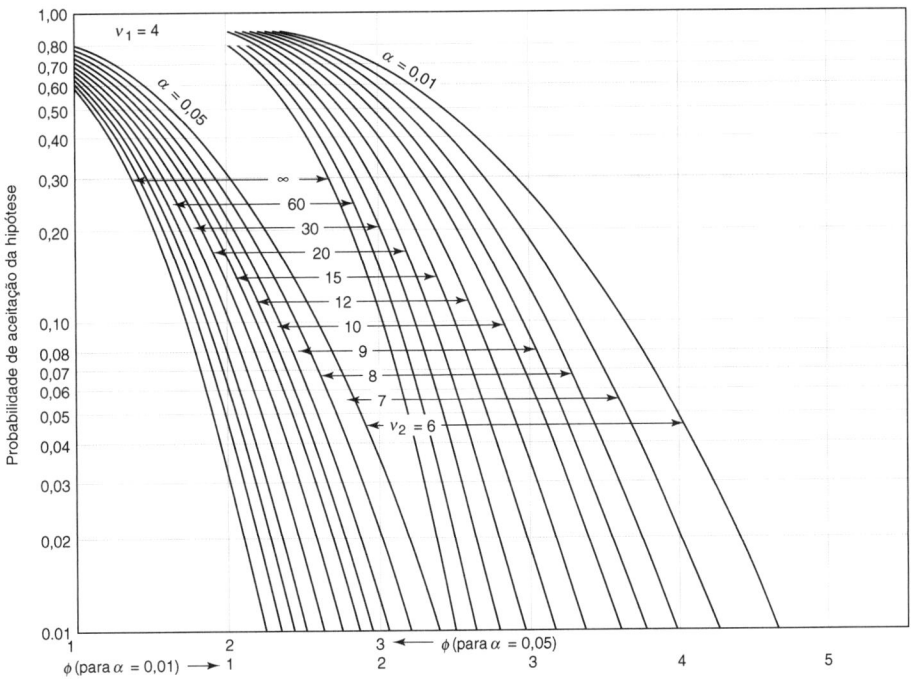

Gráfico VII Curvas Características de Operação para a Análise de Variância do Modelo de Efeitos Fixos (*continuação*)

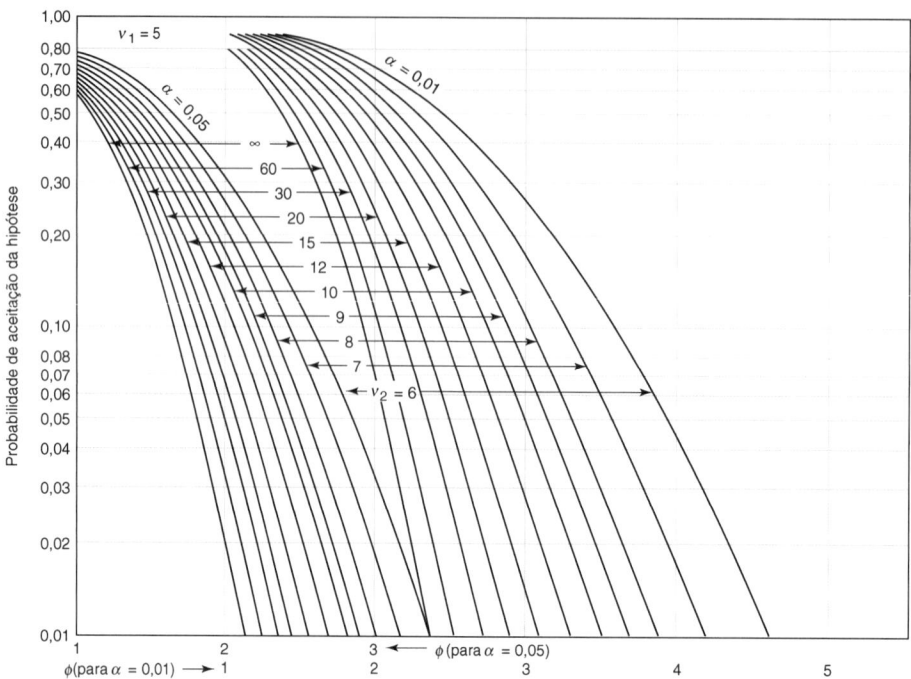

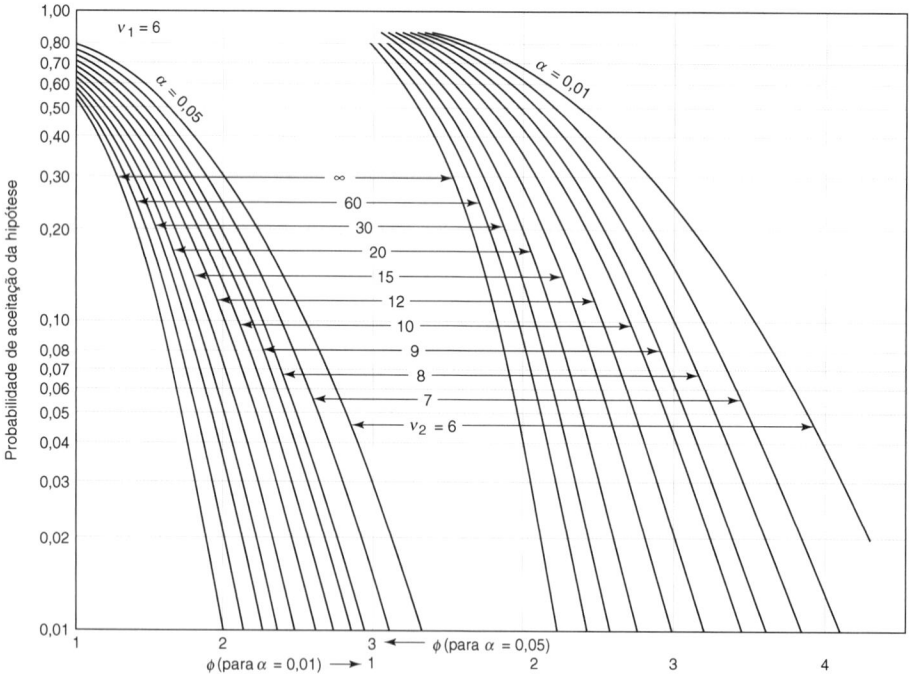

(*continua*)

Gráfico VII Curvas Características de Operação para a Análise de Variância do Modelo de Efeitos Fixos (*continuação*)

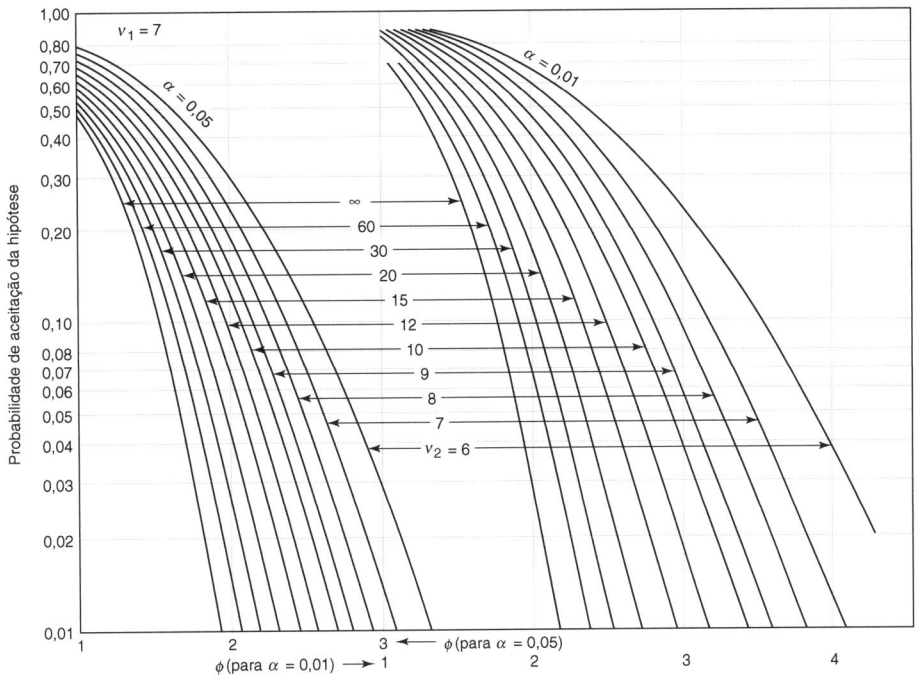

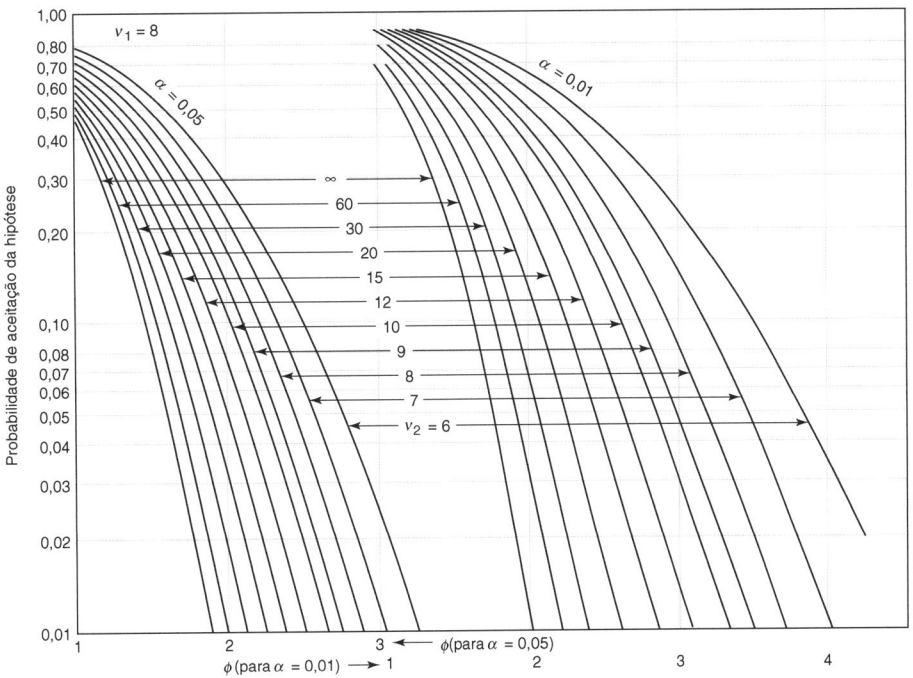

Gráfico VIII Curvas Características de Operação para a Análise de Variância do Modelo de Efeitos Aleatórios

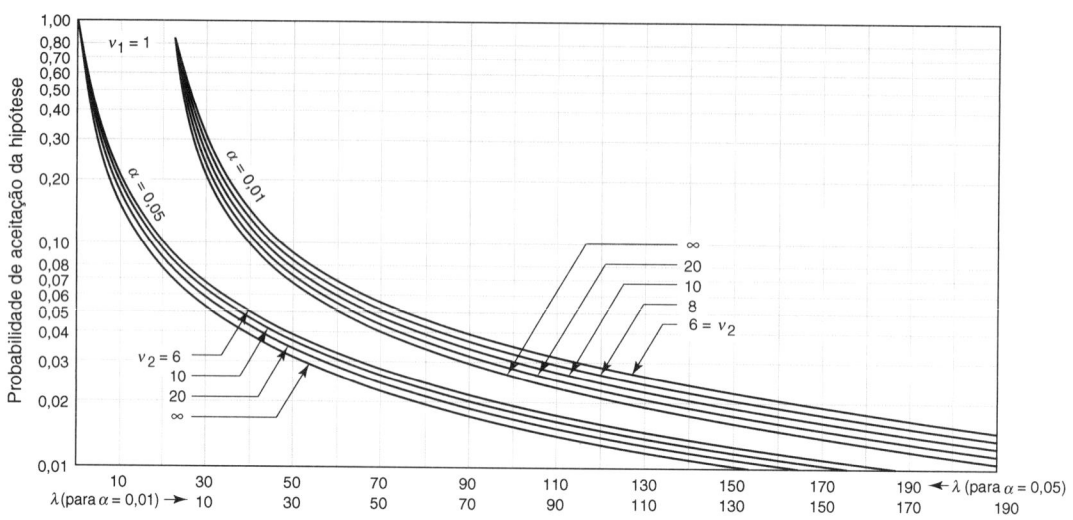

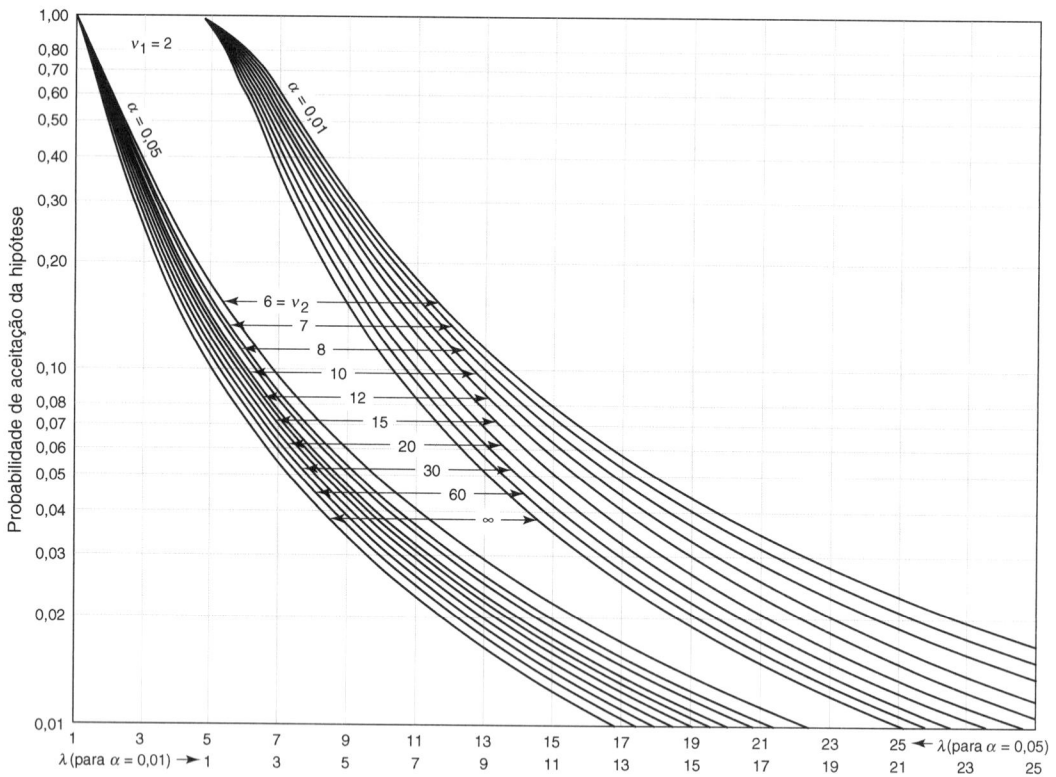

Fonte: Reproduzido, com permissão, de *Engineering Statistics*, 2ª edição, de A. H. Bowker e G. J. Lieberman, Prentice-Hall, Englewood Cliffs, NJ, 1972.

(continua)

Gráfico VIII Curvas Características de Operação para a Análise de Variância do Modelo de Efeitos Aleatórios (*continuação*)

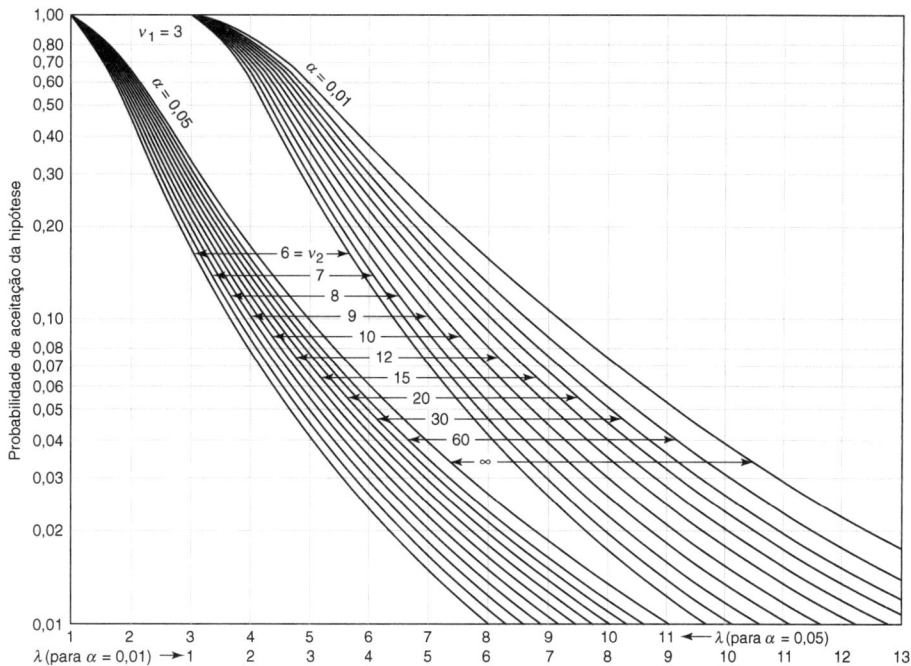

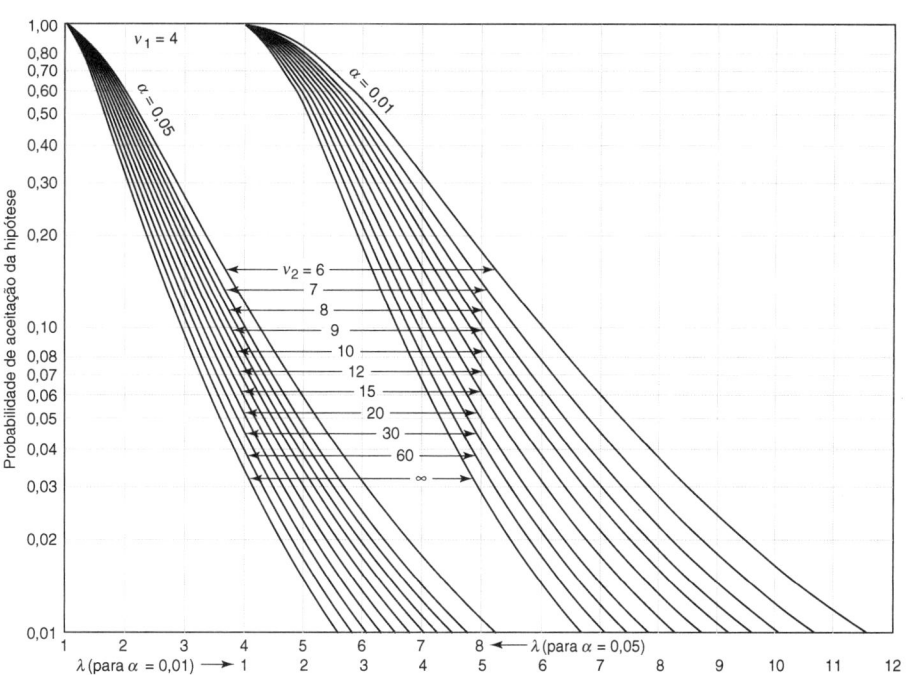

Gráfico VIII Curvas Características de Operação para a Análise de Variância do Modelo de Efeitos Aleatórios (*continuação*)

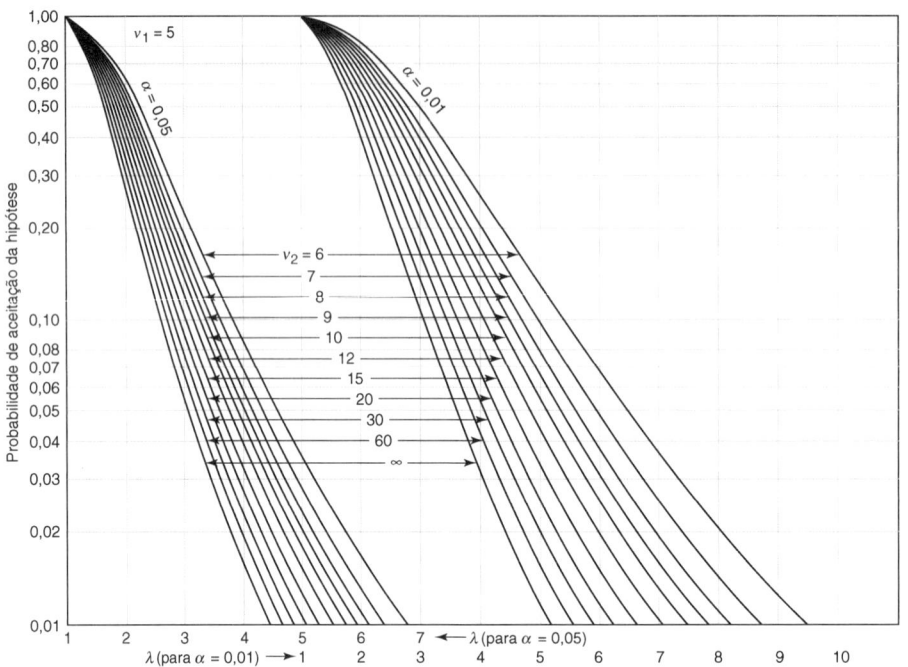

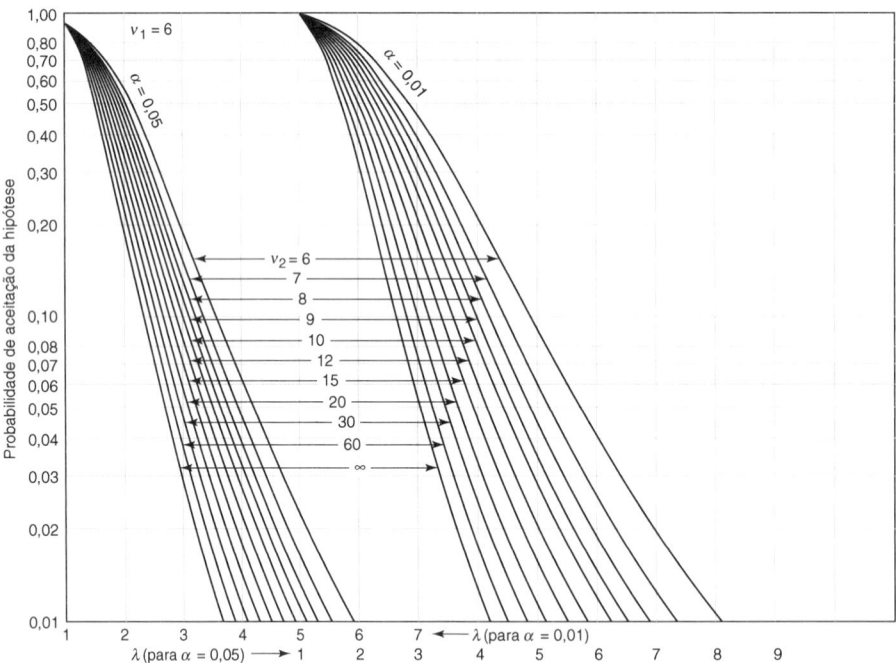

(*continua*)

Gráfico VIII Curvas Características de Operação para a Análise de Variância do Modelo de Efeitos Aleatórios (*continuação*)

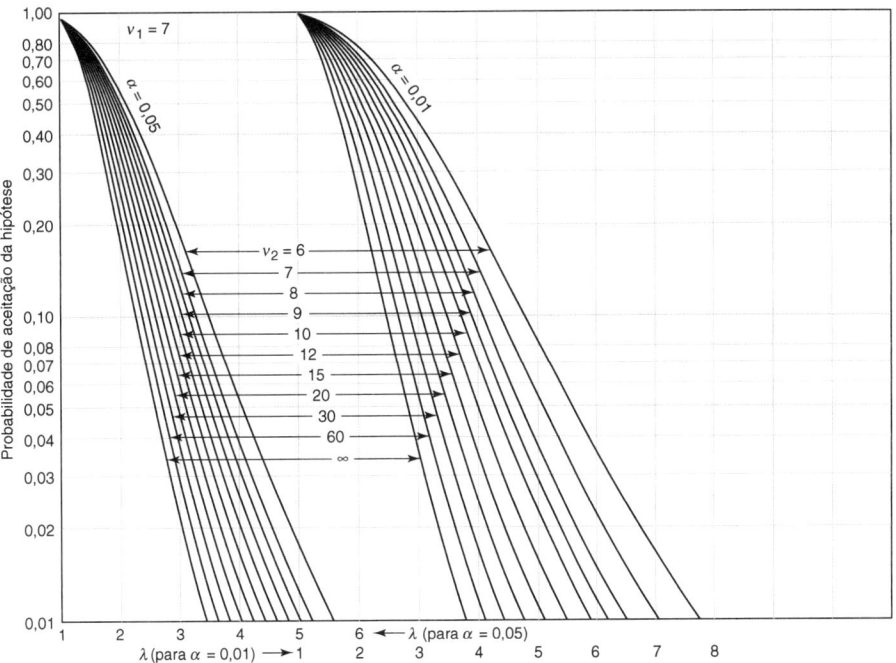

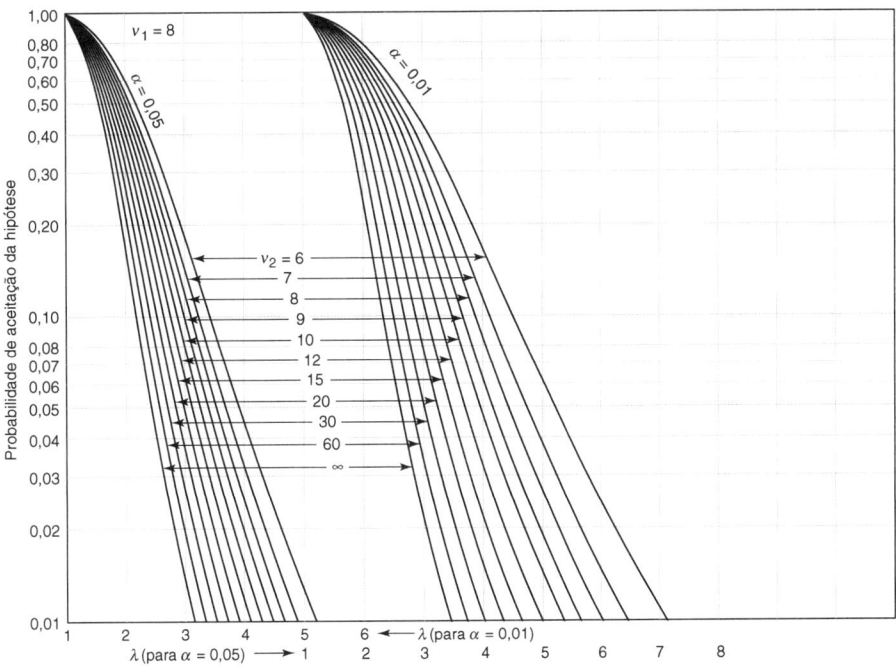

Tabela IX Valores Críticos para o Teste de Wilcoxon de Duas Amostras[a]

$R^*_{0.05}$

n_2 \ n_1	2	3	4	5	6	7	8	9	10	11	12	13	14	15
4			10											
5		6	11	17										
6		7	12	18	26									
7		7	13	20	27	36								
8	3	8	14	21	29	38	49							
9	3	8	15	22	31	40	51	63						
10	3	9	15	23	32	42	53	65	78					
11	4	9	16	24	34	44	55	68	81	96				
12	4	10	17	26	35	46	58	71	85	99	115			
13	4	10	18	27	37	48	60	73	88	103	119	137		
14	4	11	19	28	38	50	63	76	91	106	123	141	160	
15	4	11	20	29	40	52	65	79	94	110	127	145	164	185
16	4	12	21	31	42	54	67	82	97	114	131	150	169	
17	5	12	21	32	43	56	70	84	100	117	135	154		
18	5	13	22	33	45	58	72	87	103	121	139			
19	5	13	23	34	46	60	74	90	107	124				
20	5	14	24	35	48	62	77	93	110					
21	6	14	25	37	50	64	79	95						
22	6	15	26	38	51	66	82							
23	6	15	27	39	53	68								
24	6	16	28	40	55									
25	6	16	28	42										
26	7	17	29											
27	7	17												
28	7													

Fonte: Reproduzido, com permissão, de "The Use of Ranks in a Test of Significance for Comparing Two Treatments", de C. White, *Biometrics,* 1952, Vol. 8, p.37.

[a]Para valores grandes de n_1 e n_2, R tem distribuição aproximadamente normal, com média $n_1(n_1 + n_2 + 1)/2$ e variância $n_1 n_2 (n_1 + n_2 + 1)/12$.

(*continua*)

Tabela IX Valores Críticos para o Teste de Wilcoxon de Duas Amostras[a] (*continuação*)

$R^*_{0,01}$

n_2\\n_1	2	3	4	5	6	7	8	9	10	11	12	13	14	15
5				15										
6			10	16	23									
7			10	17	24	32								
8			11	17	25	34	43							
9		6	11	18	26	35	45	56						
10		6	12	19	27	37	47	58	71					
11		6	12	20	28	38	49	61	74	87				
12		7	13	21	30	40	51	63	76	90	106			
13		7	14	22	31	41	53	65	79	93	109	125		
14		7	14	22	32	43	54	67	81	96	112	129	147	
15		8	15	23	33	44	56	70	84	99	115	133	151	171
16		8	15	24	34	46	58	72	86	102	119	137	155	
17		8	16	25	36	47	60	74	89	105	122	140		
18		8	16	26	37	49	62	76	92	108	125			
19	3	9	17	27	38	50	64	78	94	111				
20	3	9	18	28	39	52	66	81	97					
21	3	9	18	29	40	53	68	83						
22	3	10	19	29	42	55	70							
23	3	10	19	30	43	57								
24	3	10	20	31	44									
25	3	11	20	32										
26	3	11	21											
27	4	11												
28	4													

Tabela X Valores Críticos para o Teste dos Sinais[a]

R_a^*

n \ α	0,10	0,05	0,01	n \ α	0,10	0,05	0,01
5	0			23	7	6	4
6	0	0		24	7	6	5
7	0	0		25	7	7	5
8	1	0	0	26	8	7	6
9	1	1	0	27	8	7	6
10	1	1	0	28	9	8	6
11	2	1	0	29	9	8	7
12	2	2	1	30	10	9	7
13	3	2	1	31	10	9	7
14	3	2	1	32	10	9	8
15	3	3	2	33	11	10	8
16	4	3	2	34	11	10	9
17	4	4	2	35	12	11	9
18	5	4	3	36	12	11	9
19	5	4	3	37	13	12	10
20	5	5	3	38	13	12	10
21	6	5	4	39	13	12	11
22	6	5	4	40	14	13	11

[a]Para $n > 40$, R tem distribuição aproximadamente normal, com média $n/2$ e variância $n/4$.

Tabela XI Valores Críticos para o Teste de Postos com Sinais de Wilcoxon[a]

n \ α	0,10	0,05	0,02	0,01	n \ α	0,10	0,05	0,02	0,01
4					28	130	116	101	91
5	0				29	140	126	110	100
6	2	0			30	151	137	120	109
7	3	2	0		31	163	147	130	118
8	5	3	1	0	32	175	159	140	128
9	8	5	3	1	33	187	170	151	138
10	10	8	5	3	34	200	182	162	148
11	13	10	7	5	35	213	195	173	159
12	17	13	9	7	36	227	208	185	171
13	21	17	12	9	37	241	221	198	182
14	25	21	15	12	38	256	235	211	194
15	30	25	19	15	39	271	249	224	207
16	35	29	23	19	40	286	264	238	220
17	41	34	27	23	41	302	279	252	233
18	47	40	32	27	42	319	294	266	247
19	53	46	37	32	43	336	310	281	261
20	60	52	43	37	44	353	327	296	276
21	67	58	49	42	45	371	343	312	291
22	75	65	55	48	46	389	361	328	307
23	83	73	62	54	47	407	378	345	322
24	91	81	69	61	48	426	396	362	339
25	100	89	76	68	49	446	415	379	355
26	110	98	84	75	50	466	434	397	373
27	119	107	92	83					

Fonte: Adaptado, com permissão, de "Extended Tables of the Wilcoxon Matched Pair Signed Rank Statistic", de Robert L. McCornack, *Journal of the American Statistical Association,* Vol. 60, setembro, 1965.

[a] Se $n > 50$, R tem distribuição aproximadamente normal, com média $n(n+1)/4$ e variância $n(n+1)(2n+1)/24$.

Tabela XII Pontos Percentuais da Estatística da Amplitude Studentizada[a]

$q_{0,01}(p,f)$

f	p																		
	2	3	4	5	6	7	8	9	10	11	12	13	14	15	16	17	18	19	20
1	90,0	135	164	186	202	216	227	237	246	253	260	266	272	272	282	286	290	294	298
2	14,0	19,0	22,3	24,7	26,6	28,2	29,5	30,7	31,7	32,6	33,4	31,4	34,8	35,4	36,0	36,5	37,0	37,5	37,9
3	8,26	10,6	12,2	13,3	14,2	15,0	15,6	16,2	16,7	17,1	17,5	17,9	18,2	18,5	18,8	19,1	19,3	19,5	19,8
4	6,51	8,12	9,17	9,96	10,6	11,1	11,5	11,9	12,3	12,6	12,8	13,1	13,3	13,5	13,7	13,9	14,1	14,2	14,4
5	5,70	6,97	7,80	8,42	8,91	9,32	9,67	9,97	10,24	10,48	10,70	10,89	11,08	11,24	11,40	11,55	11,68	11,81	11,93
6	5,24	6,33	7,03	7,56	7,97	8,32	8,61	8,87	9,10	9,30	9,49	9,65	9,81	9,95	10,08	10,21	10,32	10,43	10,54
7	4,95	5,92	6,54	7,01	7,37	7,68	7,94	8,17	8,37	8,55	8,71	8,86	9,00	9,12	9,24	9,35	9,46	9,55	9,65
8	4,74	5,63	6,20	6,63	6,96	7,24	7,47	7,68	7,87	8,03	8,18	8,31	8,44	8,55	8,66	8,76	8,85	8,94	9,03
9	4,60	5,43	5,96	6,35	6,66	6,91	7,13	7,32	7,49	7,65	7,78	7,91	8,03	8,13	8,23	8,32	8,41	8,49	8,57
10	4,48	5,27	5,77	6,14	6,43	6,67	6,87	7,05	7,21	7,36	7,48	7,60	7,71	7,81	7,91	7,99	8,07	8,15	8,22
11	4,39	5,14	5,62	5,97	6,25	6,48	6,67	6,84	6,99	7,13	7,25	7,36	7,46	7,56	7,65	7,73	7,81	7,88	7,95
12	4,32	5,04	5,50	5,84	6,10	6,32	6,51	6,67	6,81	6,94	7,06	7,17	7,26	7,36	7,44	7,52	7,59	7,66	7,73
13	4,26	4,96	5,40	5,73	5,98	6,19	6,37	6,53	6,67	6,79	6,90	7,01	7,10	7,19	7,27	7,34	7,42	7,48	7,55
14	4,21	4,89	5,32	5,63	5,88	6,08	6,26	6,41	6,54	6,66	6,77	6,87	6,96	7,05	7,12	7,20	7,27	7,33	7,39
15	4,17	4,83	5,25	5,56	5,80	5,99	6,16	6,31	6,44	6,55	6,66	6,76	6,84	6,93	7,00	7,07	7,14	7,20	7,26
16	4,13	4,78	5,19	5,49	5,72	5,92	6,08	6,22	6,35	6,46	6,56	6,66	6,74	6,82	6,90	6,97	7,03	7,09	7,15
17	4,10	4,74	5,14	5,43	5,66	5,85	6,01	6,15	6,27	6,38	6,48	6,57	6,66	6,73	6,80	6,87	6,94	7,00	7,05
18	4,07	4,70	5,09	5,38	5,60	5,79	5,94	6,08	6,20	6,31	6,41	6,50	6,58	6,65	6,72	6,79	6,85	6,91	6,96
19	4,05	4,67	5,05	5,33	5,55	5,73	5,89	6,02	6,14	6,25	6,34	6,43	6,51	6,58	6,65	6,72	6,78	6,84	6,89
20	4,02	4,64	5,02	5,29	5,51	5,69	5,84	5,97	6,09	6,19	6,29	6,37	6,45	6,52	6,59	6,65	6,71	6,76	6,82
24	3,96	4,54	4,91	5,17	5,37	5,54	5,69	5,81	5,92	6,02	6,11	6,19	6,26	6,33	6,39	6,45	6,51	6,56	6,61
30	3,89	4,45	4,80	5,05	5,24	5,40	5,54	5,65	5,76	5,85	5,93	6,01	6,08	6,14	6,20	6,26	6,31	6,36	6,41
40	3,82	4,37	4,70	4,93	5,11	5,27	5,39	5,50	5,60	5,69	5,77	5,84	5,90	5,96	6,02	6,07	6,12	6,17	6,21
60	3,76	4,28	4,60	4,82	4,99	5,13	5,25	5,36	5,45	5,53	5,60	5,67	5,73	5,79	5,84	5,89	5,93	5,98	6,02
120	3,70	4,20	4,50	4,71	4,87	5,01	5,12	5,21	5,30	5,38	5,44	5,51	5,56	5,61	5,66	5,71	5,75	5,79	5,83
∞	3,64	4,12	4,40	4,60	4,76	4,88	4,99	5,08	5,16	5,23	5,29	5,35	5,40	5,45	5,49	5,54	5,57	5,61	5,65

f = graus de liberdade

[a] De J. M. May, "Extended and Corrected Tables of the Upper Percentage Points of the Studentized Range", *Biometrika*, Vol. 39, pp. 192-193, 1952. Reproduzido com permissão dos administradores da Biometrika.

(continua)

Tabela XII Pontos Percentuais da Estatística da Amplitude Studentizada[a] (*continuação*)

$q_{0,05}(p,f)$

f	2	3	4	5	6	7	8	9	10	11	12	13	14	15	16	17	18	19	20
1	18,1	26,7	32,8	37,2	40,5	43,1	45,4	47,3	49,1	50,6	51,9	53,2	54,3	55,4	56,3	57,2	58,0	58,8	59,6
2	6,09	8,28	9,80	10,89	11,73	12,43	13,03	13,54	13,99	14,39	14,75	15,08	15,38	15,65	15,91	16,14	16,36	16,57	16,77
3	4,50	5,88	6,83	7,51	8,04	8,47	8,85	9,18	9,46	9,72	9,95	10,16	10,35	10,52	10,69	10,84	10,98	11,12	11,24
4	3,93	5,00	5,76	6,31	6,73	7,06	7,35	7,60	7,83	8,03	8,21	8,37	8,52	8,67	8,80	8,92	9,03	9,14	9,24
5	3,64	4,60	5,22	5,67	6,03	6,33	6,58	6,80	6,99	7,17	7,32	7,47	7,60	7,72	7,83	7,93	8,03	8,12	8,21
6	3,46	4,34	4,90	5,31	5,63	5,89	6,12	6,32	6,49	6,65	6,79	6,92	7,04	7,14	7,24	7,34	7,43	7,51	7,59
7	3,34	4,16	4,68	5,06	5,35	5,59	5,80	5,99	6,15	6,29	6,42	6,54	6,65	6,75	6,84	6,93	7,01	7,08	7,16
8	3,26	4,04	4,53	4,89	5,17	5,40	5,60	5,77	5,92	6,05	6,18	6,29	6,39	6,48	6,57	6,65	6,73	6,80	6,87
9	3,20	3,95	4,42	4,76	5,02	5,24	5,43	5,60	5,74	5,87	5,98	6,09	6,19	6,28	6,36	6,44	6,51	6,58	6,65
10	3,15	3,88	4,33	4,66	4,91	5,12	5,30	5,46	5,60	5,72	5,83	5,93	6,03	6,12	6,20	6,27	6,34	6,41	6,47
11	3,11	3,82	4,26	4,58	4,82	5,03	5,20	5,35	5,49	5,61	5,71	5,81	5,90	5,98	6,06	6,14	6,20	6,27	6,33
12	3,08	3,77	4,20	4,51	4,75	4,95	5,12	5,27	5,40	5,51	5,61	5,71	5,80	5,88	5,95	6,02	6,09	6,15	6,21
13	3,06	3,73	4,15	4,46	4,69	4,88	5,05	5,19	5,32	5,43	5,53	5,63	5,71	5,79	5,86	5,93	6,00	6,06	6,11
14	3,03	3,70	4,11	4,41	4,64	4,83	4,99	5,13	5,25	5,36	5,46	5,56	5,64	5,72	5,79	5,86	5,92	5,98	6,03
15	3,01	3,67	4,08	4,37	4,59	4,78	4,94	5,08	5,20	5,31	5,40	5,49	5,57	5,65	5,72	5,79	5,85	5,91	5,96
16	3,00	3,65	4,05	4,34	4,56	4,74	4,90	5,03	5,15	5,26	5,35	5,44	5,52	5,59	5,66	5,73	5,79	5,84	5,90
17	2,98	3,62	4,02	4,31	4,52	4,70	4,86	4,99	5,11	5,21	5,31	5,39	5,47	5,55	5,61	5,68	5,74	5,79	5,84
18	2,97	3,61	4,00	4,28	4,49	4,67	4,83	4,96	5,07	5,17	5,27	5,35	5,43	5,50	5,57	5,63	5,69	5,74	5,79
19	2,96	3,59	3,98	4,26	4,47	4,64	4,79	4,92	5,04	5,14	5,23	5,32	5,39	5,46	5,53	5,59	5,65	5,70	5,75
20	2,95	3,58	3,96	4,24	4,45	4,62	4,77	4,90	5,01	5,11	5,20	5,28	5,36	5,43	5,50	5,56	5,61	5,66	5,71
24	2,92	3,53	3,90	4,17	4,37	4,54	4,68	4,81	4,92	5,01	5,10	5,18	5,25	5,32	5,38	5,44	5,50	5,55	5,59
30	2,89	3,48	3,84	4,11	4,30	4,46	4,60	4,72	4,83	4,92	5,00	5,08	5,15	5,21	5,27	5,33	5,38	5,43	5,48
40	2,86	3,44	3,79	4,04	4,23	4,39	4,52	4,63	4,74	4,82	4,90	4,98	5,05	5,11	5,17	5,22	5,27	5,32	5,36
60	2,83	3,40	3,74	3,98	4,16	4,31	4,44	4,55	4,65	4,73	4,81	4,88	4,94	5,00	5,06	5,11	5,15	5,20	5,24
120	2,80	3,36	3,69	3,92	4,10	4,24	4,36	4,47	4,56	4,64	4,71	4,78	4,84	4,90	4,95	5,00	5,04	5,09	5,13
∞	2,77	3,32	3,63	3,86	4,03	4,17	4,29	4,39	4,47	4,55	4,62	4,68	4,74	4,80	4,84	4,98	4,93	4,97	5,01

Tabela XIII Fatores para Gráficos de Controle da Qualidade

	Gráfico $\overline{X}$		Gráfico R		
	Fatores para Limites de Controle		Fatores para a Linha Central	Fatores para Limites de Controle	
n^a	A_1	A_2	d_2	D_3	D_4
2	3,760	1,880	1,128	0	3,267
3	2,394	1,023	1,693	0	2,575
4	1,880	0,729	2,059	0	2,282
5	1,596	0,577	2,326	0	2,115
6	1,410	0,483	2,534	0	2,004
7	1,277	0,419	2,704	0,076	1,924
8	1,175	0,373	2,847	0,136	1,864
9	1,094	0,337	2,970	0,184	1,816
10	1,028	0,308	3,078	0,223	1,777
11	0,973	0,285	3,173	0,256	1,744
12	0,925	0,266	3,258	0,284	1,716
13	0,884	0,249	3,336	0,308	1,692
14	0,848	0,235	3,407	0,329	1,671
15	0,816	0,223	3,472	0,348	1,652
16	0,788	0,212	3,532	0,364	1,636
17	0,762	0,203	3,588	0,379	1,621
18	0,738	0,194	3,640	0,392	1,608
19	0,717	0,187	3,689	0,404	1,596
20	0,697	0,180	3,735	0,414	1,586
21	0,679	0,173	3,778	0,425	1,575
22	0,662	0,167	3,819	0,434	1,566
23	0,647	0,162	3,858	0,443	1,557
24	0,632	0,157	3,895	0,452	1,548
25	0,619	0,153	3,931	0,459	1,541

[a] $n > 25$; $A_1 = 3/\sqrt{n}$. n = número de observações na amostra.

Tabela XIV Valores de k para Intervalos de Tolerância Unilaterais e Bilaterais

	Intervalos de Tolerância Unilaterais								
Nível de Confiança	0,90			0,95			0,99		
Cobertura Percentual	0,90	0,95	0,99	0,90	0,95	0,99	0,90	0,95	0,99
2	10,253	13,090	18,500	20,581	26,260	37,094	103,029	131,426	185,617
3	4,258	5,311	7,340	6,155	7,656	10,553	13,995	17,370	23,896
4	3,188	3,957	5,438	4,162	5,144	7,042	7,380	9,083	12,387
5	2,742	3,400	4,666	3,407	4,203	5,741	5,362	6,578	8,939
6	2,494	3,092	4,243	3,006	3,708	5,062	4,411	5,406	7,335
7	2,333	2,894	3,972	2,755	3,399	4,642	3,859	4,728	6,412
8	2,219	2,754	3,783	2,582	3,187	4,354	3,497	4,285	5,812
9	2,133	2,650	3,641	2,454	3,031	4,143	3,240	3,972	5,389
10	2,066	2,568	3,532	2,355	2,911	3,981	3,048	3,738	5,074
11	2,011	2,503	3,443	2,275	2,815	3,852	2,898	3,556	4,829
12	1,966	2,448	3,371	2,210	2,736	3,747	2,777	3,410	4,633
13	1,928	2,402	3,309	2,155	2,671	3,659	2,677	3,290	4,472
14	1,895	2,363	3,257	2,109	2,614	3,585	2,593	3,189	4,337
15	1,867	2,329	3,212	2,068	2,566	3,520	2,521	3,102	4,222
16	1,842	2,299	3,172	2,033	2,524	3,464	2,459	3,028	4,123
17	1,819	2,272	3,137	2,002	2,486	3,414	2,405	2,963	4,037
18	1,800	2,249	3,105	1,974	2,453	3,370	2,357	2,905	3,960
19	1,782	2,227	3,077	1,949	2,423	3,331	2,314	2,854	3,892
20	1,765	2,028	3,052	1,926	2,396	3,295	2,276	2,808	3,832
21	1,750	2,190	3,028	1,905	2,371	3,263	2,241	2,766	3,777
22	1,737	2,174	3,007	1,886	2,349	3,233	2,209	2,729	3,727
23	1,724	2,159	2,987	1,869	2,328	3,206	2,180	2,694	3,681
24	1,712	2,145	2,969	1,853	2,309	3,181	2,154	2,662	3,640
25	1,702	2,132	2,952	1,838	2,292	3,158	2,129	2,633	3,601
30	1,657	2,080	2,884	1,777	2,220	3,064	2,030	2,515	3,447
40	1,598	2,010	2,793	1,697	2,125	2,941	1,902	2,364	3,249
50	1,559	1,965	2,735	1,646	2,065	2,862	1,821	2,269	3,125
60	1,532	1,933	2,694	1,609	2,022	2,807	1,764	2,202	3,038
70	1,511	1,909	2,662	1,581	1,990	2,765	1,722	2,153	2,974
80	1,495	1,890	2,638	1,559	1,964	2,733	1,688	2,114	2,924
90	1,481	1,874	2,618	1,542	1,944	2,706	1,661	2,082	2,883
100	1,470	1,861	2,601	1,527	1,927	2,684	1,639	2,056	2,850

Tabela XIV Valores de k para Intervalos de Tolerância Unilaterais e Bilaterais (*continuação*)

	Intervalos de Tolerância Bilaterais								
Nível de Confiança	0,90			0,95			0,99		
Cobertura Percentual	0,90	0,95	0,99	0,90	0,95	0,99	0,90	0,95	0,99
2	15,978	18,800	24,167	32,019	37,674	48,430	160,193	188,491	242,300
3	5,847	6,919	8,974	8,380	9,916	12,861	18,930	22,401	29,055
4	4,166	4,943	6,440	5,369	6,370	8,299	9,398	11,150	14,527
5	3,949	4,152	5,423	4,275	5,079	6,634	6,612	7,855	10,260
6	3,131	3,723	4,870	3,712	4,414	5,775	5,337	6,345	8,301
7	2,902	3,452	4,521	3,369	4,007	5,248	4,613	5,488	7,187
8	2,743	3,264	4,278	3,136	3,732	4,891	4,147	4,936	6,468
9	2,626	3,125	4,098	2,967	3,532	4,631	3,822	4,550	5,966
10	2,535	3,018	3,959	2,839	3,379	4,433	3,582	4,265	5,594
11	2,463	2,933	3,849	2,737	3,259	4,277	3,397	4,045	5,308
12	2,404	2,863	3,758	2,655	3,162	4,150	3,250	3,870	5,079
13	2,355	2,805	3,682	2,587	3,081	4,044	3,130	3,727	4,893
14	2,314	2,756	3,618	2,529	3,012	3,955	3,029	3,608	4,737
15	2,278	2,713	3,562	2,480	2,954	3,878	2,945	3,507	4,605
16	2,246	2,676	3,514	2,437	2,903	3,812	2,872	3,421	4,492
17	2,219	2,643	3,471	2,400	2,858	3,754	2,808	3,345	4,393
18	2,194	2,614	3,433	2,366	2,819	3,702	2,753	3,279	4,307
19	2,172	2,588	3,399	2,337	2,784	3,656	2,703	3,221	4,230
20	2,152	2,564	3,368	2,310	2,752	3,615	2,659	3,168	4,161
21	2,135	2,543	3,340	2,286	2,723	3,577	2,620	3,121	4,100
22	2,118	2,524	3,315	2,264	2,697	3,543	2,584	3,078	4,044
23	2,103	2,506	3,292	2,244	2,673	3,512	2,551	3,040	3,993
24	2,089	2,489	3,270	2,225	2,651	3,483	2,522	3,004	3,947
25	2,077	2,474	3,251	2,208	2,631	3,457	2,494	2,972	3,904
30	2,025	2,413	3,170	2,140	2,529	3,350	2,385	2,841	3,733
40	1,959	2,334	3,066	2,052	2,445	3,213	2,247	2,677	3,518
50	1,916	2,284	3,001	1,996	2,379	3,126	2,162	2,576	3,385
60	1,887	2,248	2,955	1,958	2,333	3,066	2,103	2,506	3,293
70	1,865	2,222	2,920	1,929	2,299	3,021	2,060	2,454	3,225
80	1,848	2,202	2,894	1,907	2,272	2,986	2,026	2,414	3,173
90	1,834	2,185	2,872	1,889	2,251	2,958	1,999	2,382	3,130
100	1,822	2,172	2,854	1,874	2,233	2,934	1,977	2,355	3,096

Tabela XV Números Aleatórios

10480	15011	01536	02011	81647	91646	69179	14194	62590
22368	46573	25595	85393	30995	89198	27982	53402	93965
24130	48360	22527	97265	76393	64809	15179	24830	49340
42167	93093	06243	61680	07856	16376	39440	53537	71341
37570	39975	81837	16656	06121	91782	60468	81305	49684
77921	06907	11008	42751	27756	53498	18602	70659	90655
99562	72905	56420	69994	98872	31016	71194	18738	44013
96301	91977	05463	07972	18876	20922	94595	56869	69014
89579	14342	63661	10281	17453	18103	57740	84378	25331
85475	36857	53342	53988	53060	59533	38867	62300	08158
28918	69578	88231	33276	70997	79936	56865	05859	90106
63553	40961	48235	03427	49626	69445	18663	72695	52180
09429	93969	52636	92737	88974	33488	36320	17617	30015
10365	61129	87529	85689	48237	52267	67689	93394	01511
07119	97336	71048	08178	77233	13916	47564	81056	97735
51085	12765	51821	51259	77452	16308	60756	92144	49442
02368	21382	52404	60268	89368	19885	55322	44819	01188
01011	54092	33362	94904	31273	04146	18594	29852	71585
52162	53916	46369	58586	23216	14513	83149	98736	23495
07056	97628	33787	09998	42698	06691	76988	13602	51851
48663	91245	85828	14346	09172	30168	90229	04734	59193
54164	58492	22421	74103	47070	25306	76468	26384	58151
32639	32363	05597	24200	13363	38005	94342	28728	35806
29334	27001	87637	87308	58731	00256	45834	15398	46557
02488	33062	28834	07351	19731	92420	60952	61280	50001
81525	72295	04839	96423	24878	82651	66566	14778	76797
29676	20591	68086	26432	46901	20849	89768	81536	86645
00742	57392	39064	66432	84673	40027	32832	61362	98947
05366	04213	25669	26422	44407	44048	37937	63904	45766
91921	26418	64117	94305	26766	25940	39972	22209	71500
00582	04711	87917	77341	42206	35126	74087	99547	81817
00725	69884	62797	56170	86324	88072	76222	36086	84637
69011	65795	95876	55293	18988	27354	26575	08625	40801
25976	57948	29888	88604	67917	48708	18912	82271	65424
09763	83473	73577	12908	30883	18317	28290	35797	05998
91567	42595	27958	30134	04024	86385	29880	99730	55536
17955	56349	90999	49127	20044	59931	06115	20542	18059
46503	18584	18845	49618	02304	51038	20655	58727	28168
92157	89634	94824	78171	84610	82834	09922	25417	44137
14577	62765	35605	81263	39667	47358	56873	56307	61607
98427	07523	33362	64270	01638	92477	66969	98420	04880
34914	63976	88720	82765	34476	17032	87589	40836	32427
70060	28277	39475	46473	23219	53416	94970	25832	69975
53976	54914	06990	67245	68350	82948	11398	42878	80287
76072	29515	40980	07391	58745	25774	22987	80059	39911
90725	52210	83974	29992	65831	38857	50490	83765	55657
64364	67412	33339	31926	14883	24413	59744	92351	97473
08962	00358	31662	25388	61642	34072	81249	35648	56891
95012	68379	93526	70765	10592	04542	76463	54328	02349
15664	10493	20492	38391	91132	21999	59516	81652	27195

Bibliografia

Agresti, A., and B. Coull (1998), "Approximate is Better than 'Exact' for Interval Estimation of Binomial Proportions." *The American Statistician*, 52(2).

Anderson, V. L., and R. A. McLean (1974), *Design of Experiments: A Realistic Approach*, Marcel Dekker, New York.

Banks, J., J. S. Carson, B. L. Nelson, and D. M. Nicol (2001), *Discrete-Event System Simulation*, 3rd edition, Prentice-Hall, Upper Saddle River, NJ.

Bartlett, M. S. (1947), "The Use of Transformations," *Biometrics*, Vol. 3, pp. 39–52.

Bechhofer, R. E., T. J. Santner, and D. Goldsman (1995), *Design and Analysis of Experiments for Statistical Selection, Screening and Multiple Comparisons*, John Wiley and Sons, New York.

Belsley, D. A., E. Kuh, and R. E. Welsch (1980), *Regression Diagnostics*, John Wiley & Sons, New York.

Berrettoni, J. M. (1964), "Practical Applications of the Weibull Distribution," *Industrial Quality Control*, Vol. 21, No. 2, pp. 71–79.

Box, G. E. P., and D. R. Cox (1964), "An Analysis of Transformations," *Journal of the Royal Statistical Society*, B, Vol. 26, pp. 211–252.

Box, G. E. P., and M. F. Müller (1958), "A Note on the Generation of Normal Random Deviates," *Annals of Mathematical Statistics*, Vol. 29, pp. 610–611.

Bratley, P., B. L. Fox, and L. E. Schrage (1987), *A Guide to Simulation*, 2nd edition, Springer-Verlag, New York.

Cheng, R. C. (1977), "The Generation of Gamma Variables with Nonintegral Shape Parameters," *Applied Statistics*, Vol. 26, No. 1, pp. 71–75.

Cochran, W. G. (1947), "Some Consequences When the Assumptions for the Analysis of Variance Are Not Satisfied," *Biometrics*, Vol. 3, pp. 22–38.

Cochran, W. G. (1977), *Sampling Techniques*, 3rd edition, John Wiley & Sons, New York.

Cochran, W. G., and G. M. Cox (1957), *Experimental Designs*, John Wiley & Sons, New York.

Cook, R. D. (1979), "Influential Observations in Linear Regression," *Journal of the American Statistical Association*, Vol. 74, pp. 169–174.

Cook, R. D. (1977), "Detection of Influential Observations in Linear Regression," *Technometrics*, Vol. 19, pp. 15–18.

Crowder, S. (1987), "A Simple Method for Studying Run-Length Distributions of Exponentially Weighted Moving Average Charts," *Technometrics*, Vol. 29, pp. 401–407.

Daniel, C., and F. S. Wood (1980), *Fitting Equations to Data*, 2nd edition, John Wiley & Sons, New York.

Davenport, W. B., and W. L. Root (1958), *An Introduction to the Theory of Random Signals and Noise*, McGraw-Hill, New York.

Draper, N. R., and W. G. Hunter (1969), "Transformations: Some Examples Revisited," *Technometrics*, Vol. 11, pp. 23–40.

Draper, N. R., and H. Smith (1998), *Applied Regression Analysis*, 3rd edition, John Wiley & Sons, New York.

Duncan, A. J. (1986), *Quality Control and Industrial Statistics*, 5th edition, Richard D. Irwin, Homewood, IL.

Duncan, D. B. (1955), "Multiple Range and Multiple F Tests," *Biometrics*, Vol. 11, pp. 1–42.

Efron, B. and R. Tibshirani (1993), *An Introduction to the Bootstrap*, Chapman and Hall, New York.

Elsayed, E. (1996), *Reliability Engineering*, Addison Wesley Longman, Reading, MA.

Epstein, B. (1960), "Estimation from Life Test Data," *IRE Transactions on Reliability*, Vol. RQC-9.

Feller, W. (1968), *An Introduction to Probability Theory and Its Applications*, 3rd edition, John Wiley & Sons, New York.

Fishman, G. S. (1978), *Principles of Discrete Event Simulation*, John Wiley & Sons, New York.

Furnival, G. M., and R. W. Wilson, Jr. (1974), "Regression by Leaps and Bounds," *Technometrics*, Vol. 16, pp. 499–512.

Hahn, G., and S. Shapiro (1967), *Statistical Models in Engineering*, John Wiley & Sons, New York.

Hald, A. (1952), *Statistical Theory with Engineering Applications*, John Wiley & Sons, New York.

Hawkins, S. (1993), "Cumulative Sum Control Charting: An Underutilized SPC Tool," *Quality Engineering*, Vol. 5, pp. 463–477.

Hocking, R. R. (1976), "The Analysis and Selection of Variables in Linear Regression," *Biometrics*, Vol. 32, pp. 1–49.

Hocking, R. R., F. M. Speed, and M. J. Lynn (1976). "A Class of Biased Estimators in Linear Regression," *Technometrics*, Vol. 18, pp. 425–437.

Hoerl, A. E., and R. W. Kennard (1970a), "Ridge Regression: Biased Estimation for Non-Orthogonal Problems," *Technometrics*, Vol. 12, pp. 55–67.

Hoerl, A. E., and R. W. Kennard (1970b), "Ridge Regression: Application to Non-Orthogonal Problems," *Technometrics*, Vol. 12, pp. 69–82.

Kelton, W. D., and A. M. Law (1983), "A New Approach for Dealing with the Startup Problem in Discrete Event

Simulation," *Naval Research Logistics Quarterly*, Vol. 30, pp. 641–658.

Kendall, M. G., and A. Stuart (1963), *The Advanced Theory of Statistics*, Hafner Publishing Company, New York.

Keuls, M. (1952), "The Use of the Studentized Range in Connection with an Analysis of Variance," *Euphytics*, Vol. 1, p. 112.

Law, A. M., and W. D. Kelton (2000), *Simulation Modeling and Analysis*, 3rd edition, McGraw-Hill, New York.

Lloyd, D. K., and M. Lipow (1972), *Reliability: Management, Methods, and Mathematics*, Prentice-Hall, Englewood Cliffs, N.J.

Lucas, J., and M. Saccucci (1990), "Exponentially Weighted Moving Average Control Schemes: Properties and Enhancements," *Technometrics*, Vol. 32, pp. 1–12.

Marquardt, D. W., and R. D. Snee (1975), "Ridge Regression in Practice," *The American Statistician*, Vol. 29, pp. 3–20.

Montgomery, D. C. (2001), *Design and Analysis of Experiments*, 5th edition, John Wiley & Sons, New York.

Montgomery, D. C. (2001), *Introduction to Statistical Quality Control*, 4th edition, John Wiley & Sons, New York.

Montgomery, D. C., E. A. Peck, and G. G. Vining (2001), *Introduction to Linear Regression Analysis*, 3rd edition, John Wiley & Sons, New York.

Montgomery, D.C., and G.C. Runger (2003), *Applied Statistics and Probability for Engineers*, 3rd edtion, John Wiley & Sons, New York.

Mood, A. M., F. A. Graybill, and D. C. Boes (1974), *Introduction to the Theory of Statistics*, 3rd edition, McGraw-Hill, New York.

Neter, J., M. Kutner, C. Nachtsheim, and W. Wasserman (1996), *Applied Linear Statistical Models*, 4th edition, Irwin Press, Homewood, IL.

Newman, D. (1939), "The Distribution of the Range in Samples from a Normal Population Expressed in Terms of an Independent Estimate of Standard Deviation," *Biometrika*, Vol. 31, p. 20.

Odeh, R., and D. Owens (1980), *Tables for Normal Tolerance Limits, Sampling Plans, and Screening*, Marcel Dekker, New York.

Owen, D. B. (1962), *Handbook of Statistical Tables*, Addison-Wesley Publishing Company, Reading, Mass.

Page, E. S. (1954), "Continuous Inspection Schemes." *Biometrika*, Vol. 14, pp. 100–115.

Roberts, S. (1959), "Control Chart Tests Based on Geometric Moving Averages," *Technometrics*, Vol. 1, pp. 239–250.

Scheffé, H. (1953), "A Method for Judging All Contrasts in the Analysis of Variance," *Biometrika*, Vol. 40, pp. 87–104.

Snee, R. D. (1977), "Validation of Regression Models: Methods and Examples," *Technometrics*, Vol. 19, No. 4, pp. 415–428.

Tucker, H. G. (1962), *An Introduction to Probability and Mathematical Statistics*, Academic Press, New York.

Tukey, J. W. (1953), "The Problem of Multiple Comparisons," unpublished notes, Princeton University.

Tukey, J. W. (1977), *Exploratory Data Analysis*, Addison-Wesley, Reading, MA.

United States Department of Defense (1957), *Military Standard Sampling Procedures and Tables for Inspection by Variables for Percent Defective* (MIL-STD-414), Government Printing Office, Washington, DC.

Welch, P. D. (1983), "The Statistical Analysis of Simulation Results," in *The Computer Performance Modeling Handbook* (ed. S. Lavenberg), Academic Press, Orlando, FL.

Respostas de Exercícios Selecionados

Capítulo 1

1-1. (a) 0,75. (b) 0,18.

1-3. (a) $\overline{A} \cap B = \{5\}$. (b) $\overline{A} \cup B = \{1, 3, 4, 5, 6, 7, 8, 9, 10\}$. (c) $\overline{\overline{A} \cap \overline{B}} = \{2, 3, 4, 5\}$.
(d) $U = \{1, 2, 3, 4, 5, 6, 7, 8, 9, 10\}$. (e) $\overline{A \cap (B \cup C)} = \{1, 2, 5, 6, 7, 8, 9, 10\}$.

1.5 $\mathcal{S} = \{(t_1, t_2), t_1 \geq 0, t_2 \geq 0\}$.
$A = \{(t_1, t_2), t_1 \geq 0, t_2 \geq 0, (t_1 + t_2)/2 \leq 0{,}15\}$.
$B = \{(t_1, t_2): t_1 \geq 0, t_2 \geq 0, \text{máx}\,(t_1, t_2) \leq 0{,}15\}$.
$C = \{(t_1, t_2): t_1 \geq 0, t_2 \geq 0, (t_1 - t_2)/2 \leq 0{,}06\}$.

1-7. $\mathcal{S} = \{$NNNNN, NNNND, NNNDN, NNNDD, NNDNN, NNDND, NNDD, NDNNN, NDNND, NDND, NDD, DNNNN, DNNND, DNND, DND, DD$\}$.

1-9. (a) N = não-defeituoso, D = defeituoso.
$\mathcal{S} = \{$NNN, NND, NDN, NDD, DNN, DND, DDN, DDD$\}$.
(b) $\mathcal{S} = \{$NNNN, NNND, NNDN, NDNN, DNNN$\}$.

1-11. 30 rotas. **1-13.** 560.560 maneiras.

1-15. $P(\text{Aceitar}|\, p') = \sum_{x=0}^{1} \dfrac{\binom{300 p'}{x}\binom{300(1-p')}{10-x}}{\binom{300}{10}}$.

1-17. 28 comparações. **1-19.** $(40)(39) = 1560$ testes.

1-21. (a) $\binom{5}{1}\binom{5}{1} = 25$ maneiras. (b) $\binom{5}{2}\binom{5}{2} = 100$ maneiras.

1-23. $R_s = [1 - (0 - 2)(0{,}1)(0{,}1)]\,[1 - (0{,}2)(0{,}1)]\,(0{,}9) = 0{,}880$.

1-25. S = Sibéria, U = Urais, $P(S) = 0{,}6$, $P(U) = 0{,}4$, $P(F|S) = P(\overline{F}|S) = 0{,}5$,
$P(\overline{F}|U) = 0{,}3$, $P(S|\overline{F}) = \dfrac{(0{,}6)(0{,}5)}{(0{,}6)(0{,}5) + (0{,}4)(0{,}3)} \doteq 0{,}714$.

1-27. $\dfrac{1}{m-1}\cdot\dfrac{1}{m} + \dfrac{1}{m}\cdot\dfrac{m-1}{m} = \dfrac{m^2 - m + 1}{m^2(m-1)}$. **1-29.** $P(\text{mulheres}|6') \doteq 0{,}03226$. **1-31.** $1/4$.

1-35. $P(\overline{B}) = \dfrac{(365)(364)\cdots(365 - n + 1)}{365^n}$.

n	10	20	21	22	23	24	25	30	40	50	60
$P(B)$	0,117	0,411	0,444	0,476	0,507	0,538	0,569	0,706	0,891	0,970	0,994

1-37. $8! = 40320$. **1-39.** $0{,}441$.

Capítulo 2

2-1. $P_X(X = x) = \dfrac{\binom{4}{x}\binom{48}{5-x}}{\binom{52}{5}}$, $x = 0, 1, 2, 3, 4$. **2-3.** $c = 1, \mu = 1, \sigma^2 = 1$.

2-5. (a) Sim. (b) Não. (c) Sim. **2-7.** a, b. **2-9.** $P(X \leq 29) = 0{,}978$.

2-11. (a) $k = \frac{1}{4}$. (b) $\mu = 2$, $\sigma^2 = \frac{2}{3}$.

(c) $F_X(x) = 0$, $x < 0$,
$= x^2/8$, $0 \leq x < 2$,
$= -1 + x - \dfrac{x^2}{8}$, $2 \leq x < 4$,
$= 1$, $x \geq 4$.

2-13. $k = 2$, $[14 - 2\sqrt{2},\ 14 + 2\sqrt{2}]$.

2-15. (a) $k = \frac{8}{7}$. (b) $\mu = \frac{11}{7}$, $\sigma^2 = \frac{26}{49}$.

(c) $F_X(x) = 0$, $x < 1$,
$= \frac{8}{14}$, $1 \leq x < 2$,
$= \frac{12}{14}$, $2 \leq x < 3$,
$= 1$, $x \geq 3$.

2-17. $k = 10$ e $2 + k\sqrt{0{,}4} \doteq 8{,}3$ dias.

2-21. (a) $F_X(x) = 0$, $x < 0$,
$= x^2/9$, $0 \leq x < 3$,
$= 1$, $x \geq 3$.

(b) $\mu = 2$, $\sigma^2 = \frac{1}{2}$. (c) $\mu'_3 = \frac{54}{5}$. (d) $m = \dfrac{3}{\sqrt{2}}$.

2-23. $F_X(x) = 1 - e^{-x^2/2t^2}$, $x \geq 0$, **2-25.** $k = 1$, $\mu = 1$.
$= 0$, $x < 0$.

Capítulo 3

3-1. (a)

y	$P_Y(y)$
0	0,6
20	0,3
80	0,1
caso contrário	0,0

(b) $E(Y) = 14$, $V(Y) = 564$.

3-3. (a) 0,221. (b) $155,80.

3-5. $f_Z(z) = e^{-z}$, $z \geq 0$,
$= 0$, caso contrário.

3-7. 93,8 c/gal.

3-9. (a) $f_Y(y) = \frac{1}{4}\left(\frac{y}{2}\right)^{-1/2} \cdot e^{-(y/2)^{1/2}}$, $y > 0$,
$= 0$, caso contrário.

(b) $f_V(v) = 2ve^{-v^2}$, $v > 0$,
$= 0$, caso contrário.

(c) $f_U(u) = e^{-(e^u - u)}$, $u > 0$,
$= 0$, caso contrário.

3-11. $s = (5/3) \times 10^6$.

3-13. (a) $f_Y(y) = \frac{1}{2}(4 - y)^{-1/2}$, $0 \leq y \leq 3$,
$= 0$, caso contrário.

(b) $f_Y(y) = \frac{1}{y}$, $e \leq y \leq e^2$,
$= 0$, caso contrário.

3-15. $M_X(t) = \sum_{x=1}^{6} \left(\frac{1}{6}\right)e^{tx}$,

$E(X) = M'_X(0) = \frac{7}{2}$,

$V(X) = M''_X(0) - [M'_X(0)]^2 = \frac{35}{12}$.

3-17. $E(Y) = 1$, $V(Y) = 1$, $E(X) = 6{,}16$, $V(X) = 0{,}027$.

3-19. $M_X(t) = (1 - t/2)^{-2}$, $E(X) = M'_X(0) = 1$, $V(X) = M''_X(0) - [M'_X(0)]^2 = \frac{1}{2}$.

3-21. $M_Y^{(t)} = E(e^{tY}) = E(e^{t(aX+b)})$, $= e^{tb} E(e^{(at)X})$, $= e^{tb} M_X^{(at)}$.

3-23. (a) $M_X(t) = \frac{1}{2} + \frac{1}{4}e^t + \frac{1}{8}e^{2t} + \frac{1}{8}e^{3t}$, $E(X) = M'_X(0) = \frac{7}{8}$, $V(X) = M''_X(0) - (\frac{7}{8})^2 = \frac{71}{64}$.

(b) $F_Y(y) = 0$, $y < 0$,

$= \frac{1}{8}$, $0 \leq y < 1$,

$= \frac{1}{2}$, $1 \leq y < 4$,

$= 1$, $y > 4$.

Capítulo 4

4-1. (a)

x	0	1	2	3	4	5
$P_X(x)$	27/50	11/50	6/50	3/50	2/50	1/50
y	0	1	2	3	4	
$P_Y(y)$	20/50	15/50	10/50	4/50	1/50	

(b)

y	0	1	2	3	4
$P_{Y|0}(y)$	11/27	8/27	4/27	3/27	1/27

(c)

x	0	1	2	3	4	5
$P_{X|0}(x)$	11/20	4/20	2/20	1/20	1/20	1/20

4-3. (a) $k = 1$.

(b) $f_{X_1}(x_1) = \frac{1}{100}$, $0 \leq x_1 \leq 100$,

$= 0$, caso contrário,

$f_{X_2}(x_2) = \frac{1}{10}$, $0 \leq x_2 \leq 10$,

$= 0$, caso contrário.

(c) $f_{X_1, X_2}^{(x_1, x_2)} = 0$, se x_1 ou $x_2 < 0$,

$= \frac{x_1 x_2}{1000}$, $0 < x_1 < 100$, $0 < x_2 < 10$,

$= \frac{x_1}{100}$, $0 < x_1 < 100$, $x_2 \geq 10$,

$= \frac{x_2}{10}$, $x_1 \geq 100$, $0 < x_2 < 10$,

$= 1$, $x_1 \geq 100$, $x_2 \geq 10$.

4-5. (a) $\frac{1}{9}$. (b) $\frac{1}{64}$.

(c) $f_w(w) = 2w$, $0 \leq w \leq 1$,

$= 0$, caso contrário.

4-7. $\frac{33}{17}$ **4-9.** $E(X_1|x_2) = \frac{3}{4}$, $E(X_2|x_1) = \frac{2}{3}$. **4-15.** $E(Y) = 80$, $V(Y) = 36$.

4-19. $\rho = \frac{1}{2}$, $\rho = -0{,}135$. **4-21.** X e Y não são independentes.

4-23. (a) $f_X(x) = \frac{2}{\pi}\sqrt{1-x^2}$, $-1 < x < 1$,

$= 0$, caso contrário;

$f_Y(y) = \frac{4}{\pi}\sqrt{1-y^2}$, $0 < y < 1$,

$= 0$, caso contrário.

4-23. (b) $f_{X|y}(x) = \dfrac{1}{2\sqrt{1-y^2}}$, $-\sqrt{1-y^2} < x < \sqrt{1-y^2}$,

$\qquad = 0$, caso contrário;

$\qquad f_{Y|x}(y) = \dfrac{1}{\sqrt{1-x^2}}$, $0 < y < \sqrt{1-x^2}$,

$\qquad = 0$, caso contrário.

(c) $E(X \mid y) = 0$,

$\qquad E(Y \mid x) = \frac{1}{2}\sqrt{1-x^2}$.

4-27. (a) $E(X \mid y) = \dfrac{2+3y}{3(1+2y)}$, $0 < y < 1$. (b) $E(X) = \frac{7}{12}$. (c) $E(Y) = \frac{7}{12}$.

4-29. (a) $k = (n-1)(n-2)$. (b) $F(x, y) = 1 - (1+x)^{2-n} - (1+y)^{2-n} + (1+x+y)^{2-n}$, $x > 0$, $y > 0$.

4-31. (a) Independentes. (b) Não independentes. (c) Não independentes.

4-33. (a) $\frac{1}{4}$ (b) $\frac{1}{2}$

4-35. (a) $F_Z(z) = F_X[(z-a)/b]$. (b) $F_Z(z) = 1 - F_X(1/z)$. (c) $F_Z(z) = F_X(e^z)$. (d) $F_Z(z) = F_X(\ln z)$.

Capítulo 5

5-1. $P(X = x) = \binom{4}{x} p^x (1-p)^{4-x}$, $x = 0, 1, 2, 3, 4$.

5-3. Supondo independência, $P(W \geq 4) = 1 - (0,5)^{12} \sum_{w=0}^{3} \binom{12}{w} \doteq 0{,}927$.

5-5. $p(X > 2) = 1 - \sum_{x=0}^{2} \binom{50}{x}(0{,}02)^x (0{,}98)^{50-x} \doteq 0{,}078$.

5-7. $P(\hat{p} \leq 0{,}03) \doteq 0{,}98$. **5-9.** $P(X = 5) \doteq 0{,}0407$. **5-11.** $p \doteq 0{,}8$.

5-13. $E(X) = M'_X(0) = \dfrac{1}{p}$, $E(X^2) = M''_X(0) = \dfrac{1+q}{p^2}$, $\sigma_x^2 = E(X^2) - (E(X))^2 = \dfrac{q}{p^2}$.

5-15. $P(X = 36) \doteq 0{,}0083$.

5-17. $P(X = 4) = 0{,}077$, $P(X < 4) = 0{,}896$. **5-19.** $E(X) = 6{,}25$, $V(X) = 1{,}5625$.

5-21. $p(3, 0, 0) + p(0, 3, 0) + p(0, 0, 3) \doteq 0{,}118$. **5-23.** $p(4, 1, 3, 2) \doteq 0{,}005$.

5-25. $P(X \leq 2) \doteq 0{,}98$. Aprox. binomial, $P(X \leq 2) \doteq 0{,}97$.

5-27. $P(X \geq 1) \doteq 0{,}95$. Aprox. binomial, $\Rightarrow n = 9$.

5-29. $P(X < 10) = (1{,}3888 \times 10^{-11}) \sum_{x=0}^{9} \dfrac{(25)^x}{x!}$. **5-31.** $P(X > 5) \doteq 0{,}215$.

5-33. Modelo de Poisson, $c = 30$.

$$P(X \leq 3) = e^{-30} \sum_{x=0}^{3} \dfrac{30^x}{x!},$$

$$P(X \geq 5) = 1 - e^{-30} \sum_{x=0}^{4} \dfrac{30^x}{x!}.$$

5-35. Modelo de Poisson, $c = 2{,}5$. $P(X \leq 2) \doteq 0{,}544$.

5-37. $X = $ número de erros em n páginas $\sim$ Bin $(5, n/200)$. $p(x \geq 1) = 0{,}763$.

(a) $n = 50$. (b) $P(X \geq 3) \geq 0{,}90$, se $n = 151$.

5-39. $P(X \geq 2) = 0{,}0047$.

Capítulo 6

6-1. $\frac{5}{16}, \frac{9}{32}$.

6-3. $f_Y(y) = \frac{1}{4}, 5 < y < 9$,
= 0, caso contrário.

6-5. $E(X) = M'_X(0) = (\beta + \alpha)/2$, $V(X) = M''_X(0) - [M'_X(0)]^2 = (\beta - \alpha)^2/12$.

6-7.

y	$F_y(y)$
$y < 1$	0
$1 \leq y < 2$	0,3
$2 \leq y < 3$	0,5
$3 \leq y < 4$	0,9
$y > 4$	1,0

Gere realizações $u_i \sim$ uniforme [0, 1] como números aleatórios, conforme descrito na Seção 6-6; use-as na inversa como $y_i = F_Y^{-1}(u_i), i = 1, 2, \ldots$.

6-9. $E(X) = M'_X(0) = 1/\lambda$, $V(X) = M''_X(0) - [M'_X(0)]^2 = 1/\lambda^2$.

6-11. $1 - e^{-1/6} \doteq 0{,}154$. **6-13.** $1 - e^{-1/3} \doteq 0{,}283$.

6-15. $C_I = C, x > 15,$ $\quad C_{II} = 3C, x > 15,$
$\quad\quad = C + Z, x \leq 15;$ $\quad = 3C + Z, x \leq 15;$
$E(C_I) = Ce^{-3/5} + (C + Z)[1 - e^{-3/5}] \doteq C + (0{,}4512)Z;$
$E(C_{II}) = 3Ce^{-3/7} + (3C + Z)[1 - e^{-3/7}] \doteq 3C + (0{,}3486)Z;$
$\Rightarrow$ Processo I, se $C > (0{,}0513)Z$.

6-19. 0,8305. **6-23.** 0,8488.

6-27. Para $\lambda = 1$, $r = 2$, $f_x(x) = \dfrac{\Gamma(3)}{\Gamma(1) \cdot \Gamma(2)} \cdot x^0(1-x) = 2(1-x), 0 < x < 1$.
$\quad\quad\quad\quad\quad\quad\quad\quad\quad\quad\quad\quad\quad\quad\quad\quad\quad\quad\quad$ = 0, caso contrário.

6-31. $1 - e^{-1} \doteq 0{,}63$. **6-33.** $\approx 0{,}24$. **6-35.** (a) $\approx 0{,}22$. (b) 4800. **6-37.** $\approx 0{,}3528$.

Capítulo 7

7-1. (a) 0,4772. (b) 0,6827. (c) 0,9505. (d) 0,9750.
(e) 0,1336. (f) 0,9485. (g) 0,9147. (h) 0,9898.

7-3. (a) $c = 1{,}56$. (b) $c = 1{,}96$. (c) $c = 2{,}57$. (d) $c = -1{,}645$.

7-5. (a) 0,9772. (b) 0,50. (c) 0,6687. (d) 0,6915. (e) 0,95.

7-7. 30,85%. **7-9.** 2376,63 fc.

7-13. (a) 0,0455. (b) 0,0730. (c) 0,3085. (d) 0,3085.

7-15. B, se custo de $A < 0{,}1368$. **7-17.** $\mu = 7$.

7-19. (a) 0,6687. (b) 7,84. (c) 6,018.

7-23. 0,616. **7-25.** 0,00714.

7-27. (a) 0,276. (b) Para $\mu = 12{,}0$.

7-29. (a) 0,552. (b) 0,100. (c) 0,758. (d) 0,09.

7-30. $n = 139$. **7-36.** 2497,24.

7-37. $E(X) = e^{62{,}5}$, $V(X) = e^{25}(e^{25}-1)$, MED $= e^{50}$, MODA $= e^{25}$. **7-41.** 0,9788. **7-42.** 0,4681.

Capítulo 8

8-1. $\bar{x} = 131{,}30, s^2 = 113{,}85, s = 10{,}67$. **8-21.** $\bar{x} = 74{,}002, s^2 = 6{,}875 \times 10^{-6}, s = 0{,}0026$.

8-23. (a) A média amostral será reduzida de 63.

(b) A média amostral e o desvio-padrão serão 100 unidades maiores. A variância amostral será 10.000 unidades maior.

8-25. $a = \bar{x}$. **8-29.** (a) $\bar{x} = 120,22$, $s^2 = 5,66$, $s = 2,38$. (b) $\sim x = 120$, moda = 121.

8-31. Para 8-29, $cv = 0,0198$; para 8-30, $cv = 9,72$. **8-33.** $\bar{x} = 22,41$, $s^2 = 208,25$, $\tilde{x} = 22,81$, moda = 23,64.

Capítulo 9

9-1. $f(x_1, x_2, \ldots, x_5) = (1/(2\pi\sigma^2))^{5/2} e^{-1/2\sigma^2 \sum_{i=1}^{5}(x_i - \mu)^2}$.

9-3. $f(x_1, x_2, x_3, x_4) = 1$. **9-5.** $N(5,00; 0,00125)$.

9-7. Use $S/\sqrt{n}$.

9-9. O erro-padrão de $\bar{X}_1 - \bar{X}_2$ é $\sqrt{\dfrac{\sigma_1^2}{n_1} + \dfrac{\sigma_2^2}{n_2}} = \sqrt{\dfrac{(1,5)^2}{25} + \dfrac{(2,0)^2}{30}} = 0,47$. **9-11.** $N(0,1)$.

9-13. $ep(\hat{p}) = \sqrt{p(1-p)/n}$, $\widehat{ep}(\hat{p}) = \sqrt{\hat{p}(1-\hat{p})/n}$. **9-15.** $\mu = u$, $\sigma^2 = 2u$.

9-17. Para $F_{m,n}$, temos $\mu = n/(n-2)$ para $n > 2$ e $\sigma^2 = \dfrac{2n^2(m+n-2)}{m(n-2)^2(n-4)}$ para $n > 4$.

9-21. $f_{X_{(1)}}(t) = 1 - e^{-n\lambda t}$, $F_{X_{(n)}}(t) = (1 - e^{-\lambda t})^n$.

9-23. (a) 2,73. (b) 11,34. (c) 34,17. (d) 20,48.

9-25. (a) 1,63. (b) 2,85. (c) 0,241. (d) 0,588.

Capítulo 10

10-1. Ambos os estimadores são não-viesados. Agora, $V(\bar{X}_1) = \sigma^2/2n$ enquanto $V(\bar{X}_2) = \sigma^2/n$. Como $V(\bar{X}_1) < V(\bar{X}_2)$, $\bar{X}_1$ é um estimador mais eficiente do que $\bar{X}_2$.

10-3. $\hat{\theta}_2$, porque ele teria um EQM menor.

10-7. $\hat{\alpha} = \sum_{i=1}^{n} \dfrac{X_i}{n} = \bar{X}$. **10-9.** $(\bar{t})^{-1}$.

10-11. $\hat{\lambda} = \bar{X}\bigg/\left[(1/n)\sum_{i=1}^{n} X_i^2 - \bar{X}^2\right]$, $\hat{r} = \bar{X}^2\bigg/\left[(1/n)\sum_{i=1}^{n} X_i^2 - \bar{X}^2\right]$.

10-13. $1/\bar{X}$. **10-15.** $\bar{X}_N/n$. **10-17.** $\bar{X}/n$.

10-21. $-1 - \bar{n}\bigg/\sum_{i=1}^{n} \ln X_i$. **10-23.** $X_{(1)}$.

10-25. $f(\mu \mid x_1, x_2, \ldots x_n) = C^{1/2}(2\pi)^{-(1/2)} \exp\left\{-\dfrac{6}{2}\left[\mu - \dfrac{1}{c}\left(\dfrac{n\bar{x}}{\sigma^2} + \dfrac{\mu_0}{\sigma_0^2}\right)\right]^2\right\}$,

onde $C = \dfrac{n}{\sigma^2} + \dfrac{1}{\sigma_0^2}$.

10-27. A densidade *a posteriori* para p é uma distribuição beta com parâmetros $a + n$ e $b + \sum x_i - n$.

10-29. A densidade *a posteriori* para λ é uma gama com parâmetros $r = m + \sum x_i + 1$ e $\delta = n + (m+1)/\lambda_0$.

10-31. 0,967. **10-33.** 0,3783.

10-35. (a) $f(\theta \mid x_1) = \dfrac{f(x_1, \theta)}{f(x_1)} = \dfrac{2x}{e^2(2-2x)}$. (b) $\hat{\theta} = 1/2$. **10-37.** $\alpha_1 = \alpha_2 = \alpha/2$ é menor.

10-39. (a) $74,03533 \leq \mu \leq 74,03666$. (b) $74,0356 \leq \mu$.

10-41. (a) $3232,11 \leq \mu \leq 3267,89$. (b) $1004,80 \leq \mu$. **10-43.** 150 ou 151.

10-45. (a) $0,0723 \leq \mu_1 - \mu_2 \leq 3267,89$. (b) $0,0499 \leq \mu_1 - \mu_2 \leq 0,33$. (c) $\mu_1 - \mu_2 \leq 0,3076$.

10-47. $-3{,}68 \leq \mu_1 - \mu_2 \leq -2{,}12$. **10-49.** $183{,}0 \leq \mu \leq 256{,}6$. **10-51.** 13.
10-53. $94{,}282 \leq \mu \leq 111{,}518$. **10-55.** $-0{,}839 \leq \mu_1 - \mu_2 \leq -0{,}679$. **10-57.** $0{,}355 \leq \mu_1 - \mu_2 \leq 0{,}455$.
10-59. (a) $649{,}60 \leq \sigma^2 \leq 2853{,}69$. (b) $714{,}56 \leq \sigma^2$. (c) $\sigma^2 \leq 2460{,}62$. **10-61.** $0{,}0039 \leq \sigma^2 \leq 0{,}0124$.
10-63. $0{,}574 \leq \sigma^2 \leq 3{,}614$. **10-65.** $0{,}11 \leq \sigma_1^2/\sigma_2^2 \leq 0{,}86$. **10-67.** $0{,}088 \leq p \leq 0{,}152$. **10-69.** 16577.
10-71. $-0{,}0244 \leq p_1 - p_2 \leq 0{,}0024$. **10-73.** $-2038 \leq \mu_1 - \mu_2 \leq 3774{,}8$.
10-75. $-3{,}1529 \leq \mu_1 - \mu_2 \leq 0{,}1529;\ -1{,}9015 \leq \mu_1 - \mu_2 \leq 0{,}9015;\ -0{,}1775 \leq \mu_1 - \mu_2 \leq 2{,}1775$.

Capítulo 11

11-1. (a) $z_0 = -1{,}333$, não rejeitar H_0. (b) $0{,}05$. **11-3.** (a) $Z_0 = -12{,}65$, rejeitar H_0. (b) 3.
11-5. $Z_0 = 2{,}50$, rejeitar H_0. **11-7.** (a) $Z_0 = 1{,}349$, não rejeitar H_0. (b) 2. (c) 1.
11-9. $Z_0 = 2{,}656$, rejeitar H_0. **11-11.** $Z_0 = -7{,}25$, rejeitar H_0. **11-13.** $t_0 = 1{,}842$, não rejeitar H_0.
11-15. $t_0 = 1{,}47$, não rejeitar H_0 em $\sigma = 0{,}05$. **11-17.** 3.
11-19. (a) $t_0 = 8{,}49$, rejeitar H_0. (b) $t_0 = -2{,}35$, não rejeitar H_0. (c) 1. (d) 5.
11-21. $F_0 = 0{,}8832$, não rejeitar H_0. **11-23.** (a) $F_0 = 1{,}07$, não rejeitar H_0. (b) $0{,}15$. (c) 75.
11-25. $t_0 = 0{,}56$, não rejeitar H_0.
11-27. (a) $x_0^2 = 43{,}75$, rejeitar H_0. (b) $0{,}3078 \times 10^{-4}$. (c) $0{,}30$. (d) 17.
11-29. (a) $x_0^2 = 2{,}28$, rejeitar H_0. (b) $0{,}58$. **11-31.** $F_0 = 30{,}69$, rejeitar H_0; $\beta \cong 0{,}65$.
11-33. $t_0 = 2{,}4465$, não rejeitar H_0. **11-35.** $t_0 = 5{,}21$, rejeitar H_0. **11-37.** $z_0 = 1{,}333$, não rejeitar H_0.
11-41. $Z_0 = -2{,}023$, não rejeitar H_0. **11-47.** $\chi_0^2 = 2{,}915$, não rejeitar H_0.
11-49. $\chi_0^2 = 4{,}724$, não rejeitar H_0. **11-53.** $\chi_0^2 = 0{,}0331$, não rejeitar H_0.
11-55. $\chi_0^2 = 2{,}465$, não rejeitar H_0. **11-57.** $\chi_0^2 = 34{,}896$, rejeitar H_0. **11-59.** $\chi_0^2 = 22{,}06$, rejeitar H_0.

Capítulo 12

12-1. (a) $F_0 = 3{,}17$. **12-3.** (a) $F_0 = 12{,}73$. (b) Técnica de mistura 4 é diferente de 1, 2 e 3.
12-5. (a) $F_0 = 2{,}62$. (b) $\hat{\mu} = 21{,}70,\ \hat{\tau}_1 = 0{,}023,\ \hat{\tau}_2 = -0{,}166,\ \hat{\tau}_3 = 0{,}029,\ \hat{\tau}_4 = 0{,}059$.
12-7. (a) $F_0 = 4{,}01$. (b) Média 3 difere da 2. (c) $SQ_{c2} = 246{,}33$. (d) $0{,}88$.
12-9. (a) $F_0 = 2{,}38$. (b) Nenhuma. **12-11.** $n = 3$.
12-15. (a) $\hat{\mu} = 20{,}47,\ \hat{\tau}_1 = 0{,}33,\ \hat{\tau}_2 = 1{,}73,\ \hat{\tau}_3 = 2{,}07$. (b) $\hat{\tau}_1 - \hat{\tau}_2 = -1{,}40$.

Capítulo 13

13-1.

Fonte	GL	SQ	MQ	F	P
VC	2	0,0317805	0,0158903	15,94	0,000
PC	2	0,0271854	0,0135927	13,64	0,000
VC*PC	4	0,0006873	0,0001718	0,17	0,950
Erro	18	0,0179413	0,0009967		
Total	26	0,0775945			

Efeitos principais são significantes; interação não é significante.

13-3. $-23{,}93 \leq \mu_1 - \mu_2 \leq 5{,}15$. **13-5.** Nenhuma alteração nas conclusões.

13-7.

Fonte	GL	SQ	MQ	F	P
vidro	1	14450,0	14450,0	273,79	0,000
fosf	2	933,3	466,7	8,84	0,004
vidro*fosf	2	133,3	66,7	1,26	0,318
Erro	12	633,3	52,8		
Total	17	16150,0			

Efeitos principais significantes.

13-9.

Fonte	GL	SQ	MQ	F	P
Conc	2	7,7639	3,8819	10,62	0,001
Drenagem	2	19,3739	9,6869	26,50	0,000
Tempo	1	20,2500	20,2500	55,40	0,000
Conc*Drenagem	4	6,0911	1,5228	4,17	0,015
Conc*Tempo	2	2,0817	1,0408	2,85	0,084
Drenagem*Tempo	2	2,1950	1,0975	3,00	0,075
Conc*Drenagem*Tempo	4	1,9733	0,4933	1,35	0,290
Erro	18	6,5800	0,3656		
Total	35	66,3089			

Concentração, Tempo e Drenagem e a interação Tempo*Drenagem são significantes a 0,05.

13-15. Efeitos principais A, B, D, E e a interação AB são significantes.

13-17. Bloco 1: (1), ab, ac, bc, Bloco 2: a, b, c, abc.

13-19. Bloco 1: (1) ab, bcd, acd, Bloco 2: a, b, cd, abcd, Bloco 3: c, abc, bd, ad, Bloco 4: d, abd, bc, ac.

13-21. A e C são significantes. **13-25.** (a) D = ABC. (b) A é significante.

13-27. 2^{3-1} com duas replicações. **13-29.** planejamento 2^{5-2}. Estimativas para A, B e AB são grandes.

Capítulo 14

14-1. (a) $\hat{y} = 10{,}4397 - 0{,}00156x$. (b) $F_0 = 2{,}052$. (c) $-0{,}0038 \leq \beta_1 \leq 0{,}00068$. (d) 7,316%.

14-3. (a) $\hat{y} = 31{,}656 - 0{,}041x$. (b) $F_0 = 57{,}639$. (c) 81,59%. (d) (19,374, 21,388).

14-7. (a) $\hat{y} = 93{,}3399 + 15{,}6485x$. (b) Falta de ajuste não-significante, regressão significante.
(c) $7{,}997 \leq \beta_1 \leq 23{,}299$. (d) $74{,}828 \leq \beta_0 \leq 111{,}852$. (e) (126,012, 138,910).

14-9. (a) $\hat{y} = -6{,}3378 + 9{,}20836x$. (b) Regressão é significante. (c) $t_0 = -23{,}41$, rejeite H_0.
(d) (525,58, 529,91). (e) (521,22, 534,28).

14-11. (a) $\hat{y} = 77{,}7895 + 11{,}8634x$. (b) Falta de ajuste não-significante, regressão significante.
(c) 0,3933. (d) (4,5661, 19,1607).

14-13. (a) $\hat{y} = 3{,}96 + 0{,}00169x$. (b) Regressão é significante.
(c) (0,0015, 0,0019). (d) 95,2%.

14-15. (a) $\hat{y} = 69{,}1044 + 0{,}4194x$. (b) 77,35%. (c) $t_0 = 5{,}85$, rejeite H_0.
(d) $Z_0 = 1{,}61$. (e) (0,5513, 0,8932).

Capítulo 15

15-1. (a) $\hat{y} = 7{,}30 + 0{,}0183x_1 - 0{,}399x_4$. (b) $F_0 = 15{,}19$.

15-3. (−0,8024, 0,0044). **15-5.** $\hat{y} = -1{,}808372 + 0{,}003598x_2 + 0{,}1939360x_7 - 0{,}004815x_8$.

15-7. (a) $\hat{y} = -102{,}713 + 0{,}605x_1 + 8{,}924x_2 + 1{,}437x_3 + 0{,}014x_4$.
(b) $F_0 = 5{,}106$. (c) $\beta_3, F_0 = 0{,}361; \beta_1, F_0 = 0{,}0004$.

15-9. (a) $\hat{y} = -13729\ 105{,}02x - 0{,}18954x^2$.

15-13. (a) $\hat{y} = -4{,}459 + 1{,}384x + 1{,}467x^2$. (b) Falta de ajuste significante. (c) $F_0 = 16{,}68$.

15-15. $t_0 = 1{,}7898$. **15-21.** $VIF_1 = VIF_2 = 1{,}4$.

Capítulo 16

16-1. $R = 2$. **16-5.** $R = 2$. **16-9.** $R = 88{,}5$. **16-13.** $R_1 = 75$.

16-15. $Z_0 = -2{,}117$. **16-17.** $K = 4{,}835$.

Capítulo 17

17-1. (a) $\bar{\bar{x}} = 34{,}32\ \ \bar{R} = 5{,}65$. (b) $RCP_k = 1{,}228$. (c) 0,205%.

17-5. $D/2$. **17-7.** LIC = 34,55, LC = 49,85, LSC = 65,14. **17-9.** Processo não está sob controle.

17-13. 0,1587, $n = 6$ ou 7.   **17-15.** Limites de controle revisados: LIC = 0, LSC = 17,32.
17-17. LSC = 16,485; 0,434.   **17-19.** LIC = 0,282, LSC = 4,378.

Capítulo 18

18-1.   (a) $\approx 0,088$.   (b) $L = 2$. $L_q = 1,33$.   (c) $W = 1$ h.

18-3. $P = \begin{bmatrix} p & 1-p \\ 1-p & p \end{bmatrix}$,

$P^\infty = \begin{bmatrix} 1/2 & 1/2 \\ 1/2 & 1/2 \end{bmatrix}$.

18-7.   (a) $P = \begin{bmatrix} 0 & p & 0 & 1-p \\ 1-p & 0 & p & 0 \\ 0 & 1-p & 0 & p \\ p & 0 & 1-p & 0 \end{bmatrix}$;   (b) $p_1 = p_2 = p_3 = p_4 = \frac{1}{4}$.   (c) $p_1 = p_2 = p_3 = p_4 = \frac{1}{4}$.

$A = [1\,0\,0\,0]$.

18-9.   (a) $\frac{3}{10}$.   (b) $\frac{9}{10}$.   (c) 3.   (d) 0,03.   (e) 0,10.   (f) $\frac{3}{10}$.

18-11.   (a) 0,555.   (b) 56,378 min.   (c) 244,18 min.

18-13.   (a) $p_j = \left[\left(\lambda/\mu^j\right)/j!\right] \cdot p_0, j = 0,1,2,\ldots,s,$ (b) $s = 6, \rho = 0,417$.

= 0, caso contrário;

$p_0 = \dfrac{1}{\displaystyle\sum_{j=0}^{s} \dfrac{(\lambda/\mu)^j}{j!}}$.

(c) $p_6 = 0,354$.   (d) De 41,6 a 8,33%.   (e) $\varnothing = 4,17$, $p_6 = 0,377$.

Capítulo 19

19-3. $E(\hat{I}_n) = \dfrac{b-a}{n} E\left(\sum_{i=1}^{n} f(a + (b-a)U_i)\right)$

$= (b-a) E\big(f(a + (b-a)U_i)\big)$

$= (b-a) \int_0^1 f(a + (b-a)u)\,du$

$= I$.

19-5.   (a) 35.   (b) 4,75.   (c) 5 (no tempo 14).
19-7.   (a) $X_1 = 1, U_1 = 1/16, X_2 = 6, U_2 = 6/16$.   (b) Sim.   (c) $X_{150} = 2$.
19-9.   (a) $X = -(1 = \lambda)\,\ell n(1 - U)$.   (b) 0,693.
19-11. (a) $X = -2\sqrt{1 - 2U}$, se $0 < U < 1/2$,   (b) $X = 0,894$.
           $= 2\sqrt{2U - 1}$, se $1/2 < U < 1$.
19-13.   (a) $X = \sigma[-\ell n(1 - U)]^{1/\beta}$.   (b) 1,558.
19-15. $\sum_{i=1}^{12} U_i - 6 = 1,07$.   **19-17.** $X = -(1 = \lambda)\,\ell U_1 U_2 = 0,841$.
19-19. $X = 5$ tentativas.   **19-21.** $[-3\!:\!41, 4\!:\!41]$.
19-23. [80,4;119,6].   **19-25.** Exponencial com parâmetro 1; $-V(U_l) = -1/12$.

Índice

A

Agitadores (jitter), 156
Aleatorização, 286, 320
Algoritmo de Yates para o 2^k, 344
Aliases de efeitos em um fatorial fracionado, 353, 358
Amostra
    aleatória, 90, 176
        estratificada, 178, 182
    de julgamento, 176
Amostragem
    aleatória, 153
    com reposição, 177, 182
    probabilística, 153
    sem reposição, 153, 177, 181
Amplitude
    amostral, 168
    relativa, 457
Análise
    da saída de modelos de simulação, 525, 529
    de regressão, 366
    de variância, 286, 287, 289, 295, 305
        de três fatores, 327
    dos resíduos, 294, 309, 325, 344, 371, 377, 406
ANOVA. *Veja* Análise de variância
    de blocos aleatorizados, 304
    de efeitos aleatórios, 288, 300
        de dois fatores, 327
    de efeitos fixos, 288
    de modelo misto de dois fatores, 328
    de um critério, 288
    não-paramétrica. *Veja* Teste de Kruskal-Wallis
Aproximação
    binomial da distribuição hipergeométrica, 109
    da média e da variância, 54
    distribuição, 109
        binomial para a, hipergeométrica, 109
        de Poisson da, binomial, 109
        normal para a, binomial, 139, 216
    normal para o teste
        da soma de postos com sinais de Wilcoxon, 445-446, 449
        dos sinais, 442
Assimetria, 169, 180, 273
Autocorrelação na regressão, 422

B

Bloco principal, 350
Bootstrap, 206
Box plot. *Veja* Diagrama de caixa

C

Cadeia de Markov, 497, 500, 501, 502
    de estado finito, 498
    de tempo contínuo, 502
    irredutível, 501
    recorrente positiva, 500

Capacidade
    do processo, 461, 462
        potencial, 463
        real do processo, 463
Causas atribuíveis de variação, 456
Censo, 153
Coeficiente(s)
    de confiança, 208
    de correlação, 170
        amostral, 383
        de Pearson. *Veja* Coeficiente de correlação simples. *Veja* Coeficiente de correlação
    de determinação, 381
        múltipla, 405
    de regressão
        padronizados, 414
        parciais, 391
Combinações, 15
    linear de variáveis aleatórias, 85, 88, 135
Comparação do teste
    da soma de postos de Wilcoxon e do teste t, 449
    de postos com sinais de Wilcoxon e do teste t, 447
    dos sinais e do teste t, 444
Complementar (conjunto complementar), 3
Componentes
    da variância, 300, 327, 329
    do modelo de variância, 288
Comprimento
    do ciclo de um gerador de números aleatórios, 521
    médio da seqüência (CMS), 477, 478, 479
Conclusões fortes *versus* fracas no teste de hipótese, 239-240
Confiabilidade, 454, 481
    de sistemas seriais, 485
Confundimento, 349, 352
Conjuntos, 2
    universo, 3
Contraste(s), 334
    definidor, 350
    ortogonais, 296
Controle estatístico, 456
    da qualidade, 454
    do processo (CEP), 455
Convolução, 524
Correções
    de continuidade, 140
    de meio intervalo, 140
Correlação, 63, 78, 145, 366, 382
Covariância, 63, 78, 145
Curtose, 169, 273
Curva característica de operação (CO), 245, 246, 250, 309
    gráficos para, 547-563

D

Dados, 154
    contínuos, 152
    de atributo, 152
    de medição, 152

    discretos, 152
    emparelhados, 260, 442, 446
Defeitos, 468
Densidade
    de probabilidade, 37
    exponencial, 37
Depuração, 483
Desigualdade de Chebyshev, 42
Desvio-padrão, 40
    amostral, 167
Diagnóstico de multicolinearidade, 416
Diagrama
    de árvore, 13
    de caixa, 160
    de causa e efeito, 456, 479
    de concentração de defeitos, 480
    de dispersão. *Veja* Gráfico de dispersão, 368
    de pontos, 155, 156
    de Venn, 4
    ramo-e-folha, 159
Distância de Cook, 421
Distribuição(ões)
    a posteriori, 202
    a priori, 202
    acumulada normal, 130
    amostral, 179, 180
    beta, 126
    binomial, 35, 41, 58, 94, 96, 98, 111, 441
        acumulada, 98
        média e variância da, 97
        negativa, 94, 111
    condicionais, 63, 70, 71, 145
    contínuas, 114
    de Bernoulli, 94, 111
    de Cauchy, 150
    de freqüências, 157
    de Pascal, 94, 102, 111
        média e variância da, 103
    de Poisson, 35, 94, 105, 107, 111, 468
        média e variância da, 107
        probabilidades acumuladas para, 535, 536, 537
    de probabilidade, 34
        conjunta, 63, 64, 62, 84
    de Rayleigh, 150
    de Weibull, 122, 125, 483
        média e variância da, 123
    discretas, 94
    do tempo de falha, 481, 483, 484
    Erlang, 524
    exponencial, 41, 116, 125, 483, 484, 489, 490, 506, 522
        média e variância de, 117
        propriedade da falta de memória, 119
        relação da, com a distribuição de Poisson, 117
    F, 188
        média e variância da, 189
        não-central, 309
        pontos percentuais da, 542, 543, 544, 545, 546
    gama, 59, 119, 125, 484, 489
        de três parâmetros, 126

média e variância da, 121
relação com a distribuição qui-quadrado, 122
relação entre a, e a distribuição exponencial, 120
geométrica, 94, 100, 111, 479, 525
média e variância da, 100
propriedade da falta de memória, 102
hipergeométrica, 35, 94, 104, 111
média e variância da, 105
lognormal, 141, 142
média e variância da, 142
marginal, 63, 67, 68, 144
multinomial, 94, 103
normal, 128, 522
bivariada, 144, 382
distribuição acumulada, 130
média e variância da, 129
padronizada, 130
propriedade reprodutiva da, 134
normal padrão, 136, 209
probabilidades acumuladas para a, 538, 539
qui-quadrado, 122, 150, 183, 213, 268, 491
média e variância da, 183
pontos percentuais da, 540
teorema da aditividade da, 182
seminormais, 150
t, 186, 211
não-central, 250
pontos percentuais da, 541
triangular, 38
uniforme contínua, 114, 125
média e variância da, 115

E

Efeitos
de fatores, 318
principais, 317, 333
Eficiência relativa
assintótica, 447, 449
de um estimador, 195
Elemento identidade, 340
Eliminação retroativa de variáveis na regressão, 432
Empates no teste
de Kruskal-Wallis, 450
de postos com sinais de Wilcoxon, 445
de sinais, 442
Engenharia da confiabilidade, 22, 454, 481
Equações
de Chapman-Kolmogorov, 497, 487, 503
de estado para uma cadeia de Markov, 501
de nascimento e morte, 497, 505
normais de mínimos quadrados, 292, 367, 393, 394
Erro
quadrático médio de um estimador, 195
tipo I, 239
tipo II, 239, 443
para o teste dos sinais, 443
Erro-padrão, 181
bootstrap, 207
de um efeito, 342
de um estimador pontual, 206
estimado, 181, 206, 215
Espaços amostrais, 5, 7
contínuos, 5
discretos, 5
finitos, 12
Esperança, 51
condicional, 63, 73
Estado
absorvente para uma cadeia de Markov, 500, 502
recorrente para uma cadeia de Markov, 500
transiente para uma cadeia de Markov, 500
Estatística, 179, 193
campo da, 151
C_p na regressão, 425
de ordem, 191
descritiva, 154
Estatísticas-resumo para dados agrupados, 171
Estimação
da variância, componentes, 302, 327, 329
de σ^2 na regressão, 370, 397
de confiabilidade, 490
de mínimos quadrados, 292, 367, 392
de parâmetro, 193
Estimador
combinado da variância, 258

consistente, 197, 200
de Bayes, 204, 206
de máxima verossimilhança, 197, 199, 205, 225, 383
de momento, 201
não-viesado, 194, 196, 197
de variância mínima, 196
ótimo, 197
pontual, 193
viesado, 197, 417, 526, 527
Estimativa
de média por unidade, 182
pontual, 193
Estratos, 178, 182
Estudo
analítico, 154
enumerativo, 153, 181
Eventos, 7
equivalentes, 30, 46
independentes, 19, 21
Experimento(s)
aleatórios, 5
de um fator por vez, 318
fatoriais, 317, 320, 329
idealizados, 5
independentes, 23
planejado, 286, 287, 480
Extrapolação, 400

F

Fatores de inflação da variância, 416
Fatorial
de dois fatores, 320
de três fatores, 330
fracionado saturado, 360
Filas, 497, 505, 509, 510, 512, 513, 518
Folha de controle, 456
Forma tabular do CUSUM, 471
Fração
alternada, 354
amostral, 181
de defeituosos ou não-conformes, 466
principal, 354
um meio, 353
Freqüência relativa, 8, 9
Função(ões)
característica, 58
contínua de variável aleatória contínua, 49
de confiabilidade, 481, 482
de densidade de probabilidade, 37
de distribuição, 32, 33, 81, 98
acumulada (FDA). *Veja* Função de distribuição
de duas variáveis aleatórias, 82
de massa de probabilidade, 34
de risco, 482, 484
de uma variável aleatória, 46
discreta, 47
de verossimilhança, 197, 202
estimáveis, 293
gama, 119
geratriz de momento, 57, 88, 95, 97, 101, 103, 109, 115, 117, 121, 130, 137, 180
perda, 203

G

Geração
de realizações de variáveis aleatórias, 109, 124, 147
de variáveis aleatórias, 520, 521
Gerador de números aleatórios
de ciclo inteiro, 521
de congruência linear (GCL), 520, 521
multiplicativo, 521
Gráfico(s), 456
c, 468
de contorno da resposta, 317, 319
de controle, 456
da média móvel exponencialmente ponderada (MMEP) 525, 471, 474, 478
da soma cumulativa (CUSUM), 471, 478
de Shewhart, 456, 471
para atributos, 466, 468
para medição, 457, 464, 468
para observações individuais, 464
de dispersão, 155, 156, 456
tridimensional, 157

de filas. *Veja* Gráfico de tolerância
de Pareto, 162, 455, 479
de probabilidade, 271
normal, 272, 273
de efeitos, 347, 356
de resíduos, 295
de tolerância, 461
p, 466
R, 456, 458
temporais, 163
u, 469
Graus de liberdade, 168

H

Hipótese
alternativa, 238
bilateral, 238, 241-243
unilateral, 238, 241-243
estatística, 238
nula, 238
Histogramas, 157, 158, 455, 461

I

Inferência
bayesiana, 202, 203, 226
estatística, 152, 193
Integração de Monte Carlo, 518
Intensidade
de passagem, 503
de transição, 503
Interação, 318, 333, 392
generalizada, 352
Interseção (interseção de conjuntos), 3
Intervalo(s)
de classes para histogramas, 157
de confiança, 207, 208
aproximados na estimação por máxima verossimilhança, 225
bayesianos, 226
bilateral, 208
bootstrap, 227
não-paramétrico, 212
para a diferença
de duas proporções, 224
de médias de duas distribuições normais, variâncias conhecidas, 217
de médias de duas distribuições normais, variâncias desconhecidas, 219, 220
para a média de uma distribuição normal
variância conhecida, 209
variância desconhecida, 211
para a razão de variâncias de duas distribuições normais, 222
para a resposta média na regressão, 374
para a saída de simulação, 527, 530
para a variância de uma distribuição normal, 213
para diferença de médias de observações emparelhadas, 221
para grandes amostras, 211
para os coeficientes de regressão, 373, 398
para uma proporção, 214, 216
simultâneos, 225
unilateral, 208, 211
de decisão para o CUSUM, 472
de predição, 228
na regressão, 376, 399
de tolerância, 230

L

Lei
de Little, 508
de Probabilidade Total, 24
do estatístico não-consciente, 51
dos grandes números, 63, 88, 90
Limite(s)
de confiança, 207
de controle, 456, 457
experimentais, 459
3-sigma, 457
de especificação, 462
inferior

de controle, 456
de Cramer-Rao, 196, 200, 225
naturais de tolerância de um processo, 462
superior de controle, 456
Linha central em gráfico de controle, 456

M

Matriz
chapéu na regressão, 420
de correlação de variáveis regressoras, 412
de covariância dos coeficientes de regressão, 397
de transição em um passo para uma cadeia de Markov, 498, 504
Média
amostral, 164
aparada, 174
de uma variável aleatória, 39, 51
móvel, 464
populacional, 165
Mediana, 142, 441
amostral, 165
da população, 165
Médias
de lotes, 528
quadráticas, 290, 305, 322
esperadas, 291, 301, 322, 327, 328
Melhor estimador linear não-viesado, 233
Melhoria da qualidade, 454
Método(s)
da soma de quadrados extra, 403
da transformação inversa, 56
para a geração de números aleatórios, 521
de aceitação-rejeição de geração de número aleatório, 525
de Box-Müller de geração de números aleatórios normais, 523
de convolução para geração de números aleatórios, 524
de máxima verossimilhança. *Veja* Estimador de máxima verossimilhança
de mínimos quadrados. *Veja* Estimação de mínimos quadrados
de redução da variância na simulação, 529, 531, 533
delta, 54
estatísticos livres de distribuição. *Veja* Métodos não-paramétricos
não-paramétricos, 212, 440
Mínimos quadrados ponderados, 389
Moda, 142
populacional, 165
Modelo
auto-regressivo de primeira ordem, 422
da análise de variância, 288, 292, 300, 304, 320, 327, 328
de efeitos
aleatórios, 326
fixos, 320
de regressão, 391
intrinsecamente linear, 381
linear, 366, 391
simples, 366
múltipla, 391
polinomial, 392, 409
misto, 328
Momentos, 39, 42, 52, 57
centrais, 42, 52, 169
originais (Momentos em torno da origem), 42, 52, 201
mpu. *Veja* Estimativa de média por unidade
Multicolinearidade, 415
Mutuamente exclusivo, 21
Mutuamente independentes, 23

N

Nível(is)
de confiança, 210
de significância
de um teste estatístico, 239
no teste dos sinais, 441
Número(s)
aleatórios. *Veja* números pseudo-aleatórios
comuns em simulação, 530, 531
uniformes (0, 1), 520, 521
pseudo-aleatórios (NPA), 520

O

Observações influentes na regressão, 420
Operações de conjuntos, 4
Outlier, 161, 377

P

Padronização, 131
Partição de um espaço amostral, 24
Permutações, 14, 18
Planejamento(s)
amostrais baseados estatisticamente, 455
completamente aleatorizado, 320
de experimentos, 315-316
de resolução
III, 357
IV, 357
V, 357
em blocos, 303-304, 349-352
aleatorizado, 303
experimental, 455
fatorial
2^2, 332
2^3, 338
2^k, 332, 338
fracionado, 35
2^{k-1}, 353
2^{k-p}, 358
gerador, 353, 358
não-balanceado, 295
ortogonal, 340
Poder de um teste estatístico, 238, 309
População, 152, 153
finita, 154, 181
Postos, 444, 446, 447, 449, 451
Precisão da estimação, 210
Predição na regressão, 375, 399
Princípio
da dispersão de efeitos, 345
da multiplicação, 13, 20
Probabilidade(s), 1, 8, 9, 10, 12
condicional, 18, 20
de transição, 497, 498, 504
Procedimentos
de comparação múltipla, 531
de hierarquia e seleção, 530
Processo
de Bernoulli, 94
de Markov, 497, 513
de Poisson, 105, 521
estocástico, 497
sob controle, 456
Produto cartesiano, 5, 63
Projeção de planejamentos
2^k, 343
2^{k-1}, 356
Propriedade(s)
assintóticas do estimador de máxima verossimilhança, 200
da probabilidade, 8
de coeficientes de regressão estimados, 369, 397
de falta de memória da distribuição
exponencial, 119, 484
geométrica, 102
de invariância do estimador de máxima verossimilhança, 200
de Markov, 497
ergódica de uma cadeia de Markov, 501
reprodutiva da distribuição normal, 134, 135
Provas de Bernoulli, 94, 497

Q

Qualidade
de conformidade, 454
de planejamento, 454

R

R^2, 381, 384, 405, 425
ajustado, 405, 426
R^2_{adj}. *Veja* R^2 ajustado.
Razão da capacidade do processo, 462, 463
Redundância
ativa, 486
em espera, 488
Região
crítica, 239
de rejeição. *Veja* Região crítica
Regra da multiplicação, 20
Regressão(ões)
da média, 63, 76, 146
de cumeeira (ridge regression), 417
linear por partes, 438
passo a passo, 428
todas as, possíveis, 424
Relação
definidora para um planejamento, 353, 358
entre testes de hipótese e intervalos de confiança, 247
entre variáveis aleatórias exponenciais e de Poisson, 117
entre variáveis aleatórias gama e exponenciais, 120
Replicação, 286
única de um experimento fatorial, 325, 345
Resíduos, 294, 325, 336, 377
padronizados, 377
studentizados, 420
Resolução de planejamentos, 357, 360
Resultados igualmente prováveis, 9
Risco, 203

S

Saída de simulação
contínua, 526
discreta, 526
Seleção
da forma de uma distribuição, 272
de variáveis na regressão, 424, 428, 432
progressiva de variáveis na regressão, 432
Semente para um gerador de número aleatório, 520
Série de Taylor, 54
Significância
da regressão, 371, 400
estatística *versus* significância prática, nos testes de hipóteses, 248
Simulação(ões), 516
de evento discreto, 516
de Monte Carlo, 517
dinâmica, 516
estocástica, 516
não-terminais (estado estacionário), 526, 528
terminal (transiente), 525
Sistema(s)
de inventário, 520
determinísticos *versus* não-determinísticos, 1
redundantes, 486, 488
Soma
de quadrados
da regressão, 372
do tratamento, 289
dos erros, 289, 370
de variáveis aleatórias de Poisson, 108
Subgrupos racionais, 457

T

Tabela de contingência, 274
Tamanho amostral
para ANOVA, 309
para intervalos de confiança, 210, 212, 215-216, 218
para testes de hipóteses, 244, 249, 252, 256, 260, 264, 266
Taxa de falha. *Veja também* Função de risco, 54
do sistema, 486
por intervalo, 482
Tempo
da primeira passagem, 499
de recorrência, 499
esperado de recorrência em uma cadeia de Markov, 500
médio de falha (TMF), 54, 483
Teorema
central do limite, 136, 180, 209, 488, 523, 527
da aditividade da qui-quadrado, 184
da transformação inversa, 521
de Bayes, 25, 202
de Cochran, 290

Teoria de filas de espera. *Veja* Filas
Termo de interação em um modelo de regressão, 392
Teste(s)
    da análise de variância na regressão, 372, 401
    da soma de postos de Wilcoxon, 447
        valores críticos para, 564, 565
    de demonstração e aceitação, 493
    de Durbin-Watson, 423
    de hipótese, 193, 238, 239
        na regressão linear
            múltipla, 400
            simples, 370
        no modelo de correlação, 384
        para a igualdade de duas variâncias, 263
        para a média de uma distribuição normal
            variância conhecida, 243
            variância desconhecida, 248
        para a variância de uma distribuição
            normal, 251
        para as médias de duas distribuições normais
            variâncias conhecidas, 255
            variâncias desconhecidas, 258, 259
        para coeficientes individuais na regressão
            múltipla, 402-405
        para duas proporções, 265, 267
        para uma proporção, 253
    de Kruskal-Wallis, 449, 450, 451
    de Mann-Whitney. *Veja* Teste da soma de postos de Wilcoxon
    de postos com sinais de Wilcoxon, 444
        para amostras emparelhadas, 446
        valores críticos para, 567
    de Tukey, 298, 300, 306, 324
    de vida, 489
        censura, 491
    dos sinais, 440, 441, 442, 443, 445
        para amostras emparelhadas, 442
        valores críticos para, 566
    geral de significância da regressão, 403
    para a falta de ajuste na regressão, 372
    qui-quadrado da bondade de ajuste, 268
    t
        combinado, 258
        emparelhado, 260
        para coeficientes de regressão
            individuais, 403
Transformação
    da resposta, 294
    de postos na ANOVA, 451
    na regressão, 381
Tratamento, 286

U

União de conjuntos, 3
Universo, 152

V

Valor(es)
    críticos da estatística de teste, 239
    esperado de uma variável aleatória, 51, 69
Variabilidade, 151
Variação de causa aleatória, 456
Variância
    amostral, 166
    de um estimador, 195
    de uma variável aleatória, 40, 51
Variável(is)
    aleatória(s), 29, 34
        contínua, 36, 49
        de Bernoulli, 521
        discreta, 34, 47
        independentes, 63, 77, 79, 85
        não correlacionadas, 79
    antitéticas, 530, 531, 533
    indicadoras, 410
    regressoras, 366
        qualitativas, 410
    resposta, 366
Verificação da adequação do modelo, 294, 307, 325, 343, 370, 377, 405, 406
Vetor aleatório, 63
Vida esperada, 54
Viés de iniciação na simulação, 527

Impressão e Acabamento:

Geográfica editora